10	11	12	13	14	15	16	17	18	族／周期
								ヘリウム ₂He 4.003 Helium	1
			ホウ素 ₅B 10.81 Boron	炭素 ₆C 12.01 Carbon	窒素 ₇N 14.01 Nitrogen	酸素 ₈O 16.00 Oxygen	フッ素 ₉F 19.00 Fluorine	ネオン ₁₀Ne 20.18 Neon	2
			アルミニウム ₁₃Al 26.98 Aluminium	ケイ素 ₁₄Si 28.09 Silicon	リン ₁₅P 30.97 Phosphorus	硫黄 ₁₆S 32.07 Sulfur	塩素 ₁₇Cl 35.45 Chlorine	アルゴン ₁₈Ar 39.95 Argon	3
ニッケル ₂₈Ni 58.69 Nickel	銅 ₂₉Cu 63.55 Copper	亜鉛 ₃₀Zn 65.38 Zinc	ガリウム ₃₁Ga 69.72 Gallium	ゲルマニウム ₃₂Ge 72.63 Germanium	ヒ素 ₃₃As 74.92 Arsenic	セレン ₃₄Se 78.97 Selenium	臭素 ₃₅Br 79.90 Bromine	クリプトン ₃₆Kr 83.80 Krypton	4
パラジウム ₄₆Pd 106.4 Palladium	銀 ₄₇Ag 107.9 Silver	カドミウム ₄₈Cd 112.4 Cadmium	インジウム ₄₉In 114.8 Indium	スズ ₅₀Sn 118.7 Tin	アンチモン ₅₁Sb 121.8 Antimony	テルル ₅₂Te 127.6 Tellurium	ヨウ素 ₅₃I 126.9 Iodine	キセノン ₅₄Xe 131.3 Xenon	5
白金 ₇₈Pt 195.1 Platinum	金 ₇₉Au 197.0 Gold	水銀 ₈₀Hg 200.6 Mercury	タリウム ₈₁Tl 204.4 Thallium	鉛 ₈₂Pb 207.2 Lead	ビスマス ₈₃Bi 209.0 Bismuth	ポロニウム ₈₄Po (210) Polonium	アスタチン ₈₅At (210) Astatine	ラドン ₈₆Rn (222) Radon	6
ダームスタチウム ₁₁₀Ds (281) Darmstadtium	レントゲニウム ₁₁₁Rg (280) Roentgenium	コペルニシウム ₁₁₂Cn (285) Copernicium	ニホニウム ₁₁₃Nh (278) Nihonium	フレロビウム ₁₁₄Fl (289) Flerovium	モスコビウム ₁₁₅Mc (289) Moscovium	リバモリウム ₁₁₆Lv (293) Livermorium	テネシン ₁₁₇Ts (293) Tennessine	オガネソン ₁₁₈Og (294) Oganesson	7
							ハロゲン元素	貴ガス元素	

ユウロピウム ₆₃Eu 152.0 Europium	ガドリニウム ₆₄Gd 157.3 Gadolinium	テルビウム ₆₅Tb 158.9 Terbium	ジスプロシウム ₆₆Dy 162.5 Dysprosium	ホルミウム ₆₇Ho 164.9 Holmium	エルビウム ₆₈Er 167.3 Erbium	ツリウム ₆₉Tm 168.9 Thulium	イッテルビウム ₇₀Yb 173.0 Ytterbium	ルテチウム ₇₁Lu 175.0 Lutetium
アメリシウム ₉₅Am (243) Americium	キュリウム ₉₆Cm (247) Curium	バークリウム ₉₇Bk (247) Berkelium	カリホルニウム ₉₈Cf (252) Californium	アインスタイニウム ₉₉Es (252) Einsteinium	フェルミウム ₁₀₀Fm (257) Fermium	メンデレビウム ₁₀₁Md (258) Mendelevium	ノーベリウム ₁₀₂No (259) Nobelium	ローレンシウム ₁₀₃Lr (262) Lawrencium

基本定数と国際単位

(1) 化学定数表

量	概数値	詳しい値
アボガドロ定数 N_A	6.02×10^{23}/mol	$6.02214076 \times 10^{23}$/mol
理想気体のモル体積 (0°C, 10^5 Pa)	22.7 L/mol	22.71095464 L/mol
(0°C, 1atm)	22.4 L/mol	22.41396954 L/mol
気体定数 R	8.31 J/(mol・K) (=Pa・m^3/(mol・K))	8.314462618 J/(mol・K) (=Pa・m^3/(mol・K))
	0.082 atm・L/(mol・K)	0.08205736606 atm・L/(mol・K)
ファラデー定数 F	9.65×10^4 C/mol	9.648533212×10^4 C/mol
セルシウス温度目盛のゼロ点 0°C	273 K	273.15 K
電子・陽子の電気量の絶対値 e	1.60×10^{-19} C	$1.602176634 \times 10^{-19}$ C
電子1個の質量	9.11×10^{-31} kg	$9.1093837015\,(28) \times 10^{-31}$ kg
陽子1個の質量	1.673×10^{-27} kg	$1.67262192369\,(51) \times 10^{-27}$ kg
中性子1個の質量	1.675×10^{-27} kg	$1.67492749804\,(95) \times 10^{-27}$ kg

(2) 国際単位系

① SI 基本単位の名称と記号

物理量	名称	記号
長 さ	メートル	m
質 量	キログラム	kg
時 間	秒	s
電 流	アンペア	A
熱力学温度	ケルビン	K
物質量	モル	mol
光 度	カンデラ	cd

② 固有の名称と記号をもつ SI 組立単位の例

物理量	名称	記号	SI 基本単位による表現
力	ニュートン	N	m kg s^{-2}
圧 力	パスカル	Pa	m^{-1} kg s^{-2} (=N m^{-2})
エネルギー	ジュール	J	m^2 kg s^{-2} (=Nm=Pa m^3)
仕事率	ワット	W	m^2 kg s^{-3} (=J s^{-1})
電 荷	クーロン	C	As
電位差	ボルト	V	m^2 kg s^{-3} A^{-1} (=J A^{-1}s^{-1})
セルシウス温度	セルシウス度	°C	K

③ SI 接頭語

倍数	接頭語	記号
10^{12}	テラ	T
10^9	ギガ	G
10^6	メガ	M
10^3	キロ	k
10^2	ヘクト	h
10	デカ	da
10^{-1}	デシ	d
10^{-2}	センチ	c
10^{-3}	ミリ	m
10^{-6}	マイクロ	μ
10^{-9}	ナノ	n
10^{-12}	ピコ	p

④ SI と併用される単位

物理量	単位の名称, 記号	SI 単位による値
長 さ	オングストローム Å	1 Å $= 10^{-10}$ m
質 量	トン t	1t $= 10^3$ kg
時 間	分 min	1 min $=60$ s
時 間	時 h	1 h $=3600$ s
圧 力	バール bar	1 bar $= 10^5$ Pa
体 積	リットル L	1 L $= 10^{-3}$ m^3

⑤ その他の単位

物理量	単位の名称, 記号	SI 単位による値
圧 力	標準大気圧 atm	1 atm $= 101325$ Pa
エネルギー	熱化学カロリー cal	1 cal $= 4.184$ J

チャート式® シリーズ

新課程

新化学

化学基礎・化学

東京工業大学名誉教授
辰巳敬

元新潟県立大学准教授
本間善夫

数研出版
https://www.chart.co.jp

序 章

第1編 物質の構成と化学結合

第2編 物質の状態

第3編 物質の変化

第4編 無機物質

CHART

解法のポイントを覚えやすい表現に工夫した重要事項のまとめです。
語呂よく単文で表現してありますので，何度か口ずさむうちに自然と記憶できるようになっています。

重要

必ず記憶・理解しなければならないものです。
CHART に次ぐ重要度です。

Q?uestion Time クエスチョン タイム

多くの高校生が疑問に感じることをとりあげ, わかりやすく解説しました。

Q?uestion Time クエスチョン タイム

Q. 炎色反応の色は, どうして元素によって違うのですか?

A. 物質を高温にすると, 物質を構成している原子が, 熱エネルギーを吸収して, それまでよりも高いエネルギー状態になります。しかし, この状態は不安定ですから, すぐにもとの状態にもどろうとなります。このとき, 吸収したエネルギーが光となって放出されます。それが, ちょうど目に見える色の光(可視光線)になったとき, 色づいた光として観察されます。

原子のエネルギーの高い状態と低い状態の差は, 元素によって異なり, したがって, 元素特有の光が放出されるわけです(→p.49)。花火はこの炎色反応を利用したものです。

ガスバーナー程度の熱エネルギーでは高いエネルギーの状態になれない元素も多く, 放出される光が可視光線でない場合(紫外線や赤外線など)には, 色が見えないということになります。

炎色反応は気体状の原子でないと起こりません。したがって, 化合物単独では色づいた炎は見えないない同じ元素の化合物でつないなによても, たとえば, 銅粉を加熱しても酸化銅(II)が生成するだけで炎には色はつきませんが, 塩化銅(II)の水溶液ならば青緑色の炎色反応を見ることができます。

Study Column

最新の研究やトピックなど，やや難しいけれども興味深い内容を取り上げました。

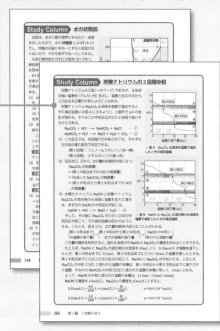

Laboratory

入試でその手順が問われることの多い実験を扱いました。特に重要なところには、 MARK 印が付いています。

問題学習

代表的な問題を取り上げました。必要に応じて類題も設けてあります。

◆◆◆ 定期試験対策の問題 ◆◆◆

定期試験対策となるような問題を、各章末に入れてあります。

必要に応じて ヒント を設けてありますので、まずは自分の力で解いてみるとよいでしょう。

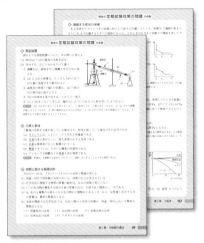

1 基礎からの積み上げ学習にも，受験準備にも最適な参考書です。

　幅広い化学の内容を解きほぐしながら導入してありますので，理解がしやすくなっています。

　また，教科書では扱っていない内容でも，知っていると理解が深まる内容や入試に出題される可能性のある内容は扱ってあります。

　したがって，日常の学習にも，受験準備にも最適な参考書といえます。

2 視覚的な理解を重視し，独創的な図版と実物写真を多く入れました。

　化学では，目では見ることのできない物質の構造や反応のメカニズムを学びますので，図が学習の大きな手助けとなります。

　本書では，図だけでも理解できるように，フルカラーを駆使して，見やすくわかりやすい図を追求しました。

　また，写真も豊富に掲載しましたので，楽しみながら学力の向上が計れます。

3 「チャート」や「重要」によって，理解すべきポイントをしっかりと身につけることができます。

　化学の問題は，公式や法則を覚えているだけではなかなか解けないものです。また，例題によって解き方が理解できても，それが実際に応用できなければ実力はつきません。さらに，あとで解き方を忘れてしまっては何にもなりません。

　この点を考え，本書では，重要なポイントとその運用法を明確にし，さらに覚えやすいような工夫を施してあります。

4 調べたいことがすぐに引き出せるように，索引を充実させました。

　参考書の活用方法は，状況によって変わってきます。あらゆるケースを想定して充実した索引をつくりました。

　用語索引(p.583 ～ 591)では，約 2000 個の用語をあげましたので，本書を辞書的に活用する際に便利です。また，定期試験前など短時間で復習したいときには CHART 索引 (p.4) や重要索引 (p.4) が，さらに知りたいという欲求を満たすためには StudyColumn 索引(p.6) が役立ちます。

　その他に，QuestionTime 索引 (p.5) や Laboratory 索引 (p.7) などもありますので，それぞれの用途に応じて利用してください。

序章

化学が拓く世界

1 化学の本質
2 化学の活用
3 生活を豊かにする化学
4 化学と資源

工場の夜景

1 化学の本質

基化

A 化学の意義

1 物質と化学 私たちは，空気や水，動植物や岩石など，多種多様な物質の集合体に囲まれて生活している。それぞれの物質は，自然界に存在する約90種類の元素の原子のいくつかが，さまざまな形で結合してできている。また，いくつかの物質が混じり合って，1つの物質をつくっている場合もある。物質は大きく無機物と有機物に分けることができ，無機物は生命が誕生する前から存在しており，有機物を利用・生産する生命の誕生とともに有機物が増えてきたと考えられる。

▲ 図1 地球

人間は，古くからきわめて多くの物質を発見し，その性質を見極めたうえで，生活をより豊かにするために利用してきた。その過程で，物質の性質とその変化を研究する学問として「化学」が発展してきた。つまり，化学は物質を探究したり，新たな物質をつくり出したりする学問といえる。

2 化学の恩恵 太古の人類は，狩猟や採取により食を満たし，土・石・植物などで住をつくり，動物の革や植物を編んだもので衣を整えるだけであった。やがて，道具をつくり，火を扱えるようになってからは，土器・陶器に始まり，金属を取り出すことにも成功し，より豊かな生活を営むようになった。現在では，石油を原料として自然界にはない新しい物質が次々とつくり出されている。このように私たちは，化学の功績により，つくり出されたさまざまな物質を巧みに利用して，非常に便利で快適な生活を送っている。

▲ 図2 高床式倉庫(三内丸山遺跡)

化学の学習においては，物質の構造や性質を理解することだけでなく，どのような物質が身のまわりに存在し，どのように利用すれば，より有効に役立てることができるかを考えることも必要である。

　たとえば，野菜や果物に多く含まれている天然の有機物であるビタミンCという物質について考えてみよう。

　食品中のビタミンCは，体内に取り込まれて体の調子を整えるはたらきをしている。ビタミンCは20世紀になって，初めて

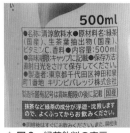

▲ 図3　緑茶飲料の表示

取り出されたが，現在では，その分子構造も明らかとなり，工業的に大量に合成できるようになった。また，ビタミンCには，物質が酸化されるのを抑えるはたらきがあり，このはたらきを利用して，緑茶飲料の流通が初めて可能になった。このように，ビタミンCを添加すると，食品が酸化されて味が変わったり変質したりするのを防ぐので，ビタミンCは，酸化防止剤として食品を保存するという新たな用途でも使用されるようになった。

B 物質の量と濃度

　いろいろな物質を利用する場合，適切な量というものがある。たとえば，洗浄のためのセッケンや合成洗剤，消毒に用いられる薬品，食品に使われる保存料や酸化防止剤などの物質を利用する場合，目的により最適な量や最適な濃度があり，適切な使用量を誤ると，目的の効果が得られないばかりでなく，健康や環境に悪影響を及ぼすこともある。

　身近な物質として，食塩について考えてみよう。食塩（主成分：塩化ナトリウム）は，生物が生命を維持するためには必須な物質であり，毎日の食品から適量が摂取されている。しかし，多量の食塩を一度に摂取したら，生命に危険を及ぼすことがあり，幼児が醤油を一度に多量に飲んで，死亡したという事故もある。

　ここで，高血圧で一日の食塩の量を6gに制限されている人がいるとする。食塩の量は，ラーメン1杯に6gの食塩が入っているとすれば，それで一日の制限量になり，味噌汁1杯に1.5gの食塩が入っているとすれば，4杯で一日の制限量に達することになる。

　つまり，すべての物質を扱う場合に，濃度が薄くても多くあるならば，物質の量として多量にあることになり，濃度が濃いものが少しある場合と含まれる物質の量は同じことになる。そこで，常に扱う濃度や量が適当かどうかの判断をして行動することが大切である。ある物質を単純に「有害な物質」と決めつけたり，また，「無害な物質」として扱うだけでは不十分であり，濃度や量を考えながら扱うことが大切である。

栄養成分表 みそ100gあたり	
エネルギー	186kcal
タンパク質	13.1g
脂　　　質	5.5g
炭 水 化 物	21.1g
食　　　塩	12.5g
カルシウム	130mg
ビタミンB₂	0.83mg

栄養成分表 みそ12gあたり （みそ汁1杯分）	
エネルギー	22kcal
タンパク質	1.6g
脂　　　質	0.7g
炭 水 化 物	2.5g
食　　　塩	1.5g
カルシウム	16mg
ビタミンB₂	0.10mg

▲ 図4　味噌の成分表

C 物質の適切な使用量

1 洗剤と濃度　洗濯で洗剤を使用する場合，使用する水の量に対して推奨される洗剤の量が明示されている。あまり薄いと洗浄効果が低く，濃いと洗剤が無駄になり，少な過ぎても多過ぎてもよくない。洗剤について次のようなことがわかっている。

　洗剤の主成分の分子は，非常に薄いときは水の中にばらばらに散らばっているだけであるが，ある濃度[1]以上になると，分子が 100 個程度集合して **ミセル**(→ p.453)という粒子を構成する。衣類に付いた汚れは，ミセルの中に取り込まれて布から離れて水の中に移り，汚れがおちる(下図 (a)，(b))。したがって，洗剤があまりに薄いと，汚れはおちにくくなる。また，衣類に付いている汚れが極端な量ではない限り，一定の洗剤の濃度であれば，十分な洗浄効果があり，むやみに濃くしても意味がないことがわかっている(下図 (c))。このように過剰に洗剤を使うと，洗剤が無駄になるだけでなく，衣類に洗剤の成分が残ったり，排水に高濃度の洗剤が含まれて下水の浄化処理に負荷をかけることになるので，注意が必要である。

(a) 汚れが取り除かれる瞬間のモデル実験
油滴(汚れ)
繊維

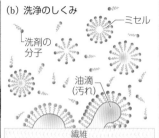

(b) 洗浄のしくみ
ミセル
洗剤の分子
油滴(汚れ)
繊維

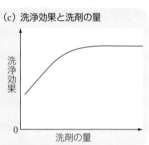

(c) 洗浄効果と洗剤の量
洗浄効果
洗剤の量

▲ 図 5　洗浄のしくみ　洗剤の分子の 〜 は水になじまない部分，• は水になじみやすい部分である。

2 水道水の塩素と濃度　塩素という物質は，室温では黄緑色の気体で，実験室でも比較的簡単につくることができる。しかし，第一次世界大戦では毒ガスとして使用されたこともある非常に有毒で危険な物質である。こんな物質がもし飲料水に入っていたらどうだろうか。「毒ガスの成分が含まれていたら危険で飲めない」と考えるべきだろうか。

　現在，日本のすべての上水道では，浄水場での処理の最終段階で，塩素による消毒が義務付けられている。つまり，河川から取水した水や地下水などに含まれる細菌を死滅させるための最小限の量を注入し，各家庭に届くまで一定の濃度を維持するように法律で定められている[2]。含まれている塩素は，われわれが水道水をそのまま飲用してもまったく問題にならない量である。多少「カルキ臭い」こともあるが，細菌が繁殖した水を飲むよりは，はるかによい。殺菌にオゾンを用いても塩素は添加される。

　このように，有毒な塩素であっても，塩素の濃度と量を巧みにコントロールすることによって，われわれに有益なはたらきを示してくれるのである。

▲ 図 6　水道水

❶ たとえば，高級アルコール系の合成洗剤の硫酸ドデシルナトリウムでは 8.9×10^{-3} mol/L である。
❷ 水道法により，家庭などの蛇口で遊離残留塩素は 0.1 mg/L 以上と決められている。

A 金属と化学

1 人類の歴史と金属　人類は，石器時代後半に金属を偶然に手に
したといわれる。最初は，自然に産出していた金や銀などであった
だろう（▶図7）。やがて鉱石から金属を取り出す方法を考案し，鉛・
スズなどを得て，青銅器時代，鉄器時代へと進んだ。

　古くから使われている鉄や銅はいまでも主要な金属であるが，近
年使用量が伸びているアルミニウムなどの軽金属は，ずっと後の19
世紀末になって，電気分解の技術の進歩により，ようやく得られる

▲ 図7　砂金（自然金）

ようになった。現在では複雑な工程によって得られるチタンなどの軽くて強固で，酸や海水
にも強い金属の他，さまざまな金属が身のまわりで広く使われている。

2 金属の特徴　金属には，電気をよく通す性質や熱を伝えやすい性質がある。また，強い力
でたたくと薄く広がったり（**展性**），強い力で引っ張ると細く伸びたりする（**延性**）性質もある。
不透明で光を反射するのも金属特有の性質である。人類は，このような金属の性質を利用し
て，さまざまなものをつくってきた。また，数種類の金属を融かし合わせて，もとの金属に
ない性質をもつ **合金** も多く用いられている。

　金属を鉱石から取り出すことを **製錬** という。鉱石の多くは，金属と酸素や硫黄などが強く
結合した状態であり，その状態から金属を取り出すのは容易ではなく，金属の種類によって
さまざまな方法がとられる。金属の中でも金や白金は反応しにくく，ごくわずかではあるが，
自然界の中に金属のままの状態で存在している。鉛・スズなどは，硫黄や酸素と比較的弱く
結合した状態で産出するので，炭素と加熱するだけで金属を取り出すことができるため，古
くから利用されていた。

3 金属の例　**(1) 鉄**　鉄鉱石の鉄は，酸素と強く結合しており，取
り出すのは容易ではなかった。18世紀には，鉄鉱石に炭素（木炭，
コークス）や石灰石を加え，高炉（溶鉱炉）を用いて高温にして取り
出す方法により，鉄が安定的に多量に得られるようになった。鉄
は，他の金属に比べて数十倍の生産高を誇る。

　溶鉱炉でできた鉄は **銑鉄** といい，鋳物として使われる。銑鉄か

▲ 図8　鉄鉱石（磁鉄鉱）

ら炭素分を減らすと強靭な
鋼 となり，構造物・レール・
刃物などに利用される。

　鉄の腐食しやすい性質を補
うために，クロムやニッケル
などの金属を少量混ぜた合金
の **ステンレス鋼** も広く使わ
れている。

▲ 図9　1853年に作られた韮山の反射炉（左）と現代の溶鉱炉（右）

(2) **アルミニウム**　アルミニウムは，軽くてさびにくいという特徴があり，軟らかくて加工しやすいので，現在では強度をあまり必要としない箇所に，鉄に次いで多く使われるようになった。身のまわりでも，飲料用のアルミニウム缶や窓枠（サッシ）など，いたるところに見られる。

▲図10　アルミニウムのなべ

　また，合金としても使用され，軽くて強度があるジュラルミンは航空機や電車の車体などに多く用いられている。

　アルミニウムと酸素の結合力は非常に強く，19世紀後半になってようやくホールやエルーが**溶融塩電解**という方法によりアルミニウムの単体を取り出すことに成功した。その後，工業的に多量に得られるようになったが，大量の電力を必要とするため，鉄よりも高価な金属であり，リサイクルが求められている。

(3) **銅**　銅は，特有の赤色をした金属で，鉄よりも軟らかく展性・延性に富み，電気伝導性が大きい。銅を鉱石から取り出すのに鉄ほど高温を必要としなかったため，紀元前から多量に製造され，スズとの合金である青銅が長い間使われていた。現在では，鉄，アルミニウムに次いで生産量の多い金属で，電線などの電気材料の他，熱交換器，調理器具などに広く用いられている。

▲図11　電線用の銅線

(4) **合金**　融解した金属に，他の金属や非金属を混合して凝固させたものを**合金**という。合金は，もとの単体の金属にはない優れた特性をもった金属材料を得る目的でつくられる。とくに，腐食防止や強度を増すための目的が多い。

▼表1　さまざまな合金

ステンレス鋼	鉄にクロム，種類によっては，さらにニッケルを加えた合金で，おもにクロムの酸化物の薄膜が表面を保護する。台所用品をはじめ車両などの構造材に広く使われる。
銅合金	青銅（Sn），黄銅（真鍮（しんちゅう））（Zn），白銅（Ni），洋銀（Zn，Ni）などの多くの銅合金が，古来から目的に応じて使われている。
はんだ	従来はスズと鉛の合金であったが，最近は鉛の代わりに銀，銅などを用いた無鉛はんだが使用されるようになっている。電気配線や金属の接合に使われる。
ジュラルミン	アルミニウムに銅・マグネシウム・マンガンなどを少量加えた軽合金。軽くて強度が大きく加工しやすいので，航空機の骨格や構造材，アタッシュケースなどに用いられる。
チタン合金	チタンは酸素との結合力が非常に強くて製錬が困難であったが，アルミニウム・バナジウムなどとの合金がジュラルミンをしのぐ硬さと強さをもつことから利用が高まってきた。
水素吸蔵合金	金属の原子間に水素原子が入り込むことが可能な合金。高圧ボンベに水素を貯蔵するより安全に保存することが可能であり，ニッケル-水素電池などに用いられている。
形状記憶合金	たとえば，ニッケルとチタンが1：1の質量比からなる合金は，一度熱処理をして形を記憶させると，変形させても加熱によりもとの形にもどる。眼鏡のフレームなどに用いられている。
超伝導合金	たとえば，ニオブNbとチタンTiの合金は，極低温で電気抵抗が0になる超伝導性をもつ。わずかな電力で強力な電磁石ができるので，医療機器やリニアモーターカーなどに使われる。

B プラスチックと化学

1 プラスチックの誕生　琥珀や松脂は，木から分泌される物質が固まってできたもので，**樹脂** という。かつては，セルロイドやエボナイトなど，植物から得られた物質から樹脂状のものがつくられたが，燃えやすい，加工しにくいなどの欠点のため使われなくなってきた。

▲ 図12　加工された琥珀

　20世紀初頭になって，石炭や石油から得られる小さな分子を，多数結合させて非常に大きな分子（**高分子化合物** という）をつくる方法が発明された。合成された高分子化合物を原料とした樹脂が安価で多量に得られるようになり，金属・木材・皮革などに代わって用いられるようになった。これを **プラスチック** または **合**

▲ 図13　プラスチック製品

成樹脂 という。現在では，プラスチックの他，同様な方法で得られる合成ゴムや合成繊維が製造されるようになり，私たちの生活に欠かせない物質になっている。

2 プラスチックの種類と性質　プラスチックをはじめ合成ゴムや合成繊維には，多くの種類がある。それらは，安価に大量生産が可能で，容易に任意の形に成形したり，種類によっては熱で接着したりできる。また，多くは自由に着色でき，水や薬品・腐食にも強く，丈夫で長持ちする物質である。そのため，さまざまな用途に使用され，私たちは便利で快適な生活を送ることができるようになった。プラスチックは，現代社会を支えている重要な物質の1つとなっている。

▼ 表2　プラスチックの種類

ポリ塩化ビニル		比較的古くから使われてきたプラスチック。ビニールとよばれることもある。フィルム状にして使ったり，電線の被覆材料の他，パイプ状に成形して水道の配管材料などに広く使われる。ポリ塩化ビニルを原料とした消しゴムは，軟らかくするために加えた物質がもれ出したりする欠点がある。むきだしのままの消しゴムが，定規などに触れてそれを溶かすのはこのためである。
ポリエチレン		ポリ塩化ビニルに続いて登場したのがポリエチレンで，身近には食品用のシール容器の他，日用品・衣料品の容器・包装やゴミ袋などに広く使われている。
ポリプロピレン		ポリエチレンと似ているが，軽くて，強度が大きいので，容器の他，椅子や自動車部品など大型製品としても多用される。
ナイロン		合成繊維が登場する前の靴下はほとんどが木綿であった。吸湿性はよいが，強度が十分でなく，すぐに穴があいてしまった。20世紀前半に登場したナイロンは，細い糸にしても十分な強度があり，靴下やとくに女性のストッキングには欠かせない材料である。また釣り糸のテグスや登山ロープなど，アウトドアにも欠かせない物質の1つである。その他，樹脂にして機械部品にも用いられる。
ポリエステル	樹脂	かつて，飲料容器はほとんどがガラス製であった。容器自体が重く破損しやすいという欠点はあるが，再利用において高温で殺菌できることなどから長く使われてきた。やがてポリエチレンテレフタラート（略してペット（PET）という）が安価に供給されると，その軽さと丈夫さから，いわゆる「ペットボトル」は一気に広まり，ガラス瓶はかなり駆逐されていった。しかし，ペットボトルはガラス瓶と違って，そのままの形で再利用しにくいという欠点をもっている。
	繊維	PETを細長く繊維状にして用いると，乾きやすくしわになりにくいのでアイロンが不要な衣料となり，ワイシャツやブラウスなど広く使われている。
尿素樹脂メラミン樹脂		上記のプラスチックとは異なり，熱を加えても変形することがなく，電気器具や食器・日用品に多用されている。透明でさまざまに着色できる。メラミン樹脂は非常に硬いのが特徴。

C 日々の生活と化学

1 食品と化学 **(1) 腐敗と発酵** 微生物は，糖類・タンパク質・油脂などの有機物を，自らがもつ酵素によって分解し，必要なエネルギーを得ている。この分解によってさまざまな物質が生成するが，それらがヒトに役立つ場合を **発酵** とい

▲ 図14 発酵食品(ぬか漬け(左)と納豆(右))

い，悪臭を発したり有毒物質が生成するなどヒトに害を与えるような場合は **腐敗** とよぶ。

(2) 食品の保存 多くの食品は，放置すると風味が落ちたり，腐敗する。食品を長期間保存しておいて，必要なときに食べることができれば非常に便利である。昔から，**乾燥**(例：干物)，**薫煙**(例：薫製)，**塩蔵**(例：塩漬け)，**糖蔵**(例：ジャム)，**発酵**(例：味噌・醤油)など，さまざまな伝統的な食品保存法があり，最近では冷凍食品やレトルト食品，フリーズドライ食品なども加わり，食料を長期保存する手段には非常に多くの方法がある。

しかし，いずれの場合でも，細菌などを完全に死滅させたもの以外は，長期保存の間に次第に細菌が増殖したり，密閉保存以外は空気により酸化されることなどが考えられる。それらを防ぐために，市販の加工食品には，たとえばソルビン酸などの **保存料**(食品防腐剤)やアスコルビン酸(ビタミンC)などの **酸化防止剤** が用いられることがある。

▲ 図15 食品の保存(左から，干物，薫製，塩漬け，ジャム)

(3) 食品添加物 市販の加工食品には，見かけや味・香りなどをよくしたり，可食状態を長期に保てるよう，着色料・香料・甘味料・安定剤・乳化剤など多くの物質が加えられる。また，食品を製造する過程でも化学物質を使う。このような，食品の製造・加工・保存などに用いられる物質をすべて **食品添加物** といい，その数は約1400種にものぼる。

(4) 食品添加物の使用量 たとえば，アスコルビン酸はビタミンCのことであり，大量に摂取しても，人体に対して大きな問題にはならない。しかし，保存料の多くは毒性は低いが，食品に多量に含まれると何らかの影響が予測されるため，食品衛生法によって，使用可能な食品添加物と指定対象食品，および指定濃度が決められている。これは，細菌の繁殖による食中毒などの被害と比べた場合，一定量の保存料を使用することのほうが安全であるからである。また，食品添加物は，多くは表示が義務付けられ，濃度と量を適切に守って使用することにより，私たちの食生活をより豊かにしている。

▲ 図16 食品添加物の表示

2 医薬品と化学 （1）**薬理作用** 医薬品が示す生体に対するはたらきを **薬理作用** という。体内に吸収された医薬品は組織の作用部位や細菌の細胞に到達し、細胞膜上の受容体（タンパク質の一種・レセプターという）などとさまざまな化学的な力で結合し、特定の生体反応を抑制したり促進したりする。このとき、受容体は分子が特定の形をしていないと結合しないため、似たような分子構造をもつ物質は同じような効能を示すことになる。また、必要な濃度で必要な時間とどまることも重要である。

（2）**副作用と服薬の注意** 医薬品の多くは毒物や劇物であり、適正な量を適切な時間間隔で服用するとともに、同時に服用する医薬品や飲食する物質にも注意が必要である。そうすることによって、本来の薬理作用（主作用）を示し、治療の効果を上げることができる。しかし、場合によっては好ましくない作用が起こることがある。これを **副作用** といい、多かれ少なかれ必ずあるとみてよい。とくに過剰に服用すると、副作用としての中毒症状が現れ、ときには死に至ることもあるので注意が必要である。

▲ 図17 風邪薬の注意書き

医薬品の適正な量(処方量)は、病気の状態、年齢・性別・体重によっても異なる。また、特異体質・アレルギー体質などの場合は、一般的な処方量でも副作用が強く現れることがあるので注意が必要である。

3 農業と化学 （1）**肥料** 植物は土中から特定の元素[1]を吸収して育っていく。限られた面積の土地から十分な量の作物を得ようとする場合、自然にまかせるだけでは目的を達することができず、他から必要な元素を補給する必要がある。このために **肥料** が用いられる。植物の成長に多量に必要であるにもかかわらず、不足しがちな元素である窒素・リン・カリウムの3元素は、肥料として補う必要がある。これらの3元素を **肥料の三要素** といい、窒素肥料・リン酸肥料・カリ肥料がこれにあたる。

▲ 図18 肥料の散布

肥料は天然肥料（おもに有機質肥料）と化学肥料（おもに無機質肥料）に分類できる。また、その成分が植物に直接作用する直接肥料と、土壌改良により植物の成育を助ける間接肥料とがある。土壌の中和に用いる消石灰 $Ca(OH)_2$ は代表的な間接肥料である。

（2）**農薬** 農作物を効率よく得るためには、肥料の他に殺虫剤や除草剤などの農薬も必要である。かつては、強力な薬剤を無計画に使用したため、残留農薬の影響や地球規模での汚染などさまざまな環境問題を生んだ。農薬は安易に使用すると環境に悪影響を及ぼすので、生態系のバランスをできるだけくずさないように、特定の害虫のみを駆除したり、特定の雑草が繁殖しないようにする物質などが開発されている。

---

[1] 植物が生育する上で必須の元素は、C・H・O・N・P・S・Mg・Fe・Mn・Cu・Zn・Mo・Cl・K・Ca・B である。これらを植物の必須元素という。

D 新素材と化学

1 セラミックス　セラミックスは、ガラス・セメント・陶磁器など、無機物を高温で焼き固めたものの総称である。精製した原料や新しい組成の原料を精密な条件で焼き固めたものを **ファインセラミックス** といい、新素材として広く利用されている。特殊な電気特性をもつファインセラミックスは、各種のセンサーに用いられる。硬くて丈夫で生体に適合しやすいファインセラミックスは、人工骨・人工関節・人工歯根などに用いられる。

2 複合材料　プラスチックや金属をガラス繊維や炭素繊維などといっしょに固めると、単独の材料に比べて軽くて非常に強度が大きい素材ができる。それらは、**FRP**（繊維強化プラスチック）、**FRM**（繊維強化金属）などとよばれる。FRP は比較的古くから自動車・船舶・航空機・スポーツ用品などに用いられ、炭素繊維でつくられたものはとくに軽くて強度が大きい。FRM は非常に高価なので、宇宙・航空機・軍事産業などで用いられている。

▲図19　複合材料が用いられている旅客機（ボーイング787）

4 化学と資源

A 資源の有効利用

1 廃棄と再利用　かつては、身のまわりの製品を使用した後、不要になればそのまま廃棄するという使い捨てが一般的であった。廃棄の方法としては、おもに焼却・埋め立て・河川や海洋への投棄などが行われていた。しかし、人口が増大し、廃棄物の量が増えてくると、廃棄された物質によるさまざまな問題が生じてきた。そこで、安全で適切な廃棄の方法を考案する一方で、とくに金属や紙・プラスチックについては、その再利用（リサイクル）が進んでいる。また、廃棄という観点からだけでなく、限りのある天然資源の有効利用という観点からも、生産コストや省エネルギーなどの観点からも、使用したものをもう一度使うという再利用の考え方は、自然の流れといえる。

2 金属の廃棄と再利用　**（1）金属の廃棄と問題点**　金属は燃えず、廃棄する場合は埋め立てに依存するしかない。多量に使用される金属や高価な金属は再利用が進められている。また、有害な重金属を埋め立てすることは、土壌汚染につながるという問題点がある。

（2）金属の再利用　鉄は、かなり古くから「くず鉄」として回収して再利用されていた。現在では、使用量の約半量が再利用されている。銅も同様であるが、銅は電力会社での使用量が非常に多いため、使用から廃棄までの管理がしやすい。一方、アルミニウムは、製造するために大量の電力を必要とする金属で、再利用した場合は、鉱石からつくり出すときの3％のエネルギーですむとされ、回収は自治体などが主体となって積極的に行われている。

▲図20　アルミニウムの回収

しかし，いずれの再利用も，物質の純度が低くなり，問題が生じることがある。たとえば，飲料用のアルミニウム缶は，本体と飲み口のある蓋は，成分の異なるアルミニウム合金が使われているので，回収したものをそのまま再利用すると，違った成分になってしまう。しかし，これらの問題も化学の研究により，次第に解決される方向にある。

3 プラスチックの廃棄と再利用　**(1) プラスチックの廃棄と問題点**　プラスチックは，軽くて強く，腐らず，さびないという特徴があるが，廃棄した場合には，それらがそのまま欠点となる。かつては，埋め立てたり，そのまま焼却していたが，埋め立てには場所の制限や限界があり，焼却には有毒ガスの発生という問題がある。

(2) プラスチックの焼却処分　プラスチックが燃焼すると高温になるため，それに耐える焼却炉が必要である。また，焼却すると，窒素酸化物や塩化水素・シアン化水素などの有毒ガスが発生することがある。そのため，排ガスをそのまま大気中に放出させるのではなく，排煙処理装置を通すなど，化学的な処置をして危険性のない排ガスとして放出している。有害物質として問題となったダイオキシンも，一定の温度以上で燃焼させれば，自然界での存在濃度と同じ程度まで減少することがわかり，対策がとられるようになってきた。

(3) プラスチックの再利用　プラスチックの原料は石油である。石油のような化石資源には限りがあり，その枯渇が憂慮されている。そこで，プラスチックを使用後に廃棄するのではなく，再利用する方法を考える必要に迫られ，

▲図21　ペットボトルの回収

ここでも化学の成果が生かされている。再利用としては，おもに次の方法が考案されている。

　（ア）**製品リサイクル（リユース）**　製品をそのまま洗って再利用する。最も望ましい。

　（イ）**マテリアルリサイクル**　加熱融解させ，別の形に成形し直して再利用する。

　（ウ）**ケミカルリサイクル**　化学反応により原料である単量体などに分解し，再利用する。

　（エ）**サーマルリサイクル**　粉砕して固めてから燃料として燃やし，その熱を利用する。

　いずれも，回収量の問題やコストの問題など，一長一短がある。しかし，大量に回収が進んでいるペットボトルについては，（イ）の方法によるリサイクル製品が製造・販売されている。また，ごく一部のペットボトルでは，（ア）や（ウ）の方法も行われている。

(4) 生分解性プラスチック　回収がむずかしく，廃棄される恐れが高い製品には，土壌や水中の微生物によって分解される**生分解性プラスチック**が使われ始めている。たとえば，トウモロコシなどのデンプンを微生物によって分解して乳酸をつくり，それをもとにポリ乳酸やポリグリコール酸（脂肪族ポリエステル）などを合成し，製品化する。そのような製品は，廃棄されても，微生物によって分解され，最終的に二酸化炭素と水になるので，環境への負荷が小さい。

▲図22　生分解性プラスチックの製品

第1編

物質の構成と化学結合

金とダイヤモンド

Chemistry

第1章

1

物質の構成

1 純物質と混合物
2 物質とその成分
3 物質に関する基礎法則

氷山

---

1 | 純物質と混合物

  ### A 純物質と混合物

1 物質の分類　空気は，窒素・酸素その他の物質が混じり合ってできている。海水は，水に塩化ナトリウムや塩化マグネシウム，その他の物質が混じり合ってできている。このような，2種類以上の物質が混じり合ったものを **混合物** という。混合物は，空気や海水のように均一に見える **均一混合物** と，泥水や土のように均一には見えない **不均一混合物** に分けることもできる。

　空気や海水のような混合物を構成している窒素・酸素・水・塩化ナトリウムなどは，物理的な方法[1]ではそれ以上分けることができない単一の物質なので，**純物質** という。

　混合物は，物理的な方法により，いくつかの純物質に分けることができる。純物質は，化学的な方法によれば，さらに各成分に分けることができるものもある。

物質
{
混合物
{
均一混合物……混合物のどんな微小部分を採取しても純物質の混合割合（組成）が同じであるもの：空気，海水，炭酸飲料，希塩酸

不均一混合物…純物質の混合割合が採取した部分によって異なるもの：岩石(花崗岩など)，血液，牛乳，ドレッシング，石油(原油)

純物質…物理的な方法で分離できず，単一の物質で構成されているもの

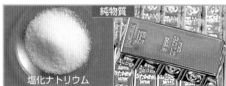
純物質
塩化ナトリウム　　金

混合物
空気
海水
岩石

▲ 図1　純物質と混合物の例

---

[1] **物理的方法による分離**　次ページ以降で学ぶろ過，蒸留，分留，再結晶などが物理的な方法である。これに対して電気分解は化学的な方法であり，一部の純物質をさらに分解することができる。

不均一混合物は肉眼で確認できるものや，虫めがねや顕微鏡であ
ればわかるものもある。しかし，均一混合物である空気や塩化ナト
リウム水溶液（食塩水）などは純物質のように見える。確実に純物質
と混合物を区別するには，次のような方法で行えばよい。

(1) 融点（凝固点）の測定　純物質の融点は一定で物質により決まっ
　ているが，海水が0℃で凍らないことからわかるように，混合物
　ではそれぞれの純物質よりも通常低い温度で凍る。

(2) 沸点の測定　水は大気圧（1気圧）のもとでは100℃で沸騰する。
　混合物では沸騰する温度が純物質の沸点よりも高くなり（低くな
　る場合もある），しかも，その温度は混合割合で変わる。

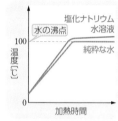

▲ 図2　純粋な水と水溶液の温度変化

▼ 表1　純物質の性質の例

物質	融点〔℃〕	沸点〔℃〕	色	におい	密度〔g/cm³〕
酸素	−218	−183	無	無	$1.43×10^{-3}$（0℃，$1.01×10^5$Pa）
水銀	−39	357	銀白	無	13.5（20℃）
水	0	100	無	無	1.00（4℃）
エタノール	−115	78	無	特有のにおい	0.79（25℃）
塩化ナトリウム	801	1413	無	無	2.16（0℃）

B　物質の分離・精製

　純物質の性質の違いを利用すると，混合物から純物質を分けることができる。これを **分
離** という。さらに，分離した物質から不純物を取り除き，純度がより高い物質を得る操作
を **精製** という。分離と精製は同時に行われることも多い。

1 ろ過　液体と，それに不溶な固体が混じった混合物を，ろ紙などを用いて液体と固体に分
ける操作を **ろ過** という。通常，ろ紙の目の大きさ（10^{-4}～10^{-3}cm）によって，通るものと通
らないものに分けられる。

　たとえば，砂が混じった塩化ナトリウムを分離するには，まず混合物に水を加える。そう
すると，塩化ナトリウムは水に溶けるが砂は溶けないので，これをろ過すると，砂はろ紙の
上に残り，塩化ナトリウム水溶液はろ紙を通過して分離される。このとき，ろ紙を通過した
液体を **ろ液** という。ろ液を煮詰めると固体の塩化ナトリウムが得られる。

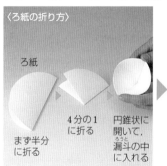

〈ろ紙の折り方〉

ろ紙

まず半分に折る

4分の1に折る

円錐状に開いて，漏斗の中に入れる

ガラス棒の先をろ紙につけ，伝わらせて入れる。

ろ紙を水で湿らせ，漏斗に密着させる。

漏斗の先端はビーカーの内側に密着させる。

ろ過が終わったら純粋な水で沈殿を洗う。

▲ 図3　ろ過のしかた

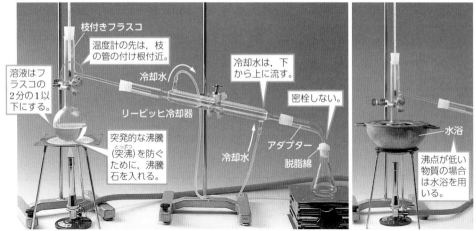

▲図4　蒸留の装置と注意点

2 蒸留　塩化ナトリウム水溶液は、水と塩化ナトリウムの混合物である。これを水と塩化ナトリウムとに分離するには、次のようにする。

図4のような装置で塩化ナトリウム水溶液を加熱すると、水は蒸発して気体になるので、それを冷却器で冷却すると純粋な液体の水が得られる。しかし、塩化ナトリウムは蒸発しないのでフラスコ内に残っている。

このような、液体→気体→液体の変化を利用した分離操作を **蒸留** という。

蒸留の際、沸点の違いにより複数の成分に分離する操作を **分留 (分別蒸留)** といい、液体空気から酸素や窒素を得たり、石油 (原油) からガソリンや灯油・軽油などを得る場合に用いられる方法である。

蒸留の際には次の点に注意する。

① フラスコ内の液量は半分以下にして、突沸を防ぐために沸騰石を入れる。

② 温度計はリービッヒ冷却器へ進む気体の温度を測るので、温度計の球部が、枝付きフラスコの枝の管の付け根付近にくるようにする。

③ 冷却水は、冷却器の下から上に向かって流す。上から下に流すと冷却器の中の空気が抜けにくくなり、冷却効率が悪くなる。

④ アダプターの先はゴム栓などで密栓しないで、外気と通じるようにして、装置内の圧力の上昇を防ぐ。

参考 石油の分留

地中から得られる石油 (原油) は、非常に多くの種類の炭化水素 (炭素と水素の化合物) の混合物である。これを加熱して気体とし、図5のような精留塔に下から通すと、沸点が低いものほど上の段に進み、ガス分以外は液体にもどるので、一定範囲の留出温度の各成分に分離することができる。このようにして分留の精度を上げることを **精留** という (→ p.422)。

精留塔

| | ガス分 |
| ナフサ (粗製ガソリン) [35～180℃] |
| 灯油 [170～250℃] |
| 軽油 [240～350℃] |
| 重油, アスファルト |

石油

▲図5　石油の分留

3 再結晶 固体どうしの混合物で，一方が少量の場合は，次のような方法で精製することができる。

たとえば，硝酸カリウムに少量の硫酸銅(Ⅱ)が混じった混合物を熱水に溶かしてから冷却すると，結晶が析出する。そのとき，硫酸銅(Ⅱ)は少量のため析出せず，硝酸カリウムの固体だけが析出する条件で行えば，純粋な硝酸カリウムの結晶が得られる。

この操作を**再結晶**(→p.167)といい，温度により固体の溶解度が変化することを利用している。また，溶媒(→p.158)を蒸発させていく方法で再結晶させることもできる。

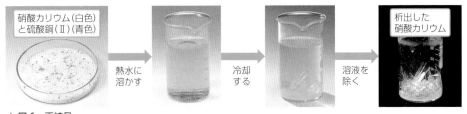

硝酸カリウム(白色)と硫酸銅(Ⅱ)(青色) → 熱水に溶かす → 冷却する → 溶液を除く → 析出した硝酸カリウム

▲図6 再結晶

4 昇華法 多くの固体物質は，加熱すると液体を経て気体となるが，ヨウ素・ナフタレン・ショウノウ・ドライアイスなどは，液体の状態を経ないで固体から直接気体に変化する。このように，固体が直接気体になる変化を**昇華**という。

昇華しやすい物質とそうでない物質の混合物の場合は，加熱によって固体→気体→固体の変化を利用して分離することができる(◎図7)。この操作が昇華法による精製である(→p.132)。

▲図7 昇華

5 抽出 目的の物質をよく溶かす溶媒に混合物を入れ，溶媒に対する溶解度の差を利用して，混合物から目的の物質を溶かし出す操作を**抽出**という。この操作では，図8のように分液漏斗が使われることが多い。

身近では，茶葉に熱水を注いだり，コーヒー豆の粉に熱水を注いで，お茶やコーヒーをいれる操作も抽出である。また，こんぶやかつおぶしで出汁をとるのも熱水による抽出の例である。

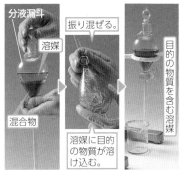

分液漏斗　溶媒　振り混ぜる。　目的の物質を含む溶媒　混合物　溶媒に目的の物質が溶け込む。

▲図8 抽出

6 クロマトグラフィー **クロマトグラフィー**という用語は，ギリシャ語の「色」と「描く」を組み合わせたもので，分離しようとする物質群が，ろ紙やシリカゲルなどの表面に吸着される強さの違いを利用して分ける操作である。吸着させる物質(吸着剤)や吸着される物質によって，ペーパークロマトグラフィー，カラムクロマトグラフィー，ガスクロマトグラフィーなどに分類される。クロマトグラフィーは，物質中の微量物質の検出・定量などに用いられ，重要な分析手段の1つである。

(1) **ペーパークロマトグラフィー** 分析しようとする混合物の溶液をろ紙の一端に付けて乾燥させた後，下端を図9(a)のように適当な溶媒(展開剤)に浸す。

　そのまましばらく放置すると，溶媒が毛細管現象によって上昇するにつれて，試料の混合物もともに移動していく。このとき，ろ紙に吸着されにくい物質ほど速く移動するので，それぞれの成分物質が異なる位置の斑点となって分離される。

(2) **カラムクロマトグラフィー** カラムクロマトグラフィーは，有機化合物を分離・精製するのによく使われる。吸着剤としてシリカゲルやアルミナをカラム(筒)に詰め，上部に試料を吸着させてから，適当な溶媒(展開剤)を流す(▶図9(b))。そうすると，吸着しにくい物質は早く流出し，吸着しやすい物質は流出に時間がかかるので，一定の時間間隔で流出液を集めることによって，混合物を分離・精製することができる。

(3) **ガスクロマトグラフィー** 試料を気体にして窒素やヘリウムなど(キャリヤーガスという)とともに，吸着剤を詰めた管に流し，管の出口付近で電気的な方法で流出物を検出する。物質によって移動速度が違い流出時間が異なるので，標準物質と比較して検出する。

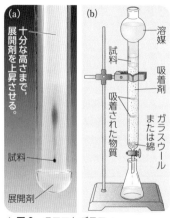

▲図9　クロマトグラフィー

📖 **問題学習 ⋯⋯ 1**　　　　　　　　　　　　　　　　　　　　**純物質と混合物**

(1) 次の物質を純物質と混合物に分類せよ。
　(ア) 食塩水　(イ) 二酸化炭素　(ウ) 空気　(エ) 重曹　(オ) サラダ油
(2) 次の操作は，分離・精製の方法として何がふさわしいか。その名称を答えよ。
　(ア) 海水を，水と塩化ナトリウムなどの成分に分ける。　　(イ) ごま塩から塩化ナトリウムを得る。
　(ウ) 牛乳の中の油分を取り出す。　　(エ) 黒色の水性サインペンの色素の成分を確認する。

考え方 ▶ (1) (ア) 水溶液は混合物である。
(ウ) 空気は，窒素・酸素・その他からなる。
(エ) 炭酸水素ナトリウムのことである。
(オ) いろいろな油が混合している。
　答 純物質：**イ，エ**
　　　　混合物：**ア，ウ，オ**
(2) (ア) 蒸留すれば，純粋な水と塩化ナトリウ

ムなどに分離できる。
(イ) 水に溶かしてろ過し，塩化ナトリウム水溶液を得て，水を蒸発させる。
(ウ) エーテルなどの溶媒を用いると，油分を抽出できる。
　答 (ア) **蒸留**　(イ) **ろ過**　(ウ) **抽出**
　　　(エ) **クロマトグラフィー**

類題 ⋯⋯ 1

　次の分離・精製に最も適した操作法(複数の場合もある)を答えよ。
(ア) 少量の砂と硫酸銅(Ⅱ)を含んだ硝酸カリウムから硝酸カリウムを取り出す。
(イ) ウイスキーからアルコールを取り出す。

2 物質とその成分

A どのように物質は探究されてきたか

1 物質観の変遷　古代ギリシャでは物質の根源の追究のために，中国では不老長寿の秘薬づくりのために，古代エジプトでは卑金属から貴金属を得るための錬金術として，化学が研究された。ここでは，簡単に，これまでの物質観の変遷をみてみよう。

▲図10　四元素説

(1) **古代ギリシャの空想的な物質観**　古代ギリシャの **デモクリトス** は，すべての物質は何もない空虚な空間とそれ以上分割できない粒子からできていると考え，この基本粒子を **アトム** と名付けた。

これに対して，**アリストテレス** は，自然には空虚は存在せず，物質はいくらでも分割できると考えた。また，彼は **エムペドクレス** の「火・土・水・空気」を元素とする「**四元素説**」を発展させ，これらの元素は「乾・冷・湿・温」の作用で，たがいに変換すると考えた（◉図10）。

(2) **古代エジプトに始まる錬金術**　アリストテレスの元素変換説を発展させて，古代エジプトでは鉛や亜鉛などの卑金属から，金や銀などの貴金属をつくるという **錬金術** が発祥した。中国においては，錬金術は高貴薬（不老長寿の薬）や万能薬をつくることも目的にしていたが，この技術はアラビアを経て11世紀頃からヨーロッパに伝わり，中世のヨーロッパに錬金術の時代をもたらした。

結局，錬金術では卑金属を貴金属に変えることはできなかったが，錬金術によって物質についての知識が蓄積され，実験技術も大いに進歩した。

(3) **実験に基づいた物質観**　17世紀になると，元素に関する考え方も近代化してきて，実験が重要視されるようになった。イギリスのボイルは，古代の空想的な元素の考え方を批判し（下の囲み記事参照），「元素は実験によって，それ以上単純なものに分けられないもの」と定義した。

1789年，ラボアジエは，当時知られていた約33種類の元素を分類し，**物質の基礎的な構成成分は元素である** とする具体的な概念を，実験によって確立した。

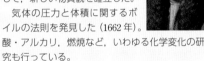

Episode ボイルの業績

ボイル（R. Boyle, 1627〜1691）はイギリスの化学者，物理学者。それまでの四元素説などを排除して，新しい物質観を確立した。

気体の圧力と体積に関するボイルの法則を発見した（1662年）。酸・アルカリ，燃焼など，いわゆる化学変化の研究も行っている。

Episode ラボアジエの業績

ラボアジエ（A. L. Lavoisier, 1743〜1794）はフランスの偉大な化学者。25歳でフランス科学院会員になる。呼吸も燃焼であること，硫黄やリンが燃焼により質量が増加すること，密閉ガラス容器で水を長時間加熱しても，全質量に変化がないことなどから，有名な質量保存の法則（→ *p.34*）を発見した（1774年）。

B　物質の表し方と元素記号

1 物質の表し方 **(1) 物質の記号**　物質を表すのに，昔からいろいろな方法が行われてきた。今日使われているような元素記号になるまでは，種々の移り変わりがあった。

　図11は，中世の錬金術師たちが使っていた記号で，秘密がもれないように一般の人たちには全くわからないようにしていた。

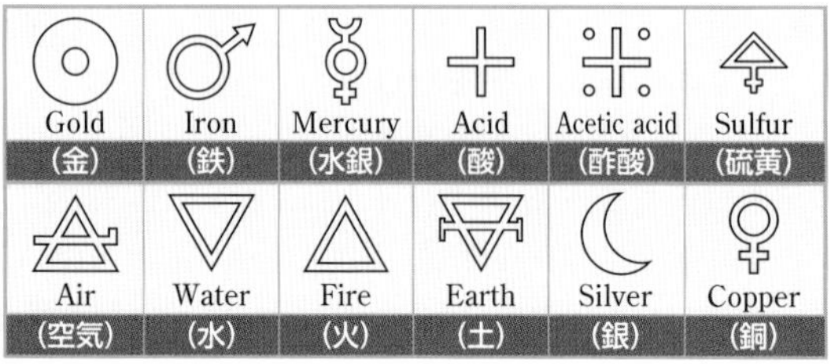

Gold (金)	Iron (鉄)	Mercury (水銀)	Acid (酸)	Acetic acid (酢酸)	Sulfur (硫黄)
Air (空気)	Water (水)	Fire (火)	Earth (土)	Silver (銀)	Copper (銅)

▲ 図11　錬金術師たちが用いた物質の記号

▲ 図12　ドルトンの原子記号の表

(2) ドルトンの原子記号　19世紀に入って，イギリスの化学者ドルトン（1766～1844，→*p.*35）は，初めて原子を表す記号である円形の記号を考案した（▶図12）。ドルトンの原子記号の表は，原子だけでなく原子の重さも記しており，画期的なものであった。

(3) ベルセーリウスの元素記号　18世紀頃から，記号によって，単に物質を表すだけでなく，化学反応をも表すようにしようという試みが盛んになってきた。

　元素（原子）を文字で表すようにしたのがベルセーリウスで（1813年），これによって，今日の元素記号の基礎が確立された。ベルセーリウスは，主としてラテン語名やギリシャ語名から，その1字または2字を取り出して表すことを提唱した（▶表2）。これが**元素記号**の由来である。次ページの表3に，「元素記号とその語源の例」を示した。

2 現在の元素記号　現在までに，自然界で発見された元素は約90種類で，人工的にも約30種類ほどの元素がつくられている。すべての元素名と元素記号は，表紙の裏の元素の周期表に記されている。元素記号は，アルファベットの大文字1字，または大文字1字と小文字1字で表される。また，原子（→*p.*40）を表すときにも使うことがあるので，**原子記号**ともよばれる。

▼ 表2　元素名と元素記号の例

元素名	ラテン語名	英語名	元素記号	元素名	ラテン語名	英語名	元素記号
水素	Hydrogenium	Hydrogen	H	ナトリウム	Natrium	Sodium	Na
炭素	Carboneum	Carbon	C	カリウム	Kalium	Potassium	K
窒素	Nitrogenium	Nitrogen	N	鉄	Ferrum	Iron	Fe
酸素	Oxygenium	Oxygen	O	銅	Cuprum	Copper	Cu
硫黄	Sulfur	Sulfur	S	亜鉛	Zincum	Zinc	Zn
塩素	Chlorum	Chlorine	Cl	銀	Argentum	Silver	Ag

元素名	元素記号	名前の由来（記号の由来）
水素	H	・ギリシャ語の「水 hydro」と「つくる gennao」から。
ヘリウム	He	・ギリシャ語の「太陽 helios」にちなんで。皆既日食の際に，太陽の彩層のスペクトルとして発見された。
ネオン	Ne	・ギリシャ語の「新しいもの neos」にちなんで。
アルミニウム	Al	・ミョウバンの中の酸化物 alumina にちなんで。
アルゴン	Ar	・ギリシャ語の「怠惰なる argos」にちなんで。
カルシウム	Ca	・酸化物である石灰のラテン語 calx にちなんで。
クロム	Cr	・美しい色をもった紅鉛鉱の中から発見されたので，ギリシャ語の「色 croma」にちなんで。
臭素	Br	・ギリシャ語の「臭気 bromos」にちなんで。
プルトニウム	Pu	・人工元素。冥王星(pluto)にちなんで。
キュリウム	Cm	・人工元素。キュリー(Curie)夫妻にちなんで。
アインスタイニウム	Es	・人工元素。科学者アインシュタイン(Einstein)にちなんで。

Study Column 地球上の元素

　F. W. Clarke（アメリカの地球化学者，1847〜1931）は，海面下10マイル（約16km）までの岩石の組成は，地表に見られる岩石の組成と大差がないとみなして，これに水圏・大気圏を加えて，地球表層に存在する元素の質量パーセントを推定した。これを **クラーク数** ということがある。

　火成岩の主成分が二酸化ケイ素 SiO_2 であるため，酸素とケイ素とで全質量の約75％を占めている。少ない元素は，研究の進歩とともに数値が変わる。順序は「O Si Al Fe Ca Na」のように覚えるとよい。

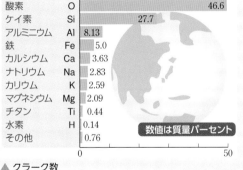

酸素	O	46.6
ケイ素	Si	27.7
アルミニウム	Al	8.13
鉄	Fe	5.0
カルシウム	Ca	3.63
ナトリウム	Na	2.83
カリウム	K	2.59
マグネシウム	Mg	2.09
チタン	Ti	0.44
水素	H	0.14
その他		0.76

数値は質量パーセント

▲ クラーク数

Study Column 賢者の石（Philosopher's stone）

　中世ヨーロッパの錬金術師たちは，卑金属を金に変えるためには何か特殊な石を混ぜる必要があると考え，競ってその魔法の石を探した。それは「賢者の石（哲学者の石）」と名付けられた。当時，水銀や硫黄が研究に多く用いられていたが，水銀と銅の合金が銀のような外観であることから，物質の探究が始まったとも考えられる。

C 単体と化合物

1 純物質と単体・化合物　水を電気分解すると，気体の水素と酸素を生じる。このことから，水は水素Hと酸素Oという元素からできていることがわかる。このように2種類以上の元素からできている純物質を **化合物** という。水を電気分解してできた気体の水素や酸素は，これ以上分解できず，水素は元素Hのみから，酸素は元素Oのみからできている。このような1種類の元素だけからできている純物質を **単体** という。

純物質
- **単体**…1種類の元素からなる物質。
  - **例**　水素 H_2　酸素 O_2　窒素 N_2　鉄 Fe　銅 Cu　硫黄 S
- **化合物**…2種類以上の元素が一定の割合で結合した物質。
  - **例**　水 H_2O　塩化ナトリウム NaCl　二酸化炭素 CO_2

参考 単体と元素　単体は元素と同じ名称でよばれることが多いので，区別して考える必要がある。『水は水素と酸素からできている』というときの「水素」「酸素」は，水を構成している原子の種類，つまり元素を表している。『水を分解すると水素と酸素が発生する』というときの「水素」「酸素」は，実際に存在する物質である単体を表している。

D 同素体

1 同素体　単体の中には，結合している原子の数や配列が異なるため，同じ元素の単体なのに性質が異なるものがある。これらをたがいに **同素体** という。同素体をもつ代表的な元素は，硫黄S，炭素C，酸素O，リンPである。

CHART 1

同素体の覚え方

同素体　は　S C O P（スコップ）　で掘れ

2 硫黄の同素体　硫黄Sには3種類の同素体が存在する。ふつうの硫黄は **斜方硫黄** で，常温で最も安定である。これを約120℃に加熱して空気中で冷却すると **単斜硫黄** になる。しかし，単斜硫黄を常温で放置すると，やがて自然に斜方硫黄にもどる。斜方硫黄を250℃程度に加熱してから水中に注ぐと，ゴムに似た弾性をもつ **ゴム状硫黄** が得られる。ゴム状硫黄は黒褐色になることが多いが，純度が高ければ黄色になる。

▲ 図13　硫黄Sの同素体

3 酸素の同素体　O原子が2個結合した **酸素 O_2** は，無色・無臭の気体で空気中に約20%存在する。生物にとって重要な気体である。O原子が3個結合した **オゾン O_3** は，淡青色で独特のにおいがあり，反応しやすく有毒な気体である。

酸素 O_2　　オゾン O_3

▲ 図14　酸素Oの同素体

4 炭素の同素体 炭素 C にはさまざまな同素体が存在する（→ p.349）。

ダイヤモンド は，無数の炭素原子が立体的に結合した構造をもつ（→ p.78）。全物質中で最も硬く，無色透明で電気を通さない。装飾品や研磨材に用いられる。

一方，**黒鉛**（グラファイト）は黒色不透明で軟らかく，薄くはがれやすい性質をもち，電気を通す。黒鉛は炭素原子が網目状に結合した構造が何層にも積み重なった構造をもつ（→ p.78）。黒鉛は鉛筆の芯に使われたり，電池や電気分解の電極に用いられる。

20 世紀後半には，60 個の炭素原子が五角形と六角形を組み合わせた構造で結合した球状の **フラーレン** や，黒鉛の平面構造が筒状に結合した **カーボンナノチューブ**，カーボンナノホーンの他，**グラフェン** などが発見されている（→下の囲み記事参照）。

| ダイヤモンド | 黒鉛(グラファイト) | フラーレン | カーボンナノチューブ |

▲ 図 15　炭素 C の同素体

Study Column　炭素の新しい同素体

1985 年，炭素の第三の同素体である **フラーレン** という物質が発見された。これは下図のような球状分子で，C_{60} の他に，C_{70}，C_{78} などいくつかの分子式のものが合成されている。フラーレンが注目されているのはこれらの分子の形だけではなく，たとえば，フラーレンとアルカリ金属との化合物が超伝導性（→ p.406）を示すなど，多くの特殊な性質を示すからである。

超伝導というのは，物質を冷やしていくと，ある温度（臨界温度ともいう）以下で電気抵抗が 0 になる現象をいう。電気抵抗が 0 になれば，大きな電流を流しても全く発熱しないので，強力な電磁石をつくることができる。ただ，電磁石全体を臨界温度以下に保たなければならないので，臨界温度の高い物質が望ましい。

フラーレンとアルカリ金属の化合物では，たとえば K_3C_{60}，Rb_3C_{60}，$RbCs_2C_{60}$ などが超伝導性を示すことがわかった。これらの臨界温度は，すでに知られている有機超伝導体の臨界温度よりかなり高いことが特徴である。今後，この仲間の物質で，さらに高い臨界温度を示す物質が合成される可能性も十分ある。

また，炭素の第四の同素体として，1991 年，黒鉛の平面構造が筒状に丸まった構造をもつ **カーボンナノチューブ** が日本の飯島澄男博士により発見され，その後，カーボンナノチューブの先が閉じた **カーボンナノホーン** が発見された。さらに，黒鉛の一層分だけからなる薄膜状の物質も 2004 年に見つかり，**グラフェン** と名付けられた。同素体の 1 つとして扱われる場合もある。これらを半導体や電池などに利用するための研究が進められている。

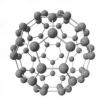  

フラーレン C_{60}　　カーボンナノチューブ　　グラフェン

5 リンの同素体 黄リン（白リン）は，白色（淡黄色）ろう状のきわめて有毒な固体である。空気中で，おだやかに酸素と反応して光ったり，さらには自然発火するので，水中に保管する。

黄リンを窒素中で250℃付近で十数時間加熱すると**赤リン**になる。赤リンは，多数のリン原子が結合した構造をもつ赤褐色粉末である。毒性は少なく，空気中でも自然発火しない。マッチの側薬(摩擦面)に使われている(→ p.343)。

黄リン — 水

赤リン

マッチの側薬

▲ 図16 リンPの同素体

📖 問題学習 …… 2 　　　　　　　　　　　　　　　　　**物質の分類**

(1) 次の物質を単体・化合物・混合物に分類せよ。
　（ア）海水　（イ）ダイヤモンド　（ウ）二酸化炭素　（エ）アンモニア　（オ）塩酸　（カ）金
(2) 次の物質のうち，同素体どうしを選び，元素名とともに組にして答えよ。
　（ア）酸素　（イ）黒鉛　（ウ）二酸化炭素　（エ）ダイヤモンド　（オ）硫黄
　（カ）一酸化炭素　（キ）オゾン　（ク）二酸化硫黄　（ケ）三酸化硫黄

考え方▶ (1)（ア）海水には，水の他に塩化ナトリウムや塩化マグネシウムなど多くの物質が含まれている。
（イ）炭素だけからできている。
（ウ）二酸化炭素は炭素と酸素が結合した物質である。CO_2 と表す。
（エ）アンモニアは窒素と水素が結合した物質である。NH_3 と表す。
（オ）塩酸は水に塩化水素という化合物が溶

解したものなので，混合物である。
（カ）金は単体である。
答 単体：**イ，カ**　化合物：**ウ，エ**
　混合物：**ア，オ**
(2) 同素体は，同じ元素からできている単体である。したがって，二酸化炭素のような化合物は，すぐに除いて考える。単体の名称は覚えるしかない。
答 酸素：**ア，キ**　炭素：**イ，エ**

類題 …… 2

(1) 次の物質を単体・化合物・混合物に分類せよ。
　（ア）塩化ナトリウム　（イ）斜方硫黄　（ウ）石油　（エ）フラーレン
　（オ）アンモニア　（カ）銀　（キ）空気　（ク）硫酸マグネシウム
　（ケ）酸化マンガン(IV)　（コ）ゴム状硫黄　（サ）カーボンナノチューブ
　（シ）二酸化炭素　（ス）赤リン　（セ）牛乳　（ソ）黄リン
　（タ）二酸化硫黄　（チ）単斜硫黄　（ツ）ダイヤモンド
(2) (1)の物質のうち，同素体どうしを選び，元素記号とともに組にして答えよ。

E 成分元素の検出

1 炎色反応 いくつかの元素は、それを含む化合物やその水溶液を無色の高温の炎に入れると、元素特有の色がつく場合がある。これは**炎色反応**とよばれ、成分元素の検出に用いられる。

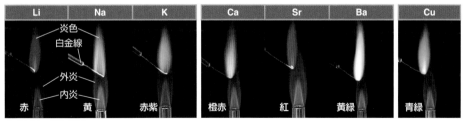

▲ 図17 炎色反応

 Laboratory 炎色反応

方法 ① 白金線の先を濃塩酸に浸し、バーナーの炎(外炎)に入れて無色になることを確認する。
② 試料(塩化ナトリウム、塩化カリウムなど)の水溶液を、別々の白金線の先に付けて炎に入れ、炎の色を観察する。

結果 アルカリ金属やアルカリ土類金属の一部、および銅は、それぞれ特有の炎色反応を示す。

CHART 2 炎色反応の覚え方

rear carの な𝑖 K村 どうせ 借りようと しても貸してくれない 馬の力で運ぼう
リアカー なき K村, どうせ 借るとう するもくれない 馬力

Li 赤 Na 黄 K 赤紫 Cu 青緑 Ca 橙赤 Sr 紅 Ba 黄緑

2 沈殿反応 **(1) 塩素の検出** 水道水に硝酸銀水溶液を加えると薄く白濁する。食塩水に硝酸銀水溶液を加えると白色沈殿を生じる。どちらも水に不溶な白い物質ができたことになる。塩酸に硝酸銀水溶液を加えても同様になる。このことは、三者に共通して同じ元素が含まれていると考えることができる。この白色沈殿を調べてみると塩化銀 $AgCl$ であることがわかるので、成分元素として塩素が含まれていたことになる。実際には、塩素は塩化物イオンというイオン(→ p.62)の形で含まれている。

▲ 図18
塩素の検出

$$Ag^+ + Cl^- \longrightarrow AgCl$$

(2) 炭素の検出　有機物を燃焼させて，生じた気体を石灰水に通じると，たいてい白色沈殿を生じる。石灰水と反応して白色沈殿を生じる物質としては二酸化炭素の可能性が高く，その気体には二酸化炭素 CO_2 が含まれると推定される。そして，酸素は燃焼のときに空気などから供給されているため検出されたことにならないので，有機物は成分元素として少なくとも炭素を含むことがわかる。

　大理石の小片に希塩酸を加えると気体が発生する。この気体を石灰水に通じると，上記と同様に白色沈殿を生じる。したがって，大理石には成分元素として少なくとも炭素が含まれていると推定できる。

3 その他の元素の検出法　有機物に含まれている水素，窒素，硫黄，塩素（ハロゲン元素 → p.331）は，次のような方法で検出することができる。

(1) 水素の検出　試料を酸化銅(Ⅱ) CuO とともに試験管中で加熱すると，有機物が酸素と反応して，成分元素の炭素 C は二酸化炭素 CO_2 となり，同時に成分元素の水素 H は水 H_2O となって試験管の管口にたまる。

　水は，白色の硫酸銅(Ⅱ)の無水物 ($CuSO_4$) を青色にすることや，塩化コバルト紙を青色から淡赤色にすることで検出する。

(2) 窒素の検出　試料を水酸化ナトリウム NaOH またはソーダ石灰[1]（酸化カルシウムと水酸化ナトリウムの混合物）と混合して加熱すると，成分元素の窒素 N はアンモニア NH_3 となる。

　アンモニアは，湿らせた赤色リトマス紙が青色になることや，濃塩酸を近づけると塩化水素 HCl と反応して塩化アンモニウム NH_4Cl の白煙を生じることで検出する。

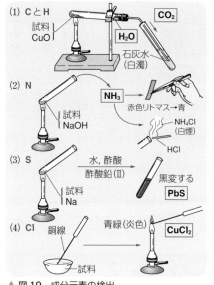

▲ 図 19　成分元素の検出

(3) 硫黄の検出　硫黄 S を含む有機物は，試料に単体のナトリウム Na[2]を加えて熱分解すると，成分元素の硫黄から硫化水素 H_2S が生じる。これを酢酸で中和してから，酢酸鉛(Ⅱ)水溶液を加えると，黒色の硫化鉛(Ⅱ) PbS を生じる。

(4) 塩素の検出　有機物が塩素（ハロゲン元素）を含む場合には，焼いた銅線の先に試料を付着させ，ガスバーナーの外炎に入れると，青緑色の銅の炎色反応[3]が見られる。これは，成分元素の塩素 Cl が高温の銅と反応して塩化銅(Ⅱ) $CuCl_2$ を生じ，それが炎色反応を示すからである。

❶ ソーダ石灰　酸化カルシウム CaO を濃い水酸化ナトリウム水溶液 NaOH で練ったものを熱して乾燥させ，粒状にしたもの。水分や二酸化炭素の吸収剤として使われる。
❷ 単体のナトリウムの代わりに，粒状の水酸化ナトリウムでも検出できる物質が多い。
❸ $CuCl_2$ の炎色反応　高温で揮発性の $CuCl_2$ が生じたときに，はじめて青緑色の炎色反応が現れる。

Q²uestion Time クエスチョン タイム

Q. 炎色反応の色は，どうして元素によって違うのですか？

A. 物質を高温にすると，物質を構成している原子が，熱エネルギーを吸収して，それまでより も高いエネルギー状態になります。しかし，この状態は不安定ですから，すぐにもとの状態にも どることになります。このとき，吸収したエネルギーが光となって放出されます。それが，ちょ うど目に見える色の光(可視光線)になったとき，色がついた炎として観察されます。

　原子のエネルギーの高い状態と低い状態の差は，元素によって異なります。したがって，元素 特有の色が見られるわけです (→ p.49)。花火はこの炎色反応を利 用したものです。

　ガスバーナー程度の熱エネルギーでは高いエネルギーの状態に なれない元素も多く，放出される光が可視光線でない場合(紫外線 や赤外線などの場合)には，色が見えないということになります。

　炎色反応は気体の原子でないと起こりません。したがって，化 合物が高温で揮発しやすい塩化物などでないと同じ元素でも色が つかないことがあります。たとえば，銅板を加熱しても表面に酸 化銅(II)が生成するだけで炎に色はつきませんが，塩化銅(II)の 水溶液ならば青緑色の炎色反応を見ることができます。

📖 問題学習 ⋯⋯ 3 　　　　　　　　　　　　　　　　　　　　　　成分元素の検出

　次の(1)〜(3)の物質に含まれている元素は何か。元素記号で答えよ。
(1) 物質Aの水溶液を白金線の先に付けてガスバーナーの無色の炎の中に入れると，黄色の炎が観 察された。また，水溶液に硝酸銀水溶液を1滴加えると白く濁った。
(2) 物質Bを燃焼させ，生じた気体を石灰水に通すと白濁した。
(3) 物質Cに水酸化ナトリウム水溶液を加えて加熱し，発生した蒸気に濃塩酸を付けたガラス棒を 近づけると，白煙を生じた。

考え方 ▶ (1) 炎色反応が黄色であることから ナトリウムが含まれていることがわかる。ま た，硝酸銀と反応して白色沈殿を生じること から塩素が含まれている。**答 Na, Cl**
(2) 石灰水を白濁させる気体は二酸化炭素 CO_2 であり，酸素は燃焼のとき使われるから，少

なくとも炭素が物質Bに含まれている。
答 C
(3) 濃塩酸と反応して白煙が生じる場合は，塩 化アンモニウムが生成しているので，アンモ ニアが検出されたことになる。含まれている 元素は窒素である。**答 N**

類題 ⋯⋯ 3

　白いチョークの先をガスバーナーの炎に入れると，炎の色が橙赤色になった。また，チョークに 希塩酸を加えて発生した気体を石灰水に通したところ，白濁した。このチョークには，どんな元素 が含まれていると考えられるか。元素名で答えよ。

3 物質に関する基礎法則

A 原子はどのようにして考えられてきたのか

1 質量保存の法則 「物質が化学変化するとき，反応前の物質の質量の和と，反応後の物質の質量の和は等しい(1774年，ラボアジエ)」。

この法則は，化学反応で物質が消滅したり，何もないところから物質が生じたりすることはないことも示している。

> **例** 炭素 $3.0\,g$ を燃焼させると，酸素 $8.0\,g$ と反応して，二酸化炭素 $11\,g$ が生成する。

2 定比例の法則 「同じ1つの化合物では，成分元素の質量の比は，その化合物の生成過程と関係なく，常に一定である(1799年，プルースト)」。

この法則は，「天然のものでも人工のものでも，同じ物質であれば，その組成は常に一定」ということである。これは，現在では全くあたりまえのことで，法則とはいえないと思われるが，当時は原子の概念も確定されておらず，この法則が正しいかどうかで大論争が起こった。

> **例** 水素 $0.63\,g$ を完全に燃焼させると，水が $5.67\,g$ 生じる。また，水 $90\,g$ を電気分解すると水素が $10\,g$ 発生する。つまり，水は，水素1に対して酸素8の一定の質量比で結合している。
>
> したがって，水が $36\,g$ できたとすると，水素 $4\,g$ と酸素 $32\,g$ が反応している。また，水が $18\,g$ できたとすると，水素 $2\,g$ と酸素 $16\,g$ が反応している。

3 倍数比例の法則 「A，Bの2元素を成分とする複数の化合物において，Aの一定質量と結合しているBの質量は，これらの化合物の間では簡単な整数比になる(1803年，ドルトン)」。

> **例** 一酸化炭素＝$12\,g(C)+16\,g(O)$
> 二酸化炭素＝$12\,g(C)+32\,g(O)$
> この場合，$12\,g$ の炭素に対する酸素の質量比は，$16:32=1:2$ （簡単な整数比）
>
> 水＝$2\,g(H)+16\,g(O)$
> 過酸化水素＝$2\,g(H)+32\,g(O)$
> この場合，$2\,g$ の水素に対する酸素の質量比は，$16:32=1:2$ （簡単な整数比）

Episode
質量保存の法則とラボアジエ

ラボアジエ(→ p.25)の業績は，当時としては高価なてんびんを用いて，定量的な実験を数多く行っていることが特徴的である。たとえば，それまで水を熱すると蒸発した後に灰白色の物質が残るのは，水が土に変化したものと考えられていた。そこで彼は，ペリカンとよばれるガラスの容器で，水が逃げないようにして101日間にわたって加熱し続け，水が容器を溶かすことはあっても，容器の質量減少と水の底に生じた物質の質量が同じであることから，水そのものが変化して水に不溶の固形物が生じることはないということを確かめた(1768〜1769年)。

もう1つは，図のような装置で水銀を加熱し続けると（12日間加熱したといわれる），空気の体積は減少し，水銀の表面に赤色の粉末が浮かぶ。これを取り出して加熱すると，再び水銀と気体に分離し，その体積は，前の実験で空気が減少した体積と同じであった。また，気体の質量と水銀の質量の増加量が等しかった(1774年)。彼は，この気体に「酸素」という名称を付けた。

その他，さまざまな実験から有名な「質量保存の法則」を提唱した。

定比例の法則を見いだしたプルースト

プルースト(J.L.Proust, 1754 ～ 1826)はフランスの化学者。マドリード大学教授。

クジャク石(成分は銅の炭酸塩・水酸化物)を分析していて,天然のものと実験室で得られたものとが全く同じ組成をもっていることに気がついて,これらの化合物はどのようにしてつくっても同じ成分をもつことを確認した。すなわち定比例の法則の確認となった。原子も分子も知られていなかった当時,非常に困難な研究であった。

一方で,定比例の法則に従わない化合物もある。たとえば硫化鉄(II)には,Fe_6S_7 から $Fe_{11}S_{12}$ の間の,Fe と S との成分比がいろいろな化合物が存在している。ベルトレは,そのことに気づき,定比例の法則は絶対的なものではないと主張した。プルーストと,当時の大化学者であったベルトレが,このような化合物の存在について 8 年間も論争を続け,結局,ベルトレの説が正しいとされたことは有名である。ベルトレの名前にちなんで,定比例の法則に従わない化合物をベルトリド化合物という。

これは,固体の中の原子の配列がくずれて,部分的に結合比が異なるものができることが原因とされている。

4 ドルトンの原子説 ギリシャ時代から,「万物はこれ以上分割できない最小の粒子からできている……」という考えが議論されてきた。ドルトンは,質量保存の法則や定比例の法則,倍数比例の法則を説明するために,次の **原子説** を発表した(1803 年)。

① すべての物質は,それ以上分割できない粒子(**原子**[1])からできている。

② 物質を構成する元素は,その種類により固有の質量と大きさをもつ原子からなる。

③ 2 種類以上の原子が一定の割合で結合した **複合原子**[2] が存在する。

④ 化合や分解のときにも,原子は消滅したり,新たに生成することもない。

⑤ 気体では 1 個の原子や複合原子が 1 個の気体粒子になっている。

この考えを前述の 3 つの法則に適用すると,すべて明確に説明できた。そのため,ドルトンの原子説は広く認められ,実験事実に基づく新しい概念が生まれた。

原子説を提唱したドルトンの業績

ドルトン(J.Dalton, 1766 ～ 1844)はイギリスの化学者。貧しい職工の子として生まれ,正式な学校教育をほとんど受けることなく,独学で近代的原子論を提唱したのである。

分圧の法則,倍数比例の法則を発表した(1801, 1803 年)。また,有名な原子説を提唱した(1803 年)。1805 年には,最初の原子量表を発表した。

原子を記号で表すことを考案したのはドルトンが最初であるが,原子記号が単に原子を表すだけでなく,原子の質量を同時に表すと考えた点は,現在に引き継がれている重要な考え方である。しかし,このような考え方を発表した以外は,彼の原子説・倍数比例の法則を理論的に説明することができるはずのゲーリュサックの気体反応の法則やアボガドロの分子説を否定し,さらにベルセーリウスのアルファベットを用いる元素記号に反対するなど,その後の業績にはみるべきものがなかった。

ドルトンは 1781 年から気象観測を始め,生涯それを続けた。彼の気象観測をしている姿は,近所の人たちから時計代わりになったといわれた。それほどドルトンは几帳面であり,彼が亡くなる日の気象観測の記録が彼の最後の文章となったのは有名な話である。

---

❶ **原子** ギリシャ語でアトムといわれた。a：否定語,tom：分割。分割できないという意味。

❷ **複合原子** このときは,まだ単体の分子は知られていなかった。ドルトンは原子説の元祖でありながら,後にアボガドロが分子説を提唱したときは,反対者の一人であった(→ p.37)。

5 気体反応の法則 ゲーリュサックは，多くの実験を行った結果，「気体どうしが反応したり，反応の後に気体が生成するとき，それらの気体の体積の間には簡単な整数比が成り立つ」という**気体反応の法則**を見い出した[●]（1808年）。

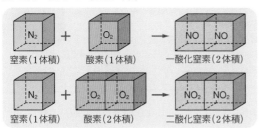

窒素（1体積）　＋　酸素（1体積）　→　一酸化窒素（2体積）

窒素（1体積）　＋　酸素（2体積）　→　二酸化窒素（2体積）

▲ 図20　気体反応の法則

　たとえば図20のように，窒素と酸素とが反応して一酸化窒素ができるときは，窒素と酸素と一酸化窒素との体積比は1：1：2になる。また，窒素と酸素とから二酸化窒素ができるときには，窒素と酸素と二酸化窒素との体積比は1：2：2になる。

　このように，窒素と酸素が反応するときはすべてが気体で，気体反応の法則が成り立つ。

　ゲーリュサックはまた，他の実験結果とドルトンの原子説を取り入れて，「同温・同圧・同体積の気体の中には，同数の原子（複合原子）が含まれる」という仮説を立てた。しかし，次項で学ぶような矛盾が生じ，大きな問題になった。

B 分子と分子説

1 原子説と気体反応の法則との矛盾 ドルトンの原子説と気体反応の法則を重ね合わせると，それらの間に大きな矛盾があることがわかった。

　実験によると，窒素と酸素とから一酸化窒素ができる反応では，その体積比は1：1：2であり，気体反応の法則に従っている。

　この気体反応の法則を，ドルトンの原子説⑤を適用し，窒素●，酸素●，一酸化窒素●●（複合原子）で表すと，下図のA, Bのような2通りの説明ができる（1体積を1個の記号で表した）が，どちらの場合も質量保存の法則や原子説に反するという矛盾が生じている。

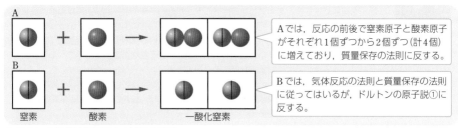

Aでは，反応の前後で窒素原子と酸素原子がそれぞれ1個ずつから2個ずつ（計4個）に増えており，質量保存の法則に反する。

窒素　　酸素　　一酸化窒素

Bでは，気体反応の法則と質量保存の法則に従ってはいるが，ドルトンの原子説①に反する。

▲ 図21　原子説と気体反応の法則の矛盾

[●] ゲーリュサックより前に，イギリスの化学者キャベンディッシュとプリーストリーは，水素と酸素とから水ができる反応を調べ，水素2体積が酸素1体積と反応することを示していた。ゲーリュサックは，自分の実験結果だけからでなく，他の学者のいろいろな実験結果から気体反応の法則を発見した。

2 アボガドロの分子説 前ページのような矛盾を解決するために，アボガドロは，いくつかの原子が結合した **分子** という粒子を考えて，次のような仮説❶を発表した(1811年)。

① 気体はいくつかの原子が結合した分子からできている。

② すべての気体は，同温・同圧のとき，同体積中には同数の分子が含まれている。

③ 気体どうしが反応するとき，分子は分割されて原子となり，原子どうしの組合せが変わって，別の分子になることができる。

この仮説は，まだ原子そのものもはっきりとわかっていなかった時代に，分子の総数が変わったり，分子が分割するという大胆な仮説であった。そのため，アボガドロの仮説は空想的な案として，長年受け入れられなかった。しかし，その後，多くの研究により正しいことが証明され，現在では②の内容は **アボガドロの法則** とよばれている。

図21の反応をアボガドロの法則に従って表すと，下図のようになり，現在表されている化学反応式と一致する。

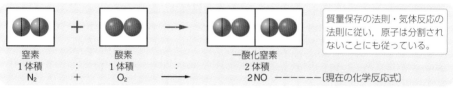

窒素		酸素		一酸化窒素	
1体積	:	1体積	:	2体積	
N_2	+	O_2	→	$2NO$	――――〔現在の化学反応式〕

質量保存の法則・気体反応の法則に従い，原子は分割されないことにも従っている。

▲ 図22 アボガドロの分子説に従った表現

CHART 3 アボガドロの法則

 同じ数だ！

同温・同圧・同体積 で 同数の分子
同温・同圧の気体の体積は，分子数に比例する

Episode
埋もれていたアボガドロの分子説

アボガドロ (A.Avogadro, 1776～1856) はイタリアの物理・化学者。20歳で法学博士の学位を得た後，24歳から物理学・数学の勉強を始め，44歳でトリノ大学でイタリア最初の数理物理学の教授となった。ドルトンの原子説とゲーリュサックの気体反応の法則との矛盾を解決するために，分子の存在を仮定し，現在の化学の概念の基礎をつくった。物質1mol中の粒子数をアボガドロ数というのは，彼の功績を記念するものである。しかし，当時の化学者は彼の考えを取り上げず，彼の分子説は埋もれたままであった。結局，没後の1860年，彼の弟子のカニツァーロが第1回国際化学者会議で配った，カニツァーロ自身の書いた小冊子によって改めて紹介されるまで，正当な評価を受けることがなかったのである。このことは，アボガドロ個人にとってのみならず，化学の発展のためにも大変に不幸なことであった。その後，ロシュミット (オーストリアの物理学者) の気体の熱伝導の実験 (1865年) やその後に行われた各種の実験によって，仮説の内容である分子の実在と分子の数についての正しさが証明されたので，現在，彼の唱えた仮説のうち②の内容はアボガドロの法則とよばれている。

❶ **仮説と法則** ある仮説が実験などによって正しいと証明されると，初めて法則となる。アボガドロの仮説は，彼の死後，化学的に証明された。

① 物質の分類

　自然界にはさまざまな物質がある。海水のように2種類以上の物質からなる（　ア　）と，混じり気のない単一の物質の（　イ　）に分けられる。（イ）のうち，2種類以上の元素からできているものを（　ウ　）といい，1種類の元素だけからなり，それ以上分けられないものを（　エ　）という。また，同じ元素からできている(エ)で，性質の異なる物質をたがいに（　オ　）という。

(1) 文中の空欄(ア)～(オ)に当てはまる最も適切な語句を示せ。

(2) 次の各物質を(ア)，(ウ)，(エ)に分類せよ。

① 空気　　② ドライアイス　　③ 硫黄　　④ 塩酸　　⑤ 塩化ナトリウム

⑥ 純水　　⑦ マグネシウム　　⑧ 牛乳　　⑨ 亜鉛　　⑩ アンモニア水

ヒント　(2) 化学式で表してみると，何に分類されるかがわかりやすい。

② 同素体

次の物質の中から，同素体の関係にあるものを3組選び，記号で答えよ。

(a) 酸素　(b) 亜鉛　(c) 濃硫酸　(d) 黄リン　(e) 鉛　(f) オゾン　(g) 希硫酸

(h) 重水素　(i) メタン　(j) ダイヤモンド　(k) 水素　(l) 赤リン

(m) 過酸化水素　(n) 黒鉛(グラファイト)　(o) プロパン　(p) フラーレン

③ 混合物の分離

　ワインは，ブドウの果汁から発酵によりつくられる。発酵を終えた果汁には酵母などの①不純物が沈殿しているのでこれを取り除く。その後，②ワインを加熱して蒸発させ，その蒸気を凝縮すると，ブランデーが得られる。また，ブランデーに梅の実を漬けておくと，③梅の実の成分がブランデーに溶け出し，梅酒ができる。

(1) 下線部①のように，固体を液体から分離する方法を何というか。

(2) 下線部②のような，液体の混合物の精製法を何というか。

(3) 下線部③のように，液体を用いて混合物から特定の成分を溶かし出す方法を何というか。

(4) 少量の塩化ナトリウムを含む硝酸カリウムから，温度による溶解度の差が大きい硝酸カリウムを取り出す操作を何というか。

(5) ガラスのかけらを含むヨウ素から，加熱してヨウ素を取り出す操作を何というか。

(6) インクの各成分を，ろ紙に対する吸着力の違いによって分ける操作を何というか。

ヒント　ワインやブランデーは純物質ではないが，必要なものを得るために精製する操作として，考えればよい。

④ 成分元素の検出

　次の結果から検出できる元素は何か。元素名で答えよ。

(1) 白金線の先に試料を付けて，バーナーの外炎に入れたら炎が黄色くなった。

(2) チョークをガスバーナーの炎で焼いたら，橙赤色の炎が観察された。

(3) 試料を燃焼してできた液体をとり，硫酸銅(II)の無水物に加えると青色になった。

(4) 試料の水溶液に硝酸銀水溶液を加えたら，白色の沈殿ができた。

◆◆◆ 定期試験対策の問題 ◆◆◆

⑤ 蒸留装置

図のような蒸留装置について，次の問いに答えよ。

(1) 図の(a)～(d)の器具の名称を記せ。

(2) 次のうち，正しいものをすべて選べ。

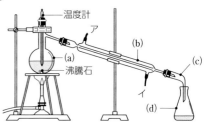

① 沸騰石は，液体を早く沸騰させるために加える。

② (a)に入れる液量は，たくさん入れたほうが大量に蒸留できて都合がよい。

③ 温度計の球部(下端)の位置は，(a)の枝の付け根付近の高さにする。

④ (b)の冷却水を流す向きは，イからアへ流す。

⑤ (c)と(d)をつなぐときには，漏れないように穴あきゴム栓を用いたほうがよい。

ヒント (2)それぞれ次のことを考えるとよい。①使用しなかった場合はどうなるか，②(a)の中で沸騰が起こるとどうなるか，③何の温度をはかるのが目的か，④(b)の中の空気と水の関係がどうなるか，⑤密閉されて全体が気密になるとどうなるか。

⑥ 元素と単体

下線部の名称が元素を指している場合はA，単体を指している場合はBの記号で示せ。

(a) カルシウムは，ヒトにとって不可欠な栄養素である。

(b) 水素は水に溶けにくい，最も密度の小さな気体である。

(c) 水素は周期表の左上に配置されている。

(d) 酸素とオゾンは，たがいに酸素の同素体である。

(e) アンモニアや硝酸などは窒素を含む物質である。

ヒント 単体は，1種類の元素からできていて，実際に手にすることのできる物質である。

⑦ 物質に関する基礎法則

次の(1)～(5)は，下の(ア)～(オ)のどの法則と関連が深いか。

(1) 同温・同圧で同体積の気体の中には，同数の分子が含まれている。

(2) 化学反応に関係する物質の質量の総和は，反応の前後で変わらない。

(3) 1つの化合物を構成する成分元素の質量の比は，生成方法と関係なく一定である。

(4) A，Bの2種類の元素からなる化合物が2種類以上あるとき，Aの一定質量と化合するBの質量は，簡単な整数比となる。

(5) 気体が関係する化学反応では，反応に関わる気体の体積は，同温・同圧において簡単な整数比となる。

(ア) 質量保存の法則　　(イ) 定比例の法則　　(ウ) 倍数比例の法則

(エ) 気体反応の法則　　(オ) アボガドロの法則

第2章

物質の構成粒子

1. 原子と電子配置
2. イオン
3. 元素の周期律

1 原子と電子配置

 ## A 原子の構造

1 原子の構造 原子は，物質を構成する最小単位の粒子で，それ以上分割できない粒子とされていた。しかし，現在では，原子もさらに小さな微粒子からなることがわかっている(▶図1)。

原子の大きさは元素の種類によって異なるが，直径がおおよそ 10^{-10} [1] m である。図2は，原子がいかに小さいものであるかを示したものである。

原子の中心には **原子核** があり，その大きさは原子の大きさの約10万分の1(10^{-15}m)程度である。原子核は，正の電荷をもつ **陽子** (プロトンともいう)，および電荷をもたない **中性子** がいくつか集まってできている[2]。

原子核のまわりには，負の電荷をもつ **電子** が存在している。

原子に含まれる陽子の数と電子の数は等しく，原子全体としては電気的に中性である。

▲ **図1 原子のモデル**(水素HとヘリウムHe)
① 陽子と電子のもつ電荷の絶対値は等しい。
② 陽子の数と電子の数は等しい。
③ 原子全体としては電気的に中性である。

▲ **図2 原子の大きさの比較**

---

[1] 10000 は，1に10を4回かけた数で，$1×10^4$ と表す。10の右上に書かれた数を **10の指数** (単に **指数**) という。一般に，ある数Aに10を n 回かけた数を $A×10^n$ と表し，$A＝1$ のときは 10^n と略してもよい。一方，10^{-n} のように，指数がマイナスの場合は，もとの数 10^n の逆数であることを示す。

$10^{-n}＝\dfrac{1}{10^n}$ であるから，10^{-10}m$＝\dfrac{1}{10^{10}}$m，すなわち，100億分の1mのことである。

[2] 自然界に存在する水素の原子核は，1個の陽子だけからなり，中性子は含まれていないものが大部分である。

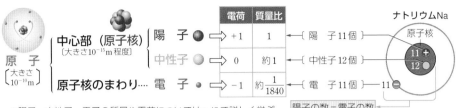

	電荷	質量比	
陽　子 ●	+1	1	← 陽　子11個
中性子 ○	0	約1	← 中性子12個
電　子 ●	−1	約$\frac{1}{1840}$	← 電　子11個

原子〔大きさ10^{-10}m〕

中心部（原子核）〔大きさ10^{-15}m程度〕

原子核のまわり…

陽子の数＝電子の数

※陽子，中性子，電子の質量や電荷については p.43 で詳しく学ぶ。

▲ 図3　原子の構造

2 原子番号　原子核の中の陽子の数を **原子番号** といい，原子番号によって元素の種類が決まる。たとえば，原子番号1は水素Hで，Hの原子核は陽子1個をもっている。また，原子番号2はヘリウムHeで，Heの原子核は陽子2個をもっている（右図）。原子に含まれる陽子の数と電子の数は等しいので，原子番号がわかれば含まれる電子の数もわかる。

中性子　陽子

原子核

電子

原子番号＝陽子の数＝電子の数

$_1$H から $_{20}$Ca までの元素名と原子番号は，確実に覚えておこう（ **CHART　4** ）。

原子核の中の陽子の数，つまり原子に含まれる電子の数によって，元素の化学的性質が決定づけられている。

CHART 4

$_1$H → $_{20}$Ca までの記憶法

$_1$H$_2$He$_3$Li$_4$Be$_5$B$_6$C$_7$N$_8$O$_9$F$_{10}$Ne$_{11}$Na$_{12}$Mg$_{13}$Al$_{14}$Si$_{15}$P$_{16}$S$_{17}$Cl$_{18}$Ar$_{19}$K$_{20}$Ca

水　兵　リーベ　僕　の　船　なな　まがり　　シップス　　クラーク　　か
（love のドイツ語）　　　　　（船の進路）　（ship's）　（船長の名）

Q? uestion Time クエスチョン タイム

Q. 陽子はたがいに反発するのに，なぜ原子核は壊れないのですか？

A. 陽子や中性子のごく近く（約10^{-15}m）を中間子という素粒子がとりまいていて，陽子と中性子がこの距離まで近づくと，おたがいがもっている中間子を交換して，非常に強い力を及ぼし合います。この力（核力）は，陽子間の静電気的斥力（斥力は，反発し合う力）の10倍以上も強いので，原子核は安定して存在できることになります。

　1879 年，イギリスのクルックスは，電極を取り付けたガラス管内を真空にして，電極に高電圧をかけると，陽極付近のガラス壁が光ることを発見した。このようにガラス壁が光るのは，陰極に使っている金属から目に見えない光線のようなものが飛んでくるためと考え，これを「陰極線」と名付けた。

　1897 年，イギリスの J.J. トムソン (1856 ～ 1940) は，陰極線に電場をかけると，正極の方向に曲げられること，また電極の金属の種類によらず，曲げられる度合いが一定であることから，陰極線は負の電荷をもつ粒子の流れで，その粒子はすべての原子(金属)に含まれていると考えた。

　「電子」という名称はイオンの電気量を研究したストーニーがそれ以前に名付けたものであるが，トムソンの実験によって電子が原子の構成粒子であることが明らかになったのである。

　なお，トムソンの実験装置は，その後テレビのブラウン管(国内では 2008 年に生産終了)に発展した。

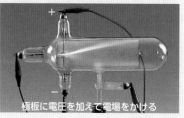

極板に電圧を加えて電場をかける

Study Column　電子顕微鏡

　光学顕微鏡は，物体から反射されてくる光をレンズで拡大して見る装置である。人の目に見える光 (可視光線) の波長は，約 $4 \times 10^{-7} \sim 8 \times 10^{-7}$ m で，光学顕微鏡では，可視光線の波長より小さい物体の像を見ることができない。

　そこで考え出されたのが，波長がきわめて短い電子線(電子の流れ)を使った **電子顕微鏡** である。

　右図は光学顕微鏡のレンズの代わりに電磁石を用いて，電子線を屈折させて拡大している電子顕微鏡の原理をおおまかに示したものである。

　電子線の波長は，電子線を加速する電圧 (加速電圧) が高いほど短くなり，それだけ，分解能と拡大率が大きくなることになる。

　日本の電子顕微鏡の性能のよさは世界的に有名で，一般的には加速電圧が 100～300kV の電子顕微鏡が用いられている。最近では，1300kV で分解能が 0.1nm (10^{-10}m) 程度，最大倍率が 150 万倍のものもつくられている。

　電子顕微鏡には走査型電子顕微鏡 (SEM) というタイプのものがある。これは，被写界深度が深く，立体的に観察できる利点があり，最近は多く用いられている。

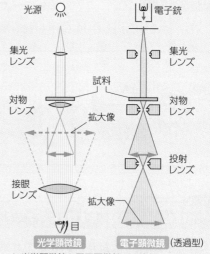

▲ 光学顕微鏡と電子顕微鏡との比較

　一方，2011 年，世界最高レベルの研究施設である X 線自由電子レーザー施設「SACLA (サクラ)」が完成し，原子の直径よりも短い波長を実現して原子を見ることが可能となり，しかも，原子 1 個の動きまで観察できるようになった。

B 質量数, 同位体

1 陽子, 中性子, 電子の質量　陽子1個の質量と中性子1個の質量とはほとんど等しく, 電子1個の質量は陽子または中性子の質量の約$\dfrac{1}{1840}$である[1]（▶表1, 図4）。

陽子のもつ電荷(電気量)と電子のもつ電荷の絶対値は等しく, 陽子は正の電荷, 電子は負の電荷をもち, 陽子の電荷を+1とすると, 電子の電荷は−1で表される（▶表1 ①）。

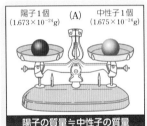

▼ 表1　原子を構成する粒子の電荷と質量

粒 子	① 電荷	1個の質量〔g〕	② 質量比
陽 子	+1	1.673×10^{-24}	1
中性子	0	1.675×10^{-24}	約1
電 子	−1	9.109×10^{-28}	約$\dfrac{1}{1840}$

＊②の質量比は, 陽子1個の質量を1としたときの相対値を示す。

2 質量数　原子核中の陽子の数と中性子の数の和を **質量数** という。質量数を用いて, 原子の質量を比較することができる。

質量数＝陽子の数＋中性子の数

原子核の質量に比べて電子の質量がはるかに小さいことから, 原子の質量は原子核の質量にほぼ等しいといえる。

また, 陽子1個の質量は中性子1個の質量とほぼ等しいとみなせるので, 原子の質量は質量数にほぼ比例していると考えてよい(次式)。

原子の質量≒原子核の質量≒陽子1個の質量×質量数

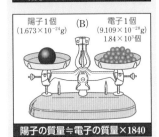

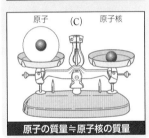

質量数は, 次項で学ぶ同位体を区別するのにも使われる。同位体を区別して表す場合には元素記号に, 原子番号を左下, 質量数を左上につけて表す。

▲ 図4　粒子の質量

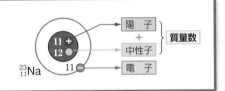

質量数＝陽子の数＋中性子の数

陽子の数＝原子番号

[1] 陽子1個の質量は1.673×10^{-24}g, 中性子1個の質量は1.675×10^{-24}g, 電子1個の質量は9.109×10^{-28}gである。したがって, 次のようになる。　$\dfrac{(陽子または中性子の質量)}{(電子の質量)} ≒ 1840$

3 同位体 (1)**同位体** 原子番号が同じで質量数が異なる，つまり中性子の数が異なる原子どうしをたがいに**同位体**(アイソトープ)という。同位体どうしの化学的性質は非常によく似ている。

同位体を区別するには，元素記号の左上に質量数を，左下に原子番号を添えて表す。

たとえば，水素には $_1^1H$，$_1^2H$ (重水素[1]・ジュウテリウム)，$_1^3H$ (三重水素・トリチウム)，炭素には $_6^{12}C$，$_6^{13}C$，$_6^{14}C$ の3種類の同位体がある。

自然界に存在する同位体の存在比は，ほぼ一定している(▶表2)。

天然には約90種類の元素があり，多くの元素は同位体をもっている。同位体のないもの(1種類の原子だけのもの)は，$_4Be$ (ベリリウム)，$_9F$ (フッ素)，$_{11}Na$ (ナトリウム)，$_{13}Al$ (アルミニウム)，$_{15}P$ (リン) などである。自然界のすべての元素に同位体があるわけではない。

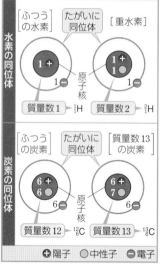

▲図5 同位体の例

(2)**放射性同位体** 水素や炭素の同位体のうち，$_1^3H$ や $_6^{14}C$ は原子核が不安定で，自然に別の原子核に変化する性質をもつ(→次ページ)。そのような同位体は，その変化のときに**放射線**を出すので，**放射性同位体(ラジオアイソトープ)**とよばれる。放射線を出す性質を**放射能**といい，放射性同位体が変化して，もとの半分の量になるのに要する時間を**半減期**(→ p.217)という。

▼表2 水素および酸素の同位体

記　号	水　素		酸　素		
	$_1^1H$	$_1^2H$	$_8^{16}O$	$_8^{17}O$	$_8^{18}O$
存在比〔%〕	99.9885	0.0115	99.757	0.038	0.205
陽子の数	1	1	8	8	8
中性子の数	0	1	8	9	10
質量数	1	2	16	17	18
電子の数	1	1	8	8	8

放射線は細胞や遺伝子を変化させることがあるので，放射性同位体の扱いには十分な注意が必要である。放射性同位体は，**トレーサー**といって放射線を目印にした生体内の物質の移動や化学反応のしくみの解明に利用される他，腫瘍などの患部に放射線を照射して行う**放射線治療**などに利用される。また，遺跡などから掘り出された遺物の**年代測定**などにも使われる(→次ページ)。

> **同位体：同一元素の原子で，質量数(中性子の数)が異なる**
> **→ $_6^{12}C$，$_6^{13}C$ のように区別する**

---

❶ 重水素は1931年，アメリカのユーリー(1893〜1981)によって発見・単離された。その後，彼はH, C, Sなどの同位体を分離し，1934年にノーベル化学賞を受けた。

●**天然放射性同位体** 天然に存在する約90種類の元素のうち，原子番号が大きい元素（$_{84}$Po 以上）の同位体の中には，不安定で原子核が自然に変化して他の原子

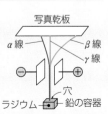

放射線	内容	記号	電荷	質量数
α 線	He の原子核の流れ	$_2^4$He, He^{2+}	+2	4
β 線	高速の電子の流れ	$_{-1}^0$e, e$^-$	−1	0
γ 線	波長が短い電磁波		0	0

核（原子核中の陽子の数や中性子の数が異なる）になるものがある。このとき，α 線，β 線，γ 線などの放射線を出すことが多い。

不安定な原子核が自然に α 線（He の原子核）を放出して，他の原子核に変化することを **α 崩壊**（α 壊変）という。また，β 線（電子）を放出して他の原子核に変化することを **β 崩壊**（β 壊変）という。

質量数 238 のウランは，α 崩壊，β 崩壊を一定の規則にしたがって繰り返しながら，次の変位法則により原子番号・質量数が変化し，最終的に質量数 206 の鉛に変化する。

変位法則 ① α 崩壊

α 粒子が1個放出されると，原子番号は2だけ減少し，質量数は4だけ減少する。

変位法則 ② β 崩壊

β 粒子が1個放出されると，原子番号が1増加し，質量数は変わらない。

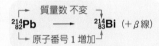

●**年代測定** 考古学の分野では，生物体由来の化石や遺跡の試料などの年代を決める有力な手段として，$_6^{14}$C の崩壊を利用した年代測定法がある。

$_6^{14}$C は，大気中の窒素 $_7^{14}$N の原子核に，宇宙空間からの放射線（宇宙線）によって生じた中性子が衝突することによって，たえず生成している。

一方，$_6^{14}$C は放射線（β 線）を放出しながら自然に $_7^{14}$N になり，$_6^{14}$C が生成する速さと消滅する速さがほぼ等しいので，年代によらず大気中には $_6^{14}$C がほぼ一定の割合で含まれている。

$$_7^{14}\text{N} + _0^1\text{n}（中性子） \longrightarrow _6^{14}\text{C} + _1^1\text{p}（陽子） \qquad _6^{14}\text{C} \longrightarrow _7^{14}\text{N} + \text{e}^-（_{-1}^0\text{e}, \beta 線）$$

$_6^{14}$C は CO_2 として光合成により植物に取り込まれるが，植物が枯れたり伐採されたりすると新たに取り込まれる $_6^{14}$C はなくなり，試料中の $_6^{14}$C は放射線を放出して減少していく。そのため，$_6^{14}$C の半減期（→前ページ，右下表）と，現存する生物の $_6^{14}$C と試料に残っている $_6^{14}$C の存在比とから，試料の植物が生きていた年代を推定することができる。

たとえば，ある遺跡の木片の $_6^{14}$C の割合が，生きている木の割合と比べると $\frac{1}{4}$ であったとする。$_6^{14}$C が半分 $\left(\frac{1}{2}\right)$ になるのに約 5730 年かかり，さらにその半分 $\left(\frac{1}{4}\right)$ になるのに約 5730 年かかるので，この木片は 5730 年×2≒11500 年 前のものであることがわかる（右図）。

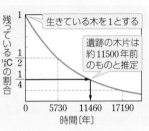

元素	半減期
$_6^{14}$C	約 5730 年
$_{27}^{60}$Co	約 5 年
$_{53}^{131}$I	約 8 日
$_{55}^{137}$Cs	約 30 年
$_{88}^{226}$Ra	約 1600 年
$_{92}^{238}$U	約 45 億年
$_{94}^{239}$Pu	約 2.4 万年

1 電子殻 電子は，原子核を中心として，いくつかの層に分かれて存在している。この層を **電子殻** といい，内側から順に **K殻**，**L殻**，**M殻**，**N殻**，……とよばれる。それぞれの電子殻に入り得る電子の最大数は決まっている。

(1) **電子殻の最大収容電子数** 電子殻に内側から順に，K殻＝1，L殻＝2，M殻＝3，N殻＝4，……のように番号 n をつけると，各電子殻の最大収容電子数 N は $N＝2n^2$ で表される。たとえば，$n＝2$ のL殻では $N＝2n^2＝2×2^2＝8$ となる(▶図6)。

n	1	2	3	4	n
最大収容電子数	K殻2個	L殻8個	M殻18個	N殻32個	$2n^2$

(2) **電子配置** 電子は，原子核に近いものほど原子核に強く引きつけられているので，安定して存在する。すなわち，原子核から離れるに従って，電子のもつエネルギーは大きくなるので，電子は不安定になる(→ *p*.204)。

　電子は，最も安定なK殻から順に満たされていく。K殻に2個の電子が入ると，次のL殻に電子が入る。L殻に8個の電子が入って最大収容電子数になると，次のM殻に入る(▶表3)。

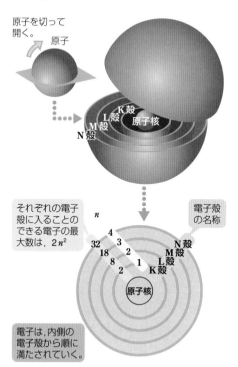

原子を切って開く。

原子

K殻
L殻
M殻
N殻
原子核

それぞれの電子殻に入ることのできる電子の最大数は，$2n^2$

n
4
32　3
18　2
8　1
2
2

N殻
M殻
L殻
K殻

電子殻の名称

原子核

電子は，内側の電子殻から順に満たされていく。

▲図6　電子殻の模式図

▼ 表3　$_1H〜_{20}Ca$ の電子配置

元素名	原子	K	L	M	N
水　素	$_1H$	1			
ヘリウム	$_2He$	2	0		
リチウム	$_3Li$	2	1		
ベリリウム	$_4Be$	2	2		
ホウ素	$_5B$	2	3		
炭　素	$_6C$	2	4		
窒　素	$_7N$	2	5		
酸　素	$_8O$	2	6		
フッ素	$_9F$	2	7		
ネオン	$_{10}Ne$	2	8	0	
ナトリウム	$_{11}Na$	2	8	1	
マグネシウム	$_{12}Mg$	2	8	2	
アルミニウム	$_{13}Al$	2	8	3	
ケイ素	$_{14}Si$	2	8	4	
リ　ン	$_{15}P$	2	8	5	
硫　黄	$_{16}S$	2	8	6	
塩　素	$_{17}Cl$	2	8	7	
アルゴン	$_{18}Ar$	2	8	8	0
カリウム	$_{19}K$	2	8	8	1
カルシウム	$_{20}Ca$	2	8	8	2

※赤字は価電子を表す。
カリウムとカルシウムはM殻が最大収容電子数になっていないが，例外的にN殻に電子が入る(→ *p*.48クエスチョンタイム)。

CHART 5

電子殻の最大収容電子数 $2n^2$

（K殻：$n=1$，L殻：$n=2$，M殻：$n=3$，N殻：$n=4$，…）

電子数	2	8	18	32

2 **最外殻電子・価電子**　原子核のまわりにある電子のうち，最も外側の電子殻に入っている電子を **最外殻電子** という（→前ページ表3）。最外殻電子は，原子がイオンになったり，原子どうしが結合するときに重要な役割をはたすので，**価電子** ともよばれる。価電子の数が同じ元素は，たがいによく似た化学的性質を示す。

　貴ガス（→ p.330）は他の元素とほとんど化合物をつくらないので，貴ガス元素の最外殻電子は価電子としては扱わない。したがって，価電子の数は **0個** とする。

　価電子の数が1，2個の原子は，それを放出して陽イオンになりやすく，6，7個の原子は電子2個または1個を受け取って陰イオンになりやすい。

　図7に，水素からカルシウムまでの原子の電子配置を示す。

　これらの電子配置は，必ず書けるようにしておこう。

　自分で電子配置を書くには，まず，p.41の **CHART 4** を活用して，元素記号を原子番号の順に書く。水素は原子番号が1，すなわち電子が1個だから，これをK殻に書く。以下，電子を1個ずつ増していけばよい。

　そのとき，各電子殻の最大収容電子数に注意すること！　K殻が満たされたら，次はL殻に電子を入れていく（KとCaは例外あり→次ページクエスチョンタイム）。

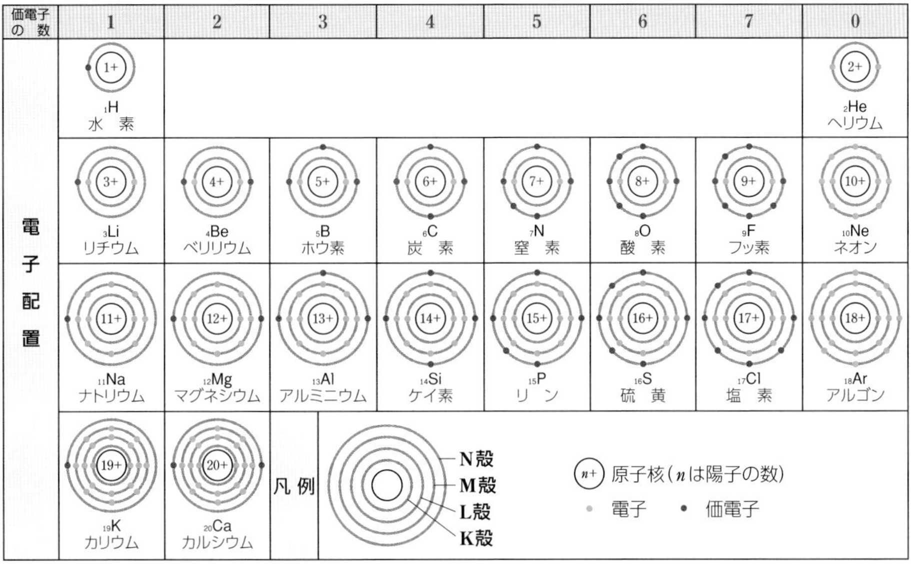

価電子の数	1	2	3	4	5	6	7	0
電子配置	(1+) ₁H 水素							(2+) ₂He ヘリウム
	(3+) ₃Li リチウム	(4+) ₄Be ベリリウム	(5+) ₅B ホウ素	(6+) ₆C 炭素	(7+) ₇N 窒素	(8+) ₈O 酸素	(9+) ₉F フッ素	(10+) ₁₀Ne ネオン
	(11+) ₁₁Na ナトリウム	(12+) ₁₂Mg マグネシウム	(13+) ₁₃Al アルミニウム	(14+) ₁₄Si ケイ素	(15+) ₁₅P リン	(16+) ₁₆S 硫黄	(17+) ₁₇Cl 塩素	(18+) ₁₈Ar アルゴン
	(19+) ₁₉K カリウム	(20+) ₂₀Ca カルシウム						

凡例：N殻／M殻／L殻／K殻

(n+) 原子核（nは陽子の数）
・ 電子　　• 価電子

▲ 図7　原子の電子配置

3 貴ガスの電子配置　元素の周期表（表紙の裏）の18族に属する，ヘリウム He，ネオン Ne，アルゴン Ar，クリプトン Kr，キセノン Xe，ラドン Rn は**貴ガス**とよばれ，気体として空気中に微量に存在している[1]。

貴ガスは原子のままで安定で，**単原子分子**（原子1個がそのまま気体の分子）として存在

▼表4　貴ガスの電子配置

元素名	原子	K	L	M	N	O	P
ヘリウム	$_2$He	2					
ネオン	$_{10}$Ne	2	8				
アルゴン	$_{18}$Ar	2	8	8			
クリプトン	$_{36}$Kr	2	8	18	8		
キセノン	$_{54}$Xe	2	8	18	18	8	
ラドン	$_{86}$Rn	2	8	18	32	18	8

する。また，他の元素とほとんど化合物をつくらない[2]ので，**不活性ガス**ともよばれる。これらのことから，貴ガスの電子配置は非常に安定であることがわかる。

He の K 殻は2個，Ne の L 殻は8個の電子で満たされており，それ以上電子は入ることができず安定な状態である。このように電子がいっぱいになった電子殻を**閉殻**という。

$_{18}$Ar の M 殻，$_{36}$Kr の N 殻，$_{54}$Xe の O 殻，$_{86}$Rn の P 殻は，すべて8個の電子が入っている。このように最も外側の電子殻に8個の電子が入ると，閉殻になったのと同じような安定した状態となる。

発展

Question Time クエスチン タイム

Q. カリウムでは，M 殻が埋まらないうちに，N 殻に電子が入るのはなぜですか？

A. 少しレベルの高い話になりますが，電子殻の K 殻，L 殻，M 殻，N 殻，…は，実はもっと細かく分かれた軌道（オービタル）をもっています（→ *p.74*）。

たとえば，$n=1$（→ *p.46*）の K 殻は 1s とよばれる1つの軌道をもち，$n=2$ の L 殻

殻	K	L		M			N			
軌道名	1s	2s	2p	3s	3p	3d	4s	4p	4d	4f
入り得る電子の数	2	2	6	2	6	10	2	6	10	14
総電子数	2	8		18			32			

は 2s，2p とよばれる2つの軌道をもっています。

また，$n=3$ の M 殻は 3s，3p，3d とよばれる3つの軌道をもち，N 殻は 4s，4p，4d，4f とよばれる4つの軌道をもっています。

そして，s 軌道には2個，p 軌道には6個，d 軌道には10個，f 軌道には14個の電子が入ることができます（右上表）。

電子は，エネルギーの低い軌道から順に入っていきます。軌道のエネルギーの大きさは 1s＜2s＜2p＜3s＜3p＜4s＜3d＜4p＜5s＜4d＜5p の順ですので，1s に2個の電子が入ると，次は 2s に2個が入って最大収容電子数になります。その後は，2p に電子が入っていき，6個入ると最大収容電子数になります。このとき，L 殻には合計8個入っていることになります。

このようにして順に入っていきますが，M 殻の 3d と N 殻の 4s では，軌道のエネルギーの大きさが逆転していて，3d に入るより 4s のほうに先に入ります。したがって，カリウムでは 3s，3p に合計8個入ったあとは 3d に入らず，4s に1個の電子が入ることになるのです。

----

[1] 空気中にアルゴンは 0.934%，ネオンは 0.00182%，ヘリウムは 0.000524% 含まれている。
[2] 例外として，これまでに XeF_2，XeF_4，XeF_6 などの化合物が合成されている。

Study Column　電子殻とエネルギー準位

　K殻, L殻, M殻などの電子殻の存在は, どのようにしてわかったのであろうか。

　低圧の水素の中で放電を行わせると, 水素が輝いて見える。この光をプリズムに通してスペクトルに分けて調べると, いろいろな波長をもった多くの光が輝線となって観察される。これを **輝線スペクトル** という。ヒトの目が感じる光 (可視光線) の波長は約400〜800nmで, 紫色から赤色の範囲である。水素原子の輝線

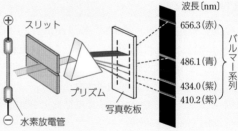

波長〔nm〕
656.3 (赤)
486.1 (青)
434.0 (紫)
410.2 (紫)
　　バルマー系列

スリット
プリズム
写真乾板
水素放電管
スペクトル (拡大したもの)

▲ **水素原子の可視部輝線スペクトル**

スペクトルのうち, 可視光線の部分にあるものをバルマー系列, 400nmより波長の短い紫外線の部分にあるものをライマン系列という。これらの光は次のようにして放出される。

① 放電のとき, 空間を通って陰極から陽極に向かって電子が流れる。

② 電子が水素分子に衝突して H–H の共有結合を切って水素原子を生じ, この水素原子にさらに電子が衝突すると, 水素原子の電子のエネルギーが通常よりも高くなる。この状態を **励起状態** という。

③ 励起された不安定な電子が, エネルギーの低い, より安定した状態にもどるとき放出されるエネルギーが光として出てくる[1]。

　水素原子のスペクトルはすべて一定の波長をもった輝線からできている。このことは, 電子にエネルギーが与えられたとき, とびとびの特定の大きさのエネルギー状態しかとれないことを意味している。このとびとびのエネルギーの状態を **エネルギー準位** という。

　水素の電子が原子核に最も近いところにあるとき, 最も安定した状態であり, エネルギー準位が最も低い。この状態を **基底状態** といい, このような電子が存在する電子殻は K殻 とよばれる。

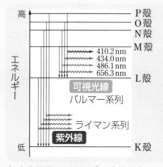

高
エネルギー
低

P殻
O殻
N殻
M殻

410.2 nm
434.0 nm
486.1 nm
656.3 nm

可視光線
バルマー系列

ライマン系列
紫外線

L殻

K殻

K殻からL殻, L殻からM殻, M殻からN殻になるに従って, エネルギー準位の幅は狭くなる。

K殻に移動するときに発する光は紫外線なので, 肉眼で見ることはできない。

▲ **水素原子のエネルギー準位と光**

　エネルギー準位が高くなるに従って, 原子核からの距離は大きくなり, それらの電子殻はそれぞれ, L殻, M殻, N殻, ……とよばれる。電子がL殻以上の高いエネルギー準位からK殻にもどるときに出てくるスペクトルがライマン系列で, M殻以上の高いエネルギー準位からL殻にもどるときに出てくるスペクトルがバルマー系列である。

　水素以外の原子の電子も, 水素原子と同じようにエネルギー準位の異なる電子殻をもっている。原子番号が大きくなるにつれて, 電子はエネルギー準位の低い, つまり内側の電子殻から順に入っていき, その電子殻が満たされると, 次の外側の電子殻に入る。

[1] エネルギーの高い E_2 の状態からエネルギーの低い E_1 の状態にもどるときに放出されるエネルギーが, すべて光となる場合, その光の振動数を ν とすると, $E_2 - E_1 = h\nu$ (h : プランク定数) である。

A イオン

1 単原子イオン (1) **イオン** 原子が電子を放出したり電子を受け取ったりすると，原子核の正電荷に対して電子が不足，あるいは過剰になり，正または負の電荷をもつ粒子に変化する。このような電荷をもつ粒子を **イオン**[1] といい，正の電荷をもつイオンを **陽イオン**，負の電荷をもつイオンを **陰イオン** という。

たとえば，ナトリウム原子は価電子を1個もつが，この電子を放出するとネオン原子と同じ安定した電子配置になる。このとき，陽子は11個で，電子は1個減って10個になるので，+1の電荷になる。これを電荷とその数を元素記号の右上に書いて Na^+ と表し，ナトリウムイオンとよぶ。

一方，塩素原子は価電子が7個で，電子を1個受け取るとアルゴン原子と同じ安定した電子配置になる。原子に−1の電荷が加わるので，これを Cl^- と表し，塩化物イオンとよぶ。

(2) **イオンを表す化学式と価数** Na^+ や Cl^- はイオンを表す化学式である（イオン式ともいう）。イオンの電荷を示す数をイオンの **価数** という。

たとえば，Na^+ は1価の陽イオン，Mg^{2+} は2価の陽イオンである。また，Cl^- は1価の陰イオン，S^{2-} は2価の陰イオンである。

(3) **単原子イオン** ナトリウムイオン Na^+ や塩化物イオン Cl^- のように，ただ1つの原子からできたイオンを **単原子イオン** という。

単原子イオンの名称は，陽イオンであれば元素名に「イオン」をつけてよび，陰イオンであれば「〜化物イオン」とよぶ（→次ページの図9）。

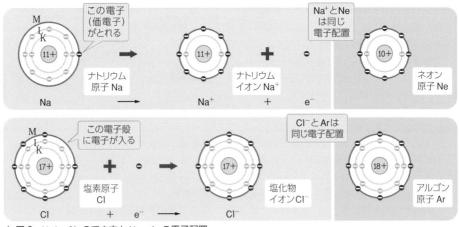

▲ 図8 Na^+，Cl^- のでき方と Ne，Ar の電子配置

[1] イギリスのファラデー（1791〜1867）は，電気分解の実験中に，いろいろな物質を水に溶かしたとき，電気を導くものがあることに気づいて，それらの水溶液の中では電気をもって動いている粒子があるのではないかと考えた。これをギリシャ語の「行く」という意味からイオンと名付けた（1833年）。

イオンの名称	化学式	イオンの名称	化学式
ナトリウムイオン	Na^+	酸化物イオン	O^{2-}
カリウムイオン	K^+	硫化物イオン	S^{2-}
マグネシウムイオン	Mg^{2+}	フッ化物イオン	F^-
アルミニウムイオン	Al^{3+}	塩化物イオン	Cl^-
カルシウムイオン	Ca^{2+}	臭化物イオン	Br^-
鉄(Ⅱ)イオン❶	Fe^{2+}	ヨウ化物イオン	I^-
鉄(Ⅲ)イオン❶	Fe^{3+}		

イオンの化学式の書き方

元素記号

$$Na^+ \quad Ca^{2+} \quad Al^{3+}$$

電荷の種類　　価数を書く。
を書く。　　　（1は書かない）

$$Cl^- \qquad O^{2-}$$

イオンの化学式の読み方

● 陽イオンの場合は，元素名に「イオン」をつける。
　水素→水素イオン
　ナトリウム→ナトリウムイオン

● 陰イオンの場合は，元素名の「素」をとり，「化物イオン」をつける。
　塩素→塩化物イオン
　フッ素→フッ化物イオン
　（例外：硫黄→硫化物イオン）

▲ 図9　単原子イオンの化学式の書き方と読み方

(4) 単原子イオンの電子の数　n 価の陽イオン1個に含まれている電子の数は，原子がもつ電子の数（原子番号と等しい）より n 個少ないので，その原子の原子番号から n を引いた数である。

　n 価の陰イオン1個に含まれている電子の数は，原子がもつ電子の数より n 個多いので，その原子の原子番号に n を加えた数である。

$$\text{単原子イオンの電子の数} \begin{cases} n \text{ 価の陽イオン} \longrightarrow \text{原子番号} -n \\ n \text{ 価の陰イオン} \longrightarrow \text{原子番号} +n \end{cases}$$

参考　**H^+ と H^-**　水素イオンを H^+ と表しているが，実は H^+ は陽子のことである。水素原子は電子を1個しかもっていないので，この1個を放出すると，原子核（陽子1個）のみになり，実際には水分子などと結合してしまう（→ p.73）。

　一方，水素原子が電子を1個受け取ると He と同じ電子配置になり，安定となる。このイオンを水素化物イオンといい，H^- で表す（右図）。水素化物イオンは水素化リチウム LiH や水素化ナトリウム NaH の結晶の中に実在する（Li^+H^-，Na^+H^-）。

2 多原子イオン　**(1) 多原子イオン**　2個以上の原子が結合した原子団が，何個かの電子を受け取ってできた陰イオンや，何個かの電子を放出してできた陽イオンを，**多原子イオン** という。

　多原子イオンを表すには，イオンを構成する原子団の原子とその数，およびイオンの電荷を右上に書き添えた化学式を用いる。

　このとき，正の電荷をもつイオンは＋，負の電荷をもつイオンは－の符号を書き添える（次ページの表6参照）。

　たとえば，硫酸イオン SO_4^{2-} は S 原子1個と O 原子4個とが結合し，全体として－2の電荷をもつイオンである。

---

❶ 鉄のイオンは，2＋と3＋の2種類（酸化数（→ p.284）が＋2 と＋3）あり，その名称は，元素名の後にローマ数字(Ⅱ)，(Ⅲ)を書き添えて区別する。

▼ 表6 多原子イオンの例

イオンの名称	化学式	イオンの名称	化学式
アンモニウムイオン	NH_4^+	炭酸水素イオン	HCO_3^-
水酸化物イオン	OH^-	酢酸イオン	CH_3COO^-
硝酸イオン	NO_3^-	過マンガン酸イオン	MnO_4^-
硫酸イオン	SO_4^{2-}	クロム酸イオン	CrO_4^{2-}
リン酸イオン	PO_4^{3-}	二クロム酸イオン	$Cr_2O_7^{2-}$
炭酸イオン	CO_3^{2-}	次亜塩素酸イオン	ClO^-

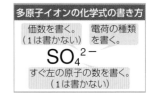

多原子イオンの化学式の書き方

価数を書く。（1は書かない）　電荷の種類を書く。

$$SO_4{}^{2-}$$

すぐ左の原子の数を書く。（1は書かない）

▲ 図10　多原子イオンの化学式の書き方

多原子イオンは，それぞれ固有の名称でよばれるので，その名称は覚えておく必要がある。

(2) 多原子イオンの電子の数　多原子イオンを構成する原子団がもつ電子の数は，原子団を構成する原子がもつ電子の数（原子番号と等しい）の総和になる。したがって，n 価の陽イオン1個に含まれている電子の数は，原子団がもつ電子の数から n を引いた数である。

n 価の陰イオン1個に含まれている電子の数は，原子団がもつ電子の数に n を加えた数である。

多原子イオンの電子の数
n 価の陽イオン ━━→ イオンを構成する原子の原子番号の総和 $-n$
n 価の陰イオン ━━→ イオンを構成する原子の原子番号の総和 $+n$

---

3 原子とイオンの大きさ　原子とイオンの大きさは，次の①〜④のようにまとめることができる（→ $p.59$）。

① 価電子の数が同じ原子では，原子番号の大きい原子ほど原子半径は大きい。
　例　元素の周期表の左端の列（周期表の1族（→ $p.56$））の元素 H，Li，Na，K，Rb，Cs で原子半径を比較すると（単位は nm），
　H(0.030)＜Li(0.152)＜Na(0.186)＜K(0.231)＜Rb(0.247)＜Cs(0.266)

② 最も外側の電子殻が同じ（同周期）の原子では，原子番号の大きい原子ほど原子半径は小さい（貴ガスの原子半径の表し方は他の原子と違うので，直接比較はできない）。これは，原子番号の大きな原子ほど原子核の正電荷が大きくなり，より強い力（→ $p.63$，静電気力）で電子を引きつけるためと考えられる。
　例　最も外側の電子殻が M 殻である Na，Mg，Al，Si，P，S，Cl で比較すると，
　Na(0.186)＞Mg(0.160)＞Al(0.143)＞Si(0.117)＞P(0.110)＞S(0.104)＞Cl(0.099)

③ 原子から電子が取れて陽イオンになると，陽イオンの半径はもとの原子の半径よりも，小さくなる。
　例　Na(0.186)＞Na$^+$(0.116)，Ca(0.197)＞Ca^{2+}(0.114)

④ 原子に電子が入って陰イオンになると，陰イオンの半径はもとの原子の半径よりも，大きくなる。
　例　O(0.074)＜O^{2-}(0.126)，Cl(0.099)＜Cl$^-$(0.167)

B　イオン化エネルギー

1 **陽性と陰性**　原子が陽イオンになる性質を **陽性** または **金属性** といい，陰イオンになる性質を **陰性** または **非金属性** という。

　価電子が 1, 2, 3 個の原子は陽イオンになりやすく，価電子が 6, 7 個の原子は陰イオンになりやすい。元素の周期表（→ p.56）1 族のアルカリ金属元素（Na，K など）や 2 族のアルカリ土類金属元素（Mg，Ca など），13 族のアルミニウム Al は陽性が強い。一方，17 族のハロゲン元素（F，Cl など），16 族の酸素 O や硫黄 S などは，陰性が強い。

2 **イオン化エネルギー**　原子から 1 個の電子を取り去って，1 価の陽イオンにするのに必要なエネルギーを **イオン化エネルギー** という[1]。

　イオン化エネルギーが小さい原子ほど陽イオンになりやすく，陽性が強いという。

　一般に，陽性が強い元素の原子はイオン化エネルギーが小さく，陰性が強い元素や貴ガス元素の原子はイオン化エネルギーが大きい（→ p.57）。

▼ 表7　イオン化エネルギー（単位 kJ/mol）

価電子の数が 1 の元素		価電子の数が 7 の元素		価電子の数が 0 の元素	
$_1$H	1312			$_2$He	2372
$_3$Li	520	$_9$F	1681	$_{10}$Ne	2080
$_{11}$Na	496	$_{17}$Cl	1251	$_{18}$Ar	1521

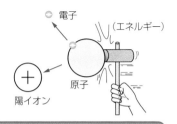

電子
（エネルギー）
原子
＋
陽イオン

Q?uestion Time　クエスチョン タイム

Q. アルミニウムイオンが 3 価以外の陽イオンになりにくいのはなぜですか？

A. アルミニウムのイオン化エネルギーを調べてみると，右図のように第一〜第三イオン化エネルギーのそれぞれの値に比べて，第四イオン化エネルギーの値がきわめて大きいので，4 価の陽イオン Al^{4+} にはなりにくいのです。また，アルミニウムは 13 族の典型元素で，3 価の陽イオンは貴ガスのネオン原子と同じ安定な電子配置になるので Al^{3+} になれますが，1 価や 2 価の陽イオンをつくった場合は安定な電子配置をとれないので Al$^+$ や Al^{2+} になりにくいのです。

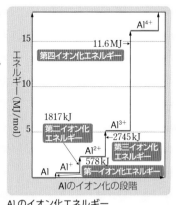

Al のイオン化エネルギー
エネルギーの値は 1mol 当たりのもの。

[1] 原子から 1 個の電子を取り去るのに必要なエネルギーを **第一イオン化エネルギー** といい，単に **イオン化エネルギー** ということが多い。1 価の陽イオンから，さらに 1 個の電子を取り去って 2 価の陽イオンにするのに必要なエネルギーを **第二イオン化エネルギー** という。イオン化エネルギーは，気体の原子が気体のイオンになるときに必要なエネルギーを意味する。

C 電子親和力

1 電子親和力 原子が電子1個を受け取って、1価の陰イオンになるときに放出されるエネルギーを **電子親和力** という。

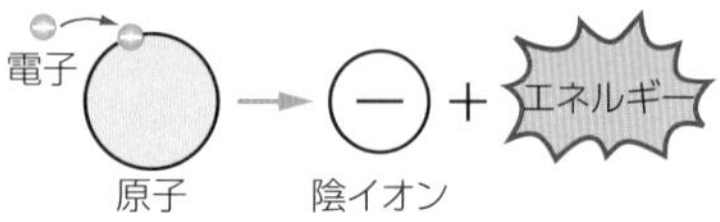

電子親和力の大きい原子ほど、陰イオンの状態が安定であるから陰イオンになりやすく、陰性が強いという。電子親和力が測定されている元素は多くないが、中でもフッ素や塩素の値が大きい（→ p.57）。なお、貴ガスはその電子配置が非常に安定しているので、電子を受け取ってエネルギーを放出することはない。

H 73						
Li 60	Be <0	B 27	C 122	N −7	O 141	F 328
Na 53	Mg <0	Al 43	Si 134	P 72	S 200	Cl 349
K 48	Ca <0	Ga 29	Ge 116	As 78	Se 195	Br 325
Rb 47	Sr <0	In 30	Sn 116	Sb 103	Te 190	I 295

▲ 図 11 電子親和力
（単位 kJ/mol）

問題学習 …… 4 　　　　イオン

(1) 次のイオンの化学式と、そのイオンと同じ電子配置をもつ貴ガスの元素記号を答えよ。
　（ア）リチウムイオン　（イ）酸化物イオン　（ウ）硫化物イオン　（エ）マグネシウムイオン

(2) 次のイオンの化学式と、そのイオンがもつ電子の総数を答えよ。
　（ア）カルシウムイオン　（イ）硫酸イオン　（ウ）アンモニウムイオン　（エ）水素イオン

(3) ある原子 X が2価の陽イオン X^{2+} になったときの電子の数は、原子番号が n である原子 Y が3価の陽イオン Y^{3+} になったときの電子の数と同じである。原子 X の原子番号を n を用いて表せ。

考え方 (1) 単原子イオンは原子番号が最も近い貴ガス元素の原子と同じ電子配置をとる。

答（ア）Li^+ (He)　（イ）O^{2-} (Ne)
　（ウ）S^{2-} (Ar)　（エ）Mg^{2+} (Ne)

(2) 電子の総数は、原子番号の総和±イオンの価数。

答（ア）Ca^{2+} (18)　（イ）$SO_4{}^{2-}$ (50)
　（ウ）$NH_4{}^+$ (10)　（エ）H^+ (0)

(3) 原子 X の原子番号を x とすると、X^{2+} の電子の数は $x-2$ である。一方、Y の原子番号が n だから、その3価の陽イオン Y^{3+} の電子の数は $n-3$ である。したがって、次式が成り立つ。

$$x-2=n-3 \quad よって、x=n-1$$

答 $n-1$

類題 …… 4

(1) 次のイオンの化学式と、そのイオンと同じ電子配置をもつ貴ガスの元素記号を答えよ。
　（ア）ナトリウムイオン　（イ）フッ化物イオン　（ウ）カリウムイオン
　（エ）臭化物イオン　（オ）塩化物イオン

(2) 次のイオンの化学式と、そのイオンがもつ電子の総数を答えよ。
　（ア）アルミニウムイオン　（イ）水酸化物イオン　（ウ）塩化物イオン
　（エ）硝酸イオン　（オ）炭酸イオン

(3) 鉄 Fe は鉄(III)イオン Fe^{3+} になり、Fe^{3+} の電子の数は23個である。鉄の原子番号はいくつか。

(4) ある原子 X が2価の陰イオン X^{2-} になったときの電子の数は、原子番号が n である原子 Y が2価の陽イオン Y^{2+} になったときの電子の数と同じである。原子 X の原子番号を n を用いて表せ。

基化 **A** 元素の周期律

1 元素の周期律 　元素を原子番号の順に並べると，性質のよく似た元素が一定の間隔で周期的に現れる。この規則性を **元素の周期律** という。

　その例として，価電子の数，原子半径，単体の融点と沸点，イオン化エネルギーの変化のようすを図に示す。この他にも，電子親和力，単体の密度，イオンの大きさ（→p.59）など，多くの性質が周期的に変化することが知られている。これらの中で，価電子の数の周期律が，他の化学的性質の周期律に大きく影響している。

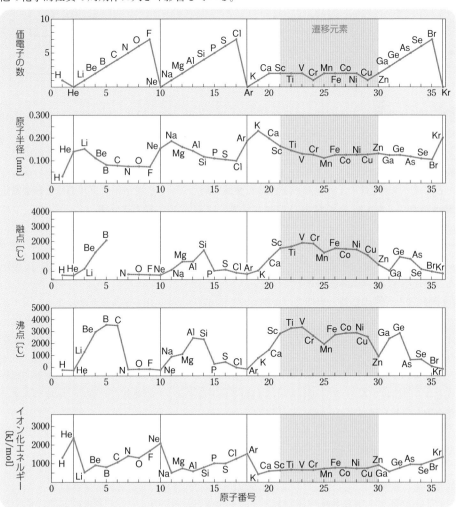

▲ 図12　元素の周期律

周期\族	1	2	3	4	5	6	7	8	9	10	11	12	13	14	15	16	17	18
1	$_1$H																	$_2$He
2	$_3$Li	$_4$Be											$_5$B	$_6$C	$_7$N	$_8$O	$_9$F	$_{10}$Ne
3	$_{11}$Na	$_{12}$Mg											$_{13}$Al	$_{14}$Si	$_{15}$P	$_{16}$S	$_{17}$Cl	$_{18}$Ar
4	$_{19}$K	$_{20}$Ca	$_{21}$Sc	$_{22}$Ti	$_{23}$V	$_{24}$Cr	$_{25}$Mn	$_{26}$Fe	$_{27}$Co	$_{28}$Ni	$_{29}$Cu	$_{30}$Zn	$_{31}$Ga	$_{32}$Ge	$_{33}$As	$_{34}$Se	$_{35}$Br	$_{36}$Kr
5	$_{37}$Rb	$_{38}$Sr	$_{39}$Y	$_{40}$Zr	$_{41}$Nb	$_{42}$Mo	$_{43}$Tc	$_{44}$Ru	$_{45}$Rh	$_{46}$Pd	$_{47}$Ag	$_{48}$Cd	$_{49}$In	$_{50}$Sn	$_{51}$Sb	$_{52}$Te	$_{53}$I	$_{54}$Xe
6	$_{55}$Cs	$_{56}$Ba	ランタノイド 57～71	$_{72}$Hf	$_{73}$Ta	$_{74}$W	$_{75}$Re	$_{76}$Os	$_{77}$Ir	$_{78}$Pt	$_{79}$Au	$_{80}$Hg	$_{81}$Tl	$_{82}$Pb	$_{83}$Bi	$_{84}$Po	$_{85}$At	$_{86}$Rn
7	$_{87}$Fr	$_{88}$Ra	アクチノイド 89～103	$_{104}$Rf	$_{105}$Db	$_{106}$Sg	$_{107}$Bh	$_{108}$Hs	$_{109}$Mt	$_{110}$Ds	$_{111}$Rg	$_{112}$Cn	$_{113}$Nh	$_{114}$Fl	$_{115}$Mc	$_{116}$Lv	$_{117}$Ts	$_{118}$Og

遷移元素（他は典型元素）
非金属元素
金属元素

アルカリ土類金属元素
アルカリ金属元素（Hは除く）
ハロゲン元素
貴ガス元素

▲ 図13　現在の周期表
BeとMgをアルカリ土類金属元素に含めない場合がある。また，12族元素を遷移元素に含めない場合がある。

2 元素の周期表　元素を原子番号順に並べ，性質のよく似た元素が同じ縦の列に並ぶようにまとめた表を，**元素の周期表**という。

周期表の縦の列を **族** といい，1～18族に分類される。周期表の同じ族に属し，価電子の数が同じで性質のよく似た元素どうしを **同族元素** といい，固有の名称でよばれるものがある。たとえば，水素を除く1族元素を **アルカリ金属元素** といい，2族元素を **アルカリ土類金属元素** という。また，17族元素を **ハロゲン元素**，18族元素を **貴ガス元素** という。詳しくは p.326 以降で学ぶ。

周期表の横の行を **周期** といい，第1～7周期まである。第1周期には2種類の元素，第2周期と第3周期には8種類の元素が含まれている。第4周期以降には，1つの周期に18種類あるいはそれ以上の元素が含まれている。

3 周期表と元素の性質　周期表の1族，2族の元素はイオン化エネルギーが小さく，陽イオンになりやすい。また，同じ族の元素どうしで比較すると，原子番号の大きいものほど陽イオンになりやすい。そのため，2族では $_4$Be はイオンになりにくいが，$_{12}$Mg は陽イオンになりやすい。13族の $_5$B はイオンになりにくいが，$_{13}$Al は陽イオンになりやすい。

周期表の16族，17族の元素は電子親和力が大きく，陰イオンになりやすい。また，同じ族どうしで比較すると，原子番号の小さい原子ほど陰イオンになる傾向が強い。18族の元素は，化合物をほとんどつくらない。

14族（C，Si など）と15族（N，P など）の元素はイオンになりにくい。ただし，同じ14族でも，原子番号が大きく金属元素である Sn，Pb などは陽イオンになりやすい。

陽性が強い元素は **金属元素** で，陰性が強い元素は **非金属元素** である。陽性が強い元素と陰性が強い元素との境界には，金属と非金属の両方の性質をもつ元素が存在する。

3～12族元素は **遷移元素** とよばれ，すべて金属元素で，陽イオンになりやすい。なお，1，2族および13～18族元素は **典型元素** とよばれる。

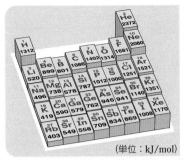

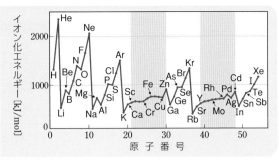

▲ 図14　イオン化エネルギーと元素の周期性

4 **イオン化エネルギーの周期性**　イオン化エネルギーの値は，図14のように原子番号の増加とともにほぼ周期的に変化している(元素の周期性)。これは次のようにまとめられる。

① 原子番号順に並べると，1族元素の原子のイオン化エネルギーは，原子番号が前後の原子のイオン化エネルギーに比べて極小の値をとる。

② 同様に，18族元素の各原子は，原子番号が前後の元素に対して極大の値をとる。

③ 2〜17族元素の各原子も，第2周期と第3周期では似たような変化をする。

④ 同族元素では，原子番号が大きい原子ほど，イオン化エネルギーが小さい。

⑤ 第4周期以降では，変化があまり大きくない元素群(遷移元素)がある。

　一般に，同周期の元素の原子の場合，原子番号が増加すると，原子核の電荷が大きくなり，価電子と原子核との引き合う力が強くなるため，イオン化エネルギーが大きくなる。また，同族元素の原子の場合，原子核から遠い電子殻にある価電子は，原子核に引きつけられる力が弱いので，イオン化エネルギーが小さくなる。

　また，遷移元素では，内殻(内側の電子殻)から電子を放出する場合もあり，イオン化エネルギーは原子番号の前後であまり変化がないことが多い。

5 **電子親和力と元素の周期性**　電子親和力の大きい原子ほど，陰イオンの状態のほうが安定であるから陰イオンになりやすく，陰性が強いという。電子親和力の値はフッ素や塩素の値がとくに大きい。フッ素より塩素のほうが大きいのは，塩素の原子半径がフッ素より大きいので電子密度が小さく，電子が入ったときの反発力が小さく，より安定になるからといわれる。なお，貴ガス元素の原子はその電子配置が非常に安定しているので，電子を受け入れてエネルギーを放出することはない。

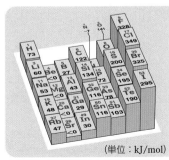

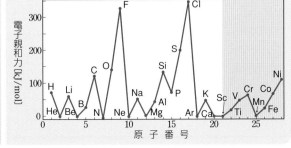

▲ 図15　電子親和力と元素の周期性

Study Column 元素の周期表発見の歴史

●デベライナー（ドイツ，1780～1849）

1829年，化学的性質に基づいて元素を分類すると，性質のよく似た元素が3ずつの組をつくることに気づき，これを **三つ組元素** と名付けた。

彼はその例として，（Cl, Br, I），（Ca, Sr, Ba），（Li, Na, K）などをあげ，三つ組元素の中で，中央の元素の原子量が左右の元素の原子量の平均値になることを主張した。

〈三つ組元素とその原子量〉

三つ組元素	原子量
Cl, Br, I	35.5 79.9 127
Ca, Sr, Ba	40.1 87.6 137
Li, Na, K	6.9 23 39

●シャンクルトア（フランス，1820～1886）

1862年，元素を原子量の順にらせん状に並べて，1回りが原子量16に相当するようにすると，よく似た元素が上下の同じ位置に並ぶことを見い出した（これを "**地のらせん**" という）。

これは，元素の周期律の最初の発見であったが，当時はあまり注目されなかった。

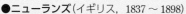

●ニューランズ（イギリス，1837～1898）

1865年，元素を原子量の順に並べて番号をつけると，性質のよく似た元素が8番目ごとに現れることを発見した。これが"音階のオクターブの関係と同じである"と考えて，**オクターブの法則** とよんだ。

彼のアイデアはよかったが，元素の分類のしかたに無理があったため，当時の学会では冷淡に扱われた。

●メンデレーエフ（ロシア，1834～1907）

1869年，当時知られていた63種類の元素について，単体や化合物の性質を詳細に比較して，現在の形に近い周期表を発表した。彼も元素を原子量の順に並べたが，このとき発見されていない元素については周期表に空欄を設け，それらの空欄に入るべき元素の性質を予言した（たとえば，ケイ素 Si の下を空欄とし，仮にエカケイ素 Es として性質を次表のように示した）。

	原子量	単体の密度	融点	酸化物	塩化物	塩化物の沸点	塩化物の密度
エカケイ素 Es （予言）	72	$5.5\,g/cm^3$	高い	EsO_2	$EsCl_4$	57～100℃	$1.9\,g/cm^3$
ゲルマニウム Ge	72.630	$5.323\,g/cm^3$	937℃	GeO_2	$GeCl_4$	83.1℃	$1.88\,g/cm^3$

その後，これらの元素が発見されたとき，彼の予言が見事に当たっていたので，彼の周期表に対する評価は，一段と高くなった。

現在の周期表は，元素を原子番号の順に並べたものである。元素を原子番号の順に並べると，次のように原子量の値が逆転する箇所がある。これは，原子番号が小さいほうの元素に，質量数の大きい同位体が多く存在するためである。

$$\begin{cases} {}_{18}Ar\ (39.948) \\ {}_{19}K\ (39.0983) \end{cases} \quad \begin{cases} {}_{27}Co\ (58.933194) \\ {}_{28}Ni\ (58.6934) \end{cases} \quad \begin{cases} {}_{52}Te\ (127.60) \\ {}_{53}I\ \ (126.90447) \end{cases}$$

p.52 で，いくつかの原子とイオンの大きさを示したが，原子やイオンの大きさは，それらの電子配置と密接に関係しているため，原子番号の増加に伴う周期的な変化，すなわち周期律が見られる。

① 同じ族の元素では，原子番号が大きいほど，原子は大きい。

② 同じ周期の元素では，原子番号が大きいほど原子は小さい（ただし，18 族の元素は基準が異なるので除く）。

③ 電子配置が同じイオンどうしでは，原子番号が大きいイオンのほうが小さい。

たとえば，ネオン原子と同じ電子配置のイオンでは $O^{2-} > F^- > Na^+ > Mg^{2+} > Al^{3+}$ の順になる。同様に，アルゴン原子と同じ電子配置のイオンでは $S^{2-} > Cl^- > K^+ > Ca^{2+}$ の順になる。

	1	2	13	14	15	16	17	18
1	❶ H 0.030							He 0.140
2	Li 0.152 / Li⁺ 0.090	❷ Be 0.111 / Be²⁺ 0.059	B 0.081	C 0.077	N 0.074	O 0.074 / O²⁻ 0.126	❸ F 0.072 / F⁻ 0.119	Ne 0.154
3	Na 0.186 / Na⁺ 0.116	Mg 0.160 / Mg²⁺ 0.086	❸ Al 0.143 / Al³⁺ 0.068	Si 0.117	P 0.110	S 0.104 / S²⁻ 0.170	ⓑ Cl 0.099 / Cl⁻ 0.167	Ar 0.188
4	K 0.231 / K⁺ 0.152	ⓐ Ca 0.197 / Ca²⁺ 0.114						

ⓐ原子が陽イオンになると，小さくなる。
ⓑ原子が陰イオンになると，大きくなる。

※ 原子◯，陽イオン●，陰イオン◯の大きさを，相対的に表した。水素イオン H^+ は非常に小さい。
※ 数値は，原子やイオンの半径のおよその値を nm 単位で示したもの（代表的な値を示した）。

Study Column　マイナスイオン発生器と健康

エアコン・ドライヤー・空気清浄機・加湿器などで，「マイナスイオンが発生して健康によい」という説明の付いた商品が発売されている。マイナスイオンは，雷やコロナ放電，鉱石中の放射性元素などから生じ，滝や噴水の近くや森林の中でも生じているなどといわれる。しかし，生じたマイナスイオンは，空気中に存在するプラスイオンと反応して，まもなく消滅してしまうであろう。また，マイナスイオンの健康面や環境面への効果(影響)についても疑問視されているなど，メカニズムの証明があいまいで，科学的な根拠に乏しいといわれている。なお，マイナスイオンは化学の辞典などには説明や定義もされていない。

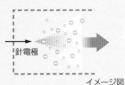

イメージ図

針電極

針状の放電電極の先端に，マイナスの高電圧パルスをかけて，電子を空気中に放出する。この電子を空気中の酸素分子に衝突させて，酸素分子をマイナスイオン化させる。

❶ 原子の構造

　原子は正の電荷をもつ原子核と，負の電荷をもつ（ ア ）で構成される。原子核中の陽子の数を（ イ ）という。原子には（イ）と等しい数の（ア）が含まれている。また，原子核中の陽子の数と（ ウ ）の数の和を（ エ ）という。陽子の質量は（ ウ ）の質量とほぼ等しく，（ ア ）の質量の約［　A　］倍である。（イ）が同じで（エ）が異なる原子をたがいに（ オ ）という。

(1) 文中の空欄（ア）〜（オ）に当てはまる最も適切な語句を答えよ。

(2) 文中の空欄［A］に当てはまる最も適当な数値を次から選べ。
　　① 31　② 62　③ 125　④ 450　⑤ 900　⑥ 1800　⑦ 3600　⑧ 7200

(3) $^{31}_{15}P$ について，①元素名，②（イ）の数値，③（エ）の数値，をそれぞれ答えよ。

(4) ウラン235（$^{235}_{92}U$）がもつ電子の数，中性子の数をそれぞれ答えよ。

　　ヒント　元素記号の左の数値は原子番号と質量数である。質量数＝陽子の数＋中性子の数。

❷ 原子の構造

　次の記述①〜⑤のうちから，正しいものを2つ選べ。

　① 原子の質量は，ほぼ原子核の質量に等しいと考えてよい。

　② 1個の陽子と1個の電子がもつ電荷の絶対値は等しい。

　③ ^{12}C 原子と ^{13}C 原子は，陽子の数が等しいので同素体である。

　④ 中性子は，すべての原子に含まれている微小な粒子である。

　⑤ ^{12}C は6個の電子をもつので，^{13}C は7個の電子をもつ。

　　ヒント　① 原子核は陽子と中性子からなり，それらの質量はほぼ等しい。

❸ 原子とイオンの電子配置

(1) 電子殻のN殻には最大何個の電子を収容することができるか。

(2) 塩素原子Clの電子配置を例にならって答えよ。　　例）Li：K(2)L(1)

(3) Al^{3+} の電子配置を(2)の例にならって答えよ。

(4) 次の原子がイオンになったとき，下の①，②に該当するものをすべて選び，化学式で書け。
　　　　　　Na　O　Ca　K　Cl　S　Mg　Li　Al　F
　　① 2価の陽イオン　　② ネオンと同じ電子配置をもつイオン

❹ イオン

(1) 次の①〜⑤のイオンの名称を答えよ。
　　① Na^+　　② NH_4^+　　③ S^{2-}　　④ NO_3^-　　⑤ HCO_3^-

(2) 次の①〜④のイオンの化学式を答えよ。
　　① カルシウムイオン　　② リチウムイオン　　③ 塩化物イオン　　④ 硫酸イオン

(3) ヘリウム，炭素，カリウム，フッ素のうち，次の①〜③に当てはまる元素を元素記号で答えよ。
　　① イオン化エネルギーが最小の元素　　② イオン化エネルギーが最大の元素
　　③ 電子親和力が最大の元素

⑤ 元素の周期律

下のグラフは，元素の性質の変化を示しており，横軸は原子番号である。次の①～③の値を縦軸にしたときに相当するグラフを選び，記号で答えよ。

① 価電子　　② イオン化エネルギー　　③ 原子半径

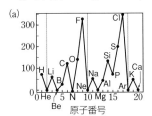
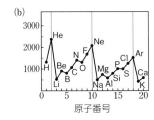
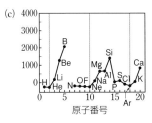

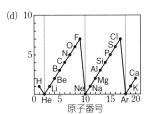
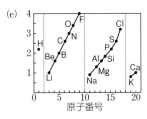
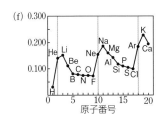

> **ヒント**　① 族番号とともに変化する。② 各周期内では貴ガスが最大。③ 周期が増すと大きくなり，族が増すとやや小さくなる。

⑥ 元素の周期表

(1) 次の①～⑤の文中の空欄に，最も適当な語句を答えよ。

① 周期表は，元素を（ ア ）の順に並べたものである。

② 2族元素を（ イ ）元素という。

③ 17族元素を（ ウ ）元素という。

④ 周期表の右上に位置する元素は（ エ ）元素で，貴ガス元素を除いて陰性が強い。

⑤ 周期表の3～12族の元素を（ オ ）元素という。

(2) 次の文章の下線部について正誤を判断し，誤りを含むものをすべて選べ。

① 18族元素の最外殻電子の数は，<u>常に8</u>である。

② カルシウムは<u>金属元素</u>である。　　③ 遷移元素は<u>すべて金属元素</u>である。

④ 遷移元素は<u>第4周期以降</u>から現れる。　　⑤ 最外殻電子の数と価電子の数は<u>等しい</u>。

⑦ 原子とイオンの大きさ

(1) 次の①，②について，半径が大きいほうをそれぞれ答えよ。

① Na と Na^+　　② Cl と Cl^-

(2) 次の①，②について，イオン半径が大きいほうをそれぞれ答えよ。

① Na^+ と K^+　　② K^+ と Cl^-

第3章

化学結合

1 イオン結合
2 共有結合
3 分子間にはたらく力
4 金属結合

ウユニ塩湖

A イオン結合とイオンからなる物質

1 イオンの生成 フラスコに捕集した塩素に単体のナトリウムを入れると，ナトリウムの表面に変化がみられる。加熱融解したナトリウムを塩素中に入れると，炎を出して塩素と激しく反応し，白色の粉末ができる。

これらは塩化ナトリウム NaCl が生成したためで，この反応では，陽性の強いナトリウム原子が電子1個を放出して陽イオン Na^+ となり，その放出した電子を，陰性の強い塩素原子が受け取って陰イオン Cl^- になる。

このようにしてできた多数の Na^+ と，それと同数の Cl^- は，たがいに **静電気力**❶（クーロン力）で引き合って，交互に規則正しく並んだ立方体の構造が繰り返された **結晶** をつくる。これが塩化ナトリウム NaCl の結晶であり，Na^+ と Cl^- の数が等しいので，全体として電気的に中性になっている。

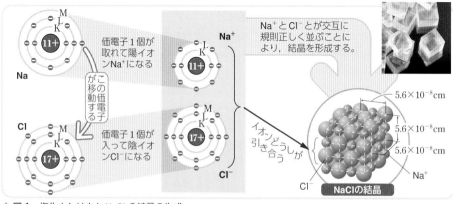

価電子1個が取れて陽イオンNa^+になる

この価電子が移動する

価電子1個が入って陰イオンCl^-になる

Na^+とCl^-とが交互に規則正しく並ぶことにより，結晶を形成する。

イオンどうしが引き合う

5.6×10^{-8}cm
5.6×10^{-8}cm
5.6×10^{-8}cm

Na^+
Cl^-

NaClの結晶

▲ 図1 塩化ナトリウム NaCl の結晶の生成

2 イオン結合とイオン結晶　塩化ナトリウムのように，陽イオンと陰イオンとが静電気力によって引き合ってできる結合を **イオン結合** といい，イオン結合でできた結晶を **イオン結晶** という。イオン結合はかなり強い結合なので，イオン結晶の融点は一般に高い(→ p.95)。

イオン結晶は，結晶を構成しているイオンが強く結合していて自由に移動できないため，電気を通さない[3]。しかし，イオン結晶を加熱して融解[4]したり，水に溶かして水溶液にしたりすると，イオンが自由に動くことができるようになり，電気伝導性を示すようになる(→ p.65「Laboratory」イオン結晶と電気伝導性)。

イオン結合には方向性がなく，イオン結晶内では各イオンと，そのまわりに配置されている反対符号の電荷をもつすべてのイオンとの間に，静電気力がはたらいている。

3 組成式　イオンからなる物質を表すときは，構成する原子の種類とその数の比を最も簡単な整数の比で表した化学式を用いる。

この化学式を **組成式** という。正の電荷をもつイオンと，負の電荷をもつイオンは，必ず電気的に中性になるように結合し，イオン結晶を形成する。したがって，イオン結晶全体では電気的に中性である。

水酸化ナトリウム NaOH，水酸化カルシウム $Ca(OH)_2$ などの塩基(→ p.240)も，イオンからなる物質なので，組成式で表す。

また，分子をつくらない単体，たとえばダイヤモンド C・黒鉛 C・ケイ素 Si や，二酸化ケイ素 SiO_2 などの共有結合の結晶(→ p.78)，ナトリウム Na や鉄 Fe などの金属(→ p.89)も組成式で表す。

▼ 表1　組成式で表す物質の例

	名　称	組成式		名　称	組成式		名　称	組成式
塩	塩化マグネシウム	$MgCl_2$	塩基	水酸化バリウム	$Ba(OH)_2$	共有結合の結晶	ダイヤモンド	C
	塩化アルミニウム	$AlCl_3$		水酸化カリウム	KOH		ケイ素	Si
	硝酸ナトリウム	$NaNO_3$		水酸化アルミニウム	$Al(OH)_3$		二酸化ケイ素	SiO_2
	硫酸ナトリウム	Na_2SO_4		水酸化鉄(Ⅱ)	$Fe(OH)_2$	金属	ナトリウム	Na
	炭酸カルシウム	$CaCO_3$		水酸化銅(Ⅱ)	$Cu(OH)_2$		マグネシウム	Mg
	酢酸ナトリウム	CH_3COONa		水酸化マグネシウム	$Mg(OH)_2$		鉄	Fe

....

[1] **静電気力**　陽イオン，陰イオンの電荷を Q^+，Q^-，イオン間の距離を r とすると，静電気力(クーロン力ともいう)F は，次の式で表される。

$$F = k\frac{|Q^+ \cdot Q^-|}{r^2} \quad (k \text{ は定数})$$

[2] **結晶**　結晶はイオンや分子などの粒子が規則的に配列しているが，ガラスやほとんどのプラスチックは構成粒子の配列に規則性がない。このような物質をアモルファス(無定形固体)という(→ p.91)。化学でいう結晶とは，原子・イオン・分子が規則正しく配列した構造をいう。水晶などの鉱物にみられる外観上の「結晶」とは少し意味が違う。たとえば，石灰石の粉末でも結晶である。

[3] **電気を通す**　物質が電気を通すということは，物質中をイオンまたは電子が移動することである。p.89 以降で学ぶ金属は，電子が動いて電気を通す。

[4] **融解**　NaCl の温度を上昇させると，結晶の中の Na^+ と Cl^- の熱運動(→ p.125)が盛んになり，801℃になると，規則正しく並んでいた Na^+ と Cl^- の結晶がくずれて液体になる。これが融解である(→ p.127)。硝酸ナトリウム $NaNO_3$ は307℃で融解する。

4 組成式の書き方　イオンからなる物質の組成式は陽イオンを先に，陰イオンを後に書く。ただし，有機化合物である酢酸 CH_3COOH との塩 (→ p.263) は，酢酸イオン CH_3COO^- を先に書くことが多い。

イオンからなる物質の組成式の書き方を，以下に示す。

① 陽イオンを先に，陰イオンを後に書く (イオンの電荷はつけない)。

② 陽イオンと陰イオンは必ず電気的に中性になるように結合するので，陽イオンと陰イオンそれぞれの電荷の絶対値の総和が等しく，次式が成り立つ。

> **｜陽イオンの電荷｜×陽イオンの数＝｜陰イオンの電荷｜×陰イオンの数**

これを比で表す式に変形すると，

> **陽イオンの数：陰イオンの数＝｜陰イオンの電荷｜：｜陽イオンの電荷｜**

このようにして，陽イオンの数と陰イオンの数の比を求める。

③ 陽イオンと陰イオンの数の比を，それぞれのイオンの右下に書く (1の場合は省略する)。多原子イオンが2個以上あるときは，(　) でくくって，その数を右下に書く。

例　塩化カルシウムの場合：構成イオンは Ca^{2+} と Cl^-
① Ca Cl …Ca(陽イオン)，Cl(陰イオン)の順
② (Ca^{2+} の数)：(Cl^- の数)＝｜(Cl^- の電荷)｜：｜(Ca^{2+} の電荷)｜
　　　　　　　　＝1：2
③ Ca_1Cl_2 ⟶ $CaCl_2$

例　リン酸カルシウムの場合：構成イオンは Ca^{2+} と PO_4^{3-}
① Ca PO₄ …Ca(陽イオン)，PO₄(陰イオン)の順
② (Ca^{2+} の数)：(PO_4^{3-} の数)＝｜(PO_4^{3-} の電荷)｜：｜(Ca^{2+} の電荷)｜
　　　　　　　　＝3：2
③ $Ca_3(PO_4)_2$

▲ 図2　塩化カルシウム

例　ミョウバンの場合：構成イオンは K^+, Al^{3+}, SO_4^{2-}
① Al K SO₄ …同符号のイオンはアルファベット順に書く。
② Al^{3+} の数を x, K^+ の数を y, SO_4^{2-} の数を z とすると，
　　$3×x+1×y=2×z$
　　この式が成立する最小の x, y, z の正の整数値を求める。
　　⟶ (Al^{3+} の数)：(K^+ の数)：(SO_4^{2-} の数)＝1：1：2
③ $AlK(SO_4)_2$
ミョウバンはイオンの他に水和水を含むので，実際の組成式は
$AlK(SO_4)_2 \cdot 12H_2O$

▲ 図3　ミョウバン

補足　イオン結晶の特色　① **融点・沸点が高い**　静電気力は強いが，高温に加熱すると結晶がくずれ，イオンが動き出せるようになる。

② **結晶が硬くてもろい**　静電気力が強いため硬い。また結晶に力を加えて変形させると，同符号のイオンどうしが接近し，反発力が強くなり一定方向に割れる (→ p.90 図35)。

③ **固体の状態では電気を通さないが，融解して液体にしたり，水に溶かすと電気を通す**　イオン結晶が電気を通す性質 (電気伝導性) は，結晶を構成するイオンが移動することによって現れる。結晶が融解した液体状態では，結晶がくずれて移動可能なイオンが生じているため，また，結晶を水に溶解させた水溶液では，イオンがばらばらになって水中に分散しているため，電気伝導性を示す。

目標 イオンからなる物質(塩化ナトリウム NaCl)の電気伝導性を調べる。
実験 (1) ビーカーに固体の NaCl を入れて通電する。
(2) (1)のビーカーに水を加えて通電する。
(3) るつぼに固体の NaCl を入れて加熱し，融解後に通電する。

(1) 固体の NaCl

(2) NaCl 水溶液

(3) 融解した NaCl

📖 **問題学習** ····· 5 　　　　　　　　　　　　　　　　　　　　 **イオン結合の物質**

(1) 次の物質の名称を答えよ。
　(ア) $(NH_4)_2SO_4$　(イ) $BaCO_3$　(ウ) $Cu(OH)_2$　(エ) $ZnBr_2$
(2) 次の物質の組成式を答えよ。
　(ア) 硝酸リチウム　(イ) リン酸カルシウム　(ウ) 酢酸ナトリウム　(エ) 硫酸鉄(III)
(3) 次の陽イオンと陰イオンを1種類ずつ組み合わせて生成する物質の組成式と名称を答えよ。
　陽イオン　K^+, Mg^{2+}, Al^{3+}　　陰イオン　Cl^-, $SO_4{}^{2-}$, $PO_4{}^{3-}$

考え方 (1) 後ろにある陰イオンを先に，陽イオンを後から読む。
答(ア) 硫酸アンモニウム　(イ) 炭酸バリウム
　(ウ) 水酸化銅(II)　(エ) 臭化亜鉛
(2) **答**(ア) $LiNO_3$　(イ) $Ca_3(PO_4)_2$
　(ウ) CH_3COONa　(エ) $Fe_2(SO_4)_3$
(3) 陽イオンと陰イオンの電荷の絶対値の和が等しくなるように数を考える。
　例) K^+ と $PO_4{}^{3-}$ では，$|+1| \times 3 = |-3| \times 1$

答 KCl：塩化カリウム，K_2SO_4：硫酸カリウム，K_3PO_4：リン酸カリウム，$MgCl_2$：塩化マグネシウム，$MgSO_4$：硫酸マグネシウム，$Mg_3(PO_4)_2$：リン酸マグネシウム，$AlCl_3$：塩化アルミニウム，$Al_2(SO_4)_3$：硫酸アルミニウム，$AlPO_4$：リン酸アルミニウム

注意 銅のイオンには，銅(I)イオン Cu^+ と銅(II)イオン Cu^{2+} がある。鉄のイオンには，鉄(II)イオン Fe^{2+} と鉄(III)イオン Fe^{3+} がある。

類題 ····· 5

(1) 次の物質の名称を答えよ。
　(ア) $NaNO_3$　(イ) $CaCl_2$　(ウ) MgO　(エ) $PbSO_4$　(オ) $AgCl$
(2) 次の物質の組成式を答えよ。
　(ア) 塩化アンモニウム　(イ) 硝酸カリウム　(ウ) 水酸化アルミニウム
　(エ) 硫酸銅(II)　(オ) 酸化鉛(IV)
(3) 次の陽イオンと陰イオンを1種類ずつ組み合わせて生成する物質の組成式と名称を答えよ。
　陽イオン　Ag^+, Ca^{2+}, Fe^{3+}　　陰イオン　F^-, $CO_3{}^{2-}$

1　塩化ナトリウム型　塩化ナトリウム NaCl の結晶は，Na^+ と Cl^- が交互に規則正しく配列した構造 (結晶格子)からなる。

塩化ナトリウム型の結晶は，小立方体が 8 個重なった右図の構造が最小単位となっており，それを**単位格子**という。また，単位格子の一辺の長さを**格子定数**といい，a で表すことが多い。

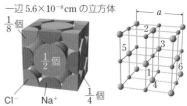

一辺 $5.6×10^{-8}$ cm の立方体

▲ 図 4　塩化ナトリウムの結晶構造

NaCl と同じ構造のイオン結晶には，NaBr, KI, LiH, LiF, KCl, MgO, PbS, AgBr などがある。

(1) **配位数**　1 個の粒子 (イオン・原子) に接している他の粒子の数を**配位数**という。中心にある Na^+ に着目すると，距離 $\dfrac{a}{2}$ のところに上下左右前後に合計 **6 個** の Cl^- が存在する。Cl^- に着目しても同様である。したがって，Na^+ と Cl^- の配位数はともに 6 である。

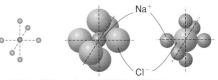

▲ 図 5　塩化ナトリウム型結晶の配位数

　　なお，最も近いところにある同符号のイオンの数は，面心立方格子 ($\rightarrow$ p.93) と同じで，12 個になり，その距離は $\dfrac{\sqrt{2}}{2}a$ である。

(2) **単位格子中のイオンの数**　単位格子は連続していて，境界の粒子は隣接する単位格子にも含まれる。各頂点の粒子 (Cl^-) は 8 個の単位格子が共有しているから $\dfrac{1}{8}$ 個分で，面の中心の粒子(Cl^-)は 2 個の単位格子が共有しているから $\dfrac{1}{2}$ 個分である。各辺にある粒子(Na^+)は 4 個の単位格子が共有しているから $\dfrac{1}{4}$ 個分で，中心には粒子(Na^+)が 1 個含まれる。

　　したがって，$Cl^-：\dfrac{1}{8}×8+\dfrac{1}{2}×6=4$(個)，$Na^+：\dfrac{1}{4}×12+1=4$(個)　となる。

　　この場合，Na^+ と Cl^- を入れ替えても，同じだけ含まれることがわかる。

　　また，次のように考えられる。Cl^- だけに着目すると面心立方格子($\rightarrow$ p.93)と同じである。したがって，単位格子中に Cl^- は 4 個分含まれている。塩化ナトリウムの結晶には，Na^+ と Cl^- は常に同数含まれているから，この単位格子の中に Na^+ も 4 個分含まれている。

(3) **密度❶**　密度 d〔g/cm³〕は，単位格子の質量〔g〕を単位格子の体積〔cm³〕で割ればよい。したがって，格子定数を a〔cm〕，アボガドロ定数を N_A〔/mol〕，モル質量を M〔g/mol〕とすると，単位格子中に 4 個の Na^+ と Cl^- が含まれるから，$d=M×\dfrac{4}{N_A}×\dfrac{1}{a^3}=\dfrac{4M}{a^3 N_A}$〔g/cm³〕

❶ 密度の計算には，後出のアボガドロ定数($\rightarrow$ p.104)，モル質量($\rightarrow$ p.106)を使う。

2 塩化セシウム型　塩化セシ
ウム CsCl の結晶は，図 6 (a) の
ような体心立方格子（→ p.92）に
似た単位格子である。

この構造をもつ塩には，CsI，
NH₄Cl などがある。

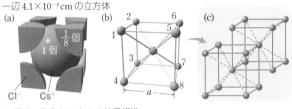

一辺 4.1×10⁻⁸ cm の立方体

▲ 図 6　塩化セシウムの結晶構造

(1) 配位数　図 6 (b) のように

中心にある Cs⁺ に着目すると，距離 $\frac{\sqrt{3}}{2}a$（単位格子の一辺を a とする）のところの 8 個の

Cl⁻ に囲まれている。図 6 (c) のように Cl⁻ に着目しても同様である。したがって，Cs⁺ と
Cl⁻ の配位数はともに 8 である。

なお，最も近いところにある同符号のイオンの数は，頂点の Cl⁻ に着目すると，距離 a
のところに上下左右前後の合計 6 個である。

(2) 単位格子中のイオンの数　Cs⁺：1 個，Cl⁻：$\frac{1}{8}×8＝1$（個）

(3) 密度　モル質量を M〔g/mol〕とすると，$d＝\dfrac{M}{a^3 N_A}$〔g/cm³〕　　（a の単位は cm）

3 極限半径比　イオン結晶は，陽イオンと陰イオンとの半径の比によって，図 7 のような 3
つの場合に分けられる。

図 7 (a) のように，陽イオンと陰イオ
ンとがたがいに接触している場合には，
たがいに引き合う力がはたらくので安
定である。

しかし，図 7 (c) のようになると，同
符号のイオン（図では陰イオン）による
反発力がはたらくので不安定になると
考えられる。

(a) 安定な配列
＋と－が接して，
－と－が離れてい
る。

(b) 安定な配列の極限
＋と－および－と
－が接している。

(c) 不安定な配列
＋と－が離れてい
て，－と－が接し
ている。

▲ 図 7　極限半径比のモデル

この境界に相当するのが，図 7 (b) の状態であり，これは安定性の極限ということで，この
ときの両イオンの半径の比（陽イオンの半径／陰イオンの半径）を**極限半径比**（または限界
安定比）という。

なお，図 7(c) のような半径比をとる物質も知られている。

(1) 塩化ナトリウム型の場合　塩化ナトリウム型の場
合，陽イオンの半径を r，陰イオンの半径を R とす
ると，その極限半径比は，図 8 より，

$$\sqrt{2}\,(R+r)=2R \qquad \sqrt{2}\left(1+\frac{r}{R}\right)=2$$

$$\frac{r}{R}=\sqrt{2}-1\fallingdotseq0.414$$

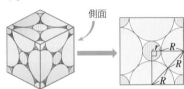

側面

▲ 図 8　塩化ナトリウム型結晶の側面

（2）**塩化セシウム型の場合** 塩化セシウム型の場合，
陽イオンの半径を r，陰イオンの半径を R とすると，
その極限半径比は，図9より，

$$(2R+2r)^2 = (2R)^2 + (2\sqrt{2}\,R)^2$$

$$(R+r) = \sqrt{3}\,R$$

$$1 + \frac{r}{R} = \sqrt{3}$$

$$\frac{r}{R} = \sqrt{3} - 1 \fallingdotseq 0.732$$

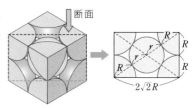

▲ 図9 塩化セシウム型結晶の断面

4 **硫化亜鉛型** 硫化亜鉛の結晶は図10のような構造になっており，ダイ
ヤモンドの構造（→ p.79）に似ている。図10のイオンすべてが炭素原子で
あればダイヤモンドの構造である。

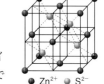

● Zn²⁺ ○ S²⁻

▲ 図10 硫化亜鉛
型の結晶構造

参考 MX 型のイオン結晶では，極限半径比
から配位数が決まる。

たとえば，硫化亜鉛 ZnS では極限半径比は
0.40 となり，同符号の4個のイオンが最も離
れた配置となる正四面体構造をとることが予
想される。実際は，Zn²⁺ は4個の S²⁻ によっ
て囲まれ，S²⁻ は4個の Zn²⁺ によって正四面
体形に囲まれている。

▼ 表2　極限半径比（r/R）の例

8配位 CsCl 型		6配位 NaCl 型		4配位 ZnS 型	
$\frac{r}{R} > 0.732$		$0.732 > \frac{r}{R} > 0.414$		$\frac{r}{R} < 0.414$	
化合物	r/R	化合物	r/R	化合物	r/R
CsCl	0.93	NaCl	0.52	ZnS	0.40
CsBr	0.87	KBr	0.68		
CsI	0.78	MgO	0.46		

📖 問題学習 ····· 6　　　　　　　　　　　　　**イオン結晶の構造**

　塩化ナトリウムの結晶格子について，次の(1)〜(3)に有効数字2桁
で答えよ。ただし，塩化ナトリウムの密度：2.17g/cm³，Na⁺ のイオ
ン半径 r：0.116nm，Cl⁻ のイオン半径 r：0.167nm，アボガドロ定数：
6.02×10²³/mol，5.66³ = 181 とする。

(1) この単位格子一辺の長さはいくらか。

(2) NaCl の結晶 1.0cm³ の中に含まれる Na⁺ は何個か。

(3) NaCl の式量を計算で求めよ。

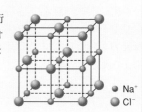

● Na⁺
○ Cl⁻

考え方 ▶ (1) 右図から，

　(0.167 + 0.116) × 2
　= 0.566（nm）

答 **0.57nm**

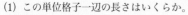
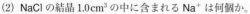

Cl⁻ Na⁺ Cl⁻
一辺の長さ

(2) 単位格子の中に Na⁺ は4個含まれるから，

$$4 \times \frac{1.0}{(0.566 \times 10^{-7})^3} \fallingdotseq 2.2 \times 10^{22}（個）$$

答 **2.2×10²² 個**

(3) 単位格子内に Na⁺ と Cl⁻ は4個ずつ含まれ
る。NaCl のモル質量を M〔g/mol〕とすると，

$$\frac{4 \times M}{(0.566 \times 10^{-7})^3 \times 6.02 \times 10^{23}} = 2.17$$

$$M \fallingdotseq 59 \text{g/mol}$$

答 **59**

注意 式量およびモル質量は，p.103，106で学ぶ。
未学習の場合は，式量とモル質量を学習した後，(3)
の問題を解いて欲しい。

2 共有結合

基
化

A 共有結合と分子

1 分子のなりたち 　水素原子 H が 2 個結合して水素分子 H_2 ができるしくみを考えてみよう（▶図 11）。

① 2 個の水素原子が接近すると，一方の水素原子の価電子と，もう一方の水素原子の原子核が引き合い，両方の水素原子の電子殻（K 殻）が一部重なるようになる。

② 重なり合った電子殻の中では，水素原子それぞれの価電子が対（**電子対**）になる。

③ 対になった 2 個の電子は，両方の水素原子の原子核に共有される。また，各水素原子は，安定なヘリウム原子（K 殻に 2 個の電子をもつ）と同じような電子配置になる。

このように 2 個の原子間で，それぞれの原子の価電子を共有してできる結合を **共有結合** といい，共有されている電子対を **共有電子対** という。

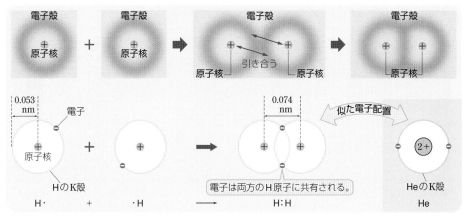

▲ 図 11　水素分子のできるしくみ

2 分子式と電子式 　分子を表すには，分子を構成する原子を元素記号で表し，原子の数を元素記号の右下に書き添えた「**分子式**」を用いる。ただし，原子の数が 1 個のときは 1 を省略して元素記号だけとする。

原子あるいは分子内の原子の電子配置をわかりやすく示すために，最外殻電子を点（・）で示して元素記号のまわりに付記した式を **電子式** という。電子式では，対になっている電子（**電子対**）は並べて書き，対になっていない電子（**不対電子**）は孤立させて書く。また，共有電子対は結合している 2 個の原子の元素記号の間に書き，非共有電子対（→次ページ）はその場所以外の元素記号の周囲に書く。

構成元素

H_2O

分子をつくる
原子の数
（1は書かない）

▲ 図 12
分子式の書き方

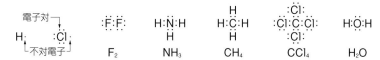

3 共有結合をつくる原子　**(1) 単結合と原子価**　表3に示すような非金属元素の原子では，それぞれの原子が不対電子を1個ずつ出し合って，それらの電子を共有すると，1つの共有結合ができる。これを **単結合** という。したがって，原子がもつ不対電子の数と，その原子がつくる単結合の数は一致する。

　ある原子が水素原子との間につくることができる共有結合の数を **原子価** という。一般に，原子価はその原子がもつ不対電子の数に等しい。

▼ 表3　共有結合をするおもな原子と原子価

族	1	14	15	16	17
電子式	H·	·Ċ· ·Ṡi·	·N̈· ·P̈·	:Ö· :Ṡ·	:F̈· :C̈l·
原子価	1	4	3	2	1

(2) 分子を構成する原子の電子配置　水素分子に限らず，分子は原子どうしが共有結合してできている。メタン CH_4，アンモニア NH_3，水 H_2O，フッ化水素 HF 分子ができるしくみは図13の通りである（図は最外殻電子だけを表している）。

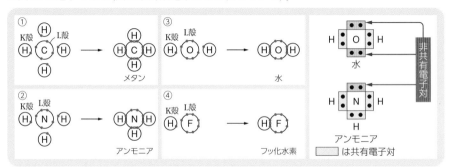

▲ 図13　メタン分子（①）・アンモニア分子（②）・水分子（③）・フッ化水素分子（④）ができるしくみ

　これらの分子内の各原子は，共有結合によって貴ガス（He, Ne）と同じような安定な電子配置をとる。すなわち，最外殻電子の数は，水素原子だけが2個で，それ以外の原子では8個[1]となる。

　NH_3，H_2O，HF における N，O，F 原子では，共有結合にあずからない電子が2個ずつ対になっている。これらの電子対を **非共有電子対** という（▶図13）。

CHART 6

共有 は たがいに出し合い 8 となる
イオン結合 は 取って取られて 8 となる
水素のまわりは 2 個になる

---

❶ 八隅説（オクテット説）　原子がたがいに共有結合する場合，最外殻電子の数は8になる。この考えは，まだ原子の電子配置が明白に解明されていなかった頃（1919年），Kossel や Lewis，Langmuir などによって提唱された。実際には，この説に当てはまらない例も多く存在する。

4 構造式 **(1) 構造式と価標** 1組の共有電子対を1本の線で表して，分子の中の原子の結合状態を示した式を **構造式** という。また，共有電子対を表す線を **価標** という。構造式は，分子の中の原子の結合のようすを示したものであって，分子の実際の形を示したものではない。したがって，構造式から分子の形を判断してはいけない。たとえば，メタンの構造式は図14のように書かれるが，分子の実際の形は正四面体形である。

(2) 構造式の書き方 構造式は分子の実際の形を示したものではなく平面的に書かれる。とくに決められた方法はないが，一般になるべく対称的に表すのがふつうである。実際の分子の形は NH_3 が三角錐形，H_2O が折れ線形であるが，それらの形を意識して表す必要はない。

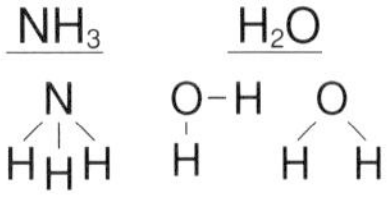

$$NH_3 \qquad H_2O$$

〈表し方の例〉

名称	メタン	四塩化炭素	アンモニア	水	二酸化炭素
分子式	CH_4	CCl_4	NH_3	H_2O	CO_2
構造式	H | H−C−H | H	Cl | Cl−C−Cl | Cl	H−N−H | H	H−O−H	O=C=O
分子模型	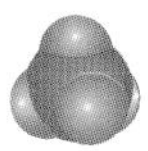	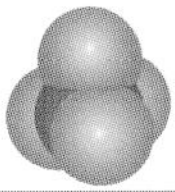		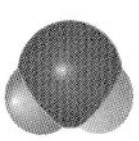	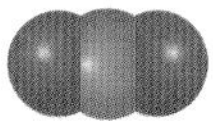

▲ 図14 分子式と構造式・分子模型

(3) 単結合・二重結合・三重結合

共有結合には，単結合のほか二重結合・三重結合がある。

① **単結合** 水素 H_2，水 H_2O，アンモニア NH_3，メタン CH_4 などの分子の中の原子どうしは，1組の共有電子対で結合している。構造式では1本の価標で表す。

② **二重結合** 二酸化炭素分子 CO_2 の中の C 原子と O 原子，エチレン分子 C_2H_4 の中の C 原子どうしの結合は，2組の共有電子対で結合している。このような結合を **二重結合** といい，構造式では2本の価標で表す。

③ **三重結合** 窒素分子 N_2 の N 原子どうし，アセチレン分子 C_2H_2 の中の C 原子どうしの結合は，3組の共有電子対で結合している。このような結合を **三重結合** といい，構造式では3本の価標で表す。二重結合，三重結合の場合でも，各原子の最外殻電子の数は8個(H は2個)で，貴ガス元素の電子配置と似ている。

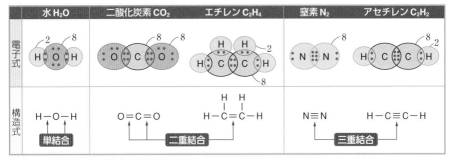

▲ 図15 単結合・二重結合・三重結合の例

5 分子の形 分子の形は，電子の軌道から推定できる（→p.74〜75）が，次のように電子対を考察することによって，ある程度予想することができる（→下の Study Column）。

分子の形を考える場合は，まず，分子の電子式を書き表し，共有電子対も非共有電子対も区別なく電子対として，たがいの反発を考える。

このとき，電子対は負電荷の雲のように考えることができ，それらは反発して，たがいにできるだけ遠いところに存在するような位置をとる。

したがって，電子対が2組であれば直線（180°），3組であれば三角形，4組であれば四面体となる（二重結合や三重結合は1組と考える）。

これは，もちろん電子対だけの形であり，分子の形は実際に原子が存在する位置を線で結んだ場合の形でいい表す。

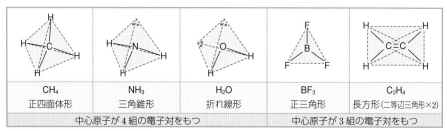

CH_4	NH_3	H_2O	BF_3	C_2H_4
正四面体形	三角錐形	折れ線形	正三角形	長方形（二等辺三角形×2）
中心原子が4組の電子対をもつ			中心原子が3組の電子対をもつ	

▲ 図16 分子の形と電子対の関係

Study Column　VSEPR 理論

分子の形を簡単に推定する方法の1つに，原子価殻電子対反発則または電子対反発理論がある。通称 VSEPR 理論（valence shell electron pair repulsion rule）とよばれ，1939年，槌田龍太郎によって提唱され，その後，これとは別にナイホルムとガレスピーが発展させた。

この理論に基づくと，中心にある原子がもつ電子対の反発を考えるだけで分子の形を予想することができる。したがって，電子式を正しく書けることが重要である。基本的な考え方は，**電子対は相互に反発し，共有結合の角度やイオンの構造は，その反発力が最も小さくなる構造をとる** ということである。共有電子対の反発力は次のようになる。

（非共有電子対どうし）＞（非共有電子対と共有電子対）＞（共有電子対どうし）

このことから，それぞれの電子対どうしの角度も同じ大小関係になる。なお，電子対の数を求めるとき，二重結合や三重結合も1つとして数える。たとえば，電子対の数が4である CH_4 は正四面体（結合角 109.5°）であり，NH_3 では1対の非共有電子対の反発で狭められて 106.7°，H_2O では2対の非共有電子対の反発でさらに狭められて 104.5°になる。

電子対の数	非共有電子対	分子の形	例	電子対の数	非共有電子対	分子の形	例
2	0	直線形	$BeCl_2$		0	正四面体形	CH_4
3	0	正三角形	BF_3	4	1	三角錐形	NH_3
	1	折れ線形	SO_2		2	折れ線形	H_2O

B 配位結合

1 配位結合 分子（または陰イオン）の中の非共有電子対が，他の陽イオンに共有（提供）されて（配位して），新しい共有結合ができる場合があり，この結合を **配位結合** という。

ここでは，配位結合ができるしくみについて，アンモニウムイオン NH_4^+，オキソニウムイオン H_3O^+ のでき方を例にとって考察してみよう。

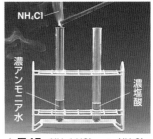

▲ 図17 $NH_3 + HCl \longrightarrow NH_4Cl$

(1) **アンモニウムイオン** 濃塩酸をガラス棒に付け，濃アンモニア水の入った試験管の口に近づけると，空気中で両物質の気体が接触して，塩化アンモニウム NH_4Cl ができ，白煙を生じる（◉図17）。このとき，アンモニア分子の中の N 原子の非共有電子対に，塩化水素から生じた水素イオン H^+ が配位結合して，アンモニウムイオン NH_4^+ ができている。

$$NH_3 \quad + \quad HCl \quad \longrightarrow \quad NH_4^+Cl^-$$
アンモニア(気体) 　塩化水素(気体) 　　　塩化アンモニウム(固体)

アンモニアが水に溶けるときにも，アンモニウムイオンができる。

$$NH_3 \quad + \quad H_2O \quad \rightleftarrows \quad NH_4^+ \quad + \quad OH^-$$
アンモニア 　　　　　　　　　　アンモニウムイオン

アンモニウムイオン NH_4^+ に含まれる4個の N-H 結合のうち，1個は配位結合，残りの3個は共有結合で生じたものである。しかし，配位結合は，できるしくみが異なるだけで，結合した後は共有結合と区別することはできない。

(2) **オキソニウムイオン** 水分子の中の酸素原子がもつ2組の非共有電子対のうち，1組の非共有電子対が，水素イオン H^+ と配位結合すると，オキソニウムイオン H_3O^+ ができる（さらに H^+ が結合して H_4O^{2+} になることはない）。

$$H_2O \quad + \quad H^+ \quad \rightleftarrows \quad H_3O^+$$
　　　　　　　　　　　　　オキソニウムイオン

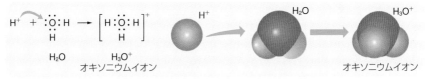

▲ 図18 オキソニウムイオンのできるしくみ

CHART 7

$$\left[\begin{array}{c} H \\ | \\ H-N-H \\ | \\ H \end{array} \right]^+$$
　配位結合はどれ？
　⟶ 区別なし

仲間に入れて〜

発展

Study Column 電子の軌道と分子の形

(1) 電子の軌道

電子のようにきわめて微細な粒子が，しかも大きな速度で運動しているような場合，この粒子のある瞬間の位置は，どのようにしても正確に決めることができず，ある特定の位置に存在する確率だけしかわからないことが知られている(ハイゼンベルグの不確定性原理)。

原子核のまわりに電子が存在する確率の大きさを濃淡で表したものを電子雲モデルという。K殻の電子雲は，原子核を中心とした球の形をしていて，これを 1s 軌道という。L殻には 2s 軌道と，それよりいくらかエネルギー準位 (→ p.49) が高い 2p 軌道がある。2s 軌道は，1s 軌道よりエネルギー準位が高いので，次図のように電子雲の半径も大きくなる。

2p 軌道は，さらに，エネルギー準位の等しい3個の軌道 ($2p_x$, $2p_y$, $2p_z$) から成り立ち，原子核を中心にたがいに直交している。

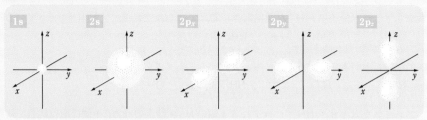

▲ s 軌道，p 軌道の電子雲モデル

(2) 水分子やアンモニア分子(原子の軌道で考える方法)

N原子，O原子の 2p 軌道にある不対電子の数はそれぞれ，3個，2個である。これらの原子に水素原子が結合するときは，それぞれの不対電子が，水素原子の 1s 軌道にある1個の不対電子と電子対をつくって結合すると考えられる。

N原子およびO原子では，もともと3個のp軌道がたがいに直交しているので，NH_3 分子は3個のN-H結合がたがいに90°開いた三角錐形になると思われるが，実際にはこれらの先端に結合している水素原子どうしの反発により，角度が開いて 106.7° になっていると説明される (同じ15族元素でも第3周期のリンPの水素化合物 PH_3 では 90° に近い 93.5° である)。

また，H_2O 分子では2個のO-H結合ができるが，やはり先端に結合している水素原子どうしの反発により，その角度は 104.5° になっていると説明される。

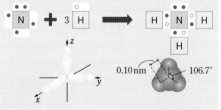
(a)アンモニア分子の中の結合と分子模型

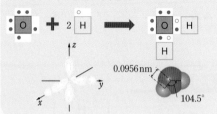
(b)水分子の中の結合と分子模型

▲ NH_3, H_2O の各分子のできるしくみと分子の形

0.10 nm　106.7°

0.0956 nm　104.5°

(3) 炭素原子の価電子

炭素原子の電子配置は，2s 軌道の 2 個の電子が対をつくっており，$2p_x$，$2p_y$ に 1 個ずつの電子があるので，原子価は 2 価と予想される。しかし，メタン分子の分子式は CH_4 であり，4 価になっているから不対電子は 4 個あると考えられる。この理由は次のように説明される。

炭素原子では，結合する際のエネルギーによって，2s 軌道のエネルギー準位より高いが，3 個の p 軌道よりエネルギー準位が低い，安定した新しい 4 個の軌道になる。これは s 軌道 1 個と p 軌道 3 個からできているので，sp^3 混成軌道 という。この 4 個の軌道はエネルギー準位が等しく，4 個の価電子は均等に 1 個ずつ入って，4 価の炭素原子として結合に関与する。

この場合，sp^3 の 4 個の混成軌道は，たがいに電子の反発により正四面体の各頂点方向に伸びた形をしていて，それらの角度は 109.5°である。メタン分子の場合には，炭素原子のそれぞれの不対電子が，水素原子の 1s 軌道の不対電子と電子対をつくって共有結合ができる。

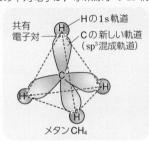

▲ CH_4 分子の形と混成軌道

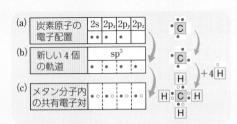

▲ 炭素原子の価電子がメタン分子の共有電子対をつくるまで

(4) 水分子やアンモニア分子（混成軌道で考える方法）

(2) で H_2O，NH_3 の各分子の場合，O 原子や N 原子の p 軌道が直接結合するモデルで説明した。第 3 周期元素ではそのように考えたほうが実際に近いが，第 2 周期元素では，むしろ炭素原子の場合と同じように混成軌道が形成されていると考える方法もある。

この考えでは，酸素原子では sp^3 混成軌道のうち 2 個は非共有電子対で埋められ，残った 2 個の不対電子が水素原子の 1s 軌道の不対電子と電子対をつくって共有結合ができる。

同様に，窒素原子では，1 個が非共有電子対で埋められ，残った 3 個の不対電子が水素原子の 1s 軌道の不対電子と電子対をつくって共有結合ができる。この場合の結合角は 109.5°ではなく，大きく膨らんだ非共有電子対による反発のため結合角が狭められて，水分子では 104.5°，アンモニア分子では 106.7°になっていると説明することができる。

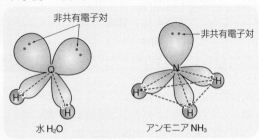

▲ H_2O，NH_3 分子の形と混成軌道

(1) 次の分子がもつ ① 電子の総数，② 共有電子対の数，③ 非共有電子対の数をそれぞれ答えよ。
　　(ア) HCl　(イ) H_2O　(ウ) CH_4　(エ) CO_2

(2) 次の分子の電子式と構造式をそれぞれ示せ。また分子の形も答えよ。
　　(ア) 塩化水素　(イ) 硫化水素　(ウ) アンモニア　(エ) 四塩化炭素

(3) 次の分子やイオンがもつ配位結合の数を答えよ。
　　(ア) NH_3　(イ) H_3O^+　(ウ) NH_4^+　(エ) CO_2

考え方 (1) ①電子の総数は，分子を構成する原子の原子番号の総和に等しい。②，③は電子式を書いてみる。(ア) H:C̈l:　(イ) H:Ö:H
(ウ)　　H
　　 H:C̈:H　(エ) :Ö::C::Ö:
　　　　H

答

	(ア)	(イ)	(ウ)	(エ)
①	18	10	10	22
②	1	2	4	4
③	3	2	0	4

(2) 分子式を書いてから，電子式を考え，原子価を参考にして価標を結合させる。(イ)，(エ)は似た構造の分子を参考にする。

答 (ア) H:C̈l:　H–Cl　**直線形**

(イ) H:S̈:H　H–S–H　**折れ線形**

(ウ) H:N̈:H　H–N–H　**三角錐形**
　　　　 H　　　　 H

(エ) :C̈l:　　　　Cl
　:C̈l:C̈:C̈l:　Cl–C–Cl　**正四面体形**
　　:C̈l:　　　Cl

(3) **答** (ア) 0　(イ) 1　(ウ) 1　(エ) 0

基礎

C　錯イオン

1 配位結合と錯イオン　水分子 H_2O，アンモニア分子 NH_3 やシアン化物イオン CN^-，水酸化物イオン OH^- などの非共有電子対をもった分子や陰イオンは，金属イオンに配位結合することができる。このようにしてできた複雑な組成のイオンを **錯イオン** という (→次ページ表4，p.375)。錯イオンにおいて，金属イオンに配位結合している分子やイオンを **配位子** といい，その数を **配位数** という。

　また，たとえば $[Ag(NH_3)_2]Cl$ や $Na[Al(OH)_4]$ のように，錯イオンと反対符号の電荷をもつイオンが結合してできた塩を **錯塩** という (→p.377)。そして，錯イオンや錯塩のように，配位結合をもつ化合物を **錯体** という。

(1) 配位子には，それぞれ右表の左のような名称がついている。

(2) 配位数は右表の右のように表す。

(3) 錯イオンの名称は次のようによぶ。

　　［配位数＋配位子名＋金属イオン名とその酸化数＋"イオン"（"酸イオン"）］

　　（錯イオンが陰イオンのときは「〜酸イオン」のように"酸"を入れてよぶ。）

配位子	名称
NH_3	アンミン
OH^-	ヒドロキシド
CN^-	シアニド
Cl^-	クロリド
$S_2O_3^{2-}$	チオスルファト
Br^-	ブロミド
H_2O	アクア

配位数	数詞
1	モノ
2	ジ
3	トリ
4	テトラ
5	ペンタ
6	ヘキサ

中心原子のイオン	錯イオン	名　称	配位子	配位数
Ag⁺	$[Ag(NH_3)_2]^+$	ジアンミン銀（I）イオン	NH_3	2
	$[Ag(CN)_2]^-$	ジシアニド銀（I）酸イオン	CN^-	2
	$[Ag(S_2O_3)_2]^{3-}$	ビス（チオスルファト）銀（I）酸イオン	$S_2O_3^{2-}$	2
Cu²⁺	$[Cu(NH_3)_4]^{2+}$	テトラアンミン銅（II）イオン	NH_3	4
	$[CuCl_4]^{2-}$	テトラクロリド銅（II）酸イオン	Cl^-	4
Zn²⁺	$[Zn(NH_3)_4]^{2+}$	テトラアンミン亜鉛（II）イオン	NH_3	4
	$[Zn(OH)_4]^{2-}$	テトラヒドロキシド亜鉛（II）酸イオン	OH^-	4
Al³⁺	$[Al(OH)_4]^-$	テトラヒドロキシドアルミン酸イオン	OH^-	4
Fe²⁺	$[Fe(CN)_6]^{4-}$	ヘキサシアニド鉄（II）酸イオン	CN^-	6
Fe³⁺	$[Fe(CN)_6]^{3-}$	ヘキサシアニド鉄（III）酸イオン	CN^-	6
Co³⁺	$[Co(NH_3)_6]^{3+}$	ヘキサアンミンコバルト（III）イオン	NH_3	6
	$[CoCl_2(NH_3)_4]^+$	テトラアンミンジクロリドコバルト（III）イオン	Cl^-, NH_3	

Study Column　錯イオンの立体構造

(1) **錯イオンの形**　錯イオンをつくる陽イオンの配位数は6のものが最も多く，次に4のものが多い。配位数6のものは，陽イオンを中心にした正八面体形構造で，4のものは正方形や正四面体形がある。もちろん配位数2のものは直線形である。同じ金属イオンでも，配位子が異なると，形が変わる場合がある。

名称	ジアンミン銀（I）イオン	テトラアンミン銅（II）イオン	テトラアンミン亜鉛（II）イオン	ヘキサシアニド鉄（II）酸イオン	ヘキサシアニド鉄（III）酸イオン
化学式	$[Ag(NH_3)_2]^+$	$[Cu(NH_3)_4]^{2+}$	$[Zn(NH_3)_4]^{2+}$	$[Fe(CN)_6]^{4-}$	$[Fe(CN)_6]^{3-}$
金属イオン	Ag^+	Cu^{2+}	Zn^{2+}	Fe^{2+}	Fe^{3+}
配位数	2	4	4	6	6
配位子	NH_3	NH_3	NH_3	CN^-	CN^-
色	無色	深青色	無色	淡黄色	黄色
形	（配位結合を→で示した）（直線形）	（正方形）	（正四面体形）	（正八面体形）	（正八面体形）

(2) **錯イオンの立体異性体**　錯イオンの中には，シス-トランス異性体（幾何異性体）とよばれる構造をもつものがある。とくに配位数6のものに多い。たとえば，$[CoCl_2(NH_3)_4]^+$（テトラアンミンジクロリドコバルト（III）イオン）には，右の2種類の立体的な構造がある。

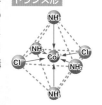

トランス形

Cl⁻は，中心のCo³⁺に対して対称的な位置にある。

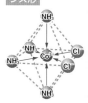

シス形

Cl⁻は，正八面体の隣り合う頂点にある。

D 分子結晶

1 分子結晶の例 分子を構成する原子どうしは共有結合で結合しているが，分子どうしは分子間力で引き合って**分子結晶**をつくる。次項の共有結合の結晶と混同しないようにしたい。

分子間力は比較的弱い力のため，分子結晶は融点が低く，軟らかいものや，常温で昇華性をもつもの(ヨウ素，ナフタレンなど)がある。

これらの結晶構造として，面心立方格子(→p.93)の他，さまざまな構造が存在する。

たとえばヨウ素(直方体)や二酸化炭素(立方体，面心立方格子)は，図19のような結晶構造である。

長辺 0.73 nm，短辺 0.48 nm，高さ 0.98 nm の直方体 一辺 0.56 nm の立方体

▲ 図 19 ヨウ素 I_2 の結晶(左)と二酸化炭素 CO_2 の結晶(ドライアイス)(右)

E 共有結合の結晶

1 共有結合の結晶の例 ダイヤモンドと黒鉛は炭素の同素体であり，どちらも多数の炭素原子が次々と共有結合によって結合した構造をしている。また，ケイ素の結晶も炭素の単体と同様に，多数のケイ素原子が次々に共有結合をしており，二酸化ケイ素は多数のケイ素原子と酸素原子が次々に結合している。このような結晶は，結晶全体を1つの大きな分子(巨大分子)とみなすことができる。これらの結晶は，**共有結合の結晶**といわれる。

共有結合の結晶は特定の分子が存在しないので，化学式で表すときは組成式で表す。たとえば，ダイヤモンドや黒鉛は組成式 C，ケイ素や二酸化ケイ素はそれぞれ組成式 Si や SiO_2 と表す。

(a) 黒鉛 (グラファイト) C

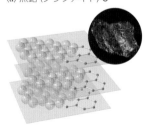

(b) ダイヤモンド C

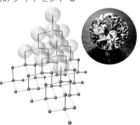

(c) 二酸化ケイ素 SiO_2 (結晶構造の一例)

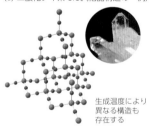

生成温度により異なる構造も存在する

黒鉛は，平面正六角形の層状構造をしている。1個のC原子は，3個の価電子を使って3個のC原子と共有結合している。残りの1個の価電子が電気伝導性の原因となる。層状に薄くはがれやすい。黒色，高融点。

ダイヤモンドは，正四面体形の三次元立体構造をしている。1個のC原子は，4個の価電子全部を使って4個のC原子と共有結合している。最も硬い物質。光の屈折率は大きく無色透明。高融点。電気の不導体である。

二酸化ケイ素は，1個のケイ素原子に4個の酸素原子が共有結合して正四面体形の三次元立体構造をしている。ちょうどダイヤモンドのCがSiとなり，SiとSiの間にOが結合した構造である(結合距離は異なる)。

▲ 図 20 黒鉛・ダイヤモンド・二酸化ケイ素の結晶構造

2 **ダイヤモンドの結晶構造** ダイヤモンドの結晶構造は，正四面体を積み重ねた構造で示されるが，これを少し回転させて切り取ると，立方体の単位格子を得ることができる。8 個の小立方体が積み重なっており，小立方体に内接した正四面体の各頂点と中心に炭素原子が位置したものと，同様な構造で中心の炭素原子が存在しないものが，上下左右前後に交互に配列している。

(1) **配位数** 正四面体構造を考えれば，配位数は 4 であることは明らかである。

(2) **単位格子中の原子の数** 面心立方格子（→ p.93）に 4 個の原子が加わったと考えればよい。

$$\frac{1}{8} \times 8 + \frac{1}{2} \times 6 + 1 \times 4 = 8 (個)$$

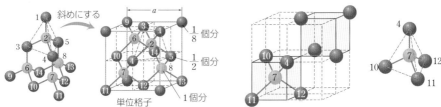

▲ 図 21 ダイヤモンドの単位格子とダイヤモンドの配位数

(3) **原子半径 r と格子定数 a の関係**

正四面体構造を含む小立方体 1 つについて考えると，原子半径 r は体心立方格子（→ p.92）と同様な計算で求められることがわかる。

$$(4r)^2 = \left(\frac{a}{2}\right)^2 + \left(\frac{\sqrt{2}}{2}a\right)^2 \text{ より}$$

$$r = \frac{\sqrt{3}}{8}a \text{ となる。}$$

1 個の正四面体に着目する。

体心立方格子の一部となる。

A, O, B, C の原子の中心を含む面で切断する。

▲ 図 22 ダイヤモンドの格子定数と原子半径の関係

(4) **密度** 炭素のモル質量は 12g/mol。密度を d〔g/cm³〕，アボガドロ定数を N_A〔/mol〕，格子定数を a〔cm〕とすると，単位格子内に 8 個含まれるから，

$$d = \frac{8 \times 12}{a^3 N_A}$$

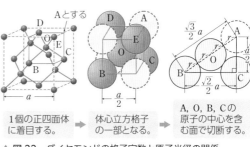

CHART **8**

（グラムパーセンチ 3 乗）

ひみつは **グランパ CM 参上**

密度は 〔質量÷体積〕〔g/cm³〕より

$$密度 = \frac{含まれている原子の質量の和}{単位格子の体積}$$

(5) **充填率**（→ p.93） 原子が結晶中の空間に占める体積の割合を求める。

$$\frac{8 \times \frac{4}{3}\pi r^3}{a^3} \times 100 = \frac{8 \times \frac{4}{3}\pi\left(\frac{\sqrt{3}}{8}a\right)^3}{a^3} \times 100 \doteqdot 34 (\%)$$

Study Column　ダイヤモンドの結晶構造とその合成

(1) ダイヤモンドと黒鉛の結晶構造

　　ダイヤモンドの結晶構造は，1個のC原子を中心とする正四面体の頂点に4個のC原子を配置した，安定した正四面体構造が連続しており，外部からのいずれの方向の力に対しても非常に強い構造になっている。

　　一方，黒鉛の結晶構造は，C原子を頂点とする正六角形の網目状の平面が分子間力（→ p.83）によって多数積み重なった構造である。黒鉛が薄く板状にはがれやすい性質は，これらの平面網目状構造の間にはたらく分子間力が弱く，平面どうしがずれやすいことが原因である。

● ダイヤモンド

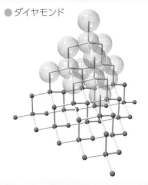

● 黒鉛（グラファイト）

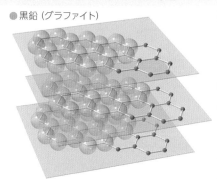

(2) ダイヤモンドの合成

高圧合成装置

　　1796年，イギリスの科学者テナントが，ダイヤモンドが黒鉛と同じ炭素からできていることを明らかにして以来，多くの科学者や町の発明家が競ってダイヤモンドの合成を試みたが，なかなか成功しなかった。

　　20世紀に入って，アメリカはこの研究を高圧化学の研究で有名だったブリッジマンに依頼した。彼は合成の成功にまで至らなかったが，彼の研究はG.E社（ゼネラルエレクトリック社）に受けつがれ，1951年，同社で世界最初に合成ダイヤモンドの試作に成功，1955年には工業的生産を開始した。

　　ダイヤモンドは原料の炭素に鉄，コバルト，ニッケルなどの金属触媒を加え，10^9 Pa以上，千数百度に加圧，加熱して合成する。現在でもこの方法で，数mmの大きさのダイヤモンドが大量生産されている。ダイヤモンドは最も硬い物質なので，回転カッター，掘削機，研磨材など，工業的需要が多い。

　　この方法の他，化学気相成長法（Chemical Vapor Deposition (CVD) 法）などにより，顕微鏡で見える程度の微細な結晶を合成する方法も知られている。（たとえば，高校の実験室レベルの高温・低圧でメタノールを水素で還元して合成できる。）

合成ダイヤモンド

3 分子間にはたらく力

A 電気陰性度

1 電気陰性度とは 共有結合で結合している分子中の2原子間の共有電子対（→ p.69）が，どちらの原子のほうにかたよっているか，また，そのかたよりの度合いが大きいか小さいかを判断する目安に **電気陰性度** という値が用いられる。

電気陰性度は，一般に，貴ガスを除いて，周期表の右上にいくほど大きくなり，周期表の左下にいくほど小さくなるように周期的に変化する（●図23）。

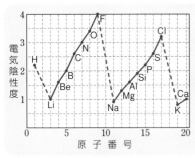

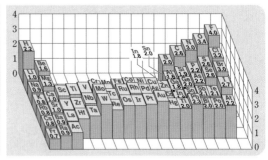

▲ 図23　電気陰性度と元素の周期性

2 電気陰性度の特徴 電気陰性度の特徴は，次の①～④のようにまとめることができる。

① 同じ周期（→ p.56）の元素では，一般に原子番号の大きいものほど電気陰性度は大きい。

② 同じ族（→ p.56）の元素では，原子番号の小さいものほど電気陰性度は大きい。すべての元素の中でフッ素が最大。

③ 貴ガス元素はほとんど化合物をつくらないので，電気陰性度の値は与えられていない。

④ 電気陰性度の小さい元素（Li, K, Na, Ca, ……）ほど陽性が強く，大きい元素（F, O, Cl, ……）ほど陰性が強いと考えてよい。

また，電気陰性度の数値の大きいものと小さいものに分けると，おおよそ非金属（表5の赤色）と金属（表5の青色）に分けられる。

Episode
ポーリングの業績

ポーリング（L.C.Pauling, 1901 ～ 1994）はアメリカの物理化学者で，カリフォルニア工科大学教授。結晶構造，タンパク質の構造を研究し，結晶内のイオン半径，共有結合半径の決定を行った。電気陰性度や酸化数の概念も彼の考えによる。1954年ノーベル化学賞，1962年ノーベル平和賞を受賞している。

❶ 表5の値はポーリングが提唱した概念による値で，二原子分子の解離エネルギー，共有結合の結合エネルギー，イオン結合の結合エネルギーなどから定めた値である。ポーリングの電気陰性度以外にも，イオン化エネルギーと電子親和力の平均から求めたマリケンの電気陰性度の値もある。

▼ 表5　ポーリングの電気陰性度❶

H 2.2						
Li 1.0	Be 1.6	B 2.0	C 2.6	N 3.0	O 3.4	F 4.0
Na 0.9	Mg 1.3	Al 1.6	Si 1.9	P 2.2	S 2.6	Cl 3.2
K 0.8	Ca 1.0	Ga 1.8	Ge 2.0	As 2.2	Se 2.6	Br 3.0
Rb 0.8	Sr 1.0	In 1.8	Sn 2.0	Sb 2.1	Te 2.1	I 2.7
Cs 0.8	Ba 0.9	Tl 2.0	Pb 2.3	Bi 2.0	Po 2.0	At 2.2

> 陽性が強い元素：電気陰性度が小さい ━━▶ 陽イオンになりやすい
> 陰性が強い元素：電気陰性度が大きい ━━▶ 陰イオンになりやすい

3 化学結合と電気陰性度 一般に，金属元素の原子と非金属元素の原子の結合はイオン結合となり，非金属元素の原子どうしの結合は共有結合となる。しかし，共有結合の場合でも，結合している原子の電気陰性度の差が非常に大きい場合には，共有電子対が一方の原子に極端にかたよるので，イオン結合に近い結合と考えることもできる。

このように，共有結合とイオン結合とは連続的なものであると考えることもできる。このような観点で，2原子間の電気陰性度の差と結合の種類について考えてみよう。

(1) 金属元素の原子と非金属元素の原子の場合

電気陰性度の差が大きく，イオン結合の物質になる[1]。

Li–F（差：3.0） Na–Cl（差：2.3）
1.0 4.0 　　　 0.9 3.2

(2) 2原子が同じ非金属元素の場合

電気陰性度に差がないため，完全な共有結合となる。

H–H 　 N–N 　 F–F
2.2 2.2 　 3.0 3.0 　 4.0 4.0

(3) 2原子が異なる非金属元素の場合

電気陰性度の差が小さい場合には共有結合であるが，電気陰性度の差が大きくなるほど，イオン結合性の割合が高くなる。これをグラフに表すと図24のようになる。

C–H（差：0.4） 　共有結合性 97% 　イオン結合性 3%
2.6 2.2

H–Cl（差：1.0） 　共有結合性 82% 　イオン結合性 18%
2.2 3.2

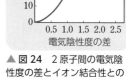

▲ 図24 2原子間の電気陰性度の差とイオン結合性との関係

(4) 表6の化合物では，電気陰性度の差が大きいほど，原子間の結合距離が短く，結合エネルギーの値が大きい。結合エネルギーとは，1molの結合を切るのに必要なエネルギーである（→ p.204）。

▼ 表6 ハロゲン化水素分子の結合力の比較

分子	HF	HCl	HBr	HI
結合	H–F	H–Cl	H–Br	H–I
電気陰性度の差	1.8	1.0	0.8	0.5
結合エネルギー〔kJ/mol〕	563	432	366	299

共有結合　　　　イオン結合

CHART 9

2原子間の 電気陰性度の差が大 ━━▶ イオン結合
　　　　　　 差が小 ━━▶ 共有結合

[1] 電気陰性度の差だけでは決定できない。たとえば，LiとHの電気陰性度の差は1.2で，その結合はイオン結合であるが，HとFの電気陰性度の差は1.8で，その結合は共有結合性の割合が高い。

B 分子間力

1 分子からなる物質と分子間力 非金属元素の原子どうしは，共有結合で結びついて分子をつくる。ある物質を構成している粒子が分子であるとき，その物質は分子からなる物質とよばれる[1]。

ふつうの状態 (常温・常圧) で，イオンからなる物質はほとんどが固体であるが，分子からなる物質には気体のものもあれば液体や固体のものもある (▶表7)。気体は冷却したり圧縮したりすると液体 (まれには直接固体) になる。たとえば，窒素を圧縮しつつ冷却していくと液体窒素になり，二酸化炭素を冷却していくと固体になる。これらの現象から分子どうしはたがいに引き合っていることがわかる。分子どうしが引き合う力を **分子間力** という。

分子間力は，分子どうしが接近しているとき (固体や液体のとき) に強く作用し，分子間の距離が大きいとき (気体のとき) はほとんど作用しない。したがって，固体や液体の中では，分子間力のために，分子はほとんど動かないか液体でも流動する程度であるが，気体では分子はほぼ自由に飛びまわることができる。

分子間力は，単純に分子どうしが引き合うファンデルワールス力[2]のほか，次に学習する極性による引力[3]，水素結合による引力などが含まれる。分子間力はイオン結合に比べて弱いので，分子からなる物質はイオンからなる物質に比べると，融点や沸点が低い。

イオンからなる物質は加熱して液体にする (融解する) と，イオンが移動することができるようになるので，電気を通すようになるが，一般に分子はイオンのような電荷をもたないので，分子からなる物質は固体でも液体でも電気を通さない。分子からなる物質を水に溶かしたとき，分子のままで溶ける物質 (たとえば，エタノール，グルコース，スクロース，グリセリンなど) の水溶液は電気を通さない (非電解質)。しかし，水に溶かすとイオンに分かれる (電離する) 物質 (たとえば，塩化水素，酢酸など) の水溶液は電気を通す (電解質)。

▼表7 分子からなる物質の例 (状態は常温・常圧でのもの)

		非電解質	電解質
分子からなる物質	気体	水素，窒素，酸素，メタン，エタン，プロパン，エチレン，アセチレン など。	二酸化炭素，アンモニア，フッ化水素，塩化水素，硫化水素
	液体	水，エタノール C_2H_5OH，ベンゼン C_6H_6，グリセリン $CH_2(OH)CH(OH)CH_2OH$，四塩化炭素 CCl_4 など。	酢酸 CH_3COOH
	固体	ヨウ素，硫黄，グルコース $C_6H_{12}O_6$，スクロース $C_{12}H_{22}O_{11}$，ナフタレン $C_{10}H_8$，尿素 $(NH_2)_2CO$ など。	シュウ酸 $(COOH)_2$

C 極性

1 結合の極性 2原子間の共有結合において，同じ原子の場合には電気陰性度に差がないため，共有電子対のかたよりを生じることがないが，異なる原子の場合には共有電子対のかたよりを生じる。これを **結合の極性** という。極性は分子間力の一因となる。

----

[1] p.78 で示した分子結晶は分子からなる物質である。一方，共有結合の結晶は分子からなる物質には含めない。

[2] ファンデルワールス力はすべての分子間にはたらいている力で，ファンデルワールス (→ p.84) によって提唱されたことから，その名がつけられた。

[3] 極性による引力をファンデルワールス力に含めて扱う場合もある。

CHART 10

電気陰性度 で δ＋・δー を 判定する

2 分子の極性 （1）**二原子分子の極性** 水素分子 H_2 や塩素分子 Cl_2 のように，同じ種類の原子が共有結合している場合，共有電子対は両方の原子に均等に共有されていて，どちらの原子のほうにもかたよっていない。このような分子を **無極性分子** という。

これに対して，塩化水素分子 HCl では，共有電子対は，陰性が強い Cl 原子（電気陰性度が H 原子より大きい）のほうにかたよって存在している。このため，Cl 原子はいくらか負の電荷（δー）[1]を帯び，H 原子はいくらか正の電荷（δ＋）を帯びている。このような極性をもつ分子を **極性分子** という（▷図 25）。

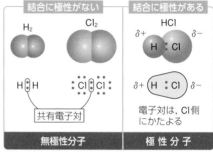

▲ 図 25　無極性分子と極性分子

Study Column ▶ ファンデルワールスと分子間力

　ファンデルワールス（Van der Waals, 1837～1923）はオランダの物理学者で，物質の状態を説明するために，分子間力（おもにファンデルワールス力）の考えを提唱した。この考えに基づき，気体の状態方程式を修正して，実在気体にも当てはまるようにした（→ p.154）。1910 年ノーベル物理学賞受賞。

　分子間力は右図のように分子間距離に大きく影響を受け，ある分子間距離の範囲内では分子間距離の 7 乗に反比例するほどである。たとえば，分子間距離が 2 倍になると，分子間力は $\dfrac{1}{2^7}=\dfrac{1}{128}$ になってしまう。

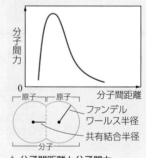

▲ 分子間距離と分子間力

　分子間力は化学結合（共有結合・イオン結合・金属結合）よりもずっと小さい力であるが，万有引力（すべての物体の間にはたらく質量と質量が引き合う力）と比べると桁違いに大きな力である。ただし，分子どうしがあまり近づきすぎると反発力が作用するため，分子どうしはある一定の距離以内に近づくことができない（→ p.204）。この距離から決められる原子の半径はファンデルワールス半径とよばれ，共有結合半径よりもかなり大きい（右上図）。

---

[1] δ（デルタ）は単位電荷（＋，ー）より小さい電荷のかたよりを示す。すなわち，「いくらか」の意味を表す。イオン（Na^+ や Cl^-）は δ＝1 の場合と考えることができる。

Study Column　双極子

物質	双極子モーメント[D]
HF	1.83
HCl	1.11
HBr	0.83
HI	0.45

発展

　フッ化水素分子のように，正の電荷の重心と負の電荷の重心が離れて存在するとき，このような電荷の配置を **双極子** という。双極子は，$\mu = \delta r$ で与えられる双極子モーメント μ をもち，δ は電荷の電気量，r は正負の電荷間の距離である。双極子モーメントの単位として D（デバイ）がよく用いられる。1D は 3.34×10^{-30} C・m である。電子と同じ電気量 1.60×10^{-19} C をもつ正負の電荷が 1×10^{-8} cm 離れて存在するときの双極子モーメントは 4.80D になる。双極子モーメントを測定すると，分子の極性や構造を知るのに役立つ。右上表はハロゲン化水素の双極子モーメントの値である。原子間距離はフッ化水素が最小であるのに，双極子モーメントの値は最大になっている。これは，フッ素の電気陰性度がきわめて大きいからである。

(2) **多原子分子の極性**　多原子分子の極性は，個々の原子間の結合の極性だけでなく，分子の形も関係する。一般に，分子の正の電荷の重心と，負の電荷の重心が一致していれば，極性はない。たとえば，CO_2 や CH_4 のように，分子内の結合の極性がたがいに電荷を打ち消し合うときは分子の極性はない。それ以外は極性分子となる。

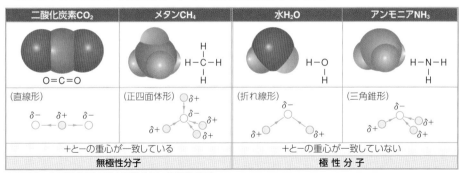

▲ 図 26　多原子分子の形と極性分子・無極性分子

問題学習 …… 8　　　　　　　　　　　　　　　　　　　分子の極性

　次の分子の形を答え，極性分子と無極性分子に分類せよ。
（ア）CO_2　（イ）H_2O　（ウ）CCl_4　（エ）NH_3

考え方　代表的な分子の形は覚えておいたほうがよい。不明の場合は VSEPR 理論（→ p.72）で考える。

答（ア）**直線形**　（イ）**折れ線形**
　（ウ）**正四面体形**　（エ）**三角錐形**
極性分子：**イ，エ**　無極性分子：**ア，ウ**

類題 …… 8

　次の分子の形を答え，極性分子と無極性分子に分類せよ。
（ア）H_2S　（イ）HCl　（ウ）$CH_2=CH_2$（エチレン）　（エ）CH_4（メタン）

D 水素結合

1 水素結合

フッ化水素分子 HF は，F の電気陰性度 (4.0) が大きく，H の電気陰性度 (2.2) との差が大きい (1.8) ので，極性の大きな分子になっている。そして HF 分子の $H^{\delta+}$ 原子は，他の HF 分子の $F^{\delta-}$ 原子と静電気力により強く引き合っている（◉図27）。

▼ 表8 同族元素の電気陰性度

1族	H (2.2)		
14族	C (2.6)	Si (1.9)	Ge (2.0)
15族	N (3.0)	P (2.2)	As (2.2)
16族	O (3.4)	S (2.6)	Se (2.6)
17族	F (4.0)	Cl (3.2)	Br (3.0)

このように，分子の中のいくらか正の電荷を帯びた H 原子が，他の分子のいくらか負の電荷を帯びた原子と，静電気力によって引き合ってできた結合を **水素結合** という。

水素結合は，「結合」という語がついているが，分子間力の1つであり，水素結合の強さは，イオン結合や共有結合などの化学結合に比べるとはるかに弱い。

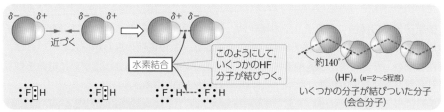

▲ 図27　フッ化水素分子間の水素結合

2 HF, H₂O, NH₃ の水素結合

右図に，周期表 14～17族元素の水素化合物と貴ガス元素 (18族元素) の単体の沸点を示す。

貴ガスや，14族の CH₄ (分子量16)，SiH₄ (分子量32)，GeH₄ (分子量77)，SnH₄ (分子量123) では，分子量 (分子の質量に比例) が大きくなるに従って沸点が高くなっている。

これは，単原子分子や構造の似た分子どうしでは，分子量が大きくなるとファンデルワールス力 (→ p.84) が大きくなるので，沸点が高くなることを示している。

ところが，15族の NH₃，PH₃，AsH₃，SbH₃，16族の H₂O，H₂S，H₂Se，H₂Te，17族の HF，HCl，HBr，HI では，各群の最も分子量の小さい NH₃ (分子量17)，H₂O (分子量18) および HF (分子量20) の沸点が異常に高い。

このことから，NH₃，H₂O および HF の分子は，他の同族元素の水素化合物に比べて異常に強く分子どうしが引き合っていることが予想され，水素結合が一因と考えられる。

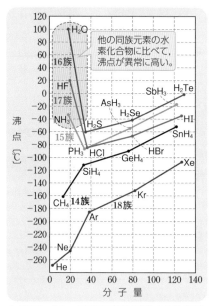

▲ 図28　14～17族元素の水素化合物と貴ガス元素の単体の沸点

CHART 11

水素 は F O N（フォン）と 握手 する

F-H，O-H，N-H の H は，隣りの分子の F，O，N と水素結合する

Hの電気陰性度 (2.2) に対して，Cの電気陰性度 (2.6) はあまり差がないが，N，O，F ではその差が大きい。したがって，N-H，O-H および F-H の間には C-H に比べて大きな極性があり，NH_3，H_2O および HF の分子間で水素結合する。水素結合の強さは，化学結合(共有結合・イオン結合・金属結合) の強さに比べるとはるかに弱いが，無極性分子間にはたらくファンデルワールス力よりは強いので，NH_3，H_2O，HF の沸点は異常に高くなる。

3 氷の構造 液体の水の中には，水素結合によって，たがいに結合した水分子の集団がある。温度が低くなると，水分子の熱運動が小さくなって，この集団は大きくなり，0℃付近ではほとんどの水分子が水素結合で結合するようになる。さらに 0℃以下では，水分子は自由に動けなくなり，結晶となる (氷になる)。したがって，氷の中の水分子は，水素結合によって規則正しく配列して結晶をつくっている。

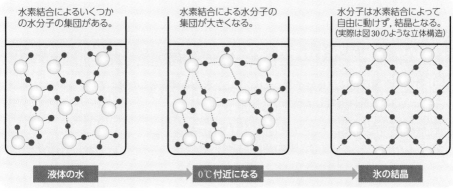

水素結合によるいくつかの水分子の集団がある。

水素結合による水分子の集団が大きくなる。

水分子は水素結合によって自由に動けず，結晶となる。(実際は図30のような立体構造)

| 液体の水 | → 0℃付近になる → | 氷の結晶 |

▲ 図29 水分子の水素結合モデル

氷の構造を立体的に見ると，図30のように水分子どうしが水素結合で正四面体状に結合し，すき間の大きい構造になっている。

この氷が融解して水分子が動けるようになると，すき間の部分にも水分子が入り込めるようになるので，水の密度は氷の密度に比べて約10%大きくなる (→ p.129 クエスチョンタイム)。

このように，氷の密度が液体の水の密度よりも小さいので，氷は水に浮くのである。

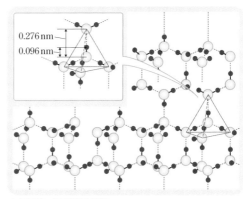

0.276 nm
0.096 nm

▲ 図30 氷の結晶構造

液体の温度を下げて凝固するとき，体積が大きくなる物質には，氷のほかにアンチモン・ビスマスなどがあるが，これらの固体もすき間の多い結晶構造になっている。氷が液体の水に浮いたり，アンチモンなどが凝固するとき体積が幾分大きくなるのは，きわめて珍しい現象である（→ *p*.129）。

4 有機化合物の水素結合　有機化合物でも水素結合をもつ物質がある。たとえばメタノールやエタノール，酢酸などの分子間にも水素結合が存在する。

　消毒などに用いられるエタノール C_2H_5OH や，食酢の主成分である酢酸 CH_3COOH は，分子内に $-OH$ の部分があるので，水 H_2O と同様に隣りの分子と水素結合をつくる（▶図31）。

　また，水溶液にした場合には，水分子とも水素結合をつくる（▶図32）。

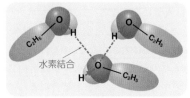

▲ 図31　エタノール分子間の水素結合

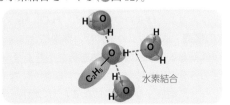

▲ 図32　エタノール分子と水分子間の水素結合

Question Time クエスチョン タイム

Q. 酢酸の蒸気の密度から分子量（→ *p*.103）を求める実験をしたら，約 120 になりました。この原因は何でしょうか？

A. 酢酸の分子式は CH_3COOH ですから，分子量を測定するとほぼ 60 になるはずですね。液体を蒸発させて，その気体の体積と質量から分子量を求めるような実験 (気体の状態方程式（→ *p*.142）を使って分子量を求める) では，いろいろな原因により誤差がかなり出ます。しかし，2 倍になったとすれば，別の原因が考えられます。

　酢酸は，水の中では一部が電離してイオンを生じますが，気体や有機溶媒中では水素結合により 2 分子が強く引き合って会合分子をつくります。これは二量体ともよばれます。$O-H$ は O 原子と H 原子との電気陰性度の差が大きく，強い極性を示しますが，酢酸の場合にはその隣りに $C=O$ がある

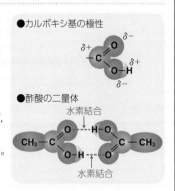

●カルボキシ基の極性

●酢酸の二量体

水素結合

水素結合

ので，その O 原子がさらに電子を引きつけるため，極性が非常に強くなります。

　このようにして，気体の酢酸では図のような二量体が安定に存在するため，分子量が約 2 倍に測定されるのです。

　ベンゼン C_6H_6 に安息香酸 C_6H_5-COOH を溶解し，凝固点降下 (溶液中の溶媒粒子によって凝固点が下がる現象（→ *p*.173)) を利用して分子量を求めると，この場合も 2 倍くらいの値が得られます。したがって，安息香酸もベンゼン中では二量体を形成していることがわかります。

4 金属結合

 A 金属結合

1 単体のナトリウムの原子の結合　単体のナトリウムや銅などの金属は，金属元素の原子が次々に結合してできたものである。

　ここでは，ナトリウム原子どうしの結合について，考察してみよう。

① 図35(a)のように，多数のナトリウム原子Naどうしが接近すると，最も外側の電子殻(M殻)の一部が重なり合う[1]（▶図33(b)）。

② 各原子のM殻にある価電子(1個)は，この重なり合った電子殻を使って自由に動くことができるようになる（▶図33(c)）。

　　このように自由に動きまわる電子を **自由電子** という。この自由電子が金属中を動きまわることで，Na原子どうしを結びつけている(自由電子以外の部分はいくらか正に帯電しているが，完全なNa⁺とは異なる)。

③ 金属中の自由電子は均一に分布していて[2]，すべての金属原子によって共有されているとみなせる（▶図33(d)左）。

　　このような自由電子による金属原子どうしの結合を **金属結合** という。

④ 金属は分子をもたないので，組成式で表す。

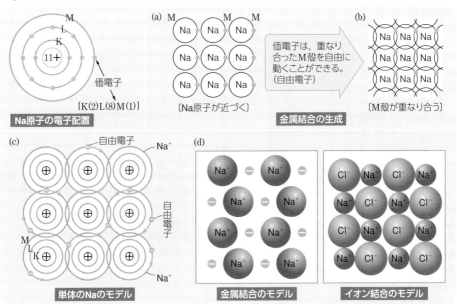

▲ 図33　金属結合のなりたち

❶電子殻の重なり　すでに学んだ「分子のなりたち」では，2つの原子の最も外側の電子殻の一部が重なり合って共有結合する（→*p.*69）。単結合でも二重結合でも同じである。

❷自由電子の均一な分布　金属内で自由電子は，たがいに反発し合っているから，1か所に集まることはない。

2 **金属の特色**　金属は，次の①〜③のような特徴をもっている
が，それらは，すべて自由電子の存在に基づく特徴である。

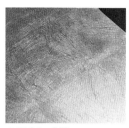
▲ 図 34　金箔

① 光をよく反射して，きらきらと輝く（これを **金属光沢** とい
う）。これは外部からの光が，自由電子の作用によって反射さ
れるからである。

② 自由電子が電気と熱をよく伝えるので，**電気と熱の良導体** で
ある（→次ページのクエスチョンタイム）。

③ 可塑性[1]をもち，**展性・延性**[2] に富む。その理由は，次項で
詳しく述べる。

　　金は展性・延性のきわめて大きい金属で，0.1μm（1×10^{-7} m）の厚さまで薄く広げるこ
とができ，1 g の金から約 5 m² の金箔（◐図 34）ができる。また，1 g の金は 3200 m の線
に引き延ばすことができるといわれている。

　金属は，以上のような性質の他に，水または酸の水溶液に入れると，表面から金属原子が
陽イオンになって，溶液中に溶け出していく性質（**金属のイオン化傾向** という→ *p*.299）がある。
ただし，金属のイオン化傾向の大きさは金属の種類によって大きく異なっている。

3 **展性・延性を示す理由**　図 35 の右図のように，イオン結晶に大きな外力を加えて変形さ
せると，イオンの配列がずれ，同種のイオンが重なって反発力がはたらく。そのため，イオ
ン結晶は硬いが，もろく割れやすい。

　一方，図 35 の左図のように，金属に外力を加えて変形させて金属原子の配列がずれても，
自由電子はそのまま共有され，原子間の結合（金属結合）は切れることはない。そのため，金
属は，イオン結晶のように割れることはない。

　これが，金属が可塑性をもち，展性・延性に富む理由である。

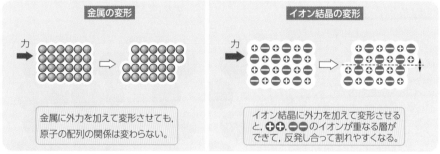
▲ 図 35　金属とイオン結晶の違い

----

[1] **可塑性**　弾性（外力を加えて変形させても，力を取り除くともとの形にもどる性質）の限界を超えて外力を加
えると変形し，その変形が外力を取り除いてももとにもどらない性質をいう。
[2] **展性**　槌でたたいたり圧延したりすることによって，破壊されることなく，板や箔になる性質。
　延性　棒状の金属を強い力で引くと破壊されずに，引き延ばされる性質。

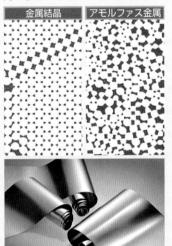

Q²uestion Time クエスチョンタイム

Q. 金属はなぜ電気を通すのですか？

A. 金属の結晶では，各原子を結びつけている力は価電子の共有によるものです。しかし，各原子の価電子は，分子内の共有結合のように特定の原子間で固定しているのではなく，結晶中のすべての原子間で共有されていると考えられています。この価電子は，結晶内の全原子の最も外側の電子殻を自由に動きまわることができるので **自由電子** とよばれています。自由電子は，結晶に外から電圧がかけられたとき，結晶内を⊕（プラス）の方向へ運動し，この運動の結果，電子の移動すなわち電流（電子の向きとは逆）となるので，金属は電気をよく通すことになります。熱も自由電子の運動によっていっしょに伝えられるので，金属は熱もよく伝えます。

　金属の結晶内で，自由電子はたがいに反発し合っていますから，1か所に集まることはなく，均一に分布しています。この結合状態を，「電子の海に浮かぶ金属原子」ということもできます。金属の結晶を高温にすると，金属原子の熱運動（振動）が盛んになり，自由電子の運動を妨げるので，電気の伝導性は悪くなります。

Study Column　アモルファス金属

　「アモルファス」とは固体物質の状態を示す形容詞で，「無定形」あるいは「非晶質」の意味であり，結晶質（クリスタル）に対する反意語である。

　アモルファス金属は，金属の中の原子が不規則に配列している金属である。高温で融解した液体の金属は原子が不規則に配列している。この状態の金属を急速に冷却すると，金属原子が不規則に配列したまま固体になる。こうして得られた金属を **アモルファス金属** という。アモルファス金属には，次のような特徴がある。

① 強度が大きくなる。
② 耐腐食性が大きくなる（さびにくい）。
③ 磁気的性質が強くなる。

　現在，特有の性質をもったいろいろなアモルファス金属やアモルファス合金がつくられている。

　実用化の例として，鉄・ケイ素・ホウ素からなるアモルファス合金は高強度材料として，また，コバルト・鉄・ケイ素・ホウ素からなるアモルファス合金は磁気記録用ヘッドとして用いられている。他の鉄系のアモルファス合金には，ふつうのステンレス鋼よりはるかにさびにくく，耐腐食性に優れたものが得られている。

　また，アモルファスシリコン（ケイ素）は非金属であるが，太陽電池や感光素子，複写機の感光ドラムの材料などとして用いられている。

金属結晶	アモルファス金属

アモルファスリボン

▲ アモルファス金属の構造のモデルと製品

B 金属の結晶格子の種類

1 単位格子 金属の結晶を構成する粒子は規則正しく配列した **結晶格子** をつくっている。この結晶格子において，最小単位になっている配列構造を **単位格子** という。結晶格子には，(A)**体心立方格子**，(B)**面心立方格子**，(C)**六方最密構造** などがある。

(A) 体心立方格子
例 Na, Feなど

(B) 面心立方格子
例 Al, Cu, Agなど

(C) 六方最密構造
例 Mg, Znなど

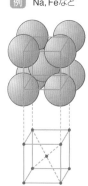
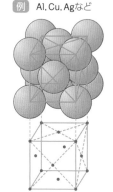
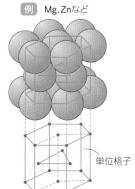

単位格子

▲ 図36 金属の結晶構造の単位格子

2 体心立方格子 （1）**配位数** 単位格子の中心の原子に着目すると，右図のように，配位している原子の数は，立方格子の頂点にある8個であることがわかる。よって配位数は8である。

（2）**単位格子中の原子の数** 単位格子の各頂点の原子は8つの単位格子で共有されているので，それぞれ $\frac{1}{8}$ 個分が含まれる。また，中心に1個の原子が含まれる。したがって，体心立方格子に含まれる原子は，合計で $\frac{1}{8} \times 8 + 1 = 2$（個） である。

▲ 図37 体心立方格子の配位数

（3）**原子半径と格子定数の関係** 単位格子の一辺の長さを **格子定数** といい，a で表すことが多い。原子どうしが接触し，その半径（r とする）を含む面は，単位格子を面の対角線で切り

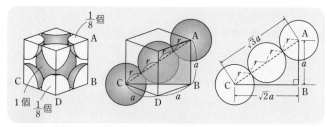

▲ 図38 体心立方格子の原子半径と格子定数

取った断面に現れる。面の対角線BCの長さは $\sqrt{2}\,a$ であるから，

$(AC)^2 = (4r)^2 = a^2 + (\sqrt{2}\,a)^2$ より $r = \frac{\sqrt{3}}{4}a$ となる。

(4) 密度[1]　格子定数を a〔cm〕，金属のモル質量を M〔g/mol〕，アボガドロ定数を N_A〔/mol〕とすると，単位格子中に 2 個の原子が含まれるから，密度 d〔g/cm³〕は，

$$d = \frac{2M}{a^3 N_A} \quad (\text{原子 1 個の質量は} \frac{M}{N_A} \text{である})$$

(5) 充填率　単位格子の体積（＝a^3〔cm³〕）に対して，実際に原子が占める体積の百分率のこと（体心立方格子の場合，原子は 2 個含まれ，原子 (球) の体積は $\frac{4}{3}\pi r^3$）。(3) より，$r = \frac{\sqrt{3}}{4}a$

であるから，充填率は次のようになる。

$$\frac{2 \times \frac{4}{3}\pi r^3}{a^3} \times 100 = \frac{2 \times \frac{4}{3} \times \pi \times \left(\frac{\sqrt{3}}{4}a\right)^3}{a^3} \times 100 \fallingdotseq 68(\%)$$

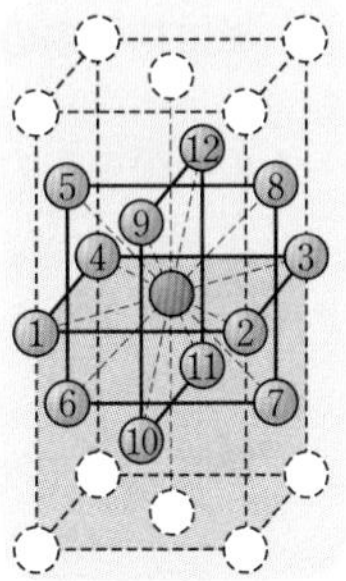

3 面心立方格子　**(1) 配位数**　右図のように単位格子を積み重ねると，下の単位格子の上面の中心原子に着目すれば，配位している原子は 12 個であることがわかる。よって配位数は 12 である。

(2) 単位格子中の原子の数　各頂点の原子は $\frac{1}{8}$ 個分が含まれ，面の中心

の原子は $\frac{1}{2}$ 個分が含まれるから，$\frac{1}{8} \times 8 + \frac{1}{2} \times 6 = 4$（個）。

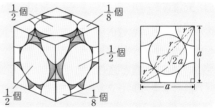

▲ 図39　面心立方格子の配位数

(3) 原子半径と格子定数の関係　右図より，面を正面から見ると，面の対角線が $4r$ になるから，$r = \frac{\sqrt{2}}{4}a$ となる。

(4) 密度[1]　格子定数を a〔cm〕，金属のモル質量を M〔g/mol〕，アボガドロ定数を N_A〔/mol〕とすると，単位格子内に 4 個の原子が含まれるから，密度 d〔g/cm³〕は，

▲ 図40　面心立方格子の原子半径と格子定数

$$d = \frac{4M}{a^3 N_A}$$

(5) 充填率　単位格子の中に 4 個の原子が含まれるので，

$$\frac{4 \times \frac{4}{3}\pi r^3}{a^3} \times 100 = \frac{4 \times \frac{4}{3} \times \pi \times \left(\frac{\sqrt{2}}{4}a\right)^3}{a^3} \times 100 \fallingdotseq 74(\%)$$

面心立方格子は最密構造ともよばれる。つまり，これ以上，球を密に詰めることはできない。

重要

頂点は $\frac{1}{8}$，面心は $\frac{1}{2}$，中心はまるまる 1 個

体心立方格子では中心と頂点の原子が接する
面心立方格子では面心と頂点の原子が接する

❶ 密度の計算には，後出のアボガドロ定数(→ p.104)，モル質量(→ p.106)を使う。

４ 六方最密構造　六方最密構造では，図 41 の(c)の部分が単位格子となる。

(1) **配位数**　図41(d)のように(a)
の構造を積み重ねて考えると，
図 41 (b) の上面の中心の原子
(○)に着目すれば，配位してい
る原子は 12 個であることがわ
かる。よって配位数は12である。

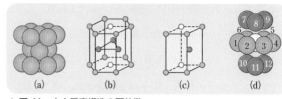

▲ 図41　六方最密構造の配位数

(2) **単位格子中の原子の数**　図 41(b)の六角柱の構造で考えると，各頂点の原子は $\frac{1}{6}$ 個分，上

下の面の中心の原子は $\frac{1}{2}$ 個分，中間部には合計で 3 個含

まれるから，$\frac{1}{6} \times 12 + \frac{1}{2} \times 2 + 3 = 6$(個)。

したがって，単位格子中には 2 個となる。

(3) **密度**　正六角柱の体積は $3\sqrt{2}\,a^3$ となる(▶図 42)ので，

$$d = \frac{6M}{3\sqrt{2}\,a^3 N_A} = \frac{2M}{\sqrt{2}\,a^3 N_A} = \frac{\sqrt{2}\,M}{a^3 N_A}$$

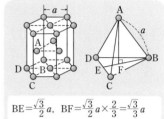

$$BE = \frac{\sqrt{3}}{2}a, \quad BF = \frac{\sqrt{3}}{2}a \times \frac{2}{3} = \frac{\sqrt{3}}{3}a$$

$$AF = \sqrt{AB^2 - BF^2} = \sqrt{a^2 - \frac{1}{3}a^2} = \frac{\sqrt{6}}{3}a$$

正六角柱の体積：$3\sqrt{2}a^3$

(4) **充塡率**　$r = \frac{1}{2}a$　$\dfrac{6 \times \frac{4}{3}\pi r^3}{3\sqrt{2}\,a^3} \times 100 ≒ 74$(％)

これは面心立方格子と同じ値であり，最密構造である
ことがわかる。

▲ 図 42　六方最密構造の体積

５ 六方最密構造と面心立方格子　球を平面に密に詰めた層をどのように積み重ねるかで，
六方最密構造と面心立方格子の違いができる。

図 43 の ABAB の繰り返しの(4)では六方最密構造，ABCABC の繰り返しの(6)では面心立
方格子 (立方最密格子ともいう) となる。したがって，いずれも最密構造で，充塡率は同じ値
であることが納得できる。図 43 の (6) をななめに回転させて切り取ると，面心立方格子が得
られる。

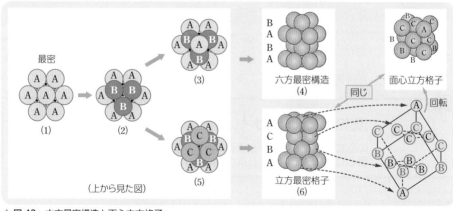

▲ 図 43　六方最密構造と面心立方格子

C 結晶の種類と性質

1 粒子間の力と物質の性質　結晶は原子・分子・イオンなどの粒子から構成されているが、これらの粒子間にはさまざまな力がはたらき、結晶を構成している。

この粒子間にはたらく力の大きさは、だいたい次のように考えられている。

　　　　共有結合＞イオン結合≫分子間力

さらに、分子間力に相当する力には次のようなものがある。

　　　　水素結合＞極性による引力❶＞ファンデルワールス力

物質を構成する粒子にはたらく、これらの力の強弱から、物質の融点や沸点、硬さなどの性質をある程度予測することができる。たとえば、すべての原子が共有結合で結合した共有結合の結晶は、粒子間にはたらく力が非常に強いので、非常に硬く、融点が非常に高い。また、イオン結合の力も強いので、イオン結晶は融点が高く、常温ですべて固体である。しかし、分子間力は他の結合に比べてかなり弱いので、分子結晶（分子からなる物質）では、常温で気体・液体・固体のものが存在し、昇華するものもある。なお、金属結合の強さは金属によって大きく異なる❷ので、金属では水銀のように常温で液体のものもあれば、タングステンのように融点が数千℃のものまでさまざまである。

2 結晶の種類と性質　結晶の種類と結合の種類、および結晶の性質をまとめると、次表のようになる。

▼表9　結晶の種類と性質のまとめ

	構成粒子	結合の種類	おもな性質	物質の例❸
イオン結晶	陽イオンと陰イオン	イオン結合（静電気力）	融点は比較的高く、常温で固体 硬いがもろい 固体（結晶）は電気伝導性なし 液体や水溶液は電気伝導性あり	塩：NaCl 金属酸化物：CaO 無機の塩基：NaOH
分子結晶	無極性分子	分子間力（おもにファンデルワールス力）	軟らかい 融点・沸点は低い 常温で気体・液体・固体がある 昇華しやすいものがある	硫黄 S ヨウ素 I_2 ナフタレン $C_{10}H_8$ ドライアイス CO_2
	極性分子	分子間力（極性による引力，水素結合も含む）	無極性分子よりは融点・沸点が高いものが多い	水 H_2O エタノール C_2H_5OH 酢酸 CH_3COOH
共有結合の結晶	原子（おもに14族元素の原子）	共有結合	非常に硬い（黒鉛は例外） 融点・沸点が非常に高い 電気伝導性なし（黒鉛は例外）	ダイヤモンド C 黒鉛 C ケイ素 Si 二酸化ケイ素 SiO_2
金属結晶	金属原子	金属結合（自由電子による結合）	融点は幅広い（遷移元素は高い） 電気伝導性・熱伝導性が大きい 展性・延性をもつ	ナトリウム Na 銅 Cu 銀 Ag

❶ 極性による引力をファンデルワールス力に含めて扱う場合もある。
❷ 金属結合の力は、およそイオン結合より弱く分子間力より大きいとする場合もあるが、広範である。
❸ 分子結晶以外は、すべて組成式で表される。

❶ イオン結晶の組成式

(1) 次の物質の化学式(組成式)を示せ。

① 塩化カルシウム　　② 硝酸カリウム　　③ 硫酸アルミニウム　　④ 酢酸ナトリウム

(2) 次の組成式で表される物質の名称を示せ。

① K_2O　　② $FeCl_3$　　③ NH_4Cl　　④ $NaHCO_3$　　⑤ $ZnSO_4$

❷ 化学結合と分子

　塩化ナトリウム $NaCl$ は Na^+ と Cl^- が(ア)で引き合って結合を形成する。このようにしてできる結合を(イ)結合といい，この結合でできた結晶を(イ)結晶という。塩化水素 HCl や塩素 Cl_2 では，2個の原子が(ウ)を共有し合うことによって結合している。このようにしてできる結合を(エ)結合といい，この結合でできた粒子を(オ)という。(オ)はさらに(カ)によって結晶を形成する。この引力でできた結晶を(オ)結晶という。

(1) 文中の空欄に当てはまる最も適切な語句を示せ。

(2) 次の①〜⑤の分子式で表される物質の名称を書け。

① O_2　　② H_2O_2　　③ H_2S　　④ NO_2　　⑤ CCl_4

(3) 次の①〜⑤の分子を電子式で示せ。また，それぞれの実際の分子の形を (a)〜(d) から選べ。同じものを繰り返し選んでもよい。

① H_2O　　② CH_4　　③ NH_3　　④ CO_2　　⑤ C_2H_2

(a) 正四面体形　　(b) 三角錐形　　(c) 折れ線形　　(d) 直線形

ヒント　(3) 分子の形は，電子式を書いてから，電子対の反発で考えると推定可能である。

❸ 分子

(1) 次の記述に当てはまる分子を，それぞれの( )内に示されたものから1つずつ選べ。

① 非共有電子対の数が最も多い分子　(NH_3, HCl, CH_3OH)

② 三重結合をもつ分子　(F_2, N_2, H_2O_2)

③ 無極性分子　(CH_4, NH_3, H_2O, HF)

④ 極性分子　(H_2S, CS_2, CO_2)

⑤ 水に溶けやすい分子　(CH_4, CH_3OH, C_6H_6)

(2) 次の①〜⑤のうち，誤りを含むものを2つ選べ。

① 塩化アンモニウム NH_4Cl には，共有結合，イオン結合と配位結合でできた結合が含まれている。

② NH_4^+ の4本の N-H 結合は，同じ性質をもつ。

③ NH_3 は共有電子対が3組あるので，正三角形の構造をとる。

④ NH_4^+ は銅(Ⅱ)イオンと配位結合を形成することができる。

⑤ $[Fe(CN)_6]^{4-}$ は，ヘキサシアニド鉄(Ⅱ)酸イオンという。

ヒント　(1) ④ S と O は同族元素なので，H_2S は H_2O と，CS_2 は CO_2 と構造が似ていると考える。

④ **錯イオン**

次の文を読んで，下の(1)～(3)に答えよ。

金属イオンに NH_3，CN^- などの分子やイオンが（ ア ）結合してできたイオンをとくに（ イ ）イオンという。このときの NH_3 や CN^- を（ ウ ）といい，その数を（ エ ）という。Ag^+ には（ オ ）個の NH_3 が結合し，その形は（ カ ）形であり，Zn^{2+} に NH_3 は（ キ ）個結合して（ ク ）形の(イ)イオンを形成する。

(1) 文中の空欄に当てはまる最も適切な語句や数字を示せ。

(2) 次のイオンの名称を答えよ。
① $[Cu(NH_3)_4]^{2+}$　　② $[AgCl_2]^-$　　③ $[Fe(CN)_6]^{3-}$　　④ $[Al(OH)_4]^-$

(3) 次の化学式を答えよ。
① ジアンミン銀（Ⅰ）イオン　　　　② テトラクロリド銅（Ⅱ）酸イオン
③ ヘキサシアニド鉄（Ⅱ）酸カリウム　　④ テトラヒドロキシドアルミン酸ナトリウム

ヒント　「酸」がつく錯イオンは，陰イオンである。

⑤ **共有結合の結晶**

次の(1)～(3)に答えよ。

(1) 多数の原子どうしが共有結合によりつながってできた結晶を，次の中からすべて選び，その化学式（組成式）を答えよ。

アルゴン　　ケイ素　　ナトリウム　　水銀　　二酸化炭素
塩化リチウム　　ダイヤモンド　　二酸化ケイ素　　氷

(2) ダイヤモンドと黒鉛では，電気の流れやすさが異なる。よく電気を流すものはどちらかを答えよ。また，そのような違いが生じる理由を結合の違いに基づいて簡単に説明せよ。

(3) 石英（二酸化ケイ素）の結晶では，ケイ素原子が何個の酸素原子と共有結合しているか。

ヒント　(2) 電気が流れるためには，イオンや電子が動ける状態である必要がある。
(3) 二酸化ケイ素は組成式で表され，実際には結合が無限につながっていることに注意する。

⑥ **分子の極性**

(1) 次のうち，非共有電子対の数が最も多い分子を1つ選び，その電子式を答えよ。

アセチレン　　アンモニア　　メタン　　二酸化炭素　　塩化水素

(2) 次の(a)～(e)の分子やイオンの形を，下の(ア)～(キ)から選べ。
(a) 水　　(b) 二酸化炭素　　(c) アンモニア
(d) テトラアンミン銅（Ⅱ）イオン　　(e) ヘキサシアニド鉄（Ⅱ）酸イオン
（ア）直線形　　（イ）折れ線形　　（ウ）三角形　　（エ）三角錐形
（オ）正方形　　（カ）正四面体形　　（キ）正八面体形

(3) 次の分子のうち極性分子をすべて選べ。
（ア）臭素　　（イ）硫化水素　　（ウ）二酸化炭素
（エ）四塩化炭素　　（オ）アンモニア

ヒント　(1) 電子式を書いてみる。　(3) 分子の形も考慮する。

⑦ 分子間力

次の文中の空欄に当てはまる最も適切な語句を示せ。

すべての分子の間には弱い引力がはたらいている。この力を（ ア ）力という。似たような構造の物質では，分子量が大きいと（ ア ）力が大きくなり，融点や沸点が（ イ ）くなる。たとえば14族の水素化合物である CH_4，SiH_4，GeH_4，SnH_4 では分子量が大きくなるほど沸点は（ ウ ）くなる。しかし，15族，16族，17族の水素化合物では，第2周期元素の水素化合物だけが異常に沸点が（ エ ）い。これは（ ア ）力の他に静電気的な力である（ オ ）がはたらいているためである。この(オ)は，電気陰性度が大きな N，O，F と水素原子との結合をもつ物質にみられる。これらの力も合わせて分子間力という。

水の温度を常温から徐々に下げていくと，密度は次第に増大し，4℃で最大になる。さらに冷却して0℃に達すると，固体になると同時に密度は急に（ カ ）する。16族元素の酸素，（ キ ），セレン，テルルの水素化合物の沸点を比べると，（ ク ）の水素化合物が異常に高い。このような水の特異性は，水分子を構成する酸素原子と水素原子の（ ケ ）の差が大きく，分子間に(オ)が関与しているからと説明される。

ヒント 分子間力には，すべての分子にはたらく力と極性をもつ分子にはたらく力がある。また，イオン結合ほど強くはないが，電気的に強く引き合う結合も分子によっては存在する。

⑧ 金属結晶の結晶格子

次の金属結晶の単位格子A，B について，下の各問いに答えよ。

単位格子A　　　　　単位格子B

(1) 次の空欄 (ア) ～ (ク) に適切な語句や数値，式を入れて表を完成させよ。ただし，根号はそのまま用いてよい。

	単位格子 A	単位格子 B
名称	（ ア ）立方格子	（ イ ）立方格子
単位格子中の原子の数	（ ウ ）	（ エ ）
最近接原子数(配位数)	（ オ ）	（ カ ）
単位格子の一辺の長さ a と原子半径 r の関係	$r=$（ キ ）	$r=$（ ク ）

(2) ある金属の結晶は B の結晶格子をとり，単位格子の一辺の長さは 4.88×10^{-8} cm である。この金属原子の半径は何 cm か。有効数字2桁で求めよ。必要に応じて $\sqrt{2}=1.4$，$\sqrt{3}=1.7$ を用いよ。

ヒント (1) 単位格子中の原子の数は，頂点の原子は $\frac{1}{8}$ 個，面の中心の原子は $\frac{1}{2}$ 個，単位格子の中心の原子は1個である。配位数は単位格子を上下や左右に積み重ねて考えるとよい。a と r の関係は，原子どうしが接して，その中心を貫く線分上で考える。

⑨ 化学結合

(1) 次の(a)〜(d)の化合物の化学式を答えよ。

(a) 硫酸アンモニウム　　(b) 酸化鉄(Ⅲ)　　(c) 硫化ナトリウム　　(d) 十酸化四リン

(2) 次の化学式のうち，分子式で表されているものをすべて選べ。

(ア) NaCl　　(イ) HCl　　(ウ) He　　(エ) Cu　　(オ) KOH

(カ) CuO　　(キ) CaCl₂　　(ク) H₂S　　(ケ) Si　　(コ) C₂H₂

ヒント　(1) リンは 15 族元素である。　(2) 分子は非金属元素からなると考えてよい。

⑩ 結晶とその性質

次の表は，結晶の種類と特徴を簡単に説明したものである。空欄①〜⑱に入る最も適切な記述をそれぞれの指定された語群から選べ。

	イオン結晶	分子結晶	共有結合の結晶	金属結晶
結合様式	（　①　）	（　②　）	（　③　）	（　④　）
融点・沸点	（　⑤　）	（　⑥　）	（　⑦　）	さまざまである
電気伝導性	（　⑧　）	（　⑨　）	示さない(黒鉛は例外)	（　⑩　）
機械的性質	（　⑪　）	（　⑫　）	（　⑬　）(黒鉛は例外)	（　⑭　）
例	（　⑮　）	（　⑯　）	（　⑰　）	（　⑱　）

《語群》

結 合 様 式：(a) 陽イオンと陰イオンの静電気力　　(b) 原子間で価電子を共有

(c) 金属原子間で自由電子を共有　　(d) 分子間力による結合

融点・沸点：(e) 高いものが多い　　(f) 低い，昇華するものもある　　(g) きわめて高い

電気伝導性：(h) 示さない　　(i) 固体は示さないが液体は示す　　(j) 示す

機械的性質：(k) 展性・延性に富む　　(l) きわめて硬い　　(m) 硬く割れやすい

(n) 軟らかい

例　　：(o) ヨウ素　　(p) ナトリウム　　(q) 塩化ナトリウム　　(r) ダイヤモンド

ヒント　結晶の特徴は，名称からだいたい予想できる。分子をつくる原子間の共有結合と，分子どうしの間にはたらく力とは異なるので注意する。

⑪ イオン結晶の結晶格子

図は塩化ナトリウム NaCl 結晶の単位格子である。

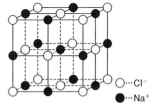

○…Cl⁻
●…Na⁺

(1) この単位格子に含まれる次の数を求めよ。

① Na⁺ の数　　② Cl⁻ の数

(2) 次の数を求めよ。

① Cl⁻(○)に最も近い Na⁺(●)の数　　② Cl⁻(○)に最も近い Cl⁻(○)の数

(3) 塩化ナトリウムの単位格子の一辺の長さを a として，次の値を求めよ。

① Na⁺ と Cl⁻ の最短距離　　② Na⁺ と Na⁺ の最短距離

第**4**章

物質量と化学反応式

1 相対質量と原子量
2 物質量
3 溶液の濃度
4 化学反応式と量的関係

てんびん

---

1 相対質量と原子量

A 原子の相対質量

1 原子の絶対質量と相対質量　原子は非常に小さいので，原子1個の質量をグラム単位で表すと非常に小さな値になる。たとえば，水素原子 $^1_1\mathrm{H}$ 1個の質量は $1.6735 \times 10^{-24}\mathrm{g}$，炭素原子 $^{12}_6\mathrm{C}$ 1個の質量は $1.9926 \times 10^{-23}\mathrm{g}$ である。このように，グラムなどの単位を用いて表した質量を **絶対質量** という。これに対して，ある原子の質量を基準として，それぞれの原子の質量を比の関係で表したものを原子の **相対質量** といい，絶対質量に比べて扱いやすい数値となる。現在は，質量数12の炭素原子 $^{12}_6\mathrm{C}$ 1個の質量を **12** と決め，他の原子の質量は $^{12}_6\mathrm{C}$ を基準とした相対質量で表す。

すでに学習したように（→ p.43），電子の質量は陽子や中性子の質量に比べて無視できるほど小さいので $\left(約\dfrac{1}{1840}\right)$，原子の質量は原子核の質量とみなしてよい。さらに，陽子と中性子の質量はほとんど等しいので，陽子あるいは中性子の相対質量はほぼ1となる。したがって，原子の相対質量は質量数にほぼ等しい（▶表1）。

▼表1　同位体の相対質量と存在比（原子数百分率）の例

元素名	元素記号	同位体	原子番号	陽子の数	中性子の数	質量数	相対質量	存在比(原子数百分率)	原子量
水素	H	$^1_1\mathrm{H}$	1	1	0	1	1.0078	99.9885	1.008
		$^2_1\mathrm{H}$	1	1	1	2	2.0141	0.0115	
炭素	C	$^{12}_6\mathrm{C}$	6	6	6	12	**12(基準)**	98.93	12.01
		$^{13}_6\mathrm{C}$	6	6	7	13	13.003	1.07	
ナトリウム	Na	$^{23}_{11}\mathrm{Na}$	11	11	12	23	22.990	100	22.99
アルミニウム	Al	$^{27}_{13}\mathrm{Al}$	13	13	14	27	26.982	100	26.98
塩素	Cl	$^{35}_{17}\mathrm{Cl}$	17	17	18	35	34.969	75.76	35.45
		$^{37}_{17}\mathrm{Cl}$	17	17	20	37	36.966	24.24	

2 原子量　自然界に存在する単体や化合物を構成する元素の多くは，数種類の同位体を含んでいる。たとえば炭素では，前ページの表1に示すように，質量数 12 の炭素原子が粒子数で 98.93 ％，質量数 13 の炭素原子が 1.07 ％含まれていて，それぞれの同位体の相対質量は異なっている。そこで，これらの同位体の相対質量にそれぞれの存在比をかけて平均値を求め，炭素の相対質量とする。この値が炭素の **原子量** である。

$$\text{炭素の原子量} = 12 \times \frac{98.93}{100} + 13.003 \times \frac{1.07}{100} ≒ \mathbf{12.01}$$

すなわち，自然界の炭素は，すべて相対質量が 12.01 の原子からできているとみなすことができる。他の元素の原子量も，同じようにして求められている。

原子量は，化学計算の最も基本的な数値としてよく用いられるが，高等学校の計算問題では，とくに断りのない限り，2〜3 桁の概数値を用いる。次ページの表2はその例である。なお，表紙の裏の元素の周期表には，元素記号の下に 4 桁の原子量の数値を示してある。

CHART 12

その元素の　　　　　　それぞれの
原子量 ＝（同位体の相対質量×存在比）の総和
（合計すると 1）

問題学習 …… 9　　　　　　　　　　　　　同位体の存在比と原子量

(1) ホウ素には ^{10}B と ^{11}B の同位体が存在し，ホウ素の原子量は 10.8 である。同位体の相対質量はその質量数に等しいとして，それぞれの同位体の存在比（原子数百分率（％））を求めよ。

(2) 塩素には ^{35}Cl と ^{37}Cl の同位体があり，相対質量はそれぞれ 34.97 と 36.97 である。塩素の原子量を 35.45 とすると，^{35}Cl と ^{37}Cl はおおよそ何対 1 で存在するか。整数で答えよ。

(3) (2) に示された同位体の違いを考慮すると，塩素分子 Cl_2 は何種類存在するか。

考え方　(1) ^{10}B の存在比を x（％）とすると，^{11}B は $(100-x)$（％）となるので CHART12 より，

$$10 \times \frac{x}{100} + 11 \times \frac{100-x}{100} = 10.8 \quad x = 20 \text{（％）}$$

　　　　　　　答 ^{10}B **が 20%，^{11}B が 80%**

(2) ^{35}Cl の存在比を x（％）とすると，^{37}Cl の存在比は $(100-x)$（％）となる。したがって，

$$34.97 \times \frac{x}{100} + 36.97 \times \frac{100-x}{100} = 35.45$$

$$x = 76 \text{（％）}$$

$^{35}Cl : {}^{37}Cl = 76 : 24 ≒ 3 : 1$　**答** **3**

(3) 塩素分子 Cl_2 は 2 種類の原子 ^{35}Cl と ^{37}Cl からなるので，$^{35}Cl^{35}Cl$，$^{35}Cl^{37}Cl$，$^{37}Cl^{37}Cl$ の 3 種類が存在する。　**答** **3種類**

類題 …… 9

上の (1)，(2) に示された同位体の違いを考慮すると，三塩化ホウ素 BCl_3 の分子は何種類あり得るか。ただし，三塩化ホウ素は B を中心とした正三角形の分子である。

元素	元素記号	原子量	元素	元素記号	原子量	元素	元素記号	原子量
水素	$_1$H	1.0	ケイ素	$_{14}$Si	28	銅	$_{29}$Cu	63.5
炭素	$_6$C	12	リン	$_{15}$P	31	亜鉛	$_{30}$Zn	65
窒素	$_7$N	14	硫黄	$_{16}$S	32	臭素	$_{35}$Br	80
酸素	$_8$O	16	塩素	$_{17}$Cl	35.5	銀	$_{47}$Ag	108
フッ素	$_9$F	19	アルゴン	$_{18}$Ar	40	スズ	$_{50}$Sn	119
ナトリウム	$_{11}$Na	23	カリウム	$_{19}$K	39	ヨウ素	$_{53}$I	127
マグネシウム	$_{12}$Mg	24	カルシウム	$_{20}$Ca	40	バリウム	$_{56}$Ba	137
アルミニウム	$_{13}$Al	27	鉄	$_{26}$Fe	56	鉛	$_{82}$Pb	207

Episode
原子量の基準の変遷

① 原子説を唱えたドルトンは 1805 年，水素を 1 とする最初の原子量表を発表したが，その値はあまり精密ではなかった。

② スウェーデンの化学者ベルセーリウス（右の肖像画）は，酸素が多くの化合物をつくるということから，酸素を基準にとり，その値を 100 とする原子量表を 1818 年に発表した。

　ベルセーリウスは，ドルトンの原子量が不正確なものであったので，約 2000 種類もの化合物を 10 年以上の歳月をかけて分析するという，超人的な実験を行って，現在のものに近い原子量表を発表した。この原子量の精度は高く，180 年前の値としては驚異的なものである（下表参照）。

〈ベルセーリウスの原子量（現在の値と比較しやすいよう換算した値）〉

	H	C	N	O	Na	Cl	Ca
1827 年	1.00	12.25	14.19	16.03	23.31	35.47	41.03
現　在	1.008	12.01	14.01	16.00	22.99	35.45	40.08

③ 1865 年，ベルギーの化学者スタスは，最も軽い元素である水素の原子量を 1 に近づけるため，基準となる元素を酸素とし，その原子量を 16 とすることを提唱した。

④ **化学的原子量・物理的原子量**　1960 年以前は，化学と物理学とで，原子量の基準が異なっていた。酸素には，$^{16}_{8}$O，$^{17}_{8}$O，$^{18}_{8}$O の 3 種類の同位体がある。これら 3 種類の同位体の混合物の相対質量（原子量）を 16 としたものが化学的原子量であり，酸素の同位体の中で最も存在比が大きい $^{16}_{8}$O の相対質量（原子量）を 16 としたものが物理的原子量である。

　このように，原子量の基準に化学的と物理的の 2 つがあるのは不便であり，またその後の研究から，同位体の存在比に変動があることがわかってきた。

　そこで，このような不都合を解消するため，化学・物理のそれぞれの学会で協議して，新しい基準を決めることになった。

⑤ それまでの原子量の値をできるだけ変更しないで，しっかりした基準を決め，なおかつ化学的原子量と物理的原子量を統合するため，"$^{12}_{6}$C＝12"とする基準を採用した（1961 年）。

⑥ 現在では，IUPAC（国際純正・応用化学連合）原子量および同位体存在度委員会から，奇数年ごとに新しいデータをもとに決定された精密な原子量表が発表されている。

　この発表された原子量は桁数が多く，ふつうの計算には不便なため，4 桁の原子量表を日本化学会原子量専門委員会が作成している。

　本書の表紙の裏の元素の周期表の中にも，4 桁の原子量が記してある。

3 分子量 $^{12}_{6}C=12$ を基準にした分子の相対質量を **分子量** という。

分子量は，次の例のように，分子を構成する元素の原子量の総和で表される。

例 $N_2=14\times2=28$，$H_2O=1.0\times2+16=18$，$HCl=1.0+35.5=36.5$

4 式量 $^{12}_{6}C=12$ を基準にして，イオンの化学式や組成式で表される物質の相対質量を表したものを **式量** という。

電子の質量は，原子の質量に比べて無視できるほど小さい（→p.43）ので，単原子イオンの質量はその原子の質量にほぼ等しいと考えてよい。

したがって，ナトリウムイオン Na^+ の式量はナトリウムの原子量を用いる。また，アンモニウムイオン NH_4^+ のように複数の原子が結合してできた多原子イオンの式量は，イオンの化学式に含まれる元素の原子量の総和で表される。

塩化ナトリウム $NaCl$ のように，陽イオンと陰イオンとが結合してできた組成式で表す物質の式量は，構成元素の原子量の総和で表される。

原子量・分子量・式量は，すべて $^{12}_{6}C=12$ を基準にして決められた相対質量であるから，単位がない（無次元量あるいは無名数という）。

例 $Na^+=23$，$Cl^-=35.5$，$NH_4^+=14+1.0\times4=18$，$NaCl=23+35.5=58.5$
$(NH_4)_2SO_4=(14+1.0\times4)\times2+32+16\times4=132$

問題学習……10　　　　　　　　　　　　　　　　　　　　　　　**分子量と式量**

前ページ表2の元素の原子量を用いて，次の各問いに答えよ。

(1) 次の物質の分子量を求めよ。

(a) O_2　(b) Ar　(c) NH_3　(d) CO_2　(e) CH_3COOH

(2) 次の物質の式量を求めよ。

(a) KNO_3　(b) $CaCO_3$　(c) $MgCl_2$　(d) $Al_2(SO_4)_3$　(e) S　(f) Cu

(3) 次のイオンの式量を求めよ。

(a) Mg^{2+}　(b) Br^-　(c) SO_4^{2-}　(d) PO_4^{3-}　(e) NO_3^-

考え方 いずれも，構成する元素の原子量の和を求めればよい。

答(1) (a) $16\times2=$**32**

(b) **40**

(c) $14+1.0\times3=$**17**

(d) $12+16\times2=$**44**

(e) $12+1.0\times3+12+16\times2+1.0=$**60**

(2) (a) $39+14+16\times3=$**101**

(b) $40+12+16\times3=$**100**

(c) $24+35.5\times2=$**95**

(d) $27\times2+(32+16\times4)\times3=$**342**

(e) **32**

(f) **63.5**

(3) (a) **24**

(b) **80**

(c) $32+16\times4=$**96**

(d) $31+16\times4=$**95**

(e) $14+16\times3=$**62**

類題……10

次の物質またはイオンの分子量や式量を求めよ（原子量は前ページ表2を参照せよ）。

(a) N_2　(b) HNO_3　(c) $NaOH$　(d) K_2SO_4　(e) HCO_3^-

　質量分析器は，試料をイオン化するための装置，イオン流の速度を一定にそろえる速度選別装置，イオンを質量の違いによって分離するスペクトロメーターからなる。

　まず，真空容器中に質量を調べたい粒子を入れ，高電圧の放電により陽イオンに変え，これを加速して細いスリットを通して平行に入射し，陽イオン流をつくる。次に，これを磁場をかけた速度選別装置に通し，2枚の極板間の電場を調節すると，電場による力は速度に関係しないが，磁場による力は速度に比例するので，電場による力と磁場による力がちょうど相殺し，一定の速度をもつ陽イオン流に変わる。

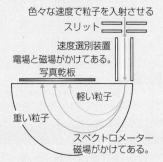

色々な速度で粒子を入射させる
スリット
速度選別装置
電場と磁場がかけてある。
写真乾板
軽い粒子
重い粒子
スペクトロメーター
磁場がかけてある。

　続いて，スペクトロメーター内でこの陽イオン流に対して紙面垂直（上向き）方向に磁場を与えると，図のように，陽イオン流の進路が曲げられて円運動を行う。その角度は Ze/m（m：イオンの質量，Z：イオンの価数，e：電子のもつ電気量）に比例するので，イオンの価数がわかっていれば，曲げられた角度からイオンの質量が求められる。これが質量分析器の原理である。すなわち，重いイオンほどスペクトロメーターの外側を回ることになる。最後に，イオンは写真乾板に当たってこれを感光させるので，写真を現像して，イオンの円運動の半径を測定すればイオンの質量が求められる。アストン（英）は，1919年，初めて質量分析器をつくり，ネオンの3種の同位体（^{20}Ne，^{21}Ne，^{22}Ne）を発見した。

2 物質量

A 物質量

1 物質量 　原子や分子は，きわめて小さい粒子であり，このような小さい粒子を1個1個数えたり，粒子1個の質量をはかったりすることは困難である。そこで，原子や分子やイオンの量を表すとき，**物質量** という物理量（単位記号：**mol**）を用いる。1mol あたりの粒子の数を **アボガドロ定数** といい，記号 N_A で表す。すなわち，$N_A = 6.02 \times 10^{23}/mol$[1] で定義される。したがって，物質量は粒子の数をアボガドロ定数で割った値である。つまり，物質 1mol の中には，6.02×10^{23} 個の粒子が含まれている。物質量の考え方は，12個を1まとめにして1ダースとし，ダース単位で鉛筆などの量を考えるのに似ている。物質量を表すときは，「何について」表しているかを化学式などを用いて明確にすることが大切である。

$$1\,mol = \frac{6.02 \times 10^{23}\,個}{の粒子の集団} \qquad 物質量[mol] = \frac{物質を構成する粒子の数}{6.02 \times 10^{23}/mol}$$

[1] アボガドロ定数の詳しい値は $6.02214076 \times 10^{23}/mol$ である。

Question Time クエスチョン タイム

Q. アボガドロ定数を利用することで便利なことは何ですか？

A. アボガドロ定数は記号 N_A で表されることがあり，その値は $6.02214076 \times 10^{23}$/mol と決められています。この値を利用すると，次のようなことが可能です。

(1) 原子 1 個の質量が求められる。

　　自然界に同位体が 1 種類しか存在しない金属元素について，その原子 1 個の質量 m 〔g〕は，モル質量を M〔g/mol〕とすれば，　$m \text{〔g〕} = \dfrac{M \text{〔g/mol〕}}{N_A \text{〔/mol〕}}$　で求められる。

(2) ファラデー定数 F が求められる。

　　ファラデー定数とは，電子 1 mol あたりの電気量の絶対値（C̆）のことで，電子 1 個がもつ電気量の絶対値 e〔C〕と N_A〔/mol〕をかけたものである。

　　$F \text{〔C/mol〕} = e \text{〔C〕} \times N_A \text{〔/mol〕}$（ファラデー定数は $F = 9.648533212 \times 10^4$ C/mol である。）

(3) 金の格子定数が求められる。

　　金（Au）の結晶は面心立方格子からなる。金の結晶の密度を d〔g/cm³〕，金のモル質量を M_G〔g/mol〕とすると，金の単位格子の一辺の長さ（格子定数）a は次のように求められる。

　　面心立方格子中の原子は　$\dfrac{1}{8}$（立方体の頂点）$\times 8 + \dfrac{1}{2}$（面の中心）$\times 6 = 4$（個），

　　原子 1 個の質量 $= \dfrac{M_G \text{〔g/mol〕}}{N_A \text{〔/mol〕}}$，　密度 $= \dfrac{\text{原子 4 個の質量〔g〕}}{\text{単位格子の体積〔cm}^3\text{〕}}$　であるから，

　　$d = \dfrac{\dfrac{M_G}{N_A} \times 4}{a^3}$　　よって　$a = \sqrt[3]{\dfrac{4M_G}{dN_A}}$

図A
ステアリン酸の
ベンゼン溶液を
水面に滴下する

図B
ステアリン酸
分子

アルキル基

カルボキシ基

水面

ステアリン酸単分子膜の
模式図

(4) ステアリン酸分子の断面積が求められる。

　　ステアリン酸は，疎水性のアルキル基（$C_{17}H_{35}-$）と親水性のカルボキシ基（$-COOH$）からなる脂肪酸である。ステアリン酸をベンゼンに溶かした溶液を図 A のように水槽の水面にゆっくり滴下し，ベンゼンが蒸発すると，図 B のようにステアリン酸分子がカルボキシ基を水中に入れ，アルキル基を空気側に向けて密に並んだ単分子層が形成されることが知られている。一定質量 w のステアリン酸をベンゼンに溶かして体積 V_1 の溶液とし，その溶液を体積 V_2 だけ滴下したときに水面いっぱいに広がった単分子層が形成されたとする。分子間のすきまを無視すると，単分子膜面の面積 S_1，ステアリン酸の 1 分子あたりの水面での占有面積 S_2，ステアリン酸のモル質量 M_S を用いて，S_2 を求める式を立ててみる。まず，質量 w〔g〕のステアリン酸の物質量は $\dfrac{w \text{〔g〕}}{M_S \text{〔g/mol〕}}$ で，その分子の数は，$N_A \times \dfrac{w}{M_S}$（個）　となる。滴下したステアリン酸分子の数は，

$\left(\dfrac{wN_A}{M_S} \times \dfrac{V_2}{V_1} \right)$（個）であるから，ステアリン酸が水面で占める面積は，

$\left(\dfrac{wN_A}{M_S} \times \dfrac{V_2}{V_1} \right)$（個）$\times S_2 \text{〔cm}^2\text{/個〕} = S_1 \text{〔cm}^2\text{〕}$　　よって，$S_2 = \dfrac{M_S V_1 S_1}{w N_A V_2}$　と求められる。

2 モル質量 物質 1mol あたりの質量を **モル質量** といい，その単位には **g/mol** が用いられる。物質量は粒子 6.02×10^{23} 個の集団を 1mol としているが，炭素 1mol の質量 (炭素のモル質量) はほぼ 12g/mol であり，これは炭素原子の原子量に g/mol をつけた量に等しい。

モル質量は，分子からなる物質では，分子量に g/mol をつけた量に等しく，組成式で表される物質では，式量に g/mol をつけた量に等しくなる。たとえば，水のモル質量は 18g/mol であり，塩化ナトリウムのモル質量は 58.5g/mol である。

塩化ナトリウムを 117g とったとする。塩化ナトリウムのモル質量は 58.5g/mol であるから，117g の塩化ナトリウムの物質量は 2mol である。したがって，2mol の塩化ナトリウムの中には Na^+ が $6.02 \times 10^{23} \times 2$ (個)，すなわち 2mol と，Cl^- が $6.02 \times 10^{23} \times 2$ (個)，すなわち 2mol 含まれていることになる。

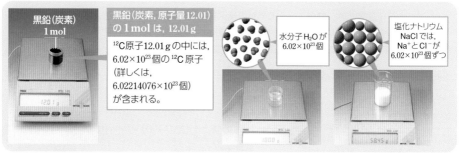

▲ 図1 物質量とモル質量

CHART 13

原子・分子・イオンの 1mol の質量
⟶ 原子量・分子量・式量に g をつけた値

質量 を モル質量 で割ると 物質量

$$\text{物質量〔mol〕} = \frac{\text{質量〔g〕}}{\text{モル質量〔g/mol〕}}$$

3 モル質量と物質量 水 H_2O の分子量は 18 であり，その 1mol の質量は 18g である。いま，質量 w〔g〕の水の物質量を x〔mol〕とすると，次の関係がある。

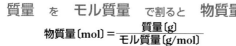

$$x\text{〔mol〕} = \frac{w\text{〔g〕} \times 1\text{mol}}{18\text{g}} \qquad \text{右辺の分母・分子を 1mol で割ると，} \quad x\text{〔mol〕} = \frac{w\text{〔g〕}}{18\text{g/mol}}$$

これをモル質量を使って考えると，水のモル質量は 18g/mol であるから，

質量 w〔g〕の水の物質量 x〔mol〕は $x\text{〔mol〕} = \dfrac{w\text{〔g〕}}{18\text{g/mol}}$ となり，比例関係を使わなくても同じ結果となる。

(1) $3.01×10^{23}$ 個の水分子は何 mol か。また，その中の水素原子と酸素原子の物質量を求めよ。

(2) 次の粒子1個の質量を求めよ。ただし，（　）内は原子量または分子量である。

 (a) ナトリウム原子(23)   (b) 水分子(18)

(3) ある金属 M の酸化物を分析すると，M が質量で 52.8％含まれていることがわかった。この金属 M のモル質量を 27g/mol，酸素のモル質量を 16g/mol として，酸化物の組成式を求めよ。

考え方 (1) $\dfrac{3.01×10^{23}}{6.02×10^{23}/mol}=0.500\,mol$

 したがって，水分子は，**0.500 mol**

 1個の水分子は，2個の水素原子と1個の酸素原子を含むので，

  水素原子は **1.00 mol**

    酸素原子は **0.500 mol**

(2) (a) ナトリウムのモル質量は 23g/mol，1mol 中に $6.02×10^{23}$ 個の原子を含むから，

 $\dfrac{23g/mol}{6.02×10^{23}/mol}≒\mathbf{3.8×10^{-23}\,g}$

(b) 水のモル質量は 18g/mol であるから，

 $\dfrac{18g/mol}{6.02×10^{23}/mol}≒\mathbf{3.0×10^{-23}\,g}$

(3) 酸化物 100g 中には，M が 52.8g，酸素が 47.2g 含まれている。

 組成式は，成分元素の原子数の最も簡単な整数比（＝物質量の比）を示すので，

$$M：O=\dfrac{52.8g}{27g/mol}：\dfrac{47.2g}{16g/mol}$$

$$=1.955\cdots mol：2.95\,mol≒2：3$$

         M$_2$O$_3$

類題 ····· 11

 ある金属 M の酸化物 M_2O_3 を水素で還元したところ，酸化物は酸素をすべて失って質量が初めの 70％になった。この金属 M の原子量を求めよ。ただし，酸素原子のモル質量を 16g/mol とする。

4 **アボガドロの法則**　気体の体積と，それに含まれる分子の数はアボガドロ（→ p.37）によって，次のように提唱された。気体の体積は温度と圧力で変わるので，温度と圧力を一定にして考えることが大切である。

重要

すべての気体は，同温・同圧・同体積中に同数の分子を含む。

例 0℃，$1.01×10^5\,Pa$ で 22.4 L の気体中には，$6.02×10^{23}$ 個の分子が存在する。

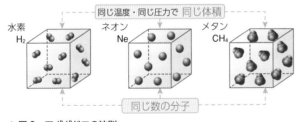

一辺が約 28.2 cm の立方体の体積が 22.4 L である。

体積 **22.4 L**

温度 **0℃**

圧力 **$1.01×10^5$ Pa**

28.2 cm

▲ 図2　アボガドロの法則

5 モル体積 **(1) モル体積** 気体分子 1mol あたりの体積を **モル体積** といい，単位は L/mol が用いられる。アボガドロの法則は，気体の種類にかかわらず成り立つので，0℃，$1.01×10^5$ Pa ❶ (1気圧) で，水素・酸素および窒素の分子を，それぞれ 1mol，すなわち同数の $6.02×10^{23}$ 個集めると，すべて同じ体積になる。実際にこの体積はいずれの気体も 22.4L を示すので，気体のモル体積は 0℃，$1.01×10^5$ Pa で **22.4L/mol** となる。

空気は，おもに窒素と酸素との混合気体であるが，窒素分子と酸素分子の総和が $6.02×10^{23}$ 個あれば，その体積は 0℃，$1.01×10^5$ Pa で 22.4L である。なお，0℃，$1.01×10^5$ Pa のことを，**標準状態** という。

逆に，標準状態で n 〔mol〕の気体をとると，その体積は 22.4n〔L〕となる。したがって，

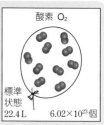
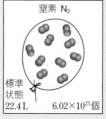
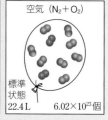

気体の種類が異なっていても，混合気体でも，1mol（$6.02×10^{23}$ 個）は標準状態で 22.4L

▲ 図3　気体 1mol の体積（標準状態）

同温・同圧の気体の体積は，その中に含まれている気体分子の数や物質量に比例する。このことが，問題を解くときの鍵になる。

(2) 気体の体積と物質量 標準状態で V〔L〕の体積を占める気体の物質量を x〔mol〕とすると，次式のようになる。

$$\left.\begin{array}{l} 22.4\text{L} \cdots\cdots 1\text{mol} \\ V\text{〔L〕} \cdots\cdots x\text{〔mol〕} \end{array}\right\} \quad \frac{22.4\text{L}}{1\text{mol}}=\frac{V\text{〔L〕}}{x\text{〔mol〕}} \quad \text{よって，} \; x\text{〔mol〕}=\frac{V\text{〔L〕}}{22.4\text{L/mol}}$$

このことは，p.106 で学んだ質量と物質量との関係と同じである。

物質量と気体の体積の関係（標準状態）

$$物質量〔\text{mol}〕=\frac{気体の体積〔\text{L}〕}{22.4\text{L/mol}} \begin{array}{l} \cdots\cdots 標準状態(0℃, 1.01×10^5\,\text{Pa})での体積 \\ \cdots\cdots 1\text{mol} あたりの体積（モル体積） \end{array}$$

CHART 14

期待（気体）22.4L

気体 1mol は 22.4L
にんにんがし

0℃，$1.01×10^5$ Pa（標準状態）で 1mol の気体 → 22.4L の体積を占める

❶ 1Pa（パスカル）とは，$1m^2$ の面積に 1N（ニュートン）の力がはたらいたときの圧力で，$1\text{Pa}=1\text{N/m}^2$ である。また，圧力の単位に使われる 1atm（1気圧）は，水銀柱を 760mm の高さに押し上げる力に等しい。なお，$1\text{atm}=101325\text{Pa}$ の関係がある（→ p.137）。

6 気体の密度 　水素 H_2 1mol の質量は 2.0g であり，その体積は標準状態で 22.4L であるから，1L あたりの質量は，$\dfrac{2.0\,\text{g/mol}}{22.4\,\text{L/mol}}≒0.089\,\text{g/L}$ のようにして求められ，これを **気体の密度** という。

　同様に，酸素 O_2 の密度は $\dfrac{32\,\text{g/mol}}{22.4\,\text{L/mol}}≒1.4\,\text{g/L}$ と求められる。水素は分子量が最も小さいので，最も軽い気体である。

　なお，気体の密度がわかれば，気体の分子量を求めることができる（→ p.143）。

　たとえば，標準状態で密度が 1.25g/L の気体の分子量は，この気体 22.4L（1mol）あたりの質量（モル質量）を求めればよいから，

$$1.25\,\text{g/L}×22.4\,\text{L/mol}=28.0\,\text{g/mol（モル質量）}$$

　ゆえに，分子量は 28.0 となる。

　また，分子量が既知の気体の密度と比較することにより，他の気体の分子量を求めることができる。たとえば，ある気体の密度が，同温・同圧における酸素の密度の 2.22 倍であったとする。酸素 1mol あたりの質量は 32.0g であるから，求める気体 1mol の質量は，

$$32.0\,\text{g/mol}×2.22≒71.0\,\text{g/mol}　（たがいの体積が等しいから）$$

　ゆえに，分子量は 71.0 となる（→ p.143）。

（→ p.143）

> **補足** **1atm**
>
> 1atm は，標準の大気圧（＝1気圧）を表し，$1.013×10^5\,\text{Pa}$ に等しい。
>
> $$101.3\,\text{kPa}$$
> $$\|\|$$
> $$1.013×10^2×10^3\,\text{Pa}$$
> $$\|\|$$
> $$1\text{atm}=1.013×10^5\,\text{Pa}$$
> $$\|\|$$
> $$1.013×10^3×10^2\,\text{Pa}$$
> $$\|\|$$
> $$1013\,\text{hPa}$$
>
> なお，「k」は 10^3，「h」は 10^2 を表す。

問題学習 …… 12　　　　　　　　気体の体積と物質量

(1) 標準状態で 5.6L の酸素がある。この酸素の物質量は何 mol か。

(2) 酸素（分子量 32）0.25mol の体積は標準状態で何 L か。また，そのときの密度は何 g/L か。

(3) 気体の密度が，水素（分子量 2.0）の密度の 22 倍である気体の分子量を求めよ。

考え方▶ 標準状態の気体のモル体積はすべて 22.4L/mol であることを利用して，体積や物質量などを求める。

(1) $\dfrac{5.6\,\text{L}}{22.4\,\text{L/mol}}=0.25\,\text{mol}$ **0.25mol**

(2) $22.4\,\text{L/mol}×0.25\,\text{mol}=5.6\,\text{L}$

$\dfrac{32\,\text{g/mol}}{22.4\,\text{L/mol}}≒1.4\,\text{g/L}$ **5.6L，1.4g/L**

(3) 水素のモル質量 2.0g/mol の 22 倍だから

$2.0\,\text{g/mol}×22=44\,\text{g/mol}$ **44**

類題 …… 12

(1) 標準状態で 84.0L の窒素がある。この窒素の物質量は何 mol か。

(2) 窒素 3.00mol の体積は，標準状態で何 L か。

7 **空気の見かけの分子量**　空気は，窒素と酸素の混合気体で，その体積比は約 4：1 である。同温・同圧では，気体の体積とその中に含まれる分子の数は比例する（アボガドロの法則）ので，体積比と物質量の比は等しい。このことを利用して，混合気体である空気の見かけの分子量が求められる。窒素分子（分子量 28.0）と酸素分子（分子量 32.0）の分子量を，物質量の比（N_2：O_2＝4：1）を考慮に入れて平均したものが，**空気の見かけの分子量** である。

$$\text{空気の見かけの分子量}=28.0\times\frac{4}{5}+32.0\times\frac{1}{5}=28.8$$

　したがって，空気 1mol（標準状態で 22.4L）の質量は 28.8g であることがわかる。この数値と比較することによって，ある気体が空気より軽いか重いかを判断することができる。たとえば，分子量が 28.8 より小さな気体，すなわち水素（分子量 2.0），メタン（分子量 16），アンモニア（分子量 17）などは空気より軽く，28.8 より大きな気体，すなわち塩化水素（分子量 36.5），二酸化炭素（分子量 44），二酸化硫黄（分子量 64）などは空気より重いといえる。

気体の分子量の求め方

■**気体の密度〔g/L〕がわかる** ⟶ モル質量〔g/mol〕＝気体の密度〔g/L〕×22.4 L/mol

■**ある気体に対する比重（質量比）がわかる** ⟶ $\dfrac{\text{気体 B の質量}}{\text{気体 A の質量}}=\dfrac{\text{気体 B の分子量}}{\text{気体 A の分子量}}$

（■**気体の状態方程式を用いる求め方** ⟶ *p.142* で詳しく学ぶ）

Episode
飛行船と気体

　細長い機体に，空気より軽い気体を詰め，ゴンドラや推進器を取りつけた飛行船は，20 世紀の初めドイツのツェッペリンらによって実用化され，輸送などにも利用されていた。当時は軽い気体として引火爆発しやすい水素が用いられていたが，1937 年ドイツのヒンデンブルグ号の爆発事故を最後に長い間つくられなくなった。

　近年になって，水素に次いで軽く，不燃性のヘリウムを用いた小型の飛行船が登場している。日本でも宣伝飛行などをしているので見かけたことがあるだろう。

3 溶液の濃度

A 溶液の濃度

水に塩化ナトリウムを溶解させた場合，この混合物を **溶液**，水のように他の物質を溶かすことのできる液体を **溶媒**，溶液に溶けた物質（この場合は塩化ナトリウム）を **溶質** という。

溶液の中に溶質がどれくらい溶けているかを示す量が，溶液の **濃度** である。

1 質量パーセント濃度（%） 一般に，パーセント（百分率）は「割合×100」であり，具体的には右のようにして求められる。溶液の濃度では，「全体」は溶液であり，「注目するもの」は溶質であるから，質量パーセント濃度は次のようにして求められる。

$$\frac{\text{注目するものの量}}{\text{全体の量}} \times 100 (\%)$$

重要

$$\frac{\text{溶質の質量}}{\text{溶液の質量}} \times 100 (\%) = \frac{\text{溶質の質量}}{\text{溶媒の質量}+\text{溶質の質量}} \times 100 (\%)$$

たとえば，塩化ナトリウム 10g を 100g の水に溶解させると，その質量パーセント濃度は，$\frac{10}{100+10} \times 100 \fallingdotseq 9.1 (\%)$ となる（10%ではない）。逆に，5%塩化ナトリウム水溶液 a〔g〕中の塩化ナトリウムの質量 x〔g〕は，$\frac{x}{a} \times 100 = 5$ を解いて，$x = \frac{a}{20}$〔g〕と求めることもできる。

水和水をもつ物質では，無水物のみが溶質となる。たとえば，水 75g に硫酸銅(II)五水和物 25g（$CuSO_4 \cdot 5H_2O$：式量 250）を溶かした場合，硫酸銅(II)$CuSO_4$ の式量は 160 だから，硫酸銅(II)五水和物 25g 中の硫酸銅(II)は $25g \times \frac{160}{250} = 16g$ となる。

したがって，この水溶液の濃度は $\frac{16g}{25g+75g} \times 100 = 16 (\%)$ となる。

CHART 15

水和水，水に溶ければただの水！
水和水は，溶解後は溶媒の水と区別がつかない

Question Time クエスチョン タイム

Q. ppm という単位は，どのような表し方ですか？

A. ppm は parts per million の略で，日本語では百万分率です。百分率と同様に考えれば，割合×1,000,000 となります。たとえば，$1m^3$ の水に 1g の物質が溶けていたとすると，$1m^3 = (100 \times 100 \times 100) cm^3$ ですから，密度を $1g/cm^3$ とすれば，$\frac{1g}{1g/cm^3 \times (100 \times 100 \times 100) cm^3} \times 1,000,000 = 1 (ppm)$ となります。

② モル濃度 (mol/L)

(1) モル濃度の定義　溶液 1L 中の溶質の量を物質量で表した濃度で，単位は mol/L。

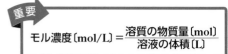

$$モル濃度 〔mol/L〕 = \frac{溶質の物質量 〔mol〕}{溶液の体積 〔L〕}$$

この水溶液は「溶質□mol を水に溶かして○L にする」というように表現する。なお，この場合は加える水の量を計算で求めることはできないので注意すること。

(2) 水和水をもった物質のモル濃度　硫酸銅 (Ⅱ) 五水和物 $CuSO_4 \cdot 5H_2O$（式量 250）は無水物 $CuSO_4$ と水和水[1] H_2O から構成されているので，$CuSO_4 \cdot 5H_2O$ 1mol 中には $CuSO_4$ が 1mol，H_2O が 5mol 含まれる。したがって，$CuSO_4 \cdot 5H_2O$ 250g を水に溶かして 1L にすると，その中に $CuSO_4$ が 1mol 含まれており，ちょうど 1mol/L の水溶液ができる。また，硫酸銅 (Ⅱ) 五水和物 $CuSO_4 \cdot 5H_2O$ 25g を水に溶かして 500mL にした場合のモル濃度は，

$$\frac{\dfrac{25g}{250g/mol}}{\dfrac{500}{1000}L} = 0.20 \, mol/L \quad となる。$$

前述のように，水和水は溶解すると溶媒の水と区別がつかなくなる。このことは，後の溶解度でも必要なことなので，十分に理解しておきたい。

 Laboratory　溶液の調製

実験　0.10mol/L の硫酸銅 (Ⅱ) 水溶液を 1L つくるには，次の①〜⑤に従って行う。

方法　① 電子てんびんを使って，硫酸銅 (Ⅱ) 五水和物 $CuSO_4 \cdot 5H_2O$ 0.10mol（24.95g）をビーカーに正確にはかりとる。

② 少量の純粋な水を加え，完全に溶かす。

③ ②の溶液を 1L のメスフラスコに移す。

④ ビーカーを純粋な水で洗い，その洗液もメスフラスコに入れる。この操作を数回繰り返す。

⑤ メスフラスコの標線まで純粋な水を加えて，栓をしてよく振り混ぜる。

❶ **水和水**　結晶水ということもある。たとえば，$Na_2CO_3 \cdot 10H_2O$ の $10H_2O$ などをいう。加熱すると，無水物（水和水をもたない化合物）に変化する。

(3) **溶液中の溶質の物質量** c〔mol/L〕の溶液が V〔L〕あったとき，その中に含まれる溶質の物質量は，c〔mol/L〕$\times V$〔L〕で表される。なお，体積の値は L 単位が基本となる。mL 単位は，L 単位に変換して計算する（$1\,mL = \dfrac{1}{1000}\,L$ である）。たとえば，1.0 mol/L の溶液が 200 mL あったとき，溶質の物質量は　$1.0\,mol/L \times \dfrac{200}{1000}\,L = 0.20\,mol$　となる。

CHART 16

c〔mol/L〕の溶液 V〔L〕中には
　　　　いつでも cV〔mol〕の溶質

問題学習 …… 13　　　　　　　　　　　　　　　　　　　**溶液の濃度と物質量**

(1) 次の溶液のモル濃度を求めよ。$H_2SO_4 = 98$（以降，原子量・分子量・式量はこのように表す。）
  (a) 1 L の希硫酸中に H_2SO_4 が 9.8 g 含まれている溶液。
  (b) 250 mL の希硫酸中に H_2SO_4 が w〔g〕含まれている溶液（w を含む式で表せ）。
(2) 次の量を求めよ。$H_2SO_4 = 98$
  (a) 0.10 mol/L の希硫酸 250 mL 中の H_2SO_4 の物質量。
  (b) モル濃度 a〔mol/L〕の希硫酸の体積 V〔mL〕中の H_2SO_4 の質量（a と V を含む式で表せ）。
  (c) H_2SO_4 4.9 g を水に溶かして 250 mL にした溶液のモル濃度。

考え方　(1) (a) 1 L 中に H_2SO_4 が

$$\frac{9.8\,g}{98\,g/mol} = 0.10\,mol$$　**答** **0.10 mol/L**

(b) w〔g〕の硫酸の物質量は $\dfrac{w}{98}$〔mol〕

モル濃度は，

$$\frac{\dfrac{w}{98}\,〔mol〕}{\dfrac{250}{1000}\,L} = \frac{2w}{49} \fallingdotseq 0.041\,w\,\text{(mol/L)}$$　**答**

(2) (a) $0.10\,mol/L \times \dfrac{250}{1000}\,L$
$$= 2.5 \times 10^{-2}\,mol$$　**答**

(b) H_2SO_4 1 mol → 98 g（モル質量 = 98 g/mol）
　a〔mol/L〕の希硫酸 V〔mL〕中の硫酸の物質量は $\dfrac{aV}{1000}$〔mol〕であるから，

　　質量 $= 98\,g/mol \times \dfrac{aV}{1000}$〔mol〕
$$= 9.8 \times 10^{-2}\,aV\,\text{(g)}$$　**答**

(c) $\dfrac{\dfrac{4.9}{98}\,mol}{\dfrac{250}{1000}\,L} = 0.20\,mol/L$　**答**

類題 …… 13

(1) 純粋な硫酸 H_2SO_4 を w〔g〕とって 0.20 mol/L の希硫酸をつくると何 mL できるか。w を含んだ式で答えよ。$H_2SO_4 = 98$
(2) $CuSO_4 \cdot 5H_2O$ 50 g を水に溶かして 2.0 mol/L の水溶液をつくると，溶液の体積は何 mL できるか。$CuSO_4 = 160$，$H_2O = 18$

3 質量モル濃度(mol/kg) 溶媒1kgに溶かした溶質の量を物質量で表した濃度で，単位記号は mol/kg を使う。

温度が変化する場合には，溶液の体積が変化するので，モル濃度ではなく質量モル濃度を用いる(→ *p*.171 沸点上昇，*p*.173 凝固点降下の場合)。

次式の分母は溶液の体積ではなく，**溶媒** の質量(kg)であることに注意する。

> **重要**
>
> $$質量モル濃度〔mol/kg〕= \frac{溶媒に溶かした溶質の物質量〔mol〕}{溶媒の質量〔kg〕}$$

4 濃度の換算 溶液の密度と溶質のモル質量がわかれば，質量パーセント濃度とモル濃度は，相互に換算できる。

$$密度〔g/cm^3〕= \frac{質量〔g〕}{体積〔cm^3〕}$$

(1) 質量パーセント濃度→モル濃度

> **例** モル質量 M〔g/mol〕の溶質が溶けている a%の溶液の密度が d〔g/cm³〕の場合

① 溶液1L(1000cm³)の質量を求めるため，密度 d に 1000 をかける。…1000d〔g〕

② そのうち a%が溶質の質量だから，①に $\dfrac{a}{100}$ をかける。…$1000d$〔g〕$× \dfrac{a}{100} = 10ad$〔g〕

③ モル質量が M〔g/mol〕であるから，物質量を求めるため，②を M で割る。

$$…10ad〔g〕× \frac{1}{M〔g/mol〕} = \frac{10ad}{M}〔mol〕$$

④ モル濃度は，③を溶液の体積1Lで割ればよい(通常は省略)。

$$…\frac{10ad}{M}〔mol〕× \frac{1}{1L} = \frac{10ad}{M}〔mol/L〕$$

たとえば，98.0%の硫酸(分子量 98.0)の密度を 1.84g/cm³ とすると，そのモル濃度は次のようになる。

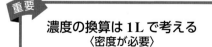

> **重要**
>
> **濃度の換算は1Lで考える**
> 〈密度が必要〉

この濃硫酸1L(1000cm³)の質量は，密度が 1.84g/cm³ であるから，(1.84×1000)g である。このうちの 98.0%が純 H_2SO_4 であるから，その質量は，(1840×0.980)g である。

したがって，これを物質量に換算して，溶液の体積1Lで割るとモル濃度を求めることができる。

$$\frac{(1840×0.980)g}{98.0g/mol×1L} = 18.4mol/L$$

(2) モル濃度→質量パーセント濃度

> **例** モル質量 M〔g/mol〕の溶質が溶けている c〔mol/L〕の溶液の密度が d〔g/cm³〕の場合

① 溶液1L中の溶質の物質量を質量に換算するため，c に M をかける。…cM〔g〕

② 溶液1L(1000cm³)の質量を求めるため，密度 d に 1000 をかける。…1000d〔g〕

③ ①を②で割って 100 倍すればよい。

$$…\frac{cM〔g〕}{1000d〔g〕}×100 = \frac{cM}{10d}(\%)$$

(1) 98%硫酸の密度は $1.84\,\mathrm{g/cm^3}$ である。これを希釈して $6.0\,\mathrm{mol/L}$ の希硫酸を $200\,\mathrm{mL}$ つくった。使用した98%硫酸は何 mL か。$H_2SO_4=98$

(2) 質量パーセント濃度が15%，密度が $0.94\,\mathrm{g/cm^3}$ のアンモニア水がある。このアンモニア水のモル濃度は何 mol/L か。$NH_3=17$

(3) 3.4%過酸化水素水の質量モル濃度を求めよ。$H_2O_2=34$

考え方▶ (1) 希釈前後の硫酸の物質量が等しいので，使用した硫酸の体積を $x\,\mathrm{[mL]}$ とすると，

$$\underbrace{1.84\,\mathrm{g/cm^3}\times x\times\frac{98}{100}\times\frac{1}{98\,\mathrm{g/mol}}}_{\text{希釈前}}=\underbrace{6.0\,\mathrm{mol/L}\times\frac{200}{1000}\,\mathrm{L}}_{\text{希釈後}}$$

$x\fallingdotseq 65\,\mathrm{cm^3}=65\,\mathrm{mL}$ **答 65 mL**

(2) アンモニア水 $1\,\mathrm{L}(1000\,\mathrm{cm^3})$ の質量は，

$$0.94\,\mathrm{g/cm^3}\times 1000\,\mathrm{cm^3}=940\,\mathrm{g}$$

この中に含まれている NH_3（溶質）の質量は，

$$940\,\mathrm{g}\times\frac{15}{100}=141\,\mathrm{g}$$

NH_3 の物質量は，

$$\frac{141\,\mathrm{g}}{17\,\mathrm{g/mol}}\fallingdotseq 8.3\,\mathrm{mol}$$

溶液の体積は1Lであるから，モル濃度は $8.3\,\mathrm{mol/L}$ **答 8.3 mol/L**

(3) 過酸化水素水が $100\,\mathrm{g}$ あるとすると，$3.4\,\mathrm{g}$ の H_2O_2 と $96.6\,\mathrm{g}$ の水からなるから，

$$\frac{\dfrac{3.4\,\mathrm{g}}{34\,\mathrm{g/mol}}}{\dfrac{96.6}{1000}\,\mathrm{kg}}\fallingdotseq 1.0\,\mathrm{mol/kg}$$ **答 1.0 mol/kg**

類題 ····· 14

$2.00\,\mathrm{mol/kg}$ の塩化ナトリウム水溶液 $100\,\mathrm{g}$ を調製するには，塩化ナトリウムを何 g 用いればよいか。$NaCl=58.5$

基礎化 **B** 物質量の計算のまとめ

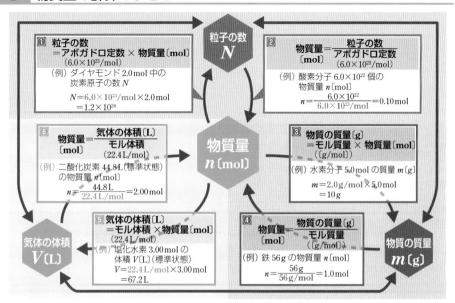

4 化学反応式と量的関係

A 化学反応式

1 化学反応式とは 反応する物質（**反応物**）と生成する物質（**生成物**）との関係を，化学式を用いて表したものを **化学反応式** または単に **反応式** という。

化学反応式では，反応する物質（反応物）を左側に，生成する物質（生成物）を右側に書いて，反応の方向を矢印 $\longrightarrow$ で表す。たとえば，水素と酸素とが反応して水が生成するときの化学反応式は，次のように示される。

$$2H_2 + O_2 \longrightarrow 2H_2O$$

上の化学反応式で，H_2 や H_2O の前にある"2"を **係数** という。係数は，1のときは省略して書かない。したがって，O_2 の係数は1である。

化学反応式をつくるときは，両辺の原子の種類と数が一致するように係数を決める。このように，化学反応式でも，質量保存の法則（→ p.34）が成立している。

係数は，後で説明するように，物質の量的な関係を示す重要な値である。

2 イオンを含む反応式 亜鉛が塩酸や希硫酸に溶けて水素を発生するときの化学反応式は，それぞれ次のように表される。

$$Zn + 2HCl \longrightarrow ZnCl_2 + H_2$$
$$Zn + H_2SO_4 \longrightarrow ZnSO_4 + H_2$$

これらの化学反応式で共通するのは，単体の亜鉛がイオンに変化して気体の水素が発生することである。この点に着目して，上の2つの化学反応を，次のように表すこともできる。

$$Zn + 2H^+ \longrightarrow Zn^{2+} + H_2$$

このように，反応に関係するイオンを含む化学反応式を **イオン反応式** ともいう。イオン反応式を書くときは，左右両辺の原子の数を等しくするだけでなく，左右両辺の電荷の総和も等しくしなければならないことに注意する。

上記のイオン反応式を例にとって，つくり方を説明しよう。

$$\square\, Zn + \square\, H^+ \longrightarrow \square\, Zn^{2+} + \square\, H_2$$

まず，Zn の係数を1とすると，原子の数が等しいことから，Zn^{2+} の係数も1となる。そうすると，右辺の電荷は +2 となるから（Zn, H_2 は電荷をもっていない），左辺の H^+ の係数は2となる。したがって，右辺の H_2 の係数は1と決まることになる。

以上のことを整理すると，次式が得られる。

$$Zn + 2H^+ \longrightarrow Zn^{2+} + H_2 \text{（完成）}$$

重要

◆化学反応式では……**左辺の原子の種類とその数＝右辺の原子の種類とその数**
◆イオン反応式では…上のことに加えて，**左辺の電荷の総和＝右辺の電荷の総和**
（このとき，電子（e^-）の電荷も，忘れないようにすること）

$\overset{Q?}{\textbf{Question Time}}$ クエスチョン タイム

Q. イオン反応式は，どのようなときに使うのですか？

A. よく使われるのは電解質水溶液内での陽イオンと陰イオンの反応で，酸の水素イオンと塩基の水酸化物イオンによる中和反応，各種の塩の生成反応，沈殿の生成反応などがこれに属します。
　　たとえば，塩酸と水酸化ナトリウム水溶液とを混合すると，ただちに次の反応が起こります。

$$HCl + NaOH \longrightarrow NaCl + H_2O$$

この反応の実質的な反応は，HCl 水溶液の中の H^+ と，NaOH 水溶液の中の OH^- とが結合する

$$H^+ + OH^- \longrightarrow H_2O \qquad の反応です。$$

また，塩化ナトリウム水溶液に硝酸銀水溶液を加えると白色沈殿を生じます。

$$NaCl + AgNO_3 \longrightarrow AgCl + NaNO_3$$

一方，塩酸に硝酸銀水溶液を加えても白色沈殿が生じます。

$$HCl + AgNO_3 \longrightarrow AgCl + HNO_3$$

この 2 つの反応の実質的な反応は　$Cl^- + Ag^+ \longrightarrow AgCl$　です。
このように，イオンが関与する反応を表すときには，イオン反応式を用いると便利です。

B 化学反応式の係数の決め方

1 目算法　エタン C_2H_6 が燃焼して，二酸化炭素と水ができるときの化学反応式のつくり方は次のようになる。まず，反応物の化学式 C_2H_6 と O_2 を左辺に，生成物の化学式 CO_2 と H_2O を右辺に書き，矢印で結ぶ。

$$C_2H_6 + O_2 \longrightarrow CO_2 + H_2O \quad \cdots\cdots ⓐ$$

> [1]　どれか 1 つの物質の係数を 1 とおく（なるべく複雑な化学式をもつ物質がよい）。
> [2]　両辺にある各原子の数が等しくなるように，決めやすい係数から決めていく。
> 　原子の数は，係数と元素記号の右下にある数をかけた値となる。
> 　一度決めたものは，後から変えてはいけない。
> 　　**例**　$2H_2O\cdots\cdots H$ は $2 \times 2 = 4$（個），O は $2 \times 1 = 2$（個）
> [3]　係数が分数になったときは，最後に分母を払って，最も簡単な整数比に直す。

以上のことを，ⓐ式に当てはめて係数を決めていくと次のようになる。

① C_2H_6 の係数を 1 とおく。

② C は $1 \times 2 = 2$（個）であるから，右辺の CO_2 の係数は 2 になる。
　H は $1 \times 6 = 6$（個）であるから，右辺の H_2O の係数は 3 になる。

③ O は，右辺に $2 \times 2 + 3 \times 1 = 7$（個）あるから，左辺の O_2 の係数は $\dfrac{7}{2}$ となる。

④ O_2 の係数が $\dfrac{7}{2}$ になったので，全体を 2 倍すると次の化学反応式が完成する。

$$2C_2H_6 + 7O_2 \longrightarrow 4CO_2 + 6H_2O$$

このように，最も複雑な化学式の係数を仮に 1 とおき，これをもとに他の物質の係数を暗算で求める方法が**目算法**である。

2 未定係数法　アルミニウム Al を希硫酸 H_2SO_4[1]に溶かすと，硫酸アルミニウム $Al_2(SO_4)_3$ が生じ，同時に水素 H_2 が発生する。この反応の化学反応式を完成させてみよう。

まず，反応にかかわる物質の係数をすべて未知数で置く。

$$a\,Al + b\,H_2SO_4 \longrightarrow c\,Al_2(SO_4)_3 + d\,H_2$$

左辺と右辺の各原子の数を等しくするように，各原子について方程式をたてる。

Al について　（左辺）…　$a=2c$ …（右辺）……①
H について　（左辺）…$2b=2d$ …（右辺）……②
S について　（左辺）…　$b=3c$ …（右辺）……③ ┐
O について　（左辺）…$4b=12c$…（右辺）　　 ┘ ──同じ式

未知数 $a,\ b,\ c,\ d$ のうちのどれか１つを１とする。

どれでもよいが，$a=2c$，$b=3c$ であるから，$c=1$ とする（$a=1$ でも $b=1$ でもよい）。

$c=1$ とすると，①式より $a=2$，③式より $b=3$　が得られる。

さらに，$b=3$ だから②式より，$2\times3=2d$　ゆえに，$d=3$　となる。

よって，$2\,Al + 3\,H_2SO_4 \longrightarrow Al_2(SO_4)_3 + 3\,H_2$

このように，各物質の係数を未知数（$a,b,c,\cdots$）として，連立方程式を解いて係数を求める方法を **未定係数法** という。

📖 **問題学習 …… 15**　　　　　　　　　　　　　　　　　　**未定係数法**

銅が希硝酸 HNO_3 に溶けて硝酸銅（Ⅱ）$Cu(NO_3)_2$ と水 H_2O と一酸化窒素 NO になる反応の，化学反応式を完成させよ。　　$a\,Cu + b\,HNO_3 \longrightarrow c\,Cu(NO_3)_2 + d\,H_2O + e\,NO$

考え方　(i) 係数の記号が示されてない場合には，未知の係数を $a,\ b,\ c,$ …とする。
(ii) 左右両辺の各原子の数を等しくするように，各原子について方程式をつくる。
　この化学反応式に出てくる原子は Cu, H, N, O の４種類であるから，それぞれについて方程式をつくる。

Cu：（左辺）$a=c$　　　　（右辺）
H ：（左辺）$b=2d$　　　　（右辺）
N ：（左辺）$b=2c+e$　　（右辺）
O ：（左辺）$3b=6c+d+e$（右辺）

未知数 $a,\ b,\ c,\ d,\ e$ のどれか１つの未知数を１とする。

　b が最も多く出てくるので，$b=1$ として解くと，$d=\dfrac{1}{2}$，$e=\dfrac{1}{4}$，$c=\dfrac{3}{8}=a$　となる。

よって，
$$\dfrac{3}{8}Cu + HNO_3$$
$$\longrightarrow \dfrac{3}{8}Cu(NO_3)_2 + \dfrac{1}{2}H_2O + \dfrac{1}{4}NO$$

全体を 8 倍すると，目的の反応式が得られる。

答 $3\,Cu + 8\,HNO_3$
$$\longrightarrow 3\,Cu(NO_3)_2 + 4\,H_2O + 2\,NO$$

類題 …… 15

アンモニアが酸素と反応して一酸化窒素と水ができるときの次の化学反応式を完成させよ。
$$a\,NH_3 + b\,O_2 \longrightarrow c\,NO + d\,H_2O$$

---

❶ **希硫酸と濃硫酸**　化学式で表すと，両方とも H_2SO_4 である。したがって，化学反応式の中で表すときは，どちらも H_2SO_4 で表す。同様に，希硝酸・濃硝酸は HNO_3 で表すことになる。どちらであるかはっきりさせたいときは化学式に(希)，(濃)を付けて表すこともある。

C 化学反応式の表す意味

1 分子の数・物質量との関係　化学反応式と，物質の分子の数との関係，物質の物質量との関係については，次のような表にして整理すると理解しやすい。

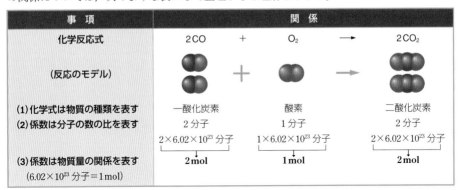

事 項	関 係
化学反応式	$2CO \quad + \quad O_2 \quad \longrightarrow \quad 2CO_2$
(反応のモデル)	
(1)化学式は物質の種類を表す (2)係数は分子の数の比を表す	一酸化炭素　　　　酸素　　　　二酸化炭素 2分子　　　　1分子　　　　2分子 $2×6.02×10^{23}$分子　$1×6.02×10^{23}$分子　$2×6.02×10^{23}$分子
(3)係数は物質量の関係を表す $(6.02×10^{23}$分子$=1mol)$	2mol　　　　1mol　　　　2mol

---

📖 **問題学習 …… 16**　　　　　　　　　　化学反応式と分子の数・物質量

　$2CO + O_2 \longrightarrow 2CO_2$ の反応について，次の問いに答えよ。
(1) CO 10分子から CO_2 は何分子できるか。
(2) CO 10mol と反応する O_2 は何 mol か。
(3) CO 10mol と O_2 8mol とを反応させたとき，O_2 は何 mol 残るか。
(4) (3)の場合，反応後の分子は全部で何 mol となるか。

考え方 ▶ (1) **10分子** 答
(2) **5mol** 答
(3) 化学反応式から，((2)より)CO 10mol と反応する O_2 は5mol となる。したがって，残る

O_2 は，
$8mol-5mol=3mol$　　答 **3mol**
(4) 反応後は，CO は0mol，O_2 は3mol 残り，CO_2 は10mol 生成する。
答 **13mol**

---

2 物質の体積関係　上の表の「化学反応式と分子の数・物質量との関係」と同じように，気体が関係している反応の場合における物質の体積関係については，次の表のように整理することができる。

　気体が関係する反応はよく登場するので，しっかり理解しておこう。

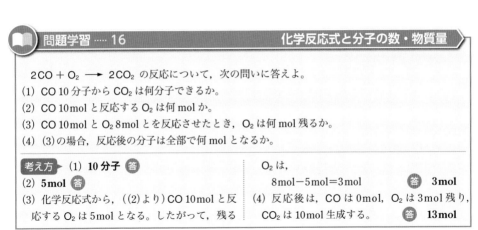

事 項	関 係		
(1)物質量の関係 (係数は物質量を表す)	$2CO$ 2mol	$+ \quad O_2$ 1mol	$\longrightarrow \quad 2CO_2$ 2mol
(2)体積の関係(気体反応の法則(→ p.36)を表す) 1mol の体積は22.4L(標準状態)	$2×22.4L$	22.4L	$2×22.4L$
(3)体積比(同温・同圧) (係数は体積比を表す)	**2体積**	**1体積**	**2体積**

$2CO + O_2 \longrightarrow 2CO_2$ の反応について，次の問いに答えよ。$CO_2=44$

(1) CO 1mol から生じる CO_2 は標準状態で何 L か。

(2) 標準状態で 5.6L の CO から生じる CO_2 は何 mol か。また，これは何 g か。

考え方

(1) CO 1mol $\longrightarrow$ CO_2 1mol $\longrightarrow$ **22.4L** 〔答〕　　したがって生成する CO_2 も **0.25mol** 〔答〕

質量は　$44\,g/mol \times 0.25\,mol = 11\,g$ 〔答〕

(2) 5.6L の物質量は $\dfrac{5.6\,L}{22.4\,L/mol}=0.25\,mol$

---

3 物質の質量関係　化学反応式の質量関係について，表に整理すると次のようになる。左辺の質量の和と右辺の質量の和は等しく，質量保存の法則が成り立っている。

事　項	関　係		
(1)物質量の関係 （係数は物質量を表す）	$2CO$ 2mol	$+$　　O_2 1mol	$\longrightarrow$　　$2CO_2$ 2mol
(2)質量の関係（質量保存の法則 （→ *p*.34) を表す) **化学式は 1mol の質量を表す**	$2\times28\,g$ └─── 88g ───┘	$32\,g$	$2\times44\,g$ └─── 88g ───┘

$2CO + O_2 \longrightarrow 2CO_2$ の反応について，次の問いに答えよ。$CO=28$，$O_2=32$，$CO_2=44$

(1) CO 14g と反応する O_2 は何 g か。

(2) CO 5mol と反応する O_2 は何 g か。

(3) CO 28g と O_2 30g とを混ぜて反応させた。生じた CO_2 は何 g か。

考え方

(1) $2CO$　　　　$+$　　　O_2

$\left.\begin{array}{l} 2\times28\,g \quad\cdots\cdots\quad 32\,g \\ 14\,g \quad\cdots\cdots\quad x\,\text{〔}g\text{〕} \end{array}\right\}x=8.0\,g$

〔答〕　**8.0g**

(2) $2CO$　　　　$+$　　　O_2

$\left.\begin{array}{l} 2\,mol \quad\cdots\cdots\quad 32\,g \\ 5\,mol \quad\cdots\cdots\quad x\,\text{〔}g\text{〕} \end{array}\right\}x=80\,g$

〔答〕　**80g**

(3)　$2CO$　　　$+$　　　O_2　$\longrightarrow$　$2CO_2$

$\left.\begin{array}{l} 2\times28\,g \cdots\cdots 32\,g \cdots\cdots 2\times44\,g \\ 28\,g \cdots\cdots (30\,g) \cdots\cdots x\,\text{〔}g\text{〕} \end{array}\right\}$

CO 28g と反応する O_2 は 16g だから，O_2 の 30g のうち 16g だけが反応して，残りは未反応となる。

CO はすべて反応する。

よって，$2CO$　$\longrightarrow$　$2CO_2$

$\left.\begin{array}{l} 2\times28\,g \quad\cdots\cdots\quad 2\times44\,g \\ 28\,g \quad\cdots\cdots\quad x\,\text{〔}g\text{〕} \end{array}\right\}x=44\,g$ 〔答〕

重要

化学反応式の係数　化学反応式の係数の比は $\left.\begin{array}{l}\textbf{分子の数の比}\\ \textbf{物 質 量 の 比}\\ \textbf{体 積 の 比}\end{array}\right\}$ を表す

（同温・同圧）

アボガドロ定数：$6.0×10^{23}$/mol，必要があれば原子量は次の値を用いること。

H=1.0，C=12，N=14，O=16，Na=23，Al=27，Si=28，P=31，S=32，Cl=35.5，
Ar=40，Ca=40，Fe=56，Zn=65

❶ 原子量

(1) マグネシウムは，^{24}Mg が 79%，^{25}Mg が 10%，^{26}Mg が 11% の割合で存在している。相対質量をそれぞれ 24，25，26 としたとき，マグネシウムの原子量を小数第 1 位まで求めよ。

(2) リチウムは ^{6}Li と ^{7}Li の 2 種類の同位体が存在し，その原子量は 6.94 である。相対質量を ^{6}Li=6，^{7}Li=7 とすると，^{6}Li と ^{7}Li はそれぞれ何%ずつ存在するか。整数で答えよ。

❷ 分子量・式量

次の物質の分子量あるいは式量を求めよ。

(1) 酢酸 CH_3COOH　　(2) 次亜塩素酸 $HClO$　　(3) 硫酸イオン $SO_4{}^{2-}$

(4) 炭酸ナトリウム Na_2CO_3　　(5) 硝酸鉄(III) $Fe(NO_3)_3$　　(6) 硫酸亜鉛 $ZnSO_4$

❸ 物質量

次の各問いに答えよ。

(1) $0℃$，$1.01×10^5\,Pa$ で 33.6 L のプロパン C_3H_8 の質量を求めよ。

(2) 密度 $1.6\,g/cm^3$ の単体のカルシウム $2.0\,cm^3$ の物質量を求めよ。

(3) 0.50 mol の硝酸カルシウム $Ca(NO_3)_2$ に含まれる酸素原子の物質量を求めよ。

(4) 窒素の標準状態における密度〔g/L〕を小数第 2 位まで求めよ。

(5) 水分子 1 個の質量を求めよ。

ヒント (4) 1 mol について，質量と体積を考える。

(5) 水分子 1 mol について考えるとよい。

❹ 金属の結晶格子と密度

アルミニウムの結晶は，一辺の長さが $4.0×10^{-8}\,cm$ の面心立方格子の構造をとるものとして，次の問いに答えよ。必要に応じて $\sqrt{2}=1.4$，$\sqrt{3}=1.7$ を用いよ。

(1) アルミニウムの原子半径〔cm〕を求めよ。

(2) アルミニウムの結晶の密度〔g/cm^3〕を求めよ。

ヒント 面心立方格子の構造(→ p.93)を先に調べておく。

❺ 濃度

(1) 水酸化ナトリウム 0.20 g を水に溶かして 250 mL とした溶液のモル濃度を求めよ。

(2) 8.5% のアンモニア水 100 g 中に含まれるアンモニアの物質量を求めよ。

(3) 0.40 mol/L のシュウ酸 $(COOH)_2$ 水溶液 250 mL 中に含まれるシュウ酸の質量を求めよ。

(4) 36.5% の濃塩酸の密度は $1.2\,g/cm^3$ である。この塩酸のモル濃度を求めよ。

(5) 0.50 mol/L の希硫酸 500 mL をつくるのに必要な，質量パーセント濃度 98% の濃硫酸の質量は何 g か。

ヒント (4) 溶液 1 L (＝$1000\,cm^3$)で考える。

⑥ 化学反応式

次の反応を化学反応式で示せ。

(1) 炭酸水素ナトリウム $NaHCO_3$ を加熱すると，炭酸ナトリウムと水と二酸化炭素が生じる。

(2) アルミニウムを希硫酸に加えると，硫酸アルミニウムと水素が生じる。

(3) メタノール CH_4O を完全燃焼させる。

> ヒント　(3) 完全燃焼は，O_2 と反応して，成分元素の C は CO_2 に，H は H_2O になることから考える。

⑦ 化学反応式と量的関係

標準状態で 6.72 L のメタンを完全燃焼させると，二酸化炭素と水が生じた。

(1) この反応の化学反応式を示せ。

(2) この燃焼によって生成する二酸化炭素は何 g か。

(3) この燃焼に必要な酸素の体積は，標準状態で何 L か。

⑧ 化学反応式と量的関係

亜鉛 6.5 g を 7.3 % の塩酸 200 g に溶かすと，水素が発生し，塩化亜鉛 $ZnCl_2$ が生成する。

(1) 発生する水素は標準状態で何 L か。

(2) 反応物のうちで残るものは何か。また，その物質量は何 mol か。

> ヒント　一般に，2つの反応物の量が与えられた場合には，たがいに過不足なく反応するとは限らないことに注意する。どちらが過剰かの判断を先に行う。

⑨ 化学反応式と量的関係

100 L の酸素 O_2 をオゾン O_3 発生器に通したところ，出てきた混合気体の体積は 97 L であった。最初の酸素の体積の何 % がオゾンに変化したか。整数値で答えよ。ただし，気体の体積は同温・同圧のもとではかったものとする。

> ヒント　まず，化学反応式を完成させる。同温・同圧のもとではかっているので，体積比＝物質量の比である。体積の変化は化学反応式中の係数の変化から考える。

⑩ 化学反応式と量的関係

メタン CH_4 とエタン C_2H_6 の混合気体を完全燃焼させたところ，0.90 mol の二酸化炭素と 1.6 mol の水が得られた。燃焼前の混合気体中のメタンとエタンの物質量をそれぞれ求めよ。

> ヒント　CH_4 と C_2H_6 の燃焼の化学反応式は，別々に書く。$CH_4 + C_2H_6 + O_2 \longrightarrow \cdots$ としてはいけない。メタンを x〔mol〕，エタンを y〔mol〕とし，方程式をつくる。CO_2 で1つ，H_2O で1つ式ができる。

⑪ 化学反応式と量的関係

5個のビーカーそれぞれに，濃度不明の希塩酸 50 g を入れ，それぞれに次表の量の炭酸カルシウム $CaCO_3$ を加えた。発生する二酸化炭素の量をそれぞれ測定したところ，次のような結果になった。この希塩酸の質量パーセント濃度を求めよ。

加えた $CaCO_3$ の質量(g)	0.50	1.0	1.5	2.0	2.5
発生した CO_2 の物質量(mol)	0.0050	0.010	0.013	0.013	0.013

> ヒント　過不足問題である。CO_2 が一定になったということは，塩酸がすべて消費されたことを意味する。

第2編

物質の状態

南極大陸

第**1**章

物質の三態と状態変化

1 粒子の熱運動と三態の変化

温泉

基礎 ▶ **A** 粒子の熱運動

1 拡散と粒子の熱運動 （1）**拡散** 室内の隅に置いた花の香りは，風もないのに室内全体に広がる。また，試験管にヨウ素の結晶の一片を入れ，右図のように湿らせたデンプン紙をつるしておくと，デンプン紙は下のほうから次第に青くなり，ついに全部が青くなってしまう[1]。

これらの現象は，すべての気体分子が常に運動していて，たがいに衝突しながら移動していることによる[2]。

このように，外部から力を加えなくても，物質を

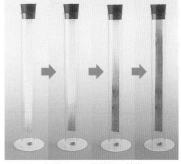

▲ 図1 気体のヨウ素分子の拡散

構成する粒子が気体や液体の中を自然にゆっくり広がっていく現象を **拡散** という。

拡散は，空間に存在する気体分子だけでなく，液体中の分子やイオンでも見られる。たとえば，水中に砂糖や食塩の結晶を入れて静置すると，砂糖を構成する分子や，食塩を構成するナトリウムイオン Na^+ と塩化物イオン Cl^- は水中に拡散し，最終的には均一な溶液となる（→ p.158）。

拡散は自然に起こる現象であるが，その逆の現象は起こらない。これは，物質はたがいに混じり合ってばらばらに存在するほうが，安定であるからである（→ p.196）。

----

[1] **ヨウ素デンプン反応** ヨウ素 I_2 の気体やヨウ素のエタノール溶液をデンプンに触れさせると青〜青紫色になる。これをヨウ素デンプン反応といい，ヨウ素やデンプンの検出に利用される（→ p.490）。
[2] 個々の分子が，次ページ図2のように大きな速度で運動しているにもかかわらず，拡散の速度がゆっくりとしているのは，通常の圧力の気体や液体では1個の分子のすぐ近くに多数の分子が存在していて，分子どうしがひんぱんに衝突し，絶えずその進路と速度が変えられるからである。

(2) **気体分子の運動** 図2は，1個の酸素分子の真空中での速度であるが，温度が上がると，その速度は大きくなる。つまり，気体の温度が高いということは，気体分子のもつ運動エネルギーが大きいということである。一般に，物質を構成する粒子が，その

▲ 図2 酸素分子の真空中での速度

温度に応じて行う運動を粒子の **熱運動** という。高温になるほど熱運動は激しくなる。

　個々の分子が大きな速度で運動しているにもかかわらず，拡散の速度がゆっくりとしているのは，通常の圧力の気体や液体では1個の分子のすぐ近くに多数の分子が存在していて，分子どうしがひんぱんに衝突し，絶えずその進路が変えられるからである。つまり拡散速度が遅いのは，分子どうしの衝突がいかにひんぱんに起こっているかを示している。

(3) **集団としての分子運動**　(a) **同種の分子の集団**　1種類の分子が多数集まった気体であっても，その気体を構成するすべての分子の速度が等しいのではない。個々の気体分子は，その温度によって決まった，ある一定の速度分布をしている。その分布は，温度が高いほど速度が大きい分子が多くなるが，速度が小さい分子も常に存在する(▷図3)。

　たとえば，窒素(気体)中の N_2 分子の速度分布は図3のようになる[1]。最も分子の数が多い速度は，温度が高くなるとともに大きくなる[2]。

(b) **異種の分子の集団**　同じ温度でも，分子量(分子の質量)の小さな分子の集団の速度分布は，分子量の大きな集団よりも，速度の大きいほうにかたよった分布になる。

　たとえば，水素(分子量2.0)と窒素(分子量28)では，同じ0℃で，H_2 分子は1680m/s，N_2 分子は425m/sの分子の数が最も多くなっている(▷図3)。

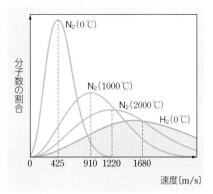

▲ 図3　分子の速度分布と温度

CHART 17

熱は分子を踊らせる

温度が高いほど分子の運動エネルギーは大きい

❶ **速度分布曲線**　同じ種類の分子の集団において温度が等しいと，すべての分子の速さは等しいと思われるが，これは個々の分子の平均速度についていえることで，ある瞬間については図3の分布曲線のようになっているという理論が，マクスウェル(イギリス，1860年)やボルツマン(オーストリア，1868年)によって導き出され，また，後に実験によっても確かめられた。このような分布をもつのは，分子どうしが絶えずひんぱんに衝突して，速度がその度に変化するからである。

❷ 分子の平均速度 $\bar{v}$ は，温度が高くなるほど大きくなる。このとき，$\bar{v}$ は絶対温度の平方根に比例することが知られている。したがって，式に表すと　$\bar{v} = k\sqrt{T}$（T は絶対温度）　となる。

　詳しい式は　$\bar{v} = \sqrt{\dfrac{3RT}{M}}$　（M はモル質量〔g/mol〕，R は気体定数(8.31×10^3 Pa・L/(mol・K))）

Q. 分子の速度分布のグラフの山の高さが，高温ほど低くなるのはなぜですか？

A. ある量の気体が容器に詰められているとき，1個の分子には，常にまわりから多数の分子が衝突して，その度に速度が変化し，気体の温度が高くなると高速の分子が増加します。しかし，すべての分子の速度が同じになることはなく，気体分子は低温でも高温でも，非常に速度が遅い分子もあれば，高速で運動する分子もあります。

　低温では全体のエネルギーが小さいことから，低速で運動する分子が多く，速度分布は低速に高い山ができます。一方，この気体をそのまま高温にすると，高温では全体のエネルギーが大きいことから，高速で運動する分子の数が増えます。しかし，全体の分子の数は一定である上に，低速の分子がなくなるわけではないので，速度分布の山はすそが高温のほうに広がるため，山の高さは低くなります。

　つまり，曲線と横軸で囲まれた面積は常に一定で，それは全体の分子の数を表していることになります。なお，この分布（→前ページ図3）は **マクスウェル・ボルツマン分布** とよばれています。

2 絶対温度　気体分子の熱運動は温度が低いほど小さくなる。どんどん温度を下げて分子の熱運動が停止すると考えられる温度は **−273℃** である。この温度は最も低い温度で，これ以下の温度は存在しない（→ p.140）。そこで，この温度を **絶対零度** とよぶ。この絶対零度を 0 K と表し，ふつうのセルシウス温度（セ氏温度）（℃）と同じ目盛りの間隔で表した温度を **絶対温度** という。絶対温度の単位記号は **K**（ケルビン）で表される。絶対温度を T〔K〕，セ氏温度を t〔℃〕とすると，次の式で表される。

CHART 18

セルシウス 273（ニーナサン）で絶対絶命（絶体絶命）！

$$T = t + 273$$

（セルシウス温度は t〔℃〕，絶対温度は T〔K〕）

Study Column　気体分子の平均速度と分子量

　物理で学習するように，質量 m の物体が速度 v で運動している場合に，そのエネルギーは $\frac{1}{2}mv^2$ で表されることが知られている。これから予想すると，気体分子では軽い分子ほど速度が大きく，重い分子ほど速度が小さいことになる。この関係は同温において，「気体分子の平均速度は，分子量の平方根に反比例する」となる。

　つまり，分子量の小さい分子ほど，その運動速度は大きいといえる。

　また，気体の拡散速度もこれらと同じ関係になる。いま，2 種類の気体の拡散速度を u_1, u_2 とし，それぞれの分子量を M_1, M_2 とすると，

$$\frac{u_1}{u_2} = \sqrt{\frac{M_2}{M_1}}$$

の関係が成り立つ。これはグレーアムの法則とよばれる。

3 気体の圧力が生じるしくみ 容器内の気体分子は、熱運動で器壁に衝突するとはね返されるが、このとき器壁を外側に押すので、**気体の圧力**が生じる。

一定量の気体を入れた容器の体積を小さくすると、器壁の単位面積あたりに、単位時間に衝突する分子の数が増すので圧力が大きくなる。

また、加熱して熱運動を大きくすると、分子の衝突が激しくなり、単位時間あたりの衝突回数も増すため、圧力が大きくなる。

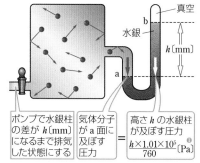

ポンプで水銀柱の差が h [mm] になるまで排気した状態にする	気体分子が a 面に及ぼす圧力	=	高さ h の水銀柱が及ぼす圧力 [1] $\dfrac{h \times 1.01 \times 10^5}{760}$ [Pa]

▲ 図4 気体の圧力の測定

B 三態の変化

1 物質の三態 一般に物質は、温度や圧力によって、**固体・液体・気体**の3つの状態をとる。これを **物質の三態** といい、温度や圧力を変えることによって、相互にその状態が変化する[2]。

物質の三態の変化の名称は次のようになる。

① 固体→液体の変化：**融解**　② 液体→気体の変化：**蒸発**

③ 液体→固体の変化：**凝固**　④ 気体→液体の変化：**凝縮**

⑤ 固体→気体の変化：**昇華**　⑥ 気体→固体の変化：**凝華**

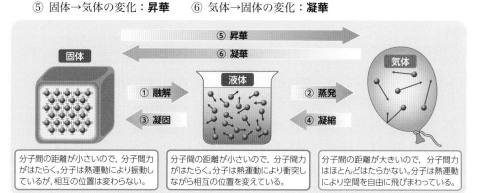

▲ 図5 固体・液体・気体の分子の熱運動と分子間力

2 融解と凝固（固体⇄液体） **(1) 融解** 固体は、分子間の距離が小さく、分子間力が強くはたらいていて、分子は規則正しく配列している。その固体を熱すると、熱運動（振動）が激しくなり、一部の分子が分子間力に打ち勝って規則正しい配列がくずれ、流動し始めて液体となる。これが **融解** である。

----

[1] Pa（パスカル）は圧力の単位。標準の大気圧は約 1.01×10^5 Pa で、この圧力は水銀柱を 760 mm 押し上げる力に相当するので $1.01 \times 10^5 \mathrm{Pa} \times \dfrac{h \,[\mathrm{mm}]}{760 \,\mathrm{mm}}$ となる。

[2] 三態の変化のように、物質を構成する粒子そのものが変わらない変化を **物理変化** という。物理変化には、かたまりを粉末にしたり、金属を変形させたり、固体を加熱して液体にしたりするような変化がある。一方、物質を構成する粒子が変わる変化（物質が別の物質になる変化）を **化学変化**（または **化学反応**）といい、物質の燃焼や電気分解などがその例である。

すべての固体を融解させるには，さらに熱エネルギーを加え続ける必要があるが，そのエネルギーはすべて融解に使われるので，温度は上昇しない。そのため，すべての固体が液体になるまで，温度は一定に保たれる。この温度を **融点** という。物質 1mol を，融点において完全に液体にするために必要な熱量を **融解熱**〔kJ/mol〕という[1]（▶図6）。

(2) **凝固**　液体を冷やして熱エネルギーを奪っていくと，ある温度で，熱運動の小さい（運動エネルギーの小さい）分子は，分子間力に捕らえられ，規則正しく配列し始める。これが **凝固** である。残った液体をすべて固体にするには，さらに冷却を続けなくてはならない。すなわち，純物質の液体では，凝固が始まってから全体が凝固し終わるまで，温度は一定に保たれる。この温度を **凝固点** といい，凝固点は同じ純物質の融点に等しい。

　凝固に際して，融解熱と同量の熱エネルギーが放出される。このとき放出される物質 1mol あたりの熱量を **凝固熱**〔kJ/mol〕という。

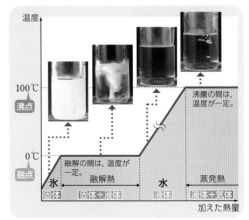

▲ 図6　水の融解と沸騰

Question Time クエスチョン タイム

Q. **水は 0°C になっても，一度に全体が凍りません。また，低温では蒸発しにくいのに高温では盛んに蒸発するのはなぜですか？**

A. いずれもエネルギー分布がポイントですね。2つに分けて説明しましょう。

(1) 0°C の液体の水分子も，0°C の温度に応じた熱運動のエネルギー分布をしています。このうちの一定のエネルギーより小さい分子が，分子間力により強く結びついて固体となります。このとき凝固熱が発生します。残った液体の水を凝固させるには，さらに冷却して，このエネルギーを奪う必要があります。したがって，一度に全体が凍ることはありません。

(2) 水が蒸発するには，分子間力を断ち切るだけの熱運動のエネルギーをもっている必要があります。この値を E_v としましょう。もちろん，そのエネルギー以上の分子がすべて蒸発するのではありません。水面にあることと，外向きに運動していることが条件です。水の温度の違いによるエネルギーの分布は右図のようになります。したがって，25°C より 80°C のほうが，該当するエネルギーをもった分子の数が非常に多くなるため，盛んに蒸発することになります。このように，分子の熱運動のエネルギー分布は気体だけでなく，液体でも似たような分布をします。

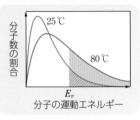

分子の運動エネルギー

───────

[1] 水の融解熱は，6.0kJ/mol である。

3 **蒸発と凝縮(液体⇄気体)** (1) **蒸発** 液体の表面近くにある分子のうちで，とくに運動エネルギーの大きな分子が外向きに運動していると，この分子は分子間力に打ち勝って液面から上部の空間に飛び出す。これが **蒸発** である。液体の温度が高いほど，そのような運動エネルギーの大きい分子の割合が増えるので蒸発が盛んになる。

(2) **凝縮** 気体を冷却していくと，分子の運動エネルギーが次第に小さくなる。このような分子どうしが衝突したり，液体表面に衝突すると，分子間力によって捕らえられ，くっつき合って液体になる。これが **凝縮** である。すなわち，液体の蒸発の逆と考えればよい。

(3) **蒸発熱と凝縮熱** ある一定温度で，1molの液体が蒸発して，同温の気体になるときに吸収する熱量を **蒸発熱**〔kJ/mol〕という[1]。蒸発熱は，$6.02×10^{23}$個の液体分子間にはたらく分子間力をすべて切断して，気体分子にするのに要する熱エネルギーである。したがって，液体1molをすべて気体にするには，蒸発熱に相当する熱エネルギーを与えなければならない。

また，気体1molが凝縮して液体になるときには，逆に，蒸発熱と同じ量の **凝縮熱** が放出される(→p.199)。したがって，分子からできている物質の場合，融解熱(凝固熱)，蒸発熱(凝縮熱)の大きさは，分子間力の大きさの目安となる。

Q? uestion Time クエスチョン タイム

Q. 氷が水に浮くのはなぜですか？

A. 誰でも昔から見て知っているので，あたり前と思う人もいるでしょう。でも実は不思議な現象なのです。水以外の物質のほとんどは，一定質量の固体の体積が液体より小さくなり，密度が大きくなるため，固体が液体の底に沈みます。

氷は，水分子どうしが水素結合(→p.87)により引き合ってたがいに固定されており，すき間の多い結晶構造をしています。

氷が0℃で融解すると，そのすき間の多い構造の大部分が壊れて体積が約10%減少します。つまり，密度が液体のほうが大きくなるため，密度が小さい氷は水に浮かぶのです。

0℃からさらに水の温度を上げていくと，まだ残っている水素結合によるすき間の多い構造が壊れて体積が減少することと，熱膨張による液体の体積の増加との兼ね合いによって，4℃で水の密度は最大(右図)になります。

なお，固体より液体の密度が大きい物質は，水の他にビスマス，アンチモン，銑鉄(鋳鉄)くらいしか存在しません。

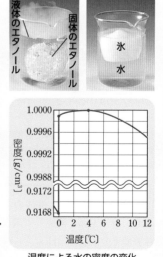

温度による水の密度の変化

---

[1] 水の蒸発熱(気化熱ということがある)は，25℃で44.0kJ/mol，100℃で40.7kJ/molである。

1.01×10⁵Pa（1atm）の下で，一定量の水に対して一定の割合で
熱を加えていったときの温度変化のグラフについて答えよ。
(1) (a)〜(e)のそれぞれにおいて存在する水の状態を答えよ。
(2) (a), (c), (e) の傾きの大きさの順は，次のうちのどれか。た
　だし，各状態の水の比熱（物質1gを1K上昇させるのに要す
　る熱量〔J〕）は，固体 1.9J/（g・K），液体 4.2J/（g・K），気体
　2.1J/（g・K）とする。
　　(ア) (a)＞(c)＞(e)　(イ) (a)＞(e)＞(c)　(ウ) (c)＞(a)＞(e)
　　(エ) (c)＞(e)＞(a)　(オ) (e)＞(a)＞(c)　(カ) (e)＞(c)＞(a)
(3) (b)と(d)の長さの関係の正しいものを次のうちから選べ。
　　(ア) (b)＝(d)　(イ) (b)＞(d)　(ウ) (b)＜(d)

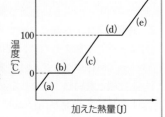

考え方　(1) 直線が右上がりの部分は物質の
　温度が上昇する部分。横軸に平行な部分は状
　態変化が起こっている部分。(a)は **固体**，(b)
　は **固体と液体が共存**，(c)は **液体**，(d)は **液
　体と気体が共存**，(e)は **気体** である。答
(2) 同じ熱量を加えた場合，比熱が小さいほど
　温まりやすいので傾きが大きくなる。答　**イ**

(3) (b)では分子間力（水素結合も含む）の一部
　をゆるめて流動させるだけでよいのに対して，
　(d)ではそれらをすべて断ち切って分子どう
　しが自由に運動できるようにしなければなら
　ない。したがって，(d)のほうが多くの熱量を
　必要とする。　　　　　　　　　　答　**ウ**

Question Time クエスチョンタイム

Q. 水の沸点は 100°C ではないと聞きましたが，本当ですか？

A. 以前は水の沸点を正確に 100°C とする温度基準でした。しかし，1990 年に，新しい国際温
度目盛（温度基準）が定められて，ネオン，水銀，水の三重点などの温度が定点と決められ，水の
沸点は定点ではなくなりました。その温度基準に従うと，水の正確な沸点は 99.974°C になります。
しかし，現在でも，よほど厳密な議論をするときや，精密なデータを必要とする場合以外は，水
の沸点は 100°C として問題ありません。また，水の凝固点は 0°C です（厳密には水の三重点を
基準としたとき 0.01°C ）。

4 気液平衡・蒸気圧　液体の蒸発が，密閉された容器の中で起こると，蒸発した気体分子
のうち，液体表面に衝突して飛び込んだり，速度の小さい（運動エネルギーの小さい）分子が
液体表面で分子間力に捕らえられたりして，再び液体にもどる(凝縮する)分子もある(→次ペー
ジ 図7)。しばらくすると，蒸発する分子の数と凝縮する分子の数が等しくなり，見かけ上，
蒸発が停止したような状態，すなわち飽和状態になる。このような状態を **気液平衡（蒸発平
衡）** といい，このときに飽和した蒸気が示す圧力を，その温度における **飽和蒸気圧** または **蒸
気圧** という。蒸気圧は物質の種類と温度によって決まり，温度が高くなると大きくなる。次
ページの図8は蒸気圧と温度との関係をグラフに表したもので，**蒸気圧曲線** という。

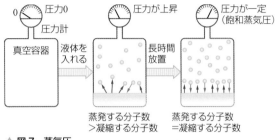

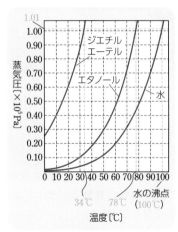

▲ 図7 蒸気圧

▲ 図8 蒸気圧曲線

5 沸騰 密閉されていない容器の中では，液体の温度を上げると蒸気圧が大きくなり，やがてそのときの大気圧[1]に等しくなると，液体の内部からも蒸発が起こるようになる。すなわち，液体内部で生じた泡の圧力は大気圧に等しいから，つぶれないで液体中を上昇して，液面から飛び出す。これが**沸騰**である。このときの温度，つまり液体の蒸気圧が液面にかかる圧力（外圧）に等しくなるときの温度を，その外圧の下での**沸点**という。ふつう，液体の沸点は**外圧が $1.01×10^5$ Pa（1atm）のときに沸騰する温度**をいう。

上の図8のグラフから，たとえばジエチルエーテルは34℃で，蒸気圧が $1.01×10^5$ Pa に達して沸騰することがわかる。外圧が下がると，より低い温度でも 蒸気圧＝外圧 となるため，沸騰する温度は低くなる。たとえば外圧 $0.70×10^5$ Pa のとき，水は90℃で沸騰する。

沸点に達して液体の一部が沸騰すると，大きなエネルギーをもった分子が失われるので，残った分子のもつエネルギーは小さいものが多くなるから，さらに沸騰を続けさせるためには，加熱して熱エネルギーを与え続けなければならない。このとき加える熱エネルギーはすべて沸騰に使われ，温度上昇には使われないので，純物質が沸騰するときの液体の温度（沸点）は一定である。

📖**問題学習 ⋯⋯ 20**　　　　　　　　　　　　　　　　　　　**蒸気圧曲線**

図8の蒸気圧曲線を参照して次の問いに答えよ。
(1) エタノールの沸点は何℃か。
(2) 富士山頂の気圧は $6.25×10^4$ Pa であった。富士山頂で水を加熱すると何℃で沸騰するか。

考え方　(1) 通常，沸点は標準大気圧すなわち，蒸気圧が $1.01×10^5$ Pa になるときの温度である。蒸気圧曲線よりエタノールの蒸気圧が $1.01×10^5$ Pa になる温度を読み取ると78℃

である。　　　　　　　　　　　　　**答 78℃**

(2) 大気圧＝蒸気圧になる温度で液体は沸騰する。水の蒸気圧が $6.25×10^4$ Pa になる温度は，蒸気圧曲線より約88℃である。　**答 88℃**

[1] 地表を包んでいる空気（大気）が地表を押す圧力のこと。大気圧は低気圧が通過したときの地表や山の上では小さくなるが，標準大気圧は $1.013×10^5$ Pa（＝1atm＝1013hPa）である。これは，760mm の水銀柱が示す圧力と同じである（→ p.137）。1643年，イタリアのトリチェリによって初めて測定され，水柱では約 10.3m に相当する。また，水面下 10m で受ける圧力は水圧と大気圧の和の約 $2.0×10^5$ Pa となり，地表の約2倍の圧力である。

沸騰と蒸気圧の関係

飽和蒸気圧＝外圧　のとき　沸騰する

沸騰する泡の内部の圧力[1]＝飽和蒸気圧

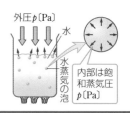

6 昇華と凝華(固体⇄気体)　分子間力の小さい固体において，分子間力に打ち勝って，固体の表面の分子が気体分子となって飛び出す現象を **昇華** という。すなわち，固体が直接気体に変化する現象ともいえる。

ヨウ素，ナフタレン，*p*-ジクロロベンゼン，ドライアイスなどは，昇華しやすい物質である。

一方，気体→固体の変化は **凝華** という[2]。固体→気体の変化では熱を吸収し，気体→固体の変化では熱を放出する。ある温度で物質 1 mol が昇華するときに必要な熱量を **昇華熱** という[3]。

▲図9　ヨウ素の精製

図9や，次の実験のように，昇華と凝華を利用して物質を精製することができる。

Laboratory　昇華の確認

目標　昇華しやすい物質について，固体→気体→固体の変化を観察する。

実験　(1) 200 mL 程度のビーカーを2個用意し，一方にはヨウ素(写真左)，他方にはナフタレン(写真右)を少量入れる。

(2) 300 mL 程度の丸底フラスコに冷水を半分程度入れ，ビーカーの上にのせる。

(3) ガスバーナーでおだやかに温め，一度気体になった後，丸底フラスコの底に結晶が生成するのを観察する。

MARK　①実験は，ドラフト内か通風のよい場所で行う。

②ヨウ素の融点は比較的低い(114℃)ので，おだやかに加熱しないと融解してしまう。

---

[1] 正確には泡の内部の圧力は，水深によって決まる水圧の分だけ，外圧より高い。したがって，温度も沸点よりわずかに高い。すなわち，沸点とは，限りなく液面に近い液体内部から蒸発が起こる温度であり，下のほうほど，沸騰させるためには高い温度が必要になる。

[2] 気体が直接固体になる変化も含めて昇華ということもある。

[3] ヨウ素の昇華熱は 25℃ で 62.3 kJ/mol である。

C 物質の融点・沸点と分子間力

1 分子量と分子間力 融解や蒸発は、熱運動している固体や液体の分子が分子間力に打ち勝つ現象である。したがって、融点や沸点が高く、融解熱や蒸発熱が大きい物質ほど、分子間力は大きい。

表1の二原子分子からなる単体についての数値をみると、分子量が大きい分子ほど融点や沸点が高く、また融解熱や蒸発熱も大きい。このことは、構造のよく似た分子からなる物質どうしを比較すると、分子量の大きい分子ほど分子間力が大きいことを意味している[1]。

分子量と分子間力との間に一定の関係があるのは、分子の構造がよく似ている場合に限られる。構造が異なる場合は、このような傾向にならない。たとえば、分子量が窒素に近い分子であるエタンでは、ほとんどの数値が窒素と大きく異なる。

▼表1 分子からなる物質の融点, 沸点, 融解熱, 蒸発熱

物質	分子式	分子量	融点〔℃〕	沸点〔℃〕	融解熱〔kJ/mol〕	蒸発熱〔kJ/mol〕
水素	H_2	2.0	−259	−253	0.12	0.90
窒素	N_2	28	−210	−196	0.72	5.58
塩素	Cl_2	71	−101	−34	6.41	20.4
臭素	Br_2	160	−7	59	10.5	30.7
メタン	CH_4	16	−183	−161	0.94	8.18
エタン	C_2H_6	30	−184	−89	6.46	14.7
プロパン	C_3H_8	44	−188	−42	3.52	18.8
ブタン	C_4H_{10}	58	−138	−0.5	4.66	22.4

▼表2 分子からなる物質以外の融点, 沸点

種類	物質	融点〔℃〕	沸点〔℃〕
共有結合の結晶	水晶 SiO_2	1550	2950
	黒鉛 C	3530	(昇華)
イオン結晶	水酸化ナトリウム NaOH	318	1390
	塩化ナトリウム NaCl	801	1413
	酸化カルシウム CaO	2572	2850
金属	亜鉛 Zn	420	907
	銅 Cu	1083	2567
	タングステン W	3410	5657

2 分子間力と化学結合の力 表2に、原子やイオンの結合によってできた固体(共有結合の結晶、イオン結晶、金属)の融点と沸点を示す。いずれも、表1の分子からなる物質の融点や沸点に比べて著しく高い。このことは、分子と分子が引き合う力(分子間力→p.83)に比べて、原子と原子、イオンとイオンとの間の化学結合(共有結合、イオン結合、金属結合)の力がきわめて大きいことを示している。

物質を構成する粒子間にはたらく力の大小

共有結合 > イオン結合, 金属結合 ≫ 水素結合 > ファンデルワールス力

化学結合　　　　　　　　　　　　　　分子間力

CHART 19

重い分子は引くのも強い
融点や沸点は分子間力の大きさのめやす
分子量の大きい分子ほど融点や沸点が高い[1]

---

[1] 水(分子量2.0, 融点0℃, 沸点100℃)やフッ化水素(分子量20, 融点−83℃, 沸点20℃)のように, 分子量が小さいのに, 融点や沸点が異常に高い物質がある。これは, 水素結合(→p.86)が強くはたらくためである。

Study Column　水の状態図

　右図は，水の三態の境界になる圧力・温度を示したもので，水の **状態図** とよばれる（ただし，両軸の目盛りを均一にすると紙面が足りないので，やむを得ず不均一にしてある）。

　右図の黄色部分（ATC）は固体（氷）であり，緑色部分（ATB）は液体（水），橙色部分（CTB）は気体（水蒸気）である。

　AT 曲線は，圧力による固体の融点の変化を表す **融解曲線**，BT 曲線は圧力による液体の沸点の変化を表す **蒸気圧曲線**（→ p.130）である。

（1）(a) → (e)　1.01×10⁵Pa，−10℃ の氷(a)を，圧力を一定にして温度を上げていくと (a) → (b) → (c) → (d) → (e) の経路を通る。

（図のキャプション）▲水の状態図

(b) で氷は融解し，(b)〜(d) は液体の状態を保つ。そして (d)（100℃）で沸騰して気体(e)になる。

（2）(l) → (m)　0℃ の氷(l)を容器に入れて 0℃ のままで加圧していくと，(l) → (b) → (m) の経路を通る。(b) で融解が起こり，液体（水）(m)になる。

　この場合，(l) の氷に比べて (m) の液体は圧縮されているから，密度は大きくなっている。したがって，氷は水に浮かぶことになる（氷と液体の水の密度については p.129 のクエスチョンタイムを参照）。

　注意 AT 曲線の傾きが，ほんのわずかではあるが負（右下がり）になっているものは，水とアンチモンなどごく少数であり，それらの大きな特性の 1 つである。

（3）(l) → (p)　0℃ の氷(l)を容器に入れて 0℃ のままで減圧していくと，(l) → (n) → (p) の経路を通る。(n) で昇華（→ p.132）が起こり，気体（水蒸気）(p)になる。

　注意 CT 曲線（低圧の領域にある）は，氷の **昇華圧曲線** である。

（4）(c) → (g)　50℃，1.01×10⁵Pa の液体の水(c)を容器に入れて減圧していくと，(c) → (k) → (g)の経路を通る。途中，(k) で沸騰して気体（水蒸気）(g)になる。

　注意 液体は減圧していくと沸騰する。

（5）(u) → (w)　0℃ 以下の氷(u)を圧力一定で加熱していくと，(u) → (v) → (w)の経路を通る。(v) で昇華し，気体（水蒸気）(w)になる。

　逆に，気体の水蒸気(w)を容器に入れて温度を下げていくと，(v)で凝華して固体（氷）になる（→ p.132）。たとえば，上空（低圧で一定とする）に放出された水蒸気（飛行機のエンジンの排気ガス中）は，容易に氷の結晶になる（飛行機雲が生じる原因）。

（6）T　点Tは，固体（氷），液体（水），気体（水蒸気）の 3 つの状態が存在（共存）し，平衡状態を保っていて，0.01℃，600Pa を示している。この温度は正確に測定できるので，温度基準の定義定点として指定されている。この点 T を水の **三重点** という。

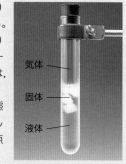

気体
固体
液体

❖① 物質の状態

$1.01×10^5$ Pa（1atm）のもとで，氷に単位時間あたり一定の割合で熱を加えていくと，図のようになる。

(1) (a)と(c)で起こる状態変化の名称をそれぞれ答えよ。

(2) t_1 と t_2 はそれぞれ何とよばれる温度か。

(3) 次のうち，正しいものを1つ選べ。

（ア）同じ質量の氷と水では，氷のほうが温まりやすい。

（イ）水が凝固するとき，周囲から熱を奪う。

（ウ）圧力を低くすると，t_2 の温度は高くなる。

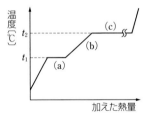

ヒント (3)（ア）直線の傾きを考える。 （イ）加熱しているのにグラフが水平であるのはどういう理由かを考える。 （ウ）高山での水の沸騰，圧力鍋の中の水の沸騰を考える。

❖② 蒸気圧曲線

図は，(a) 水，(b) エタノール，(c) ジエチルエーテルの蒸気圧曲線である。

(1) 蒸気圧が15℃で $500×10^2$ Pa を示す物質は (a)～(c) のどれか。

(2) (a)～(c) について，次の(ア)～(ウ) の大小関係を，それぞれ(a)～(c) の記号を用いて不等号で表せ。

（ア）沸点 （イ）一定温度での蒸気圧 （ウ）分子間力

(3) 次のうち，正しいものを1つ選べ。

（ア）容器内の液体の量が多いほど，蒸気圧は大きくなる。

（イ）飽和蒸気圧を示している容器の体積を小さくすると，蒸気圧は大きくなる。

（ウ）容器内で液体が飽和蒸気圧を示すとき，蒸発も凝縮も停止する。

（エ）液体が気体に変化するときは，周囲から熱を吸収する。

ヒント (2) 分子間力が大きいほど，分子が強く引き合っているので気体になりにくい。

(3) 蒸気圧は物質の種類と温度によって決まる。

❖③ 状態図と物質の三態

図は，水の状態図の略図である。

(1) A，B，Cの領域で物質がとる状態の名称を答えよ。

(2) 圧力 p の値は何 Pa か。有効数字2桁で答えよ。

(3) 圧力を大きくすると氷の融点はどうなるか。次から選べ。

（ア）上がる （イ）下がる （ウ）0℃のままである

(4) 一定温度で，点aにあった氷を減圧していったとき，容器内ではどのような状態変化が起こるか。

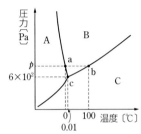

ヒント (1) 圧力 p で温度を上げていくと水の状態はどう変化するかを考える。

(3) 圧力を大きくすると融点は点aから曲線上を上方向に進む。

(4) 温度一定で減圧することは，点aから下に向かって進むことを意味する。

（❖＝上位科目「化学」の内容を含む問題）

第2章

気体

1 気体の体積
2 気体の状態方程式

鯉のぼり

---

1 気体の体積

基礎化 **A ボイルの法則とシャルルの法則**

1 ボイルの法則 右図のように，一定量の気体をピストン (Z) がついた容器の中に詰め，ピストンを外から押して動かないようにしたとき加えている力は，中の気体が示す圧力に等しい。

最初，25℃で外側の圧力が 1×10^5 Pa のとき気体の体積が 4L であったとする (A)。25℃のままピストンを押して体積を 2L まで圧縮すると，押さえるのに必要な力，つまり気体の圧力は 2 倍の 2×10^5 Pa となる (B)。これは，体積が半分になったので，単位面積あたりに単位時間に衝突する気体分子の数が 2 倍になっ

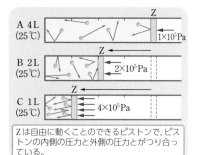

Z は自由に動くことのできるピストンで，ピストンの内側の圧力と外側の圧力とがつり合っている。

▲ **図1 気体の体積と圧力の関係**

たからである。さらに同温で 1L まで圧縮すると，気体の圧力は 4 倍の 4×10^5 Pa になる (C)。

このことから，気体の体積と圧力の関係は**「一定温度で，一定量の気体の体積 V は圧力 p に反比例する」**といえる。これは**ボイルの法則** (1662 年) とよばれる。

$$V = k \times \frac{1}{p} \quad \text{あるいは} \quad pV = k$$

（k は比例定数で温度が変わらなければ一定）

圧力 p_1 のときに体積 V_1 の気体の圧力を p_2 にしたとき，体積が V_2 になったとすると，

$$\boxed{p_1 V_1 = p_2 V_2}$$ （p と V の単位は 1 と 2 で同じ単位）

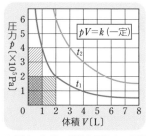

▲ **図2 気体の体積と圧力との関係**

これらの関係をグラフで表すと図2のようになる。したがって，赤い斜線部の面積と青い斜線部の面積は等しい。t_1 より t_2 のほうが高温の場合であり，双曲線の一部である。

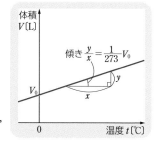

Study Column ▶ 大気圧と圧力の単位

　圧力とは，単位面積あたりに加わる力（大気圧では重力）のことである。すなわち気体の質量に重力加速度を掛ければよい。標準大気圧は水銀柱（→ p.127）で760mm（0.76m）だから，水銀の密度を13.6g/cm^3（0℃）（$1.36×10^4$kg/m^3）とし，水の密度を1.0g/cm^{3}とすれば，水柱ではなんと約10mにもなる（760×13.6=10336（mm））。さて，この圧力をPaで表すには次のようにすればよい。

$$0.76m×1.36×10^4kg/m^3×9.8m/s^2 ≒ 1.013×10^5 kg·m/(s^2·m^2)$$

　一方，1kg·m/s^2=1N だから，$1.013×10^5$N/m^2 と表せる。

　また，1N/m^2=1Pa だから，$1.013×10^5$Pa となる。以上をまとめると，

$$\underbrace{(\underbrace{0.76m×1m^2}_{体積}×\underbrace{1.36×10^4kg/m^3}_{密度}×\underbrace{9.8m/s^2)}_{重力加速度}/m^2}_{1m^2あたり} ≒ 1.013×10^5N/m^2 = 1.013×10^5Pa$$

質量

② シャルルの法則と絶対温度　容器に入れた気体の温度を高くすると，分子の熱運動が盛んになり容器の壁を強く押すようになる。圧力一定で容器の大きさが自由に変わるようにしておくと，気体の体積は大きくなる。

　これを実験により測定すると，温度によって体積が増加する割合は常に一定であり，グラフにすると右図のようになる。種々の気体について測定すると，0℃での体積を V_0 としたとき，この直線の傾きは常に $\dfrac{1}{273}V_0$ であることがわかった。

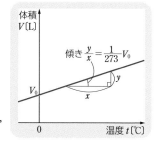

傾き $\dfrac{y}{x} = \dfrac{1}{273}V_0$

この直線の式は $y=ax+b$ のような一次関数で表されることがわかるであろう。傾き a は $\dfrac{V_0}{273}$，y 切片 b は V_0 である。よって，$V=\dfrac{V_0}{273}t+V_0$ と表すことができる（▶図3）。

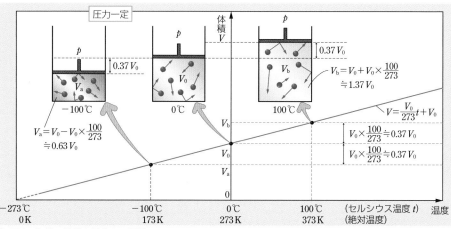

圧力一定

$V_a = V_0 - V_0 × \dfrac{100}{273}$
$≒ 0.63V_0$

$V_b = V_0 + V_0 × \dfrac{100}{273}$
$≒ 1.37V_0$

$V = \dfrac{V_0}{273}t + V_0$

$V_0 × \dfrac{100}{273} ≒ 0.37V_0$

$V_0 × \dfrac{100}{273} ≒ 0.37V_0$

▲ 図3　気体の体積と温度との関係

この関係は **シャルルの法則** (1787年) とよばれる。これをセルシウス温度〔℃〕を用いて表すと複雑になる[1]ので，横軸の温度目盛りを絶対温度で表せば，**「温度と体積が比例する」** と表されることになり，分かりやすく，便利である。

この温度目盛りを用いると，**シャルルの法則** は **「一定圧力の下で，一定量の気体の体積 V は絶対温度 T に比例する」** ということになる。すなわち，気体の体積 V と絶対温度 T の関係は，次のように表される。

$$V = kT \quad \text{あるいは，} \quad \frac{V}{T} = k$$

$$\boxed{\frac{V_1}{T_1} = \frac{V_2}{T_2}} \quad (V \text{の単位は1と2で同じ単位。} T \text{は絶対温度〔K〕})$$

Episode
シャルル，気体の温度と体積の関係の研究

シャルル (J.A.C.Charles, 1746 ～ 1823)はフランスの物理学者。工芸学校の物理学の教授で，パリの科学学士院会員となった。気体の物理的性質の研究で業績を残したが，とくに1787年，一定圧力のもとで気体の温度による体積変化の測定を行って，直線関係を得た研究は有名。これはシャルルの法則といわれ，ボイルの法則と並ぶ大法則である。1783年には，その数年前にキャベンディッシュが発見した"可燃性の空気"すなわち，水素を初めて気球に詰めてパリのシャンドマルスで飛ばすことに成功した。

Study Column 温度のいろいろな表し方

いろいろな表し方があるのね

日常生活で温度は℃で表されるが，他にもいくつかの表し方がある。

(1) セルシウス温度 (セ氏温度) (℃)　A.Celsius (1701～1744, スウェーデンの天文学者) が1742年に提唱した，水の凝固点と沸点を定点とし，その間を100等分した温度目盛り。

(2) 熱力学温度 (絶対温度) (K)　L.Kelvin (1824～1907, イギリスの物理学者) が1847年ごろ，熱の研究から絶対温度を提唱した。単位記号の K は彼の名にちなんでいる。-273.15℃ が 0K である。

　換算式：$T = t + 273$　　$(T〔K〕, t〔℃〕)$

(3) 力氏温度 (℉)　G.D.Fahrenheit (1686～1736, ドイツの気象器械制作者) が1724年，水＋氷＋塩化アンモニウムを用いた寒剤で得られる最低温度を 0℉，ヒトの体温を 96℉ とした。現在，0℃→32℉，100℃→212℉ とし，その間を180等分する。アメリカやイギリスで使われている。

　換算式：$x = \dfrac{9}{5} t + 32$　　$(x〔℉〕, t〔℃〕)$

---

❶ **シャルルの法則** (1787年)　"一定量の気体の体積は，圧力が一定であるとき，温度が1℃上昇または降下するごとに，0℃のときの体積の $\dfrac{1}{273}$ ずつ膨張または収縮する。"

(1) 0℃で，体積を変えられる容器に水素を入れると，体積 1.0L のとき 2.0×10⁵Pa の圧力を示した。
温度を変えないで水素の圧力を 5.0×10⁴Pa まで下げるには，容器の体積を何 L にすればよいか。

(2) 1mol の水素は，1.01×10⁵Pa，127℃で何 L を占めるか。

考え方 ▶ (1) 水素の量と温度が一定であるから，ボイルの法則が成り立つ。

$p_1V_1 = p_2V_2$ において，

$p_1 = 2.0 \times 10^5\,\mathrm{Pa}$，$V_1 = 1.0\,\mathrm{L}$，$p_2 = 5.0 \times 10^4\,\mathrm{Pa}$
とし，求める体積を $V_2\,\mathrm{[L]}$ とすると，

$$V_2 = V_1 \times \frac{p_1}{p_2} = 1.0\,\mathrm{L} \times \frac{2.0 \times 10^5\,\mathrm{Pa}}{5.0 \times 10^4\,\mathrm{Pa}} = \mathbf{4.0\,L}$$ 答

(2) どんな気体でも 0℃，1.01×10⁵Pa（**標準状態**）で 22.4L の体積を占める。気体の量と圧力が一定であるから，シャルルの法則が成り立つ。

$$\frac{V_1}{T_1} = \frac{V_2}{T_2}$$ において，

$T_1 = (0+273)\,\mathrm{K}$，$V_1 = 22.4\,\mathrm{L}$，
$T_2 = (127+273)\,\mathrm{K}$ とすると，

$$V_2 = V_1 \times \frac{T_2}{T_1} = 22.4\,\mathrm{L} \times \frac{(127+273)\,\mathrm{K}}{(0+273)\,\mathrm{K}}$$
$$\fallingdotseq \mathbf{32.8\,L}$$ 答

類題 ····· 21

(1) 27℃で，40L の容器に酸素が 2.0×10⁵Pa で入っていた。これに真空容器を接続したところ，酸素は両方の容器全体に広がり，圧力は 1.6×10⁵Pa となった。接続した容器の体積は何 L か。

(2) 水素 1mol の体積が，1.01×10⁵Pa で 67.2L になるのは何℃のときか。

Study Column ▶ 熱気球

　　風船の中の気体を加熱すると膨張して密度が小さくなって浮力が増加するので，上空へ向かって上がっていく。この原理を利用して，気球の中にガスバーナーで熱した空気などを満たして上昇させるのが熱気球である。

　　熱気球の球体（おもにナイロン製で球皮という）の容積は，1人用で約 890m³，2人用で 1700m³ ほどもあり，後者の大きさはおよそ 5 階建てのビルの高さに匹敵する。燃料には LPG を使用し，バーナーの熱量は家庭用ガスコンロの 1000 倍くらいある。これで熱した空気を球皮内に送り込み，温められた空気の浮力により上昇する。通常，高度 300〜600m

を飛行するが，1000〜2000m の高度も可能である。方向舵のようなものはないので，一切風まかせである。降下するときは，球皮最頂部にある弁を空けて熱気を逃がす。

　　昔は，敵に包囲された城内から脱出するためなどに使われたらしく，その後，気象観測などにも用いられたが，現在はレジャースポーツや宣伝などに使われることが多い。

3 ボイル・シャルルの法則

右図のように，一定量の気体について，圧力 p_1，体積 V_1 の(A)の状態の気体の温度 T_1〔K〕を変えないで圧力を p_2 にしたら，体積が V' になったとする(B)。次に (B) の状態の圧力 p_2 を変えないで温度を T_2〔K〕にすると体積は V_2 になったとする(C)。

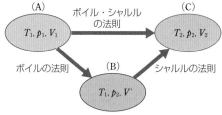

▲図4 ボイル・シャルルの法則

このとき，(A)→(B)では温度一定であるからボイルの法則を適用できるので，

$p_1 V_1 = p_2 V'$ ……① が成り立つ。

さらに，(B)→(C)では圧力一定であるからシャルルの法則を適用できるので，

$\dfrac{V'}{T_1} = \dfrac{V_2}{T_2}$ ……② が成り立つ。

①式より $V' = \dfrac{p_1 V_1}{p_2}$ とし，②式に代入して整理すると，

$$\boxed{\dfrac{p_1 V_1}{T_1} = \dfrac{p_2 V_2}{T_2}}$$ （p や V は，それぞれ同じ単位。T は絶対温度〔K〕）

が得られる。これは **ボイル・シャルルの法則** とよばれ，**「一定量の気体の体積 V は圧力 p に反比例し，絶対温度 T に比例する」** といえる。

Q?uestion Time クエスチョン タイム

Q. −273℃より低い温度は存在しないのですか？

A. 絶対零度 (0K，−273℃) より低い温度は，理論的に実現不可能です。シャルルの法則のグラフ (→ p.137) でもわかるように，絶対温度 T が 0 より小さくなると，気体 (理想気体→ p.151) の体積が 0 より小さくなる (負になる) ことになりますが，それはあり得ないことです。したがって，T は常に正でなければなりません。

なお，絶対零度という温度でさえも実現することは不可能です。絶対零度では，有限の大きさをもった気体分子の体積が 0 になるということなので，物質が消滅することになりますが，これは考えられません。現在，液体ヘリウムを用いた断熱消磁法[1]によって 2×10^{-5}K という極低温が得られていますが，0K にすることは不可能です。

一方，高い温度は，物質にエネルギーを与え続ければよいので，原理的にはいくらでも高い温度があり得ることになります。

---

[1] 物質に磁場をかけると，その中の電子のスピン (回転のようなこと) の方向が一定方向にそろう (発熱反応)。この熱を冷却剤に吸収させた後，断熱条件で磁場を除く。すると，電子のスピンの方向がもとへもどる (吸熱反応) とき物質自身の温度が下がる。このようにして極低温を得る方法を断熱消磁法という。

2 **気体の状態方程式**

 A **気体の状態方程式**

1 気体の状態方程式 ボイル・シャルルの法則の $\dfrac{pV}{T}$ の値(k とする)は，いくつであろうか。モル体積（→ $p.127$）を v とすると，$v=22.4\,\text{L/mol}$ で，気体 1 mol については $pv=kT$ となる。したがって，$k=\dfrac{pv}{T}=\dfrac{1.013\times10^5\,\text{Pa}\times22.4\,\text{L/mol}}{273\,\text{K}}\fallingdotseq8.31\times10^3\,\text{Pa}\cdot\text{L/(mol}\cdot\text{K)}$ である。この k は **気体定数** とよばれ，R で表される。すなわち，$\boldsymbol{R=8.31\times10^3\,\textbf{Pa}\cdot\textbf{L/(mol}\cdot\textbf{K)}}$ となる。圧力を Pa，体積を m^3（$1\,\text{m}^3=10^3\,\text{L}$）で表すと $\boldsymbol{R=8.31\,\textbf{Pa}\cdot\textbf{m}^3\textbf{/(mol}\cdot\textbf{K)}}$（→次ページ）となる[1]。

よって，$pv=RT$ ……①

一方，p や T が一定のとき，アボガドロの法則より，n〔mol〕の気体の体積 V〔L〕は 1 mol の体積 v の n 倍になるから $V=nv$，つまり $v=\dfrac{V}{n}$ であり，これを①式に代入して整理すると，

$\boxed{pV=nRT}$ の関係が得られる。使用する単位は，p〔Pa〕，V〔L〕，n〔mol〕，T〔K〕である。

この式を **気体の状態方程式** とよび，すべての気体について成り立つ。

問題学習……22 **ボイル・シャルルの法則と気体の状態方程式**

次の問いに有効数字 2 桁で答えよ。
(1) 27℃，$1.0\times10^5\,\text{Pa}$ で 12 L の気体を，127℃，$5.0\times10^4\,\text{Pa}$ にすると体積は何 L になるか。
(2) 27℃において，10 L のボンベに水素が 100 mol 詰められている。このボンベ内の水素の圧力は何 MPa か。$1\,\text{MPa}=1\times10^6\,\text{Pa}$，$R=8.3\times10^3\,\text{Pa}\cdot\text{L/(mol}\cdot\text{K)}$

考え方 (1) 一定量の気体の温度，圧力，体積が変化しているのでボイル・シャルルの法則を適用する。
$T_1=(27+273)\text{K}$，$p_1=1.0\times10^5\,\text{Pa}$，$V_1=12\,\text{L}$，
$T_2=(127+273)\text{K}$，$p_2=5.0\times10^4\,\text{Pa}$ とすると，

$V_2=\dfrac{p_1V_1T_2}{T_1p_2}$

$=\dfrac{1.0\times10^5\,\text{Pa}\times12\,\text{L}\times(127+273)\text{K}}{(27+273)\text{K}\times5.0\times10^4\,\text{Pa}}$

$=\boldsymbol{32\,\textbf{L}}$ **答**

POINT 気体の物質量が不明の場合には，ボイル・シャルルの法則を適用する。

(2) 温度，体積，物質量がわかっているから，気体の状態方程式 $pV=nRT$ を適用できる。$V=10\,\text{L}$，$n=100\,\text{mol}$，$T=(27+273)\text{K}$ であるから，求める圧力を p〔Pa〕とすると，

$p=\dfrac{nRT}{V}$

$=\dfrac{100\,\text{mol}\times8.3\times10^3\,\text{Pa}\cdot\text{L/(mol}\cdot\text{K)}\times(27+273)\text{K}}{10\,\text{L}}$

$=2.49\times10^7\,\text{Pa}=24.9\,\text{MPa}\fallingdotseq\boldsymbol{25\,\textbf{MPa}}$ **答**

補足 $1\times10^6\,\text{Pa}=1\,\text{MPa}$（M は 10^6 を表す）

類題……22

ある真空容器に窒素 1.0 mol と酸素 2.0 mol を詰めたところ，27℃で圧力は $1.66\times10^5\,\text{Pa}$ を示した。このときの容器の体積は何 L か。有効数字 2 桁で答えよ。$R=8.3\times10^3\,\text{Pa}\cdot\text{L/(mol}\cdot\text{K)}$

---

[1] R の詳しい値は $8.314472\,\text{Pa}\cdot\text{m}^3\text{/(mol}\cdot\text{K)}$ である。

CHART 20

気体 といえば，いつでも $pV=nRT$

$R=8.3\times10^3\,\mathrm{Pa\cdot L/(mol\cdot K)}$

2 気体の状態方程式と気体の分子量 気体の状態方程式を利用すると気体の分子量を求めることができる。ある気体が m〔g〕あり，そのモル質量を M〔g/mol〕とすると，物質量は $n=\dfrac{m}{M}$〔mol〕である。したがって，気体の状態方程式は次のように表される。

$$pV=\frac{m}{M}RT \quad \text{あるいは，} \quad M=\frac{mRT}{pV}$$

これより，T〔K〕において，ある気体の p，V，m を測定すればモル質量 M が求まり，その数値が分子量として求まることになる。液体や固体でも，温度を上げて気体にすることができるのであれば，分子量の測定が可能である。

重要

気体の状態方程式と気体の法則

気体の状態方程式で，一部の物理量が一定※の場合を考えると，種々の法則が得られる。

	物質量・温度一定	$pV=(nRT)=$一定	ボイルの法則
$pV=nRT$	物質量・圧力一定	$\dfrac{V}{T}=\left(\dfrac{nR}{p}\right)=$一定	シャルルの法則
	物質量一定	$\dfrac{pV}{T}=(nR)=$一定	ボイル・シャルルの法則
	圧力・体積・温度一定	$n=\left(\dfrac{pV}{RT}\right)=$一定	アボガドロの法則

※（　）内は一定の値である。

Study Column　気体の状態方程式と単位

　気体の状態方程式 $pV=nRT$ では，物質量 n の単位は mol，絶対温度 T の単位は K に限定されているが，圧力 p と体積 V の単位は限定されておらず，用いる単位によって気体定数も違ってくる。一般的には p〔Pa〕，V〔L〕を用いて，$R=8.3\times10^3\,\mathrm{Pa\cdot L/(mol\cdot K)}$ が使われるが，圧力を p〔Pa〕，体積を V〔m³〕で表すと $R=8.3\,\mathrm{Pa\cdot m^3/(mol\cdot K)}$ となる。

　その他，R にはいくつかの表し方がある。

　　$R=8.3\,\mathrm{J/(mol\cdot K)}$，$R=8.3\,\mathrm{kPa\cdot L/(mol\cdot K)}$

　以前は，圧力の単位に atm を用いて $R=0.082\,\mathrm{atm\cdot L/(mol\cdot K)}$ が使われていた。

　$(1\mathrm{J}=1\mathrm{m\cdot N}=1\mathrm{m^3\cdot Pa})$

次の問いに有効数字 2 桁で答えよ。$R = 8.3 \times 10^3 \, \text{Pa·L/(mol·K)}$

(1) 800 mL の真空容器に，ある純粋な液体物質 1.0 g を入れてから 127 ℃にしたところ，液体はすべて蒸発して気体となり $8.3 \times 10^4 \, \text{Pa}$ の圧力を示した。この物質の分子量を求めよ。

(2) ある気体の密度は，27 ℃，$1.0 \times 10^5 \, \text{Pa}$ において，3.0 g/L であった。この気体の分子量を求めよ。

 (1) この物質のモル質量を $M \, [\text{g/mol}]$ とすると（分子量はその数値），気体の状態方程式 $pV = \dfrac{m}{M} RT$ において，$p = 8.3 \times 10^4 \, \text{Pa}$，$V = 0.800 \, \text{L}$，$m = 1.0 \, \text{g}$，$T = (127 + 273) \, \text{K}$ より，

$$M = \frac{mRT}{pV}$$
$$= \frac{1.0 \, \text{g} \times 8.3 \times 10^3 \, \text{Pa·L/(mol·K)} \times (127 + 273) \, \text{K}}{8.3 \times 10^4 \, \text{Pa} \times 0.800 \, \text{L}}$$
$$= 50 \, \text{g/mol}$$

答　**50**

(2) 温度，圧力，密度 d が与えられている。

$d \, [\text{g/L}] = \dfrac{m \, [\text{g}]}{V \, [\text{L}]}$ であるから，$pV = \dfrac{m}{M} RT$ より，

$$M = \frac{mRT}{pV} = \frac{m}{V} \times \frac{RT}{p} = \frac{dRT}{p}$$
$$= \frac{3.0 \times 8.3 \times 10^3 \times (27 + 273)}{1.0 \times 10^5}$$
$$= 74.7 \fallingdotseq 75 \, (\text{g/mol})$$

答　**75**

類題 ····· 23

27 ℃で，体積一定の真空容器に 16 g の酸素を封入すると $1.2 \times 10^5 \, \text{Pa}$ を示した。同じ容器を真空にしてから，ある液体試料 48 g を入れ，127 ℃にしたところ，すべてが気体となり $2.4 \times 10^5 \, \text{Pa}$ の圧力を示した。この液体試料の分子量を求めよ。O = 16，$R = 8.3 \times 10^3 \, \text{Pa·L/(mol·K)}$

Study Column　気体の分子量を求める方法

●分子量既知の気体との比重から

気体分子 1 個の質量の比は分子量の比である。アボガドロの法則より同温・同圧・同体積中に同数の分子が含まれるから，その質量の比は分子量（モル質量）の比に等しい。同温・同圧・同体積の分子量既知の気体の質量 (m_A) に対する，分子量未知の気体の質量 (m_B) の比重は $\left(\dfrac{m_B}{m_A} \right)$ であるから，

$$\text{未知気体の分子量} (M_B) = \text{既知気体の分子量} (M_A) \times \text{比重} \left(\frac{m_B}{m_A} \right)$$

●気体の密度から

単位体積あたりの質量が密度である。気体の密度を $d \, [\text{g/L}]$ とすると，

$d \, [\text{g/L}] = \dfrac{m \, [\text{g}]}{V \, [\text{L}]}$ であるから，$pV = \dfrac{m}{M} RT$ より　　$M = \dfrac{mRT}{pV} = \dfrac{m}{V} \times \dfrac{RT}{p} = \dfrac{dRT}{p}$

●気体の質量・圧力・温度・体積から

液体を蒸発させて気体にしたり，気体そのものの質量・圧力・温度・体積を測定し，気体の状態方程式から求める（→前ページ）。

目標 沸点が比較的低い液体試料を用いて，気体の状態方程式から分子量を求める。

実験 (1) 栓をしても大気と通じるように外側に小さな溝をつけた穴あきシリコーンゴム栓に温度計を挿し込んだもの(A)を用意する。

(2) (A)とともに，乾いた 300 mL フラスコの質量をはかる (m_1〔g〕)。

(3) フラスコに試料を約 3 mL 入れ，(A)をはめる。

(4) これを，沸騰石を入れたビーカーの中になるべく深く沈め，スタンドに取り付けて，ビーカーに水を満たして沸騰させる。

(5) フラスコの中の液体試料が完全に蒸発したことを確認した後，フラスコ内の温度がほぼ一定になったら，その温度を読む (t〔℃〕)。

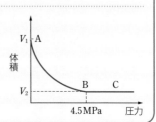

余分な試料が出る

(6) フラスコをスタンドから取り外し，外側の水を乾いた布でよくふき取り，放冷して再び質量をはかる (m_2〔g〕)。

(7) (A) を外してフラスコ内の試料を回収し，フラスコに水を満たしてから，(A)をはめて余分の水をあふれさせた後，再び (A) を外してフラスコ内の水を，メスシリンダーに流し入れて，その体積をはかる (V〔mL〕)。

(8) 気圧計により，大気圧を読む (p〔Pa〕)。

(9) 気体の状態方程式から，試料のモル質量 M〔g/mol〕を求める。

MARK ① 加熱の際はフラスコの底がビーカーに触れないようにする。

② (5)で余分な試料を揮発させるので，試料の量は必要十分量であれば大体でよい。

③ (m_2-m_1)〔g〕は気体になってフラスコを満たしているときの試料の質量である。

④ 試料は水の沸点よりも低い温度で容易に蒸発可能なものでなければならない。

⑤ 試料の蒸気の密度が空気よりも十分大きいものでなければならない。

⑥ 厳密には，冷却したときに試料の蒸気がフラスコ内に存在するので，試料の蒸気圧を考慮しなければならない。

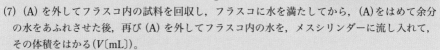

Question Time クエスチョン タイム

Q. 0℃に保った二酸化炭素を圧縮していったときの圧力と体積の関係で，下のグラフの BC の状態はどのようなものですか？

A. 気体を圧縮すると，分子の間の距離が近くなり，分子間力が強くはたらくようになります。

二酸化炭素は加圧していくと，凝縮するようになり，0℃，4.5 MPa で全部液体になります (BC の状態は液体です)。それ以上圧力を加えても体積はほとんど小さくならないので，B の状態以降のグラフは直線になってしまうのです。

液体の未知試料の精密な分子量は，次のような実験の結果と気体の状態方程式を用いて求められる。

〔実験例1〕　蒸気密度法（デュマ法）

右図のように，液体の未知試料数 mL を入れた容器（比重瓶という）を沸騰水中に数分間保持し，中の液体が完全に蒸発した後，取り出す。室温に冷却され，中の試料蒸気がすべて凝縮して液体になったら，外側の水をよくふいてから質量〔m_1〕を測定する。取り出す直前の沸騰水中の比重瓶内の，未知試料の気体について $pV=\dfrac{m}{M}RT$ を適用する。

p は大気圧，V は比重瓶の容積で，中を満たした水の質量から求める。m は測定値 m_1 と比重瓶が空のときの質量 m_2 との差 $m=m_1-m_2$ である。T は沸騰水の温度を採用する。これらを代入してモル質量 M の値を求め，その数値を分子量とする。

厳密には，m_1 測定時に未知試料の気体が容器内に存在し，その蒸気圧の分だけ空気が追い出されているので，その補正を行う必要がある。すなわち，m_1 の値に追い出された空気の質量 m_3 を加えればよい。その質量 m_3 は，m_1 測定時の温度における空気の密度を d〔g/L〕，同温での試料の蒸気圧を p_s とすると，$m_3=d\times v\times\dfrac{p_s}{p}$ となる $\left(\dfrac{Mp_sv}{RT}\ \text{でもよい}\right)$。

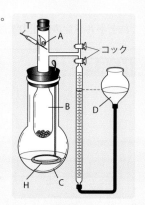

〔実験例2〕　ビクトル-マイヤー法（→ p.536）

右図の装置の A のアンプル内に未知試料 m〔g〕を封入しておく。容器 C の底の水をヒーター H で加熱して沸騰させ，水蒸気で容器 B とコックまでの管内を一定温度に保つ。

次に，上のコックを閉じて下のコックを開いてから，棒 T を引いて B 内にアンプル A を落下させて壊し，未知試料を蒸発させると，その蒸気の体積と等しい体積の空気が，ガスビュレット（目盛りのついたガラス管）内に押し出される。

最初，ガスビュレットのコックの下まで水で満たしておくので，ガスビュレット内の空気の体積は，蒸発して発生した蒸気の体積の分だけ増加する。水面の高さが一定になったら，すぐに下のコックを閉じ加熱をやめる。15分くらい放置し，ガスビュレット内の空気が室温 T と等しくなってから目盛りを読む。その際，水だめ D の水面とガスビュレット内の水面との高さを必ずそろえた状態で目盛りを読む。そうすればガスビュレット内の空気の圧力は大気圧 p に等しくなる。ただし，ガスビュレット内の空気には水蒸気が含まれているので，水蒸気の分圧 p_{H_2O} を大気圧から差し引く。これらの値を $(p-p_{H_2O})V=\dfrac{m}{M}RT$ の式に代入して M の値を求める。

この方法では，室温で凝縮してしまうような未知試料の蒸気を，同体積の空気に置換して測定する（空気は凝縮しない）ことであり，そのアイデアがすばらしい。つまり，試料の蒸気が室温で凝縮しないと仮定した場合の測定値が得られることがポイントである。

以上は，いずれも歴史的に行われてきた分子量測定法で，データもかなり正確に得られる。

B 混合気体の圧力

1 分圧の法則 A, B, C 3種類の気体からなる混合気体が V〔L〕の容器に入っている(▶図5 I)。このときの圧力を混合気体の **全圧** といい,これを p〔Pa〕とする。

ここで,温度と体積を変えないでBとCを除いてAだけにしたとき(▶図5 II)の圧力をAの **分圧** といい,これを p_A〔Pa〕とする。p_A〔Pa〕はAの分子だけが容器の壁を押す圧力で,混合気体中であっても同じ p_A〔Pa〕である。

同様に,AとCを除いてBだけにしたとき(▶図5 III)の圧力はBの分圧 p_B〔Pa〕である。AとBを除いてCだけにしたとき(▶図5 IV)の圧力はCの分圧 p_C〔Pa〕である。

全圧 p〔Pa〕
体積 V〔L〕

I

A : n_A〔mol〕
B : n_B〔mol〕
C : n_C〔mol〕
―――――――
合計 n〔mol〕
の混合気体

(温度 T〔K〕)

II
B, C
を除く

A : n_A〔mol〕
圧力 : p_A〔Pa〕
(Aの分圧)
体積 V〔L〕

III
A, C
を除く

B : n_B〔mol〕
圧力 : p_B〔Pa〕
(Bの分圧)
体積 V〔L〕

IV
A, B
を除く

C : n_C〔mol〕
圧力 : p_C〔Pa〕
(Cの分圧)
体積 V〔L〕

▲ 図5 分圧の意味

このとき次の関係が成り立つ。

$$p = p_A + p_B + p_C$$

これを **ドルトンの分圧の法則** (1801年)という。すなわち,全圧は分圧の和である。

CHART 21

全圧 は 分圧の和 (分身の輪)

$$p = p_A + p_B + p_C$$

問題学習 ····· 24　　　　　　　　　　　　　　　　　　　　分圧の法則

27℃において,1.0×10^5 Pa の酸素 2.0L と 2.0×10^5 Pa の窒素 5.0L を 10L の真空容器に詰めた。混合後,27℃での容器内の全圧,酸素の分圧,窒素の分圧はそれぞれいくらか。

考え方 ▶ 分圧を先に求めるのがポイント。それぞれの気体についてボイルの法則を適用する。混合後の体積 $V_2 = 10$ L であるから,

$p_1 V_1 = p_2 V_2$ より,$p_2 = p_1 \times \dfrac{V_1}{10L}$ となる。

p_1 が最初の圧力,p_2 が混合後の分圧であるから,酸素の分圧を p_{O_2},窒素の分圧を p_{N_2},全圧を p

とすると,

$p_{O_2} = 1.0 \times 10^5 \text{Pa} \times \dfrac{2.0L}{10L} = \mathbf{2.0 \times 10^4}$ **Pa**

$p_{N_2} = 2.0 \times 10^5 \text{Pa} \times \dfrac{5.0L}{10L} = \mathbf{1.0 \times 10^5}$ **Pa**

$p = p_{O_2} + p_{N_2} = 2.0 \times 10^4 \text{Pa} + 1.0 \times 10^5 \text{Pa}$
$= \mathbf{1.2 \times 10^5}$ **Pa**

2 分圧と物質量や体積の関係 (1) 前ページ図5の容器について気体の状態方程式を適用すると次のようになる。ただし、気体A, B, Cの物質量をそれぞれ n_A〔mol〕, n_B〔mol〕, n_C〔mol〕とし、混合気体の全物質量を n〔mol〕とする。

容器 I : $pV = nRT$　……①

容器 II : $p_A V = n_A RT$　……②

容器III : $p_B V = n_B RT$　……③

容器IV : $p_C V = n_C RT$　……④

②式＋③式＋④式より、

$(p_A + p_B + p_C)V = (n_A + n_B + n_C)RT$　……⑤

①式と⑤式の辺々を割り算すると、

$$\frac{p}{p_A + p_B + p_C} = \frac{n}{n_A + n_B + n_C}$$

$n = n_A + n_B + n_C$ より、$p = p_A + p_B + p_C$

が得られ、分圧の法則が証明される。

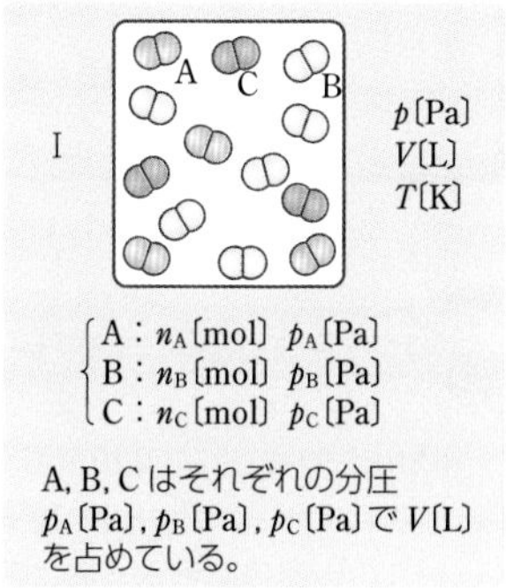

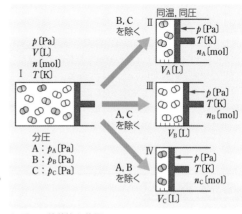

I

p〔Pa〕
V〔L〕
T〔K〕

A : n_A〔mol〕 p_A〔Pa〕
B : n_B〔mol〕 p_B〔Pa〕
C : n_C〔mol〕 p_C〔Pa〕

A, B, Cはそれぞれの分圧
p_A〔Pa〕, p_B〔Pa〕, p_C〔Pa〕で V〔L〕
を占めている。

▲ 図6　物質量と分圧

(2) また、②式と③式の辺々を割り算すると $\dfrac{p_A}{p_B} = \dfrac{n_A}{n_B}$ であるから、$p_A : p_B = n_A : n_B$

同様に、$p_B : p_C = n_B : n_C$ となるので、両式より $p_A : p_B : p_C = n_A : n_B : n_C$ が得られる。すなわち、**成分気体の分圧の比は物質量の比に等しい** ことがわかる。

(3) 一方、②式と①式の辺々を割り算して整理すると、

$p_A = p \times \dfrac{n_A}{n}$ となり、同様に $p_B = p \times \dfrac{n_B}{n}$, $p_C = p \times \dfrac{n_C}{n}$ となる。

このときの $\dfrac{n_A}{n}$、つまり全物質量に対するAの物質量の比を、Aの **モル分率** という。これを使うと、$\boxed{\text{分圧＝全圧×モル分率}}$ という式が得られる。この式は非常に便利なので使いこなせるようにしておきたい。

(4) 図7のように、同温において、1種類の気体を残し、他の気体を除いた場合を考える。容器 II, III, IV の体積が変わるようにして、残った単一の気体の圧力をすべて同じ p〔Pa〕にしたときの体積をそれぞれ、V_A〔L〕, V_B〔L〕, V_C〔L〕とすると、ボイルの法則より、

$p_A V = pV_A$, $p_B V = pV_B$, $p_C V = pV_C$

であるから、辺々を割り算すると、

$p_A : p_B : p_C = V_A : V_B : V_C$ が得られる。

これは、混合気体を各成分気体に分けて圧力を同じにすると、その **体積比は混合気体の分圧の比に等しい** ことを意味している。

▲ 図7　体積比と分圧

全圧＝分圧の和

分圧の比＝物質量の比（同温・同体積のとき）

分圧の比＝体積の比（同温・同圧で取り出したとき）

分圧＝全圧×モル分率＝全圧×$\dfrac{\text{着目した気体の物質量}}{\text{混合気体の全物質量}}$

 問題学習 ····· 25 　　　　　　　　　　混合気体の分圧と体積の関係

　830mL の容器に，0.10mol の水素と 0.40mol の窒素の混合気体が入っていて，温度は常に 27℃ に保たれている。$R＝8.3×10^3$Pa・L/(mol・K)，1MPa＝$1×10^6$Pa

(1) この容器の中の水素および窒素の体積は何 mL か。

(2) この容器の中の圧力は何 MPa か。また窒素の分圧は何 MPa か。

(3) この容器の中の水素だけを取り除いたとき，残った窒素の体積と圧力はいくらか。

考え方　(1) それぞれの気体が動ける空間は容器全体の 830mL である。

答　いずれも：**830mL**

(2) 圧力とは全圧のことである。また，混合気体の物質量は，0.10＋0.40＝0.50(mol) である。

圧力を p〔Pa〕とすると，$pV＝nRT$ より圧力は $p＝\dfrac{nRT}{V}$ となるので，

$$p＝\dfrac{0.50\text{mol}×8.3×10^3\text{Pa・L/(mol・K)}×(27+273)\text{K}}{\dfrac{830}{1000}\text{L}}$$

$＝1.5×10^6$Pa＝**1.5MPa**

窒素の分圧は，

1.5MPa$×\dfrac{0.40\text{mol}}{0.50\text{mol}}＝$**1.2MPa**

(3) 容器から水素を取り除いても，窒素が占める体積は 830mL のままである。そのときの窒素の圧力は (2) で求めた窒素の分圧と同じ圧力を示す。

答　体積：**830mL**，圧力：**1.2MPa**

類題 ····· 25

　127℃において，10L の真空容器に酸素 0.25mol と窒素 0.75mol を封入した。次の問いに答えよ。ただし，(3)の体積比は最も簡単な整数比で答えよ。$R＝8.3×10^3$Pa・L/(mol・K)

(1) このときの容器内の圧力は何 Pa か。

(2) このときの酸素と窒素の分圧は，それぞれ何 Pa か。

(3) 次に，酸素と窒素を別々に取り出して，0℃，$1.01×10^5$Pa にしたとき，それぞれ何 L になるか。また，酸素と窒素の体積比を求めよ。

CHART　22

成分気体 A とあれば $p_A V＝n_A RT$ と書く

ただし，V は混合気体の全体積

③ 空気中の窒素と酸素の量的関係　一定温度で $1.0\times10^5\,Pa$ の空気5Lを考える。ただし、空気の組成は N_2 と O_2 が物質量の比4:1の混合気体とする。

(1) $1.0\times10^5\,Pa$、5Lの空気の中には、N_2 も O_2 も5Lの空間中に存在する（▶図8(1)）。

(2) $1.0\times10^5\,Pa$、5Lの空気を N_2 と O_2 に分離すると、$1.0\times10^5\,Pa$、4Lの N_2 と、$1.0\times10^5\,Pa$、1Lの O_2 になる（▶図8(2)）。

(3) $1.0\times10^5\,Pa$、5Lの空気を N_2 と O_2 に分離してそれぞれ5Lの容器に入れると、N_2 は $8.0\times10^4\,Pa$、O_2 は $2.0\times10^4\,Pa$ になる（▶図8(3)）。

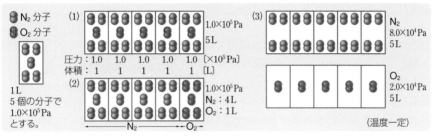

▲ 図8　空気中の窒素と酸素の分圧・体積・物質量の関係

> 空気中の窒素と酸素の **物質量、体積、分圧、分子の数** は いずれも **4:1**
> （同温・同圧で分離）（同一容器内）

Study Column ▶ 密度と比重

　「比重は、密度の単位を除いた数値」といわれることがあるが、これは厳密には正しくない。温度によって数値が異なるからである。少なくとも気体についてはまったく成り立たない。

　固体や液体の密度は測定温度を示さなければならないが、室温における密度は温度を示さない場合も多い。4℃の水に対する比重であれば、水の密度が $1.0\,g/cm^3$ なので、密度の数値が比重となる。

　気体では、密度を表すときは温度のほかに圧力も指定しなければならない。気体の密度はさまざまな単位が使われるが、g/Lの単位で表すのが一般的である。また、比重については、「○○の気体に対する比重が△△である」のように表現する。

	密度の単位	比重の定義（比重は単位なし）	例
固体・液体	g/cm^3 (g/mL)	4℃の水に対する質量の比（4℃の水の密度が $1.0\,g/cm^3$ であるから、密度と比重の数値は同じになる）。	Fe 密度：$7.9\,g/cm^3$ 比重：7.9
気体	おもに g/L	標準状態（0℃、$1.01\times10^5\,Pa$）における空気、酸素、水素などに対する質量の比（基準にした気体を必ず示す）。	SO_2 密度：$2.9\,g/L$ 酸素に対する比重：2.0

（SO_2 の密度は27℃、$1.01\times10^5\,Pa$ での値）

4 水上置換と気体の圧力 (1) 水上置換で得られた気体は、水蒸気との混合気体となっている。通常は、水蒸気の圧力（分圧）はその温度の水蒸気圧に等しい。たとえば、27℃、大気圧 $1.013×10^5$ Pa の下で水素を水上置換で捕集した場合、全圧は $1.013×10^5$ Pa で、水蒸気圧は $3.6×10^3$ Pa であるから、

水素の分圧 $= 1.013×10^5$ Pa $- 3.6×10^3$ Pa
$\qquad\qquad = 9.77×10^4$ Pa

したがって、水蒸気圧が与えられた問題では、水と接している気体の圧力は、水蒸気圧を差し引くことが必要となる。

▼表1 水蒸気圧

t〔℃〕	p〔$×10^3$Pa〕
0	0.6
15	1.7
25	3.2
27	3.6
50	12.4
100	101.4

▲図9 水上置換

▲図10 水上置換した水素

(2) 捕集した容器の内外で水面が一致していないとき、図11(A)では大気圧より容器内の気体の全圧は小さい。水の密度を 1.0 g/cm³、水銀の密度を 13.6 g/cm³、水柱の高さを h〔mm〕とすると、水柱の圧力は次式で表される（→ p.137）。

$$\frac{h〔mm〕×1.0\,g/cm^3}{760\,mm×13.6\,g/cm^3}×1.013×10^5\,Pa$$

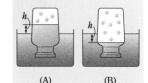
▲図11 捕集容器の内外の水面

図11(B)では、同じ値だけ大気圧より大きくなる。水蒸気圧も含めると、次のようになる。

容器内の気体の分圧＝大気圧－水蒸気圧±水柱の圧力　（容器内の水面が高いときマイナス）

なお、とくにことわりがない場合は、水面が一致しているとしてよい。

📖 **問題学習 ⋯⋯ 26**　　　　　　　　　　　　　　　**水上置換で捕集した酸素**

27℃、$1.013×10^5$ Pa で酸素を水上置換により捕集したところ、830 mL の気体が得られた。得られた酸素の物質量および質量を有効数字3桁で求めよ。ただし、27℃における水の蒸気圧は $3.56×10^3$ Pa とする。O＝16.0、$R=8.30×10^3$ Pa·L/(mol·K)

考え方▶ 酸素について気体の状態方程式を適用すると、$pV=nRT$ より物質量 n は、

$$n=\frac{pV}{RT}=\frac{(1.013×10^5-3.56×10^3)\,Pa×0.830\,L}{8.30×10^3\,Pa·L/(mol·K)×(27+273)\,K}$$

$= 3.258×10^{-2}$ mol $≒ \mathbf{3.26×10^{-2}\,mol}$

質量は、

$3.258×10^{-2}$ mol $× 32.0$ g/mol $≒ \mathbf{1.04\,g}$

類題 ⋯⋯ 26

27℃、$1.0×10^5$ Pa において水素を水上置換で捕集したところ、体積は 500 mL であった。また、捕集された気体を濃硫酸に通じて乾燥させたところ、同温・同圧で 482 mL になった。

次の問いに有効数字2桁で答えよ。H＝1.0、O＝16、$R=8.3×10^3$ Pa·L/(mol·K)

(1) 捕集された気体中の水蒸気の分圧は何 Pa か。

(2) 濃硫酸に吸収された水は何 mg か。

(3) 捕集された水素の物質量は何 mol か。

気体の状態方程式と蒸気圧　蒸発しやすい液体物質の蒸気圧が与えられたとき，気体の状態方程式から求めた圧力の値には注意が必要である。容器に蒸発しやすい液体物質を入れた場合，それがすべて気体になるか，一部が液体として残るかはすぐにはわからない。仮に，すべて気体になるとして気体の状態方程式から圧力を計算で求め，次の判断をする。

重要

液体が存在するかどうかの判別法

p…算出した圧力　p'…蒸気圧
$p \leqq p'$ のとき…器内の圧力は p（液体が容器内に存在しない）
$p > p'$ のとき…器内の圧力は p'（液体が容器内に存在する）

 問題学習 …… 27　　　　　　　　　　　　　　　　蒸発しやすい液体の圧力

0.83 L の真空容器に空気を 5.0×10^4 Pa になるまで詰めた。さらにエタノール 0.010 mol を加え，40℃に保った。容器内の圧力は何 Pa になるか。ただし，40℃におけるエタノールの蒸気圧は 2.0×10^4 Pa である。$R = 8.3 \times 10^3$ Pa・L/(mol・K)

考え方　エタノールがすべて気体になると仮定すると，その分圧 p_E〔Pa〕は，$pV = nRT$ より，

$$p_E = \frac{0.010 \times 8.3 \times 10^3 \times (40+273)}{0.83}$$

$$= 3.13 \times 10^4 \text{(Pa)}$$

しかし，40℃のエタノールの蒸気圧は 2.0×10^4 Pa であるから，求めた p_E の値はとれず，エタノールの分圧は 2.0×10^4 Pa となる。したがって，容器内の全圧は分圧の法則より，

$5.0 \times 10^4 + 2.0 \times 10^4 = \textbf{7.0} \times \textbf{10}^4$**(Pa)**　

基化 **C** **実在気体と理想気体**

1 **気体の状態方程式と実在気体**　シャルルの法則では，一定量の気体の体積は 0K（−273℃）になると 0 になるはずである（→ p.137 図3）。また，気体の状態方程式 $pV = nRT$ において，圧力 p，物質量 n を一定に保ち，T〔K〕を 0K に近づけると V〔L〕は 0 に近づく。しかし，実際に存在する気体（**実在気体**という）は，温度が 0K になる前に液体や固体に変化し，体積が 0 になることはない。したがって，実在気体は，厳密には $pV = nRT$ の式に従わない[1]。

2 **理想気体**　気体の状態方程式を成り立たせるためには，次の条件が必要である。

① **分子の大きさを 0** とみなす。

そうすると，いくら分子を集合させても，0K での体積は 0 になる。

② **分子間力を 0** とみなす。

そうすると，温度が下がって分子の熱運動が小さくなっても，分子間力によって凝縮したり凝固したりすることもなくなる。

①，②の条件を備えた気体は，厳密に $pV = nRT$ の式に従うことになる。このような気体を **理想気体** という。このため，$pV = nRT$ の式を **理想気体の状態方程式** ということがある。

----

[1] 実在気体にも適合する状態方程式が提唱されている（ファンデルワールスの状態方程式など → p.154）。しかし，厳密さを必要としない場合は，$pV = nRT$ の式は実在気体にも十分適用できる（→ p.154）。

次の(1), (2)の実在気体について，それぞれ(a), (b)どちらのほうが理想気体に近いか。
(1) (a) 一定体積の容器になるべく多数の気体分子を封じ込めて内部の圧力を大きくしたとき。
　　(b) (a)と同体積の容器になるべく少量の気体分子を封じ込めて内部の圧力を小さくしたとき。
(2) (a) 一定体積の容器に一定量の気体を入れて，温度を低くしたとき。
　　(b) (a)と同体積の容器に(a)と同量の気体を入れて，温度を高くしたとき。

考え方▶ (1) 圧力を大きくすると，一定体積の中に多くの気体分子が存在することになり，分子1個が運動できる空間が狭くなるので理想気体からのずれが大きくなる。また，分子間距離が小さくなるため，分子間力が強くはたらくようになる。　㊎ **(b)**

(2) 温度を低くすると分子の運動エネルギーが小さくなるため，分子間力の影響を受けやすくなる。　㊎ **(b)**

補足 圧力が大きいほど，また，温度が低いほど，分子間力の影響が大きくなって，理想気体からのずれが大きくなる。

類題 …… 28

一定温度において，同じ体積の容器に1molの水素を入れたときと，1molの二酸化炭素を入れたときとでは，どちらが理想気体に近いか。

３ 理想気体と実在気体 **(1) 理想気体と実在気体の違い** 前ページで述べたように，実在気体は，次の2点で理想気体と異なる。

(a) 分子自身に体積がある。
(b) 分子間に分子間力がはたらく。

したがって，実在気体の理想気体からのずれは，これら2点から考えることができる。

(2) 気体1molの体積と沸点 表2に，代表的な気体の分子量，標準状態における気体1molの体積[1]（モル体積〔L/mol〕）および $1.01×10^5\,Pa$ における沸点を示した。

▼表2　実在気体の分子量，モル体積，沸点

分類	気体		分子量	モル体積〔L/mol〕	沸点〔℃〕
A	ヘ リ ウ ム	He	4.0	22.43	−269
	水　　素	H₂	2.0	22.42	−253
B	塩 化 水 素	HCl	36.5	22.24	−85
	アンモニア	NH₃	17	22.09	−33

A群のモル体積が $22.414\,L/mol$[1]よりわずかに大きいのは，分子量が小さく分子間力も小さいので理想気体の体積に近くなるが，実際は小さいながらも分子の大きさがあるので，わずかに大きな値となっている。

B群のモル体積が $22.414\,L/mol$ より小さいのは，A群に比べて分子量が大きく，しかも極性分子のため，分子間力はずっと大きくなる（→ p.133）。したがって，分子どうしが強く引き合って全体積が小さくなっている。沸点が高いのも同じ理由である。

----

❶理想気体のモル体積 標準状態（0℃，$1.01325×10^5\,Pa$）における理想気体の1molの占める体積は，次のように求められる。

理想気体は $pV=nRT$ に従うから，$V=\dfrac{nRT}{p}=\dfrac{1\,mol×8.314472×10^3\,Pa·L/(mol/L)×273.15\,K}{1.01325×10^5\,Pa}≒\mathbf{22.4140\,L}$

4 理想気体からのずれ 理想気体では
$pV = nRT$ が成り立つから，p や T の値をどのように変えても $\dfrac{pV}{nRT}$ の値（z とする）は常に 1 になる。

一方，実在気体について，この値を測定すると，右図のようになる。

(1) 圧力が比較的小さいとき（◯図 12(B)）

この場合は，ヘリウムや水素など，分子間力が小さく軽い気体は高圧になるにつれて，z が 1 より次第に大きくなる。これは，理想気体では 0 であると仮定している分子の大きさが，高圧になるにつれて，影響を及ぼすからである。

また，理想気体では分子間力を 0 としているが，メタンや二酸化炭素など分子量が大きい気体は，分子間力の影響が大きくなり，z が 1 より小さくなる傾向がある。

(2) 圧力が非常に大きいとき（◯図 12(A)）

この場合は，分子間力が小さい気体でも大きい気体でも，分子間力の影響よりはおもに分子の大きさの影響が大きくなるため，z はすべて 1 より大きくなる。

(3) 温度が異なる場合（◯図 12，◯図 13）

同一の気体で温度が異なる場合の曲線に着目すると，いずれの場合も，高温の場合ほど理想気体の場合の $z=1$ の値に近づいているといえる。

(4) 実在気体を理想気体に近づける条件

グラフからわかるように，実在気体を理想気体に近づけるためには，できるだけ **高温** かつ **低圧** にすればよいことがわかる。

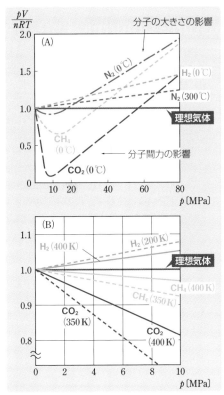

▲ 図 12 圧力変化に伴う理想気体からのずれ

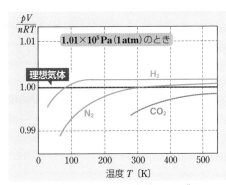

▲ 図 13 温度変化に伴う理想気体からのずれ

重要

実在気体を **高温・低圧** にする ⟶ **理想気体** に近づく

Study Column　実在気体の状態方程式

　実在気体であっても状態方程式を成立させるために，いろいろな形の状態方程式が提唱されている。その中でもファンデルワールスの状態方程式は有名である。

(1) 分子の大きさの補正

　分子が固有の体積をもっていれば，その分子の体積の中へ他の分子は入ることができない。これは右図のように，気体分子を寄せ集めたとして考えると，1個の気体分子が運動できる空間は他の気体分子の合計の分だけ狭くなることからわかるであろう。気体分子の体積を1molあたりbとすれば，n[mol]ではnbとなる。つまり，物質量n[mol]の気体がV[L]の容器に入っているとすれば，この中で実際に気体分子が自由に運動できる空間部分の体積は$(V-nb)$となる。したがって，状態方程式は次のように補正すればよいことがわかる。

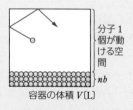

分子1個が動ける空間

nb

容器の体積V[L]

> 分子が大きいと分子が動ける空間が狭くなる

$$p(V-nb)=nRT$$

(2) 分子間力の補正

　理想気体に対して実在気体では分子間力がはたらいている。空間で1個の気体分子は他の気体分子にまわりを取り囲まれ，周囲から分子間力がはたらいているが，器壁では壁面と逆の方向からの分子間力のみがはたらく。したがって，壁にぶつかる力は，分子間力がないときよりその分だけ弱くなることになる。この分子間力は気体の濃度$\dfrac{n}{V}$に比例する。また，壁に衝突する分子の数も気体の濃度$\dfrac{n}{V}$に比例する。このときの比例定数をaとすると，理想気体のようにみなすには，この分の圧力を加えて補正すればよいことになる。したがって，pの代わりに$\left(p+\dfrac{n^2}{V^2}a\right)$とすればよい。したがって，状態方程式は(1)と合わせて次のように補正すればよいことがわかる。

気体の圧力

分子間力

> 分子間力が大きくなるほど気体の圧力は減少する

$$\left(p+\frac{n^2}{V^2}a\right)(V-nb)=nRT$$

　これは，**ファンデルワールスの状態方程式**とよばれている。a，bは物質固有の定数で，aは分子間力の大きさの尺度を表す値，bは分子の排除体積(全体を集めた体積)である。

　ファンデルワールスの状態方程式を$n=1$molにしてから変形すると，$pV=RT-\dfrac{a}{V}+b\left(\dfrac{a}{V^2}+p\right)$

〈ファンデルワールスの状態方程式の定数a，b〉

気体	a [kPa·L²/mol²]	b [mL/mol]
He	3.50	24.0
H₂	24.8	26.6
N₂	136	38.6
O₂	138	31.9
CO₂	365	42.8
NH₃	424	37.3

注：1kPa＝1×10³Pa

となる。これより，前ページ図12において，理想気体より下になるグラフは$-\dfrac{a}{V}$の項が効いているから，分子間力の影響であり，また，上になるグラフは$b\left(\dfrac{a}{V^2}+p\right)$の項が効いているから，おもに分子の大きさの影響であることがわかる。

◆◆◆ 定期試験対策の問題 ◆◆◆

必要があれば次の値を用いよ。H＝1.0，N＝14，R＝8.3×10³Pa・L/(mol・K)

❖ 1 気体の法則

(1) 0℃において，1.0×10⁵Pa で 24L の気体を，0℃，3.0×10⁵Pa にしたときの体積は何 L か。

(2) 27℃，1.0×10⁵Pa で 20L の気体を，327℃，1.0×10⁵Pa にしたときの体積は何 L か。

(3) 27℃，1.2×10⁵Pa で 10.0L の気体を，−73℃，5.0L にしたときの圧力は何 Pa か。

(4) ある気体は 127℃，1.2×10⁵Pa で 830mL を占める。この気体の物質量は何 mol か。

> **ヒント** (1) ボイルの法則を適用する。 (2) シャルルの法則を適用する。
> (3) ボイル・シャルルの法則を適用する。 (4) 気体の状態方程式を適用する。

❖ 2 気体の状態方程式

1.5L の容器にヘリウムが 5.0×10⁵Pa で入っていた。これを，体積が自由に変化するゴム風船に接続し，その中にヘリウムを放出した。このとき地表の大気圧は 1.0×10⁵Pa であった。ただし，気体の温度は 27℃とし，ゴムの張力は考えなくてよい。

(1) ヘリウムが入った後の風船の体積は何 L になったか。

(2) もとの容器に残っているヘリウムの物質量を求めよ。

(3) 風船の口を閉じて手を離したところ上昇し，高度 4000m に達した。高度 4000m の大気圧は 6.0×10⁴Pa，温度は−33℃であった。このときの風船の体積を求めよ。

> **ヒント** (1) もとの容器と風船内部の圧力は，ともに大気圧と同じ 1.0×10⁵Pa となる。
> (2) 気体の状態方程式を適用する。 (3) ボイル・シャルルの法則を適用する。

❖ 3 分子量の測定

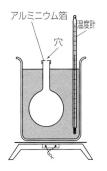

アルミニウム箔　穴　温度計

ある液体試料の分子量を求めるために，次のような実験を行った。気体定数を R として，この液体試料の分子量 M を求める式を答えよ。

① 容積 V〔L〕，質量 m_1〔g〕の丸底フラスコに液体試料を入れ，小さい穴を開けたアルミニウム箔でふたをした。

② 右図のように t〔℃〕の湯に浸して，液体を完全に蒸発させた。

③ フラスコを湯から取り出し，室温まで手早く冷やして，フラスコ内にあった試料の蒸気を凝縮させた。まわりの水をふき取って質量を測定すると，m_2〔g〕になっていた。

④ 大気圧を測定すると，p〔Pa〕であった。

> **ヒント** フラスコ内で気体になっていた試料の質量を求めて，気体の状態方程式を適用する。容器内の試料の気体の圧力(分圧)は大気圧と等しいとしてよい。

❖ 4 液体と気体の体積

物質は，液体から気体になると，液体のときよりはるかに大きな体積を占めるようになる。液体窒素を 0℃，1.01×10⁵Pa ですべて気体にしたとき，液体のときの何倍の体積を占めるか。整数値で答えよ。ただし，液体窒素の密度は 0.81g/cm³ とする。

> **ヒント** 具体的に，液体のときの体積を決めて考えるとよい。たとえば，液体の体積を 1.0cm³ として，その物質量から気体の体積を求める。

⑤ 気体の法則を表すグラフ

一定量の気体について，次の(1)～(3)の x と y の関係を表したグラフを下の(ア)～(カ)から選べ。

(1) 圧力 x〔Pa〕と体積 y〔L〕

(2) 温度 x〔℃〕と体積 y〔L〕

(3) 圧力 x〔Pa〕と「(圧力×体積) / 絶対温度」y〔Pa・L/K〕

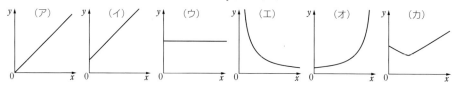

ヒント 気体の状態方程式 $pV=nRT$ のうち，x と y 以外の値は変化しないものとして，x に対して y はどのように変化するかを考える。(ア)は $y=ax$，(イ)は $y=ax+b$，(ウ)は $y=a$，(エ)は $xy=k$ の関係である。
(2)では，与えられたグラフの原点が0であることに注意する。

⑥ 混合気体とその平均分子量

図のように，容器 A に $2.4×10^5$ Pa の窒素を，容器 B に $3.2×10^5$ Pa の水素をそれぞれ入れてからコックを開き，27℃に保って気体を完全に混合した。ただし，コックの部分の体積は無視でき，窒素と水素は反応しないものとする。

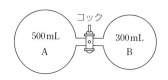

(1) 窒素の分圧と水素の分圧をそれぞれ求めよ。

(2) 全圧は何 Pa であったか。

(3) 窒素と水素の物質量の比を，最も簡単な整数比で表せ。

(4) 混合気体の平均分子量(見かけの分子量)はいくらか。

ヒント (1) 500mL の窒素は 800mL に広がり，300mL の水素も 800mL に広がるので，それぞれボイルの法則を適用する。 (2) 全圧は分圧の和である。 (3) 分圧比 (同一容器内)＝体積比 (同温・同圧)＝物質量の比である。 (4)(分子量×モル分率)の総和が平均分子量になる。

⑦ 気体の圧力のグラフ

真空にした密閉容器に温度 T_1 より低い温度で液体物質 A を入れ，気液平衡の状態にした。容器の体積を変えずに加熱すると，温度 T_1 で液体がすべて蒸発した。容器内の温度 T に対する容器内の圧力 p の変化を表すグラフは，次の(ア)～(エ)のうちのどれか。

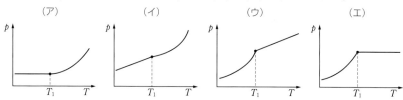

ヒント 気液平衡 (液体と気体が共存) の状態では，物質と温度によって決まる蒸気圧の値にしかならない。液体が存在しなくなると気体だけになるので，$pV=nRT$ の式より，温度と圧力は比例する。

⑧ **凝縮する気体の体積**

ある気体をピストンつきの容器に封入して徐々に圧縮したところ，体積 V_1 で凝縮が始まり，さらに V_2 まで圧縮するとすべて液体になった。このときの圧力 p と体積 V の関係を表したグラフを次の(ア)～(カ)から1つ選べ。

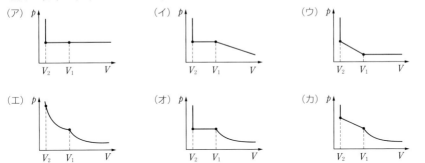

> **ヒント** 気体を圧縮すると，凝縮が始まるまではボイルの法則が成り立つ。凝縮するとその圧力は，その温度における蒸気圧となり，一定の値を示す。すべてが液体になると体積は減少しない。

⑨ **メタンの燃焼後の圧力**

83L の密閉容器に，メタン CH_4 を 0.40mol，酸素を 2.0mol 入れ，密閉してから点火装置により容器内でメタンを完全燃焼させた。水蒸気圧は 27℃で $3.5×10^3$ Pa，127℃で $2.0×10^5$ Pa，容器の体積は常に一定で，生成した液体の水の体積は容器の体積に比べて無視できるものとする。

(1) メタンの燃焼を化学反応式で表せ。

(2) 完全燃焼した後，温度が 127℃のとき，容器内の圧力は何 Pa か。

(3) 完全燃焼した後，温度を 27℃に下げたとき，容器内の圧力は何 Pa になるか。

> **ヒント** (2),(3) まず，127℃と27℃の温度において水蒸気として存在可能な水の物質量を求め，完全燃焼した後の水の物質量で飽和するかどうかを見極める。飽和するならば蒸気圧と他の気体の分圧の和から，不飽和ならば全物質量から圧力を求める。

⑩ **理想気体と実在気体**

図は，理想気体と水素，メタン，アンモニアのそれぞれ 1mol について，一定温度のもとでの圧力 p に対する $\dfrac{pV}{RT}$ の値の変化を示したグラフである。

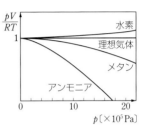

(1) 圧力が $10×10^5$ Pa のとき，体積が最も大きくなっている気体はどれか。

(2) 実在気体が，図のように理想気体からずれる理由を2つ示せ。

(3) 実在気体を，理想気体にできるだけ近づけるためには，(a) 圧力，(b) 温度 をどのようにすればよいか。それぞれ高・低を用いた漢字2字で答えよ。

(✿=上位科目「化学」の内容を含む問題)

第3章

溶液

1 溶解のしくみと溶解度
2 希薄溶液の性質
3 コロイド溶液

炭酸飲料

---

1 溶解のしくみと溶解度

基化 **A** 固体や液体が水に溶けるしくみ

1 イオン結晶の水への溶解 たとえば，Na^+ と Cl^- とが規則正しく配列してできている塩化ナトリウム（イオン結晶→$p.62$）の結晶を水の中へ入れると，極性分子（→$p.84$）である水分子の中の $O^{\delta-}$ や $H^{\delta+}$ が結晶表面の Na^+ や Cl^- にそれぞれ強く引きつけられる（▷右図）。これを **水和**（一般に **溶媒和**）という。この結果，結晶の中の Na^+ と Cl^- の結合は弱まり，$[Na(H_2O)_x]^+$ や $[Cl(H_2O)_y]^-$ のような **水和イオン**[1]になって水中に拡散していく。これを **溶解** という。この現象（電離→$p.161$）は，ふつう次のような省略した式で表される。

$$NaCl \longrightarrow Na^+ + Cl^-$$

もし，塩化ナトリウムの結晶を加熱して，そのイオン結合を切って Na^+ と Cl^- にばらばらにしようとすると，801℃（融点）以上の高温が必要になる。

これに対して，イオン結晶を水の中に入れると，水和により，常温でもイオン結合は切断される。水和の力は意外に強いのである。

なお，水に溶かした塩化ナトリウムのように，液体に溶けている物質を **溶質**，水のように溶質を溶かす液体を **溶媒** といい，溶質と溶媒を合わせたものを **溶液** といい，溶媒が水の場合をとくに **水溶液** という。

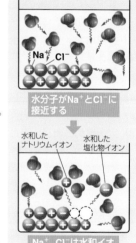

水分子がNa^+とCl^-に接近する

水和したナトリウムイオン　水和した塩化物イオン

Na^+, Cl^-は水和イオンとなって水中へ拡散していく

▲ 図1 塩化ナトリウムの水への溶解のモデル

---

[1] 水和ナトリウムイオン $[Na(H_2O)_x]^+$ や水和塩化物イオン $[Cl(H_2O)_y]^-$ の中の水分子の数 x や y ははっきりとわかっておらず，条件によっても異なる。したがって，これらは単に Na^+ や Cl^-，あるいは Na^+aq や Cl^-aq と書かれることが多い。

CHART 23

水への溶解 は 水和 で 始まる

………水和の力は意外に強い………

2 分子からなる物質の溶解 （1）**エタノールの水への溶解** エタノール分子 C_2H_5OH 中の ヒドロキシ基 $-OH$ の $O-H$ 結合には極性（→ p.83）があり，O 原子が $\delta-$，H 原子が $\delta+$ に それぞれいくらか帯電している（▶下図(A)）。

エタノールを水中に入れると，エタノール分子の $-\overset{\delta-}{O}-\overset{\delta+}{H}$ のところに水分子が強く引きつけられる（▶下図(B)）。この結果，エタノール 1 分子に 3 分子の水が水素結合（→ p.86）により水和し（▶下図(C)），エタノールは水と自由に混じり合って溶け込んでしまう。

(A) エタノール分子は極性分子

(B) 水分子がエタノール分子に強く引きつけられる

(C) 水素結合を生じる エタノール分子　水分子

グリセリン $C_3H_5(OH)_3$，グルコース（ブドウ糖）$C_6H_{12}O_6$ なども，分子の中にヒドロキシ基が多くあるので，水によく溶ける。

（2）**親水基と疎水基** エタノール分子中のヒドロキシ基のように，水和しやすい基は **親水基** とよばれる。これに対して，エタノール分子中のエチル基 C_2H_5- やメタノール分子 CH_3OH 中のメチル基 CH_3- などの炭化水素基は，水分子となじまず，水和しにくい。このような基は **疎水基**（親油基）とよばれる。

表 1 のように，疎水基が大きくなると，1 つしかない OH がもつ親水性の水和の力では，分子全体を水和させるには十分ではなく，水に溶けにくくなる。

▼表 1　アルコールの水に対する溶解性

アルコール	溶解性
1-プロパノール $CH_3CH_2CH_2OH$	∞
1-ブタノール $CH_3(CH_2)_3OH$	わずかに溶ける
1-ペンタノール $CH_3(CH_2)_4OH$	わずかに溶ける
1-ヘキサノール $CH_3(CH_2)_5OH$	ほとんど溶けない

Question Time クエスチョン タイム

Q. エタノールは水に溶けるのに，ヘキサンはなぜ水に溶けないのですか？

A. エタノール分子 C_2H_5OH のヒドロキシ基 $-OH$ は親水基なので，エタノールを水中に入れると，エタノール分子の $-O-H$ のところに水分子がくっつき，エタノールは水と自由に混じり合って溶け込んでしまいます。

これに対して，ヘキサンの分子式は C_6H_{14} で，親水基がなく，疎水基（親油基）だけで構成されています。したがって，ヘキサンは水とはなじまず，水に溶けないのです。しかし，ヘキサンは有機化合物（炭化水素や油脂など）をよく溶かすので，有機溶媒として用いられています。

3 有機化合物の溶解 右図のように，水とエタノール，エタノールとジエチルエーテルはたがいに，−OH や −C₂H₅ のような似た構造をもつので溶け合う。しか

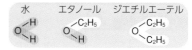

水　　エタノール　ジエチルエーテル

し，水とジエチルエーテルは似た構造がないので，溶け合わず，混合しても密度の違いにより上層（ジエチルエーテル）と下層（水）とに分離する。

▼ 表2　混じり合いやすい物質の例とその理由

アセトンとメタノール (CH₃)₂CO　CH₃OH	CH₃が共通で>C=O, $\overset{\delta-}{-O}\overset{\delta+}{H}$ はともに強い極性がある。
1-プロパノールと水 CH₃(CH₂)₂OH　H₂O	$\overset{\delta-}{-O}\overset{\delta+}{H}$ はともに強い極性がある。
ベンゼンとヘキサン C₆H₆　　C₆H₁₄	C と H のみからなる化合物で極性がない。

▼ 表3　混じり合いにくい物質の例とその理由

| ベンゼンと水 C₆H₆　　H₂O | ベンゼンは炭素と水素の化合物で疎水性が強く，水とはまったく構造が異なる。 |
| 1-ブタノールと水 CH₃(CH₂)₃OH H₂O | どちらも極性の大きい −O−H をもつが，1-ブタノールは疎水性の炭化水素基が大きいので，わずかしか混ざらない（約7%）。 |

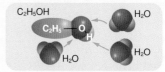

CHART 24

似たものどうし は よく溶け合う

水とエタノール，ベンゼンとヘキサン，……

4 溶解に伴う熱の出入り 塩化ナトリウム 1mol を十分多量の水に溶かして，1mol の水和ナトリウムイオンと 1mol の水和塩化物イオンにする変化では，3.88kJ の吸熱が起こる。これに対して，水酸化ナトリウム 1mol を多量の水に溶かして，1mol の水和ナトリウムイオンと 1mol の水和水酸化物イオンにする変化では，44.5kJ の発熱が起こる。このように，溶解には熱の出入りを伴うのがふつうである（→ p.198）。

Question Time クエスチョン タイム

Q. エタノールと水を混合すると，体積が減少するのはどうしてですか？

A. たとえば 10℃ で，エタノール 52mL（42g）と水 48mL（48g）を混合すると，その体積は約 97mL になります。純粋なエタノールや純粋な水の場合は，それぞれの分子が水素結合により引き合っています。この両者を混合すると，エタノール分子と水分子との間にも水素結合が生じます。水分子は，その分子内の最大4箇所で他の水分子と水素結合を形成し，すき間の多い構造をしています（→ p.87）が，そこへエタノール分子が混じると，エタノール分子に生じる水素結合は最大3箇所なので，すき間を多くしていた構造の一部が失われて，体積が減少します。

また，エタノールと水の分子自身の体積の違いから，たとえとして，大豆と米粒を同体積ずつ混合すると，大豆どうしのすき間に米粒が入り込んで体積が減少するのと同じようだともいわれます。

B 水への溶解と電離

1 分子からなる物質の電離 (1) **塩化水素** 塩化水素分子 H–Cl も水分子 H–O–H も極性分子(→ p.84)である。塩化水素を水に溶かすと，$\overset{\delta+}{H}$–$\overset{\delta-}{Cl}$ 分子の H に H_2O 分子の O が引きつけられ，$\overset{\delta-}{Cl}$ には H_2O 分子の $\overset{\delta+}{H}$ が引きつけられて水和する。その結果，H–Cl の共有結合が切断されて，オキソニウムイオン H_3O^+ と塩化物イオン Cl^- になる。このようにイオンに分かれる変化を **電離** という[1]。

$$HCl + H_2O \longrightarrow H_3O^+ + Cl^- \quad \cdots\cdots ①$$

この式は簡単に次式のように表されることが多く，塩化水素の **電離式** という。

$$HCl \longrightarrow H^+ + Cl^- \quad \cdots\cdots ②$$

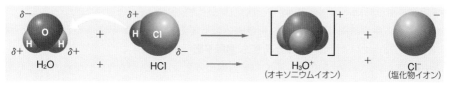

$\overset{\delta-}{H_2O}$ ＋ $\overset{\delta-}{HCl}$ ⟶ H_3O^+（オキソニウムイオン） ＋ Cl^-（塩化物イオン）

(2) **アンモニア** アンモニア分子 NH_3 は極性分子である。アンモニアを水の中に入れると，NH_3 分子の $\overset{\delta-}{N}$ に H_2O 分子の $\overset{\delta+}{H}$ が引きつけられて(水素結合)水和する。その結果，H_2O 分子の H–O の共有結合が 1 つ切断され，アンモニウムイオン NH_4^+ と水酸化物イオン OH^- が生じる[2]。この変化は，次式のように表され，アンモニアの電離式という。

$$NH_3 + H_2O \underset{}{\overset{[3]}{\rightleftarrows}} NH_4^+ + OH^- \quad \cdots\cdots ③$$

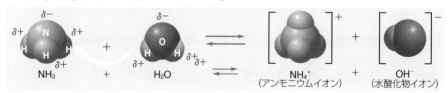

NH_3 ＋ H_2O ⟶ NH_4^+（アンモニウムイオン） ＋ OH^-（水酸化物イオン）

2 電解質と非電解質 塩化ナトリウムや塩化水素，アンモニアのように，水に溶けると電離する物質を **電解質** という。電解質の水溶液は電気を導き，電気分解される。これに対して，エタノールやグルコース(ブドウ糖)のように，水に溶けても電離しない物質を **非電解質** という。これらの水溶液は電気を導かないし，電気分解もされない。

たとえば，硫酸や硝酸の分子は水中で次のように電離するので電解質である。

硫酸：$H_2SO_4 \longrightarrow H^+ + HSO_4^-$

$\quad\quad HSO_4^- \rightleftarrows H^+ + SO_4^{2-}$

硝酸：$HNO_3 \longrightarrow H^+ + NO_3^-$

---

[1] 電離したイオンは，水の中で水和イオンになって存在している。
[2] H_2O 分子と反応するとき，HCl の場合は H–Cl が，NH_3 の場合は H_2O 分子の H–OH が切断される。
[3] $\rightleftarrows$ は可逆反応(→ p.226)や化学平衡(→ p.227)を表すときに用いる。ここでは，右向きの反応も左向きの反応も起こることを表し，一部分しか生成物になっていない(反応物と生成物の混合物になっている)ことを示す。なお，塩化水素を水に溶かした場合は，ほぼ完全に電離する(→ p.244)。

C 固体の溶解度

1 溶解平衡 たとえば，20℃ で，水 100g に塩化ナトリウムの結晶を，かき混ぜながら少しずつ加えていくと，最初はすべて溶解するが，35.8g 以上になると塩化ナトリウムは溶けずに，結晶のまま残るようになる。このような状態になったとき，「**飽和溶液** になった」という。

一般に，ある溶質の飽和溶液に，さらにその溶質の固体を入れても，見かけ上それ以上は溶解しない。この場合は，単位時間に固体の表面から溶解していく粒子の数 X と，単位時間に溶液中から再び固体にもどる粒子の数 Y が常に等しい状態，つまり $X=Y$ になっている。このような状態を **溶解平衡** という。

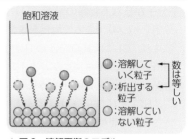

▲ 図2 溶解平衡のモデル

飽和溶液といえない状態には，不飽和と過飽和の 2 つの状態があり，いずれも溶解平衡は成り立たない。

すなわち，溶液の状態には次の 3 つの場合があることになる。

> $X>Y$……不飽和……すべて溶解している。……飽和になるまでさらに溶質が溶解する。
> $X=Y$……飽　和……見かけ上変化は見られない。(溶解平衡)
> $X<Y$……過飽和……結晶が析出しやすい。……飽和溶液より多くの溶質が溶けている。

2 固体の溶解度 固体物質の溶解度は，一般に次の 2 つの方法で表される。このうち，①の定義がよく用いられている。
① **溶媒 100g に溶解し得る溶質の最大質量(グラム単位)で表す**[1]
② **飽和溶液 100g 中の溶質の質量(グラム単位)で表す**(すなわち質量パーセント濃度)

溶解度は温度によって異なるが，固体の溶解度は，温度が高くなると一般に大きくなる[2]。

この関係をグラフに表したものを **溶解度曲線** という(▶図3)。

$CuSO_4 \cdot 5H_2O$ のような水和水をもつ物質の溶解度は，溶質として，無水物 $CuSO_4$ の質量で表す。

たとえば，「硫酸銅(Ⅱ)の 20℃ における溶解度は 20g/100g 水」という表現は，水 100g に $CuSO_4$ が 20g 溶け得るということであって，$CuSO_4 \cdot 5H_2O$ が 20g 溶け得るということではない。

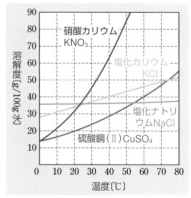

▲ 図3 溶解度曲線

---

[1] 溶解度の単位は「g/100g 水」であるが，単位をつけず「無次元量」として扱うこともある。
[2] 温度が高くなると溶解度が小さくなる固体(たとえば水酸化カルシウム)もある。

前ページ図 3 の溶解度曲線を用いて，次の問いに答えよ。

(1) 50℃ で 50 g の水に硝酸カリウム 25 g を溶解させた。これを冷却すると何℃で結晶が析出し始めるか。

(2) 40℃ で 80 g の水に塩化カリウム 20 g を溶解させた溶液がある。この溶液の水を 40℃ のまま蒸発させていくと，何 g の水が蒸発したところで結晶が析出するか。

考え方▶ (1) 50 g の水に硝酸カリウムを 25 g を溶解させたのであるから，100 g の水に

$$25 \times 2 = 50 \, (g)$$

溶解させたことと同じである。溶解度曲線は水が 100 g のときの溶解度を表しているから，

溶解度が 50g/100g水 のときの温度を読み取ると，約 33℃ である。 **答** **33℃**

(2) 40℃ における塩化カリウムの溶解度は 40g/100g水 であるから，100 g の水に塩化カリウム 40 g が溶解する。塩化カリウム 20 g が飽和するのは 50 g の水である。したがって，蒸発させる水は 80−50＝30(g) **答** **30g**

（グラフ内）KNO₃ / 溶解度〔g/100g水〕/ 50 / 20 / 初めの状態 / 温度〔℃〕/ 0 / 33 / 50

類題 ⋯⋯ 29

前ページ図 3 の溶解度曲線を用いて，次の問いに答えよ。

(1) 60℃ で 50 g の水に塩化カリウム 15 g を溶解させた。この温度のままで，さらに溶かすことのできる塩化カリウムの質量は何 g か。

(2) 硫酸銅(Ⅱ)の 60℃ における飽和溶液の質量パーセント濃度はいくらか。

---

3 冷却による析出量の算出 **(1) 水和水をもたない物質** 溶解度曲線(→前ページ図 3)を用いると，高温の飽和溶液を冷却したときに析出する結晶の量を計算で求めることができる。

水和水をもたない溶質の t_1〔℃〕の溶解度を s_1〔g/100g水〕，t_2〔℃〕の溶解度を s_2〔g/100g水〕とする (ただし，$t_1 > t_2$，$s_1 > s_2$)。t_1〔℃〕で溶媒 100 g に s_1〔g〕の溶質を溶かした飽和溶液 (100 g＋s_1〔g〕) を，t_2〔℃〕に冷却した場合，s_1〔g〕－s_2〔g〕 の結晶が析出することになる(▶図 4)。

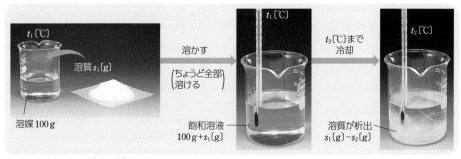

▲ 図 4　冷却による結晶の析出

飽和溶液の量が $100\,\text{g}+s_1\,(\text{g})$ と異なるときは，次のような比例計算を行えばよい。
たとえば，飽和溶液の質量が $w\,(\text{g})$ のときの析出量 $x\,(\text{g})$ は，

$$\frac{析出量}{飽和溶液の質量}=\frac{s_1(\text{g})-s_2(\text{g})}{100\,\text{g}+s_1(\text{g})}=\frac{x(\text{g})}{w(\text{g})}$$

$$x(\text{g})=\frac{s_1(\text{g})-s_2(\text{g})}{100\,\text{g}+s_1(\text{g})}\times w(\text{g})$$

なお，$100\,\text{g}$ の飽和溶液を冷却したとき，溶解度の差 $s_1(\text{g})-s_2(\text{g})$ の溶質が析出すると考えてしまうことがあるが，それは誤りなので気をつけること。

CHART 25

溶解度 の問題は 飽和溶液 について考えよ

溶解度 $s\,(\text{g}/100\,\text{g}\,水)\longrightarrow$ 飽和溶液の質量 $=100\,\text{g}+s\,(\text{g})$

$$\frac{溶質の質量}{飽和溶液の質量}=\frac{s\,(\text{g})}{100\,\text{g}+s\,(\text{g})}\ \cdots\ 温度一定なら一定$$

問題学習 ····· 30　　　　　　　　　　　　　　　　　　　　　**固体の溶解度**

硝酸カリウムの溶解度は，$80\,℃$ で $169\,\text{g}/100\,\text{g}\,水$，$20\,℃$ で $32\,\text{g}/100\,\text{g}\,水$ である。
(1) $80\,℃$ の硝酸カリウム飽和溶液 $100\,\text{g}$ を $20\,℃$ に冷却すると，何 g の結晶が析出するか。
(2) (1)の $80\,℃$ の硝酸カリウム飽和溶液 $100\,\text{g}$ に水を $25\,\text{g}$ 加えてから $20\,℃$ に冷却すると，何 g の結晶が析出するか。

考え方　(1) $t_1=80\,℃$，$s_1=169\,\text{g}$，$t_2=20\,℃$，$s_2=32\,\text{g}$ であるから，$80\,℃$ の飽和溶液 $(100+169)\,\text{g}$ を $20\,℃$ に冷却すると $(169-32)\,\text{g}$ の結晶が析出する。与えられた飽和溶液の質量は $100\,\text{g}$ であるから，析出量を $x\,(\text{g})$ とすると，

$$\frac{析出量}{飽和溶液の質量}=\frac{(169-32)\,\text{g}}{(100+169)\,\text{g}}=\frac{x(\text{g})}{100\,\text{g}}$$

$x\fallingdotseq51\,\text{g}$　　**答 51 g**

(2) $20\,℃$ の状態で，(1)の状態よりも水が $25\,\text{g}$ 多いことになる。$25\,\text{g}$ の水に溶ける分の硝酸カリウムが析出しないで，溶液中に溶けたままになるので，$20\,℃$ で $25\,\text{g}$ の水に溶ける硝酸カリウムを $y\,(\text{g})$ とすると，

$$\frac{溶解量}{水の質量}=\frac{32\,\text{g}}{100\,\text{g}}=\frac{y(\text{g})}{25\,\text{g}}\qquad y=8.0\,\text{g}$$

析出量は，$51\,\text{g}-8.0\,\text{g}=43\,\text{g}$　　**答 43 g**

類題 ····· 30

(1) 塩化カリウムの溶解度を，$10\,℃$ で $32\,\text{g}/100\,\text{g}\,水$，$40\,℃$ で $40\,\text{g}/100\,\text{g}\,水$ とする。
　(a) $40\,℃$ の水 $50\,\text{g}$ に塩化カリウムを飽和させた。この飽和溶液の質量は何 g か。
　(b) (a)の状態から $10\,℃$ に冷却したとき析出する塩化カリウムの質量を求めよ。
(2) $30\,℃$ の硝酸カリウムの溶解度は $46\,\text{g}/100\,\text{g}\,水$ である。$30\,℃$ で，水 $200\,\text{g}$ に硝酸カリウム $50\,\text{g}$ を溶解させた。その後，$30\,℃$ のまま水を蒸発させたとき，何 g の水を蒸発させると硝酸カリウムの結晶が析出し始めるか。

(2) 水和水をもつ物質 水和水をもつ物質の析出量は，公式を覚えるより求め方をマスターしておくこと。まず，変化後の求める未知数（析出量など，問題によって異なる）を x〔g〕とおく。

一般に，水和水をもつ物質を x〔g〕とったとき，その内訳は，

$$\left.\begin{array}{l}\text{・無水物の質量}=x\times\dfrac{\text{無水物の式量}}{\text{水和水をもつ物質の式量}}\text{〔g〕}=x_\text{無}\quad\text{とする}\\[3mm]\text{・水和水の質量}=x\times\dfrac{\text{水和水の分子量の和}}{\text{水和水をもつ物質の式量}}\text{〔g〕}=x_\text{水}\quad\text{とする}\end{array}\right\}\ x=x_\text{無}+x_\text{水}$$

変化の前後について，無水物，水，飽和溶液の質量をそれぞれ求めておく（x を含むものもある）。次に，変化後の溶解度を s とすると，その飽和溶液について，

　　無水物：水：飽和溶液$=s:100:100+s$

として，x を求める。

たとえば，t_1〔℃〕の溶解度を s_1〔g/100 g 水〕，t_2〔℃〕の溶解度を s_2〔g/100 g 水〕$(t_1>t_2,\ s_1>s_2)$ として，t_1〔℃〕の飽和溶液 $100\,\text{g}+s_1$〔g〕 を t_2〔℃〕に冷却すると，x〔g〕が析出するものとする。この場合，t_1〔℃〕で水 100 g に無水物ならば s_1〔g〕まで溶けるから，t_1〔℃〕の飽和溶液は全体で $100\,\text{g}+s_1$〔g〕になる。t_2〔℃〕の状態は次のようになる。

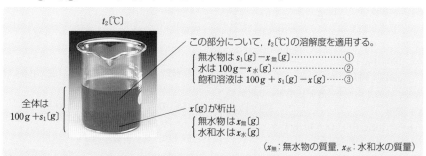

▲ 図5　水和水をもつ物質の飽和溶液

図5中の①，②，③を利用して次式をつくり，比例関係のうち計算しやすい2つを用いて計算する。

　　無水物：水：飽和溶液$=s_2:100:100+s_2$
　　　　　　　　　　$=$①：②：③$=s_1-x_\text{無}:100-x_\text{水}:100+s_1-x$

CHART 26

水和水をもつ物質の溶解度の計算
とりあえず，未知数を x〔g〕とおく
水和水をもつ物質の質量を，無水物と水和水とに分けて考える

硫酸銅(Ⅱ)の溶解度は無水物(CuSO$_4$)の質量で表し，80℃で 56g/100g 水，20℃で 20g/100g 水である。次の問いに整数値で答えよ。H＝1.0，O＝16，S＝32，Cu＝64

(1) 80℃の水 100g に，硫酸銅(Ⅱ)五水和物(CuSO$_4$·5H$_2$O)は何 g まで溶かすことができるか。

(2) 80℃の飽和溶液 100g を 20℃まで冷却すると，析出する結晶(CuSO$_4$·5H$_2$O)は何 g か。

考え方 ▶ (1) CuSO$_4$·5H$_2$O の式量は 250，CuSO$_4$ の式量は 160，5H$_2$O の分子量の和は 90 である。x〔g〕の硫酸銅(Ⅱ)五水和物の結晶が析出した場合，その中に含まれる無水物の質量は，

$$x\times\frac{CuSO_4}{CuSO_4\cdot5H_2O}=x\times\frac{160}{250}=0.64x〔g〕$$

水和水は，

$$x\times\frac{90}{250}=0.36x〔g〕$$

となる。

80℃では，

無水物：水：飽和溶液＝56：100：100＋56

の関係があるので，100g の水に x〔g〕の硫酸銅(Ⅱ)五水和物を加えたとき飽和溶液になるとすると，

$$56：100：100+56$$
$$=0.64x：100+0.36x：100+x$$

となる。この比のうち，計算しやすい 2 組から，

$$x≒128g$$

答 128g

(2) y〔g〕の CuSO$_4$·5H$_2$O が析出するとする。

80℃では，(1)と同様に

無水物：水：飽和溶液＝56：100：100＋56

が成り立つので，80℃の飽和溶液 100g の中の無水物は，

$$\frac{56}{100+56}\times100≒35.9(g)$$

水は，

$$\frac{100}{100+56}\times100≒64.1(g)$$

となる。したがって，初めに存在した無水物は 35.9g であり，析出した結晶の中に含まれる無水物は 0.64y〔g〕である。

80℃　ここに比例式を適用する　20℃
冷却
全体は 100g

100g
硫酸銅(Ⅱ)飽和溶液
内訳 { CuSO$_4$ 35.9g / 水 64.1g

CuSO$_4$·5H$_2$O y〔g〕
内訳 { CuSO$_4$ 0.64y〔g〕 / 水 0.36y〔g〕

20℃では，

無水物：水：飽和溶液＝20：100：100＋20

が成り立つ。

$$35.9-0.64y：64.1-0.36y：100-y$$
$$=20：100：100+20$$

この比のうち，計算しやすい 2 組から，

$$y≒41g$$

答 41g

60℃の硫酸銅(Ⅱ)の溶解度は 40g/100g 水 である。次の問いに整数値で答えよ。CuSO$_4$＝160，H$_2$O＝18

(1) 50g の硫酸銅(Ⅱ)五水和物を，60℃で水を加えてちょうど飽和溶液にするには，何 g の水を加えればよいか。

(2) 60℃の硫酸銅(Ⅱ)飽和溶液 100g を同温で放置し，一部の水を蒸発させたところ，25g の CuSO$_4$·5H$_2$O が析出した。蒸発した水は何 g であったか。

4 再結晶 いま，約 10 g の塩化カリウムが混じった不純な硝酸カリウム約 70 g を，80 ℃ の水約 100 g に溶解し，ゴミその他の不溶性の固体を除くために保温漏斗でろ過した後，10 ℃に冷却したとする（硝酸カリウムの溶解度は 80 ℃で 169 g/100 g 水，10 ℃で 22 g/100 g 水）。すると，約 60 g－22 g＝38 g の純粋な硝酸カリウムが析出することになる。

このとき，塩化カリウムはどうなるだろうか？　この場合，もとの不純な硝酸カリウム約 70 g 中に塩化カリウムは約 10 g しか含まれておらず，塩化カリウムの溶解度は 10 ℃で約 31 g/100 g 水であるから，飽和していない。したがって，塩化カリウムは溶液中に溶けたままであり，結晶として析出しないので，純粋な硝酸カリウムが得られる。

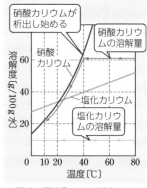

▲ 図6　再結晶による精製のしくみ

このようにして，不純物が混じった固体を精製する方法を **再結晶** という。硝酸カリウムなどのように，温度による溶解度の差が大きい物質ほど，再結晶に適する。

Laboratory　再結晶

目的　不純物を含んだ結晶を，より純粋なものとする。

実験　(1) 純粋な水が入ったビーカーに精製したい結晶を加え，加熱して溶解させる。溶解しきれなかったら溶けきるまで水を追加する。

(2) 保温漏斗を用いてろ過し，水に溶けない不純物などを除く。

(3) ろ液を放置してゆっくりと冷却する。このとき，急冷させると，細かい結晶となり，結晶の中に不純物が入りやすくなる。

(4) 常温でろ過して純粋な結晶を得る。

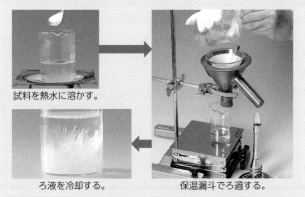

試料を熱水に溶かす。

ろ液を冷却する。　　　　保温漏斗でろ過する。

保温漏斗

保温漏斗は，温度の高い液体を冷やさないでろ過するときに用いる。これを用いないと，ろ過の途中で溶液の温度が下がり，溶質が析出して，ろ過が妨げられることがある。

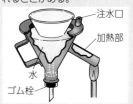

注水口
加熱部
水
ゴム栓

MARK　① できるだけ少ない水に溶解させ，高温にして飽和溶液とするのがよい。
　　② 塩化ナトリウムのような温度による溶解度の差が小さい物質は再結晶できない。

D 気体の溶解度

1 気体の溶解度と温度 右表は酸素の水に対する溶解度が，温度でどのように変化するかを二通りの表し方で示したものである。気体の溶解度の表し方には種々の方法がある（→**3**）。表のように，気体の溶解度は温度が高くなると小さくなる。これは，温度が高くなると，気体分子の熱運動が激しくなるため，液体分子との分子間力に打ち勝って，液体の中から飛び出す分子が増えるためである。

▼**表4 酸素の水への溶解度**

温度〔℃〕	$1.0×10^5$ Pa で水 100g に溶解する質量〔mg〕	$1.0×10^5$ Pa で水 1L に溶解する体積を 0℃，$1.0×10^5$ Pa に換算した値〔mL〕
0	7.0	49
20	4.4	31
40	3.3	23
60	2.7	19
80	2.6	18

2 気体の溶解度と圧力 水面に接している気体は，単位面積あたりの分子の数に比例して水の中に飛び込むと考えられる。つまり気体の圧力が大きいほど，たくさん溶けることが予想される。1803 年，イギリスのヘンリー（W.Henry）は，これを詳しく調べて，**「気体の水への溶解量は，温度が変わらなければ，水に接している気体の圧力に比例する」** という事実を発見した。これを **ヘンリーの法則** という。

ただし，①溶解度が非常に大きい気体 ②水と反応したり，水中で電離する気体 ③加える圧力があまりにも大きい場合 などには適用されない。

3 気体の溶解度の表し方 気体の溶解度の表し方にはいろいろな方法があるので，示された単位や条件に注意する。共通点は，純粋な気体が圧力 $1.01×10^5$ Pa で水と接していて，飽和していることである。

基準にする水(溶媒)の量	1L，1mL，100g など	
気体の量を表す **物理量**	**質量**	**g, mg** など
	物質量	**mol**
	体積	**L, mL**(標準状態(0℃, $1.01×10^5$Pa)に換算した値)

4 混合気体の溶解量 溶け込む気体の総量（溶解量）は，水（溶媒）の量に比例する。また，混合気体の場合にはそれぞれの分圧(→ p.146)に比例して溶解する。

たとえば，0℃で，100mL の水に $1.01×10^5$ Pa の純酸素を飽和させると 7.0mg 溶ける。空気は，$1.01×10^5$ Pa で N_2：O_2＝4：1 の物質量の比の混合気体とすると，1L の水に空気が飽和している場合の酸素の溶解量は，水が 10 倍（1000mL）になり，酸素の分圧に比例するので，

$7.0\text{mg} × \dfrac{1000\,\text{mL}}{100\,\text{mL}} × \dfrac{1}{4+1} = 14\text{mg}$ となる。

重要

溶解量 ＝ 溶解度 × $\dfrac{\text{水の体積}}{\text{用いる溶解度の基準体積}}$ × $\dfrac{\text{接する気体の分圧}}{\text{溶解度の気体の基準圧力}(1.01×10^5\text{Pa})}$

Question Time クエスチョン タイム

Q. 温まった炭酸飲料の栓を抜くと泡が吹き出るのはなぜですか？

A. 炭酸飲料は二酸化炭素を溶かし込んだ溶液です。気体の溶解度は温度が高いと小さくなります。温まると，冷たいときに溶液中に溶け込んでいた二酸化炭素が気体となって上部の空間にたまって圧力が大きくなり，その圧力に比例して二酸化炭素が溶液中に溶け込んでいます。その状態で栓を抜くと，圧力が急に小さくなるため溶解度が減り，溶液中に溶けていた二酸化炭素が一斉に気体となって，液体とともに吹き出してしまうのです。炭酸飲料はよく冷やして飲みましょう。

5 **溶解した気体の体積の表し方** 溶液中に溶解している気体の量を質量や物質量で表すときには何の問題もないが，気体の体積は，温度と圧力で変化するので，体積で表すときには注意が必要である。ポイントは溶け込んでいる気体を取り出したとして，その体積を溶解度の基準にした温度と圧力（標準状態のことが多い）で表すか，基準にした温度と**加えた圧力で表す**かという違いを確認することである。

いま，1Lの水に20℃，1×10^5 Pa で酸素を飽和させると，20℃，1×10^5 Pa で30mL（43mg）溶けるものとする（▶図7①）。気体部分の酸素を圧縮して圧力を2倍にすると（▶図7②），溶ける質量は2倍の $43 \times 2 = 86$（mg）になる。溶けた酸素の体積を20℃，1×10^5 Pa で表すと，物質量が2倍になったのであるから体積も2倍の $30 \times 2 = 60$（mL）になるが，これを，加えた圧力である 2×10^5 Pa で表すと，ボイルの法則により，体積は60mLの $\frac{1}{2}$ である30mLとなる。圧力が n 倍になったとき（▶図7③）も同様である。ということは**加えた圧力で表すと体積は変わらない**ことになる（気体の密度が n 倍になっている）。このことは図8で考えるとよくわかる。

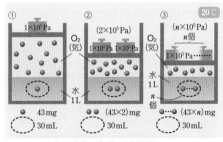

▲ 図7 圧力の変化と気体の溶解量

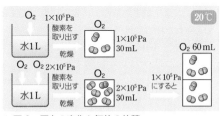

▲ 図8 圧力の変化と気体の体積

 重要

一定量の水に溶ける気体の量 { 質量・物質量・分子の数は 圧力に比例
体積は，**加えた圧力**で表すと **変わらない**
（標準状態に換算した体積は圧力に比例する）

Study Column　血液中に溶けている空気

　私たちの身体の中を流れている血液にも，空気が溶け込んでいる。海などで水深の深いところまで潜った後，急に浮上すると，大きな水圧により血液に溶け込んでいた空気が気体にもどり，泡となる。この空気が血液の流れを阻害して，いわゆる"潜水病"になることがある。

　たとえば，水深約30mでは，約 $4×10^5$ Pa の圧力がかかっているので，水面近くに急激に上がってくると，空気の溶解量は4分の1となり，残りは気体になる。潜水病を防ぐためには，ゆっくり上昇して急激な圧力の変化をさけ，血液中の空気を徐々に減らす必要がある。

問題学習 ····· 32　　　　　　　　　　　　　　　　　　気体の溶解度

　0℃，$1.0×10^5$ Pa で 100mL の水に窒素は 2.8mg まで溶解する。次の問いに答えよ。ただし，気体 1mol の体積は 0℃，$1.0×10^5$ Pa で 22.4L とする。N＝14
(1) 0℃，$1.0×10^5$ Pa で窒素が 0℃の水に接しているとき，水 1L に溶解している窒素は何 mg か。また，それは 0℃，$1.0×10^5$ Pa で何 mL か。
(2) 0℃，$4.0×10^5$ Pa で窒素が 0℃の水に接しているとき，水 1L に溶解している窒素の体積は，0℃，$4.0×10^5$ Pa で何 mL か。また，溶解している窒素を 0℃，$1.0×10^5$ Pa にしたときは何 mL か。

考え方 気体が溶解する総量（質量・物質量）は水の量と気体の分圧に比例する。溶解した気体の体積は，加えられた圧力で表せば，圧力の値によらず一定であるが，一定の圧力で表せば加えられた圧力に比例して変わることになる。
(1) 0℃で，100mL の水に窒素は 2.8mg 溶解するから，1L ではその 10 倍である。

答 **28mg**

　気体 1mol は，0℃，$1.0×10^5$ Pa で，$2.24×10^4$ mL を占めるから，

$$2.24×10^4 \text{mL/mol} × \frac{28×10^{-3}\text{g}}{(14×2)\text{g/mol}}$$
$$=22.4\text{mL} ≒ 22\text{mL}$$

答 **22mL**

(2) 圧力が変化しても，溶け込んでいる気体の体積は，その圧力で表せば変化しない。したがって，体積は(1)と同じである。

答 **22mL**

　これを 0℃，$1.0×10^5$ Pa にすると，圧力が4分の1になるから，ボイルの法則により体積は4倍になる。

$$22.4\text{mL}×4=89.6\text{mL}≒90\text{mL}$$

答 **90mL**

類題 ····· 32

　0℃，$1.0×10^5$ Pa の空気が 0℃の水に接しているとき，1L の水に溶けている窒素は何 mg か。ただし，0℃，$1.0×10^5$ Pa で 100mL の水に窒素は 2.8mg まで溶解し，空気は窒素と酸素が 4：1 の物質量の比で構成されているものとする。N＝14

2 希薄溶液の性質

基化

A 蒸気圧降下と沸点上昇

1 蒸気圧降下 純粋な液体（純溶媒）は，温度に応じた蒸気圧を示す。これに不揮発性の溶質を溶かすと蒸気圧が下がる。これを **蒸気圧降下** という。

蒸気圧曲線は，すべての温度で純溶媒よりも溶液のほうが低いところに位置する。海水でぬ

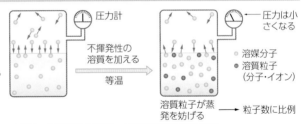

▲ 図9 不揮発性の溶質による蒸気圧降下のモデル

れた髪の毛やこぼしたジュースが乾きにくいのはこのためである。

その理由は次のようになる。純溶媒では，分子は一定のエネルギー分布をしていて（→ $p.128$），ある値（E_v）以上の分子が気体となって蒸発する。同時に同数の分子が凝縮し，気液平衡（→ $p.130$）が成り立っている。不揮発性の溶質を含む溶液でも，溶質と溶媒分子を合わせて，同温の純溶媒の場合と同じエネルギー分布になる。しかし，E_v 以上のエネルギーをもっていても，不揮発性の溶質は蒸発できないので，蒸発可能な溶媒分子の数は純溶媒だけの場合よりも溶質の分だけ減少する。したがって，単位時間に溶液から溶媒分子が蒸発する量は，純溶媒の場合より少なくなる。

気液平衡になったときに凝縮・蒸発する分子数は単位時間あたり等しいので，上部空間中の気体分子数は少なくてすむ。つまり溶媒分子の圧力（蒸気圧）は純溶媒のときより小さくなる。モデル的には，溶液では不揮発性の溶質が一定の割合で液体表面に存在するため，溶媒が蒸発しにくくなり，蒸気圧が減少するとしてよい。

2 沸点上昇 純粋な水と水溶液とを別々に $1.01×10^5$ Pa の下で加熱した場合，100℃になると，純粋な水の蒸気圧が $1.01×10^5$ Pa になるので沸騰するが，水溶液は蒸気圧降下があるために蒸気圧が $1.01×10^5$ Pa より低く，沸騰しない。水溶液を沸騰させるには，さらに加熱して温度を上げ，蒸気圧を $1.01×10^5$ Pa に上げる必要がある。

すなわち，水溶液の沸点は純粋な水の沸点より高くなる。これを **沸点上昇** といい，水溶液の沸点と純粋な水の沸点との差 $Δt$〔K[1]〕を **沸点上昇度** という（▶図10 $Δt$）。

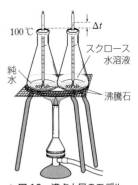

▲ 図10 沸点上昇のモデル

---

[1] $Δt$ は温度差であり，℃と K の目盛り間隔は等しいから，単位は〔K〕を用いる（〔℃〕を用いてもよい）。

非電解質の希薄水溶液の沸点上昇度 Δt は，溶質の種類には無関係に，水溶液の質量モル濃度[1] m〔mol/kg〕に比例するので，その比例定数を K_b[2]とおくと次式が成り立つ。

$$\Delta t = K_b m \quad \cdots\cdots①$$

このことは，溶媒が水でなくても成り立つ。一般に，溶液の沸点は純溶媒の沸点より高く，その沸点上昇度は溶質の種類に無関係で，質量モル濃度に比例する（①式が成り立つ）。

いま，$m=1$〔mol/kg〕とすると，①式は $\Delta t = K_b$ となる。したがって，K_b は，濃度が 1mol/kg のときの沸点上昇度であり，この K_b を **モル沸点上昇** という。

K_b の値は，それぞれの溶媒に固有なものである（表5）。

▼表5 モル沸点上昇

物　質	沸点〔℃〕	K_b〔K・kg/mol〕
水	100[3]	0.515
四塩化炭素	76.8	4.48
ベンゼン	80.1	2.53
ナフタレン	218	5.80

Study Column　ラウール（Raoult）の法則

溶液の蒸気圧がどのくらい下がるかは，意外と簡単に表すことができる。前ページ図9の粒子モデルで考えれば，蒸気圧が下がる割合は不揮発性の溶質粒子の数，すなわち，溶媒の物質量に対する溶質の物質量の割合で決定できる。

純溶媒の物質量を N〔mol〕，溶質の物質量を n〔mol〕，同じ温度の純溶媒の蒸気圧を p_0〔Pa〕，溶液の蒸気圧を p〔Pa〕とすると，蒸気圧が下がる割合（蒸気圧降下率といえる）は，

$$\frac{p_0-p}{p_0} = \frac{n}{N+n}$$ となる。つまり，溶質のモル分率に比例する。希薄溶液では $N \gg n$ であるから，$N+n \fallingdotseq N$ であり $\dfrac{p_0-p}{p_0} = \dfrac{n}{N}$ と近似することができる。

これを **ラウールの法則** という。$p_0-p=\Delta p$ は蒸気圧降下度である。

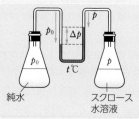
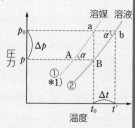

＊1) ①，②は蒸気圧曲線であるが，希薄溶液では微小範囲において，$\overline{Aa}$ と $\overline{Bb}$ は平行な直線とみなせるので，Δp と Δt は比例関係が成り立つ。

---

[1] 沸点や凝固点の測定では，溶液の温度の変化によりその体積も変化する。したがって，モル濃度〔mol/L〕（→ p.112）は使えない。しかし，希薄溶液では，質量モル濃度とモル濃度とはほとんど違いはない（→ p.182）ので，入試問題などでは両濃度が同じものとして出題されることがある。なお，電解質では電離後の全粒子の濃度が用いられる（→ p.175）。
[2] K_b の b は，boiling point（沸点）の b に由来している。
[3] 水の沸点は厳密な値は 99.974℃であるが，100℃を用いることが多い（→ p.130）。

ベンゼン 250 g にステアリン酸（分子量 284）14.2 g を溶解した溶液の沸点上昇度を求め，沸点を小数第 2 位まで答えよ。ベンゼンの沸点は 80.10℃，モル沸点上昇は 2.53 K・kg/mol とする。

考え方 ベンゼン溶液の沸点上昇度を Δt とすると，質量モル濃度 m に比例し，その比例定数はモル沸点上昇 K_b であるから，$\Delta t = K_b m$ より求められる。

答えるのは Δt ではなく，沸点なので注意すること。

$$\Delta t = 2.53 \times \dfrac{\dfrac{14.2}{284}}{\dfrac{250}{1000}} = 0.506 (\mathrm{K})$$

沸点は　$80.10 + 0.506 = 80.606 ≒ 80.61 (℃)$

答 80.61℃

類題 ⋯⋯ 33

0.25 mol/kg スクロース水溶液の沸点は 100.13℃である。0.50 mol/kg 尿素水溶液の沸点は何℃か。小数第 2 位まで答えよ。ただし，いずれも非電解質であり，水の沸点は 100.00℃とする。

B 希薄溶液の凝固点

1 溶媒が液体の場合　スクロースの希薄溶液の凝固点は純粋な水の場合より低い。一般に，溶液の凝固点は，純溶媒の凝固点に比べて低い。この現象を **凝固点降下** という（右図）。純溶媒（水など）の凝固点を t_1〔℃〕（水では 0℃）とし，これに少量の非電解質を溶かした溶液の凝固点を t_2〔℃〕とすると $(t_2 < t_1)$，

$t_1 - t_2 = \Delta t > 0$　この Δt を **凝固点降下度** という。

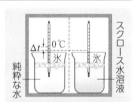

▲ 図11　凝固点降下のモデル

非電解質の希薄溶液の凝固点降下度 Δt は，溶質の種類に無関係で，質量モル濃度 m〔mol/kg〕に比例する。

$\Delta t = K_f m$　（K_f：比例定数）

この K_f[1] を **モル凝固点降下** といい，それぞれの溶媒に固有の値である（▶表6）。

▼ 表6　モル凝固点降下

物質	凝固点〔℃〕	K_f〔K・kg/mol〕
水	0	1.85
ベンゼン	5.5	5.12
ナフタレン	80.3	6.94
ショウノウ	179	37.7

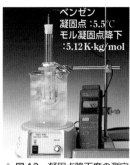

▲ 図12　凝固点降下度の測定

[1] K_f の f は freezing point（凝固点）の f である。モル凝固点降下 K_f，モル沸点上昇 K_b の単位は，$\Delta t = Km$ より，

$K = \dfrac{\Delta t〔\mathrm{K}〕}{m〔\mathrm{mol/kg}〕} = K〔\mathrm{K・kg/mol}〕$　となる。

凝固点降下は，次のように考える。右図は水・水溶液の状態図の一部を拡大・誇張して表したもので，実線が純粋な水，点線が水溶液である。水溶液では蒸気圧降下の場合（→*p*.171）と同じように，融解曲線 TB も左のほうにずれる。つまり水溶液として安定な領域は PQR で囲まれる部分であるから，水溶液の沸点は P の温度 100+Δ*t*〔℃〕で，凝固点は R の温度−Δ*t*′〔℃〕である。

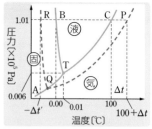

▲ 図13　水・水溶液の状態図

沸点上昇度・凝固点降下度

$$\Delta t = Km$$

→ モル沸点上昇またはモル凝固点降下〔K・kg/mol〕
→ 質量モル濃度〔mol/kg〕
→ 沸点上昇度または凝固点降下度〔K〕

2 溶媒が固体の場合　たとえば，ショウノウに尿素をよく混合し，毛細管に詰めてこれを静かに熱しつつ，その融点を測ると，純粋なショウノウの融点より低くなる。すなわち，ショウノウの凝固点（融点に等しい）が降下するが，この場合も，$\Delta t = K_f m$ の関係が成立している。一般に，固体の場合でも，他の物質を混合することによって凝固点（融点）は，純粋な場合よりも降下する。ショウノウは K_f が大きいので，より精度が高く測定できる。

補足　融点328℃の鉛に融点232℃のスズを加えると，融点が降下する。スズが約60%の混合物では，その融点は180℃ほどにもなる。これが以前に使われていたはんだで，金属の接合に用いられていた（→*p*.370）。

問題学習 …… 34　　　　　　　　　　　　　　　　　　　　　　　凝固点降下

モル凝固点降下および凝固点は前ページ表6の値を用いて，数値は小数第1位まで求めよ。
(1)　ナフタレン 50g に，尿素（分子量60）0.30g を混合したものの凝固点は何℃か。
(2)　水 250g に尿素を溶かした溶液の凝固点は−0.28℃であった。溶かした尿素は何 g か。

考え方　(1) $K_f = 6.94$ K・kg/mol であるから，
$\Delta t = K_f m$ より，

$$\Delta t = 6.94 \times \frac{\frac{0.30}{60}}{\frac{50}{1000}} = 0.694 \,(\text{K})$$

凝固点は 80.3−0.694≒79.6（℃）　　**79.6℃**

(2) 溶かした尿素の質量を x〔g〕とすると，

$$0 - (-0.28) = 1.85 \times \frac{\frac{x}{60}}{\frac{250}{1000}}$$

$x ≒ 2.3\,(\text{g})$　　**2.3g**

類題 …… 34

ある濃度のスクロース水溶液の凝固点は−0.20℃であった。この溶液の沸点を求めると何℃になるか。小数第3位まで答えよ。ただし，スクロースは非電解質であり，水の凝固点は 0℃，沸点は100.00℃，モル沸点上昇は 0.52 K・kg/mol，モル凝固点降下は 1.85 K・kg/mol とする。

3 冷却曲線 **(1) 純溶媒の場合** 凝固点降下の実験をしてみると，ゆっくりと冷却をした場合には，一般に右図①のようなグラフが得られる。凝固点以下になっても液体のままの状態は **過冷却**（または過冷）とよばれ，不安定な状態である（準安定ともいう）。しかし，やがて固体が生成すると凝固熱を発生するので，すぐに温度は凝固点にもどり，すべてが凝固するまでその温度を保つ。

(2) **溶液の場合** 溶液の場合も純溶媒と同様に過冷却がみられるが，水平な部分がない（▶右図②）ことに気づく。

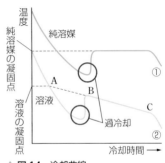

▲ 図14 冷却曲線

これは，溶液が凝固し始めた場合，析出する物質は **溶媒が凝固** した固体であるからである。溶質は飽和溶液にならないと析出することはない。したがって，凝固が進むにつれて溶質の量は変わらないが，溶媒が減少することになり，溶液の濃度が増大する[1]。このため，凝固点が次第に低くなるのである。このときの元の濃度の溶液の正しい凝固点は，図のように，過冷却が起こらなかったと仮定して，$\overline{BC}$ の部分の直線を左方向へ延ばした交点(A)の温度となる（この操作を外挿という）。

4 電解質水溶液の場合 沸点上昇や凝固点降下は，溶質の粒子の数に影響される。したがって，電解質の場合にはその電離で生じる粒子の数（イオンの物質量）を考慮しなければならない。沸点上昇や凝固点降下度は溶液中のすべての溶質粒子の質量モル濃度に比例する。

希薄溶液の場合に，電解質はすべて電離していると考えると，たとえば，質量モル濃度 m〔mol/kg〕の電解質水溶液では次のようになる。

① 塩化ナトリウム水溶液

$NaCl \longrightarrow Na^+ + Cl^-$ …1mol の NaCl が合計 2mol のイオンとなる。

イオンの質量モル濃度は $2m$〔mol/kg〕

② 塩化カルシウム水溶液

$CaCl_2 \longrightarrow Ca^{2+} + 2Cl^-$ …1mol の $CaCl_2$ が合計 3mol のイオンとなる。

イオンの質量モル濃度は $3m$〔mol/kg〕

③ $A_xB_y \longrightarrow xA^{y+} + yB^{x-}$ …1mol の A_xB_y が合計 $(x+y)$〔mol〕のイオンとなる。

イオンの質量モル濃度は $m(x+y)$〔mol/kg〕

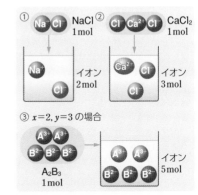

▲ 図15 電解質水溶液の電離のモデル
（粒子1つは $6×10^{23}$ 個を表す）

なお，これらのイオンの濃度の考え方は，沸点上昇や凝固点降下のほか，後で学ぶ浸透圧にも適用される。もし，電解質の電離度が与えられた場合には，電離度を考慮した濃度を考える必要がある（→次ページ Study Column）。

[1] 図14 の $\overline{BC}$ において，ある一定量以上の溶媒が凝固すると飽和溶液になるため，温度が一定となる箇所が存在しうるが，希薄溶液の特徴を表すために省略している。

　電解質水溶液を考える場合，何も指定がなければ，溶けている電解質が完全に電離しているとしてよい。しかし，実際は完全には電離せず，溶けている電解質全体のうち，ある割合だけが電離している場合がある。その割合を**電離度 α** といい，次式のように定義される（→ p.244）。

$$電離度\ \alpha = \frac{電離した電解質の物質量}{溶かした電解質全体の物質量}$$

　完全に電離している場合は $\alpha = 1$ となる。

　一般に，電解質の組成式が n 個のイオンからなるとき，その m〔mol/kg〕の溶液中の電離度を α とすると，電離後に生じる粒子の質量モル濃度は $m(1+(n-1)\alpha)$〔mol/kg〕になる。

（注）$1+(n-1)\alpha$ はファントホッフ係数とよばれている。

例

	NaCl $\longrightarrow$ Na$^+$ + Cl$^-$			CaCl$_2$ $\longrightarrow$ Ca^{2+} + 2Cl$^-$		
電離前	m	0	0	m	0	0
変化量	$-m\alpha$	$+m\alpha$	$+m\alpha$	$-m\alpha$	$+m\alpha$	$+2m\alpha$
電離後	$m(1-\alpha)$	$m\alpha$	$m\alpha$	$m(1-\alpha)$	$m\alpha$	$2m\alpha$
総物質量	$m(1+\alpha)$			$m(1+2\alpha)$		

問題学習 ····· 35　　　　　　　　　　　　沸点上昇・凝固点降下と電離度

　K_b や K_f の値は p.172, 173 の表を参照し，水の沸点は 100℃，凝固点は 0℃とする。

(1) 0.100mol/kg の塩化ナトリウム水溶液の沸点と凝固点を小数第3位まで求めよ。ただし，塩化ナトリウムは水溶液中で完全に電離しているものとする。

(2) 0.10mol/kg の塩化ナトリウム水溶液の凝固点を測定したところ−0.34℃であった。この水溶液中の塩化ナトリウムの電離度はいくらか。小数第2位まで求めよ。

考え方 (1) 1mol の塩化ナトリウム NaCl は 2mol のイオンからなる。

$\Delta t = K_b m = 0.515 \times 0.100 \times 2 = 0.103$（K）

沸点は　$100 + 0.103 = 100.103$（℃）

答 **100.103℃**

$\Delta t = K_f m = 1.85 \times 0.100 \times 2 = 0.370$（K）

凝固点は　$0 - 0.370 = -0.370$（℃）

答 **−0.370℃**

(2) 電離度を α とすると，粒子の濃度は，

$0.10 \times (1+\alpha)$〔mol/kg〕となる。

$\Delta t = K_f m = 1.85 \times 0.10 \times (1+\alpha) = 0.34$（K）

$\alpha \fallingdotseq 0.84$

答 **0.84**

類題 ····· 35

　次の水溶液を凝固点が高いものから順に並べよ。ただし，電解質は水溶液中で完全に電離しているものとする。

(a) 0.04mol/kg NaCl 水溶液

(b) 0.03mol/kg MgCl$_2$ 水溶液

(c) 0.05mol/kg スクロース水溶液

5 分子量の測定 沸点上昇や凝固点降下の現象を利用して、溶質の分子量[1]や電解質の電離度を求めることができる。公式を覚えなくても次のように考えればよい。

溶質の質量を w〔g〕、溶媒の質量を W〔g〕、溶質のモル質量を M〔g/mol〕とすると、質量モル濃度 m〔mol/kg〕は $m = \dfrac{\dfrac{w}{M}}{\dfrac{W}{1000}} = \dfrac{w}{M} \times \dfrac{1000}{W}$ ……① である。

一方、沸点上昇度や凝固点降下度を Δt、モル沸点上昇やモル凝固点降下を K とすると、質量モル濃度 m は $m = \dfrac{\Delta t}{K}$ ……② である。

上式で、w、W、Δt は実験により求められ、K はデータとして与えられるので、①＝②より M が求まる。公式として表すと次のようになる。

$$M = \frac{1000Kw}{\Delta t W}$$

重要

沸点上昇・凝固点降下と分子量 $\quad M = \dfrac{1000\,Kw}{\Delta t W}$

$K \begin{cases} K_b：モル沸点上昇 \\ K_f：モル凝固点降下 \end{cases}$ $\Delta t \begin{cases} 沸点上昇度〔K〕 \\ 凝固点降下度〔K〕 \end{cases}$ $\begin{matrix} w：溶質の質量〔g〕 \\ W：溶媒の質量〔g〕 \end{matrix}$

 **問題学習 ⋯⋯ 36**　　　　　　　　　　　　**凝固点降下による分子量の算出**

500 g のベンゼンに 5.40 g のナフタレンを溶かした溶液は 5.07 ℃で凝固する。ナフタレンの分子量を整数値で求めよ。ベンゼンの凝固点は 5.50 ℃、モル凝固点降下は 5.12 K・kg/mol である。

考え方 $\Delta t = 5.50 - 5.07 = 0.43$ (K)、
$K_f = 5.12$ K・kg/mol、$W = 500$ g、$w = 5.40$ g、
ナフタレンのモル質量を M〔g/mol〕とすると、
$\Delta t = K_f m$ より

$0.43 = 5.12 \times \dfrac{5.40}{M} \times \dfrac{1000}{500}$

$M ≒ 129$ g/mol

答 **129**

類題 ⋯⋯ 36

水 100 g にグルコース（$C_6H_{12}O_6$：分子量 180）9.0 g を溶かした溶液の凝固点は −0.93 ℃であった。また、水 100 g に別のある糖 18 g を溶かした溶液の凝固点は −0.98 ℃であった。この糖の分子量を整数値で求めよ。水の凝固点は 0 ℃とする。

⸺⸺⸺⸺⸺⸺⸺⸺⸺⸺⸺⸺⸺⸺⸺⸺⸺⸺⸺⸺⸺⸺⸺⸺⸺⸺⸺⸺⸺⸺⸺⸺⸺⸺⸺⸺

[1] 沸点上昇や凝固点降下を用いて分子量を求めることができる溶質は、不揮発性の物質であり、加熱しても変化しない低分子量のものである。これに対して、次項で学ぶ浸透圧を用いた分子量の測定は、分子量が 1 万くらいの物質でも分子量を求めることができる。すなわち、第 6 編で学ぶ高分子化合物の分子量は、浸透圧を用いて分子量を求めることが多い。

Laboratory　凝固点降下による分子量の測定

目的　純溶媒と溶液の凝固点を測定することにより未知試料の分子量を求める。

方法　(1) 右図のように大小の試験管を組み合わせて装置をつくる。

(2) 中の試験管に質量 (W〔g〕) をはかったベンゼンを入れ，まわりを氷で冷却し，かき混ぜ棒で かくはん しながら時間と温度との変化を測定し，凝固点を求める。

(3) 試料の質量 (m〔g〕) をはかってベンゼンの中に入れ，完全に溶解させる。

(4) (2)と同様に冷却して凝固点が降下する過程をグラフで表し，凝固点降下度を求める。

(5) 計算により分子量を求める。

MARK　① 中の試験管と外の試験管の間の空気層は，冷却をおだやかにするためである。

② 温度計は 0.1℃まで目盛りがあるものを用いる。

③ かき混ぜ棒でよく かくはん しながら行う。

④ 溶液の凝固点はグラフを書かないと求められない（→ p.175）。

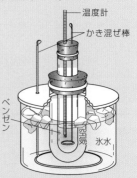

Question Time　クエスチョン タイム

Q. 寒冷地における海氷の下の魚の血液はなぜ凍らないのですか？

A. 暖海産の魚の血液の凝固点は約−0.8℃です。それは，血液中のおもに塩化ナトリウムのほか，カリウムイオン，カルシウムイオン，アミノ酸などによる凝固点降下の効果です。南極の海域の海水の凝固点は−1.9℃で，表層から低層まで変化は少ないようです。その海域には多数の魚類が生息しています。それらの魚の血液は，約−2.2℃にならないと凍結しないことが観察されています。その理由は，血液中の塩化ナトリウムが暖海産の魚よりやや多いこともありますが，そのほかに不凍性の機能をもつタンパク質が血液中に多量に溶けていることが大きな原因です。その例としては，アラニン 2分子，トレオニンと二糖からなるトリペプチドが重合した糖タンパク質です。それが血液中に 3〜4％含まれているため，暖海産の魚に比べて 1.4K 分の凝固点降下を引き起こしているわけで，南極の海域の海水の凝固点より低い温度にならないと凝固しないわけです。暖海産の魚を南極の海域に放流したら，凍ってしまうでしょう。

南極海

血液の凝固点降下に及ぼす度合い

C 浸 透 圧

1 **浸透圧の意味** (1) 右図ⓐのように，水和したスクロース分子は通さないが，水分子は自由に通過できる膜（**半透膜❶**）でU字管を仕切っておく。そこに，スクロース水溶液と純粋な水を，別々に左右の水位を等しく入れる。

(2) 半透膜を通って，U字管の右側の純粋な水から左側のスクロース水溶液のほうに移る水分子は，逆にスクロース水溶液から純粋な水のほうに移る水分子の数より多い（スクロース水溶液から蒸発する水分子は，純粋な水から蒸発する水分子より少ないのに似ている）。この現象を **浸透** という。このとき，水和したスクロース分子は半透膜を通過できないのでスクロース水溶液を薄めようとする力がはたらく。この力を **浸透圧** という。この結果，放置すると右図ⓑのようにスクロース水溶液の水位が上昇し，やがて止まる。

(3) もとの水溶液の浸透圧を測定するには，ⓒのように，スクロース水溶液の上から圧力（Π）（バイ）を加えて，U字管の右側の水分子が左側のスクロース水溶液のほうに浸透しないようにする。すなわち，左側と右側とが同じ水位を保つようにする。このとき水溶液に加えた圧力（Π）が，この濃度におけるスクロース水溶液の浸透圧となる。

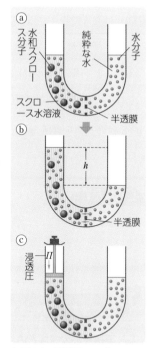

▲ 図16 浸透圧のモデル

> 浸透圧は，溶液の濃度を薄めようとする力

注意 図ⓑの左右の液柱の差 h から求められる圧力❷は，図ⓑの状態に薄められたスクロース水溶液の浸透圧である。もとのスクロース水溶液の浸透圧 Π を測定するには，ⓒのようにして測定する。

2 **浸透圧と濃度，温度** ① 浸透圧は濃度を薄めようとする力であるから，溶液の濃度が大きいほど浸透圧は大きくなる。すなわち浸透圧（Π）は，溶液の濃度（モル濃度 c〔mol/L〕）に比例する。

② 液体中の分子の熱運動や拡散は，温度が高いほど大きい。濃度が一定であれば，浸透圧（Π）は溶液の絶対温度（T〔K〕）に比例する。

③ ①と②から，次式が得られる。　　$\Pi = kcT$
（浸透圧はモル濃度に比例し，絶対温度に比例する。k は比例定数）

❶ **半透膜** 溶液のいずれかの成分のみを選択的に透過させる膜をいう。
　例 セロハン，ポリビニルアルコール膜，ボウコウ膜，コロジオン膜，細胞膜など。イオンやコロイド（→ p.183）の溶液には，それぞれ膜の目の大きさの異なる半透膜が使われる。
❷ 溶液の密度を d〔g/cm³〕，水銀の密度を 13.6 g/cm³(0℃)とすると，液柱の差 h〔mm〕のときの浸透圧は，
$\dfrac{h\text{〔mm〕} \times d\text{〔g/cm}^3\text{〕}}{760\,\text{mm} \times 13.6\,\text{g/cm}^3} \times 1.01 \times 10^5\,\text{Pa}$ で表される。

3 浸透圧の公式　$\Pi = kcT$ の関係は，溶質の種類に無関係であり，比例定数 k は気体定数 R に等しいことが知られている。したがって，モル濃度 c〔mol/L〕，絶対温度 T〔K〕での浸透圧 Π〔Pa〕は次式で表される[1]（次の関係は**ファントホッフの法則**とよばれる）。

$$\boxed{\Pi = cRT \qquad R = 8.3 \times 10^3 \, \text{Pa·L/(mol·K)}}$$

また，モル濃度 c〔mol/L〕は，物質量 n〔mol〕を溶液の体積 V〔L〕で割ったものであるから，

$\Pi = \dfrac{n}{V}RT$　または　$\Pi V = nRT$ と表すこともできる。さらに，物質量 n〔mol〕は溶質の質量 m

〔g〕を溶質のモル質量 M〔g/mol〕で割ったものであるから，$\Pi V = \dfrac{m}{M}RT$ あるいは $M = \dfrac{mRT}{\Pi V}$

となる。

CHART 27

浸透圧よ，お前もか！ $\Pi V = nRT$

$R = 8.3 \times 10^3 \, \text{Pa·L/(mol·K)}$

Question Time クエスチョン タイム

Q. 浸透圧の公式はどのように導かれたのですか？

A. 1874 年，ドイツのペッファー[2]は，スクロース水溶液の浸透圧を，温度や濃度を変化させて調べました。そのときのデータは右表の通り

▼表7　ペッファーの実験結果

温度 $T=288\,\text{K}$ のとき			濃度 $c=3.0\times10^{-2}\text{mol/L}$ のとき		
濃度 c〔mol/L〕	浸透圧Π〔$\times10^3$Pa〕	Π/c	絶対温度 T〔K〕	浸透圧Π〔$\times10^3$Pa〕	Π/T
3.0×10^{-2}	72	2.4×10^3	280(7℃)	70	0.25
6.0×10^{-2}	144	2.4×10^3	295(22℃)	73	0.25
1.0×10^{-1}	232	2.3×10^3	308(35℃)	74	0.24
2.0×10^{-1}	480	2.4×10^3	314(41℃)	75	0.24

です。これより，温度一定ではモル濃度に比例（左欄 Π/c が一定し，濃度一定では絶対温度に比例（右欄 Π/T が一定）することがわかりました。これらをまとめて式で表すと $\Pi = kcT$ となります。

　その後，オランダのファントホッフが，それぞれのデータについて，k の値を求めてみると，いずれも $8.3 \times 10^3 \, \text{Pa·L/(mol·K)}$ であり，気体定数と同じ値でした。そこで $\Pi V = nRT$ というファントホッフの法則が導かれました。

---

[1] 電解質水溶液の場合は，イオンを含めた全粒子のモル濃度の総和に比例する。

[2] ペッファー（W.Pfeffer，1845〜1920）はドイツの植物学者。植物の細胞膜の浸透性についての研究のほか，植物の分布，コケ類，進化論，発生学，植物生理学の研究がある。素焼きの容器に形成させたヘキサシアニド鉄(II)酸銅(II) $Cu_2[Fe(CN)_6]$ の半透膜も，彼の発明による。彼の浸透圧の研究は，ファントホッフにより，溶液中の溶質粒子が示す圧力として解明され，いろいろな溶液の研究の基礎となった。

次の(1)，(2)の問いに有効数字3桁で答えよ。$R = 8.3 \times 10^3\,Pa \cdot L/(mol \cdot K)$

(1) 0.200mol/L のスクロース水溶液の 27℃における浸透圧は何 Pa か。

(2) ヒトの血液の浸透圧を37℃で $7.50 \times 10^5\,Pa$ とする。グルコース 52.4g を水に溶かして 1L にした水溶液は，ヒトの血液と同じ浸透圧を示すので，体内への輸液に用いられる。グルコースの分子量を求めよ。

考え方 スクロースとグルコースは非電解質である。

(1) $\Pi = cRT$

$= 0.200 \times 8.3 \times 10^3 \times (27 + 273)$

$= 4.98 \times 10^5 (Pa)$ 　　**答** $\boldsymbol{4.98 \times 10^5\,Pa}$

(2) グルコースのモル質量を $M\,[g/mol]$ とすると，

$$M = \frac{mRT}{\Pi V} = \frac{52.4 \times 8.3 \times 10^3 \times (37 + 273)}{7.50 \times 10^5 \times 1}$$

$\fallingdotseq 180\,(g/mol)$ 　　**答** **180**

類題 ····· 37

次の問いに有効数字2桁で答えよ。ただし，水銀の密度を $13.6\,g/cm^3$，水や水溶液の密度を $1.0\,g/cm^3$，大気圧を $1.01 \times 10^5\,Pa = 760\,mm$ 水銀柱，気体定数 $R = 8.3 \times 10^3\,Pa \cdot L/(mol \cdot K)$ とする。

(1) U字管に半透膜を隔てて純粋な水とスクロース水溶液を入れて長時間放置したところ，p.179 図16ⓑのようになり，液柱の差は $h = 6.8\,mm$ であった。このときの浸透圧は何 Pa か。

(2) 未知物質 2.35g を水に溶かして 300mL とし，27℃で (1)と同様に実験したところ，$h = 20\,mm$ であった。この物質の分子量を求めよ。

Question Time クエスチョン タイム

Q. 浸透圧の公式と気体の状態方程式は似た式ですが，なぜですか？

A. オランダの化学者で1901年第1回ノーベル賞を受けたファントホッフ（1852～1911）は「真空中における気体分子の挙動は，溶媒中の溶質粒子の挙動と同じである」と発表しました。これは次のように考えると理解できます。図Aは真空中に，ある粒子(気体分子)のみ存在している状態，図Bは溶媒中に，ある溶質粒子が存在している状態です。中央にあるピストンは図Aでは気体分子を通さないもの，図Bでは溶媒分子は自由に通過できるが溶質粒子は通さないものと考えます。すると，図Aと図Bのようにまったく同じ現象が起こると考えることができます。すなわち，ピストンを押す力 (p, Π) は，粒子の物質量 $n\,[mol]$ および，熱運動の力，つまり絶対温度 $T\,[K]$ に比例し，体積 $V\,[L]$ に反比例することになります。

気体分子のみ存在

溶媒のみ自由に通過できるピストン

気体分子に衝突され，圧力 p が加わり，ピストンが左へ移動していく。このとき，空間が右へ移動したとも考えられる。

溶質粒子の衝突によりピストンが左に押される。そのため，圧力 Π が加わり，ピストンが左へ移動し，溶媒が溶液のほうに移動する。

A 真空中の気体分子 **B** 溶媒中の溶質粒子

したがって，$p = \Pi = \dfrac{nRT}{V}$ または，$\Pi = cRT$ が成り立つのです。

mol/L と mol/kg の違い

たとえば，1.00gのグルコース（分子量180）を含む水溶液1Lについて考える。

　　モル濃度は　1.00g/(180g/mol) ⟶ **0.00556mol/L**

この溶液の密度を1.02g/cm³とすると，

　　質量モル濃度は　0.00556mol/L ⟶ 0.00556mol/(1.02×1000−1.00)g

≒**0.00546mol/kg**　となる。

違いを理解
しよう！

　凝固点降下や沸点上昇では，"温度の変化"が測定の中心であるが，浸透圧
では温度は変化させない。したがって，前者では，溶液の体積は厳密に一定ではないが，後者
では体積は一定である。そのため，前者ではmol/kgを用い，後者ではmol/Lを使う。

　しかし，どちらも希薄溶液について扱うのであるから，上のように数値的には，大きく違わ
ない。入試問題でも，混同して出題されたり，同じと見なされたりすることもある。

Study Column **逆浸透膜法による海水の淡水化**

　右の図のように，半透膜に対して，浸透圧とは逆に，
溶液側から浸透圧よりも大きな圧力を加えると，溶液
中の水分子だけが純粋な水側に出ていく。このしくみ
を利用したものが逆浸透膜装置である。実際にはアセ
テートや合成高分子化合物の半透膜が用いられ，その
形状には中空糸型と平膜型のものがある。円筒状の圧
力容器に入れ，高圧をかけて使用する。

　外洋を航海する客船の他，中東地域や河川の少ない
国，また，日本でも福岡県，沖縄県他の離島などで逆
浸透法による海水淡水化が行われている。左下の写真

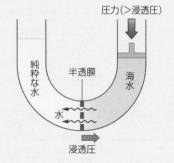

圧力（＞浸透圧）

純粋な水　半透膜　海水

水

浸透圧

は福岡市の海水淡水化施設で，海水から一日におよそ5万トンの淡水を作る能力がある。

　最近では，化学実験や工場などで使用する純粋な水の製造装置（右下の写真）や，一般家庭用
の飲料水製造装置にも取り入れられているものがある。海水の淡水化は，以前は蒸発法による
ものが多かったが，近年はエネルギー効率に優れた逆浸透膜法が大部分を占めるようになった。

福岡地区水道企業団海水淡水化センター

A コロイド

1 コロイド粒子 **(1) 粒子の大きさ** 直径がおよそ $10^{-9}\,\mathrm{m}$（10億分の1m，1nm，10Å）から $10^{-7}\,\mathrm{m}$（1000万分の1m，10^2nm，1000Å）の粒子を **コロイド粒子** という。粒子1個の中には $10^3 \sim 10^9$ 個の原子または分子が含まれる。この粒子が水溶液中に分散しているものがコロイド溶液であり **ゾル** という。一般に，コロイド粒子が物質中に均一に分散したものを **コロイド** という。

(2) 構成物質の種類と形 構成物質の種類には関係がない。銀 Ag，炭素 C，硫黄 S のような単体，水酸化鉄(III)のような化合物，タンパク質，デンプンのような大きな分子からなる化合物（高分子化合物）などがコロイド粒子になる。粒子は球形の他，いろいろな形が存在する。

2 コロイド溶液（ゾル）の生因による分類 **(1) 分子コロイド**
デンプン，タンパク質など水溶性の高分子化合物を水に溶かすと，これらの分子の大きさがコロイド粒子の大きさに相当するので，そのままコロイド溶液となる。有機溶媒中の高分子化合物の溶液でも同じである。

(2) 会合コロイド（ミセルコロイド） 多数の会合しやすい分子やイオンが構成粒子となった集合体がコロイド粒子の大きさになったもので，たとえば，セッケン水などの界面活性剤の水溶液がある。セッケン分子などが100個程度集まったコロイド粒子は **ミセル** とよばれる。

(3) 分散コロイド 硫黄や金のコロイドのように，水に不溶の単一粒子を適当な方法で溶媒中に微粒子として分散させたもの。

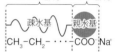

(a) セッケン
水になじみ　水になじみ
にくい部分　やすい部分
疎水基　親水基
$CH_3-CH_2-\cdots-COO^- Na^+$

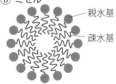

(b) ミセル
親水基
疎水基

▲ **図17 セッケンの構造とミセルの形成**
実際は球状であるが，そのモデルの断面を示した。

塩化鉄(III)水溶液
水酸化鉄(III)のコロイド溶液
沸騰水

▲ **図18 水酸化鉄(III)コロイド溶液の調製**

左図のように，塩化鉄(III) $FeCl_3$ 水溶液を，沸騰水に少量加えると，赤褐色[1]（赤色）の水酸化鉄(III)のコロイド溶液が得られる。
このときの反応を次の化学反応式で表す場合がある。
$$FeCl_3 + 3H_2O \longrightarrow Fe(OH)_3 + 3HCl$$
入試でも求められることがあるが，水酸化鉄(III)の組成は複雑で，単に $Fe(OH)_3$ のような定まった化学式で表すことができない。
実際は，酸化水酸化鉄(III)FeO(OH)のほか，OH 基の間で H_2O がとれ，$Fe_2O_3 \cdot nH_2O$ で表されるいくつかの物質からなる混合物なので，単純に1つの化学式 $Fe(OH)_3$ で表すことができない。

[1] 水酸化鉄(III)コロイドが赤褐色に見えるのは，その粒子の大きさが，ちょうど太陽光の中の赤色の補色である青緑色の光を吸収する大きさになるからである。

3 分散系　ある状態の物質の中に他の物質の粒子が浮遊しているとき，前者を **分散媒**，後者を **分散質** といい，全体を **分散系** という。

　たとえば，分散媒(溶媒)が水，分散質(溶質)が分子やイオンのときの分散系を，**真の溶液** といい，それより大きい粒子のときの状態の一つがコロイド分散系である。

		分散媒		
		気体	液体	固体
分散質	気体	分散媒・分散質ともに気体の組合せはない	せっけんの泡や気泡	活性炭や軽石
	液体	霧や雲 ① エーロゾル	牛乳やマヨネーズ 乳濁液②	ゼリーやゼラチン ゲル③
	固体	煙や空気中のほこり ① エーロゾル	墨汁や絵の具 懸濁液②	色ガラスや合金

① 分散媒が気体で，分散質が液体・固体のコロイドを **エーロゾル**(エアロゾル)という。
② 分散媒が液体で，分散質が液体のコロイドを **乳濁液**(エマルション)，分散質が固体のとき **懸濁液**(サスペンション)という。
③ 温度により全体が固まるコロイド溶液がある。この状態を **ゲル**(固体ゾル)という。
▲ 図19　コロイドの分散系の例

B　コロイド溶液の性質

1 チンダル現象　コロイド溶液に側面から光束を当てると，コロイド粒子が光を散乱するので，光の進路が見える[1]。これを **チンダル現象**[2]という(▶図20)。

　このチンダル現象の原理を利用して，コロイド溶液に横から強い光を当て，側面からコロイドの粒子の位置を光点として観測できるようにした顕微鏡を **限外顕微鏡** という(▶図21)。この場合，コロイド粒子自身は見えず，光点としてその位置が観測されるだけである。

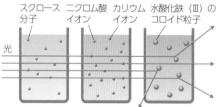

スクロース分子　ニクロム酸カリウム イオン　水酸化鉄(Ⅲ)の
　　　　　　　イオン　　　　　　　　コロイド粒子

光

▲ 図20　チンダル現象(レーザー光による)

❶ 戸のすき間から入る光や木の葉の間を通ってくる細い光は，室内の目に見えない「ほこり」や空気中にただよっている水滴(霧)で散乱されるので，その進路が見える。これもチンダル現象といえる。
❷ **チンダル**(1820〜1893)　イギリスの物理学者。有名な物理・化学者ファラデーの後任教授である。熱，光，磁気，音響，氷河など，研究の対象は広い。チンダル現象は，詳細に研究したチンダルに因んで命名された。

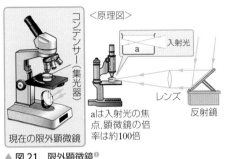

コンデンサー（集光器）

＜原理図＞

入射光

f

a

レンズ

反射鏡

aは入射光の焦点，顕微鏡の倍率は約100倍

現在の限外顕微鏡

▲ 図 21　限外顕微鏡[1]

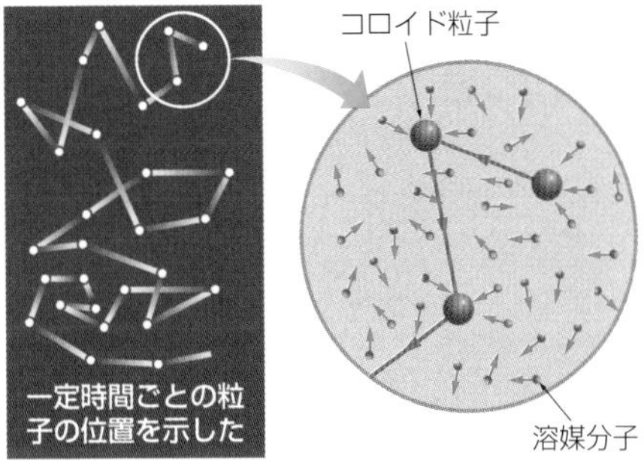

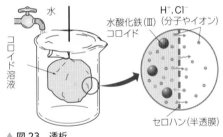

コロイド粒子

溶媒分子

一定時間ごとの粒子の位置を示した

▲ 図 22　ブラウン運動

2 ブラウン運動　コロイド粒子が溶媒中に分散しているとき，分散媒の分子（たとえば水分子）が熱運動によって，この粒子に乱雑に衝突するために，粒子は不規則な運動をする。この運動を **ブラウン運動**[2]という（▷図 22）。この現象を詳しく観察することにより，分子の実在の証明や，分子の熱運動の研究に役立った。

ブラウン運動の特徴は次の通りである。
① 不規則，独立的，永久連続的である。
② 高温になるほど運動は激しい。
③ コロイド粒子が小さいほど運動は激しい。

3 透析　塩化鉄（Ⅲ）水溶液を沸騰水中に入れてつくった溶液には，水酸化鉄（Ⅲ）コロイドのほかに，H^+ や Cl^- が存在している。これらのイオンは，コロイドの安定性に悪影響を及ぼす（→ p.187）ので除去することが求められる。

コロイド粒子は，その大きさからろ紙を通過できるが，セロハンのような半透膜[3]は通過できない。そこで，コロイド粒子は通さないが，イオンや普通の小さな分子は通す半透膜の袋に入れて流水中に放置すると，コロイド粒子だけが袋の中に残る。この操作を **透析** といい，コロイド溶液の精製に利用される。

たとえば，水酸化鉄（Ⅲ）コロイド溶液を透析すると，H^+ や Cl^- は半透膜の外に出るので，pH 指示薬や硝酸銀水溶液などで確認できる。

水

コロイド溶液

H^+, Cl^-

水酸化鉄(Ⅲ) コロイド

水酸化鉄(Ⅲ) （分子やイオン）

セロハン（半透膜）

▲ 図 23　透析

----

[1] ジーグモンディ R.Zsigmondy（1865〜1929）の考案による（1903 年）。ファラデーがつくった金のコロイドを，実際に限外顕微鏡によって観測している。
[2] **ブラウン運動**　1827 年に，水中の花粉の中から生じた微粒子の不規則な運動を発見したイギリスの植物学者ブラウンに因んで命名された。
[3] 半透膜には，水分子は通すが，スクロース分子は通さないヘキサシアニド鉄（Ⅱ）酸銅（Ⅱ）の膜もある。

Study Column 人工透析

腎臓には心臓からの血液が流れ込み，腎臓内のボーマン嚢とよばれる器官で老廃物（尿素，尿酸，金属イオン，有毒物，過剰の薬物など）をろ過している。ろ過されたものは原尿とよばれ，老廃物は尿として排出される。

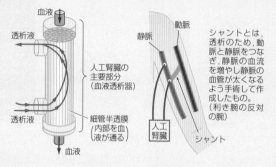

シャントとは，透析のため，動脈と静脈をつなぎ，静脈の血流を増やし静脈の血管が太くなるよう手術して作成したもの。（利き腕の反対の腕）

腎臓の機能が著しく低下した腎臓病の患者は，人工透析によって血液中の老廃物を透析膜と透析液で取り除く必要がある。人工透析の主要部分は，細いチューブ状の半透膜を束ねたもので，半透膜としては，合成高分子化合物（→ p.508）やセルロース膜などが用いられる。

血液中のタンパク質や血球などは半透膜を通らず血液中に残るが，分子量が小さい老廃物は半透膜を通って透析液中に移動するので老廃物を除くことができ，同時に血液の浸透圧や pH なども調節される。

---

4 電気泳動 一般にコロイド粒子のほか，小さな粒子（ほこり，水滴など）は複雑な原因で正または負に帯電していることが多い。右図の青い部分はベルリンブルー[1]のコロイド溶液であり，これに電圧を加えると陽極のほうに移動することから，このコロイド粒子は負に帯電していることがわかる。同様に水酸化鉄（Ⅲ）のコロイド溶液で実験すると陰極のほうに移動するので，正に帯電していることがわかる。このように帯電した粒子あるいは分子が電場中を移動する現象を **電気泳動** という。

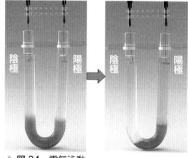

▲ 図 24　電気泳動

ベルリンブルーのように負に帯電しているコロイド[2]を **負コロイド** といい，水酸化鉄（Ⅲ）のコロイド粒子は正に帯電しているので **正コロイド** という。

負コロイドには，粘土，Au，Pt，硫化ヒ素（As_2S_3）$_n$ などのコロイド，羊毛・絹などのコロイドがあり，正コロイドには，Fe, Al などの水酸化物のコロイド，タンパク質（ヘモグロビン），寒天などのコロイドがある。

---

[1] ベルリンブルー（ベルリン青）はプルシアンブルーともいい，Fe^{3+} と $[Fe(CN)_6]^{4-}$ から生じる濃青色沈殿（→ p.385）で，水にわずかに溶けるが，大部分はコロイド溶液になる。

[2] **コロイドの帯電** コロイド粒子（疎水コロイド→次ページ）の表面には，陽イオンや陰イオンが結合して，粒子全体として正あるいは負のどちらかに帯電して，その反発力により安定に存在している。
　　硝酸銀 $AgNO_3$ とヨウ化カリウム KI の溶液を反応させるとき，生成する AgI のコロイドはイオンの量により，$AgNO_3 > KI$ のときは正（Ag^+），$AgNO_3 < KI$ のときは負（I^-）に帯電することが知られている。また，「ほこり」など絶縁体は，単なる摩擦でも帯電することがある。

C 親水コロイドと疎水コロイド

1 親水コロイド・疎水コロイド 水中のコロイド粒子は、それぞれのコロイド粒子によって、その表面に量の差はあっても、水分子を引きつけている（水和）。水分子を多く引きつけているものを **親水コロイド**，少ないものを **疎水コロイド** という（▶表8）。

▼ 表8 疎水コロイドと親水コロイド

	疎水コロイド	親水コロイド
成分	主として無機物質。金，銀，白金，炭素，硫黄，$AgCl$，As_2S_3，$BaSO_4$，水酸化鉄(III)，$Al(OH)_3$ などのコロイド。	主として有機化合物。セッケン，デンプン，寒天，ゼラチン，タンパク質，にかわなどのコロイド。親水基を多くもつ。
特色	① 粒子に吸着（水和）している水分子は少数。 ② 粒子が集合して沈殿しないのは、主として同一種の電荷の反発力による。	① 粒子に吸着している水分子は多数。 ② 粒子が集合して沈殿しないのは、主として水和水が粒子の集合を妨げるから。
凝析と塩析	少量の電解質を加えると、反対の電荷をもったイオンによって電荷が中和され、反発力がなくなり、粒子が集合して沈殿する。これを **凝析（凝結）** という[1]。	少量の電解質の添加では凝析しないが、多量の電解質やアルコールの添加によって水和している水が除かれ、沈殿する。これを **塩析** という。

▲ 図25 塩析の例（ゼラチンの負コロイドの塩析）

2 イオンの価数と凝集力 疎水コロイド溶液にイオンを加えて沈殿させる場合、反対の符号をもつイオンの価数が大きいほど、沈殿させる効果（凝集力）が大きい[2]。表9は、一定量のコロイドを沈殿させるのに要する、各種のイオンの量の比較値である。

▼ 表9 負コロイド，正コロイドを沈殿させるイオンの効果

		As₂S₃（負コロイド）		水酸化鉄(III)（正コロイド）
凝析させるイオンの種類と凝集力	Na^+	51	Cl^-	9.25
	K^+	50	Br^-	12.5
	Mg^{2+}	0.72	NO_3^-	12.0
	Ca^{2+}	0.65	SO_4^{2-}	0.21
	Al^{3+}	0.093	$Cr_2O_7^{2-}$	0.20

補足 Al^{3+} は Na^+ のおよそ500倍以上の効果があり、SO_4^{2-} は Cl^- のおよそ50倍の効果がある[3]。つまり、凝集力は3価イオン≫2価イオン≫1価イオンとなる。

[1] **凝析の考え方** コロイドの表面には、電気的に二重の層ができていて、そのために沈殿しにくいが、コロイド自身と反対の電荷をもつイオンを加えると、この層の厚さが減少し、分子間力が作用してコロイドが沈殿する。（この考え方は、比較的新しく、電気二重層の概念は高校では学習しない。）

[2] これをシュルツ・ハーディの法則 Schulze-Hardy's rule（1899年）という。

3 保護コロイド　疎水コロイドに親水コロイドを一定量以上添加しておくと、疎水コロイドが少量の電解質では凝析しにくくなる。これは、親水コロイドが疎水コロイドを包み、その表面に多数の水分子が吸着するためと考えられる。

このような目的のために添加する親水コロイドのことを **保護コロイド** という。

　例　墨汁は炭素のコロイド（疎水コロイド）に、保護コロイドとして にかわ などを添加したものである（墨は油煙（すすのこと）を にかわ で練り固めたもの）。

4 ゲル・キセロゲル・膨潤　ゾル（コロイド溶液）が流動性を失ったものを **ゲル** という。ゼリーともいう。ゆで卵、豆腐、寒天、こんにゃく、魚の煮こごりのほか、生物体の組織なども一種のゲルである。

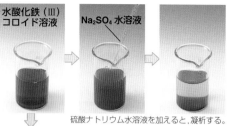

硫酸ナトリウム水溶液を加えると、凝析する。

疎水コロイドが親水コロイドにとりまかれ、くっつきにくくなり、凝析しにくくなる

凝析しない。

▲ 図26　保護コロイド

また、ゲルを乾燥させたものを **キセロゲル** という。キセロゲルは、溶媒がゲルの間から抜け出るために、一般にすき間の多い表面積の大きな構造をもつ（多孔質）。シリカゲルはケイ酸のゲル状沈殿を乾燥させたもので、その広い表面のいたるところに親水性のヒドロキシ基 -OH があり、水を **吸着** しやすく、優れた乾燥剤・吸着剤[1]である。

キセロゲルに溶媒を加えて放置すると、溶媒を吸収して膨れてくる。これを **膨潤** という。フリーズドライ、宇宙食などにも応用されている。

Q? Question Time クエスチョン タイム

Q. 水酸化鉄（Ⅲ）コロイドは、親水基である -OH がたくさんあるように思えますが、親水コロイドでないのはなぜですか？

A. 水酸化鉄（Ⅲ）コロイドを $Fe(OH)_3$ と表してしまうことが疑問の原因ですね。$FeCl_3$ と沸騰水から水酸化鉄（Ⅲ）コロイドをつくる場合（→ p.183）、$Fe(OH)_3$ を生じたとしても、その -OH どうしから H_2O がとれて結合しながら大きな粒子（コロイド粒子）になります。このとき、脱水して $FeO(OH)$ や $Fe_2O_3 \cdot nH_2O$ が生成するようですが、詳しい構造は解明されていません。水酸化鉄（Ⅲ）コロイドを $Fe(OH)_3$ と表すこともありますが、実際に水和にあずかる -OH は少なく、多量の水を水和することができず、少量の電解質により沈殿するので、疎水コロイドに分類されます。

---

[1] **吸着剤の表面積**　シリカゲルや活性炭の粉末などは、粒子が小さいと同時に、粒子に微細な空間があって、これらの単位質量に対する表面積がきわめて大きい。たとえばシリカゲルは、1g あたり表面積が 200～700 m^2、活性炭は 1g あたり 800～1200 m^2 もある。このため、この微細な空間に気体などを吸着しやすい。

Laboratory　豆腐をつくってみよう

内蓋

下の筒の中に容易に入る大きさ

6cm

目的 身近な食品である豆腐をつくり，塩析を理解する。

方法 (1) 牛乳パックを高さ6cmに輪切りにして，パンチで穴を多数あけ，図のような成型器をつくる。内蓋も用意する。

(2) 大豆50gを300mLの水に一晩浸して軟らかくし，豆のみをミキサーに入れ，水200mLを加えて細かく粉砕する。

(3) 500mLビーカーにあけ，150mLの水を加えて弱火で吹きこぼれない程度に15分以上加熱する。「タンパク質の変性」が起こる。

(4) 木綿の布にくるんでから絞ってこし，250mLの豆乳を得る。

(5) 500mLビーカーに(4)の豆乳250mLを入れ，一度沸騰させたのち放冷する。温度が70〜75℃になったら，10%塩化マグネシウム(にがり)水溶液5mLを全体にふりかけ，大きなヘラで2，3回かるく混ぜて，10分程度放置する(湯煎しながら行うとなおよい)。「塩析」を観察する。

(6) 成型器を深皿に置き，ガーゼまたは木綿の敷き布(幅7cm，長さ約30cmを2枚)を湿らせ，成型器の中に十文字に敷く。

(7) ゲル化した豆腐(おぼろ豆腐という)を大さじですくって成型器に満たす。

(8) 上部に敷き布の端をかぶせ，内蓋をして，その上に200g程度の重しをのせる(重しの質量や，のせる時間で豆腐の固さが変わる)。

(9) 約10分後，水の中で成型器からはずして完成。

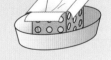

MARK (3)では，こげつかないように注意。

(5) 塩化マグネシウムを加えたとき混ぜすぎに注意。

補足 成分無調整の豆乳が手に入れば，(5)から行うことができる。

Study Column　エーロゾルと集塵装置

コロイド粒子が液体の中ではなく，空気中で分散している場合は，エーロゾル(エアロゾル)といわれる。このようなエーロゾルにも，チンダル現象やブラウン運動が見られる。

工場の煙突からはき出される煤煙などの微粒子は，正または負に帯電しやすい。公害の原因となるこれらの粒子は，コットレル集塵装置で除くことができ，製鉄所，鉱山，セメント工場などで使われている。

右図は，その集塵装置のモデルである。中心の上下の針金と円筒の間に高電圧(数万ボルト)を加えて，放電によって空気をイオン化させる。これが煤煙の粒子に付着して帯電し，静電気力によって反対電荷の極に集まる。このようにして，煤煙を清浄化して空気中に出すことができる。

家庭用の空気清浄機は，このコットレル集塵装置を応用したものが多い。このタイプの中には風の吹き出しをしないタイプもある。

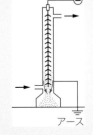

アース

次の文を読んで下の問いに答えよ。

デンプン水溶液のように流動性をもったコロイド溶液を ア という。この水溶液の横から (a) 強い光を当てると，光の進路が見える。限外顕微鏡で観察すると，(b) 光った点が不規則に動いていることがわかる。デンプン水溶液に多量の電解質を加えると沈殿が生じる。この現象を イ とよび，このようなコロイドを ウ コロイドという。一方，(c) 沸騰水中に塩化鉄 (Ⅲ) 水溶液を加えるとコロイド溶液になる。この溶液をセロハンに包んで水に浸すとコロイド溶液を精製することができる。この操作を エ という。このコロイド溶液について電気泳動を行うと陰極のまわりの溶液の色が濃くなる。このコロイド溶液に少量の電解質を加えると沈殿が生じる。この現象を オ とよび，このようなコロイドを カ コロイドという。また，墨汁には炭素の沈殿を防ぐ目的で，にかわが添加されている。このようなはたらきをする ウ コロイドを キ コロイドという。

(1) ア ～ キ に適当な語句を入れよ。
(2) 下線部(a)および(b)の現象をそれぞれ何というか。
(3) 最も少量で下線部(c)のコロイド粒子を沈殿させるものは次のどれか。
　(ア) Na^+　　(イ) Al^{3+}　　(ウ) Cl^-　　(エ) SO_4^{2-}　　(オ) NO_3^-

考え方 (1) (ア) ゾル　(イ) 塩析　(ウ) 親水
　(エ) 透析　(オ) 凝析　(カ) 疎水　(キ) 保護
　　　　　　　　　　　　　　　　　　答
(2) (a) チンダル現象　(b) ブラウン運動
　　　　　　　　　　　　　　　　　　答
(3) 凝析させる力は，濃度にあまり依存せず，

コロイド粒子の電荷と反対の符号で電荷の大きいほうが有効である，陰極付近が濃くなったことからこのコロイド粒子は正コロイドと推定され，陰イオンで電荷の大きい SO_4^{2-} が適当である。　　　　　　　答 エ

Study Column　液晶

ある温度範囲で，液体の流動性と結晶の規則的な配向性を同時に示す物質の状態を **液晶** という。液晶は，低温では結晶 (固体) と同じように構成分子の並び方に規則性があるが，温度を上げると流動性を示し，下図(a)のように分子が一定の方向に並んだ液晶状態になる。

右下に，液晶として使用されている化合物の例を示した。この液晶は「ネマティック液晶」とよばれ，2枚の透明なガラス板や合成樹脂の板のすき間に入れて利用する。初めは棒状の分子がガラス板に平行にかつ，らせん状に並んでい

る。ここへ電圧をかけると，電圧をかけたところの液晶分子がガラス板に垂直に並び，光の透過性が変化する。偏光フィルターを組み合わせると，文字や図を表すことができる。液晶は熱や磁気に対する各種のセンサーなどにも利用されている。

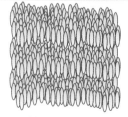

(a)液晶状態のとき

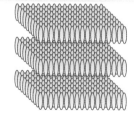

(b)結晶状態のとき

必要があれば次の値を用いよ。H＝1.0，C＝12，N＝14，O＝16，Na＝23，S＝32，Cl＝35.5，
気体定数 $R＝8.3×10^3 Pa·L/(mol·K)$

◇ ① 溶解

水溶液中でナトリウムイオンが水和する
ようすを表した図は，(ア)～(ウ)のどれか。

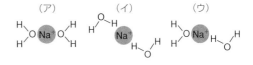

　ヒント　ナトリウムイオンが水和するときは，
水分子と電気的に引き合っている。

② 溶液の濃度

(1) 5.85gの塩化ナトリウムを水に溶かして250mLとした水溶液のモル濃度を求めよ。

(2) 水500gに36gのグルコース $C_6H_{12}O_6$ を溶かした水溶液の質量パーセント濃度と質量モル濃度を求めよ。

(3) アンモニアの飽和水溶液は，密度 $0.85g/cm^3$，質量パーセント濃度は20%である。このアンモニア水のモル濃度を求めよ。

　ヒント　(3) 溶液1Lで考えるとよい。溶質の質量は密度と質量パーセント濃度からわかる。

③ 固体の溶解度

(1) 60℃の硝酸カリウム飽和溶液100gを加熱して20.0gの水を蒸発させた。その後，冷却して0℃まで温度を下げると，何gの結晶が析出するか。小数第1位まで求めよ。ただし，硝酸カリウムの溶解度は，0℃：13.3g/100g 水，60℃：109g/100g 水とする。

(2) (1)で結晶が析出した後，水を50.0g加えて0℃に保ったとき，何gの結晶が溶けずに残るか。小数第1位まで求めよ。ただし，すべて溶解する場合は0と答えよ。

(3) 硫酸ナトリウムを再結晶させた場合，32℃を境に，それ以上の温度では無水物，それ以下の温度では十水和物 $Na_2SO_4·10H_2O$ が析出する。100gの水に40℃で40.0gの無水物を溶解させてから20℃に冷却すると何gの結晶が析出するか。ただし，Na_2SO_4 の20℃の溶解度は，20.0g/100g 水とする。小数第1位まで求めよ。

　ヒント　(1) 水を蒸発させないと仮定して析出量を求め，それに水20gに溶解していた量を加える。
(2) 50gの水に0℃で溶解する分を求め，(1)の値より差し引く。　(3) 析出する $Na_2SO_4·10H_2O$ の量を x〔g〕として無水物の質量を x を用いて表し，20℃の(無水物：飽和溶液)の比から考える。

◇ ④ 気体の溶解度

酸素と窒素が20%と80%の体積比で混合した標準状態（0℃，$1.0×10^5 Pa$）の空気がある。標準状態で気体1molは22.4Lとし，1Lの水に酸素は49mL，窒素は23mL溶ける。

(1) この空気中の窒素の分圧は何Paか。

(2) この空気が飽和している水1Lに溶けている酸素の質量は何mgか。

(3) この空気が飽和している水中において，溶けている窒素と酸素を標準状態に換算した体積比(酸素：窒素)として最も近いものを，次の(ア)～(キ)から選べ。

　(ア) 10:1　(イ) 5:1　(ウ) 2:1　(エ) 1:1　(オ) 1:2　(カ) 1:5　(キ) 1:10

　ヒント　(1) 分圧比＝体積比(同温・同圧)　(2),(3) 気体の溶解度は分圧と水の量に比例する。(2)は，溶け込んだ体積から物質量を求め，質量に直す。(3)は溶け込んでいる体積比を求めればよい。

(◇＝上位科目「化学」の内容を含む問題)

◆◆◆ 定期試験対策の問題 ◆◆◆

⬥ ⑤ 気体の溶解度

　4.24 L の密閉容器に水だけが 2.00 L 入っている。この容器内にさらに二酸化炭素を 0.10 mol 入れて密閉し，0 ℃で長時間経過した後，溶解平衡に達した。二酸化炭素の水に対する溶解度は，0 ℃，$1.0×10^5$ Pa で水 1 L に 1.68 L 溶解し，水の蒸気圧は無視できるものとする。

(1) このときの容器内の圧力は何 Pa か。有効数字 2 桁で答えよ。

(2) 水中に溶解している二酸化炭素は何 g か。有効数字 2 桁で答えよ。

　ヒント　(1) 圧力を未知数でおいて，空間に存在する二酸化炭素の物質量と溶解した二酸化炭素の物質量の和が 0.10 mol になる式から圧力を求める。

⬥ ⑥ 沸点上昇と凝固点降下

(1) 次の溶液 A 〜 C のうち，(a) 沸点が最も高いもの，(b) 凝固点が最も高いもの　を選べ。

　A　質量モル濃度が 0.20 mol/kg のグルコース水溶液

　B　質量モル濃度が 0.12 mol/kg の塩化ナトリウム水溶液

　C　質量モル濃度が 0.10 mol/kg の塩化カルシウム水溶液

(2) 水 200 g に 0.10 mol の化合物 AB（陽イオン A^+ と陰イオン B^- からなる）を溶解した溶液の凝固点は何℃か。水のモル凝固点降下は 1.85 K·kg/mol，化合物 AB の電離度は 0.80 とする。

　ヒント　(1) グルコースは非電解質。NaCl は 1 mol から 2 mol のイオン，$CaCl_2$ は 1 mol から 3 mol のイオンを生じる。　(2) 電離度を $α$ とすると，電離後の粒子の数は$(1+α)$倍になる。

⬥ ⑦ 凝固点降下

　図は塩化ナトリウム水溶液を冷却していく場合の，冷却時間と温度の関係を示したグラフである。

(1) 図中の C → D → E における曲線の凹みは何が起こったためか。現象名を答えよ。

(2) 凝固点は，図中の①〜④のどの点の温度か。

(3) E 〜 F で時間とともに温度が下がっているのはなぜか。

(4) 0.20 mol の塩化ナトリウムを 250 g の水に溶かした溶液

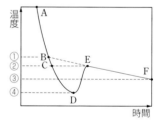

がある。水のモル凝固点降下を 1.85 K·kg/mol として，この水溶液の凝固点を求めよ。

　ヒント　(2) (1)の現象が起こらないときの温度を予測する。　(3) $Δt＝K_f m$ の式で $Δt$ が大きくなることから，どのようなことが考えられるか。　(4) 質量モル濃度を求め，$Δt＝K_f m$ を利用する。

⬥ ⑧ 浸透圧

　図のように，U 字管の中央を半透膜で仕切り，A には純水を，B にはグルコース水溶液を同じ高さになるように入れ，27 ℃に保った。

(1) 液面が上昇するのは A，B のどちらか。

(2) B に用いた溶液は，グルコース $C_6H_{12}O_6$ 0.60 g を水に溶かして 100 mL にしたものである。このグルコース水溶液の浸透圧は何 Pa か。

(3) この装置の温度を高くすると液柱の高さの差はどうなるか。

　（ア）大きくなる　　（イ）小さくなる　　（ウ）変わらない

　ヒント　(1) 溶液の濃度を均一にしようとする力がはたらく。　(2), (3) $Π＝cRT$ から求まる。

（⬥＝上位科目「化学」の内容を含む問題）

第3編

物質の変化

鉄の製錬（転炉）

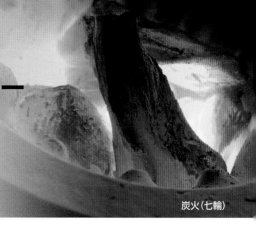

第1章

化学反応とエネルギー

1 化学反応と熱
2 化学反応と光

炭火（七輪）

1 化学反応と熱

A 化学反応とエネルギー

1 エネルギーの出入り　ほとんどの化学変化や状態変化では，それに伴ってエネルギーの出入りがある。これは，物質がもつ固有のエネルギーが，化学結合の変化や状態の変化に伴い，増減するからである。このエネルギーは熱や光，あるいは電気の形で出入りすることが多い。

このとき出入りするエネルギーは，反応物がもつエネルギーと生成物がもつエネルギーの差である。したがって，常にエネルギー保存の法則は成り立っている。

このような，注目すべき化学反応などが起きている観察対象となる部分を **系** といい，それ以外の部分を **外界** という。この系と外界との間でのエネルギーの出入りを考えていこう。

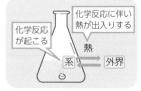

▲ 図1　系と外界の関係

2 発熱反応と吸熱反応　たとえば，炭素（黒鉛）1mol が完全燃焼して二酸化炭素になるときには，エネルギーが 394kJ [1] の熱量として系（炭素と酸素が二酸化炭素に変化する場）から外界に放出され，外界にいる我々はその熱によって熱いと感じる。このように，系がもっていたエネルギーを熱として外界に放出する化学反応を **発熱反応** という。

$$C + O_2 \longrightarrow CO_2 \quad 発生する熱量：394kJ$$

一方，窒素と酸素から一酸化窒素 NO 2mol が生成する反応では，180kJ の熱量を外界から吸収する。このように，外界の熱を吸収する化学反応を **吸熱反応** という。

$$N_2 + O_2 \longrightarrow 2NO \quad 吸収する熱量：180kJ$$

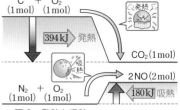

▲ 図2　発熱と吸熱

---

[1] 水 1g の温度を 1K（ケルビン）上げるのに必要な熱エネルギーを 1 カロリー（cal）ということがある。栄養学などでは熱量の単位として cal や kcal を使うが，化学では，国際単位系のジュール（記号 J）を用いることになっている。1cal＝4.184J である。

3 化学反応とエンタルピー （1）**エンタルピー** 物質がもつエネルギー（ここでは熱量）を表すには **エンタルピー H**[1] という量を用いる。大気圧など一定圧力のもとで，化学反応に伴って放出・吸収する熱量を **反応エンタルピー** という。反応エンタルピーは，生成物がもつエンタルピーと反応物がもつエンタルピーとの差である **エンタルピー変化 ΔH**[2] で表され，その単位は J である（値が大きいので kJ としていることが多い）。

> ## CHART 28
>
> ## エンタルピー変化 は 生成物 ー 反応物
>
> 反応エンタルピー ΔH＝（生成物がもつエンタルピー）－（反応物がもつエンタルピー）

（2）**発熱反応や吸熱反応の ΔH** 発熱反応や吸熱反応において，反応エンタルピー ΔH はどのように表されるか考えよう。

　発熱反応では，系から生じたエネルギーを熱として外界に放出するので，系がもつエネルギー，つまり変化後の物質（生成物）のエンタルピーは変化前より小さくなる。すなわち，

　　（生成物がもつエンタルピー）＜（反応物がもつエンタルピー）

となるので，発熱反応では $\Delta H < 0$ になる。

　一方，吸熱反応では外界から熱を系が吸収するため，変化後の物質のエンタルピーは変化前より大きくなる。すなわち，

　　（生成物がもつエンタルピー）＞（反応物がもつエンタルピー）

となるので，吸熱反応では $\Delta H > 0$ になる。

> **発熱反応：系の熱を外界に放出する反応　$\Delta H < 0$　（ΔH は負）**
> **吸熱反応：外界の熱を系が吸収する反応　$\Delta H > 0$　（ΔH は正）**

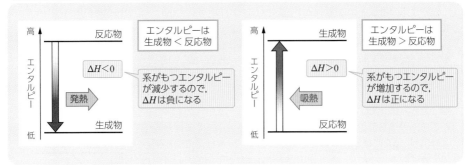

▲ 図3　発熱反応と吸熱反応のエンタルピー変化

[1] エンタルピーは温まるという意味のギリシャ語 enthalpein に由来しており，熱含量（heat content）ともよばれる。

[2] Δ（デルタ）は，その後の文字で表されたものの変化量を示す。

(3) 反応の進行とエントロピー　一般に，物質はエンタルピーが低いほうが安定である。そのため，物質のエンタルピーが低くなる発熱反応では，反応が自発的に進みやすい。しかし，氷の融解など，物質が熱を吸収してエンタルピーが高くなる変化でも，自発的に進行する場合がある。したがって，化学反応が自発的に進むには，熱の出入り以外の別の要因がはたらいているはずである。その要因とは**乱雑さ**（粒子の散らばり具合）である。物質は乱雑さが大きいほうが安定であり，粒子が散らばる方向に反応は進みやすい。氷が融解するときは水分子が散らばるので，それが大きく影響して，熱を吸収しながらも自発的に変化が進むと考えられる。この乱雑さは**エントロピーS**という量で定義され，その変化は**エントロピー変化 ΔS** で表される。

　一般に，反応が自発的に進むかどうかは，熱の出入りである ΔH と乱雑さの変化 ΔS との兼ね合いで決まる。

4 エンタルピー変化と化学反応式　**(1) エンタルピー変化を付した反応式**

　化学反応に伴う熱の出入りを示すには，化学反応式にエンタルピー変化を付して表す。たとえば，水素が完全燃焼して液体の水が生じるときの式は，次のようにしてつくる。

①　化学反応式を書く。　　$2H_2 + O_2 \longrightarrow 2H_2O$

②　着目する物質の係数を1にする。　　$H_2 + \dfrac{1}{2}O_2 \longrightarrow H_2O$

③　物質の状態とエンタルピー変化 ΔH を示す。

$$H_2(気) + \dfrac{1}{2}O_2(気) \longrightarrow H_2O(液) \quad \Delta H = -286\,kJ$$

Study Column　反応が自発的に進む条件

　エンタルピーはギリシャ語で「温まる」という意味で，1909年にオランダの物理学者カマリング・オンネスが名付けたといわれる。また，エントロピーはギリシャ語で「変転」という意味で，ドイツの物理学者ルドルフ・クラウジウスが1865年に名付けたものである。

　化学反応の推進力は $\Delta H - T\Delta S$ で表される（T は絶対温度〔K〕）。この値が負の場合は，化学反応は自発的に起こりやすい。逆に，この値が正の場合は，逆方向の反応が進みやすい。$\Delta H - T\Delta S = 0$ の場合は，どちらにも進まず平衡状態（→ p.227）となる。たとえば，氷の融解では，氷が水になるときのエントロピーの差は $\Delta S = 0.022\,kJ/(mol \cdot K)$ である。また，エンタルピーの差は $\Delta H = 6.0\,kJ/mol$ である。よって，$\Delta H - T\Delta S = 6.0\,kJ/mol - T \times 0.022\,kJ/(mol \cdot K) = 0$　$T \fallingdotseq 273\,K$　となり，273K（0℃）で氷と水が平衡状態になることが説明できる。

　この関係は右図のように，ΔH の効果は温度によってあまり変化しないが，ΔS には T が係数としてつくので，効果は温度に比例して大きくなる。つまり，ある温度以下では ΔH が反応の方向を決め，それより高い温度では，ΔS の効果が大きくなる。定温・定圧条件では $\Delta H - T\Delta S = \Delta G$ と表され，G は反応の自発性を表す指標で，ギブズエネルギーとよぶ（→ p.540）。

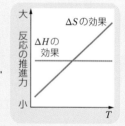

③の式は，生成物である「1mol の H_2O（液）」がもつエンタルピーと，反応物である「1mol の H_2（気）と $\frac{1}{2}$ mol の O_2（気）」がもつエンタルピーの差 ΔH が $-286\,\text{kJ}$ であることを表している。また，気体の水が生成する場合は，次式で表される。

$$H_2（気）+ \frac{1}{2}O_2（気） \longrightarrow H_2O（気） \quad \Delta H = -242\,\text{kJ}$$

このように，物質の状態や同素体の種類によって出入りする熱量が異なるので，化学式には状態を示す記号（気・液・固）や同素体の種類などを明記する[1]。また，特定の物質の係数を1とする必要があるときには，他の物質の係数が分数となってもよい。このときの係数を含めた化学式は，その物質量の物質がもつエンタルピーを表している。

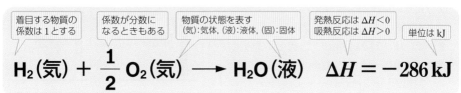

▲ 図4　エンタルピー変化を付した反応式

(2) エンタルピー変化を表した図　エンタルピー変化を図で表したものはエネルギー図ともよばれ，次のように表す。

① エンタルピー変化を付した反応式から，エンタルピーの大小を把握する。

$$H_2（気）+ \frac{1}{2}O_2（気） \longrightarrow H_2O（液） \quad \Delta H = -286\,\text{kJ}$$

$\Delta H < 0$ より，（生成物がもつエンタルピー）＜（反応物がもつエンタルピー）

② 次の(a)～(c)に従って作図する。

(a) 反応物を書く	**(b) 生成物を書く**	**(c) 熱の出入りを書く**
	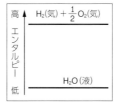	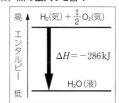
エンタルピーを縦軸にとって，横に反応物を状態とともに書く。	生成物はエンタルピーが低いので，下のほうに状態とともに書く。	反応物から生成物に矢印を書き，横にエンタルピー変化を示す。

CHART 29

反応エンタルピーは着目する物質 1mol あたりで考える

---

[1] 反応エンタルピーは，25℃，$1.013 \times 10^5\,\text{Pa}$ での値を示すので，物質の状態も同じ条件下で表す。しかし，その状態が明らかな場合は，省略することもできる。また，（気）は(g)，（液）は(l)，（固）は(s)と表してもよい。(g) は gas，(l) は liquid，(s) は solid の頭文字である。

1 **いろいろな反応エンタルピー** 反応エンタルピーには次のような，反応の種類によって固有の名称でよばれるものがある。着目する物質 1mol あたりで表すので，単位は kJ/mol となる。反応式に付す反応エンタルピーの単位(kJ)とは異なるので，注意を要する。

(1) **燃焼エンタルピー** 物質 1mol が完全に燃焼するときの反応エンタルピー。たとえば，一酸化炭素 CO の燃焼エンタルピーは−283kJ/mol である。

$$CO(気) + \frac{1}{2}O_2(気) \longrightarrow CO_2(気) \quad \Delta H = -283kJ$$

(2) **生成エンタルピー** 物質 1mol が，その成分元素の単体から生成するときの反応エンタルピー。たとえば，メタンの生成エンタルピーは−74.9kJ/mol，二硫化炭素の生成エンタルピーは 89.7kJ/mol である。

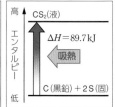

▲ 図5 CH₄，CS₂ の生成

$$C(黒鉛) + 2H_2(気) \longrightarrow CH_4(気)$$
$$\Delta H = -74.9kJ$$
$$C(黒鉛) + 2S(固) \longrightarrow CS_2(液)$$
$$\Delta H = 89.7kJ$$

(3) **溶解エンタルピー** 物質 1mol が多量の溶媒（たいていは水で，aq[1]と表す）に溶解するときの反応エンタルピー。溶解は化学反応ではないが，広い意味で反応エンタルピーに含める。たとえば，25℃での水酸化ナトリウム NaOH の溶解エンタルピーは−44.5kJ/mol，塩化カリウム KCl の溶解エンタルピーは 17.2kJ/mol である。

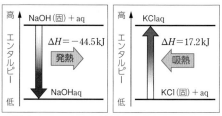

▲ 図6 NaOH，KCl の溶解

$$NaOH(固) + aq \longrightarrow NaOHaq[1] \quad \Delta H = -44.5kJ$$
$$KCl(固) + aq \longrightarrow KClaq \quad \Delta H = 17.2kJ$$

(4) **中和エンタルピー** 酸と塩基が中和反応して水 1mol が生成するときの反応エンタルピー。たとえば，塩酸と水酸化ナトリウム水溶液の中和エンタルピーは−56.5kJ/mol である。

$$HClaq + NaOHaq \longrightarrow NaClaq + H_2O(液) \quad \Delta H = -56.5kJ$$

この中和反応は次のようにも表せる。

$$H^+aq + OH^-aq \longrightarrow H_2O(液) \quad \Delta H = -56.5kJ$$

強酸と強塩基の薄い水溶液の中和エンタルピーは，その種類によらず−56.5kJ/mol(25℃)で一定[2]である。

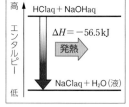

▲ 図7 HCl の中和

---

[1] aq はラテン語の aqua(水)の略。aq だけの場合は多量の水，化学式の右につけた場合は希薄水溶液を意味する。
[2] 弱酸や弱塩基の中和反応では，弱酸・弱塩基の電離が吸熱反応であるため，中和エンタルピーは−56.5kJ/mol より大きくなる(絶対値が小さくなる)。

2 状態変化とエンタルピー　物質の三態の変化 (固体，液体，気体の相互の変化) は物理変化であるが，このときにも熱の出入りを伴うので，エンタルピー変化を付して表すことができる。たとえば，1.013×10^5 Pa で 0℃ の氷の融解エンタルピーは 6.0 kJ/mol，100℃ の水の蒸発エンタルピーは 41 kJ/mol [1] である。

$$H_2O(固) \longrightarrow H_2O(液) \quad \Delta H = 6.0 \text{ kJ}$$
$$H_2O(液) \longrightarrow H_2O(気) \quad \Delta H = 41 \text{ kJ}$$

また，これらの逆の変化である 0℃ の水の凝固エンタルピーは −6.0 kJ/mol，100℃ の水蒸気の凝縮エンタルピーは −41 kJ/mol となる。

$$H_2O(液) \longrightarrow H_2O(固) \quad \Delta H = -6.0 \text{ kJ}$$
$$H_2O(気) \longrightarrow H_2O(液) \quad \Delta H = -41 \text{ kJ}$$

反応エンタルピーの値は吸熱は正，発熱は負となるが，融解熱・凝固熱・蒸発熱・凝縮熱などを表す場合は，絶対値で表す (単位は kJ/mol) ので注意が必要である (→ *p.128*)。

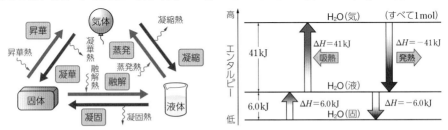

▲ 図8　三態の変化と熱の出入り

3 反応エンタルピーの測定　反応に伴うエンタルピー変化は，その反応で放出または吸収される熱量を測定することによって求めることができる。

一般に，比熱 c 〔J/(g·K)〕の物質 m 〔g〕の温度が T 〔K〕上昇したとすると，この物質が得た熱量 q 〔J〕は，次式で表される。

$$q = mc\Delta T$$

たとえば，保温容器に 20℃ の純粋な水 48 g を入れ，固体の水酸化ナトリウム 2.0 g (0.050 mol) を完全に溶解させたとき，温度が 10 K 上昇したとする。水溶液の比熱を 4.2 J/(g·K) とすると，発生した熱量は，

$$q = 50 \text{ g} \times 4.2 \text{ J/(g·K)} \times 10 \text{ K} = 2.1 \times 10^3 \text{ J} = 2.1 \text{ kJ}$$

この実験では，系 (水酸化ナトリウムと水) から放出された熱により，外界の水溶液 (実際は保温容器なども含む) の温度が上昇したので，水酸化ナトリウムの溶解は発熱反応であり，溶解エンタルピーは負の値になる。したがって，水酸化ナトリウムの溶解エンタルピー ΔH は，

$$\Delta H = -\frac{2.1 \text{ kJ}}{0.050 \text{ mol}} = -42 \text{ kJ/mol}$$

と求められる。

$$NaOH(固) + aq \longrightarrow NaOHaq \quad \Delta H = -42 \text{ kJ} (20℃での値)$$

[1] 25℃での水の蒸発エンタルピーは 44 kJ/mol である。

Study Column 携帯用化学カイロと瞬間冷却剤

携帯用の化学カイロは，鉄粉に，水・塩類・保水剤・活性炭などを混ぜたものからなり，使用時に空気を接触させると，鉄が酸化されて発熱反応が起こる。鉄以外の物質はこの反応を促進するための物質である。

$$2Fe(固) + \frac{3}{2}O_2(気) \longrightarrow Fe_2O_3(固) \quad \Delta H = -824\,kJ$$

パック状の瞬間冷却剤は，たとえば，硝酸アンモニウム NH_4NO_3 と尿素 $(NH_2)_2CO$ を，アルミニウム箔の袋に水を入れたものと一緒にパックしたもので，外袋をたたくなどして内袋を破くと，硝酸アンモニウムと尿素が水に溶解して熱を吸収するので，冷たくなる。

$$NH_4NO_3(固) + aq \longrightarrow NH_4NO_3\,aq \quad \Delta H = 25.7\,kJ$$
$$(NH_2)_2CO(固) + aq \longrightarrow (NH_2)_2CO\,aq \quad \Delta H = 15.4\,kJ$$

Laboratory ヘスの法則の検証

方法 ① ふたの付いた発泡ポリスチレンの容器に温度計を取り付ける。

② 純粋な水 100g を容器に入れ，固体の水酸化ナトリウム 2g を加え，かき混ぜながら時間ごとの温度変化を測定する。

③ ②の溶液を室温まで冷却し，1mol/L 塩酸 60mL を加え，かき混ぜながら時間ごとの温度変化を測定する。

④ ②と同じように，新たに純粋な水 100g に 1mol/L 塩酸 60mL を加え，さらに水酸化ナトリウム 2g を加えて，上昇する温度を測定する。

温度計
ゴム栓
発泡ポリスチレン容器

データ整理 ②～④のそれぞれについて温度差から発熱量を計算する。塩酸を過剰にしてあるので，データは水酸化ナトリウムの物質量を基準にする。

検証 ②は，水酸化ナトリウムの溶解エンタルピーの測定

③は，水酸化ナトリウム水溶液と塩酸の中和エンタルピーの測定

④は，固体の水酸化ナトリウムと塩酸との反応エンタルピーの測定

④の熱量が②と③の熱量の総和になっていることが確認できればよい。

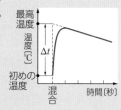
最高温度
温度〔℃〕
Δt
初めの温度
混合
時間〔秒〕

MARK (1) 上昇温度 Δt〔K〕は，時間と温度を数分測定し，最高温度（最高到達推定温度）と初めの温度との差を右上のグラフのようにして求める。

(2) 発熱量は，前ページに記されている公式 $q = mc\Delta t$ から求める。

(3) 水酸化ナトリウムをすべて反応させるため，塩化水素の物質量をやや過剰にする。

C ヘスの法則

1 ヘスの法則 $H_2 + \frac{1}{2}O_2$ を出発物質として, 直接 H_2O (液) になる I の経路と, 一度 H_2O (気) になってからさらに H_2O (液) になる II の経路のように, 最終物質 H_2O (液) が生成する 2 通りのエネルギーの関係を図 9 に示した。

I の経路のエンタルピー変化は $-286kJ$, II の経路のエンタルピー変化は,

$(-242kJ) + (-44.0kJ) = -286kJ$ であり, 経路 I, 経路 II におけるエンタルピー変化は等しい。一般に, ある変化がいろいろな経路をたどる場合 (▶図 10), 次の関係が成り立つ。この関係は, **ヘスの法則**または **総熱量保存の法則** とよばれる。

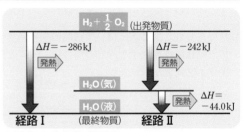

▲ 図 9 エネルギー関係図

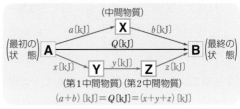

▲ 図 10 ヘスの法則の概念

> 物質が変化するときの反応エンタルピーの総和は, 変化の前後の
> 物質の種類と状態だけで決まり, 変化の経路や方法には関係しない

2 ヘスの法則の利用 ヘスの法則を適用すると, 実験によって求めることが困難な反応エンタルピー[1]などを計算で求めることができる。

たとえば, 水素の燃焼エンタルピー, および水の蒸発エンタルピーは, 次のようにわかっているとする。

$$H_2(気) + \frac{1}{2}O_2(気) \longrightarrow H_2O(液)$$

$$\Delta H_1 = -286kJ \quad \cdots\cdots①$$

$$H_2O(液) \longrightarrow H_2O(気) \quad \Delta H_2 = 44.0kJ \quad \cdots\cdots②$$

この 2 つから H_2O(気)の生成エンタルピーを求める場合を考えてみる。

Episode
ヘス

ヘス (G.H.Hess, 1802 ～ 1850) はスイス生まれのロシアの化学者。3 歳で現在のロシアに渡り, サンクトペテルブルクで大学教授となり, 没するまで過ごした。水, 鉱物, 石油, 樹脂など種々の天然物の分析を行った他, 白金の触媒作用も研究した。しかし, 最も重要な業績はヘスの法則(1840年) であり, エネルギー保存の法則が樹立される前に発見したことに, 彼の研究の重要性がある。

[1] たとえば, $C + \frac{1}{2}O_2 \longrightarrow CO$ の反応で, C 1mol (12g) と $O_2 \frac{1}{2}$mol (16g) を混ぜて点火しても, ちょうど 1mol の CO にはならず, 一部 CO_2 が生成したり, C の一部が反応せずに残ったりする。したがって, CO だけが生成する反応の反応エンタルピーは, 実験では測定できない。

(1) 目的の反応のエンタルピー変化 ΔH_3 を Q〔kJ〕とし，それを付した反応式を書く。

$$H_2(気) + \frac{1}{2}O_2(気) \longrightarrow H_2O(気) \quad \Delta H_3 = Q〔kJ〕 \quad \cdots\cdots③$$

(2) 与えられた反応式を用いて目的の反応式を導く方法を考えて，反応エンタルピーについても同様の計算をする。この場合は，①式と②式の辺々を加えると③式が得られるので，
①式＋②式より，

$$H_2(気) + \frac{1}{2}O_2(気) \longrightarrow H_2O(液)$$
$$+) \qquad\qquad H_2O(液) \longrightarrow H_2O(気)$$
$$\overline{\qquad\qquad\qquad\qquad\qquad\qquad\qquad\qquad}$$
$$H_2(気) + \frac{1}{2}O_2(気) \longrightarrow H_2O(気)$$

（矢印を数式の「＝」と同様に考えて，両辺に共通なものは消去するなどして整理する。）

反応エンタルピーは，　　$Q = \Delta H_1 + \Delta H_2 = -286kJ + 44.0kJ = -242kJ$

よって，　　$H_2(気) + \frac{1}{2}O_2(気) \longrightarrow H_2O(気) \quad \Delta H_3 = -242kJ$

$H_2(気)$の生成エンタルピーは $-242kJ/mol$ と求められた。

3 **生成エンタルピーと反応エンタルピーの関係**　反応に関係するすべての化合物の生成エンタルピーがわかると，その反応の反応エンタルピーを求めることができる。

たとえば，メタン CH_4 の完全燃焼の反応エンタルピー ΔH を Q〔kJ〕として求めてみる。

$$CH_4(気) + 2O_2(気) \longrightarrow CO_2(気) + 2H_2O(液) \quad \Delta H = Q〔kJ〕$$

このうち，単体の O_2 を除く❶各物質の生成エンタルピーを付した反応式を書く。

$$C(黒鉛) + 2H_2(気) \longrightarrow CH_4(気) \quad \Delta H_1 = -75.0kJ \quad \cdots\cdots①$$
$$C(黒鉛) + O_2(気) \longrightarrow CO_2(気) \quad \Delta H_2 = -394kJ \quad \cdots\cdots②$$
$$H_2(気) + \frac{1}{2}O_2(気) \longrightarrow H_2O(液) \quad \Delta H_3 = -286kJ \quad \cdots\cdots③$$

目的の式を得るためには，②式に③式を 2 倍した式を加え，さらに①式の両辺を入れかえた式を組み合わせる。つまり，②式＋③式×2－①式 より，

$$CH_4(気) + 2O_2(気) \longrightarrow CO_2(気) + 2H_2O(液)$$
$$Q〔kJ〕 = \Delta H_2 + \Delta H_3 \times 2 - \Delta H_1 = (-394kJ) + (-286kJ) \times 2 - (-75.0kJ) = -891kJ$$

となり，反応エンタルピーが求められる。このときの $\Delta H_2 + \Delta H_3 \times 2 - \Delta H_1$ は，
$\{(CO_2(気)の生成エンタルピー) + (H_2O(液)の生成エンタルピー) \times 2\} - (CH_4(気)の生成エンタルピー)$
であり，目的の反応式における「生成物の生成エンタルピーの総和」と「反応物の生成エンタルピーの総和」の差となっていることがわかる。一般には，次の関係が成り立つ。

> **生成エンタルピーと反応エンタルピーの関係**
>
> # 反応エンタルピー＝（生成物の生成エンタルピーの総和）
> # 　　　　　　　　－（反応物の生成エンタルピーの総和）
>
> （**CHART 28**（→ p.195）エンタルピー変化は生成物－反応物：生成エンタルピーの場合も同じ）

❶ 単体の生成エンタルピーは 0 とするため，酸素の生成エンタルピーは 0 となる。

黒鉛および一酸化炭素の燃焼エンタルピーは，それぞれ $-394\,\text{kJ/mol}$ および $-283\,\text{kJ/mol}$ である。これらの値を用いて，一酸化炭素の生成エンタルピーを求めよ。

考え方 まずは，与えられた式から目的とする化学反応式を導く。その方法として，消去法（不要なものを消去する方法）と組立法（必要なものを残す方法）があるが，ここでは組立法を説明する。この方法は機械的に処理できるので，間違いが少なくなる利点がある。

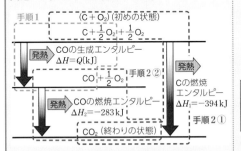

《**手順1**》まず，求める生成エンタルピーを付した反応式をつくる。一酸化炭素の生成エンタルピーを $Q\,[\text{kJ/mol}]$ とすると，

$$C(黒鉛) + \frac{1}{2}O_2(気) \longrightarrow CO(気)$$
$$\Delta H = Q\,[\text{kJ}]$$

《**手順2**》与えられた燃焼エンタルピーから，それを付した反応式を表す。

$$C(黒鉛) + O_2(気) \longrightarrow CO_2(気)$$
$$\Delta H_1 = -394\,\text{kJ} \quad \cdots\cdots①$$

$$CO(気) + \frac{1}{2}O_2(気) \longrightarrow CO_2(気)$$
$$\Delta H_2 = -283\,\text{kJ} \quad \cdots\cdots②$$

《**手順3**》$C(黒鉛) + \frac{1}{2}O_2(気) \longrightarrow CO(気)$ に必要なものを，手順2の式からもってくる。
左辺の $C(黒鉛)$ は，①式の左辺にある。

$$C(黒鉛) + O_2(気) \longrightarrow CO_2(気)$$
$$\Delta H_1 = -394\,\text{kJ} \quad \cdots\cdots①$$

また，左辺に $\frac{1}{2}O_2(気)$ も必要だが，①式にも②式にも O_2 があり，どちらからもってくればよいかわからない。このように2つ以上の式に含まれる物質は見送る（何もしない）。

次に，右辺に $CO(気)$ が必要である。これは②式の左右両辺を入れかえればできる。このとき ΔH は符号が変わる点に注意する。

$$CO_2(気) \longrightarrow CO(気) + \frac{1}{2}O_2(気)$$
$$\Delta H_2' = +283\,\text{kJ} \quad \cdots\cdots②'$$

《**手順4**》材料がそろったので，①式と②'式の辺々を加え，ΔH も含めて整理する。

$$C(黒鉛) + \frac{1}{2}O_2(気) \longrightarrow CO(気)$$
$$\Delta H = \Delta H_1 + \Delta H_2'$$

よって，$Q = -394\,\text{kJ} + 283\,\text{kJ} = -111\,\text{kJ}$

生成エンタルピーは生成する化合物1molあたりの値なので，$-111\,\text{kJ/mol}$ となる。

答 $-111\,\text{kJ/mol}$

消去法 CO_2 を消去するために「①式−②式」の計算をし整理する。

$$C(黒鉛) + O_2(気) \longrightarrow CO_2(気)$$
$$-)\ CO(気) + \frac{1}{2}O_2(気) \longrightarrow CO_2(気)$$
$$\overline{\qquad\qquad\qquad\qquad\qquad\qquad}$$
$$C(黒鉛) + \frac{1}{2}O_2(気) \longrightarrow CO(気)$$

（符号が−になる $CO(気)$ は，右辺へ移動させる）
$\Delta H = \Delta H_1 - \Delta H_2 = -394\,\text{kJ} - (-283\,\text{kJ})$
$\qquad = -111\,\text{kJ}$
よって，$-111\,\text{kJ/mol}$ となる。

類題 ⋯⋯ 39

黒鉛，水素，メタン CH_4 の燃焼エンタルピーは，それぞれ $-394\,\text{kJ/mol}$，$-286\,\text{kJ/mol}$，$-891\,\text{kJ/mol}$ である。これらの値を用いて，メタンの生成エンタルピーを求めよ。

Study Column　ボンベ熱量計

　化学反応は熱の出入りを伴うものが多い。たとえば，炭素 1mol を完全燃焼させると，394kJ の熱量が発生する。この熱量を実際に測定するときには，右図のような"ボンベ熱量計"を用いることが多い。

　ボンベ内には試料とともに酸素が加圧して加えられ，点火装置により試料に点火し完全燃焼させる。その熱は断熱容器内の水の温度を上昇させる。

　燃焼した試料の発熱量は水の温度上昇（Δt〔K〕）と水の質量（m〔g〕），水の比熱 c（$4.2\,J/(g\cdot K)$）とから次式のように求められる。

$$q\,[J] = m\,[g] \times c\,[J/(g\cdot K)] \times \Delta t\,[K]$$

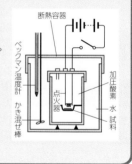

D　結合エネルギー

1 分子のエネルギー曲線　化学結合とエネルギーの出入りを考えてみよう。いま，2 個の水素原子が無限大の距離に存在する場合に，それぞれがもつエネルギーを 0 とする。その水素原子をたがいに近づけると，右図のように，共有結合をつくろうとしてエネルギーが少しずつ低くなっていく（A→B→C）。やがて，完全な共有結合ができたとき，その距離は 0.074nm であり，それまでに放出したエネルギーの総和は 436kJ/mol である。この距離の 2 分の 1 を水素原子の **共有結合半径** という。

　このときエネルギーを放出しているので，$\Delta H < 0$ であり，エンタルピー変化を付した反応式は次のように表される。

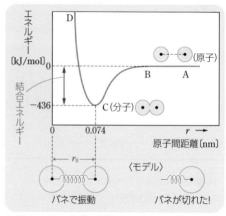

▲ 図 11　エネルギー曲線

$$2H(\text{気}) \longrightarrow H_2(\text{気}) \quad \Delta H = -436\,kJ$$

　水素原子をこれ以上近づけると，そのエネルギーは急激に大きくなるため（C → D），実際にはそれ以上近づくことはできず，r_0 を中心としてその前後で振動することになる。

　逆に，水素分子の原子をたがいに離していくにしたがって（C → A），エネルギーは大きくなり，完全に切り離すまでに 436kJ/mol のエネルギーを必要とするので，$\Delta H > 0$ であり，エンタルピー変化を付した反応式は次のように表される。

$$H_2(\text{気}) \longrightarrow 2H(\text{気}) \quad \Delta H = 436\,kJ$$

　ここで吸収したエネルギーは，H–H の共有結合が 1mol 分切断されるときに要したもので，このエネルギーを H–H 結合の **結合エネルギー** という。

2 結合エネルギー 気体分子中の2個の原子の間の共有結合1molを切断するのに要するエネルギーがその結合の**結合エネルギー**である（▶表1）。分子を原子に解離する際には，大きなエ

▼表1 結合エネルギー E〔kJ/mol〕(25℃)

結合	E	結合	E	結合	E
H-H	436	H-F	563	C-C	368
H-C	416	H-Cl	432	C=C	682
H-N	391	F-F	153	C≡C	962
H-O	463	Cl-Cl	243	C=O	803

酸素分子 O_2 の結合エネルギーは $498kJ/mol$ である。

ネルギーを必要とする。原子がもつエネルギーは，分子がもつエネルギーよりはるかに大きい。

分子を構成するすべての原子間の結合エネルギーの総和を，分子の**解離エネルギー**[1]という。たとえば，水分子 H_2O の解離エネルギーは，O-H 結合が2個あるので，O-H 結合の結合エネルギーの2倍，すなわち $463kJ/mol×2＝926kJ/mol$ となる。

3 結合エネルギーと反応エンタルピーの関係 ヘスの法則を利用すると，結合エネルギーから反応エンタルピーを求めることができる。たとえば，塩化水素 HCl の生成エンタルピーを，H-H，Cl-Cl，H-Cl の結合エネルギーから求めてみる[2]。

〔**解1**〕エンタルピー変化を付した反応式から求める。

(1) 目的の反応の反応エンタルピー ΔH を Q〔kJ〕とし，それを付した反応式を書く。

$$\frac{1}{2}H_2(気) + \frac{1}{2}Cl_2(気) \longrightarrow HCl(気) \quad \Delta H=Q〔kJ〕$$

(2) 反応に関与する物質の結合エネルギー（▶表1）から，エンタルピー変化を付した反応式を書く。

$$H_2(気) \longrightarrow 2H(気) \quad \Delta H_1=436kJ \quad ……①$$
$$Cl_2(気) \longrightarrow 2Cl(気) \quad \Delta H_2=243kJ \quad ……②$$
$$HCl(気) \longrightarrow H(気) + Cl(気) \quad \Delta H_3=432kJ \quad ……③$$

(3) 目的の式を導くために，①〜③式を組み合わせる。①式$×\frac{1}{2}$+②式$×\frac{1}{2}$−③式 を行い整理すると，次式が得られる。

$$\frac{1}{2}H_2(気) + \frac{1}{2}Cl_2(気) \longrightarrow HCl(気)$$
$$\Delta H=-92.5kJ$$

これより，塩化水素 HCl の生成エンタルピーは $-92.5kJ/mol$ と求められる。

〔**解2**〕エネルギー図から求める（▶図12）。

注意 ΔH は下向きの矢印なので $-92.5kJ$ となる。

気体の反応では，結合エネルギーと反応エンタルピーの間には，次ページの関係が成り立つ。

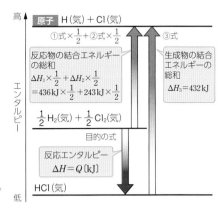

▲図12 反応エンタルピーと結合エネルギー

[1] H-H，Cl-Cl のような二原子分子の場合は，結合エネルギーと解離エネルギーの大きさは同じである。
[2] 結合エネルギーから反応エンタルピーを計算する方法は，反応物も生成物もすべて気体の場合に限られる。もし，反応物または生成物に液体のものがあれば，蒸発エンタルピーを考慮して計算する必要がある。

結合エネルギーと反応エンタルピーの関係

反応エンタルピー＝（反応物の結合エネルギーの総和）
－（生成物の結合エネルギーの総和）

（ CHART 28 （→ p.195）とは逆なので注意！）

問題学習 ⋯⋯ 40　　　　　　　　　　　　　　　　結合エネルギーの算出

次の各条件から，過酸化水素 H-O-O-H の中の O-O 結合の結合エネルギーを求めよ。

H_2（気）＋O_2（気）$\longrightarrow$ H_2O_2（気）　$\Delta H = -142\,kJ$

結合エネルギー　H-H：436kJ/mol，　O=O：498kJ/mol，　O-H：463kJ/mol

考え方 H_2O_2 の O-O の結合　　　　　　　x〔kJ/mol〕
エネルギーを x〔kJ/mol〕として，　　H-O-O-H
　　　　　　　　　　　　　　　　463kJ/mol
反応エンタルピー＝（反応物の
結合エネルギーの総和）－（生成物の結合エネル
ギーの総和）の関係を利用する。

生成物の H_2O_2 の中には O-O 結合が１つ，O-H 結合が２つあるので，

$$-142 = 436 + 498 - (463 \times 2 + x)$$
$$x = 150\,(kJ/mol)$$

O-O 結合の結合エネルギーは **150kJ/mol** 答

類題 ⋯⋯ 40

前ページ表１の値と，アンモニアの生成エンタルピー　－46kJ/mol とから，N≡N の結合エネルギーを求めよ。

Study Column　ボルン・ハーバーサイクル

イオン結晶 1mol をばらばらにして，個々の成分イオン（気体）にするのに必要なエネルギーを，その結晶の **格子エネルギー** という。この値は直接測定できないが，ボルンとハーバーは，種々の熱量からヘスの法則を利用して求められることを示した。たとえば，固体の塩化ナトリウムの格子エネルギーは，次図のようにして求められる。

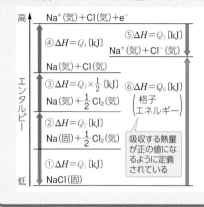

①NaCl（固）の生成エンタルピー
Na（固）＋$\frac{1}{2}$$Cl_2$（気）$\longrightarrow$ NaCl（固）　$\Delta H = Q_1$〔kJ〕

②Na（固）の昇華エンタルピー
Na（固）$\longrightarrow$ Na（気）　$\Delta H = Q_2$〔kJ〕

③Cl_2の結合エネルギー
Cl_2（気）$\longrightarrow$ 2Cl（気）　$\Delta H = Q_3$〔kJ〕

④Na（気）のイオン化エネルギー
Na（気）$\longrightarrow$ Na^+（気）＋e^-　$\Delta H = Q_4$〔kJ〕

⑤Cl（気）の電子親和力
Cl（気）＋$e^-$$\longrightarrow$ Cl^-（気）　$\Delta H = Q_5$〔kJ〕

⑥NaCl（固）の格子エネルギー
NaCl（固）$\longrightarrow$ Na^+（気）＋Cl^-（気）　$\Delta H = Q_6$〔kJ〕

Q_6は①～⑤の値より計算で求められる。

$$Q_6 = -Q_1 + Q_2 + Q_3 \times \frac{1}{2} + Q_4 + Q_5$$

2 化学反応と光

A 光化学反応

1 光化学反応　化学反応は，熱エネルギーにより活性化エネルギー（→ p.221）が与えられて反応が開始されるものが多い。しかし，反応の種類によっては，光エネルギーによって反応が開始されるものもある。光の吸収によって起こる化学反応を **光化学反応** という。光エネルギーとしては，一般に可視光線より紫外線のほうが有効である。

例　水素と塩素の反応

　水素 H_2 と塩素 Cl_2 の混合気体は，暗所ではほとんど反応しないが，これに強い光を当てると，塩素分子が光エネルギーを得てエネルギーの高い塩素原子 Cl を生じ，これが水素分子 H_2 と反応し，塩化水素 HCl とエネルギーの高い水素原子 H となる。この水素原子 H が塩素分子 Cl_2 と反応して塩化水素とエネルギーの高い塩素原子 Cl となる。これらの反応が次々と連続して繰り返され，結果として爆発的に反応する。

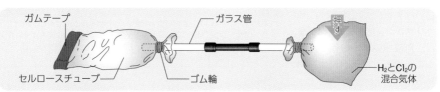

▲ 図13　塩化水素の合成
ポリエチレンの袋に水素と塩素の混合気体をためておき，図のようにして一端をガムテープで密封したセルロースチューブに少量を移し，ガラス管を抜いて閉じる。チューブの両端をテープで机上に固定し，近くでカメラのストロボを光らせると，爆発的に反応が起こってチューブの薄膜が破れる。図のようにすると，繰り返し実験できる。
※この実験はドラフトの中で行う。

Study Column　連鎖反応

　水素 H_2 と塩素 Cl_2 から塩化水素が，光によって爆発的に生成する反応を化学反応式で示すと次のようになる。

$$Cl_2 \xrightarrow{\text{光}} 2Cl \qquad \cdots ① \quad （Cl_2 分子が光のエネルギーにより Cl 原子となる）$$
$$Cl + H_2 \longrightarrow HCl + H \qquad \cdots ② \quad （Cl 原子が H_2 分子と反応して HCl 分子と H 原子となる）$$
$$H + Cl_2 \longrightarrow HCl + Cl \qquad \cdots ③ \quad （H 原子が Cl_2 分子と反応して HCl 分子と Cl 原子となる）$$
$$H + H \longrightarrow H_2 \qquad \cdots ④ \quad （H 原子どうしが結合して H_2 分子となる）$$
$$Cl + Cl \longrightarrow Cl_2 \qquad \cdots ⑤ \quad （Cl 原子どうしが結合して Cl_2 分子となる）$$

　ここで，②式と③式の反応が繰り返し連続して起こるので，このような反応を **連鎖反応** という。これらの反応で生じる Cl 原子（$:\ddot{C}l\cdot$）や H 原子（$H\cdot$）は不対電子をもち，不安定で非常に反応しやすい。これを **ラジカル** といい，$Cl\cdot$ や $H\cdot$ で表すこともある。

　メタンの塩素化（→ p.419）も連鎖反応であり，このときのラジカルにはメタン分子から生じる $CH_3\cdot$ のようなものもできる。

　連鎖反応では，ラジカルどうしが結合する④式や⑤式によって反応は収束する。このような反応は **ラジカル反応** ともよばれる。

B　化学発光

1 化学発光　多くの場合，化学反応に熱の出入りを伴うが，熱エネルギーを放出する代わりにそのエネルギーを光の形で放出する場合がある。このような現象を **化学発光** または **化学ルミネセンス** という。これは，前項で述べた物質が光を吸収して反応が起こる光化学反応と逆のしくみで，光を出しながら進む反応とみなせる。

例　ルミノール反応

塩基性の溶液中でルミノールを過酸化水素水やオゾンなどで酸化すると，ルミノールはエネルギーの高い状態（励起状態）となった後，再びエネルギーの低い状態にもどる際に，余分なエネルギーを明るい青い光として発する[1]。この反応は，ヘキサシアニド鉄（Ⅲ）酸カリウムが反応を促進する。また，血液中の成分も同じ作用があるため，血痕の検出に用いられている。

▲図14　ルミノール反応

水酸化ナトリウム水溶液にルミノールを溶かした溶液Aを，過酸化水素水にヘキサシアニド鉄（Ⅲ）酸カリウムを溶かした溶液Bと混ぜると，青白く発光する。また，シュウ酸ジフェニルと蛍光物質の混合物を溶液Aとし，溶液Bで酸化すると，蛍光物質の種類によりさまざまな色の光を発するので，ケミカルライトに応用される。

C　光が関係する化学反応

1 光学写真　最近のカメラは，ほとんどがフィルムを使わない電子式のデジタルカメラになったが，かつて広く使われたフィルムカメラや現在でもX線写真などでは，記録媒体として写真用フィルムが用いられる。フィルムの感光剤のおもな成分として臭化銀 $AgBr$ が用いられ，$AgBr$ と光やX線との反応が画像の記録に利用される。

この原理は，$AgBr$ に光が当たった部分では，構成する Br^- から電子が Ag^+ に移動して銀原子 Ag と臭素原子 Br が生成する。光が当たらない部分ではこの変化が起こらない。

▲図15　写真フィルム

$$Ag^+ + Br^- \longrightarrow Ag + Br \quad (2Ag^+ + 2Br^- \longrightarrow 2Ag + Br_2)$$

この状態では，生成した銀の粒子は人の目には見えないので潜像とよばれる。これを，強い還元剤からなる現像液で処理すると，光によって生成した銀が核となり，そのまわりに残っている Ag^+ が次々に Ag 原子となる。これは，細かい粒子なので黒くなって見えるようになる。十分な画像が得られたら，まだ残っている $AgBr$ をチオ硫酸ナトリウム水溶液で錯イオン（→ p.375）にして除去し，さらに光が当たっても変化しないようにする。この操作を定着といい，このような処理によってできる写真を **光学写真** という。

---

[1] 一般に，物質が熱や光を吸収すると，そのエネルギーを電子が受け取って通常よりも高いエネルギー状態である **励起状態** となる。この状態は不安定で，すぐに通常の最も安定な **基底状態** にもどる。ルミノール反応の場合，両者のエネルギーの差に相当するエネルギーが光エネルギーとして放出される（→ p.49）。

臭化銀のように，光によって化学反応が起こる性質のことを **感光性** という。塩化銀なども感光性をもつので，生成した塩化銀の沈殿を放置しておくと黒ずんでくる（右の写真）。

$$2AgCl \longrightarrow 2Ag + Cl_2$$

▲図16　塩化銀の感光性

② 光触媒　化学反応において，特定の物質が同時に存在すると，それ自身は見かけ上変化しないのに，反応が大いに促進される（反応が速くなる）ことがある。このような物質を **触媒**（→p.222）という。また，物質に光が当たることによって，その物質が反応を促進するはたらきを示す場合を **光触媒** という。

たとえば，酸化チタン(IV) TiO_2 は，光触媒としてのはたらきを顕著に示す物質の1つである。タイルなどの表面に TiO_2 を薄く塗布しておく（コーティングという）と，表面に細菌や汚れなどの有機化合物が付着しても，これらを分解[①]するため，抗菌剤や防汚剤として用いることができる。また，TiO_2 自身が光により水に非常になじみやすい性質（超親水性）を示すようにもなる。これらの性質を利用して，脱臭・

▲図17　右側に TiO_2 をコーティングしたサイドミラー

抗菌・抗ウイルス機能をもつ空気清浄機，ビル外壁用の汚れにくいタイル，水滴が付着しにくい自動車のドアミラーなどの製品に広く使用されている。

③ 光合成　緑色植物の葉緑体に含まれるクロロフィルなどの色素は，光エネルギーによって二酸化炭素と水から有機化合物である糖類をつくりだす一連の反応を開始する。この反応を **光合成**（→p.506）という。この反応は，二酸化炭素の還元反応であり，水が還元剤としてはたらいている。光合成は複数の反応過程が組み合わされていて，複雑な機構を経ており，最終的に酵素のはたらきにより糖類がつくられる。全体の収支は次式で表される。

$$6CO_2(気) + 6H_2O(液) \longrightarrow \underset{\text{グルコース}}{C_6H_{12}O_6(固)} + 6O_2(気) \quad \Delta H = 2803\,kJ$$

植物は光合成により，自らの生命活動に必要なエネルギーを得たり，自身の体をつくる物質を合成している。つまり，光合成は光エネルギーを化学エネルギーに変換する過程といえよう。通常，光合成によって得られたグルコースは，呼吸により酸化されてエネルギーが放出される。そのエネルギーの40%は，アデノシン二リン酸(ADP)とリン酸からアデノシン三リン酸(ATP)を合成するのに使われ，そのときに生じる高エネルギーリン酸結合の部分にエネルギーを蓄える。これは **光リン酸化反応** とよばれる。エネルギーが必要になったときにはこれを加水分解し，発生するエネルギーが生物全般の活動を支えている。

[①] TiO_2 に紫外線が当たると，その表面から電子が飛び出し，電子が抜け出た部分はプラスの電荷を帯びる（**ホール**という）。このホールは強い酸化力をもち，水中にある OH^- から電子を奪い，OH^- は不安定な OH ラジカル（OH·）になる（→p.207）。OH·は強力な酸化力をもつため，そこに有機化合物が存在すれば，OH·自身が安定になろうとして電子を奪うことになる。有機化合物が電子を奪われる（酸化される）ということは，その結合が切断されることであり，分解して最終的には二酸化炭素や水となる。

必要があれば次の値を用いよ。H＝1.0，C＝12，N＝14，O＝16，Na＝23

◇❶ 反応エンタルピーと熱量

(1) 次の(a)〜(c)のそれぞれについて，エンタルピー変化を付した反応式を示せ。

  (a) 気体のアンモニアの生成エンタルピーは−46kJ/mol である。

  (b) アンモニア 1.7g を水に溶解すると，3.5kJ の熱を発生する。

  (c) 水が蒸発するとき，44kJ/mol の熱を吸収する。

(2) 次の(a)〜(c)の反応における反応エンタルピーの種類を表す名称を答えよ。

  (a) $2Fe(固) + \dfrac{3}{2}O_2(気) \longrightarrow Fe_2O_3(固)$　$\Delta H = -824\,kJ$

  (b) $Na(気) \longrightarrow Na^+(気) + e^-$　$\Delta H = 496\,kJ$

  (c) $Cl(気) + e^- \longrightarrow Cl^-(気)$　$\Delta H = -349\,kJ$

  ヒント　(1) (b) 定義された反応エンタルピーは，物質 1mol あたりであることに注意。(2) (a) は，どの物質に着目すべきかに注意。(b)と(c)は，○○エンタルピーとはいわず，別の名称が用いられる。

◇❷ 炭化水素の発熱量と二酸化炭素

ブタン C_4H_{10}(気) 29g を完全燃焼させると 1430kJ の熱が発生する。次の問いに答えよ。ただし，数値で答える場合は整数値とせよ。

(1) ブタンの燃焼エンタルピーを求め，それを付した反応式を示せ。

(2) ブタンの燃焼により 1144kJ の熱量を得るためには，何 g のブタンを用いればよいか。

(3) ブタンの燃焼によって 715kJ の熱量が発生した。同時に発生した二酸化炭素は何 g か。

(4) メタン CH_4，エタン C_2H_6，プロパン C_3H_8 の燃焼エンタルピーはそれぞれ−891kJ/mol，−1561kJ/mol，−2219kJ/mol である。同じ熱量を得るのに，二酸化炭素の発生量が最も多いのは，メタン，エタン，プロパン，ブタンのうちどれか。

  ヒント　(1) 燃焼エンタルピーは，燃焼する物質 1mol あたりの熱量である。(2),(3) 単なる量的関係を考えればよい。(4) 1kJ あたりで生成する二酸化炭素の物質量の大小を考えればよい。

◇❸ ヘスの法則

(1) 黒鉛と一酸化炭素の燃焼エンタルピーを，それぞれ Q_A〔kJ/mol〕，Q_B〔kJ/mol〕とする。

  (a) 一酸化炭素の生成エンタルピーを，Q_A と Q_B を用いて表せ。

  (b) 黒鉛と二酸化炭素から 2mol の一酸化炭素が生成するときの反応エンタルピーを Q_C〔kJ〕としたとき，Q_C を，Q_A，Q_B を用いて表せ。

(2) 水素，黒鉛，エタノール C_2H_6O(液)の燃焼エンタルピーはそれぞれ−286kJ/mol，−394kJ/mol，−1368kJ/mol である。エタノール C_2H_6O(液)の生成エンタルピーを整数値で求め，それを付した反応式を示せ。

  ヒント　(1) 与えられた燃焼エンタルピーから，それを付した反応式をそれぞれ書き，求める反応エンタルピーを Q〔kJ〕などとおいて式を導く。(2) エタノールの生成エンタルピーを Q〔kJ/mol〕として，それを付した反応式を書いてから，Q〔kJ/mol〕を求める。

◆◆◆ 定期試験対策の問題 ◆◆◆

❹ 水の温度変化

60℃の水 100g に，0℃の氷 50g を加えて放置したところ，氷は融けて水の温度は一定となった。このときの温度は何℃か。小数第1位まで求めよ。ただし，周囲との熱の出入りはなく，氷の融解エンタルピーは 6.01kJ/mol，水の比熱は 4.18J/(g·K) とする。

> **ヒント** 温度を t とおき，氷が得る熱量と，水が失う熱量が等しくなる式を立てればよい。氷は融解エンタルピーを考慮する。温度変化に対して出入りした熱量は，$q(J) = m(g) \times 4.18J/(g·K) \times \Delta t(K)$ で求まる。

❺ 反応エンタルピーの測定

図は，水 98.0g に固体の水酸化ナトリウム NaOH 2.0g を加え（時刻 0），よくかき混ぜながら 10 秒ごとに溶液の温度を測定した結果である。$t_1 = 25.4℃$，$t_2 = 29.8℃$，$t_3 = 30.7℃$ であった。

(1) この実験で測定された最も高い温度は何℃であったか。

(2) この実験から反応エンタルピーを求める場合に，(1) の値をそのまま使えない。その理由を述べよ。

(3) 結局，この実験では何℃上昇したと考えるのがよいか。

(4) この実験で発生した総熱量(J)を整数値で求めよ。溶液の比熱は 4.2J/(g·K) とする。

(5) 固体の水酸化ナトリウムの溶解エンタルピー(kJ/mol)を小数第1位まで求め，それを付した反応式を示せ。

(6) 固体の水酸化ナトリウムの溶解エンタルピーを Q_A(kJ/mol)，1価の強酸と1価の強塩基の中和エンタルピーを Q_B(kJ/mol) としたとき，固体の水酸化ナトリウム 0.050mol を，0.10mol/L 塩酸 250mL に溶解させたとき発生する総熱量(kJ)を，Q_A と Q_B を用いて表せ。

> **ヒント** (5) (4)の熱量を kJ 単位に直し，水酸化ナトリウム 1mol あたりの値にする。(6) 水酸化ナトリウムの溶解エンタルピーと，水酸化ナトリウム水溶液と希塩酸との中和エンタルピーが，全体のエンタルピー変化となる。酸と塩基の過不足に注意する。

❻ エネルギー図と結合エネルギー

(1) 図は 25℃，1.01×10^5 Pa における 1mol の水に関するエネルギーを示している。次の記述のうち，正しいものを1つ選べ。

（ア）1mol の H_2 が完全燃焼して H_2O（気）を生成するとき，927kJ の熱量が発生する。

（イ）H_2 の結合エネルギーは 685kJ/mol である。

（ウ）H_2O（液）の生成エンタルピーは，H_2O（気）の生成エンタルピーよりも小さい。

（エ）1mol の H_2O（気）が凝縮すると 44kJ の熱量を吸収する。

(2) 図の値と結合エネルギー（C-H：413kJ/mol，C=O：800 kJ/mol）の値を用いて，メタン CH_4（気）の燃焼エンタルピーを求めよ。

> **ヒント** (1) エネルギー図において，状態も含めて同一の物質については熱量の出入りがなかったことになる。(2) 反応エンタルピー＝（反応物の結合エネルギーの総和）－（生成物の結合エネルギーの総和）を用いる。ただし，燃焼で生成する水は液体であることに注意。

（❖＝上位科目「化学」の内容を含む問題）

第2章

化学反応の速さとしくみ

1 化学反応の速さ
2 化学反応の進み方

さび

---

1 化学反応の速さ

A 化学反応の速さ

1 反応速度　0.50 mol/L の希硫酸 1.0 L に 5.0 g の亜鉛を入れると，次の反応が起こる。

$$Zn + H_2SO_4 \longrightarrow ZnSO_4 + H_2\uparrow$$

最初の 4 分間に，亜鉛 (原子量 65.4) が 3.27 g 減少して希硫酸の濃度は 0.45 mol/L になり，同時に，水素が 0 ℃，$1.01×10^5$ Pa[1] で，1.12 L 発生したものとする。この場合，次の①〜③の方法で，化学反応の進行度を表すことができる。

① 単位時間(この場合は 1 分間)に減少する反応物(亜鉛)の質量，または物質量。

　質量：$\dfrac{3.27\,\mathrm{g}}{4\,分}≒0.818\,\mathrm{g}/分$

　物質量：$\dfrac{3.27\,\mathrm{g}}{65.4\,\mathrm{g/mol}}×\dfrac{1}{4\,分}=0.0125\,\mathrm{mol}/分$

② 単位時間に減少する反応物(硫酸)のモル濃度。

　モル濃度：$\dfrac{0.50\,\mathrm{mol/L}-0.45\,\mathrm{mol/L}}{4\,分}=0.0125\,\mathrm{mol/(L・分)}$

③ 単位時間に生成する生成物(水素)の物質量。

　物質量：$\dfrac{1.12\,\mathrm{L}}{22.4\,\mathrm{L/mol}}×\dfrac{1}{4\,分}=0.0125\,\mathrm{mol}/分$

　このように，化学反応の進行度は，単位時間に変化する物質の質量，物質量，濃度，体積などで表され，これを **反応速度**[2] という。なお，①〜③は最初の 4 分間における平均の反応速度である。

---

[1] 0 ℃，$1.01×10^5$ Pa (＝1 気圧＝1 atm) を標準状態という。$1.01×10^5$ Pa は，101 kPa または 1010 hPa のように表すこともある(→ p.137)。

[2] ある時間間隔における反応の進行度を「反応の速さ」，瞬間における反応の進行度を「反応速度」と区別することもあるが，同じ意味に用いられることが多い。

2 **反応速度の表し方** ある濃度の過酸化水素水に，塩化鉄(III) $FeCl_3$ 水溶液を少量加えると，分解反応が開始して酸素が発生する[1]。

$$2H_2O_2 \longrightarrow 2H_2O + O_2\uparrow$$

H_2O_2 が a〔mol/L〕減少したとき，O_2 が b〔mol/L〕[2]生成したとすると，常に $a:b=2:1$ の関係を保った右図のようなグラフが得られる。このグラフから反応速度は次のように表すことができる。

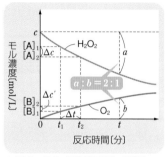

▲ 図1　H_2O_2 の分解反応における H_2O_2 と O_2 の濃度変化

(1) **反応物 H_2O_2 の量で表す** H_2O_2 の時刻 t_1〔分〕の濃度を $[A]_1$〔mol/L〕，時刻 t_2〔分〕の濃度を $[A]_2$〔mol/L〕とする。通常，変化量を表すには，変化があった後の状態から，前の状態を差し引いて表す（身長の変化を求めるときを考えればわかる）。したがって，かかった時間は t_2-t_1 で正の値なので問題ないが，反応物の濃度の変化量は $[A]_2-[A]_1$ となり，反応物は常に減少するので，これは負の値である。

反応が進行し，変化があったにもかかわらず変化量が「負」では考えづらい。そこで，負号をつけて正の値にして用いることにする。すなわち，[3] $\Delta c = -([A]_2-[A]_1)$，$\Delta t = t_2-t_1$ となるから，平均の反応速度 $\bar{v}$ は次式のようになる。

$$\bar{v}〔mol/(L\cdot分)〕=\frac{反応物のモル濃度の減少量}{反応時間}=-\frac{[A]_2-[A]_1}{t_2-t_1}=\frac{\Delta c}{\Delta t}$$

(2) **生成物 O_2 の量で表す** O_2 の時刻 t_1〔分〕の濃度を $[B]_1$〔mol/L〕，時刻 t_2〔分〕の濃度を $[B]_2$〔mol/L〕とする。この場合，生成物の変化量は $[B]_2-[B]_1$ であり，これは正の値なので (1) と異なり問題はない。かかった時間は t_2-t_1 である。したがって，$\Delta c'=[B]_2-[B]_1$，$\Delta t=t_2-t_1$ であるから，

$$\bar{v'}〔mol/(L\cdot分)〕=\frac{生成物のモル濃度の増加量}{反応時間}=\frac{[B]_2-[B]_1}{t_2-t_1}=\frac{\Delta c'}{\Delta t}$$

ここで，少し困ったことが起こる。最初に示したように，H_2O_2 と O_2 の変化量の比は 2：1 である。したがって，$\bar{v}:\bar{v'}$ も 2：1 である。これはそのままでもよいのだが，同一の反応で同じ条件での変化を表したものなのに，$\bar{v}$ と $\bar{v'}$ の値が異なるのは混乱を招くことになる。

そこで，通常は，化学反応式の反応物・生成物の係数で割るようにする。そうすれば，どの物質に着目しても反応速度を1つの値で表すことができる。

$$\bar{v}〔mol/(L\cdot分)〕=-\frac{1}{2}\times\frac{[A]_2-[A]_1}{t_2-t_1}=\frac{[B]_2-[B]_1}{t_2-t_1}$$

[1] H_2O_2 は $FeCl_3$ や MnO_2(酸化マンガン(IV))によって分解が進む(→ p.219, 222 触媒)。
[2] O_2 に対して mol/L はなじみにくいが，多くの反応はモル濃度で変化量を表すのでこのようにした。生成した O_2 が溶液にすべて溶け込んだと仮定すればよい。
[3] Δ（デルタ）は，その後の文字で表されたものの変化量を示す。たとえば，Δt は時刻の変化量，すなわち時間を示す。
[4] **平均の反応速度 $\bar{v}$**（ブイバーと読む）　図1のように $t_1 \sim t_2$ の間にも，反応速度は一定ではなく，時々刻々変化することが多い。したがって，$\bar{v}$ はある時間内の平均の反応速度である。

一般に，ある一定時間内における平均の反応速度は次のように表すことができる[1]。

$$平均の反応速度(\bar{v}) = \frac{|着目した物質の濃度変化|}{かかった時間}$$

問題学習……41　　　　　　　　　　　　　　　　　　　　　　　　反応速度

過酸化水素の分解において，$FeCl_3$ より分解する効果が大きい MnO_2 を加えた場合，前ページの図1のグラフ(……)はどのように変化するか。次の中から選べ。

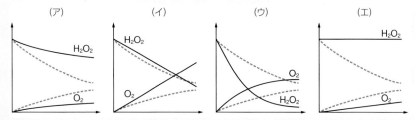

（ア）　　　　　　　　（イ）　　　　　　　　（ウ）　　　　　　　　（エ）

考え方 MnO_2 のほうが分解効果が大きいから，H_2O_2 が減少する速さも，O_2 が生成する速さも │ 大きくなる。反応速度は，反応の進行に伴って変化する。したがって，**（ウ）**が正答である。

B　反応速度式と反応速度定数

1 反応速度と平均濃度　通常，反応速度は，反応が進行するにつれて必ず小さくなる。これは，反応の進行に伴って反応物の濃度が減少するからであり，反応は反応物の粒子が衝突することにより進むため，粒子が少なくなれば遅くなる（詳しくは *p.218*）。しかし，反応自体は一定の割合で進行していると考えることができる。そこで，濃度によらず，反応の速さが一定の割合で進行しているかどうかを考える。

いま，$2N_2O_5 \longrightarrow 2N_2O_4 + O_2$ の反応を考える。たとえば，$2.33\,mol/L$ の N_2O_5 を 45℃で放置すると，右表のように時間とともに減少する。

時間〔秒〕	0	184	319	526	867
[N_2O_5]〔mol/L〕	2.33	2.08	1.91	1.67	1.36

このデータについて，測定時間ごとの間隔における平均の反応速度（**平均速度**）$\bar{v}$ と，平均濃度 $\bar{c}$ およびそれらの商を考える。ある時間の間隔で反応速度を求めると，その間の濃度も変化しているので，通常は単純平均した値を **平均濃度** として用いる。

(1) $\bar{v}$ と $\bar{c}$ の算出

・0秒〜184秒　$\bar{v} = \dfrac{|2.08-2.33|}{184-0} \fallingdotseq 1.36 \times 10^{-3}\,(mol/(L \cdot s))$，　$\bar{c} = \dfrac{2.33+2.08}{2} \fallingdotseq 2.21\,(mol/L)$

[1] ある時刻における瞬間の反応速度は $v = -\dfrac{d[A]}{dt}$ のように微分の形で表される。

・184 秒〜319 秒　$\bar{v}=\dfrac{|1.91-2.08|}{319-184}≒1.26×10^{-3}\,(\mathrm{mol/(L \cdot s)})$, $\bar{c}=\dfrac{2.08+1.91}{2}≒2.00\,(\mathrm{mol/L})$

・319 秒〜526 秒　$\bar{v}=\dfrac{|1.67-1.91|}{526-319}≒1.16×10^{-3}\,(\mathrm{mol/(L \cdot s)})$, $\bar{c}=\dfrac{1.91+1.67}{2}≒1.79\,(\mathrm{mol/L})$

・526 秒〜867 秒　$\bar{v}=\dfrac{|1.36-1.67|}{867-526}≒0.91×10^{-3}\,(\mathrm{mol/(L \cdot s)})$, $\bar{c}=\dfrac{1.67+1.36}{2}≒1.52\,(\mathrm{mol/L})$

(2) $\dfrac{\bar{v}}{\bar{c}}$ の算出

0 秒〜 184 秒　　　　　　184 秒〜 319 秒　　　　　319 秒〜 526 秒　　　　　526 秒〜 867 秒

$\dfrac{\bar{v}}{\bar{c}}=6.15×10^{-4}\,\mathrm{s^{-1}}$　　$\dfrac{\bar{v}}{\bar{c}}=6.30×10^{-4}\,\mathrm{s^{-1}}$　　$\dfrac{\bar{v}}{\bar{c}}=6.48×10^{-4}\,\mathrm{s^{-1}}$　　$\dfrac{\bar{v}}{\bar{c}}=5.99×10^{-4}\,\mathrm{s^{-1}}$

時間〔秒〕	0	184	319	526	867
$[N_2O_5]$〔mol/L〕	2.33	2.08	1.91	1.67	1.36
時間間隔〔秒〕		$0 \sim 184$	$184 \sim 319$	$319 \sim 526$	$526 \sim 867$
平均速度 $\bar{v}$〔mol/(L・s)〕		$1.36×10^{-3}$	$1.26×10^{-3}$	$1.16×10^{-3}$	$0.91×10^{-3}$
平均濃度 $\bar{c}$〔mol/L〕		2.21	2.00	1.79	1.52
$\dfrac{\bar{v}}{\bar{c}}$〔$\mathrm{s^{-1}}$〕		$6.15×10^{-4}$	$6.30×10^{-4}$	$6.48×10^{-4}$	$5.99×10^{-4}$

上表より，$\dfrac{\bar{v}}{\bar{c}}=\dfrac{\bar{v}}{[N_2O_5]}≒6×10^{-4}\,\mathrm{s^{-1}}=k$（一定）　といえる。

この比例定数 k を **速度定数** または **反応速度定数** という。

2 反応速度式　前項の式は $\bar{v}=k[N_2O_5]$ と表せる。これは，N_2O_5 の分解反応では，N_2O_5 の濃度の 1 乗に比例して反応が進むことを表している（一次反応→次ページ 脚注）。

　一般に，化学反応　A ＋ B ⟶ C　において，反応速度 v は A や B の濃度に依存する。ある時刻における A，B のモル濃度をそれぞれ [A]，[B] とすると，反応速度は次のようになり，これを **反応速度式** または **速度式** という。

重要

$$v=k[A]^{\alpha}[B]^{\beta}　（k：速度定数）$$

$\left(\begin{array}{l}\alpha,\ \beta\ は実験で求まる。0 もありうる。そ\\の場合はその反応物の濃度に依存しない。\end{array}\right)$

　一般に，k は反応の種類と温度が変わらなければ一定で，濃度に依存しない。また，k が大きい反応ほど反応速度が大きい。大事なことは，α，β は必ずしも反応物の係数とは一致しないということである[1]。前項の N_2O_5 の分解でもわかる通り，$v=k[N_2O_5]^2$ にはなっていない。その理由は，次ページの多段階反応のところで説明する。結論として，実験データが与えられない限り決められないということを覚えておけばよい。

[1]　$v=k[A]^{\alpha}[B]^{\beta}$ において，α，β は，同じ反応でも，反応条件（触媒その他）で異なることがある（→次ページ）。[A]＝[B]＝1mol/L であると $v=k$ となる。すなわち，反応系の各物質の濃度が単位濃度（1mol/L）であるときの反応速度 v が k である。k を用いて，いろいろな反応の反応速度を比較することができる。反応式に表れないが，k を大きくする物質が触媒である（→ p.222）。

ある反応 A ＋ B ⟶ C において，反応物 A，B の濃度 [A]，[B] を変えて反応速度 v を求める実験を行い，右表のような結果が得られた。次の問いに答えよ。

実験番号	[A] [mol/L]	[B] [mol/L]	v [mol/(L·s)]
①	0.30	0.40	0.036
②	0.10	0.40	0.012
③	0.30	0.20	0.0090
④	0.20	0.30	$v_④$

(1) この反応の反応速度式 $v = k[A]^{\alpha}[B]^{\beta}$ における α，β を実験結果から決定せよ。

(2) この反応の速度定数 k の値を求め，その単位とともに記せ。

(3) 実験④の反応速度 $v_④$ はいくらか。

考え方▶ (1) [B] が同じ値である①と②を比較すると，[A] が 3 倍（②に対して①）になると v も 3 倍になっているので，v は [A] の 1 乗に比例している。

[A] が同じ値である①と③を比較すると，[B] が 2 倍（③に対して①）のとき v は

$$\frac{0.036}{0.0090} = 4 = 2^2 \text{（倍）になっているので，} v は$$

[B] の 2 乗に比例している。

したがって，$\alpha = 1$，$\beta = 2$ **答**

(2) $v = k[A][B]^2$ と書けるから①の結果より，

$$k = \frac{v}{[A][B]^2} = \frac{0.036\,\text{mol/(L·s)}}{0.30\,\text{mol/L} \times (0.40\,\text{mol/L})^2}$$

$= 0.75\,\text{L}^2\cdot\text{mol}^{-2}\cdot\text{s}^{-1}$

同様に，②より $k = 0.75\,\text{L}^2\cdot\text{mol}^{-2}\cdot\text{s}^{-1}$

③より $k = 0.75\,\text{L}^2\cdot\text{mol}^{-2}\cdot\text{s}^{-1}$

平均して $k = \mathbf{0.75\,L^2\cdot mol^{-2}\cdot s^{-1}}$ **答**

(3) $v_④ = k[A][B]^2$

$= 0.75\,\text{L}^2\cdot\text{mol}^{-2}\cdot\text{s}^{-1} \times 0.20\,\text{mol/L}$

$\times (0.30\,\text{mol/L})^2$

$= 0.0135\,\text{mol/(L·s)}$

答 $\mathbf{0.014\,mol/(L·s)}$

注意 (2) k の単位は $\text{L}^2/(\text{mol}^2\cdot\text{s})$ としてもよい。「/」は 1 つの式で 1 つしか使えないことに注意。

類題 ····· 42

前ページの表の平均濃度 $\overline{c}$ を横軸に，平均速度 $\overline{v}$ を縦軸にしてグラフをかき，その傾きから速度定数を求めよ。

3 多段階反応と律速段階 過酸化水素が分解する場合の反応速度式は，カタラーゼ[2]触媒では $v = k[H_2O_2]$ で表される（一次反応[1]という）が，キノリン[2]触媒で分解するときは $v = k'[H_2O_2]^2$ で表される（二次反応という）ことが知られている。この違いは，化学反応の多くは 1 つの化学反応式で表される通りに進行するような単純な反応ではなく，多くの反応が段階的に連続して起こり，結果として 1 つの化学反応式で表される場合が多いからである。これを **多段階反応** という。

───────────

[1] $v = k[A][B]^2$ のとき，この反応は A について一次反応，B について二次反応であり，全体として三次反応であるという。これらを一般に **反応の次数** という。いろいろな実験によって，それぞれの反応物の次数を決定すれば，その反応の反応速度式が得られる。

[2] カタラーゼは，動物の肝臓や血液などに含まれ，結晶化しやすい酵素である。生体内酸化に関与し，生理的機能を有する。過酸化水素を分解する反応の触媒となる。キノリンは，ナフタレン（→ p.460）の 1 位の CH が N に置きかわった構造の化合物 C_9H_7N で，不快臭をもつ液体。医薬品の原料などに用いられる。

たとえば，*p*.214 の例に出した N_2O_5 の分解では，

$$N_2O_5 \longrightarrow N_2O_3 + O_2 \quad \cdots\cdots①$$
$$N_2O_3 \longrightarrow NO + NO_2 \quad \cdots\cdots②$$
$$N_2O_5 + NO \longrightarrow 3NO_2 \quad \cdots\cdots③$$
$$2NO_2 \longrightarrow N_2O_4 \quad \cdots\cdots④$$

という 4 つの段階からなることがわかっている（それぞれを素反応という）。これらを単純に加え合わせれば（④は 2 倍する），

$$2N_2O_5 \longrightarrow 2N_2O_4 + O_2$$

となるが，この反応速度は $v=k[N_2O_5]$ で表せるのであって，$v=k'[N_2O_5]^2$ ではない。この理由は何であろうか。

　簡単にいえば，上の①〜④の反応の進行のしやすさが均等ではないことにある。実は，①の反応速度は非常に遅いが，それに比べて，②〜④の反応速度は非常に速い。結果的に，この①の段階で全体の反応速度が決められてしまうことになる。このような多段階反応での最も遅い反応段階を **律速段階** という。

　身近な例でたとえると，学校の校庭で朝礼が終わった後，解散して教室にもどるとき，昇降口に生徒が殺到するのでスムーズに教室にもどれない。これは，狭い昇降口を通過するときは他のところを歩くときよりもスピードが遅くなるためで，ここがいわゆる律速段階のようになっているからである。

Study Column　一次反応と半減期

　一次反応 には N_2O_5 の分解のほか，カタラーゼ触媒による H_2O_2 の分解，放射性同位体の崩壊などが知られている。一次反応では，ある時点の反応物の量が，そのときの半分になるまでの時間は，量に関係せず反応の種類によって一定であることが知られている。この時間のことを **半減期** という。これを利用して放射性同位体 ^{14}C による年代測定が行われている（→ *p*.45）。

　一般に，半減期 T〔時間〕の放射性同位体が m〔g〕あった場合，t〔時間〕後に残っている量は，$m \times \left(\dfrac{1}{2}\right)^{\frac{t}{T}}$〔g〕で表される。

　一次反応ではグラフのように，時間とともにもとの物質は減少し，初め m〔g〕あったとすると，その $\dfrac{1}{2}$ になるのに T〔時間〕，さらにその $\dfrac{1}{2}$，つまり $\dfrac{1}{4}$ になるのに T〔時間〕，合計 $2T$〔時間〕かかる。

▲ ^{14}C による年代測定に用いる測定装置

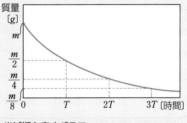

▲ 半減期を表すグラフ

C 反応速度を変える条件

反応速度は，同じ反応でも，反応の条件によって速くなったり遅くなったりする。

化学反応が起こるためには，「反応物を構成する粒子どうしが衝突すること」が必要条件である。もちろん，衝突しただけでは，必ずしも反応するとは限らない。「反応物どうしのエネルギーが一定以上の大きさになっていること」も必要条件である。前者は反応物の「濃度」に関係し，後者は反応の「温度」に関係する。これらの理由を考えよう。

1 濃度の影響　鉄の細い針金の塊り（スチールウール）を空気中でガスバーナーで加熱すると，炎に当たった部分は赤くなり，炎から離すとかすかに赤く燃える（▶右図(a)）。しかし，赤くなったものを酸素の中に入れると，火花を出して激しく燃焼し，すべて鉄の酸化物になる（▶右図(b)）。この違いは，空気中に含まれている酸素は約21%で，純酸素中では単位時間あたりの鉄（原子）と酸素分子の衝突回数が，空気中の場合より増大するからである。つまり，反応物の酸素の濃度の影響により反応速度が変化したと考えられる。

(a) 空気中　(b) 酸素中

▲ 図2　スチールウールの燃焼

　一般に，一定体積中の反応物の粒子の数（濃度）を大きくすると，粒子どうしの単位時間あたりの衝突回数が増えて，反応速度は大きくなる。また，気体どうしの反応では，その気体を圧縮して圧力を増大させると，反応物のモル濃度が大きくなるため，反応速度も大きくなる。

2 表面積の影響　反応物がともに気体であったり，ともに水溶液の状態で存在する場合には，反応物の濃度が均一[1]で，反応速度は場所によらず一定である。それに対して，固体と液体または固体と気体の反応のように物質の状態が異なる（不均一な）ものどうしの場合には，反応は固体の表面だけで起こる。このため，固体の粒子の大きさが反応速度に影響を及ぼす[2]。固体を小さく刻んでいくと，その表面積が増えるため，一般に反応速度が増す。これは反応物どうしの接触面積が増大し，単位時間あたりの衝突回数が増えることによって，反応速度が大きくなるからである。とくに，微粉末にすると，常温でも爆発的に進む反応もあり，事故につながることがある。

> **例**　① 塩酸と亜鉛を反応させる場合，粒状亜鉛よりは粉末亜鉛のほうが水素の発生が激しくなる。
> ② 小麦などの製粉工場では，微粉末の小麦粉が空気中に存在するために，静電気により爆発事故が起こることがある。爆発は，著しく速い燃焼である（かつて炭坑内で起こった炭塵爆発は，石炭の微粉末と空気との高速の燃焼によるものである）。
> ③ 携帯用化学カイロ（→ p.200）に入っている鉄は，表面積を大きくすることによって酸素との反応を激しくして発熱させている。

[1] このように，反応物の濃度が場所によらない場合の反応を均一系反応という。
[2] これは不均一系反応とよばれ，一般に反応速度式は複雑なものとなる。

3 温度の影響 　化学反応が進行するためにはある程度以上のエネルギーが必要である。分子の運動エネルギーの分布はおよそ右図のようになることが知られている（→p.125,128）。図の E_a 以上のエネルギー（活性化エネルギー →p.221）をもった分子が衝突することで反応できるとすると，温度が上がると，その分布の変化のしかたから，反応可能な分子の数が急激に増えることがわかるであろう。したがって，反応速度は温度が高くなるほど大きくなる。

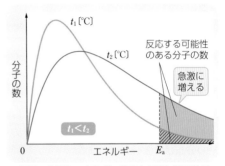

▲ 図3 　分子のエネルギー分布と反応し得る粒子のエネルギー

　一般に，反応温度が10K高くなるごとに，反応速度はおよそ2〜4倍速くなるものが多い。仮に，2倍とすれば，温度が50K高くなると，反応速度は計算上，初めの $2^{\frac{50}{10}}=2^5=32$（倍），100K高くなると $2^{10}≒1000$（倍）にもなる。

温度〔K〕	t	$t+10$	$t+20$	$t+30$	$t+40$	$t+50$	$t+60$	$t+70$	$t+80$	$t+90$	$t+100$
反応速度	v_0	$2v_0$	$4v_0$	$8v_0$	$16v_0$	$32v_0$	$64v_0$	$128v_0$	$256v_0$	$512v_0$	$1024v_0$

4 触媒の影響 　うすい過酸化水素水は，そのままではほとんど変化しない。これに酸化マンガン(IV)（二酸化マンガン）MnO_2 を少量加えると，ただちに反応が起こって酸素が発生してくる。

$$2H_2O_2 \longrightarrow 2H_2O + O_2\uparrow$$

この場合，酸化マンガン(IV)は，反応の前後において変化がない。酸化マンガン(IV)のように，反応速度を著しく増大させるが，反応の前後においてそれ自身は変化しないような物質を **触媒** という（→p.222以降で詳しく学ぶ）。

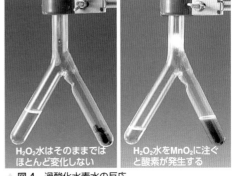

H₂O₂水はそのままではほとんど変化しない

H₂O₂水をMnO₂に注ぐと酸素が発生する

▲ 図4 　過酸化水素水の反応

　触媒は，反応物と均一に混じり合うものを **均一系触媒**，そうでないものを **不均一系触媒** と分類する。過酸化水素水に加えた酸化マンガン(IV)は不均一系触媒である。また，塩化鉄(III)$FeCl_3$ 水溶液も過酸化水素の分解に触媒としてはたらき，これは均一系触媒である。

　触媒は，生体内で起こる化学反応でも重要な役割を担う。生体内で触媒としてはたらく物質を **酵素**（→p.502）といい，主成分はタンパク質である。酵素は無機物質の触媒と異なり，効果的に作用する最適温度や最適pHなどが種類によって決まっている。

注意 反応を速くするには，ほかに光（一般に電磁波）を当てる方法などがある。たとえば，$H_2 + Cl_2 \longrightarrow 2HCl$ の反応は，強い光を当てると爆発的に進む（→p.207）。

2 化学反応の進み方

A 遷移状態

1 粒子のエネルギー分布と反応 ある容器の中の気体分子の運動速度は、その温度に応じた一定の分布をしている(したがって、運動エネルギーも同様)。また、その容器内の気体の温度が高くなると、分子の運動エネルギーの分布は大きいほうに移る。

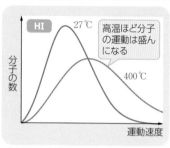

▲ 図5 ヨウ化水素分子の速度分布

ヨウ化水素 HI を容器に入れて室内に放置しても、分解反応は起こらないが、400℃ぐらいに熱すると、次式で示すような分解反応が起こる。

$$2HI \longrightarrow H_2 + I_2$$

一般に気体の温度が高くなると、① 分子の熱運動が盛んになり、同一容器内では分子どうしの衝突回数が多くなる。② 分子の運動エネルギーが大きくなり、たがいに衝突したとき、それぞれの原子の組み換えが起こる(化学反応が起こる)可能性が大きくなる。

衝突した分子はすべて反応するのではなく、反応物の粒子(分子やイオンなど)のうち、一定以上のエネルギーをもった粒子だけが反応する。残りの粒子全部を反応させるためには、さらにエネルギーを与えなくてはならない。

2 遷移状態 ヨウ化水素 HI が熱分解するときは、エネルギーの大きい分子どうしが、反応するのに適切な向きで衝突したときだけ、反応する。この場合、HI 分子が分解して、ただちに H_2 分子と I_2 分子になるのではなく、HI 2分子が結合した中間状態を通る。

$$2HI \longrightarrow 〔中間状態〕 \longrightarrow H_2 + I_2$$

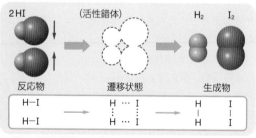

▲ 図6 遷移状態のモデル

この中間状態は、もとの反応物(HI分子)の平均のエネルギーよりも大きい。一度この状態になると、ただちにエネルギーを放出して反応が進んでいく。この中間状態を **遷移状態** または **活性化状態** という。また、遷移状態になった中間体を **活性錯体** ということがある。

ヨウ化水素が分解する反応に対して、水素とヨウ素を容器に入れて高温にすると、ヨウ化水素が生成する反応が起こる。

$$H_2 + I_2 \longrightarrow 2HI \quad (\rightarrow p.226 \text{ 可逆反応})$$

注意 $2HI \rightarrow H_2 + I_2$ の反応、あるいはその逆反応 $H_2 + I_2 \rightarrow 2HI$ の反応は、上の説明とは別の反応機構で反応する(別の素反応で反応する)という報告もある。

B 活性化エネルギーと触媒

■ 活性化エネルギー 右の図7において，A＋B ⟶ AB ΔH＝Q〔kJ〕の反応で，反応物（A＋B）を遷移状態X（1molとする）にするのに要するエネルギーE_aを，この反応の**活性化エネルギー**という。すなわち，遷移状態のエネルギーと反応物のエネルギーとの差（E_a）が，活性化エネルギーである。

Xはただちに，エネルギー（E_b）を放出して生成物（AB）になるか，エネルギー（E_a）を放出して反応物（A＋B）にもどる。エネルギー（E_b）は AB ⟶ A＋B の反応のときの活性化エネルギーでもある。

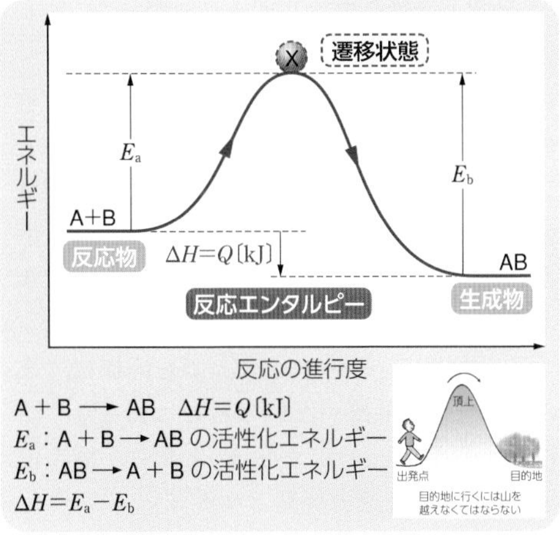

化学反応では一般に，反応物は活性化エネルギーの山を越えなければ，生成物になることができない[❶]。

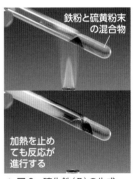

A＋B ⟶ AB ΔH＝Q〔kJ〕
E_a：A＋B ⟶ AB の活性化エネルギー
E_b：AB ⟶ A＋B の活性化エネルギー
ΔH＝E_a－E_b

▲ 図7 活性化エネルギー

たとえば，右図のように鉄粉と硫黄粉末を混合して試験管に入れ，内容物の上部だけをガスバーナーで外から加熱して反応を開始させると，ガスバーナーを取り去っても次第に全体に反応が進行して，すべてが硫化鉄（Ⅱ）に変化するまで反応が続く。

これは，Fe＋S ⟶ FeS の反応が発熱反応であり，一部を加熱するとその部分が遷移状態になって反応が開始する。一度反応が開始すると，その後は，反応により生じた熱エネルギーが，まわりの未反応の反応物に活性化エネルギーを与えて反応を進行させていくため，次々と全体に反応が進むことになる。

なお，活性化エネルギーは，熱のほかに電気や光などからも与えられる場合がある。

▲ 図8 硫化鉄（Ⅱ）の生成

CHART 30

反応 は 活 を入れないと 進まない

化学反応の進行には，活性化エネルギーが必要である

活！

[❶] Ag⁺（硝酸銀水溶液）にCl⁻を加えると，ただちにAgClの白色沈殿ができる。この反応では，熱を加えていないので，活性化エネルギーを与えなくても進行するようにみえるが，この反応の活性化エネルギーはきわめて小さいので，常温でも十分な活性化エネルギーを与えられて反応が進むのである。

C 触媒

1 触媒と活性化エネルギー H_2 1mol と I_2 1mol を遷移状態にするのに要するエネルギーは，右図の E_a である。白金触媒があると，そのエネルギーは E_b となり，小さくなる。

このように，触媒のあるときは，触媒のないときとは別の，より活性化エネルギーの小さな反応経路を通るので，反応の速さは大きくなる。

逆反応 $2HI \longrightarrow H_2 + I_2$ でも同様に，その反応経路も触媒のないときとは異なり，活性化エネルギーは E_c から E_d となり，活性化エネルギーの小さな経路となる。

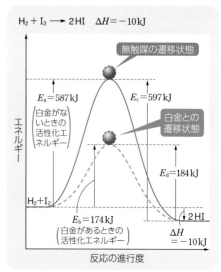

$H_2 + I_2 \longrightarrow 2HI \quad \Delta H = -10kJ$

無触媒の遷移状態

$E_a = 587kJ$　$E_c = 597kJ$

白金がないときの活性化エネルギー

白金との遷移状態

エネルギー

$E_d = 184kJ$

$H_2 + I_2$

$E_b = 174kJ$
（白金があるときの活性化エネルギー）

2HI

$\Delta H = -10kJ$

反応の進行度

▲ 図9　活性化エネルギーと触媒

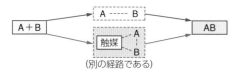

$A + B$ → A - - - B → AB

触媒 A / B

（別の経路である）

CHART 31

触媒 は 汗水 たらす 要もなし

活性化エネルギーの小さな別ルートなので，反応速度が大きくなる

▼ 表1　触媒と活性化エネルギー

反応の例	活性化エネルギー〔kJ/mol〕	触媒のあるときの活性化エネルギー〔kJ/mol〕
$H_2 + I_2 \longrightarrow 2HI$	174	白金 Pt 49
$N_2 + 3H_2 \longrightarrow 2NH_3$	234	四酸化三鉄 Fe_3O_4 96
$2SO_2 + O_2 \longrightarrow 2SO_3$	251	酸化バナジウム(V) V_2O_5　63
$CH_2=CH_2 + H_2 \longrightarrow CH_3-CH_3$	117	ニッケル Ni 42

2 触媒の存在と反応エンタルピー 図9の活性化エネルギーと触媒において，触媒を用いても用いなくても，正反応の反応エンタルピーは，$\Delta H = (E_a - E_c)〔kJ〕 = (E_b - E_d)〔kJ〕$ であり，逆反応の反応エンタルピーは，$\Delta H = (E_c - E_a)〔kJ〕 = (E_d - E_b)〔kJ〕$ である。

すなわち，ある反応の反応エンタルピーは，触媒のあるなしに無関係に一定である。逆反応のときにも，同じことがいえる。

3 触媒のしくみ　水素(気体)の中に白金の粉末を入れると，白金表面のPt原子に水素分子 H_2 が吸着される。このとき，水素分子は白金表面で活性化されてH−H結合が切れ，原子に近い状態になる。水素は解離して吸着し，Pt−H結合ができる。ヨウ素も同様に解離して吸着する。このように，活性化された水素原子とヨウ素原子からHI分子が生成し，白金から離れる[1]。これが白金の触媒作用のモデルであり，結果としてPtがないときより反応が速く進む。この遷移状態は，逆向きの反応，すなわち，HIの分解反応 $2HI \longrightarrow H_2 + I_2$ においても生じる。

4 触媒の例

反応の名称	触媒(主成分)	化学反応式
アンモニアの工業的製法 (ハーバー・ボッシュ法)(→p.344)	四酸化三鉄 Fe_3O_4	$N_2 + 3H_2 \longrightarrow 2NH_3$
硝酸の工業的製法 (オストワルト法)(→p.347)	白金(網目状) Pt	$4NH_3 + 5O_2 \longrightarrow 4NO + 6H_2O$ (NOをNO_2にした後に，HNO_3にする。)
硫酸の工業的製法 (接触法)(→p.341)	酸化バナジウム(V) V_2O_5	$2SO_2 + O_2 \longrightarrow 2SO_3$ (SO_3を水と反応させて，H_2SO_4にする。)
アルコール発酵 (→p.435)	酵素	$C_6H_{12}O_6 \longrightarrow 2C_2H_5OH + 2CO_2$ 単糖　　　　エタノール

Laboratory　反応速度と触媒

目的　反応速度を測定し，触媒を用いるとどのように変化するか調べる。

方法　(1) 右図のような，気体発生と捕集装置をつくる。メスシリンダーには後で読み取れるように白い紙を貼り，鉛筆で印をつけられるようにしておく。

(2) 反応物として3%および6%過酸化水素水，触媒として酸化マンガン(IV)MnO_2粉末，0.1mol/L塩化鉄(III)$FeCl_3$水溶液を準備する。

(3) ふたまた試験管のAに0.5gの酸化マンガン(IV)，またはFeCl₃水溶液10mLを入れ，Bより過酸化水素水20mLを一度に加えて，発生する酸素の体積を10秒ごとに記録する。

(4) 濃度の異なる過酸化水素水で，(3)と同様に行う。

(5) 水槽の水を35℃程度に温めてから，(3)，(4)を行う。

(6) 結果を1つのグラフに表して考察する。

MARK　(1) 水槽の中で行うのは，温度を一定に保つためである。およそ右図のような結果が得られる。

(2) 過酸化水素の濃度が大きいほうが反応の速さは大きい。

(3) 温度が高いほうが反応の速さは大きい。

(4) 塩化鉄(III)水溶液より酸化マンガン(IV)のほうが触媒として効果が大きい。

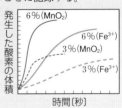

6%(MnO_2)
6%(Fe^{3+})
3%(MnO_2)
3%(Fe^{3+})
発生した酸素の体積
時間[秒]

---

[1] この場合の触媒のはたらきのしくみは，ほかの機構も考えられている。

[2] **三元触媒**　自動車の排気ガスによる大気汚染を防ぐため，白金などの貴金属からなる触媒を用い，炭化水素，一酸化炭素，NO_x(窒素酸化物)などを，H_2OやCO_2，N_2などの無害な物質に変える(→p.346 Study Column)。

Study Column　活性化エネルギーの求め方

アレニウスは 1889 年，速度定数 k と絶対温度 T との間に次の関係があることを発見した。

$$k = Ae^{-\frac{E_a}{RT}}$$

R は気体定数，E_a は活性化エネルギー，A は比例定数（**頻度因子** という）で，この式は **アレニウスの式** とよばれる。この式から，温度が高いほど，活性化エネルギーが小さいほど，速度定数 k が大きくなるので，反応が速くなることがわかる。上式の両辺の自然対数[1]をとると，

$$\log_e k = -\frac{E_a}{RT} + \log_e A$$

$\log_e k \fallingdotseq 2.3 \log_{10} k$ であり，$\dfrac{1}{2.3} \log_e A = C$ とおくと，

$$\log_{10} k = -\frac{E_a}{2.3RT} + C$$

となる。$\log_{10} k = y,\ \dfrac{1}{T} = x$ とすると，この式は $y = ax + b$ の形（a, b は定数）となり，一次関数で表せる。そこで，実験で温度をさまざまに変えて速度定数を求め，グラフに表すと右図のようになる。

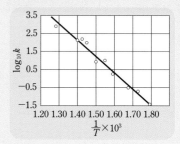

この直線の傾きは $-\dfrac{E_a}{2.3R}$ となり，計算により，活性化エネルギー E_a が求められる。このようなグラフは **アレニウスプロット** とよばれる。

活用 1 右上のグラフから，この反応の活性化エネルギーを求めよ。$R = 8.3\,\mathrm{J/(mol \cdot K)}$

解 グラフ上の読み取りやすいところから傾きを求める（グラフ横軸は $\dfrac{1}{T} \times 10^3$ の数値なので，10^{-3} をかけて $\dfrac{1}{T}$ の数値にもどす）と，$\dfrac{-1.5 - 2.1}{(1.80 - 1.40) \times 10^{-3}} = -9.0 \times 10^3$

よって，$-\dfrac{E_a}{2.3R} = -9.0 \times 10^3$

$E_a = 9.0 \times 10^3 \times 2.3 \times 8.3 \fallingdotseq 1.7 \times 10^5\,(\mathrm{J/mol}) = 1.7 \times 10^2\,(\mathrm{kJ/mol})$

活用 2 反応温度を，27℃から 10℃上昇させると反応速度が 2 倍になる反応の活性化エネルギーを求めよ。$\log_{10} 2 = 0.30$

解 27℃（T_1〔K〕）の速度定数を k_1，37℃（T_2〔K〕）の速度定数を k_2 とすると，$\dfrac{k_2}{k_1} = 2$ である。

$$\log_{10} k_1 = -\frac{E_a}{2.3RT_1} + C \quad \cdots\cdots① \qquad \log_{10} k_2 = -\frac{E_a}{2.3RT_2} + C \quad \cdots\cdots②$$

②式－①式より，$\log_{10} \dfrac{k_2}{k_1} = \dfrac{E_a}{2.3RT_1} - \dfrac{E_a}{2.3RT_2}$

よって，$E_a = 2.3R \times \dfrac{T_1 T_2}{T_2 - T_1} \times \log_{10} \dfrac{k_2}{k_1} \quad \cdots\cdots③$

$$E_a = 2.3 \times 8.3 \times \frac{300 \times 310}{10} \times 0.30 \fallingdotseq 5.3 \times 10^4\,(\mathrm{J/mol}) = 53\,(\mathrm{kJ/mol})$$

注意 一般に，T_1, T_2 における速度定数をそれぞれ k_1, k_2 とすると，活性化エネルギー E_a は，③式で表される。

[1] e が底の対数を自然対数という（$e = 2.718\cdots$）。また，底が 10 の対数は常用対数という。

◇⟐❶ 反応速度式

図は，過酸化水素が分解して酸素が発生するときの時間〔分〕に対する過酸化水素の濃度〔mol/L〕を表したものである。

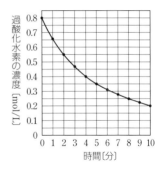

(1) 反応開始直後から4分の間における過酸化水素の平均分解速度〔mol/(L·分)〕を求めよ。

(2) 過酸化水素水 100 mL を用いたとき，(1)の時間において，発生した酸素の物質量を求めよ。

(3) この分解反応の速度定数 k〔分$^{-1}$〕を求めよ。ただし，反応速度は $v = k[H_2O_2]$ に従うものとし，データは反応開始直後から4分の間の過酸化水素の平均分解速度と平均の濃度を用いよ。

(4) この反応の温度を高くすると，k〔分$^{-1}$〕の値はどうなるか。

> **ヒント** (1) 問題文の単位をみると，単位時間あたりのモル濃度の変化である。(2) H_2O_2 2 mol から O_2 は 1 mol 生成する。(3) 平均濃度は単純平均でよい。(4) 高温のほうが反応速度は大きい。

◇⟐❷ 反応速度式

AとBが1molずつ反応し，Cが1mol生成する反応において，AとBの濃度を変えて，そのときの反応速度 v を求めると，右表の結果となった。

実験	[A]〔mol/L〕	[B]〔mol/L〕	v〔mol/(L·s)〕
1	0.30	1.20	3.6×10^{-2}
2	0.30	0.60	0.90×10^{-2}
3	0.60	0.60	1.8×10^{-2}

(1) 反応速度式を $v = k[A]^x[B]^y$ として表したとき，x と y に当てはまる整数値を答えよ。

(2) ［A］＝0.60 mol/L，［B］＝1.0 mol/L での反応速度〔mol/(L·s)〕を有効数字2桁で答えよ。

> **ヒント** (1) AやBについて，一方が同じ濃度のとき，他方の濃度の変化に対して v の変化を考える。
> (2) (1)で得られた値を利用して k を求め，［A］，［B］の値を代入して v を求める。

◇⟐❸ 活性化エネルギー

図は次の反応のエネルギー変化を示している。

$$A_2(気) + B_2(気) \longrightarrow 2AB(気)$$

(1) 次の(a)，(b)を図の $E_a \sim E_e$ を用いて示せ。

(a) 正反応の反応エンタルピー

(b) 正反応の活性化エネルギー

(2) 次の(a)～(c)は，触媒を使用したときどうなるか。

(a) 反応エンタルピー　(b) 活性化エネルギー

(c) 反応速度

(3) 表の値から，上の反応の反応エンタルピー〔kJ/mol〕を求めよ。

結合	結合エネルギー〔kJ/mol〕
A－A	436
B－B	243
A－B	432

(4) 一般に，高温ほど反応速度が大きくなる。その理由として誤りを含むものを，次のうちから1つ選べ。

(ア) 高温では，活性化エネルギーを超える粒子が増加するため。

(イ) 高温では，活性化エネルギーが低くなるため。

(ウ) 高温では，分子の熱運動が激しくなって，衝突回数が増加するため。

（◇⟐＝上位科目「化学」の内容を含む問題）

第**3**章

化学平衡

1 化学平衡とその移動
2 平衡状態の変化

アンモニア合成プラント

---

1 化学平衡とその移動

A 化学平衡

1 アンモニアの生成・分解　密閉した容器に，N_2 と H_2 を 1：3 の物質量の割合で混合して，500℃，60 MPa（6.0×10^7 Pa）に保つと，次の①式の反応が起こる[1]。

$$N_2 + 3H_2 \longrightarrow 2NH_3 \quad \cdots\cdots①$$

長時間放置したとき，NH_3 の割合が 40％（体積百分率）になると，それ以上増加せず，反応が進まないように見える状態になる（▶右図〔A〕）。

また，NH_3 を 500℃，60 MPa に保つと，次の②式の反応が起こる。

$$2NH_3 \longrightarrow N_2 + 3H_2 \quad \cdots\cdots②$$

長時間放置したとき，やはり NH_3 の割合が 40％になると，それ以上アンモニアは減少しなくなる（▶右図〔B〕）。

2 可逆反応　①式と②式はたがいに逆向きの反応で，どちらの方向にも進行できることがわかる。このような反応を **可逆反応**[2] という。可逆反応の化学反応式は，記号 $\rightleftarrows$ を使って次の③式のように表す。

$$N_2 + 3H_2 \rightleftarrows 2NH_3 \quad \cdots\cdots③$$

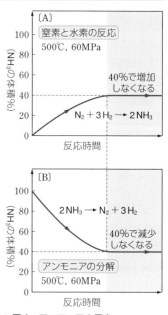

▲ 図1　アンモニアの反応

---

[1] N_2 と H_2 の物質量の比（N_2：H_2＝1 mol：3 mol）＝係数の比＝体積の比（同温・同圧）
[2] 左辺から右辺への変化（$\longrightarrow$）を **正反応**，右辺から左辺への変化（$\longleftarrow$）を **逆反応** という。一方の方向にしか進行しない反応を **不可逆反応** という。

3 **平衡状態**　密閉した容器に水素とヨウ素を入れて加熱すると、次の可逆反応が起こる（物質はすべて気体の状態で反応する）。

$$H_2 + I_2 \rightleftarrows 2HI$$

このときの各物質のモル濃度（あるいは物質量）の変化と反応速度の変化は、右図のようになる。反応が進むにつれて、反応物の濃度は減少し、生成物の濃度は増大する。この場合、反応速度は反応物の濃度に比例するので、右向きの反応（正反応）の反応速度 v_1 は最初が最も大きく、時間とともに次第に小さくなる。逆に、左向きの反応（逆反応）の反応速度 v_2 は、最初はヨウ化水素が存在しないので 0 であるが、時間とともにヨウ化水素が生成するので、左向きの反応速度が次第に増大する。

しかし、一定の時間 t_e がたつと、反応物や生成物の濃度が一定になり、同時に正逆の反応速度は等しくなり、$v_1 = v_2$ になることがわかる。このことは、見かけ上、反応が止まっているように観測される。この状態を **化学平衡** の状態または、単に **平衡状態**[1] という。

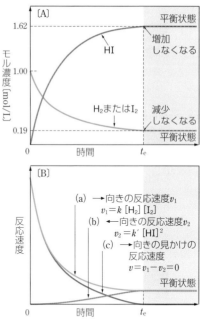

▲ 図2　$H_2 + I_2 \rightleftarrows 2HI$ におけるモル濃度および反応速度の時間的変化

CHART 32

平衡 は 行き と 帰り の 速度 が 同じ

変化が停止しているのではない。正逆の反応の反応速度が等しいだけである

正反応
$A \xrightarrow[v_2]{v_1} B$
逆反応

$v_1 = $正反応の反応速度 $\longrightarrow$ 等しい
$v_2 = $逆反応の反応速度

（平衡時は $v_1 = v_2$）

4 **平衡状態での物質量**　平衡状態の前後における反応物、生成物の量的関係について、$N_2 + 3H_2 \rightleftarrows 2NH_3$ の反応を例にとり、次ページの (1) ～ (3) の条件の場合を考えてみよう。いずれの場合も、反応前の量、変化量、平衡時の量を求めることになるが、表の太赤字は条件として与えられたものであり、その他は、化学反応式の係数から算出されるものである（単位はすべて mol/L、変化量の－は減少、＋は増加を表す）。

[1] 平衡状態は化学平衡のほかに、気液平衡（→ p.130）、溶解平衡（→ p.162）、電離平衡（→ p.246）などがある。本来、平衡状態は記号「$\rightleftharpoons$」で表されるが、本書では「$\rightleftarrows$」を用いる。

(1) 最初，N_2 a〔mol/L〕，H_2 b〔mol/L〕で，平衡になるまでに N_2 が x〔mol/L〕反応した。

	N_2	+	$3H_2$	$\rightleftarrows$	$2NH_3$	（単位は mol/L）
反応前	a		b		0	
変化量	$-x$		$-3x$		$+2x$	
平衡時	$a-x$		$b-3x$		$2x$	（全モル濃度は $a+b-2x$）

(2) 最初，N_2 a〔mol/L〕，H_2 b〔mol/L〕で，平衡時にアンモニアが y〔mol/L〕生成していた。

	N_2	+	$3H_2$	$\rightleftarrows$	$2NH_3$	（単位は mol/L）
反応前	a		b		0	
変化量	$-\dfrac{1}{2}y$		$-\dfrac{3}{2}y$		$+y$	
平衡時	$a-\dfrac{1}{2}y$		$b-\dfrac{3}{2}y$		y	（全モル濃度は $a+b-y$）

(3) 最初，N_2 a〔mol/L〕，H_2 b〔mol/L〕，NH_3 c〔mol/L〕で，平衡時にアンモニアが z〔mol/L〕増加していた。

	N_2	+	$3H_2$	$\rightleftarrows$	$2NH_3$	（単位は mol/L）
反応前	a		b		c	
変化量	$-\dfrac{1}{2}z$		$-\dfrac{3}{2}z$		$+z$	
平衡時	$a-\dfrac{1}{2}z$		$b-\dfrac{3}{2}z$		$c+z$	（全モル濃度は $a+b+c-z$）

5 平衡状態での分圧 気体では，平衡における量的変化を，モル濃度や物質量ではなく分圧の変化で表すこともできる。たとえば，体積一定の容器に窒素を 21 MPa，水素を 63 MPa になるように入れ，500℃に保ったとき窒素が x〔MPa〕分反応して平衡に達し，器内の圧力が 60 MPa になったとすると，反応前後の関係は次のようになる。

	N_2	+	$3H_2$	$\rightleftarrows$	$2NH_3$	（単位は MPa）
反応前	21		63		0	
変化量	$-x$		$-3x$		$+2x$	
平衡時	$21-x$		$63-3x$		$2x$	（分圧の和は $84-2x$）

これより，平衡時の圧力は，

$21-x+63-3x+2x=84-2x$

で表され，60 MPa になったのであるから，

$84-2x=60$

よって，$x=12$ MPa

これより，平衡時の分圧は，$p_{N_2}=9$ MPa，$p_{H_2}=27$ MPa，$p_{NH_3}=24$ MPa　となり，アンモニアの体積百分率は，物質量の比＝分圧の比＝体積の比　より次のように求まる。

$$\frac{24}{9+27+24}\times100=40（\%）$$

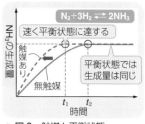

⑥ **触媒と平衡状態** $N_2 + 3H_2 \rightleftarrows 2NH_3$ の平衡状態に, 触媒を加えた場合を考えよう。同じ温度, 圧力のもとでは, 触媒があるときは, ないときに比べて反応速度が大きくなる。1 つの反応では, 触媒は正反応の反応速度 (v_1) も逆反応の反応速度 (v_2) も同じ割合で大きくするから, 500℃, 60 MPa で平衡になると, NH_3 の体積百分率は 40% で変化がない。すなわち, 《**触媒は, 平衡状態に達するまでの時間を短縮するが, 平衡時の物質の割合は変えない。**》

▲ 図3 触媒と平衡状態

CHART 33

平衡は 触媒 で 速く行って も 同じこと
平衡状態には速く到達するが, 平衡状態は変わらない
(反応エンタルピーも変わらない)

B 平衡定数

① **平衡定数** $H_2 + I_2 \rightleftarrows 2HI$ の化学平衡が成立しているとき, 水素, ヨウ素およびヨウ化水素のモル濃度〔mol/L〕を, それぞれ $[H_2]$, $[I_2]$, $[HI]$ とすると, 次の関係が成立する。

$$\frac{[HI]^2}{[H_2][I_2]} = K_c \ \text{①(一定)}$$

この K_c を **平衡定数** (または **濃度平衡定数**) という。温度が一定であれば, 濃度や圧力には無関係に K_c は一定である②。

一般に $aA + bB \overset{v_1}{\underset{v_2}{\rightleftarrows}} cC + dD$ の反応が平衡状態にあるとき, 濃度平衡定数 K_c は次式で表される。

$$K_c = \frac{[C]^c[D]^d}{[A]^a[B]^b} \quad ([A], [B], [C], [D] \text{ は, 平衡時における各物質のモル濃度〔mol/L〕})$$

重要

> $aA + bB + cC + \cdots \rightleftarrows pP + qQ + rR + \cdots$ が平衡状態のとき,
> $$K_c = \frac{[P]^p[Q]^q[R]^r\cdots}{[A]^a[B]^b[C]^c\cdots} \quad (温度一定なら一定)$$

---

① 平衡定数は, 反応式の左辺の物質(反応物)の濃度の積を分母に, 右辺の物質(生成物)の濃度の積を分子に書く。溶液の場合は濃度, 気体の場合は分圧で表すことが多い(→ p.231)。
② 固体が反応式に含まれる化学平衡では, 固体の量は平衡状態に関係しないため, 平衡定数の式に含めない。

この関係を **化学平衡の法則** という[1]。

430°Cにおいて，体積 V〔L〕の容器に H_2 と I_2 を入れて平衡に達したときの各物質の物質量のデータから，K_c の値を求めてみよう。

	H_2 + I_2 ⇄ 2HI （単位は mol）			$K_c = \dfrac{[HI]^2}{[H_2][I_2]}$ [2]
データ①	反応前　11.36 変化量　−7.80 平衡時　3.56	9.05 −7.80 1.25	0 +15.60 15.60	$K_c = \dfrac{\left(\dfrac{15.60\,\text{mol}}{V(\text{L})}\right)^2}{\left(\dfrac{3.56\,\text{mol}}{V(\text{L})}\right)\left(\dfrac{1.25\,\text{mol}}{V(\text{L})}\right)} \fallingdotseq 54.7$
データ②	反応前　10.68 変化量　−8.85 平衡時　1.83	11.98 −8.85 3.13	0 +17.70 17.70	$K_c = \dfrac{\left(\dfrac{17.70\,\text{mol}}{V(\text{L})}\right)^2}{\left(\dfrac{1.83\,\text{mol}}{V(\text{L})}\right)\left(\dfrac{3.13\,\text{mol}}{V(\text{L})}\right)} \fallingdotseq 54.7$

※ 平衡定数を求める式は，各物質のモル濃度〔mol/L〕を代入する必要があるので，各物質の物質量を体積(V〔L〕)で割っている。

> **重要**
>
> ## 反応物の量が異なっても，平衡定数 K_c は変わらない（温度一定）

2 速度定数と平衡定数　次のような反応の化学平衡が成り立っているとする。

$$a\text{A} + b\text{B} \underset{v_2}{\overset{v_1}{\rightleftarrows}} c\text{C} + d\text{D}$$

この反応の反応速度式は，実験データを見ない限り次のように書けるかどうかは断定できない。

正反応：$v_1 = k_1[\text{A}]^a[\text{B}]^b$ ⎫
逆反応：$v_2 = k_2[\text{C}]^c[\text{D}]^d$ ⎭ 実験データからしかわからない

しかし，平衡状態において平衡定数を表す場合に限って，$v_1 = v_2$ であるから，

$k_1[\text{A}]^a[\text{B}]^b = k_2[\text{C}]^c[\text{D}]^d$ として，

$$\dfrac{k_1}{k_2} = \dfrac{[\text{C}]^c[\text{D}]^d}{[\text{A}]^a[\text{B}]^b} = \text{一定} = K$$

のように表すことができる。これは，律速段階を含む多段階反応(→ $p.216$)であっても，すべての段階で，分母，分子が約分されて，最初と最後の速度式が残るからである。

反応速度式は実験データから導かれるものであるため，$a\text{A} + b\text{B} \longrightarrow c\text{C} + d\text{D}$ という化学反応式を見ただけで，反応速度式を $v = k[\text{A}]^a[\text{B}]^b$ とは書けないことを覚えておきたい。

---

[1] この関係式は 1864 年，ノルウェーの化学者のグルベルとワーゲが発表したものである。**質量作用の法則** ともいう。

[2] 平衡定数の単位は決まっていない。その都度，単位どうしの計算により求める。この場合は，分母分子で約分されて，無次元量(単位がつかない)となっている。

■3 **逆反応の平衡定数**　ヨウ化水素が分解する場合の平衡定数を考えてみよう。

$$2HI \rightleftarrows H_2 + I_2$$

体積 V〔L〕の容器に $10.70\,mol$ のヨウ化水素のみを入れ，$430\,℃$ で平衡状態に達すると，水素とヨウ素が $1.14\,mol$ ずつ生成し，ヨウ化水素は $8.42\,mol$ となる。

このときの平衡定数 K_c' は，

$$K_c' = \frac{[H_2][I_2]}{[HI]^2} = \frac{\dfrac{1.14\,mol}{V〔L〕} \times \dfrac{1.14\,mol}{V〔L〕}}{\left(\dfrac{8.42\,mol}{V〔L〕}\right)^2} ≒ 1.83 \times 10^{-2} ≒ \frac{1}{54.7} = \frac{1}{K_c}$$

となる。以上のことから，逆反応の平衡定数は，正反応の平衡定数（→前ページ）の逆数になっていることがわかる。

Study Column　濃度平衡定数と圧平衡定数

すべてが気体からなる反応の平衡状態の場合には，モル濃度で扱うより気体の分圧（→ p.146）で扱ったほうが考えやすいことが多い。

$aA + bB \rightleftarrows cC + dD$ において，気体 A，B，C，D の平衡時の濃度をそれぞれ $[A]$，$[B]$，$[C]$，$[D]$，分圧をそれぞれ p_A，p_B，p_C，p_D とすると，**濃度平衡定数** は，$K_c = \dfrac{[C]^c[D]^d}{[A]^a[B]^b}$ である。

一方，各成分気体の分圧で表したときの平衡定数 $K_p = \dfrac{p_C{}^c p_D{}^d}{p_A{}^a p_B{}^b}$ を **圧平衡定数** という。

一般に，容器の体積を V〔L〕とすると，気体の状態方程式より $p_A V = n_A RT$ であるから，$p_A = \dfrac{n_A}{V}RT$ となり，$\dfrac{n_A}{V}$ はモル濃度であるから $[A]$ に等しい。つまり，$p_A = [A]RT$ となる。同様に $p_B = [B]RT$，$p_C = [C]RT$，$p_D = [D]RT$ となるから，

$$K_p = \frac{p_C{}^c p_D{}^d}{p_A{}^a p_B{}^b} = \frac{([C]RT)^c ([D]RT)^d}{([A]RT)^a ([B]RT)^b} = \frac{[C]^c[D]^d}{[A]^a[B]^b} \times (RT)^{(c+d)-(a+b)} = K_c \times (RT)^{(c+d)-(a+b)}$$

したがって，$K_p = K_c \times (RT)^{(c+d)-(a+b)}$ または $K_c = K_p \times (RT)^{(a+b)-(c+d)}$ である。

また，両辺のそれぞれの気体の係数和が等しいときには $K_c = K_p$ であり，単位がつかない。

Question Time　クエスチョン タイム

Q. 化学平衡というからには，物理平衡もあるのでしょうか？

A. 物質自身が変化するのが化学変化で，物質自身は変化せず，その状態だけが変化するのが物理変化です。これらの変化が，見かけ上停止した状態が平衡状態です。

したがって，化学変化に伴う平衡を化学平衡といい，物理変化に伴う平衡を物理平衡といいます。この章で学んでいるのは化学平衡ですが，物理平衡には，第2編で学んだ飽和溶液中の溶解平衡や，飽和蒸気圧を示すときの気液平衡などがあります。

化学平衡でも物理平衡でも，平衡状態は反応や変化が停止した状態ではなく，見かけ上止まって見えるような状態で，正反応や逆反応は起こっていて，その速さが等しいのです。

A＋B $\rightleftarrows$ C で表される可逆反応について，次の文を読んで下の問いに有効数字2桁で答えよ。

400Kで体積 V〔L〕の容器中に，A，B，Cからなる混合気体がある。初め A と B の分圧はそれぞれ 4.0×10^3 Pa，3.0×10^3 Pa，全圧は 9.0×10^3 Pa で，平衡に達したとき全圧が 6.5×10^3 Pa となった。気体定数 $R=8.3\times10^3$ Pa・L/(mol・K)

(1) この温度における圧平衡定数 K_p を求めよ(単位を付記せよ)。

(2) この温度における濃度平衡定数 K_c を求めよ(単位を付記せよ)。

考え方 (1) 初めの C の分圧は，

$(9.0-4.0-3.0)\times10^3=2.0\times10^3$ (Pa) である。

A が x〔$\times10^3$ Pa〕反応したとすると，それぞれの分圧の変化は，

〔単位は〔$\times10^3$ Pa〕〕	A	＋	B	$\rightleftarrows$	C
反応前	4.0		3.0		2.0
変化量	$-x$		$-x$		$+x$
平衡時	$4.0-x$		$3.0-x$		$2.0+x$

平衡時の全圧が 6.5×10^3 Pa だったから，

$(4.0-x+3.0-x+2.0+x)\times10^3=6.5\times10^3$

よって，$x=2.5$ ($\times10^3$ Pa)

平衡時の各成分の分圧をそれぞれ p_A，p_B，p_C とすると，

$p_A=4.0\times10^3-2.5\times10^3=1.5\times10^3$ (Pa)

$p_B=3.0\times10^3-2.5\times10^3=0.5\times10^3$ (Pa)

$p_C=2.0\times10^3+2.5\times10^3=4.5\times10^3$ (Pa)

$$K_p=\frac{p_C}{p_A p_B}=\frac{4.5\times10^3\,\text{Pa}}{1.5\times10^3\,\text{Pa}\times0.5\times10^3\,\text{Pa}}$$

$$=6.0\times10^{-3}/\text{Pa}$$ **答** 6.0×10^{-3}/Pa

(2) 平衡時の各成分のモル濃度をそれぞれ [A]，[B]，[C] とすると，$pV=nRT$ より，

$p_A=[A]RT$，$p_B=[B]RT$，$p_C=[C]RT$ であるから，濃度平衡定数は，

$$K_c=\frac{[C]}{[A][B]}=\frac{\dfrac{p_C}{RT}}{\dfrac{p_A}{RT}\times\dfrac{p_B}{RT}}=K_p\times RT$$

$$=6.0\times10^{-3}/\text{Pa}$$
$$\times8.3\times10^3\,\text{Pa}\cdot\text{L}/(\text{mol}\cdot\text{K})\times400\text{K}$$
$$\fallingdotseq2.0\times10^4\,\text{L/mol}$$

答 2.0×10^4 L/mol

$2NO_2 \rightleftarrows N_2O_4$ の 400K における圧平衡定数は，$K_p=0.75$k/Pa である。次の問いに答えよ。気体定数 $R=8.3$kPa・L/(mol・K)

(1) この混合気体の全圧が 1.0kPa のとき，NO_2 の分圧は何 kPa か。

(2) このときの濃度平衡定数 K_c を求めよ。

4 電離のときの平衡定数　弱酸や弱塩基の水溶液では，電離して生じたイオンと未電離の分子との間で化学平衡の状態にある(電離平衡，詳しくは $p.246$ 参照)。これらの溶液中の平衡にも平衡定数が存在する。たとえば，酢酸水溶液の電離平衡は次のように表される。

$$CH_3COOH \rightleftarrows CH_3COO^- + H^+$$

この化学平衡についても，$K_c=\dfrac{[CH_3COO^-][H^+]}{[CH_3COOH]}$ が成り立つ。

このときの K_c の値は，とくに **電離定数** ともよばれ，溶液の濃度に関係なく，一定温度では一定値となる(詳しくは $p.246$ 参照)。

2 平衡状態の変化

A ルシャトリエの原理

1 平衡の移動 平衡状態では，時間が経過しても反応物・生成物の物質の量に変化はない。ある反応が平衡状態にあるとき，濃度・温度・圧力などいずれかの条件を変化させると，正反応または逆反応がいくらか起こって，初めとは違った量的関係の新しい平衡状態になる。この現象を **平衡の移動** という。

最初より右辺の物質が増加していれば，「平衡が右方向へ移動した」といい，左辺の物質が増加していれば，「平衡が左方向へ移動した」という。

条件の変化と平衡の移動の方向について，ルシャトリエは，「平衡の条件(濃度・温度・圧力)を変化させると，その変化による影響を緩和する方向に平衡が移動する」という，**ルシャトリエの原理**(または **平衡移動の原理** ともいう)を発表した(1884年)。

一方に水を入れると，他方に移って水面の高さは等しくなる(初めの平衡状態)

一方から水を出すと，他方から移って水面の高さは等しくなる(新しい平衡状態)

▲ 図4 水面の平衡

2 濃度の変化と平衡の移動 窒素と水素とからアンモニアが生成する反応において，次の平衡が成立しているものとする。

$$N_2 + 3H_2 \underset{v_2}{\overset{v_1}{\rightleftharpoons}} 2NH_3$$

初め，平衡状態にあって $v_1 = v_2$ となっているが，この容器の中に N_2 を加えると，N_2 の濃度が大きくなり，H_2 との衝突回数が増すため，v_1 が大きくなる。すなわち，$v_1 > v_2$ となって平衡が破れ，上式は差し引き右方向へ進む。

ところが，そのために NH_3 の濃度が増してくるので，それに伴って，NH_3 が分解する速度 v_2 も大きくなり，ついに $v_1' = v_2'$ となって，新しい平衡状態に達する。

この間の両方向への反応の速さと，N_2，H_2，NH_3 の濃度の変化は右のグラフのようになる。

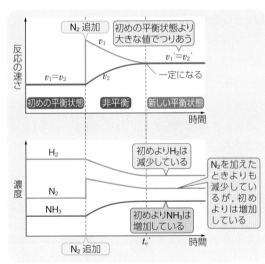

▲ 図5 反応の速さと濃度の変化

この例では，N_2 を増加させると，N_2 の濃度が増加したという影響を緩和しようとして，N_2 の一部は H_2 と反応して NH_3 となり，N_2 と H_2 は $1:3$ の物質量の比で少しずつ減って，NH_3 が少し増える。そして，新たな平衡状態となる。これを，右方向へ平衡が移動したという。なお，濃度が変化しても，温度が変わらない限り平衡定数の値は変化しない。

3 平衡の移動と平衡定数

(1) アンモニア生成反応 $N_2 + 3H_2 \rightleftarrows 2NH_3$ で N_2 を増加させた場合

この平衡状態の濃度をそれぞれ，$[N_2]=a[mol/L]$，$[H_2]=b[mol/L]$，$[NH_3]=c[mol/L]$ とすると，

$$K_c = \frac{[NH_3]^2}{[N_2][H_2]^3} = \frac{(c[mol/L])^2}{a[mol/L] \times (b[mol/L])^3} = \frac{c^2}{ab^3} [L^2/mol^2]$$

である。いま，この平衡に N_2 を $x[mol/L]$ だけ加えると，その瞬間（まだ平衡が移動していないとき）の濃度 $[N_2]$ は $(a+x)[mol/L]$ と表すことができる。そのときの平衡定数に相当する式 K_c' は，

$$K_c' = \frac{c^2}{(a+x)b^3} [L^2/mol^2] \quad (K_c' < K_c)$$

であるが，温度が変わらなければ，この K_c' は K_c に等しくならなければならない（なぜなら，平衡定数は一定であるから）。K_c' の値が大きくなるように変わるためには，K_c' の分母の $a+x$ と b がいくらか小さくなるとともに，c がいくらか大きくなるように反応が起こる。すなわち，上式の平衡は右方向へ移動して[1]新しい平衡状態になる。

仮に，NH_3 が $y[mol/L]$ 増えて新しい平衡状態になったとすると，平衡定数は，

$$K_c = \frac{(c+y)^2}{\left(a+x-\frac{1}{2}y\right)\left(b-\frac{3}{2}y\right)^3} \quad となる。$$

(2) ヨウ化水素の分解反応 $2HI \rightleftarrows H_2 + I_2$ で I_2 を増加させた場合（すべて気体）

この平衡状態の濃度をそれぞれ，$[HI]=a[mol/L]$，$[H_2]=b[mol/L]$，$[I_2]=c[mol/L]$ とすると，

$$K_c = \frac{[H_2][I_2]}{[HI]^2} = \frac{b[mol/L] \times c[mol/L]}{(a[mol/L])^2} = \frac{bc}{a^2}$$

である。いま，この平衡に I_2 を $x[mol/L]$ だけ加えると，その瞬間（まだ平衡が移動していないとき）の濃度 $[I_2]$ は $(c+x)[mol/L]$ と表すことができる。そのときの平衡定数に相当する式 K_c' は，

$$K_c' = \frac{[H_2][I_2]}{[HI]^2} = \frac{b(c+x)}{a^2} \quad (K_c' > K_c)$$

となり，平衡状態でなくなる。K_c' が K_c に等しくなるためには，b と $c+x$ がいくらか小さく，a がいくらか大きくならなければならない。よって，左方向へいくらか反応が進み，H_2 と I_2 が $y[mol/L]$ ずつ減り，HI が $2y[mol/L]$ 増加したとすると，$K_c = \frac{(b-y)(c+x-y)}{(a+2y)^2}$ となって新しい平衡状態になる。すなわち，平衡は左方向へ移動する。

---

[1] N_2 を追加すると右方向へ平衡が移動するといっても，N_2 の量が初めの平衡状態より減るというのではない。追加した分のうちいくらかが NH_3 になり，N_2 の増加が緩和されるのである。

Laboratory　平衡の移動

目的 クロム酸イオンと二クロム酸イオンの平衡移動を色の変化で観察する。

方法 (1) 0.1mol/L クロム酸カリウム水溶液を2本の試験管に5mLずつとる。

一方には 0.5mol/L 硫酸，他方には 1mol/L 水酸化ナトリウム水溶液をこまごめピペットを使って少しずつ滴下する。

(2) 0.1mol/L 二クロム酸カリウム水溶液を2本の試験管に5mLずつとる。

一方には 0.5mol/L 硫酸，他方には 1mol/L 水酸化ナトリウム水溶液をこまごめピペットを使って少しずつ滴下する。

CrO₄²⁻（黄色）　　Cr₂O₇²⁻（赤橙色）

MARK (1) クロム酸イオン CrO_4^{2-} は黄色，二クロム酸イオン $Cr_2O_7^{2-}$ は赤橙色である。

(2) この平衡の反応式は　$2CrO_4^{2-} + H^+ \rightleftarrows Cr_2O_7^{2-} + OH^-$ で示される（→ p.383）。

(3) 酸性で右方向へ平衡が移動し，塩基性で左方向へ平衡が移動する。

CHART 34

ルシャトリエの原理 は 鎮静剤
外からの影響をやわらげる

4 温度の変化と平衡の移動　平衡定数は温度が一定のとき一定の値をとるが，温度を高くした場合，その値は発熱反応では小さくなり，吸熱反応では大きくなることが知られている[1]。つまり，発熱反応では平衡定数が小さくなるということは，平衡定数を表す式の分母が大きくなり，分子が小さくなることを意味しており，これは左方向へ平衡が移動することにほかならない。

たとえば，アンモニア NH_3 の生成エンタルピーは $-45.9kJ/mol$ であり，アンモニアが生成する反応は次式[2]で表される発熱反応である。

$$N_2 + 3H_2 \rightleftarrows 2NH_3 \quad \Delta H = -91.8kJ$$

この平衡状態の温度を上げると，その変化をやわらげるために温度を下げようとして，吸熱反応が起こる。すなわち，左向きの反応が少し起こり，左方向へ平衡が移動する。一方，冷却して温度を下げると，発熱反応の方向すなわち，右方向へ平衡が移動する。

このルシャトリエの原理による考え方と，上に示した平衡移動の方向は一致している。

---

[1] この理由は簡単に説明できない。大学で学習する内容である。

[2] 生成エンタルピーは，1molの化合物がその成分元素の単体から生成されるときの反応エンタルピーである。したがって，$\frac{1}{2}N_2 + \frac{3}{2}H_2 \rightleftarrows NH_3$ の反応では，$\Delta H = -45.9kJ$ が書きそえられる。なお，可逆反応の反応エンタルピーは，正反応のエンタルピー変化を表している。逆反応の値は符号が逆になる。

5 圧力変化と平衡の移動　ピストンがついた容器内のアンモニア生成 $N_2 + 3H_2 \rightleftharpoons 2NH_3$ の平衡状態において，ピストンを圧縮して全体の圧力を増加させると，ルシャトリエの原理により，圧力が減少する方向に平衡が移動するはずである。その向きを判断するには次のように考える。

圧力が減少するためには，気体の分子数が減少すればよい。そこで，平衡の反応式の係数に着目すると，反応式の左辺の係数の和は4，右辺は2であるから，右方向に進行すると全体の分子数が減ることがわかる。したがって，圧力を増加させると右方向へ平衡が移動することになる。

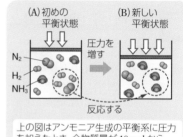

(A)初めの平衡状態　(B)新しい平衡状態　圧力を増す　反応する

上の図はアンモニア生成の平衡系に圧力を加えたとき，全物質量が 10mol から 8mol に減少した場合を示している
(A) $2N_2 + 6H_2 + 2NH_3$（10分子）
(B) $N_2 + 3H_2 + 4NH_3$（8分子）

▲ 図6　$N_2 + 3H_2 \rightleftharpoons 2NH_3$ の圧力による平衡の移動

逆に，ピストンを引き上げて圧力を減少させると，全体の気体の分子数が増加する方向，すなわち，気体の係数の和が大きくなる左方向へ平衡が移動する。

いずれの場合においても，温度が変わらない限り，平衡定数の値は変化しない。

6 圧力変化と平衡定数　**(1) アンモニア生成反応で全体の圧力を増加させた場合**

$N_2 + 3H_2 \rightleftharpoons 2NH_3$ の平衡状態において，体積 V〔L〕の容器の中に N_2，H_2 および NH_3 がそれぞれ a〔mol〕，b〔mol〕および c〔mol〕含まれて平衡を保っていたとすると，

$$[N_2] = \frac{a}{V}\text{〔mol/L〕}, \quad [H_2] = \frac{b}{V}\text{〔mol/L〕}, \quad [NH_3] = \frac{c}{V}\text{〔mol/L〕} \quad \text{であるから,}$$

$$K_c = \frac{\left(\dfrac{c}{V}\text{〔mol/L〕}\right)^2}{\left(\dfrac{a}{V}\text{〔mol/L〕}\right)\left(\dfrac{b}{V}\text{〔mol/L〕}\right)^3} = \frac{c^2}{ab^3}V^2 \text{〔L}^2\text{/mol}^2\text{〕} \quad \text{となる。}$$

一定温度において，気体を圧縮して圧力を増加させると，体積 V が小さくなるので，この K_c が一定に保たれるためには，$\dfrac{c^2}{ab^3}$ が大きくなることが必要である。すなわち，ab^3 が小さくなり，c^2 が大きくならなければならない。したがって，平衡は右方向に移動することになる。また，圧力を減少させると体積 V が大きくなるので，平衡は左方向に移動して $\dfrac{c^2}{ab^3}$ は小さくならなければならない。

(2) ヨウ化水素生成反応と全体の圧力の関係

$H_2 + I_2 \rightleftharpoons 2HI$ の平衡において，全体の圧力を変化させた場合を考えてみよう。H_2, I_2, HI がそれぞれ体積 V〔L〕中に a〔mol〕，b〔mol〕，c〔mol〕存在しているものとする。

このときの平衡定数は，次式で表される。

$$K_c = \frac{[HI]^2}{[H_2][I_2]} = \frac{\left(\dfrac{c}{V}\text{〔mol/L〕}\right)^2}{\dfrac{a}{V}\text{〔mol/L〕} \times \dfrac{b}{V}\text{〔mol/L〕}} = \frac{c^2}{ab}$$

すなわち，K_c は V には無関係（ピストンの動きとは無関係）となるから，この平衡は圧力の変化には関係がない。

このように，両辺のそれぞれの気体の係数の和が等しい場合には，圧力によって平衡の移動は起こらない。なお，この場合の平衡定数は単位がつかず無次元量になっている。また，$K_c = K_p$ でもある（→ $p.231$）。

次の反応が，1×10^5 Pa，500℃で平衡状態になっている。

$$C(固) + H_2O(気) \rightleftharpoons CO(気) + H_2(気) \quad \Delta H = 141 kJ$$

次の(1)～(5)の操作を加えると，平衡はどのようになるか。右方向へ平衡が移動する場合は「右」，左方向へ平衡が移動する場合は「左」，平衡が移動しない場合には「×」で答えよ。

(1) 炭素(固体)の粉末を加える。
(2) 圧力を一定にしたまま，アルゴンを加える。
(3) 温度を700℃まで高くする。
(4) 全体を圧縮して，圧力を高くする。
(5) 体積を一定にしたまま，アルゴンを加える。

考え方▶ この平衡は $\Delta H > 0$ から吸熱反応で，右方向へ平衡が進むと気体分子の数が増加する反応であることに着目する。

(1) 固体の物質を増加させても，気体どうしの平衡には関係なく，平衡は移動しない。

(2) アルゴンは貴ガス元素であり，これらの平衡状態にある物質とは反応しないが，圧力一定で加えると，体積が増加して，その他の気体の分圧の和は，加えたアルゴンの分圧の分だけ減少するので，平衡状態にある気体分子の数が増加する右方向へ平衡が移動する。

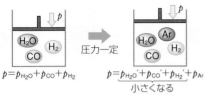

$p = p_{H_2O} + p_{CO} + p_{H_2}$ 圧力一定 $p = p_{H_2O'} + p_{CO'} + p_{H_2'} + p_{Ar}$
小さくなる

圧力一定の場合，平衡が移動しないとすると，体積が増加するので，平衡物質の分圧の和は小さくなる。

(3) 温度を高くすると，吸熱反応の方向である右方向へ平衡が移動する。

(4) 圧力を加えると，気体分子の数が減少する左方向へ平衡が移動する。

(5) 体積一定で，アルゴンなどの反応に関係しない気体を加えると，アルゴンの分圧の分だけ全圧は増加するが，平衡物質の分圧の和は変わらない。したがって，圧力変化がなかったことと同じだから，平衡の移動はない。

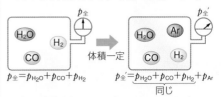

$p_全 = p_{H_2O} + p_{CO} + p_{H_2}$ 体積一定 $p_全' = p_{H_2O} + p_{CO} + p_{H_2} + p_{Ar}$
同じ

平衡物質の圧力は，アルゴンを除いた圧力だから，最初と同じ状態である。

答 (1) ×   (2) 右   (3) 右   (4) 左   (5) ×

類題 ····· 44

$H_2 + I_2 \rightleftharpoons 2HI \quad \Delta H = -9.3 kJ$ が400℃で平衡に達している。次の操作を加えたとき，平衡の移動はどうなるか。左，右，移動しない，条件により定まらない，のいずれかで答えよ。

(1) ヨウ素を加える。
(2) 水素吸蔵合金(水素を吸収する)の粉末を加える。
(3) 触媒である白金を加えて加熱する。
(4) ヨウ化水素を加えて300℃に保つ。

7 アンモニアの工業的製法　窒素と水素とからアンモニアを合成することは，19世紀末から20世紀初頭にかけての化学工業界の重要な関心事であった。

$N_2 + 3H_2 \rightleftarrows 2NH_3$　$\Delta H = -91.8kJ$　の反応を効率的に行わせるためには，すでに学んだように，次の条件が必要である。

(A) 平衡状態になるまで $(N_2 + 3H_2 \longrightarrow 2NH_3)$

① $(N_2 + 3H_2)$ の混合気体の温度を上げて，反応の速さを大きくする $(\rightarrow p.219)$。

② 適切な触媒を加えて，反応の速さを大きくする $(\rightarrow p.219)$。

③ 圧力を加えて（体積を小さくして），反応物の濃度を大きくし，反応の速さを大きくする。

(B) 平衡状態になった後 $(N_2 + 3H_2 \rightleftarrows 2NH_3)$

④ この反応は発熱反応であるから，全体の温度を下げて平衡を右方向に移動させる。

⑤ 圧力を加えて体積を減少させ，全分子数を減少させる方向（右方向）に平衡を移動させる。

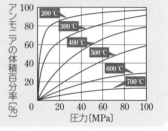

$N_2 + 3H_2 \rightleftarrows 2NH_3$ の平衡における温度と圧力の影響は，温度が高いほど NH_3 の生成量は少なくなる。圧力が大きいほど NH_3 の生成量は多くなる。

▲ 図7　温度とアンモニアの生成量

⑥ 生成するアンモニアを凝縮させて除き，平衡を右方向に移動させる。

以上の①〜⑥の諸条件のうち，①と④は，相反する条件となる。したがって，工業的には，①と④の妥協点を探し，

（ⅰ）「温度を下げる」ことを犠牲にして，実際はおよそ400〜600℃ぐらいにして，アンモニアの生成速度を大きくする。

（ⅱ）有効な触媒を追究した結果，Fe_3O_4 を主成分とした触媒を用いて反応の速さを大きくする。

（ⅲ）数十MPaにも耐える装置をつくる（10MPa〜30MPa）。

（ⅳ）アンモニアを圧縮と冷却によって，液体にして除く。

かくして，世紀の大化学工業が1913年（第一次世界大戦直前）にハーバーとボッシュにより完成された（ハーバー・ボッシュ法→ $p.344$）。

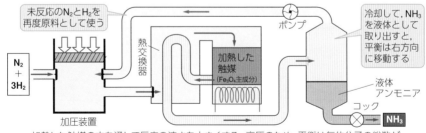

加熱した触媒の中を通して反応の速さを大きくする。高圧のため，平衡は気体分子の総数が減少する方向，すなわちNH_3生成の方向（右方向）に移動する。

▲ 図8　アンモニアの工業的合成法の概念図

◆◆◆ 定期試験対策の問題 ◆◆◆

◇① 化学平衡

400 K において，1.0 L の容器に水素 5.5 mol とヨウ素 4.0 mol を入れた。やがて次式の平衡状態に達し，ヨウ化水素が 7.0 mol 生じた。　$H_2(気) + I_2(気) \rightleftharpoons 2HI(気)$

(1) この反応の濃度平衡定数 K_c を，各物質のモル濃度($[H_2]$, $[I_2]$, $[HI]$)を用いて表せ。

(2) この温度における K_c の値を求めよ。

(3) 温度を変えずに同じ容器に H_2 5.0 mol と I_2 5.0 mol を入れたとき HI は何 mol 生じるか。

> **ヒント**　(2) 係数に注意し，それぞれの物質の平衡時の物質量を求め，(1)の式に代入する。1.0 L の容器だから，物質量とモル濃度の数値は同じである。
> (3) 変化した水素の物質量を x [mol] として，量的関係を考える。HI は $2x$ [mol] になることに注意。

◇② 平衡の移動

次の各反応が平衡状態にある。(　)内に示す変化により平衡はどちらに移動するか。

(1) $H_2(気) + Cl_2(気) \rightleftharpoons 2HCl(気)$　$\Delta H = -184 kJ$　（加熱する）

(2) $3O_2(気) \rightleftharpoons 2O_3(気)$　$\Delta H = 284 kJ$　　　　　（圧力を高くする）

(3) $2CrO_4{}^{2-}aq + 2H^+aq \rightleftharpoons Cr_2O_7{}^{2-}aq + H_2O(液)$　（水酸化ナトリウム水溶液を加える）

(4) $C(固) + CO_2(気) \rightleftharpoons 2CO(気)$　　　　（容器の体積を大きくする）

(5) $CO(気) + 2H_2(気) \rightleftharpoons CH_3OH(気)$　　　（全圧一定でアルゴンを加える）

> **ヒント**　(4) 固体物質は，気体の平衡の移動には関係しない。
> (5) 平衡状態にある物質の全圧がどうなるかを考える。

◇③ 平衡の移動とグラフ

図は，温度と圧力を変えて気体 A と気体 B を反応させ，気体 C が生成して平衡に達したときの C の体積百分率である。

(1) この反応は次式で表される。Q の値は正か負か答えよ。

$$aA(気) + bB(気) \rightleftharpoons cC(気)　\Delta H = Q [kJ]$$

(2) この反応の係数について，$(a+b)$ と c の大小関係を，不等号や等号を用いて表せ。

(3) 300℃における平衡定数 K と，500℃における平衡定数 K' の大小関係を，不等号や等号を用いて表せ。

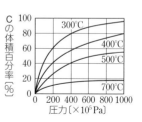

> **ヒント**　(1) 温度に対する C の増加・減少から考える。(2) 圧力に対する C の増加・減少から考える。
> (3) 温度の変化に対する平衡定数の分母・分子の物質の濃度の増減を考える。

◇④ 平衡定数

一定温度で，体積変化のない容器に気体の四酸化二窒素 N_2O_4 1 mol を入れると，そのうちの a [mol] が分解して NO_2 となり平衡状態に達した。このとき，全圧は p [Pa] であった。

$$N_2O_4(気) \rightleftharpoons 2NO_2(気)$$

(1) 濃度平衡定数 K_c を，各物質のモル濃度 $[N_2O_4]$, $[NO_2]$ を用いて表せ。

(2) N_2O_4 の分圧を，p と a を用いて示せ。

(3) 圧平衡定数 K_p を，p と a を用いて示せ。

> **ヒント**　(2) 各成分の物質量を a を用いて表し，分圧＝全圧×モル分率　を利用する。

(◇＝上位科目「化学」の内容を含む問題)

第4章

酸と塩基の反応

1 酸・塩基
2 水の電離と水溶液の pH
3 中和反応
4 塩

かんきつ
柑橘類

---

1 酸・塩基

基
化

A 酸・塩基

1 酸・塩基の定義 **(1) 酸の定義** 酸の水溶液は，酸味 (すっぱい味) をもち，青色リトマス紙[1]を赤くする。これは水溶液中のオキソニウムイオン H_3O^+ (簡単には水素イオン H^+ で表す)の性質である。

　水に溶かしたとき，電離 (陽イオンと陰イオンに分かれる変化) してオキソニウムイオン H_3O^+ を生じるような水素化合物を **酸**[2]といい，その水溶液が示す性質を **酸性** という。

> **例** $HCl + H_2O \longrightarrow H_3O^+ + Cl^-$　　または　　$HCl \longrightarrow H^+ + Cl^-$
> 塩化水素　　　　　　　　　　塩化物イオン

(2) 塩基の定義 塩基の水溶液は赤色リトマス紙を青くする。また酸の水溶液の酸性を打ち消す。これは水酸化物イオン OH^- の性質である。

　水に溶けて水酸化物イオン OH^- を生じる化合物を **塩基**[2]という。水に溶けやすい塩基を，とくに **アルカリ** とよぶ場合がある。

　塩基の水溶液の性質を **塩基性** または **アルカリ性** という。

> **例** $NaOH \longrightarrow Na^+ + OH^-$　　　$Ca(OH)_2 \longrightarrow Ca^{2+} + 2OH^-$
> 水酸化ナトリウム　ナトリウムイオン　水酸化カルシウム　カルシウムイオン
>
> $NH_3 + H_2O \rightleftarrows NH_4^+ + OH^-$
> アンモニア　　　　アンモニウムイオン

　このような酸・塩基の定義を **アレニウスの定義** という。

---

[1] **リトマス紙** リトマス試験紙ともいう。リトマスゴケ，その他の地衣類から採取した色素 (リトマス) は，酸性では赤，塩基性では青色になる。その溶液をろ紙にしみ込ませて乾かしたものがリトマス紙で，赤色と青色のものがあるが，製造するとき添加する硫酸の量で色を調節している。リトマス以外にも，紫キャベツの汁や紅茶なども酸性や塩基性で色の変化を示す。

[2] 酸は分子からなる物質，塩基はイオンからなる物質が多い。

[3] 記号 $\rightleftarrows$ は，反応が左から右に完全には完了しないことを示すものであり，いわゆる化学平衡の状態 (→ p.227)にある。この化学反応では，反応物と生成物の混合物になっている(→ p.246 電離平衡)。

注意 ① アンモニア NH_3（気体）は OH^- をもっていないが，水溶液中では水に溶けた NH_3 分子の一部が水分子と反応して OH^- を生じる（→p.161）。したがって，アンモニアは塩基であり，アンモニア水は塩基性（アルカリ性）を示す。

② 水酸化鉄(II) $Fe(OH)_2$ や水酸化銅(II) $Cu(OH)_2$ などは，水にほとんど溶けないから，リトマス紙は変色しない。しかし，これらの金属水酸化物は酸を中和する（酸の H^+ と反応する）ので塩基である。

② 酸・塩基の定義の拡張　上の **注意** のような現象も含めて統一的にとらえるために，次のような酸・塩基の定義もある。

「他の物質に，水素イオン H^+（陽子）を与えることができるものが **酸**，H^+ を受け取ることができるものが **塩基** である」

　これを **ブレンステッド・ローリーの定義** という[1]。

(1) アンモニア NH_3（気体）と塩化水素 HCl（気体）を混ぜると，塩化アンモニウム NH_4Cl の微細な結晶を生じるので白煙が見られる（→p.345）。

$$NH_3 + HCl \longrightarrow NH_4Cl\ (NH_4^+ + Cl^-)$$

　塩化アンモニウム NH_4Cl は，アンモニウムイオン NH_4^+ と塩化物イオン Cl^- からできているイオン結晶である。この反応では，HCl は H^+ を NH_3 に与えて Cl^- になり，NH_3 は H^+ を受け取って NH_4^+ になっている。

　したがって，H^+ を他に与える HCl は酸であり，H^+ を受け取る NH_3 は塩基である。

(2) $H_2O + HCl \rightleftarrows H_3O^+ + Cl^-$

　HCl は H^+ を H_2O に与えて Cl^- になる。したがって，HCl は酸である。

　H_2O は HCl から H^+ を受け取って H_3O^+ になる。したがって，この反応の H_2O は塩基[2]である。

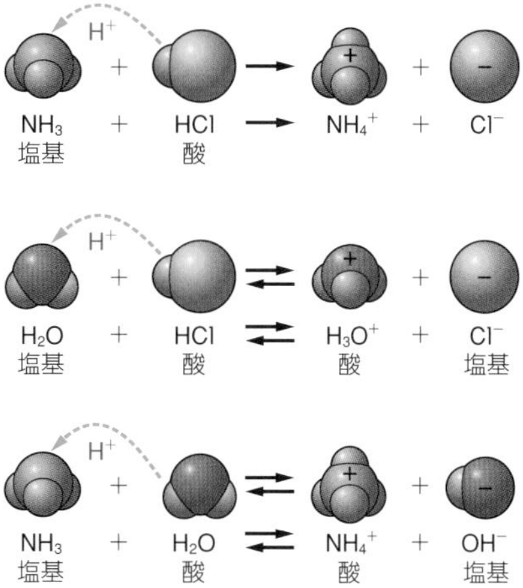

(3) $NH_3 + H_2O \rightleftarrows NH_4^+ + OH^-$

　H_2O は H^+ を NH_3 に与えて OH^- になる。したがって，この反応の H_2O は酸[2]である。

　NH_3 は H_2O から H^+ を受け取って NH_4^+ になる。したがって，NH_3 は塩基である。

CHART 35

ブレンステッド・ローリーの定義

酸・塩基 は H^+ の やりとり

酸は H^+ を与え，塩基は H^+ を受け取る

---

[1] この酸・塩基の定義は，デンマークのブレンステッドとイギリスのローリーが提唱した（1923年）。
[2] H_2O は，反応する相手の物質によって酸としても，あるいは塩基としても作用する。

第4章　●酸と塩基の反応　　**241**

Q. 酸が水に溶けて出すのはオキソニウムイオン？それとも水素イオン？

A. 水溶液中に生じる H^+，OH^- に着目して酸・塩基を定義したのは，スウェーデンの化学者アレニウス（1859 ～ 1927）です。

その後の研究によって，H^+ は水溶液中では水分子と強く結合して，オキソニウムイオン H_3O^+ として存在していることが明らかになりました。しかし，水溶液中の水和イオンの水和水を省略して表記する場合が多い（→ $p.158$）のと同じように，書き表すときの繁雑さを避けて，H_3O^+ を簡単に H^+ として表すことが多いです。

H 原子から電子が取れたものは陽子（プロトンという）ですが，やはり H^+ で表すことがあります。このように，単に H^+ と書いただけでは，陽子を表しているのか，オキソニウムイオンを表しているのか，わからないときがあるので注意しましょう。

📖 **問題学習** ····· 45　　　　　　　　　　　　　　　　　　　　　　　**酸・塩基の定義の拡張**

次の下線で示した物質は酸としてはたらいているか，塩基としてはたらいているか。
(1) $NH_3 + \underline{H_2O} \rightleftarrows NH_4^+ + OH^-$
(2) $HCO_3^- + \underline{HCl} \longrightarrow CO_2 + Cl^- + H_2O$
(3) $\underline{CO_3^{2-}} + H_2O \rightleftarrows HCO_3^- + OH^-$

考え方 ▶ 左向きの反応も考えてみるとよい。

(1) $\underset{\text{塩基}}{NH_3} + \underset{\text{酸}}{H_2O} \rightleftarrows \underset{\text{酸}}{NH_4^+} + \underset{\text{塩基}}{OH^-}$

NH_3 は H_2O から H^+ を受け取っているので塩基，H_2O は H^+ を放出しているので酸。　　**答 酸**

（参考）左向きの反応：NH_4^+ は H^+ を放出しているので酸，OH^- は H^+ を受け取っているので塩基。

(2) $\underset{\text{塩基}}{HCO_3^-} + \underset{\text{酸}}{HCl} \longrightarrow CO_2 + Cl^- + H_2O$

HCl は H^+ を放出しているので酸，HCO_3^- は H^+ を受け取っているので塩基。　**答 酸**

(3) $\underset{\text{塩基}}{CO_3^{2-}} + \underset{\text{酸}}{H_2O} \rightleftarrows \underset{\text{酸}}{HCO_3^-} + \underset{\text{塩基}}{OH^-}$

H_2O は H^+ を放出しているので酸，CO_3^{2-} は H^+ を受け取っているので塩基。　　**答 塩基**

（参考）(3)の左向きの反応：HCO_3^- は H^+ を放出しているので酸，OH^- は H^+ を受け取っているので塩基。(2)と合わせて考えると，HCO_3^- は酸としても塩基としてもはたらくことがわかる。

類題 ····· 45

次の下線で示した物質は，それぞれ酸としてはたらいているか，塩基としてはたらいているか。なお，(2)の右辺の物質は，左向きの反応について答えよ。
(1) $HCl + \underline{H_2O} \longrightarrow H_3O^+ + Cl^-$
(2) $CH_3COOH + \underline{H_2O} \rightleftarrows \underline{CH_3COO^-} + H_3O^+$

3 酸性酸化物・塩基性酸化物 酸化物の中には，H^+ や OH^- をもっていないが，酸や塩基と同じようなはたらきをするものがある。

それらの酸化物のうちで，酸のはたらきをする酸化物を **酸性酸化物**，塩基のはたらきをする酸化物を **塩基性酸化物** という。

以下に酸性酸化物，塩基性酸化物の例を示す。

酸性酸化物（非金属元素の酸化物に多い）	塩基性酸化物（金属元素の酸化物に多い）
① 水と反応して酸を生じる。 　$CO_2 + 2H_2O \rightleftharpoons HCO_3^- + H_3O^+$ 　二酸化炭素 　$SO_2 + 2H_2O \rightleftharpoons HSO_3^- + H_3O^+$ 　二酸化硫黄	① 水と反応して塩基を生じる。 　$Na_2O + H_2O \longrightarrow 2NaOH$ 　酸化ナトリウム　　　水酸化ナトリウム 　$CaO + H_2O \longrightarrow Ca(OH)_2$ 　酸化カルシウム　　水酸化カルシウム
② 塩基と反応して塩と水になる。 　$CO_2 + Ca(OH)_2 \longrightarrow CaCO_3 + H_2O$ 　　　　　　　　　　　炭酸カルシウム 　$SO_2 + 2NaOH \longrightarrow Na_2SO_3 + H_2O$ 　　　　　　　　　　亜硫酸ナトリウム	② 酸と反応して塩と水になる。 　$CaO + 2HCl \longrightarrow CaCl_2 + H_2O$ 　　　　　塩化水素　　　塩化カルシウム 　$CuO + H_2SO_4 \longrightarrow CuSO_4 + H_2O$ 　酸化銅(II)　硫酸　　硫酸銅(II)
③ 上記以外のおもな酸性酸化物。 　NO_2　　P_4O_{10}　　SO_3 　二酸化窒素　十酸化四リン　三酸化硫黄	③ 上記以外のおもな塩基性酸化物。 　MgO　　　BaO　　　Fe_2O_3 　酸化マグネシウム　酸化バリウム　酸化鉄(III)

注意 酸化物には，酸性も塩基性も示さないもの（**例** 一酸化炭素 CO，一酸化窒素 NO など）や，酸・塩基のいずれとも反応して塩と水を生じるもの（両性酸化物（→ p.369）という。**例** 酸化亜鉛 ZnO，酸化アルミニウム Al_2O_3 など）もある。

4 酸・塩基の価数 酸1分子中に含まれる H^+ になることができる H 原子の数を，**酸の価数** といい，塩基1分子（NH_3 など）または組成式に相当する1個分の粒子（$NaOH$ など）が受け取ることができる H^+ の数を，**塩基の価数** という。したがって，OH^- を含む塩基の場合は，その組成式中の OH^- の数が塩基の価数となる（▶表1）。

> **例** 　$CH_3COOH \longrightarrow CH_3COO^- + H^+$ 　　したがって，酢酸 CH_3COOH は1価の酸
> 　　　$H_2SO_4 \longrightarrow 2H^+ + SO_4^{2-}$ 　　　　したがって，硫酸 H_2SO_4 は2価の酸
> 　　　$H_3PO_4 \longrightarrow 3H^+ + PO_4^{3-}$ 　　　　したがって，リン酸 H_3PO_4 は3価の酸
> 　　　$NH_3 + H^+ \longrightarrow NH_4^+$ 　または　$NH_3 + H_2O \longrightarrow NH_4^+ + OH^-$
> 　　　　　　　　　　　　　　　　　　　したがって，アンモニア NH_3 は1価の塩基
> 　　　$Fe(OH)_2 + 2H^+ \longrightarrow Fe^{2+} + 2H_2O$ 　したがって，水酸化鉄(II) $Fe(OH)_2$ は2価の塩基
> 　　　　　　　　　　　　　　　（組成式中の OH^- の数が2だから，2価の塩基と考えてもよい。）

▼表1　価数による酸・塩基の分類

1価の酸	塩化水素（塩酸）HCl，硝酸 HNO_3，酢酸 CH_3COOH，フェノール C_6H_5OH
2価の酸	硫酸 H_2SO_4，硫化水素 H_2S，シュウ酸 $(COOH)_2$，二酸化炭素 CO_2，二酸化硫黄 SO_2
3価の酸	リン酸 H_3PO_4
1価の塩基	水酸化ナトリウム $NaOH$，水酸化カリウム KOH，アンモニア NH_3，アニリン $C_6H_5NH_2$
2価の塩基	水酸化カルシウム $Ca(OH)_2$，水酸化バリウム $Ba(OH)_2$，水酸化銅(II) $Cu(OH)_2$
3価の塩基	水酸化アルミニウム $Al(OH)_3$

---

① CO_2 や SO_2 の水溶液をそれぞれ炭酸，亜硫酸とよんだり，H_2CO_3 や H_2SO_3 の式で表される化合物が存在すると考える場合もあるが，H_2CO_3 や H_2SO_3 を単独で取り出すことはできない。
② **例** の中の矢印 $\longrightarrow$ は，反応がすべて右辺に進んだものと仮定したことを示す。

Q. 二酸化ケイ素は水に不溶で酸性を示しませんが，酸性酸化物ですか？

A. 酸性酸化物や塩基性酸化物の多くは水に溶けますが，水に溶けなくても，それぞれが塩基や酸と反応すれば，酸性酸化物・塩基性酸化物です。

　二酸化ケイ素は，水酸化ナトリウムの固体と加熱融解すると反応して，ケイ酸ナトリウムになります。したがって，酸性酸化物です。

　これは，二酸化炭素が水酸化ナトリウムと反応して，炭酸ナトリウムになるのとよく似ています。次の化学反応式を比べてみて下さい。

$$CO_2 + 2NaOH \longrightarrow Na_2CO_3 + H_2O$$
$$SiO_2 + 2NaOH \longrightarrow Na_2SiO_3 + H_2O$$

　SiO_2 の化学反応式は，C が Si に変わっただけです。C も Si も 14 族の元素ですから，似た反応をするわけですが，反応の条件が違うことには注意して下さい。二酸化炭素の場合は，常温でも水酸化ナトリウムやその水溶液と反応が起こります。

5　電離度　酸や塩基のような電解質[1]が，水に溶けているとき，溶かした電解質の物質量に対して，電離した電解質の物質量の割合を **電離度**[2]といい，記号 α で表されることが多い。

> m〔mol〕の電解質を水に溶かしたとき，そのうちの n〔mol〕が電離したとすると
>
> $$電離度\ \alpha = \frac{n}{m} \qquad (単位なし)$$

　たとえば，酢酸 0.10 mol を水に溶かして 1 L の溶液（濃度 0.10 mol/L）をつくったとき，酢酸 0.10 mol のうち 1.6×10^{-3} mol が電離したとすれば，電離度 α は次式で表される。

$$電離度\ \alpha = \frac{電離した酢酸の物質量}{溶かした酢酸の物質量} = \frac{1.6 \times 10^{-3}\,\text{mol}}{0.10\,\text{mol}} = 0.016$$

　酢酸とは違い，0.10 mol/L の塩酸では，溶かした HCl 分子のほとんど全部が H^+ と Cl^- に電離する[3]。したがって，HCl の電離度は約 1 である。電離度が 1 に近い酸または塩基を **強酸・強塩基** といい，電離度が 1 より十分小さい酸または塩基を **弱酸・弱塩基** という。

　同じモル濃度の酸の水溶液でも，電離度が異なれば水溶液中に生じる H^+ の濃度が異なるため，水溶液の酸性の強さも異なる。たとえば，0.10 mol/L 酢酸水溶液中の水素イオン H^+ の濃度は，1 価の酸であるから，1（価）×0.10 mol/L×0.016＝0.0016 mol/L，0.10 mol/L 塩酸（電離度 1 とする）中の H^+ の濃度は，1（価）×0.10 mol/L×1＝0.10 mol/L となる。

---

[1] 水に溶けたときイオンに電離する物質を **電解質**（→ p.161）という。

[2] 電離度 α は $0 < \alpha \leq 1$ であるが，%で表すこともある。たとえば電離度 0.016 を電離度 1.6% とも表す。

[3] 0.10 mol/L 水溶液の電離度は，HCl は 0.93，HNO_3 は 0.93 で 1 に近い。酢酸ナトリウムなどの塩は，水に溶けるとほとんど完全に電離する。

次に，強酸・弱酸，強塩基・弱塩基の例を示す。

強 酸	塩化水素(塩酸) HCl，硝酸 HNO₃，硫酸 H₂SO₄，過塩素酸 HClO₄，ベンゼンスルホン酸 C₆H₅SO₃H，ピクリン酸 C₆H₂(OH)(NO₂)₃
弱 酸	酢酸 CH₃COOH，硫化水素 H₂S，リン酸 H₃PO₄[*]，二酸化炭素 CO₂[*]，二酸化硫黄 SO₂[*]
強塩基	水酸化ナトリウム NaOH，水酸化カリウム KOH，水酸化カルシウム Ca(OH)₂
弱塩基	アンモニア NH₃，水酸化銅(Ⅱ) Cu(OH)₂，アニリン C₆H₅NH₂

[*] H_3PO_4 は中程度の強さの酸である。水に溶けて CO_2 は H_2CO_3 を，SO_2 は H_2SO_3 を一部生じると考えられるので，酸であるが，これらは単独に取り出すことはできない。

問題学習 …… 46　　　　　　　　　　　　　　　　　　　　　　　　　　**電離度**

次の(1)〜(4)に答えよ。
(1) 0.010 mol/L の塩酸の電離度は 1.0 である。この水溶液中の水素イオン濃度は何 mol/L か。
(2) 0.010 mol/L の酢酸水溶液の電離度を 0.040 として，この水溶液中の水素イオン濃度を求めよ。
(3) 0.050 mol/L の水酸化バリウム Ba(OH)₂ 水溶液の電離度は 1.0 である。この水溶液中の水酸化物イオン濃度は何 mol/L か。
(4) 0.020 mol/L のアンモニア水の電離度は 0.020 である。この水溶液中の水酸化物イオン濃度は何 mol/L か。

考え方▶ 価数×モル濃度×電離度　で求める。

(1) $1 \times 0.010\,\text{mol/L} \times 1.0 = 1.0 \times 10^{-2}\,\text{mol/L}$

　　　　　答　**$1.0 \times 10^{-2}\,\text{mol/L}$**

(2) $1 \times 0.010\,\text{mol/L} \times 0.040 = 4.0 \times 10^{-4}\,\text{mol/L}$

　　　　　答　**$4.0 \times 10^{-4}\,\text{mol/L}$**

(3) $2 \times 0.050\,\text{mol/L} \times 1.0 = 1.0 \times 10^{-1}\,\text{mol/L}$

　　　　　答　**$1.0 \times 10^{-1}\,\text{mol/L}$**

(4) $1 \times 0.020\,\text{mol/L} \times 0.020 = 4.0 \times 10^{-4}\,\text{mol/L}$

　　　　　答　**$4.0 \times 10^{-4}\,\text{mol/L}$**

類題 …… 46

次の(1)，(2)の値を求めよ。
(1) 0.040 mol/L の酢酸水溶液(電離度は 0.025)の水素イオン濃度〔mol/L〕
(2) 0.050 mol/L のアンモニア水(電離度は 0.020)の水酸化物イオン濃度〔mol/L〕

Study Column　　有史以来最初の純粋な水

　コールラウシュ(W.G.Kohlrausch，1840 〜 1910)は，ドイツの物理学者で，いろいろな水溶液の電気伝導度を測定した。

　特別の蒸留装置で，空気にも，ガラスにも触れさせないで，水を数十回蒸留して，「それでも水は電気を通す」といって死んだとか。

　それまでは，水は非電解質であって電離せず，電気を導かないものとされていた。彼の値から計算すると，その水の中の [H⁺] も [OH⁻] も $1.0 \times 10^{-7}\,\text{mol/L}$ であり，この水こそ有史以来初めて得られた最も純粋な水であったのだ。

B 電離平衡

1 電離平衡 塩化水素 HCl や水酸化ナトリウム NaOH などは，水に溶かすとほとんどすべてが陽イオンと陰イオンに電離する。一方，酢酸 CH_3COOH やアンモニア NH_3 は，水に溶かしても電離するのはごく一部で，大部分は電離しないで分子のまま存在する。このような，弱酸や弱塩基の水溶液では，それらの分子と一部の電離したイオンとが共存した状態で存在する。

酢酸水溶液では次式のようになる。

$$CH_3COOH \rightleftarrows CH_3COO^- + H^+$$

いま，酢酸の濃度を c〔mol/L〕，そのときの電離度を α とすると，量的関係は右表で表される。

$CH_3COOH \rightleftarrows CH_3COO^- + H^+$ （単位は mol/L）			
電離前	c	0	0
変化量	$-c\alpha$	$+c\alpha$	$+c\alpha$
電離後	$c(1-\alpha)$	$c\alpha$	$c\alpha$

このとき，左辺から右辺への反応（正反応）と右辺から左辺への反応（逆反応）とが同じ速さで進行し，それぞれの物質の濃度は一定で，見かけ上反応が停止しているように見える。これは化学平衡（→ p.227）の状態であり，電離における化学平衡なので **電離平衡** という。

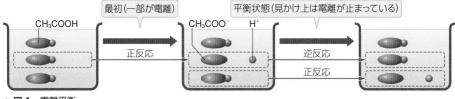

▲図1 電離平衡

2 弱酸の電離度と電離平衡 化学平衡における物質の濃度を，次式のように表したものを平衡定数（→ p.229）という。電離平衡では **電離定数** といい，酸の場合には K_a で表す。酢酸の場合は次式のようになる。

$$K_a = \frac{[CH_3COO^-][H^+]}{[CH_3COOH]} = 一定 \quad \cdots\cdots①$$

K_a の値は物質によって異なるが，温度が変わらなければ一定である（右表）。たとえば，酢酸では 25℃ で 2.7×10^{-5} mol/L である。

①式の K_a を酢酸の濃度 c〔mol/L〕や電離度 α を使って表すと次式のようになる。

▼表2 1価の弱酸の K_a〔mol/L〕（25℃）

弱酸の例	化学式	K_a〔mol/L〕
ギ酸	HCOOH	2.9×10^{-4}
酢酸	CH_3COOH	2.7×10^{-5}
シアン化水素	HCN	6.2×10^{-10}
フェノール	C_6H_5OH	1.3×10^{-10}

$$K_a = \frac{[CH_3COO^-][H^+]}{[CH_3COOH]} = \frac{c\alpha \times c\alpha}{c(1-\alpha)} = \frac{c\alpha^2}{1-\alpha} \quad \cdots\cdots②$$

0.1mol/L 程度の酢酸では，電離度 α は 1 より十分小さいとみなせる（$1 \gg \alpha$）ので，$1-\alpha \fallingdotseq 1$ と近似できる[1]。

---

[1] 酢酸の濃度が小さくなると電離度 α が大きくなるので，$1-\alpha \fallingdotseq 1$ の近似が使えないときがある。この近似は，0.10mol/L 程度であれば問題はないが，0.001mol/L では近似することができない。

②式は，$1-\alpha \fallingdotseq 1$ の近似を用いると次のように表すことができる。

$$K_a = c\alpha^2 \quad \cdots\cdots③$$

これを α について解くと，$\alpha > 0$ であるから，次式のようになる。

$$\alpha = \sqrt{\frac{K_a}{c}} \quad \cdots\cdots④$$

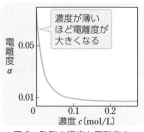

したがって，電離度は弱酸の濃度の平方根に反比例することがわかる。簡単にいえば，濃度が薄いほど電離度は大きくなり，濃度が濃いほど電離度が小さくなるので電離しにくくなる（**オストワルトの希釈律** とよばれる）。④式より，酢酸の濃度が決まると電離度が求まることになる。

一方，水素イオンのモル濃度 $[H^+]$ は $c\alpha$ であるから，

$$[H^+] = c\alpha = c \times \sqrt{\frac{K_a}{c}} = \sqrt{cK_a} \quad \cdots\cdots⑤$$

▲ 図2　酢酸の濃度と電離度の関係（25℃）

1価の弱酸の濃度を c 〔mol/L〕，電離度を α，電離定数を K_a とすると，

$$K_a = c\alpha^2 \qquad \alpha = \sqrt{\frac{K_a}{c}} \qquad [H^+] = c\alpha = \sqrt{cK_a} \qquad (\alpha \ll 1 \text{ のとき})$$

3 弱塩基の電離平衡　弱塩基であるアンモニアでも酢酸と同じように考える。

いま，アンモニアの濃度を c 〔mol/L〕，そのときの電離度を α とすると，量的関係は右表で表される。

	NH₃	+ H₂O ⇄	NH₄⁺	+ OH⁻ （単位は mol/L）
電離前	c		0	0
変化量	$-c\alpha$		$+c\alpha$	$+c\alpha$
電離後	$c(1-\alpha)$		$c\alpha$	$c\alpha$

アンモニアが電離しても $[H_2O]$ の値の変動はごくわずかであるから，$[H_2O]$ は一定とみなすことができる[1]ので，アンモニアの電離定数 K_b は次式のように表される（$1 \gg \alpha$）。

$$K_b = \frac{[NH_4^+][OH^-]}{[NH_3]} = \frac{c\alpha \times c\alpha}{c(1-\alpha)} = \frac{c\alpha^2}{1-\alpha} \fallingdotseq c\alpha^2 \qquad \alpha > 0 \text{ より，} \alpha = \sqrt{\frac{K_b}{c}}$$

$$[OH^-] = c\alpha = c \times \sqrt{\frac{K_b}{c}} = \sqrt{cK_b}$$

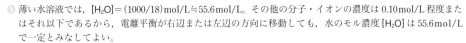

CHART 36

電離定数 K_a，K_b は，何を 混ぜても 変わらない

水で薄めても他のイオンを加えても，温度が一定であれば K_a や K_b は一定である

---

[1] 薄い水溶液では，$[H_2O] = (1000/18)\,\text{mol/L} \fallingdotseq 55.6\,\text{mol/L}$。その他の分子・イオンの濃度は $0.10\,\text{mol/L}$ 程度またはそれ以下であるから，電離平衡が右辺または左辺の方向に移動しても，水のモル濃度 $[H_2O]$ は $55.6\,\text{mol/L}$ で一定とみなしてよい。

[2] NH₃ の電離定数 K_b は $2.3 \times 10^{-5}\,\text{mol/L}$（25℃）である。

Q. 酢酸を薄めると電離度が大きくなり，H$^+$ が増加するということは，酸性が強くなるのですか？

A. 酢酸水溶液に水を加えて薄めると，α が大きくなって H$^+$ の物質量は増加します。しかし，酸性が強くなるかどうかは，水溶液の体積を考えなければわかりません。

前ページの④式 $\alpha = \sqrt{\dfrac{K_a}{c}}$ から，α は $\sqrt{c}$ に反比例します。

すなわち，酢酸水溶液に水を加えて水溶液の体積を 4 倍にすれば，酢酸の濃度 c は $\dfrac{1}{4}$ 倍，α は 2 倍になります。

このため $[H^+] = c\alpha$ の値は，$\dfrac{1}{4} \times 2 = \dfrac{1}{2}$（倍）になり，水溶液の酸性は弱くなります。このとき，酢酸水溶液の濃度を $\dfrac{1}{4}$ にしても，$[H^+]$ が $\dfrac{1}{4}$ にまで薄くならないのは，α の値が大きくなったからです。すなわち，電離平衡が右辺の方向（酢酸が電離する方向）に移動したことにほかなりません。

また，前ページの⑤式の関係 $[H^+] = \sqrt{cK_a}$ からも，酢酸の濃度 c を $\dfrac{1}{4}$ にすると，$[H^+]$ は $\dfrac{1}{2}$ になることがわかるでしょう。

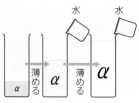

弱酸水溶液を水で薄めると（温度一定）
$$\begin{cases} \text{電離定数 } K \longrightarrow \text{変わらない} \\ \text{電離度 } \alpha \longrightarrow \text{大きくなる} \\ \text{水素イオン濃度 } [H^+] \longrightarrow \text{小さくなる} \end{cases}$$

📖 問題学習 …… 47　　　　　　　　　　　　　酢酸の電離度と水素イオン濃度

0.030 mol/L の酢酸水溶液について，(1)電離度 α，(2)水素イオン濃度〔mol/L〕を求めよ。ただし，酢酸の電離定数 $K_a = 2.7 \times 10^{-5}$ mol/L とする。

考え方 (1) $CH_3COOH \rightleftarrows CH_3COO^- + H^+$

$$K_a = \frac{[CH_3COO^-][H^+]}{[CH_3COOH]} = \frac{c\alpha \times c\alpha}{c(1-\alpha)}$$

$[H^+] > 0$ であり，$1 - \alpha \fallingdotseq 1$ と近似できるものとして，$K_a = c\alpha^2$ より，$\alpha > 0$ なので，

$$\alpha = \sqrt{\frac{K_a}{c}} = \sqrt{\frac{2.7 \times 10^{-5}}{0.030}} = 3.0 \times 10^{-2}$$

これは $\alpha \ll 1$ を満足する。 **答** 3.0×10^{-2}

(2) $[H^+] = 0.030$ mol/L $\times 3.0 \times 10^{-2}$
　　　 $= 9.0 \times 10^{-4}$ mol/L

答 9.0×10^{-4} mol/L

注意 (1)で算出した α が，1 より十分小さくない場合には，$1 - \alpha$ を近似せずに二次方程式の解の公式により α を求めなければならない。

たとえば，酢酸水溶液の濃度が 1×10^{-3} mol/L では，解の公式で解くと $\alpha = 0.15$，近似式で解くと $\alpha = 0.16$ となる。

類題 …… 47

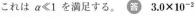

0.18 mol/L アンモニア水の電離度は 0.010 である。このときの水酸化物イオンの濃度と，この温度におけるアンモニアの電離定数を求めよ。

A 水のイオン積と水素イオン濃度

1 水のイオン積 水は，純粋に近いものほど電気を導きにくいが，どんなに精製しても，いくらかは電気を導く。これは，水がごくわずかではあるが，次式のように H^+ と OH^- とに電離しているためである（→ p.245 Study Column）。

$$H_2O \rightleftarrows H^+ + OH^- \quad \cdots\cdots①$$

（H^+ を H_3O^+ で表すと $2H_2O \rightleftarrows H_3O^+ + OH^-$ となる。）

この平衡状態は，純粋な水だけでなく，酸・塩基・塩その他のどのような水溶液中の水についても常に成り立っている。ここで，未電離の H_2O は，H^+ や OH^- に比べて多量に存在する。したがって，$[H_2O]$ は純粋な水やふつうの薄い水溶液では，温度一定であれば常に一定とみなしてさしつかえないので，次式が成り立つ。

$$[H^+][OH^-] = K_w〔mol^2/L^2〕 \quad \cdots\cdots②$$

この K_w を **水のイオン積** といい，温度によって決まる定数で，純粋な水でも，酸・塩基・塩その他の水溶液でも常に一定に保たれる。

純粋な水は，電気的に中性なので $[H^+]=[OH^-]$ である。そして，その値は純粋な水の電気伝導度の測定の結果などから，25℃ではそれぞれ $1.0×10^{-7}mol/L$ であることがわかっている。この値を②式に代入すると，

$$K_w = [H^+][OH^-] = 1.0×10^{-7}mol/L × 1.0×10^{-7}mol/L$$
$$= 1.0×10^{-14}mol^2/L^2 \quad \cdots\cdots③$$

▼表3 水のイオン積

温度〔℃〕	$K_w〔mol^2/L^2〕$
10	$0.29×10^{-14}$
20	$0.68×10^{-14}$
25	$1.01×10^{-14}$
30	$1.47×10^{-14}$

水のイオン積の値は温度により変化する（▶表3）。しかし，25℃を中心とする常温付近では，ほぼ $1.0×10^{-14}mol^2/L^2$ で一定と考えてよい。

2 水素イオン濃度 たとえば，水に酸を溶かすと，酸から生じる H^+ が増えるので，①式の反応式 $H_2O \rightleftarrows H^+ + OH^-$ で生じた OH^- と反応するため，平衡が左方向に移動して水溶液の $[OH^-]$ は $1.0×10^{-7}mol/L$ よりも小さくなる。

一方，酸から生じる H^+ が増えるので，水溶液中の $[H^+]$ は $1.0×10^{-7}mol/L$ よりも大きくなる。すなわち，$[H^+]>[OH^-]$ となる。

同様に，水に塩基を溶かすと，塩基から生じる OH^- が増えて H^+ と反応するため，平衡が左方向に移動して水溶液中の $[H^+]$ は $1.0×10^{-7}mol/L$ よりも小さくなる。

一方，$[OH^-]$ は $1.0×10^{-7}mol/L$ よりも大きくなる。すなわち，$[OH^-]>[H^+]$ となる。

よって，水溶液中の $[H^+]$，$[OH^-]$ について，次ページのようにまとめることができる。

温度が高くなれば K_w の値は大きくなる。このことから，①式の正反応が吸熱反応であることがわかる（ルシャトリエの原理より）。また，①式の逆反応が中和で，$56.5kJ/mol$ の発熱反応であることからも，水の電離は吸熱反応であることがわかる。よって，次式で表される。

$$H_2O \rightleftarrows H^+ + OH^- \quad \Delta H = 56.5kJ$$

酸性・塩基性と [H⁺], [OH⁻]

酸　性：[H⁺]＞1.0×10⁻⁷mol/L＞[OH⁻]
中　性：[H⁺]＝1.0×10⁻⁷mol/L＝[OH⁻]
塩基性：[H⁺]＜1.0×10⁻⁷mol/L＜[OH⁻]

$[H^+][OH^-]=K_w=1.0\times10^{-14}\,mol^2/L^2$ ……水のイオン積

$$[H^+]=\frac{K_w}{[OH^-]} \text{ または } [OH^-]=\frac{K_w}{[H^+]}$$

すなわち，水溶液の酸性・塩基性の程度は，[H⁺] または [OH⁻] のどちらか一方の濃度で表すことができるが，ふつうは [H⁺] で表す。

B　pH（ピーエイチ，ペーハー（独語））

1 pH 水溶液の水素イオン濃度 [H⁺] は，水溶液の酸性・塩基性（アルカリ性）の強弱によって 1mol/L ～ 10⁻¹⁴mol/L のように広い範囲で変化する。

このような変化の大きい値を比較するとき，そのままでは非常に不便なので，次のような値が考えられた。

「**水溶液中の [H⁺] を a mol/L とするとき，a の逆数の対数❶を求め，この値をその水溶液の pH とする❷。**」これを式で表すと，次式のようになる❸。pH を用いると，水溶液の酸性・塩基性（アルカリ性）を簡単に比較することができる。

$$[H^+]=a\,mol/L \text{ のとき，} pH=\log_{10}\frac{1}{a}=-\log_{10}a \text{ または } a=10^{-pH}$$

2 酸の水溶液と pH 酸の水溶液の [H⁺] が与えられた場合の pH は，[H⁺]＝1.0mol/L ならば，pH＝$-\log_{10}1.0=0$，中性ならば [H⁺]＝1.0×10^{-7}mol/L であるから，

$$pH=-\log_{10}(1.0\times10^{-7})=-\log_{10}1.0-\log_{10}10^{-7}=0-(-7)=7$$

となる。煩雑なので，次の公式で求めるとよい。

$$[H^+]=a\times10^{-n}\,mol/L \text{ のとき } pH=n-\log_{10}a$$

たとえば，[H⁺]＝2×10^{-3}mol/L のとき，pH＝$3-\log_{10}2=3-0.3=2.7$ となる。

❶ この場合の対数は，10 を底とする常用対数である。$x=10^n$ のとき，n を 10 を底とする x の対数といい，$n=\log_{10}x$ のように表すが，化学では底の 10 は省略して $\log x$ とすることも多い。

❷ pH は，[H⁺] の対数を求め，その符号を変えたものである。符号を変えないと，濃度が 1mol/L より小さい水溶液では，[H⁺] の対数は負になる。それを正の数にするために pH を上記のようにしたのである。しかし，そのために [H⁺] の大小と，pH の大小の関係が逆になってしまった。

❸ 化学基礎の教科書では，[H⁺] が 1×10^{-n}mol/L のとき，pH＝n と定義している。それは，化学基礎では，「1×10^{-n}mol/L」の場合の pH しか扱わないことになっているからである。

3 **塩基の水溶液と pH** 塩基の水溶液で $[OH^-]$ が与えられた場合の pH の算出は，水のイオン積 $K_w=[H^+][OH^-]$ を利用して $[H^+]$ に換算してから求める。

$$[H^+]=\frac{1.0\times10^{-14}\,\text{mol}^2/\text{L}^2}{[OH^-]}$$

たとえば，0.2mol/L の水酸化ナトリウム水溶液では $[OH^-]=2\times10^{-1}\text{mol/L}$ であるから，

$[H^+]=\dfrac{1.0\times10^{-14}\,\text{mol}^2/\text{L}^2}{2\times10^{-1}\,\text{mol/L}}=5\times10^{-14}\text{mol/L}$ であり，

$\text{pH}=14-\log_{10}5=14-(1-\log_{10}2)=13.3$ となる[●][❷]。

塩基の水溶液の場合，次のようにしてもよい。

① 水のイオン積の式を考える。 $K_w=[H^+]\times[OH^-]=10^{-14}\text{mol}^2/\text{L}^2$

② この式の両辺の対数をとると， $\log_{10}([H^+]\times[OH^-])=\log_{10}10^{-14}$

③ 左辺の対数を分離し，右辺を数値にすると， $\log_{10}[H^+]+\log_{10}[OH^-]=-14$

④ 両辺に -1 をかけると $-\log_{10}[H^+]-\log_{10}[OH^-]=14$

⑤ ここで，$\text{pOH}=-\log_{10}[OH^-]$ と定義すると，**$\text{pH}+\text{pOH}=14$** したがって，

$$\text{pH}=14-\text{pOH}$$

$[OH^-]$ がわかっている場合に pH を求めるとき，$[OH^-]$ を $[H^+]$ とみなして pH を算出し，その値を pOH とし，14 から pOH を引いて pH を求めればよい。

先の，$[OH^-]=2\times10^{-1}\text{mol/L}$ の場合，$\text{pOH}=1-\log_{10}2=0.7$ であるから，

$\text{pH}=14-\text{pOH}=14-0.7=13.3$ と簡単に求まる。

4 **pH と酸性・塩基性** pH を用いると水溶液の $[H^+]$，$[OH^-]$ の大小，すなわち水溶液の酸性・塩基性の強弱を簡単に比較することができる。すなわち，pH は 7 のときが中性で，7 より小さくなるほど酸性が強く，7 より大きくなるほど塩基性が強くなる。

注意 pH の値が n だけ小さくなると，$[H^+]$ は 10^n 倍になることに注意しよう。（pH＝2 の水溶液の $[H^+]$ は，pH＝4 の溶液の $[H^+]$ の 2 倍ではない，10^2 倍＝100 倍である。）

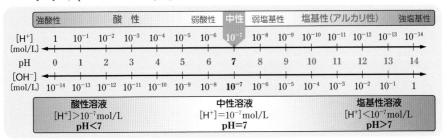

▲ 図3 pH，$[H^+]$ と $[OH^-]$，酸性と塩基性との関係

[●] pH の計算では対数をとるので，ふつうの有効数字の考え方が適用できないことに注意する。たいていの場合は，実測値の精度から，小数第 1 位まで表すのが適当である。

[❷] $\log_{10}2=0.3$ から，$\log_{10}5=\log_{10}\dfrac{10}{2}=\log_{10}10-\log_{10}2=1-0.3=0.7$ となる。これは覚えておくとよい。

重要

ピーエイチ さん は 7 より小

pH　　　酸

酸性 pH＜7	中性 pH＝7	塩基性（アルカリ性）pH＞7
$[H^+]>10^{-7}\,mol/L$	$[H^+]=10^{-7}\,mol/L$	$[H^+]<10^{-7}\,mol/L$

参考

【指数の計算方法の例】

$10^0=1,\ 10^1=10,\ 10^2=100,\ 10^3=1000,\ 10^{-1}=\dfrac{1}{10}=0.1,\ 10^{-2}=\dfrac{1}{10^2}=\dfrac{1}{100}=0.01$

$10^m\times10^n=10^{m+n},\ (10^m)^n=10^{mn},\ \dfrac{10^m}{10^n}=10^m\times10^{-n}=10^{m-n}$

【対数の計算方法の例】

$x=10^n \longleftrightarrow n=\log_{10}x,\ \log_{10}10^n=n,\ \log_{10}1=\log_{10}10^0=0,\ \log_{10}10=\log_{10}10^1=1,$

$\log_{10}(a\times b)=\log_{10}a+\log_{10}b,\ \log_{10}a^n=n\log_{10}a,$

$\log_{10}(a\times10^n)=\log_{10}a+\log_{10}10^n=n+\log_{10}a,$

$\log_{10}\dfrac{a}{b}=\log_{10}a-\log_{10}b,\ \log_{10}\sqrt{a}=\log_{10}a^{\frac{1}{2}}=\dfrac{1}{2}\log_{10}a$

📖 問題学習 ····· 48　　　　　　　　　　　　　　　　　　　水溶液の pH

次の水溶液（25℃）の pH を小数第 1 位まで求めよ。ただし，$\log_{10}1.6=0.20$，$\log_{10}2=0.30$ とする。

(1) 0.020 mol/L 塩酸（電離度 1）

(2) 0.010 mol/L 硫酸（電離度 1）

(3) 0.10 mol/L 酢酸水溶液（電離度 0.016）

(4) 0.50 mol/L 水酸化ナトリウム水溶液（電離度 1）

考え方 ▶ $[H^+]$ や $[OH^-]$ は価数×モル濃度×電離度で求めることができる。

(1) $[H^+]=1\times0.020\times1=0.020\,(mol/L)$

$pH=-\log_{10}(2.0\times10^{-2})=2-\log_{10}2$

$=2-0.30=1.7$　　　答 **1.7**

(2) $[H^+]=2\times0.010\times1=0.020\,(mol/L)$

$pH=-\log_{10}(2.0\times10^{-2})=2-\log_{10}2$

$=2-0.30=1.7$　　　答 **1.7**

(3) $[H^+]=1\times0.10\times0.016=1.6\times10^{-3}\,(mol/L)$

$pH=-\log_{10}(1.6\times10^{-3})=3-\log_{10}1.6$

$=3-0.20=2.8$　　　答 **2.8**

(4) $[OH^-]=1\times0.50\times1=0.50\,(mol/L)$

$[H^+]=\dfrac{K_w}{[OH^-]}=\dfrac{1.0\times10^{-14}}{0.50}=2.0\times10^{-14}\,(mol/L)$

$pH=-\log_{10}(2.0\times10^{-14})=14-\log_{10}2$

$=14-0.30=13.7$　　　答 **13.7**

類題 ····· 48

次の水溶液（25℃）の pH を小数第 1 位まで求めよ。ただし，$\log_{10}2=0.30$，$\log_{10}3=0.48$ とする。

(1) 0.020 mol/L 酢酸水溶液（電離度 0.030）

(2) 0.020 mol/L アンモニア水（電離度 0.020）

Q. pH＝5 の塩酸を 1000 倍に薄めると，pH が 3 増えて，pH＝8（塩基性）になるので しょうか？

A. 塩酸は強酸で電離度を 1 とすると，pH＝1 の塩酸を 1000 倍に薄めると pH が 3 増えて pH＝4 になります。pH＝2 の塩酸を 1000 倍に薄めても，やはり pH が 3 増えて pH＝5 になります。

このように単純に考えると，pH＝5 の塩酸を 1000 倍に薄めると，pH が 3 増えて pH＝8 になるように考えられますが，実際には話が違ってきます。

酸はいくら薄めても塩基性にはなりません。

pH＝5 の塩酸を 1000 倍にしたときの，塩酸の濃度は，

$1.0×10^{-5}$ mol/L $×10^{-3}＝1.0×10^{-8}$ mol/L　となります。

酸の水溶液の場合，酸から生じる $[H^+]$ が大きいときは，水の電離で生じる H^+ は無視できますが，酸の濃度が $1×10^{-7}$ mol/L に近いか，それよりも薄くなると，水の電離で生じる H^+ が無視できなくなります。

つまり，水の電離を無視して計算してしまうと，非常に薄い塩酸は塩基性（pH＞7）になったように算出されてしまうのです。きちんと計算してみましょう。

塩酸が $1.0×10^{-8}$ mol/L のとき，水の電離による $[H^+]$ と $[OH^-]$ を x〔mol/L〕とすると，

$$HCl \longrightarrow H^+ + Cl^-$$
$$\quad 1.0×10^{-8} \qquad mol/L$$

$$H_2O \rightleftarrows H^+ + OH^-$$
$$\qquad x \quad x \quad 〔mol/L〕$$

水のイオン積（→ p.249）より，

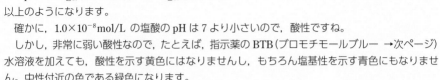

$$K_w＝[H^+]×[OH^-]＝(1.0×10^{-8}+x)x$$
$$＝1.0×10^{-14}(mol^2/L^2)$$

$$x^2+1.0×10^{-8}x-1.0×10^{-14}＝0$$

$$x＝\frac{-1.0×10^{-8}±\sqrt{(1.0×10^{-8})^2+4×1.0×10^{-14}}}{2}$$

$$≒\frac{-1.0×10^{-8}±2×10^{-7}}{2}$$

$x>0$ より，　$x＝9.5×10^{-8}$ (mol/L)

$[H^+]＝1.0×10^{-8}+9.5×10^{-8}＝1.05×10^{-7}$ (mol/L)

$pH＝-\log_{10}(1.05×10^{-7})＝7-\log_{10}1.05＝6.98$

以上のようになります。

確かに，$1.0×10^{-8}$ mol/L の塩酸の pH は 7 より小さいので，酸性ですね。

しかし，非常に弱い酸性なので，たとえば，指示薬の BTB（ブロモチモールブルー →次ページ）水溶液を加えても，酸性を示す黄色にはなりませんし，もちろん塩基性を示す青色にもなりません。中性付近の色である緑色になります。

注意 強塩基の場合は，10 倍に希釈していくと pH が 1 ずつ減少して 7 に近づくが，7 より小さくなることはない。また，電離度が小さな酢酸やアンモニアの水溶液では，pH が 7 から隔たっていても，塩酸などのように 10 倍に希釈したとき pH が 7 に向かって 1 だけ近くなることはない。p.247 の⑤式から，100 倍希釈すれば pH が 1 変動する。

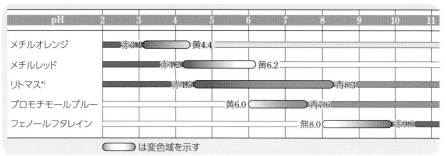

pH	2	3	4	5	6	7	8	9	10	11
メチルオレンジ		赤3.1	黄4.4							
メチルレッド			赤4.2		黄6.2					
リトマス*)			赤4.5				青8.3			
ブロモチモールブルー					黄6.0	青7.6				
フェノールフタレイン							無8.0		赤9.8	

◯ は変色域を示す

*) リトマスは，溶液が酸性か塩基性かを調べるための指示薬として，簡単に結果がわかるので，よく用いられる。
しかし，変色が鋭敏でないので，中和滴定(→ p.257)の指示薬としては用いることができない。

▲ 図4　おもな指示薬とその変色域

5 **pH と指示薬**　pH を測定するには，pH 計(pH メーター)という電気的に $[H^+]$ を測定する装置を用いればよいが，およその値を知る程度なら，指示薬の色の変化を見る簡易な方法もある。

　水溶液の pH に応じて色が変化する色素を **酸塩基指示薬**(pH 指示薬)という。酸塩基指示薬は，酸性・塩基性の程度で分子構造が変わって変色する色素であり，指示薬の色の変化で pH のおよその値を確認できる。

　たとえば，指示薬のメチルオレンジは，pH が3.1以下では赤色を示すが，pH が3.1を超えると赤色に黄色が加わり始め，さらに pH の値が大きくなると次第に赤みが消えて，pH が4.4で黄色になる。

　指示薬の色が変わる pH の値の範囲を，指示薬の **変色域** といい，変色域での指示薬の色調の変化と pH の関係は知られているので，それを利用して試料の pH の変化を確認することができる(▶図4)。

　指示薬は，溶液にして使う方法と，指示薬をろ紙にしみ込ませて乾燥させた pH 試験紙として使う方法とがある。pH 試験紙では，試料によって指示薬を変色させ，変色後の色と標準変色表の色とを比較して pH を測定する。

　なお，中和滴定(→ p.257)では，酸・塩基の種類によって，すなわち強酸か弱酸か，強塩基か弱塩基かによって，ちょうど中和したときの pH の値が異なるので，その滴定に適する指示薬を選ばなければならない。

● pH試験紙

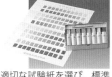

適切な試験紙を選び，標準変色表と比較して pH の値を調べる。

● 万能pH試験紙

一枚の試験紙ですべての範囲のおよその pH が測定できる。

● 簡易pH計

pH の値が 0.1 の段階まで表示されるが，ある程度の誤差を含む。

● pH計

pHの値が0.001の段階まで表示されるので高精度な測定ができる。

▲ 図5　pH 計と pH 試験紙

A 酸・塩基の中和の量的関係

1 中和反応 酸と塩基を混合すると，酸から塩基へ H^+ が移り，酸と塩基の性質はたがいに打ち消される。この反応を **中和** または **中和反応** という。

たとえば，塩酸 HCl と水酸化ナトリウム水溶液 NaOH を混ぜたとき起こる反応は，次の化学反応式で表される。

$$HCl \quad + \quad NaOH \quad \longrightarrow \quad NaCl \quad + \quad H_2O$$
$$(H^+ + Cl^-) \quad (Na^+ + OH^-) \quad \quad (Na^+ + Cl^-) \quad \quad (HOH)$$

このとき，塩酸(HCl 水溶液)の中の Cl^- と，NaOH 水溶液の中の Na^+ は，混合してもイオンのままで変化しない。したがって，上の反応の実質は，塩酸の中の H^+ と，NaOH 水溶液の中の OH^- とが結合する次式の反応である。

$$H^+ + OH^- \longrightarrow H_2O$$

すなわち，**酸の H^+ と塩基の OH^- が結合して H_2O を生じる反応が，中和反応である**。

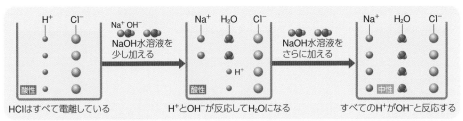

▲ 図6 中和反応(塩酸と水酸化ナトリウム水溶液の中和) HCl + NaOH ⟶ NaCl + H₂O

2 中和する酸と塩基の物質量 酸が与える H^+ の数と，塩基が受け取る H^+ の数が等しいとき，酸と塩基は過不足なく中和する(酸の H^+ と塩基の OH^- とがちょうど中和する)。

$$\left.\begin{array}{l} \text{たとえば，2 価の酸　(例 } H_2SO_4)1\,mol \longrightarrow H^+\ 2\,mol \\ \text{1 価の塩基(例 NaOH)}2\,mol \longrightarrow OH^-\ 2\,mol \end{array}\right\} \text{を混合するとちょうど中和する。}$$

$$\left.\begin{array}{l} \text{一般に，}a\text{ 価の酸　　}n\,[mol] \longrightarrow H^+\ an\,[mol] \\ b\text{ 価の塩基　}m\,[mol] \longrightarrow OH^-\ bm\,[mol] \end{array}\right\} \text{が混合してちょうど中和するのは，}$$

$$an = bm \quad \text{のときである。}$$

CHART 37

中和では，酸と塩基の(価数×物質量)が等しい

$$a \text{ 価の酸 } n\,[mol] \underset{\text{中和}}{\overset{\text{ちょうど}}{\longleftrightarrow}} b \text{ 価の塩基 } m\,[mol]$$

$$a \times n = b \times m$$

① この反応の反応エンタルピー ΔH は $-56.5\,kJ/mol$ で，これを中和エンタルピーという($\rightarrow$ p.198)。

Ⓠuestion Time クエスチョン タイム

Q. 弱酸・弱塩基は，水溶液中では一部しか電離しないから，少ない量の強塩基・強酸で中和するのではありませんか？

A. 酢酸水溶液は，次のように一部だけ電離しています。　$CH_3COOH \rightleftarrows CH_3COO^- + H^+$

酢酸は弱酸で電離度が小さいから，0.1 mol/L 程度の濃度の水溶液では，水に溶けている酢酸分子のうちの，約1％しか電離していません。しかし，これに水酸化ナトリウム水溶液を加えていくと，H^+ は OH^- と結合して H_2O になり，H^+ の濃度は減少するので上式の平衡は右方向に移動し，酢酸分子が新たに電離して H^+ を生じ，これがまた OH^- と結合します。

結局，この変化が繰り返されて，水溶液中の酢酸分子は全部が電離することになり，次の反応がすべて右方向に進行することになります。

$$CH_3COOH + NaOH \longrightarrow CH_3COONa + H_2O$$

したがって，**中和する酸と塩基の物質量の関係は，酸・塩基の強弱には無関係です。**

■ 問題学習 ····· 49　　　　　　　　　　　　　　　　　　　　　　　　　　硫酸の中和

硫酸 19.6 g をちょうど中和したい。$H_2SO_4 = 98.0$，$Ca(OH)_2 = 74.0$
(1) 水酸化カルシウムは何 g 必要か。
(2) 2.00 mol/L の水酸化ナトリウム水溶液は何 mL 必要か。

考え方 H_2SO_4 は2価の酸で，その 19.6 g の物質量は，$\dfrac{19.6\,g}{98.0\,g/mol} = 0.200\,mol$

中和では，酸と塩基の（価数×物質量）が等しい。

(1) $Ca(OH)_2$ は2価の塩基で，中和に必要な質量を x〔g〕とすると，

$2 \times 0.200\,mol = 2 \times \dfrac{x〔g〕}{74.0\,g/mol}$　　$x = 14.8\,g$ 答

(2) NaOH は1価の塩基で，中和に必要な体積を y〔mL〕とすると，

$2 \times 0.200\,mol = 1 \times 2.00\,mol/L \times \dfrac{y}{1000}〔L〕$

$y = 200\,mL$ 答

類題 ····· 49

1.0 mol/L の硫酸 500 mL にアンモニアを通じて過不足なく中和したい。32℃，1.01×10^5 Pa で何 L のアンモニアを通じればよいか。

Ⓠuestion Time クエスチョン タイム

Q. シュウ酸を中和滴定の標準液（→次ページ）にするのはなぜですか？

A. その理由の1つは，シュウ酸は固体なので質量を測定しやすいからです。

もう1つの理由は，固体は再結晶することによって容易に精製できるからです。

また，結晶が空気中で変化を受けない安定な化合物であることも理由の1つですね。

B 中和滴定

1 モル濃度・体積と中和の関係 中和反応の際，酸・塩基の水溶液のモル濃度と中和に必要な塩基・酸の水溶液の体積はどのような関係にあるか，詳しくみてみよう。

まず，濃度 c〔mol/L〕の a 価の酸の水溶液を体積 V〔L〕とると，その中の酸から生じる H^+ の物質量は $a \times c$〔mol/L〕$\times V$〔L〕 で求められる。

同様にして，濃度 c'〔mol/L〕の b 価の塩基の水溶液を体積 V'〔L〕とると，その中の塩基から生じる OH^-（またはその塩基が受け取る H^+）の物質量は $b \times c'$〔mol/L〕$\times V'$〔L〕 で求められる。いま，これらの酸の水溶液と塩基の水溶液を混合して，過不足なく中和が行われたときには，次式が成り立つ。

$$a \times c\,〔\text{mol/L}〕 \times V\,〔\text{L}〕 = b \times c'\,〔\text{mol/L}〕 \times V'\,〔\text{L}〕$$

酸の（価数）×（濃度）×（体積）＝塩基の（価数）×（濃度）×（体積）

酸から生じる H^+ の物質量 　塩基から生じる OH^- の物質量
　　　　　　　　　　　　　（塩基が受け取る H^+ の物質量）

この関係を利用すると，酸や塩基の水溶液の濃度を決めることができる。

たとえば，濃度がわかっている酸の水溶液の体積をはかり，これに濃度のわからない塩基の水溶液を少しずつ加えて，ちょうど中和するのに必要な体積を求めれば，塩基の水溶液の濃度を計算により求めることができる。この操作を **中和滴定** という。また，酸と塩基がちょうど中和する点を **中和点** または **中和反応の終点** という。

中和滴定は，次の3つの操作からなる。

① 濃度が正確にわかっている酸または塩基の水溶液（**標準液** という）を調製する。
② 一定体積の試料（塩基または酸）の溶液を容器にとり，適切な指示薬を加える。
③ 指示薬の色の変化が起こるまで標準液を加えて，その体積を正確にはかる（→次ページの中和滴定に用いる器具の扱い方）。

2 標準液の調製 酸の標準液（標準溶液）としては，ふつうシュウ酸二水和物 $(COOH)_2 \cdot 2H_2O$ の水溶液が用いられる（→前ページ クエスチョンタイム）。

たとえば，$(COOH)_2 \cdot 2H_2O$ の式量は 126.0 であるから，シュウ酸の結晶 6.30 g（0.0500 mol）をてんびんで正確にはかり取り，これを純粋な水に溶かして，洗液とともに 1L のメスフラスコに入れた後，メスフラスコの標線まで純粋な水を入れると，0.0500 mol/L のシュウ酸標準液ができる（→次ページ）。

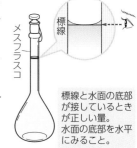

標線と水面の底部が接しているときが正しい量。水面の底部を水平にみること。

CHART 16
再掲（→ p.113）

c〔mol/L〕の溶液 V〔L〕中にはいつでも cV〔mol〕の溶質

中和滴定に用いる器具は，洗って乾いたものを使用すればよいが，乾かす時間がないときには，次のように使用してもよい。

(1) **メスフラスコ**(一定濃度の溶液を一定体積つくるのに用いる)
　① よく洗浄した後，**純粋な水ですすいでそのまま用いる。**
　② 試薬を正確にはかり取り，ビーカーで少量の純粋な水に溶解させ，洗液とともにすべてをメスフラスコに移すことを繰り返す。
　③ メスフラスコの標線まで純粋な水を満たし，栓をしてよく振り混ぜる。

(2) **ホールピペット**(溶液を正確に一定体積はかり取るのに用いる)
　① 洗浄後，使用する溶液を少し吸い取って内部をすすぐこと(**共洗い**という)を2，3回繰り返す。
　② 危険な溶液を吸い取る場合は専用の吸引器具(ピペッターなど)を使用し，溶液を標線の少し上まで吸い取り，指で上部を押さえ，次に少しずつ流し出して液面を標線に合わせる。
　③ 溶液を流し出した後は，ピペットの先端に溶液が残るが，口で吹かずに上端を指で押さえたまま，中間部を手で握って体温で中の空気を膨張させて溶液を押し出す。

(3) **ビュレット**(溶液を滴下する前と後の液面の目盛りの差で滴下した体積を知る)
　① 洗浄後，使用する溶液を少量入れて内部をすすぐこと(共洗い)を2，3回繰り返す。
　② 溶液を入れたら，一度コックを全開して少量の溶液を勢いよく流し出し，下部の空気を抜く。
　③ 溶液の位置は0に合わせなくても，液量は目盛りの差を読み取ればよいので，どこから始めてもよい。

(4) **滴定容器**(コニカルビーカー または 三角フラスコ)
　① よく洗浄した後，**純粋な水ですすいでそのまま用いる。**
　② 下に白い紙を敷くと色の変化が見やすい。

(5) **滴定操作**　① 試料溶液をホールピペットで一定量はかり取り，コニカルビーカーまたは三角フラスコに移す。
　② 最適な指示薬を1，2滴加える。
　③ ビュレットに滴定溶液を入れ，目盛りを読む。

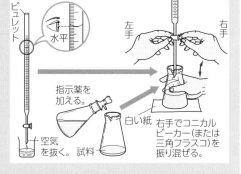

　④ 指示薬が変色するまでビュレットの溶液を滴下し，その都度振り混ぜる。
　⑤ 変色したときのビュレットの目盛りを読む。
　⑥ ①～⑤を繰り返し，似通った値3つを平均する。

(6) **その他**　① 目盛りを読むときは，目線を目盛りと水平の位置に置き，液面の最も低いところを読む。ビュレットでは最小目盛りの10分の1まで目測で読み取る。
　② 体積を測定するメスフラスコ，ビュレット，ホールピペットなどの器具は，熱風で乾燥してはいけない(なぜなら，加熱により器具が変形し，目盛りがくるってしまうからである)。

　0.100mol/L シュウ酸水溶液①10.0mL をとってコニカルビーカーに移し，指示薬を加えてから濃度不明の②水酸化ナトリウム水溶液で滴定したところ，12.5mL で溶液の③色が急に変化した。

(1) このとき使用する指示薬は次のどれが最もよいか。

　(ア) メチルオレンジ溶液　(イ) フェノールフタレイン溶液　(ウ) BTB 溶液

(2) 下線部①，②で使用する器具の名称を記し，③で色が何色から何色に変化したか答えよ。

(3) この水酸化ナトリウム水溶液のモル濃度を求めよ。

考え方▶ (1) シュウ酸は弱酸，水酸化ナトリウムは強塩基なので，中和して生成する塩の水溶液は塩基性を示す(→p.264)。したがって，塩基性側に変色域をもつフェノールフタレイン溶液が最も適当である。　**答 イ**

(2) ① 一定体積の溶液をはかり取るには，**ホールピペット**を用いる。**答**

② 滴定操作には，**ビュレット**を用いる。**答**

③ フェノールフタレイン溶液は変色域より酸性側で無色，塩基性側では赤色を示す。

酸に塩基を加えているので，**無色から赤色**に変化する。**答**

(3) シュウ酸は 2 価の酸，水酸化ナトリウムは 1 価の塩基である。水酸化ナトリウム水溶液の濃度を x〔mol/L〕とすると，

$$2 \times 0.100\,mol/L \times \frac{10.0}{1000}L$$

$$= 1 \times x\,〔mol/L〕\times \frac{12.5}{1000}L$$

$x = 0.160\,mol/L$　**答**

 類題 ⋯⋯ 50

　0.200mol/L の硫酸 200mL に，気体のアンモニアを通してすべて吸収させた。その溶液 10.0mL をホールピペットでとり，0.100mol/L の水酸化ナトリウム水溶液で滴定したところ，20.0mL を要した。初めの希硫酸に吸収された気体のアンモニアの体積は，標準状態で何 L か。ただし，アンモニアを吸収しても溶液の体積は変化しないものとする。

Study Column 　酸性雨

　ふつうの雨は，空気中に約 0.04％含まれている二酸化炭素を飽和しているので，pH がおよそ 5.6 程度の弱い酸性である。放置した蒸留水なども同様である。これよりも pH が小さな，酸性の強い雨は**酸性雨**とよばれ，環境問題の 1 つである。酸性雨により，湖の酸性が強くなって魚類が死滅したり，樹木の立ち枯れ，銅像やコンクリート建造物の腐食等の被害が見られる。

　酸性雨の原因は，火山の噴火など自然的要因もあるが，工場や自動車による石油，石炭などの化石燃料の燃焼に伴う硫黄の酸化物や窒素の酸化物の生成など，人的な要因がほとんどであるといわれている。

　硫黄が燃焼するとおもに SO_2 が生成し，これが空気中でさらに酸化されて SO_3 となり，水に溶ければ H_2SO_4 となる。また，高温での燃焼時には空気中の窒素が酸化されて窒素酸化物 (NO や NO_2 など，NO_x と表す) が生成し，水に溶ければ HNO_3 となる。これらを含んだ雨が酸性雨となる。しかも，それらの酸化物が大気中に拡散されてから酸性雨となって遠くに降り注ぐので，大都市からかなり離れたところにその被害が報告されることになる。

3 中和の滴定曲線 中和滴定で，加えた酸または塩基の水溶液の体積と水溶液の pH との関係を表したグラフを，中和反応の **滴定曲線** という。

以下に，0.10 mol/L 塩酸 10.0 mL を 0.10 mol/L 水酸化ナトリウム水溶液で滴定する場合を考える。(HCl と NaOH の電離度は 1 とする。$\log_{10}2=0.30$, $\log_{10}3.3=0.52$)

① 初めの 0.10 mol/L HCl では，$[H^+]=0.10$ mol/L　　pH=**1.0**

② NaOH 水溶液を 5.0 mL 滴下したとき，混合液中に残っている HCl のモル濃度は，

$$\left(\frac{0.10\times10.0}{1000}-\frac{0.10\times5.0}{1000}\right)\times\frac{1000}{15.0}\fallingdotseq 3.3\times10^{-2}(\text{mol/L})\quad\text{…これは [H}^+\text{] に等しい。}$$

　　HClの物質量　　NaOHの物質量　　$\left[\begin{array}{l}\text{残った HCl は 15.0 mL 中に溶けているから，1000 mL}\\ \text{(1L)あたりの物質量，つまりモル濃度に直す。}\end{array}\right]$
　　(残った HClの物質量)

$$\begin{aligned}\text{pH}&=-\log_{10}[H^+]=-\log_{10}(3.3\times10^{-2})=-(\log_{10}3.3+\log_{10}10^{-2})\\&=2-\log_{10}3.3=2-0.52=1.48\fallingdotseq\textbf{1.5}\end{aligned}$$

③ NaOH 水溶液を 9.0 mL 滴下したとき(計算は *p.*272 参照)，

　　$[\text{HCl}]=[H^+]\fallingdotseq5.3\times10^{-3}$ mol/L　　pH=**2.3**

④ NaOH 水溶液を 9.99 mL 滴下したとき(計算は *p.*272 参照)，

　　$[\text{HCl}]=[H^+]\fallingdotseq5.0\times10^{-5}$ mol/L　　pH=**4.3**

⑤ NaOH 水溶液をちょうど 10.00 mL 滴下したとき，完全に中和。

$$\text{pH}=\textbf{7.0}$$

⑥ NaOH 水溶液を 10.01 mL 滴下すると NaOH が過剰になり，NaOH のモル濃度は，

$$\left(\frac{0.10\times10.01}{1000}-\frac{0.10\times10.0}{1000}\right)\times\frac{1000}{20.01}\fallingdotseq 5.0\times10^{-5}(\text{mol/L})\quad\text{…これは [OH}^-\text{] に等しい。}$$

　　NaOHの物質量　　HClの物質量　　$\left[\begin{array}{l}\text{過剰な NaOH は 20.01 mL 中に溶けているから，1000 mL}\\ \text{(1L)あたりの物質量，つまりモル濃度に直す。}\end{array}\right]$
　　(過剰に加えた NaOHの物質量)

$$\begin{aligned}\text{pH}&=-\log_{10}[H^+]=-\log_{10}\frac{K_w}{[OH^-]}=-\log_{10}\frac{1.0\times10^{-14}}{5.0\times10^{-5}}=-\log_{10}(2\times10^{-10})\\&=10-\log_{10}2=10-0.30=\textbf{9.7}\end{aligned}$$

⑦ NaOH 水溶液を 15.0 mL 滴下すると(計算は *p.*272 参照)，

　　$[\text{NaOH}]=[OH^-]=2\times10^{-2}$ mol/L　　　　pH=**12.3**

この結果をグラフに表すと，右図のようになり，実験の結果ともよく一致する。

この滴定曲線で特徴的なことは，中和点付近での pH の急激な変化である。NaOH 水溶液の滴下量 9.99 mL から 10.01 mL にかけて，わずか 0.02 mL (ふつうのビュレットからの 1 滴は，0.03 ～ 0.04 mL)で，混合溶液の pH はおよそ 4 から 10 へと大きく変化する。

このことからわかるように，強酸-強塩基の中和滴定では，指示薬は pH=7 で変色するものでなくてもよく，変色域が pH=4 ～ 10 の範囲内にあればよいので，フェノールフタレインでもメチルオレンジでも使うことができる。

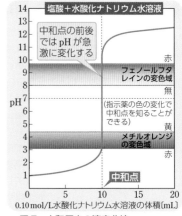
▲ 図7　中和反応の滴定曲線

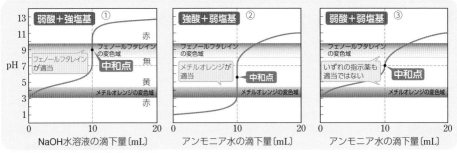

▲図8　酸・塩基の滴定曲線
① 0.1 mol/L CH₃COOH と 0.1 mol/L NaOH
② 0.1 mol/L HCl と 0.1 mol/L アンモニア水
③ 0.1 mol/L CH₃COOH と 0.1 mol/L アンモニア水

4 弱酸や弱塩基の滴定曲線　図8の①は，弱酸(酢酸水溶液 CH₃COOH)と強塩基(水酸化ナトリウム水溶液 NaOH)の中和滴定の例である。

0.1 mol/L 酢酸水溶液の電離度は約 0.01 であるから，　$[H^+] ≒ 0.1 mol/L × 0.01 = 10^{-3} mol/L$
したがって，pH ≒ 3 から滴定曲線は始まる。このとき，中和で生成する塩(酢酸ナトリウム CH₃COONa)の水溶液は，弱塩基性を示す(→ p.264)から，中和点の pH は 7 より大きくなり，その中和点の前後で pH は急変する(詳しくは p.273 を参照)。

したがって，メチルオレンジでは，中和点に達するかなり前に変色してしまうことになり，指示薬としては，フェノールフタレインが適当である。

図8の②は，強酸(塩酸 HCl)と弱塩基(アンモニア水 NH₃)の中和滴定の例である。

0.1 mol/L 塩酸の電離度は約 1 であるから，$[H^+] ≒ 0.1 mol/L$　したがって，pH ≒ 1 から滴定曲線は始まる。

そして生成する塩(塩化アンモニウム NH₄Cl)の水溶液は弱酸性を示すから(→ p.264)，中和点の pH は 7 より小さくなり，その中和点の前後で pH は急変する。

また，0.1 mol/L アンモニア水の電離度は，およそ 0.01 であるから，アンモニア水の pH は，
　　　$[OH^-] ≒ 10^{-3} mol/L$　よって，$[H^+] ≒ 10^{-11} mol/L$　より，pH ≒ 11 である。

したがって，アンモニア水を過剰に加えても，pH が 11 を超えるということはない。

この場合，グラフから明らかなように，フェノールフタレインの変色は中和点をかなり過ぎてからになるので，指示薬としてはメチルオレンジが適当である。

図8の③は弱酸(酢酸水溶液 CH₃COOH)と弱塩基(アンモニア水 NH₃)の中和滴定の例である。

この場合は，中和点の前後で pH の急変は起こらないので，指示薬で中和点を判定することは難しい。このような滴定では，指示薬でなく，pH 計などを用いて滴定曲線を作図すれば，滴定の終点を知ることができる。

酸と塩基	中和点の pH	適当な指示薬の例
①強酸と強塩基	7	フェノールフタレイン，メチルオレンジ
②弱酸と強塩基	7 より大きい	フェノールフタレイン
③強酸と弱塩基	7 より小さい	メチルオレンジ
④弱酸と弱塩基	7 付近	(適当な指示薬はない)

Study Column　炭酸ナトリウムの2段階中和

炭酸ナトリウムは正塩(→次ページ)であるが,水溶液は強い塩基性(アルカリ性)を示し,塩酸と反応するから,この反応を広義の中和とよぶこともある。

炭酸ナトリウム Na_2CO_3 水溶液を塩酸で滴定すると,その滴定曲線には図Aに示すように,2箇所でpHの急変が現れる。それはこの中和反応が次の2段階で進行するからである。

$$Na_2CO_3 + HCl \longrightarrow NaHCO_3 + NaCl \quad \cdots ①$$
$$NaHCO_3 + HCl \longrightarrow NaCl + H_2O + CO_2 \quad \cdots ②$$

(1) この反応では,各段階での中和の完了は,それぞれ次の指示薬の変色で判定できる。

〔第1段階〕:フェノールフタレイン(赤→無)
〔第2段階〕:メチルオレンジ(黄→赤)

(2) 反応式①,②から,次の量的関係が成り立つ。

(Na_2CO_3 の物質量)
= (第1中和点までの HCl の物質量)
= (生成した $NaHCO_3$ の物質量)
= (第1中和点から第2中和点までの HCl の物質量)

(3) 水酸化ナトリウム NaOH と炭酸ナトリウム Na_2CO_3 の混合物の水溶液に塩酸を加えた場合は,まず次の NaOH の中和反応が起こる。

$$NaOH + HCl \longrightarrow NaCl + H_2O \quad \cdots ③$$

そして,その後に Na_2CO_3 の①式と②式の中和反応が起こり,その滴定曲線は図Bのようになる。このとき,図Bから,次の量的関係が成り立つことがわかる。

$$\begin{pmatrix}第1中和点まで\\の塩酸の滴下量\end{pmatrix} - \begin{pmatrix}第1中和点から第2中和点\\までの塩酸の滴下量\end{pmatrix} = \begin{pmatrix}NaOH の中和に\\使われた塩酸の量\end{pmatrix}$$

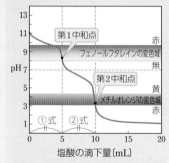

▲図A　Na_2CO_3 水溶液を塩酸で滴定したときの滴定曲線

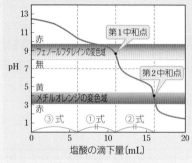

▲図B　NaOH と Na_2CO_3 の混合物の水溶液を塩酸で滴定したときの滴定曲線

この量的関係を利用すると,混合水溶液中の NaOH と Na_2CO_3 の濃度を求めることができる。

たとえば,NaOH と Na_2CO_3 の混合物の水溶液を 10mL とり,0.10mol/L の塩酸を滴下したとき,第1中和点までに 11.0mL,第2中和点までにさらに 5.0mL の塩酸を要したとする。第1中和点までに③式と①式の反応が起こり,NaOH と Na_2CO_3 が中和される。このとき,Na_2CO_3 の中和(①式)に使われた塩酸の体積は,第1中和点から第2中和点までに滴下された塩酸,すなわち $NaHCO_3$ の中和(②式)に使われた塩酸の体積に等しく,5.0mL となる。

よって,NaOH の中和に使われた塩酸の体積は,11.0mL − 5.0mL = 6.0mL

NaOH の濃度を x〔mol/L〕,Na_2CO_3 の濃度を y〔mol/L〕とすると,

$$0.10\,\text{mol/L} \times \frac{6.0}{1000}\text{L} = x\,\text{〔mol/L〕} \times \frac{10}{1000}\text{L} \qquad x = 6.0 \times 10^{-2}\,\text{mol/L}$$

$$0.10\,\text{mol/L} \times \frac{5.0}{1000}\text{L} = y\,\text{〔mol/L〕} \times \frac{10}{1000}\text{L} \qquad y = 5.0 \times 10^{-2}\,\text{mol/L}$$

A 塩

1 塩の種類 中和反応において，塩基の陽イオンと酸の陰イオンが，イオン結合してできた化合物を **塩** という。また塩は，H^+ になり得る酸の H 原子の一部または全部が，塩基の陽イオン(金属イオンまたは NH_4^+)と置き換わった化合物といってもよい。

HCl と NaOH のように，1 価の酸と 1 価の塩基との中和では，NaCl のように 1 種類の塩しかできない。しかし，酸または塩基が 2 価以上の場合には，電離の各段階に対応して，2 種類以上の塩ができることになる。たとえば，次のような例があげられる。

$$H_2SO_4 + NaOH \longrightarrow \underset{\text{硫酸水素ナトリウム}}{NaHSO_4} + H_2O \qquad H_2SO_4 + 2NaOH \longrightarrow \underset{\text{硫酸ナトリウム}}{Na_2SO_4} + 2H_2O$$

$$Mg(OH)_2 + HCl \longrightarrow \underset{\text{塩化水酸化マグネシウム}}{MgCl(OH)} + H_2O \qquad Mg(OH)_2 + 2HCl \longrightarrow \underset{\text{塩化マグネシウム}}{MgCl_2} + 2H_2O$$

塩の形式的な分類として，酸の H が残っている塩を **酸性塩**，塩基の OH が残っている塩を **塩基性塩**，酸の H も塩基の OH も残っていない塩を **正塩** とよんでいる[②]。

▼ 表 4　塩の分類

分類	組成	例
正塩	酸の H も塩基の OH も残っていない塩(酸の H をすべて金属イオンや NH_4^+ で置換した塩)	NaCl，NH_4Cl，$CaCl_2$，$AlCl_3$ $NaNO_3$，NH_4NO_3，$Ca(NO_3)_2$，$Al(NO_3)_3$ Na_2SO_4，$(NH_4)_2SO_4$，$CaSO_4$，$Al_2(SO_4)_3$
酸性塩	酸の H が残っている塩(多価の酸の H の一部を金属イオンや NH_4^+ で置換した塩)	$\underset{\text{硫酸水素ナトリウム}}{NaHSO_4}$ $\underset{\text{炭酸水素ナトリウム}}{NaHCO_3}$ $\underset{\text{炭酸水素カルシウム}}{Ca(HCO_3)_2}$ $\underset{\text{リン酸二水素ナトリウム}}{NaH_2PO_4}$ $\underset{\text{リン酸水素二ナトリウム}}{Na_2HPO_4}$
塩基性塩	塩基の OH が残っている塩	$\underset{\text{塩化水酸化マグネシウム}}{MgCl(OH)}$ または $MgCl_2 \cdot Mg(OH)_2$

2 塩の生成 塩は，酸と塩基の水溶液による中和反応だけでなく，次のようなさまざまな物質の反応によっても生成する。この他にも，塩と酸・塩基との反応(→ p.266)，塩と塩との反応，種々の沈殿生成反応などによっても生成する。下図の破線の上側と下側の組合せでは，すべての場合について塩が生成する反応が存在する。

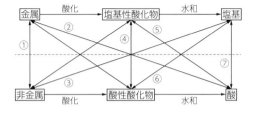

例 ① $2Na + Cl_2 \longrightarrow 2NaCl$
② $Zn + H_2SO_4 \longrightarrow ZnSO_4 + H_2$
③ $Cl_2 + 2NaOH \longrightarrow NaClO + NaCl + H_2O$
④ $CaO + CO_2 \longrightarrow CaCO_3$
⑤ $CaO + 2HCl \longrightarrow CaCl_2 + H_2O$
⑥ $CO_2 + Ca(OH)_2 \longrightarrow CaCO_3 + H_2O$
⑦ $NH_3 + HCl \longrightarrow NH_4Cl$(気体どうしの反応)

[①] 酸性塩や塩基性塩は，水溶液の中和反応によって簡単にはつくることができない。たとえば，硫酸 1mol を含む水溶液と水酸化ナトリウム 1mol を含む水溶液を混ぜた場合，$NaHSO_4$ が 1mol 生成するのではなく，Na_2SO_4 と $NaHSO_4$ の混合物として存在する。

[②] 酸性塩・塩基性塩・正塩のような塩の分類(表 4)は，組成に基づく形式的なものであって，水溶液の性質とは直接関係ない(→次ページ　塩の水溶液の性質)。

正塩・酸性塩・塩基性塩の名称は，塩の組成からつけられたものであり，それらの塩の水溶液の性質 (酸性か，中性か，塩基性か) がどうなるかとは，まったく関係がない。実際には，次のように分類できる。

(1) **正塩**　正塩の水溶液の性質は，構成する酸や塩基の強弱で判断でき，右表のようになる[1]。しかし，弱酸と弱塩基からの正塩の性質は，塩の種類によって異なり，機械的には決められない。

▼表5　正塩の水溶液の性質

分類	水溶液の性質	例		
		正塩	もとの酸	もとの塩基
強酸と強塩基からなる正塩	中性	NaCl	HCl	NaOH
		KNO_3	HNO_3	KOH
強酸と弱塩基からなる正塩	酸性	NH_4Cl	HCl	NH_3
		$CuSO_4$	H_2SO_4	$Cu(OH)_2$
弱酸と強塩基からなる正塩	塩基性	CH_3COONa	CH_3COOH	NaOH
		Na_2CO_3	H_2CO_3 $(CO_2 + H_2O)$	NaOH

(2) **酸性塩**　(a) $NaHCO_3$ は酸性塩であるが，水溶液は塩基性。

(b) $NaHSO_4$ は酸性塩であり，水溶液も酸性。

(3) **塩基性塩**　多くは水に不溶なので，水溶液の性質は考えなくてよい。塩基性のものと酸性のものがある。

CHART 38

正塩を水に溶かすと強いほうが勝つ

強酸と弱塩基からなる正塩 ⟶ 酸性 (pH<7)

強塩基と弱酸からなる正塩 ⟶ 塩基性 (pH>7)

B　塩の加水分解

1 塩の加水分解　塩の分類は機械的に行われているので，正塩であっても，その水溶液は中性とは限らない。実際に，正塩の水溶液の性質を調べてみると，NaCl のように強酸と強塩基から生じた塩[1]は中性であるが，弱酸と強塩基とから生じた CH_3COONa のような塩は塩基性，NH_4Cl のように強酸と弱塩基とから生じた塩は酸性を示すことがわかる。

(1) **弱酸と強塩基の正塩**　酢酸ナトリウム CH_3COONa は，酢酸イオン CH_3COO^- とナトリウムイオン Na^+ とからできている塩 (イオンからなる物質) であるから，水に溶かすと，ほぼ完全にイオンに分かれる (電離度≒1)。

　一方，溶媒の水は，ごくわずか H^+ と OH^- とに電離している。CH_3COO^- と H^+ とが出あうと，一部が結合して弱酸である CH_3COOH 分子になる。このため H^+ の量より OH^- の量が多くなるので，水溶液は塩基性を示すようになる。

---

[1] 塩基の陽イオンを M^+ で表すと塩基は MOH，酸の陰イオンを A^- で表すと酸は HA，そして塩基の陽イオンと酸の陰イオンとが結合した塩は MA で表せるから，中和反応は　MOH + HA ⟶ MA + H_2O　となる。したがって，塩 MA の組成式から，酸 HA の強弱または塩基 MOH の強弱を考えればよい。

酢酸ナトリウム CH₃COONa の加水分解

$$CH_3COONa \longrightarrow \boxed{CH_3COO^-} + Na^+$$
$$+$$
$$H_2O \rightleftarrows \boxed{H^+} + OH^-$$
一部が反応して CH_3COOH 分子となる
$$(CH_3COO^- + H^+ \longrightarrow CH_3COOH)$$

これを 1 つの反応式にまとめると，

$$CH_3COO^- + H_2O \rightleftarrows CH_3COOH + OH^- \quad \textbf{(塩基性を示す)}$$

(2) **強酸と弱塩基の正塩** 塩化アンモニウム NH_4Cl は，水に溶けるとほとんど全部が NH_4^+ と Cl^- になる(電離度≒1)。

一方，溶媒の水は，ごくわずか H^+ と OH^- とに電離している。NH_4^+ と OH^- とが出あうと，一部が反応して弱塩基である NH_3 分子になる。このため OH^- の量より H^+ の量が多くなるので，水溶液は酸性を示すようになる。

塩化アンモニウム NH₄Cl の加水分解

$$NH_4Cl \longrightarrow \boxed{NH_4^+} + Cl^-$$
$$+$$
$$H_2O \rightleftarrows \boxed{OH^-} + H^+$$
一部が反応して $NH_3 + H_2O$ となる
$$(NH_4^+ + OH^- \longrightarrow NH_3 + H_2O)$$

これを 1 つの式にまとめると，

$$NH_4^+ + H_2O \rightleftarrows NH_3 + H_3O^+ \quad \textbf{(酸性を示す)}$$

以上のことから，次のようにまとめることができる。

弱酸の陰イオン + H_2O ⟶ 弱酸 + OH^- ……塩の水溶液は塩基性

弱塩基の陽イオン + H_2O ⟶ 弱塩基 + $H_3O^+(H^+)$ ……塩の水溶液は酸性

このように，弱酸や弱塩基から生じた塩が，水と反応してもとの弱酸や弱塩基を生じる変化を，**塩の加水分解**(または，単に **加水分解**)という。

強酸と強塩基からなる正塩では，加水分解が起こらないので中性である。

塩の構成とその水溶液の性質をまとめると，次表のようになる。

塩の構成	加水分解	水溶液の性質	例
強酸と強塩基の正塩	しない	中 性	$NaCl$, $Ca(NO_3)_2$, K_2SO_4, KNO_3
強酸と弱塩基の正塩	する	酸 性	NH_4Cl, $CuSO_4$, $FeCl_2$
弱酸と強塩基の正塩	する	塩基性	CH_3COONa, K_2CO_3, Na_2S
弱酸と弱塩基の正塩	する	一様には決まらない	CH_3COONH_4

① 弱酸の陰イオン：CH_3COO^-, CO_3^{2-}, SO_3^{2-}, S^{2-} など。弱塩基の陽イオン：NH_4^+, Cu^{2+}, Fe^{2+}, Al^{3+} など。強酸の陰イオン(Cl^-, NO_3^-, SO_4^{2-} など)や強塩基の陽イオン(Na^+, K^+, Ca^{2+}, Ba^{2+} など)は，水と反応しない。したがって，加水分解しない。

2 **酸性塩の水溶液**　酸性塩の水溶液は，酸性になるものと塩基性になるものがあった（→ p.264）。この違いはどのような理由によるのだろうか。

(1) 炭酸水素ナトリウム $NaHCO_3$ は酸性塩であるが，これが水に溶けて生じた HCO_3^- は H_2CO_3（弱酸）から生じたイオンなので，次のように加水分解する。

$$NaHCO_3 \longrightarrow Na^+ + HCO_3^- \quad \text{（水に溶ける塩の電離度はほぼ 1，NaHCO}_3 \text{の溶解度は小）}$$

$$HCO_3^- + H_2O \longrightarrow \underset{(H_2CO_3)}{H_2O + CO_2} + OH^- \quad \text{（加水分解）}$$

したがって，溶液中に OH^- が増加するので，（非常に弱い）塩基性を示す。

(2) 硫酸水素ナトリウム $NaHSO_4$ は酸性塩であり，これが水に溶けて生じた HSO_4^- は H_2SO_4（強酸）から生じたイオンなので，さらに電離して H^+ を出す。

$$NaHSO_4 \longrightarrow Na^+ + HSO_4^- \quad \text{（水に溶ける塩の電離度はほぼ 1）}$$

$$HSO_4^- \longrightarrow H^+ + SO_4^{2-} \quad \text{（強酸由来のイオンであるから，さらに電離する）}$$

したがって，溶液中に H^+ が増加するので，（強い）酸性を示す。

(3) このように，酸性塩の水溶液は，酸性を示すとは限らない。しかし，同一の多価の酸の塩の水溶液では，同じモル濃度の水溶液で比較すると，「一般に酸性塩の水溶液の性質は，正塩の水溶液の性質より酸性側*にかたよる」ということができる。

塩の構成	正塩 (水溶液の性質)	酸性塩 (水溶液の性質)	
NaOH, H₂SO₄ 強塩基　強酸	Na₂SO₄ (中性) 硫酸ナトリウム	NaHSO₄ (酸性) 硫酸水素ナトリウム	
NaOH, H₂CO₃ 強塩基　弱酸	Na₂CO₃ (塩基性) 炭酸ナトリウム	NaHCO₃ (弱塩基性) 炭酸水素ナトリウム	
NaOH, H₃PO₄ 強塩基　中程度の酸	Na₃PO₄ (塩基性) リン酸ナトリウム	Na₂HPO₄ (弱塩基性)*⁾ リン酸水素二ナトリウム	NaH₂PO₄ (弱酸性)*⁾ リン酸二水素ナトリウム

＊) 同じ多価の酸と塩基からできる酸性塩では，H の多いほうが酸性が強い。

C　弱酸・弱塩基の遊離

1 **弱酸の遊離**　酢酸ナトリウム CH_3COONa 水溶液に塩酸を加えると，次式のように，酢酸が生じる。　$CH_3COONa + HCl \longrightarrow CH_3COOH + NaCl$ ……①

酢酸ナトリウムは塩であり，塩酸は強酸であるから，水溶液中ではともに完全に電離してイオンになっている。

この反応では CH_3COO^- と H^+ が結合して，電離度の小さな酢酸の分子を生じている。

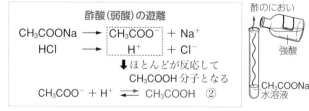

すなわち，酢酸は弱酸であるから，$[CH_3COO^-]$ や $[H^+]$ が大きくなると，②式は著しく右辺にかたよる。この場合，酢酸が**遊離**したという表現をすることが多い。したがって，

　　（弱酸の塩）+（その弱酸より強い酸）$\longrightarrow$（より強い酸の塩）+（弱酸）

または，（弱酸の陰イオン）+ $H^+ \longrightarrow$ （弱酸）　のように表すことができる。

2 弱塩基の遊離　塩化アンモニウム NH_4Cl 水溶液に水酸化ナトリウム水溶液を加えると，次式のように，アンモニアが発生する。

$$NH_4Cl + NaOH \longrightarrow NH_3 + H_2O + NaCl \quad \cdots\cdots ③$$

この反応のしくみも，前述の酢酸が遊離する場合と同じである。

塩化アンモニウムは塩であり，水酸化ナトリウムは強塩基であるから，これらは水溶液中ではともに完全に電離してイオンになっている。

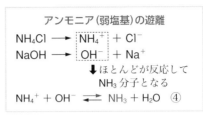

アンモニア（弱塩基）の遊離

$$NH_4Cl \longrightarrow \boxed{NH_4^+} + Cl^-$$
$$NaOH \longrightarrow \boxed{OH^-} + Na^+$$

↓ ほとんどが反応して NH_3 分子となる

$$NH_4^+ + OH^- \ \rightleftharpoons \ NH_3 + H_2O \quad ④$$

しかし，水溶液中で NH_4^+ と OH^- が反応して，電離度の小さなアンモニアの分子を生じる。

すなわち，アンモニアは弱塩基であるから，$[NH_4^+]$ や $[OH^-]$ が大きくなると，④式は著しく右辺にかたよる。この場合，アンモニアが発生したというが，アンモニアが**遊離**したといってもよい。したがって，

（弱塩基の塩）＋（強塩基）　⟶　（強塩基の塩）＋（弱塩基）

または，（弱塩基の陽イオン）＋ OH^- ⟶ （弱塩基）　のように表すことができる。

3 弱酸・弱塩基の塩からの気体発生　弱酸の塩に強酸を加えたとき，遊離する弱酸の分子が不安定で，そのまま水溶液中に存在することができない場合は，気体として発生することが多い。このような弱酸の例としては，炭酸 H_2CO_3（二酸化炭素の水溶液），亜硫酸 H_2SO_3（二酸化硫黄の水溶液）などがある（→ $p.243$ 脚注）。

これは，「弱酸の塩＋強酸」，「弱塩基の塩＋強塩基」の形で，実験室における気体の製法として利用されている。

例

弱酸の塩　　　強酸　　　強酸の塩　　　　　　弱酸

$$CaCO_3 + 2HCl \longrightarrow CaCl_2 + H_2O + CO_2\uparrow \left.\right\} （二酸化炭素の製法）$$
$$NaHCO_3 + HCl \longrightarrow NaCl + H_2O + CO_2\uparrow$$
$$NaHSO_3 + H_2SO_4 \longrightarrow NaHSO_4 + H_2O + SO_2\uparrow \left.\right\} （二酸化硫黄の製法）$$
$$Na_2SO_3 + H_2SO_4 \longrightarrow Na_2SO_4 + H_2O + SO_2\uparrow$$

例

弱塩基の塩　　　強塩基　　　強塩基の塩　弱塩基

$$2NH_4Cl + Ca(OH)_2 \longrightarrow CaCl_2 + 2NH_3\uparrow + 2H_2O \quad （アンモニアの製法）$$

注）アンモニアは水にきわめてよく溶けるので，この反応は，固体の塩化アンモニウムと水酸化カルシウムを混合し，水がない状態で加熱してアンモニアを発生させている。

CHART 39

弱い酸は出ていけ　弱い塩基も逃げていけ

（弱酸の塩）＋（強酸）　⟶　（強酸の塩）＋（弱酸）

（弱塩基の塩）＋（強塩基）　⟶　（強塩基の塩）＋（弱塩基）

D 塩の水溶液の pH

1 弱酸と強塩基の塩の pH 酢酸ナトリウム CH_3COONa 水溶液が塩基性であることは学んだが，その pH は，次のようにして計算で求められる。

酢酸ナトリウムの濃度を c〔mol/L〕，加水分解の割合（加水分解度）を h，加水分解定数を K_h，酢酸の電離定数（→ $p.246$）を K_a とすると，

$$\underset{\underset{c(1-h)}{平衡時}}{CH_3COO^-} + H_2O \rightleftharpoons \underset{ch}{CH_3COOH} + \underset{ch}{OH^-} \quad 〔mol/L〕$$

$$K_h = \frac{[CH_3COOH][OH^-]}{[CH_3COO^-]} = \frac{ch \times ch}{c(1-h)} \fallingdotseq ch^2 \quad (0 < h \ll 1) \qquad よって，\ h = \sqrt{\frac{K_h}{c}}$$

K_h の分母・分子に $[H^+]$ をかけると，

$$K_h = \frac{[CH_3COOH][OH^-] \times [H^+]}{[CH_3COO^-] \times [H^+]} = \overset{\frac{1}{K_a}}{\overbrace{\frac{[CH_3COOH]}{[CH_3COO^-][H^+]}}} \times \overset{K_w}{\overbrace{[OH^-][H^+]}} = \frac{K_w}{K_a}$$

$$[OH^-] = ch = c \times \sqrt{\frac{K_h}{c}} = \sqrt{cK_h} = \sqrt{\frac{cK_w}{K_a}} \qquad [H^+] = \frac{K_w}{[OH^-]} = K_w\sqrt{\frac{K_a}{cK_w}} = \sqrt{\frac{K_aK_w}{c}}$$

$$pH = -\log_{10}[H^+] = -\frac{1}{2}(\log_{10}K_a + \log_{10}K_w - \log_{10}c)$$

別法 CH_3COO^- の加水分解の割合 h は小さいので，$[CH_3COO^-] = c(1-h) \fallingdotseq c$ と近似でき，$[CH_3COOH] = [OH^-]$ を用いて，次のように誘導することもできる。

この水溶液では，$K_a = \dfrac{[CH_3COO^-][H^+]}{[CH_3COOH]}$ が成り立つ。

$[H^+]$ は $[H^+] = K_a \times \dfrac{[CH_3COOH]}{[CH_3COO^-]}$ であり，$[CH_3COOH] = [OH^-]$，

さらに，分母・分子に $[H^+]$ をかけると，$[H^+] = K_a \times \dfrac{[OH^-][H^+]}{[CH_3COO^-][H^+]}$

$[OH^-][H^+] = K_w$，$[CH_3COO^-] \fallingdotseq c$ であり，$[H^+]$ を両辺にかけると，

$[H^+]^2 = K_a \times \dfrac{K_w}{c}$ よって，$[H^+] = \sqrt{\dfrac{K_aK_w}{c}}$ （別法のほうが $[H^+]$ を算出しやすい）

2 強酸と弱塩基の塩の pH 塩化アンモニウム NH_4Cl 水溶液の pH は，上と同様にして求めることができる。

塩化アンモニウムの濃度を c〔mol/L〕，アンモニアの電離定数（→ $p.247$）を K_b とすると，

$$\underset{\underset{c(1-h)}{平衡時}}{NH_4^+} + H_2O \rightleftharpoons \underset{ch}{NH_3} + \underset{ch}{H_3O^+} \quad 〔mol/L〕$$

$$K_h = \frac{[NH_3][H_3O^+]}{[NH_4^+]} = \frac{ch \times ch}{c(1-h)} \fallingdotseq ch^2 \quad (0 < h \ll 1) \qquad よって，\ h = \sqrt{\frac{K_h}{c}}$$

K_h の分母・分子に $[OH^-]$ をかけると，

$$K_h = \frac{[NH_3][H^+] \times [OH^-]}{[NH_4^+] \times [OH^-]} = \overset{\frac{1}{K_b}}{\overbrace{\frac{[NH_3]}{[NH_4^+][OH^-]}}} \times \overset{K_w}{\overbrace{[H^+][OH^-]}} = \frac{K_w}{K_b}$$

$$[H^+] = ch = c \times \sqrt{\frac{K_h}{c}} = \sqrt{cK_h} = \sqrt{\frac{cK_w}{K_b}}$$

$$pH = -\log_{10}[H^+] = -\frac{1}{2}(\log_{10}c + \log_{10}K_w - \log_{10}K_b)$$

0.135 mol/L 酢酸水溶液 (25℃) について，次の各問いに有効数字 2 桁で答えよ。ただし，酢酸の電離定数 $K_a = 2.7 \times 10^{-5}$ mol/L，$\sqrt{2} = 1.4$，$\log_{10} 1.89 = 0.28$，$\log_{10} 2 = 0.30$，$\log_{10} 3 = 0.48$ とする。

(1) この酢酸水溶液の電離度を求めよ。

(2) この酢酸水溶液の pH を求めよ。

(3) この酢酸水溶液 10 mL に，0.0675 mol/L 水酸化ナトリウム水溶液を加えてちょうど中和させた。この溶液の pH を求めよ。

考え方

(1) p.247 の④式より，

$$\alpha = \sqrt{\frac{K_a}{c}} = \sqrt{\frac{2.7 \times 10^{-5}}{0.135}} = \sqrt{2} \times 10^{-2} = 0.014$$

答 0.014

(2) $[H^+] = c\alpha = 0.135 \times 0.014$
$= 1.89 \times 10^{-3}$ (mol/L)

pH $= 3 - \log_{10} 1.89 = 3 - 0.28 = 2.72$ **答 2.7**

(3) この酸と塩基はいずれも 1 価で，塩基の濃度が半分だから体積は 2 倍必要となり，中和後の体積は 30 mL となる。したがって，酢酸ナトリウムの濃度は，

$$\frac{0.135 \, \text{mol/L} \times \frac{10}{1000} \, \text{L}}{\frac{30}{1000} \, \text{L}} = 0.0450 \, \text{mol/L}$$

前ページの❶より，

$$[H^+] = \sqrt{\frac{K_a K_w}{c}}$$

$$= \sqrt{\frac{2.7 \times 10^{-5} \times 1.0 \times 10^{-14}}{0.0450}} = \sqrt{6} \times 10^{-9}$$

pH $= 9 - \frac{1}{2}(\log_{10} 2 + \log_{10} 3) = 8.61$ **答 8.6**

類題 ⋯⋯ 51

0.092 mol/L アンモニア水 20 mL を 0.092 mol/L 塩酸でちょうど中和した。この溶液 (25℃) の pH を有効数字 2 桁で答えよ。ただし，アンモニアの電離定数 $K_b = 2.3 \times 10^{-5}$ mol/L，$\log_{10} 2 = 0.30$ とする。

E 緩衝液

 滴定曲線の pH の変化 　緩衝液を学習する前に，中和の滴定曲線を復習しておこう。右図は，0.1 mol/L の酢酸 CH₃COOH 水溶液 10 mL を，0.1 mol/L の水酸化ナトリウム NaOH 水溶液で滴定した場合の滴定曲線である。

図のように，水酸化ナトリウム水溶液を加え始めたときは pH の変化がやや大きいが，A 〜 B の部分では，水酸化ナトリウム水溶液を加えても pH (したがって，$[H^+]$) はあまり大きくは変化していない。

滴定中の A 〜 B の部分の水溶液は，

$$CH_3COOH + NaOH \longrightarrow CH_3COONa + H_2O$$

の中和反応が完了していない状態にある。

0.1 mol/L CH₃COOH水溶液
10 mLに滴下

pHの変化が大きい

pHの変化が小さい

中和点

A　　B

pHの変化が小さい

0.1 mol/L NaOH水溶液の体積 [mL]

▲ **図 9** 弱酸と強塩基の滴定曲線

したがって，この水溶液は CH₃COOH と CH₃COONa との混合溶液と考えてよい。

中和点では，純粋な CH₃COONa の水溶液と同じである (図の X)。また，中和点付近 (図の B 〜 C の部分) の pH は急激に変化している。

2 緩衝液　水に水酸化ナトリウム水溶液を加えた場合は [OH⁻] は大きく増加し，[H⁺] は対応して減少し，pH は急激に上昇する。一方，弱酸である酢酸と，その塩である酢酸ナトリウムの混合溶液(前ページの図9のABの部分)では，水酸化ナトリウム水溶液を加えても pH はあまり変化しない(したがって，[H⁺] があまり変化しない)。

　このように，外部から H⁺ や OH⁻ を加えても，水溶液中の [H⁺] や [OH⁻] が変化しにくい溶液を **緩衝液**(または **緩衝溶液**)という。

　緩衝液である酢酸と酢酸ナトリウムの混合溶液について考えてみよう。

　酢酸は弱酸で，酢酸の水溶液では次式の電離平衡が成り立つ。

$$CH_3COOH \rightleftarrows CH_3COO^- + H^+ \quad \cdots\cdots①$$ 　(電離度小，大部分は未電離の CH_3COOH)

　一方，酢酸ナトリウムは塩なので，電離度はほとんど1と考えてよく，次式のように電離する。

$$CH_3COONa \longrightarrow CH_3COO^- + Na^+ \quad \cdots\cdots②$$ 　(電離度大，大部分は CH_3COO^- と Na^+)

　酢酸水溶液と酢酸ナトリウム水溶液を混合すると，混合溶液中でも①式の電離平衡が成立しているので，その平衡は左方向に移動し，水溶液中の [CH_3COOH] は，電離前の濃度に近くなる。したがって，混合溶液中には CH_3COO^- と CH_3COOH と Na^+ が多量に存在していることになる。

(1) CH_3COOH と CH_3COONa の混合溶液に H⁺(酸)を少量加えたとする。この H⁺ は，水溶液中に **多量に存在する CH_3COO^-** と結合して CH_3COOH になる。

$$H^+ + CH_3COO^-(多量にある) \longrightarrow CH_3COOH(電離していない分子)$$

　すなわち，加えられた H⁺ はそのまま溶液中に残るのではなく，CH_3COO^- と結合して CH_3COOH に姿を変える。したがって，[H⁺] はあまり増加しない。すなわち，**緩衝作用** がある。

(2) CH_3COOH と CH_3COONa の混合溶液に OH⁻(塩基)を少量加えると，水溶液中に **多量に存在する CH_3COOH** と反応して(中和反応)，CH_3COO^- になる。

$$CH_3COOH + OH^- \longrightarrow CH_3COO^- + H_2O$$

　この場合も，水溶液中の OH⁻ は加えたものがそのまま増加するのではなく，CH_3COOH と反応して H_2O に姿を変える。すなわち，**緩衝作用** があるということができる。

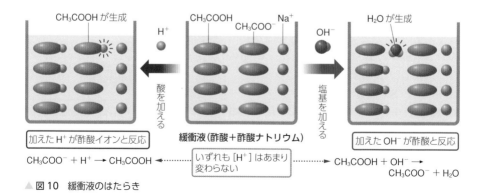

▲ 図10　緩衝液のはたらき

3 **緩衝液の pH**　いま，$2c_a$〔mol/L〕の酢酸水溶液と，$2c_s$〔mol/L〕の酢酸ナトリウム水溶液を 1：1 の体積比で混合したとする。このとき，溶液中の酢酸ナトリウムの電離度は 1 に近いので，多量の酢酸イオンが存在することになる。

$$CH_3COONa \longrightarrow CH_3COO^- + Na^+ \quad \cdots\cdots①$$

　このとき，次の②式の酢酸の電離平衡は，ルシャトリエの原理（→ p.233）により，ほとんど左方向に移動する。つまり，電離していないと近似することができる。

$$CH_3COOH \rightleftarrows CH_3COO^- + H^+ \quad \cdots\cdots②$$

　したがって，この混合溶液中の酢酸の濃度は，$[CH_3COOH]=c_a$ と近似でき，酢酸イオンの濃度は $[CH_3COO^-]=c_s$ と近似できる（体積が 2 倍になったので，濃度はそれぞれ $\frac{1}{2}$ となる）。

　この溶液中では，酢酸と酢酸イオンが存在するので，

$$K_a = \frac{[CH_3COO^-][H^+]}{[CH_3COOH]} \quad \cdots\cdots③$$

が常に成り立つから，$[H^+]$ は，

$$[H^+] = K_a \times \frac{[CH_3COOH]}{[CH_3COO^-]} = K_a \times \frac{c_a}{c_s}$$

と表すことができる。その pH は，

$$pH = -\log_{10}K_a - \log_{10}\frac{c_a}{c_s} = -\log_{10}K_a - \log_{10}c_a + \log_{10}c_s$$

である。このことは，緩衝液については，弱酸とその塩の濃度比で pH が決まるということである。弱酸とその塩の濃度が等しい場合には $[H^+] \fallingdotseq K_a$ となる。

　これは，弱塩基とその塩の混合溶液の場合も同様に考えることができる。

📖 問題学習 ⋯⋯ 52　　　　　　　　　　　　　　　　　　　　　　**緩衝液の pH**

　いずれも 0.20mol/L の酢酸水溶液と酢酸ナトリウム水溶液を体積比 1：1 で混合した溶液の pH はいくらか。また，体積比 1：3 で混合したら pH はいくらになるか。ただし，酢酸の電離定数 $K_a = 2.7 \times 10^{-5}$mol/L，$\log_{10}2 = 0.30$，$\log_{10}2.7 = 0.43$，$\log_{10}3 = 0.48$ とする。

考え方 ▶ 体積比 1：1 で溶液を混合すると，濃度は $\frac{1}{2}$ になるから，$[CH_3COOH] \fallingdotseq 0.10$mol/L，$[CH_3COO^-] \fallingdotseq 0.10$mol/L である。したがって，

$$[H^+] = K_a \times \frac{[CH_3COOH]}{[CH_3COO^-]} = 2.7 \times 10^{-5} \times \frac{0.10}{0.10}$$
$$= 2.7 \times 10^{-5}(mol/L)$$
$$pH = -\log_{10}[H^+] = -\log_{10}(2.7 \times 10^{-5})$$
$$= 5 - \log_{10}2.7 = 5 - 0.43 = 4.57 \quad 答 \ \ 4.6$$

体積比 1：3 で混合した場合には，それぞれの濃度は 0.050mol/L，0.15mol/L になるから，

$$[H^+] = K_a \times \frac{[CH_3COOH]}{[CH_3COO^-]} = 2.7 \times 10^{-5} \times \frac{0.050}{0.15}$$
$$= 9.0 \times 10^{-6}(mol/L)$$
$$pH = -\log_{10}(9.0 \times 10^{-6}) = 6 - 2\log_{10}3 = 5.04$$
$$答 \ \ 5.0$$

このように，濃度比で pH が求まることがわかる。

類題 ⋯⋯ 52

　0.10mol/L 酢酸水溶液 100mL と 0.50mol/L 酢酸ナトリウム水溶液 180mL を混合した溶液の pH はいくらか。ただし，酢酸の電離定数 $K_a = 2.7 \times 10^{-5}$mol/L，$\log_{10}3 = 0.48$ とする。

Study Column ▶ 滴定曲線の理論値

　中和反応の滴定曲線は実験により測定して描かれる。一方，強酸・強塩基の電離度を1とし，弱酸・弱塩基の電離度は1よりはるかに小さいと仮定し，滴定した場合のpHを計算で求めて，滴定曲線を描くことが可能である。

　実際の計算はプログラム電卓で算出するか，表計算ソフトなどを利用してコンピュータに直接描かせるとよい。

① 強酸と強塩基の滴定曲線

　0.10mol/Lの塩酸10mLに0.10mol/L水酸化ナトリウム水溶液 V [mL] を加えていった場合のpHの変化について検討してみよう。

(a) 水酸化ナトリウム水溶液を加える前 ($V=0$)

　0.10mol/Lの塩酸は完全に電離していると考えて，$[H^+]=0.10$ mol/L であるから pH $=1.0$

(b) 水酸化ナトリウム水溶液が10mLになるまで ($0<V<10$)

　このときは，加えられた水酸化ナトリウムの物質量と同じだけ HCl が中和されて H^+ が減少し，体積は V [mL] 増加する。

$$[H^+]=\dfrac{\dfrac{0.10\times10}{1000}-\dfrac{0.10\times V}{1000}}{\dfrac{10+V}{1000}}=0.10\times\dfrac{10-V}{10+V}\ \text{[mol/L]}$$

$$pH=1-\log_{10}(10-V)+\log_{10}(10+V)\quad(0<V<10)$$

(c) 水酸化ナトリウム水溶液が10mLのとき ($V=10$)

　強酸と強塩基が過不足なく中和するので，$[H^+]=1.0\times10^{-7}$ mol/L であり，pH $=7.0$

(d) 水酸化ナトリウム水溶液が10mLを超えるとき ($V>10$)

　このときは，水酸化ナトリウム水溶液10mLはすべて中和され，それ以降加えていく水酸化ナトリウムは希釈されるだけであるから，

$$[OH^-]=\dfrac{\dfrac{0.10\times V}{1000}-\dfrac{0.10\times10}{1000}}{\dfrac{10+V}{1000}}=0.10\times\dfrac{V-10}{10+V}\ \text{[mol/L]}$$

$$pH=13+\log_{10}(V-10)-\log_{10}(10+V)\quad(V>10)$$

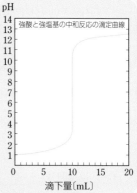

　コンピュータで描かせるには，V を場合分けして pH を算出させ，y 軸に pH，x 軸に体積 V を0.01mL間隔にとってドットを表示させるとよい（右図）。

補足 滴定曲線が中和点付近で大きく変化するのは，グラフの縦軸を pH にしたからである。pH1→2の変化も，pH6→7の変化も，ともに pH1 の変化（$[H^+]$ はともに $\dfrac{1}{10}$ になっている）ということで等間隔に目盛っているが，実は前者の濃度変化

($10^{-1}\to10^{-2}$) の絶対量は，後者の濃度変化 ($10^{-6}\to10^{-7}$) の絶対量の 10^5 倍であることに注意してほしい。このことから考えると，pH6→7へ変化させるのに必要な NaOH 水溶液の体積（グラフの横軸）は，pH1→2と変化させるのに必要な NaOH 水溶液の $\dfrac{1}{10^5}$ である。

② 弱酸と強塩基の滴定曲線

0.10mol/L の酢酸水溶液 10mL に 0.10mol/L 水酸化ナトリウム水溶液 V [mL] を加えていった場合の pH の変化について検討してみよう。酢酸の電離定数：$K_a = 2.7 \times 10^{-5}$ mol/L とする。

(a) 水酸化ナトリウム水溶液を加える前 $(V=0)$

0.10mol/L の酢酸水溶液の $[H^+]$ は，

$$[H^+] = \sqrt{cK_a} = \sqrt{0.10 \times 2.7 \times 10^{-5}} = \sqrt{2.7 \times 10^{-3}} \text{ (mol/L)}$$

$$pH = 3 - \frac{1}{2}\log_{10}2.7 = 3 - \frac{1}{2} \times 0.43 \fallingdotseq 2.8$$

(b) 水酸化ナトリウム水溶液が 10mL になるまで　$(0 < V < 10)$

このときは，p.270 で学習した緩衝液の領域である。したがって，加えられた水酸化ナトリウムの物質量と同じだけ酢酸が減少し，酢酸イオンが増加するとしてよい。体積は V [mL] 増加するが，分母・分子で約分される。

$$[CH_3COOH] = \frac{\dfrac{0.10 \times 10}{1000} - \dfrac{0.10 \times V}{1000}}{\dfrac{10+V}{1000}} = 0.10 \times \frac{10-V}{10+V} \text{ (mol/L)}$$

$$[CH_3COO^-] = \frac{\dfrac{0.10 \times V}{1000}}{\dfrac{10+V}{1000}} = 0.10 \times \frac{V}{10+V} \text{ (mol/L)}$$

$$K_a = \frac{[CH_3COO^-][H^+]}{[CH_3COOH]} \text{ より}$$

$$[H^+] = K_a \times \frac{[CH_3COOH]}{[CH_3COO^-]} = 2.7 \times 10^{-5} \times \frac{10-V}{V} \text{ (mol/L)}$$

$$pH = 5 - \log_{10}2.7 - \log_{10}(10-V) + \log_{10}V \quad (0 < V < 10)$$

(c) 水酸化ナトリウム水溶液が 10mL のとき $(V=10)$

酸と塩基が過不足なく中和するので，CH_3COONa 水溶液の加水分解を考えればよい。

$$p.268 \text{ より } pH = -\frac{1}{2}(\log_{10}K_a + \log_{10}K_w - \log_{10}0.050) \fallingdotseq 8.6$$

(d) 水酸化ナトリウム水溶液が 10mL を超えるとき　$(V > 10)$

このときは，酢酸ナトリウム水溶液に水酸化ナトリウムが加わることになり，加水分解はほとんど無視できるので，①と同様に，加えられた水酸化ナトリウム水溶液 10mL は中和され，それ以降加えていく水酸化ナトリウムは希釈されるだけと考えてよい。したがって，①の (d) と同じなので

$$pH = 13 + \log_{10}(V-10) - \log_{10}(10+V) \quad (V > 10)$$

(a)〜(d) より，右のグラフが得られる。

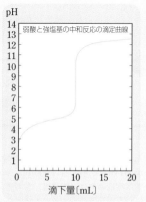

③ 弱塩基を強酸で滴定したときにも，②と同様の関係を得ることができる。

1 難溶性塩の溶解度積 次のイオン反応式について考察してみよう。

$$Ag^+ + Cl^- \longrightarrow AgCl\downarrow$$

この式は，銀イオン Ag^+ と塩化物イオン Cl^- とが水溶液中で出あうと，**水に溶けない** 塩化銀 $AgCl$ の沈殿ができることを表している。

ところが，$AgCl$ はまったく水に溶けないのではなく，微量ではあるが溶解する[1]。したがって，上の反応は厳密には可逆反応であり，次の溶解平衡が成立している。

$$AgCl(固) \rightleftharpoons Ag^+ + Cl^- \quad\cdots\cdots①$$

この場合，水溶液中では $AgCl$(固) が残っているから飽和溶液であり，溶けた $AgCl$ は完全に電離している。したがって，水溶液中の $[Ag^+]$ と $[Cl^-]$ は一定であり，その積は温度が変わらなければ一定となる。

$$[Ag^+][Cl^-] = K_{sp}(一定)$$

この K_{sp} を(塩化銀の)**溶解度積** という[2]。

▼表6 難溶性塩の溶解度積(25℃)K_{sp}(単位は省略)[3]

塩化銀	AgCl	$[Ag^+][Cl^-]$	1.8×10^{-10}
臭化銀	AgBr	$[Ag^+][Br^-]$	5.0×10^{-13}
ヨウ化銀	AgI	$[Ag^+][I^-]$	2.1×10^{-14}
クロム酸銀	Ag_2CrO_4	$[Ag^+]^2[CrO_4^{2-}]$	3.6×10^{-12}
炭酸カルシウム	$CaCO_3$	$[Ca^{2+}][CO_3^{2-}]$	6.7×10^{-5}
硫酸バリウム	$BaSO_4$	$[Ba^{2+}][SO_4^{2-}]$	9.2×10^{-11}
硫化鉛(Ⅱ)	PbS	$[Pb^{2+}][S^{2-}]$	3.2×10^{-11}
硫化銅(Ⅱ)	CuS	$[Cu^{2+}][S^{2-}]$	6.5×10^{-30}
硫化亜鉛	ZnS	$[Zn^{2+}][S^{2-}]$	2.2×10^{-18}

いま，この水溶液に食塩水 (Cl^- を含む) を加えると，水溶液中の Cl^- はその瞬間増加する。Cl^- が増加すると，①式の平衡は左方向に移動して新しい平衡状態になる。すなわち，$AgCl$ は増加する。

この新しい平衡状態では $[Ag^+]<[Cl^-]$ であるが，やはり $[Ag^+][Cl^-]$ の値は変化せず，$AgCl$ の K_{sp} の値のままである。

食塩水
(Cl^-を含む)

$Ag^+ + Cl^-$

Cl^-

AgCl

注意 K_{sp} に平衡定数 K の考え方を適用してみよう。

$$AgCl(固) \rightleftharpoons Ag^+ + Cl^- \qquad よって，\quad K=\frac{[Ag^+][Cl^-]}{[AgCl(固)]}$$

分母の $[AgCl(固)]$ は固体の濃度であり，ほとんど変化しないので定数と考えてよいから，

$$[Ag^+][Cl^-] = K[AgCl(固)] = K_{sp}(一定) \quad となることがわかる。$$

平衡定数 K は，濃度に無関係に常に一定であるから，K_{sp} も濃度に無関係に一定となる。

重要

一般式 A_aB_b で表される難溶性塩の溶解平衡　A_aB_b(固) $\rightleftharpoons aA^{n+} + bB^{m-}$

溶解度積 $K_{sp} = [A^{n+}]^a[B^{m-}]^b$

---

[1] $AgCl$ の固体が水に溶ける量は微量だが，溶けた分は水中ではすべて電離して Ag^+ と Cl^- になっている。
[2] K_{sp} の sp は溶解度積(solubility products)の意味。K_{sp} は水のイオン積(→ $p.249$)と同様に考えてよい。
[3] 溶解度積の値は，教科書，参考書，問題集などによって異なる場合が多い。それだけ正確な測定法が確立していないことにもよる。大学入試に出題されるときは，この値は必ず与えられるから，数値そのものを記憶する必要はない。なお，表6の値は溶解度から計算で求めたものである。

難溶性塩もわずかに溶ける
イオンの濃度→溶解度積からわかる
―― 温度が変わらなければ溶解度積は一定 ――

 問題学習 ····· 53 難溶性塩の溶解度

15℃の塩化銀の飽和溶液 1L 中に AgCl は何 mg 溶けているか。

ただし，AgCl の溶解度積は，$8.1×10^{-11} mol^2/L^2$(15℃)，AgCl の式量は 143.5 とする。

考え方 溶けた AgCl が s〔mol/L〕とすると，

AgCl(固) ⟶ $Ag^+ + Cl^-$ より，

$[Ag^+]=[Cl^-]=s$〔mol/L〕 となる。よって，

$K_{sp}=[Ag^+][Cl^-]=s×s=8.1×10^{-11} mol^2/L^2$

$s>0$ より，

$s=\sqrt{8.1×10^{-11} mol^2/L^2}=9.0×10^{-6} mol/L$

飽和溶液 1L 中の AgCl の質量は，

$143.5 g/mol×9.0×10^{-6} mol$

$≒1.3×10^{-3} g$

 答 1.3 mg

類題 ····· 53

ある温度におけるクロム酸銀 Ag_2CrO_4 の溶解度積を $3.2×10^{-11} mol^3/L^3$ と仮定すると，1L 中にクロム酸銀は何 mg まで溶けるか。Ag_2CrO_4 の式量は 332 である。

試料中の Cl^- を Ag^+ で滴定するとき，CrO_4^{2-} を指示薬とし，Ag_2CrO_4 の赤褐色沈殿の生成が滴定の終点とする沈殿滴定を**モール法**(→ p.278)という。

2 溶解度積と沈殿生成の判定 塩化銀の溶解度積 K_{sp} は 25℃で $1.8×10^{-10} mol^2/L^2$ である。$4.0×10^{-5} mol/L$ の $AgNO_3$ 水溶液に濃い Cl^- を含む水溶液を少量加えて，Cl^- の濃度が x〔mol/L〕になったとき，初めて沈殿が生じたとすると(体積の変化を無視して $[Ag^+]$ は変化がないものとする)，

$[Ag^+][Cl^-]=4.0×10^{-5} mol/L×x$〔mol/L〕$=1.8×10^{-10} mol^2/L^2$

$x=\dfrac{1.8×10^{-10} mol^2/L^2}{4.0×10^{-5} mol/L}=4.5×10^{-6} mol/L$

つまり，$4.5×10^{-6} mol/L$ より濃ければ，沈殿が生じることを意味している。

一般に水溶液中で，陽・陰両イオンの濃度の積が，溶解度積に達すると沈殿を生じ始め，それより大きい場合には，その分だけ沈殿となって濃度が下がり，溶解度積の値を維持する。

したがって，構成イオンの数が等しい物質どうしでは，溶解度積が小さいものほど沈殿しやすい。すなわち，溶解度が小さい。

 重要

$[Ag^+][Cl^-]≦溶解度積$ ⟶ 沈殿しない

$[Ag^+][Cl^-]>溶解度積$ ⟶ 沈殿して，$[Ag^+][Cl^-]=溶解度積$ となる

(混合した瞬間の仮想的な濃度)

3 沈殿の生じやすさの例　構成イオンの数が等しい場合，溶解度積が小さい物質ほど溶解度が小さく沈殿しやすい。たとえば，Cl^-，Br^-，I^- が同物質量ずつ含まれている溶液に Ag^+ を少しずつ加えていくと，溶解度積が $[Ag^+][Cl^-]>[Ag^+][Br^-]>[Ag^+][I^-]$ であるから，AgI（黄色），$AgBr$（淡黄色），$AgCl$（白色）の順に沈殿が生成する[①]。

CHART 40

溶解度積 で 沈殿生成 の 判定
―― 構成イオンの数が同じものでは溶解度積の小さいものから沈殿 ――

📖 問題学習 ····· 54　　　　　　　　　　　　　　　　　　　　　　　　**沈殿生成の判断**

$4.0×10^{-4}\,mol/L$ の硝酸銀水溶液 $10\,mL$ に，$6.0×10^{-3}\,mol/L$ のクロム酸カリウム K_2CrO_4 水溶液 $10\,mL$ を加えたとき，沈殿が生じるかどうか理由をつけて答えよ。ただし，Ag_2CrO_4 の溶解度積は，$3.6×10^{-12}\,mol^3/L^3$ とする。

考え方　両者を混合しても沈殿が生じないとしたとき，全体積が2倍になるから，それぞれの濃度は，次のようになる。

$[Ag^+]=2.0×10^{-4}\,mol/L$

$[CrO_4{}^{2-}]=3.0×10^{-3}\,mol/L$

このときの K_{sp} の式に相当するイオン濃度の積の値は，次のようになる。

$$[Ag^+]^2[CrO_4{}^{2-}]=(2.0×10^{-4})^2×3.0×10^{-3}$$
$$=1.2×10^{-10}\,(mol^3/L^3)$$

これは Ag_2CrO_4 の溶解度積 $(3.6×10^{-12}\,mol^3/L^3)$ より大きいので，沈殿が生じる。

答 **沈殿が生じる**（理由は前述）

注意　もし，算出したイオン濃度の積の値が K_{sp} より小さい値ならば沈殿は生じない。

類題 ····· 54

$2.5×10^{-3}\,mol/L$ 塩化ナトリウム水溶液 $500\,mL$ に $1.0×10^{-3}\,mol/L$ 硝酸銀水溶液を一滴（$0.03\,mL$）加えたとき，沈殿が生じるかどうか，理由をつけて答えよ。ただし，この温度における $AgCl$ の溶解度積は $1.8×10^{-10}\,mol^2/L^2$ である。

---

4 共通イオン効果　塩化ナトリウム $NaCl$ の飽和溶液に塩化水素 HCl を通じると，$NaCl$ の結晶が析出する（▶図11）。これは塩化水素の電離によって生じた Cl^- が，$NaCl$ を構成するイオンと同じため，次の平衡が左方向へ移動したからである。

$$NaCl(固) \rightleftarrows Na^+ + Cl^-$$

電解質が水溶液中で平衡に達しているとき，その平衡に関係するイオンを生じる物質を加えると平衡が移動し，溶解度や電離度が小さくなる現象を**共通イオン効果**という。実験で，目的の物質の沈殿をなるべく多く回収したいときによく用いられる操作である。

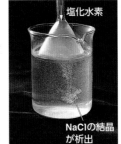

▲ 図11　共通イオン効果

[①] ハロゲン化銀の中で，AgF（フッ化銀）のみは溶解度積が大きく，水に可溶である。

5 H₂S による金属イオンの沈殿 $p.274$ の表6を見ると，溶解度積は CuS<ZnS となっている。いま，Cu^{2+}，Zn^{2+} が同じモル濃度で含まれる溶液に H₂S を通じると，構成イオンの数がどちらも同じだから，CuS がまず沈殿し，次に ZnS が沈殿するはずである。しかし，ある程度の酸性溶液で実験してみると CuS は沈殿するが，ZnS は沈殿しない。この理由を考えてみよう。

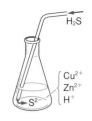

$[Cu^{2+}]=[Zn^{2+}]=1.0×10^{-6}\,mol/L$ の溶液を考える。この溶液に塩酸を加えて，$[H^+]=1.0×10^{-3}\,mol/L$（pH＝3，酸性）にしたとする。

これに H₂S を通じると H₂S は飽和溶液となり，その濃度はおよそ 0.10 mol/L となる。すなわち，$[H_2S]=0.10\,mol/L$ である。

H₂S は次のように2段階に電離する。

$$H_2S \rightleftarrows H^+ + HS^-$$

この平衡定数は　$K_1=\dfrac{[H^+][HS^-]}{[H_2S]}=9.1×10^{-8}\,mol/L$

$$HS^- \rightleftarrows H^+ + S^{2-}$$

この平衡定数は　$K_2=\dfrac{[H^+][S^{2-}]}{[HS^-]}=1.1×10^{-12}\,mol/L$

したがって，$H_2S \rightleftarrows 2H^+ + S^{2-}$ の平衡定数 $K=\dfrac{[H^+]^2[S^{2-}]}{[H_2S]}$ は，$K_1×K_2$ から求められる。

$$K=\frac{[H^+]^2[S^{2-}]}{[H_2S]}=K_1×K_2=1.0×10^{-19}\,mol^2/L^2 \quad ……①$$

また，この硫化水素の飽和溶液（pH＝3）中の S^{2-} の濃度 $[S^{2-}]$ は，①式から，

$$[S^{2-}]=\frac{K[H_2S]}{[H^+]^2}=\frac{1.0×10^{-19}[H_2S]}{[H^+]^2}=\frac{1.0×10^{-19}×0.10}{(1.0×10^{-3})^2}=1.0×10^{-14}\,(mol/L) \quad ……②$$

CuS や ZnS の沈殿が生じるかどうかは，次のようにして考える。

溶液中の各イオン濃度から，これらの塩の溶解度積に相当する値（単なるイオン濃度の積の値）を求める。（以下，単位は省略した。）

Cu^{2+} では $[Cu^{2+}][S^{2-}]=1.0×10^{-6}×1.0×10^{-14}=1.0×10^{-20}$ となり，CuS の溶解度積 $6.5×10^{-30}$（$p.274$ の表6参照）よりも大きくなる。したがって，**CuS は沈殿する**。

Zn^{2+} では $[Zn^{2+}][S^{2-}]=1.0×10^{-6}×1.0×10^{-14}=1.0×10^{-20}$ となり，ZnS の溶解度積 $2.2×10^{-18}$（$p.274$ の表6参照）よりも小さくなる。したがって，**ZnS は沈殿しない**。

このように，CuS（溶解度積：$6.5×10^{-30}$），Ag₂S（溶解度積：$6.1×10^{-44}$）のように溶解度積の小さい化合物は，H₂S を通じると，pH＝3 程度の酸性溶液中でも（中性や塩基性でも）沈殿が生じる（Ag₂S の沈殿の生成に関しては，構成するイオンの数が3個なので，単純に溶解度積の比較だけでは判断できない）。

一方，FeS（溶解度積：$2.5×10^{-9}$），ZnS（溶解度積：$2.2×10^{-18}$），NiS（溶解度積：$3×10^{-19}$），MnS（溶解度積：$5.1×10^{-12}$）のように，溶解度積が比較的大きい化合物は，酸性溶液中で H₂S を通じても，イオン濃度の積の値が溶解度積よりも小さいので，沈殿は生じない。しかし，溶液を中性〜塩基性にすると，②式から $[S^{2-}]$ が大きくなるので，イオン濃度の積の値が溶解度積よりも大きくなり，沈殿が生じるようになる（→ $p.340$）。

　沈殿が生成する反応を利用して，イオンの濃度を滴定によって測定することを **沈殿滴定** という。その中でも，クロム酸カリウム K_2CrO_4 水溶液を指示薬とし，硝酸銀 $AgNO_3$ 水溶液で滴定して塩化物イオン Cl^- の濃度を求める方法は **モール法** とよばれている。

　Cl^- を定量するには，濃度がわかっている薄い $AgNO_3$ 水溶液を過不足なく反応するまで加えて，そのときの滴定量から求めればよいが，実際には1滴加えただけで白濁するため，このままでは反応が完結したかどうかを目視で判断することはできない。そこで，指示薬として K_2CrO_4 水溶液を加える。こうすると，すべての Cl^- が銀イオン Ag^+ と反応して沈殿した後，過剰になった Ag^+ がクロム酸イオン CrO_4^{2-} と反応し，クロム酸銀 Ag_2CrO_4 の沈殿が生成して赤褐色となるので，滴定の終点が容易に判断できる。

　これは，Ag_2CrO_4 の溶解度より塩化銀 $AgCl$ の溶解度のほうが小さいという性質を利用している（溶解度積の値は Ag_2CrO_4 のほうが小さい）。それぞれの溶解度積と溶解度の値は次の通り。

$K_{sp}^{AgCl} = [Ag^+][Cl^-] = 1.8 \times 10^{-10} \, mol^2/L^2$　　　（溶解度：$1.34 \times 10^{-5} \, mol/L$）

$K_{sp}^{Ag_2CrO_4} = [Ag^+]^2[CrO_4^{2-}] = 3.6 \times 10^{-12} \, mol^3/L^3$　　　（溶解度：$1.53 \times 10^{-4} \, mol/L$）

　実験は次のようにして行う。

　試料に K_2CrO_4 水溶液を1，2滴加え，濃度のわかっている $AgNO_3$ 水溶液をかくはんしながら滴下していく。1滴で白濁するが気にせず滴下を続けると，Cl^- がすべて沈殿した後，Ag^+ が過剰になったときに赤褐色のクロム酸銀を生じて変色するので，その時点での滴下量を記録して計算で濃度を求める。

　このようにして，沈殿生成による色の変化で終点を決定し，特定のイオンの濃度を求めることができる。

　醤油を水で100倍に希釈した溶液 10mL に，指示薬としてクロム酸カリウム水溶液を少量加え，0.050mol/L 硝酸銀水溶液で滴定したところ，6.0mL で沈殿の色が変化して終点に達したことがわかった。醤油に含まれる塩化ナトリウムのモル濃度はいくらか。

考え方▶ 醤油に含まれる塩化物イオンと硝酸銀とは，次のように反応する。

　　$Cl^- + AgNO_3 \longrightarrow AgCl\downarrow + NO_3^-$

　したがって，試料 10mL 中に含まれる塩化物イオンの物質量は，消費した $AgNO_3$ の物質量に等しいことがわかる。その物質量は，

$0.050 \, mol/L \times \dfrac{6.0}{1000} L = 3.0 \times 10^{-4} \, mol$

醤油中の NaCl の濃度を $x \, [mol/L]$ とすると，

$x \, [mol/L] \times \dfrac{1}{100} \times \dfrac{10}{1000} L = 3.0 \times 10^{-4} \, mol$

$x = 3.0 \, mol/L$ **答**

類題 …… 55

　ある濃度の塩化マグネシウム水溶液 10mL に指示薬としてクロム酸カリウム水溶液を少量加え，0.020mol/L 硝酸銀水溶液で滴定したところ 30mL 加えたところで赤褐色の沈殿を生じた。この塩化マグネシウム水溶液のモル濃度を求めよ。

◆◆◆ 定期試験対策の問題 ◆◆◆

❖❶ 水素イオン濃度と pH

次の各問いに答えよ。ただし，水溶液はいずれも 25 °C，$\log_{10} 2 = 0.30$ とする。

(1) 0.0050 mol/L の硫酸の水素イオン濃度，および pH を求めよ。

(2) 0.050 mol/L 酢酸水溶液の pH は 3 であった。このときの酢酸の電離度を求めよ。

(3) 0.010 mol/L のアンモニア水の電離度は 0.010 である。この溶液の pH を求めよ。

(4) 0.010 mol/L の硫酸の pH を求めよ。

(5) 0.050 mol/L の水酸化ナトリウム水溶液の pH を求めよ。

> **ヒント** 価数や電離度に注意する。通常，強酸・強塩基の電離度は指定がない限り 1 としてよい。

❷ 標準溶液の調製

0.010 mol/L のシュウ酸水溶液を調製するために，シュウ酸二水和物 $((COOH)_2 \cdot 2H_2O)$ を用いて，次の操作を行った（分子量は，$(COOH)_2 = 90$，$H_2O = 18$）。

〔操作 1〕 A 液として，0.500 mol/L のシュウ酸水溶液を 100 mL つくる。

〔操作 2〕 A 液の（ a ）mL を（ b ）でとり，500 mL の（ c ）に移して水で希釈する。

(1) 操作 1 で必要なシュウ酸二水和物の結晶は何 g か。

(2) (1)の質量を x〔g〕とすると，操作 1 の方法として適切なものを 1 つ選べ。

  （ア）結晶 x〔g〕を 100 g − x〔g〕の水に溶かす。   （イ）結晶 x〔g〕を 100 mL の水に溶かす。

  （ウ）結晶 x〔g〕を水に溶かして 100 mL にする。

(3) 操作 1 で必要な器具を次の中から 1 つ選べ。

  （ア）ホールピペット   （イ）メスフラスコ   （ウ）メスシリンダー   （エ）ビュレット

(4) 操作 2 の(a)に適切な数値を入れ，(b)と(c)の実験器具を，次の中から 1 つずつ選べ。

  （ア）ホールピペット   （イ）メスフラスコ   （ウ）メスシリンダー   （エ）ビュレット

> **ヒント** 水和水をもった物質の 1 mol 中には無水物が 1 mol 含まれる。水和水は溶解すると溶媒になる。

❸ 中和の化学反応式

次の酸と塩基が過不足なく反応するときの中和反応を化学反応式で表せ。

(1) 塩酸と水酸化バリウム   (2) シュウ酸と水酸化カルシウム

(3) リン酸と水酸化ナトリウム   (4) 硫酸とアンモニア

> **ヒント** 酸や塩基の価数に注意する。

❹ 酸・塩基と中和・塩

次の(ア)〜(オ)のうち，正しいものを 1 つ選べ。

(ア) 塩基性の水溶液では，常に $[H^+] < [OH^-]$ である。

(イ) 酸性が強くなるほど，pH は大きくなる。

(ウ) 同じモル濃度でも，塩酸と酢酸では水素イオン濃度 $[H^+]$ が異なるので，同じモル濃度の水酸化ナトリウム水溶液で過不足なく中和する場合，その体積は異なる。

(エ) 1 価の酸より 2 価の酸，2 価の酸より 3 価の酸のほうが強い酸である。

(オ) 酸性塩とは，その水溶液が酸性を示す塩のことである。

> **ヒント** 強い酸は電離度が大きく，弱酸と同じモル濃度でも水素イオン濃度が大きいが…。

❖＝上位科目「化学」の内容を含む問題）

⑤ 中和の量的関係

(1) 0.12 mol/L の硫酸 7.0 mL を過不足なく中和するのに必要な 0.20 mol/L 水酸化ナトリウム水溶液の体積は何 mL か。

(2) 0.050 mol/L のシュウ酸水溶液 20 mL を過不足なく中和するのに，濃度不明の水酸化ナトリウム水溶液 25 mL を要した。この水酸化ナトリウム水溶液の濃度は何 mol/L か。

(3) 酸化ナトリウムの固体 0.62 g を水 50 mL に溶かした溶液を過不足なく中和するのに，塩酸が 10 mL 必要であった。この塩酸の濃度は何 mol/L か。Na＝23，O＝16

ヒント　(1)，(2)は，水溶液の中和の公式でよいが，(3)は，中和の反応式から考える。

⑥ 塩の分類

次の(a)～(e)の塩について，下の(1)～(3)に答えよ。

(a) Na_2SO_4 　　(b) CH_3COONa 　　(c) NH_4Cl 　　(d) $NaHSO_4$ 　　(e) $NaHCO_3$

(1) (a)～(e)の塩は，それぞれ次のどれに分類されるか。次の中から 1 つずつ選べ。

① 正塩　　② 酸性塩　　③ 塩基性塩　　④ 複塩

(2) (a)～(e)の塩は，水に溶けて何性を示すか。酸性，中性，塩基性のいずれかで答えよ。

(3) (ア)，(イ)に適当な語句を，(ウ)，(エ)に化学式を入れ，文章を完成させよ。

　　酢酸ナトリウムの水溶液は（ ア ）性を示す。これは，次式のように，酢酸ナトリウムは完全に電離して酢酸イオンを生じるが，このイオンの一部が水と反応するためである。このように，弱酸の陰イオンや弱塩基の陽イオンが水と反応する変化を塩の（ イ ）という。

　　　$CH_3COO^- + H_2O \rightleftharpoons$ （ ウ ）＋（ エ ）

ヒント　(1)は化学式の形式だけで決まる。(1)の分類名と(2)は直接関係しない。

⑦ アンモニアの定量

　0.25 mol/L の硫酸 200 mL に，ある量のアンモニアを通じて完全に吸収させた。未反応の硫酸を中和するのに 0.50 mol/L 水酸化ナトリウム水溶液 30 mL を要した。

(1) 吸収されたアンモニアの 27℃，$1.01×10^5$ Pa における体積を求めよ。

(2) この中和反応で生成する 2 つの塩の化学式を答えよ。

(3) この中和滴定で用いる指示薬は，次のどれが適当か。

（ア）フェノールフタレイン　　（イ）BTB　　（ウ）メチルオレンジ

ヒント　硫酸の一部とアンモニアが反応し，残った硫酸と水酸化ナトリウムが反応する。

⑧ 二酸化炭素の定量

　0.10 mol/L の水酸化バリウム水溶液 50 mL にある量の二酸化炭素を通じて完全に吸収させた。未反応の水酸化バリウムを中和するのに，0.10 mol/L の塩酸 12 mL を必要とした。吸収された二酸化炭素の物質量は何 mol か。

ヒント　塩基として水酸化バリウム，酸として二酸化炭素と塩酸が中和する。

◆◆◆ 定期試験対策の問題 ◆◆◆

◇⑨ 電離平衡

酢酸は，水溶液中で次のような電離平衡の状態にある。

$$CH_3COOH \rightleftarrows CH_3COO^- + H^+$$

この電離定数 K_a を，それぞれのモル濃度 $[CH_3COOH]$，$[CH_3COO^-]$，$[H^+]$ を用いて表すと，$K_a=$（ a ）となる。電離する前の酢酸の濃度を c〔mol/L〕，電離度を α とすると，平衡時における酢酸のモル濃度は，$[CH_3COOH]=$（ b ），水素イオン濃度は，$[H^+]=$（ c ）と表せる。$K_a=$（a）の式を c や α を用いて表すと $K_a=$（ d ）となり，弱酸なので $\alpha \ll 1$ とできる場合には，近似式として $K_a=$（ e ）と書ける。

(1) 文中の(a)～(e)に当てはまる式を答えよ。

(2) $K_a=2.7\times10^{-5}\,mol/L$ とし，$0.037\,mol/L$ の酢酸水溶液の pH を求めよ。

(3) 水を加えて薄めたとき，α と $[H^+]$ はそれぞれどうなるか。次の(ア)～(ウ)から選べ。

  (ア) 増加する (イ) 減少する (ウ) 変化しない

(4) $0.0435\,mol/L$ アンモニア水(25℃)の $[OH^-]$ と pH を求めよ。電離定数 $K_b=2.3\times10^{-5}\,mol/L$

  ヒント (2) (a)の式から $[H^+]$ を求めてもよいが，$[H^+]=c\alpha$ で表されるので，(e)から計算される α に c をかければ，K_a と c から $[H^+]$ が求まる。(3) (2)で使った式から考える。(4) 酢酸と同様に考える。

◇⑩ 弱酸と強塩基の塩の溶液の pH

$0.12\,mol/L$ 酢酸水溶液 $100\,mL$ に，$0.12\,mol/L$ 水酸化ナトリウム水溶液を $75\,mL$ 加えてできた①溶液は，②少量の強酸や強塩基を加えても，水溶液の pH の変化が起こりにくい。次の問いに答えよ。$K_a=2.7\times10^{-5}\,mol/L$，$\sqrt{4.5}=2.1$，$\log_{10}2.1=0.32$，$\log_{10}3=0.48$

(1) 下線部①について，この溶液の名称を答えよ。

(2) 下線部②について，(a) 少量の強酸を加えたとき，(b) 少量の強塩基を加えたとき，それぞれについて，pH が大きく変化しない理由をイオン反応式を用いて示せ。

(3) ①の溶液における pH を小数第 1 位まで求めよ。

(4) ①の溶液に，初めと同じ水酸化ナトリウム水溶液 $25\,mL$ を加えて完全に中和させた。このときの水溶液の pH を小数第 1 位まで求めよ。

  ヒント (3) ①の溶液では，K_a および，弱酸や弱塩基とそれらの塩の濃度比で $[H^+]$ が決まる。(4) $[H^+]$ を K_a，K_w，濃度で表す式を誘導してから(→ $p.268$)，数値を代入して計算する。$K_w=1.0\times10^{-14}\,mol^2/L^2$ としてよい。

◇⑪ 溶解度積

Fe^{2+} と Cu^{2+} の濃度がいずれも $0.10\,mol/L$ の混合水溶液 $100\,mL$ がある。次の問いに答えよ。ただし，硫化鉄(Ⅱ)FeS の溶解度積は $K_{sp}^{FeS}=2.5\times10^{-9}\,mol^2/L^2$，硫化銅(Ⅱ)CuS の溶解度積は $K_{sp}^{CuS}=6.5\times10^{-30}\,mol^2/L^2$，FeS の式量は 88，CuS の式量は 96 とする。

(1) この溶液に H_2S を通じた場合，FeS と CuS のどちらが先に沈殿するか。

(2) (1)で答えた沈殿は，$[S^{2-}]$ が何 mol/L 以上になれば沈殿するのか。

(3) 硫化水素 H_2S を通じて，$[S^{2-}]$ を $4.0\times10^{-18}\,mol/L$ に保つと，溶液中に存在する $[Fe^{2+}]$ は何 mol/L か。また，それまでに何 g の沈殿が生じたか。

  ヒント (1) 両方とも MS の形で表されるので，単純に溶解度積の値で比較できる。
  (2) 溶解度積と，$[M^{2+}]$ の値から $[S^{2-}]$ の値を計算する。(3) 溶解度積と $[S^{2-}]$ の値から計算する。

(◇=上位科目「化学」の内容を含む問題)

第5章

酸化還元反応と電池・電気分解

1 酸化と還元
2 酸化剤と還元剤
3 金属の酸化還元反応
4 電池と電気分解

かがり火

1 酸化と還元

A 酸化・還元の定義

1 酸素の授受と酸化・還元

銅を空気中で加熱すると，黒色の酸化銅(Ⅱ)CuO になる。

$$2Cu + O_2 \longrightarrow 2CuO \qquad \cdots\cdots①$$

このように，**酸素と結合して酸化物になる反応を 酸化**[1]といい，「銅は **酸化されて** 酸化銅(Ⅱ)になる」という[2]。

また，酸化銅(Ⅱ)を，水素を通じながら加熱すると，またもとの赤色の銅になる。

$$CuO + H_2 \longrightarrow Cu + H_2O \qquad \cdots\cdots②$$

このように，**酸化物が酸素を失う反応を 還元**[1]といい，「酸化銅(Ⅱ)は **還元されて** 銅になる」という。

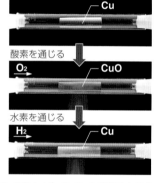

CuO と H₂ とがたがいに反応したとき，CuO が"還元される"のであれば，CuO を"還元する"物質は H₂ である。すなわち，この反応では，「H₂ が CuO を還元する」という。

また，②の反応では，H₂ は"酸化されて"H₂O になる。そして CuO と H₂ とがたがいに反応して H₂ が"酸化される"のであれば，H₂ を"酸化する"物質は CuO である。すなわち，この反応では，「CuO が H₂ を酸化する」という。

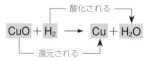

CuO は H₂ によって還元されて Cu になり，
H₂ は CuO によって酸化されて H₂O になる。

[1] 化学では，「酸化」・「還元」は受け身形で定義されていることに注意する。たとえば，物質が酸素と結合することを酸化(物質が酸化される)という。この点をはっきりさせておかないと，酸化・還元の判定を誤ることになるので注意する必要がある。
[2] これを「銅は酸化して酸化銅(Ⅱ)になる」というのは，誤りである。

CHART 41

酸化・還元は同時に起こる

一方が酸化されると，必ず他方は還元される

$$\overset{\text{酸化される}}{\overbrace{A + B \longrightarrow C}} + D$$
$$\underset{\text{還元される}}{}$$

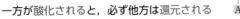

このように，**酸化と還元は必ず同時に起こる**。したがって，1つの反応は，部分的に見れば酸化反応あるいは還元反応であるが，全体としては酸化還元反応である。

また，CuO のように他の物質を酸化するはたらきのある物質を **酸化剤**，H_2 のように他の物質を還元するはたらきのある物質を **還元剤** という（→ *p*.287）。酸化剤と還元剤が反応すると，**酸化剤は還元され，還元剤は酸化される**。

2 水素の授受と酸化・還元 集気瓶に集めた硫化水素（気体）に点火すると，硫化水素は青い炎をあげて燃える。そして，集気瓶に硫黄の粉末が付着して白く（やがて淡黄色に）くもってくる。

$$2H_2S + O_2 \longrightarrow 2H_2O + 2S \quad \cdots\cdots③$$

H_2S は，酸素と結合しているから酸化されている。見方を変えると，H_2S は水素を失っている。よって，**水素を失う反応を酸化，水素と結合する反応を還元** ということができる。

3 電子の授受と酸化・還元 CuO は，Cu^{2+} と O^{2-} とがイオン結合してできた物質である。銅と酸素の反応を，電子（e^- で表す）の移動の立場から考察してみよう。

$$\left.\begin{array}{l} 2Cu \longrightarrow 2Cu^{2+} + 4e^- \\ O_2 + 4e^- \longrightarrow 2O^{2-} \end{array}\right\} 2Cu + O_2 \longrightarrow 2CuO$$

Cu の場合だけでなく，金属原子が O 原子と結合する場合はイオン結合であるから，金属原子は O 原子に電子を与えて陽イオンに（O 原子は電子を受け取って陰イオンに）なっている。

よって，ある **物質が電子を失うとき，その物質は酸化された** という。そしてその逆の変化，すなわち，ある **物質が電子を受け取るとき，その物質は還元された** といえる。

> ### 酸化・還元は電子のやりとり
>
> $$2\underset{\begin{array}{c}\text{電子を失う}\\(\text{酸化される})\end{array}}{Cu} + \underset{\text{電子を受け取る}\atop(\text{還元される})}{O_2} \longrightarrow 2CuO$$
>
> **電子を失うと酸化された，受け取ると還元された**

このように，酸化・還元は酸素や水素の授受だけでなく，電子の授受という立場からも定義される。1つの反応では，電子を失う（与える，酸化される）物質があれば，必ずその電子を受け取る（奪う，還元される）物質があるので，酸化と還元は同時に起こる。

$$\left.\begin{array}{l} \textbf{A は B によって酸化される} \\ \parallel \\ \textbf{B は A によって還元される} \end{array}\right\} \begin{array}{l}\text{表現が異なるだけで}\\\text{同じことを表す}\end{array}$$

B 酸化・還元と酸化数

1 酸化数 $N_2 + 3H_2 \longrightarrow 2NH_3$ の反応のように，分子どうしが反応する変化では，電子 (e^-) のやりとりがはっきりしない。

また，物質の酸化・還元を判定するとき，いろいろな定義のうち，どれを当てはめて考えるべきか迷う場合も多い。

そこで，単体や化合物中の原子について，**酸化数** という考え方を導入すると，**"酸化数が増加すれば酸化，酸化数が減少すれば還元"** と決めることができるようになる。

2 酸化数の決め方 物質を構成する各々の原子の酸化数は，次の (1) ～ (6) のようにして決められる。

(1) 単体の原子の酸化数は 0 とする。

> **例** Cu, Na など単体の金属，O_2 の O, Cl_2 の Cl の酸化数は 0。

(2) 化合物中の酸素原子の酸化数はふつう−2 とする[1]。

> **例** H_2O, SO_2, HNO_3, H_2SO_4, CO_2 などでは，O の酸化数は −2。
>
> （例外）H_2O_2（過酸化水素），Na_2O_2（過酸化ナトリウム）のような過酸化物中の O の酸化数は −1 となるので注意が必要である。

(3) 化合物中の水素原子の酸化数はふつう+1 とする。

> **例** H_2O, HNO_3, NH_3, HCl などでは，H の酸化数は +1。
>
> （例外）水素化リチウム LiH など，金属の水素化物では，H の酸化数は −1 となる。
>
> （注）酸化数は，原子 1 つ 1 つについて示すものである。たとえば，H_2O の H の酸化数を +1×2＝+2 としてはいけない。

(4) 単原子イオンの酸化数は，正負の符号をつけたそのイオンの価数に等しい。

> **例** Na^+ などアルカリ金属元素の単原子イオンの酸化数は +1，Mg^{2+}, Ca^{2+} などアルカリ土類金属元素の単原子イオンの酸化数は +2，Cl^- などハロゲン元素のイオン（ハロゲン化物イオン）の酸化数は −1 である。

(5) 化合物を構成する原子の酸化数の総和は 0 である。

> **例** H_2O：$(+1) \times 2 + (-2) = 0$ HNO_3：$(+1) + (+5) + (-2) \times 3 = 0$

(6) 多原子イオンを構成する原子の酸化数の総和は，正負の符号をつけたその多原子イオンの価数に等しい。

> **例** $SO_4{}^{2-}$：$(+6) + (-2) \times 4 = -2$ $NH_4{}^+$：$(-3) + (+1) \times 4 = +1$

(5) と (6) を利用すると，化合物や多原子イオンの中の酸化数がわからない原子の酸化数を，化合物や多原子イオンの中の既知の原子の酸化数から求めることができる。

$KMnO_4$ における Mn の酸化数を求めてみよう。Mn の酸化数を x とすると，

$$(+1) + x + (-2) \times 4 = 0 \qquad x = +7$$

$Cr_2O_7{}^{2-}$ における Cr の酸化数を求めてみよう。Cr の酸化数を y とすると，

$$2y + (-2) \times 7 = -2 \qquad y = +6$$

---

[1] **酸化数の表し方** 本書では，酸化数は，+1，−2 のように，アラビア数字に +，−をつけて表す。しかし，＋Ⅰ，−Ⅱのように，ローマ数字に符号をつけて表す場合もある。いずれの場合も，必ず，＋，−の符号をつけて表す。また，金属イオンの名称に酸化数をカッコに入れて書くときには，必ずローマ数字を使う（→ *p.51*）。

例 **酸化数の例**

$\underset{(+5)}{\text{HNO}_3}$(硝酸)　　$\underset{(0)}{\text{O}_3}$(オゾン)　　　$\underset{(+2)}{\text{PbSO}_4}$(硫酸鉛(Ⅱ))　　　　$\underset{(-3)(+5)}{\text{NH}_4\text{NO}_3}$(硝酸アンモニウム)

　　　　　　　　　　　　　　　　　(Pb^{2+} と SO$_4{}^{2-}$ に分けて考える)　　(NH$_4{}^+$ と NO$_3{}^-$ に分けて考える)

$\underset{(+5)}{\text{H}_3\text{PO}_4}$(リン酸)　　$\underset{(+6)}{\text{HSO}_4{}^-}$(硫酸水素イオン)　　$\underset{(-1)}{\text{CaC}_2}$(炭化カルシウム)

CHART 42

酸化数　増える と 酸化，減る と 還元
酸化数の増減で，酸化・還元がすぐわかる

Study Column　酸化数の本質

　酸化数は，それぞれの原子が，電気的に中性な酸化も還元もされていない単体の原子を基準にして，化合物中でその原子がどの程度酸化された状態か(電子を失った状態か)，どの程度還元された状態か(電子を受け取った状態か)を表す数(整数)である。

$$\underset{(0)}{\text{Fe}(単体)} \xrightarrow[\text{酸化}]{-2e^-} \underset{(+2)}{\text{Fe}^{2+}} \xrightarrow[\text{酸化}]{-e^-} \underset{(+3)}{\text{Fe}^{3+}}$$
(酸化数)

　右へいくほど，酸化の程度が進んでいる。

酸化数は，次の①，②のように考えることができる。

① イオン結合の化合物では，それぞれのイオンの正負の符号をつけた価数が酸化数である。
　(例) Li$^+$H$^-$ はイオン結合の化合物であるから，この場合の H の酸化数は -1 である。

② 共有結合の化合物では，共有電子対の電子が電気陰性度[1] が大きいほうの原子 (陰性が強い原子) に全部移ったと仮定したときの，それぞれの原子の電荷を原子の酸化数とする (中性原子に比べて電子が少なければ＋，多ければ－)。

　同種の原子どうしの共有結合では，共有電子対の電子はどちらの原子にも引きつけられていないので，結合に関係する電子を，それぞれの原子に同数ずつ割り当てて考える。

	塩　素	塩化水素	水	過酸化水素
構造式	Cl－Cl	H－Cl	H－O－H	H－O－O－H
電子式	:Cl:Cl:	H:Cl:	H:O:H	H:O:O:H
酸化数	0　　0	+1　-1	+1　-2　+1	+1　-1　-1　+1

H < Cl < O
電気陰性度：2.2　3.2　3.4

共有結合の化合物の中にある，2 原子間の共有電子対の電子は，電気陰性度が大きい原子のほうに引きつけられている

---

[1] **電気陰性度**　共有結合によって結合している原子が，共有電子対をどの程度，その原子のほうに引きつけているかを数値で表したもの(→ p.81)。

[2] **電子式**　最外殻電子を点(• や ○)で示して元素記号のまわりに記した式を電子式という(→ p.69)。

3 酸化数の変化　酸化還元反応では，必ず電子 (e⁻) の移動がある。したがって，反応物と生成物の間で同一の原子の酸化数が変化する。酸化数は原子の酸化状態を表す数であるから，酸化還元反応では酸化数が増加する原子と，それとは別に酸化数が減少する原子がある。

原子の酸化数が増加したとき，その原子(またはその原子を含む物質)は **酸化された** といい，逆に，原子の酸化数が減少したとき，その原子(またはその原子を含む物質)は **還元された** という。たとえば，酸化マンガン(IV)と濃塩酸の反応について考えてみよう。

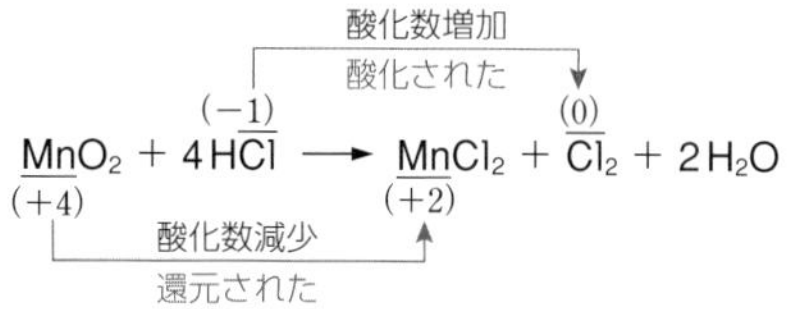

$$\underset{(+4)}{MnO_2} + 4\underset{(-1)}{H\underline{Cl}} \longrightarrow \underset{(+2)}{Mn}Cl_2 + \underset{(0)}{\underline{C}l_2} + 2H_2O$$

（上：酸化数増加／酸化された　下：酸化数減少／還元された）

この反応でわかるように，増加した酸化数の変化量の和は〔(−1) → 0〕×2＝2，減少した酸化数の変化量の和は〔(+4)→(+2)〕＝2 である。したがって，

《酸化還元反応では，酸化数の増加量の総和と酸化数の減少量の総和は等しい。》

なお，すべての原子の酸化数に変化がなければ，その反応は酸化還元反応ではない。

CHART 43

化学反応式中に 単体 を含めば 必ず酸化還元反応
単体の原子は必ず酸化数が変化している

▽ 表1　酸化・還元の定義

	酸素原子 O	水素原子 H	電子 e⁻	酸化数
酸化(される)	O を受け取る	H を失う	e⁻ を失う	酸化数が増加する
還元(される)	O を失う	H を受け取る	e⁻ を受け取る	酸化数が減少する

問題学習……56　　　　　　　　　　　　　　　　　酸化数の変化

次の変化で，下線をつけた原子の酸化数の変化を記せ。また，下線をつけた原子が酸化された場合は○，還元された場合は△，いずれでもない場合は×をつけよ。

(ア) $\underline{S}O_2 \to \underline{S}O_3$　　　　　(イ) $\underline{S}O_2 \to H_2\underline{S}$　　　　　(ウ) $\underline{S} \to \underline{S}O_2$

(エ) $Na_2\underline{S}O_3 \to Na_2\underline{S}O_4$　　(オ) $H_2\underline{O}_2 \to \underline{O}_2$　　　(カ) $H_2\underline{O}_2 \to H_2\underline{O}$

(キ) $\underline{Sn}Cl_2 \to \underline{Sn}Cl_4$　　　(ク) $H\underline{Cl} \to Ca\underline{Cl}_2$　　　(ケ) $K\underline{Cl} \to \underline{Cl}_2$

(コ) $K\underline{Mn}O_4 \to \underline{Mn}O_2$　　(サ) $K_2\underline{Cr}_2O_7 \to K_2\underline{Cr}O_4$

考え方 ▶ p.284 の「酸化数の決め方」に従って酸化数を求め，増減を調べる。

答 (ア) (+4→+6)○　　(イ) (+4→−2)△　
　　(ウ) (0→+4)○　　(エ) (+4→+6)○

(オ) (−1→0)○　　(カ) (−1→−2)△
(キ) (+2→+4)○　　(ク) (−1→−1)×
(ケ) (−1→0)○　　(コ) (+7→+4)△
(サ) (+6→+6)×

2 酸化剤と還元剤

A 酸化剤・還元剤とそのはたらき

1 酸化剤・還元剤 他の物質を酸化するはたらきのある物質を **酸化剤**，他の物質を還元するはたらきのある物質を **還元剤** という。

酸化剤と還元剤が反応すると，酸化剤は還元され，還元剤は酸化されることになる。

酸化剤 ＋ 還元剤 ⟶ 生成物 A ＋ 生成物 B

電子の授受の立場から考えると，酸化還元反応は，還元剤が放出する電子を酸化剤が受け取る反応である。したがって，① 還元剤が電子を放出して自身は酸化される反応 と，② 酸化剤が電子を受け取って自身は還元される反応 を組み合わせて，酸化還元反応の化学反応式を完成させることができる。①，②の式は，還元剤あるいは酸化剤のはたらきを示す反応式(電子を含む反応式)とよばれることがある。

	還元される		酸化される	
酸化剤	失う	酸素 O	受け取る	**還元剤**
還元されやすい物質	受け取る	水素 H	失う	酸化されやすい物質
	受け取る	電子 e⁻	失う	
他の物質を酸化する	減少する	酸化数	増加する	他の物質を還元する

2 おもな酸化剤とそのはたらき **酸化剤** は **還元されやすい物質**で，**相手の物質から電子を受け取りやすい**。したがって，酸化剤は，陰性の強い非金属元素の単体，または酸化数が大きい原子を含む化合物が多い。

《**過マンガン酸カリウム $KMnO_4$**》 黒紫色の結晶。水溶液は過マンガン酸イオン MnO_4^- による濃い赤紫色を呈する。このイオンの Mn の酸化数は＋7で，周期表7族の元素として最高の酸化数の状態にある (酸化されることはない)。したがって，相手の物質から電子を奪って自身の酸化数を減少させようとする傾向が大きいので，強い酸化作用を示す。

MnO_4^- は，酸性溶液[2]中では相手から電子を奪って酸化数＋2 の Mn^{2+} になりやすい。

$$MnO_4^- + 8H^+ + 5e^- \longrightarrow Mn^{2+} + 4H_2O$$
赤紫色　　　　　　　　　　　淡桃色(ほとんど無色)

ただし，中性または塩基性溶液中では，酸化数＋4 の酸化マンガン(Ⅳ)(二酸化マンガン) MnO_2 にまでしか還元されない。

$$MnO_4^- + 2H_2O + 3e^- \longrightarrow MnO_2\downarrow + 4OH^-$$
黒褐色

---

[1] 原子がとり得る酸化数には上限と下限がある。最高酸化数は，典型元素では周期表の族番号の下1桁の数値に等しい。最低酸化数は，非金属元素では「周期表の族番号−18」で，金属元素では 0 (負の酸化数をもつことはない)。

[2] MnO_4^- を含む水溶液を酸性にするには，ふつう，希硫酸を用いる。塩酸は，塩化水素自身が酸化されて Cl_2 を発生し，硝酸は硝酸自身も酸化剤であり，適当ではない。

《ニクロム酸カリウム $K_2Cr_2O_7$》　赤橙色の結晶。二クロム酸イオン $Cr_2O_7{}^{2-}$ 中の Cr の酸化数は+6で，周期表6族の元素として最高の酸化数の状態にある(酸化されることはない)。酸性溶液中では酸化数+3の Cr^{3+}(緑色)になる傾向が大きいので，強い酸化作用を示す。

$$Cr_2O_7{}^{2-} + 14H^+ + 6e^- \longrightarrow 2Cr^{3+} + 7H_2O$$
赤橙色　　　　　　　　　　　　　　　緑色

《ハロゲン》　フッ素 F_2，塩素 Cl_2，臭素 Br_2，ヨウ素 I_2 などの周期表17族のハロゲン元素の単体は，他の物質から電子を奪う力が大きいので，強い酸化作用を示す。

$$X_2{}_{(ハロゲンの単体)} + 2e^- \longrightarrow 2X^-{}_{(ハロゲン化物イオン)}$$

3 おもな還元剤とそのはたらき　**還元剤** は，**酸化されやすい物質**，すなわち **電子を放出しやすい物質** で，酸化数が増加する原子を含む物質である。したがって，還元剤となる物質は，陽性の強い金属元素の単体や水素・炭素などの非金属元素の単体，または酸化数が小さい状態の原子・イオンを含む化合物が多い。

《硫化水素 H_2S》　腐卵臭をもつ有毒な気体(→ p.339)。H_2S の S の酸化数は−2で，周期表16族の元素として最低の酸化数の状態にある(還元されることはない)。したがって，相手に電子を与えて，自身の酸化数を増加させようとする傾向が大きいので，強い還元作用を示す。

$$H_2S \longrightarrow 2H^+ + S + 2e^-$$

《陽性の大きな金属》　ナトリウム Na，マグネシウム Mg，アルミニウム Al などは，イオン化傾向(→ p.299)が大きい金属元素で，それぞれの原子がもっている1〜3個の価電子を放出して陽イオンになる傾向が大きく，強い還元作用を示す。

$$Na \longrightarrow Na^+ + e^-, \quad Mg \longrightarrow Mg^{2+} + 2e^-, \quad Al \longrightarrow Al^{3+} + 3e^-$$

▼ 表2　酸化剤・還元剤のはたらき方の例　　　　　　　　　　　※相手によって両方のはたらき方をするもの。

	物質	はたらきを示す反応式	（カッコは下線をつけた原子の酸化数）
酸化剤	オゾン O_3	$\underline{O}_3 + 2H^+ + 2e^- \longrightarrow O_2 + H_2\underline{O}$	$(0 \rightarrow -2)$
	過酸化水素 H_2O_2※	$H_2\underline{O}_2 + 2H^+ + 2e^- \longrightarrow 2H_2\underline{O}$	$(-1 \rightarrow -2)$
		または $H_2\underline{O}_2 + 2e^- \longrightarrow 2\underline{O}H^-$	$(-1 \rightarrow -2)$
	過マンガン酸カリウム $KMnO_4$ (酸性)	$\underline{Mn}O_4{}^- + 8H^+ + 5e^- \longrightarrow \underline{Mn}^{2+} + 4H_2O$	$(+7 \rightarrow +2)$
	（中性・塩基性）	$\underline{Mn}O_4{}^- + 2H_2O + 3e^- \longrightarrow \underline{Mn}O_2 + 4OH^-$	$(+7 \rightarrow +4)$
	酸化マンガン(Ⅳ) MnO_2	$\underline{Mn}O_2 + 4H^+ + 2e^- \longrightarrow \underline{Mn}^{2+} + 2H_2O$	$(+4 \rightarrow +2)$
	濃硝酸 HNO_3	$H\underline{N}O_3 + H^+ + e^- \longrightarrow \underline{N}O_2 + H_2O$	$(+5 \rightarrow +4)$
	希硝酸 HNO_3	$H\underline{N}O_3 + 3H^+ + 3e^- \longrightarrow \underline{N}O + 2H_2O$	$(+5 \rightarrow +2)$
	熱濃硫酸 H_2SO_4	$H_2\underline{S}O_4 + 2H^+ + 2e^- \longrightarrow \underline{S}O_2 + 2H_2O$	$(+6 \rightarrow +4)$
	二クロム酸カリウム $K_2Cr_2O_7$	$\underline{Cr}_2O_7{}^{2-} + 14H^+ + 6e^- \longrightarrow 2\underline{Cr}^{3+} + 7H_2O$	$(+6 \rightarrow +3)$
	ハロゲン X_2 (たとえば Cl_2)	$\underline{Cl}_2 + 2e^- \longrightarrow 2\underline{Cl}^-$	$(0 \rightarrow -1)$
	二酸化硫黄 SO_2※	$\underline{S}O_2 + 4H^+ + 4e^- \longrightarrow \underline{S} + 2H_2O$	$(+4 \rightarrow 0)$
還元剤	塩化スズ(Ⅱ) $SnCl_2$	$\underline{Sn}^{2+} \longrightarrow \underline{Sn}^{4+} + 2e^-$	$(+2 \rightarrow +4)$
	硫酸鉄(Ⅱ) $FeSO_4$	$\underline{Fe}^{2+} \longrightarrow \underline{Fe}^{3+} + e^-$	$(+2 \rightarrow +3)$
	硫化水素 H_2S	$H_2\underline{S} \longrightarrow \underline{S} + 2H^+ + 2e^-$	$(-2 \rightarrow 0)$
	過酸化水素 H_2O_2※	$H_2\underline{O}_2 \longrightarrow \underline{O}_2 + 2H^+ + 2e^-$	$(-1 \rightarrow 0)$
	二酸化硫黄 SO_2※	$\underline{S}O_2 + 2H_2O \longrightarrow \underline{S}O_4{}^{2-} + 4H^+ + 2e^-$	$(+4 \rightarrow +6)$
	陽性の大きな金属(たとえば Na)	$\underline{Na} \longrightarrow \underline{Na}^+ + e^-$	$(0 \rightarrow +1)$
	シュウ酸 $(COOH)_2$	$(\underline{C}OOH)_2 \longrightarrow 2\underline{C}O_2 + 2H^+ + 2e^-$	$(+3 \rightarrow +4)$
	ヨウ化カリウム KI	$2\underline{I}^- \longrightarrow \underline{I}_2 + 2e^-$	$(-1 \rightarrow 0)$

Study Column — 酸化剤・還元剤のはたらきを示す反応式のつくり方

●過マンガン酸イオン MnO_4^- (酸化剤)が酸性下で還元される反応式は，次のようにしてつくる。

① 左辺に MnO_4^- を，右辺にこれが還元された生成物 Mn^{2+} を書く(この関係は覚えておく)。

$$MnO_4^- \longrightarrow Mn^{2+}$$

② Mn の酸化数は+7から+2に減少するから，左辺に $5e^-$ を加える。

$$MnO_4^- + 5e^- \longrightarrow Mn^{2+}$$

③ 左辺と右辺の電荷の総和を等しくするため，左辺に $8H^+$ を加える(酸性下だから H^+)。

$$MnO_4^- + 5e^- + 8H^+ \longrightarrow Mn^{2+}$$

④ 両辺の原子の種類と数を合わせる。酸化剤は，H_2O を生成する場合が多いので，右辺に H_2O を加え，左右両辺の各原子の数が等しくなるように H_2O に係数4をつける。

$$MnO_4^- + 5e^- + 8H^+ \longrightarrow Mn^{2+} + 4H_2O$$

●二酸化硫黄 SO_2 (還元剤)が酸化される反応式は，次のようにしてつくる。

① 左辺に SO_2 を，右辺にこれが酸化された生成物 SO_4^{2-} を書く(この関係は覚えておく)。

$$SO_2 \longrightarrow SO_4^{2-}$$

② S の酸化数の増加（+4 → +6）に相当する電子 $2e^-$ を右辺に加える。

$$SO_2 \longrightarrow SO_4^{2-} + 2e^-$$

③ 左右両辺の電荷の総和を等しくするため，右辺に $4H^+$ を加える。

$$SO_2 \longrightarrow SO_4^{2-} + 2e^- + 4H^+$$

④ 両辺の各原子の数を等しくするため，左辺に $2H_2O$ を加える。

$$SO_2 + 2H_2O \longrightarrow SO_4^{2-} + 2e^- + 4H^+$$

他の酸化剤や還元剤のはたらきを示す反応式(→前ページ)も，同様につくることができる。

4 酸化剤と還元剤の反応　前ページの表2のような酸化剤と還元剤のはたらきを示す反応式を組み合わせると，1つの酸化還元反応の化学反応式ができる。

　酸化還元反応では，酸化剤が受け取る電子の数と還元剤が放出する電子の数は等しくなければならない。したがって，それぞれの反応式の e^- の数が等しくなるように調整してから，2つの反応式を加え，e^- を消去すればイオン反応式をつくることができる。

　こうしてつくったイオン反応式に，反応に直接関係ないために省略してあったイオン(たとえば，過マンガン酸カリウム $KMnO_4$ の K^+ など)を両辺に同数加えると，酸化還元反応の化学反応式が完成する。

　その例として，硫酸酸性の過マンガン酸カリウム水溶液(酸化剤)に，シュウ酸水溶液(還元剤)を加える酸化還元反応の化学反応式をつくってみよう。

酸化剤：$MnO_4^- + 8H^+ + 5e^- \longrightarrow Mn^{2+} + 4H_2O$ ……①

還元剤：$(COOH)_2 \longrightarrow 2CO_2 + 2H^+ + 2e^-$ ……②

それぞれの e^- の数を等しくして辺々を加える。すなわち，①式×2+②式×5とすると，

$$2MnO_4^- + 6H^+ + 5(COOH)_2 \longrightarrow 2Mn^{2+} + 10CO_2 + 8H_2O$$

両辺に $2K^+$ と $3SO_4^{2-}$ を加えて整理すると，

$$2KMnO_4 + 5(COOH)_2 + 3H_2SO_4 \longrightarrow K_2SO_4 + 2MnSO_4 + 10CO_2 + 8H_2O$$

(この反応では，赤紫色の MnO_4^- が Mn^{2+} となるので，溶液はほぼ無色になる)

例 希硝酸と銅の反応

(1) 希硝酸の酸化作用を示す反応式は，次のようにしてつくる。

硝酸 HNO_3（Nの酸化数+5）が NO（Nの酸化数+2）になることから考える。

酸化数の変化は，+5から+2で3であるから，左辺に $3e^-$ を加える。

$$HNO_3 + 3e^- \longrightarrow NO \quad (\text{左右両辺の電荷を合わせるため，左辺に } 3H^+ \text{ を加える。})$$

$$HNO_3 + 3e^- + 3H^+ \longrightarrow NO$$

左右両辺の各原子の数を合わせるため，右辺に $2H_2O$ を加える。

$$HNO_3 + 3e^- + 3H^+ \longrightarrow NO + 2H_2O \cdots\cdots①$$

(2) 銅が酸化される反応式は，　$Cu \longrightarrow Cu^{2+} + 2e^- \cdots\cdots②$

(3) 2つの反応式から，e^- を消去するために，①式×2＋②式×3とすると，

$$3Cu + 2HNO_3 + 6H^+ \longrightarrow 3Cu^{2+} + 2NO + 4H_2O$$

両辺に $6NO_3^-$ を加えて整理すると，

$$3Cu + 8HNO_3 \longrightarrow 3Cu(NO_3)_2 + 2NO + 4H_2O$$

5 酸化剤にも還元剤にもなる物質　*p*.288 の表2にもあるように，過酸化水素や二酸化硫黄は，酸化剤にも還元剤にもなることができる。

一般に，ある原子がいくつかの酸化数の状態をとることができる場合，

① 最高酸化数の原子を含む物質は，酸化剤としてはたらくことはあっても，還元剤になることはない（還元されることはあっても，酸化されることはないから）。

② 最低酸化数の原子を含む物質は，還元剤としてはたらくことはあっても，酸化剤になることはない（酸化されることはあっても，還元されることはないから）。

③ 中間の酸化数の原子を含む物質は，相手の物質によって酸化剤にも還元剤にもなる。これは，還元されることも酸化されることも可能だからである。

▼表3　最高酸化数と最低酸化数

	最低酸化数	最高酸化数
典型元素の金属	0	周期表の族番号の下1桁
非金属元素	周期表の族番号 −18	周期表の族番号の下1桁

《過酸化水素 H_2O_2》　ふつう，強い酸化剤[1]としてはたらく。たとえば，硫化水素とは次のように反応して，硫黄を遊離させる。

$$\overset{酸化される}{\underset{還元される}{H_2O_2 + H_2\overset{(-2)}{S} \longrightarrow 2H_2\overset{}{O} + \overset{(0)}{S}}}$$

酸化剤(−1)　還元剤　　　　　　　(−2)

一方，過マンガン酸カリウムや二クロム酸カリウムに対しては，還元剤としてはたらく。

$$\overset{酸化される}{\underset{還元される}{2KMnO_4 + 5H_2\overset{(-1)}{O_2} + 3H_2SO_4 \longrightarrow K_2SO_4 + 2Mn\overset{(+2)}{SO_4} + 5\overset{(0)}{O_2} + 8H_2O}}$$

酸化剤(+7)　還元剤

---

[1] H_2O_2 が酸化マンガン(IV)などを触媒にして分解する反応（$2H_2O_2 \longrightarrow 2H_2O + O_2$）は，酸化剤としての H_2O_2 と，還元剤としての H_2O_2 の，H_2O_2 どうしの自己酸化還元反応である。

この反応では，H_2O_2 の O 原子が，とり得る酸化数（$-2 \sim 0$）の中間の値（-1）であり，$KMnO_4$ の Mn（$+7$）や $K_2Cr_2O_7$ の Cr（$+6$）は最高酸化数になっているため，H_2O_2 の O 原子は，これらの原子（Mn や Cr）を酸化できず，逆に酸化されてしまう。

《二酸化硫黄 SO_2》 SO_2 はふつう，還元剤としてはたらいて SO_4^{2-} になる。しかし，SO_2 の S 原子も中間の値の酸化数であるため，強い還元剤の H_2S との反応では，酸化剤としてはたらいて単体の硫黄を生じる（→ p.339）。

$$\underset{-2}{H_2S} \xrightarrow[\text{（還元剤）}]{\text{酸化}} \underset{0}{S} \xrightarrow[\text{（酸化剤）}]{\text{還元}} \underset{+4}{SO_2} \xrightarrow[\text{（還元剤）}]{\text{酸化}} \underset{+6}{SO_4^{2-}}$$

$$\overset{\text{酸化される}}{\underset{\text{還元される}}{\underset{\text{酸化剤}(0)}{I_2} + \underset{\text{還元剤}}{\underset{(+4)}{SO_2}} + 2H_2O \longrightarrow \underset{(-1)}{2HI} + \underset{(+6)}{H_2SO_4}}}$$

$$\overset{\text{酸化される}}{\underset{\text{還元される}}{\underset{\text{酸化剤}(+4)}{SO_2} + \underset{\text{還元剤}}{\underset{(-2)}{2H_2S}} \longrightarrow 2H_2O + \underset{(0)}{3S}}}$$

重要

H_2O_2 と SO_2 は二刀流，酸化剤にも還元剤にもなる

$$\underset{\text{酸化剤}}{H_2O, OH^- \Longleftarrow H_2O_2} \underset{\text{還元剤}}{\Longrightarrow O_2} \qquad \underset{\text{酸化剤}}{S \Longleftarrow SO_2} \underset{\text{還元剤}}{\Longrightarrow SO_4^{2-}}$$

問題学習 …… 57　　　　　　　　　　　　　　　　　　　　　　　**酸化・還元の化学反応式**

p.288 の酸化剤・還元剤のはたらきを示す反応式を用いて，次の各問いに答えよ。
(1) 過酸化水素水に二酸化硫黄を通じたときの化学反応式を示せ。
(2) 硫酸鉄（II）と二クロム酸カリウムの硫酸酸性溶液が反応したときの化学反応式を示せ。

考え方 (1) 酸化剤：$H_2O_2 + 2H^+ + 2e^-$
$\longrightarrow 2H_2O$ …①

還元剤：$SO_2 + 2H_2O$
$\longrightarrow SO_4^{2-} + 4H^+ + 2e^-$ …②

①式＋②式より，
$H_2O_2 + SO_2 \longrightarrow SO_4^{2-} + 2H^+$
右辺のイオンを結合させて，

答 $H_2O_2 + SO_2 \longrightarrow H_2SO_4$

(2) 酸化剤：$Cr_2O_7^{2-} + 14H^+ + 6e^-$
$\longrightarrow 2Cr^{3+} + 7H_2O$ …③

還元剤：$Fe^{2+} \longrightarrow Fe^{3+} + e^-$ …④
③式＋④式×6 より，
$Cr_2O_7^{2-} + 6Fe^{2+} + 14H^+$
$\longrightarrow 2Cr^{3+} + 6Fe^{3+} + 7H_2O$
両辺に $2K^+$ と $13SO_4^{2-}$ を加えて整理すると，次式を得る。

答 $K_2Cr_2O_7 + 6FeSO_4 + 7H_2SO_4 \longrightarrow$
$K_2SO_4 + Cr_2(SO_4)_3 + 3Fe_2(SO_4)_3 + 7H_2O$

注意 もし，右辺に陽イオンが2種類，陰イオンが2種類あった場合は，任意の組合せで記述してよい。

類題 …… 57

(1) 過マンガン酸カリウムの硫酸酸性溶液に，二酸化硫黄を通じたときの化学反応式を示せ。
(2) 二クロム酸カリウムの硫酸酸性溶液に，過酸化水素水を加えたときの化学反応式を示せ。

❶ 化合物中の O 原子の酸化数は，ふつう -2 であるが，$-O-O-$ の結合をもつ過酸化物の O 原子の酸化数は -1 である。H_2O_2 の他に Na_2O_2（過酸化ナトリウム）なども同じである（→ p.285 Study Column）。

6 ハロゲンの酸化力 **(1) ハロゲン[1]の酸化力[2]の大小** ハロゲンの単体は，電気陰性度が大きく陰性が強いので，一般に酸化力が強いといえる。そのハロゲンどうしの酸化力の大小関係は，次のようにして決めることができる。

例 塩素とヨウ素の酸化力（→ *p.*306）

ヨウ化カリウム水溶液に塩素を通じると溶液が褐色（→ *p.*334 脚注）になることから，ヨウ素が遊離することがわかる。一方，塩化カリウム水溶液にヨウ素を加えても反応はみられない。したがって，このときの反応は，次のように考えることができる。

$$\overset{\text{左から右に進むとき}}{\underset{\text{右から左に進むとしたら}}{2\overset{-1}{\text{KI}} + \overset{0}{\text{Cl}_2} \longrightarrow 2\overset{-1}{\text{KCl}} + \overset{0}{\text{I}_2}}}$$

左から右に進むとき 酸化剤としてはたらく
右から左に進むとしたら 酸化剤としてはたらくはず

実際に，この反応は右方向にだけ進むので，Cl_2 が酸化剤，I^- が還元剤である。仮に，右辺から左辺に反応が進むとしたら，I_2 は酸化剤としてはたらくことになるが，そのようなことはないので，酸化剤としての強さは $Cl_2 > I_2$ であるといえる。その他にも，

$$2Br^- + Cl_2 \longrightarrow 2Cl^- + Br_2 \qquad \text{酸化力：} Cl_2 > Br_2$$

$$2I^- + Br_2 \longrightarrow 2Br^- + I_2 \qquad \text{酸化力：} Br_2 > I_2$$

となることから，ハロゲンの化合物とハロゲンの単体との実験をフッ素も加えて組み合わせると，**ハロゲンの酸化力** は $F_2 > Cl_2 > Br_2 > I_2$ であることがわかる。

CHART 44

ハロゲンの酸化力

ハロゲンは小さいものほど力持ち（反応性が高い）

$F_2 > Cl_2 > Br_2 > I_2$

---

(2) ハロゲンの化合物 **(a) 次亜塩素酸** ① 塩素を水に溶かしてできる塩素水の中に存在。

$$H_2O + Cl_2 \rightleftarrows HCl + \underset{\text{次亜塩素酸}}{HClO}$$

② 不安定で分解しやすく，酸化力が強いので，酸化剤・漂白剤・殺菌剤に使われる。

$$\overset{(+1)\,\text{—還元された}\longrightarrow(-1)}{\underset{(-1)\,\text{—酸化された}\longrightarrow(0)}{\text{例 } 2KI + HClO \longrightarrow I_2 + KCl + KOH}}$$

(b) 次亜塩素酸ナトリウム 水酸化ナトリウム水溶液に塩素を通じると生成する。

$$2NaOH + Cl_2 \rightleftarrows NaCl + NaClO + H_2O$$

次亜塩素酸ナトリウムは，酸化剤・家庭用の漂白剤・殺菌剤・防カビ剤に使われる。

▲ 図1 漂白剤（次亜塩素酸ナトリウム）

---

❶ **ハロゲン** 17族元素をハロゲン元素というが，ハロゲンとはギリシャ語の hals（塩）と gennao（つくる）からきている。ハロゲンは NaCl，KBr，KI，NH₄Cl など，金属元素やアンモニウムイオンと多くの塩をつくる。
❷ **酸化力** 相手の物質から電子を奪うはたらき（酸化作用）の強さを酸化力という。

Question Time クエスチョン タイム

Q. 洗浄剤に「混ぜるな危険」って書いてあるのはなぜですか？

A. トイレやタイル用などの洗浄剤の中には，漂白剤にも使用される塩素系のものと，塩酸系のものがあります。塩素系は，主成分として次亜塩素酸ナトリウムが使用されています。塩酸系は，古くからある安価な洗浄剤で，塩酸を主成分としています。

この塩素系と塩酸系の洗浄剤を混ぜると，次のように反応して有毒な塩素が発生してしまいます。

$$NaClO + 2HCl \longrightarrow Cl_2\uparrow + NaCl + H_2O$$

したがって，これらの洗浄剤を混ぜることは大変危険です。かつて，家庭で死亡事故があり，その後，容器に注意書きの表示が義務付けられるようになりました。みなさんも十分に注意しましょう。

塩素系洗浄剤　　塩酸系洗浄剤

B 酸化還元滴定

1 酸化還元滴定　(1) 滴定の操作　中和滴定と同じような操作で，標準液として酸化剤または還元剤を用い，それぞれ他の還元剤または酸化剤の濃度を，滴定により求める操作を **酸化還元滴定** という。

酸化還元滴定に用いる器具は，中和滴定とまったく同じである。正確なモル濃度の溶液をつくるにはメスフラスコ，一定体積の溶液を他へ移し取るにはホールピペット，溶液を少量ずつ滴下して反応に要する体積を求めるにはビュレットが用いられる。滴定する容器にはコニカルビーカーや三角フラスコが用いられる。

例　過マンガン酸カリウム水溶液の濃度を，シュウ酸標準液を用いて求める。

① シュウ酸標準液をメスフラスコを用いて調製する。

② 一定体積のシュウ酸標準液をホールピペットでコニカルビーカーにとり，強酸性に保つために希硫酸を適量加え，反応速度を速くするため60℃程度に温める[注]。

③ 濃度不明の過マンガン酸カリウム水溶液をビュレットに入れ，コニカルビーカー内の溶液に滴下する。

④ このとき，最初はコニカルビーカー内に無色のシュウ酸水溶液があり，そこへ濃い赤紫色の過マンガン酸カリウム水溶液がビュレットより滴下されるので，一瞬は赤紫色になるが，ただちに反応して，ほとんど無色の Mn^{2+}（$MnSO_4$ の結晶は淡桃色）を生じる。

これを繰り返して，滴定の終点に達すると過剰の MnO_4^- の色がつくので，かすかな赤紫色が消えなくなったところが，滴定の終点である。したがって，滴定の指示薬は不要である。

[注] シュウ酸の場合には，加温しておかないとうまくいかない。しかし，70℃を超えると，過マンガン酸カリウムが分解するので，注意が必要である。なお，メスフラスコ・ホールピペット・ビュレットのような体積測定器具を加熱乾燥すると，冷却したときに本来の体積と変わってしまうので，絶対にしてはならない。

L a b o r a t o r y 　酸化還元滴定の量的関係

過マンガン酸カリウム $KMnO_4$ とシュウ酸 $(COOH)_2$ との反応は，次の化学反応式で表される。

$$2KMnO_4 + 5(COOH)_2 + 3H_2SO_4 \longrightarrow K_2SO_4 + 2MnSO_4 + 10CO_2 + 8H_2O$$

$c[mol/L]$ のシュウ酸水溶液をホールピペットで $V[L]$ はかり取ってコニカルビーカーに入れ，希硫酸を適量加える。これにビュレットから $c'[mol/L]$ の過マンガン酸カリウム水溶液を $V'[L]$ 滴下したときに溶液がわずかに赤くなり，色が消えなかったとする。

（計算） 　$c[mol/L]$ の $(COOH)_2$ 水溶液 $V[L]$ 中には $(COOH)_2$ が $cV[mol]$ 存在し，$c'[mol/L]$ の $KMnO_4$ 水溶液 $V'[L]$ 中には $KMnO_4$ が $c'V'[mol]$ 存在している。

化学反応式から，$(COOH)_2$ と $KMnO_4$ は，物質量の比で $5:2$ で反応するので，

$$cV:c'V'=5:2 \qquad \text{よって，} \quad 2cV=5c'V'$$

(2) 量的関係の考え方 　酸化還元反応における量的関係は，化学反応式に基づき，反応する物質量の比で考えてもよいが，酸化・還元が電子の移動であり，それは酸化数で把握することができるので，次のように考えると便利である。

つまり，酸化剤 1mol が還元されるとき受け取る電子の物質量は，その酸化数変化分の物質量[1]に等しく，還元剤 1mol が酸化されるとき放出する電子の物質量は，その酸化数変化分の物質量[1]に等しい。これより，$c[mol/L]$ の還元剤の $V[L]$ が，$c'[mol/L]$ の酸化剤の $V'[L]$ と過不足なく反応したとすると，授受する電子の物質量が等しいので，

> **（還元剤の酸化数の変化量）$\times c \times V =$（酸化剤の酸化数の変化量）$\times c' \times V'$**

となる。つまり，酸・塩基の中和反応で，価数をかけ算して H^+ や OH^- の物質量に直して計算したことと同じように考えてよい。

酸化剤・還元剤の変化と酸化数の変化量を示すと，右のようになる。

酸化剤	酸化数変化量	還元剤	酸化数変化量
$Cr_2O_7{}^{2-} \longrightarrow 2Cr^{3+}$	6	$H_2O_2 \longrightarrow O_2$	2
$MnO_4{}^-$（酸性）$\longrightarrow Mn^{2+}$	5	$SO_2 \longrightarrow SO_4{}^{2-}$	2
$MnO_2 \longrightarrow Mn^{2+}$	2	$H_2S \longrightarrow S$	2
$H_2O_2 \longrightarrow 2H_2O$	2	$(COOH)_2 \longrightarrow 2CO_2$	2
$I_2 \longrightarrow 2I^-$	2	$Fe^{2+} \longrightarrow Fe^{3+}$	1
$SO_2 \longrightarrow S$	4	$Na_2S_2O_3 \longrightarrow Na_2S_4O_6$	1

---

[1] 1mol 中に，酸化・還元にあずかる原子が $n[mol]$ ある場合は，酸化数の変化量を n 倍する。
たとえば，$(COOH)_2 \longrightarrow 2CO_2$ の場合は，$|(+3)-(+4)| \times 2 = 2$ となる。
　　　　　$(+3) \times 2$ 　　 $2 \times (+4)$

1.0×10⁻³mol/L のシュウ酸標準液を 10.0mL のホールピペットでコニカルビーカーにとり，2.0mol/L の硫酸 20mL を加えてから加温し，濃度不明の過マンガン酸カリウム水溶液で滴定したところ，20.0mL を要した。
(1) 反応の完結はどのようにして知ればよいのかを，20 字程度で簡潔に述べよ。
(2) このときの化学反応式を示せ。
(3) この過マンガン酸カリウム水溶液のモル濃度を求めよ。

考え方 (1) p.293 の④参照。
答 滴下した溶液の赤紫色が消えなくなったとき。
(2) p.289 参照。
答 $2KMnO_4 + 5(COOH)_2 + 3H_2SO_4$
$\longrightarrow K_2SO_4 + 2MnSO_4 + 10CO_2 + 8H_2O$
(3) $MnO_4^- \longrightarrow Mn^{2+}$ より 5mol の電子，
$(COOH)_2 \longrightarrow 2CO_2$ より 2mol の電子が移

動するから，過マンガン酸カリウム水溶液の濃度を x〔mol/L〕とすると，
$$5 \times x〔mol/L〕\times \frac{20.0}{1000}L = 2 \times 1.0 \times 10^{-3}mol/L \times \frac{10.0}{1000}L$$
$$x = 2.0 \times 10^{-4}mol/L$$
答 $2.0 \times 10^{-4}mol/L$

注意 加えた希硫酸は，水溶液を酸性にするためであり，必要十分な量であればよく，濃度や体積は関係しない。

類題 …… 58

濃度不明の過酸化水素水を 10.0mL のホールピペットでコニカルビーカーにとり，3.0mol/L 硫酸 10mL を加えて，あらかじめ濃度を測定した 0.12mol/L の過マンガン酸カリウム水溶液で滴定したところ，25.0mL で溶液の色は消えることなく，わずかに赤紫色となった。$H_2O_2 = 34$
(1) このときの化学反応式を示せ。
(2) この過酸化水素水のモル濃度を求めよ。
(3) この過酸化水素水の密度を $1.0g/cm^3$ としたとき，過酸化水素の質量パーセント濃度を求めよ。

---

2 **ヨウ素滴定** **(1) ヨウ素を酸化剤とする方法** ヨウ素を酸化剤として用い，濃度未知の還元剤の濃度を酸化還元滴定により求める方法を **ヨウ素滴定** または **ヨウ素酸化滴定** という。

ヨウ素は水に不溶なので，ヨウ化カリウム水溶液に溶解させて用いる。この滴定ではヨウ化カリウムは単なる溶質として存在するだけで，酸化還元反応には関与しない。ヨウ素滴定で測定可能な還元剤は，H_2S，SO_2 など比較的強い還元剤が対象となる。

このヨウ素滴定では，濃度が既知のヨウ素溶液を過剰に準備し，それと SO_2 などの濃度が未知の還元剤を反応させた後，残った未反応のヨウ素を，チオ硫酸ナトリウム $Na_2S_2O_3$ の標準液で滴定する。

したがって，酸化剤は I_2，還元剤は SO_2 と $Na_2S_2O_3$ の 2 種類ということになる。

この場合に授受する電子の物質量の関係は図で把握すればわかりやすい。

酸化剤	I_2(既知量)		SO_2との反応で残ったI_2を $Na_2S_2O_3$水溶液で滴定する
還元剤	SO_2(未知量)	$Na_2S_2O_3$(滴定する)	

(2) ヨウ化物イオンを還元剤とする方法

濃度未知の酸化剤に対して，過剰の
ヨウ化カリウム水溶液を還元剤として
反応させて，酸化剤の物質量に対応す

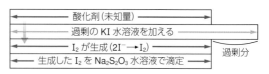

るヨウ素を遊離させ，生成したヨウ素をチオ硫酸ナトリウム水溶液で滴定して，その量を
求める方法である。

これはとくに **ヨウ素還元滴定** ともいうが，(1) の方法とともにいずれも単に **ヨウ素滴
定** とよばれる。(2)の方法のほうが試料の酸化剤の適用範囲が広く，しばしば登場する。

(3) ヨウ素とチオ硫酸ナトリウムとの反応

チオ硫酸ナトリウム $Na_2S_2O_3$ は，ヨウ素によっ
て酸化されて，四チオン酸ナトリウム $Na_2S_4O_6$ となる。このときの化学反応式は，

$$I_2 + 2Na_2S_2O_3 \longrightarrow 2NaI + Na_2S_4O_6$$

となるが，次の①式と②式の反応式(電子を含む反応式)からつくることができる(この反応
は大学入試などでは，反応式が与えられることが多い)。

反応式の求め方

酸化剤・還元剤のはたらきを示す反応式(電子を含む反応式)は，次式で表される。

$$I_2 + 2e^- \longrightarrow 2I^- \qquad \cdots\cdots①$$

$$2S_2O_3{}^{2-} \longrightarrow S_4O_6{}^{2-} + 2e^- \quad \cdots\cdots②$$

したがって，①式＋②式より，

$$I_2 + 2S_2O_3{}^{2-} \longrightarrow 2I^- + S_4O_6{}^{2-}$$

両辺に $4Na^+$ を加えると次式を得る。

$$I_2 + 2Na_2S_2O_3 \longrightarrow 2NaI + Na_2S_4O_6$$

量的関係を考えるときには，$2\underline{S}_2O_3{}^{2-} \longrightarrow \underline{S}_4O_6{}^{2-}$ より，2mol の $Na_2S_2O_3$ につい
て，S の酸化数の総和は $(+2)\times2\times2=+8$ であり，$S_4O_6{}^{2-}$ の S の酸化数の総和[1]は
$-2-(-2)\times6=+10$ となる。よって，$Na_2S_2O_3$ 2mol で S の酸化数の総和が $+8 \rightarrow +10$ と
変化しているが，1mol あたりでは「+1」の増加と考えればよいことがわかる(→ p.294)。

(4) ヨウ素滴定の指示薬

ヨウ素滴定では，ヨウ素を含んだヨウ化カリウム水溶液(褐色)[2]と
チオ硫酸ナトリウム水溶液 (無色)を反応させる。この場合，反応が完結した時点でヨウ素
がなくなるので褐色→無色となるが，その変化は目で判定しにくいので，指示薬としてデ
ンプン水溶液を用いる。

つまり，滴定によりヨウ素を含んだヨウ化カリウム水溶液の色が薄くなったところで，
デンプンの薄い水溶液を加えると，ヨウ素デンプン反応[3]により濃青色となるので，そのま
ま滴定を続け，濃青色→無色になったとき反応が完結したことになる。

---

[1] この硫黄 S の酸化数は，4原子で合計 +10 なので，計算上は 1原子あたり $+\dfrac{10}{4}=+\dfrac{5}{2}$ となるが，実際は
+5 の S が 2原子，0 の S が 2原子である。

[2] ヨウ化カリウム水溶液中のヨウ素は，$I_2 + I^- \rightleftharpoons I_3{}^-$ の反応により，褐色の三ヨウ化物イオン $I_3{}^-$ が生じ
て溶解している。

[3] 単体のヨウ素 I_2 は，デンプンと反応すると，青〜青紫色を呈する。これは **ヨウ素デンプン反応** (→ p.490) と
よばれ，ヨウ素やデンプンの検出によく利用される。

濃度不明の過酸化水素水 H_2O_2 10.0 mL に希硫酸 H_2SO_4 を加えて酸性にした後，0.10 mol/L ヨウ化カリウム KI 水溶液 50.0 mL を加えた。これをコニカルビーカーに移し，デンプンを指示薬として 0.10 mol/L のチオ硫酸ナトリウム $Na_2S_2O_3$ 水溶液で滴定したところ，12.0 mL を要した。ヨウ素 I_2 とチオ硫酸ナトリウムとは，次のように反応する。H＝1.0，O＝16

$$I_2 + 2Na_2S_2O_3 \longrightarrow 2NaI + Na_2S_4O_6$$

(1) 過酸化水素とヨウ化カリウムが反応するときの化学反応式を示せ。
(2) 生成したヨウ素の物質量を求めよ。
(3) もとの過酸化水素水のモル濃度を求めよ。
(4) 溶液の密度はすべて 1.0 g/cm³ としたとき，過酸化水素水の質量パーセント濃度はいくらか。
(5) 希硫酸で酸性にする代わりに，希塩酸や希硝酸は使えない。その理由を述べよ。

考え方 (1) 酸化剤：$H_2O_2 + 2H^+ + 2e^-$
$$\longrightarrow 2H_2O \quad \cdots ①$$

還元剤：$2I^- \longrightarrow I_2 + 2e^- \quad \cdots ②$

①式＋②式より，

$$H_2O_2 + 2H^+ + 2I^- \longrightarrow I_2 + 2H_2O$$

両辺に $2K^+$ と SO_4^{2-} を加えて整理すると，

答 $H_2O_2 + 2KI + H_2SO_4$
$$\longrightarrow K_2SO_4 + I_2 + 2H_2O$$

(2) 与式より，反応したチオ硫酸ナトリウムの物質量の $\dfrac{1}{2}$ が生成したヨウ素の物質量であるから，

$$0.10\,\text{mol/L} \times \frac{12.0}{1000}\,\text{L} \times \frac{1}{2} = 6.0 \times 10^{-4}\,\text{mol}$$

答 6.0×10^{-4} mol

(3) (1)より，過酸化水素の物質量は生成したヨウ素と同じ物質量であるから，その濃度を x〔mol/L〕とすると，

$$x\,(\text{mol/L}) \times \frac{10.0}{1000}\,\text{L} = 6.0 \times 10^{-4}\,\text{mol}$$

$$x = 6.0 \times 10^{-2}\,\text{mol/L}$$

答 6.0×10^{-2} **mol/L**

(4) 溶液 1 L で考えると，1.0 g/cm³×1000 cm³ より，その質量は 1000 g であるから，

$$\frac{6.0 \times 10^{-2}\,\text{mol/L} \times 1\,\text{L} \times 34\,\text{g/mol}}{1000\,\text{g}} \times 100$$

$$= 0.204\,(\%) \qquad \text{**答** } \textbf{0.20 \%}$$

(5) 酸化還元滴定で水溶液を酸性にするために，希硫酸が用いられる。**希塩酸を用いると，酸化剤によって Cl^- が酸化される。また，希硝酸を用いると，測定しようとする還元剤が希硝酸によって酸化されるので，いずれも滴定に誤差を与える。** **答**

注意 希硫酸では，このようなことはない。加えた希硫酸は，溶液を酸性にするためであり，その濃度や体積は反応に関係しない。

類題 ····· 59

1.8×10^{-2} mol のヨウ素 I_2 をヨウ化カリウム水溶液 1.0 L に溶かし，二酸化硫黄を含んだ気体 A を 10 L 通じて<u>反応させた</u>。その後，この溶液 50 mL をとり，デンプンを指示薬として 0.040 mol/L チオ硫酸ナトリウム水溶液で滴定したところ，20.0 mL を要した。ヨウ素とチオ硫酸ナトリウムとは次のように反応する。また，気体の体積はすべて標準状態で表すものとする。

$$I_2 + 2Na_2S_2O_3 \longrightarrow 2NaI + Na_2S_4O_6$$

(1) ヨウ素と二酸化硫黄が反応するときの化学反応式を示せ。
(2) 下線部の反応後の水溶液 1.0 L 中に残ったヨウ素の物質量を求めよ。
(3) 気体 A 10 L 中の二酸化硫黄の物質量を求めよ。
(4) 最初の気体 A の中の二酸化硫黄の体積パーセントを求めよ。

3 化学的酸素要求量 COD　河川や湖沼の水の汚れ具合を表す指標として，**化学的酸素要求量 COD** (chemical oxygen demand) が用いられることがある。これは，水中に存在する有機化合物(被酸化性物質[1])の量を，強力な酸化剤によって定量し，それを必要な酸素の量(mg/L)に換算したものである。COD 測定の手順は，次のようになる。

(1) 一定量の試料水 (有機化合物：被酸化性物質①を含む) をとり，過剰の過マンガン酸カリウム $KMnO_4$ 水溶液(酸化剤②)を一定量加えて，硫酸で酸性にしてから，加熱して十分に反応させる。

(2) 反応後，未反応の過マンガン酸カリウムを完全になくすために，過剰のシュウ酸ナトリウム $(COONa)_2$ 水溶液(還元剤③)を一定量加える。

(3) 未反応のシュウ酸ナトリウムを，過マンガン酸カリウム水溶液(酸化剤④)で滴定する。

　このとき，試料水に塩化物イオンが含まれていると，それも酸化されるため誤差を生じるので，あらかじめ硝酸銀水溶液や硫酸銀を加えて沈殿させておくことが多い。

還元剤が放出する電子····	←①の有機化合物→	←③$(COONa)_2$(②の過剰の$KMnO_4$を還元)→
酸化剤が受け取る電子····	←②$KMnO_4$(有機化合物を酸化)→	←④$KMnO_4$(過剰の$(COONa)_2$を滴定)→

$$MnO_4^- + 8H^+ + 5e^- \longrightarrow Mn^{2+} + 4H_2O \quad と$$
$$O_2 + 4H^+ + 4e^- \longrightarrow 2H_2O \quad より，$$

有機化合物と反応した過マンガン酸カリウムの物質量の $\dfrac{5}{4}$ が，酸素の物質量になる。

問題学習 …… 60　　　　　　　　　　　　　　　　　　　**COD の測定**

　ある湖沼から採取した試料水 50mL をビーカーにとり，硫酸で酸性にした後，2.0×10^{-3} mol/L 過マンガン酸カリウム水溶液を 10.0mL 加えた。沸騰水中で 30 分加熱後，ただちに 5.0×10^{-3} mol/L シュウ酸水溶液 10.0mL を加え，その後ビュレットから同じ過マンガン酸カリウム水溶液を滴下したところ，5.50mL を要した。

　この試料水の COD は何 mg/L か。ただし，原子量は $O = 16$ とし，試料水中の被酸化性物質から放出された電子と酸素分子との水中(酸性)での反応は次の通りである。

$$O_2 + 4H^+ + 4e^- \longrightarrow 2H_2O$$

考え方　下図の関係で，やりとりする電子の物質量を考えればよい。

←被酸化性物質→	←$(COOH)_2$→
$KMnO_4$ 1回目	$KMnO_4$ 2回目

　これより，被酸化性物質から放出される電子の物質量を n〔mol〕とすると，次式が成り立つ。なお，$KMnO_4$ は 1mol あたり 5mol の e^- を受け取り，$(COOH)_2$ は 1mol あたり 2mol の電子を放出する。

$$n + 2 \times 5.0 \times 10^{-3} \text{mol/L} \times \frac{10.0}{1000} \text{L}$$
$$= 5 \times 2.0 \times 10^{-3} \text{mol/L} \times \frac{10.0 + 5.50}{1000} \text{L}$$
$$n = 5.5 \times 10^{-5} \text{mol}$$

したがって，1L あたりの酸素の質量〔mg〕は，
$$O_2 + 4H^+ + 4e^- \longrightarrow 2H_2O \quad より，$$
$$32 \times 10^3 \times \frac{5.5 \times 10^{-5}}{4} \times \frac{1000}{50} = 8.8 (\text{mg/L})$$

答 **8.8mg/L**

---

[1] 被酸化性物質には，汚染源の有機化合物の他，NO_2^-，Fe^{2+}，硫化物などがあるが，特殊な水でなければ通常はほとんど有機化合物である。

3 金属の酸化還元反応

A 金属のイオン化傾向

■1 **イオン化傾向** 金属が水または水溶液と接しているとき，陽イオン[1]になろうとする傾向を **金属のイオン化傾向** という。

　水や希硫酸に，それぞれナトリウム Na，マグネシウム Mg，銅 Cu を入れると，Na は水とも希硫酸とも激しく反応して Na^+ になり，水素 H_2 が発生する。Mg は水とほとんど反応しないが，希硫酸とは反応して Mg^{2+} になり，H_2 が発生する。これは，Na や Mg が電子を放出して Na^+ や Mg^{2+} となり，水や希硫酸中の H^+ が電子を受け取って H_2 になるからである。

$$2Na + 2H^+ \longrightarrow 2Na^+ + H_2\uparrow$$
　　　　└─水，希硫酸より

$$Mg + 2H^+ \longrightarrow Mg^{2+} + H_2\uparrow$$
　　　　└─希硫酸より

Cu は水とも希硫酸とも反応しない。

　以上のことから，イオン化傾向の大きさの順は $Na > Mg > (H_2) > Cu$ とわかる。

　このような組合せを，多くの金属について詳しく調べ，イオン化傾向の大きいほうから順に並べたものを **金属のイオン化列**[3] という。次のような **CHART 45** で覚えておくとよい。

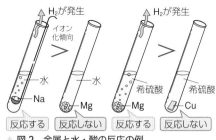

▲ 図2　金属と水・酸の反応の例

CHART 45

リッチに借りょう か な， 間が ある あ て に すんな ひ ど す ぎる 借 金
Li　K　Ca Na　Mg Al　Zn Fe Ni Sn Pb (H₂) Cu Hg Ag Pt Au

　　　　大 ← イオン化傾向 → 小

*)水素は金属ではないが，陽イオンになるので，比較のためにイオン化列の中に入れてある。

　イオン化傾向が大きな金属ということは，金属は陽イオンにしかならないから，電子を失いやすく，酸化されやすいことを意味する。逆にいえば，電子を相手に与えやすいので，還元性が強い金属である。たとえば，アルミニウムと酸化鉄(Ⅲ)を高温で反応させると，アルミニウムは酸化鉄(Ⅲ)から酸素を奪ってそれを還元し，単体の鉄が得られる(→ p.368)。

　一方，イオン化傾向が小さな金属は，陽イオンになりにくく，酸化されにくい。逆にいえば，その金属が陽イオンになっているときは電子を相手から受け取りやすいので，還元されやすい。また，白金や金が単体のまま地球上に存在するのは，イオン化傾向が小さいからである。

[1] このときのイオンは水分子と結びついた水和陽イオンである。
[2] 純粋な水の中でも，H^+ はわずかに存在する。希硫酸中の $[H^+]$ は，水中の $[H^+]$ よりもはるかに大きい。
[3] 実際のイオン化列は，基準となる電極と金属とで，電池を形成させたときの起電力の大きさの順序で表す（→ p.306）。

2 金属と他の金属イオンとの反応 金属のイオン
化傾向の大小を比べる方法を詳しくみてみよう。

(1) 硫酸銅(Ⅱ)水溶液(Cu²⁺ を含む水溶液)に鉄片を
入れる。しばらくすると，鉄の表面に赤い物質が
付着(単体の銅が析出⊕)し，鉄は反応して Fe²⁺と
なる(右図)。このとき，硫酸銅(Ⅱ)水溶液の青色
が次第に薄くなる。

このことから，Fe は Cu よりもイオン化傾向が大きいことがわかる。

$$\underset{\text{金属の析出}}{\overset{\text{イオン化}}{Fe + Cu^{2+} \longrightarrow Fe^{2+} + Cu}}$$

硫酸銅(Ⅱ)水溶液中の Cu^{2+} 1molが単体の銅になるときには，Fe 1molが反応して
1mol の鉄(Ⅱ)イオン Fe^{2+} になる。

(2) 硝酸銀水溶液に銅線を入れる(▶図3の中央)。この場合，単体の銀が析出する⊕とともに，
銅が反応して Cu^{2+} となるので，無色の硝酸銀水溶液が次第に青くなってくる。

すなわち，Cu は Ag よりイオン化傾向が大きい。

$$\underset{\text{金属の析出}}{\overset{\text{イオン化}}{Cu + 2Ag^+ \longrightarrow Cu^{2+} + 2Ag}}$$

(3) 酢酸鉛(Ⅱ)❷水溶液に亜鉛粒を入れると，単体の鉛が析出する⊕(▶図3の右)。

すなわち，Zn は Pb よりイオン化傾向が大きい。

$$\underset{\text{金属の析出}}{\overset{\text{イオン化}}{Zn + Pb^{2+} \longrightarrow Zn^{2+} + Pb}}$$

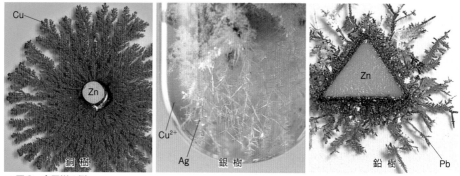

▲図3 金属樹の例

⊕ Cu，Ag，Pb などの金属の結晶が析出するときには，図3で示されるように樹枝状に発達するので，それぞ
れ銅樹，銀樹，鉛樹とよばれる。

❷ **Pb の塩** Pb の塩は水に溶けにくいものが多い($PbSO_4$，$PbCl_2$)が，酢酸鉛(Ⅱ)$(CH_3COO)_2Pb$ や硝酸鉛(Ⅱ)
$Pb(NO_3)_2$ は水によく溶ける。

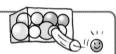

CHART 46

イオン化傾向の小さいほうが析出

金属 X をイオン Y^{n+} を含む水溶液に入れた場合
イオン化傾向 X>Y のとき…Y が析出
X≦Y のとき…変化なし

重要

金属のイオン化・析出 ⟶ 電子のやりとり
$$\begin{cases} X \longrightarrow X^{m+} + me^- \quad (\text{イオン化})\cdots\text{酸化} \\ Y^{n+} + ne^- \longrightarrow Y\downarrow \quad (\text{析出}) \qquad \cdots\text{還元} \end{cases}$$

B イオン化傾向と金属の化学的性質

1 イオン化傾向の大きな金属　Li, K, Ca, Na は，イオン化傾向が大きく，常温でも乾いた空気中の酸素と速やかに反応して酸化物をつくる。これらの金属の酸化物は，すべてイオンからなる物質(→ p.62)である。

$$2Ca + O_2 \longrightarrow 2CaO$$
$$2Ca \longrightarrow 2Ca^{2+} + 4e^- \qquad O_2 + 4e^- \longrightarrow 2O^{2-}$$

Li, K, Ca, Na は，常温でも水と反応して水酸化物となり，水素を発生する。

これらの金属の単体の反応では，必ず電子の移動[1]が起こっている。

2 イオン化傾向が中程度の金属　Mg, Al, Zn などは，常温で空気中に放置すると，その表面に酸化物の被膜をつくる。

高温では空気とよく反応し，たとえば，Mg や Al の粉末などを空気中で熱すると，強い光を出して燃える[2]。

$$2Mg + O_2 \longrightarrow 2MgO \qquad\qquad 4Al + 3O_2 \longrightarrow 2Al_2O_3$$
酸化マグネシウム　　　　　　　　　　　酸化アルミニウム

Mg は常温の水とはほとんど反応しないが，熱水とは反応して水酸化物となり，水素を発生する。

$$Mg + 2H_2O \longrightarrow Mg(OH)_2 + H_2\uparrow$$

Al, Zn, Fe などは，高温の水蒸気と反応して酸化物となり，水素を発生する。

---

[1] 金属樹ができたり水素が発生するような，単体が関与する反応は，すべて酸化還元反応である。

[2] 花火で，まばゆい白色の光を出しているのは，アルミニウム粉末の燃焼である。かつて，アルミニウムと酸素の反応は，使い捨ての写真のフラッシュバルブ(閃光電球)に利用されていた。現在のフラッシュランプ(ストロボ)は，キセノン Xe の放電管や LED が用いられている。

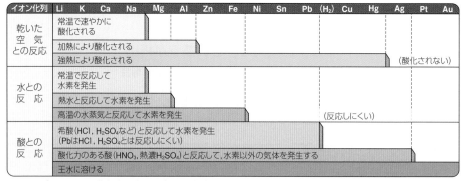

イオン化列	Li	K	Ca	Na	Mg	Al	Zn	Fe	Ni	Sn	Pb	(H₂)	Cu	Hg	Ag	Pt	Au

乾いた空気との反応
- 常温で速やかに酸化される
- 加熱により酸化される
- 強熱により酸化される
- (酸化されない)

水との反応
- 常温で反応して水素を発生
- 熱水と反応して水素を発生
- 高温の水蒸気と反応して水素を発生
- (反応しにくい)

酸との反応
- 希酸（HCl，H₂SO₄など）と反応して水素を発生（PbはHClH₂SO₄とは反応しにくい）
- 酸化力のある酸（HNO₃，熱濃H₂SO₄）と反応して，水素以外の気体を発生する
- 王水に溶ける

▲図4　金属のイオン化傾向と単体の金属の性質

$$2\,Al + 3\,H_2O \longrightarrow Al_2O_3 + 3\,H_2\uparrow$$
$$Zn + H_2O \longrightarrow ZnO + H_2\uparrow$$
$$3\,Fe + 4\,H_2O \overset{(赤熱)}{\longrightarrow} Fe_3O_4\text{(四酸化三鉄)}[1] + 4\,H_2\uparrow$$

　Niやそれよりもイオン化傾向の小さい金属の単体は，水とはほとんど反応しない。このため，NiやSnはめっきに使われる（→ p.318, 404）。

　Al，Zn，Fe，Ni，Snなどの水素よりイオン化傾向が大きい金属は，塩酸や希硫酸などの酸と反応して，水素を発生する。Al，Fe，Niは強い酸化力をもつ濃硝酸や熱濃硫酸に対し，表面に緻密な酸化物の被膜を形成して**不動態**となり，内部まで侵されない（→ p.368）。

　Pbは，PbCl₂やPbSO₄が水に溶けにくいことから，塩酸や硫酸にはほとんど溶けない[2]（表面がPbCl₂やPbSO₄でおおわれるので，ほとんど反応が進行しない。→ p.300 脚注）。

3　イオン化傾向の小さい金属　Cu，Hg，Ag，Pt，Auは，空気中の酸素と反応しにくく，水とも反応しない。ただし，Cu，Hgは空気中で熱すると，酸化されて酸化物になる。

　水素よりイオン化傾向の小さな金属は希酸（希塩酸，希硫酸）と反応しないが，Cu，Hg，Agは希硝酸，濃硝酸，熱濃硫酸のような強い酸化力のある酸とは反応して溶ける[3]。

$$3\,Cu + 8\,HNO_3(希) \longrightarrow 3\,Cu(NO_3)_2 + 2\,NO\uparrow + 4\,H_2O$$
$$Cu + 4\,HNO_3(濃) \longrightarrow Cu(NO_3)_2 + 2\,NO_2\uparrow + 2\,H_2O$$
$$Cu + 2\,H_2SO_4(熱濃) \longrightarrow CuSO_4 + SO_2\uparrow + 2\,H_2O$$

　このとき，図4のように，Pbよりイオン化傾向が大きい金属も，強い酸化力のある酸に溶けるということを忘れないようにする（ただし，不動態に注意!!）。

　イオン化傾向がきわめて小さいPt，Auは空気中でも安定に存在し，ほとんどの酸とは反応しないが，**王水**[4]には反応して溶ける。

---

[1] **四酸化三鉄 Fe₃O₄**　成分は FeO・Fe₂O₃ とされる。鉄の黒さびや磁鉄鉱の主成分。
[2] この性質と，軟らかく，加工しやすいこともあり，鉛は水道管に使われていたが，有害な Pb²⁺ が出るため，現在では安全面からステンレス鋼や合成樹脂製の水道管が使われるようになっている。
[3] この反応は，金属と水素のイオン化傾向の差による反応ではないので水素以外の気体が発生する。
[4] **王水**　濃硝酸と濃塩酸の，1:3の体積比による混合溶液。組成は用途によって幾分異なるものもある。王水と金との反応（→ p.382）は，Au + 4HCl + HNO₃ ⟶ H⁺ + [AuCl₄]⁻ + NO↑ + 2H₂O

次の記述について，正しいものを1つ選べ。
① ナトリウムとマグネシウムは常温で水と容易に反応するが，亜鉛は常温の水と反応しない。
② イオン化傾向が大きい金属ほど反応しやすく，酸化力も大きい。
③ 金は濃硝酸や希硝酸とは反応しないが，王水とは反応して溶解する。
④ 鉛は水素よりイオン化傾向が大きいので希塩酸と容易に反応して溶解する。
⑤ 鉄の表面にスズをめっきすると，内部まで傷がついたときでも鉄はさびない。

考え方▶ ① ナトリウムの他，リチウム・カリウム・カルシウムは常温で水と反応して水素を発生するが，マグネシウムは熱水でないと反応しない。アルミニウム・亜鉛・鉄などは高温の水蒸気でないと反応しない。誤り。
② イオン化傾向が大きい金属は酸化されやすく反応しやすい。自身は酸化されるので，酸化力ではなく，還元力が大きい。誤り。
③ 正しい。金と白金は王水にのみ溶解する。

④ 鉛と塩酸が反応すると表面に水に不溶の塩化鉛(Ⅱ)が生成するため，内部まで反応が進まず，全部が溶解することはない。誤り。
⑤ 鉄の表面にスズをめっきしたものはブリキとよばれている。内部まで傷がつくと，スズより鉄のほうがイオン化傾向が大きいので鉄はスズより先に腐食される。誤り。

答 ③

類題 ····· 61

次の記述から，A〜Eの金属をイオン化傾向が大きい順に並べよ。
(1) A, C, Eは希塩酸に溶解して水素を発生するが，BとDは反応しない。
(2) Aの酸化物をEとともに高温で反応させると，Eが酸化されて単体のAが得られる。
(3) Bのイオンを含む水溶液にDの単体を入れると，Dが溶解しBの単体が得られる。
(4) Cは常温の水と反応するが，AとEは反応しない。

Q Question Time クエスチョン タイム

Q. トタンとブリキでは表面に傷がついて鉄が露出したとき，どちらのほうが内部の鉄がさびにくいのですか？

A. トタンとブリキでは，表面に傷がついたときは，トタンの鉄のほうがブリキの鉄よりさびにくいです。

トタンは鋼板(Fe)上に亜鉛 Zn をめっきしたもの，ブリキは鋼板上にスズ Sn をめっきしたもので，イオン化傾向の大きさの順は $Zn > Fe > Sn$ です。

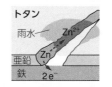

もし，トタンとブリキの表面に傷がついて鉄が露出し，そこに雨水が付着したとすると（上図），局部的に電池（→次ページ）が形成されて，トタンでは表面の亜鉛が溶け出していくだけですが，ブリキの場合は，逆に鉄が溶け出していきます。このため，傷がついていないときはいずれも内部の鉄はさびにくいのですが，傷がついて鉄が露出したときはトタンのほうが内部の鉄がさびにくいことになります。

4 電池と電気分解

A 電池

1 電池の原理 **(1) 電流の発生** 図5(a)のように，電解質水溶液（たとえば希硫酸）に銅板と亜鉛板を離して浸すと，亜鉛は反応して水素を発生するが，銅板では何の変化も見られない。

$$Zn \longrightarrow Zn^{2+} + 2e^-$$

これを，図5(b)のようにして，両金属を導線で結ぶと，銅板の表面から水素が発生し，電球が点灯する。これは，導線中を電流が流れたことを意味している。

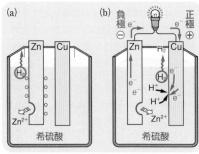

▲ 図5 (a)電解質水溶液に銅・亜鉛板を浸す
(b)電池の原理（ボルタ電池）

(2) 電池 イオン化傾向が異なる2種類の金属を導線で結んで電解質の水溶液に浸すと導線の中を電子が移動する。このような装置を一般に，**電池** という。電池は化学反応に伴って放出されるエネルギーを電気エネルギーに変える発電装置といえる。

電池の表し方は，⊖ Zn│H₂SO₄ aq│Cu ⊕ のように電解質を│ │ではさんで，両側に電極の種類と正負の符号を示す（aq は水溶液を表す）。

図5(b)の亜鉛板のように，導線に向かって電子 e⁻ が流れ出る極を **負極**，銅板のように導線から電子が流れ込む⁰極を **正極** といい，正極と負極の間に生じる電位差（電圧）を電池の **起電力** という。

このときの反応は次のようになる。

Zn板（負極） $Zn \longrightarrow Zn^{2+} + 2e^-$

Cu板（正極） $2H^+ + 2e^- \longrightarrow H_2\uparrow$

Episode

ボルタ A.Volta（1745 ～ 1827）

イタリアの物理学者。2種類の金属を電解質の水溶液（希硫酸など）に浸すと，両金属の間に電位差が生じることを発見した。これがボルタ電池の発明（1800 年頃）で，初めて電流を取り出すことを可能にした。

イオン化列もボルタの発見といわれている。電位差（電圧）の単位の Volt は彼の名前からつけられた。

右の図は，亜鉛板と銅板とを交互に，塩化ナトリウム水溶液で湿らせた紙をはさんで積み重ねたボルタの電堆といわれるもので，電池の原型である。

▲ ボルタ

▲ ボルタの電堆

⓵ **電流の方向** 電子の移動の方向と反対の方向（正の電荷の移動の方向）を電流の方向とする。すなわち，電流は，導線を正極から負極に向かって流れる。

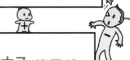

CHART 47

電池：イオン化傾向 の 大きい ほうが マイナス (負極)だ

〔⊖極〕大 ← イオン化傾向 → 小〔⊕極〕

[補足] ボルタ電池　前ページの図5(b)の電池は**ボルタ電池**とよばれる。ボルタ電池は，起電力がすぐに低下して電流が流れにくくなる。このような現象を電池の**分極**ということがある。分極が起こる理由は，銅板（正極）上で水素が発生し，銅板の表面をおおって逆向きの起電力が生じるためといわれている。分極を防ぐには適当な酸化剤（過酸化水素など）を入れておけばよい。このような酸化剤を**減極剤**(消極剤)ということがある。

2 金属の種類と起電力　右図のように，いろいろな金属を食塩水（塩化ナトリウム水溶液）をしみ込ませたろ紙の上に並べて，2種類の金属の間でどちらから電流が流れるか，すなわちどちらが正極になるかを電圧計または電流計で調べる。

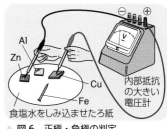

▲ 図6　正極・負極の判定

イオン化傾向の順は Al>Zn>Fe>Cu であり，2種類の金属の組合せで，イオン化傾向の大きいほうの金属が負極になる（上の **CHART 47**）。

右図の Cu と Zn では，Zn が負極，Cu が正極になる。

また，イオン化傾向の差が大きい組合せほど，電池の正極と負極の間の起電力（電圧）は大きい。この値は標準電極電位(→次ページ)の差で決まる。

問題学習 …… 62　　　　　　　　　　　　　　　　　　　　　　　　　　　　　電池

　希硫酸に銅板と亜鉛板を離して入れ，導線で結んだ。これに関する記述のうち，誤りを含むものをすべて選べ。
① 亜鉛板表面からは水素が発生し，銅板表面では変化が見られない。
② 電子は導線を銅板から亜鉛板に向かって流れる。
③ 電流は導線を銅板から亜鉛板に向かって流れる。
④ 銅板を電池の正極，亜鉛板を電池の負極という。
⑤ 亜鉛板と銅板をつないだ導線を離すと，どちらの金属板からも水素はまったく発生しなくなる。

考え方▶ このとき次の反応が起こる。
　　亜鉛板：$Zn \longrightarrow Zn^{2+} + 2e^-$
　　銅　板：$2H^+ + 2e^- \longrightarrow H_2$
① 銅板の表面から水素が発生する。誤り。
② 電子は亜鉛板から導線を伝わって銅板に流れる。誤り。

③ 電子と逆向きに流れるので，正しい。
④ 電子が外部に流れ出るほうが負極，電子が流れ込むほうが正極であり，正しい。
⑤ 導線を切断すると，銅板からは水素が発生しなくなるが，亜鉛板から水素が発生する。誤り。
　　　　　　　　　　　　　　　　　　（答） ①，②，⑤

Study Column 標準電極電位

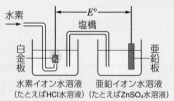

水素イオン水溶液　亜鉛イオン水溶液
（たとえばHCl水溶液）（たとえばZnSO₄水溶液）

(1) 標準電極電位の意味　異種の金属を電解質水溶液に浸してつくった電池の電位差ばかりでなく，酸化剤や還元剤の強弱の判断は，標準電極電位 (E^0) から推定できる。

　右図のように，白金板を水素イオンを含む水溶液（$[H^+]=1mol/L$）に浸して，$1.01×10^5\,Pa$ の水素を吹きかけた電極（標準水素電極という）の電位を，基準の $0\,V$ とする。

$$2H^+ + 2e^- \rightleftarrows H_2 \qquad E^0 = 0.00\,V \quad \cdots\cdots ①$$

　一方，$1\,mol/L$ の Zn^{2+} を含む水溶液に亜鉛板（Zn 電極）を浸し，標準水素電極とを塩橋（KCl を寒天等で固めたイオンの通り道）で接続してその電位差を測定すると，亜鉛側が負極となり $0.76\,V$ と測定される。これを，次のように表記する。

$$Zn^{2+} + 2e^- \rightleftarrows Zn \qquad E^0 = -0.76\,V \quad \cdots\cdots ②$$

　同様に，Cu^{2+} 水溶液と Cu 電極で実験すると，Cu が正極となり $0.34\,V$ と測定される。

$$Cu^{2+} + 2e^- \rightleftarrows Cu \qquad E^0 = +0.34\,V \quad \cdots\cdots ③$$

　これを多数の金属について測定したものが，図 A である。金属のイオン化列はこの順序に従っている。なお，これらの値は，電解質水溶液の濃度や pH によって変化する。

(2) 電池の起電力　図 A から，イオン化傾向が大きい金属ほど E^0 が小さく，単体は強い還元剤とわかる。

　ダニエル電池（$Zn + Cu^{2+} \longrightarrow Zn^{2+} + Cu$）の起電力を求めるには，③式－②式より，

$$Zn + Cu^{2+} \longrightarrow Zn^{2+} + Cu$$
$$E = +0.34\,V - (-0.76\,V) = +1.1\,V$$

よって，電池全体では $1.1\,V$ の起電力が得られる。

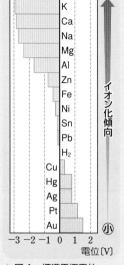

▲図 A　標準電極電位

(3) 酸化還元反応の判断　酸化還元反応の起こりやすさは，酸化剤や還元剤の E^0 の値から判断できる。一般に $E > 0.3\,V$ を十分に満たすなら，その反応は右方向に進行するといわれる。

　たとえば，食塩水にヨウ素を加えると，反応して塩素が遊離するだろうか？（→ p.292）

　すなわち，$2Cl^- + I_2 \longrightarrow Cl_2 + 2I^-$ が起こるかを考える。

$$2Cl^- \rightleftarrows Cl_2\,aq + 2e^- \qquad E^0 = -1.40\,V \quad \cdots\cdots ④$$
$$2I^- \rightleftarrows I_2(固) + 2e^- \qquad E^0 = -0.54\,V \quad \cdots\cdots ⑤$$

④式－⑤式より，

$$2Cl^- + I_2(固) \longrightarrow Cl_2\,aq + 2I^- \qquad E = -1.40\,V - (-0.54\,V) = -0.86\,V < 0.3\,V$$

　よって，この方向に反応は進行しない。しかし，逆向きの反応であれば $+0.86\,V$ となり，反応が進行することがわかる。

3 ダニエル電池　$-\,Zn\,|\,ZnSO_4\,aq\,|\,CuSO_4\,aq\,|\,Cu\,+$

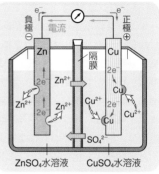

図 7 のように，濃い硫酸（II）(CuSO₄) 水溶液
を入れ，薄い硫酸亜鉛(ZnSO₄)水溶液(または希硫酸)[1]に
亜鉛板を入れて，水溶液が混ざらないように両者を隔膜
(素焼き板[2]など)で隔てた電池を，**ダニエル**電池という。

亜鉛 Zn は，銅 Cu よりもイオン化傾向が大きいので，
亜鉛板では，Zn が表面からイオンになって水溶液中へ入
り，電子を残す。この電子は導線を通って銅板に移り，
銅板上で硫酸銅(II)水溶液中の Cu^{2+} と結合して，単体の
銅が表面に析出する。

$$Zn \longrightarrow Zn^{2+} + 2e^- \qquad Cu^{2+} + 2e^- \longrightarrow Cu$$
亜鉛板表面(負極)　　　　　　導線　　　　　　　銅板表面(正極)

▲ 図7　ダニエル電池の原理

イオン化傾向
Zn＞Cu

このように，負電荷をもつ電子が導線を通って負極から正極に移動することを **放電** という。
また，**電流の向き** は，電子の流れと逆の向き(正極から負極)である。

ダニエル電池の放電のときには，それぞれの水溶液の中で硫酸亜鉛水溶液側が正に，硫酸
銅(II)水溶液側が負に帯電することになるので，この電荷を中和するために，陰イオンの硫
酸イオン SO_4^{2-} が隔膜を通って，硫酸亜鉛水溶液のほうに流れ込む。もちろん，陽イオンの
亜鉛イオン Zn^{2+} が硫酸銅(II)水溶液のほうへも移動していく。

負極では，$Zn \longrightarrow Zn^{2+} + 2e^-$ の反応により Zn^{2+} が増加するから，硫酸亜鉛水溶液の濃
度は薄いほうがよい。また，正極では，$Cu^{2+} + 2e^- \longrightarrow Cu$ の反応により Cu^{2+} が減少す
るので，硫酸銅(II)水溶液の濃度は濃いほうがよく，通常は硫酸銅(II)五水和物の結晶を加
えて飽和溶液にしておく。

また，電池の起電力を生じるもとになる物質を **活物質** という。ダニエル電池では，亜鉛が
負極活物質(還元剤)，銅(II)イオンが正極活物質(酸化剤)である。

ダニエル電池は長時間電球を灯すこともでき，実用電池として使われていた時代もある。

CHART 48

電池 では 亜鉛（負極）から 電子が出ていく

$$Zn \longrightarrow Zn^{2+} + 2e^-$$
$\longrightarrow$ 導線 $\longrightarrow$ 正極

[1] **硫酸亜鉛水溶液の濃度**　Zn 板の表面から Zn がイオンとなって溶解するので，溶液中の Zn^{2+} は増大する。
Zn^{2+} が濃くなると，Zn が溶けにくくなるので，溶液中の Zn^{2+} の濃度は小さいほうがよい。したがって，硫
酸亜鉛水溶液でなく，希硫酸でもよいが，Zn と H^+ が反応して H_2 が発生する。

[2] **素焼き板**　水溶液の混合を防ぐが，細孔があって両液の陽イオンまたは陰イオンは通ることができる。

[3] **ダニエル**(J.F.Daniell，1790 〜 1845)はイギリスの化学者。ダニエル露点湿度計(1820 年)を発明した。塩類の
水溶液の電気分解の研究もある。

4 マンガン乾電池　⊖ Zn | ZnCl₂ aq, NH₄Cl aq | MnO₂, C ⊕

　マンガン乾電池（塩化亜鉛型乾電池）は，正極活物質に酸化マンガン（IV）MnO_2（正極端子に黒鉛棒 C），負極活物質に亜鉛を用いた電池である。電解質溶液（電解液）としては，塩化アンモニウム NH_4Cl を含む塩化亜鉛 $ZnCl_2$ を主成分とした水溶液を用いている。マンガン乾電池は，ルクランシェ[1]電池の一種である。乾電池は，内部の液体がもれないように，合成糊などを加えてペースト状（半固形状）にし，携帯に便利なようにしてある（▶図8）。

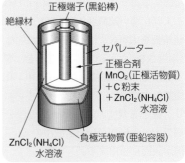

正極端子（黒鉛棒）
絶縁材
セパレーター
正極合剤
MnO_2（正極活物質）
＋C 粉末
＋$ZnCl_2$・(NH_4Cl)
水溶液
$ZnCl_2$・(NH_4Cl)
水溶液
負極活物質（亜鉛容器）

▲ 図8　乾電池の構造

《反応》　反応は複雑であり，記憶する必要はない（しかし，理解しておきたい）。マンガン乾電池の反応は確実にはわかっていないが，たとえば塩化亜鉛型の乾電池の反応は，次式のように表される。

（負極）　$4Zn + ZnCl_2 + 8OH^- \longrightarrow ZnCl_2 \cdot 4Zn(OH)_2 + 8e^-$　……①

（正極）　$\underline{MnO_2} + H_2O + e^- \longrightarrow \underline{MnO(OH)} + OH^-$　……②

$(+4) \longrightarrow$ 還元される（酸化剤）$\longrightarrow (+3)$

①式＋②式×8 より，

$4Zn$（負極）$+ ZnCl_2 + 8MnO_2$（正極）$+ 8H_2O \longrightarrow ZnCl_2 \cdot 4Zn(OH)_2 + 8MnO(OH)$

また，塩化アンモニウム型の乾電池の反応は，次式のように表される。

$Zn + 2NH_4Cl + 2MnO_2 \longrightarrow Zn(NH_3)_2Cl_2 + 2MnO(OH)$

　塩化亜鉛型の乾電池では，放電によって水が消費されるので，塩化アンモニウム型の乾電池でよく起こっていた液もれが少なくなる。

Q？uestion Time　クエスチョン タイム

Q. マンガン乾電池は充電できないのですか？

A. 現在，日本で製造されているマンガン乾電池は，すべて塩化亜鉛型乾電池です。マンガン乾電池（塩化亜鉛型乾電池）は，基本的には充電できません。充電可能な電池となるためには，電極の反応が完全に可逆的であることが必要です。放電により負極に生成した $ZnCl_2 \cdot 4Zn(OH)_2$ は，Zn にはもどりにくく，正極に生成した $MnO(OH)$ も MnO_2 にもどりにくいのです。

　マンガン乾電池を充電できるという充電器が市販されているようです。それを使用すると，多少電池の寿命が長くなるようですが，これは，ペースト状の電解質中をイオンが動くのを助けているからだといわれています。したがって，充電に使用したエネルギーが取り出せるものではありません。むしろ漏液などの弊害が起こる可能性があり，電池メーカーでもマンガン乾電池の充電は行わないでほしいといっています。

---

[1] ルクランシェ（G.Leclanché，1839 ～ 1882）はフランスの化学者。1868 年，MnO_2 と C を正極，Zn を負極とし，NH_4Cl 水溶液を電解液とした電池を考案した。これを改良したものがマンガン乾電池である。

5 鉛蓄電池　－ Pb｜H₂SO₄ aq｜PbO₂ ＋

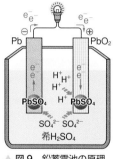

▲ 図9　鉛蓄電池の原理

(1) 鉛蓄電池の構造　鉛蓄電池は，希硫酸中に酸化鉛(IV)(二酸化鉛) PbO_2 と鉛 Pb を離して浸したものである。酸化鉛(IV) が正極，鉛が負極となる。

鉛蓄電池の正極(PbO_2)と負極(Pb)を導線でつなぐと，Pb から電子が生じて，導線を通って正極に流れる。これが，鉛蓄電池の **放電** である。

〔負極(**Pb**)〕 $Pb \longrightarrow Pb^{2+} + 2e^-$　　$Pb^{2+} + SO_4^{2-} \longrightarrow PbSO_4$

まとめると，$\underset{\text{負極}}{Pb} + \underset{\text{溶液中}}{SO_4^{2-}} \longrightarrow \underset{\text{負極 Pb 表面}}{PbSO_4} + 2e^-$ ……①

〔正極(**PbO₂**)〕 $\underset{\text{正極}}{PbO_2} + \underset{\text{溶液中}}{4H^+ + SO_4^{2-}} + 2e^- \longrightarrow \underset{\text{正極 PbO₂ 表面}}{PbSO_4} + 2H_2O$ ……②

①式＋②式を求めると，鉛蓄電池の放電の全反応を表すことができる。

$$\underset{\text{(負極)}}{Pb} + \underset{\text{(正極)}}{PbO_2} + 2H_2SO_4 \xrightarrow[\text{(放電)}]{(2e^-)} \underset{\text{負極表面}}{PbSO_4} + \underset{\text{正極表面}}{PbSO_4} + 2H_2O$$ ……③

(2) 鉛蓄電池の放電・充電　③の反応式からわかるように，鉛蓄電池を放電すると，電解液の希硫酸の濃度が小さくなる。

そこで，希硫酸の濃度を測定して一定の値以下になったら，外部の直流電源装置によって，鉛蓄電池の起電力2V より大きい電圧で，放電とは逆の方向に電流を流す。そうすると，鉛蓄電池の化学反応が放電とは逆方向に進行し，電極に付着していた $PbSO_4$ は Pb (負極)や PbO_2(正極)にもどり，硫酸の濃度が増す。これはもともと鉛蓄電池の化学反応が可逆的に進行可能だからできることである。

このようにして電池を復活させることを **充電** という。

〔負極〕 $PbSO_4$(負極表面) $+ 2e^- \longrightarrow Pb + SO_4^{2-}$　　　　……(①式の逆反応)

〔正極〕 $PbSO_4 + 2H_2O \longrightarrow PbO_2 + 4H^+ + SO_4^{2-} + 2e^-$ ……(②式の逆反応)

放電・充電のときの鉛蓄電池内の反応を1つにまとめると，次のようになる。

$$\underset{\text{負極}}{Pb} + \underset{\text{正極}}{PbO_2} + 2H_2SO_4 \underset{\text{充電(2}e^-)}{\overset{\text{放電(2}e^-)}{\rightleftharpoons}} \underset{\text{負極}}{PbSO_4} + \underset{\text{正極}}{PbSO_4} + 2H_2O$$

2e⁻ で負極(Pb)・正極(PbO₂) $\longrightarrow$ **硫酸鉛(Ⅱ)(2PbSO₄)**

鉛蓄電池のように，充電して再使用できる電池を **二次電池** (蓄電池)という。一方，乾電池などのように，充電できない電池を **一次電池** という。

❶ **蓄電池の発明者プランテ** (R.L.G.Planté, 1834 ～ 1889) はフランスの物理学者。1859 年，2枚の鉛板を希硫酸につけて電流を通していると，陽極の表面が変化し，外部からの電流を絶つと逆向きに電流が流れることを見つけた。これが，鉛蓄電池の発明に結びついた。

❷ **自動車のバッテリー(鉛蓄電池)の充電**　自動車には，バッテリー(鉛蓄電池)と充電用発電機が装備されている。始動と同時に，発電機が作動して充電する。充電機能が十分にはたらかないと，硫酸の濃度 (密度) が減少し，バッテリーが使えなくなる。

(3) 鉛蓄電池内の量的関係

放電で **2mol の電子**が流れると，次の質量の変化が起こる。
充電では増減が逆になる。

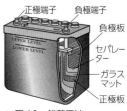
正極端子　負極端子
負極板
セパレー
ター
ガラス
マット
正極板

$$\text{負極：Pb} \longrightarrow \text{PbSO}_4 \qquad 96\,\text{g}\,(\text{SO}_4\,\text{の分})\,\text{増加}$$
$$\text{正極：PbO}_2 \longrightarrow \text{PbSO}_4 \qquad 64\,\text{g}\,(\text{SO}_2\,\text{の分})\,\text{増加}$$
}160g 増加

電解液
$$\begin{cases} \text{H}_2\text{SO}_4 & 2\times98\,(\text{g})\,\text{減少} \\ \text{H}_2\text{O} & 2\times18\,(\text{g})\,\text{増加} \end{cases}$$
}160g 減少

▲ 図10　鉛蓄電池

Study Column　鉛蓄電池の反応式

鉛蓄電池の放電時の反応式は，

負極：$\text{Pb} + \text{SO}_4^{2-} \longrightarrow \text{PbSO}_4 + 2\text{e}^-$

正極：$\text{PbO}_2 + 4\text{H}^+ + \text{SO}_4^{2-} + 2\text{e}^- \longrightarrow \text{PbSO}_4 + 2\text{H}_2\text{O}$

この反応式は，次のようにしてつくることができる。覚えておくべきことは，

負極：$\text{Pb} \longrightarrow \text{Pb}^{2+}$ （PbSO_4）
正極：$\text{PbO}_2 \longrightarrow \text{Pb}^{2+}$ （PbSO_4）

だけである。あとは，酸化剤・還元剤のはたらきを示す反応式のつくり方を適用する（→ p.289）。

(1) **負極**：まず，酸化数が変化した分の電子を加えて，酸化数のつり合いをとる。

$$\text{Pb} \longrightarrow \text{Pb}^{2+} + 2\text{e}^-$$

希硫酸中の反応だから Pb^{2+} は SO_4^{2-} と反応して PbSO_4 となる。

$$\begin{array}{r} \text{Pb} \longrightarrow \text{Pb}^{2+} + 2\text{e}^- \\ +)\quad \text{Pb}^{2+} + \text{SO}_4^{2-} \longrightarrow \text{PbSO}_4 \\ \hline \text{Pb} + \text{SO}_4^{2-} \longrightarrow \text{PbSO}_4 + 2\text{e}^- \end{array}$$

(2) **正極**：まず，酸化数が変化した分の電子を加えて，酸化数のつり合いをとる。

$$\underset{(+4)}{\text{PbO}_2} + 2\text{e}^- \longrightarrow \underset{(+2)}{\text{Pb}^{2+}}$$

電荷のつり合いを H^+ でとると，

$$\text{PbO}_2 + 4\text{H}^+ + 2\text{e}^- \longrightarrow \text{Pb}^{2+}$$

原子の数のつり合いをとるために H_2O を加える。

$$\text{PbO}_2 + 4\text{H}^+ + 2\text{e}^- \longrightarrow \text{Pb}^{2+} + 2\text{H}_2\text{O}$$

希硫酸中の反応だから Pb^{2+} は SO_4^{2-} と反応して PbSO_4 となる。

$$\begin{array}{r} \text{PbO}_2 + 4\text{H}^+ + 2\text{e}^- \longrightarrow \text{Pb}^{2+} + 2\text{H}_2\text{O} \\ +)\quad \text{Pb}^{2+} + \text{SO}_4^{2-} \longrightarrow \text{PbSO}_4 \\ \hline \text{PbO}_2 + 4\text{H}^+ + \text{SO}_4^{2-} + 2\text{e}^- \longrightarrow \text{PbSO}_4 + 2\text{H}_2\text{O} \end{array}$$

両極の反応を合わせると，

$$\text{Pb} + \text{PbO}_2 + 2\text{H}_2\text{SO}_4 \underset{\text{充電}}{\overset{\text{放電}}{\rightleftarrows}} 2\text{PbSO}_4 + 2\text{H}_2\text{O}$$

このとき，2mol の電子 e^- が関与していることをおさえておくことが大切である。

▼ 表4 電池のまとめ

電池	電解液	負極とその反応	正極とその反応	起電力	備考
ボルタ電池	(希)H_2SO_4	Zn $Zn \rightarrow Zn^{2+} + 2e^-$	Cu $2H^+ + 2e^- \rightarrow H_2$	1.1 V	原理的な電池
ダニエル電池	(負極) $ZnSO_4aq$ (正極) $CuSO_4aq$	Zn $Zn \rightarrow Zn^{2+} + 2e^-$	Cu $Cu^{2+} + 2e^- \rightarrow Cu$	1.1 V	最初の実用電池
マンガン乾電池	$ZnCl_2aq + NH_4Claq$	Zn $4Zn + ZnCl_2 + 8OH^- \rightarrow$ $ZnCl_2 \cdot 4Zn(OH)_2 + 8e^-$ $(Zn \rightarrow Zn^{2+} + 2e^-)$	MnO_2 (正極端子は C) $MnO_2 + H_2O + e^-$ $\rightarrow MnO(OH) + OH^-$	1.5 V	一次電池,改良ルクランシェ電池
鉛蓄電池	(希)H_2SO_4	Pb $Pb + SO_4^{2-}$ $\rightarrow PbSO_4 + 2e^-$	PbO_2 $PbO_2 + 4H^+ + SO_4^{2-} + 2e^-$ $\rightarrow PbSO_4 + 2H_2O$	2.0 V	二次電池

6 燃料電池　燃料電池は，H_2 などの燃料（他に CO，CH_4，CH_3OH などを使うことも可能）のもつ化学エネルギーを，直接，電気エネルギーに変換する装置である。したがって，燃料を補充すれば永続的に使用できるのが特徴で，発電装置ともいえる。

　燃料電池の構造は，多孔質の金属や炭素電極を用いて内部の電解液と外側の気体とを接触させている。起電力は約 1.2 V で，多数の単電池を連結して用いる。

(a) リン酸形の燃料電池

負極：$2H_2 \longrightarrow 4H^+ + 4e^-$

正極：$O_2 + 4H^+ + 4e^- \longrightarrow 2H_2O$

(b) KOH 形の燃料電池

負極：$2H_2 + 4OH^- \longrightarrow 4H_2O + 4e^-$

正極：$O_2 + 2H_2O + 4e^- \longrightarrow 4OH^-$

いずれも，両極の反応式から電子を消去すると，

$2H_2 + O_2 \longrightarrow 2H_2O$

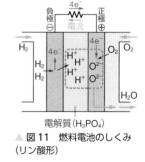

▲ 図11　燃料電池のしくみ（リン酸形）

となり，水素が燃焼して水になる反応と同じで，水の電気分解の逆の反応である。

　初期の燃料電池はたいへん高価な KOH 形で，アポロ宇宙船の電源に使われて，生成した水を利用するなど一躍有名になったが，地上では CO_2 を吸収して劣化しやすい。現在はリン酸形が実用化され，小型の家庭用燃料電池としてはメタンを燃料とする固体高分子形もある。

　燃料電池は，燃料に水素を使うので生成する物質は水だけであり，CO_2 を発生しない。しかし，水素は天然ガスなどの化石資源からつくるので，その過程で CO_2 が発生する。一方，扱いにくい水素の運搬・貯蔵方法や，再生可能エネルギーによる水素の製造法などの研究開発が盛んに行われている。また，水素を経ずにメタノールを直接の燃料として用いる燃料電池も一部製品化され，CH_4 や CO をそのまま用いる高温形の燃料電池も開発中である。燃料電池は電気と熱が同時に発生し，この熱を利用できれば，変換効率が高いエネルギーとなる。

注意 燃料電池の反応は，酸素が正極，水素が負極であることと，水の電気分解の逆の反応であることを知っていればよい。

Study Column　実用化されているいろいろな電池

一次電池

(1) **銀電池**　負極は Zn，正極は Ag_2O，電解液に KOH 水溶液を用いたボタン型電池。酸化銀電池ともいう。起電力は 1.55 V。電圧がたいへん安定しているので腕時計（クオーツ時計）や精密機器などに用いられている。

(2) **リチウム電池**　負極は Li，正極は酸化マンガン（Ⅳ）MnO_2 やフッ化黒鉛 $(CF)_x$，電解液は $LiBF_4$ などのリチウム塩の有機溶媒で，起電力は 3.0 V。軽くて，保存寿命が 10 年もある。ボタン型が最も多く，時計，カメラ，小型電子機器に広く用いられている。

(3) **空気電池**　負極は Zn または Al で，正極活物質に空気中の酸素を利用する。電解液は KOH または NH_4Cl，$ZnCl_2$ 水溶液で，起電力は 1.3 V。外見はふつうのボタン型電池と変わらないが，空気中の酸素を取り入れる小さな穴が空いており，使用時にシールをはがす。電池の体積のほとんどが負極活物質で占められるので，小型の割には電池容量を大きくできる。補聴器に用いられている。

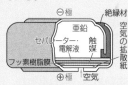
▲ 空気電池の構造

二次電池（反応式の ⟶ は放電時，⟵ は充電時の反応を示す。）

(1) **ニッケル-カドミウム電池**（1960 年代〜）　負極はカドミウム Cd，正極はオキシ水酸化ニッケル（Ⅲ）$NiO(OH)$ を用い，電解液は KOH が主成分で，起電力は 1.3 V である。小型の家庭電気機器に広く用いられた。

　　負極：$Cd + 2OH^- \rightleftarrows Cd(OH)_2 + 2e^-$
　　正極：$NiO(OH) + H_2O + e^- \rightleftarrows Ni(OH)_2 + OH^-$

(2) **ニッケル-水素電池**（1990 年代〜）　負極は水素吸蔵合金（MH で表す），正極はニッケル-カドミウム電池と同じ $NiO(OH)$ を用い，電解液は KOH が主成分で，起電力は 1.35 V である。有毒なカドミウムを使用しないことと，電池容量が大きいのでニッケル-カドミウム電池に代わって使われるようになった。市販のハイブリッドカーにも搭載されている。

　　負極：$MH + OH^- \rightleftarrows M + H_2O + e^-$
　　正極：$NiO(OH) + H_2O + e^- \rightleftarrows Ni(OH)_2 + OH^-$

(3) **リチウムイオン電池（リチウム二次電池）**（1995 年くらい〜）

　　負極は Li と C の複合電極 C_6Li_x，正極はコバルト酸リチウム $Li_{(1-x)}CoO_2$，電解液はリチウム塩と有機溶媒を用いたものなどがあり，起電力は 4.0 V。鉛蓄電池やニッケル-カドミウム電池の 4 倍の電池容量をもつ。充電操作には電池ごとに専用の機器を必要とするが，軽くて容量が大きいので携帯電話やノートパソコンなどに広く用いられている。リチウムイオン電池は高性能であるが，原材料が高く，ニッケル-水素電池よりもかなり高価である。しかし近年では，ハイブリッドカーや電気自動車などにも広く使われている。

　　負極：$C_6Li_x \rightleftarrows 6C + xLi^+ + xe^-$
　　正極：$Li_{(1-x)}CoO_2 + xLi^+ + xe^- \rightleftarrows LiCoO_2$

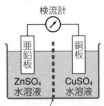

　　右図に示したダニエル電池について，次の記述①～⑤のうち，正しいものを1つ選べ。

① 電流は，導線を通って銅板から亜鉛板に向かって流れる。

② 正極のまわりの水溶液も負極のまわりの水溶液も，いずれも薄くなる。

③ 正極から水素が発生する。

④ 硫酸イオンは負極の溶液ほうから正極の溶液のほうへ移動する。

⑤ 負極の亜鉛は還元され，正極の銅は酸化される。

検流計

亜鉛板　　銅板

$ZnSO_4$　　$CuSO_4$
水溶液　　水溶液

素焼き板などの隔膜

考え方▶ ダニエル電池では，次の反応が起こる。

　負極：$Zn \longrightarrow Zn^{2+} + 2e^-$

　正極：$Cu^{2+} + 2e^- \longrightarrow Cu$

① ダニエル電池では，銅板が正極，亜鉛板が負極となる。電子は負極から正極へ導線を通して流れ，電流は電子の流れと逆向きに流れると定義されるので，銅板から亜鉛板に流れる。正しい。

② 負極では，亜鉛が亜鉛イオン Zn^{2+} となって溶け出すので硫酸亜鉛水溶液は濃くなる。正極では，溶液中の銅(Ⅱ)イオン Cu^{2+} が単体の銅となって析出するので硫酸銅(Ⅱ)水溶液

は薄くなる。誤り。

③ ボルタ電池とは異なり，正極から水素は発生しない。誤り。

④ 硫酸イオン $SO_4{}^{2-}$ は，電子の流れに対応して正極の溶液から負極の溶液に向かって素焼き板を通って移動する。誤り。

⑤ 電池では，常に負極では酸化反応，正極では還元反応が起こっている。誤り。

答　①

注意 ダニエル電池では，正極の硫酸銅(Ⅱ)水溶液は濃いほど，負極の硫酸亜鉛水溶液はある程度薄いほど長持ちする。正極は硫酸銅(Ⅱ)の結晶を入れた飽和溶液としておくことが多い。

類題 ⋯⋯ 63A

　　鉛蓄電池について，放電するときの現象について正しい記述を1つ選べ。

① 電解液には希硫酸が使用され，その濃度は一定に保たれる。

② 電解液の希硫酸の密度は変化せず，ほぼ一定である。

③ 使用するにつれて，電解液中には Pb^{2+} が増加していく。

④ 正極・負極ともに質量は増加する。

⑤ 正極の質量は増加し，負極の質量は減少する。

類題 ⋯⋯ 63B

　　次の文中の空欄に語句・物質名を入れよ。

　ダニエル電池は，硫酸亜鉛水溶液と（　ア　）水溶液を素焼き板で区切り，硫酸亜鉛水溶液に（　イ　）板，（ア）水溶液に（　ウ　）板を浸した構造をしている。（イ）と（ウ）を導線で結ぶと，（イ）から（ウ）に向かって（　エ　）が流れる。

　鉛蓄電池の正極は（　オ　），負極は（　カ　）で，電解質溶液は（　キ　）である。正極から負極に流れる電流を取り出すことを（　ク　）といい，外部電源をつないで（ク）とは逆向きの電流を流すことを（　ケ　）という。（ケ）を行うと，再利用できる電池を（　コ　）という。

B 電気分解

1 電気分解のしくみ 電解質水溶液に2枚の白金板(または2本の炭素棒)を入れ,外部電源(電池)をつないで電圧をかけると,電解質水溶液を含めた回路に電流が流れる。

このとき,電池の正極につながっている電極を **陽極**,負極につながっている電極を **陰極** といい,それぞれの電極で酸化反応または還元反応が起こる。これが **電気分解(電解)** である。

<u>陽極</u>……最も酸化されやすいものが酸化される

      (多くは陰イオンが電子を失う→酸化反応が起こる)

  └─ 電池の正極につながった極

<u>陰極</u>……最も還元されやすいものが還元される

      (多くは陽イオンが電子を得る→還元反応が起こる)

  └─ 電池の負極につながった極

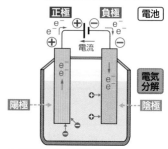

▲ 図12 電池と電気分解

電気分解で何が生成するかは,水溶液の場合と水溶液でない(固体を融解させる)場合とで異なる。一般的な水溶液の電気分解の生成物は,次の①〜④で調べることができる。

① 陽極の電極が何であるかを確認する。

② 水溶液中に存在するイオンが何であるかを調べる。

③ 陽極は陰イオン,陰極は陽イオンを考える。

④ 次の表に従って,何が生成するか決定する(それぞれ,AまたはB)。

▼ 表5 電気分解の生成物

陽極	**A** 可溶性電極(Pt,C以外①)⇨ 電極がイオンとなって**溶解**する。 　　　$M \longrightarrow M^{n+} + ne^-$ **B** 白金,炭素電極 (i) ハロゲン化物イオンがある ⇨ その**単体が生成**　$2X^- \longrightarrow X_2 + 2e^-$ (ii) その他のイオンのとき ⇨ O_2 **発生** 　・強塩基の水溶液では… $4OH^- \longrightarrow O_2\uparrow + 2H_2O + 4e^-$　(pH>約12) 　・その他のイオン(SO_4^{2-},NO_3^- など)… 溶媒の水分子が酸化される 　　$2H_2O \longrightarrow O_2\uparrow + 4H^+ + 4e^-$　(電極付近は**酸性**となる)
陰極	**A** 1族,2族,Al以外のイオンのとき(Znを含めてそれよりイオン化傾向が小さいもの) 　⇨ その**単体が生成**　$M^{n+} + ne^- \longrightarrow M$ **B** 1族,2族,Alのイオンと強酸の水溶液のとき ⇨ H_2 **発生** 　・強酸の水溶液では… $2H^+ + 2e^- \longrightarrow H_2\uparrow$　(pH<約2) 　・1族,2族,Alのイオン(Alを含めてそれよりイオン化傾向が大きいもの) 　… 溶媒の水分子が還元される 　　$2H_2O + 2e^- \longrightarrow H_2\uparrow + 2\underset{\sim}{OH}^-$　(電極付近は**塩基性**となる)

水溶液の電気分解では, H_2O を忘れるな

水溶液中の $\underline{SO_4^{2-}}$, $\underline{NO_3^-}$, $\underline{CO_3^{2-}}$, $\underline{PO_4^{3-}}$ は酸化されない。
　　　　　　(+6)　　(+5)　　(+4)　　(+5) ← 各元素の最大酸化数

① 金Auもイオン化傾向が小さく溶解しないが,電極として用いられることはほとんどない。

2 水溶液の電気分解　白金電極または炭素(黒鉛)電極で水溶液を電気分解する例を示す。

(1) 塩化銅(Ⅱ)水溶液(白金は塩素で侵されるので炭素電極とする)

塩化銅(Ⅱ)は，次のように電離する。

$$CuCl_2 \longrightarrow Cu^{2+} + 2Cl^-$$

陰極：前ページの表5の陰極Aに該当し，CuはZnよりイオン化傾向が小さいので単体が生成する(銅Cuが析出する)。

$$Cu^{2+} + 2e^- \longrightarrow Cu$$

陽極：表5の陽極B(i)に該当する。ハロゲン化物イオンは酸化されて単体となる(塩素Cl_2が発生する)。

$$2Cl^- \longrightarrow Cl_2 + 2e^-$$

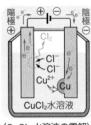

〈$CuCl_2$水溶液の電解〉

(2) 硫酸銅(Ⅱ)水溶液(白金電極)　硫酸銅(Ⅱ)は，次のように電離する。

$$CuSO_4 \longrightarrow Cu^{2+} + SO_4{}^{2-}$$

陰極：(1)の塩化銅(Ⅱ)水溶液と同様に銅Cuが析出する。

$$Cu^{2+} + 2e^- \longrightarrow Cu$$

陽極：表5の陽極B(ii)(その他のイオン)に該当するので，溶媒の水分子が酸化されて酸素O_2が発生する。

$$2H_2O \longrightarrow O_2\uparrow + 4H^+ + 4e^-$$

このため，陽極付近は次第に酸性が強くなる。

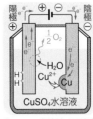

〈$CuSO_4$水溶液の電解〉

(3) 硫酸ナトリウム水溶液(白金電極)　硫酸ナトリウムは，次のように電離する。

$$Na_2SO_4 \longrightarrow 2Na^+ + SO_4{}^{2-}$$

陰極：表5の陰極Bに該当する。NaはAlよりイオン化傾向が大きいので，溶媒の水分子が還元されて水素H_2が発生する。

$$2H_2O + 2e^- \longrightarrow H_2\uparrow + 2OH^- \quad\cdots\cdots①$$

陽極：(2)と同様に，溶媒の水分子が酸化されて酸素O_2が発生する。

$$2H_2O \longrightarrow O_2\uparrow + 4H^+ + 4e^- \quad\cdots\cdots②$$

この場合，①式×2＋②式より，電子を消去して整理すると，

$$2H_2O \longrightarrow 2H_2 + O_2$$

〈Na_2SO_4水溶液の電解〉

となり，結局，水が電気分解されていることになる。水溶液を均一に混合すれば，常に中性である(硫酸ナトリウムの濃度は，次第に濃くなる)。

(4) 水酸化ナトリウム水溶液(白金電極)　水酸化ナトリウムは，次のように電離する。

$$NaOH \longrightarrow Na^+ + OH^-$$

陰極：(3)と同様に，溶媒の水分子が還元されて水素H_2が発生する。

$$2H_2O + 2e^- \longrightarrow H_2\uparrow + 2OH^- \quad\cdots\cdots③$$

陽極：表5の陽極B(ii)(強塩基の水溶液)に該当する。OH^-が多量にあるので，OH^-が酸化されて酸素O_2が発生する。

$$4OH^- \longrightarrow O_2\uparrow + 2H_2O + 4e^- \quad\cdots\cdots④$$

〈NaOH水溶液の電解〉

この場合，③式×2＋④式より，電子を消去して整理すると，

$$2H_2O \longrightarrow 2H_2 + O_2$$

となり，硫酸ナトリウム水溶液の場合と同じように，水が電気分解されていることになる。水溶液中の水酸化ナトリウムの濃度は，次第に濃くなる。

(5) **塩化ナトリウム水溶液**（白金は塩素で侵されるので炭素電極とする） 塩化ナトリウムは，次のように電離する。

$$NaCl \longrightarrow Na^+ + Cl^-$$

〈NaCl 水溶液の電解〉

陰極：(3)と同様に，溶媒の水分子が還元されて水素 H_2 が発生する。

$$2H_2O + 2e^- \longrightarrow H_2\uparrow + 2OH^-$$

　　陰極付近は水酸化物イオンの濃度が次第に増加する。水溶液中にはナトリウムイオンが存在するので，陰極付近の水溶液を濃縮すると，**水酸化ナトリウム**が得られるが，塩化ナトリウムなどの不純物を含んでしまう。

陽極：(1)と同様にハロゲン化物イオンは，その単体となる。

$$2Cl^- \longrightarrow Cl_2 + 2e^-$$

❸ 水酸化ナトリウムの工業的製法　水酸化ナトリウムは，工業的には塩化ナトリウムの水溶液の電気分解によって製造されている。

(1) **隔膜法**（▶図 13(a)）　上部の陽極（黒鉛）で Cl_2 が生成し，Na^+ が濃縮される。下部の多孔性の陰極（鉄）で H_2 が発生し，OH^- が濃縮される。したがって，NaOH 水溶液が多孔性の陰極を通って落下する。これを集めて水を除くと，低純度の水酸化ナトリウムが得られる。

　　なお，隔膜法による電解法は，得られた水酸化ナトリウムに NaCl などの不純物が含まれ，純粋なものではないという欠点があり，現在，日本では行われていない。

(2) **イオン交換膜法**（▶図 13(b)）　中央の陽イオン交換膜は，陽イオン（Na^+）だけを選択的に透過させるもので，陰イオンは通さない。左側の陽極室では，$2Cl^- \longrightarrow Cl_2 + 2e^-$ の反応が起こり，Na^+ は陽イオン交換膜を通って右側の陰極室に入る。

　　右側の陰極室では　$2H_2O + 2e^- \longrightarrow H_2 + 2OH^-$　の反応が起こって OH^- の濃度が大きくなり，左側の陽極室から Na^+ が入ってくるので，NaOH 水溶液ができることになる。

　　この方法でできた NaOH は，NaCl のような不純物が非常に少ないので，試薬や工業薬品の原料として，幅広く用いられている。

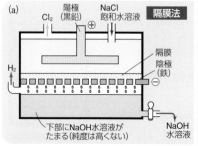

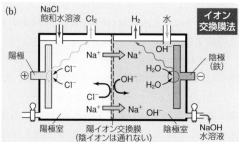

▲ 図 13　水酸化ナトリウムの工業的製法（隔膜法(a)とイオン交換膜法(b)）

Q. 陽極で硫酸イオンが変化せず，水が電気分解されるのはなぜですか？

A. 電気分解では，陰イオンは陽極のほうへ移動します。電気分解の陽極での反応は，電子を奪われる反応，すなわち酸化反応が起こります。しかし，SO_4^{2-} の S は最高酸化数の +6 であり，これ以上酸化されることはありません。O の酸化数は −2 ですが，安定なので O も酸化されません。そこで，酸化されやすい水酸化物イオン OH^- はどうかというと，酸性や中性溶液ではわずかしか存在していません。

　これらの結果，酸化に対して SO_4^{2-} より不安定な水分子 H_2O が酸化されて，酸素を発生することになります。pH がおよそ 12 以下では水分子 H_2O が酸化され，12 を超えると水酸化物イオン OH^- が酸化されます。

4 可溶性電極による電気分解　白金や炭素(黒鉛)以外の電極では，陽極の変化に注意する(陰極は電極の種類に依存しない)。

(1) **銅電極と硫酸銅(Ⅱ)水溶液**　硫酸銅(Ⅱ)は，次のように電離する。

$$CuSO_4 \longrightarrow Cu^{2+} + SO_4^{2-}$$

陰極：$p.314$ の表 5 の陰極 A に該当するので，銅(Ⅱ)イオンが還元されて単体の銅が析出する。

$$Cu^{2+} + 2e^- \longrightarrow Cu$$

陽極：電極が白金や炭素ではなく銅電極の場合は表 5 の陽極 A に該当するので，電極自身が酸化されて銅(Ⅱ)イオンとなる。

$$Cu \longrightarrow Cu^{2+} + 2e^-$$

　これを利用したのが銅の **電解精錬**(→次ページ)で，硫酸銅(Ⅱ)の希硫酸溶液で粗銅を陽極，純銅を陰極にして電気分解する。

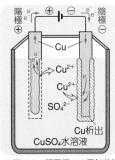

▲ **図 14**　銅電極での電気分解

▼ **表 6**　電気分解による生成物

電解質	陽　極　⊕		陰　極　⊖		電解質	陽　極　⊕		陰　極　⊖	
(水溶液)	電極	生成物	電極	生成物	(水溶液)	電極	生成物	電極	生成物
NaOH	白金	O_2	白金	H_2	CuSO_4	銅	Cu^{2+}(溶解)	銅(他)	Cu(析出)
H_2SO_4	白金	O_2	白金	H_2	NaCl	炭素	Cl_2	鉄	H_2
KCl	炭素	Cl_2	炭素	H_2	Al_2O_3 Na_3AlF_6 (融解塩)	炭素	CO または CO_2	炭素	Al (融解液)
CuSO_4	白金	O_2	白金	Cu					
AgNO_3	白金	O_2	白金	Ag					

昇　　竜の　　水は　　酸素	リッチに借りよう　か　な　間が　ある　酸は　水素
NO_3^-, SO_4^{2-}, OH^-	Li^+,　K^+,　Ca^{2+},　Na^+,　Mg^{2+},　Al^{3+},　H^+
$\longrightarrow O_2\uparrow$	$\longrightarrow H_2\uparrow$
陽極 昇竜の水は酸素だ	陰極 リッチに借りようかな間がある酸は水素だ

(2) 銀電極と硝酸銀水溶液　硝酸銀は，次のように電離する。

$$AgNO_3 \longrightarrow Ag^+ + NO_3^-$$

陰極：p.314 の表 5 の陰極 A に該当するので，銀イオンが還元されて単体の銀が析出する。

$$Ag^+ + e^- \longrightarrow Ag$$

陽極：銀電極の場合は表 5 の陽極 A に該当するので，電極自身が酸化されて銀イオンとなる。

$$Ag \longrightarrow Ag^+ + e^-$$

⑤ 銅の製錬（電解精錬）　銅の鉱石である黄銅鉱 $CuFeS_2$ に，コークス C と石灰石などを加えて溶鉱炉に入れ，約 1200℃ の高温下で反応させると，硫化銅（Ⅰ）Cu_2S が得られる。融解した Cu_2S を転炉中で酸素を吹き込み加熱すると，純度 98 〜 99％ 程度の銅が遊離する（→ p.378）。これを **粗銅** という。

　さらに，純度を高めるために硫酸酸性の硫酸銅（Ⅱ）水溶液中で粗銅を陽極，純銅の薄板を陰極にして，適当な電圧・電流・温度を管理しながら電気分解すると，粗銅中の銅は Cu^{2+} になって電解質水溶液中に溶け込み，純銅板上に銅 Cu だけが析出する。これを **銅の電解精錬** という。陰極にはステンレス鋼を使うこともある。得られる銅の純度は 99.99％ 以上である。

　陽極の下には，粗銅中に含まれていたイオン化傾向が Cu よりも小さい Ag や Au などの金属が **陽極泥** となり沈殿する。

　一方，イオン化傾向が Cu よりも大きい金属は，陽イオンとなったまま水溶液中に残る。

陽極：$Cu \longrightarrow Cu^{2+} + 2e^-$

陰極：$Cu^{2+} + 2e^- \longrightarrow Cu$

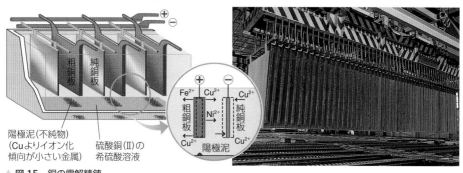

▲ 図 15　銅の電解精錬

⑥ めっき　硫酸銅（Ⅱ）水溶液の電気分解では，陰極は金属の種類によらず銅（Ⅱ）イオンの還元反応が起こって，電極の表面に金属の銅が析出する。

　これを利用して，ある金属器具（水道器具など）の表面に，電気分解を利用してさびにくい金属や見た目がきれいな金属（クロムや金など）を付着させることを，**電気めっき** または単に **めっき** という。めっきによって，さびにくくしたり，表面を美しくしたり，硬くしたりすることができる（→ p.404）。

　代表的なめっき製品であるトタンやブリキは，鋼板（Fe）上に Zn や Sn などを被覆して，鉄をさびにくくしている（→ p.303　クエスチョンタイム）。

7 溶融塩電解 イオン化傾向が大きい金属(Li，K，Ca，Na，Mg，Al など)のイオンは，水溶液中で還元されて単体が生成することはない。

これらの金属の単体は，塩化物，酸化物，水酸化物などを高温で融解させて電気分解すると，陰極に得られる。これを **溶融塩電解**(または融解塩電解)という。

アルミニウム以外は，生じた単体が酸化されないように空気(酸素)がない状態で行う。

(1) **塩化ナトリウム** NaCl

　　陰極：$Na^+ + e^- \longrightarrow Na$

　　陽極：$2Cl^- \longrightarrow Cl_2 + 2e^-$

(2) **水酸化ナトリウム** NaOH

　　陰極：$Na^+ + e^- \longrightarrow Na$

　　陽極：$4OH^- \longrightarrow O_2\uparrow + 2H_2O + 4e^-$

(3) **酸化アルミニウム** Al_2O_3

　　酸化アルミニウム Al_2O_3(アルミナ)は，融点が2054℃と非常に高いので，融解した氷晶石 Na_3AlF_6 に酸化アルミニウムを溶かし，1000℃くらいで電気分解する[1]。

　　電極はいずれも炭素を用いる。O^{2-} は電極の炭素と反応して，一酸化炭素や二酸化炭素となる。

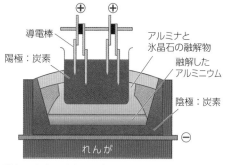

陽極の炭素は酸素と結合して一酸化炭素などになるため，炭素は絶えず補給する必要がある。融解アルミニウムは真空ポンプで吸い上げて取り出す。

▲ **図16** アルミニウムの溶融塩電解

　　陰極：$Al^{3+} + 3e^- \longrightarrow Al$

　　陽極：$C + O^{2-} \longrightarrow CO + 2e^-$　($C + 2O^{2-} \longrightarrow CO_2 + 4e^-$)

C 電気分解と電気量

1 電気量 電気分解の量的関係は，流れた電気の量(電気量)を測定することによって求めることができる。電気量の単位は **クーロン**(記号 C)が用いられる。1 A の電流で1s(秒)間流れたときの電気量が **1 C** である。したがって，$i〔A〕$ の電流が $t〔s〕$ の時間流れたとき，通じた電気量 $Q〔C〕$ は，$Q〔C〕＝i〔A〕×t〔s〕$ となる。

一方，電子1個がもつ電気量は，$1.602×10^{-19}$ C であるので，電子1mol がもつ電気量は，

　　$1.602×10^{-19}$ C $×6.022×10^{23}$/mol

　　　　$≒9.65×10^4$ C/mol

となる。これを **ファラデー定数** (記号 F) という。

> 電子1mol あたりの電気量
> ファラデー定数 $F＝9.65×10^4$ C/mol

したがって，電気分解のとき，流れた電流と時間を正しく測定すれば，何mol の電子が電気分解に使われたかがわかり，生成物の量的算出が可能になる。

[1] アルミニウムの原料はボーキサイトで，ボーキサイトを濃い水酸化ナトリウム水溶液で処理して，純粋な酸化アルミニウム Al_2O_3 をつくる(バイヤー法)。こうしてできた純粋な酸化アルミニウムをアルミナという。アルミナを約1000℃で電気分解(溶融塩電解)してアルミニウムを製造している。この電解法は，発明者の2人の名前をつけてホール・エルー法という(→ p.367)。

たとえば，塩化銅(II)$CuCl_2$水溶液を炭素電極で，電子2molの電気量で電気分解したときには，次のような量的関係になる。

陰極：Cu^{2+} + $2e^-$ ⟶ Cu
　　　1 mol　　2 mol　　　　1 mol

陽極：$2Cl^-$ ⟶ Cl_2 + $2e^-$
　　　2 mol　　　1 mol　　2 mol

> **1 mol($6.02×10^{23}$ 個)の電子の流れで**
> Cu^{2+} $\frac{1}{2}$ mol，Cl^- 1 mol が電気分解される。

 ファラデーの法則　電気分解で，陽極または陰極で変化する物質の物質量は，電気量および流れた電子の物質量に比例する。また，同じ電気量で変化するイオンの物質量は，イオンの種類に関係なく，イオンの価数に反比例する(例外もある)。

この関係を最初に発見したのがファラデーで，これを **ファラデーの法則** という。

重要

ファラデーの法則

電気分解によって，電極で変化する物質量は，通じた電気量に比例する。

問題学習 …… 64　　　　　　　　　　　塩化銅(II)水溶液の電気分解

塩化銅(II)水溶液を両極に炭素棒を用いて電気分解したところ，陰極に2.54gの銅が析出した。次の各問いに答えよ。Cu=63.5，Cl=35.5

(1) このとき電子何molが流れたか。　　(2) 同時に陽極に何gの塩素が発生したか。

考え方▶ 両極で起こる反応は

陰極：Cu^{2+} + $2e^-$ ⟶ Cu
陽極：$2Cl^-$ ⟶ Cl_2 + $2e^-$

したがって，電子2molが流れると，銅Cuは1mol，塩素Cl_2も1mol生成する。

(1) 生成した銅の物質量は，

$$\frac{2.54\,g}{63.5\,g/mol} = 0.0400\,mol$$

流れた電子の物質量をx[mol]とすると，
電子の物質量：銅の物質量
　=2mol：1mol=x[mol]：0.0400mol
　x=0.0800mol　　**答　0.0800 mol**

(2) 生成する銅と塩素の物質量は等しいから，塩素も0.0400mol発生している。その質量は，
71.0g/mol×0.0400mol=2.84g

答　2.84 g

Episode
ファラデーとデービー

ファラデー(M.Faraday，1791～1867)はイギリスの化学者・物理学者。13歳で小僧として奉公にでる。22歳でデービーの助手となる。塩素の液化(1823年)，ベンゼン(1825年)，電磁誘導(1831年)などの発見，電気分解の法則(1833年)を発見するなど，超人的な大科学者であった。

デービー(H.Davy，1778～1829)はイギリスの化学者。当時発明されたボルタ電池を用いてK，Na，Ca，Sr，Ba，Mgを電気分解により，初めて単離したが，学歴のないファラデーの才能を見いだしたことが最大の発見だといわれた。

▲ ファラデー(左)とデービー(右)

注意 現在ではファラデーの法則は，電子の介在により電気分解が起こっていることから考えれば，明らかなことである。つまり，化学反応式を見れば当然である。

しかし，電気量の概念もはっきりしない時代に，これらの法則を見つけたことは，たいへんな偉業であるといえる。

3 電気分解での析出量 電流，電解時間，析出量には，次のような関係がある。これらのことは，電気分解の計算問題を解くときの基本となる。

① i〔A〕の電流が，t〔s〕の時間流れると，その電気量は，it〔C〕である。

また，電子 1 mol あたりの電気量は，ファラデー定数 $F = 9.65 \times 10^4$ C/mol で表される。

したがって，このとき電子 $\dfrac{it}{9.65 \times 10^4}$〔mol〕分の電気量が流れたことになる。

② イオンの価数が n で，モル質量 M〔g/mol〕のイオンでは，電子 1 mol の電気量での析出量は $\dfrac{M}{n}$〔g〕となる。また，電子 m〔mol〕では $\dfrac{Mm}{n}$〔g〕となる。

たとえば，Cu^{2+} の場合は，$n = 2$，$M = 63.5$ g/mol なので，電子 1 mol での析出量は $\dfrac{M}{n} = \dfrac{63.5}{2}$ g となる。また，電子 4 mol が流れたとすれば，$\dfrac{63.5 \times 4}{2}$ g $= 127$ g となる。すなわち，電子 4 mol の電気量が流れたとき 127 g の銅が析出する。

③ ①，②より，i〔A〕，t〔s〕の電気量での析出量〔g〕は $\dfrac{M}{n} \times \dfrac{it}{9.65 \times 10^4}$（g）となる。

$$析出量〔g〕 = \frac{モル質量〔g/mol〕}{イオンの価数} \times \frac{電流〔A〕 \times 時間〔s〕}{9.65 \times 10^4 \, C/mol}$$

問題学習 ⋯⋯ 65 　　　　　　　　　　　　　**硫酸銅（Ⅱ）水溶液の電気分解**

硫酸銅（Ⅱ）水溶液を両極に白金電極を用いて，100 A の電流を 1 時間通じて電気分解した。次の各問いに答えよ。Cu = 63.5，ファラデー定数 $F = 9.65 \times 10^4$ C/mol
(1) 陰極に析出する銅は何 g か。
(2) 陽極に発生する酸素は標準状態（0℃，1.01×10^5 Pa）で何 L か。

考え方 ▶ (1) 流れた電子の物質量は，

$$\frac{it〔C〕}{9.65 \times 10^4 \, C/mol} = \frac{100 \times (1 \times 60 \times 60)}{9.65 \times 10^4} mol$$
$$≒ 3.73 \, mol$$

$Cu^{2+} + 2e^- \longrightarrow Cu$ より，電子 2 mol が流れると Cu が 1 mol 生成するから，

$$63.5 \, g/mol \times 3.73 \, mol \times \frac{1}{2} ≒ 118 \, g$$

答 **118 g**

(2) $2H_2O \longrightarrow O_2 + 4H^+ + 4e^-$ より，電子 4 mol が流れると O_2 が 1 mol 生成する。また，標準状態の気体のモル体積は 22.4 L/mol であるから，

$$22.4 \, L/mol \times 3.73 \, mol \times \frac{1}{4} ≒ 20.9 \, L$$

答 **20.9 L**

必要があれば次の値を用いよ。H＝1.0，O＝16，S＝32，Cl＝35.5，Pb＝207

① 酸化数と酸化還元反応

(1) 次の下線を引いた原子の酸化数を答えよ。

  (a) $\underline{Cl}_2$ (b) $\underline{N}O_2$ (c) $H\underline{N}O_3$ (d) $\underline{Cr}O_4^{2-}$ (e) $HS\underline{O}_4^-$

(2) 次の下線を引いた原子の酸化数が最大のものと最小のものを，それぞれ選べ。

  (a) $\underline{Cu}_2O$ (b) $\underline{Fe}_2(SO_4)_3$ (c) $K_2\underline{Cr}_2O_7$ (d) $\underline{Mn}O_2$ (e) $\underline{V}_2O_5$

(3) 次の(a)～(c)の酸化還元反応において，酸化された物質の化学式を記せ。

  (a) $2Al + Fe_2O_3 \longrightarrow Al_2O_3 + 2Fe$

  (b) $N_2 + 3H_2 \longrightarrow 2NH_3$

  (c) $MnO_2 + 4HCl \longrightarrow MnCl_2 + 2H_2O + Cl_2$

② 酸化剤と還元剤

(1) 次の酸化還元反応において，酸化剤としてはたらいている物質の化学式を記せ。

  (a) $NaClO + 2HCl \longrightarrow NaCl + H_2O + Cl_2$

  (b) $Cu + 4HNO_3 \longrightarrow Cu(NO_3)_2 + 2NO_2 + 2H_2O$

  (c) $Br_2 + SO_2 + 2H_2O \longrightarrow H_2SO_4 + 2HBr$

(2) 次の酸化還元反応において，還元剤としてはたらいている物質の化学式を記せ。

  (a) $Fe_2O_3 + 3CO \longrightarrow 2Fe + 3CO_2$

  (b) $Cl_2 + SO_2 + 2H_2O \longrightarrow H_2SO_4 + 2HCl$

  (c) $Mg + 2H_2O \longrightarrow Mg(OH)_2 + H_2$

  ヒント 酸化剤は相手を酸化するので，自身は還元されている。還元剤は相手を還元するので，自身は酸化されている。

③ 酸化剤・還元剤のはたらき

(1) 過マンガン酸カリウム $KMnO_4$ が硫酸酸性で酸化剤としてはたらくときの，電子を含む反応式の係数(a)～(e)を答えよ。ただし，係数が「1」の場合も答えるものとする。

  $(\ a\ )MnO_4^- + (\ b\ )H^+ + (\ c\ )e^- \longrightarrow (\ d\ )Mn^{2+} + (\ e\ )H_2O$

(2) 過酸化水素が還元剤としてはたらくときの，電子を含む反応式を示せ。

(3) 硫酸酸性で，過マンガン酸カリウムと過酸化水素が酸化還元反応するときのイオン反応式を示せ。

④ 酸化還元反応とその量的関係

  濃度が不明の過酸化水素水 10.0mL をコニカルビーカーに入れ，純粋な水 25.0mL と 3.00mol/L の希硫酸 5.00mL を加えてから 0.0100mol/L の過マンガン酸カリウム水溶液で滴定したところ，20.0mL で過酸化水素がすべて消費され滴定が完了した。

(1) 下線部における滴定の終点での色の変化は，次の(ア)～(エ)どれに近いか。

  (ア) 橙色→暗緑色   (イ) 無色→橙色   (ウ) 赤色→無色   (エ) 無色→赤紫色

(2) この過酸化水素水のモル濃度は何 mol/L か。

  ヒント $H_2O_2 \rightarrow O_2$，$MnO_4^- \rightarrow Mn^{2+}$ から，授受される電子の数を考えて量的関係を求めるとよい。

⑤ 金属のイオン化傾向

5種類の金属A〜Eについて次の(a)〜(d)の実験をした。A〜Eを，イオン化傾向の大きいものから順に並べよ。

(a) AおよびDは希塩酸と反応して水素を発生した。Cは希塩酸とは反応しなかったが，希硝酸とは反応した。

(b) Dの硝酸塩の水溶液に単体のAを入れたら，Aの表面にDの単体が析出した。

(c) Bは常温の水と反応して水素を発生したが，その他は水とは反応しなかった。

(d) Eは濃硝酸と反応しないが，王水とは反応して溶解した。

ヒント (a)においては，BとEは実験していないので，希塩酸と反応するかどうか不明である。

⑥ ダニエル電池

ダニエル電池((−)Zn|ZnSO₄ aq|CuSO₄ aq|Cu(+))について，次の問いに答えよ。

(1) 正極および負極で起こる反応を，電子を含む反応式で表せ。

(2) 次の(ア)〜(オ)のうち，正しいものを2つ選べ。

(ア) 硫酸亜鉛水溶液を薄く，硫酸銅(Ⅱ)水溶液を濃くしたほうが長もちする。

(イ) 硫酸亜鉛水溶液を濃く，硫酸銅(Ⅱ)水溶液を薄くしたほうが長もちする。

(ウ) 硫酸イオンは，負極側から正極側のほうへ移動する。

(エ) 電流は，銅板から亜鉛板に向かって流れる。

(オ) 起電力は1.5Vである。

ヒント (2)(ア)，(イ)(1)の化学反応式が右に進むとどうなるかを考え，それは電池が消費されることから考える。(ウ)全体の電荷のつり合いから考える。(エ)電流と電子は流れる方向が逆である。

◇⑦ 鉛蓄電池

鉛蓄電池の放電，充電における変化について，次の問いに答えよ。

(1) 放電時に正極および負極で起こる反応を，電子を含む反応式で表せ。

(2) 負極の質量が14.4g増加したとき，何molの電子が流れたことになるか。

(3) 放電時に1molの電子が流れたとき，溶液の質量変化は何gか。増減をつけて答えよ。

(4) 放電した場合について，(ア)〜(エ)のうち正しいものをすべて選べ。

(ア) 負極では酸化反応が起こる。 (イ) 正極では酸化反応が起こる。

(ウ) 電解液の密度は小さくなる。 (エ) 電解液のpHは小さくなる。

(5) 充電するとき，外部電源の負極につなぐのはPb電極とPbO₂電極のどちらか。

ヒント 電極の鉛や酸化鉛(Ⅳ)は，いずれも硫酸鉛(Ⅱ)に変化し，電極表面に付着する。そのためのSO₄²⁻は電解液から供給される。

◇⑧ 燃料電池

図は，燃料電池の原理図である。AとBは白金電極であり，試験管Cに水素，Dに酸素を満たすと電流が生じた。A，Bの電極が正・負のいずれであるかを示し，それぞれで起こる反応を，電子を含む反応式で表せ。

ヒント 燃料電池の反応は，水の電気分解の逆と考えればよい。

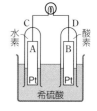

(◇=上位科目「化学」の内容を含む問題)

◆◆◆ 定期試験対策の問題 ◆◆◆

◇ 9 電気分解の生成物

次に示す電解液と電極板を用いて電気分解した場合に，各電極で生成する気体または金属は何か。(a)〜(j)に当てはまるものを解答群から選べ。同じものを繰り返し使用してよい。

電解液	陽極	陽極での生成物	陰極	陰極での生成物
$CuCl_2$ 水溶液	C	（ a ）	C	（ b ）
H_2SO_4 水溶液	Pt	（ c ）	Pt	（ d ）
NaOH 水溶液	C	（ e ）	Fe	（ f ）
$AgNO_3$ 水溶液	Pt	（ g ）	Ag	（ h ）
$CuSO_4$ 水溶液	Cu	（ i ）	Cu	（ j ）

〔解答群〕 H_2，O_2，Cl_2，Na，Ag，Cu，その他

ヒント 金属イオンが生成する場合は，解答群にないので「その他」を選べばよい。

◇ 10 ファラデーの法則

炭素電極を用い，塩化ナトリウム水溶液を5.0Aで16分5秒間電気分解した。次の問いに答えよ。ただし，ファラデー定数は $F=9.65×10^4\,C/mol$ とする。

(1) 陽極から発生した気体の名称と標準状態での体積〔L〕を答えよ。

(2) 陰極で生成する物質の名称とその質量〔g〕を答えよ。

ヒント 電子1molが移動すると，$9.65×10^4$ の電気量が流れたことになる。電気量は $Q=it$ で求める。

◇ 11 塩化ナトリウム水溶液の工業的電気分解

図は，塩化ナトリウム水溶液の工業的電気分解の模式図である。陽極では（ a ）が生成し，陰極では（ b ）および（ c ）が生成するが，両極は陽イオン交換膜で仕切られているので，生成した物質が混ざりあうことがない。また，陽イオン交換膜は（ d ）だけが通過できるので，陰極側では(c)と(d)の濃度が濃くなる。したがって，純度の高い（ e ）の水溶液が得られる。

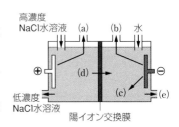

(1) 文中の空欄(a)〜(e)に当てはまる最も適切な語句を答えよ。

(2) 各電極で起こる反応を，電子を含む反応式で表せ。

(3) 陽イオン交換膜がないと，生成した(e)は(a)と反応してしまう。このとき生成する物質の化学式をすべて答えよ。

◇ 12 溶融塩電解と電解精錬

次の文中の空欄(a)〜(l)に最も適切な語句を入れて，文章を完成させよ。

アルミニウムの原料鉱石は（ a ）で，これを処理して純粋なアルミナ（化学式（ b ））を得た後，融解した（ c ）石にアルミナを加え，溶融塩電解すると（ d ）極でアルミニウムが得られ，（ e ）極では電極が反応して（ f ）や（ g ）を生じる。

銅の電解精錬は，陰極には（ h ）を，陽極には（ i ）を用い，硫酸銅(Ⅱ)の希硫酸水溶液中で電気分解する。銅よりイオン化傾向の（ j ）い亜鉛などはイオンになって水溶液中に溶けたままとなり，イオン化傾向が（ k ）い銀や金は，（ l ）となって陽極の下にたまる。

（◇＝上位科目「化学」の内容を含む問題）

第**4**編

無機物質

エッフェル塔

第1章

非金属元素

1 元素の分類と周期表　　　5 酸素と硫黄
2 水素　　　　　　　　　　6 窒素とリン
3 貴ガス元素　　　　　　　7 炭素とケイ素
4 ハロゲン元素　　　　　　8 気体の製法

硫黄の析出

---

1 元素の分類と周期表

A 周期律の概念

1 典型元素と遷移元素　　元素の周期律が発表されて以来，原子番号の順に並べられた元素の性質が，規則正しく変化するという興味深い事実が，学者の探究心を駆り立てた。その後，原子の構造，とくに価電子の数や族の番号と元素やその化合物の性質の関係が明らかになるにつれて，元素に関する研究は，周期表の族の順序に従って分類・整理され，行われるようになった。

　その後，新しい元素が数多く発見されるにつれて，周期表の族の番号とその族に含まれる元素の性質において規則性がはっきりしない元素群が多く見いだされるようになった。たとえば，$_{21}Sc \sim _{30}Zn$ では原子番号が1つずつ増加しても，価電子の数は1つずつ増加せず，いずれも原子番号と無関係に1個または2個である。このように，元素の性質は必ずしも族の番号には関係しないことがわかってきた。

　これらのことから，元素の周期律の考えがよく成り立つ元素を **典型元素**，それ以外の元素を **遷移元素** として区別するようになった[1]。

　現在の周期表は7の周期と18の族からなるもの(→次ページ 図2)が用いられている(3 〜 12族は遷移元素である)。

　元素の単体や化合物の性質を中心とした無機化学の分野では，典型元素と遷移元素とに分けて学ぶほうが理解しやすいので，それに従って解説をする。

価電子 周期	1	2	3	4	5	6	7
1	H						
2	Li	Be	B	C	N	O	F
3	Na	Mg	Al	Si	P	S	Cl
4	K	Ca					

▲ 図1　初期の周期表の概要

---

[1] **遷移元素**　周期表で8 〜 10族の Fe，Co，Ni などは，陰性の強いハロゲン元素(Cl，Br など)と，陽性の強いアルカリ金属元素(Na，K など)の間にあり，元素の性質が過渡的に移り変わることから遷移元素と名付けられた。

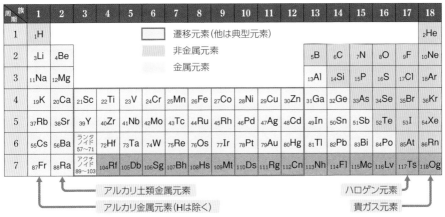

周期\族	1	2	3	4	5	6	7	8	9	10	11	12	13	14	15	16	17	18
1	$_1$H					遷移元素(他は典型元素)												$_2$He
2	$_3$Li	$_4$Be				非金属元素							$_5$B	$_6$C	$_7$N	$_8$O	$_9$F	$_{10}$Ne
3	$_{11}$Na	$_{12}$Mg				金属元素							$_{13}$Al	$_{14}$Si	$_{15}$P	$_{16}$S	$_{17}$Cl	$_{18}$Ar
4	$_{19}$K	$_{20}$Ca	$_{21}$Sc	$_{22}$Ti	$_{23}$V	$_{24}$Cr	$_{25}$Mn	$_{26}$Fe	$_{27}$Co	$_{28}$Ni	$_{29}$Cu	$_{30}$Zn	$_{31}$Ga	$_{32}$Ge	$_{33}$As	$_{34}$Se	$_{35}$Br	$_{36}$Kr
5	$_{37}$Rb	$_{38}$Sr	$_{39}$Y	$_{40}$Zr	$_{41}$Nb	$_{42}$Mo	$_{43}$Tc	$_{44}$Ru	$_{45}$Rh	$_{46}$Pd	$_{47}$Ag	$_{48}$Cd	$_{49}$In	$_{50}$Sn	$_{51}$Sb	$_{52}$Te	$_{53}$I	$_{54}$Xe
6	$_{55}$Cs	$_{56}$Ba	ランタノイド 57～71	$_{72}$Hf	$_{73}$Ta	$_{74}$W	$_{75}$Re	$_{76}$Os	$_{77}$Ir	$_{78}$Pt	$_{79}$Au	$_{80}$Hg	$_{81}$Tl	$_{82}$Pb	$_{83}$Bi	$_{84}$Po	$_{85}$At	$_{86}$Rn
7	$_{87}$Fr	$_{88}$Ra	アクチノイド 89～103	$_{104}$Rf	$_{105}$Db	$_{106}$Sg	$_{107}$Bh	$_{108}$Hs	$_{109}$Mt	$_{110}$Ds	$_{111}$Rg	$_{112}$Cn	$_{113}$Nh	$_{114}$Fl	$_{115}$Mc	$_{116}$Lv	$_{117}$Ts	$_{118}$Og

アルカリ土類金属元素
アルカリ金属元素(Hは除く)
ハロゲン元素
貴ガス元素

▲ 図2 現在の周期表(一部略)

2 典型元素の一般的性質 (1) 価電子の数は，その族番号の下 1 桁の数字に等しい (ただし 18 族は 0 とする)。

(2) 最高酸化数は，その族番号の下 1 桁の数字に等しい(ただし 18 族は 0 とする)。

(3) 大部分は無色のイオンをつくる。化合物も，ほとんどが無色(結晶の一部や粉末では白色に見える)である(以下，色の表示がなければこのように考えてよい)。

▼ 表1 代表的な典型元素の族による分類　　　　□ 非金属

項目\族	1	2	13	14	15	16	17	18
元素	$_3$**Li**	$_4$**Be**	$_5$**B**	$_6$**C**	$_7$**N**	$_8$**O**	$_9$**F**	$_{10}$**Ne**
水素化合物と酸化数	$\underset{+1 \ -1}{\text{Li H}}$	—	$\underset{+3 \ -1}{\text{B H}_3}$	$\underset{-4 \ +1}{\text{C H}_4}$	$\underset{-3 \ +1}{\text{N H}_3}$	$\underset{+1 \ -2}{\text{H}_2\text{O}}$	$\underset{+1 \ -1}{\text{H F}}$	—
酸化物と酸化数	$\underset{+1}{\text{Li}_2\text{O}}$	$\underset{+2}{\text{BeO}}$	$\underset{+3}{\text{B}_2\text{O}_3}$	$\underset{+2 \ +4}{\text{CO, CO}_2}$	$\underset{+2 \ +4}{\text{NO}^①, \text{NO}_2}$	—	$\underset{+2 \ -1}{\text{O F}_2}$	—
水酸化物と酸(酸・塩基)	LiOH 強塩基	Be(OH)$_2$ 両性	H$_3$BO$_3$ 弱酸	H$_2$CO$_3$ 弱酸	HNO$_2$ HNO$_3$ 弱酸 強酸	—	HF 弱酸	—
元素	$_{11}$**Na**	$_{12}$**Mg**	$_{13}$**Al**	$_{14}$**Si**	$_{15}$**P**	$_{16}$**S**	$_{17}$**Cl**	$_{18}$**Ar**
水素化合物と酸化数	$\underset{+1 \ -1}{\text{Na H}}$	$\underset{+2 \ -1}{\text{Mg H}_2}$	$\underset{+3 \ -1}{\text{Al H}_3}$	$\underset{+4 \ -1}{\text{Si H}_4}$ (シラン)	$\underset{}{\text{PH}_3}^②$ (ホスフィン)	$\underset{+1 \ -2}{\text{H}_2\text{S}}$	$\underset{+1 \ -1}{\text{H Cl}}$	—
酸化物と酸化数	$\underset{+1}{\text{Na}_2\text{O}}$	$\underset{+2}{\text{MgO}}$	$\underset{+3}{\text{Al}_2\text{O}_3}$	$\underset{+4}{\text{SiO}_2}$	$\underset{+5}{\text{P}_4\text{O}_{10}}$	$\underset{+4 \ +6}{\text{SO}_2, \text{SO}_3}$	$\underset{+7}{\text{Cl}_2\text{O}_7}^③$他	—
水酸化物と酸(酸・塩基)	NaOH 強塩基	Mg(OH)$_2$ 弱塩基	Al(OH)$_3$ 両性	H$_2$SiO$_3$ 不溶性の酸	H$_3$PO$_4$ 中程度の酸	H$_2$SO$_3$ H$_2$SO$_4$ 弱酸 強酸	HCl 強酸	—

❶ N の酸化物には，NO，NO$_2$ のほかに，N$_2$O，N$_2$O$_3$，N$_2$O$_4$，N$_2$O$_5$ などもある。

❷ PH$_3$ は，電子のかたよりがないので，酸化数を考えることはできない。

❸ Cl の酸化数は，それぞれ HCl(-1)，Cl$_2(0)$，ClO$(+1)$，ClO$_2(+3)$，ClO$_3(+5)$，ClO$_4(+7)$ となっている。

3 遷移元素の一般的性質　遷移元素（→ p.373）は，周期表で中央部の 3 〜 12 族（第 4 周期以降）に位置する金属元素で，典型元素と異なり，周期律があまり明瞭ではなく，同じ族の元素よりも，むしろ同じ周期の隣り合った元素の性質が似ていることが多い。これは，原子番号が増加しても最外殻電子の数が変化せず，多くは 2 個で，一部は 1 個であり，イオンになる場合に内側の殻からも電子が放出されるからである。したがって，族の番号とは関係なく，いろいろな酸化数を示す。とくに +2，+3 をとるものが多い。

単体は，Sc 以外は 4 g/cm³ 以上の密度をもつ重金属で，融点は高く，硬度も高いものが多い。合金をつくりやすいのも特徴である。イオンや化合物は有色のものが多く，酸化数の変化とともに色の変化を伴うものが多い。錯イオンをつくりやすい元素でもある。

単体や化合物は，酸化剤や触媒として作用するものが多い。

4 同族元素　周期表の同じ族に属する元素を **同族元素** といい，典型元素ではとくに性質が似ていて，固有の名称がついている場合がある。たとえば，1 族，2 族，17 族，18 族は，1 族（H を除く）：アルカリ金属元素，2 族：アルカリ土類金属元素[1]，17 族：ハロゲン元素，18 族：貴ガス元素[2]という。

典型元素の同族元素では，すべて価電子の数が同じなので，化学的性質がよく似ている。

(1) **アルカリ金属元素**　1 族元素の水素を除く，Li，Na，K，Rb，Cs，Fr（放射性元素）

　1 価の陽イオンになりやすく，単体は密度が小さく，融点が低い軟らかい金属で，常温の水と激しく反応して水素を発生する。空気中の酸素や水分と反応するので灯油中に保存する。化合物は炎色反応を示す。

(2) **アルカリ土類金属元素**　Be，Mg，Ca，Sr，Ba，Ra（放射性元素）

　2 価の陽イオンになりやすく，単体はアルカリ金属元素の単体よりは密度が大きく，融点も高い。Be，Mg 以外は常温の水とおだやかに反応して水素を発生し，それらの化合物は炎色反応を示す。空気中でもアルカリ金属元素の単体よりは安定である。

(3) **ハロゲン元素**　F，Cl，Br，I，At（放射性元素）

　17 族元素で，いずれも価電子 7 個をもつので，1 価の陰イオンになりやすい。単体は二原子分子で，有色で毒性をもち，酸化力が強い。常温・常圧で，フッ素 F_2 と塩素 Cl_2 は気体，臭素 Br_2 は液体，ヨウ素 I_2 は固体である。

(4) **貴ガス元素**　He，Ne，Ar，Kr，Xe，Rn（放射性元素）

　He は 2 個，その他は 8 個の最外殻電子をもち，安定した電子配置をとるので，イオンになったり化合物をつくることがほとんどなく，価電子の数は 0 とする。単体は単原子分子で空気中に含まれていて，アルゴンは約 0.93 % であるが，その他はごく微量である。

---

[1] 2 族元素の Be，Mg は，常温の水とはほとんど反応せず，化合物は炎色反応を示さないなど Ca，Sr，Ba，Ra とは性質が異なる。Be と Mg を除いた 2 族元素をアルカリ土類金属元素とする場合もある。

[2] 貴ガスは，空気中にごくわずか含まれるということから，以前は「希ガス」とよばれていた。しかし，アルゴン Ar は空気中に約 0.93 % 含まれており，約 0.04 % である二酸化炭素 CO_2 よりもはるかに多いので，希ガスという名称はふさわしくなく，他の物質と反応しにくい高貴な気体という意味で，**貴ガス**（noble gas）と改称された（IUPAC 無機化合物命名法 (2005)）。また，反応しにくい気体という意味で **不活性ガス** ともいわれる。

A 水素の性質

　水素は1価の陽イオンになりやすく，周期表の1族に分類されているが，他の1族元素とは性質が大きく異なり，非金属元素である。また，宇宙空間に最も多く存在する元素であり，地球上では，水などの化合物として多量に存在するが，単体は天然にはほとんど存在しない。

(1) **製法**　① 亜鉛，鉄などの金属に希硫酸や塩酸を反応させる[1]。

　　　例　$Zn + H_2SO_4 \longrightarrow ZnSO_4 + H_2$

　② 亜鉛，アルミニウムなどの両性金属（→ p.369）に水酸化ナトリウム水溶液を作用させる。

　　　例　$Zn + 2NaOH + 2H_2O \longrightarrow Na_2[Zn(OH)_4] + H_2$[2]
　　　　　　　　　　　　　　テトラヒドロキシド亜鉛(II)酸ナトリウム

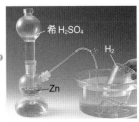
希 H_2SO_4
H_2
Zn

　③ 水（実際は薄い水酸化ナトリウム水溶液や希硫酸など）を電気分解すると，陰極から水素が発生する（→ p.315）。

　　　陰極：$2H_2O + 2e^- \longrightarrow H_2 + 2OH^-$
　　　陽極：$2H_2O \longrightarrow O_2 + 4H^+ + 4e^-$

▲図3　水素の発生と捕集

　④ 工業的にはニッケル触媒のもとで，炭化水素（天然ガス中のメタンやナフサ）と水蒸気を高温（650 〜 800℃）で反応させ，さらに銅触媒のもとで，CO を水蒸気と反応させたのち，水素だけを分けとる。

　　　例　$CH_4 + H_2O \longrightarrow CO + 3H_2$
　　　　　　$CO + H_2O \longrightarrow CO_2 + H_2$

(2) **性質**　① 単体は二原子分子 H_2 で，無色・無臭で，密度が最も小さい気体である。

　② 水に溶けにくい気体[3]で，空気中で点火すると，淡い青色の高温の炎を出して燃焼し，水になる。

　　　$2H_2 + O_2 \longrightarrow 2H_2O$

　③ 高温で還元作用を示す。

　　　例　$CuO + H_2 \longrightarrow Cu + H_2O$

▲図4
水素の燃焼

(3) **用途**　アンモニア，塩化水素，メタノールなどの合成原料のほか，ロケット燃料や燃料電池の活物質に使われ，燃料電池車にも使われる。身近なところでは，ニッケル-水素電池に水素吸蔵合金の形で使用されている。

(4) **化合物**　水素と他の元素との化合物は**水素化合物**とよばれる。陽性の強い金属に対しては水素化物イオン H^-[4]となり，NaH，LiH などの塩をつくる。

　非金属元素との水素化合物は CH_4，NH_3，H_2O，HCl などよく知られた物質が多い。

❶水素よりイオン化傾向が大きい金属が対象である。Pb は硫酸，塩酸とは反応しにくい。
❷水溶液中ではテトラヒドロキシド亜鉛(II)酸イオン $[Zn(OH)_4]^{2-}$ となっている（→ p.377，387）。
❸通常，水上置換で捕集する。上方置換で捕集されることもあるが，引火性が強いので火気に注意する。
❹H^- となっていることは，NaH を溶融塩電解すると，陽極から水素が得られることで確かめられる。

3 貴ガス元素

A 貴ガス元素の性質

1 貴ガスの単体　周期表の18族に属する元素は，**貴ガス元素**とよばれる。いずれも単原子分子で，空気中に存在し，体積比で合計0.9%程度含まれているが，大部分はアルゴンでその他の貴ガスはごく微量である（→ p.351 Study Column）。

殻 原子	K	L	M	N	O
$_2$He	2				
$_{10}$Ne	2	8			
$_{18}$Ar	2	8	8		
$_{36}$Kr	2	8	18	8	
$_{54}$Xe	2	8	18	18	8

(1) **ヘリウム He**　北アメリカなどで産出される天然ガスから分離して得ている。密度は空気の0.14倍と軽く，気球や飛行船に使われる。液体のヘリウムは沸点がすべての物質中で最も低く（4.22 K），ごく低温の研究や磁気浮上式リニアモーターカー，MRI診断装置などの超伝導体の冷却剤として利用される。

(2) **ネオン Ne**　液体空気の分留で得られる。ネオンランプやネオンサインなどに利用される。

▲ 図5　飛行船（He）
ヘリウムは，不燃性で引火の恐れがなく，水素に次いで軽い。

(3) **アルゴン Ar**　空気中に0.93%含まれ，液体空気の分留で得られる。白熱電球や蛍光灯の封入ガスに用いられるほか，金属溶接時や電子部品製造時の酸化防止用の保護ガスなどにも用いられる。

(4) **クリプトン Kr**　クリプトン電球（アルゴン電球より高能率）やレーザー発振管の封入ガスに用いられる。

(5) **キセノン Xe**　キセノン放電管，ストロボランプ（カメラのフラッシュ）などに利用される。

2 貴ガスの性質　貴ガスの電子配置は安定しており，イオン化エネルギーが非常に大きい。そのため，通常はイオンになったり，他の元素と化合物をつくらない。貴ガスの最外殻電子の数は，ヘリウムが2，その他の貴ガスは8であり，化合物をつくらないので，価電子の数は0とする。まれな化合物の例として，XeF_4などが合成されたことがある（→ p.332）。

融点・沸点は，原子量の増加とともに高くなる。

Study Column　さまざまな色のネオンサイン

　真空放電管に微量のネオンを入れて放電させると赤橙色になるが，アルゴンと水銀を加えると青色，ヘリウムを入れると黄金色となる。さらに着色ガラス管や蛍光体を用いると，いろいろな色を出すネオンサインができる。なお，貴ガス単独での放電の色はおよそ次のような色合いである。

He	Ne	Ar	Kr	Xe
黄	赤橙	赤	青緑	紫

4 ハロゲン元素

A ハロゲン元素の単体

1 単体の特色 (1) 価電子の数は7個で，すべて1価の陰イオンになる。

殻\原子	K	L	M	N	O
$_9$F	2	7			
$_{17}$Cl	2	8	7		
$_{35}$Br	2	8	18	7	
$_{53}$I	2	8	18	18	7

(2) 二原子分子をつくる。

(3) 常温における単体の状態や性質は，原子量の大きさの順に変化している(▶表2)。

(4) いずれも有色で，強い毒性をもつ。

(5) 金属元素と結合して塩をつくる[1]。

(6) 他の原子から電子を奪う性質が強いので，**酸化力** がある。

酸化力は，原子量が小さいほど大きい。これは原子半径 (→ $p.59$) が小さいハロゲン原子ほど，電子を取り込みやすいためである。

▼表2 ハロゲンの性質の比較

事項\分子式	F_2	Cl_2	Br_2	I_2
常温の状態	気体(淡黄色)	気体(黄緑色)	液体(赤褐色)	固体(黒紫色)
原子量	19	35.5	80	127
融点	$-220℃$	$-101℃$	$-7.2℃$	$114℃$
沸点	$-188℃$	$-34℃$	$59℃$	$184℃$
水素との反応	低温・暗所でも爆発的に反応	常温で光によって爆発的に反応	高温または光照射下で反応	高温で反応するが，平衡状態となる
水との反応	激しく反応してO_2を発生	わずかに反応し，HClOを生成	塩素よりも弱い反応性。HBrOを生成	水に溶けにくく，反応しにくい
酸化力	強 ◀――――――――――――――――――――――――――――――――――▶ 弱			
水素化合物	HF(弱酸)	HCl(強酸)	HBr(強酸)	HI(強酸)
銀塩 (名称) (水溶性) (色)	AgF フッ化銀 溶ける 黄(固体)	AgCl 塩化銀 不溶 白(固体)	AgBr 臭化銀 不溶 淡黄(固体)	AgI ヨウ化銀 不溶 黄(固体)

CHART 44

再掲(→ $p.292$) ハロゲンの酸化力

ハロゲンは小さいものほど力持ち(反応性が高い)

$$F_2 > Cl_2 > Br_2 > I_2$$

[1] **ハロゲン** ギリシャ語の hals (塩) と gennao (つくる) からきている。NaCl，KBr，CaF_2，KI，NH_4Cl など，多くの金属元素やアンモニウムイオンと塩をつくる。

2 フッ素 **(1) 産出** 単体としては存在せず，フッ化カルシウム（蛍石）CaF_2，氷晶石 Na_3AlF_6 などとして産出する。

(2) 製法 水分を含まない純粋なフッ化水素 HF とフッ化カリウム KF の混合物の溶融塩電解による（下のクエスチョンタイム）。

(3) 性質 単体は常温で気体の二原子分子 F_2 である。陰性が最大の元素で，電気陰性度も 4.0 と最大である。化学反応性がきわめて強く，ほとんどすべての元素と化合物をつくる。

・金や白金とも，500℃以上で反応し，ダイヤモンド・水晶などとも高温で反応する。

$$C（ダイヤモンド）+ 2F_2 \longrightarrow CF_4 \qquad SiO_2 + 2F_2 \longrightarrow SiF_4 + O_2$$

・水と激しく反応して，酸素を発生する。同時にオゾン O_3 が生成することもある。

$$2F_2 + 2H_2O \longrightarrow 4HF + O_2$$

・貴ガス元素である Xe とも反応する。これまでに，XeF_4，XeF_2 などが合成された[1]。

・水素とは，低温でも爆発的に反応してフッ化水素 HF を生成する。

$$F_2 + H_2 \longrightarrow 2HF$$

(4) 用途 ほとんどの場合，フッ化水素としてから，各種反応に用いられるが，核燃料である濃縮ウラン[2]を製造するために六フッ化ウラン UF_6 を得るときには，単体のフッ素が用いられる。

蛍石

Question Time クエスチョン タイム

Q. 反応性が激しい単体のフッ素はどうやってつくるのですか？

A. フッ素は，非常に激しい反応性をもつ毒性の強い物質です。つくったとしても保存容器が問題になります。単体の単離にはモアッサン[3]が 1886 年に初めて成功しました。現在では，実験室的には白金の容器や銅（フッ化銅が保護膜となる）の容器中で，工業的には炭素分の少ない鋼の容器の中で，フッ化カリウム KF 1mol に対してフッ化水素 HF 2mol を加えて 100℃程度で溶融塩電解し，F_2 を得ています。電極には炭素に銅を含ませたものやニッケルと炭素などが用いられています。

製品は液体にして，特殊な金属のボンベに詰めて販売されていますが，取り扱いは大変危険です。

フッ素はテフロンなどのフッ素樹脂や代替フロンなどの原料として多量に用いられています。

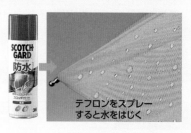

テフロンをスプレーすると水をはじく

---

[1] **XeF_4 の結晶** イギリスの化学者バトレット（N.Bartlett）によって，XeF_4（四フッ化キセノン）の結晶が発表された（1962 年）。 $Xe + F_2 \longrightarrow XeF_2$，$Xe + 2F_2 \longrightarrow XeF_4$

[2] 天然のウラン U に含まれる質量数 235 のウラン ^{235}U の濃度を 0.7％以上に高めたもの。^{238}U は核分裂せず，原子炉では ^{235}U を 3～5％含むウランを用いる。フッ素が用いられるのは，その同位体が ^{19}F 一種しか存在せず，後の処理が容易であり，UF_6 は沸点が 60℃近くで気体としても液体としても扱いやすいからである。

[3] **モアッサン**（Moissan，1852～1907）はフランスの化学者。1884 年からフッ素化学の研究を始め，片目を失うという犠牲のもと，当時不可能とされていたフッ素の単体を初めて得た。1906 年，ノーベル化学賞を受賞した。

3 塩素 **(1) 実験室的製法** ① 酸化マンガン(IV)MnO_2(二酸化マンガン)に濃塩酸を加えて加熱すると得られる(MnO_2 は酸化剤)。

$$MnO_2 + 4HCl \longrightarrow MnCl_2 + 2H_2O + Cl_2\uparrow$$

② ①の濃塩酸の代わりに，塩化ナトリウムと濃硫酸を用いてもよい。

$$2NaCl + 3H_2SO_4 + MnO_2 \longrightarrow 2NaHSO_4 + MnSO_4 + 2H_2O + Cl_2\uparrow$$

③ さらし粉(酸化剤→ p.337)に塩酸を加える。

$$\underset{(+1)}{CaCl(ClO)}\cdot H_2O + 2\underset{(-1)}{HCl} \longrightarrow CaCl_2 + 2H_2O + \underset{(0)}{Cl_2}\uparrow$$

(2) 工業的製法 塩化ナトリウム水溶液の電気分解による(イオン交換膜法→ p.316)。

陰極：$2H_2O + 2e^- \longrightarrow H_2\uparrow + 2OH^-$ （OH^- は $NaOH$ として利用）

陽極：$2Cl^- \longrightarrow Cl_2\uparrow + 2e^-$

 Laboratory | 塩素の実験室的製法と性質の確認

目的 塩素を実験的に生成させ，その性質を確認する。

方法 ① 右図のように，丸底フラスコに酸化マンガン(IV)を入れ，滴下漏斗に濃塩酸を入れる。
② コックを開いて濃塩酸を滴下し，加熱する。
③ 発生した気体を，水，濃硫酸の入った洗気瓶に順に通して精製する。
④ 気体導入管の先は集気瓶の底に近づけ，塩素を下方置換で集める。

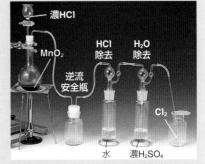

注 酸化マンガン(IV)以外の酸化剤でも，塩化水素を酸化して塩素を発生させることができる。たとえば $KMnO_4$，$K_2Cr_2O_7$ などを用いてもよい(この場合，加熱は不要)。

⑤ 黄緑色なので塩素とわかるが，その検出は，湿らせたヨウ化カリウムデンプン紙を近づけて，青色に変化することで確認する。

⑥ **塩素の性質の確認** 集気瓶に捕集した塩素について次の実験を行う。

(a) 湿らせた青色リトマス紙を差し込むと，次亜塩素酸や塩酸の生成により一瞬赤くなった後，酸化されて漂白される。

(b) 有色の花びら，または水で薄めた赤インクをつけた紙片を入れると，次第に脱色される。花の種類によっては，時間がかかったり，脱色されない場合もある。

(c) 銅線の先をらせん状に巻き，バーナーで軽く焼いてから集気瓶に差し込むと，塩化銅(II)の褐色の煙が観察される(とくに有毒なので吸わないようにする)。

(e) 燃焼さじに取り付けたろうそくを点火し，集気瓶に深く差し込むと，塩化水素から生じる白煙と，炭素からなる黒煙が観察される。

MARK 塩素は有毒な気体なので吸わないように注意し，ドラフト内で行う。

加熱をやめるときには，滴下漏斗のコックを開いて，洗気瓶の水が逆流しないようにする。

水の入った洗気瓶は塩化水素の除去，濃硫酸の入った洗気瓶は水蒸気の除去の役割をする。順序を逆にしてはいけない。また濃硫酸の代わりに塩化カルシウムの入った乾燥管を使ってもよい。

(a) 金属との反応
Cu + Cl₂
$\longrightarrow$ CuCl₂

(b) 水との反応
Cl₂ + H₂O
$\rightleftharpoons$ HCl + HClO

(c) 酸化作用
Cl₂ + H₂O $\longrightarrow$ HCl + HClO
HClO + 2H⁺ + 2e⁻ $\longrightarrow$ HCl + H₂O

塩素を加える

▲ 図6 塩素の性質

(3) **性質** ① 刺激臭をもつ黄緑色の気体で有毒である。

② **金属との反応** 加熱したナトリウムや銅などと激しく反応する。

$$Cu + Cl_2 \longrightarrow CuCl_2$$

③ **水との反応** 水に溶けて **塩素水** となる。塩素水の中では、水との反応によって塩化水素と **次亜塩素酸**(HClO)を生じているので、酸性を示す。

$$Cl_2 + H_2O \rightleftharpoons HCl + HClO$$

水道の源水に塩素を通じると HClO ができ、これにより水道水を殺菌している。プールなどの殺菌にも使われる。

④ **酸化作用** 酸化力が強い[1]($Cl_2 + 2e^- \longrightarrow 2Cl^-$)。

水分のあるところで、花などの色素を酸化して漂白する。

⑤ **水素との反応** 気体の水素と塩素との混合物は、光によって爆発的に反応する(→ p.207)。また、ろうそくに点火して塩素の中に入れると、ろうそくの成分元素である水素と直接反応して、塩化水素を生じ、成分元素の炭素は すす となる。

⑥ **塩基との反応** 水酸化ナトリウム水溶液に吸収される。

$$Cl_2 + 2NaOH \longrightarrow NaCl + NaClO(次亜塩素酸ナトリウム) + H_2O$$

⑦ **単体やイオンの検出** 〔単体〕・湿ったヨウ化カリウムデンプン紙を青くする[2]。
・ヨウ化カリウム KI 水溶液(無色)を褐色にする[3]。

〔イオン〕$Cl^- + Ag^+$(硝酸銀水溶液) $\longrightarrow$ AgCl↓(白色沈殿)

(4) **用途** 酸化剤・漂白剤(紙、パルプなど)、さらし粉の製造(→ p.337)、殺菌剤(上水道・プール)、塩酸・塩化物の製造、各種有機塩素化合物(塩化ビニルなど)の製造など。

---

❶ **塩素の酸化作用** 17族の塩素は、−1〜+7 までの酸化数をとる。+1以上の場合は、低い酸化数(0、−1)の物質になりやすい(還元されやすい、酸化力が強い→ p.337)。塩素のオキソ酸には、次亜塩素酸 HClO(+1)、亜塩素酸 HClO₂(+3)、塩素酸 HClO₃(+5)、過塩素酸 HClO₄(+7)がある。( )内は塩素原子の酸化数。

❷ **ヨウ素デンプン反応** ヨウ素はデンプンと反応すると、青色を呈する(→次ページ)。

❸ $2I^- + Cl_2 \longrightarrow I_2 + 2Cl^-$ の反応によって生成した I₂ は、I^- と結合して褐色の三ヨウ化物イオン I_3^- になる。

$$I^- + I_2 \rightleftharpoons I_3^-$$

4 臭素 **(1) 実験室的製法** ① 臭化物に酸化マンガン(Ⅳ)と濃硫酸を加えて熱する。

$$2NaBr + MnO_2 + 3H_2SO_4 \longrightarrow MnSO_4 + 2NaHSO_4 + 2H_2O + Br_2$$

② 臭化物の水溶液に塩素を通じる。

$$2KBr + Cl_2 \longrightarrow 2KCl + Br_2$$

$$MgBr_2 + Cl_2 \longrightarrow MgCl_2 + Br_2$$

(2) 性質 ① 常温で赤褐色の重い液体(密度：20℃で $3.1\,g/cm^3$，融点 -7.2℃，沸点 59℃)(非金属単体の中で，唯一の液体)。低温では暗赤色光沢のある結晶。

② 刺激臭のある赤褐色の有毒な蒸気を放つから，水を加えて密栓した容器中で保存する。空気中に百万分の一(1ppm)程度以上存在すると，気管支や肺が侵される。

③ 化学的反応性は，塩素とヨウ素の中間である。

④ 臭化物イオン Br^- は，銀イオン Ag^+ と淡黄色の臭化銀 $AgBr$ の沈殿をつくる。臭化銀は**感光性**❶がとくに強く，光学写真フィルムの感光剤などに使われる(→ p.208)。

⑤ 気体や水溶液中の Br_2 は，炭素原子間の不飽和結合(二重結合・三重結合)に直接付加して，赤褐色は消失する❷(不飽和結合の検出に用いる→ p.426)。

⑥ 水に少し溶ける。溶解度は，20℃で $3.6\,g/100\,g$水 である。水溶液を**臭素水**という。

$$Br_2 + H_2O \rightleftharpoons HBr + HBrO(次亜臭素酸)$$

⑦ エタノール，ジエチルエーテル，トリクロロメタン $CHCl_3$ などの有機溶媒によく溶ける。

5 ヨウ素 **(1) 実験室的製法**❸ ① ヨウ化物に酸化マンガン(Ⅳ)と濃硫酸を加えて熱する(Cl_2, Br_2 と同じである)。

② ヨウ化物の水溶液に塩素を通じる。

$$2I^- + Cl_2 \longrightarrow 2Cl^- + I_2$$

(2) 性質 ① 黒紫色の固体。加熱すると昇華する。

② 蒸気は紫色。高温では $I_2 \rightleftharpoons 2I$ のように解離する。

③ 水にはほとんど溶けない。ヨウ化カリウム KI 水溶液にはよく溶けて，褐色の溶液となる(→前ページ脚注)。

④ エタノールなどの有機溶媒によく溶ける。化学反応性や酸化力は弱い。

⑤ デンプン水溶液と反応して青色になる。これを**ヨウ素デンプン反応**という(ヨウ素またはデンプンの検出→ p.490)。

⑥ エタノールに溶かしたものが消毒薬のヨードチンキである。また，水溶性高分子化合物との錯体であるポビドンヨウ素が，イソジンなどのうがい薬として広く用いられている(→ p.479)。

▲ 図7 ヨウ素デンプン反応

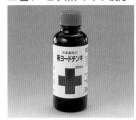

▲ 図8 ヨードチンキ

❶ **感光性** 塩化銀 $AgCl$ や臭化銀 $AgBr$ などは，太陽光によって単体の Ag を生じて黒く変色する。
❷ **二重結合への付加反応** エチレンと臭素との反応は，次のように表される。
$$CH_2=CH_2 + Br_2 \longrightarrow CH_2Br-CH_2Br$$
❸ 工業的製法は，天然ガスを採掘する際にいっしょに得られる地下水から，溶媒抽出によって得る。

B ハロゲンの化合物

ハロゲン元素は，非金属元素とは共有結合で結合し，金属元素とはイオン結合で結合する。

1 フッ化水素 **(1) 製法** 蛍石(主成分はフッ化カルシウム CaF_2)に濃硫酸を加え，白金または鉛の容器(ガラス製の容器は侵されるから使えない)中で加熱する。

$$CaF_2 + H_2SO_4 \longrightarrow CaSO_4 + 2HF\uparrow$$

(2) 性質 ① 無色で発煙性の液体または気体(沸点20℃)。分子間に水素結合があるので，他のハロゲン化水素に比べて著しく沸点が高い。刺激臭・有毒な蒸気を出す。

② 水によく溶け，**フッ化水素酸**となる。他のハロゲン化水素の水溶液と異なり，電離度が小さく，**弱酸**である。これは，HとFの結合エネルギーが大きいためと，HF分子どうしが水素結合により会合しているためである。

③ **ガラスとの反応** ガラスを侵すので，ガラス製の容器に入れることはできない。

$$\underset{\text{二酸化ケイ素}}{SiO_2} + 6\underset{\text{フッ化水素酸}}{HF}(水溶液) \longrightarrow \underset{\text{ヘキサフルオロケイ酸}}{H_2SiF_6} + 2H_2O$$

$$\underset{}{SiO_2} + 4\underset{\text{フッ化水素}}{HF} \longrightarrow \underset{\text{四フッ化ケイ素}}{SiF_4} + 2H_2O$$

したがって，ポリエチレンなどの合成樹脂，または鉛などの容器に保存する。

▲ 図9 フッ化水素酸によるガラスの腐食
ガラスにパラフィンを塗りつけてから文字を削り取った後，溝にフッ化水素酸を流し込むと，文字の部分だけガラスが腐食される。この性質を利用してガラスのエッチングなどに用いられるが，皮膚や粘膜を激しく侵す性質もあるので，取り扱いには十分な注意が必要である。

2 塩化水素 **(1) 製法** ① **実験室的製法** 塩化ナトリウムに，濃硫酸を加えて熱する。

$$NaCl + H_2SO_4 \longrightarrow NaHSO_4 + HCl\uparrow(500℃以下) \quad \cdots\cdots ⓐ$$

(揮発性の酸の塩)＋(不揮発性の酸)→(不揮発性の酸の塩)＋(揮発性の酸)

$$NaCl + NaHSO_4 \longrightarrow Na_2SO_4 + HCl\uparrow(500℃以上) \quad \cdots\cdots ⓑ$$

実験室用のふつうの加熱装置では，ⓐの反応しか起こらないが，さらにNaCl過剰のもとで赤熱状態の高温にすると，ⓑの反応も起こる。ⓐ，ⓑとも，H_2SO_4の不揮発性を利用している(他の考え方もある)。

② **工業的製法** 塩化ナトリウム水溶液の電気分解(→ p.316)で得られる水素と塩素とを，直接反応(塩素中で水素を燃やす)させて塩化水素を合成したり，いろいろな反応の副生成物から得られる。

$$H_2 + Cl_2 \longrightarrow 2HCl$$

(2) **性質** ① 無色・刺激臭の気体。湿った空気中で発煙する(塩酸の霧)。

② 水にきわめてよく溶ける。この水溶液が **塩酸** で，強い酸性を示す。

(3) **検出** ① 湿った青色リトマス紙を赤変する。

② アンモニアに触れると，塩化アンモニウムの白煙を生じる(→ $p.345$)。

$$NH_3(気) + HCl(気) \longrightarrow NH_4Cl(白煙，微小な結晶)$$

③ 塩酸の性質 (1) 最もふつうの強酸 (酸化力の弱い酸である)。銅・銀・水銀などを溶かさないが，鉄・亜鉛・マグネシウムなどを溶かして水素を発生する。

$$Zn + 2HCl \longrightarrow ZnCl_2 + H_2\uparrow$$

(2) Cl^- は，Ag^+ により塩化銀 AgCl の白色沈殿を，Pb^{2+} により塩化鉛(II) $PbCl_2$ の白色沈殿[1]を生じる。

(3) 金属の酸化物(塩基性酸化物)を溶かす。 $CuO + 2HCl \longrightarrow CuCl_2 + H_2O$

④ 塩素のオキソ酸とその塩 分子中に酸素原子を含む無機酸を **オキソ酸** (酸素酸ともいう)といい，硫酸 H_2SO_4，硝酸 HNO_3 などがある。

塩素のオキソ酸としては，次亜塩素酸 $HClO$ (→ $p.292$) などがあり，塩素原子の酸化数が小さいものほど酸化力が強く，酸としての強さはその逆になる(▶表3)。

▼ 表3 塩素のオキソ酸

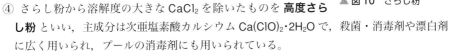

オキソ酸	分子式	Clの酸化数	酸化力	酸の強さ
次亜塩素酸	$HClO$	$+1$	強 ↑	弱 ↑
亜塩素酸	$HClO_2$	$+3$		
塩素酸	$HClO_3$	$+5$		
過塩素酸[2]	$HClO_4$	$+7$	弱	強 ↓

(1) **次亜塩素酸[3]** 塩素水中に存在する。

$$Cl_2 + H_2O \rightleftharpoons HCl + HClO$$

(2) **次亜塩素酸ナトリウム[3]** 水酸化ナトリウム水溶液に塩素を通じると生成する(→ $p.292$)。

$$2NaOH + Cl_2 \rightleftharpoons NaCl + NaClO + H_2O$$

(3) **さらし粉[4]** ① 石灰乳[5]に塩素を吸収させて生じる塩化カルシウム $CaCl_2$ と次亜塩素酸カルシウム $Ca(ClO)_2$ の複塩(→ $p.369$)。

$$Ca(OH)_2 + Cl_2 \longrightarrow CaCl(ClO)\cdot H_2O$$

② 酸化力が強いので，酸化剤・漂白剤・殺菌剤に用いられる。

③ 塩酸を作用させて塩素をつくるのに用いられる。

$$CaCl(ClO)\cdot H_2O + 2HCl \longrightarrow CaCl_2 + 2H_2O + Cl_2\uparrow$$

▲ 図10 さらし粉

④ さらし粉から溶解度の大きな $CaCl_2$ を除いたものを **高度さらし粉** といい，主成分は次亜塩素酸カルシウム $Ca(ClO)_2\cdot 2H_2O$ で，殺菌・消毒剤や漂白剤に広く用いられ，プールの消毒剤にも用いられている。

(4) **塩素酸カリウム** 酸化マンガン(IV) MnO_2 と加熱して，実験室で酸素を得るのに用いられる(→次ページ)。

$$2KClO_3 \longrightarrow 2KCl + 3O_2\uparrow$$

❶ 塩化鉛(II) $PbCl_2$ の白色沈殿は，冷水には溶けにくいが熱水には溶ける。

❷ 過塩素酸以外は単独に酸として取り出すことはできず，水溶液中にのみ存在する。塩は安定に存在する。

❸ 次亜塩素酸・次亜塩素酸ナトリウム・さらし粉は，広く家庭内で塩素系漂白剤として使われているが，塩酸を含む酸性洗剤と同時に使用しないように注意が必要である(→ $p.293$ クエスチョンタイム)。

❹ さらし粉のドイツ語名「クロールカルキ」を略して，「カルキ」とよばれることもある。

❺ **石灰乳** 消石灰 $Ca(OH)_2$ と水との混合物をいう。強塩基性である。

5 酸素と硫黄

A 酸素と硫黄の単体

1 酸素の単体 **(1) 所在** 酸素は，地球上に最も多量に存在する（クラーク数（→ p.27）1位の）元素である。酸素の単体には，酸素 O_2 とオゾン[1] O_3 の2種類の同素体がある。酸素に，紫外線や無声放電などを作用させると，オゾン O_3 ができる。

原子 殻	K	L	M	N
$_8O$	2	6		
$_{16}S$	2	8	6	

$$3O_2 \xrightarrow{\text{放電}} 2O_3$$

酸素は，工業的には液体空気の分留によって得ている。

実験室では，過酸化水素 H_2O_2 や塩素酸カリウム $KClO_3$ の分解によって得る（MnO_2 触媒）。

$$2H_2O_2 \xrightarrow{MnO_2} 2H_2O + O_2\uparrow \qquad 2KClO_3 \xrightarrow[\text{加熱}]{MnO_2} 2KCl + 3O_2\uparrow$$

酸素とオゾン

O_2 O_3

(2) オゾンの性質 オゾンは特有の悪臭をもつ淡青色の有毒な気体で，酸化作用・殺菌作用・漂白作用がある。次のような反応により O_2 に分解しやすく，酸化作用を示す。

$$O_3 + 2H^+ + 2e^- \longrightarrow H_2O + O_2$$

酸化作用を利用し，湿ったヨウ化カリウムデンプン紙の青変によりオゾンが検出できる。

$$2KI + O_3 + H_2O \longrightarrow I_2 + 2KOH + O_2$$

また，光化学スモッグや酸性雨の一因となるオキシダントの1つでもある。ただし，大気圏上空のオゾン層は，太陽からの有害な紫外線を防ぐ効果がある。

Study Column　オゾン層の破壊

成層圏（地表から約 15 〜 50 km の大気の層）の中で地表から 20 〜 40 km 付近は，**オゾン層**ともよばれ，太陽からの有害な紫外線が地上に届くのを防いでいる。

米国航空宇宙局 (NASA) は，1979 年に南極上空のオゾン層の非常に薄い部分を発見した。このオゾン層破壊の元凶はフロン（→ p.421）やハロンなどの塩素化合物や臭素化合物であるといわれる。とくにフロンは非常に安定な化合物で，放出されると大気中にいつまでもとどまる。これがやがて成層圏に達し，太陽からの紫外線で分解されて塩素原子を放出し，これがオゾンと反応して酸素と酸化塩素 ClO を生じる。この酸化塩素は酸素原子と反応して，再び塩素原子を放出するので，1 個の塩素原子が連鎖的に多数のオゾンを破壊する。

フロンの生産は 1995 年末で全面禁止となっており，現在では，H 原子を含み分解されやすいものや，塩素原子を含まないものなどの代替フロンが使われている。しかし，これらもオゾン層に対する影響が 0 ではなく，また温室効果ガスでもあるため，フロンの全廃に向けて新たな代替物質の開発が急がれている。

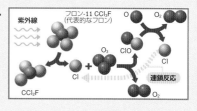

---

❶「オゾン」の名前 ギリシャ語の「におう」に由来する。

2 硫黄の単体　硫黄の単体は，原子の結合の状態によって数種類の同素体がある。加熱して硫黄を融解させた後，冷やす方法によって結晶状態[1]が異なる（**単斜硫黄・斜方硫黄**→ p.28）が，通常は S_8 の環状の分子である。また，250℃以上に加熱して融解した硫黄を水の中に入れると，S_n で表される**ゴム状硫黄**になる。ゴム状硫黄は，長い鎖状の分子を形成している（▶右図）[2]。

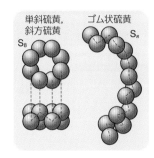

(1) **製法**　石油精製の過程で，大量の硫黄が得られる。

(2) **性質**　高温では反応性が高く，鉄や亜鉛など多くの元素と反応する。また，空気中で，青い炎をあげて燃える。

$$Fe + S \longrightarrow FeS$$
$$S + O_2 \longrightarrow SO_2$$

B　硫黄の化合物

1 硫化水素　(1) **実験室的製法**　硫化鉄（II）に希塩酸または希硫酸を加えると，硫化水素が発生する。この製法では，硝酸は H_2S を酸化するから不適当である。

$$FeS + 2HCl \longrightarrow FeCl_2 + H_2S\uparrow$$
$$FeS + H_2SO_4 \longrightarrow FeSO_4 + H_2S\uparrow$$

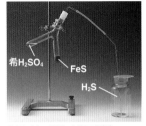

▲ 図 11　硫化水素の製法

(2) **性質**　① 無色・腐卵臭・有毒な気体。水に少し溶ける。水溶液を**硫化水素水**という。

② **燃焼**　空気中で燃焼する。

$$2H_2S + 3O_2 \longrightarrow 2H_2O + 2SO_2$$

③ **還元作用**　H_2S の S の酸化数は -2 であり，S（酸化数 0）や SO_2（S の酸化数 $+4$）になりやすい（酸化されやすい）ので，還元力が強い。

・H_2O_2 に酸化されて硫黄を遊離する。

$$H_2S + H_2O_2 \longrightarrow 2H_2O + S$$

・H_2S の還元力は非常に強いので，ふつうは還元剤として用いられる SO_2 は，H_2S に対しては酸化剤として作用する。

$$\underset{(+4)}{SO_2} + 2\underset{(-2)}{H_2S} \longrightarrow 2H_2O + \underset{(0)}{3S}$$

④ **水溶液の性質**　水に少し溶けて電離し（電離度は小さい），弱酸性を示す。

$$H_2S \rightleftharpoons H^+ + HS^-$$
$$HS^- \rightleftharpoons H^+ + S^{2-}（硫化物イオン）$$

水溶液に酸素を通じると硫黄を生じて白濁する。

$$2H_2S + O_2 \longrightarrow 2H_2O + 2S$$

---

[1]「斜方硫黄」（α 硫黄）は，直方体の形をした結晶構造である（3 辺の長さはすべて異なっている）。一方，「単斜硫黄」（β 硫黄）は，直方体の箱を一方から少し押しつぶしたような形をした結晶構造である。

[2] 硫黄を 450℃以上に熱すると，S_8，S_6，S_4，S_2 などの分子が生成する。

⑤ **金属イオンとの反応**　金属イオンと反応して，**特有の色の沈殿**（→ p.389）をつくる。この反応は金属イオンの分離・検出や分析に用いられる。ただし，溶液の pH によっては沈殿しない金属イオンもある。

重要

金属イオンと硫化物イオンの沈殿反応（→ p.277）

大 ←――――――――― イオン化傾向 ―――――――――→ 小

$Li^+, K^+, Ca^{2+}, Na^+, Mg^{2+}, Al^{3+}$	$Zn^{2+}, Fe^{2+}, Ni^{2+}$	$Sn^{2+}, Pb^{2+}, Cu^{2+}, Hg^{2+}, Ag^+, \cdots$
沈殿せず	**中性または塩基性で沈殿**	**pH に関係なく沈殿**

---

2 二酸化硫黄　**(1) 実験室的製法**　① 亜硫酸塩や亜硫酸水素塩に希硫酸を加え，発生する SO_2 を下方置換で捕集する。

$$Na_2SO_3 + H_2SO_4 \longrightarrow \underset{\text{硫酸ナトリウム}}{Na_2SO_4} + \underset{(H_2SO_3)}{H_2O + SO_2{}^{①}\uparrow}$$

$$\underset{\text{亜硫酸水素ナトリウム}}{2NaHSO_3} + H_2SO_4 \longrightarrow \underset{\text{硫酸ナトリウム}}{Na_2SO_4} + \underset{(H_2SO_3)}{2H_2O + 2SO_2\uparrow}$$

② 銅に濃硫酸を加えて加熱する。

$$Cu + 2H_2SO_4 \longrightarrow CuSO_4 + 2H_2O + SO_2\uparrow$$

③ **工業的製法**　単体の硫黄②を燃焼させる。古くは，黄鉄鉱（主成分 FeS_2）を焼いて得ていた。

$$S + O_2 \longrightarrow SO_2\uparrow$$

$$4FeS_2 + 11O_2 \longrightarrow 2Fe_2O_3 + 8SO_2\uparrow$$

(2) 性質　① 刺激臭・無色・有毒な気体②である。

② **水溶性**　水に溶けて亜硫酸水素イオンなどを生じ，酸性を示す。酸としては中程度の強さである。

$$SO_2 + H_2O \rightleftharpoons H^+ + HSO_3{}^-$$

$$HSO_3{}^- \rightleftharpoons H^+ + SO_3{}^{2-}$$

③ **還元作用**　SO_2 の S の酸化数は +4 であるが，+6 になる傾向があるので，還元作用があり，漂白剤に用いられる。

④ **酸化作用**　硫化水素 H_2S と反応するときは酸化剤となる（→前ページ）。

(3) 用途　硫酸・漂白剤・殺虫剤・医薬品などの原料。

3 三酸化硫黄　**(1) 製法**　二酸化硫黄と酸素の混合物を熱した酸化バナジウム（Ⅴ）（五酸化二バナジウム）V_2O_5（触媒）に触れさせると得られる。

$$2SO_2 + O_2 \longrightarrow 2SO_3$$

(2) 性質　水と反応して硫酸となる。　　$SO_3 + H_2O \longrightarrow H_2SO_4$

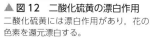

▲ 図 12　二酸化硫黄の漂白作用
二酸化硫黄には漂白作用があり，花の色素を還元漂白する。

酸化漂白剤

Cl_2, H_2O_2, さらし粉
$CaCl(ClO) \cdot H_2O$ など

還元漂白剤

SO_2, Na_2SO_3,
$NaHSO_3$ など

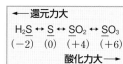

←―― 還元力大
$H_2S \leftrightarrow S \leftrightarrow SO_2 \leftrightarrow SO_3$
（−2）（0）（+4）（+6）
酸化力大 ――→

---

❶ H_2SO_3 は不安定で取り出すことができず，分解して H_2O と SO_2 を生じる。
❷ **二酸化硫黄（亜硫酸ガス）の害**　石炭・石油中の硫黄（数%含まれている）は，燃焼させると SO_2 となり大気中に入る。空気中に 0.012 ～ 0.015% 存在すると，ぜん息を引き起こすなど人体に害があり，公害の原因物質の 1 つになる。大気中の SO_2 は酸化されて SO_3 になり，雨水に溶けて硫酸になる。これは，酸性雨（→ p.259）の原因の 1 つになっている。現在は日本では，石油から硫黄分を除去（脱硫）し，硫黄を回収している。

4 硫酸 **(1) 工業的製法** 二酸化硫黄 SO_2 と酸素(実際は空気)の混合物を,熱した酸化バナジウム(V) V_2O_5(触媒)の層を通して三酸化硫黄 SO_3 とする。この SO_3 を 98〜99%の濃硫酸中の水と反応させると硫酸 H_2SO_4 が生じる[1]。

$$2SO_2 + O_2 \rightleftharpoons 2SO_3$$
$$SO_3 + H_2O \longrightarrow H_2SO_4$$

この方法を **接触式硫酸製造法** または **接触法** という(▶図13)。硫酸は鉛蓄電池・染料・火薬その他の化学工業などに使われ,きわめて使用量が多い。

(2) 濃硫酸の性質 無色の重い(密度 $1.83\,g/cm^3$)液体で,粘性が高い。硫酸は硫黄の重要なオキソ酸[2]の1つで,濃硫酸・希硫酸でその性質が異なる。

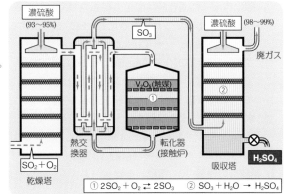

① $2SO_2 + O_2 \rightleftharpoons 2SO_3$ ② $SO_3 + H_2O \longrightarrow H_2SO_4$

▲ **図 13 接触式硫酸製造法**
濃硫酸を得る場合と,SO_3 を過剰に溶かし込んだ濃硫酸(発煙硫酸)を得る場合とがある。

① **不揮発性** 沸点が高く(98%硫酸で約340℃)蒸発しにくい。この不揮発性を利用して,揮発性の酸の塩から塩化水素や硝酸(気体)などの揮発性の酸を実験室でつくることができる。

$$NaCl + H_2SO_4 \longrightarrow NaHSO_4 + HCl\uparrow$$
$$KNO_3 + H_2SO_4 \longrightarrow KHSO_4 + HNO_3\uparrow$$

② **吸湿性** 水を吸収する性質が強く,化学実験の乾燥剤としてデシケーター(▶右図)に入れたり,気体の乾燥時に洗気瓶に入れたりして用いられる。ただし,塩基性の気体であるアンモニアの乾燥には,濃硫酸を用いることはできない。

③ **脱水性** -H,-OH(ヒドロキシ基→ p.413)を含む有機化合物から,H_2O の形で脱水する力が強い。エタノール C_2H_5OH とともに約160〜170℃に熱するとエチレンができ,約130℃に加熱するとジエチルエーテルができる(→ p.424)。

$$C_2H_5OH \xrightarrow[160〜170℃]{H_2SO_4} C_2H_4 + H_2O$$
エチレン

$$2C_2H_5OH \xrightarrow[130℃]{H_2SO_4} C_2H_5OC_2H_5 + H_2O$$
ジエチルエーテル

スクロース(ショ糖)$C_{12}H_{22}O_{11}$ に濃硫酸を加えると炭化する。

$$C_{12}H_{22}O_{11} \xrightarrow{H_2SO_4} 12C + 11H_2O$$

濃 H_2SO_4
デシケーター

濃 H_2SO_4
スクロース 炭素

[1] 濃硫酸(約98%)に SO_3 を過剰に溶かし込んだものを **発煙硫酸** といい,SO_3 の蒸気を発生して発煙する。
[2] **オキソ酸** 分子の中に酸素原子を含む無機酸のことで,酸素酸ともいう(→ p.337)。HCl,HBr,HCN などは,水素酸とよばれることがある。

④ **電離**　希硫酸と異なり，水を2%程度しか含まないので，ほとんど電離していない。したがって，亜鉛のような金属を入れても，わずかしか水素は発生しない（●図15）。しかし，加熱すると銅との反応のように二酸化硫黄が発生する。

⑤ **酸化作用**　熱濃硫酸は酸化力が強いので，銅・銀・木炭・硫黄などと反応してこれらを酸化し，SO_2 を発生する。

$$Cu + 2H_2SO_4 \xrightarrow{\text{加熱}} CuSO_4 + 2H_2O + SO_2\uparrow$$

$$2Ag + 2H_2SO_4 \xrightarrow{\text{加熱}} Ag_2SO_4 + 2H_2O + SO_2\uparrow$$

$$C + 2H_2SO_4 \xrightarrow{\text{加熱}} CO_2 + 2H_2O + 2SO_2\uparrow$$

$$S + 2H_2SO_4 \xrightarrow{\text{加熱}} 2H_2O + 3SO_2\uparrow$$

⑥ **水への溶解**　水に溶解すると多量に発熱する。したがって，濃硫酸を希釈するときは，冷却しながら，水に濃硫酸を注ぐ。

$$H_2SO_4(液) + aq \longrightarrow H_2SO_4\,aq \quad \Delta H = -95.3\,kJ$$

▲ **図14　濃硫酸の希釈法**
希硫酸をつくるときは，水をかきまぜながら，濃硫酸を少しずつ注ぐ。濃硫酸に水を注ぐと，水が沸騰して硫酸が周囲にはねるので危険である。

(3) 希硫酸の性質　① **電離**　電離度が大きく，強い酸性を示す[1]。

$$H_2SO_4 \longrightarrow 2H^+ + SO_4{}^{2-}$$

② **金属との反応**　亜鉛・アルミニウム・マグネシウム・鉄など，水素よりイオン化傾向が大きい金属は，希硫酸に溶けて水素を発生する（●図15）。鉛は表面に不溶性の物質をつくるので反応しにくい。

$$Zn + H_2SO_4 \longrightarrow ZnSO_4 + H_2\uparrow$$

$$2Al + 3H_2SO_4 \longrightarrow Al_2(SO_4)_3 + 3H_2\uparrow$$

銅・銀・金などの水素よりイオン化傾向の小さい金属とは反応しない。

③ **沈殿反応**　塩化バリウム水溶液中の Ba^{2+} と白色沈殿を生じる[2]。

$$SO_4{}^{2-} + Ba^{2+} \longrightarrow BaSO_4\downarrow$$

同様に，硝酸鉛(Ⅱ)水溶液中の Pb^{2+} と白色沈殿を生じる。

$$SO_4{}^{2-} + Pb^{2+} \longrightarrow PbSO_4\downarrow$$

▲ **図15　硫酸と亜鉛の反応**
濃硫酸は，あまり反応しない。
希硫酸は，Al，Zn，Fe などの金属と反応して激しく水素を発生する。

▲ **図16　希硫酸と金属イオンとの沈殿反応**

[1] **硫酸の電離式**　$H_2SO_4 \longrightarrow H^+ + HSO_4{}^- \quad HSO_4{}^- \rightleftarrows H^+ + SO_4{}^{2-}$ のように，2段階に電離する。
[2] $SO_4{}^{2-}$ は Ba^{2+} の検出に，Ba^{2+} は $SO_4{}^{2-}$ の検出に用いられる。Ba^{2+} と $SO_4{}^{2-}$ の沈殿反応は重要である。

6 窒素とリン

A 窒素とリンの単体

窒素とリンは周期表の15族に属する元素で，価電子5個をもち，イオン結合はつくりにくく，共有結合による分子をつくりやすい。

1 窒素の単体 窒素の単体は空気の主成分で，約78%(体積)を占める。このため，液体空気をつくってから分留し，多量に得ている。窒素は無色・無臭の気体で，常温では安定している。しかし，高温にすると，酸素やマグネシウムなどの金属と反応する。また，高温・高圧で水素と反応してアンモニアになる。実験室では，亜硝酸アンモニウム NH_4NO_2 の濃い水溶液を加熱してつくられる。

$$NH_4NO_2 \longrightarrow N_2\uparrow + 2H_2O$$

液体窒素は冷却剤に，気体の窒素は食品などの酸化防止剤に用いる。

2 リンの単体 リンの単体には，数種類の同素体があり，**黄リン(白リン)** と**赤リン**がよく知られている(→ p.30)。

リン鉱石(主成分はリン酸カルシウム $Ca_3(PO_4)_2$)にけい砂とコークスを混合し，電気炉で強熱し，気体を冷やすと黄リンが得られる。

リンを空気中で燃焼させると白色の十酸化四リン P_4O_{10} を生じる($4P + 5O_2 \longrightarrow P_4O_{10}$)。十酸化四リンは，強い吸湿性をもつので，化学実験での乾燥剤や脱水剤として使われる。

原子	K	L	M	N
₇N	2	5		
₁₅P	2	8	5	

液体窒素(沸点−196℃)

▲ 図17 液体窒素

▼ 表4 リンの性質

	黄リン(白リン)	赤リン
色	白色(不純物のため淡黄色)	赤褐色
毒性	猛毒	少ない
分子	P_4	多数結合
融点	低い(約44℃)	590℃($437×10^6$Pa)
発火	空気中で自然発火	(安定)
変化	空気を断って熱すると赤リンになる	比較的安定。加熱すると，昇華
貯蔵	水中に保存	密栓して保管

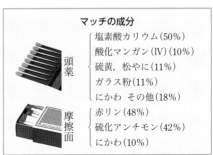

マッチの成分

頭薬 {
塩素酸カリウム(50%)
酸化マンガン(IV)(10%)
硫黄，松やに(11%)
ガラス粉(11%)
にかわ その他(18%)
}

摩擦面 {
赤リン(48%)
硫化アンチモン(42%)
にかわ(10%)
}

B 窒素の化合物

1 アンモニア **(1) 実験室的製法** 塩化アンモニウム NH_4Cl と，水酸化カルシウム $Ca(OH)_2$ との混合物を加熱すると得られる(→ p.267 **CHART 39**)。

$$2NH_4Cl + Ca(OH)_2 \longrightarrow CaCl_2 + 2H_2O + 2NH_3\uparrow$$

塩化アンモニウムの代わりに硫酸アンモニウムなどのアンモニウム塩，水酸化カルシウムの代わりに水酸化ナトリウムなどの強塩基を用いてもよい。

$$(NH_4)_2SO_4 + Ca(OH)_2 \longrightarrow CaSO_4 + 2H_2O + 2NH_3\uparrow$$

$$NH_4Cl + NaOH \longrightarrow NaCl + H_2O + NH_3\uparrow$$

(2) 工業的製法　窒素と水素を原料とし，400〜600℃，大気圧の100〜300倍の圧力の下で，四酸化三鉄 Fe_3O_4 を主成分とする触媒を用いて合成される[1]。これは1913年にハーバーとボッシュが開発・工業化し，**ハーバー・ボッシュ法** とよばれる（→ p.238）。

$$N_2 + 3H_2 \rightleftarrows 2NH_3$$

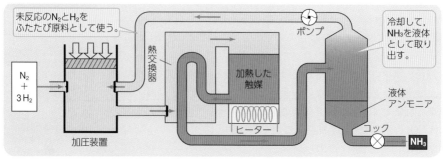

▲ 図18　ハーバー・ボッシュ法
窒素と水素を加圧し，加熱した触媒中に通すと，窒素と水素の一部がアンモニアに変化する。未反応の窒素と水素は循環させて原料にもどし，生成したアンモニアは冷却して液体アンモニアとして取り出す。

Study Column　アンモニアの合成と戦争

　20世紀初めは，アンモニアの合成は"空中窒素固定工業"の最も重要な目標であった。

　当時，ドイツやオーストリアでは，窒素肥料，医薬品，爆薬などの原料は，すべて南米産のチリ硝石（$NaNO_3$）に頼っていた。アンモニア合成成功（1913年）の報に接したドイツの皇帝ウィルヘルム2世は，宣戦布告に踏み切ったという話が伝えられている。

　アンモニアの工業的合成法を発明したハーバーは，ドイツの理論化学者で，ベルリン大学教授，Kaiser-Wilhelm研究所所長兼務。アンモニアの合成における平衡の移動と反応条件の最適化という最大の難点を克服した研究は，偉大である。

　ボッシュは化学工業技術者で，当時，ドイツの化学会社BASFの主任技師であった。触媒研究，高圧装置の開発に貢献した。

　ハーバーは1918年に，ボッシュは1931年にノーベル化学賞を受賞している。

　第一次世界大戦の戦勝国の一員であった日本は，戦後，ただちにこの製法を持ち帰り，呉市の海軍工廠で軍艦の砲身を用いて高圧装置をつくったが，思わしくなかった。その後さまざまな改良を加えた結果，当時の日本はアンモニアを原料にして東洋一の硫安（硫酸アンモニウム，肥料として使用）の生産国となった。

▲ ハーバー（左）・ボッシュ（右）

[1] Fe_3O_4 は高温の H_2 によって還元され，生じた Fe が触媒作用を示す。

(3) **性質** ① 無色・刺激臭の気体。

② 水に溶けやすい（1.013×10^5 Pa，20℃の水 1mL に約 320mL 溶ける；質量％では 19.5％）。水溶液中の電離度は小さく，水溶液中では次のように一部が水と反応し，水酸化物イオンを生じるので弱塩基である。

$$NH_3 + H_2O \rightleftharpoons NH_4^+ + OH^-$$

したがって，アンモニア水中には，NH_3 分子，NH_4^+，OH^- が共存している。

③ 凝縮しやすく，低温で加圧すると容易に液体になる。この性質を利用して冷凍機の冷媒に使用される。臨界温度（これより低ければ凝縮可能→p.351 脚注）は 132℃である[1]。

(4) **検出法** ① 赤色リトマス紙を青くする。

② 濃塩酸を近づけると，塩化水素 HCl とアンモニアが反応して塩化アンモニウムの白煙をつくる。

$$NH_3(気) + HCl(気) \longrightarrow NH_4Cl(固)$$

(5) **用途** 硝酸の原料，アンモニウム塩や尿素 $(NH_2)_2CO$ などの肥料の原料。

$$CO_2 + 2NH_3 \longrightarrow (NH_2)_2CO + H_2O$$

硫酸と反応させて得られる硫安（硫酸アンモニウム）は，肥料として広く用いられる。

$$2NH_3 + H_2SO_4 \longrightarrow (NH_4)_2SO_4$$

(a) 赤色リトマス紙　(b) 濃塩酸

赤→青　白煙　濃塩酸をつけたガラス棒

▲ 図19　アンモニアの検出

Laboratory　アンモニアの生成と確認

目的 アンモニアを実験室的製法により生成する。

方法 試験管に塩化アンモニウムと水酸化カルシウムをよく混合してから入れ，右図のようにセットし，加熱する。発生したアンモニアはソーダ石灰[2]に通して乾燥させ，上方置換で捕集する。

MARK 試験管の底を少し上げることがポイント。試薬に吸収されていた水分や，反応で生じた水が水蒸気となり，凝縮して液体の水

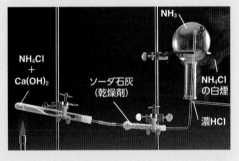

NH₃

NH₄Cl + Ca(OH)₂

ソーダ石灰（乾燥剤）

NH₄Cl の白煙

濃HCl

となる。その水が高温になった試験管の底に流れると，急冷されてガラスが破損する危険がある。

濃塩酸をつけたガラス棒を近づけると塩化アンモニウムの白煙が生成することで，アンモニアの生成を確認する。また，純粋な水で湿らせた赤色リトマス紙を近づけると青色に変化することからも，アンモニアの生成が確認できる。

---

❶ NH_3 は，132℃（臨界温度）以下であれば，1.13×10^7 Pa 以上の圧力で凝縮する。

❷ ソーダ石灰 酸化カルシウム CaO に濃い水酸化ナトリウム水溶液 NaOH をしみ込ませ，これを焼いて粒状にしたもの。中性・塩基性の気体を乾燥させるのに使われる。酸性の気体には使えない。

2 **窒素の酸化物** （1）**一酸化窒素 NO** 銅や銀と希硝酸との反応，アンモニアの白金触媒による酸化反応によって生成する。

$$3Cu + 8HNO_3(希) \longrightarrow 3Cu(NO_3)_2 + 4H_2O + 2NO\uparrow$$

$$4NH_3 + 5O_2 \xrightarrow[Pt]{高温} 4NO + 6H_2O$$

　無色の気体で，水にほとんど溶けないので水上置換で捕集する。空気中の酸素とただちに反応して赤褐色の二酸化窒素になる。

$$2NO + O_2 \longrightarrow 2NO_2$$

（2）**二酸化窒素 NO₂** 銅や銀と濃硝酸との反応，一酸化窒素と酸素との反応で生成する。

$$Cu + 4HNO_3(濃) \longrightarrow Cu(NO_3)_2 + 2H_2O + 2NO_2\uparrow$$

　その他，硝酸や硝酸塩の熱分解によっても生成する。

$$4HNO_3 \longrightarrow 2H_2O + 4NO_2\uparrow + O_2\uparrow$$

$$2Pb(NO_3)_2 \longrightarrow 2PbO + 4NO_2\uparrow + O_2\uparrow$$

　刺激臭をもつ赤褐色の有毒な気体。水に溶けやすく，反応して一部が硝酸となる。

$$3NO_2 + H_2O \longrightarrow 2HNO_3 + NO\uparrow$$

　常温では，一部が無色の四酸化二窒素となり，平衡状態になっている。

$$2NO_2 \rightleftharpoons N_2O_4$$

温度によって，会合や分解が起こる
低温←0℃ ……… 150℃ ……… 650℃→高温
N_2O_4 $\underset{会合}{\overset{分解}{\rightleftharpoons}}$ $2NO_2$ $\overset{分解}{\rightleftharpoons}$ $2NO + O_2$
無色　　　　　　赤褐色　　　　　　無色

Study Column　排気ガスによる大気の汚染

　石油などの炭化水素を燃焼させると，理論的には排気ガスは CO_2，H_2O と未反応の N_2，O_2 のはずである。しかし，実際にはこれらのほかに，有害三成分とよばれる CO，NO（あるいは NO_x と総称される各種窒素酸化物）と未反応の炭化水素も排出される。NO は 1000℃程度以上の高温で，N_2 と O_2 が反応して生成する。これらが大気中に放出されることによって，光化学スモッグやぜん息などの大気汚染による被害が生じる恐れがあり，これらの有害成分を除去することが必要となる。

　NO と CO の場合では，触媒を用いて反応させることにより，

$$2NO + 2CO \longrightarrow 2CO_2 + N_2$$

となり，無害化することが可能である。炭化水素の場合には酸素による完全燃焼によって，水と二酸化炭素にして無害化する。

　固定された場所で排気ガスが大量に発生する火力発電，製鉄，石油化学工業などでは比較的早くから対策がとられてきたが，その数が大量にのぼる自動車では 1970 年代ごろまでは，排気ガスはそのまま大気中に放出されていた。

触媒コンバーター
（提供:キャタラー）

現在では規制により，Al_2O_3 に Pt，Pd，Rh を添加した触媒コンバーターとよばれる排気ガス浄化装置の搭載が義務付けられ，できる限り NO や CO，炭化水素の濃度を低くしてから排出されるように工夫し，大気の汚染を防いでいる。これは，有害三成分を同時に除去する触媒なので **三元触媒** とよばれる（→ *p.223* 脚注）。

Laboratory | 硝酸の実験室的製法

目的 硝酸を実験室的製法により生成させる。

方法 丸底フラスコに硝酸ナトリウムと濃硫酸を入れて加熱し、発生する気体を冷却して硝酸を得る(右図)。

MARK 揮発性の酸の塩($NaNO_3$)に,不揮発性の酸(H_2SO_4)が反応して,揮発性の酸(HNO_3)が生成する。

$$NaNO_3 + H_2SO_4 \longrightarrow NaHSO_4 + HNO_3$$

3 硝酸 **(1) 実験室的製法** 硝酸カリウム(KNO_3, 硝石)または硝酸ナトリウム($NaNO_3$, チリ硝石)に濃硫酸を加えて加熱する。

$$KNO_3 + H_2SO_4 \longrightarrow KHSO_4 + HNO_3$$

(2) 工業的製法(オストワルト[1]法) アンモニアと空気の混合気体を,加熱した白金触媒に触れさせると,一酸化窒素 NO(無色)になる(◯図20 ①式)。さらに空気中の酸素と反応させると二酸化窒素 NO_2(赤褐色)となり(②式),これを温水に吸収させると硝酸ができる(③式)。

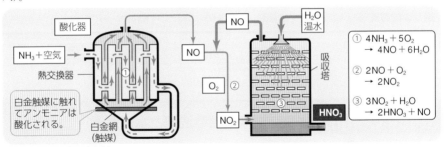

▲ 図20　オストワルト法

(3) 性質 ① 酸化力の強い酸である。濃硝酸・希硝酸とも,水素よりもイオン化傾向の小さい銅・水銀・銀を溶解する(→前ページ)。

② 濃硝酸は鉄やアルミニウムの表面を酸化して被膜をつくり,**不動態** にする(→ p.368)。

③ 動物の皮膚(タンパク質)に作用して黄変させる(キサントプロテイン反応→p.502)。

④ 濃硝酸は光によって分解しやすい(褐色瓶に保存)。$4HNO_3 \longrightarrow 2H_2O + 4NO_2 + O_2$

(4) 用途 化学肥料・火薬・医薬品・染料の合成などに広く利用される。

CHART 49　　　　　　　　　硝酸の製法

ハーバーの鉄, オストワルトの白金で勝算あり
　　(NH₃合成の触媒)　　　(NH₃酸化の触媒)　　HNO₃

---

❶ オストワルト(F.W.Ostwald, 1853 ~ 1932)はドイツの化学者。1902年,アンモニアからの硝酸製造法を発表。1909年ノーベル化学賞受賞。

C　リンの化合物

1 リン酸　黄リン(白リン)P_4 や赤リン P を燃焼させて，生成する十酸化四リン[1] P_4O_{10} に水を加えて煮沸すると，リン酸 H_3PO_4 ができる。

$$P_4O_{10} + 6H_2O \longrightarrow 4H_3PO_4$$

リン酸の水溶液は，次のような3段階の電離をする。第1段階の電離度が最も大きく，全体としては中程度の酸である。

$$H_3PO_4 \rightleftarrows H^+ + H_2PO_4^- \text{（リン酸二水素イオン）}$$
$$H_2PO_4^- \rightleftarrows H^+ + HPO_4^{2-} \text{（リン酸一水素イオン）}$$
$$HPO_4^{2-} \rightleftarrows H^+ + PO_4^{3-} \text{　（リン酸イオン）}$$

したがって，リン酸の塩は3種類存在する。

生体内ではたらく重要な酸であり，燃料電池の電解液にも用いられる。

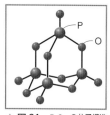

▲ 図21　P_4O_{10} の分子構造

2 リン酸塩　リン酸カルシウムは，リン鉱石(リン灰石，主成分 $Ca_3(PO_4)_2$) として，天然に存在する。これに硫酸を作用させると，水に溶けやすいリン酸二水素カルシウム $Ca(H_2PO_4)_2$ ができる。

リン酸二水素カルシウムと硫酸カルシウムの混合物は **過リン酸石灰** とよばれ，リン酸肥料 (→ $p.407$) に用いられる。

$$Ca_3(PO_4)_2 + 2H_2SO_4 \longrightarrow \underset{\text{過リン酸石灰}}{Ca(H_2PO_4)_2 + 2CaSO_4}$$

▼ 表5　ナトリウム塩の分類名と性質

ナトリウム塩	分類名	水溶液の性質
NaH_2PO_4	酸性塩	酸性
Na_2HPO_4	酸性塩	弱塩基性
Na_3PO_4	正塩	塩基性
$NaHSO_4$	酸性塩	酸性
Na_2SO_4	正塩	中性
$NaHCO_3$	酸性塩	弱塩基性
Na_2CO_3	正塩	塩基性

Study Column　リン酸塩を含む洗剤と水質汚濁

合成洗剤は，界面活性剤と洗浄効果を高めるためのビルダーとよばれる洗浄助剤からできている。以前は，ビルダーの1つにリン酸ナトリウムなどのリン酸塩が添加されていた。とくに三リン酸ナトリウム(トリポリリン酸ナトリウム) $Na_5P_3O_{10}$ は，ビルダーとして非常に優れた効果をもたらすため多用された。しかし，リン酸塩が家庭排水から河川や湖沼に流れ込み，水質の富栄養化により，植物性プランクトンや藻類などが異常繁殖して大きな問題となった。

現在では家庭用合成洗剤は，ほとんどがアルミノケイ酸塩(ゼオライト)を加えた無リン洗剤や，キレート剤を加えた液体洗剤になっている。

洗濯などに無リン洗剤を使うことで，河川の富栄養化を抑えることができる。

アオコ(植物性プランクトンの異常繁殖)

---

[1] P_2O_5 とも書かれ，五酸化二リンともいう。

7 | 炭素とケイ素

A | 炭素・ケイ素の単体

1 炭素の単体　炭素原子の価電子の数は 4 個であるが，C^{4-} や C^{4+} のようなイオンをつくることはなく，他の原子と共有結合をつくる。ケイ素も同様である。炭素にはさまざまな同素体(→ p.29)が存在する。

原子	殻	K	L	M	N
$_6$C		2	4		
$_{14}$Si		2	8	4	

(1) **ダイヤモンド**　無色・透明の結晶で，融点は約 3600℃ともいわれ，単体の中では最高である。また物質中で最高の硬度をもち，きわめて硬い結晶である。美しい結晶や大きな結晶は宝石に用いられ，宝石にならないダイヤモンドや合成ダイヤモンドは，研磨材や切削工具などに使われる。

(2) **黒鉛 (グラファイト)**　光沢をもつ黒色の軟らかい結晶で，薄片にはがれやすい。電気をよく通し，モーター・電解装置の電極，鉛筆の芯，潤滑剤などに用いられる。

(3) **フラーレン**　C_{60}，C_{70} その他の分子式をもつ球状やそれに近い形の分子。黒褐色粉末で，アルカリ金属の添加により超伝導性(→ p.406 Study Column)を示すなど，興味深い性質をもつ。

(4) **カーボンナノチューブ❶**　黒鉛の平面構造が筒状になった構造をしている。強度をもつ黒色の粉末で，合成樹脂の強度を高めたり，リチウムイオン電池などへの利用や電子部品への応用も期待されている。カーボンナノチューブの一端を角状に閉じた形の黒色の分子を **カーボンナノホーン** といい，製造が比較的容易で，電子部品などに利用されつつある。

(5) **グラフェン**　黒鉛の 1 層分だけからなる薄膜状の物質。黒鉛にセロハンテープを貼りつけてはがしてから観察したところ発見されたといわれる(2004 年)。

(6) はっきりした結晶構造をもたない(アモルファス→p.91)炭素は **無定形炭素** とよばれ，炭・すす・活性炭などに見られる。活性炭は単位質量あたりの表面積がきわめて大きく，脱臭剤や吸着剤に用いられる。

▼ 表6　炭素の同素体

同素体	ダイヤモンド	黒鉛	フラーレン (C_{60})	カーボンナノチューブ
構造				
色	無色・透明	光沢のある黒色	褐色を帯びた黒色	黒色
密度 [g/cm³]	3.51	2.26	1.65など	―
電気伝導性による分類	絶縁体	導体	絶縁体(アルカリ金属を添加したものは導体)	導体または半導体

❶ カーボンナノチューブの構造は，1991 年に日本の飯島澄男博士によって発見された。カーボンナノチューブやフラーレンは，直径約 1nm(10^{-9}m)の物質である(→ p.29)。

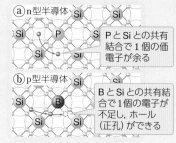

Study Column ▶ 半導体

　不純物の量が10^{-11}％以下のケイ素 Si やゲルマニウム Ge などに，ごく微量のリン P など 15 族元素を注入すると，電子が余った状態となり自由電子のように電気を運ぶはたらきをする。これを n 型半導体という。ごく微量のホウ素 B など 13 族元素を注入すると，電子が不足してできるホール（正孔）が電気を運ぶはたらきをするので，これを p 型半導体という。この両者を接続すると，電子は一方向にしか流れることができず，交流を直流にするはたらきが生まれる。

@n型半導体
PとSiとの共有結合で1個の価電子が余る

@p型半導体
BとSiとの共有結合で1個の電子が不足し，ホール（正孔）ができる

　現在の社会はこれらの半導体で成り立っている。

2 ケイ素の単体　地殻中の存在率は酸素に次いで大きい（→ p.27）。単体は Si 原子が 4 個の価電子によってたがいに結合して，正四面体構造をつくり，それが立体的に配列している（ダイヤモンドと同じ構造）。単体は天然には存在せず，電気炉中でけい砂（主成分 SiO_2）を炭素で還元してつくる。　$SiO_2 + 2C \longrightarrow Si + 2CO$

　灰色の金属光沢をもつ結晶で，融点は比較的高く（約 1400℃），密度は $2.33\,g/cm^3$ で，硬くてもろい。反応性は小さく，水には溶けないが，水酸化ナトリウム水溶液中で長時間加熱すると，反応して水素を発生する。　$Si + 2NaOH + H_2O \longrightarrow Na_2SiO_3 + 2H_2\uparrow$
ケイ酸ナトリウム

　純粋なケイ素および 14 族元素であるゲルマニウムは，半導体[1]の原料として利用される。

B　炭素・ケイ素の化合物

1 炭素の化合物　**（1）一酸化炭素 CO**　① 沸点-192℃の有毒な水に不溶の気体である[2]。
　　② 空気中で青白い炎を出して燃える。　$2CO + O_2 \longrightarrow 2CO_2$
　　　　高温で，他の物質から O 原子を奪う性質（還元作用）がある。製鉄に利用されている。
　　　　　$C + CO_2 \rightleftarrows 2CO$
　　　　　$Fe_2O_3 + 3CO \longrightarrow 2Fe + 3CO_2$　（溶鉱炉内の全体の反応→ p.384）
　　③ 炭素や炭素化合物の不完全燃焼の際に生じる。また，ギ酸（→ p.444），シュウ酸（→ p.445）の濃硫酸による脱水によっても生成する。
　　　　$HCOOH \xrightarrow{H_2SO_4} CO + H_2O$　　$(COOH)_2 \xrightarrow{H_2SO_4} CO + CO_2 + H_2O$
　　　　　ギ酸　　　　　　　　　　　シュウ酸

（2）二酸化炭素 CO₂　二酸化炭素は，炭酸ガスともいわれる無色・無臭の気体である。
　　① **実験室的製法**　大理石・石灰石や炭酸カルシウム $CaCO_3$ に希塩酸を加える。
　　　　　$CaCO_3 + 2HCl \longrightarrow CaCl_2 + CO_2\uparrow + H_2O$
　　② **工業的製法**　石灰石 $CaCO_3$ を 900℃以上に加熱する。　$CaCO_3 \longrightarrow CaO + CO_2\uparrow$

・・・

[1] **半導体**　金属のように自由電子をもっていないが，他の絶縁体とは異なり，いくらか電気伝導性をもつ。
[2] CO は空気中に体積で 1/1000（1000 ppm＝0.1％）程度含まれていても死亡事故につながる。

③ **凝縮・凝固**　二酸化炭素を，冷却しつつ圧縮すると，凝縮して液体になる。ただし，
31℃以上では，いくら圧縮しても凝縮しない。この温度を **臨界温度**[❶] という。

　　ボンベの中の液体二酸化炭素を，布の袋の中などに急激に吹き出させると，蒸発熱を
自分自身から奪い，温度が下がって凝固する。これを加圧して固めたものがドライアイ
スである。ドライアイスは，大気圧下で−79℃で昇華するので，寒剤[❷]に用いられる。

④ 水に少し溶けて炭酸水になる。炭酸水は弱酸である（H_2CO_3 は単独では取り出せない）。

$$CO_2 + H_2O \rightleftarrows (H_2CO_3) \rightleftarrows H^+ + HCO_3^-$$

⑤ アルカリ土類金属元素の水酸化物の水溶液に二酸化炭素を通じると，白濁する。この反
応は，二酸化炭素の検出に利用される（→ $p.365$）。

$$Ca(OH)_2 + CO_2 \longrightarrow CaCO_3\downarrow + H_2O$$

$$Ba(OH)_2 + CO_2 \longrightarrow BaCO_3\downarrow + H_2O$$

(3) その他の炭素化合物として，二硫化炭素 CS_2，炭化カルシウム CaC_2 などがある（→ $p.428$）。

2 ケイ素の化合物　**(1) 二酸化ケイ素 SiO_2**　シリカとも
よばれる。石英・水晶・けい砂などとして，天然に産出
する。これらの結晶は，たいてい SiO_2 の正四面体構造が
三次元的（立体的）に繰り返されて共有結合した結晶であ
る（▶図 22）。したがって，石英や水晶などは，組成式
SiO_2 で表す。

　二酸化ケイ素は，ダイヤモンドと同じように，1 個の
巨大分子とみなすことができる。

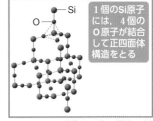

1個のSi原子
には，4個の
O原子が結合
して正四面体
構造をとる

▲ 図 22　二酸化ケイ素の構造の例
温度によって別の構造もとる。

❶ **臨界温度**　気体は冷やしたり圧縮したりすると，凝縮する。しかし，ある温度以上では，凝縮することがで
きない。この温度は，気体によって決まっていて，その温度を臨界温度という。
　　He：−268℃，O_2：−119℃，CO_2：31℃，NH_3：132℃，H_2O：374℃
❷ 低温を得るための冷却剤や混合物を **寒剤** という。液体窒素や液体ヘリウムなども寒剤に用いられる。

また，二酸化ケイ素は酸性酸化物であるから，Na_2CO_3 や NaOH などの強塩基と高温 (約1300℃)で融解すると，ケイ酸ナトリウム Na_2SiO_3 となる。

$$SiO_2 + Na_2CO_3 \longrightarrow Na_2SiO_3 + CO_2$$
$$SiO_2 + 2NaOH \longrightarrow Na_2SiO_3 + H_2O$$

（2）**水ガラス・シリカゲル** ① **水ガラス** ケイ酸ナトリウム Na_2SiO_3 に水を加えて耐圧がまで煮沸すると，粘性の大きな水あめ状の溶液ができる。これは **水ガラス** とよばれ，水溶液は強い塩基性である。

水ガラスは，耐火剤・特殊塗料・建築材料やシリカゲルの原料に用いられる。

水ガラスに希塩酸を加えると，ケイ酸ナトリウムの $-Si-O^- Na^+$ が $-Si-OH$ になり，さらにそれらの間から H_2O が一部取れて，立体的(三次元的)な網目構造をもった **ケイ酸** $SiO_2 \cdot nH_2O$ ができる。これは水を多量に含んでいるため，ゲル状を呈する。

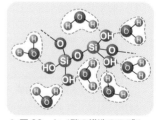
▲ 図 23　ケイ酸の構造のモデル

② **シリカゲル** 水ガラスからつくったケイ酸を，さらに加熱して水分を減らしたものが **シリカゲル** である。白色粉末またはガラス状の固体で，その表面には $-OH$ の構造が無数にある。また，細孔が多く，質量の割に表面積がきわめて大きい[1]ので，空気中の湿気やアンモニアなどのガス，水溶液中の染料や医薬品・毒物などを吸着する力が強い。家庭用の乾燥剤や，脱水剤・脱色剤・触媒保持剤などに幅広く使われる。

▲ 図 24　水ガラスとその反応　シリカゲルは，塩化コバルト(水分で桃色に変化)を吸着させるなどして使われる。

（3）**ケイ酸とその塩の相互の関係**

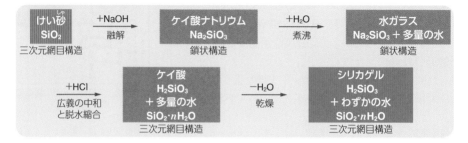

[1] **シリカゲルの表面積** 1g あたりの表面積は，500 〜 1000 ㎡ である。シリカゲルと同じ目的で使われる活性炭には表面積が 1200 ㎡/g になるものもある。ともにすぐれた吸着剤である。

Study Column ケイ酸塩

　代表的なケイ酸塩であるケイ酸ナトリウム Na_2SiO_3 は，ナトリウムイオン Na^+ とケイ酸イオン SiO_3^{2-} が 2：1 で結合した物質ではない。ケイ酸イオンは SiO_3^{2-} の単位構造が鎖状に多数結合した $(SiO_3)_n^{2n-}$ に多数の Na^+（計算上は $2n$ 個）が結合した，非常に大きなイオンからなる化合物（高分子）である。Na_2SiO_3 はその組成式である。どの Si 原子も 4 個の O 原子と結合して正四面体構造をつくっている。

(1) 繊維状ケイ酸塩　SiO_4 の四面体構造が鎖状に結合した骨格をもっており，ケイ酸ナトリウムもその一種である。Si と Si は 1 個の O 原子を共有している（下図）。アスベスト（石綿）は，このような鎖状構造（一次元）のケイ酸イオンに種々の金属イオンが結合してできている。

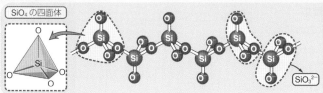

ケイ酸イオンは SiO_3^{2-} の単位構造が鎖状（一次元的）に連結した高分子陰イオン $(SiO_3)_n^{2n-}$ で，1 個の Si 原子には 4 個の O 原子が結合して正四面体の形をつくっている。

(2) 層状ケイ酸塩　SiO_4 の四面体が平面的（二次元）に結合した構造のものである。Si が他の Si と O 原子 3 個ずつを共有して平面上に結合している。その平面が，さらに層状に重なったもので，黒鉛の構造（→ p.80）に似ている。Si-O-Si の骨格は，すべて環状に連結している。

　雲母は，Si と O のほか，種々の金属イオンを含んだ層状構造をしており，薄くはがすことができる。

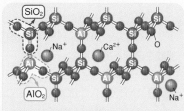

(3) アルミノケイ酸塩　SiO_4 の四面体が立体的（三次元的）に連結した構造（SiO_2 と同じ）をもち，Si の一部が Al によって置換された構造のものを**アルミノケイ酸塩**という。

　ケイ酸イオンと結合している陽イオンとして，Na^+ のほかに Mg^{2+}，Ca^{2+} などもある。

　長石や沸石（ゼオライト）はその例である。

AlO_2 の近くには他の陽イオンが存在する

(4) ケイ酸とシリカゲルの構造変化

　水ガラス（水分を含んだケイ酸ナトリウム）と塩酸から生成したケイ酸は，水分を多量に含むため，化学式は，$H_2SiO_3 - H_2O = SiO_2$ に多量の水（nH_2O）を加えて $SiO_2 \cdot nH_2O$ で表す。骨格はケイ酸イオン $(SiO_3)_n^{2n-}$ である。

　この $SiO_2 \cdot nH_2O$ を熱して水分をできるだけ除去したものがシリカゲルである。

水ガラスの骨格モデル $(Na_2SiO_3)_n$ 　　　シリカゲルの骨格モデル $(H_2SiO_3)_n$

8 気体の製法

A 気体の発生・捕集・精製

1 発生装置 ① 反応物が固体だけの場合──試験管(加熱)−図(a)

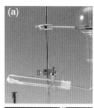
(a)

② 反応物が水溶液(液体)を含む場合

　簡易的──試験管−図(b),または,ふたまた試験管−図(c)

　通　常──フラスコと滴下漏斗−図(d)(d′)((d′)は加熱)

③ 常温で大量に発生させる場合(反応物が粒状固体と液体の場合のみ)
　　　　──キップの装置−図(e)

(1) 加熱を必要としない反応

① 薄い酸と金属から水素の発生

　　例　$Zn + H_2SO_4 \longrightarrow ZnSO_4 + H_2\uparrow$

(b)

② 強酸による弱酸性気体の遊離

　　例　$CaCO_3 + 2HCl \longrightarrow CaCl_2 + H_2O + CO_2\uparrow$

　　　　$FeS + H_2SO_4 \longrightarrow FeSO_4 + H_2S\uparrow$

　　　　$CaCl(ClO)\cdot H_2O + 2HCl \longrightarrow CaCl_2 + 2H_2O + Cl_2\uparrow$

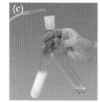
(c)

③ 硝酸を用いる反応

　　例　$3Cu + 8HNO_3(希) \longrightarrow 3Cu(NO_3)_2 + 4H_2O + 2NO\uparrow$

　　　　$Cu + 4HNO_3(濃) \longrightarrow Cu(NO_3)_2 + 2H_2O + 2NO_2\uparrow$

④ 過酸化水素の分解

　　　　$2H_2O_2 \xrightarrow{MnO_2} 2H_2O + O_2\uparrow$

⑤ アセチレン C_2H_2 の発生

　　　　$CaC_2 + 2H_2O \longrightarrow Ca(OH)_2 + C_2H_2\uparrow$

(d)

(2) 加熱を必要とする反応

① 固体どうしの反応

　　例　$2NH_4Cl + Ca(OH)_2 \longrightarrow CaCl_2 + 2H_2O + 2NH_3\uparrow$

　　　　$CH_3COONa + NaOH \longrightarrow CH_4 + Na_2CO_3$

② 熱分解反応

　　例　$2NaHCO_3 \longrightarrow Na_2CO_3 + H_2O + CO_2\uparrow$

　　　　$2KClO_3 \xrightarrow{MnO_2} 2KCl + 3O_2\uparrow$

　　　　$CaCO_3 \longrightarrow CaO + CO_2\uparrow$

(d′)

③ 濃硫酸を用いる反応(( )内は,利用する濃硫酸の性質)

　　例　$NaCl + H_2SO_4 \longrightarrow NaHSO_4 + HCl\uparrow$(不揮発性)

　　　　$Cu + 2H_2SO_4 \longrightarrow CuSO_4 + 2H_2O + SO_2\uparrow$(酸化作用)

　　　　$HCOOH \xrightarrow{H_2SO_4} H_2O + CO\uparrow$(脱水作用)

④ MnO_2 を酸化剤とする反応

　　例　$MnO_2 + 4HCl(濃) \longrightarrow MnCl_2 + 2H_2O + Cl_2\uparrow$

(e)

2 捕集装置 水に溶けるか否か，空気より軽いか(分子量<29)どうかで決める。

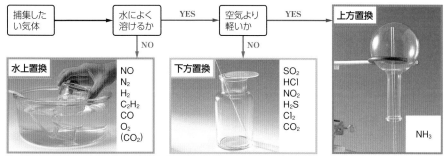

| 捕集したい気体 | → | 水によく溶けるか | YES | 空気より軽いか | YES | 上方置換 |

水上置換 NO → 水上置換
NO NO
空気より軽いか NO → 下方置換

水上置換
NO
N₂
H₂
C₂H₂
CO
O₂
(CO₂)

下方置換
SO₂
HCl
NO₂
H₂S
Cl₂
CO₂

上方置換
NH₃

( )をつけた気体の捕集に用いる場合もある

3 乾燥装置と乾燥剤 生成した気体と反応しないものを乾燥剤に用いる。原則は酸性どうし，塩基性どうしならよい。中性の乾燥剤はいずれにも使えるが，例外に注意する。シリカゲルは使わない。乾燥剤として濃硫酸を用いる場合は洗気瓶-図(a)，他は気体乾燥管-図(b)を使用。

(a) 洗気瓶

濃硫酸

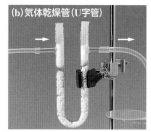

(b) 気体乾燥管(U字管)

乾燥剤			乾燥させる気体		
			NH₃	H₂, N₂, O₂	CO₂, SO₂, NO₂, Cl₂, HCl, H₂S
			塩基性	中 性	酸 性
酸化カルシウム	CaO	塩基性	○	○	×
ソーダ石灰	CaO と NaOH の混合物	塩基性	○	○	×
塩化カルシウム	CaCl₂	中 性	×[1]	○	○
十酸化四リン	P₄O₁₀	酸 性	×	○	○(H₂S は ×[2])
濃硫酸	H₂SO₄	酸 性	×	○	○(H₂S は ×[2])

4 特異的な性質のまとめ　① 黄緑色 ⟶ 塩素 Cl_2　赤褐色 ⟶ 二酸化窒素 NO_2
その他の多く ⟶ 無色
② 空気に触れると赤褐色 ⟶ 一酸化窒素 NO(→ p.346)
③ 石灰水を白濁 ⟶ 二酸化炭素 CO_2(→ p.365)
④ 気体どうしが出あうと白煙 ⟶ アンモニア NH_3 と塩化水素 HCl(→ p.345)
⑤ SO_2 を溶かした水溶液に通じると白濁 ⟶ 硫化水素 H_2S(→ p.339)
⑥ 酢酸鉛(Ⅱ)水溶液をしみ込ませたろ紙を黒変 ⟶ 硫化水素 H_2S(→ p.370, 389)
⑦ 腐卵臭 ⟶ 硫化水素 H_2S(→ p.339)
⑧ ヨウ化カリウムデンプン紙を青変 ⟶ 塩素 Cl_2(→ p.334)，オゾン O_3(→ p.338)

---

[1] $CaCl_2$ と NH_3 が反応して，$CaCl_2・8NH_3$ が生成してしまう。
[2] 濃硫酸が酸化剤としてはたらいてしまう。

◆◆◆ 定期試験対策の問題 ◆◆◆

◇❶ ハロゲン元素

　図のような装置で①酸化マンガン(IV)に濃塩酸を加えて加熱すると塩素が得られ、(a)置換で捕集する。塩素は(b)色の毒性の強い気体である。ヨウ化カリウムデンプン紙を近づけると(c)色に変わるので、塩素の検出に用いられる。②塩素は水に少し溶け、一部が水と反応して塩化水素と(d)を生じる。このため、その水溶液は酸性で、(e)作用が強く、殺菌や漂白に用いられる。

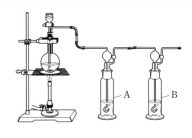

(1) 文中の空欄(a)〜(e)に当てはまる最も適切な語句を答えよ。

(2) 下線部①、②の変化を化学反応式で表せ。

(3) 器具A、Bに用いる最も適当な物質を、次のうちからそれぞれ1つずつ選べ。

　　(a) 濃硫酸　　(b) ソーダ石灰　　(c) 水

　ヒント　(1) 気体の捕集法は、水溶性と空気との密度の比較で決まる。(2) 酸化マンガン(IV)は酸化剤であり還元される。(3) 濃塩酸を使用していることと、乾いた塩素が望ましいことから考える。

◇❷ 硫酸の性質

(1) 次の(a)〜(d)の反応で発生する気体の名称と化学式を答えよ。

　　(a) 銅に濃硫酸を加えて加熱する。

　　(b) 塩化ナトリウムに濃硫酸を加えて加熱する。

　　(c) ギ酸に濃硫酸を加えて加熱する。

　　(d) 亜硫酸ナトリウムに希硫酸を加える。

(2) (1)の(a)〜(d)のうち、硫酸の不揮発性を利用したと考えられるものを選べ。

(3) 硫化鉄(II)に希硫酸を加えると硫化水素が発生する。硫化水素は、(ア)色、(イ)臭をもつ気体で、その水溶液は弱(ウ)性を示す。

　　(a) 文中の空欄(ア)〜(ウ)に当てはまる最も適切な語句を答えよ。

　　(b) 下線部の変化を化学反応式で表せ。

(4) 実験室で、濃硫酸から希硫酸を調製する方法を簡単に述べよ。

　ヒント　(4) 濃硫酸は水より密度が大きく、水に溶けると多量に発熱する。

◇❸ 窒素とその化合物

　アンモニアは、窒素と水素を(a)触媒のもとで反応させる(b)法で得られる。アンモニアと酸素を(c)触媒のもとで反応させて一酸化窒素とし、さらに空気を吹き込んで酸化すると(d)となり、これを温水と反応させると硝酸が得られる。この製法は(e)法とよばれる。

(1) 空欄(a)〜(e)に当てはまる語句を答えよ。ただし、(a)と(c)は次の中から選べ。

　　　白金、ニッケル、酸化バナジウム(V)、酸化マンガン(IV)、四酸化三鉄

(2) (e)法では、3つの反応が順次起こっている。この化学反応式をそれぞれ答えよ。

(3) 標準状態で2.24 m³のアンモニアをすべて硝酸にしたとき、得られる63%硝酸は何kgか。

　ヒント　(3)は、(2)を利用してもよいが、原料の窒素がすべて硝酸になるとして、NH_3 1molから HNO_3 1molが生成するとして計算すればよい。1m³=1×10³Lである。硝酸の分子量=63

（◇=上位科目「化学」の内容を含む問題）

◆◆◆ 定期試験対策の問題 ◆◆◆

❖4 炭素の同素体

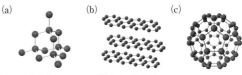

(1) 右の (a) ～ (c) は炭素の同素体の構造である。(a) ～ (c) の名称を答えよ。

(2) (a)と(b)のうち，電気伝導性があるものの記号と，その理由を答えよ。

ヒント (2) 電子やイオンが動ければ，電気伝導性が生じる。

❖5 気体の製法

次の問いに答えよ。ただし，図中の試薬は省略してある。

(1) 銅と硝酸から二酸化窒素を発生させる。

(a) 使用する硝酸は希硝酸と濃硝酸のどちらが適当か。

(b) このとき用いる実験装置を右の(ア)～(エ)から選べ。

(2) 塩化アンモニウムと水酸化カルシウムからアンモニアを発生させる。

(a) この変化を化学反応式で表せ。

(b) このとき用いる実験装置を右の(ア)～(エ)から選べ。

(c) アンモニアの乾燥剤として最も適当なものを次から選べ。

濃硫酸，塩化カルシウム，ソーダ石灰，

十酸化四リン，シリカゲル

(3) 酸化マンガン(IV)に過酸化水素水を加え，気体を発生させる。

(a) 発生する気体は何か。化学式で答えよ。

(b) 酸化マンガン(IV)の役割を一語で答えよ。

(c) このとき用いる実験装置を右の(ア)～(エ)から選べ。

ヒント (2) アンモニアの分子量は 17 であり，水によく溶ける。

(ア)

(イ)

(ウ)

(エ)

❖6 気体の性質

次の(1)～(5)で発生する気体の化学式を答え，その性質を下の(ア)～(キ)から選べ。

(1) 炭酸カルシウムに希塩酸を加える。

(2) 塩素酸カリウムと酸化マンガン(IV)を混ぜて加熱する。

(3) 銅に希硝酸を加える。　　　　(4) さらし粉に濃塩酸を加える。

(5) ホタル石に濃硫酸を加えて加熱する。

[性質] (ア) 濃アンモニア水を近づけると白煙を生じる。

(イ) 石灰水を白く濁らせる。

(ウ) この気体や，その水溶液は，ガラスを溶かす。

(エ) この気体の中にマッチの燃えさしを入れると，激しく燃え出す。

(オ) 酢酸鉛(II)水溶液をしみ込ませたろ紙を黒く変色させる。

(カ) 刺激臭のある有色の気体で，赤いバラの色を薄くさせる。

(キ) 空気中でただちに酸化され，赤褐色の気体となる。

(❖=上位科目「化学」の内容を含む問題)

金属元素（Ⅰ）－典型元素－

1 アルカリ金属元素
2 アルカリ土類金属元素
3 アルミニウム・スズ・鉛

しっくいの壁

1 アルカリ金属元素

A アルカリ金属元素の単体

1 アルカリ金属元素の性質 （1）**定義** 周期表1族のうちで，H以外の元素を **アルカリ金属元素** という。価電子1個をもつ典型元素である。

（2）**密度** 単体の密度は小さく，とくに Li，Na，K の単体は水の密度よりも小さい。

（3）**イオン** イオン化傾向が大きく（→ p.299），水と常温で激しく反応して水素を発生し，1価の陽イオンになりやすい。

$$2M + 2H_2O \longrightarrow 2MOH^{①} + H_2\uparrow \quad (M=Li,\ Na,\ K,\ \cdots)$$

空気中の酸素とも容易に反応し，酸化物になる[②]。

$$4M + O_2 \longrightarrow 2M_2O$$

（4）**還元作用** アルカリ金属元素の単体は，自らは酸化されやすい。したがって，相手に電子を与えやすく，還元力が強い（→ p.288）。 $M \longrightarrow M^+ + e^-$

（5）**化合物の水溶性** ほとんどの化合物は水に溶ける。

例 塩化物：LiCl，NaCl，KCl
硫酸塩：Na_2SO_4，K_2SO_4
炭酸塩：Li_2CO_3，Na_2CO_3，K_2CO_3
硝酸塩：$NaNO_3$，KNO_3
酢酸塩：CH_3COONa，CH_3COOK

（6）**水酸化物は強塩基**（→ p.245）で，水溶液は強い塩基性（アルカリ性）を示す（名称の由来でもある）。

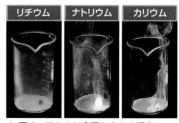

▲図1 アルカリ金属と水との反応

▲図2 Na と水の反応
反応終了後フェノールフタレイン溶液を滴下すると，赤く変色する。

[①] MOH は M^+ と OH^- からなる。
[②] 同時に，空気中の水蒸気とも反応して水酸化物を生じる。そのため単体は灯油中に保存する。

▼ 表1 アルカリ金属元素の物理的性質

元素名	原子	電子配置						単体の融点〔℃〕		単体の密度〔g/cm³〕		炎色反応	イオン
		K	L	M	N	O	P						
リチウム	₃Li	2	*1*					181	高	0.53	小	赤	Li⁺
ナトリウム	₁₁Na	2	8	*1*				97.8	⇑	0.97	⇑	黄	Na⁺
カリウム	₁₉K	2	8	8	*1*			63.7		0.86		赤紫	K⁺
ルビジウム	₃₇Rb	2	8	18	8	*1*		39.3	⇓	1.53	⇓	赤	Rb⁺
セシウム	₅₅Cs	2	8	18	18	8	*1*	28.4	低	1.87	大	淡青	Cs⁺

▲ 図3　アルカリ金属元素の単体とその切断面(灯油の密度は，約 0.8g/cm³)

(7) **単体の製法**　アルカリ金属元素の単体は，塩化物や水酸化物の溶融塩電解(→ p.319)によってつくられる。たとえば，塩化ナトリウム NaCl を窒素中・高温で融解させて電気分解すると，陰極にナトリウム Na が析出する。

(8) **炎色反応**　アルカリ金属元素の単体・化合物やその水溶液は，それぞれの元素に特有な炎色反応を示す(→ p.31)。

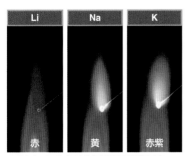

▲ 図4　アルカリ金属元素の炎色反応
Ca, Sr, Ba, Cu も炎色反応を示す。

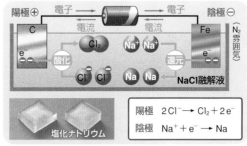

▲ 図5　塩化ナトリウムの溶融塩電解

陽極　2Cl⁻ ⟶ Cl₂ + 2e⁻
陰極　Na⁺ + e⁻ ⟶ Na

CHART 2

再掲(→ p.31)　　　　　　　　炎色反応の覚え方

rear carの　　ない　K村　どうせ　借りようと　しても貸してくれない　馬の力で運ぼう
リアカー　なき K村，どうせ　借るとう　するもくれない　馬力

Li 赤　**Na** 黄　**K** 赤紫　**Cu** 青緑　**Ca** 橙赤　　　　**Sr** 紅　　　**Ba** 黄緑

第2章　●金属元素(Ⅰ)−典型元素−　**359**

1 酸化物 アルカリ金属の単体は空気によっても酸化され，表面から酸化物となる。酸化物は水と反応して水酸化物となる。また，酸と反応して塩となる。

$$4Na + O_2 \longrightarrow 2Na_2O$$
$$Na_2O + H_2O \longrightarrow 2NaOH$$
$$Na_2O + 2HCl \longrightarrow 2NaCl + H_2O$$

2 NaOHとKOH **(1) 製法** 塩化ナトリウムや塩化カリウムの水溶液の電気分解で得られる（イオン交換膜法 →p.316）。

(2) 性質 ① 白色の固体で融点は比較的低く，加熱しても分解しにくい。湿った空気中の水分を吸収し，それに溶ける**潮解**❶が起こりやすい（◯図6）。

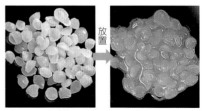
▲図6 水酸化ナトリウムの潮解

② 水によく溶け，水溶液は強い塩基性を示す。固体や水溶液は皮膚や粘膜を侵すので，水酸化ナトリウムは別名カセイソーダ❷とよばれる。

③ 固体や水溶液は二酸化炭素 CO_2 を吸収しやすい。

$$2NaOH + CO_2 \longrightarrow Na_2CO_3 + H_2O \quad (中和)$$

(3) 用途 各種化学薬品・セッケン・パルプ・紙・石油精製その他，広く使用されている。

3 炭酸ナトリウム **(1) 工業的製法** 塩化ナトリウムの飽和水溶液にアンモニアを吸収させてから二酸化炭素を通じると，炭酸水素ナトリウム $NaHCO_3$ が沈殿してくる。

$$NaCl + NH_3 + CO_2 + H_2O \longrightarrow NaHCO_3\downarrow + NH_4Cl \quad ……①$$

生じた $NaHCO_3$ を集めて焼くと，炭酸ナトリウム Na_2CO_3（ソーダ灰）が得られる。

$$2NaHCO_3 \longrightarrow Na_2CO_3 + H_2O + CO_2\uparrow \quad ……②$$

以上の方法を，**アンモニアソーダ法** または **ソルベー法** という。

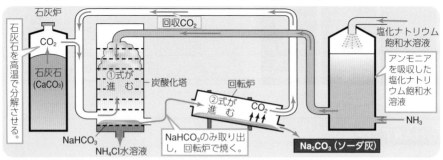
▲図7 アンモニアソーダ法

---

❶ **潮解** 固体が空気中の水分を吸収して，その吸収した水に固体が溶け込む現象をいう。このため固体の表面がべとついてくる。
❷ カセイソーダの苛性とは，皮膚などを侵す性質のこと。また，ソーダはナトリウムの古い日本語名である。

Q?uestion Time クエスチョン タイム

Q. アンモニアソーダ法で $NaHCO_3$ が沈殿するしくみを教えて下さい。

A. アンモニアソーダ法の反応のしくみを詳しく調べてみましょう。まず，水に溶けた二酸化炭素は①式のように電離し，生じた H^+ をアンモニアが②式で消費するので，①式の平衡は右にどんどん進みます。

$$CO_2 + H_2O \rightleftarrows H^+ + HCO_3^- \quad \cdots\cdots①$$

$$H^+ + NH_3 \longrightarrow NH_4^+ \quad \cdots\cdots②$$

一方，上の反応は塩化ナトリウム飽和水溶液中で行われていて，塩化ナトリウムはすべてイオンとして存在しています。

$$NaCl \longrightarrow Na^+ + Cl^-$$

したがって，水溶液中には，Na^+，NH_4^+，Cl^-，HCO_3^- が多量に存在しています。これらのイオンからできる可能性のある塩の溶解度は右の表のようになり，最も溶解度が小さい $NaHCO_3$ が飽和状態となって沈殿してくることになります。

〈溶解度〔g/100 g 水〕〉

	10℃	20℃
$NaHCO_3$	8.13	9.55
NH_4HCO_3	16.1	21.7
NH_4Cl	33.5	37.5
$NaCl$	37.7	37.8

(2) **性質** ① 炭酸ナトリウムは，弱酸と強塩基の正塩であるから，水溶液は塩基性を示す。

$$Na_2CO_3 \longrightarrow 2Na^+ + CO_3^{2-}$$

$$CO_3^{2-} + H_2O \longrightarrow HCO_3^{-❶} + OH^-$$

CO_3^{2-} は H_2O から，H^+ を受け取っているので，塩基(→ p.241)である。

このように水溶液中の水分子から H^+ を奪うため，OH^- が残って水溶液は塩基性となる。この現象は加水分解とよばれる(→ p.265)。

② 炭酸(H_2CO_3)より強い酸によって分解し，CO_2 を発生する。(→ p.267 **CHART 39**)

$$Na_2CO_3 + 2HCl \longrightarrow 2NaCl + H_2O + CO_2\uparrow$$

$$Na_2CO_3 + 2CH_3COOH(酢酸) \longrightarrow 2CH_3COONa + H_2O + CO_2\uparrow$$

③ 熱しても分解しにくく，融解する(アルカリ土類金属元素や他の元素の炭酸塩と異なる)。ただし，炭酸水素塩は熱分解しやすい。

④ 水溶液から再結晶させた炭酸ナトリウム十水和物 $Na_2CO_3 \cdot 10H_2O$ は，空気中に放置すると，水和水が失われて白色粉末になる。この現象を **風解** という。

(3) **用途** ガラスの原料や，染色・工業薬品として使われる。

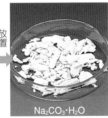

$Na_2CO_3 \cdot 10H_2O$ 放置 $Na_2CO_3 \cdot H_2O$

▲ 図8 炭酸ナトリウム十水和物の風解

▲ 図9 ガラス製品

---

❶ $HCO_3^- + H_2O \longrightarrow H_2CO_3 + OH^-$ のようにさらに H_2O から H^+ を受け取って，OH^- を生じる。

アンモニアソーダ法によって，塩化ナトリウム 1.0t（トン）から得られる炭酸ナトリウムは理論上何 t か。H=1.0, C=12, N=14, O=16, Na=23, Cl=35.5

考え方 ▶ アンモニアソーダ法に関連する反応式をすべて表すと，次のようになる。

$$NaCl + NH_3 + CO_2 + H_2O$$
$$\longrightarrow NaHCO_3 + NH_4Cl \quad \cdots\cdots①$$

$$2NaHCO_3$$
$$\longrightarrow Na_2CO_3 + H_2O + CO_2 \quad \cdots\cdots②$$

$$CaCO_3 \longrightarrow CaO + CO_2 \quad \cdots\cdots③$$

$$CaO + H_2O \longrightarrow Ca(OH)_2 \quad \cdots\cdots④$$

$$Ca(OH)_2 + 2NH_4Cl$$
$$\longrightarrow CaCl_2 + 2H_2O + 2NH_3 \quad \cdots\cdots⑤$$

①式×2+②式+③式+④式+⑤式より，

$$2NaCl + CaCO_3$$
$$\longrightarrow Na_2CO_3 + CaCl_2 \quad \cdots\cdots⑥$$

という式が得られ，これより $NaCl\ 2mol$ から Na_2CO_3 は $1mol$ 得られることがわかる。

この関係を得るために，①～⑤の式は必ずしも必要ではない。つまり，NaCl 中の成分元素のナトリウムはすべて Na_2CO_3 になることがわかっているから，Na 原子の数を合わせるだけで，$\underline{2NaCl \longrightarrow Na_2CO_3}$ の関係となることを利用すれば，他の物質がどうなるかわからなくても，$2mol$ の NaCl から $1mol$ の Na_2CO_3 が得られることがわかる。

得られる Na_2CO_3 を x〔t〕とすると，

$$2×58.5g/mol : 106g/mol = 1.0t : x〔t〕$$
$$よって，x ≒ 0.91t \quad \text{答}$$

注意 ⑥式には NH_3 がないので，アンモニアはある程度存在すれば，理論上補充の必要がないことになる。また，⑥式の反応は量的関係を示しただけで実際には進行せず，逆に，左右両辺を入れ替えた，$Na_2CO_3 + CaCl_2 \longrightarrow 2NaCl + CaCO_3↓$ の反応は自然に進む。つまり，アンモニアソーダ法は，自然には進まない反応を別の経路により進むように工夫したものと考えることもできる。

類題 ····· 66

図はアンモニアソーダ法の概略である。
(1) 図中の物質（ア）～（ウ）を化学式で表せ。
(2) 図中の反応①～⑤を化学反応式で示せ。
(3) (2)の反応をまとめて 1 つの化学反応式で示せ。
(4) 純度 70% の石灰石 500kg から得られる炭酸ナトリウムは理論上何 kg か。
　　C=12, O=16, Na=23, Ca=40

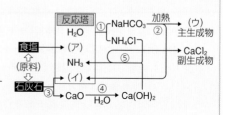

CHART 50　　Li, K, Ca, Na, Mg, Al の製法

リッチに　かりょう　か　な　間（ま）が　ある　溶融塩電解
Li　　　K　　　Ca Na Mg　　Al

2 アルカリ土類金属元素

A アルカリ土類金属元素の単体

1 アルカリ土類金属元素の性質 2族元素（Be, Mg, Ca, Sr, Ba）は価電子2個をもつ典型元素で，**アルカリ土類金属元素**とよばれる。

▼表2 アルカリ土類金属元素の物理的性質

元素名	原子	電子配置						単体の融点〔℃〕	単体の密度〔g/cm³〕	炎色反応	イオン
		K	L	M	N	O	P				
ベリリウム	₄Be	2	2					1282	1.85	――	Be^{2+}
マグネシウム	₁₂Mg	2	8	2				649	1.74	――	Mg^{2+}
カルシウム	₂₀Ca	2	8	8	2			839	1.55	橙赤	Ca^{2+}
ストロンチウム	₃₈Sr	2	8	18	8	2		769	2.54	紅	Sr^{2+}
バリウム	₅₆Ba	2	8	18	18	8	2	729	3.59	黄緑	Ba^{2+}

（融点：高↑低　密度：小↑大）

なお，Be，Mg の性質は Ca，Sr，Ba の性質とかなり異なっている（▶表3）。

2 アルカリ土類金属元素の単体の性質

(1) **イオン** 2個の価電子をもち，2価の陽イオンになる。イオン化傾向（→ p.299）は，一般に大きい（陽性の強い元素）。原子番号が大きいほど，イオン化傾向は大きくなる。密度はいずれも比較的小さい。

▼表3 Be, Mg と他のアルカリ土類金属の性質の比較

性質		Be, Mg	Ca, Sr, Ba
炎色反応		示さない	示す
水溶性	水酸化物	不溶	少し溶け，強塩基性を示す
	硫酸塩	溶ける	溶けにくい
	炭酸塩	不溶	不溶
水との反応		常温では反応しにくい	常温で反応し，H_2 発生

(2) **水との反応** Be，Mg を除くアルカリ土類金属の単体は，常温でも水と反応して H_2 を発生し，水酸化物をつくり，水溶液は強い塩基性を示す。

$$M + 2H_2O \longrightarrow M(OH)_2 + H_2\uparrow \quad (M=Ca,\ Sr,\ Ba)$$
$$\longrightarrow M^{2+} + 2OH^- （塩基性）$$

Mg は熱水とは反応して H_2 を発生し，水酸化物となる（弱塩基）。

(3) **炎色反応** Be，Mg を除くアルカリ土類金属元素は，各元素に特有の炎色反応（→ p.31）を示す。

(4) **酸素・塩素との反応** アルカリ土類金属の単体は，常温でも酸素や塩素と反応する。

$$2M + O_2 \longrightarrow 2MO$$
$$M + Cl_2 \longrightarrow MCl_2$$

Mg の粉末やリボンは，空気中で強い光を出して燃える。

$$2Mg + O_2 \longrightarrow 2MgO$$

(5) **製法** 単体は，酸化物・塩化物の溶融塩電解でつくられる。

(6) **用途** 単体としての用途は少ないが，Mg は Al，Zn，Mn その他の金属とともに合金（→ p.405）として，多方面に利用されている。

▲図10　マグネシウムと熱水の反応

▲図11　マグネシウムの燃焼

B アルカリ土類金属元素の化合物

1 酸化物 **(1) 酸化マグネシウム MgO** 融点がきわめて高い(約2800℃)白色の粉末で,耐火れんが,ルツボなど,セラミックス製品の原料に使われる。

(2) CaO, SrO, BaO これらは塩基性酸化物(→p.243)であり,水と反応して強い塩基性を示す水酸化物になる。また,酸と中和反応をする。

$$CaO + H_2O \longrightarrow Ca(OH)_2 \qquad BaO + H_2O \longrightarrow Ba(OH)_2$$
$$CaO + 2HCl \longrightarrow CaCl_2 + H_2O \qquad BaO + 2HCl \longrightarrow BaCl_2 + H_2O$$

① 酸化カルシウムは,**生石灰**ともいわれる。吸湿性が強く,乾燥剤に用いられる。生石灰が水と反応し,水酸化カルシウム $Ca(OH)_2$ になるときには多量の熱を発生する[1]。

② 酸化カルシウムとコークス(石炭を乾留したもので主成分は炭素)を混合して強熱すると,炭化カルシウム(**カーバイド**[2])になる。

▲ 図12 生石灰に水を加えたときの変化

$$CaO + 3C \longrightarrow \underset{\text{炭化カルシウム}}{CaC_2} + CO$$

炭化カルシウムは,水と反応してアセチレン C_2H_2(→p.428)を発生する。

$$CaC_2 + 2H_2O \longrightarrow Ca(OH)_2 + \underset{\text{アセチレン}}{C_2H_2\uparrow}$$

③ **ソーダ石灰** CaO に濃い NaOH 水溶液をしみ込ませてから焼いて粒状にしたもので,混合物である。気体の乾燥剤のほか,CO_2 や H_2O の吸収剤に用いられる。

2 水酸化物 **(1) 水酸化マグネシウム Mg(OH)₂** マグネシウムイオン Mg^{2+} を含む水溶液に水酸化物イオンを加えると,白色のゲル状沈殿として得られる[3]。

$$Mg^{2+} + 2OH^- \longrightarrow Mg(OH)_2\downarrow$$

水酸化マグネシウムを加熱すると,酸化マグネシウムになる。アルカリ金属元素以外の水酸化物は加熱すると,同様に酸化物と水になる。

$$Mg(OH)_2 \xrightarrow{600℃} MgO + H_2O$$

(2) 水酸化カルシウム Ca(OH)₂ **消石灰**ともいわれ,白色の粉末である。

① 消石灰に水を加えて乳白状にした物質は**石灰乳**といわれ,強い塩基性を示し,工業的に中和剤に用いられる。さらに水を加えて,飽和溶液にしたものが**石灰水**である。

② 消石灰は,**さらし粉**(→p.337)の製造,白壁(しっくい)の原料,酸性になった土壌の中和や実験室でのアンモニアの製造などに用いられる。

$$Ca(OH)_2 + Cl_2 \longrightarrow CaCl(ClO)\cdot H_2O(\text{さらし粉})$$
$$2NH_4Cl + Ca(OH)_2 \longrightarrow CaCl_2 + 2H_2O + 2NH_3\uparrow$$

③ 約600℃に加熱すると水を失って酸化カルシウム CaO(生石灰)になる。

$$Ca(OH)_2 \longrightarrow CaO + H_2O$$

---

[1] この反応は,駅弁や携帯用のお酒を温めるのに利用されている。
 $CaO + H_2O \longrightarrow Ca(OH)_2 \quad \Delta H = -63.6kJ$
[2] **カーバイド** 金属と炭素の化合物を一般にカーバイドというが,ふつうはカルシウムカーバイド CaC_2 をさす。
[3] **水酸化マグネシウム Mg(OH)₂ の溶解度** 18℃で,約 9.8×10^{-4}g/100g 水である。

3 塩類 （1）**炭酸塩** **炭酸カルシウム $CaCO_3$** は，大理石・石灰石・方解石・貝殻・さんご などの主成分である。

① カルシウムイオン Ca^{2+} を含む水溶液に，炭酸ナトリウム水溶液を加えると得られる。 このとき，溶液が中性または塩基性でないと沈殿しない[1]。

$$Ca^{2+} + Na_2CO_3 \longrightarrow CaCO_3\downarrow + 2Na^+$$

② 水酸化カルシウム水溶液（石灰水）に二酸化炭素を通じると生成する[2]。

$$Ca(OH)_2 + CO_2 \longrightarrow CaCO_3\downarrow + H_2O \quad \cdots\cdots ⓐ$$

このとき，さらに二酸化炭素を通じ続けると，炭酸カルシウムが炭酸水素カルシウム になって溶解し，透明な水溶液になる。

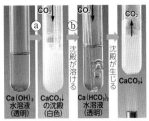

$$CaCO_3 + H_2O + CO_2 \rightleftarrows \underset{\text{炭酸水素カルシウム}}{Ca(HCO_3)_2} \quad \cdots\cdots ⓑ$$

この水溶液を加熱すると，CO_2 の溶解量が減るので， ⓑ式の平衡が左辺の方向に移動して再び炭酸カルシウム が沈殿する。

▲ 図13 石灰水と CO_2 との反応

（石灰水と CO₂ との反応 図中：Ca(OH)₂ 水溶液（透明）／CaCO₃ の沈殿（白色）／Ca(HCO₃)₂ 水溶液（透明）／ⓐ CO₂／ⓑ CO₂／CO₂／沈殿が溶ける／沈殿が生じる CaCO₃↓）

③ 炭酸カルシウムを強熱（約900℃）すると，熱分解して二 酸化炭素を生じる。

$$CaCO_3 \longrightarrow CaO + CO_2\uparrow$$

④ 炭酸カルシウムは，セメント・ガラスの原料のほか，ゴムの補強剤，医薬品，歯磨き粉， チョークなどにも使われている。また，大理石は建築材料などに使われている。

Study Column ▶ 鍾乳洞

二酸化炭素を溶かし込んだ地下水系の発達している石灰岩地帯では，上のⓑ式の右向きの反 応が起こって，石灰岩が溶けて大きなものから小さなものまで，いろいろな大きさの洞穴を生 じることがある。このような洞穴を **鍾乳洞** という。

石灰岩地帯において，二酸化炭素を含んだ地下水が浸透していくと， 石灰岩 $CaCO_3$ が溶けて $Ca(HCO_3)_2$ になる。その地下水が空気に出ると， 全体の圧力が減少し，CO_2 の分圧が下がり，水分の蒸発・温度の上昇 などが起こる。そのため，上のⓑ式の左辺の H_2O と CO_2 が減少するの で，それを補うように平衡が左辺の方向に移動し，地下水に溶けてい た $Ca(HCO_3)_2$ が，再び $CaCO_3$ にもどる。このようにして空洞がさらに 大きくなったり，空洞の中に $CaCO_3$ が析出していろいろな形をつくる。

洞穴の天井からつらら状に垂れ下がったものを鍾乳石，洞穴の下の部分に積み重ねてでき たものを石筍という。このような現象が長い年月続いて，現在のような鍾乳洞ができたと考え られる。

[1] $CaCO_3$ は酸（H^+ を含む）に溶けるから，中性または塩基性にしないと沈殿しない。
[2] この反応は，二酸化炭素の検出に利用される。

> ## アルカリ土類金属元素の水酸化物と炭酸塩の加熱
>
> 水酸化物を加熱すると酸化物と H_2O になる
> 炭酸塩を加熱すると酸化物と CO_2 になる

(2) **硫酸塩** ① **硫酸マグネシウム $MgSO_4$** は水に溶けやすいが，Ca，Sr，Ba の硫酸塩は，いずれも水に溶けにくい。

② **硫酸カルシウム $CaSO_4$** は白色で，天然に二水和物 $CaSO_4 \cdot 2H_2O$（**セッコウ**）または無水物として産出する。セッコウをおだやかに加熱（120〜140℃）すると，**焼きセッコウ** $CaSO_4 \cdot \frac{1}{2}H_2O$ になる。焼きセッコウを水で練って放置すると，再び二水和物になって固まるので，建築材料・塑像（セッコウ像）などの工芸品・医療用ギプスのほか，チョークなどに使われる。

$$CaSO_4 \cdot \frac{1}{2}H_2O + \frac{3}{2}H_2O \longrightarrow CaSO_4 \cdot 2H_2O$$

③ **硫酸バリウム $BaSO_4$** は，天然に重晶石として産出する。水にきわめて溶けにくく，X 線を吸収するので，白色顔料・X 線造影剤として使われる。塩化バリウムの水溶液に硫酸イオンを加えると，白色の硫酸バリウムが沈殿する。

$$BaCl_2 + SO_4{}^{2-} \longrightarrow BaSO_4\downarrow + 2Cl^-$$

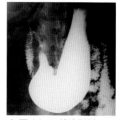

▲ 図14　X線造影剤
硫酸バリウムは X 線の吸収力が強いので，レントゲン撮影に利用されている。

(3) **塩化物** ① **塩化カルシウム $CaCl_2$** の無水物は潮解性をもつので，気体の乾燥剤に使用されるほか，家庭では押し入れ用などの乾燥剤として用いられる。二水和物（$CaCl_2 \cdot 2H_2O$）は道路の凍結防止剤に用いられる。

② **塩化マグネシウム $MgCl_2$** は潮解性の無色の結晶で，にがりの主成分である。

Question Time クエスチョン タイム

Q. セッコウが塑像に使われるのはなぜですか？

A. 焼きセッコウを水で練って放置すると数時間で固まります。粘土などで芸術作品をつくり，まわりをセッコウで固めると，もとの型ができます。これから粘土を取り除いてもう一度セッコウを流し込んで固めると，もとの作品と同じものが複製できます。このとき，もしセッコウが固まるときに縮んだりすると，すきまができて，そっくりのものがつくれません。しかし，セッコウは固まるときにわずかに膨張します。したがって，型をとるときにも，型に流し込んで複製品をつくるときにも，ぴったりにできるのでこれらの用途に使われます。

3 アルミニウム・スズ・鉛

A アルミニウム

1 アルミニウムの単体 **(1) 性質** アルミニウム Al は周期表 13 族の典型元素である。Al 原子は価電子を 3 個もち，それを放出して 3 価の陽イオンになる。アルカリ金属やアルカリ土類金属に次いでイオン化傾向は大きい。

原子	殻	K	L	M	N
5B		2	*3*		
13Al		2	8	*3*	
31Ga		2	8	18	*3*

(2) 所在 アルミニウムは，かつて 土類金属[1] とよばれた金属であり，地球表層に存在する元素の質量パーセントでは，O，Si に次いで第 3 位である[2]。粘土のほか，ボーキサイト[3]，氷晶石 Na_3AlF_6 などに含まれる。

(3) 製法 アルミニウムの原料鉱石ボーキサイトは酸化アルミニウムが主成分で，不純物として酸化鉄(Ⅲ)を多量に含むので赤褐色をしている。これを濃い水酸化ナトリウム水溶液に加えると，アルミニウムは両性金属 (→ p.369) なので $Na[Al(OH)_4]$ となって溶解し，これを加水分解して $Al(OH)_3$，さらに熱分解により純粋な Al_2O_3（アルミナ）が得られる。**氷晶石**（主成分 Na_3AlF_6）を融解させたものにアルミナを溶かし，炭素電極を用いて **溶融塩電解** を行うとアルミニウムが得られる (→ p.319)。この方法を **ホール・エルー法** という。

このとき発生する酸素は，電極の炭素と反応して一酸化炭素や二酸化炭素を生じる。このため，陽極の炭素を順次補給していく必要がある。

$$Al_2O_3 \longrightarrow 2Al^{3+} + 3O^{2-}$$

陰極：$Al^{3+} + 3e^- \longrightarrow Al$

陽極：$C + O^{2-} \longrightarrow CO + 2e^-$

（または $C + 2O^{2-} \longrightarrow CO_2 + 4e^-$）

Episode
生まれも，発明も，死去もみな同年のホールとエルー

ホール (C.M.Hall) はアメリカ，**エルー** (P.L.T.Héroult) はフランスの化学技術者である。

ともに 1863 年生まれの 1914 年死去で，まったく別々に，1886 年 22 歳の若さで，同じ原理のアルミニウムの製法を発明した。アメリカのオーバリン大学には，アルミニウムでつくったホールの像がある。

ホール

▲ 図15 アルミニウムの電解工場の内部

---

❶ 土類金属 土を生じる金属元素ということで，土類金属とよばれた。ラボアジエ(1743 ～ 1794)は，当時知られていた 33 種類の元素のうち，MgO，Al_2O_3，SiO_2 を土類元素に分類した (→ p.25)。

❷ クラーク数 クラークはアメリカの地球化学者。地球表面の深さ 16km までの水・岩石・空気の中の元素の質量パーセントを推定した(1924 年→ p.27)。

❸ ボーキサイト フランスの Baux 付近の粘土にちなんで名付けられた。Al_2O_3 として 40 ～ 70% を含んでいる。

▲図16 ボーキサイト

▲図17 アルミナ

▲図18 アルマイト製品

(4) 不動態 アルミニウムの単体の表面には，酸化被膜（無色）が生成する。この酸化被膜は非常に緻密で腐食されにくい。このため，酸化被膜を生じたアルミニウムは，濃硝酸などの酸化剤にも溶けにくい。このような状態を **不動態**[1] という。

このことを利用し，アルミニウム製品の表面を電気分解により酸化させて不動態にしたものを **アルマイト**[2] という。

(5) 燃焼・還元作用 アルミニウムの粉末や細線は，酸素中や空気中で激しく燃焼して多量の熱を生じて酸化物になる。

$$2\,Al + \frac{3}{2}O_2 \longrightarrow Al_2O_3 \quad \Delta H = -1676\,kJ$$

(6) テルミット反応 アルミニウムの粉末と酸化鉄（Ⅲ）Fe_2O_3 の粉末の混合物にマグネシウムリボンを点火剤として燃焼させると，3000℃以上の高温を出して燃焼し，Al は酸化され，Fe_2O_3 は還元されて融けた鉄が得られる。Al は還元剤としてはたらいている。

$$Fe_2O_3 + 2\,Al \longrightarrow 2\,Fe + Al_2O_3$$

生成した鉄は融解状態で得られるので，鉄管や鉄道のレールの溶接などに利用されている。この反応を **テルミット反応** といい，還元されにくい金属の酸化物（Cr_2O_3, Co_2O_3 など）から金属を遊離させるのにも使われる（ゴールドシュミット法ともいわれる）。

▲図19 テルミット反応

2 アルミニウムの化合物 **(1) 酸化アルミニウム Al_2O_3** **アルミナ** ともいわれる。アルミニウムを燃焼させて得られる酸化アルミニウム Al_2O_3 は，酸の水溶液とも強塩基の水溶液とも反応して[3]塩を生じて溶けるので，**両性酸化物**（→次ページ）という。

$$Al_2O_3 + 6\,HCl \longrightarrow 2\,AlCl_3 + 3\,H_2O \qquad (Al_2O_3\,は塩基のはたらきをしている)$$

$$Al_2O_3 + 2\,NaOH + 3\,H_2O \longrightarrow 2\,Na[Al(OH)_4] \qquad (Al_2O_3\,は酸のはたらきをしている)$$

----

[1] 金属が予想される化学的性質を失った状態。Cr, Fe, Ni, Al は不動態をつくりやすい（→ p.403）。

[2] アルマイトは日本で発明されたものである。アルミニウムを陽極で酸化するが，電解直後は表面が多孔質で，沸騰水などで後処理をする際に，染色もできる。

[3] 酸化アルミニウムの中には，不純物を含むことにより原子の結合構造が異なるものがあり，酸の水溶液や強塩基の水溶液にまったく侵されないものがある（ルビーやサファイアの結晶）。

(2) **水酸化アルミニウム Al(OH)₃**　Al³⁺ を含む水溶液にアンモニア水または薄い水酸化ナトリウム水溶液を少量加えると，水酸化アルミニウム Al(OH)₃ の白色ゲル状の沈殿を生じる。

水酸化アルミニウムは水に溶けないが，酸の水溶液とも強塩基の水溶液とも反応して塩を生じて溶けるので，**両性水酸化物**という。

$$Al(OH)_3 + 3HCl \longrightarrow AlCl_3 + 3H_2O \quad (Al(OH)_3 は塩基のはたらきをしている)$$
$$Al(OH)_3 + NaOH \longrightarrow Na[Al(OH)_4] \quad (Al(OH)_3 は酸のはたらきをしている)$$

(3) **ミョウバン AlK(SO₄)₂·12H₂O**　① **製法**　硫酸アルミニウム Al₂(SO₄)₃ と硫酸カリウム K₂SO₄ の混合溶液を冷却すると，ミョウバン AlK(SO₄)₂·12H₂O の正八面体の結晶が析出する[1]。

② **複塩**　ミョウバンは Al₂(SO₄)₃ と K₂SO₄ からなる塩であり，水溶液中では完全に電離する。このため，**複塩**とよばれる。さらし粉(→ p.337)も複塩である。

$$AlK(SO_4)_2 \cdot 12H_2O \longrightarrow Al^{3+} + K^+ + 2SO_4^{2-} + 12H_2O$$

Al₂(SO₄)₃ は弱塩基 Al(OH)₃ と強酸 H₂SO₄ の塩であるから，その水溶液は弱酸性を示す(→ p.371)。

③ **用途**　上水道・工業用水の濁りを除く清澄剤，紙のにじみ止め(サイジング)，染色用の媒染剤などに使われる。

▲ 図20　ミョウバンの結晶

B　両性金属(両性元素)

単体のアルミニウムは，希塩酸や希硫酸と反応して塩をつくり，H₂ を発生する。

$$2Al + 6HCl \longrightarrow 2AlCl_3 + 3H_2\uparrow$$
$$2Al + 3H_2SO_4 \longrightarrow Al_2(SO_4)_3 + 3H_2\uparrow$$

また，単体のアルミニウムは水酸化ナトリウム水溶液のような強塩基の水溶液と反応して塩をつくり，H₂ を発生する。

$$2Al + 2NaOH + 6H_2O \longrightarrow 2Na[Al(OH)_4] + 3H_2\uparrow$$
テトラヒドロキシドアルミン酸ナトリウム

このように，アルミニウムは酸の水溶液とも強塩基の水溶液とも反応するので，**両性金属**(両性元素)という。アルミニウムのほか，後で学ぶ亜鉛，スズ，鉛なども両性金属である。また，これらの金属の酸化物は**両性酸化物**，水酸化物は**両性水酸化物**という。

CHART 51　　　両性金属の覚え方

| Al | Zn | Sn | Pb | は | 酸・塩基と | 反応する | (両性金属) |
| あ | あ | すんなり | と | | 両性 | に | 愛される |

---

[1] 混合溶液中の Al₂(SO₄)₃ と K₂SO₄ の物質量の比が 1:1 でなくても，析出するミョウバンの結晶中の両者の物質量の比は，常に 1:1 となる。

1 スズの単体 スズと鉛は，周期表14族に属する典型元素の金属で，いずれも酸化数+2および+4の化合物をつくる。スズでは，酸化数が+4の化合物のほうが安定である。

原子 殻	K	L	M	N	O	P
50**Sn**	2	8	18	18	*4*	
82**Pb**	2	8	18	32	18	*4*

スズは銀白色で軟らかい金属である。イオン化傾向が比較的小さく（→ p.299），空気中では比較的安定であるが，熱すると酸化スズ(IV)SnO_2になる。スズは，酸の水溶液にも，強塩基の水溶液にも，水素を発生して溶ける両性金属である。

スズ製の容器や鉄製品に対するめっき（ブリキ→ p.404），はんだ（スズと鉛などの合金）や青銅（スズと銅の合金）などの合金（→ p.405）に用いられる。

▲ 図21 はんだ
鉛は有害なので，現在は鉛を含まないはんだが使用されている。

▲ 図22 パイプオルガン
パイプオルガンのパイプは，50〜75％のスズを含んでいる。

2 スズの還元作用 スズは，塩酸と反応して塩化スズ(II)になる。

$$Sn + 2HCl \longrightarrow SnCl_2 + H_2\uparrow$$

塩化スズ(II)の水溶液中に塩素を通じると，塩化スズ(IV)が得られる。

$$SnCl_2 + Cl_2 \longrightarrow SnCl_4$$

スズ(II)の化合物は，酸化されやすく，強い還元作用を示す。たとえば，ニトロベンゼンの還元にスズが用いられるのはこのためである（→ p.467）。

基礎 化 **D** 鉛とその化合物

1 鉛の単体 イオン化傾向は比較的小さい。単体の鉛は青みを帯びた銀色で，水や他の薬品に侵されにくく，また常温で希硫酸・希硝酸などにも侵されにくい（表面に難溶性の$PbSO_4$，$PbCl_2$をつくる）。鉛蓄電池のほか，X線しゃへい板などに使われている。

鉛は，酸の水溶液にも，強塩基の水溶液にも，水素を発生して溶ける両性金属である。

2 鉛の化合物 （1）**水に不溶の化合物** 塩化鉛(II)$PbCl_2$（白色・熱水に可溶），酸化鉛(II)PbO（黄色），酸化鉛(IV)PbO_2（褐色）

（2）**水に可溶の化合物** 酢酸鉛(II)$(CH_3COO)_2Pb$（無色），硝酸鉛(II)$Pb(NO_3)_2$（無色）

（3）**鉛(II)イオンの反応**

① 白色沈殿生成 $Pb^{2+} + 2Cl^- \longrightarrow PbCl_2$

$Pb^{2+} + 2OH^-$（少量）$\longrightarrow Pb(OH)_2$

（多量に加えると$[Pb(OH)_4]^{2-}$を生じて沈殿が溶ける。）

② 黒色沈殿生成 $Pb^{2+} + S^{2-}$（H_2Sを通じる）$\longrightarrow PbS$

③ 黄色沈殿生成 $Pb^{2+} + CrO_4^{2-} \longrightarrow PbCrO_4$

$Pb^{2+} + 2I^- \longrightarrow PbI_2$

Study Column　アルミニウムイオンとテトラヒドロキシドアルミン酸ナトリウム

(1) 水和アルミニウムイオン

　水溶液中のアルミニウムイオンは，6個の H_2O 分子がまわりに結合した水和アルミニウムイオン $[Al(H_2O)_6]^{3+}$ (正八面体)として存在している(右図)。

　Al^{3+} に水和している H_2O 分子の一部は，次のように電離する。

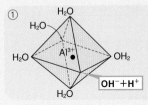
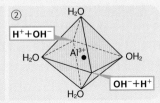

$$[Al(H_2O)_6]^{3+} \rightleftarrows [Al(H_2O)_5(OH)]^{2+} + H^+ \quad \cdots 図①$$
$$\rightleftarrows [Al(H_2O)_4(OH)_2]^+ + 2H^+ \quad \cdots 図②$$

したがって，水溶液中に H^+ が増加するから，酸性となる。すなわち，水和アルミニウムイオンは酸である (H^+ を他に与える)。ミョウバン $AlK(SO_4)_2\cdot 12H_2O$ や硫酸アルミニウム $Al_2(SO_4)_3$ などの水溶液が酸性を示すのは，実はこの水和アルミニウムイオンの電離のためである。

(2) テトラヒドロキシドアルミン酸ナトリウム

　$[Al(H_2O)_6]^{3+}$ を含む水溶液に OH^- (アンモニア水，水酸化ナトリウム水溶液) を少しずつ加えると，上記の電離はすみやかに進行して，次のように中和反応が完了する。

$$[Al(H_2O)_6]^{3+} + OH^- \longrightarrow [Al(H_2O)_5(OH)]^{2+} + H_2O$$
$$[Al(H_2O)_5(OH)]^{2+} + OH^- \longrightarrow [Al(H_2O)_4(OH)_2]^+ + H_2O$$

さらに OH^- が増加すると，次の中和反応が起こる。

$$[Al(H_2O)_4(OH)_2]^+ + OH^- \longrightarrow [Al(H_2O)_3(OH)_3] + H_2O \quad \cdots 図③$$

生じた物質は中性物質であって，イオンではない (Al^{3+} と $3OH^-$ とで電気的に中性となる)。したがって，中性物質は集合して沈殿する。

$$n[Al(H_2O)_3(OH)_3] \longrightarrow [Al(H_2O)_3(OH)_3]_n \downarrow (沈殿)$$

さらに OH^- が増加する (この場合，電離度の小さいアンモニア水ではなく，NaOH 水溶液を加える)と，第4番目の H_2O が電離し，その H^+ もが中和されて，沈殿は溶けてしまう。

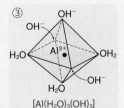

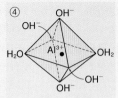

$$[Al(H_2O)_3(OH)_3] + NaOH \longrightarrow Na[Al(H_2O)_2(OH)_4] + H_2O$$
テトラヒドロキシドアルミン酸ナトリウム
$$\cdots 図④$$

このとき，Na^+ と $[Al(H_2O)_2(OH)_4]^-$ になっている。

　オキソニウムイオン $[H(H_2O)]^+$ や水和アルミニウムイオン $[Al(H_2O)_6]^{3+}$ などの水和イオンは，H_2O を省略して単に水素イオン H^+ やアルミニウムイオン Al^{3+} と表すが，テトラヒドロキシドアルミン酸イオンも $[Al(OH)_4]^-$ と表すことができる。

　$[Al(OH)_4]^-$ のような分子や陰イオンが配位結合してできたイオンを，一般に**錯イオン** (→ p.375)という。

❖❶ アルカリ金属とアルカリ土類金属

ナトリウムは, 同周期の他の元素よりイオン化エネルギーが (a) く, (b) 価の (c) イオンになりやすい。単体のナトリウムは水や酸素と反応しやすいため, (d) 中に保存する。水酸化ナトリウムは (e) 性が強く, 空気中に放置すると水分を吸収する。また強塩基なので (f) も吸収する。カルシウムの化合物で天然に最も多いのは石灰石で, これを加熱すると生石灰と (g) が得られ, 生石灰に水を加えると消石灰になる。また, ①石灰水に二酸化炭素を通じると白く濁り, ②さらに二酸化炭素を通じると, この白い濁りが消える。

(1) 文中の空欄(a)～(g)に当てはまる最も適切な語句を答えよ。

(2) （ア）石灰石, （イ）生石灰, （ウ）消石灰 は慣用名である。その主成分のカルシウム化合物の正式な名称と化学式をそれぞれ答えよ。

(3) 下線部①, ②の変化を化学反応式で表せ。

(4) 次の(ア)～(ウ)に当てはまる化合物を, 下の①～⑩からそれぞれ1つずつ選べ。

（ア）X線をよく吸収するので, X線の造影剤に使われる。

（イ）水を加えると多量の熱を出すので, 弁当の加熱剤にも使われる。

（ウ）押し入れ用の乾燥剤としても利用されている中性の乾燥剤である。

① Na_2CO_3　　② $MgCl_2$　　③ CaO　　④ $CaCl_2$　　⑤ $CaSO_4$

⑥ $CaCO_3$　　⑦ CaF_2　　⑧ $BaCl_2$　　⑨ $BaSO_4$　　⑩ $BaCO_3$

ヒント　(3) カルシウムの炭酸塩は水に溶けにくいが, 炭酸水素塩は水溶性である。

❖❷ アルカリ金属の化合物の工業的製法

①塩化ナトリウムの飽和水溶液に (a) を溶解させた後, 二酸化炭素を通じると比較的水に溶けにくい (b) が沈殿する。②これを取り出して高温で焼くと (c) が得られる。このような(c)の工業的製法を (d) 法という。

(1) 文中の空欄(a)～(d)に当てはまる最も適切な語句を答えよ。

(2) 下線部①, ②の変化を化学反応式で表せ。

(3) この方法で(c)を300kg得るとすると, 必要な塩化ナトリウムは何kgか。整数値で答えよ。H=1.0, C=12, O=16, Na=23, Cl=35.5

ヒント　(3) このような場合, 反応は100%進行するものとしてよい。仮に化学反応式が書けなくても, もとの塩化ナトリウム中の元素Naはすべて炭酸ナトリウムに変化するとして考えればよい。

❖❸ アルミニウムとその化合物

アルミニウムは, 鉱石である (a) から純粋な酸化アルミニウム（アルミナ）を得たのち, 融解した (b) にアルミナを加え, 溶融塩電解により得る。アルミニウムは, 酸にも塩基にも溶ける (c) 金属である。塩化アルミニウム水溶液にアンモニア水を加えると (d) が沈殿する。①塩化アルミニウム水溶液に水酸化ナトリウム水溶液を加えても同じ物質が生成するが, ②過剰に加えた場合は (e) となって溶解する。

(1) 文中の空欄(a)～(e)に当てはまる最も適切な語句や物質名を答えよ。

(2) 下線部①, ②の変化を化学反応式で表せ。

(3) アルミニウムは濃硝酸に溶けない。このような状態の名称を書き, 40字程度で説明せよ。

第3章

金属元素（Ⅱ）－遷移元素－

1 遷移元素の特色   **5** 金属イオンの分離と確認
2 銅・銀・金   **6** 金属元素のまとめ
3 クロム・マンガン・鉄
4 亜鉛と他の遷移元素

油絵の具

---

1 遷移元素の特色

A 遷移元素の特色

(1) 周期表上の位置

　遷移元素 は，$p.326 \sim 328$ で学んだように，3 ～ 12 族❶ の元素で，周期表の中央部にまとまって存在している。元素の種類としては，全元素のうち，半数以上を占め，すべて金属元素である。

▶ 表1 　遷移元素の電子配置　斜体は最外殻電子

族 殻 元素	3 ₂₁Sc	4 ₂₂Ti	5 ₂₃V	6 ₂₄Cr	7 ₂₅Mn	8 ₂₆Fe	9 ₂₇Co	10 ₂₈Ni	11 ₂₉Cu	12 ₃₀Zn
K	2	2	2	2	2	2	2	2	2	2
L	8	8	8	8	8	8	8	8	8	8
M	9	10	11	13	13	14	15	16	18	18
N	*2*	*2*	*2*	*1*	*2*	*2*	*2*	*2*	*1*	*2*

(2) 最外殻電子の数　典型元素と異なり，最外殻電子の数は，1 個または 2 個である（▶表1）。
　遷移元素では，原子番号が増加しても，最も外側の電子殻ではなくその内側の電子殻の電子の数が変化していくものが多い。

(3) 化学的性質　遷移元素の化学的性質は，典型元素と異なり，族の番号や価電子の数に支配されない❷。すなわち，遷移元素の化学的性質は，原子番号が増加しても大きく変化せず，周期表で横に並んだ元素の性質も似ている場合が多い。

> 重要
>
> ### 遷移元素では最外殻電子の数は 1 個または 2 個

---

❶ かつては 12 族元素を遷移元素に含めない場合があった。
❷ **典型元素の場合**は，価電子の数が族番号の下 1 桁の数（一の位の数）と一致している（ただし，18 族は 0 となる）。

(4) **酸化数** 0のほかに2種類以上の酸化数をもつものが多い。また，イオンの価数も，2種類以上のものが多い。

酸化数＼元素	$_{24}Cr$	$_{25}Mn$	$_{26}Fe$	$_{27}Co$	$_{29}Cu$	$_{30}Zn$	$_{79}Au$
+1					Cu_2O		Au^+
+2		$MnCl_2$	$FeSO_4$	CoO	CuO	ZnO	
+3	$Cr_2(SO_4)_3$		Fe_2O_3	Co_2O_3			Au^{3+}
+4		MnO_2					
+5							
+6	K_2CrO_4	K_2MnO_4					
+7		$KMnO_4$					

(5) **イオンや化合物の色** 有色のものが多い。

水溶液中のイオンの色					化合物の色					
単原子イオン	Cu^{2+} 青色	多原子イオン	$CrO_4{}^{2-}$ 黄色	硫化物	CuS 黒色	酸化物	Cu_2O 赤色
	Fe^{2+} 淡緑色		$Cr_2O_7{}^{2-}$ 赤橙色		Ag_2S 黒色		CuO 黒色
	Fe^{3+} 黄褐色		$MnO_4{}^{-}$ 赤紫色		ZnS 白色		Fe_2O_3 赤褐色
	Mn^{2+} 淡桃色	錯イオン（→次ページ）	$[Cu(NH_3)_4]^{2+}$ 深青色	ハロゲン化物	$AgCl$ 白色		MnO_2 黒色
	Cr^{3+} 緑色		$[Fe(CN)_6]^{4-}$ 淡黄色		$AgBr$ 淡黄色		
	Ni^{2+} 緑色		$[Fe(CN)_6]^{3-}$ 黄色	水酸化物	$Cu(OH)_2$ 青白色	クロム酸塩	Ag_2CrO_4 赤褐色
	Zn^{2+} 無色		$[Zn(NH_3)_4]^{2+}$ 無色		$Zn(OH)_2$ 白色		$PbCrO_4$ 黄色
			$[Zn(OH)_4]^{2-}$ 無色		水酸化鉄(Ⅲ) 赤褐色		

(6) **酸化作用と還元作用** 遷移元素の原子は，2種類以上の酸化数をとることができるものが多い。すなわち，原子に対する電子の出入りが容易であるので，酸化作用や還元作用を示すことになる[1]。とくにクロム，マンガンの酸化数の大きい化合物は，酸化力が強い。

$$\underset{(+4)}{MnO_2} + 4\underset{(-1)}{HCl} \longrightarrow \underset{(+2)}{MnCl_2} + \underset{(0)}{Cl_2} + 2H_2O$$

Mn(+4)は，Cl(−1)を酸化している。

▲ 図1 MnO_2 の酸化作用

(7) **イオン化傾向** Cu, Hg, Ag, Pt, Au は H_2 よりイオン傾向が小さい。

リッチに 借りよう か な, 間が ある あ て に すん な ひ ど すぎる 借 金																	
Li	K	Ca	Na	Mg	Al	Zn	Fe	Ni	Sn	Pb	(H₂)	Cu	Hg	Ag	Pt	Au
			(典型元素)				遷移元素			(典型元素)				遷移元素		

(8) **触媒作用** 触媒(→ p.219, 222)として用いられるものが多い。

> **例** H_2O_2 から酸素発生：MnO_2, $FeCl_3$
> 硫酸製造(SO_2 の酸化)：V_2O_5
> オストワルト法(硝酸の工業的製法)：Pt
> ハーバー・ボッシュ法(アンモニアの工業的製法)：Fe_3O_4 (Fe)

----

[1] 高い酸化状態のものは電子を奪って酸化数の低い状態になり，低い酸化状態のものは電子を他に与えて酸化数の高い状態になる。

(9) 密度 4g/cm³ より大きい重金属である（Sc は例外で 2.99g/cm³）。白金 Pt など 20g/cm³ 以上のものもある。

(10) 融点 一般に高い。2000℃以上のものもある。とくにタングステン W は高い。このため，電球のフィラメントに使われる。

▲ 図2 タングステンの利用

	密度の大きいもの			融点の高いもの		
元素	₇₆Os	₇₇Ir	₇₈Pt	₇₄W	₇₃Ta	₄₂Mo
密度〔g/cm³〕	22.59	22.56	21.45	19.3	16.7	10.2
融点〔℃〕	3054	2410	1772	3410	2996	2617

(11) 合金をつくりやすい（→ p.405 表4）。

(12) 展性・延性（→ p.90）の大きい金属が多い。

金箔

銅線

◀ 図3 **展性・延性**
展性は金・銀・銅・アルミニウムのように，薄い箔に広げられる性質をいう。また，延性は引っぱって細い針金にできる性質をいう。金・銀・白金は，とくにこの性質が強い。

 B 錯イオンと錯塩

1 錯イオンの定義 NH_3 や OH^- のような，非共有電子対をもった分子やイオンが，金属イオンと配位結合してできたものが **錯イオン** である（→ p.76）。錯イオンの形は，金属イオンと配位子の種類や数によって決まっている（→ p.77）。錯イオンに反対符号のイオンが結合してできた塩を **錯塩** という（→ p.377）。金属原子に分子が配位した錯分子[1]というものもある。これらをまとめて **錯体** といい，次のような関係にある。

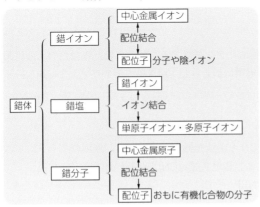

配位子の数を配位数という。
その数で形が予想できる。

配位数	錯イオンの形	中心原子の イオンの例
2	直線形	Ag^+
4	正方形	Cu^{2+}
	正四面体形	Zn^{2+}，Co^{2+}
6	正八面体形	Al^{3+}，Fe^{2+}，Fe^{3+} Co^{3+}，Cr^{3+}

[1] 錯分子の例：$Ni(CO)_4$（テトラカルボニルニッケルといい，ニッケルはイオンではなく原子），ビタミン B_{12}（コバルト原子 Co に CN^- や複雑な有機化合物が配位している）など。

数詞　配位子
崇　拝 する イオンさん

酸化数

負(陰イオン)
婦 人なら さらに さん をつける

酸

ヘキサ　シアニド　鉄(Ⅱ)　酸 イオン

配位子の数
を表す数詞

配位子の名称

金属イオン
と酸化数
(→ *p.284*)

錯イオンが陰イオンの
ときは「酸」をつける

全体を[ ]でくくる　価数

$$[Fe(CN)_6]^{4-}$$

金属イオン　配位子　配位子の数

2 錯イオン生成の例　錯イオンがふつうの水和イオン
から生成する例としては，次の(1)～(4)のような反応が
ある。なお，アンモニア NH_3 は，水溶液中で一部が水
H_2O と反応して，アンモニウムイオン NH_4^+ と水酸化物

$$NH_3 + H_2O \rightleftharpoons NH_4^+ + OH^-$$
NH_3 水中には
NH_3，NH_4^+，OH^- が存在する

イオン OH^- を生じている。そのため，アンモニア水の中には，NH_3，NH_4^+，OH^- などが存
在する。

(1) 銀イオンの場合　硝酸銀水溶液にアンモニア水を加えると，褐色の酸化銀 Ag_2O の沈殿
ができる。さらに過剰に加えると，ジアンミン銀(Ⅰ)イオン $[Ag(NH_3)_2]^+$ となって，無色の
溶液となる。

$$2Ag^+ + 2OH^- \longrightarrow Ag_2O\downarrow + H_2O \quad (AgOH は生成しない)$$
$$Ag_2O + 4NH_3 + H_2O \longrightarrow 2[Ag(NH_3)_2]^+ + 2OH^-$$

硝酸銀水溶液に KCN [1] 水溶液を加えると，シアン化銀 AgCN の白色沈殿が生じ，さらに
過剰に加えると，ジシアニド銀(Ⅰ)酸イオン $[Ag(CN)_2]^-$ となって溶解する。
硝酸銀水溶液に塩化物イオンを加えると，塩化銀の白色沈殿を生じる。これに濃塩酸を
過剰に加えると，無色のジクロリド銀(Ⅰ)酸イオン $[AgCl_2]^-$ を生じて溶解する。

$$Ag^+ + Cl^- \longrightarrow AgCl\downarrow$$
$$AgCl + HCl \longrightarrow [AgCl_2]^- + H^+$$

(2) 銅(Ⅱ)イオンの場合　硫酸銅(Ⅱ)水溶液にアンモニア水を加えると，青白色の水酸化銅
(Ⅱ) $Cu(OH)_2$ の沈殿ができる。さらに過剰に加えると，深青色のテトラアンミン銅(Ⅱ)イ
オン $[Cu(NH_3)_4]^{2+}$ となって溶解する。

$$Cu^{2+} + 2OH^- \longrightarrow Cu(OH)_2\downarrow$$
$$Cu(OH)_2 + 4NH_3 \longrightarrow [Cu(NH_3)_4]^{2+} + 2OH^-$$

塩化銅(Ⅰ)水溶液に KCN または NaCN 水溶液を過剰に加えると，無色のテトラシアニ
ド銅(Ⅰ)酸イオン $[Cu(CN)_4]^{3-}$ が生成する。錯塩 $K_3[Cu(CN)_4]$ もきわめて安定である。

$$CuCl + 4KCN \longrightarrow 4K^+ + [Cu(CN)_4]^{3-} + Cl^-$$

---

❶ KCN の毒性　シアン化カリウム KCN，いわゆる青酸カリはきわめて有毒で，致死量は 0.15g である。濃厚水
溶液は皮膚を侵す。KCN に酸を加えたり，水溶液に CO_2 を通じると有毒な HCN(シアン化水素)を発生する。

(3) 亜鉛イオンの場合　Zn^{2+} を含む水溶液にアンモニア水または水酸化ナトリウム水溶液を少量加えると，白色の水酸化亜鉛 $Zn(OH)_2$ が沈殿する。

$$Zn^{2+} + 2OH^- \longrightarrow Zn(OH)_2\downarrow$$

さらに，アンモニア水を過剰に加えると，テトラアンミン亜鉛(II)イオン $[Zn(NH_3)_4]^{2+}$ となって，無色の溶液となる。

$$Zn(OH)_2 + 4NH_3 \longrightarrow [Zn(NH_3)_4]^{2+} + 2OH^-$$

一方，水酸化亜鉛に水酸化ナトリウム水溶液を過剰に加えると，テトラヒドロキシド亜鉛(II)酸イオン $[Zn(OH)_4]^{2-}$ となって，無色の溶液となる。

$$Zn(OH)_2 + 2NaOH \longrightarrow 2Na^+ + [Zn(OH)_4]^{2-}$$

その他，Zn^{2+} と CN^- より，テトラシアニド亜鉛(II)酸イオン $[Zn(CN)_4]^{2-}$ が生成する。

(4) 鉄(II)イオンの場合　硫酸鉄(II)水溶液に，KCN 水溶液または NaCN 水溶液を過剰に加えると，ヘキサシアニド鉄(II)酸イオン $[Fe(CN)_6]^{4-}$ ができる。

ヘキサシアニド鉄(II)酸イオンのカリウム塩を塩素などで酸化すると，2価の鉄が3価の鉄となり，ヘキサシアニド鉄(III)酸カリウム $K_3[Fe(CN)_6]$ となる。

3 錯塩　錯イオンと，反対符号の電荷をもつイオンが結合してできたものが **錯塩** である。錯イオンと錯塩をつくるものは，陽イオンでは Na^+，K^+，陰イオンでは Cl^-，OH^- が一般的である。

この錯塩の名称は次のようになる。

(1) 錯イオンが陽イオンのとき　錯イオンの陽イオンの名称を先に読む。錯イオンが陽イオンなので，「錯イオン名から"イオン"を除いた名称」＋「陰イオン名から"イオン"を除いた名称」となる[❶]。

なお，陰イオンが硫酸イオンの場合は"硫酸塩"となる。

> **例**　$[Ag(NH_3)_2]Cl$　ジアンミン銀(I)塩化物
> $[Cu(NH_3)_4](OH)_2$　テトラアンミン銅(II)水酸化物
> $[Cu(NH_3)_4]SO_4$　テトラアンミン銅(II)硫酸塩

(2) 錯イオンが陰イオンのとき　錯イオンの陰イオンの名称を先に読む。錯イオンが陰イオンなので，「錯イオン名から"イオン"を除いた名称」＋「陽イオン名から"イオン"を除いた名称」となる[❶]。

> **例**　$Na_2[Zn(OH)_4]$　テトラヒドロキシド亜鉛(II)酸ナトリウム
> $Na[Al(OH)_4]$　テトラヒドロキシドアルミン酸ナトリウム

▼表2　おもな錯塩

化学式	名称	錯塩の色
$Na_2[Zn(OH)_4]$	テトラヒドロキシド亜鉛(II)酸ナトリウム	無色
$Na[Al(OH)_4]$	テトラヒドロキシドアルミン酸ナトリウム	無色
$K_3[Fe(CN)_6]$	ヘキサシアニド鉄(III)酸カリウム	赤色
$K_4[Fe(CN)_6]$	ヘキサシアニド鉄(II)酸カリウム	黄色
$[Co(NH_3)_6]Cl_3$	ヘキサアンミンコバルト(III)塩化物	橙色

❶ イオンの数を表す必要はない（錯イオンの名称→ p.76）。

基化 **A** 銅・銀・金の単体

1 銅・銀・金の性質 (1) いずれも周期表11族の元素で、すべて1価の陽イオンCu^+, Ag^+, Au^+がある。このほかにCu^{2+}, Au^{3+}などがある(遷移元素は2種類以上のイオンの価数をとるものが多い)。

原子	殻	K	L	M	N	O	P
29Cu		2	8	18	*1*		
47Ag		2	8	18	18	*1*	
79Au		2	8	18	32	18	*1*

(2) Ag^+以外は有色(遷移元素は有色のイオンが多い)。

(3) イオン化傾向は小さい。産出量が少なく、貴金属または貨幣金属ともいわれる。

2 銅とその化合物 (1) **製法** おもに黄銅鉱(主成分$CuFeS_2$)とコークスC、石灰石$CaCO_3$を溶鉱炉に入れ、約1200℃の高温下で反応させると、鉄分は酸化されて酸化鉄(III)Fe_2O_3、銅分は還元されて硫化銅(I)Cu_2Sとなる。

$$4CuFeS_2 + 9O_2 \longrightarrow 2Cu_2S + 2Fe_2O_3 + 6SO_2$$

融解したCu_2Sを転炉に移し酸素を吹き込んで加熱すると、硫黄は酸化され、銅は還元されて粗銅(純度98〜99%)が得られる。

$$Cu_2S + O_2 \longrightarrow 2Cu + SO_2$$

得られた粗銅を、硫酸銅(II)の硫酸水溶液中で、粗銅を陽極に、純銅を陰極にして、適当な電圧・電流・温度に管理しながら電気分解[1]すると、陰極に純銅だけが析出[2]し、不純物は溶液中にイオンとなったり、陽極の下に**陽極泥**[3]となって析出する(▶図4)。これを**電解精錬**という(→ p.318)。

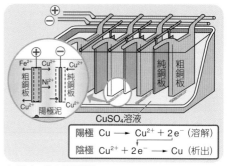

陽極 $Cu \longrightarrow Cu^{2+} + 2e^-$ (溶解)
陰極 $Cu^{2+} + 2e^- \longrightarrow Cu$ (析出)

▲ 図4 銅の電解精錬

(2) **単体の性質** 朱〜金色に近い色(赤色と表すことが多い)の光沢をもつ金属。展性・延性に富み、電気や熱をよく伝える。

湿った空気中では、長い年月がたつと酸化されて、銅の炭酸塩・硫酸塩・水酸化物などからなる複雑な組成の**緑青**とよばれる緑色のさびができる。

銅は電線などの電気材料や食器・調理器具として用いられるほか、貨幣合金、黄銅、青銅、洋銀などの合金材料としても用いられる(→ p.405)。

---

[1] 電圧をあまり高くすると、AgのようなCuよりイオン化傾向の小さい金属も陽極(粗銅板)から溶解する一方、Zn, FeなどCuよりイオン化傾向の大きい金属も陰極(純銅板)に析出するようになる。したがって、ふつう0.3〜0.4Vのような低い電圧で電気分解を行っている。

[2] このような電解精錬で得られた銅を電気銅といい、純度は99.99%程度である。

[3] 陽極泥の中には、イオン化傾向の小さいAgやAuなどが混入している。また、粗銅にPbが含まれていた場合には、$PbSO_4$なども混入している。

(3) **単体の反応** ① **酸との反応** 塩酸や希硫酸などのふつ

Episode
銅 Cu の語源と歴史

うの酸には溶けない。酸化力が強い酸(希硝酸,濃硝酸,
熱濃硫酸)には溶解する。

$$3Cu + 8HNO_3(希) \longrightarrow 3Cu(NO_3)_2 + 4H_2O + 2NO\uparrow$$

$$Cu + 4HNO_3(濃) \longrightarrow Cu(NO_3)_2 + 2H_2O + 2NO_2\uparrow$$

$$Cu + 2H_2SO_4(濃) \xrightarrow{加熱} CuSO_4 + 2H_2O + SO_2\uparrow$$

過酸化水素水を混ぜた希硫酸に銅は溶解する。

$$Cu + H_2O_2 + H_2SO_4 \longrightarrow CuSO_4 + 2H_2O$$

塩化鉄(III)水溶液に溶解し,銅のエッチングに利用さ

産地キプロス(Cuprus)島の
ラテン語名 Cuprum が語源(英
語名 Copper)。石器時代に次ぐ,
銅器時代(B.C.5000 ~ 4000 年)
には使われていた。わが国では
文武天皇の和銅元年(698 年)に
初めて産出された。

れる。次のような反応と考えられているが,他の反応式も提唱されている。

$$2FeCl_3 + Cu \longrightarrow 2FeCl_2 + CuCl_2$$

② **硫酸銅(II)五水和物 CuSO_4·5H_2O**

青色の結晶。銅を熱濃硫酸に溶解させ
た溶液から得られる。なお,銅(II)イオ
ンの水溶液も青色であるが,これはテト
ラアクア銅(II)イオン $[Cu(H_2O)_4]^{2+}$ の色
である。$CuSO_4·5H_2O$ を加熱すると,水
和水を順次失って,無水物の硫酸銅(II)
$CuSO_4$ の白色の粉末になる。この逆反応

硫酸銅(II)五水和物　　硫酸銅(II)無水物

▲ 図5　硫酸銅(II)

は水分の検出に利用され,水分によって $[Cu(H_2O)_4]^{2+}$ の青色が現れる。

③ **銅の酸化物 CuO,Cu_2O** 銅を空気中で熱すると黒色の酸化銅(II)CuO ができる。さら
に高温で熱すると(1000℃以上),分解して赤色の酸化銅(I)Cu_2O と酸素 O_2 になる。

$$2Cu + O_2 \longrightarrow 2CuO$$

$$4CuO \longrightarrow 2Cu_2O + O_2\uparrow$$

(4) **銅の化合物間の関係**

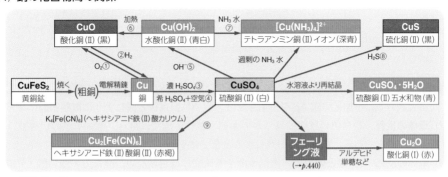

【反応式】① $2Cu + O_2 \longrightarrow 2CuO$　　　　② $CuO + H_2 \longrightarrow Cu + H_2O$
③ $Cu + 2H_2SO_4 \longrightarrow CuSO_4 + 2H_2O + SO_2\uparrow$　④ $2Cu + 2H_2SO_4 + O_2 \longrightarrow 2CuSO_4 + 2H_2O$
⑤ $Cu^{2+} + 2OH^- \longrightarrow Cu(OH)_2\downarrow$　　　⑥ $Cu(OH)_2 \longrightarrow CuO + H_2O$
⑦ $Cu(OH)_2 + 4NH_3 \longrightarrow [Cu(NH_3)_4]^{2+} + 2OH^-$　⑧ $Cu^{2+} + H_2S \longrightarrow CuS\downarrow + 2H^+$
⑨ $2CuSO_4 + K_4[Fe(CN)_6] \longrightarrow Cu_2[Fe(CN)_6]\downarrow + 2K_2SO_4$

(5) 銅(Ⅱ)イオンの反応

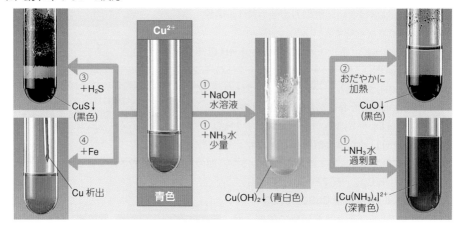

① **水酸化物イオンとの反応**　Cu^{2+} を含む水溶液に水酸化ナトリウム水溶液または少量の
アンモニア水を加えると，青白色の水酸化銅(Ⅱ)$Cu(OH)_2$ が沈殿する。

$$Cu^{2+} + 2OH^- \longrightarrow Cu(OH)_2$$

さらに，アンモニア水を過剰に加えると，テトラアンミン銅(Ⅱ)イオン $[Cu(NH_3)_4]^{2+}$
が生成して溶解し，深青色の溶液となる。

$$Cu(OH)_2 + 4NH_3 \longrightarrow [Cu(NH_3)_4]^{2+} + 2OH^-$$

② **水酸化物の分解**　$Cu(OH)_2$ をおだやかに加熱すると，黒色の酸化銅(Ⅱ)になる。

$$Cu(OH)_2 \longrightarrow CuO + H_2O$$

③ **硫化水素との反応**　Cu^{2+} を含む水溶液に硫化水素を通じると，黒色の硫化銅(Ⅱ)CuS
の沈殿が生じる。

$$Cu^{2+} + H_2S \longrightarrow CuS\downarrow + 2H^+$$

④ Cu^{2+} を含む水溶液に鉄などのイオン化傾向が大きい金属を入れると，単体の銅が析出す
る。

$$Cu^{2+} + Fe \longrightarrow Cu + Fe^{2+}$$

3 **銀とその化合物**　(1) **製法**　輝銀鉱(主成分 Ag_2S)を KCN 水溶液で溶解し，イオン化傾
向が大きい亜鉛を加えて銀 Ag を析出させる。銀の精製は銅と同じように電解精錬による。

(2) **単体の性質**　銀白色の比較的軟らかい金属。展性・延性に富み，電気や熱の伝導性は金
属の中で最大である。空気中で加熱しても変化しにくい。

(3) **単体の反応**　① **酸との反応**　銀は塩酸や希硫酸には溶けない。酸化力の強い酸(希硝酸，
濃硝酸，熱濃硫酸)には溶解する。

希硝酸　　　$3Ag + 4HNO_3 \longrightarrow 3AgNO_3 + 2H_2O + NO\uparrow$

濃硝酸　　　$Ag + 2HNO_3 \longrightarrow AgNO_3 + H_2O + NO_2\uparrow$

熱濃硫酸　　$2Ag + 2H_2SO_4 \longrightarrow Ag_2SO_4 + 2H_2O + SO_2\uparrow$

② **硫黄との反応**　銀を硫黄とともに熱すると，黒色の硫化銀 Ag_2S になる。

$$2Ag + S \longrightarrow Ag_2S$$

③ **硫化水素との反応**　銀は硫化水素 H_2S（気体）に触れると，表面が黒色の硫化銀になる。火山地帯や温泉などで銀の装飾品が黒くなるのは，この反応が原因である。

$$4Ag + O_2 + 2H_2S \longrightarrow 2Ag_2S + 2H_2O$$

④ **硝酸銀 $AgNO_3$**　銀を硝酸に溶解させた溶液から得られる無色の結晶。銀イオンの水溶液をつくるときの代表的な化合物。硝酸銀が皮膚につくと銀を生じて黒くなる。また，抗菌剤・消毒剤・消臭剤などの原料として用いられる。

(4) 銀イオンの反応

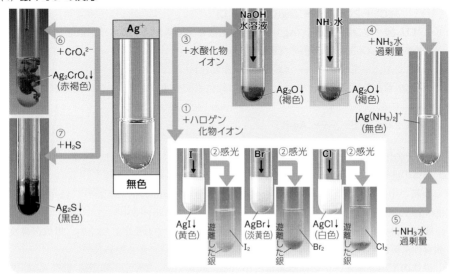

① **ハロゲン化物イオンとの反応**　フッ化物イオン以外のハロゲン化物イオンは銀イオンと反応し，沈殿を生じる。

$$Ag^+ + I^- \longrightarrow AgI\downarrow（黄色）$$
$$Ag^+ + Br^- \longrightarrow AgBr\downarrow（淡黄色）$$
$$Ag^+ + Cl^- \longrightarrow AgCl^{❶}\downarrow（白色）$$

② ハロゲン化銀はいずれも感光性をもち，光により分解して銀を生じる。

③ **水酸化物イオンとの反応**　水酸化物の沈殿は生成せず，酸化物（酸化銀 Ag_2O，褐色）が沈殿する[2]。

$$2Ag^+ + 2OH^- \longrightarrow Ag_2O\downarrow + H_2O$$

④ 酸化銀 Ag_2O が生じたあと，さらにアンモニア水を過剰に加えると，ジアンミン銀（Ⅰ）イオン $[Ag(NH_3)_2]^+$ をつくって溶解し，無色の溶液となる。

$$Ag_2O + 4NH_3 + H_2O \longrightarrow 2[Ag(NH_3)_2]^+ + 2OH^-$$

---

❶ $AgCl$ は，濃塩酸に対して $[AgCl_2]^-$ をつくって溶解する（→ p.376）。

❷ 銀の水酸化物 $AgOH$ は不安定で，$AgOH$ は得られない。

⑤ **錯イオンの生成** ハロゲン化銀はアンモニア水などに，錯イオンをつくって溶解する。

  ⓐ AgCl にアンモニア水を過剰に加えると，ジアンミン銀(Ⅰ)イオン $[Ag(NH_3)_2]^+$ をつくって溶解し，無色の溶液となる(AgBr や AgI はアンモニア水とは反応しにくい)。

$$AgCl + 2NH_3 \longrightarrow [Ag(NH_3)_2]^+ + Cl^-$$

  ⓑ AgCl や AgBr にチオ硫酸ナトリウム $Na_2S_2O_3$ 水溶液を加えると，ビス(チオスルファト)銀(Ⅰ)酸イオン $[Ag(S_2O_3)_2]^{3-}$ をつくって溶解し，無色の溶液となる。

$$AgCl + 2S_2O_3{}^{2-} \longrightarrow [Ag(S_2O_3)_2]^{3-} + Cl^-$$

  ⓒ AgCl，AgBr，AgI にシアン化カリウム KCN 水溶液を過剰に加えると，ジシアニド銀(Ⅰ)酸イオン $[Ag(CN)_2]^-$ をつくって溶解し，無色の溶液となる。

$$AgCl + 2CN^- \longrightarrow [Ag(CN)_2]^- + Cl^-$$

⑥ **クロム酸イオンとの反応** Ag^+ を含む水溶液にクロム酸カリウム水溶液を加えると，クロム酸銀 Ag_2CrO_4 の赤褐色の沈殿を生じる。

$$2Ag^+ + CrO_4{}^{2-} \longrightarrow Ag_2CrO_4\downarrow(赤褐色)$$

⑦ **硫化水素との反応** Ag^+ を含む水溶液に硫化水素を通じると，黒色の硫化銀 Ag_2S の沈殿を生じる。

$$2Ag^+ + S^{2-} \longrightarrow Ag_2S\downarrow$$

4 金とその化合物 **(1) 産出** 砂金などの単体の状態で産出する。

(2) 単体の性質 黄金色の光沢をもつ比較的軟らかい金属。

  金属の中で最も展性・延性に富む。厚さ 1 万分の 1mm の箔にしたり，1g の金を，約 3000m の線に延ばすことも可能である。

  電気や熱の良導体である。空気や水とは高温で加熱しても反応しにくい。電気伝導性，耐食性に優れていることから，集積回路(IC)の配線や接点に多く使われている。

(3) 単体の反応 イオン化傾向が非常に小さく，酸化力がある硝酸や熱濃硫酸とも反応しないが，王水❶には溶解し，テトラクロリド金(Ⅲ)酸イオン $[AuCl_4]^-$ となる(→ p.388)。

  金は水銀とアマルガムをつくるので，かつては仏像や装飾品の金めっきに，金アマルガムが使われた。

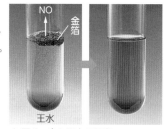

▲図6 金と王水の反応

---

❶**王水** 濃硝酸：濃塩酸を 1：3(体積比)で混合した溶液。非常に強い酸化力をもつ。これは NOCl(塩化ニトロシル)および Cl_2 を生じるからである。金との反応は次のようであると考えられている。

$$HNO_3 + 3HCl \longrightarrow NOCl + Cl_2 + 2H_2O$$
$$Au + Cl_2 + NOCl + HCl \longrightarrow H^+ + [AuCl_4]^- + NO\uparrow$$

これより，$Au + HNO_3 + 4HCl \longrightarrow H[AuCl_4] + NO + 2H_2O$

NOCl は褐色の気体で，水や加熱により分解する。

$$NOCl + H_2O \longrightarrow HCl + HNO_2$$
$$2NOCl \xrightarrow{加熱} 2NO + Cl_2$$

3 クロム・マンガン・鉄

A クロム[1]とマンガン

1 クロムの化合物 **(1) クロム酸カリウム K_2CrO_4** ① 黄色結晶。水に溶けて，黄色のクロム酸イオン CrO_4^{2-} を生じる。

原子 殻	K	L	M	N
$_{24}Cr$	2	8	13	*1*
$_{25}Mn$	2	8	13	*2*
$_{26}Fe$	2	8	14	*2*

② **クロム酸イオン CrO_4^{2-} と二クロム酸イオン $Cr_2O_7^{2-}$** クロム酸イオン CrO_4^{2-} と二クロム酸イオン $Cr_2O_7^{2-}$ は，水溶液中で次の平衡状態にある[2]（→ p.235 Laboratory）。

$$2CrO_4^{2-}（黄色）+ H^+ \rightleftharpoons Cr_2O_7^{2-}（赤橙色）+ OH^-$$

したがって，クロム酸イオン CrO_4^{2-} を含む水溶液（黄色）を強い酸性にすると，上式の平衡が右方向に移動し，二クロム酸イオン $Cr_2O_7^{2-}$ を生じて赤橙色に変化する。逆に，この水溶液を塩基性にすると，平衡は左方向に移動して黄色にもどる。

CrO_4^{2-}（黄色）

H^+
OH^-

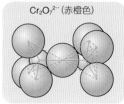
$Cr_2O_7^{2-}$（赤橙色）

③ **Pb^{2+} との反応** CrO_4^{2-} を含む水溶液に鉛(Ⅱ)イオンを含む水溶液を加えると，クロム酸鉛(Ⅱ)の黄色沈殿（クロムイエローという顔料に用いる）を生じる（Pb^{2+} の検出反応）。

$$Pb^{2+} + CrO_4^{2-} \longrightarrow PbCrO_4\downarrow$$

④ **Ag^+ との反応** CrO_4^{2-} を含む水溶液に銀イオンを含む水溶液を加えると，クロム酸銀の赤褐色沈殿を生じる（Ag^+ の検出反応）。

$$2Ag^+ + CrO_4^{2-} \longrightarrow Ag_2CrO_4\downarrow$$

(2) 二クロム酸カリウム $K_2Cr_2O_7$ ① 赤橙色の結晶。水に溶けて赤橙色の二クロム酸イオン $Cr_2O_7^{2-}$ を生じる。

② **Pb^{2+} との反応** $Cr_2O_7^{2-}$ と Pb^{2+} との反応は，クロム酸カリウムの場合と同じように，クロム酸鉛(Ⅱ)$PbCrO_4$ の沈殿を生じる[3]。

③ **酸化作用** 硫酸酸性の二クロム酸カリウム水溶液は，強い酸化作用を示す（→ p.288）。

$$Cr_2O_7^{2-} + 14H^+ + 6e^- \longrightarrow 2Cr^{3+} + 7H_2O \quad （Crの酸化数+6 \rightarrow +3）$$
この電子を相手から奪う

たとえば，硫酸酸性の二クロム酸カリウム水溶液にエタノール C_2H_5OH を加えて加熱すると，エタノールは酸化されてアセトアルデヒドになる（→ p.439 Laboratory）。同時に，$Cr_2O_7^{2-}$（赤橙色）は Cr^{3+}（緑色）になる。

---

❶ **クロムの発見と語源** chromatic（英）→色の，着色したという意味。1797 年，シベリアのある鉱石から発見されたが，その塩が種々の色を示すことから，ギリシャ語の「色」にちなんで Chromium と命名された。
❷ K_2CrO_4，$K_2Cr_2O_7$ の Cr の酸化数はともに+6 であるから，K_2CrO_4 と $K_2Cr_2O_7$ のたがいの変化は酸化還元反応ではない。なお，酸化数が+6 のクロム（6 価クロム）の化合物は毒性が強いことに注意が必要である。
❸ 鉛(Ⅱ)イオンと二クロム酸イオンとの反応は，次式で表される。
$$2Pb^{2+} + Cr_2O_7^{2-} + 2OH^- \longrightarrow 2PbCrO_4\downarrow + H_2O$$

クロム，マンガンの化合物は酸化剤 → $K_2Cr_2O_7$，$KMnO_4$，MnO_2

2 マンガンの化合物 (1) **過マンガン酸カリウム $KMnO_4$** ① 黒紫色の結晶。水溶液中で赤紫色の過マンガン酸イオン MnO_4^- を生じる。

② **酸化作用** 酸性溶液中で強い酸化作用を示す(→ p.287)。

$$MnO_4^- + 8H^+ + \underline{5e^-} \longrightarrow Mn^{2+} + 4H_2O \quad (Mn \text{の酸化数}+7 \rightarrow +2)$$

└── この電子を相手から奪う

ⓐ シュウ酸 $(COOH)_2$ や硫酸鉄(II)$FeSO_4$，二酸化硫黄 SO_2，過酸化水素 H_2O_2 のような還元剤 (酸化されやすい物質) と反応して，MnO_4^- の赤紫色がほとんど無色になる[1]。

ⓑ 水中の有機物と反応して，MnO_4^- の赤紫色が消えるから，その検査に用いられる。

③ **用途** 酸化剤，消毒殺菌剤，漂白剤。

▼ 表3 水質検査試薬

試薬	反応	検出物
$AgNO_3$	$AgCl \downarrow$ (白色沈殿)	Cl^-
$KMnO_4$	赤紫色 →ほとんど無色	還元性物質 有機物質

B 鉄

1 製錬 金属の多くは，酸化物や硫化物の状態で鉱物として産出される。これらの鉱物を還元して，金属の単体を取り出す操作を **製錬** という。

同じ金属でも製錬にはさまざまな方法があるが，いずれの製錬法にも熱エネルギーや電気エネルギーが大量に必要とされる。鉱物としては，鉄は酸化物 (磁鉄鉱，赤鉄鉱など)，銅は硫化物(黄銅鉱)，アルミニウムは酸化物(ボーキサイト)などとして天然に存在している。

2 鉄の製錬 磁鉄鉱 Fe_3O_4，赤鉄鉱 Fe_2O_3 などの鉄鉱石を，溶鉱炉(高炉)の中でコークス C と石灰石[2] $CaCO_3$ を加えて熱風を送り，高温で還元すると，**銑鉄** (炭素を約4%含む)が得られる。

$$3Fe_2O_3 + CO \longrightarrow 2Fe_3O_4 + CO_2 \quad \cdots ①$$
$$Fe_3O_4 + CO \longrightarrow 3FeO + CO_2 \quad \cdots ②$$
$$FeO + CO \longrightarrow Fe(\text{銑鉄}) + CO_2 \quad \cdots ③$$

$(①+②×2+③×6)÷3$ より

$$Fe_2O_3 + 3CO \longrightarrow 2Fe + 3CO_2 \text{[3]}$$

銑鉄は不純物や炭素を含んでいて硬くてもろいので，転炉で酸素を吹き込み，不純物や余分な炭素を除くと，**鋼**(炭素を $0.02 \sim 2$%含む)が得られる。

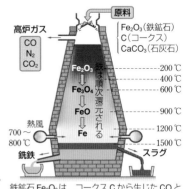

鉄鉱石 Fe_2O_3 は，コークス C から生じた CO と反応して，銑鉄を生じる。
▲ 図7 鉄の製錬

---

[1] $2KMnO_4 + 5(COOH)_2 + 3H_2SO_4 \longrightarrow K_2SO_4 + 2MnSO_4 + 10CO_2 + 8H_2O$
$2KMnO_4 + 10FeSO_4 + 8H_2SO_4 \longrightarrow K_2SO_4 + 2MnSO_4 + 5Fe_2(SO_4)_3 + 8H_2O$
[2] 鉄鉱石中の不純物(SiO_2，Al_2O_3 など)をスラグ(ガラス状の物質)として除くため，石灰石を加える。
[3] コークスの一部は直接反応する。 $Fe_2O_3 + 3C \longrightarrow 2Fe + 3CO$

③ 鉄の単体 (1) **物理的性質** 灰白色。展性・延性に富む。強磁性体。

(2) **化学的性質** ① **酸素との反応** 酸素と結合しやすい。空気中で強く熱すると，四酸化三鉄 Fe_3O_4 を生成する。 $3Fe + 2O_2 \longrightarrow Fe_3O_4$ （鉄の黒さび→ $p.403$）

② **水蒸気との反応** 常温で水と反応しにくいが，赤熱状態で水蒸気と反応する。
$$3Fe + 4H_2O \longrightarrow Fe_3O_4 + 4H_2\uparrow$$

③ **希塩酸，希硫酸との反応** 水素を発生する。
$$Fe + 2HCl \longrightarrow FeCl_2 + H_2\uparrow$$
$$Fe + H_2SO_4 \longrightarrow FeSO_4 + H_2\uparrow$$

④ **濃硝酸，濃硫酸との反応** 不動態（→ $p.368, 403$）となって侵されない。このため，濃硫酸は鉄製タンクで運搬できる。

⑤ **塩基との反応** 水酸化ナトリウム水溶液に侵されないので，塩基性溶液中ではさびにくい。

(3) **用途** 鋼にして，広く使用される。

④ 鉄の化合物 (1) **酸化鉄(Ⅲ) Fe_2O_3** ① 赤鉄鉱の主成分。水酸化鉄(Ⅲ)❶を空気中で焼くと生成する。

② 酸に溶け，塩をつくる（塩基性酸化物）。
$$Fe_2O_3 + 6HCl \longrightarrow 2FeCl_3 + 3H_2O$$

③ 赤色顔料（ベンガラという）。さび止め塗料，レンズの研磨剤。

> **銑鉄と鋼**
> **銑鉄** は溶鉱炉から出た鉄をいう。炭素を約4%程度含むものが多く，ほかに Si，Mn，P などを含む。融点が低く，鋳物に用いるので，**鋳鉄** ともいう。
> **鋼** ははがねともよばれ，炭素は約2%以下で，その他の不純物を除いたもの。炭素の含有量が多いほど硬い。炭素のほかに Ni，Cr，Mn などを微量含ませた鋼を **特殊鋼** という。

(2) **鉄の水酸化物** Fe^{2+} や Fe^{3+} に塩基を加えると，それぞれ水酸化鉄(Ⅱ) $Fe(OH)_2$（緑白色），水酸化鉄(Ⅲ)（赤褐色）を生じる。
$$Fe^{2+} + 2OH^- \longrightarrow Fe(OH)_2$$

(3) **硫酸鉄(Ⅱ)（$FeSO_4$，$FeSO_4 \cdot 7H_2O$）** 淡緑色結晶。水によく溶け，鉄(Ⅱ)イオン Fe^{2+}（淡緑色）を生じる。水溶液中に溶解している酸素によって一部 Fe^{3+}（黄褐色）に酸化される。

(4) **ヘキサシアニド鉄(Ⅱ)酸カリウム $K_4[Fe(CN)_6]$** ① 黄色固体。水に溶けてヘキサシアニド鉄(Ⅱ)酸イオン $[Fe(CN)_6]^{4-}$ を生じる。

② Fe^{3+} と濃青色の沈殿（**ベルリンブルー❷**）をつくる。**Fe^{3+} の検出試薬**。

(5) **ヘキサシアニド鉄(Ⅲ)酸カリウム $K_3[Fe(CN)_6]$** ① 暗赤色固体。水に溶けてヘキサシアニド鉄(Ⅲ)酸イオン $[Fe(CN)_6]^{3-}$ を生じる。

② ヘキサシアニド鉄(Ⅱ)酸カリウムを塩素などで酸化してつくる。
（Fe の酸化数は $+2 \rightarrow +3$，$Fe^{2+} \rightarrow Fe^{3+}$）

③ Fe^{2+} と濃青色の沈殿（**ターンブルブルー❷**）をつくる。**Fe^{2+} の検出試薬**。

(6) Fe^{3+} にチオシアン酸カリウム KSCN 水溶液を加えると，血赤色の水溶液になる。

---

❶ 水酸化鉄(Ⅲ)は，酸化水酸化鉄(Ⅲ) FeO(OH) のほか，$Fe_2O_3 \cdot nH_2O$ で表せるいくつかの物質からなる混合物であり，1つの化学式で表すことができない。

❷ **ベルリンブルー，ターンブルブルー** 多少色調は異なるが，構造は同じものとされる。
$$Fe^{Ⅲ}Cl_3 + K_4[Fe^{Ⅱ}(CN)_6] \longrightarrow 3KCl + KFe^{Ⅲ}[Fe^{Ⅱ}(CN)_6]（ベルリンブルー）$$
$$Fe^{Ⅱ}SO_4 + K_3[Fe^{Ⅲ}(CN)_6] \longrightarrow K_2SO_4 + KFe^{Ⅱ}[Fe^{Ⅲ}(CN)_6]（ターンブルブルー）$$

A 12族元素の単体の性質

亜鉛 $_{30}Zn$，カドミウム $_{48}Cd$ および水銀 $_{80}Hg$ は12族に属する遷移元素である。いずれも2価の陽イオン Zn^{2+}，Cd^{2+}，Hg^{2+} になりやすい。ただし，水銀は，酸化数 $+1$ の化合物も存在する[❶]。

亜鉛とカドミウムのイオン化傾向は水素より大きいが，水銀は水素より小さい。12族元素の単体の密度は大きいが，融点は他の金属に比べると低くなっている（●表4）。水銀は，全金属の中で唯一，常温で液体である。

▼表4　12族元素の物理的性質

元素名	原子	電子配置						単体の融点 [℃]	単体の沸点 [℃]	密度 [g/cm³]
		K	L	M	N	O	P			
亜　　鉛	$_{30}Zn$	2	8	18	2			420	907	7.13
カドミウム	$_{48}Cd$	2	8	18	18	2		321	765	8.65
水　　銀	$_{80}Hg$	2	8	18	32	18	2	−38.9	357	13.5

B 亜鉛とその化合物

1 単体の亜鉛　（1）**空気中での変化**　表面に丈夫な酸化被膜をつくり，内部を保護する。

（2）**酸との反応**　希硫酸や希塩酸に溶解して水素を発生する。この反応は，実験室で水素を発生させるのに使われる。

$$Zn + H_2SO_4 \longrightarrow ZnSO_4 + H_2\uparrow$$

$$Zn + 2HCl \longrightarrow ZnCl_2 + H_2\uparrow$$

$$\begin{bmatrix} Zn \longrightarrow Zn^{2+} + 2e^- \\ 2H^+ + 2e^- \longrightarrow H_2\uparrow \end{bmatrix}$$

（3）**強塩基の水溶液との反応**　水酸化ナトリウム水溶液や水酸化カリウム水溶液などの強塩基の水溶液に溶けて，テトラヒドロキシド亜鉛（Ⅱ）酸ナトリウム（→ p.377）やテトラヒドロキシド亜鉛（Ⅱ）酸カリウムを生じ，水素を発生する[❷]。

▲図8　Zn と酸・強塩基の反応

（左）塩酸　（右）NaOH水溶液

$$Zn + 2NaOH + 2H_2O \longrightarrow Na_2[Zn(OH)_4] + H_2\uparrow$$

$$Zn + 2KOH + 2H_2O \longrightarrow K_2[Zn(OH)_4] + H_2\uparrow$$

（4）**両性金属**　上の(2), (3)で説明したように，酸の水溶液および強塩基の水溶液と反応して塩をつくる金属を**両性金属**（両性元素）という。亜鉛やアルミニウム・スズ・鉛などは両性金属である（→ p.369　*CHART 51*）。

---

❶ 水銀は，ふつうは酸化数 $+2$ の化合物をつくるが，酸化数 $+1$ の化合物もつくる。たとえば，水銀の塩化物には，塩化水銀（Ⅰ）Hg_2Cl_2 と塩化水銀（Ⅱ）$HgCl_2$ がある。
❷ $Na_2[Zn(OH)_4]$ は亜鉛酸ナトリウムともいわれ，水2分子分を省略して単に Na_2ZnO_2 と書かれることがある。

(5) **用途** 単体の亜鉛は，電池（→ p.304）の負極として用いられたり，トタン（→ p.404）に用いられている。その他，合金（→ p.405）の原料[1]として重要である。

▲図9 トタン製品

2 亜鉛の化合物 **(1) 酸化物・水酸化物** 単体の亜鉛を空気中で熱すると，酸化亜鉛 ZnO が生じる。白色粉末状の酸化亜鉛は亜鉛華ともいわれる[2]。酸化亜鉛 ZnO・水酸化亜鉛 $Zn(OH)_2$ は，酸の水溶液や強塩基の水溶液と反応して塩をつくるので，**両性酸化物・両性水酸化物** である（→ p.369）。

$$\begin{cases} ZnO + H_2SO_4 \longrightarrow ZnSO_4 + H_2O & \text{（ZnO は塩基のはたらきをしている）} \\ ZnO + 2NaOH + H_2O \longrightarrow Na_2[Zn(OH)_4] & \text{（ZnO は酸のはたらきをしている）} \end{cases}$$

$$\begin{cases} Zn(OH)_2 + H_2SO_4 \longrightarrow ZnSO_4 + 2H_2O & \text{（Zn(OH)$_2$ は塩基のはたらきをしている）} \\ Zn(OH)_2 + 2NaOH \longrightarrow Na_2[Zn(OH)_4] & \text{（Zn(OH)$_2$ は酸のはたらきをしている）} \end{cases}$$

(2) 亜鉛イオン Zn^{2+} の反応（▶次ページ図10） ① アンモニア水を少量加えると水酸化亜鉛の白色ゲル状の沈殿を生じる。さらに過剰のアンモニア水を加えると，錯イオンのテトラアンミン亜鉛（Ⅱ）イオン $[Zn(NH_3)_4]^{2+}$ を生じて溶ける。

$$Zn^{2+} + 2OH^- \longrightarrow Zn(OH)_2\downarrow$$
$$Zn(OH)_2 + 4NH_3 \longrightarrow \underset{\text{テトラアンミン亜鉛（Ⅱ）イオン}}{[Zn(NH_3)_4]^{2+}} + 2OH^-$$

② 水酸化ナトリウム水溶液を少量加えると水酸化亜鉛の沈殿を生じる。さらに過剰の水酸化ナトリウム水溶液を加えると，$Na_2[Zn(OH)_4]$ を生じて溶ける[3]。

$$Zn^{2+} + 2OH^- \longrightarrow Zn(OH)_2\downarrow$$
$$Zn(OH)_2 + 2NaOH \longrightarrow \underset{\text{テトラヒドロキシド亜鉛（Ⅱ）酸ナトリウム}}{Na_2[Zn(OH)_4]}$$

③ 中性または塩基性の溶液中[4]で，硫化水素によって硫化亜鉛 ZnS の白色沈殿を生じる。この反応は，亜鉛イオンの検出に利用される。

$$Zn^{2+} + H_2S + 2OH^- \longrightarrow ZnS\downarrow + 2H_2O$$
$$(Zn^{2+} + S^{2-} \longrightarrow ZnS\downarrow)$$

CHART 53

アンモニアは，銀・銅・亜鉛と錯イオン形成
$$[Ag(NH_3)_2]^+,\ [Cu(NH_3)_4]^{2+},\ [Zn(NH_3)_4]^{2+}$$

---

[1] 亜鉛を含む合金には，黄銅（Cu・Zn）・洋銀（Cu・Zn・Ni）などがある（→ p.405）。
[2] **亜鉛華** 酸化亜鉛の白色粉末のこと。亜鉛華軟膏として，外傷用塗布薬に用いられるほか，白色顔料として使われたこともある。
[3] 両性金属であるアルミニウム・スズ・鉛などでも同様の反応が起こる。
[4] 硫化亜鉛 ZnS（白）は，溶液が塩基性でないと沈殿を生じにくい。酸性でも沈殿を生じるのは，イオン化傾向が比較的小さい Ag^+，Cu^{2+}，Pb^{2+} などである（→ p.340）。

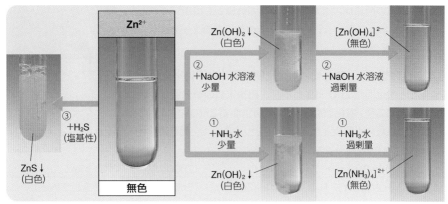

▲ 図10 Zn^{2+} の反応

C その他の重要な遷移元素

1 貴金属 第5周期のルテニウム $_{44}Ru$，ロジウム $_{45}Rh$，パラジウム $_{46}Pd$，銀 $_{47}Ag$，第6周期のオスミウム $_{76}Os$，イリジウム $_{77}Ir$，白金 $_{78}Pt$，金 $_{79}Au$ は**貴金属**とよばれ，産出量が少なく高価であるが，それぞれの特有の性質によりさまざまな用途に利用されている。

(1) **白金 Pt** イオン化傾向が小さく，熱濃硫酸や硝酸でも酸化されないが，王水（→ p.382 脚注）にはヘキサクロリド白金(IV)酸（塩化白金酸）となって溶解する。

$$3Pt + 18HCl + 4HNO_3 \longrightarrow 3H_2[PtCl_6] + 4NO\uparrow + 8H_2O$$

白金は装飾品のほか，るつぼ・電極などとして化学実験でも利用される。また，触媒としてのはたらきが多種の反応に効果的で，工業的にさまざまな反応の触媒として利用される。

(2) **金 Au** イオン化傾向が最小で，熱濃硫酸や硝酸でも酸化されないが，王水にはテトラクロリド金(III)酸（塩化金酸）となって溶解する（→ p.382）。

$$Au + 4HCl + HNO_3 \longrightarrow H[AuCl_4] + NO\uparrow + 2H_2O$$

2 タングステン・水銀 (1) タングステン W 灰白色の金属で，金属単体中で最も融点が高いので，白熱電球のフィラメントに用いられていた。鋼（鉄）に添加した合金は非常に硬く，工具のほか，ボールペンの芯にも使われる。

(2) **水銀 Hg** 単体の水銀は，常温で液体（融点 −38.9℃）として存在する唯一の金属である。

水銀は，辰砂（主成分は硫化水銀(II)HgS）を空気中で加熱し，留出してくる気体（水銀の蒸気）を凝縮させて得られる。

$$HgS + O_2 \longrightarrow Hg\uparrow + SO_2\uparrow$$

水銀は，鉄・ニッケル・コバルト・マンガン・白金・タングステン以外の金属と合金をつくる。水銀と他の金属との合金を，**アマルガム**という。水銀は，温度計や血圧計など広く使われていたが，2013年に「水銀に関する水俣条約」が採択され，2020年には水銀を使用した製品の製造・輸入が禁止された。

A　イオンの色，沈殿の生成とその色

(1) おもな有色のイオン　他のものについては p.374 参照

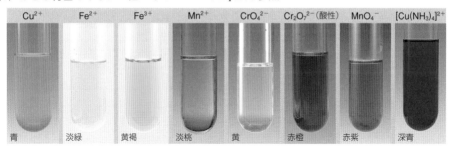

Cu^{2+}	Fe^{2+}	Fe^{3+}	Mn^{2+}	$CrO_4{}^{2-}$	$Cr_2O_7{}^{2-}$（酸性）	$MnO_4{}^-$	$[Cu(NH_3)_4]^{2+}$
青	淡緑	黄褐	淡桃	黄	赤橙	赤紫	深青

(2) 特徴的な沈殿の生成と色

陰イオン	陽イオン	沈殿と色		陰イオン	陽イオン	沈殿と色	
Cl^-	Ag^+	$AgCl$	白色	OH^-	Cu^{2+}	$Cu(OH)_2$	青白色
	Pb^{2+}	$PbCl_2$	白色		Fe^{3+}	水酸化鉄(Ⅲ)	赤褐色
					Fe^{2+}	$Fe(OH)_2$	緑白色
$SO_4{}^{2-}$	Ca^{2+}	$CaSO_4$	白色	$CrO_4{}^{2-}$	Pb^{2+}	$PbCrO_4$	黄色
	Sr^{2+}	$SrSO_4$	白色		Ag^+	Ag_2CrO_4	赤褐色
	Ba^{2+}	$BaSO_4$	白色		Ba^{2+}	$BaCrO_4$	黄色
$CO_3{}^{2-}$	Ca^{2+}	$CaCO_3$	白色	$[Fe(CN)_6]^{4-}$	Fe^{3+}, K^+	$KFe^{Ⅲ}[Fe^{Ⅱ}(CN)_6]$	濃青色
	Sr^{2+}	$SrCO_3$	白色	$[Fe(CN)_6]^{3-}$	Fe^{2+}, K^+	$KFe^{Ⅱ}[Fe^{Ⅲ}(CN)_6]$	濃青色
	Ba^{2+}	$BaCO_3$	白色	$[Fe(CN)_6]^{4-}$	Cu^{2+}	$Cu_2[Fe(CN)_6]$	赤褐色

(3) 硫化物の沈殿の生成

①　多くの金属イオンは硫化水素，または硫化水素水溶液（硫化水素水）によって硫化物の沈殿を生成するが，アルミニウム[❶]よりイオン化傾向が大きな金属イオンは沈殿しない(→ p.340)。

②　代表的な硫化物の沈殿

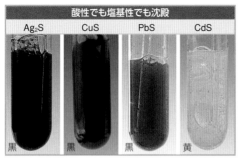

酸性でも塩基性でも沈殿			
Ag_2S	CuS	PbS	CdS
黒	黒	黒	黄

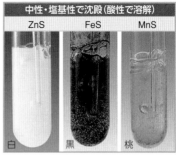

中性・塩基性で沈殿（酸性で溶解）		
ZnS	FeS	MnS
白	黒	桃

---

❶ Al^{3+} は，Al_2S_3 が加水分解して $Al(OH)_3$ の白色沈殿を生じることがある。

(4) 沈殿の生成と再溶解　Al^{3+} と Zn^{2+} の区別によく利用される。

		Ag$^+$	Cu^{2+}	Zn^{2+}	Al^{3+}	Pb^{2+}
	OH$^-$	Ag$_2$O↓ 褐色	Cu(OH)$_2$↓ 青白色	Zn(OH)$_2$↓ 白色	Al(OH)$_3$↓ 白色	Pb(OH)$_2$↓ 白色
水酸化物の沈殿との反応	過剰の NaOH 水溶液	不溶	不溶	溶解・無色 [Zn(OH)$_4$]$^{2-}$	溶解・無色 [Al(OH)$_4$]$^-$	溶解・無色 [Pb(OH)$_4$]$^{2-}$
	過剰の NH$_3$ 水	溶解・無色 [Ag(NH$_3$)$_2$]$^+$	溶解・深青色 [Cu(NH$_3$)$_4$]$^{2+}$	溶解・無色 [Zn(NH$_3$)$_4$]$^{2+}$	不溶	不溶

B　陽イオンの分離と確認

(1) 金属イオンの分離　数種類の金属イオンの混合溶液に，特定の金属イオンと沈殿する試薬を加えてろ過したり，沈殿を溶解させたりする操作を繰り返すと，最後に 1 種類のイオンを含む沈殿または溶液が得られる。その沈殿または溶液において，予想される金属イオン特有の反応が起これば，その金属イオンがもとの溶液に含まれていたと断定できる。

　　たとえば，Ag$^+$，Fe^{3+}，Ca^{2+} が含まれた溶液に希塩酸を加えると AgCl が沈殿する。これをろ過し，さらにろ液に希硫酸を加えると CaSO$_4$ が沈殿する。再びろ過を行い，ろ液にヘキサシアニド鉄(II)酸カリウム水溶液を加えると濃青色の沈殿が生じる。

　　13 種類のイオンを 6 つのグループに分ける方法を，次表に示した。

操作	試薬と操作	沈殿するイオン	沈殿	備考
①	希塩酸を加える	Ag$^+$，Pb^{2+}	AgCl(白色)，PbCl$_2$(白色)	
②	ろ液に硫化水素を十分に通じる	Cu^{2+}，Cd^{2+}	CuS(黒色)，CdS(黄色)	操作①によって，ろ液は酸性
③	ろ液を煮沸してから希硝酸を加える。冷えてからアンモニア水を加える	Fe^{3+} Al^{3+} Cr^{3+}	水酸化鉄(III)(赤褐色) Al(OH)$_3$(白色) Cr(OH)$_3$(灰緑色)	Fe^{3+} は H$_2$S で還元されて Fe^{2+} になっている。煮沸して H$_2$S を除いた後，希硝酸を加えて Fe^{3+} にもどす
④	ろ液に硫化水素を十分に通じる	Zn^{2+}，Ni^{2+}	ZnS(白色)，NiS(黒色)	操作③によって，ろ液は塩基性
⑤	ろ液に炭酸アンモニウム水溶液を加える	Ca^{2+}，Ba^{2+}	CaCO$_3$(白色) BaCO$_3$(白色)	
⑥	なし	Na$^+$，K$^+$	沈殿物なし	炎色反応によって確認する

(2) 金属イオンの確認反応　多くの場合，沈殿生成反応を利用する。

イオン	確認法
Ag$^+$	Cl$^-$ により白色沈殿(AgCl)を生成し，放置すると黒ずんでくる(光で分解し，Ag 生成)。
Pb^{2+}	CrO$_4$$^{2-}$により黄色沈殿(PbCrO$_4$)を生成。
Cu^{2+}	少量の NH$_3$ 水で青白色沈殿(Cu(OH)$_2$)，過剰に加えると深青色溶液([Cu(NH$_3$)$_4$]$^{2+}$)。
Cd^{2+}	H$_2$S により黄色沈殿(CdS)。
Al^{3+}	OH$^-$ により白色沈殿(Al(OH)$_3$)，過剰の NaOH で無色溶液(Zn^{2+}，Pb^{2+}，Sn^{2+} も同様)。
Fe^{3+}	ヘキサシアニド鉄(II)酸カリウム水溶液により濃青色沈殿。チオシアン酸カリウム水溶液(KSCN)により血赤色溶液。
Zn^{2+}	塩基性で H$_2$S により白色沈殿(ZnS)。
Ca^{2+}，Ba^{2+}	炭酸アンモニウム((NH$_4$)$_2$CO$_3$)により白色沈殿(CaCO$_3$，BaCO$_3$)。Ca^{2+} の炎色反応は橙赤色，Ba^{2+} の炎色反応は黄緑色。
Na$^+$，K$^+$	Na$^+$ の炎色反応は黄色，K$^+$ の炎色反応は赤紫色。

Study Column ▶ 金属イオンの系統分析

　試料溶液中の金属イオンの種類が 2, 3 種類であれば，容易に分離・確認が可能である。しかし，イオンの数が多くなると，たとえば，Pb^{2+} と Al^{3+} のような，似た反応をするイオンは，どちらかはっきりしなくなることがある。

　このように，金属イオンの種類が多い場合には，一定の手順で沈殿生成と再溶解を繰り返すことによって，検出・確認をする方法がある。これは **系統分析**（定性分析）とよばれ，古くから確立された手法である。系統分析は，系統的に 6 つのグループに分けてから，さらに詳細に分離し，確認するもので，Pb^{2+} と Al^{3+} のようなまぎらわしい反応をするイオンでも，それぞれ確実に検出することができる。

　以下に，例を示す。図の矢印が 2 つに分かれる箇所は，ろ過によりろ液と沈殿とに分ける分離操作を意味し，左側が沈殿，右側がろ液を表している。

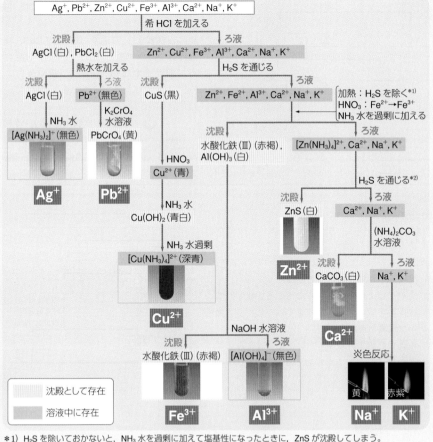

*1) H_2S を除いておかないと，NH_3 水を過剰に加えて塩基性になったときに，ZnS が沈殿してしまう。
*2) リトマス紙などで塩基性になっていることを確認してから H_2S を通じる。

Pb^{2+}，Cu^{2+}，Fe^{3+}，Na$^+$ を含む水溶液中のイオンを分離するため，次の操作を行った。下の各問いに答えよ。

操作 1 溶液に希塩酸を加えて酸性にすると，沈殿 A が生じたのでろ過した。

操作 2 操作 1 のろ液に硫化水素を通じると，沈殿 B が生じたのでろ過した。

操作 3 操作 2 のろ液を十分に煮沸したのち，希硝酸を加えた。さらにアンモニア水を十分加えると，沈殿 C が生じたのでろ過した。

(1) 各操作で生じた沈殿 A ～ C の化学式または物質名と，それぞれの色を答えよ。

(2) 操作 3 で得たろ液中に残っているイオンを確認する方法を述べよ。

考え方 まず，操作の流れ図を書いて考察する。

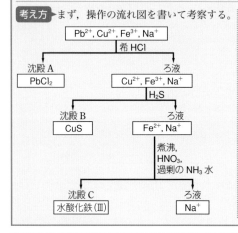

(1) **操作 1** の希塩酸中の Cl$^-$ と沈殿を生じるイオンは Pb^{2+} で，PbCl$_2$ が沈殿する。

答 沈殿 A：PbCl$_2$，白色

操作 2 で硫化水素を通じると，酸性なので CuS が沈殿する。　**答 沈殿 B：CuS，黒色**

操作 3 で煮沸すると H$_2$S が除かれ，H$_2$S によって還元されていた Fe^{2+} が希硝酸により Fe^{3+} にもどり，アンモニア水の OH$^-$ で，水酸化鉄(Ⅲ)が沈殿する。

答 沈殿 C：水酸化鉄(Ⅲ)，赤褐色

(2) 最後まで沈殿しなかったイオンは Na$^+$ である。通常は**炎色反応が黄色**になることで確認する。**答**

類題 ····· 67

Ag$^+$，Cu^{2+}，Fe^{3+}，Al^{3+}，Zn^{2+}，K$^+$ を含む水溶液に適当な試薬を加え，図の手順で各イオンを分離した。

(1) 沈殿 A，沈殿 B の化学式を答えよ。

(2) 沈殿 C は 2 つの物質からなる。その化学式または物質名を示し，両者を分離するのに用いる最も適当な試薬を答えよ。

(3) ろ液 C に含まれる錯イオンの化学式を答えよ。

(4) ろ液 D に含まれるイオンを確認する方法を述べよ。

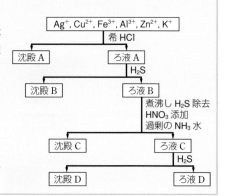

C　金属イオンの反応

分類	イオン	反応
1価陽イオン	Ag⁺	$Ag^+ + Cl^- \rightarrow AgCl\downarrow$（白色沈殿，感光性，$NH_3$ 水に溶ける）， 同様に $AgBr\downarrow$（淡黄色沈殿，感光性），$AgI\downarrow$（黄色沈殿），AgF（水に可溶） $2Ag^+ + CrO_4^{2-}$（クロム酸イオン）$\rightarrow Ag_2CrO_4\downarrow$（クロム酸銀，赤褐色沈殿） $2Ag^+ + 2OH^-$（NaOH，少量の NH_3 水）$\rightarrow Ag_2O\downarrow$（酸化銀，褐色沈殿）$+ H_2O$ $Ag_2O + 4NH_3 + H_2O$（過剰の NH_3 水） 　　　　　　$\rightarrow 2[Ag(NH_3)_2]^+$（ジアンミン銀（I）イオン，溶ける）$+ 2OH^-$ $Ag^+ + CN^-$（少量）$\rightarrow AgCN\downarrow$（シアン化銀，白色沈殿） $AgCN + CN^-$（過剰）$\rightarrow [Ag(CN)_2]^-$（ジシアニド銀（I）酸イオン，溶ける）
	Na⁺	炎色反応が黄色
	K⁺	炎色反応が赤紫色
2価陽イオン	Ba²⁺	$Ba^{2+} + CO_3^{2-}$（炭酸イオン）$\rightarrow BaCO_3\downarrow$（炭酸バリウム，白色沈殿） $Ba^{2+} + SO_4^{2-}$（硫酸イオン）$\rightarrow BaSO_4\downarrow$（硫酸バリウム，白色沈殿） $Ba^{2+} + CrO_4^{2-}$（クロム酸イオン）$\rightarrow BaCrO_4\downarrow$（クロム酸バリウム，黄色沈殿）
	Ca²⁺	$Ca^{2+} + CO_3^{2-} \rightarrow CaCO_3\downarrow$（炭酸カルシウム，白色沈殿） $Ca^{2+} + SO_4^{2-} \rightarrow CaSO_4\downarrow$（硫酸カルシウム，白色沈殿，わずかに水に溶ける） $Ca^{2+} + (COO)_2^{2-}$（シュウ酸イオン）$\rightarrow (COO)_2Ca\downarrow$（シュウ酸カルシウム，白色沈殿）
	Cd²⁺	$Cd^{2+} + S^{2-} \rightarrow CdS\downarrow$（硫化カドミウム，黄色沈殿）
	Cu²⁺	$Cu^{2+} + 2OH^- \rightarrow Cu(OH)_2\downarrow$（青白色沈殿） $Cu(OH)_2 + 4NH_3$（過剰の NH_3 水） 　　　　　$\rightarrow [Cu(NH_3)_4]^{2+}$（テトラアンミン銅（II）イオン，深青色溶液）$+ 2OH^-$ $Cu^{2+} + S^{2-} \rightarrow CuS\downarrow$（硫化銅（II），黒色沈殿）
	Fe²⁺	$Fe^{2+} + K_3[Fe(CN)_6]$（ヘキサシアニド鉄（III）酸カリウム）$\rightarrow$ 濃青色沈殿（ターンブルブルー） $Fe^{2+} + 2OH^-$（NaOH，NH_3 水）$\rightarrow Fe(OH)_2\downarrow$ 　　　　　　　　　（水酸化鉄（II），緑白色沈殿，酸化されやすい）
	Pb²⁺	$Pb^{2+} + 2OH^-$（NH_3 水，少量の NaOH）$\rightarrow Pb(OH)_2\downarrow$（水酸化鉛（II），白色沈殿） $Pb(OH)_2 + 2OH^-$（過剰の NaOH） 　　　　　$\rightarrow [Pb(OH)_4]^{2-}$（テトラヒドロキシド鉛（II）酸イオン，溶ける） $Pb^{2+} + SO_4^{2-} \rightarrow PbSO_4\downarrow$（硫酸鉛（II），白色沈殿） $Pb^{2+} + 2Cl^- \rightarrow PbCl_2\downarrow$（塩化鉛（II），白色沈殿，熱水に溶ける） $Pb^{2+} + CrO_4^{2-} \rightarrow PbCrO_4\downarrow$（クロム酸鉛（II），黄色沈殿） $Pb^{2+} + S^{2-} \rightarrow PbS\downarrow$（硫化鉛（II），黒色沈殿）
	Zn²⁺	$Zn^{2+} + 2OH^- \rightarrow Zn(OH)_2\downarrow$（水酸化亜鉛，白色沈殿） $Zn(OH)_2 + 2OH^-$（過剰の NaOH） 　　　　　$\rightarrow [Zn(OH)_4]^{2-}$（テトラヒドロキシド亜鉛（II）酸イオン，溶ける） $Zn(OH)_2 + 4NH_3$（過剰の NH_3 水） 　　　　　$\rightarrow [Zn(NH_3)_4]^{2+}$（テトラアンミン亜鉛（II）イオン，溶ける）$+ 2OH^-$ $Zn^{2+} + S^{2-}$（中性または塩基性）$\rightarrow ZnS\downarrow$（白色沈殿）
	Ni²⁺	$Ni^{2+} + 2OH^- \rightarrow Ni(OH)_2$（水酸化ニッケル（II），緑色沈殿）
3価陽イオン	Al³⁺	$Al^{3+} + 3OH^- \rightarrow Al(OH)_3\downarrow$（白色沈殿） $Al(OH)_3 + OH^- \rightarrow [Al(OH)_4]^-$（テトラヒドロキシドアルミン酸イオン，溶ける）
	Fe³⁺	$Fe^{3+} + K_4[Fe(CN)_6]$（ヘキサシアニド鉄（II）酸カリウム）$\rightarrow$ 濃青色沈殿（ベルリンブルー） $Fe^{3+} + OH^-$（NH_3 水，NaOH）$\rightarrow$ 水酸化鉄（III）$\downarrow$（赤褐色沈殿）

A 金属の製錬

1 単体の製法 金属の大部分は，酸化物や硫化物などを主成分とする鉱石から種々の方法を用いて還元することによって単体を得ている。鉱物（鉱石）から金属の単体を取り出す操作を **製錬** という（→ p.384）。取り出しやすさは，イオン化傾向と密接に関係し，イオン化傾向が大きい金属ほど複雑な方法が必要である。人類が手にすることができた金属は，歴史とともにイオン化傾向が小さい金属から大きい金属にまで種類が増えてきた。

←イオン化傾向大	イオン化傾向とおもな還元法		イオン化傾向小→
Li　K　　Ca Na　Mg　Al	Zn　Fe　Ni　Sn　Pb　(H₂)　Cu	Hg　Ag	Pt　Au
リッチに 借りようか　な，　間が ある	あ　て　に　すん な　　ひ　　ど	す ぎる	借 金
溶融塩電解	主として C による高温還元	加熱のみ で還元	天然に単体 として産出

製錬方法	要項
溶融塩電解	Mg，Al，Na のようなイオン化傾向が大きい金属は，この方法しかない。 **例** ① MgCl₂（KCl を加えて融点を下げる）→ Mg²⁺ ＋ 2Cl⁻ 〔陰極〕Mg²⁺ ＋ 2e⁻ → Mg 〔陽極〕2Cl⁻ → Cl₂↑ ＋ 2e⁻ ② Al₂O₃（融解した氷晶石 Na₃AlF₆ に溶かす）→ 2Al³⁺ ＋ 3O²⁻（→ p.319, 367） 〔陰極〕Al³⁺ ＋ 3e⁻ → Al 〔陽極〕C ＋ O²⁻ → CO ＋ 2e⁻ または C ＋ 2O²⁻ → CO₂ ＋ 4e⁻（電極の C と反応）
電解精錬	粗銅から純銅を得るのに，CuSO₄ の希硫酸水溶液中で粗銅を陽極，純銅を陰極にして電気分解する（→ p.318, 378）。
テルミット法 （ゴールドシ ュミット法）	還元しにくい酸化物を Mg，Al のようなイオン化傾向が大きい（還元力の強い）金属と反応させ，大きな発熱を利用して，金属を還元する（→ p.368）。 **例** Cr₂O₃ ＋ 2Al → 2Cr ＋ Al₂O₃　ΔH＝－469 kJ
酸化物を炭素で 還元（最も多い）	Fe，Cu，Pb，Sn，Zn などイオン化傾向が中程度の金属に用いる。炭素はコークス，同時に発生する CO も，還元作用を示す（→ p.384）。 **例** Fe₂O₃（赤鉄鉱）＋ 3C → 2Fe ＋ 3CO，Fe₂O₃ ＋ 3CO → 2Fe ＋ 3CO₂

B 金属元素の化合物の性質

1 溶解性 （1）水に溶けやすいもの

・アルカリ金属元素の塩，アンモニウム塩，硝酸塩，酢酸塩。

（2）ほとんどが水に溶けるもの

・硫酸塩（Ag，Pb および Ca，Sr，Ba の硫酸塩を除く）。

・ハロゲン化物（Ag，Pb のハロゲン化物を除く。AgF は可溶）。

（3）ほとんどが水に溶けないもの

・アルカリ金属元素以外の金属の酸化物，水酸化物および炭酸塩（CaO，Ca(OH)₂ はわずかに溶ける。BaO，Ba(OH)₂ は少し溶ける）。

・1 族，2 族，Al³⁺，NH₄⁺ 以外の硫化物。

(1) アルカリ金属元素以外の水酸化物は，加熱すると分解して酸化物と H_2O になる。

$$水酸化物 \xrightarrow{加熱} 酸化物 + H_2O$$

   例 $Ca(OH)_2 \longrightarrow CaO + H_2O$

          $Cu(OH)_2 \longrightarrow CuO + H_2O$

(2) アルカリ金属元素以外の炭酸塩は，加熱すると分解して酸化物と CO_2 になる。

$$炭酸塩 \xrightarrow{加熱} 酸化物 + CO_2\uparrow$$

   例 $CaCO_3 \longrightarrow CaO + CO_2\uparrow$

(3) 炭酸水素塩は熱分解しやすく，炭酸塩と H_2O および CO_2 になる。

$$炭酸水素塩 \xrightarrow{加熱} 炭酸塩 + H_2O + CO_2\uparrow$$

   例 $2NaHCO_3 \longrightarrow Na_2CO_3 + H_2O + CO_2\uparrow$

          $Ca(HCO_3)_2 \longrightarrow CaCO_3 + H_2O + CO_2\uparrow$

C 有色の酸化物・硫化物

  遷移元素の化合物は有色の物質が多い。硫化物は黒色の物質が多い。硝酸銀など無色の化合物もある。

事項	例					
有色酸化物	Cu_2O	酸化銅(Ⅰ)	赤色	HgO	酸化水銀(Ⅱ)	赤色，黄色
	CuO	酸化銅(Ⅱ)	黒色	MnO_2	酸化マンガン(Ⅳ)	黒色
	Fe_3O_4	四酸化三鉄	黒色		(二酸化マンガン)	
	Fe_2O_3	酸化鉄(Ⅲ)	赤褐色	PbO_2	酸化鉛(Ⅳ)	褐色
	PbO	酸化鉛(Ⅱ)	黄色	Ag_2O	酸化銀	褐色
	Pb_3O_4	四酸化三鉛	赤色	Cr_2O_3	酸化クロム(Ⅲ)	緑色
有色硫化物	CuS	硫化銅(Ⅱ)	黒色	HgS	硫化水銀(Ⅱ)	黒色[1]
	PbS	硫化鉛(Ⅱ)	黒色	Ag_2S	硫化銀	黒色
	CdS	硫化カドミウム	黄色	ZnS	硫化亜鉛	白色
	FeS	硫化鉄(Ⅱ)	黒色	MnS	硫化マンガン(Ⅱ)	淡赤色

  Cu_2O CuO Fe_3O_4 PbO

  Pb_3O_4 HgO MnO_2 PbO_2

[1] HgS(黒)を昇華させると赤色の気体となる。そのとき得られる固体は，黒色ではなく赤色である。

D 酸化物，水酸化物，炭酸塩のおもな性質

分類	例	特性
塩基性酸化物	Na_2O（酸化ナトリウム）	$Na_2O + H_2O \rightarrow 2NaOH$（強塩基） $Na_2O + 2HCl \rightarrow 2NaCl + H_2O$（中和）
	CaO（酸化カルシウム，生石灰）	$CaO + H_2O \rightarrow Ca(OH)_2$（強塩基） $CaO + 2HCl \rightarrow CaCl_2 + H_2O$（中和）
	CuO（酸化銅（Ⅱ））	$CuO + H_2SO_4 \rightarrow CuSO_4 + H_2O$（中和）
	Fe_2O_3（酸化鉄（Ⅲ），ベンガラ）	$Fe_2O_3 + 6HCl \rightarrow 2FeCl_3 + 3H_2O$（中和）
両性酸化物	Al_2O_3（酸化アルミニウム，アルミナ）	塩基として $Al_2O_3 + 6HCl \rightarrow 2AlCl_3 + 3H_2O$ 酸として $Al_2O_3 + 2NaOH + 3H_2O \rightarrow 2Na[Al(OH)_4]$ テトラヒドロキシド アルミン酸ナトリウム
	ZnO（酸化亜鉛，亜鉛華）	塩基として $ZnO + 2HCl \rightarrow ZnCl_2 + H_2O$ 酸として $ZnO + 2NaOH + H_2O \rightarrow Na_2[Zn(OH)_4]$ テトラヒドロキシド 亜鉛（Ⅱ）酸ナトリウム
両性水酸化物	$Al(OH)_3$（水酸化アルミニウム）	塩基として $Al(OH)_3 + 3HCl \rightarrow AlCl_3 + 3H_2O$ 酸として $Al(OH)_3 + NaOH \rightarrow Na[Al(OH)_4]$
	$Zn(OH)_2$（水酸化亜鉛）	塩基として $Zn(OH)_2 + 2HCl \rightarrow ZnCl_2 + 2H_2O$ 酸として $Zn(OH)_2 + 2NaOH \rightarrow Na_2[Zn(OH)_4]$
	$Pb(OH)_2$（水酸化鉛（Ⅱ））	塩基として $Pb(OH)_2 + 2HCl \rightarrow PbCl_2 + 2H_2O$ 酸として $Pb(OH)_2 + 2NaOH \rightarrow Na_2[Pb(OH)_4]$
その他の水酸化物 （Na, K, Ba, Ca 以外はほとんどが不溶性）	$NaOH$（水酸化ナトリウム）	水によく溶ける。強塩基性，潮解性。 CO_2 と反応 $2NaOH + CO_2 \rightarrow Na_2CO_3 + H_2O$
	$Mg(OH)_2$（水酸化マグネシウム）	水に溶けにくい。 酸と反応 $Mg(OH)_2 + 2HCl \rightarrow MgCl_2 + 2H_2O$
	$Ca(OH)_2$（水酸化カルシウム，消石灰）	水にわずかに溶ける。石灰水。 CO_2 と反応 $Ca(OH)_2 + CO_2 \rightarrow CaCO_3\downarrow + H_2O$
	$Ba(OH)_2$（水酸化バリウム）	水に少し溶ける。 CO_2 と反応 $Ba(OH)_2 + CO_2 \rightarrow BaCO_3\downarrow + H_2O$
	$Cu(OH)_2$（水酸化銅（Ⅱ））	青白色沈殿。$Cu^{2+} + 2OH^- \rightarrow Cu(OH)_2\downarrow$ NH_3 水に溶ける。 $Cu(OH)_2 + 4NH_3 \rightarrow [Cu(NH_3)_4]^{2+} + 2OH^-$
	水酸化鉄（Ⅲ）	赤褐色沈殿。$Fe^{3+} + OH^- \rightarrow$ 沈殿生成
炭酸塩 （Na, K 以外はほとんどが不溶性）	Na_2CO_3（炭酸ナトリウム）	アンモニアソーダ法（ソルベー法）で製造，水溶液は塩基性。 強酸と反応 $Na_2CO_3 + 2HCl \rightarrow 2NaCl + H_2O + CO_2\uparrow$
	$NaHCO_3$（炭酸水素ナトリウム）	強酸と反応 $NaHCO_3 + HCl \rightarrow NaCl + H_2O + CO_2\uparrow$ 水溶液は弱塩基性。熱すると分解する。 $2NaHCO_3 \rightarrow Na_2CO_3 + H_2O + CO_2\uparrow$
	$CaCO_3$（炭酸カルシウム，大理石，石灰石の主成分）	強酸と反応 $CaCO_3 + 2HCl \rightarrow CaCl_2 + H_2O + CO_2\uparrow$ 熱すると分解する。$CaCO_3 \rightarrow CaO + CO_2\uparrow$

⬥① 金属の製錬

空欄(a)～(f)に最も適切な語句を入れて，文章を完成させよ。

鉄は，鉄鉱石を（ a ）と（ b ）とともに溶鉱炉に入れ，高温で還元して得る。このとき得られる鉄は（ c ）とよばれ，おもに（ d ）などの不純物が多く，融点が比較的（ e ）い。(c)を転炉に移し，酸素を吹き込んで(d)などの不純物の量を減らしたものが鋼である。

溶鉱炉で黄銅鉱（主成分 $CuFeS_2$）を(a), (b)などと強熱すると，Cu_2S となる。この Cu_2S を転炉で空気を通じて加熱すると粗銅となる。粗銅を硫酸銅(Ⅱ)の希硫酸水溶液中で，陽極に粗銅，陰極に純銅を用いて（ f ）精錬すると，陰極に純銅が得られる。

⬥② 錯イオン

(1) 次の錯イオンの名称と形を答えよ。

    (a) $[Ag(NH_3)_2]^+$　　　(b) $[Zn(NH_3)_4]^{2+}$　　　(c) $[Fe(CN)_6]^{4-}$

(2) 硫酸銅(Ⅱ)水溶液に少量のアンモニア水を加えたのち，さらに過剰に加えた。

    (a) このとき2段階で起こる反応を反応式でそれぞれ示せ。

    (b) 生成した錯イオンの名称と形を答えよ。

  ヒント　(2) 少量では OH^- が作用し，過剰にすると NH_3 が作用する。

⬥③ 鉄イオン

次の記述が，鉄(Ⅱ)イオンについてなら A，鉄(Ⅲ)イオンについてなら B を記せ。

(1) 淡緑色のイオンである。

(2) 水酸化ナトリウム水溶液を加えると，赤褐色沈殿が生成する。

(3) $K_4[Fe(CN)_6]$ 水溶液を加えると，濃青色沈殿が生成する。

  ヒント　(3) Fe^{2+} と Fe^{3+} の組合せで濃青色沈殿が生成する。

⬥④ 金属イオンの分離

Ag^+，Cu^{2+}，Fe^{3+}，Zn^{2+}，Ca^{2+}，K^+ を含む水溶液がある。これらをそれぞれ分離するため，次の操作(a)～(e)を行った。

    (a) 希塩酸を加えると，沈殿 A が生じたのでろ過した。

    (b) (a)のろ液に硫化水素を通じると，沈殿 B が生じたのでろ過した。

    (c) (b)のろ液を十分に煮沸したのち，希硝酸を加えた。さらに沈殿 C が生じるまでアンモニア水を加え，沈殿 C をろ過した。

    (d) (c)のろ液に硫化水素を通じると，沈殿 D が生じたのでろ過した。

    (e) (d)のろ液に炭酸アンモニウム水溶液を加えると，沈殿 E が生じたのでろ過した。

(1) 沈殿 A ～ E の化学式または物質名と，それぞれの色を答えよ。

(2) 操作(c)の下線部について，「煮沸」および「希硝酸を加える」理由をそれぞれ述べよ。

(3) 操作(e)のろ液に残っているイオンを確認する方法を答えよ。

(4) Pb^{2+}，Al^{3+}，Ba^{2+} を含む水溶液について，上記と同様の操作(a)～(e)を行ったとき，それぞれのイオンは沈殿 A ～ E のどれに含まれるか。A ～ E の記号で答えよ。

  ヒント　操作(a)～(e)を流れ図にしてから考えるとわかりやすい。

(⬥＝上位科目「化学」の内容を含む問題)

第 4 章

無機物質と人間生活

1 セラミックス
2 金属
3 肥料

1 セラミックス

A セラミックスとは

　セラミックス は，原料を成形後に加熱処理によって焼き固めて得られる無機固体材料の総称である。セラミックスという言葉は，壺などをつくるための粘土を意味するギリシャ語の *keramos* に由来する。古代人は粘土を水で練って成形し，火で焼き固める方法を発見して土器をつくった。この方法が発展し，陶磁器をつくる方法として現代にまで受け継がれている。陶磁器やガラス，セメント，瓦，れんがなどは，粘土・石灰石・けい砂などの天然材料を原料にして，窯の中で800〜1500℃の高温で焼いてつくった窯業製品で，セラミックスの一種である。これらの伝統的なセラミックスに対して，近年は先端技術の要求によって開発された新しいセラミックス(ファインセラミックス)が出現している。

B 従来形セラミックス

1 **ガラス**　粘土，石灰石，けい砂，砂などを扱い，おもにガラス，セメント，陶磁器などの窯業製品をつくる工業を **ケイ酸塩工業** という。いずれも主成分は SiO_2 で，それに Al，Na，Ca などが結合したケイ酸塩($\rightarrow$ p.353)などからなる。

　ガラス は，加熱融解した無機物質を冷却して結晶化させずに凝固させた非晶質(アモルファス)の物質である(▶表1)。

▼表1　ガラスの種類

名称	主原料	主成分	特性と用途
ソーダ石灰ガラス	けい砂，石灰石，ソーダ灰	SiO_2，CaO，Na_2O	融解しやすい。板ガラス，瓶
カリガラス	けい砂，石灰石，炭酸カリ	SiO_2，CaO，K_2O	硬質・耐薬品性。理化学用器具
ホウケイ酸ガラス	けい砂，ホウ砂，ソーダ灰	SiO_2，B_2O_3，Na_2O	耐熱性。耐熱なべ，理化学用器具
石英ガラス	けい砂	SiO_2	耐熱性大。紫外線透過性。光ファイバー
鉛ガラス	けい砂，炭酸カリ，酸化鉛(Ⅱ)	SiO_2，K_2O，PbO	屈折率大。光学レンズ，カットガラス

窓ガラス（板ガラス），コップなどに使われるふつうのガラスは，けい砂・石灰石・炭酸ナトリウム（ソーダ灰）の混合物を融解してつくられる。このガラスはソーダ石灰ガラスといい，酸化ナトリウム Na_2O（ソーダ），酸化カルシウム CaO（生石灰），二酸化ケイ素 SiO_2（シリカ）を主成分とする。このほかにも，用途に応じてさまざまなガラスがつくられている。

2 セメント　セメントは広い意味では無機物質の接合剤のことをいうが，一般には建築材料として大量に使われている**ポルトランドセメント**[1]のことを指す。ポルトランドセメントは石灰石と粘土を混合し，回転窯で1400℃くらいで加熱・焼結[2]してクリンカー[3]をつくった後，少量のセッコウ $CaSO_4 \cdot 2H_2O$ を混ぜて粉砕してつくられる。このセメントに砂と小石を混ぜ，水を加えて固めたものが**コンクリート**である。

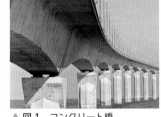

▲図1　コンクリート橋

3 陶磁器　陶磁器類の総称を一般に「やきもの」ともいい，原料は二酸化ケイ素やケイ酸塩が主体である。

土器は，不純物を含む粘土を原料とし，比較的低温で焼いたものである。**陶器**は，石英が混ざった鉄分の少ない良質の粘土（陶土）を原料に，比較的高温で焼いてつくられる。**磁器**は，粘土鉱物に石英や長石の粉末を配合した原料を用い，陶器の場合より高温で焼いてつくられる。一般に，材料の焼結の程度が低いものから順に土器，陶器，磁器である。

▲図2　陶磁器

磁器は一部がガラス質になるので，半透明で陶器より硬く，たたくと澄んだ音がする。陶器は吸水性があるので，水を透過させないためにふつうは表面にうわぐすり[4]（釉薬）をかけて焼く。「萩焼」，「信楽焼」，「益子焼」は陶器，「有田焼（伊万里焼）」，「九谷焼」，「清水焼」は磁器に分類される。

陶磁器は，硬い・熱に強いという長所をもつ反面，もろい・衝撃に弱い・加工しにくいという欠点がある。

▼表2　陶磁器の種類

種類	原料	焼成温度〔℃〕	強度	打音	吸水性	用途
土器	粘土	700 ～ 1000	劣る	濁音	大きい	れんが，瓦，植木鉢
陶器	粘土，けい砂，長石	1150 ～ 1300	中間	やや濁音	小さい	食器，タイル，衛生器具
磁器	粘土，けい砂，長石	1300 ～ 1450	優れる	金属音	なし	高級食器，がいし

❶ **ポルトランドセメント**　イギリスのポルトランド島産の石材に色と外観が似ていることから名付けられた。
❷ 粉体を加圧成形して加熱したとき，粉体粒子間で結合が生じ，凝固する現象。
❸ **クリンカー**　一般に，各種の無機成分からなる，焼き固まった塊をいう。混合物のうち，融点の低い部分が融解して全体を固まらせたもの。
❹ 粉砕された長石，石灰石，けい砂，植物の灰などを配合し，水を加えて混ぜ合わせたもの。素焼きしたものの上にかけて焼くことにより，表面がガラス質になり，吸水性がなくなる。

C ファインセラミックス

　近年，ケイ酸塩以外にも金属酸化物，炭化物，窒化物などの高純度原料を用いた新しい形のセラミックスがつくられ，先端技術を支える材料として利用されている。これらは目的とする性質・性能を得るために，原料の化学組成，微細構造，形状および製造工程を精密に制御して製造したセラミックスであり，**ファインセラミックス** または **ニューセラミックス** という（ファインセラミックスとニューセラミックスは，同じものを別の視点で表した言葉である）。

　ファインセラミックスは，金属材料に比べて軽くて硬く，高い強度と耐熱性をもつ。また，生体に対して高い安全性と適合性がよい利点をもつものや，種々のセンサーに用いられるものなど，さまざまな用途に使われている（▶表3）。

▼表3　ファインセラミックスの特性と用途

原料または構成材料	特性	用途
酸化アルミニウム　Al_2O_3（アルミナ）	電気絶縁性 生体親和性 高い硬度・耐摩耗性 透光性	集積回路の配線基板，高圧送電線用がいし 人工関節，人工骨 掘削器具，はさみ，包丁 高圧ナトリウムランプ発光管
酸化ジルコニウム　ZrO_2（ジルコニア）	酸化物イオン導電性 生体親和性 高い硬度	酸素センサー 人工関節，人工骨，人工歯根 ハサミ，包丁
チタン酸バリウム　$BaTiO_3$	高い比誘電率 赤外線検知 電気抵抗性	コンデンサー 防犯装置・自動ドアの開閉装置用センサー 炊飯器の温度センサー
チタン酸鉛(Ⅱ)　$PbTiO_3$，ジルコン酸鉛(Ⅱ)　$PbZrO_3$	圧電性	ガス器具の着火部品，携帯電話用発音器
窒化ケイ素　Si_3N_4	高強度・耐熱衝撃性 耐摩耗性	自動車のエンジン用部品，ガスタービン 転がり軸受部品（ローラーベアリング）
炭化ケイ素　SiC	多孔性・耐熱性 断熱性	排ガス浄化器，断熱材
ヒドロキシアパタイト　$Ca_{10}(PO_4)_6(OH)_2$	生体親和性	人工骨，人工歯根

携帯電話用圧電セラミックス

スペースシャトル

人工骨

スペースシャトルの外壁には耐熱性セラミックスのタイルが貼られ，大気圏突入時に空気との摩擦で生じる高温から船体を守るのに使われた。

▲図3　ファインセラミックスの利用例

基礎 化

A いろいろな金属

1 金属の特徴 金属は自由電子により，いろいろな性質をもつ(→ p.90)。

一般に，常温で金属光沢をもつ固体(水銀だけは液体)で，展性・延性が大きく，電気や熱をよく導く[1]。これらの性質を生かして，さまざまな用途に用いられている。

① **金属光沢** 自由電子[1]は金属内を自由に動き回っている。光が金属に当たると，光はその自由電子に衝突して反射するため，光沢が生まれる。光沢があるため，金属は装飾用品にも利用されている。

▲ 図4 金属の光沢・展性・延性

② **展性・延性** 自由電子が金属の原子を引きつけているため，ゆっくりと力を加えていくと，形を自由に変えることができる。つまり，展性・延性に富んでいる(金 Au は金属中で最大)。この性質のため，金属は箔・板・建築材料などに利用される。

③ **電気伝導性・熱伝導性** 自由電子が電気や熱を運ぶ役割をする。金属は自由電子で満たされているため，電気や熱を伝えやすい。この性質を利用して，金属は電気配線などに利用される。銀 Ag は金属中で最も電気伝導性と熱伝導性が大きい。

2 レアメタル 埋蔵量が少なかったり，多量にあっても採掘や製錬が困難な金属のうち，とくに流通量が少ない金属は **レアメタル** とよばれ，鉄・銅・アルミニウム・鉛・亜鉛など多量に用いられている **コモンメタル(ベースメタル)** に対応する用語である。なかでも，Ti，Ni，W，Ga，Pt などの金属は，高機能な工業製品をつくるのに欠かせない素材である。

その具体例として，半導体では，Si，Ge，Ga，As など，電子材料では，In，Ta，Li，Ba，Sr など，工具用特殊合金用では，W，Co，Ta など，鉄鋼添加用では，V，Cr，Mo，Nb など，航空機用では，Ti，Ni，Sc など，さまざまな分野でレアメタルが使われている。

日本では外国からの輸入が難しくなったときに備えて，レアメタルのうち，V，Cr，Mn，Co，Ni，Ga，In，Mo，W の9種類の金属を備蓄している。

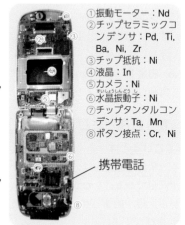

①振動モーター：Nd
②チップセラミックコンデンサ：Pd, Ti, Ba, Ni, Zr
③チップ抵抗：Ni
④液晶：In
⑤カメラ：Ni
⑥水晶振動子：Ni
⑦チップタンタルコンデンサ：Ta, Mn
⑧ボタン接点：Cr, Ni

携帯電話

▲ 図5 レアメタルの例

---

[1] 金属がさびる(酸化される)と光沢を失ったり，電気が流れなくなったりするのは，さびると**自由電子が失われる**からである。

(1) **チタン Ti** 　埋蔵量は無限といえるが，製錬が困難な金属なのでレアメタルとされている。製錬法の開発に伴い広く使われるようになった。軽くて硬く，耐食性がよく，とくに海水に対する耐食性が大きい。身近には，メガネフレーム，時計部品，ゴルフクラブのヘッド，歯科材料などに見られる。

　　また，化合物の酸化チタン(IV) TiO_2 は，白色顔料のほか，光触媒(→ p.209) として，抗菌・防汚・超親水性を利用した製品など，身近なところで知らず知らずに使われている。

建物の外壁(東京国際展示場)

ジェットエンジンのプレート

▲図6　チタンの利用

(2) **ニッケル Ni** 　古くから，単体の粉末は触媒に使われるほか，合金(→ p.405) やめっき(→ p.404) の材料として用いられてきた。近年では，ニッケルカドミウム電池やニッケル水素電池などの二次電池として，身の回りの電気製品や，ハイブリッド自動車に使われている。

(3) **ガリウム Ga，インジウム In** 　半導体材料として重要な用途があり，ガリウムは発光ダイオード，インジウムはタッチパネルになくてはならない元素である。

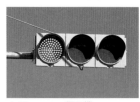
▲図7　LED信号機

(4) **モリブデン Mo** 　合金として鋼(鉄)に添加され，クロムモリブデン鋼をはじめ，ハイスという非常に硬い工具鋼にも使用される。化合物の硫化モリブデン(IV)(二硫化モリブデン)は摩擦係数が非常に低いことから，工業用の潤滑油やエンジンオイルの添加剤に用いられる。

(5) **タングステン W** 　金属の中で最も融点が高く，古くから電球のフィラメントに使われてきた。炭化タングステン WC は，非常に硬度が高く，ボールペンの芯に使われる(→ p.388)。

▲図8　フィラメント

(6) **白金 Pt** 　古くから装飾品やめっきに使われているほか，るつぼ・電極・触媒など，化学実験にも使われる(→ p.388)。

B　金属とさび

1 さびるとは 　多くの金属は，その酸化物をさまざまな方法によって還元して得たものである。金属の酸化物は，太古の昔から地球上に存在していたものであるから，その状態のほうが安定である。したがって，金属は単体になった瞬間から安定な酸化物になろうとして表面から反応が始まっていると考えることができる。この酸化物が目に見える形で現れたものが **さび** である。

　さびは，酸化物以外に水酸化物や炭酸塩など，金属の酸化数が正になっているものすべてが該当する。とくに，銅の場合には最初は酸化物ができるが，やがて炭酸塩などを含む複雑な組成の **緑青** に変化する(→ p.378)。

▲図9　銅のさび(左)と鉄のさび(右)

2 不動態 通常ならさびるであろう環境でも，さびが進行しないものがある。たとえば，アルミニウムの表面には非常に薄い酸化被膜が生成し，それが安定で内部まで酸化が進行しないため，短期間でボロボロになることはない。このような状態を **不動態**(→ p.368)という。

ステンレス鋼は，鉄にクロムとニッケルが入った合金であり，クロムの酸化被膜が不動態となるので，内部までさびは進行しない。しかし，不動態はまわりの環境によっては侵されてしまう。たとえば，アルミニウムは強塩基に対して弱いし，ステンレス鋼でも強い酸に対してはさびを生じる。

C 金属の腐食と防食

1 鉄の腐食 鉄など多くの金属は，酸化された物質が安定ではなく，内部まで酸化が進行する。鉄が赤さびを生じる過程の概略は次のようになる。鉄がさびるには水と酸素が必要で，電解質の存在はさびの進行を促進させる。

$$Fe \xrightarrow{H_2O + O_2} Fe(OH)_2 \longrightarrow FeO(OH)$$
$$\xrightarrow{\text{一部が脱水}} Fe_2O_3 \cdot nH_2O$$

鉄に，高温の水蒸気を作用させると，黒さびの主成分である四酸化三鉄 Fe_3O_4 が生成し，この黒さびは緻密で密着性がよいので，内部を保護することができる。

$$3Fe + 4H_2O \longrightarrow Fe_3O_4 + 4H_2$$

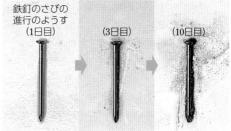

鉄釘のさびの進行のようす
(1日目)　(3日目)　(10日目)

▲ 図10　さびの生成

Study Column　鉄のさび

鉄は非常にさびやすく，赤くさびた鉄はいたるところで見られる。水の中で鉄がさびるときは，水中の溶存酸素が酸化剤となり，Fe が Fe^{2+} になることから反応が開始される。鉄が酸化されて生じた電子は，鉄の内部を移動し，他の場所で酸素を還元して OH^- を生じる。酸素が電子の授受にあずかるわけだから，水中に電解質が共存すると，この反応は著しく促進される。海水のほうが淡水よりもさびやすいのはそのためである。

$$Fe \longrightarrow Fe^{2+} + 2e^-$$
$$O_2 + 2H_2O + 4e^- \longrightarrow 4OH^-$$

この2式より，

$$2Fe + O_2 + 2H_2O \longrightarrow 2Fe^{2+} + 4OH^-$$

中性の水の中では，Fe^{2+}は水酸化物となる。

$$Fe^{2+} + 2OH^- \longrightarrow Fe(OH)_2$$

よって，$2Fe + O_2 + 2H_2O \longrightarrow 2Fe(OH)_2$

また，時間がたつと，この一部はさらに酸化されて，$FeO(OH)$ で表される赤さびとなる。

$$Fe(OH)_2 \longrightarrow FeO(OH) + H^+ + e^-$$
$$O_2 + 2H_2O + 4e^- \longrightarrow 4OH^-$$

この2式より，

$$4Fe(OH)_2 + O_2 \longrightarrow 4FeO(OH) + 2H_2O$$

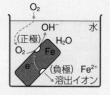

2 金属の防食　さびの予防には，金属と空気および水との接触を断つことが有効である。最も身近な塗装のほか，ほうろうびき（セラミックスで覆う）などの方法がある。ここでは化学的な方法であるめっきについて考える。

　めっきとは表面処理の一種で，金属・樹脂・セラミックスなどをはじめとする素材（製品）の上に，薄い金属または樹脂やセラミックスなどとの複合被膜を析出させることである。これにより，もとの物質にはないさまざまな機能性・特性をもたせることができる。

(1) **めっきにより得られる機能性・特性**　美観（見た目が美しくなる），耐摩耗性（摩耗しにくい），耐変色性（変色しにくい），耐食性（さびにくい），電気・熱伝導性（電気・熱をよく伝える），撥水性（水をはじく），濡れ性（液体の濡れをよくする），シール性（気密性がよい），などがある。

(2) **めっきの方法**　① **乾式めっき法**　非水溶液中で行う方法。物理蒸着（PVD），化学蒸着（CVD）などがある。PVD は，物質を減圧中で加熱するなどの物理的方法で蒸発させ，その蒸気をほかの物質の上に吸着させてめっきする方法。CVD は，加熱した物質の上で気体を反応させるなどして，固体を析出させてめっきする方法である。

　② **湿式めっき法**　めっきする金属イオンを溶かした溶液中で行う方法。電気めっき，無電解めっきなどがある。電気めっきは，水溶液中で金属を極板にして電気分解することでめっきする方法である（▶図11）。無電解めっきは，水溶液中の金属イオンを還元剤で還元して，ほかの物質の上に析出させてめっきする方法である。

(3) **トタンとブリキ**　代表的なめっき製品としてトタンとブリキがある（→ p.303）。

　トタン は鉄板（鋼板）に亜鉛をめっきしたものである。亜鉛のほうが鉄よりイオン化傾向が大きいので，傷がついて鉄が露出しても亜鉛が先に酸化されるため，鉄板だけのときより鉄さびができにくい。また，亜鉛の酸化被膜は密着性がよく，内部を保護するので，よりさびにくくなる。トタンは屋外で水に濡れる場所に使用される。

　ブリキ は鉄板にスズをめっきしたものである。スズのほうが鉄よりイオン化傾向が小さいため，ブリキは鉄板だけのときよりもさびにくい。しかし，傷がついて鉄が露出すると鉄が先にイオンになるので，鉄板だけのときよりも速くさびる。ブリキは缶詰の内壁など，傷のつきにくい容器に使用される。

●銅板へのニッケルめっき

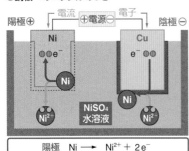
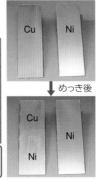
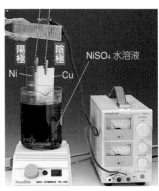

| 陽極 | Ni ⟶ Ni²⁺ + 2e⁻ |
| 陰極 | Ni²⁺ + 2e⁻ ⟶ Ni |

▲ 図11　電気めっき

3 合金 融解したある金属に，他の金属元素の単体，あるいは非金属元素の単体を混合し凝固させたものを **合金** という。

合金にすると，単体では得られない優れた特性をもった金属材料を得ることができる。また，腐食防止の有力な方法の１つであり，多くの金属は単体で使用するより，合金として用いる場合が多い。

合金にするたがいの金属の原子半径や結晶構造が似ている場合は置換型合金といい，広範囲の組成比で混じり合う。銅の合金やはんだがこれに該当する。一方，原子半径が大きく異なる場合は侵入型合金といい，鉄に炭素原子が入った鋼などが該当する。

合金にすると，結晶格子に歪みができるため，展性や延性が悪くなる。したがって，もとの金属より硬くなったり，電気伝導性や熱伝導性が悪くなることも多い。

▼ 表4 合金の種類と用途の例

合金	成分	特徴	用途の例
高速度鋼	W 18　Cr 4　C 0.85 残りは Fe	硬い。高温でも刃がなまらない。	切削用工具
MK 鋼	Ni 20〜30　Al 10〜15 Co 10　残りは Fe	抗磁力・残留磁気が大きい。	永久磁石
ステンレス鋼	Fe-Cr-Ni-C	さびにくい。	台所用品，工具，鉄道車両
発火合金	Ce 65　Fe 35	ヤスリで擦ると，火花がでる。	ライターの発火石
ニクロム	Ni-Cr	電気抵抗が適度に大きい。	電熱線
青銅（ブロンズ）	Cu-Sn	鋳造性がよく，硬くて美しい。	美術工芸品
黄銅（真ちゅう）	Cu-Zn	金色で美しく，加工しやすい。	家庭用器具，硬貨，楽器
洋銀（洋白）	Cu 60　Ni，Zn 14〜21%	銀白色，硬い。	楽器，装飾品
ジュラルミン	Al-Cu-Mg-Mn	軽くて強い。	航空機の機体
水素吸蔵合金	La-Ni，Mg-Ni， Ti-Fe	水素を吸収したり放出したりする。	ニッケル水素電池
形状記憶合金	Ni-Ti，Cu-Zn-Al	加熱によりもとの形にもどる。	温度センサー，生活用品
はんだ❶	Sn-Ag-Cu ほか	融点が適度に低い。	金属の接合
ウッド合金	Bi 50　Pb 24　Sn 14 Cd 12	融点 66 〜 71℃	ヒューズ，スプリンクラー

飛行機（ジュラルミン）

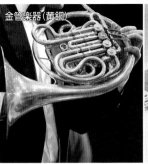
金管楽器（黄銅）

厨房器具（ステンレス鋼）

▲ 図12　合金の利用例

❶ 以前は Sn と Pb を成分としていたが，環境への配慮のため Pb は使われなくなった。

D 金属のリサイクル

　金属のリサイクルは，資源の節約と同時にエネルギーの節約にもなることが大きな特徴である。たとえば，鉱石から鉄を得るエネルギーの約9％，アルミニウムを得るエネルギーの約3％で同じ量の金属がリサイクルされる。

　鉄は，古くから回収，リサイクルされていた金属で，現在では40％程度が回収されているという。電気炉による粗鋼生産では，生産量の $\frac{1}{3}$ 程度に回収された鉄が使われている。

　銅は，大量に使用するのが電力会社であり，回収率は50％近い。また，金属の色が異なることから，一般廃棄物からの回収も容易であるとされる。

　アルミニウムがリサイクルに適するのは，薄い酸化被膜をつくって不動態になり，それ以上腐食しないからで，ほとんど目減りせずリサイクルできる利点がある。劣化も少なく，何度でも再利用でき，コストも安いため，アルミニウムの全体の約55％がリサイクルされている。アルミ缶約17g（350mL，1缶）のリサイクルで約340Whの省エネになる。

　1960年代，缶飲料の普及とともに，空き缶（スチール缶・アルミ缶）の散乱が社会問題となっていた。しかし，今日では，空き缶の回収率は90％を超えている（日本国内）。理由の1つとして，消費者に空き缶といえば資源ごみであるというリサイクル意識が浸透してきたからだといえよう。

あき缶はリサイクルへ

あき缶はリサイクルへ

▲ 図13　リサイクルマーク

Study Column ▶ 超伝導

　1911年オランダのオンネスが水銀の冷却実験中に，温度4.2K以下で突然，水銀の電気抵抗が0になる現象を発見した。このような現象を **超伝導**（→ p.29）という。以来，多くの物質が超伝導現象を起こすことが確認されたが，単体のうち超伝導状態になる温度が最も高いのは，ニオブ Nb で9Kである。

　ふつうの導体では，金属イオンの熱振動や金属結晶の格子欠陥が自由電子の動きを妨げるが，超伝導状態では，金属結晶の格子振動に助けられ，2個の電子が対（クーパー対）をなす。すると，多数のクーパー対が一斉に同じ状態になって，同じ速度で運動することができ，そのまま抵抗なしに電流が流れ続けることもできる。電気抵抗がなくなると，大きな磁場を生じる電磁石をエネルギーの損失なしに利用することができる。こうしてつくられた超伝導磁石は，MRI（核磁気共鳴画像）診断装置，磁気浮上式「リニアモーターカー」，スーパーコンピュータなどに応用されている。

　1986年に Y-Ba-Cu-O 系の化合物が93Kで超伝導になることが発見され，以降，水銀などを含む銅酸化物では超伝導になる温度が150Kにもなることがわかった。これらは高温超伝導とよばれ，研究が進められている。

▲ 超伝導状態にある物質は磁力線をはじき返す性質があり，永久磁石を上に置くと浮き上がる（マイスナー効果）。

3 肥料

A 肥料

1 肥料とは 同じ土地で作物をつくり続けていると，土壌中の特定の栄養分が作物の収穫により，土壌外に持ち去られていく。その結果，次第に土壌中の栄養分が少なくなり，作物の収穫率は低くなる。そのために，**肥料** の必要性が生まれる。

2 植物の必須元素 植物の生育および生理的機能の維持に必要不可欠で，他の元素では代用できない元素を植物の **必須元素** という。植物の必須元素は 16 元素で，多い順に C・O・H・N・K・Ca・Mg・P・S・Cl・Fe・Mn・Zn・B・Cu・Mo である。

また，その中の Cl・Fe・Mn・Zn・B・Cu・Mo の 7 元素は，ごくわずかで足りるため **微量元素** とよばれる。植物の必須元素の中でも，窒素 N・リン P・カリウム K の 3 元素は，植物の成長に伴い多量に必要であるにもかかわらず，土壌中で不足しがちな元素で，とくに補給する必要があるため，**肥料の三要素** とよばれている。

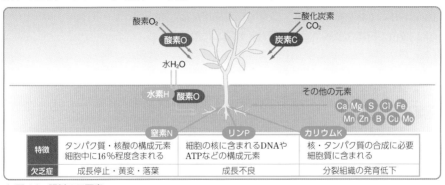

▲ 図 14 肥料の三要素

3 肥料の例 肥料は，動物の排泄物や堆肥などの自然物質からつくられる天然肥料 (自給肥料・有機質肥料・有機肥料) と，人工的につくられる化学肥料 (人造肥料) に大別される。

(1) **化学肥料** 安価で成分含量が多く，安定していて，運搬・貯蔵がしやすい。水溶性で，植物に吸収されやすい速効性のものが多い。水溶性なので雨水とともに川や湖に流入し，窒素やリンによる異常な栄養分の増加 (富栄養化→ *p*.348) を引き起こすことがある。
- **窒素肥料** 硫安 (硫酸アンモニウム)・硝安 (硝酸アンモニウム) などのアンモニウム塩や尿素 $(NH_2)_2CO$・石灰窒素 ($CaCN_2$ を含む) などがある。
- **リン酸肥料** 過リン酸石灰 (→ *p*.348)，熔成リン肥 (溶成リン肥) などがある。
- **カリ肥料** 硫酸カリウム・炭酸カリウムなどが用いられる。

(2) **天然肥料** 肥料の三要素と微量元素や微生物を含み，環境汚染の度合いが低い。土壌中でゆっくり分解して効果を発揮する遅効性の肥料が多く，過剰に用いても化学肥料のような障害は起こりにくい。天然肥料には，堆肥・油粕・骨粉・魚粉・草木灰などがある。

◇❶ セラミックス

次の(ア)～(オ)のうち，誤りを含むものをすべて選べ。

(ア) ソーダ石灰ガラスの原料は，けい砂・炭酸ナトリウム・石灰石である。

(イ) 鉛ガラスは屈折率が大きく，光学レンズや光ファイバーなどに用いられる。

(ウ) 土器・陶器・磁器のうち，最も高い温度で焼成するのは陶器である。

(エ) ポルトランドセメントは，石灰石・粘土などの原料を焼成してできたクリンカーにセッコウを混ぜてから粉砕したものである。

(オ) ファインセラミックスとは，粘土・けい砂・石灰石などを原料として高温で焼成されたもので，高い性能をもち，刃物・人工骨・各種センサーに利用される。

◇❷ 合金

次の合金について，そのおもな成分を A 群から，特徴・用途を B 群から選べ。

(a) 黄銅(真ちゅう)　(b) 青銅　(c) ステンレス鋼　(d) ジュラルミン　(e) はんだ

A 群　(ア) Fe, Cr, Ni　(イ) Sn, Ag, Cu　(ウ) Al, Cu, Mg　(エ) Cu, Zn　(オ) Cu, Sn

B 群　(カ) 軽くて強度も大きいので，航空機の材料に適する。

(キ) さびにくい金属で，強度も大きく，家庭用品にも用いられる。

(ク) 金色の綺麗な金属で，水道器具・装飾品に用いられる。

(ケ) ブロンズともいい，鋳造性がよく塑像など芸術作品に使われる。

(コ) 電気ごてで融解し，電気配線や金属の接合に使われる。以前は Pb も用いられた。

ヒント　おもな成分を主体に考えるとよい。

◇❸ 金属の防食

空欄(a)～(j)に最も適切な語句を入れて，文章を完成させよ。

多くの金属は，放置すると空気中の酸素やその他の成分と反応して，(a)の酸化数をとるようになる。この状態を金属が(b)たという。鉄が酸化されてできた(c)色の酸化物はもろく，内部まで(b)が進行するが，(d)色の酸化物は比較的安定である。アルミニウムの酸化物は，緻密で内部まで酸化されにくい。この状態を(e)といい，人工的にアルミニウムの表面を酸化してできたものを(f)という。

腐食を防ぐには，金属の表面を塗装したり，他の金属で(g)することが行われる。鉄に亜鉛を(g)したものを(h)，スズを(g)したものを(i)という。この２つのうち，内部まで傷がついた場合，(j)のほうが鉄が(b)にくく，長持ちする。

ヒント　(j) イオン化傾向の大小を考える。

◇❹ 肥料

次に示す物質のうち適当な物質だけを，(a) 窒素肥料，(b) リン酸肥料，(c) カリ肥料に分類せよ(適当でない物質も含まれている)。

(ア) 硫酸カリウム　(イ) 硫酸アンモニウム　(ウ) 硫酸カルシウム　(エ) 過リン酸石灰

(オ) 尿素　(カ) 熔成リン肥　(キ) 塩化アンモニウム　(ク) 塩化ナトリウム

ヒント　水に不溶な物質は，植物が吸収できず肥料として不適当である。

第5編

有機化合物

石油化学コンビナート

第 1 章

有機化合物の分類と分析

1 有機化合物の特徴と分類
2 有機化合物の分析

海底油田

---

1 有機化合物の特徴と分類

A 有機化合物の特色

　19世紀初めまでは，生物体から得られた炭素を含む化合物を有機化合物とよんでいて，それらは生命の力によってのみつくられ，人工的にはつくることができないと考えられていた。しかし，ウェーラーの発見（→下記 Episode）以来，さまざまな有機化合物が人工的に合成され，いまでは，医薬品などでは分子構造を設計してから実物を合成できるようになっている。

　現在では，炭素原子を骨格とした化合物を **有機化合物**，それ以外の化合物を **無機化合物** と区別している。ただし，炭素原子を骨格とした化合物といっても，炭素の酸化物 (CO，CO_2)，炭酸塩 ($CaCO_3$ など)・炭酸水素塩 ($NaHCO_3$ など) やシアン化物 (KCN など) は無機化合物に分類している。

▼表1　有機化合物と無機化合物の比較

	有機化合物	無機化合物
構成元素	すべてに C を含み，H, O, N, P, S, ハロゲンなど少数	すべての元素
化学結合	共有結合が大部分	イオン結合と共有結合
種類	きわめて多い	有機化合物に比べて少ない
水溶性	不溶性のものが多い	可溶性のものが多い
燃焼	可燃性のものが多い	不燃性のものが多い
融点	一般に低い（300℃以下が多い）	一般に高い（300℃以上が多い）
電離	非電解質が多い	電解質が多い

Episode
初めて人工的に尿素をつくったウェーラー

ウェーラー (Friedrich Wöhler, 1800 ～ 1882) はドイツの化学者。大学で医学を学んでいたが，21歳のときに化学の道に入った。1828年リービッヒとの共同研究中，無機化合物であるシアン酸アンモニウムの水溶液を濃縮することにより，ヒトの尿中に含まれる尿素 $(NH_2)_2CO$ が得られることを発見した。

$$NH_4OCN \longrightarrow (NH_2)_2CO$$

　これにより，有機化合物が生命力によってのみ合成されることを否定した。ウェーラーはその他に，異性体や官能基の概念，Al，Be の単体を遊離するなど，化学全般の発展に貢献した。

B 有機化合物の分類と官能基

1 鎖式構造と環式構造 有機化合物の構造の基本となるのは，その分子の中で炭素原子が結合した骨格の形と，隣り合う炭素原子どうしの結合のしかたである。

骨格の分類では鎖状（直鎖構造，枝分かれ構造）の **鎖式化合物**（**脂肪族化合物** ともいう）と，炭素原子どうしからなる環を少なくとも1つもつ **環式化合物** がある。

▼ 表2　鎖式構造と環式構造

分類			例　構造式	例　構造模型
鎖式化合物	鎖式構造	直鎖状のみ	H H H H H-C-C-C-C-H H H H H	ブタン
		枝分かれあり	H H-C-H H	H C-C-H H	2-メチルプロパン （イソブタン）
環式化合物	環式構造	脂環式化合物	H H H-C-C-H H-C-C-H H H	H H C H H-C C-H H-C C-H H C H	シクロブタン　シクロヘキサン
		芳香族化合物	H C H-C C-H C C H C H H	ベンゼン

2 単結合と不飽和結合 炭素原子どうしの結合がすべて単結合のものを **飽和化合物** とよび，二重結合，三重結合などの不飽和結合を1つでも含むものを **不飽和化合物** とよぶ。

▼ 表3　単結合・不飽和結合

分類		例　構造式	例　構造模型
飽和化合物	単結合のみ	H H H-C-C-H H H	エタン
不飽和化合物	二重結合をもつ	H H C=C H H	エチレン（エテン）
	三重結合をもつ	H-C≡C-H	アセチレン

----

❶ イソ(iso)は「同じ」という意味。分子式が同じであるが，構造が違う異性体(isomer)である。

3 炭化水素 炭素と水素だけからなる化合物を **炭化水素** といい，すべての有機化合物の構造上の母体となる化合物である。炭化水素は次のように分類される。

▼ 表4 炭化水素の分類

分類		一般名	一般式	炭素間の結合	例
鎖式炭化水素	飽和	アルカン[(1)] (メタン系炭化水素)	C_nH_{2n+2}	単結合のみ	 H H-C-H メタン H H H H-C-C-H エタン H H
	不飽和	アルケン[(2)] (エチレン系炭化水素)	C_nH_{2n}	二重結合1個	H H C=C H H エチレン(エテン) H H C=C H CH₃ プロペン(プロピレン)
		アルカジエン (ジエン系炭化水素)	C_nH_{2n-2}	二重結合2個	$CH_2=CH-CH=CH_2$ 1,3-ブタジエン
		アルキン[(3)] (アセチレン系炭化水素)	C_nH_{2n-2}	三重結合1個	$H-C\equiv C-H$ アセチレン
環式炭化水素	飽和	シクロアルカン (シクロパラフィン)	C_nH_{2n}	単結合のみの環	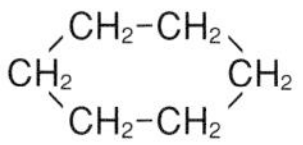 CH₂-CH₂ CH₂ CH₂ シクロヘキサン CH₂-CH₂
	不飽和	シクロアルケン	C_nH_{2n-2}	二重結合を1つ もつ環	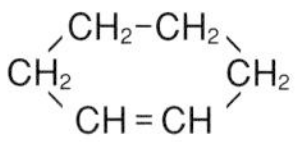 CH₂-CH₂ CH₂ CH₂ シクロヘキセン CH=CH
		芳香族炭化水素[(4)]	——	ベンゼン環を もつ	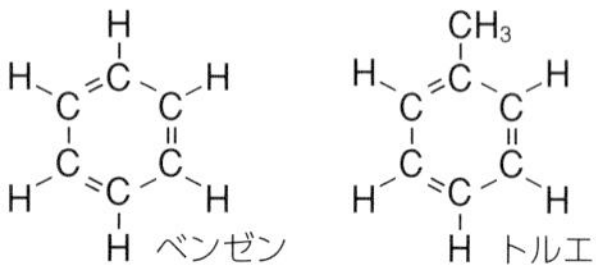 ベンゼン トルエン

※(1) アルカンは接尾語としてアン(-ane)がつく。$\overset{methane}{メタン}$，$\overset{ethane}{エタン}$，$\overset{propane}{プロパン}$

※(2) アルケンは接尾語としてエン(-ene)がつく。$\overset{ethene}{エテン}$，$\overset{propene}{プロペン}$，$\overset{butene}{1-ブテン}$

　　　ただし，C_2H_4 はエテンとよばれることはあまりなく，エチレンとよぶ。また，プロペンはプロピレン(慣用名)ともよばれる。

　　例 $^1CH_2=^2CH-^3CH_2-^4CH_3$(1-ブテン：「1-」は ^1C と ^2C の間に二重結合をもつことを表す)

※(3) アルキンは接尾語としてイン(-yne)がつく。$\overset{butyne}{2-ブチン}$

　　例 $^1CH_3-^2C\equiv^3C-CH_3$(2-ブチン：「2-」は ^2C と ^3C の間に三重結合をもつことを表す)

※(4) ベンゼン環の特別な構造については，あとで学ぶ❶。

CHART 54

鎖式炭化水素

アルカン　　　　　　アルケン　　　アルキン

いざ**歩かん**，しかし，**もう歩けん**，だから**歩きは禁止**

---

❶ 不飽和環式化合物の中で，ベンゼン C_6H_6 のように6個の炭素原子が特別な環の構造をしているものを含む化合物を，芳香族化合物という。芳香族化合物については，p.456以降で詳しく学ぶ。

4 **官能基**　炭化水素の中の水素原子1つを他の原子または原子団で置き換えると，性質の異なる化合物ができる。たとえば，CH_4 メタン(天然ガスの主成分)の H 原子1個をヒドロキシ基 $-OH$ に置き換えた場合，CH_3-OH メタノール(燃料用アルコールの主成分)となる。

　このように，物質の性質を決定している原子または原子団を **官能基** という。同じ官能基をもつ化合物どうしは性質もよく似ている。官能基による有機化合物の分類は次のようになる。

▼ 表5　官能基と化合物の例

官能基	化合物群の名称	化合物の例	官能基をもつ化合物の性質
ヒドロキシ基 $-OH$	アルコール	C_2H_5-OH エタノール	水溶液は中性。単体のナトリウムと反応する。　　　　　　　　　　　($\rightarrow$ p.432)
	フェノール類	C_6H_5-OH フェノール	弱酸性。塩基や単体のナトリウムと反応する。$FeCl_3$ で呈色する。　($\rightarrow$ p.461)
ホルミル基 (アルデヒド基) $-C\overset{H}{\underset{O}{\lessgtr}}$	アルデヒド	$H-CHO$ ホルムアルデヒド CH_3-CHO アセトアルデヒド	中性。還元性をもつ。 酸化されて $-COOH$ になる。($\rightarrow$ p.438)
カルボニル基 $\gtrless C=O$	ケトン	$CH_3-CO-CH_3$ アセトン	中性。アルデヒドより反応性が低い。 ($\rightarrow$ p.441)
カルボキシ基 $-COOH$	カルボン酸	CH_3-COOH 酢酸	酸性。アルコールと反応してエステルをつくる。　　　　　　　　　($\rightarrow$ p.442)
スルホ基 $-SO_3H$	スルホン酸	$C_6H_5-SO_3H$ ベンゼンスルホン酸	水溶液は強酸性。　　　　　($\rightarrow$ p.458)
ニトロ基 $-NO_2$	ニトロ化合物	$C_6H_5-NO_2$ ニトロベンゼン	中性。爆発しやすいものがある。 ($\rightarrow$ p.458)
アミノ基 $-NH_2$	アミン	$C_6H_5-NH_2$ アニリン	弱塩基性。酸の水溶液には塩をつくって溶ける。　　　　　　　　　($\rightarrow$ p.467)
エーテル結合[1] $-C-O-C-$	エーテル	$C_2H_5-O-C_2H_5$ ジエチルエーテル	中性。　　　　　　　　　　($\rightarrow$ p.437)
エステル結合[1] $-\underset{O}{C}-O-C-$	エステル[2]	$CH_3-\underset{O}{C}-O-CH_3$ 酢酸メチル	中性。芳香をもつものが多い。 加水分解される。　　　　($\rightarrow$ p.448)
アミド結合[1] $-\underset{H}{N}-\underset{O}{C}-$	アミド	$C_6H_5-\underset{H}{N}-\underset{O}{C}-CH_3$ アセトアニリド	中性。加水分解される。　($\rightarrow$ p.468)

[1] 特徴的な結合は，官能基に準じて扱われる。これ以外に，$-CH_2-$ メチレン基などがある。
[2] エステルには，硝酸エステル($-O-NO_2$ をもつ)，硫酸エステル($-O-SO_3H$ または $-O-SO_3^-$ をもつ)などのように，無機酸のエステルもある($\rightarrow$ p.448, 454)。

A 有機化合物の分析

1 有機化合物の分離・精製 未知の有機化合物の分子構造を知る方法は、右の手順で行われる。まず化合物を分離・精製し、純粋な試料を準備する。そのための方法としては、ろ過、蒸留、再結晶、昇華、抽出、クロマトグラフィーなどがある（→ p.21 ～ 24）。

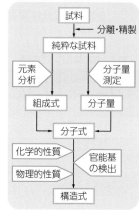

2 成分元素の検出 試料に含まれる元素の種類や官能基の存在を確かめる分析を **定性分析** という。C, H, N, S, ハロゲンなど、おもな元素の存在を確認するのは比較的簡単な方法で行うことができる（→ p.32）。

3 元素分析 有機化合物中の主要元素 (C, H, O, …) の質量または質量百分率(%)を決定する実験操作を **元素分析** といい、試料中の構成成分の量や濃度を求める **定量分析** の1つである。元素分析により、その物質の組成式を決定することができる。

実際の操作は次のように行う。

操作1. 試料、塩化カルシウム管、ソーダ石灰管の質量を正確にはかり、下図のような装置を組み立てる。

操作2. 乾いた酸素 O_2 を通じて完全燃焼させると、試料中の水素 H は水 H_2O になって塩化カルシウムに、炭素 C は二酸化炭素 CO_2 となってソーダ石灰[1]に吸収される。

操作3. 燃焼後、冷却したのち、塩化カルシウム管、ソーダ石灰管の質量をもう一度正確にはかり、吸収された H_2O と CO_2 の質量を求める。

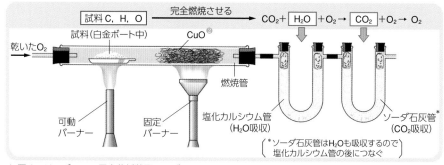

▲ 図1　リービッヒの元素分析装置のモデル

---

❶ **ソーダ石灰** CaO を濃 NaOH 水溶液で練ったものを熱して乾燥させ、粒状にしたもの。水分や二酸化炭素の吸収に使う（→ p.364）。

❷ **酸化銅(Ⅱ)** CuO は、試料を完全燃焼させるための酸化剤で、銅の網が使われる。固体の試料の場合には、試料にも酸化銅(Ⅱ)粉末を混ぜ合わせておくことが多い。

例 (1) **実験データ**

C, H, O からなる有機化合物である。

使用した試料：2.40 mg, 生成した CO_2：3.52 mg, 生成した H_2O：1.44 mg

(2) 成分元素の質量の算出

① もとの試料中の C の質量は，生成した CO_2 中の C の質量に等しい。

$$C の質量 = 3.52\,mg \times \frac{C}{CO_2} = 3.52\,mg \times \frac{12}{44} = \textbf{0.96 mg}$$

② もとの試料中の H の質量は，生成した H_2O 中の H の質量に等しい。

$$H の質量 = 1.44\,mg \times \frac{2H}{H_2O} = 1.44\,mg \times \frac{1.0 \times 2}{18} = \textbf{0.16 mg}$$

③ もとの試料中の O の質量 = (試料の質量) − (C の質量) − (H の質量)

$$= 2.40\,mg - 0.96\,mg - 0.16\,mg = \textbf{1.28 mg}$$

(3) 組成式の決定

有機化合物中に含まれる C, H, O の原子の数の比を最も簡単な整数比 $x : y : z$ で表したとき，$C_xH_yO_z$ で表した式を **組成式** または **実験式** という。この実験では，

$$x : y : z = \frac{C の質量}{12} : \frac{H の質量}{1.0} : \frac{O の質量}{16} = \frac{0.96}{12} : \frac{0.16}{1.0} : \frac{1.28}{16}$$

$$= 0.08 : 0.16 : 0.08 = 1 : 2 : 1$$

よって，組成式(実験式)は CH_2O(式量 30)となる。

注意 仮に，C, H, O の質量パーセントが与えられた場合は，(2)の手順を行わずに，質量パーセントをそれぞれの原子量で割ればよい。

$$原子の数の比 \quad x : y : z = \frac{C の質量\%}{12} : \frac{H の質量\%}{1.0} : \frac{O の質量\%}{16}$$

(4) 分子式の決定

この化合物の分子量の測定を行ったところ，60 であったとする。組成式の式量を整数倍(n 倍)すると分子量になるから，

$$n = \frac{60}{30} = 2 \quad よって，分子式は C_2H_4O_2$$

重要

有機化合物の表し方

有機化合物を化学式で表すには次の方法がある。

組成式：分子を構成している原子の数の比を，最も簡単な整数比で表したもの。

分子式：分子を構成している原子とその個数を表したもの。

示性式：官能基を明示したかたちで，性質を明らかにしたもの。

構造式：個々の原子の結合のしかたを線(価標)を使って表したもの。

 酢酸：　組成式　CH_2O

分子式　$C_2H_4O_2$

示性式　CH_3COOH

構造式
$$\begin{array}{c} H \\ | \\ H-C-C \\ | \quad\backslash \\ H \quad O-H \end{array} \!\!\!\!\! \overset{O}{\diagup}$$

(5) 構造式の推定 試料を化学的・物理的に分析した結果，分子がもつ官能基が特定できれば，構造式を決定できる。たとえば，この試料が酸性であれば，カルボキシ基 $-\overset{\|}{\underset{O}{C}}-OH$ をもつ

と考えられるので，この化合物は (a) の酢酸と決定できる。これ以外に，構造式として (b) ～ (e) などが考えられるが，酸性物質は (a) だけである。

(a) $CH_3-\overset{\|}{\underset{O}{C}}-OH$　(b) $H-\overset{\|}{\underset{O}{C}}-O-CH_3$　(c) $H-\overset{\|}{\underset{O}{C}}-\overset{}{\underset{OH}{C}}H_2$　(d) $H-\overset{}{\underset{HO}{C}}=\overset{}{\underset{OH}{C}}-H$　(e) $H-\overset{}{\underset{H}{C}}=\overset{}{\underset{OH}{C}}-OH$

📖 **問題学習 ····· 68**　　　　　　　　　　　　　　　　　　　　　　　**元素分析**

　分子量 106 の有機化合物 3.18 mg の完全燃焼により，二酸化炭素 10.56 mg と水 2.70 mg のみが生成した。この化合物の組成式および分子式を求めよ。H＝1.0，C＝12.0，O＝16.0

考え方 ▷ C：$10.56\,mg \times \dfrac{12.0}{44.0} = 2.88\,mg$

H：$2.70\,mg \times \dfrac{2.0}{18.0} = 0.30\,mg$

O：$3.18\,mg - (2.88\,mg + 0.30\,mg) = 0\,mg$

酸素の質量が 0 なので，この化合物は炭化水素である。これより，C，H の原子の数の比は，

$C : H = \dfrac{2.88}{12.0} : \dfrac{0.30}{1.0} = 4 : 5$

よって，組成式は C_4H_5（式量 53）となる。
分子量は 106 だから，分子式は C_8H_{10} となる。

答 **組成式：C_4H_5，分子式：C_8H_{10}**

注意 酸素の質量が 0 でない場合は，$C_xH_yO_z$ として式を立てる。

類題 ····· 68

　分子量が 100 以上 200 以下のある有機化合物を元素分析した結果，質量百分率で炭素 57.8 %，水素 3.61 %，酸素 38.6 % であった。この物質の組成式および分子式を求めよ。H＝1.0，C＝12.0，O＝16.0

Q?uestion Time クエスチョン タイム

Q. 有機化合物の分析で，分子量はどのようにして求めるのですか？

A. たとえば，0 ℃の気体の密度や中和滴定を利用して求めることができます。その方法以外にも，次のような方法があります（→ p.143, 177, 180）。

① 気体の状態方程式　$M = \dfrac{mRT}{pV}$　$\left[\begin{array}{l} p：気体の圧力〔Pa〕, \quad V：気体の体積〔L〕, \\ R：気体定数〔Pa\cdot L/(mol\cdot K)〕, \quad T：絶対温度〔K〕, \\ m：気体の質量〔g〕, \quad M：気体のモル質量〔g/mol〕 \end{array}\right]$

② 希薄溶液の沸点上昇，凝固点降下　$M = \dfrac{1000Kw}{\Delta t \times W}$　$\left[\begin{array}{l} \Delta t：沸点上昇度または凝固点降下度〔K〕, \quad w：試料の質量〔g〕, \\ K：モル沸点上昇またはモル凝固点降下〔K\cdot kg/mol〕, \\ W：溶媒の質量〔g〕, \quad M：試料のモル質量〔g/mol〕 \end{array}\right]$

③ 希薄溶液の浸透圧　$M = \dfrac{mRT}{\Pi V}$　$\left[\begin{array}{l} \Pi：溶液の浸透圧〔Pa〕, \quad V：溶液の体積〔L〕, \\ R：気体定数〔Pa\cdot L/(mol\cdot K)〕, \quad T：絶対温度〔K〕, \\ m：試料の質量〔g〕, \quad M：試料のモル質量〔g/mol〕 \end{array}\right]$

◇❶ 有機化合物の特徴

次の有機化合物についての記述のうち，誤りを含むものをすべて選び，記号で答えよ。

(ア) 構成する元素の種類が非常に多いので，化合物の種類はきわめて多い。

(イ) 多くは分子からなり，融点や沸点は比較的低い。

(ウ) 一般に反応速度が小さく，触媒や加熱を必要とする反応が多い。

(エ) 電解質で水に溶けやすいものが多い。

(オ) 分子式が同じでも，結合のしかたの違いにより構造が異なるものがある。

◇❷ 官能基による分類

(1) 次の(a)～(f)の化合物がもつ官能基(特異的な結合も含む)の名称を答えよ。

(a) C_2H_5OH (b) $CH_3CH_2OCH_2CH_3$ (c) CH_3CHO

(d) CH_3COCH_3 (e) CH_3COOH (f) $CH_3COOC_2H_5$

(2) (1)の化合物(a)～(f)を分類すると，次のどれに該当するか。記号で答えよ。

(ア) アルコール (イ) アルデヒド (ウ) カルボン酸 (エ) エーテル (オ) エステル
(カ) ケトン (キ) アミン (ク) スルホン酸 (ケ) フェノール類 (コ) ニトロ化合物

> **ヒント** (1) −COO− の右側に H 原子が結合した場合と，炭化水素基が結合した場合とでは，種類が異なるので注意する。

◇❸ 元素分析

図のような装置を用いて，炭素と水素と酸素からなる化合物 183 mg を完全燃焼させたところ，二酸化炭素 528 mg と水 135 mg が得られた。H＝1.0，C＝12，O＝16

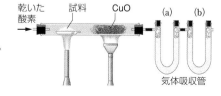

(1) (a) と (b) の気体吸収管に使用する試薬の名称をそれぞれ答えよ。

(2) (a)と(b)の気体吸収管では何が吸収されるか。それぞれ名称を答えよ。

(3) この化合物の組成式を求めよ。

(4) この化合物の分子量が 122 として，分子式を求めよ。

◇❹ 塩素を含む化合物の元素分析

ある物質の成分元素の質量百分率は，C：24.3％，H：4.0％，Cl：71.7％であり，分子量は 99.0 であった。H＝1.0，C＝12，Cl＝35.5

(1) この化合物の組成式を求めよ。

(2) この化合物の分子式を求めよ。

> **ヒント** 成分元素の質量百分率から組成式を求める。

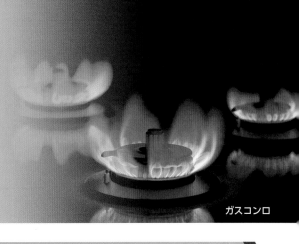

ガスコンロ

第2章

脂肪族炭化水素

1 飽和炭化水素
2 不飽和炭化水素

1 飽和炭化水素

A アルカンとその性質

1 アルカン alkane 鎖状の炭素骨格をもち，炭素原子間の結合がすべて単結合である鎖式飽和炭化水素を **アルカン**[1] という。一般式は C_nH_{2n+2} で表され，名称は $C_1 \sim C_4$ では慣用名を，C_5 以上は一定の規則で命名される（→ p.423）。

アルカンのように共通の一般式で表され，分子式が CH_2[2] ずつ違う一連の化合物群を **同族体** という。同族体どうしは化学的性質がよく似ているが，沸点・融点などは分子量が大きくなるに従って連続的に変化する。

▼表1　直鎖のアルカンの例

直鎖のアルカン	沸点〔℃〕
CH_4 （メタン）	-161
C_2H_6 （エタン）	-89
C_3H_8 （プロパン）	-42
C_4H_{10} （ブタン）	-0.5
C_5H_{12} （ペンタン）	36
C_6H_{14} （ヘキサン）	69
$C_{10}H_{22}$（デカン）	174

2 アルカンの一般的性質 （1）一般式の n の数が大きくなるに従って，沸点や融点が高くなる[3]。

（2）アルカンの分子はいずれも極性が小さいため，水に溶けにくく，有機溶媒（ヘキサンやエーテルなど）に溶けやすい。

（3）化学的には比較的安定で，酸化剤・還元剤・酸・塩基などとは反応しにくい。

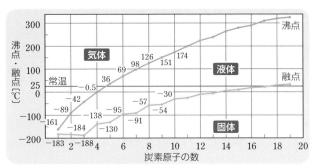

▲図1　直鎖のアルカンの沸点・融点

[1] アルカンは **メタン系炭化水素** とよばれることがある。
[2] **メチレン基** といい，CH_4 から H 原子2個を除いた基で，$-CH_2-$ で表す。
[3] 類似の構造をもつ物質においては，分子量が大きい分子ほど，分子間力が大きくなるからである。

418　第5編　●有機化合物

(4) 酸素とは高温で燃焼という形で反応し，その際，多量の熱を放出するので，燃料(LPG，LNG)として利用される。しかし，n が大きくなると燃焼の際，不完全燃焼(CO や すす が生成)しやすくなる。

$$C_nH_{2n+2} + \frac{3n+1}{2}O_2 \longrightarrow nCO_2 + (n+1)H_2O$$

▼ 表2　構造異性体の数

炭素数	異性体数	炭素数	異性体数
4	2	9	35
5	3	10	75
6	5	15	4347
7	9	20	366319
8	18	30	4111846763

3 アルカンの構造異性体　アルカンのうち，

$n=1$：CH_4 メタン，$n=2$：C_2H_6 エタン，$n=3$：C_3H_8 プロパンには1つの物質しか存在しない。

しかし，炭素数が4以上になると，同じ分子式でありながら，構造が異なる物質が存在する。これらを **構造異性体** という。構造異性体はそれぞれ別の名称でよばれる(→ *p.423*)。

$n=4$　分子式 C_4H_{10}

$n=5$　分子式 C_5H_{12}

4 炭化水素基とアルキル基　炭化水素分子からH原子をいくつか除いた基を **炭化水素基** といい，アルカン分子からH原子1個を除いた基を **アルキル基** という。アルキル基の一般式は $C_nH_{2n+1}-$ で表される。

▼ 表3　炭化水素基

炭化水素基 / **アルキル基**	CH_3-	メチル基
	CH_3CH_2-	エチル基
	$CH_3CH_2CH_2-$	プロピル基
	$(CH_3)_2CH-$	イソプロピル基
	$-CH_2-$	メチレン基
	$CH_2=CH-$	ビニル基
	C_6H_5-	フェニル基

5 置換反応　アルカンは常温付近では安定であるが，光や高温のもとで，塩素などのハロゲン元素の単体を作用させると，分子中の水素原子が，ハロゲン原子と置き換えられる(→ *p.207*)。たとえば，メタンと塩素の混合気体に光を当てると，以下のような反応が次々に起こって塩化水素を生じ，生成物の混合物[1]が得られる。

$CH_4 + Cl_2 \longrightarrow CH_3Cl$(クロロメタン・塩化メチル)$ + HCl$

$CH_3Cl + Cl_2 \longrightarrow CH_2Cl_2$(ジクロロメタン・塩化メチレン)$ + HCl$

$CH_2Cl_2 + Cl_2 \longrightarrow CHCl_3$(トリクロロメタン・クロロホルム)$ + HCl$

$CHCl_3 + Cl_2 \longrightarrow CCl_4$(テトラクロロメタン・四塩化炭素)$ + HCl$

このように，1つの分子中の原子(または基)が，他の原子(または基)で置き換えられる反応を **置換反応** といい，生成物を，もとの化合物の **置換体** という。ハロゲンが置換したものは **ハロゲン置換体** とよばれる。

[1] この反応は連鎖反応(ラジカル反応→ *p.207*)であり，段階を追って順次進むのではなく，同時に4種の化合物が生成する。

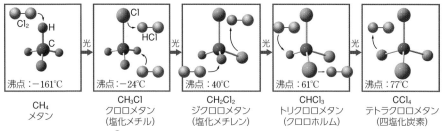

沸点：−161℃	沸点：−24℃	沸点：40℃	沸点：61℃	沸点：77℃
CH_4 メタン	CH_3Cl クロロメタン（塩化メチル）	CH_2Cl_2 ジクロロメタン（塩化メチレン）	$CHCl_3$ トリクロロメタン（クロロホルム）	CCl_4 テトラクロロメタン（四塩化炭素）

▲図2　メタンの置換反応[1]

6 アルカンの立体構造　メタン分子は正四面体の構造をしている（→ p.75）。同じアルカンであるエタンやプロパンの分子は，正四面体2個または3個が一部重なって結合したような構造をしている（◎図3）。

ブタン $CH_3-CH_2-CH_2-CH_3$ では，C−C の単結合を軸として回転させると，四面体構造を保ったまま，立体的にいろいろな形をとることができる。しかし，このときの構造の変化は角度を変えて見ただけのことであり，それぞれ構造異性体ではない。

$$CH_3-CH_2-CH_2 \quad CH_3{\diagup}^{CH_3}{\diagdown}CH_2{\diagdown}CH_3 \quad CH_2-CH_2 \atop CH_3 \quad CH_3 \quad CH_3-CH_2 \atop CH_2-CH_3$$

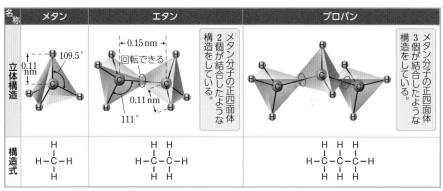

▲図3　アルカンの立体構造

7 メタン CH_4 の性質と製法　（1）**性質**　無色可燃性の気体。天然ガス・石炭層内に含まれるガスの主成分。反すう動物の体内や沼などの底で植物が腐敗するときにも発生する（沼気という）。

（2）**実験室的製法**　酢酸ナトリウム CH_3COONa の無水物と水酸化ナトリウムの混合物を加熱すると得られる。

$$CH_3COONa + NaOH \longrightarrow Na_2CO_3 + CH_4$$

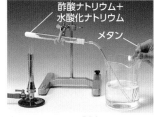

▲図4　メタンの製法

---

[1] ジクロロメタン，トリクロロメタン，テトラクロロメタンなどは，いずれも水に溶けにくい無色の液体である。水よりも重いので，水の中に入れたときには，下層になる。このため，抽出の操作で分離するときの溶媒に使われることがある。いずれも発がん性があり，トリクロロメタン（クロロホルム）には，麻酔作用がある。20℃における密度は CH_2Cl_2 1.33 g/cm³，$CHCl_3$ 1.48 g/cm³，CCl_4 1.59 g/cm³ である。

　フロンは，メタン，エタンの水素原子を塩素（クロロ）やフッ素（フルオロ）で置換した物質の総称である。人間には無害とされ安定な物質だが，大気中に放出されると成層圏まで達し，オゾン層を破壊する（→ p.338）。フロンは，オゾン層破壊の作用が大きい特定フロンCFC（クロロフルオロカーボン）と，比較的小さい代替フロンのHCFC（ハイドロクロロフルオロカーボン）やHFC（ハイドロフルオロカーボン）などに分類する場合がある。

分類・名称		オゾン破壊係数	地球温暖化係数	具体的な使用例とフロンの種類
特定フロン	CFC	0.6 ～ 1.0	4600 ～ 10600	電気冷蔵庫 (CFC-12) ビル空調 (CFC-11) 発泡剤 (CFC-11,12) 洗浄剤 (CFC-113)
代替フロン	HCFC	0.02 ～ 0.11	120 ～ 2300	エアコン (HCFC-22) 発泡剤 (HCFC-141b,142b) 洗浄剤 (HCFC-225)
代替フロン	HFC	0	1600 ～ 14800	カーエアコン (HFC-134a) 冷蔵庫・冷凍機 (HFC-134a)

　国際会議で採択されたモントリオール議定書（適宜改訂される）により，種類別・国別（先進国と開発途上国）の全廃時期が決められているが，代替フロンについても，温室効果なども考慮して，2030年には全廃の方向で進められている。

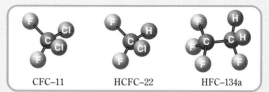

CFC–11　　　　HCFC–22　　　　HFC–134a

B　シクロアルカン

　一般式が C_nH_{2n} （$n \geq 3$）で表される環式炭化水素を **シクロアルカン**[1] という。炭素原子間はすべて単結合であるから，飽和炭化水素である。したがって，アルカンの性質に似ていて，置換反応[2]をする。

　シクロヘキサンは，触媒を用いてベンゼン（→ p.456）に水素を付加させてつくられる。シクロヘキサンは，溶媒として用いられるほか，ナイロンの原料になる。

シクロプロパン

シクロブタン

シクロペンタン

シクロヘキサン

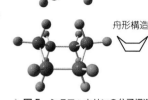
いす形構造

舟形構造

▲ 図5　シクロヘキサンの分子構造
シクロヘキサンは，安定ないす形と不安定な舟形の2種類の構造がある。室温では 99.9% 以上がいす形である。

---

❶ シクロは「環状」という意味。シクロアルカンはシクロパラフィンとよばれることがある。

❷ シクロプロパン C_3H_6 は，炭素原子どうしの結合角が小さく不安定である。そのため，臭素を作用させると，容易に環が切れて 1,3-ジブロモプロパン $Br-CH_2-CH_2-CH_2-Br$ が生じる。

石油の中には，いろいろなアルカンが含まれている。アルカンのほかにシクロアルカンや芳香族炭化水素を含むことが多い。油井から汲み出したままの石油は原油ともよばれ，石油を蒸留して，ナフサ（粗製ガソリン）・灯油・軽油・重油などに分ける。このような，沸点の差を利用して各種成分に分離する操作を **分留**（**分別蒸留**）または **精留** という。実際に石油を分留するときには，大規模な精留塔で行う。

① **ナフサ** はさらに分留して **直留ガソリン** を得る。また，直留ガソリンを触媒を用いて加熱（**リフォーミング**）すると，**改質ガソリン** となる。ナフサを熱分解（**クラッキング**）するとエチレン，プロペンなどの低級アルケンが生成し，化学工業の原料となる。

② **灯油** は，主として家庭における燃料やジェット燃料として使用される。

③ **軽油** は，精製してディーゼルエンジンの燃料に用いる。また，蒸留したときに残る残油と調合して重油をつくるのに使われる。

④ 軽油や重油を触媒により分解すると，**接触分解ガソリン** になる。

⑤ 重油は，ボイラーや船舶用のディーゼルエンジンの燃料に用いられる。

⑥ **常圧蒸留残油** は，精留塔底部に残った油で，潤滑油・重油・アスファルトの原料になる。

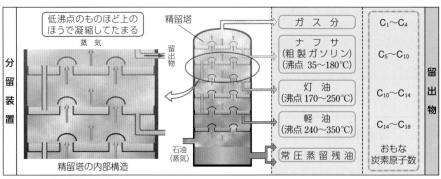

▲ 図6　石油の分留と成分

Study Column　天然ガスと液化石油ガス

　現在，家庭用の燃料として広く使われている天然ガスの主成分はメタンである。これを冷却圧縮して液体にしたものが液化天然ガス LNG（Liquefied Natural Gas）である。写真のような冷凍タンカーで輸入されている。油田地方から出る油井ガスには，メタン・エタン・プロパン・ブタンなどが含まれていて，このうちプロパン，ブタンなどは，簡単に液体にできるのでボンベに詰めて，家庭用の燃料として用いられる。これを液化石油ガス LPG（Liquefied Petroleum Gas）という。

液化天然ガス（LNG）タンカー

Q. 有機化合物の名称のつけ方を教えてください。

A. IUPAC（国際純正・応用化学連合）命名法による体系名は，名称だけで構造式がわかるので有用です。しかし，炭素数が4までの化合物では，慣用名がIUPAC名としても使われているものが多くあります。たとえば，CH_3-COOH は酢酸ですが，体系名だとエタン酸といいます。しかし，エタン酸はほとんど使われません。ここでは，IUPAC命名法によるアルカンの異性体や置換体についての名称のつけ方を紹介します。

最初に覚えなければいけないのが基本（主鎖）となるアルカンの名称（→ p.418）です。次にギリシャ数詞や置換基名などです。あとは以下の手順で命名してみてください。

Ⅰ　アルカンの場合

① 主鎖C原子（分子内で最も長くとった直鎖状のC原子）のどのC原子に側鎖（枝分かれしている置換基）が結合しているのかを，主鎖C原子につけた位置番号（直鎖の端からつける）で表す。

② 置換基の数をギリシャ数詞で表す。

　モノ(1)，ジ(2)，トリ(3)，テトラ(4)，ペンタ(5)，ヘキサ(6)，ヘプタ(7)，オクタ(8)，
　ノナ(9)，デカ(10)，…

③ 置換基名（CH_3- メチル，C_2H_5- エチル，F- フルオロ，Cl- クロロ，Br- ブロモ，I- ヨードなど）を表す。

④ 主鎖のC原子の数に相当するアルカン名を表す。

例

$$\begin{array}{ccc} H & H & H \\ | & | & | \\ H-C-C-C-H \\ | & | & | \\ Cl & Cl & H \end{array}$$

$$\underset{①\ ②}{\underline{1,2-ジクロロ}}\ \underset{③}{\underline{クロロ}}\ \underset{④}{\underline{プロパン}}$$

注意 2,3-ジクロロプロパンとはいわない。主鎖C原子の位置番号はなるべく小さくする。

Ⅱ アルケン，アルキン，アルコールなどの場合は，④のアルカン名の語尾を変え，二重結合，三重結合，アルコールの官能基（-OH）の位置番号などがそれぞれ加わる。

　例 $CH_2=CH-CH_2-CH_3$　1-ブテン　　　$\underset{\underset{OH}{|}}{CH_3-CH-CH_3}$　2-プロパノール

Ⅲ **例** C_6H_{14} のすべての構造異性体の構造式（炭素骨格のみを表す）と名称。

① 主鎖が直鎖のみの物質を考える。

　　$C^1-C^2-C^3-C^4-C^5-C^6$　ヘキサン

② 側鎖をもつものを考える。まずはC原子1個の側鎖（CH_3- が1つ）から考える。そのとき側鎖が結合している主鎖C原子の位置番号と対称性に注意する（両端に側鎖をつけるのは無効。つけても①と同じことになる）。

$$\underset{2-メチルペンタン}{\overset{1\ 2\ 3\ 4\ 5}{C-C-C-C-C}\atop{\underset{C}{|}}} \qquad \underset{3-メチルペンタン}{\overset{1\ 2\ 3\ 4\ 5}{C-C-C-C-C}\atop{\underset{C}{|}}}$$

注意 $\underset{\underset{C}{|}}{C-C-C-C-C}$ これは①と同じ。

③ もう1つC原子を側鎖にする（CH_3- が2つ）。

$$\underset{2,2-ジメチルブタン}{\overset{\overset{C}{|}}{\underset{\underset{C}{|}}{\overset{1\ 2\ 3\ 4}{C-C-C-C}}}} \qquad \underset{2,3-ジメチルブタン}{\overset{1\ 2\ 3\ 4}{C-C-C-C}\atop{\underset{C}{|}\ \underset{C}{|}}}$$

注意 $\underset{\underset{\underset{C}{|}}{\underset{C}{|}}}{\overset{1\ \ 2\ 3\ 4}{C-C-C-C}}$ これは②の3-メチルペンタンと同じ。2-エチルブタンとはいわない！

A アルケンとその性質

1 アルケン alkene 炭素原子間の二重結合を1個もつ鎖式不飽和炭化水素を **アルケン**[1] という。一般式は C_nH_{2n} ($n≧2$) で表され，$n=2$：$CH_2=CH_2$ エチレン，$n=3$：$CH_2=CH-CH_3$ プロペンなどが存在し，二重結合をもつために付加反応 (→ p.426) を起こす。

```
    H       H          H       H
     \     /            \     /
      C = C              C = C
     /     \            /     \
    H       H          H       C—H
                               |
                               H
  エチレン            プロペン
```

2 エチレン エチレン $CH_2=CH_2$ は，最も簡単なアルケンで，**エテン** ともいう。天然ガスまたはナフサ (石油の成分) から熱分解 (クラッキング) により多量に製造されている。また，実験室では，エタノール C_2H_5OH に濃硫酸を加え，160 ～ 170℃に加熱すると得られる。エチレンはかすかに甘いにおいをもつ無色の気体である。

```
    H H                        H       H
    | |           H2SO4         \     /
H—C—C—H  ————————————→        C = C    + H2O
    | |          160~170℃      /     \
    H OH                      H       H
  エタノール                     エチレン
```

このように1つの分子の中から H_2O 分子が取れる (脱離する) ことを **分子内脱水** という。この反応を約130℃で行うと，2分子のエタノールから1分子の H_2O が脱離してジエチルエーテル $C_2H_5OC_2H_5$ が生成する。これを **分子間脱水** という (→ p.435)。

```
    H H       H H                    H H   H H
    | |       | |        H2SO4       | |   | |
H—C—C—OH + H—O—C—C—H  —————————→  H—C—C—O—C—C—H + H2O
    | |       | |        約130℃      | |   | |
    H H       H H                    H H   H H
 エタノール    エタノール                ジエチルエーテル
```

3 プロペン プロペン は $CH_2=CH-CH_3$ の構造をもつアルケンで，**プロピレン** ともいう。天然ガスまたは石油の成分から熱分解 (クラッキング) により生成する。実験室では，2-プロパノール (→ p.432) を濃硫酸とともに 160 ～ 170℃に加熱すると得られる。

🧪 Laboratory エチレンの発生

方法 ① 試験管に濃硫酸とエタノールを入れ，約165℃に加熱する。

② 発生するエチレンは水上置換で集めるが，不純物の SO_2 を除くため，NaOH 水溶液を試験管に少し加え，気体と振り混ぜるとよい。

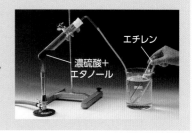

エチレン
濃硫酸＋エタノール

---

[1] アルケンは **エチレン系炭化水素** とよばれることがある。アルケンとシクロアルカンは，たがいに構造異性体の関係にある。また，アルケンにはシス-トランス異性体 (幾何異性体) のあるものがある (→次ページ)。

$$H-\underset{H}{\overset{H}{C}}-\underset{OH}{\overset{H}{C}}-\underset{H}{\overset{H}{C}}-H \xrightarrow[160\sim170℃]{H_2SO_4} \underset{H}{\overset{H}{C}}=\underset{H}{\overset{H}{C}}-\underset{H}{\overset{H}{C}}-H + H_2O$$

2-プロパノール　　　　　　　　　　　　　　　プロペン

4 C_4H_8 のアルケン　アルケンの一般式の $n=3$ までは構造異性体が存在しないが，$n=4$
以上になると複数の異性体が存在するようになる。分子式 C_4H_8 のアルケンのうち，2-ブテン
にはさらに2種類の異性体が存在する。

$$CH_2=CH-CH_2-CH_3 \qquad CH_2=C\overset{CH_3}{\underset{CH_3}{\diagdown}} \qquad \overset{CH_3}{\underset{H}{\diagup}}C=C\overset{CH_3}{\underset{H}{\diagdown}} \qquad \overset{CH_3}{\underset{H}{\diagup}}C=C\overset{H}{\underset{CH_3}{\diagdown}}$$

1-ブテン　　　　　2-メチルプロペン　　　 *cis*-2-ブテン　　　 *trans*-2-ブテン

5 シス-トランス異性体　2-ブテン $CH_3-CH=CH-CH_3$ には，上述のような2種類の異性体
が存在する。その原因は，単結合は自由に回転できるが，二重結合は，一方のC原子を固定
すると他方のC原子が自由に回転できないためである。

　同じ原子または基の位置が，C=Cをつらぬく線 (下図の赤色の破線) に対して同じ側のもの
(a)を **シス形(*cis* 形)**，反対側のもの(b)を **トランス形(*trans* 形)** という。このような異性体を，
シス-トランス異性体[1] または **幾何異性体** という。

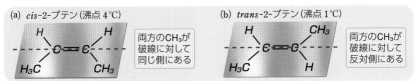

(a) *cis*-2-ブテン (沸点 4℃)　両方のCH₃が破線に対して同じ側にある

(b) *trans*-2-ブテン (沸点 1℃)　両方のCH₃が破線に対して反対側にある

▲ 図7　シス-トランス異性体

シス-トランス異性体が存在するかどうかは，次のようになる。

(1) C=C のそれぞれのC原子に，異なる原子または原子団(a 〜 d)が結合していればシス-ト
ランス異性体が存在する。

(2) C=C の一方のC原子に同じ原子または原子団が結合すると存在しない。

$$\underset{b}{\overset{a}{\diagup}}C=C\overset{c}{\underset{d}{\diagdown}}$$　a≠b かつ c≠d　のときシス-トランス異性体が存在する。
　　　　(a=b または c=d　であればシス-トランス異性体は存在しない。)

---

[1] シス-トランス異性体は立体異性体(→ p.447)の1つである。*cis* は「こちら側」，*trans* は「反対側」という意味。

6 アルケンの立体構造　エチレンの構造は下の図に示すような平面構造をとっている。二重結合で結合している2個のC原子と，それらのC原子に直接結合している4個の原子は常に同一平面上に存在する。プロペンでは，6原子 (C-CH=CH₂) は常に同一平面にあるが，C-Cの単結合を回転すると，H原子が平面を通過するときがあるので，最大で7原子が同一平面に存在する場合がある。

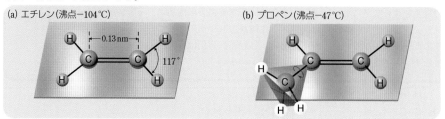

(a) エチレン(沸点−104℃)　0.13 nm　117°
(b) プロペン(沸点−47℃)

▲ 図8　アルケンの立体構造

7 付加反応　アルケンは他の分子(Cl_2, Br_2, H_2など)と反応して単結合をもった飽和化合物になりやすい。このような反応を **付加反応** という。アルケンがもつ二重結合の2本の結合のうち，1本の結合は弱いので切れやすく，付加反応にあずかる。もう1本の結合は，単結合と同じ強い結合である[1]。

(1) エチレンと水素の混合物を，熱した Pt または Ni 触媒の上に通すと，二重結合に水素が付加してエタンが生成する。

$$\underset{H}{\overset{H}{\diagup}}C=C\underset{H}{\overset{H}{\diagdown}} + H-H \xrightarrow{\text{Pt}} H-\overset{\underset{\displaystyle H}{\displaystyle H}}{\underset{\displaystyle H}{\displaystyle C}}-\overset{\underset{\displaystyle H}{\displaystyle H}}{\underset{\displaystyle H}{\displaystyle C}}-H$$

エタン

(2) ハロゲン (Cl_2, Br_2, I_2) は常温でただちに付加する。たとえば，臭素 (赤褐色) とエチレンを反応させると，無色の1, 2-ジブロモエタンが生成する。

$$\underset{H}{\overset{H}{\diagup}}C=C\underset{H}{\overset{H}{\diagdown}} + Br-Br \longrightarrow H-\overset{\underset{\displaystyle Br}{\displaystyle H}}{\underset{\displaystyle }{\displaystyle C}}-\overset{\underset{\displaystyle Br}{\displaystyle H}}{\underset{\displaystyle }{\displaystyle C}}-H \quad (無色)$$

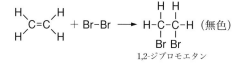

1,2-ジブロモエタン

▲ 図9　臭素水の脱色

これを利用して，二重結合(または三重結合)の有無を臭素水で判定することができる。

(3) エチレンやプロペンは化学工業の重要な原料の1つである。エチレンからはエタノールやアセトアルデヒドがつくられ，プロペンからは2-プロパノールやアセトンがつくられる。

プロペンは，ベンゼンと反応してクメンとなる。クメンはフェノールとアセトンをつくる重要な中間物質である(→ p.461)。

[1] 二重結合は，分子の骨格をつくる強いσ結合 と，弱くて切れやすいπ結合 からなっている。付加反応はπ結合が切れて起こる。

Study Column アルケンの酸化反応

　アルケンは過マンガン酸カリウムやオゾンにより酸化される。これらにより強く酸化されると，二重結合が切断され，アルデヒドやケトン（→ p.438,441）が生成する。

(1) オゾン分解

$$\begin{array}{c}R^1\\R^2\end{array}\!\!C=C\!\!\begin{array}{c}R^3\\R^4\end{array} \xrightarrow{O_3} \begin{array}{c}R^1\\R^2\end{array}\!\!C\!\!\begin{array}{c}O\\O-O\end{array}\!\!C\!\!\begin{array}{c}R^3\\R^4\end{array} \xrightarrow{分解} \begin{array}{c}R^1\\R^2\end{array}\!\!C=O + O=C\!\!\begin{array}{c}R^3\\R^4\end{array}$$
オゾニド
$$\left(\begin{array}{l}\text{化学式の R はアルキル基}\\\text{または H を表す}\end{array}\right)$$

(2) KMnO₄ による酸化切断

$$\begin{array}{c}R^1\\R^2\end{array}\!\!C=C\!\!\begin{array}{c}R^3\\H\end{array} \xrightarrow[加熱]{KMnO_4} \begin{array}{c}R^1\\R^2\end{array}\!\!C=O + O=C\!\!\begin{array}{c}R^3\\H\end{array} \xrightarrow{KMnO_4} \begin{array}{c}R^1\\R^2\end{array}\!\!C=O + O=C\!\!\begin{array}{c}R^3\\OH\end{array}$$

　KMnO₄ 水溶液で酸化されて生成した物質にアルデヒドが存在する場合，さらに酸化が進行してカルボン酸が生成する。アルケンの末端が CH₂= の場合（R¹とR²がH）は，CO₂ まで酸化される。

8 付加重合　エチレンやプロペン（プロピレン）は，適当な温度や圧力，触媒によって，多数の分子が次々と付加反応を繰り返して，高分子化合物のポリエチレンやポリプロピレンになる。このような反応を **付加重合**（→ p.511）という[1]。

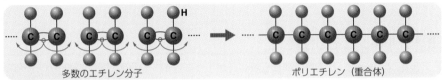

多数のエチレン分子　　　　　　　　　ポリエチレン（重合体）

▲ 図10　エチレンの付加重合のモデル

9 シクロアルケン　シクロアルケンは環式不飽和炭化水素である。一般式は C_nH_{2n-2}（$n\geqq3$）で，アルキン（→次ページ）と異性体の関係にある。分子中に1つの二重結合が存在するので，アルケンに似て付加反応を起こしやすい。

シクロヘキセン C_6H_{10}　　　　　1,2-ジブロモシクロヘキサン

Question Time クエスチョン タイム

Q. シクロアルケンは付加重合しますか？

A. シクロヘキセンは図(a)のような構造をもち，二重結合が1つあります。したがって，付加反応は起こりますが，付加重合は起こりにくいことが知られています。しかし，図(b)のシクロプロペンは非常に不安定な物質で，−78℃で速やかに重合します。

---

[1] 付加重合や縮合重合（→ p.511）などの反応によって得られる高分子化合物を **重合体（ポリマー）** という。

Study Column　マルコフニコフ則

　二重結合に対して非対称のアルケンの炭素原子間の二重結合に，HX 型の分子 (HCl, H₂O (H−OH) など) が付加すると，2 種類の生成物ができると考えられる。

　このような場合，どちらか一方が多く生成し (主生成物)，他方は数%しか生成しない (副生成物)。主生成物がいずれかは，マルコフニコフ則で説明できる。すなわち，「二重結合を形成している 2 個の炭素原子のうち，水素原子が多く結合している炭素原子に HX 分子の水素原子が結合しやすい。」たとえば，$CH_2=CH-CH_3$（プロペン）に H_2O (H−OH) が付加する場合，次のように 1 番の炭素原子に H−OH の水素が付加した物質が主生成物 (①式)，2 番の炭素原子に H−OH の水素が付加した物質が副生成物 (②式) となる。反応物質や反応条件によっては，あてはまらない場合もある。

①　$\overset{1}{C}H_2=\overset{2}{C}H-CH_3 \longrightarrow CH_3-CH-CH_3$　2-プロパノール
　　　　　＋　　　　　　　　　　　　｜　　　　　　　（主生成物）
　　　H−−OH　　　　　　　　　　　OH

②　$\overset{1}{C}H_2=\overset{2}{C}H-CH_3 \longrightarrow CH_2-CH_2-CH_3$　1-プロパノール
　　　　　＋　　　　　　　　　　　　｜　　　　　　　（副生成物）
　　　HO−−H　　　　　　　　　　　OH

| 1 番の C 原子 ⟶ H が 2 つ |
| 2 番の C 原子 ⟶ H が 1 つ |
| ↓ |
| 1 番の C 原子に H が結合 |

 B　アルキンとその性質

1 アルキン alkyne　炭素原子間に三重結合が 1 つある鎖式不飽和炭化水素を **アルキン**[1] という。一般式は C_nH_{2n-2} ($n≧2$) で表される。アセチレン CH≡CH，プロピン（メチルアセチレン）CH≡C−CH₃ などがある。

2 アセチレン　**(1) 製法**　実験室では，炭化カルシウム[2] CaC₂ に水を加えると発生する。

$$CaC_2 + 2H_2O \longrightarrow Ca(OH)_2 + \underset{\text{アセチレン}}{CH≡CH}　\text{（水上置換）}$$

工業的には，メタンやナフサの熱分解によって得る。

$$2CH_4 \xrightarrow{\text{高温}} CH≡CH + 3H_2$$

(2) 性質　燃焼する際の発熱量が大きく，酸素アセチレン炎（約 3000℃）として鉄の溶断や溶接などに広く利用されている。

$$C_2H_2 + \frac{5}{2}O_2 \longrightarrow 2CO_2 + H_2O（液）\quad \Delta H = -1301 \text{ kJ}$$

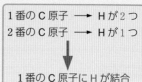
▲ 図 11　アセチレンの製法

アルミニウム箔に小さな穴をあけて包んだ炭化カルシウム

▲ 図 12　酸素アセチレン炎

　純粋なアセチレンは無臭であるが，炭化カルシウムから発生させたアセチレンは，不純物のため異臭をもつ。

❶ アルキンは **アセチレン系炭化水素** とよばれることがある。
❷ 一般に，金属の炭化物をカーバイドという。単にカーバイドという場合は炭化カルシウムを指す (→ p.364)。

(3) 付加反応　アセチレンは以下の例に示すような付加反応を起こしやすい。

① 水素の付加　適当な触媒 (Ni, Pt) を用いて水素を高温で付加させると，まずエチレンが生成し，さらに水素が付加するとエタンが生成する。

$$CH{\equiv}CH \xrightarrow{H_2} CH_2{=}CH_2 \xrightarrow{H_2} CH_3{-}CH_3$$
アセチレン　　　　　エチレン　　　　　エタン

② ハロゲンの付加　ハロゲンは常温でただちに付加する。

$$H{-}C{\equiv}C{-}H \xrightarrow{Br_2} CHBr{=}CHBr \xrightarrow{Br_2} CHBr_2{-}CHBr_2$$
　　　　　　　　1,2-ジブロモエチレン　　1,1,2,2-テトラブロモエタン

$$\left(\begin{array}{c}\text{テトラ} \cdots \text{tetra}{=}4, \quad \text{ブロモ}{=}Br \\[4pt] \text{エタン} \cdot\!-\!\overset{\displaystyle |}{\underset{\displaystyle |}{C}}\!-\!\overset{\displaystyle |}{\underset{\displaystyle |}{C}}\!-\!\cdot (\cdot{=}H)\end{array}\right)$$

③ 水の付加　適当な触媒[1] (HgSO$_4$) を用いて水を付加させると，ビニルアルコールが生成すると考えられる。しかし，このビニルアルコールは非常に不安定[2]で，ただちにアセトアルデヒドに変化する。

$$H{-}C{\equiv}C{-}H + H_2O \xrightarrow{\text{触媒}} \left[\begin{array}{c} H \quad\quad H \\ \backslash \quad\quad / \\ C{=}C \\ / \quad\quad \backslash \\ H \quad\quad OH \end{array}\right] \longrightarrow \begin{array}{c} H \quad\quad H \\ \backslash \quad\quad / \\ H{-}C{-}C \\ | \quad\quad \backslash\!\backslash \\ H \quad\quad O \end{array} \quad (CH_3{-}CHO)$$
　　　　　　　　　　　　　　　ビニルアルコール　　　　　アセトアルデヒド

④ 塩化水素の付加　適当な触媒 (HgCl$_2$) を用いて塩化水素を付加させると，塩化ビニルが生成する[3]。

$$CH{\equiv}CH + HCl \longrightarrow \begin{array}{c} H \quad\quad H \\ \backslash \quad\quad / \\ C{=}C \\ / \quad\quad \backslash \\ H \quad\quad Cl \end{array} \quad (CH_2{=}CHCl)$$
　　　　　　　　　　　　　　　塩化ビニル

CH$_2$=CH− ビニル基

⑤ 酢酸の付加　適当な触媒 ((CH$_3$COO)$_2$Zn) を用いて酢酸を付加させると，酢酸ビニルが生成する。

$$CH{\equiv}CH + H{-}O{-}\overset{\displaystyle |}{\underset{\displaystyle \|}{C}}{-}CH_3 \longrightarrow \begin{array}{c} H \quad\quad H \\ \backslash \quad\quad / \\ C{=}C \\ / \quad\quad \backslash \\ H \quad\quad O{-}C{-}CH_3 \\ \quad\quad\quad \| \\ \quad\quad\quad O \end{array} \quad (CH_2{=}CH{-}OCOCH_3)$$
　　　　　　　　　　　　O　　　　　酢酸ビニル

⑥ シアン化水素の付加　適当な触媒を用いてシアン化水素を付加させると，アクリロニトリルが生成する。

$$CH{\equiv}CH + H{-}C{\equiv}N \longrightarrow \begin{array}{c} H \quad\quad H \\ \backslash \quad\quad / \\ C{=}C \\ / \quad\quad \backslash \\ H \quad\quad C{\equiv}N \end{array} \quad (CH_2{=}CHCN)$$
　　　　　　　　　　　　　　　アクリロニトリル

---

[1] 以前は，アセチレンの付加反応の触媒として Hg^{2+} がよく使用された。Hg^{2+} はアセチレンと錯体を形成し，付加反応を起こりやすくする。しかし，これらの反応で有機水銀化合物が生成し，水俣病の原因となった。現在は水銀触媒はまったく使用されておらず，アセトアルデヒドはエチレンから製造される (→ p.439)。

[2] 分子の解離エネルギーは，ビニルアルコールが 2614 kJ/mol，アセトアルデヒドが 2742 kJ/mol であり，アセトアルデヒドのほうが安定である。

[3] 現在，塩化ビニルはエチレンから 1,2-ジクロロエタンを経てつくられている。
$$CH_2{=}CH_2 + Cl_2 \longrightarrow CH_2Cl{-}CH_2Cl \quad\quad CH_2Cl{-}CH_2Cl \longrightarrow CH_2{=}CHCl + HCl$$
また，酢酸ビニルはエチレンと酢酸と空気中の酸素から直接合成される (→ p.444 Study Column)。

(4) 重合 ① 2分子重合 アセチレンにアセチレンを付加させると, ビニルアセチレンが生成する。ビニルアセチレンは, 合成ゴムの原料として, 以前使用された。

$$2CH \equiv CH \longrightarrow CH_2=CH-C \equiv CH$$
ビニルアセチレン(1-ブテン-3-イン)

② 3分子重合 アセチレンを500℃くらいに熱した鉄管または石英管に通すと, 3分子が重合してベンゼン C_6H_6 を生じる。

$$3CH \equiv CH \xrightarrow[500℃]{石英管} C_6H_6$$

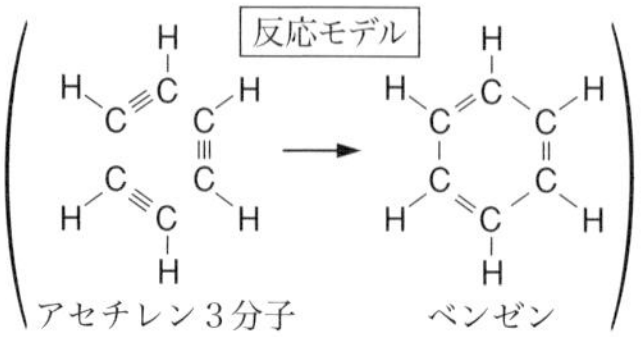

アセチレン3分子 　　　ベンゼン

③ ビニル化合物の付加重合 塩化ビニル $CH_2=CHCl$ や酢酸ビニル $CH_2=CH-OCOCH_3$ など, ビニル基 $CH_2=CH-$ をもつ化合物は, エチレンと同じように付加重合して高分子化合物をつくる。

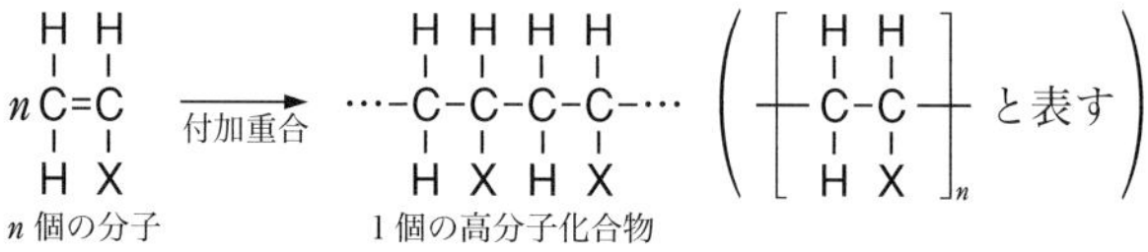

$$n \; \overset{H}{\underset{H}{C}}=\overset{H}{\underset{X}{C}} \xrightarrow{付加重合} \cdots\cdots -\overset{H}{\underset{H}{C}}-\overset{H}{\underset{X}{C}}-\overset{H}{\underset{H}{C}}-\overset{H}{\underset{X}{C}}-\cdots\cdots \quad \left(\left[\begin{matrix} H & H \\ -C-C- \\ H & X \end{matrix} \right]_n \; と表す \right)$$

n 個の分子　　　　　1個の高分子化合物

X＝H(エチレン→ポリエチレン)

X＝CH₃(プロペン→ポリプロピレン)

X＝Cl(塩化ビニル→ポリ塩化ビニル)

X＝OCOCH₃(酢酸ビニル→ポリ酢酸ビニル)

X＝CN(アクリロニトリル→ポリアクリロニトリル)

X＝⬡(スチレン→ポリスチレン)

合成繊維や合成樹脂の原料として用いられる(→ p.513)。

④ アルキンの立体構造

アセチレン $CH \equiv CH$ の構造は, 図13に示すような直線構造である。アルキンの構造の特徴は, 三重結合している2個の炭素原子とそれらの炭素原子に直接結合している2個の原子が, 一直線上に存在することである。

0.11 nm　0.12 nm

アセチレン
H－C≡C－H
(沸点−74℃)

プロピン(メチルアセチレン)
H－C≡C－CH₃
(沸点−23℃)

▲ 図13 アルキンの分子模型

CHART 55 　　二重結合・三重結合の特色

・二重三重に色を消す → Br_2(赤褐色), I_2(褐色)→付加して脱色

・二重三重に重ねる → 付加重合する。とくにビニル基

・二重三重に加える → H_2, Cl_2, Br_2, I_2, HCl, H_2O, CH₃COOH と付加反応

♦1 炭化水素

(1) 次の化合物群を，炭素数 n を用いた一般式で表せ。

  (a) アルカン   (b) シクロアルカン   (c) アルケン   (d) シクロアルケン

  (e) アルキン

(2) (a)エタン，(b)アセチレン，(c)エチレンの炭素原子間の距離を，大きい順に不等号で示せ。

> ヒント　(1) 同じ一般式で表されるものもある。
> (2) 炭素原子間の結合に使われる電子の数が増えると，原子間距離は短くなる。

♦2 炭化水素の反応

(1) 文中の空欄(a)～(f)に当てはまる最も適切な語句を答えよ。

  メタンに，紫外線を当てながら塩素を作用させると（ a ）反応が起こり，同時にいくつかの化合物と塩化水素が生じる。そのうちの CH_2Cl_3 は（ b ）とよばれる液体で，麻酔性がある。一方，（ c ）色の臭素とエチレンを反応させると，（ d ）反応により（ e ）が生じるので，反応後の色は（ f ）色となる。

(2) 分子式 C_4H_8 をもつ構造異性体 A，B，C について，次の問いに答えよ。

  (a) A は，シス-トランス異性体のうちトランス形である。その名称と構造式を答えよ。

  (b) B を水素と反応させると，メチル基を 3 つもつ物質に変化した。B の名称と構造式を答えよ。

  (c) C は，二重結合をもたず，かつメチル基をもつことがわかった。C の構造式を答えよ。

> ヒント　(1) (b)の名称は複数あるが，どれでもよい。
> (2) C_4H_8 には，アルケンとシクロアルカンが存在する。

♦3 炭化水素の生成

  次の反応について，その化学反応式と生成する気体の名称を答えよ。

(1) 濃硫酸を 160 ～ 170℃に加熱し，エタノールを少しずつ加えると，気体 A が発生する。

(2) 酢酸ナトリウムにソーダ石灰を混ぜて加熱すると，気体 B が発生する。

(3) 炭化カルシウムに水を加えると，気体 C が発生する。

♦4 アセチレンとその誘導体

  次の図は，アセチレンを出発物質とした反応を表している。

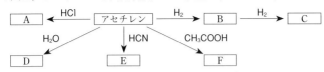

(1) 生成物 A, B, C, D, E, F は，矢印のそばに示した物質を付加させて生成するものである。それぞれの名称と構造式を答えよ。

(2) D が生成する途中には不安定な物質が生じると考えられる。その物質の名称と構造式を答えよ。

(3) A を付加重合させて得られる物質の名称を答えよ。

(4) アセチレンが 3 分子重合してできる物質の名称を答えよ。

> ヒント　(1) B は物質量比 1：1 で反応した物質，C はさらに H_2 と反応した物質である。

（♦ ＝上位科目「化学」の内容を含む問題）

第3章

アルコールと関連化合物

1 アルコールとエーテル
2 アルデヒドとケトン
3 カルボン酸
4 エステルと油脂

マーガリン

---

1 アルコールとエーテル

A アルコールとその性質

炭化水素分子中の水素原子がヒドロキシ基 –OH で置換された構造 R–OH の化合物を，**アルコール**[1] という。アルコールは次の(1)，(2)のように分類される。

(1) 分子中の –OH の数による分類。1分子中に n 個あれば **n 価アルコール** という。

▼ 表1 価数による分類

価数	示性式	構造（一部略記）	名称	沸点〔℃〕	水に対する溶解性
1価	CH_3OH	–C–OH	メタノール	65	∞
	C_2H_5OH	–C–C–OH	エタノール	78	∞
	$CH_3(CH_2)_2OH$	–C–C–C–OH	1-プロパノール	97	∞
	$CH_3CH(OH)CH_3$	–C–C–C– / OH	2-プロパノール	82	∞
	$CH_3(CH_2)_3OH$	–C–C–C–C–OH	1-ブタノール	117	わずかに溶ける
	$CH_3CH(OH)C_2H_5$	–C–C–C–C– / OH	2-ブタノール	99	わずかに溶ける
	$CH_3(CH_2)_{11}OH$	（直鎖構造）	1-ドデカノール	（融点 23.5）	ほとんど溶けない
2価	$C_2H_4(OH)_2$	–C–OH / –C–OH	エチレングリコール（1,2-エタンジオール）	198	∞
3価	$C_3H_5(OH)_3$	–C–OH / –C–OH / –C–OH	グリセリン（1,2,3-プロパントリオール）	154（$7×10^2$ Pa）	∞

----

[1] C_nH_{2n+1}–OH で表されるものの名称は，同じ炭素数のアルカンの英語名の語尾 -ane の ne（ン）を nol（ノール）に変える。 （例）methane（メタン）→ methanol（メタノール）

(2) -OH が結合している炭素原子に結合している炭化水素基の数による分類で，**第1級アルコール**，**第2級アルコール**，**第3級アルコール** に分類される[1]。

▼ 表2 級数による分類　　　　　　　　　　R，R′，R″ はともに炭化水素基を表す。

分類	構造[1]	化合物の例	名称	沸点[℃]
第1級アルコール	H | R-C-OH | H （メタノールも含む）	CH₃-CH₂-CH₂-CH₂-OH	1-ブタノール	117
		CH₃-CH-CH₂-OH | CH₃	2-メチル-1-プロパノール	108
第2級アルコール	H | R-C-OH | R′	CH₃-CH₂-CH-OH | CH₃	2-ブタノール	99
第3級アルコール	R | R′-C-OH | R″	CH₃ | CH₃-C-OH | CH₃	2-メチル-2-プロパノール	83

１ アルコールの性質　（1）**水溶性**　炭素数が少ないアルコールを **低級アルコール** といい，水によく溶ける。炭素数の多いアルコールを **高級アルコール** といい[2]，油状やろう状の固体で水に溶けにくいが，有機溶媒には溶ける。

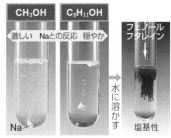

▲ 図1　アルコールの性質

（2）**置換反応**　① 単体のナトリウムと反応して水素を発生し，アルコキシド[3]が生成する。

$$2R-OH + 2Na \longrightarrow 2R-ONa + H_2\uparrow$$
ナトリウムアルコキシド

② アルコールにハロゲン化水素を作用させると，-OH がハロゲンで置換される。

$$R-OH + HX \longrightarrow R-X + H_2O \quad (X=Cl，Br)$$

（3）**酸化反応**　硫酸酸性のニクロム酸カリウム水溶液などの酸化剤とともに加熱すると，-C-OH の部分がカルボニル基 $\diagdown$C=O に酸化される。

① 第1級アルコールは，酸化されてアルデヒドになり，さらに酸化されてカルボン酸になる。

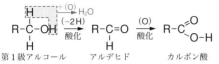
第1級アルコール　　　　アルデヒド　　　　カルボン酸

例
1-プロパノール　　　プロピオンアルデヒド　　　プロピオン酸

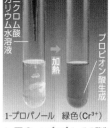

1-プロパノール　　緑色(Cr³⁺)

▲ 図2　1-プロパノールの酸化

....
[1] 第2級および第3級アルコールの炭化水素基 R，R′，R″ は同じでもよい。
[2] いくつ以上の炭素数から高級というのかは，はっきりと決められていない（目安は C_{12} 以上）。
[3] アルコールのヒドロキシ基の水素原子を金属原子で置換した化合物を **アルコキシド** という。アルコキシドに水を加えると加水分解して，アルコールと水酸化ナトリウムが生成する。R-ONa + H_2O ⟶ R-OH + NaOH

② 第2級アルコールは，酸化されてケトンになる。

$$\underset{\substack{\text{第2級アルコール}}}{\overset{\overset{\displaystyle H}{|}}{\underset{\underset{\displaystyle R'}{|}}{R-C-O-H}}} \xrightarrow[\substack{\text{酸化}}]{\substack{+(O) \\ (-2H)}} H_2O \quad \underset{\substack{\text{ケトン}}}{\overset{\overset{\displaystyle}{}}{\underset{\underset{\displaystyle R'}{|}}{R-C=O}}}$$

▲図3 2-プロパノールの酸化[1]

例 $\underset{\substack{\text{2-プロパノール}}}{\overset{\displaystyle CH_3}{\underset{\displaystyle CH_3}{}}CH-OH} \xrightarrow[\substack{\text{酸化}}]{(-2H)} \underset{\substack{\text{アセトン}}}{\overset{\displaystyle CH_3}{\underset{\displaystyle CH_3}{}}C=O}$

③ 第3級アルコールは酸化されにくい。

(4) **エステルの生成** カルボン酸と反応し，エステルを生成する[2]（エステル化→ *p*.448）。

$$R-COOH + R'-OH \underset{}{\overset{H_2SO_4}{\rightleftarrows}} \underset{\underset{\displaystyle O}{\|}}{R-C-O-R'} + H_2O$$

(5) **脱水反応** 濃硫酸と加熱すると，分子間脱水してエーテルが生成する。C の数が2個以上のアルコールは，さらに高温に加熱すると，分子内脱水が起こってアルケンが生成する（→次ページ）。

2 メタノール CH₃-OH (1) **工業的製法** 一酸化炭素 CO と水素 H₂ に触媒(Cu-ZnO)を用いて，高温・高圧(約250℃，約10 MPa)で合成する。

$$CO + 2H_2 \longrightarrow CH_3-OH$$

(2) **性質** ① 特有なにおいをもつ，無色透明の有毒[3]な液体（沸点65℃，密度0.79 g/mL (20℃)）で水によく溶ける[4]。

② 単体のナトリウムと反応して水素を発生し，ナトリウムメトキシドになる。

$$2CH_3-OH + 2Na \longrightarrow \underset{\substack{\text{ナトリウムメトキシド}}}{2CH_3-ONa} + H_2\uparrow$$

③ 酸化されると，ホルムアルデヒドを経てギ酸になる。さらに酸化されると，CO₂ と H₂O になる。

$$\underset{\substack{\text{メタノール}}}{\overset{\overset{\displaystyle H}{|}}{\underset{\underset{\displaystyle H}{|}}{H-C-OH}}} \xrightarrow[\substack{\text{酸化}}]{\substack{+(O) \\ (-2H)}} H_2O \quad \underset{\substack{\text{ホルムアルデヒド}}}{\overset{\displaystyle H}{\underset{\displaystyle H}{}}C=O} \xrightarrow[\substack{\text{酸化}}]{(O)} \underset{\substack{\text{ギ酸}}}{H-C\overset{\displaystyle \nearrow O}{\underset{\displaystyle \searrow O-H}{}}} \xrightarrow[\substack{\text{酸化}}]{(O)} CO_2 + H_2O$$

(3) **用途** 燃料として用いられ，身近に使われる固形燃料の主成分である。空気中で淡い青色の炎を出して燃える。

$$2CH_3-OH + 3O_2 \longrightarrow 2CO_2 + 4H_2O$$

---

[1] Cr₂O₇²⁻(赤橙色)が還元されて Cr³⁺(緑)が生成したことから，2-プロパノールが酸化されたことがわかる。
[2] (異種分子間でも同種分子間でも)分子間で簡単な分子が取れて(脱離して)結合する反応を **縮合** という。水分子が取れる場合はとくに，**脱水縮合** とよぶ。
[3] メタノールは少量摂取で眼に障害が表れ，失明したり，多量に摂取すると死に至る。酸化生成物のホルムアルデヒドの毒性によるものと考えられる。メタノールは **メチルアルコール** ともいう。
[4] メタノールやエタノールは，水に溶けると体積が減少する(→ *p*.160 クエスチョンタイム)。

3 **エタノール C$_2$H$_5$-OH** **(1) 工業的製法** **①　エチレンの水付加**　リン酸を触媒として，エチレン C$_2$H$_4$ に水蒸気を付加させてつくる(300℃，7 MPa)。

$$\underset{\text{エチレン}}{\overset{H}{\underset{H}{C}}=\overset{H}{\underset{H}{C}}} + \text{H-OH} \longrightarrow \underset{\text{エタノール}}{H-\overset{H}{\underset{H}{C}}-\overset{H}{\underset{OH}{C}}-H}$$

このほかに，エチレンを濃硫酸に吸収(付加)させた後，加水分解する方法もある。

$$CH_2=CH_2 + \underset{(H_2SO_4)}{H-O-SO_3H} \xrightarrow{80℃,\ 1.5\sim3\,MPa} \underset{\text{硫酸水素エチル}}{CH_3-CH_2-O-SO_3H}$$

$$CH_3-CH_2-O-SO_3H + H_2O \longrightarrow CH_3-CH_2-OH + H_2SO_4$$

②　アルコール発酵　酵素[1]群(チマーゼ)により，単糖(グルコースなど)をエタノールと二酸化炭素に分解する。

$$\underset{\text{グルコース}}{C_6H_{12}O_6} \xrightarrow{\text{チマーゼ}} 2C_2H_5-OH + 2CO_2$$

(2) 性質　**①**　特有なにおいと味をもつ，無色透明な液体(沸点78℃，密度0.79 g/mL(20℃))で，水によく溶ける。麻酔作用，消毒作用[2]がある。

▲ 図4　日本酒の仕込み(アルコール発酵)

②　単体のナトリウムと反応して水素を発生し，ナトリウムエトキシドになる。

$$2C_2H_5-OH + 2Na \longrightarrow \underset{\text{ナトリウムエトキシド}}{2C_2H_5-ONa} + H_2\uparrow$$

③　酸化されると，アセトアルデヒドを経て酢酸になる。

$$\underset{\text{エタノール}}{H-\overset{H}{\underset{H}{C}}-\overset{H}{\underset{H}{C}}-OH} \xrightarrow[\substack{(-2H)\\ \text{酸化}}]{+(O)\to H_2O} \underset{\text{アセトアルデヒド}}{H-\overset{H}{\underset{H}{C}}-\overset{}{\underset{H}{C}}{=}O} \xrightarrow[\text{酸化}]{(O)} \underset{\text{酢酸}}{H-\overset{H}{\underset{H}{C}}-C\overset{=O}{\underset{O-H}{}}}$$

④　濃硫酸との加熱により脱水され，ジエチルエーテルまたはエチレンを生じる。加熱する温度によって生成物が異なる(→ p.424)。

　分子間脱水　$$C_2H_5-O\boxed{H} + \boxed{HO}-C_2H_5 \xrightarrow[\text{約}130℃]{H_2SO_4} \underset{\text{ジエチルエーテル}}{C_2H_5-O-C_2H_5} + H_2O$$

　分子内脱水　$$H-\overset{H}{\underset{\boxed{H}}{C}}-\overset{H}{\underset{\boxed{OH}}{C}}-H \xrightarrow[160\sim170℃]{H_2SO_4} \underset{\text{エチレン}}{\overset{H}{\underset{H}{C}}=\overset{H}{\underset{H}{C}}} + H_2O$$

⑤　ヨードホルム反応を示す(→ p.441)。

⑥　カルボン酸と反応し，エステルを生成する(→ p.443, 448)。

$$\underset{\text{酢酸}}{CH_3-CO\boxed{OH}} + C_2H_5-OH \underset{}{\overset{H_2SO_4}{\rightleftarrows}} \underset{\text{酢酸エチル}}{CH_3-COO-C_2H_5} + H_2O$$

---

❶ 生体内で起こる化学反応の触媒としてはたらく物質を **酵素** という(→ p.502)。アルコール発酵に関係する種々の酵素群をまとめてチマーゼという。
❷ 70 〜 80%水溶液が消毒作用が強い。エタノールは **エチルアルコール** ともいう。

(3) 用途　エタノールは，溶剤・合成原料・消毒用など，さまざまな用途がある。また，アルコール発酵で生成したエタノールは飲料用として用いられる。

4 多価アルコール

(1) エチレングリコール（2価アルコール）

$$\begin{array}{l} CH_2-OH \\ CH_2-OH \end{array}$$

　　1,2-エタンジオールともよばれ，甘味のある液体（融点 −12.6℃，沸点 198℃）である。

　　水によく溶けるが，有毒である。ポリエステルの原料のほか自動車エンジンの冷却水や温水暖房の不凍液として用いられる。

(2) グリセリン（3価アルコール）

$$\begin{array}{l} CH_2-OH \\ CH-OH \\ CH_2-OH \end{array}$$

　　1,2,3-プロパントリオールともよばれ，無色，高沸点の油状の液体で，独特の甘味をもつ。油脂を加水分解することによって得られる（→ p.453）。なめらかな感触を生かして歯磨剤，口腔洗浄剤，ひげ剃りクリームや化粧せっけん，せき止めドロップなどの成分として広く用いられている。エチレングリコールと異なり，毒性はない。

　　硝酸とのエステルであるニトログリセリン（グリセリン三硝酸エステル）は，ダイナマイトの原料になる（→ p.448）ほか，狭心症の薬としても用いられる。

不凍液　　口腔洗浄剤

$$\begin{array}{l} CH_2-O-NO_2 \\ CH-O-NO_2 \\ CH_2-O-NO_2 \end{array}$$
ダイナマイト　ニトログリセリン

▲ 図5　2価・3価アルコールの利用

Study Column　アルコールの脱水反応（ザイツェフ則）

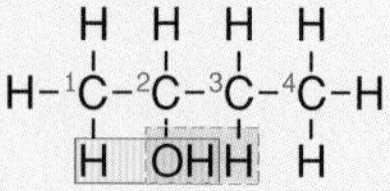

　　2-ブタノールが脱水されるとき，右図のように水が□□□で取れるか，□□□で取れるかで生成物は変わってくる。このようなときの主生成物は次の法則に従って生じる。

　　「アルコールの脱水反応では，-OH が結合した炭素原子の両隣の炭素原子のうち，結合している水素原子が少ないほうから水素原子が失われ，主生成物になる。」

　　これは **ザイツェフ則** とよばれる。

　　つまり，2-ブタノールでは，大部分が□□□で脱水が起きて 2-ブテンが生じ（主生成物），一部が□□□で脱水が起きて 1-ブテンが生じる（副生成物）。

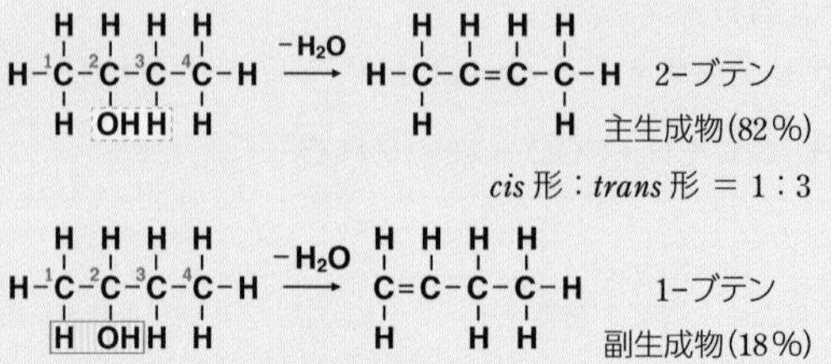

$$\begin{array}{cccc} H & H & H & H \\ | & | & | & | \\ H-{}^1C-{}^2C-{}^3C-{}^4C-H \\ | & | & | & | \\ H & OH & H & H \end{array}$$

2-ブテン（主生成物 82%）
$$\xrightarrow{-H_2O}$$
cis 形：trans 形 ＝ 1：3

1-ブテン（副生成物 18%）
$$\xrightarrow{-H_2O}$$

-OH が結合している
²C の隣の炭素原子には，
¹C：3個のH
³C：2個のH

Hが少ない³CのほうからHが失われやすい

B エーテルとその性質

同種または異種の炭化水素基が酸素原子をはさんで結合（R-O-R′）した化合物を **エーテル** といい，C-O-C の結合を **エーテル結合** という。構造異性体のアルコールが必ず存在する。

CH_3-O-CH_3	$CH_3-O-C_2H_5$	$C_2H_5-O-C_2H_5$
ジメチルエーテル	エチルメチルエーテル	ジエチルエーテル

(1) **性質** ① 無色で特有の強いにおいをもち，多くは揮発性の液体[1]で，きわめて引火しやすい。

② 単体のナトリウムと反応しないので，アルコールとの判別が容易にできる。

③ 水と混ざりにくく，有機化合物をよく溶かすので，有機溶媒に用いられる。

④ 沸点は，構造異性体のアルコールよりかなり低く，同程度の分子量のアルカンと同じくらいである。

⑤ 反応性に乏しく，酸化剤，還元剤，塩基に対して安定であるが，硫酸，塩酸などの酸には溶解する。

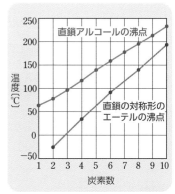

▲ 図6 アルコール・エーテルの沸点

(2) **製法** アルコールを濃硫酸とともに加熱する（→ p.435）。

$$R-O\!\overline{\,H + HO\,}\!-R' \xrightarrow[\text{加熱}]{H_2SO_4} R-O-R' + H_2O$$

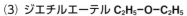

例 $2\,C_2H_5-OH \xrightarrow[\text{約130℃}]{H_2SO_4} C_2H_5-O-C_2H_5 + H_2O$ [2]
　　　エタノール　　　　　　　　ジエチルエーテル

(3) **ジエチルエーテル** $C_2H_5-O-C_2H_5$

① **性質** 単にエーテルともよばれ，水にわずかしか溶けない。麻酔作用[3]があり，揮発性・引火性の液体である。単体のナトリウムとは反応しない。

▲ 図7 エーテルの燃焼

② **用途** 有機溶媒として，有機化合物の分離・抽出に利用される。

Q uestion Time クエスチョン タイム

Q. $CH_3-O-C_2H_5$ をメチルエチルエーテルとよんではいけないのですか？

A. 物質名は前にも述べたように（→ p.423），IUPAC 命名法によって決められています。異なる置換基をもつ物質の場合，置換基の英語名称の頭文字をアルファベット順に並べて命名します。上記の例では CH_3-：methyl（メチル）　C_2H_5-：ethyl（エチル）なので，エチル基が先になります。したがって，ethyl methyl ether エチルメチルエーテルになります。

---

[1] ジメチルエーテルとエチルメチルエーテルは常温・常圧で気体である。
[2] 反応の温度を約160〜170℃にすると，エチレン（$CH_2=CH_2$）が生じるので反応温度が重要。
[3] 1846 年，歯科医ウィリアム・モートンが麻酔剤としてエーテルを初めて用いた。しかし，クロロホルム（→ p.419）のほうが優れていることがわかり，エーテルは使われなくなった。現在はどちらも用いられない。

基化 **A** カルボニル化合物

C=O の構造を **カルボニル基** といい，その C 原子に少なくとも 1 個の H 原子が結合した $\overset{H}{\underset{R}{>}}$C=O の構造をもつものを **アルデヒド**，$\overset{H}{\underset{}{>}}$C=O (–CHO) を **ホルミル基（アルデヒド基）** という。一方，H 原子が 1 つも結合していない $\overset{R}{\underset{R}{>}}$C=O の構造をもつものは **ケトン** とよばれる。また，カルボニル基をもつ物質（アルデヒドやケトンなど）をまとめて **カルボニル化合物** という。

似た構造のカルボキシ基 $\overset{HO}{\underset{}{>}}$C=O (–COOH) をもつ物質は，カルボン酸として分けて扱われることが多い（→ p.442）。また，$\overset{H_2N}{\underset{H_2N}{>}}$C=O は尿素といい，アミン（–NH$_2$ などをもつ物質群）として取り扱われる（→ p.469）。

基化 **B** アルデヒドとその性質

1 **アルデヒド R–CHO** ホルミル基 –CHO $\left(-C\overset{=O}{\underset{H}{}}\right)$ をもつ化合物を **アルデヒド** という。

H–C$\overset{=O}{\underset{H}{}}$	CH$_3$–C$\overset{=O}{\underset{H}{}}$	CH$_3$–CH$_2$–C$\overset{=O}{\underset{H}{}}$	CH$_3$–CH$_2$–CH$_2$–C$\overset{=O}{\underset{H}{}}$
ホルムアルデヒド	アセトアルデヒド	プロピオンアルデヒド[1]	ブチルアルデヒド[1]

(1) **性質** ① 沸点は，同程度の分子量をもつアルコールやカルボン酸と比べると低いが，同程度の分子量をもつアルカンと比べると高い。

② 炭素数の少ないアルデヒドは水に溶けて中性を示すが，炭素数が多くなると水に溶けにくく，有機溶媒に溶けやすくなる。

③ アルデヒドは容易に酸化されてカルボン酸になりやすいので，相手を還元する性質（**還元性**）がある。

$$R–CHO \xrightarrow[\text{酸化}]{(O)[2]} R–COOH$$

④ 還元性の検出には，銀鏡反応やフェーリング液の還元を利用する（→ p.440）。

(2) **製法** 第 1 級アルコールを酸化すると得られる。

$$R–CH_2–OH \xrightarrow[\text{酸化}]{(O)[2]} R–CHO + H_2O$$

2 **ホルムアルデヒド H–CHO** (1) 無色・刺激臭の気体（沸点 −19℃）。水によく溶ける。

(2) 熱した銅線の表面に生成する酸化銅（Ⅱ）を酸化剤として，メタノールを酸化すると生成する。

$$\underset{\text{メタノール}}{CH_3–OH} + CuO \longrightarrow \underset{\text{ホルムアルデヒド}}{H–CHO} + Cu + H_2O$$

---

❶ IUPAC 命名法では，同じ炭素数のアルカンの英語名の語尾 -ane の ne（ン）を nal（ナール）に変える。プロピオンアルデヒドはプロパナール，ブチルアルデヒドはブタナールという。
❷ (O)は，酸化剤から与えられる酸素を表したものである。

(3) ホルムアルデヒドを37%程度含む水溶液は **ホルマリン** とよばれ，合成樹脂（尿素樹脂や
フェノール樹脂）や接着剤の原料のほか，防腐剤（動物標本の保存に使用）に用いられる。建
物内の微量のホルムアルデヒドの蒸気は，シックハウス症候群（新建材などから発生する揮
発性有機化合物による不快な症状）の原因物質の1つにあげられている。

3 **アセトアルデヒド CH₃-CHO** (1) 特有の刺激臭のある液体（沸点20℃）。水によく溶け
る。

(2) エタノールを二クロム酸カリウムなどの酸化剤で酸化すると得られる。

$$CH_3-CH_2-OH \xrightarrow[\text{酸化}]{(O)} CH_3-CHO$$
　　エタノール　　　　　　　　アセトアルデヒド

(3) 工業的製法は，触媒（$PdCl_2$ と $CuCl_2$）を用いてエチレンを酸化する[1]。

$$2CH_2=CH_2 + O_2 \longrightarrow 2CH_3-CHO$$

古くは水銀触媒を用いてアセチレンに水を付加させて合成していた[2]（→ p.429）。

$$HC≡CH + H_2O \xrightarrow{HgSO_4} \left[\begin{matrix} H \\ H \end{matrix} C=C \begin{matrix} H \\ OH \end{matrix}\right] \longrightarrow CH_3-CHO$$
　　アセチレン　　　　　　　　　ビニルアルコール　　　　　アセトアルデヒド
　　　　　　　　　　　　　　　　（単離できない）

(4) アセトアルデヒドは，酢酸その他の有機化合物の合成原料として使われる。

 Laboratory ┃ **アルデヒドの実験室的製法**

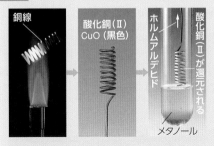

銅線　｜　酸化銅(Ⅱ) CuO (黒色)　｜　ホルムアルデヒド　｜　酸化銅(Ⅱ)が還元される

メタノール

① ホルムアルデヒドの生成

方法 加熱して表面を黒くした銅線で，メタノールの蒸気を酸化すると生成する。

MARK

・熱いままの銅線は「CuO（酸化銅(Ⅱ)）⟷ Cu」の変化を繰り返すので触媒と考えてもよい。

$$2Cu + O_2 \longrightarrow 2CuO$$
$$CH_3OH + CuO \longrightarrow HCHO + Cu + H_2O$$

エタノール + 硫酸酸性ニクロム酸カリウム水溶液　｜　アセトアルデヒド

② アセトアルデヒドの生成

方法 硫酸酸性の二クロム酸カリウム水溶液にエタノールを加えて温め，生じた気体を氷水で冷却する。

MARK

・$Cr_2O_7{}^{2-}$（二クロム酸イオン，赤橙色）は Cr^{3+}（クロム(Ⅲ)イオン，緑色）に還元される。

$$3C_2H_5OH + K_2Cr_2O_7 + 4H_2SO_4 \longrightarrow$$
$$3CH_3CHO + Cr_2(SO_4)_3 + K_2SO_4 + 7H_2O$$

---

[1] ヘキスト・ワッカー法とよばれる。
[2] かつて，この方法で使われた水銀から生成したメチル水銀が，水俣病の原因物質となった。

4 アルデヒドの還元性の検出 **(1) 銀鏡反応** 硝酸銀水溶液にアンモニア水を少量加える
と，褐色の酸化銀 Ag_2O が沈殿する（①式）。さらにアンモニア水を過剰に加えると，沈殿
は溶解してジアンミン銀（I）イオン $[Ag(NH_3)_2]^+$ を含む無色の水溶液となる（②式）。これ
にアルデヒドを加えて60℃程度に温めると，器壁に銀が生じて鏡のようになる（③式）。こ
れを **銀鏡反応** という。

$$2AgNO_3 + 2NH_3 + H_2O \longrightarrow Ag_2O\downarrow + 2NH_4NO_3 \quad \cdots\cdots ①$$

$$Ag_2O + 4NH_3 + H_2O \longrightarrow 2[Ag(NH_3)_2]^+ + 2OH^- \quad \cdots\cdots ②$$

$$2[Ag(NH_3)_2]^+ + R\text{-}CHO + 3OH^- \longrightarrow 2Ag + RCOO^- + 4NH_3 + 2H_2O \quad \cdots\cdots ③$$

①② アンモニア性硝酸銀水溶液の調製　　　　③ ホルムアルデヒドの銀鏡反応

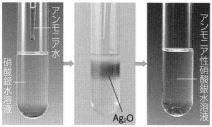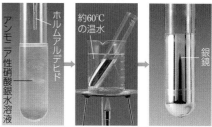

▲ 図8　銀鏡反応

(2) フェーリング液の還元 硫酸銅（II）水溶液を主成分とする青色で強塩基性のフェーリン
グ液[1]に，アルデヒドを加えて加熱すると，酸化銅（I）Cu_2O の赤色沈殿を生じる。

$$RCHO + 3OH^- \longrightarrow RCOO^- + 2H_2O + 2e^- \quad \cdots\cdots ①$$

$$2Cu^{2+} + 2OH^- + 2e^- \longrightarrow Cu_2O + H_2O \quad \cdots\cdots ②$$

①式＋②式より

$$RCHO + 2Cu^{2+} + 5OH^- \longrightarrow RCOO^- + Cu_2O + 3H_2O$$

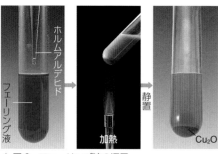

▲ 図9　フェーリング液の還元

Episode
フェーリング

フェーリング（H.v.Fehling,
1812 ～ 1885）はドイツの化
学者。シュトゥットガルト
工科大学教授。アルデヒド
類・コハク酸の研究が有名。
糖の検出と定量のためにフ
ェーリング液を開発した。

CH(OH)COOK
CH(OH)COONa

❶ フェーリング液は，A液（硫酸銅（II）水溶液）と B液（酒石酸ナトリウムカリウム（ロシェル
塩）と水酸化ナトリウム水溶液）の混合水溶液からなり，使用直前に等量ずつ混合する。
ギ酸は -CHO をもつが，酸性が強いのでフェーリング液の還元を起こしにくい。

C ケトンとその性質

1 ケトン R-CO-R′ カルボニル基 $\diagdown C=O$ に炭化水素基が 2 個結合[1]した化合物を **ケトン** という。第 2 級アルコールを酸化して得られる。アルデヒドとは異なり，さらに酸化されることはなく，還元性をもたない。同数の炭素原子をもつアルデヒドが構造異性体として存在する。

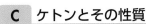

$$CH_3\diagdown C=O$$
アセトン

$$CH_3\diagdown C=O$$
エチルメチルケトン（2-ブタノン）

2 アセトン $CH_3-CO-CH_3$ **(1) 工業的製法** ① プロペンを直接酸化する。

$$CH_2=CH-CH_3 \xrightarrow[\text{酸化}]{(O)} CH_3-CO-CH_3$$

② **クメン法** ベンゼン C_6H_6 をプロペン $CH_2=CH-CH_3$ に付加させて得られるクメンから，フェノールと同時にアセトンを得る（→ p.461）。

(2) 実験室的製法 ① 2-プロパノールを酸化剤で酸化する。

$$CH_3-\underset{\underset{CH_3}{|}}{\overset{\overset{\boxed{H}}{|}}{C}}-OH \xrightarrow[\text{酸化}]{\overset{+(O)}{\underset{(-2H)}{}}H_2O} CH_3-\underset{\underset{CH_3}{|}}{C}=O$$

▲ 図10 酢酸カルシウムの乾留

② 酢酸カルシウムを乾留[2]する。酢酸カルシウムが熱分解し，アセトンが生成する。

$$(CH_3-COO)_2Ca \longrightarrow CH_3-CO-CH_3 + CaCO_3$$

$$CH_3\underset{\boxed{O}}{\overset{}{C}}\!-\!O + Ca^{2+} + O\!-\!\underset{O}{\overset{}{C}}\!-\!CH_3 \xrightarrow{-CaCO_3} CH_3-\underset{O}{\overset{}{C}}-CH_3$$

※分解のイメージ

(3) 性質 芳香のある液体（沸点 56℃）。水にもベンゼン・アルコールなどの有機溶媒にもよく混ざり合う[3]。

(4) 用途 油脂（→ p.450）の抽出その他，有機溶媒として重要である。マニキュア除光液（リムーバー）の主成分にもなっている。

3 ヨードホルム反応 CH_3-CO-R，$CH_3-CH(OH)-R$（R は H も可）の構造をもつ有機化合物にヨウ素 I_2 と水酸化ナトリウムまたは炭酸ナトリウム水溶液を加えて温めると，特有の臭気をもったヨードホルム CHI_3 の黄色沈殿が生成する。この反応を **ヨードホルム反応**[4]という。ヨードホルム反応を示すおもな物質は次の通り。

CHI₃

▲ 図11 ヨードホルム反応

$$\underset{\text{アセトン}}{CH_3-\underset{O}{\overset{}{C}}-CH_3} \quad \underset{\text{アセトアルデヒド}}{CH_3-\underset{O}{\overset{}{C}}-H} \quad \underset{\text{エタノール}}{CH_3-\underset{OH}{\overset{}{C}}H-H} \quad \underset{\text{2-プロパノール}}{CH_3-\underset{OH}{\overset{}{C}}H-CH_3} \quad \underset{\text{2-ブタノール}}{CH_3-\underset{OH}{\overset{}{C}}H-CH_2-CH_3}$$

[1] カルボニル基に水素原子が 1 つ結合したものがホルミル基である。
[2] 乾留とは，空気を断って固体物質を加熱し，分解生成物を得ること。
[3] CH_3- の部分は疎水性（親油性）であり，$\diagdown C=O$ の部分は親水性である。
[4] エタノールおよびアセトンのヨードホルム反応の化学反応式は次のようになる。

$$C_2H_5-OH + 4I_2 + 6NaOH \longrightarrow CHI_3 + H-COONa + 5NaI + 5H_2O$$
$$CH_3-CO-CH_3 + 3I_2 + 4NaOH \longrightarrow CHI_3 + CH_3-COONa + 3NaI + 3H_2O$$

3 カルボン酸

A カルボン酸とその性質

1 カルボン酸の分類　分子中にカルボキシ基 −COOH $\left(-C{<}^O_{OH}\right)$ をもつ化合物は **カルボン酸** とよばれ，弱酸である。

　分子中のカルボキシ基の数により，1価カルボン酸 (**モノカルボン酸**)，2価カルボン酸 (**ジカルボン酸**) などと分類する。また，炭化水素基の種類により，鎖式，環式 (芳香族) に分類され，鎖式1価カルボン酸をとくに **脂肪酸** という (芳香族カルボン酸は *p.464* 以降で学ぶ)。

▼ 表3　カルボン酸の分類

種類		名称	化学式	融点〔℃〕	その他
1価カルボン酸	飽和カルボン酸	ギ酸	HCOOH	8	蟻の体内から発見。還元性がある。
		酢酸	CH₃COOH	17	食酢の主成分。低温では凝固する。
		プロピオン酸	C₂H₅COOH	−21	ギリシャ語で最初の脂肪という意味。
		酪酸 (らくさん)	C₃H₇COOH	−5	腐敗臭をもつ。
		吉草酸 (きっそうさん)	C₄H₉COOH	−35	不快臭をもつ。
		パルミチン酸	C₁₅H₃₁COOH	63	油脂の構成成分。無臭の固体。
		ステアリン酸	C₁₇H₃₅COOH	71	
	不飽和カルボン酸	アクリル酸	CH₂=CH−COOH	14	合成樹脂の原料。付加重合しやすい。
		メタクリル酸	CH₂=C−COOH（CH₃）	16	
		オレイン酸	C₁₇H₃₃COOH	13	C=C 結合1つ。油脂の構成成分。
		リノール酸	C₁₇H₃₁COOH	−5	C=C 結合2つ。油脂の構成成分。
		リノレン酸	C₁₇H₂₉COOH	−11	C=C 結合3つ。油脂の構成成分。
2価カルボン酸	飽和カルボン酸	シュウ酸	COOH｜COOH	182（分解）	カタバミに含まれる。(COOH)₂，H₂C₂O₄ と表してもよい。
		マロン酸	HOOC−CH₂−COOH	135（分解）	テンサイ中に Ca 塩として存在。
		コハク酸	HOOC(CH₂)₂COOH	188	Na 塩は貝類の旨み成分。
		アジピン酸	HOOC(CH₂)₄COOH	153	ナイロン66の原料。
	不飽和カルボン酸	マレイン酸（シス形）	HOOC C=C COOH（H）（H）〔シス-トランス異性体の関係〕	133〜134	急熱すると，酸無水物になる。
		フマル酸（トランス形）	HOOC C=C H（H）（COOH）	300〜302（封管中）	いろいろな植物に含まれる。
ヒドロキシ酸		乳酸	CH₃CH(OH)COOH	17	発酵した牛乳に含有。鏡像異性体。
		酒石酸	CH(OH)COOH｜CH(OH)COOH	170	ブドウの果実中にある。鏡像異性体。塩はフェーリング液の成分。

❶ 分子内にヒドロキシ基 −OH をもつカルボン酸を **ヒドロキシ酸** という (→ *p.446*)。

（1）酸としての性質　① カルボン酸は，水溶液中でわずかに電離して，弱い酸性を示す。

$$R\text{-COOH} + H_2O \rightleftarrows R\text{-COO}^- + H_3O^+$$

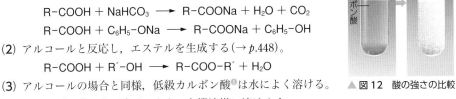

CHART 56　　　酸の強弱関係

スルホン酸	>	カルボン酸	>	炭　酸	>	フェノール類

ベンゼン
スルホン酸 〈ベンゼン環〉$-SO_3H$　　　$R\text{-COOH}$　　　$H_2O + CO_2$（CO_2水溶液）　　　フェノール 〈ベンゼン環〉$-OH$

・塩酸 HCl　・硫酸 H_2SO_4

② 塩基との中和反応により，塩を生じる。

$$R\text{-COOH} + NaOH \longrightarrow R\text{-COONa} + H_2O$$

③ 炭酸やフェノール（→ p.461）より強い酸であるから，炭酸塩やフェノールの塩と反応し，CO_2 やフェノールを遊離する。

$$R\text{-COOH} + NaHCO_3 \longrightarrow R\text{-COONa} + H_2O + CO_2$$

$$R\text{-COOH} + C_6H_5\text{-ONa} \longrightarrow R\text{-COONa} + C_6H_5\text{-OH}$$

（2） アルコールと反応し，エステルを生成する（→ p.448）。

$$R\text{-COOH} + R'\text{-OH} \longrightarrow R\text{-COO-}R' + H_2O$$

（3） アルコールの場合と同様，低級カルボン酸❶は水によく溶ける。高級カルボン酸は水に溶けにくく，有機溶媒に溶けやすい。

▲ 図12　酸の強さの比較

（4） 沸点は，同程度の分子量をもつアルコールより高い。

（5） 第1級アルコール $R\text{-CH}_2\text{-OH}$ の酸化により，アルデヒドを経てカルボン酸が生成する。

$$R\text{-CH}_2\text{-OH} \xrightarrow[\text{酸化}]{(-2H)} R\text{-CHO} \xrightarrow[\text{酸化}]{(O)} R\text{-COOH}$$

Study Column　アミノ基をもつカルボン酸（アミノ酸）

　1つの分子内に，カルボキシ基 $-COOH$ とアミノ基 $-NH_2$ をもつ化合物を **アミノ酸** という。酸性，塩基性の官能基を両方もちあわせているため，**双性イオン（分子内塩）** を生じる。天然に約 20 種存在し，味の素で有名な旨み成分であるグルタミン酸モノナトリウムもアミノ酸のナトリウム塩である。また，ヒトの体内では合成することができないアミノ酸を **必須アミノ酸** という（→ p.497）。アミノ酸はタンパク質を構成する非常に重要な化合物で，酵素（→ p.502）や抗体，一部のホルモンもタンパク質で構成されている。

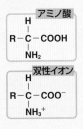

---

❶ ギ酸・酢酸など，とくに分子量の小さいカルボン酸は，気体や有機溶媒中では，2分子が水素結合で会合した二量体を形成している（→ p.88 クエスチョンタイム）。

3 ギ酸 H−COOH （1）**製法** メタノールやホルムアルデヒド
の酸化によって生成する。

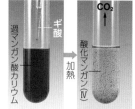

$$CH_3\text{-}OH \xrightarrow[\text{酸化}]{(-2H)} H\text{-}CHO \xrightarrow[\text{酸化}]{(O)} H\text{-}COOH$$
メタノール　ホルムアルデヒド　ギ酸

右図ラベル：ホルミル基　カルボキシ基　H−C(=O)−OH

（2）**性質**　① ギ酸にはホルミル基 −CHO があるため，還元性を
　　示す[1]。銀鏡反応を示す。

$$H\text{-}COOH \longrightarrow CO_2 + 2H^+ + 2e^-$$

② 無色で刺激臭のある液体（沸点 101℃）。

③ 他のカルボン酸より酸性が強く，腐食性により皮膚を侵す。

④ 濃硫酸により脱水され，一酸化炭素 CO を発生する（→ p.350）。

$$H\text{-}COOH \xrightarrow{H_2SO_4} CO + H_2O$$

⑤ 中性の過マンガン酸カリウム水溶液によって酸化され，二
　　酸化炭素を発生する。このとき，過マンガン酸イオン MnO_4^-
　　は還元されて，酸化マンガン（IV）MnO_2 となる。

$$3HCOOH + 2KMnO_4 \longrightarrow 3CO_2 + 2MnO_2 + 2KOH + 2H_2O$$

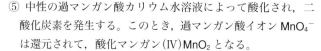

（縦書きラベル）過マンガン酸カリウム　ギ酸　酸化マンガン（IV）　加熱　CO_2

▲ 図 13　ギ酸の酸化

4 酢酸 CH₃−COOH （1）**製法** エタノールやアセトアルデヒドの酸化によって生成する。

$$CH_3\text{-}CH_2\text{-}OH \xrightarrow[\text{酸化}]{(-2H)} CH_3\text{-}CHO \xrightarrow[\text{酸化}]{(O)} CH_3\text{-}COOH$$
エタノール　アセトアルデヒド　酢酸

（2）**性質**　① 無色で刺激臭の液体（融点 17℃，沸点 118℃）。食酢中に 4 〜 5%含まれている。

② 純粋な酢酸は室温が下がると凝固するので，**氷酢酸** ともよばれる。

Study Column　酢酸ビニル

　酢酸は，合成繊維（ビニロン→ p.514）や合成樹脂の原料となる酢酸ビニルの重要な原料である。工業的には，酢酸ビニルは Pd を触媒としてエチレンと酢酸と酸素を反応させることによって合成される。

　わが国での酢酸ビニルの用途は，70％以上がビニロン向けのポリビニルアルコールの生産に使用される。

ビニロン製品（ロープ）

$$2CH_2=CH_2 + 2CH_3\text{-}COOH + O_2 \longrightarrow 2CH_2=CH\text{-}OCOCH_3 + 2H_2O$$
酢酸ビニル

$$n\begin{array}{c}CH_2=CH \\ | \\ OCOCH_3\end{array} \xrightarrow{\text{付加重合}} \left[\begin{array}{c}CH_2\text{-}CH \\ | \\ OCOCH_3\end{array}\right]_n \xrightarrow{\text{加水分解}} \left[\begin{array}{c}CH_2\text{-}CH \\ | \\ OH\end{array}\right]_n$$
酢酸ビニル　　　　　　ポリ酢酸ビニル　　　　　ポリビニルアルコール

$$\xrightarrow[\text{アセタール化}]{\text{ホルムアルデヒド HCHO}} \left[\begin{array}{c}CH_2\text{-}CH\text{-}CH_2 \\ | \\ OH\end{array}\right]_{n'}\left[\begin{array}{c}CH\text{-}CH_2\text{-}CH \\ | \ \ \ \ \ \ | \\ O\text{-}CH_2\text{-}O\end{array}\right]_{n-n'}$$
ビニロン

---

[1] ギ酸は酸性が強いため，フェーリング液の還元を起こしにくい。

5 無水酢酸 (CH₃CO)₂O **(1) 製法** 酢酸蒸気を，加熱した触媒（リン酸塩）に通すか，強力な脱水剤（P_4O_{10}）を加えて加熱すると，酢酸 2 分子から水 1 分子が取れ，**無水酢酸** が生じる。

酢酸 2 分子　　　　無水酢酸

(2) 性質 無水酢酸は水に溶けにくい油状の液体で，中性である。しかし，水を加えて加熱すると酢酸を生じ[1]，酸性を示す。また，酢酸より反応性が強いのでアセチル化[2]反応 (→ p.462) に用いられる。このように 2 個のカルボン酸から水分子が取れて結合（脱水縮合）したものを **酸無水物** という。

B ジカルボン酸（2 価カルボン酸）

1 シュウ酸 (COOH)₂ **(1) 構造** シュウ酸 HOOC-COOH は最も簡単なジカルボン酸である。$(COOH)_2$ や $H_2C_2O_4$ と表すこともある。

(2) 性質 ① 無色の結晶で，2 分子の水和水をもつ。$(COOH)_2 \cdot 2H_2O$

② 水溶液は中和滴定や酸化還元滴定の標準液として用いられる。

③ 濃硫酸を加えて熱すると，CO と CO_2 に分解する。

$$(COOH)_2 \longrightarrow CO + CO_2 + H_2O$$

④ シュウ酸イオン$(COO)_2{}^{2-}$は，アルカリ土類金属元素のイオンと白色沈殿をつくる。

$$Ca^{2+} + (COO)_2{}^{2-} \longrightarrow (COO)_2Ca \qquad (Ca^{2+} \text{の検出反応})$$

2 アジピン酸 アジピン酸 HOOC-$(CH_2)_4$-COOH はジカルボン酸の中で最も工業的に重要な物質の 1 つであり，ナイロン 66(→ p.512)の原料として大規模に製造されている。

> ## Study Column ▶ 縮合重合とナイロン
>
> 　アジピン酸とヘキサメチレンジアミン H_2N-$(CH_2)_6$-NH_2 の縮合重合[3]によって分子量が非常に大きな高分子化合物が得られる。これがナイロン（ナイロン 66）であり，絹に似た構造をもつ。
>
> 　1935 年，アメリカのカロザースが初めて合成し，数年後にデュポン社から販売された。とくに女性用ストッキングに重用された。現在は，繊維やプラスチックに広く使われている。
>
> $n\,HOOC$-$(CH_2)_4$-$COOH$ + $n\,H_2N$-$(CH_2)_6$-NH_2
> 　　アジピン酸　　　　　　ヘキサメチレンジアミン
> $\longrightarrow$ $+CO$-$(CH_2)_4$-CO-NH-$(CH_2)_6$-$NH+_n$ + $2n\,H_2O$
> 　　　　　ナイロン 66
>
> ナイロン製品

---

[1] 加水分解して，酢酸になる。$(CH_3CO)_2O + H_2O \longrightarrow 2CH_3$-$COOH$

[2] CH_3CO- を **アセチル基** といい，-OH，$-NH_2$ の H を CH_3CO- で置換する反応を **アセチル化** という。

[3] 縮合重合とは，分子間で縮合（1 分子の水などの低分子化合物が取れる）反応が繰り返し起こって，分子量が非常に大きな化合物になることをいう。

③ マレイン酸とフマル酸 マレイン酸
とフマル酸は右に示すような最も簡単な
2価不飽和カルボン酸で，
$HOOC-CH=CH-COOH$ と表されるシ
ス-トランス異性体である。シス形のも

H-C-COOH
‖
H-C-COOH
マレイン酸（融点 133〜134℃）
（シス形）

HOOC-C-H
‖
H-C-COOH
フマル酸（融点 300〜302℃）
（トランス形）

のが **マレイン酸**，トランス形のものが **フマル酸** である。マレイン酸分子中の2個のカルボ
キシ基は近い所に存在するので，マレイン酸を加熱（約160℃）すると，2個のカルボキシ基か
ら H_2O が取れて，酸無水物の **無水マレイン酸** になる。フマル酸を加熱してもこの反応は起
こらず昇華（約300℃）するだけである。これはフマル酸の分子中では，$-COOH$ がたがいに離
れているためである。

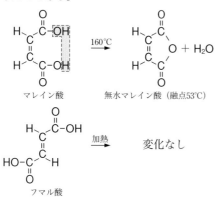

マレイン酸　　　　　　　無水マレイン酸（融点53℃）

フマル酸 → 加熱 → 変化なし

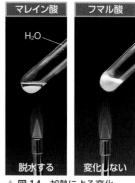

マレイン酸　　フマル酸

H_2O

脱水する　　変化しない

▲ 図 14　加熱による変化

基化 C　ヒドロキシ酸

分子中にヒドロキシ基 $-OH$ とカルボキシ基 $-COOH$ を両方もつ化合物を **ヒドロキシ酸** と
いう。脂肪族ヒドロキシ酸は，発酵生成物や果実などに含まれる。また，これらの分子には，
不斉炭素原子[1]を含んでいることが多い。

▼ 表4　ヒドロキシ酸の例

名称	構造式（*は不斉炭素原子）	融点（℃）	所在

乳酸	CH_3-C^*H-OH
	  $\|$
	  $COOH$
		17	発酵した牛乳，筋肉中

リンゴ酸	CH_2-COOH $HO-C^*H-COOH$	100	リンゴ，ブドウ，桃
酒石酸[2]	$HO-C^*H-COOH$ $HO-C^*H-COOH$	170	ブドウ
クエン酸	CH_2-COOH $HO-C-COOH$ CH_2-COOH	約100 （分解）	レモン，みかんなどの柑橘類

ヨーグルト

リンゴ

オレンジ

[1] 炭素原子に4つの異なる原子または原子団が結合した炭素原子を **不斉炭素原子** という（→次ページ）。C* で
　表すことが多い。
[2] 酒石酸ナトリウムカリウムは，フェーリング液（→ p.440）の成分である。

D 鏡像異性体

右図（Ⅰ）のように，a，b，c，d の異なる 4 個の原子または原子団が結合した炭素原子を**不斉炭素原子**[1] という。

たとえば，乳酸 $CH_3CH(OH)COOH$（右図Ⅱ）は，不斉炭素原子を 1 個もった正四面体構造をもつ。乳酸の正四面体構造を右図（Ⅲ）の A として，これを鏡で映した像（A と対称形）B を考えると，A（物体）と B（鏡像）は同じでなく，どうしても重ね合わせることができない構造（右図（Ⅳ）の右手と左手のような関係）であることがわかる。すなわち異性体である。これらを，**鏡像異性体** または **光学異性体** という。

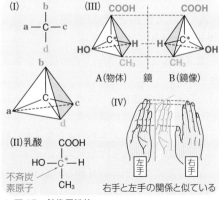

▲ 図 15　鏡像異性体

Study Column　いろいろな異性体

分子式が同じで，性質・構造が異なる化合物どうしを **異性体** といい，次のようなものがある。

(1) 構造異性体　構造式が異なる異性体を **構造異性体** という。炭素骨格の構造（炭素原子の連なり方）が異なるものを **炭素鎖異性体**，炭素骨格が同じで，官能基の結合位置が異なる，あるいはベンゼン環のまわりの原子または原子団の結合位置が異なるものを **位置異性体**（→ p.460），官能基の種類が異なるものを **官能基異性体** という。

(2) 立体異性体　分子を立体的にみたとき空間的な配置が異なる異性体を **立体異性体** といい，**シス-トランス異性体**（幾何異性体）と，**鏡像異性体**（光学異性体）とがある。

その他，シクロヘキサン（→ p.421）のいす形構造と舟形構造の関係は **配座異性体** とよばれる。

	異性体の分類	例（分子式）	異性体の構造式	
構造異性体	炭素鎖異性体	C_4H_{10}	$CH_3CH_2CH_2CH_3$ ブタン	CH_3CHCH_3 / CH_3　2-メチルプロパン（イソブタン）
	位置異性体	C_3H_8O	$CH_3CH_2CH_2OH$ 1-プロパノール	CH_3CHCH_3 / OH　2-プロパノール
	官能基異性体	C_2H_6O	CH_3CH_2OH エタノール	CH_3OCH_3 ジメチルエーテル
立体異性体	シス-トランス異性体（幾何異性体）	C_4H_8	$\overset{CH_3}{H}C=C\overset{CH_3}{H}$ cis-2-ブテン	$\overset{H}{CH_3}C=C\overset{CH_3}{H}$ trans-2-ブテン
	鏡像異性体（光学異性体）	$C_3H_6O_3$ 乳酸	COOH / H—C—OH / CH_3	COOH / HO—C—H / CH_3

[1] 不斉炭素原子は C^* のように ＊ をつけて表すことが多い。

4 エステルと油脂

A エステルとその性質

1 エステル化　カルボン酸とアルコールから水 H_2O が取れて縮合した構造をもつ化合物を **エステル** という。また，この反応を **エステル化** といい，$-C-O-C-$ の結合を **エステル結合** という。
（その下に O）

（1）エステルの生成　カルボン酸 R–COOH とアルコール R′–OH の混合物に濃硫酸を加えて温めると脱水縮合（→ p.434 脚注）し，エステルを生じる。硫酸からの H^+ がこの反応の触媒としてはたらく。このとき，カルボン酸の OH とアルコールの H から H_2O が生じる。たとえば，酢酸とエタノールでは，次式のように酢酸エチルが生じる。

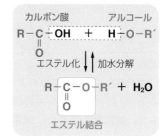

カルボン酸　　　　　アルコール

$$R-C+OH \ + \ H+O-R′$$

エステル化 ⇅ 加水分解

$$R-C-O-R′ \ + \ H_2O$$

エステル結合

$$CH_3-C-[OH+H]-O-C_2H_5 \xrightarrow{H_2SO_4} CH_3-C-O-C_2H_5 + H_2O$$
（各 C の下に O）

酢酸　　　　　エタノール　　　　　　酢酸エチル

（2）オキソ酸のエステル化　カルボン酸だけでなく，オキソ酸[1]（→ p.341 脚注）とアルコールからもエステルが生じる。この場合はエステル結合はないが，一般にエステルという。

$$
\begin{array}{l}
CH_2-OH \quad HO-NO_2 \\
CH \ -OH + HO-NO_2 \longrightarrow \\
CH_2-OH \quad HO-NO_2
\end{array}
\quad
\begin{array}{l}
CH_2-O-NO_2 \\
CH \ -O-NO_2 + 3H_2O \\
CH_2-O-NO_2
\end{array}
$$

グリセリン　　　　硝酸　　　　　ニトログリセリン[2]（グリセリン三硝酸エステル）

Question Time クエスチョン タイム

Q. エステル化で，カルボン酸の –COOH の OH の部分とアルコールの –OH の H の部分が取れるということがわかったのはなぜ？

A. これは実験で確かめられています。

^{18}O を多量に含むアルコール $R-^{18}OH$ を使い，エステル化を行うと，生じた H_2O に ^{18}O が含まれていればアルコール側から OH が取れ，カルボン酸側からは H が取れていることになります。

実験したところ，結果はエステルに ^{18}O が入っていました。したがって，カルボン酸の –COOH の OH とアルコールの H が取れ，H_2O が生成していることが確認されました。

このときの化学反応式は次のように表されます。

$$R-COOH + R′-^{18}OH \longrightarrow R-CO-^{18}OR′ + H_2O$$

---

[1] 分子中に OH を含む無機酸のことで，酸素酸ともいう。H_2SO_4，HNO_3，H_3PO_4 など。また，HCl，HBr，HI，HCN などは水素酸とよばれることがある。

[2] グリセリンの硝酸エステルで，後で学ぶニトロ化合物ではない。ノーベルが開発したダイナマイトの主成分である。

Laboratory 酢酸エチルの生成

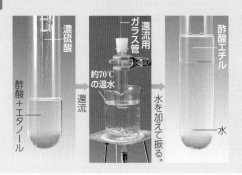

濃硫酸

還流用ガラス管

酢酸エチル

酢酸＋エタノール

約70℃の温水

還流

水を加えて振る。

水

MARK
・よく乾燥した試験管を使用しないとエステルの収率が悪くなる。
・還流用ガラス管を用いるほうがよい。還流とは，溶媒蒸気を冷却して再び容器内にもどし，溶媒を失うことなく加熱を続けること。
・反応後，酢酸エチルを取り出すには，水を加えて分液漏斗で分離する。

2 エステルの一般的性質　エステルは，芳香をもつ中性の液体で，水に溶けにくく有機溶媒として用いられる。

(1) **エステルの加水分解**　エステルに希硫酸を加えて加熱すると，酸とアルコールに分解する。この反応を **エステルの加水分解** という（H^+ が触媒，エステル化の逆反応）。

$$CH_3-COO-C_2H_5 + H_2O \underset{エステル化}{\overset{加水分解}{\rightleftarrows}} CH_3-COOH + C_2H_5-OH$$
酢酸エチル　　　　　　　　　　　　　　　　　酢酸　　　エタノール

(2) **エステルのけん化**　エステルに塩基（KOH，NaOH など）の水溶液を加えて加熱すると，加水分解してアルコールとカルボン酸の塩になる。この反応をエステルの **けん化** という。

$$CH_3-COO-C_2H_5 + NaOH \overset{けん化}{\longrightarrow} CH_3-COONa + C_2H_5-OH$$

CHART 57　　エステルのけん化は中和と似ている

$$R-COOR´ + NaOH \longrightarrow R-COONa + R´-OH \quad （けん化）$$
$$R-COOH + NaOH \longrightarrow R-COONa + H_2O \quad （中和）$$

Question Time クエスチョン タイム

Q. エステルの示性式の書き方について教えてください。

A. 酢酸メチルの場合，カルボン酸側から表記すると，$CH_3-COO-CH_3$ $\left(\begin{matrix} CH_3-C-O-CH_3 \\ \parallel \\ O \end{matrix} \right)$ となります。示性式では，特定の原子団（官能基）を明示して表しますから，アルコール側から表記すると，$CH_3-OCO-CH_3$ $\left(\begin{matrix} CH_3-O-C-CH_3 \\ \parallel \\ O \end{matrix} \right)$ となります。$CH_3-\underline{OOC}-CH_3$ とは表記しません。要するに左側から結合している順序通りに表せばよいのです。

　また，ギ酸エチル $H-COO-C_2H_5$ をアルコール側から表記すると，$C_2H_5-OCO-H$ となります。（ただし，対称性のあるアジピン酸などは例外的に $\underline{HOOC}-(CH_2)_4-COOH$ と表記します。）

1 油脂の定義 グリセリン $C_3H_5(OH)_3$ と脂肪酸 $R-COOH$ のエステルを, 一般に **油脂** (トリグリセリド) という。このとき, すべて同じ脂肪酸からなる油脂と, 異なる脂肪酸からなる油脂とがある。

$$
\begin{array}{ll}
CH_2-OH \quad HO-CO-R^1 & CH_2-O-CO-R^1 \\
CH\ -OH + HO-CO-R^2 \rightleftharpoons CH\ -O-CO-R^2 + 3H_2O \\
CH_2-OH \quad HO-CO-R^3 & CH_2-O-CO-R^3 \\
\text{グリセリン} \quad \text{脂肪酸} & \text{油脂 (トリグリセリド)}
\end{array}
$$

例 $C_3H_5(OH)_3 + 3C_{15}H_{31}-COOH \longrightarrow C_3H_5(OCO-C_{15}H_{31})_3 + 3H_2O$
　　　　グリセリン　　　　パルミチン酸　　　　　　　　トリパルミチン

2 油脂の分類 油脂の分類法としては, 構成脂肪酸の炭素数や結合による分類, 油脂の状態による分類, 油脂の性質による分類などがある。

(1) 構成脂肪酸の炭素数や, 結合による分類

炭素数 ┬ 多いもの：高級脂肪酸 ⟶ **高級油脂**
　　　　└ 少ないもの：低級脂肪酸 ⟶ **低級油脂**

炭素間の結合 ┬ 飽和結合(単結合)のみ：飽和脂肪酸 ⟶ **飽和油脂**
　　　　　　　└ 不飽和結合も含む：不飽和脂肪酸 ⟶ **不飽和油脂**

(2) 状態による分類

油脂 ┬ **脂肪油**：常温で液体。植物性油脂に多く, 低級脂肪酸, 高級不飽和脂肪酸が多く含まれている[1]。
　　　└ **脂　肪**：常温で固体。動物性油脂に多く, 高級飽和脂肪酸が多く含まれている。

脂肪油の例　ごま油　日清サラダ油　サラダ油

脂肪の例　牛脂　豚脂

(3) 性質による分類 不飽和結合のところが空気中の O_2 で酸化されると, 乾燥[2]して固まる。不飽和結合が含まれる度合いにより, 次のように分類される。

▼ 表5　油脂の性質による分類

分類	乾性油	半乾性油	不乾性油
性質	・不飽和度の高い脂肪酸を多く含む油脂 ・固まりやすい	・乾性油と不乾性油の中間の不飽和度をもつ油脂	・飽和脂肪酸や不飽和度の低い脂肪酸を多く含む油脂
種類	あまに油, 大豆油, サフラワー(紅花)油, きり油	ごま油, 綿実油, コーン油, 菜種油	つばき油, オリブ油[3], やし油, パーム油, 落花生油
用途	油絵の具の原料, 食用油	食用油	化粧品, 食用油

[1] 高級不飽和脂肪酸は, C=C結合のところで分子が折れ曲がっている。したがって, 分子どうしが近づきにくく分子間力が弱くなるため, 常温で液体となる。一方, 高級飽和脂肪酸は分子がほぼ直線状で, 分子どうしが近づきやすく分子間力が強いため, 常温で固体となる。
[2] 油の流動性がなくなり, 樹脂状の膜をつくって固まることを **油脂の乾燥** という。
[3] オリブ油とは純度の高いオリーブオイルであり, 皮膚保護などの医薬品として用いられている。

Study Column 身体によい油脂と悪い油脂？

動物性脂肪を構成する脂肪酸には飽和脂肪酸が多く，摂取が過剰になると肝臓でコレステロールの合成を促進し，血中コレステロール値を上昇させる。その結果，脂肪肝になったり，動脈硬化を引き起こし，心臓病などの危険が高まるといわれる。

一方，イワシ，サバなどの青身魚を構成する脂肪酸に多い不飽和脂肪酸（DHA（ドコサヘキサエン酸 $C_{22}H_{32}O_2$），EPA（または IPA；イコサペンタエン酸 $C_{20}H_{30}O_2$））には，コレステロールの胆汁への排出を促進して，血中コレステロール値を低下させるはたらきがある。また，オリーブオイルに多く含まれるオレイン酸は，善玉コレステロール（HDL コレステロール）を減少させずに悪玉コレステロール（LDL コレステロール）のみを減少させるといわれている。

青身の魚

3 油脂の性質　**(1) 性質**　水に溶けにくく，エーテル，ベンゼンなどの有機溶媒によく溶ける。

(2) 水素付加（水素添加）　不飽和度の高い液体の油脂（脂肪油）に，ニッケルを触媒として高温で水素付加させると，油脂の融点が高くなり常温で固体になる。こうして得られた油脂を **硬化油** という。硬化油はセッケン，マーガリンなどの原料に使用される。

マーガリン
▲ 図16　硬化油の例

$$C_3H_5(OCO\text{-}C_{17}H_{31})_3 + 6\,H_2 \longrightarrow C_3H_5(OCO\text{-}C_{17}H_{35})_3$$
トリリノール　　　　　　　　　　　　　トリステアリン

(3) 油脂の抽出　実験室ではソックスレーの抽出器（→ p.472 Laboratory）を用いる。溶媒としてジエチルエーテル（沸点 34℃）またはアセトン（沸点 56℃）を使う。工業的には，大豆，ゴマ，綿実などから溶媒を使って抽出し，食用油などを製造している。

(4) 加水分解　油脂は常温では水と反応しないが，高温下で触媒を用いると，加水分解[1]してグリセリンと脂肪酸になる。

$$
\begin{array}{ccc}
\text{CH}_2\text{-OCOR} & \text{HO-H} & \text{CH}_2\text{-OH} \\
\text{CH -OCOR} + & \text{HO-H} \overset{\text{高温}}{\rightleftarrows} & \text{CH -OH} + 3\,\text{R-COOH} \\
\text{CH}_2\text{-OCOR} & \text{HO-H} & \text{CH}_2\text{-OH} \\
\text{油脂} & \text{水} & \text{グリセリン} \quad \text{脂肪酸}
\end{array}
$$

(5) けん化　油脂に塩基（NaOH，KOH など）の水溶液を加えて加熱すると，けん化されてグリセリンと高級脂肪酸の塩になる。高級脂肪酸の金属塩を一般に **セッケン** という[2]。

$$C_3H_5(OCO\text{-}R)_3 + 3\,NaOH \overset{\text{けん化}}{\longrightarrow} C_3H_5(OH)_3 + 3\,R\text{-COONa}$$
油脂　　　　　　　　　　　　　　　　　　グリセリン　　脂肪酸ナトリウム（セッケン）

---

[1] 動物の体内では，酵素（リパーゼ）の触媒作用による消化により，モノグリセリド $C_3H_5(OH)_2OCOR$ 1分子と脂肪酸 R-COOH 2分子に分解される。

[2] 脂肪酸を水酸化ナトリウム（塩基）で中和しても，セッケンが得られる。

　油脂は，さまざまな脂肪酸から構成されたグリセリンエステルの混合物なので，油脂の分子式を決めることは困難である。そこで，油脂の分子量（平均の分子量）の目安としてけん化価，不飽和度の目安としてヨウ素価を測定して使用している。

① **けん化価**　油脂 1 g をけん化するのに必要な KOH の質量（単位 mg）の数値を **けん化価** という。油脂を構成する脂肪酸の分子量(炭素数)の大小を推定する目安となる。

$$\underset{\text{油脂}}{C_3H_5(OCOR)_3} + \underset{\text{水酸化カリウム}}{3\,KOH} \longrightarrow C_3H_5(OH)_3 + 3\,RCOOK$$

　上式より，油脂 1 mol を完全にけん化するのに 3 mol の KOH（式量 56）が必要である。
　油脂の平均分子量を M，けん化価を s とすると，

$$s = \frac{1}{M} \times 3 \times 56(\text{KOH の式量}) \times 10^3$$

になる。これより平均分子量 M は，けん化価 s と反比例の関係にあることがわかる。よって，けん化価が大きいほど，油脂の平均分子量は小さいことになる。

高級脂肪酸の グリセリンエステル が多い	**けん化価**	低級脂肪酸の グリセリンエステル が多い
（平均分子量 大）	小 ⟷ 大	（平均分子量 小）

② **ヨウ素価**　不飽和油脂は分子中に C=C 結合があるので，H_2，ハロゲンなどが付加し，C=C 結合が単結合となる。

　C=C 結合 1 つについて，H_2 (Cl_2, Br_2, I_2) は 1 分子が付加する。油脂にヨウ素を付加させると，ヨウ素の色が消える。油脂 100 g に付加させることができるヨウ素 I_2（分子量 254）の質量（単位 g）の数値を **ヨウ素価** という。一般に，天然油脂に存在している脂肪酸中には C≡C 三重結合は含まれていないので，ヨウ素価は油脂中に含まれる C=C 結合の数に比例する。

　油脂 1 分子中に含まれる C=C 結合を n 個，油脂の平均分子量を M，ヨウ素価を i とすると，

$$i = \frac{100}{M} \times n \times 254(\text{I}_2 \text{の分子量})$$

になる。これよりヨウ素価 i は C=C 結合の数 n と比例関係にあることがわかる。よって，ヨウ素価が大きいほど C=C 結合が多く，不飽和度が高いこと（乾燥性大）になる。

不飽和度　小 乾燥性　小	**ヨウ素価**	不飽和度　大 乾燥性　大
（C=C結合の数　小）	小 ⟷ 大	（C=C結合の数　大）

③ **けん化価・ヨウ素価を用いた計算の例**

　(a)　けん化価が 168 の油脂の平均分子量を求めると，$M = \dfrac{3 \times 56 \times 10^3}{168} = \mathbf{1.0 \times 10^3}$

　(b)　ヨウ素価が 127 の油脂 1000 g に付加する水素の物質量〔mol〕を求めると，

　　油脂 100 g にヨウ素が $\dfrac{127}{254} = 0.500$ (mol) 付加するから，水素も 0.500 mol 付加する。したがって，油脂 1000 g に付加する水素は，その 10 倍の **5.00 mol**。

C 洗剤

1 セッケン p.451 で述べたように，広い意味では高級脂肪酸の金属塩を **セッケン** というが，狭い意味では高級脂肪酸のナトリウム塩をセッケンという[1]。

(1) 製法 油脂に少量のエタノールと水酸化ナトリウム水溶液を加えて加熱し，けん化する。反応後，多量の飽和塩化ナトリウム水溶液（飽和食塩水）に加えるとセッケンが析出して浮く（塩析）。

$$\begin{array}{l}
CH_2\text{-}OCOR \\
CH\text{-}OCOR + NaOH \longrightarrow \\
CH_2\text{-}OCOR
\end{array}
\quad
\begin{array}{l}
CH_2\text{-}OH \\
CH\text{-}OH + 3R\text{-}COONa \\
CH_2\text{-}OH
\end{array}$$

油脂　　　水酸化ナトリウム　　　グリセリン　　　高級脂肪酸のナトリウム塩（セッケン）

(2) 性質 ① セッケン分子は図17 (a) のように疎水性（親油性）の部分（疎水基：アルキル基 C_nH_{2n+1}- など）と親水性の部分（親水基 -COO^-）とからなる。

② 水溶液中で，セッケン分子の疎水基の部分は水に対して不安定なので，ある程度以上の濃度になると図17(b)のように，疎水基を中心にして多数集まり，表面が親水基で覆われた球状の粒子（コロイド粒子）として存在する。この粒子をとくに **ミセル**[2] という。

③ セッケン分子は，水面では図17 (c) のように疎水基の部分が上部の空間に向かって配列して安定性を確保している。このため，表面は有機溶媒と同じように炭化水素で覆われたような状態であり，水の表面張力[3]が低下する（→ p.478）。

④ セッケン水は表面張力が小さいので，繊維に浸透して油汚れを浮かせ，ミセルの中に取り込んで乳化し，水中に分散させ，**洗浄作用** を示す（→ p.478）。

⑤ セッケンは弱酸と強塩基の塩であるから，水溶液は加水分解し，pH10 程度の弱い塩基性を示す。

$$R\text{-}COO^- + H_2O \rightleftarrows R\text{-}COOH + OH^-$$

⑥ Ca^{2+}，Mg^{2+} を多く含む水（**硬水**）中では，セッケンの脂肪酸イオンは難溶性の塩を生じて沈殿してしまう。そのためセッケンの洗浄力は失われる。

$$2R\text{-}COO^- + Ca^{2+} \longrightarrow (R\text{-}COO)_2Ca \downarrow$$

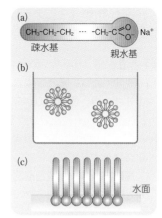

▲ 図17　セッケンの性質

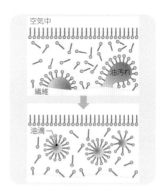

▲ 図18　セッケンの洗浄作用

---

[1] 高級脂肪酸のカリウム塩は **カリセッケン**，アルカリ金属以外（Ca，Al，Co など）の金属塩は **金属セッケン** とよばれるが，広い意味では高級脂肪酸の金属塩を総称してセッケンという。

[2] およそ，100 個程度のセッケン分子が集まって 1 つの粒子となる。会合コロイドの一種である。ミセルが形成される濃度を **臨界ミセル濃度**（CMC）といい，この濃度以上でないと洗浄作用が悪くなる。

[3] 溶液の表面張力を小さくするはたらきをもつ物質を **界面活性剤** という（→ p.476）。

方法 ① 油脂(やし油)に，少量のエタノールを入れた水酸化ナトリウム水溶液を加える。
② 混合溶液をかき混ぜながら温める。
③ ②の乳濁液を飽和塩化ナトリウム水溶液に加えてよくかき混ぜる。
④ 静置するとセッケンが浮いてくるので，ろ過により分離する。

2 合成洗剤 セッケンの水溶液は塩基性なので，動物繊維(羊毛，絹)を洗濯すると縮んだり
傷みやすくなる。また，硬水や海水中では，脂肪酸イオンが Ca^{2+} や Mg^{2+} と不溶性の金属塩
を生じるため，洗浄能力が弱くなる。これらの欠点を解消するために，強酸と強塩基からな
り，Ca^{2+} や Mg^{2+} と沈殿をつくらないが，セッケンのようなはたらきをもつ物質が合成された。
セッケンと同様に，長い鎖状分子の一方に疎水基(主としてアルキル基)，他方に親水基をも
つ化合物で，石油などを原料として合成したものを **合成洗剤** (→ p.477) という。

(1) **高級アルコール系合成洗剤** $C_nH_{2n+1}OH$ (飽和1価アルコール) の $n=12$ (1-ドデカノー
ル)，$n=16$(1-ヘキサデカノール)などを濃硫酸で硫酸エステルにし，NaOH で中和したもの。

$$CH_3-(CH_2)_{11}-OH \xrightarrow[\text{エステル化}]{H_2SO_4} CH_3-(CH_2)_{11}-OSO_3H \xrightarrow[\text{中和}]{NaOH} CH_3-(CH_2)_{11}-OSO_3^-Na^+$$
1-ドデカノール　　　　　　　　硫酸水素ドデシル　　　　　　　硫酸ドデシルナトリウム

(2) **石油系合成洗剤** ベンゼンにさらに炭化水素基を結合
させ(芳香族炭化水素)，これをスルホン化して，アルキ
ルベンゼンスルホン酸をつくり，水酸化ナトリウムで中
和する。**ABS 洗剤** ともよばれる[1]。

合成洗剤　　　　セッケン

アルキルベンゼン　　　アルキルベンゼン　　　アルキルベンゼン
　　　　　　　　　スルホン酸　　　　　スルホン酸ナトリウム

(3) 硫酸やスルホン酸は強酸であるから，そのナトリウム塩の水
溶液は中性である。また，セッケンと異なり Ca 塩や Mg 塩は沈
殿しない。したがって，合成洗剤は動物繊維を傷めず，Ca^{2+} や
Mg^{2+} を含む硬水や海水でも使用することができる。

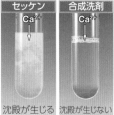
セッケン　　　　　合成洗剤
沈殿が生じる　沈殿が生じない
▲ 図19　セッケンと合成
洗剤

----

[1] ABS 洗剤のアルキル基はさまざまな構造のものがあるが，そのうち直鎖のアルキル基をもつものを **LAS 洗
剤** という。LAS 洗剤はアルキル基が枝分かれした洗剤より分解されやすく，河川に流出しても影響が少ない。

◆◆◆ 定期試験対策の問題 ◆◆◆

❖❶ アルコールの誘導体

アルコールを出発物質とした次の図中の A ～ F の示性式を下の(ア)～(シ)から選べ。

(ア) CH_3CHO 　(イ) $HCHO$ 　(ウ) CH_3COOH 　(エ) $CH_3COOC_2H_5$

(オ) CH_3OCH_3 　(カ) $C_2H_5OC_2H_5$ 　(キ) $CH_2{=}CH_2$ 　(ク) $CH{\equiv}CH$

(ケ) C_2H_5ONa 　(コ) CH_3ONa 　(サ) CH_3COCH_3 　(シ) $CH_3CH(OH)CH_3$

ヒント A, D は生成反応の温度の違いに注意する。B, C はエタノールの 2 段階の酸化が示されている。

❖❷ $C_4H_{10}O$ の構造決定

分子式 $C_4H_{10}O$ で表される化合物 A ～ D について，次の実験を行った。下の問いに答えよ。

実験1 A ～ C は単体のナトリウムと反応して①気体が発生したが，D は反応しなかった。

実験2 A ～ D に硫酸酸性二クロム酸カリウム水溶液を加えて温めると，A からは E，B からは F が生じ，C と D は変化しなかった。E，F に硫酸酸性二クロム酸カリウム水溶液を加えて温めると F は変化せず，E からは G が生じ，G の水溶液は酸性を示した。

実験3 E，F にそれぞれフェーリング液を加えて温めると，E だけが②赤色沈殿を生じた。

実験4 A を濃硫酸とともに 160℃ 程度に加熱すると，アルケン H が生じた。H を構成するすべての炭素原子は，常に同一平面上に存在している。

(1) 下線部①の気体，下線部②の沈殿について，それぞれの名称と化学式を答えよ。

(2) 化合物 A ～ C，H の構造式と名称を答えよ。なお，不斉炭素原子には右上に＊印を示せ。

(3) 化合物 D として考えられる異性体の数はいくつか。

(4) 化合物 B を脱水して得られるアルケンは，シス-トランス異性体を区別すると何種類か。

ヒント $C_4H_{10}O$ にはアルコールとエーテルが存在する。A の構造決定には実験 4 を利用する。

❖❸ 脂肪族化合物の性質

次の(1)～(5)に該当するものを選び，記号で答えよ。答えは 1 つとは限らない。

(1) ヨードホルム反応を示さない物質

　(ア) アセトン 　(イ) エタノール 　(ウ) ホルムアルデヒド 　(エ) 2-プロパノール

(2) 酸性であり，銀鏡反応を示す物質

　(ア) エタノール 　(イ) ギ酸 　(ウ) 酢酸 　(エ) ホルムアルデヒド

(3) アセトンが生成しないもの

　(ア) 1-プロパノールの酸化 　(イ) 酢酸カルシウムの乾留

　(ウ) クメン法における生成物 　(エ) 酢酸エチルの加水分解

(4) 加熱すると容易に脱水する物質

　(ア) リノール酸 　(イ) マレイン酸 　(ウ) フマル酸 　(エ) 酒石酸

(5) 炭素原子間の二重結合をもつカルボン酸

　(ア) パルミチン酸 　(イ) ステアリン酸 　(ウ) オレイン酸 　(エ) プロピオン酸

(❖＝上位科目「化学」の内容を含む問題)

第4章

芳香族化合物

1 芳香族炭化水素
2 フェノール類
3 芳香族カルボン酸
4 芳香族アミン
5 有機化合物の分離

ワイン

1 芳香族炭化水素

基化 **A** ベンゼンと芳香族炭化水素

1 芳香族炭化水素の定義　ベンゼン環をもつ炭化水素には，ベンゼン C_6H_6，トルエン C_7H_8，キシレン C_8H_{10}（3種類→p.460），ナフタレン $C_{10}H_8$ などがある（▶表1）。このような，ベンゼン環をもつ炭化水素を **芳香族炭化水素** といい，たいてい無色で特有のにおいをもつ可燃性の化合物で，水に不溶である。

▼表1　芳香族炭化水素の例

名称	ベンゼン	トルエン	o-キシレン	エチルベンゼン	スチレン	ナフタレン	アントラセン
構造式	〇	〇CH₃	〇CH₃ CH₃	〇C₂H₅	〇CH=CH₂	〇〇	〇〇〇
沸点〔℃〕	80	111	144	136	145	218	342
融点〔℃〕	5.5	−95	−25	−95	−31	81	216

2 ベンゼンの構造式　「ベンゼンには，二重結合が1つおきに（計3個）ある」というケクレ（→次ページ）の考えは，黒鉛の炭素原子の構造やエチレン分子の結合角などから，正しいとされていた。ところが，炭素原子間の結合距離は単結合・二重結合・三重結合によって異なることが判明した。

炭素原子間の結合距離〔nm〕	
単結合	0.154
二重結合	0.134
三重結合	0.120
ベンゼン環の一辺	0.140

　その後，ベンゼンは一辺が 0.140 nm の正六角形の平面構造（すべての原子が同一平面上にある構造）をしており，炭素原子間の距離は単結合と二重結合のほぼ中間で，二重結合のうちの弱いほうの結合（π結合→p.426脚注）は正六角形の六辺に均等に分布していることがわかった。したがって，ベンゼンの構造式は，現在では次ページの図1（c）のように表される。このようなベンゼンの環の構造を **ベンゼン環** という。

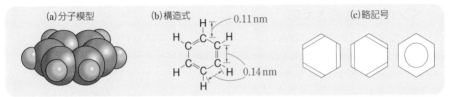

| (a)分子模型 | (b)構造式 | (c)略記号 |

0.11 nm

0.14 nm

▲ 図1　ベンゼンの構造

3 **ベンゼンの所在と製法**　ベンゼンは，石炭の乾留で生成するコールタールを分留した軽油中に存在する。

アセチレンを約500℃に熱した鉄管や石英管に通すと，ベンゼンが生成する（→ p.430）。

$$3 C_2H_2 \longrightarrow C_6H_6 \text{（3分子重合）}$$

現在では，ベンゼンは石油から多量につくられている（トルエン，キシレンなどと同時に得られる）。

▼ 表2　コールタールの留分

留分	留出温度〔℃〕	おもな成分
軽油	～ 180	ベンゼン C_6H_6，トルエン $C_6H_5CH_3$，キシレン $C_6H_4(CH_3)_2$
中油	170 ～ 200	フェノール C_6H_5OH，クレゾール $C_6H_4(CH_3)OH$
重油	200 ～ 280	ナフタレン $C_{10}H_8$，ナフトール $C_{10}H_7OH$
アントラセン油	280 ～ 400	アントラセン $C_{14}H_{10}$，フェナントレン $C_{14}H_{10}$
ピッチ	残留物	（道路舗装用，電極用，その他）

Study Column ベンゼン環の構造決定までの歴史

ベンゼンは，1825年にファラデーによってガス灯用ガスの容器中にたまる液体の中から単離され，その組成式が CH で表されることもわかっていた。

分子式は，1834年にミッチェルリッヒが C_6H_6 と確認した。C_6H_6 が鎖式構造をもつのであれば，かなり不飽和性が高いと考えられたが，実際には臭素などは付加せず，化学的にも比較的安定であったことから説明がつかなかった。

1865年ドイツのケクレ（F.A.kekulé，1829 ～ 1896）が六角形の環状構造（炭素間結合が単結合と二重結合が交互に配列した構造）を提唱した。その後，ケクレは初めの式を改めて，ベンゼン環の二重結合は絶えず単結合と入れかわっていると説明した（右下図）。

▲ ケクレ

ケクレは，このベンゼンの環状構造を仕事中のうたた寝での夢（原子の連なりが蛇のように動き，自分の尻尾をくわえながらぐるぐる回る姿）をヒントに思いついたなどといわれている。

B ベンゼンの性質と反応

1 ベンゼンの性質 **(1) 性質** 特有のにおいをもつ液体 (沸点 80℃)。水に溶けず, 有機化合物(炭化水素, 油脂など)をよく溶かすので, 有機溶媒として用いられる。

(2) 燃焼 空気中では すす を多量に出して燃焼する。一般に芳香族炭化水素は, 成分元素である炭素の含有率が高いので, ベンゼンと同様にすすを出しながら燃焼する。

$$2C_6H_6 + 15O_2 \longrightarrow 12CO_2 + 6H_2O$$

(3) 置換反応 ベンゼンの二重結合は安定なので (→次ページ クエスチョンタイム), 鎖式炭化水素の二重結合 (エチレン, プロペンなど) と異なり, 付加反応をしにくい。しかし, ベンゼンの -H と他の原子または原子団 (基) が入れかわる **置換反応は起こりやすい**。H 原子が 1 つ入れかわったものを **一置換体**, 2 つ入れかわったものを **二置換体** という。

2 ベンゼン環の置換反応 **(1) ハロゲン化 (塩素化と臭素化)** ベンゼンに鉄粉または塩化鉄 (III) 無水物と単体の塩素を作用させると, 無色で水に不溶な重い液体のクロロベンゼンが生成する。臭素も同様な反応をし, 生成物はブロモベンゼンという。

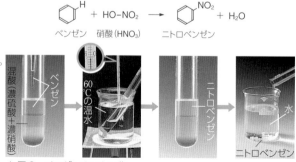

（図中）
クロロベンゼン
ブロモベンゼン

$$\text{（ベンゼン）} + Cl_2 \xrightarrow{Fe} \text{（クロロベンゼン）} + HCl \qquad \text{（ベンゼン）} + Br_2 \xrightarrow{Fe} \text{（ブロモベンゼン）} + HBr$$

このとき, 濃アンモニア水をつけたガラス棒を近づけると, 塩化アンモニウムや臭化アンモニウムの白煙が見られる。

クロロベンゼンをさらに塩素化すると, *p*-ジクロロベンゼンが得られる。これは, 昇華性の無色の結晶で, 衣類の防虫剤として用いられる。

$$\text{（クロロベンゼン）} + Cl_2 \xrightarrow{Fe} Cl-\text{（ベンゼン環）}-Cl + HCl$$

p-ジクロロベンゼン

(2) スルホン化 ベンゼンを濃硫酸とともに加熱すると, 無色固体のベンゼンスルホン酸が得られる。水によく溶け, 濃硫酸と同じように強酸性を示す。-SO_3H は **スルホ基** という。

$$\text{（ベンゼン）} + \underset{(H_2SO_4)}{HO-SO_3H} \xrightarrow{加熱} \text{（ベンゼン）}SO_3H + H_2O$$

ベンゼンスルホン酸

(3) ベンゼンのニトロ化 ベンゼンに濃硫酸と濃硝酸の混合物 (**混酸** という) を作用させると, ニトロベンゼンができる。生成するニトロベンゼンは無色～淡黄色の水に不溶な水より重い液体で, 特有のにおいがある。-NO_2 は **ニトロ基** という。

$$\text{（ベンゼン）}H + HO-NO_2 \longrightarrow \text{（ベンゼン）}NO_2 + H_2O$$

ベンゼン　　硝酸(HNO_3)　　ニトロベンゼン

（写真中）
混酸（濃硫酸＋濃硝酸）
ベンゼン
60℃の温水
ニトロベンゼン
水
ニトロベンゼン

▲ 図2　ベンゼンのニトロ化

Q. ベンゼンが付加反応をしにくいのはなぜですか？

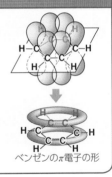

ベンゼンのπ電子の形

A. ベンゼンの炭素原子間の二重結合のうち，1つをπ結合といい，その結合に関与している電子をπ電子といいます（→ *p*.426 脚注）。

右図からわかるように，π電子はすべての炭素原子間に均等に分布しており，二重結合の位置は固定されていないことになります。ベンゼンの炭素原子間の結合が二重結合と単結合の中間の強さを示すのはこのためです。このπ電子の形がエネルギー的に安定しているので，付加反応が起こりにくいのです。

(4) トルエンのニトロ化　トルエン $C_6H_5CH_3$ に混酸を反応させると，ニトロ化が起こり，*o*-ニトロトルエンまたは*p*-ニトロトルエンを経て，2,4-ジニトロトルエン（一部，2,6-ジニトロトルエン）となり，最終的に 2,4,6-トリニトロトルエンが生成する。2,4,6-トリニトロトルエンは英語名の頭文字をとって，TNTとよばれる。TNTは淡黄色の結晶で，爆薬に用いられる。

トルエン　　$+HNO_3$／$-H_2O$　→　*o*-ニトロトルエン　または　*p*-ニトロトルエン　　$+HNO_3$／$-H_2O$　→　2,4-ジニトロトルエン　　$+HNO_3$／$-H_2O$　→　2,4,6-トリニトロトルエン

❸ ベンゼンの付加反応　ベンゼンの二重結合は，アルケンやアルキンよりかなり激しい条件で行わないと付加反応をしない。たとえば，熱したニッケルを触媒としてベンゼンに水素を付加させると，シクロアルカンであるシクロヘキサンになる。また，日光（紫外線）のもとでベンゼンに塩素を作用させると付加反応により，ヘキサクロロシクロヘキサン❶が生成する。

$+ 3H_2$　Ni　→　シクロヘキサン

$+ 3Cl_2$　光　→　ヘキサクロロシクロヘキサン（BHC）　（$C_6H_6Cl_6$）

❹ ベンゼンの酸化反応　**(1) 環の酸化**　一般にベンゼンは酸化されにくいが，触媒 V_2O_5 を用い，高温にすると，ベンゼン環が開環し，無水マレイン酸が生成する。

　O_2／V_2O_5　→　無水マレイン酸

❶ ヘキサクロロシクロヘキサンは，BHC（ベンゼンヘキサクロリド）ともいわれ，いくつかの立体異性体があり，過去に殺虫剤として使用されていたが，環境汚染の原因になるため，現在では製造・販売・使用が禁止されている。他の有機塩素系農薬も，難分解性などのため製造などが禁止される方向にある。

(2) 側鎖の酸化 ベンゼン環についた炭化水素基 (側鎖) は酸化されると, その形によらずカルボキシ基となる。トルエンを過マンガン酸カリウムの硫酸酸性溶液で酸化すると安息香酸のカリウム塩が生成し, さらに塩酸を加えると安息香酸(→ p.464)が遊離する。

トルエン + 3(O) ⟶ 安息香酸 + H_2O ((O)は酸化剤から与えられた酸素)

トルエン $\xrightarrow[\text{酸化}]{\text{KMnO}_4}$ COOK $\xrightarrow[\text{遊離}]{\text{HCl}}$ COOH

5 その他の芳香族炭化水素 **(1) キシレン C_8H_{10}** 2個のメチル基 $-CH_3$ の位置の違いから, *o*-キシレン, *m*-キシレン, *p*-キシレンの3種類の異性体が存在する。このような異性体も, **位置異性体** である(→ p.447)。

o-キシレン　m-キシレン　p-キシレン

(2) ナフタレン $C_{10}H_8$ 昇華性の無色板状結晶で, フタル酸や無水フタル酸 (→ p.465) の原料。防虫剤としても使われる。

ナフタレン　アントラセン

(3) アントラセン $C_{14}H_{10}$ コールタールの中から得られる白色の固体で, アリザリン(→ p.481)染料の原料に用いられる。

Question Time クエスチョン タイム

Q. 芳香族化合物の名称のつけ方を教えてください。

A. 芳香族化合物についても, IUPAC 命名法に従って命名します。ただし, 慣用名が脂肪族化合物よりかなり多くなります。ベンゼンの二置換体については, 以下の通りです。

① X の両隣はオルト(*o*-)
　o-の隣はメタ(*m*-)
　X の反対側はパラ(*p*-)

オルト(*o*-)
メタ(*m*-)
パラ(*p*-)

② 置換基 X が結合した炭素原子を1番として炭素原子に位置番号をつける方法もある。

例 2,4,6-トリニトロトルエン(→前ページ)

Study Column　芳香族置換反応の配向性

　ベンゼンの一置換体に2つ目の置換基が結合する場合, 1つ目の置換基の種類によって次の置換基がどこに結合しやすいかがほぼ決まる。これを置換基の **配向性** という。

① オルト-パラ配向性の基(電子を押し出す傾向がある基)
　$-OH$, $-NH_2$, $-OCH_3$, $-CH_3$, $-Cl$, $-NHCOCH_3$
② メタ配向性の基(電子を引きつける傾向がある基)
　$-NO_2$, $-SO_3H$, $-CN$, $-COOH$, $-COOCH_3$

　以上の配向性は絶対的なものではなく, 収率が高いことを表している。他の位置に結合したものは収率が低い。

○ の位置が置換されやすい

2 フェノール類

A フェノール類

1 フェノール類の例 ベンゼン環やナフタレン環にヒドロキシ基 –OH が直接結合した化合物を **フェノール類** という[1]。

▼表3 フェノール類の例

名称	フェノール	o- クレゾール	m- クレゾール	p- クレゾール	1- ナフトール	2- ナフトール
構造式	◯–OH	CH₃ ◯–OH	CH₃ ◯ –OH	CH₃ ◯ OH	OH ◯◯	◯◯–OH
融点〔℃〕	41	31	12	35	96	122
用途	医薬, 消毒薬, 合成樹脂, 合成繊維などの原料	消毒薬・殺菌剤(クレゾールセッケン), 防腐剤			染料の原料	

2 フェノール C_6H_5–OH **(1) 工業的製法** **① クメン法** プロペンにベンゼンを触媒のもとで付加させると, クメン (イソプロピルベンゼン) が生成する。クメンを空気酸化してクメンヒドロペルオキシドとし, これを希硫酸を触媒として分解するとフェノールとアセトンが得られる。

CH_3–CH=CH₂（プロペン）＋ ◯（ベンゼン）

→ 触媒 付加 → クメン（CH₃–C–CH₃, H）

→ 空気 酸化 → クメンヒドロペルオキシド（CH₃–C–CH₃, O–O–H）

→ 希硫酸 分解 → ◯–OH フェノール ＋ CH_3–C–CH₃（O）アセトン

② アルカリ融解法 ベンゼンスルホン酸ナトリウムの結晶を水酸化ナトリウムの固体とともに加熱 (約300℃) し, 融解状態 (液体) で反応させ, ナトリウムフェノキシドにする反応を **アルカリ融解** という。その後, 水溶液に CO_2 を通じてフェノールを遊離させる。

◯ ベンゼン → H_2SO_4 スルホン化 → ◯–SO₃H ベンゼンスルホン酸 → NaOH 中和 → ◯–SO₃Na ベンゼンスルホン酸ナトリウム → NaOH(300℃) アルカリ融解 → ◯–ONa ナトリウムフェノキシド

◯–ONa + CO_2 + H_2O ⟶ ◯–OH + NaHCO₃ （フェノールより強い酸で遊離させる。）

◯–ONa + HCl ⟶ ◯–OH + NaCl

....

[1] クレゾールの異性体である ◯–CH₂-OH はベンジルアルコールといい, –OH とベンゼン環をもっているが, –OH がベンゼン環に直接結合していないので, フェノール類ではなくアルコールである。

③ **クロロベンゼン法** 高温・加圧下でクロロベンゼンを水蒸気または水酸化ナトリウム水溶液と反応させるとフェノールが生成する(水酸化ナトリウム水溶液では，その後中和反応すると，ナトリウムフェノキシドが得られる)。

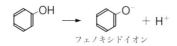

(2) **性質** ① 特有のにおいをもつ無色の固体(融点 41℃)。

② 水にわずかに溶けて電離する(電離度小)。弱酸である(炭酸($H_2O + CO_2$)よりも弱い酸)。有機溶媒にはよく溶ける。

▲ 図3 塩化鉄(Ⅲ)水溶液による呈色

フェノキシドイオン

③ フェノール類の水溶液は，塩化鉄(Ⅲ) $FeCl_3$ 水溶液で呈色する(青紫～赤紫色)[1](▶図3)。

④ 水酸化ナトリウム水溶液に塩をつくって溶解する。

+ NaOH →(中和) ナトリウムフェノキシド + H_2O

⑤ 単体のナトリウムを加えて熱すると水素を発生し，ナトリウムフェノキシドが生成する。

2 + 2Na → 2 + H_2

⑥ 無水酢酸と反応させると[2]，エステルである酢酸フェニルが生成する。この反応を **アセチル化** (→ p.445 脚注) という。

フェノール　無水酢酸　酢酸フェニル(エステル) + CH_3-COOH

（アルコールのエステル化に比べると，反応は起こりにくい。）

⑦ 混酸でニトロ化され，o-(または p-)ニトロフェノール，2,4-ジニトロフェノールなどを経て，黄色で爆発性のピクリン酸[3](2,4,6-トリニトロフェノール)が生じる。

+ 3$HONO_2$ →(ニトロ化) + 3H_2O
硝酸(HNO_3)

ピクリン酸
(2,4,6-トリニトロフェノール)

....

❶ フェノール，1-ナフトールは紫色，クレゾールは青色を呈する。
❷ エステルが生じるのでエステル化ではあるが，アセチル基 CH_3CO- がフェノールの H 原子と置換反応している観点から，アセチル化ということが多い。
❸ ピクリン酸は黄色の結晶で，強力な火薬として使われていた。TNT より強力であるが，不安定で，取り扱いが難しい。水溶液は強い酸性と苦味を有し，$FeCl_3$ 水溶液で呈色しない。

⑧ フェノールの水溶液に，臭素水 (赤褐色) を加えると，ただちに 2,4,6-トリブロモフェノールの白色沈殿を生じる。フェノールの検出に利用される。

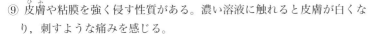

　　フェノール　　　2,4,6-トリブロモフェノール

▲ 図 4　臭素水との反応

⑨ 皮膚や粘膜を強く侵す性質がある。濃い溶液に触れると皮膚が白くなり，刺すような痛みを感じる。

(3) **用途**　① 殺菌力があるので，かつては消毒剤に用いられた (→ p.479)。
　② 染料，合成繊維，合成樹脂，医薬品，農薬などの原料として用いられる。

3 クレゾールとナフトール　クレゾールはコールタールから得られ，3 種類の異性体の混合物が消毒・防腐剤として用いられる。水に溶けにくいので，セッケン水で乳化したものがクレゾールセッケン液として市販されている。

　2-ナフトールは淡褐色の固体で，アゾ染料 (→ p.469) の原料として用いられる。

2-ナフトール

▼ 表 4　アルコールとフェノール類の比較

名称	アルコール	フェノール類
官能基	ヒドロキシ基 −OH	
構造	ヒドロキシ基はベンゼン環に直接結合していない CH_3-OH，$C_3H_5(OH)_3$，（ベンジルアルコール CH_2-OH）	ヒドロキシ基がベンゼン環，ナフタレン環に直接結合している（フェノール，CH_3 クレゾール OH，2-ナフトール OH）
水溶性	低級アルコール：よく溶ける 高級アルコール：溶けにくい	一般に溶けにくい
水溶液の性質	水に溶けるものは中性	水にごくわずかに溶けたものは弱酸性 (炭酸 (H_2O+CO_2) より弱い)
NaOH 水溶液	反応しない	NaOH と中和してフェノキシドやナフトキシド (ナトリウム塩) を生成し，水溶性となる
$FeCl_3$ 水溶液	呈色しない	呈色する (青紫〜赤紫)
酸化反応	第 1 級アルコール：アルデヒドを経てカルボン酸が生成 第 2 級アルコール：ケトンが生成 第 3 級アルコール：酸化されにくい	酸化される (ベンゾキノン，ナフトキノンなど複雑な物質が生成)
濃硫酸＋濃硝酸 (混酸)	硝酸エステルが生成。グリセリンから生じるものはニトログリセリンという	ニトロ化が起こる。フェノールの場合はピクリン酸が生成
濃硫酸	エーテルが生成 (高温ではアルケン生成)	スルホン化が起こる
単体の Na	H_2 が発生，アルコキシド (R-ONa) が生成	H_2 が発生，フェノキシドやナフトキシドが生成
無水酢酸	酢酸エステルが生成	

ベンゼン環の炭素原子に，カルボキシ基 –COOH が結合した化合物を **芳香族カルボン酸** という。その性質は脂肪族カルボン酸とよく似ている。常温で固体。冷水には溶けにくいが温水にはかなりよく溶け，その水溶液は弱酸性を示す。

1 安息香酸 C_6H_5–COOH （1）**製法** トルエンを空気酸化，または過マンガン酸カリウム水溶液や二クロム酸カリウム水溶液で酸化し，生成した塩に塩酸を加える。

ベンゼン環に炭化水素基が 1 つ結合している場合，酸化されるとその炭化水素基の炭素数に関係なく，最終的に安息香酸になる。

$$\left[\text{エチルベンゼン} \quad \text{プロピルベンゼン} \quad \text{ベンジルアルコール}\right] \xrightarrow{\text{酸化}} \text{いずれも} \quad \text{COOH}$$

ただし，ベンジルアルコールの場合は，酸化マンガン(IV)MnO_2 などでおだやかに酸化すると，中間物質（ベンズアルデヒド[1]）を経て安息香酸になる。

$$\text{ベンジルアルコール} \xrightarrow[\text{酸化}]{MnO_2} \text{ベンズアルデヒド} \xrightarrow[\text{酸化}]{MnO_2} \text{COOH}$$

（2）**性質** ① 無色板状の結晶。水に少し溶けて弱酸性を示し，塩基と中和して塩をつくる。

$$\text{COOH} + NaOH \xrightarrow{\text{中和}} \text{COONa} + H_2O$$

② 炭酸塩や炭酸水素塩と反応して二酸化炭素を発生させ，安息香酸塩を生じる。また，安息香酸塩に塩酸などの強酸を加えると，安息香酸が遊離する（→ *p.*443 酸の強弱関係）。

$$\text{COOH} + NaHCO_3 \longrightarrow \text{COONa} + H_2O + CO_2$$

$$\text{COONa} + HCl \longrightarrow \text{COOH} + NaCl$$

③ アルコールと反応してエステルを生じる。

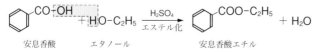

---

[1] ベンズアルデヒドは –CHO をもつので銀鏡反応を起こす。しかし，フェーリング液では，強塩基性条件下のためにベンジルアルコールと安息香酸とに変化してしまうので，赤色沈殿は生じない。

2 フタル酸とその異性体

(1) 構造 ベンゼン環に2個のカルボキシ基が結合したものには, *o*-位(フタル酸:融点234℃), *m*-位(イソフタル酸:融点349℃), *p*-位(テレフタル酸:昇華点300℃)の3つの位置異性体がある。

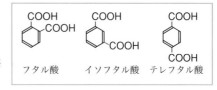

フタル酸　　イソフタル酸　テレフタル酸

(2) 製法 *o*-キシレンを酸化するとフタル酸が生成する。ナフタレンを高温, V_2O_5 触媒で空気酸化すると, 無水フタル酸(酸無水物)となる。

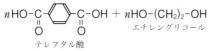

o-キシレン　　フタル酸　　　　　無水フタル酸　　　　ナフタレン

(3) 性質 いずれも無色の結晶。フタル酸を加熱すると脱水し, 無水フタル酸となる。逆に, 無水フタル酸は水と徐々に反応してフタル酸になる。

3 テレフタル酸

p-キシレンの酸化で工業的につくられ, エチレングリコールとの縮合重合によって, エステル結合で連なったポリエチレンテレフタラートという高分子化合物が生成する。ポリエチレンテレフタラートは英語名の頭文字をとって PET (ペット) とよばれ, 合成繊維, 合成樹脂などに広く使用されている(→ *p*.513)。

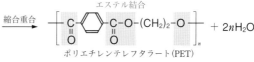

テレフタル酸　　　　　　　エチレングリコール

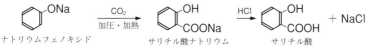

ポリエチレンテレフタラート(PET)

B サリチル酸 *o*-C₆H₄(OH)COOH

1 サリチル酸の構造
1分子中に -OH と -COOH をもつヒドロキシ酸なので, フェノールとカルボン酸の両方の性質をもつ。

サリチル酸

2 サリチル酸の性質
(1) 製法 ナトリウムフェノキシドを加圧・加熱 ($125℃$, $4 \sim 7 \times 10^5 Pa$) しながら二酸化炭素を作用させて, サリチル酸ナトリウムをつくり[1], これに塩酸, または硫酸を加えてサリチル酸を遊離させる。

ナトリウムフェノキシド　　サリチル酸ナトリウム　　サリチル酸

(2) 性質 無色針状の結晶(融点159℃), 水にわずかに溶ける。また, フェノール性ヒドロキシ基 -OH があるので, 塩化鉄(III)水溶液で, 赤紫色を呈する。

(3) 用途 防腐剤, 医薬品, 染料の原料として用いられる。

---

[1] この反応をコルベ・シュミット反応という。

3 サリチル酸の反応 （1）**アセチルサリチル酸**　サリチル酸と無水酢酸を混合し，触媒として濃硫酸を加えて 60℃ 程度で反応させると，アセチルサリチル酸が得られる。

この反応は，サリチル酸のフェノール類としての反応で，カルボン酸とのエステル化である。

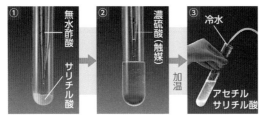

アセチルサリチル酸は白色の固体で，**アスピリン**ともよばれ，多くの解熱鎮痛剤・抗炎症剤に含まれている（→ p.480）。

◀図5　アセチルサリチル酸の合成
③で冷水を加えるとアセチルサリチル酸の結晶が析出する。

（2）**サリチル酸メチル**　サリチル酸とメタノールに，触媒として濃硫酸を加えて加熱すると，サリチル酸メチルが得られる。この反応は，サリチル酸のカルボン酸としての反応で，アルコールとのエステル化である。

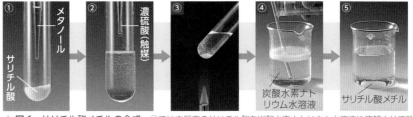

サリチル酸メチルは強い芳香をもつ油状の液体（融点 −8℃）で，消炎鎮痛剤として外用塗布薬（サロメチールなど）に用いられる（→ p.480）。

▲図6　サリチル酸メチルの合成　④では未反応のサリチル酸を炭酸水素ナトリウム水溶液に溶解させて除く。

Q？uestion Time クエスチョン タイム

Q. アスピリンはどうやって開発されたの？

A. 古くはヤナギの樹皮が解熱・鎮痛のために用いられました。19 世紀に，それがサリチル酸の作用であるとわかり合成薬として使われましたが，激しい胃痛を起こす副作用がありました。

ドイツの化学会社バイエルの H. ホフマンは，副作用の原因がフェノール性 −OH にあると考え，その部分をアセチル化したアスピリンを医薬品として実用化しました（1899 年）（→ p.480）。

4 **芳香族アミン**

アニリン 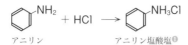—NH$_2$，ジメチルアミン (CH$_3$)$_2$NH，トリメチルアミン (CH$_3$)$_3$N などのように，アンモニア分子 NH$_3$ の中の水素原子を炭化水素基で置換した形の化合物を，一般に **アミン** という。また，–NH$_2$ は，**アミノ基** という。

A 芳香族アミン

1 アニリン C$_6$H$_5$–NH$_2$ ベンゼン環の炭素原子に，アミノ基 –NH$_2$ 1 個が直接結合した化合物を **アニリン** といい，代表的な **芳香族アミン** である。

(1) **性質** アニリンは，アンモニア NH$_3$ の H 原子 1 つを，フェニル基 (C$_6$H$_5$–) で置換した構造をもち，アンモニアに似て弱塩基である。酸と中和して塩を生じる。水には溶けにくいが，有機溶媒にはよく溶ける。特有の不快臭をもち，油状の液体で，有毒である。

アニリン + HCl ⟶ アニリン塩酸塩[1]

🧪 **L a b o r a t o r y** 　　**アニリンの製法**

濃塩酸 ／ スズ ／ ニトロベンゼン ／ アニリン塩酸塩 ／ 水酸化ナトリウム水溶液 ／ アニリン ／ エーテル ／ エーテル層

方法 ① ニトロベンゼンをスズと濃塩酸で還元する (アニリンは塩酸塩として得られる)。

$$C_6H_5NO_2 \xrightarrow[\text{還元剤から}]{(+6H)} C_6H_5NH_2 + 2H_2O$$

② NaOH 水溶液を加えてアニリンを遊離させ，エーテルで抽出する。

MARK ・還元剤としてスズ Sn を使用する[2]。鉄を用いてもよい[3]。

・ニトロベンゼンを還元してアニリンをつくるのであるが，実験室では塩酸を過剰に用いるため，生成したアニリンと塩酸が中和し，アニリン塩酸塩となって水に溶けている。

$$2C_6H_5\text{-}NO_2 + 3Sn + 14HCl \longrightarrow 2C_6H_5\text{-}NH_3Cl + 3SnCl_4 + 4H_2O$$

・アニリンを得るためには，アニリン塩酸塩に強塩基を作用させ，弱塩基であるアニリンを遊離させる。　$C_6H_5\text{-}NH_3Cl + NaOH \longrightarrow C_6H_5\text{-}NH_2 + NaCl + H_2O$

---

[1] 塩化アニリニウム (または塩酸アニリン) ということもある。

[2] スズは HCl で SnCl$_2$ となり，さらに酸化されて SnCl$_4$ となる。すなわち，Sn (酸化数 0) → Sn^{2+} (+2) → Sn^{4+} (+4) となって酸化され，相手に電子を与えて還元する。Sn^{2+} はとくに還元性が強い。

$$2C_6H_5\text{-}NO_2 + 3Sn + 12HCl \longrightarrow 2C_6H_5\text{-}NH_2 + 3SnCl_4 + 4H_2O　と表すこともできる。$$

[3] 工業的には，ニトロベンゼンをニッケル触媒を用いて水素で直接還元している。

(2) **検出反応** アニリンにさらし粉水溶液を
加えると赤紫色に呈色する[1]。

(3) **その他の反応** ① 硫酸酸性の二クロム酸
カリウム水溶液で酸化すると，黒色の物
質ができる。これは**アニリンブラック**と
よばれ，水に溶けにくく染料に用いられる。
② 空気中の酸素により長時間かかって酸化
され，赤〜赤褐色になる。

▲ 図7 アニリンの検出

2 アセトアニリド C₆H₅-NH-COCH₃ (1) **製法** アニリンに無水酢酸を作用させるか，酢
酸と濃硫酸(触媒)を加えて加熱すると，**アセトアニリド**が生成する。

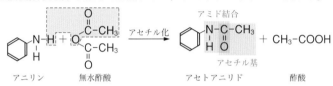

アニリン　　　　無水酢酸　　　　　　　　　　　アセトアニリド　　　　　　　酢酸

この反応は，アミノ基のH原子がアセチル基 CH_3CO- に置換されたので**アセチル化**と
いう(→ p.445 脚注)。この例のように，アミノ基とカルボキシ基から H_2O が取れて(脱水縮
合して)生じた構造の結合を**アミド結合**という。

(2) **性質** 無色板状の結晶で，加水分解すると，アニリンと酢酸になる。

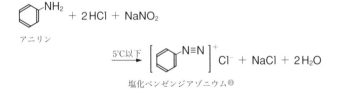

アセトアニリド　　　　　　　　　　　　　　　　アニリン　　　　酢酸

(3) **用途** 各種医薬品，染料の合成原料。以前は，そのまま解熱剤として使用されていたが，
副作用が強いため，現在は使用されていない(→ p.480)。

3 アゾ化合物 (1) **ジアゾ化** アニリン塩酸塩を5℃以下に冷やしな
がら，亜硝酸ナトリウム $NaNO_2$ を作用させると，塩化ベンゼンジア
ゾニウムが生成する。この反応は**ジアゾ化**[2]とよばれる。

▲ 図8 ジアゾ化

アニリン

塩化ベンゼンジアゾニウム[3]

....

[1] アニリンとさらし粉水溶液との反応を **さらし粉反応** ということがある。

[2] ジ＝2，アゾ＝azo＝窒素，$-N≡N$ ジアゾ基

[3] 塩化ベンゼンジアゾニウムは N₂Cl と表してもよい。

(2) ジアゾカップリング 塩化ベンゼンジアゾニウム水溶液に，ナトリウムフェノキシド水溶液を加えると，橙赤色の化合物 p-フェニルアゾフェノール[1]ができる。

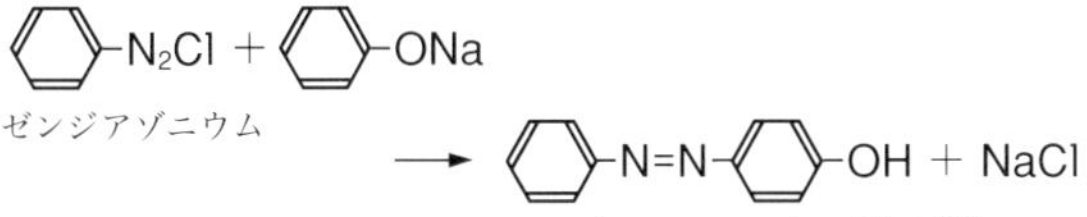

塩化ベンゼンジアゾニウム

$$\text{〈〉}-N_2Cl + \text{〈〉}-ONa \longrightarrow \text{〈〉}-N=N-\text{〈〉}-OH + NaCl$$

p-フェニルアゾフェノール（アゾ化合物）

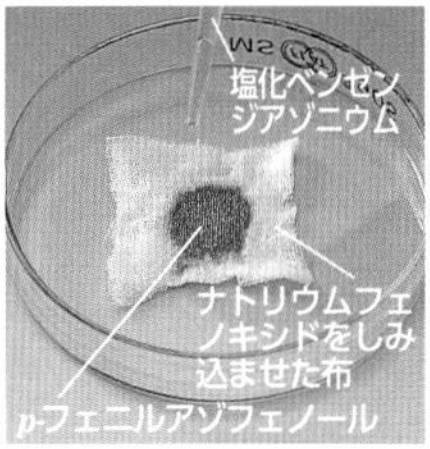

▲ 図9 ジアゾカップリング

このように，ジアゾニウム塩からアゾ化合物を生じる反応を，**ジアゾカップリング**という。芳香族アゾ化合物は一般に黄〜赤色で，**アゾ染料**[2]（合成染料→ $p.481$）として用いられる。

同様に，塩化ベンゼンジアゾニウム水溶液に，2-ナフトールの水酸化ナトリウム水溶液を加えると，橙赤色の1-フェニルアゾ-2-ナフトールが生成する。

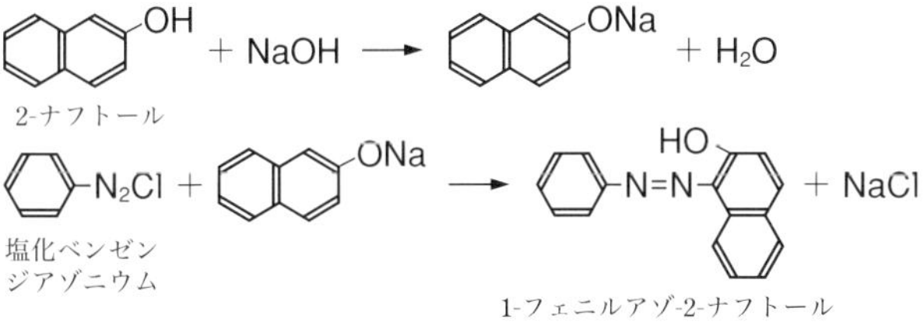

2-ナフトール

$$\text{〈〉〉}-OH + NaOH \longrightarrow \text{〈〉〉}-ONa + H_2O$$

$$\text{〈〉}-N_2Cl + \text{〈〉〉}-ONa \longrightarrow \text{〈〉}-N=N-\text{〈〉〉} \overset{HO}{} + NaCl$$

塩化ベンゼンジアゾニウム

1-フェニルアゾ-2-ナフトール

(3) ジアゾニウム塩の分解 塩化ベンゼンジアゾニウムは分解しやすく，その水溶液を温めると加水分解され，フェノールと窒素ができる。

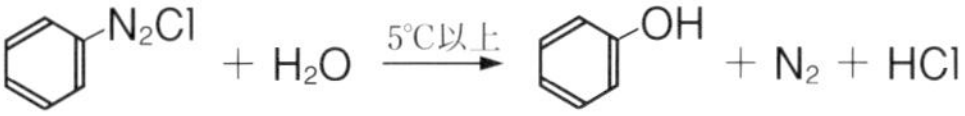

$$\text{〈〉}-N_2Cl + H_2O \xrightarrow{5℃以上} \text{〈〉}-OH + N_2 + HCl$$

B 脂肪族アミン

1 脂肪族アミン アンモニア NH_3 の水素原子をベンゼン環以外の炭化水素基で置換した構造をもつものを**脂肪族アミン**という。メチルアミン CH_3-NH_2，ジメチルアミン $(CH_3)_2NH$ などがあり，アンモニアに似た不快な腐魚臭をもつ気体または液体で，水によく溶け，塩基性を示す。

2 尿素 **(1) 製法** 尿素は，二酸化炭素とアンモニアを高温 (200℃)，高圧 (20MPa) で反応させて合成される。

$$CO_2 + 2NH_3 \longrightarrow (NH_2)_2CO + H_2O$$

(2) 性質 尿素は，無臭の無色粒状の結晶で，水，アルコールによく溶ける。水溶液は中性で，酸または塩基で加水分解すると，NH_3 と CO_2 になる（上記の逆反応）。

(3) 用途 尿素は，肥料として重要 (→ $p.407$)。ホルムアルデヒドと付加縮合させると，**尿素樹脂（ユリア樹脂）**となり (→ $p.517$)，家庭用品，電気部品などに用いられる。

---

[1] p-ヒドロキシアゾベンゼンともいう。
[2] 1856年パーキンが最初の染料モーブ（モーベイン）を合成してから，今では，4000種，25000余品目あるといわれる。

5 有機化合物の分離

A 有機化合物の分離

1 **有機化合物分離の原理**　有機化合物の合成では，多くの場合，生成物にはさまざまな物質が混合している。そこから目的の物質を取り出すには，他の物質と分けて取り出す「分離」の操作が必要となる。その原理は，通常，酸・塩基の性質を利用している。

まず，おさえておくべきことは，次の3つである。

① 水に不溶の有機化合物でも，酸性物質または塩基性物質なら，その塩は水に溶解する。

　　・酸性物質は，塩基と反応して塩をつくり，水に溶解する。

　　・塩基性物質は，酸と反応して塩をつくり，水に溶解する。

② ①の塩に，強酸・強塩基を加えると，それぞれ弱酸・弱塩基が遊離する。

　　・弱酸の塩は，より強い酸によって弱酸となって遊離する。

　　・弱塩基の塩は，より強い塩基によって弱塩基となって遊離する。

③ 遊離した有機化合物(塩ではない)は，ジエチルエーテルなどの有機溶媒に溶け込むので，抽出して分液漏斗で分離することができる。

具体的には次のような反応が基本となる。

2 **有機化合物分離の反応**　**(1) 中性物質**　ベンゼン，トルエンなどの炭化水素，ニトロベンゼン，エステル，油脂，水に不溶のアルコールなどは，分離操作の最後まで有機溶媒に溶けたままである。

　ベンゼンにニトロベンゼンが混じっている場合などは，蒸留によって分離する以外に方法はない。

(2) 酸性物質　(a) 水に溶けにくいカルボン酸は NaOH 水溶液や NaHCO$_3$ 水溶液に溶け，水層に移行する。

例　（ベンゼン環）COOH + NaOH ⟶ （ベンゼン環）COONa + H$_2$O

（ベンゼン環）COOH + NaHCO$_3$ ⟶ （ベンゼン環）COONa + H$_2$O + CO$_2$

(b) 水に溶けにくいフェノール類は NaOH 水溶液に溶け，水層に移行する。ただし，カルボン酸と異なり，<u>NaHCO$_3$ 水溶液には溶けない。</u>

例　（ベンゼン環）OH + NaOH ⟶ （ベンゼン環）ONa + H$_2$O

（ベンゼン環）OH + NaHCO$_3$ ⟶ ×（溶けない）

(3) 水に溶けにくい **塩基性物質** (アニリンなどアミノ基をもつ物質) は，塩酸などの酸と反応して塩をつくり，水層に移行する。

例　（ベンゼン環）NH$_2$ + HCl ⟶ （ベンゼン環）NH$_3$Cl

(4) 弱酸の塩に，より強い酸を加えると弱酸が遊離する。

例 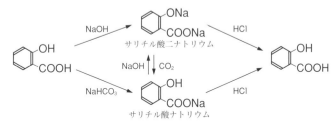COONa + HCl ⟶ COOH + NaCl

フェノール類は，二酸化炭素によっても遊離する（希塩酸でも同様）。

例 ONa + CO₂ + H₂O ⟶ OH + NaHCO₃

ONa + HCl ⟶ OH + NaCl

(5) 弱塩基の塩に，より強い塩基を加えると弱塩基が遊離する。

例 NH₃Cl + NaOH ⟶ NH₂ + NaCl + H₂O

CHART 56　　　　　　　酸の強弱関係

再掲（→ *p.443*）

スルホン酸 ＞ カルボン酸 ＞ 炭 酸 ＞ フェノール類

ベンゼン
スルホン酸 ⟨ ⟩-SO₃H　　　R-COOH　　　H₂O + CO₂　　　フェノール ⟨ ⟩-OH
　　　　　　　　　　　　　　　　　　　（CO₂水溶液）
・塩酸 HCl　・硫酸 H₂SO₄

---

(6) サリチル酸は -COOH と -OH をもつので，CO₂ や NaHCO₃，NaOH，HCl などとの関係は，次のようになる。

重要

有機化合物の分離試薬の作用

・HCl：水に不溶の塩基（おもにアニリン，または -NH₂ をもつ物質）を水溶性にする。
　　　　弱酸の塩をもとの酸にもどす。

・NaHCO₃：カルボン酸は溶解するが，フェノール類は溶解しない。
　　　　　　フェノール類とカルボン酸の分離に用いる。

・NaOH：水に不溶の酸を水溶性にする。
　　　　　弱塩基の塩をもとの塩基にもどす。

① **分液漏斗**：目的物質を含んだ水溶液を分液漏斗に入れ，ジエチルエーテルなどの有機溶媒を加えてよく振り混ぜてから静置すると，液は図Aのように二層に分かれる。上の栓の空気穴を合わせてからコックを開いて下層を流し出すと，水溶性の有機化合物が溶解した水溶液が得られる。これに酸または塩基を加えることによって目的物質を遊離させることができる。

　上層（有機溶媒）には水に溶けない有機化合物が溶けているので，それが1種類であれば，有機溶媒を蒸発させることにより目的物質が得られる。

② **ソックスレー抽出器**：溶媒を利用し連続抽出するための装置である。溶媒がフラスコで温められ，蒸気になって図Bの太い管を通って上昇し，還流冷却器で冷やされ再び液体になる。そして円筒ろ紙の中に滴下し，目的物質を溶かし出した溶液は，いっぱいになったらサイホンの原理で図Bの細い管を通ってフラスコにもどり，

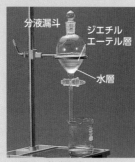

▲図A　分液漏斗

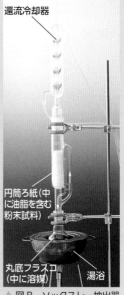

▲図B　ソックスレー抽出器

繰り返し使用されるのでフラスコ内部の目的物質の濃度は次第に濃くなる。十分な時間の操作後，溶液を取り出し，溶媒を蒸発させれば目的物質が得られる。

＊大気圧と水圧を利用して高い位置にある水を低いところに移す原理。実験室のピペット洗浄器や家庭用の灯油ポンプ（石油ポンプ，ホースポンプともいう）などもこの原理を利用している。

3 分離の操作　混ざり合わない液体が二層になったとき，上にある層を**上層**，下にある層を**下層**という。ジエチルエーテルなどの有機溶媒層は，水より密度が小さいので上層❶となる。水溶液は**水層**といい，この有機溶媒より重いので下層となる。

　エーテル層と水層を分離するには，**分液漏斗**が用いられる。混合溶液を入れ，抽出試薬（たとえば，希塩酸）を加えて振り混ぜた後，静置して二層に分かれたら，コックを開いて下層（水層）を流し出す。その後，エーテル層を別の容器に取り出す。

　分離操作で加えられる試薬は，すべて常温のまま使用することが特徴である。もし，有機化学の問題などで「水酸化ナトリウム水溶液を加えて加熱」という記述があれば，それはエステルやアミドなどを加水分解することを意味している場合が多い。しかし，分離操作では，エステルがあっても加熱することはないので，最後までエーテル層にとどまると考えてよい。

❶四塩化炭素 CCl_4 などの場合には，密度が水より大きいので下層になる。

4 有機化合物の分離の例 下図のように，アニリン，安息香酸，フェノール，ニトロベンゼンの混合溶液を，それぞれの物質に分離する場合を示す。

(1) ジエチルエーテル（以下，エーテルと略記）に試料を溶解させてから分液漏斗に入れ，希塩酸を加えて振り混ぜたのち，静置する。

　　塩基であるアニリンはアニリン塩酸塩となって水溶性になり，水層に移行する。

　　分離操作の後，水層を取り出して水酸化ナトリウム水溶液を加えると，アニリンが遊離するので，これにエーテルを加えて抽出し，エーテルを蒸発させるとアニリンが残る。

　　アニリンかどうかは，さらし粉水溶液を加えて赤紫色になることで確認する。

(2) (1)のエーテル層に炭酸水素ナトリウム水溶液を加えると，炭酸より酸性が強いカルボン酸である安息香酸が安息香酸ナトリウムとなって水溶性になり，水層に移行する。

　　水層を取り出して希塩酸を加えると，安息香酸が沈殿するので，ろ過により分離する。

(3) (2)のエーテル層に水酸化ナトリウム水溶液を加えると，酸であるフェノールがナトリウムフェノキシドとなって水溶性になり，水層に移行する。

　　水層を取り出して二酸化炭素を通じるか希塩酸を加えると，フェノールが遊離するので，これにエーテルを加えて抽出し，エーテルを蒸発させるとフェノールが残る。

　　フェノールかどうかは，塩化鉄(III)水溶液を加えて青紫色になることで確認する。

(4) (3)のエーテル層にはニトロベンゼンが溶けている。

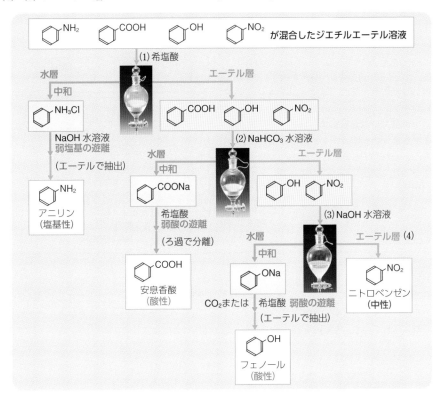

o-クレゾール，サリチル酸，アニリンからなる混合物がある。

(1) これらを分離する方法を，最初に水酸化ナトリウム水溶液を加えることから始めるものとして考えよ。試薬は必要なものを用いてよい。

(2) それぞれの物質を確認する方法を答えよ。

考え方 (1) 混合物をジエチルエーテルに溶かし，水酸化ナトリウム水溶液とともに分液漏斗に入れ，よく振ってから静置する。

水層1を流し出した後のエーテル層1にはアニリンが溶解しているので，取り出してジエチルエーテルを蒸発させるとアニリンが残る。

水層1に二酸化炭素を通じるとo-クレゾールが遊離するので，ジエチルエーテルを加えて分液漏斗に入れ，よく振ってから静置する。

この水層2を流し出し，希塩酸を加えるとサリチル酸が沈殿するので，ろ過して分離する。

水層2を流し出した後のエーテル層2を取り出し，ジエチルエーテルを蒸発させるとo-クレゾールが残る。

(2) o-クレゾール：少量を水に溶解させ，塩化鉄(III)水溶液を加えて青色を呈することで確認する。

サリチル酸：少量を温水に溶解させ，青色リトマス紙やメチルオレンジ溶液で酸性であることで確認する。溶液に$NaHCO_3$粉末を加えると二酸化炭素の泡が生じることでもわかる。

アニリン：少量を水に溶解させ，さらし粉水溶液を加えて赤紫色を呈することで確認する。

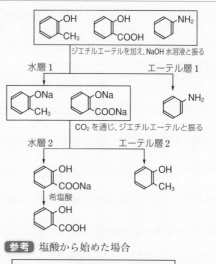

参考 塩酸から始めた場合

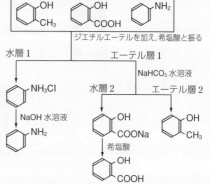

類題 ⋯⋯ 69

安息香酸，m-クレゾール，アニリン，トルエンからなる混合物を分離する方法を考えよ。試薬は，ジエチルエーテル，希塩酸，水酸化ナトリウム水溶液，炭酸水素ナトリウム水溶液があり，適当な器具も準備されていて，希塩酸を加えることから始めるものとせよ。

◆◆◆ 定期試験対策の問題 ◆◆◆

❖① 芳香族化合物の推定

分子式 C_8H_{10} の芳香族炭化水素 A～D がある。これらを過マンガン酸カリウムで酸化すると，A からは E，B からは F，C からは G，D からは安息香酸が得られた。また，E はポリエチレンテレフタラートの原料で，F を加熱すると酸無水物である H が得られた。

(1) 芳香族炭化水素 A～D の構造式を答えよ。
(2) 酸無水物 H の名称を答えよ。
(3) C のベンゼン環の水素原子1個を臭素原子で置換してできる構造異性体は，何種類あるか。

ヒント ベンゼン環の側鎖を酸化すると，その炭素数によらずに −COOH となる。

❖② フェノールの誘導体

(1) 次の(a)～(c)の変化に必要な操作を，下の(ア)～(エ)より選べ。

ベンゼン →(a) ベンゼンスルホン酸 →(b) ナトリウムフェノキシド →(c) サリチル酸

(ア) 高温・高圧で二酸化炭素を作用させ，生成物に希硫酸を加える。
(イ) 水酸化ナトリウム水溶液を作用させ，その後，塩酸を加える。
(ウ) 水酸化ナトリウムで中和し，アルカリ融解を行う。
(エ) 濃硫酸を加えて加熱する。

(2) 文中の空欄(a)～(d)に最も適当な物質の化学式を答えよ。

(a)にベンゼンを反応させるとクメン(b)が得られる。得られたクメンを空気酸化するとクメンヒドロペルオキシドが生成し，それに希硫酸を加えて分解すると，芳香族化合物である(c)と脂肪族化合物である(d)が得られる。

❖③ 染料の合成

ベンゼンを混酸とともに温めるとニトロベンゼンが得られる。①これをスズと濃塩酸とともに加熱したのち，水酸化ナトリウム水溶液を加えると A が遊離する。②A を希塩酸に溶かし，氷水で冷却しながら，よく冷やした亜硝酸ナトリウム水溶液を作用させると B が得られる。③これにナトリウムフェノキシドの水溶液を加えると橙赤色の染料 C が生じる。一方，A に無水酢酸を加えると D と酢酸が生成する。

(1) A～D の構造式と名称を示せ。
(2) 下線部①，②，③の反応名を答えよ。
(3) B は加熱すると分解してしまう。このときの化学反応式を答えよ。

❖④ 有機化合物の分離

(A)安息香酸，(B)フェノール，(C)トルエン，(D)アニリンの混合物をジエチルエーテルに溶かし，次の分離実験を行った。(1)～(5)に最も適当な試薬を下から選べ(何度選んでもよい)。

エーテル溶液 →(1) エーテル層 →(3) エーテル層 → C が溶解 / 水層 →(4)+エーテル エーテル層 → B が溶解 / 水層 →(5) A が遊離 ; 水層 →(2) D が遊離

(ア) 希塩酸　(イ) 水酸化ナトリウム水溶液　(ウ) 二酸化炭素　(エ) 炭酸水素ナトリウム

ヒント 水に不溶な酸は塩基と，塩基は酸と反応して水溶性になる。逆方向から考えるとよい。

(❖＝上位科目「化学」の内容を含む問題)

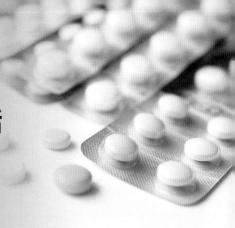

第5章

有機化合物と人間生活

1 界面活性剤と洗剤
2 医薬品
3 染料

医薬品

1 界面活性剤と洗剤

A 界面活性剤

1 **界面活性剤の定義** 水と油などのように，たがいに混じり合わない2つの相が接する部分を **界面** という。たとえば，空気と液体の界面では，液体の表面で分子どうしが引っ張り合い，表面を小さくしようとする力（表面張力→ *p.*478）がはたらいている。液体の表面に集まってこの表面張力を下げる作用をもつ物質を，**界面活性剤** という。

2 **界面活性剤の構造** 界面活性剤は，分子中に疎水基と親水基（→ *p.*159）を適当なバランスであわせもつ。たとえば，セッケンは，右図に示すように，疎水基のアルキル基（C_nH_m-）と親水基のカルボキシ基のイオン（$-COO^-$）からなる（→ *p.*453）。

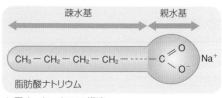

▲図1 セッケンの構造

3 **界面活性剤の分類** 界面活性剤は，疎水基と親水基の種類を変えることにより，種々の特徴をもつものが得られる。ほとんどの界面活性剤は，長鎖アルキル基を疎水基として含む。これに対して親水基はその種類がいくつかあり，一般に界面活性剤は，親水基の化学構造の違いによって分類される。

(1) **陰イオン界面活性剤** セッケン，硫酸アルキルナトリウム，アルキルベンゼンスルホン酸ナトリウムなどのように，界面活性剤の分子が陰イオンになってはたらく。

(2) **陽イオン界面活性剤** 親水性部分が陽イオンで，洗浄力は弱いがタンパク質に付着し，殺菌・消毒剤（**逆性セッケン**（→ *p.*478））。リンスや柔軟仕上げ剤などに用いられる。

(3) **両性界面活性剤** アミノ酸系なので，酸性で陽イオン，塩基性で陰イオン，中性付近で非イオン界面活性剤としてはたらく。柔軟仕上げ剤・リンスインシャンプーなどに利用。

(4) **非イオン界面活性剤** 電離しない親水基をもつ。親水基と疎水基のバランスを変えて，親水性が強いものや親油性が強いものをつくれる。羊毛用洗剤・食品用の乳化剤などに利用。

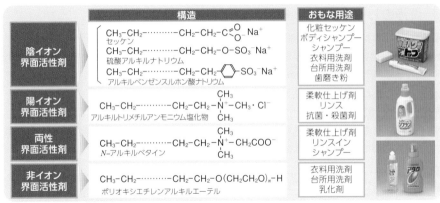

	構造	おもな用途
陰イオン界面活性剤	$CH_3-CH_2-\cdots\cdots-CH_2-CH_2-C\underset{O^-}{\overset{O}{\lessgtr}} Na^+$ セッケン $CH_3-CH_2-\cdots\cdots-CH_2-CH_2-O-SO_3^- Na^+$ 硫酸アルキルナトリウム $CH_3-CH_2-\cdots\cdots-CH_2-CH_2-\langle\bigcirc\rangle-SO_3^- Na^+$ アルキルベンゼンスルホン酸ナトリウム	化粧セッケン ボディシャンプー シャンプー 衣料用洗剤 台所用洗剤 歯磨き粉
陽イオン界面活性剤	$CH_3-CH_2-\cdots\cdots-CH_2-CH_2-\underset{CH_3}{\overset{CH_3}{N^+}}-CH_3\cdot Cl^-$ アルキルトリメチルアンモニウム塩化物	柔軟仕上げ剤 リンス 抗菌・殺菌剤
両性界面活性剤	$CH_3-CH_2-\cdots\cdots-CH_2-CH_2-\underset{CH_3}{\overset{CH_3}{N^+}}-CH_2COO^-$ N-アルキルベタイン	柔軟仕上げ剤 リンスインシャンプー
非イオン界面活性剤	$CH_3-CH_2-\cdots\cdots-CH_2-CH_2-O(CH_2CH_2O)_n-H$ ポリオキシエチレンアルキルエーテル	衣料用洗剤 台所用洗剤 乳化剤

▲ 図2 界面活性剤の構造と用途

4 セッケンと合成洗剤 セッケン（→ p.453）は，高級脂肪酸のナトリウム塩やカリウム塩・リチウム塩などに，香料や色素を練り込んで成形したり，粉末にしたものである。弱酸と強塩基からできた塩なので，その水溶液は弱い塩基性を示す。また，**硬水**（Ca^{2+} や Mg^{2+} を多く含む水）の中で使用すると，$(RCOO)_2Ca$ や $(RCOO)_2Mg$ が水に不溶なため，泡立ちが悪くなって使えない場合が多い。一方，合成洗剤は強酸と強塩基の塩なので，加水分解せず溶液は中性であり，Ca^{2+} や Mg^{2+} と沈殿をつくらないので，硬水や海水でも使える。

▼ 表1 セッケンと合成洗剤の性質の比較

セッケン	合成洗剤
成分は高級脂肪酸のナトリウム塩	成分は硫酸アルキルナトリウム，アルキルベンゼンスルホン酸ナトリウムなど
水溶液は弱塩基性 （弱酸と強塩基の塩であるから加水分解する）	水溶液は中性 （強酸と強塩基の塩であるから加水分解しない）
水に溶解，油脂を乳化	水に溶解，油脂を乳化
硬水中では洗浄力低下 （脂肪酸カルシウムや脂肪酸マグネシウムが沈殿）	硬水中でも洗浄力は低下しない （Ca^{2+} や Mg^{2+} との沈殿はできない）
塩酸で白濁（弱酸である脂肪酸が遊離） RCOONa + HCl ⟶ RCOOH + NaCl	塩酸で変化なし

5 家庭用の合成洗剤 衣類や食器の洗浄に用いられる家庭用の合成洗剤は，ほとんどが陰イオン界面活性剤か非イオン界面活性剤を主成分とする。これらに洗浄補助剤が加えられているので，溶液は完全な中性にはならない。とくに弱塩基性のほうが洗浄効果が高まるため，炭酸ナトリウムなどが加えられる。また，硬水でも洗浄力が落ちないように，Ca^{2+} や Mg^{2+} と Na^+ をイオン交換する性質をもつゼオライト（アルミノケイ酸塩→ p.353），さらに，再汚染を防止する物質，タンパク質や脂質を分解する酵素，白く見せるための蛍光増白剤が加えられているものもある。

品名	洗濯用合成洗剤	液性	弱アルカリ性
成分	界面活性剤（21% アルファスルホ脂肪酸エステルナトリウム，純石けん分（脂肪酸ナトリウム），ポリオキシエチレンアルキルエーテル），水軟化剤（アルミノけい酸塩），アルカリ剤（炭酸塩），溶解促進剤（硫酸塩），再汚染防止剤，酵素，蛍光増白剤，漂白剤		

▲ 図3 洗濯用洗剤の成分表示

B 洗浄のしくみ

1 浸透作用 界面活性剤の水溶液は，水よりも表面張力が小さく，毛細管現象によって，繊維内部に深くしみ込む。汚れは，おもに体脂やタンパク質などに埃などの粒子が混じったものや食品による汚れなど多様で，界面活性剤の水溶液は繊維と汚れとの間にもしみ込んで汚れを浮かせる。これを **浸透作用** という。

2 乳化作用と分散作用 界面活性剤はミセル（→ p.453）を形成し，その中に油汚れを取り込んで細かい粒子となる。これが **乳化作用** である。さらに，ミセルは水中に散らばって乳濁液となり水に流されていく。これが **分散作用** である（洗浄作用→ p.453）。

Q? uestion Time クエスチョン タイム

Q. 表面張力とはどのような力ですか？

A. コップにいっぱい水を入れると，表面が盛り上がったようになります。これは水の表面に表面張力がはたらいているからです。表面張力とは，液体の表面積をできるだけ小さくしようとするために液体の表面ではたらく力のことで，重力など他の力がかからなければ，液滴はほぼ球形をとろうとします。

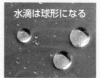
水滴は球形になる

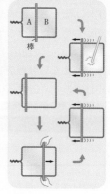

次のような実験をすると表面張力がよくわかります。

針金で 5cm 角くらいの四角い枠をつくり，セッケン水につけてセッケン膜を張らせます。これに直径 1mm くらいの丸い棒（アルミニウム管，ガラス棒など）をセッケン水につけたものを図のように渡します。次に，図の B の部分の膜を熱したガラス棒などを当ててやぶくと，図の A の部分のセッケン膜が棒を引っ張るので，A の部分が小さくなります。次に，棒の両端をもってそっと B 方向に動かすと A にはまた膜が広がりますが，手を離すと再び棒が引っ張られて膜が縮みます。これは，A の部分の膜がその面積を小さくしようとするために起こる現象で，明らかに液体の表面に引っ張る力がはたらいていることがわかります。

Study Column 逆性セッケン

ふつうのセッケンや合成洗剤は陰イオン界面活性剤であるが，陽イオン界面活性剤は，水に溶けたとき親水基がふつうのセッケンとは反対の電荷をもつため **逆性セッケン** という名がついた。洗浄力は弱いが，強力な殺菌作用があるので殺菌消毒液のほか，陰イオン界面活性剤の電荷を中和するので，柔軟仕上げ剤，リンス，帯電防止剤などに用いられる。

例 $[C_{12}H_{25}N(CH_3)_3]^+Cl^-$　塩化ドデシルトリメチルアンモニウム

殺菌消毒液　柔軟仕上げ剤

基
化

A 医薬品の歴史と種類

1 医薬品の歴史 医薬品 (薬(くすり)) の歴史は古く，古代エジプ
ト時代には薬草が用いられていた。現在でも，植物・動物・
昆虫・鉱物などを，そのままか，乾燥など簡単な処理のみ
で用いる **生薬(しょうやく)** がある。その後，中世の錬金術から得られた
実験技術を生かし，生薬から有効な成分を単離・精製して
いた。やがて化学の発達とともに，19世紀後半には，アセ
トアニリドやアセチルサリチル酸が合成され，市販された。
現在では一万種以上の医薬品が使用されている。

▲ 図4　生薬の原料

2 殺菌・消毒薬 殺菌・消毒薬は，細菌の増殖を防いだり死滅させたりするための医薬品
である。フェノール類やアルコールは，細菌のタンパク質の変性を利用するため体の表面で
使われ，過酸化水素水やヨードチンキは傷口などに用いられる。医療器具などは，熱・紫外線・
γ 線やオゾンなどによっても殺菌・滅菌が行われる。

(1) **フェノール系** 古くは，手術時の感染症を防ぐためにフェノール水溶液が用いられたが，
　　皮膚を傷めるのでクレゾールに変わった。クレゾールは水に不溶なので，クレゾールセッ
　　ケン液として用いる。

(2) **アルコール系** エタノールや2-プロパノールが用いられる。エタノールは70～80体積%
　　水溶液が適している。濃いと皮膚の脂質を溶解し，薄いと細菌に対する浸透性が悪くなる。

(3) **過酸化物系** 過酸化水素の水溶液 (通常は2～3%) は **オキシドール (オキシフル)** といい，
　　刺激が少ない傷口用消毒剤としてよく用いられる。傷口では血液中の酵素カタラーゼによ
　　り過酸化水素が分解して酸素を発生し，その酸化力により殺菌する。

(4) **塩素系** 単体の塩素のほか，一般的には次亜塩素酸塩 (次亜塩素酸ナトリウム・さらし粉
　　など) が用いられ，水溶液中の次亜塩素酸イオンの酸化作用により，殺菌・消毒を行う。

(5) **ヨウ素系** 塩素より酸化力が弱く毒性が低いため，アルコールに溶かしたヨードチンキ
　　や水溶性高分子化合物との錯体(ポビドンヨウ素[1])がうがい薬として家庭でも用いられる。

(6) **逆性セッケン** 家庭用の
　　噴霧式の消毒薬によく用い
　　られる。細菌のタンパク質
　　は表面が負に帯電している
　　ので，それを界面活性剤が
　　覆うことにより消毒効果を
　　示す。

消毒用　　　オキシドール　　塩素系殺菌剤　　うがい薬
エタノール

▲ 図5　殺菌・消毒薬の例

----

[1] ヨードチンキはエタノールにヨウ素を溶かしたものであるが，傷口に塗布すると傷
みを生じる。これを避けるために，非イオン性の水溶性高分子であるポリビニルピ
ロリドンとヨウ素の錯体(右図)が開発された。これをポビドンヨウ素という。

3 対症療法薬 病気の原因に直接作用しないが，病気の症状を緩和し苦痛を軽減して自然治癒力で回復に向かわせるための医薬品を **対症療法薬** という。

(1) サリチル酸系医薬品 古くからヤナギの樹皮が解熱鎮痛作用を示すことが知られていた。1830年代に，その成分はサリシンであり，体内で加水分解されてサリチルアルコールとグルコースになって，さらに酸化されて生じるサリチル酸が薬用効果を示すことがわかった。

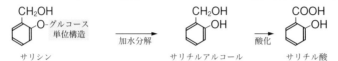

これをもとに医薬品としてサリチル酸が合成されたが，副作用が問題となったため，副作用を緩和した **アセチルサリチル酸**（→ p.466）が生まれた。現在でも商品名アスピリンなど，多くの解熱鎮痛剤・抗炎症剤に含まれている。

また，サリチル酸をメタノールとエステル化させた **サリチル酸メチル**（→ p.466）は揮発性の液体で，消炎外用薬として湿布などに使われている。

(2) アミド系の医薬品 古くはアセトアニリド（→ p.468）が解熱剤に用いられたが肝毒性が強く，これを改良したフェナセチンが長く使われた。現在はp-ニトロフェノールを還元してアセチル化した **アセトアミノフェン**（p-アセトアミドフェノール）が風邪薬に使われている。

（図：アセトアニリド，フェナセチン C_2H_5O—◯—NHCOCH$_3$，アセトアミノフェン HO—◯—NHCOCH$_3$）

> フェナセチンは従来解熱・鎮痛剤として用いられてきたが，長期服用の副作用のおそれから現在供給が停止されている。

4 化学療法薬 細菌がもっている酵素などに作用し，細菌のはたらきを阻害するなど，病気の原因に直接作用し，治療する医薬品を **化学療法薬** という。化学療法薬が作用する酵素をヒトがもっていないことを確認してあるので，影響をほとんど受けない。

(1) サルファ剤 1932年，アゾ染料であるプロントジルに抗菌作用があることが発見され，多くの人々を感染症から救った。その後，プロントジルが分解して生じるスルファニルアミド H_2N—◯—SO_2NH_2 が有効成分であることが解明された。その誘導体である **サルファ剤** H_2N—◯—SO_2NHR は **抗菌物質** であり，大腸菌やサルモネラ菌などの細菌の発育を阻害し，はしか，肺炎，敗血症などの病気の治療を可能にした。

(2) 抗生物質 カビ・放線菌などの微生物によって生産される物質で，感染症の病原細菌を死滅させるか，成育を阻害する物質のことを **抗生物質** という。最近では，ウイルスやカビ，がん細胞に有効にはたらく合成物質も抗生物質とよんでいる。

① **ペニシリン** フレミングが青カビから発見した。細菌の植物性細胞壁の合成を阻害する。ブドウ球菌，連鎖状球菌，肺炎球菌などの感染症に効く。**アンピシリン** は，より多くの細菌に効くようにペニシリンを改良したもので，内服薬・座薬などでも使用可能になった。

② **ストレプトマイシン** 土壌中の放線菌から発見された。ペプチドの合成過程を阻害する。最初の結核治療薬で，この発見により結核患者が劇的に減少した。

3 | 染料

A | 物質の色

1 発色団と助色団　有機化合物が色をもつためには，不飽和結合を含む原子団が必要で，これを **発色団** という。さらに，色を濃くしたり，染着性（染料としてよく染まること）を与える官能基として，非共有電子対を含む原子団である **助色団** が必要である。

発色団 … $-N=N-$, $-N=O$, $>C=O$, $>C=C<$, $>C=N-$

助色団 … $-\overset{\cdot\cdot}{N}<$, $-\overset{\cdot\cdot}{\underset{\cdot\cdot}{O}}-(-OH)$, $-\overset{\cdot\cdot}{\underset{\cdot\cdot}{X}}:$（ハロゲン原子）, $-COOH$

たとえば，アニリンから，ジアゾ化とジアゾカップリングにより合成した p-フェニルアゾフェノールは，発色団（$-N=N-$）と助色団（$-OH$）を有する化合物なので，橙赤色をしている。

p-フェニルアゾフェノール

B | 染料

1 染料と染色　可視光線を吸収して色を示す分子のうち，他の物質を着色するための物質を **色素材料** といい，それを含む物質がイオン結合・水素結合・ファンデルワールス力・共有結合などで繊維と結合し（**染着**），容易に取れなくなるような物質が **染料** である。染料で繊維を染めることを **染色** という。一方，溶剤に不溶で繊維にも染着しないものを **顔料** といい，塗料，絵の具，印刷インキなどに用いられる。

2 染料の分類　(1) **合成染料**　おもに石油を原料に化学合成によってつくられる染料で，1856 年にイギリスのパーキンが偶然に赤紫色のモーブ（モーベイン）を合成したのが最初である。その後，多くの合成染料が開発・生産されているが，代表的な合成染料は **アゾ染料**（→ $p.469$）で，生産量が最も多い。

(2) **天然染料**　天然の材料から得られる染料のことで，**植物染料** と **動物染料** に分けられ，そのほかに，泥などを利用する **鉱物染料** もある。

◀表 2　天然染料の分類

染料	採取方法	例
植物染料	植物の葉・茎・根などから色素を得る。	アリザリン（アカネの根より）：赤 インジゴ（アイの葉より）　　：青
動物染料	貝の分泌液や虫から得る。	コチニール（エンジムシより）：深紅 貝紫（アクキガイ科の貝より）：紫

アリザリン

(3) **アイ染めと酸化・還元**　アイから得られるインジゴ（最近は合成されている）は，浴衣やブルージーンズなどの染色に用いられる。インジゴはそのままでは水に溶けないが，塩基性で還元すると無色の水溶液となる（図の右の構造）。これに繊維を浸してから空気にさらして酸化すると，再び水に難溶の青色（図の左の構造）にもどる。通常，この操作を繰り返して色を濃くする。

インジゴ（不溶性）　$\underset{酸化}{\overset{還元}{\rightleftarrows}}$　インジゴのロイコ体（水溶性）

◆◆◆ 定期試験対策の問題 ◆◆◆

❶ 界面活性剤

文中の空欄(a)〜(i)に当てはまる最も適切な語句を答えよ。

適度なバランスで疎水基と親水基を両方もつ物質を界面活性剤という。界面活性剤を水に溶解すると（ a ）基の部分を内側に，（ b ）基の部分を外側に向けて集合する。この集合体は（ c ）とよばれる。高級（ d ）のナトリウム塩はセッケンとよばれ，（ e ）イオン界面活性剤に分類され，その水溶液は（ f ）性を示す。一方，アルキルベンゼンスルホン酸ナトリウムや硫酸アルキルナトリウムは合成洗剤の主成分で，その水溶液は（ g ）性である。セッケンが硬水や海水では使えないのは（ h ）イオンや（ i ）イオンと水に不溶の化合物をつくるからである。

> **ヒント** (e) セッケンは水中で $RCOO^-$ と Na^+ に電離する。(g) スルホン酸は強酸である。

❷ 医薬品

スルファニルアミドは，初めて抗菌剤として発見されたプロントジルという赤色の（ a ）染料を改良したサルファ剤とよばれる医薬品で，大腸菌やサルモネラ菌などの細菌の発育を阻害し，はしか，肺炎，敗血症などの治療薬である。青カビの中から発見された抗生物質である（ b ）を改良したものにアンピシリンがある。アセチルサリチル酸は商品名（ c ）ともよばれ，化合物（ d ）の副作用である胃腸障害を軽減したもの，アセトアミノフェンはアニリンをアセチル化した化合物（ e ）の副作用である肝毒性の軽減を目的に改良したもので，いずれも解熱鎮痛薬である。（ d ）とメタノールからつくられる（ f ）は，消炎外用薬として湿布薬に使われる。

(1) 文中の空欄(a)〜(f)に当てはまる最も適切な語句を答えよ。

(2) アセチルサリチル酸の構造式を答えよ。

(3) (d)とメタノールから(f)が生成するときの化学反応式を答えよ。

> **ヒント** (1) (a) プロントジルは $-N=N-$ の結合をもつ。(d), (e) それぞれのもとになる化合物を考える。

❸ 染料

色素分子の構造上の特徴としては，ベンゼン環や $-N=N-$ などの二重結合をもつ原子団である（ a ）団と，$-NH_2$, $-COOH$, $-SO_3H$ など，非共有電子対をもち，酸性や塩基性を示す（ b ）団とをもちあわせている。p-フェニルアゾフェノール，1-フェニルアゾ-2-ナフトール，メチルオレンジなどは $-N=N-$ の結合をもつので（ c ）染料とよばれる。

インジゴは（ d ）色の染料で，かつては（ e ）の葉から得ていたが，現在では大量に合成されている。インジゴは水に不溶だが，塩基性で還元するとほぼ（ f ）色となり，水溶性に変わる。その水溶液を繊維にしみ込ませてから空気中に放置すると，（ g ）されて(d)色に染まる。

(1) 文中の空欄(a)〜(g)に当てはまる最も適切な語句を答えよ。

(2) メチルオレンジは，スルファニル酸をジアゾ化してから，ジメチルアニリンをp-位でジアゾカップリングさせて合成される。右の構造式を参考にしてメチルオレンジの構造式を推定せよ。

スルファニル酸

ジメチルアニリン

> **ヒント** (2) ジアゾカップリングは，芳香族アミンとフェノール類ばかりでなく，芳香族アミンどうしでも起こる。

（✿=上位科目「化学」の内容を含む問題）

第6編

天然有機化合物と高分子化合物

稲穂

第1章

天然有機化合物

1 天然有機化合物
2 糖類
3 アミノ酸とタンパク質

さとうきび畑

1 天然有機化合物

A 天然有機化合物の種類と特徴

　天然に存在する有機化合物には，石炭・石油・メタンなど，**化石燃料** とよばれるものがある。そのほかに現在でも植物や動物によって次々とつくりだされる物質があり，これらを **天然有機化合物** と称することが多い。ヒトにとって食料になるものも多い。

(1) **糖類**　自然界に最も多く存在する天然有機化合物で，植物体の構造支持物質（繊維質）であるセルロースやエネルギー貯蔵物質であるデンプンが該当する。また，グルコースやスクロースなどの糖も多くの植物・動物に含まれている。糖類の多くは，分子式 $C_m(H_2O)_n$ で表されるので，**炭水化物** ともいい，単糖・二糖・多糖に分類される。糖類のうち人間の体内でエネルギー源となるものを **糖質**，消化されない多糖を **食物繊維** と分けることがある。

(2) **タンパク質**　ヒトを構成する物質の質量の割合が水に次いで多いのがタンパク質である。タンパク質は約20種類の **アミノ酸** を主体に，糖やリン酸などが結合した構造の物質で，体の骨組織の周囲に多量に存在するほか，特定の触媒作用をもつタンパク質は酵素（→ p.502）とよばれる。生物の生理作用を調節するホルモンもタンパク質であるものが多い。

(3) **脂質**　脂肪酸のグリセリンエステルである **単純脂質**（→ p.450 の油脂）と，それに加えてリン酸・糖・アミンなどを含む **複合脂質** とがある。複合脂質の1つにリン脂質がある。そのうちのレシチンは卵黄に含まれ，疎水基と親水基をもつので界面活性剤としてはたらく。マヨネーズをつくる際，食用油と食酢に卵黄を加えて混ぜると，レシチンによって乳化される。細胞を包む細胞膜もリン脂質とタンパク質が主成分で，リン脂質が親水基を外側に，疎水基を内側にして二重構造の膜をつくっている。

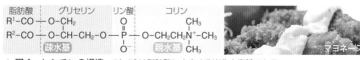

▲ 図1　レシチンの構造　R^1, R^2 は脂肪酸に由来する炭化水素基である。

A 糖類の分類と構成

　糖類 は，一般式 $C_mH_{2n}O_n$ で表される単糖，二糖，多糖などの総称で，広く生物 (主として植物) 体に存在している。一般式は $C_m(H_2O)_n$ のように書き換えられるので，炭水化物[1] ともよばれるが，分子の中に H_2O がそのまま含まれているわけではない。

　糖類は，グルコース，フルクトースなどの単糖の構成単位がいくつあるかによって，次のように分類される。

(1) **単糖**　代表的な単糖の分子式は $C_6H_{12}O_6$[2] で表される。これ以上は加水分解されない。

> **例**　グルコース(ブドウ糖)，フルクトース(果糖)，ガラクトース

(2) **二糖**　単糖が 2 分子結合してできたものが **二糖** である。加水分解により，2 分子の単糖を生じる。代表的な二糖の分子式は $C_{12}H_{22}O_{11}$ で表される。

$$C_{12}H_{22}O_{11} + H_2O \longrightarrow C_6H_{12}O_6 + C_6H_{12}O_6$$

> **例**　スクロース(ショ糖)，マルトース(麦芽糖)，ラクトース(乳糖)，セロビオース

(3) **オリゴ糖**　2 個以上，数個の単糖が脱水縮合により結びついた糖で，**少糖** ともいう。希酸や酵素により加水分解される。二糖も含め，通常 2 ～ 10 個程度の単糖から構成される。

(4) **多糖**　およそ 100 個以上の単糖が結びついてできたものが **多糖** である。天然高分子化合物[3] であり，代表的な多糖のデンプンやセルロースは，分子式が $(C_6H_{10}O_5)_n$ で表され，加水分解によって最終的にグルコースなどの単糖になる。

$$(C_6H_{10}O_5)_n + n\,H_2O \longrightarrow n\,C_6H_{12}O_6$$

> **例**　デンプン，セルロース，グリコーゲン

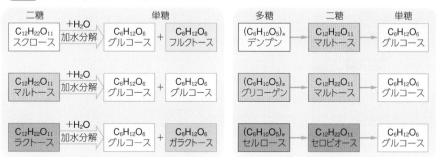

▲ 図 2　二糖，多糖の加水分解とその生成物

---

[1] 一般式が $C_mH_{2n}O_n$ で表されたとしても，糖類でないものもある。CH_2O (ホルムアルデヒド)，$C_2H_4O_2$ (酢酸)，$C_3H_6O_3$ (乳酸) など。また，糖類でも $C_5H_{10}O_4$ (デオキシリボース) など，この一般式で表されないものもある。

[2] 単糖のうち，$C_6H_{12}O_6$ の分子式をもつものをヘキソースという。これ以外に炭素数 5 の単糖であるペントースもある。リボース $C_5H_{10}O_5$ やデオキシリボース $C_5H_{10}O_4$ はペントースである (→ p.504)。

[3] 一般に，分子量が約 1 万以上の巨大な分子からなる物質を **高分子化合物** (→ p.508) という。多くは，小さな構成単位の n 倍で表すことができる。たとえば，デンプンを加水分解するとグルコース $C_6H_{12}O_6$ が得られるので，デンプンは繰り返し単位が $C_6H_{12}O_6$ から H_2O を除いた $C_6H_{10}O_5$ と予想され，結合している数を n とすれば，$(C_6H_{10}O_5)_n$ のような一般式で表すことができる。

1 単糖の分子構造 単糖は，水溶液中で鎖式構造と環式構造が一定の割合で平衡を保っており（▶図4），ほとんどは安定な環式構造として存在している。単糖の水溶液はすべて還元性[1]を示す。環式構造には，ヒドロキシ基の立体配置の違いにより α 形と β 形などの異性体がある。

2 単糖の種類と性質 **(1) グルコース（ブドウ糖）$C_6H_{12}O_6$** ① 動植物の体内に広く存在する。また，デンプンを希硫酸と加熱すると，加水分解されてグルコースが生成する。

$$(C_6H_{10}O_5)_n + nH_2O \longrightarrow nC_6H_{12}O_6$$
デンプン　　　　　　　　　　　グルコース

グルコースは，スクロースやマルトースのような二糖を希酸や酵素で加水分解しても得られる。

$$C_{12}H_{22}O_{11} + H_2O \longrightarrow C_6H_{12}O_6 + C_6H_{12}O_6$$
スクロース　　　　　　　　グルコース　　フルクトース

$$C_{12}H_{22}O_{11} + H_2O \longrightarrow 2C_6H_{12}O_6$$
マルトース　　　　　　　　　グルコース

▲ 図3　グルコースの結晶

② 白色粉末状（▶図3）で，結晶ではふつう α-グルコースの構造をとっている。水溶液中では，環状の α-グルコース，β-グルコースと，環が開いた鎖式構造のグルコースが一定の割合で平衡を保っている（▶図4）。

③ 鎖式構造のグルコースにはホルミル基（アルデヒド基）-CHO があるから，水溶液は還元性を示す。そのため，フェーリング液を還元し，銀鏡反応を示す（→ p.440）。還元されやすい物質が存在すると，ホルミル基をもつ鎖式構造のグルコースが反応し，それが減少すると，ルシャトリエの原理から α 形と β 形のグルコースが次々と鎖式構造に変化してすべてが反応する。グルコース 1mol からフェーリング液中の Cu^{2+} が還元されて 1mol の酸化銅（Ⅰ）Cu_2O が生成する。この反応は，グルコースの定量に利用される。

ヘミアセタール構造…同一炭素原子に -OH とエーテル結合が 1 個ずつ結合した構造。この -OH が, -CH₂OH を上向きにした環構造において, 環の下側に向いているときを α 形, 上側に向いているときを β 形という。

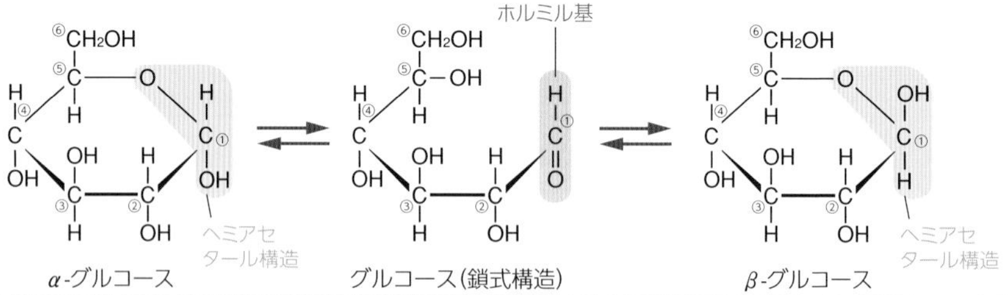

ホルミル基

α-グルコース　　　　　　　グルコース（鎖式構造）　　　　　　β-グルコース

▲ 図4　グルコースの水溶液中における平衡[2]

---

[1] グルコース・フルクトース・マルトースなどのように，還元性をもつ糖を，**還元糖** という。
[2] 水溶液中のグルコースの平衡では，α 形，β 形の割合は α：β＝1：1.63 であり，鎖式構造はきわめて少量とされている。

CHART 58

糖類は鎖式構造のホルミル基が還元性を示す
−CHO

④ グルコースだけでなく，単糖は酵素群チマーゼのはたらきで **アルコール発酵** によりエタノールと二酸化炭素に変化する（→ p.435）。

$$C_6H_{12}O_6 \xrightarrow[\text{アルコール発酵}]{\text{チマーゼ}} 2C_2H_5\text{-OH} + 2CO_2\uparrow$$

（2）**フルクトース（果糖）** $C_6H_{12}O_6$　① グルコースの異性体で，蜂蜜や果実の中に存在する。甘味は糖類の中で最も強い。

② フルクトースは，水溶液中ではいろいろな構造が平衡状態になっている（▶図5）。この中で，鎖式構造のフルクトース分子中の −CO-CH₂OH の部分が酸化されやすい構造に変化する[❶]ため，グルコースと同じく還元性を示す。したがって，フェーリング液を還元し，銀鏡反応を示す。

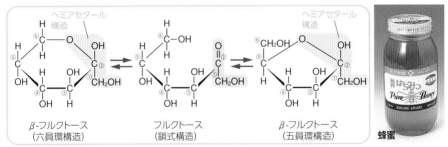

β-フルクトース　　　フルクトース　　　β-フルクトース
（六員環構造）　　　（鎖式構造）　　　（五員環構造）

▲ 図5　フルクトースの水溶液中における平衡

（3）**ガラクトース** $C_6H_{12}O_6$　ガラクトースは，次項で学ぶ二糖のラクトースの構成成分で，寒天の成分のガラクタンを加水分解しても得られる。ガラクトースもヘミアセタール構造をもっているので，水溶液中でホルミル基をもつ鎖式構造に変わり，還元性を示す（▶図6）。甘味は強くない。

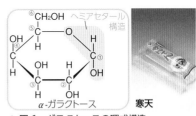

α-ガラクトース

▲ 図6　ガラクトースの環式構造

[❶] フルクトースは，カルボニル基と −CH₂OH が結合した α-ヒドロキシケトンの構造をもつ。この構造は水中で下図のような平衡状態で存在し，生じたエノール型の構造（エンジオール構造）やホルミル基によって還元性を示すと考えられている。

−C-CH₂OH　⇌　−C = CH　⇌　−CH−CH
　‖　　　　　　　　‖　　‖　　　　　　‖　　‖
　O　　　　　　　　OH　OH　　　　　　OH　O −ホルミル基
ケト型　　　　　　　エノール型

C 二糖の種類と性質

2分子の単糖から1分子の水が取れて縮合した構造の化合物を **二糖** といい，加水分解によって2分子の単糖となる。

(1) **スクロース(ショ糖)**$C_{12}H_{22}O_{11}$ ① 無色の結晶で，サトウキビの茎やテンサイの根など，植物界に広く存在している。

② 二糖のうち，スクロースの水溶液は **還元性を示さない**。これはスクロース分子を構成するグルコースとフルクトースがたがいに，還元性を示すヘミアセタール構造のところで脱水縮合してアセタール[1]構造になっているためである(▶図7)。

③ 酵素インベルターゼ(スクラーゼ)または希酸(H^+が作用)により加水分解され，グルコースとフルクトースになる。この反応を **転化** という。

$$C_{12}H_{22}O_{11} + H_2O \xrightarrow[\text{転化(加水分解)}]{\text{インベルターゼ(または H}^+)} C_6H_{12}O_6 + C_6H_{12}O_6$$

スクロース　　　　　　　　　　　　　　　　　グルコース　　フルクトース

　　この加水分解で生じたグルコースとフルクトースの等量混合物を，**転化糖**[2]という。転化糖は還元性を示す。

(2) **マルトース(麦芽糖)**$C_{12}H_{22}O_{11}$ デンプンを，酵素アミラーゼで加水分解すると，マルトースが生じる。マルトースは α-グルコース2分子が縮合した構造をもっている(▶図7)。右側の環にヘミアセタール構造が残っているので，水溶液は還元性を示す。水によく溶け，ほどよい甘さをもつ。マルトース1分子は，酵素マルターゼまたは希酸(H^+)で加水分解されて2分子のグルコースになる。

$$C_{12}H_{22}O_{11} + H_2O \xrightarrow[\text{加水分解}]{\text{マルターゼ(または H}^+)} 2C_6H_{12}O_6$$

マルトース　　　　　　　　　　　　　　　グルコース

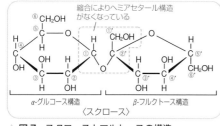
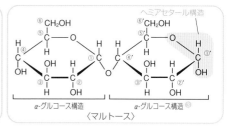

▲ 図7 スクロースとマルトースの構造

(3) **ラクトース(乳糖)**$C_{12}H_{22}O_{11}$ ① 哺乳類の乳汁に含まれていて，それほど甘くない。

② グルコースとガラクトースが縮合した構造をもち，還元性を示す(▶図8)。

③ ラクターゼまたは希酸(H^+)で加水分解すると，グルコースとガラクトースを生じる。

① $\underset{\text{アルデヒド}}{R-\overset{H}{\underset{}{C}}=O} \xrightarrow{R^1OH} \underset{\text{ヘミアセタール}}{R-\overset{H}{\underset{OH}{C}}\!-\!OR^1} \xrightarrow{R^2OH} \underset{\text{アセタール}}{R-\overset{H}{\underset{OR^2}{C}}\!-\!OR^1}$

② 家庭で使われる砂糖にはスクロースに転化糖が加えてある。このため甘味がすぐれ，湿り気がありスプーンなどからこぼれないという特徴がある。グラニュー糖や氷砂糖は純粋なスクロースで，粉末はさらさらしている。

③ マルトースの右側の α-グルコース構造にはヘミアセタール構造があるため，環が開いて鎖状構造や β-グルコース構造にもなりうる。図8のラクトース，セロビオースの右側のヘミアセタール構造も同様である。

　p.486 図4にはグルコースの鎖式構造が，もとの環状構造を保ったまま表されている。これを鎖状に表すには，不斉炭素原子を含むので一定の規則に従って表す必要がある。その表し方の1つにフィッシャーの投影式がある。たとえば，乳酸では，不斉炭素原子を正四面体の中心に置き，1つの陵を手前に水平に置くと，左右の原子または原子団が手前に，上下の原子または原子団が奥になる。そのとき最も酸化数が大きい炭素原子を上にして十文字で表す。不斉炭素原子が複数あれば，それぞれについて，左右が手前に，上下が奥になるように置いて表す。このように表すと，グルコースの構造と比べて，フルクトースやガラクトースの構造のどの部分が異なっているかがわかる(右図)。

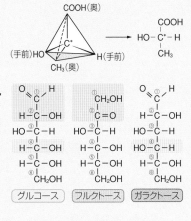

(4) **セロビオース C₁₂H₂₂O₁₁**　セルロースの加水分解で生じ，甘味はほとんどない。セロビアーゼまたは希酸(H⁺)で加水分解するとグルコースのみを生じる。水溶液は還元性を示す。

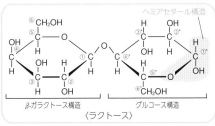

▲ 図8　ラクトースとセロビオースの構造

D　多糖

　加水分解により，1分子から最終的に多数の単糖を生じる高分子化合物 (→ p.508) を **多糖** という。一般に水に溶けにくく，還元性がない。単糖，二糖と異なり，甘味を示さない。

1 デンプン (C₆H₁₀O₅)ₙ　(1) **構造**　多数の α-グルコースが脱水によって長く結合した構造をもち，分子式 (C₆H₁₀O₅)ₙ の n は 10² 〜 10⁵ で，植物体内で光合成 (→ p.506) によってグルコースからつくられる。植物体の種子・根や地下茎などに多く含まれている。

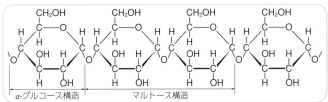

ジャガイモ

▲ 図9　デンプンの構造

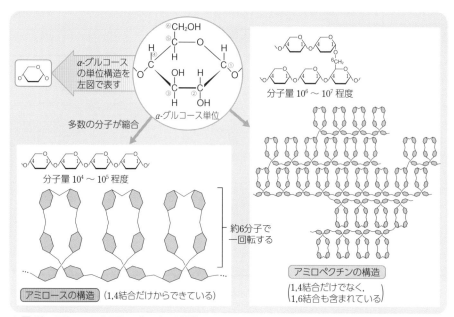

▲ 図10　アミロースとアミロペクチンの構造

(2) **2種類のデンプン分子**　デンプンの成分には，次の2種類がある(▶図10)。

① **アミロース**　α-グルコースが直鎖状に連結している。ふつうのデンプン中に $20 \sim 25\%$ 含まれている。ヨウ素デンプン反応は濃青色を示す。$n \fallingdotseq 10^2 \sim 10^3$ である。

② **アミロペクチン**　α-グルコースが約 $25 \sim 30$ 個に1個の割合で枝分かれした構造をもつ。ふつうのデンプン中に $75 \sim 80\%$ 含まれ，表面をおおっている。モチ米は 100% アミロペクチンでできている。ヨウ素デンプン反応は赤紫色である。$n \fallingdotseq 10^4 \sim 10^5$ である。

(3) **性質**　① アミロースは冷水に溶けにくいが，熱水に溶けてコロイド溶液になる(▶図11)。

② デンプンの水溶液は **ヨウ素デンプン反応** で，青〜青紫に呈色する(→次ページ脚注)。この呈色反応は微量でも反応するため，デンプンまたはヨウ素の検出に用いられる。加熱すると色が消える。

▲ 図11　デンプン水溶液のチンダル現象

③ デンプンは酵素アミラーゼの作用で加水分解されると，いくらか重合度の小さい分子 (**デキストリン** →次ページ)を経てマルトースになる。さらに酵素マルターゼまたは希酸(H^+)で，グルコースにまで加水分解される。

デンプンを希酸(H^+)と煮沸すると，グルコースにまで加水分解される。

$$\underset{\text{デンプン}}{(C_6H_{10}O_5)_n} \xrightarrow[\text{アミラーゼ}]{\text{加水分解}} \underset{\text{デキストリン}(m<n)}{(C_6H_{10}O_5)_m} \xrightarrow[\text{アミラーゼ}]{\text{加水分解}} \underset{\text{マルトース}}{C_{12}H_{22}O_{11}} \xrightarrow[\text{マルターゼ}]{\text{加水分解}} \underset{\text{グルコース}}{C_6H_{12}O_6}$$

Laboratory 加水分解におけるヨウ素デンプン反応❶

方法 ① デンプン水溶液にアミラーゼを加えて35℃に保ち，デンプンを加水分解する。
② 一定時間ごとに溶液を取り出し，冷却してからヨウ素溶液を加える。

結果 時間の経過に伴って，デキストリンの分子が次第に小さくなり，色が青→紫→赤褐色と変化し，結合しているグルコースの数が6以下になると呈色しなくなる。

（左図）
ヨウ素デンプン反応
（右図）
加水分解とヨウ素デンプン反応

（4）**デキストリン** デンプンが加水分解されて，重合度がやや小さくなった分子で，$(C_6H_{10}O_5)_m$ で表される（m はデンプンの n より小さい）。デンプンより水に溶けやすい。m の大きさによって，ヨウ素デンプン反応❶の色は異なる。さらに加水分解が進むとマルトースを経てグルコースになる。白〜黄白色の粉末で，酒造原料や，粘着力が強いので糊に用いられる。

2 **グリコーゲン $(C_6H_{10}O_5)_n$** α-グルコースの縮合重合体の構造をもち，アミロペクチンより枝分かれが多い。動物が摂取した糖類のうち余剰な分は肝臓でグリコーゲンとして貯えられるので肝臓や筋肉中に多く存在し，**動物デンプン** ともいわれる。必要に応じて加水分解されてグルコースになるので，血液中のグルコース濃度を一定に保つのに役立つ。ヨウ素デンプン反応は赤褐色。分子全体の形は球状で，分子量は 10^6 程度である。また，水によく溶け，還元性を示さない。

○はグルコースの骨格

▲ 図12 グリコーゲンのモデル図

CHART 59

デンプンは植物の貯蔵多糖
グリコーゲンは動物の貯蔵多糖

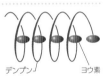

❶ **ヨウ素デンプン反応とヨウ素溶液** KI水溶液に固体のヨウ素 I_2 を入れると三ヨウ化物イオン I_3^- を生じて溶け，褐色の溶液になる。また，ヨウ素はエタノールにも溶けて，褐色のヨードチンキになる。デンプンは水溶液中ではらせん形で，この中に I_2 または I_3^- が入ると，青〜青紫色を示す。熱すると，デンプン分子の熱運動が激しくなり，ヨウ素がこの状態を保てなくなるために，色が消える。冷えると再び呈色する。ヨウ素デンプン反応は，きわめて鋭敏である。

デンプン　　　ヨウ素

3 セルロース (C₆H₁₀O₅)ₙ (1) **構造** β-グルコースが多数脱水縮合した構造をもつ (▶図13)。分子量は大きく ($10^5 \sim 10^7$ 程度)、結晶化が進んだ高分子化合物[1]である。植物の細胞壁の主成分で、植物体の質量の $30 \sim 50\%$ を占める。地球上の全有機化合物中、最も存在量が多い。綿・パルプ[2]は純粋に近いセルロースで、セルロースは、天然の植物繊維に多量に含まれている。

(2) **性質** ① 熱水、エーテル、アルコールなどほとんどの溶媒に溶けない。**シュバイツァー試薬**[3]に溶ける (セルロースを主体とする再生繊維 (レーヨン) (→ p.494) に利用される[4])。

② 綿や麻として糸や布に広く利用される。

③ デンプンと同様に、還元性をもたない。希硫酸と長時間煮沸すると、徐々に加水分解されてグルコースになる (デンプンよりずっと加水分解されにくい)。

$$(C_6H_{10}O_5)_n + n\,H_2O \xrightarrow{H^+} n\,C_6H_{12}O_6$$
セルロース グルコース

④ 示性式 $[C_6H_7O_2(OH)_3]_n$ で表され、$-OH$ が酢酸, 硝酸などとエステルをつくる (→次ページ)。

β-グルコース構造　　セロビオース構造　　脱脂綿

▲ 図13　セルロースの構造

Ｑuestion Time クエスチョン タイム

Q. セルロースを加水分解すると、デンプンと同様にグルコースを生じますが、デンプンとどのように違うのですか？

A. デンプンに比べて、セルロースは結晶構造の部分が多く、加水分解されにくい性質があります。また、デンプンは多数の α-グルコースが、セルロースは多数の β-グルコースが脱水縮合した構造です (▶ p.489 図9, 図13) ので、構成成分が異なります。

　ヒトの体内にはセルロースを加水分解する酵素が存在しないので、消化しません。しかし、植物食動物 (草食動物など) は、腸内に生息する細菌類がセルロースを分解するセルラーゼという酵素を出すので、セルロースを加水分解し、グルコースにして栄養分とすることができます。

---

[1] 綿や麻などでは、その分子が規則的に配列していて、結晶構造を形成している部分の割合が高く、強度が大きい。
[2] **パルプ**　植物を機械的または化学的な方法で処理して、その中のセルロースを取り出したもの。紙、レーヨンの原料。
[3] **シュバイツァー試薬**　水酸化銅 (II) を過剰の濃アンモニア水に溶解したもの。水溶液中に $[Cu(NH_3)_4]^{2+}$ が高濃度で含まれている (→ p.494)。
[4] **銅アンモニアレーヨン**　ドイツのベンベルグ社で初めてつくられた再生繊維なので「ベンベルグ」ともよばれる (→ p.494)。

4 セルロースの誘導体 セルロースは1つの構成単位内に −OH が3個あり，一般式 $(C_6H_{10}O_5)_n$ の代わりに $[C_6H_7O_2(OH)_3]_n$ と表すことができる。この −OH は，アルコールの −OH と同様な反応をする。

(1) **ニトロセルロース** セルロースに濃硝酸と濃硫酸の混合物（混酸→ p.458）を作用させると，硝酸の −OH とセルロースの −OH の H とから水が取れて −OH ⟶ −ONO₂ の反応が起こり，セルロースの硝酸エステルが生成する。セルロース中のすべての −OH が反応したとすると，次式のように**トリニトロセルロース**となる。

$$[C_6H_7O_2(OH)_3]_n + 3n\,HNO_3 \longrightarrow [C_6H_7O_2(ONO_2)_3]_n + 3n\,H_2O$$
硝酸　　　　　　　　トリニトロセルロース

トリニトロセルロースは，ニトロ基がC原子に直接結合していないので，ニトロ化合物ではなく硝酸エステルである。点火すると非常に燃焼速度が速いので**強綿薬**ともいい，無煙火薬の原料となる。

▲ 図14　ニトロセルロースの合成

平均でおよそ2個の −OH が −ONO₂ に変化したものを**ジニトロセルロース**といい，これをアルコールとジエチルエーテルの混合物に溶解させたものが**コロジオン**である。コロジオンは実験用の半透膜をつくるのに使われる。また，ショウノウと混ぜ合わせると**セルロイド**[1]が得られる。

(2) **アセチルセルロース** セルロース[2]を無水酢酸と反応させると −OH ⟶ −OCOCH₃ の反応により，酢酸エステルが生成する。エステル化であるがアセチル化ということが多い。

$$[C_6H_7O_2(OH)_3]_n + 3n\,(CH_3CO)_2O \xrightarrow[\text{アセチル化}]{\text{(エステル化)}} [C_6H_7O_2(OCOCH_3)_3]_n + 3n\,CH_3\text{-}COOH$$
セルロース　　　　　　無水酢酸　　　　　　　　　トリアセチルセルロース

$$[C_6H_7O_2(OCOCH_3)_3]_n + n\,H_2O \xrightarrow{\text{加水分解}} [C_6H_7O_2(OH)(OCOCH_3)_2]_n + n\,CH_3\text{-}COOH$$
トリアセチルセルロース　　　　　　　　　　　ジアセチルセルロース

生成した**トリアセチルセルロース**は溶剤に溶解しにくいので，エステル結合の一部を加水分解して平均でおよそ2個の −OH が −OCOCH₃ になった**ジアセチルセルロース**にすると，アセトンに溶解する。アセトンに溶かした溶液を細孔から押し出し（**紡糸**という）ながら温風を当ててアセトンを蒸発させると，外観が絹に似た**アセテート繊維**[3]が得られる。

アセテート繊維は，単量体（→ p.509）から合成した合成繊維ではなく，セルロースを原料としたものであるが，その構造の一部を化学的に変化させている（合成している）ので，**半合成繊維**に分類する。

---

[1] セルロイドは，合成樹脂ができるまでは，樹脂状加工物として学用品でも定規や筆箱として広く使われていたが，非常に燃えやすい性質から事故が絶えなかった。難燃性の塩化ビニル樹脂が製品化されると，またたくまにセルロイドは駆逐された。現在では国内では製造されず，素材もアセテートからなるセルロイドを輸入して，メガネフレームなどの製品が細々とつくられている。

[2] 工業的には，セルロースとしてはパルプを使用し，酢酸・無水酢酸・少量の濃硫酸の混合物と反応させる。

[3] アセテート繊維は現在でも利用されているが，合成繊維（→ p.512）に押されて，その使用量は少なくなっており，繊維よりも透析膜や逆浸透膜としての利用が増えている。

5 **再生繊維** セルロースは通常の溶媒には容易に溶解しないが，綿くず（**リンター**という）やパルプなどのセルロースを適当な薬品で処理をすることによって，コロイド溶液にすることができる。溶けたものを再び薬品で処理してもとのセルロースに再生することが可能で，できた繊維は**再生繊維（レーヨン）**とよばれる。その例を示す。

(1) **銅アンモニアレーヨン** セルロースは，水酸化銅（Ⅱ）を濃アンモニア水に溶解した溶液（→ p.492 脚注 **シュバイツァー試薬**），つまりテトラアンミン銅（Ⅱ）イオン $[Cu(NH_3)_4]^{2+}$ の濃い溶液に溶解する。これを，細孔から希硫酸中に押し出して紡糸すると，セルロースが再生されて**銅アンモニアレーヨン（キュプラ**またはベンベルグともいう）が得られる。

(2) **ビスコースレーヨン** ビスコースレーヨンは次のようにしてつくる。まず，セルロース（構成単位のヒドロキシ基を −OH で表す）を濃い水酸化ナトリウム水溶液によりアルカリセルロース（−ONa）とする。これを二硫化炭素 CS_2 に溶解させてセルロースキサントゲン酸ナトリウム（−O-CS-SNa）とし，薄い水酸化ナトリウム水溶液に溶解させる。この溶液は粘性が非常に高いので**ビスコース**（粘性をもつの意）という。これを希硫酸中で紡糸すると**ビスコースレーヨン**となる。細孔ではなく，スリット（狭いすき間）から希硫酸中に押し出して膜状にしたものが**セロハン**である。

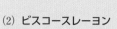

$$-OH \xrightarrow{NaOH} -ONa \xrightarrow{CS_2} -O\overset{\overset{\displaystyle S}{\|}}{-C}-SNa \xrightarrow{H^+} -OH$$

🧪 **L a b o r a t o r y**　　再生繊維をつくる

(1) **銅アンモニアレーヨン**

方法 ① シュバイツァー試薬に少量ずつ脱脂綿を溶かす。

②，③ ①でできたコロイド溶液を針をつけた注射器で希硫酸中にゆっくり押し出す。

(2) **ビスコースレーヨン**

方法 ①，② 脱脂綿を濃水酸化ナトリウム水溶液に浸したあと，水気を切ってから二硫化炭素 CS_2 に浸し，一昼夜放置する。

③ ②の生成物を希水酸化ナトリウム水溶液に溶かすと，ビスコース（コロイド溶液）となる。

④ 針をつけた注射器で希硫酸中にゆっくり押し出す。

3 アミノ酸とタンパク質

A アミノ酸

1 アミノ酸の構造 1分子中にアミノ基 $-NH_2$ とカルボキシ基 $-COOH$ をもつ化合物を **アミノ酸** という。成分元素は C, H, O, N が主体で、この他に S を含むものもある。

カルボキシ基とアミノ基が同じ炭素原子に結合したアミノ酸は α-**アミノ酸** とよばれ、$RCH(NH_2)COOH$ で表される (R は置換基)。タンパク質を構成しているアミノ酸は約20種類あり、すべて α 形である。しかし、天然には α 形以外のアミノ酸もある。たとえば、$H_2N-CH_2-CH_2-COOH$ (β-アラニン)がある。

最も簡単なアミノ酸であるグリシン (R＝H) 以外は、不斉炭素原子 (→ p.447)をもつ。また、カルボキシ基を2個もつアミノ酸は **酸性アミノ酸**、アミノ基など塩基性の基を2個もつアミノ酸は **塩基性アミノ酸**、それ以外は **中性アミノ酸** という。

2 アミノ酸の性質 (1) **結晶と溶解性** アミノ酸は無色の結晶で、水に溶けやすいが、ジエチルエーテル、ヘキサンなどの有機溶媒には溶けにくい。アミノ酸は、分子内に $-NH_2$ と $-COOH$ をもち、カルボキシ基から H^+ がアミノ基に移動して $-COO^-$ と $-NH_3^+$ となり、正と負の両方の電荷をもつ **双性イオン** として存在している。これは、**分子内塩** をつくっているともいう。また、酸とも塩基とも反応し得るので、アミノ酸は **両性電解質** である。結晶中でも双性イオンの形で存在し、分子間には静電気力がはたらくので、イオン結晶に似た性質をもち、分子量はさほど大きくないが常温では固体で存在し、融点は比較的高く、融解と同時に分解するものも多い。

(2) **等電点** 中性アミノ酸は、水溶液中では下図のようにイオンに分かれ、pH によりそれぞれの量が変化する。すなわち、酸性溶液に溶解すると、$-COO^-$ に H^+ が結合して陽イオン ($H_3N^+-CHR-COOH$) の量が、塩基性溶液に溶解すると $-NH_3^+$ から H^+ が取れて陰イオン ($H_2N-CHR-COO^-$) の量が多くなる (→ p.498)。中性付近では双性イオンの量が多くなり、双性イオンが最も多く存在する pH を **等電点** という。$-COOH$ と $-NH_2$ を1つずつもつ中性アミノ酸では、pH 6 付近であるものが多い。一方、酸性アミノ酸では等電点が酸性領域に、塩基性アミノ酸では等電点が塩基性領域にある(→次ページ)。

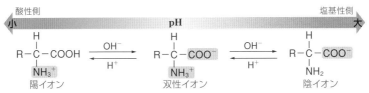

このように、アミノ酸は pH によって電荷が変化するので、アミノ酸の水溶液に電圧を加えると、コロイド粒子のように、陽イオンになっている場合は陰極側へ、陰イオンになっている場合は陽極側へ移動する(電気泳動)。等電点ではどちらへも移動しない。

（3）**ニンヒドリン反応**　ニンヒドリン[1]水溶液をアミノ酸水溶液に加えて温めると，アミノ基と反応して青紫〜赤紫色となる（図 15）。この反応は，ペーパークロマトグラフィー[2]を用いるアミノ酸の分離・同定にも利用される。

3 アミノ酸の種類　**(1) α-アミノ酸**　α-アミノ酸には，S を含むものや −COOH が 2 つあるもの，−NH₂ が 2 つあるもの，ベンゼン環をもつものなど，いろいろある。グリシン以外は不斉炭素原子をもつので，**鏡像異性体**（D 形・L 形）がある。自然界のアミノ酸は，その一方の L 形が主である。

▲**図 15**　ニンヒドリン反応

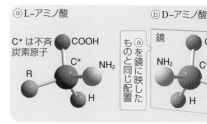

中性アミノ酸				
グリシン (Gly) (等電点 5.97)	アラニン (Ala) (等電点 6.00)	*バリン (Val) (等電点 5.96)	*ロイシン (Leu) (等電点 5.98)	*イソロイシン (Ile) (等電点 6.02)
COOH H-C-H NH₂	COOH CH-CH₃ NH₂	COOH CH-CH(CH₃)₂ NH₂	COOH CH-CH₂-CH(CH₃)₂ NH₂	COOH CH-CH-CH₂-CH₃ NH₂ CH₃
セリン (Ser) (等電点 5.68)	プロリン (Pro) (等電点 6.30)	*トレオニン (Thr) (等電点 6.16)	アスパラギン (Asn) (等電点 5.41)	グルタミン (Gln) (等電点 5.65)
COOH CH-CH₂-OH NH₂	COOH CH-CH₂ NH-CH₂‑CH₂	COOH CH——CH-CH₃ NH₂ OH	COOH O CH-CH₂-C-NH₂ NH₂	COOH O CH-(CH₂)₂-C-NH₂ NH₂
システイン (Cys) (等電点 5.07)	*メチオニン (Met) (等電点 5.74)	*フェニルアラニン (Phe) (等電点 5.48)	チロシン (Tyr) (等電点 5.66)	*トリプトファン (Trp) (等電点 5.89)
COOH CH-CH₂-SH NH₂	COOH CH-(CH₂)₂-S-CH₃ NH₂	COOH CH-CH₂⬡ NH₂	COOH CH-CH₂⬡-OH NH₂	COOH CH-CH₂ NH₂

塩基性アミノ酸			酸性アミノ酸	
*ヒスチジン (His) (等電点 7.59)	*リシン (Lys) (等電点 9.74)	●アルギニン (Arg) (等電点 10.76)	アスパラギン酸 (Asp) (等電点 2.77)	グルタミン酸 (Glu) (等電点 3.22)
COOH CH-CH₂ NH₂	COOH CH-(CH₂)₄-NH₂ NH₂	COOH NH CH-(CH₂)₃-NH-C NH₂ NH₂	COOH CH-CH₂-COOH NH₂	COOH CH-(CH₂)₂-COOH NH₂

▲**図 16**　タンパク質を構成する 20 種類のアミノ酸
構造式中の ▨▨▨ は，側鎖を表す。*はヒトの必須アミノ酸，●はヒトの幼児期に追加される必須アミノ酸。
ヒスチジンは，以前は幼児期のみに必須とされてきたが，1985 年に成人にも必須であると合意された。

[1] **ニンヒドリン**　アミノ酸と反応して青紫〜赤紫色を呈する。
[2] **ペーパークロマトグラフィー**　細長いろ紙の一端の近くに各種アミノ酸の混合液を微量つけ，適当な溶媒にその一端を浸す。溶媒が浸透するに従い，各アミノ酸分子の移動速度の違いにより別の場所に集まる（→ p.24）。これをニンヒドリンなどで呈色させて同定する。

ニンヒドリン

Q. アミノ酸はカルボキシ基 –COOH をもっているので，他のカルボン酸のように H^+ を触媒として，アルコールとエステルをつくりますか？

　　また，アミノ基 $-NH_2$ をもっているので，アニリンのように酸無水物と反応して，アミド結合をつくりますか？

A. もちろんどちらもつくります。

（酸のほうのOHが取れる）

（2）**必須アミノ酸**　タンパク質を構成する 20 種類のアミノ酸（▷前ページ図 16）のうち，体内で合成されないか，あるいは必要量をつくることができないアミノ酸を **必須アミノ酸** という。必須アミノ酸は動物の種類によって多少異なるが，1985 年の WHO（世界保健機関）の勧告によれば，ヒトの体内で合成されないバリン・ロイシン・イソロイシン・トレオニン・メチオニン・フェニルアラニン・トリプトファン・リシンの 8 種類に，合成されにくいヒスチジンを加えた 9 種類を必須アミノ酸とし，幼児ではさらにアルギニンを加えるとされる。

4 ペプチド結合　（1）**ペプチド結合の生成**　アミノ酸（Ⅰ）$R^1CH(NH_2)COOH$ とアミノ酸（Ⅱ）$R^2CH(NH_2)COOH$ とが，（Ⅰ）のカルボキシ基と（Ⅱ）のアミノ基から，水分子 1 個が取れて結合（脱水縮合）すると **ジペプチド** が生成する。アミノ酸どうしが結合してできたアミド結合は，とくに **ペプチド結合** という。

アミノ酸 3 分子が結合した分子は **トリペプチド** といい，ペプチド結合は 2 個存在する。

　多数のアミノ酸（同一種でなくてもよい）が脱水縮合により鎖状に結合した構造の巨大な分子は，**ポリペプチド** といい，次のように表す。

（2）**加水分解**　ポリペプチドを希酸（塩酸，硫酸）中で加熱すると，ペプチド結合のところが加水分解により切断されて，構成成分のアミノ酸になる。

Study Column　アミノ酸と溶液の pH

(1) アラニン水溶液の緩衝作用

アラニン $CH_3CH(NH_2)COOH$ の水溶液の pH はおよそ
6 である。これに希酸を加えていくと pH が低下してい
く。希酸の代わりに薄い塩基水溶液を加えていくと pH
は上昇していく。この経過を，存在するイオンの種類と
ともに図示すると右のようになる。この図の A，B，C
の範囲の主成分の構造は下の①〜③のようなイオンの形
である。

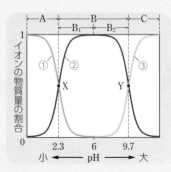

A の範囲は強い酸性域であるから，このアミノ酸は下
の①の陽イオンが大部分を占める。また B の範囲のう
ち，B_1 の部分は pH＜6 で，アミノ酸は陽イオンから順
次②の双性イオンになる。B_2 に移ると，溶液の pH は 6 から順次塩基性となり，アミノ酸は双
性イオンから③の陰イオンに移る。このようにアミノ酸は酸・塩基のいずれとも反応するので
両性電解質といわれる。②が最も多くなる溶液の pH を **等電点** という。

$$
\begin{array}{c}
\overset{\displaystyle H}{\underset{\displaystyle NH_2}{H_3C-C-COOH}} \\
\text{（アラニン）}
\end{array}
\qquad
\begin{array}{c}
①\ \overset{\displaystyle H}{\underset{\displaystyle NH_3^+}{H_3C-C-COOH}} \\
\text{（陽イオン）}
\end{array}
\qquad
\begin{array}{c}
②\ \overset{\displaystyle H}{\underset{\displaystyle NH_3^+}{H_3C-C-COO^-}} \\
\text{（双性イオン）}
\end{array}
\qquad
\begin{array}{c}
③\ \overset{\displaystyle H}{\underset{\displaystyle NH_2}{H_3C-C-COO^-}} \\
\text{（陰イオン）}
\end{array}
$$

A と B および B と C の境界付近にある溶液では，その中にわずかに強酸や強塩基を混入させ
ても溶液の pH はほぼ一定に保たれ，いわゆる緩衝作用を示す。強塩基を加えた場合で考えて
みると，A と B の境界付近では，溶液中に多量に存在しているアラニンの陽イオンが，加えら
れた OH^- を中和し，B と C の境界付近では，溶液中に多量に存在しているアラニンの双性イオ
ンが，加えられた OH^- を中和する。

(2) アラニン水溶液中の電離平衡

いま，簡単に表すために，上記の陽イオン①を A^+，双性イオン②を $A^\pm$，陰イオン③を A^- で
表すと，それぞれについて次の反応式の平衡が成り立っている。

$$A^+ \rightleftarrows A^\pm + H^+ \qquad A^\pm \rightleftarrows A^- + H^+$$

それぞれの平衡定数を K_1，K_2 とすると，

$$K_1 = \frac{[A^\pm][H^+]}{[A^+]} \qquad K_2 = \frac{[A^-][H^+]}{[A^\pm]}$$

$[A^\pm]$ を消去するために $K_1 \times K_2$ を求めると，

$$K_1 \times K_2 = \frac{[A^\pm][H^+] \times [A^-][H^+]}{[A^+] \times [A^\pm]} = \frac{[H^+]^2[A^-]}{[A^+]}$$

等電点では，$[A^+] = [A^-]$ であるから，$K_1 \times K_2 = [H^+]^2$

$[H^+] > 0$ より　　$[H^+] = \sqrt{K_1 \times K_2}$ となる。

アラニンでは $K_1 = 1 \times 10^{-2.3}\,mol/L$，$K_2 = 1 \times 10^{-9.7}\,mol/L$ であるから，

$$[H^+] = \sqrt{10^{-2.3} \times 10^{-9.7}} = \sqrt{10^{-12}} = 10^{-6}\,(mol/L)$$

したがって，等電点は pH＝6.0 となる。

上図の，交点 X では，$[A^+] = [A^\pm]$ であるから，$K_1 = [H^+]$ となるので pH＝2.3 となる。また，
交点 Y では，$[A^-] = [A^\pm]$ であるから，$K_2 = [H^+]$ となるので，pH＝9.7 となることがわかる。

B タンパク質

タンパク質の構造は，ポリペプチド構造が基本になっており，分子量はその種類によって1万くらいから数百万になるものもある。タンパク質は生命の根源をなし，動物体にも植物体にも広く存在する。とくに，動物のさまざまな生命活動を支える重要な物質で，細胞原形質のおもな成分であり，筋肉や結合組織・毛髪・皮膚・爪などを構成するほか，酵素・ホルモンなどの物質の主成分でもある。

1 タンパク質の高次構造 タンパク質の性質は，おもにその立体構造によって決まる。次に示す二次構造以上をまとめてタンパク質の **高次構造** という。

(1) **一次構造** アミノ酸の配列順序のことを **一次構造** という。

(2) **二次構造** ポリペプチド鎖の間の水素結合によってつくられ，比較的狭い範囲で規則的に繰り返される立体構造を **二次構造** という。おもなものは，**α-ヘリックス**（らせん構造）と **β-シート**（波板構造，ジグザグ構造）である。

(3) **三次構造** 二次構造をとったポリペプチド鎖は複雑に折れ曲がり，S-S結合（ジスルフィド結合）やイオン結合などによってつながり合い，複雑な立体構造をとる。この構造を **三次構造** という。

(4) **四次構造** タンパク質が複数のサブユニット（三次構造をもつ複数のポリペプチド鎖）からなるとき，その全体の立体構造を **四次構造** という。

(a) 一次構造

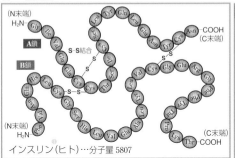

インスリン（ヒト）…分子量 5807

(b) 二次構造

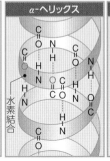

α-ヘリックス　　β-シート

(c) 三次構造

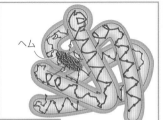

ミオグロビン

(d) 四次構造

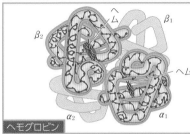

ヘモグロビン

ヘムは，2価の鉄とポリフィンという有機化合物からなる錯体（鉄錯体）。ミオグロビンやヘモグロビンは，高次構造のタンパク質がヘムと結合している。

▲ 図17　タンパク質の構造モデル

⬤ 膵臓から分泌されるペプチドホルモン。血液中のグルコース（血糖）を低下させるはたらきをもつ。インスリンが不足すると，糖尿病になる。

2 タンパク質の分類 （1）**単純タンパク質と複合タンパク質** タンパク質は，多種類のアミノ酸がたがいにペプチド結合してできたポリペプチドの構造をもっている。加水分解したとき，アミノ酸だけが生じるタンパク質を **単純タンパク質** といい，アミノ酸以外に糖やリン酸，色素，核酸などを生じるタンパク質を **複合タンパク質** という。

▽ 表1 タンパク質の分類

名称，例			所在，性質など
単純タンパク質	可溶性	アルブミン*	卵白，血清アルブミン。水，希酸，希塩基に溶ける。塩析される。
		グロブリン*	卵黄，血清グロブリン，ペプシン（胃液）。水に不溶，食塩水に溶ける。
		グルテニン	グルテン（小麦）。構成アミノ酸にはグルタミン酸が多い。
		プロタミン	魚類，鶏の精子。構成アミノ酸の 70 ～ 80％がアルギニン。
		ヒストン	細胞の核に存在し，DNA と複合体をつくる。塩基性アミノ酸が多い。
	不溶性	ケラチン	角質ともいう。動物体の保護の役割。角，爪，毛髪，羽毛，羊毛。
		コラーゲン	膠原質ともいう。動物体の組織の結合，保護の役割。軟骨，骨，魚のうろこ。
		フィブロイン	繊維状タンパク質，絹フィブロイン（絹の主成分）。
複合タンパク質		核タンパク質	細胞内の核酸と結合したもの。
		糖タンパク質	糖（ガラクトース，マンノースなどが多い）と結合したもの。（例）ムチンは多糖を含み，だ液や関節液などの粘液中に含まれる。
		色素タンパク質	色素と結合したもの。（例）ヘモグロビンは色素であるヘム（鉄の錯体）を含み，赤血球に存在する。この鉄に酸素分子を結合させて体内を運搬する。
		リンタンパク質	生体内のリン酸と結合したもの。（例）カゼインは牛乳タンパク質の 80％を占め，リン酸部分にカルシウムイオンを結合させて運搬する。

※ アルブミンやグロブリンは，構成成分として α-アミノ酸以外に少量の糖やリン酸などを含んでいるので，厳密には単純タンパク質とはいえない。

（2）**単純タンパク質の構成元素** C，H，N，O の4元素が主成分であるが，S が含まれるものもある。単純タンパク質の元素の含有量（質量百分率）は，C：50 ～ 55％，H：6 ～ 7％，N：12 ～ 19％，O：25 ～ 30％，S：0 ～ 2.5％で，いずれもほぼ似たような値を示す。

（3）**球状タンパク質と繊維状タンパク質**

タンパク質は形状によって球状タンパク質と繊維状タンパク質に分ける場合がある（▶図18）。タンパク質分子のらせんの鎖が，糸まりのように巻き込んだものを **球状タンパク質** といい，何本ものらせん構造が束に

球状タンパク質

繊維状タンパク質

▲ 図18 タンパク質の形状

なって，より糸のようになったものを **繊維状タンパク質** という。球状タンパク質は水などの溶媒に可溶であるものが多く，繊維状タンパク質は一般に溶媒には溶けない（▶表1）。

Episode
天然有機化合物の研究者フィッシャー

フィッシャー（E.Fischer，1852 ～ 1919）はドイツの有機化学者。糖類の研究でグルコースの構造を確立し，糖類分解酵素と糖の構造との関係を示した。染料であるインジゴの構造も確認。次いで，タンパク質の加水分解により十数種のアミノ酸を分離・発見し，多数のポリペプチドを合成するなど，生物化学の基礎を築いた。1902 年，ノーベル化学賞を受賞。フィッシャーの投影式（→ p.489）は彼の提案によるもの。

3 タンパク質の性質 (1) **水溶液の性質** 水に溶ける場合はコロイド溶液となる(親水コロイド，分子コロイド)。

(2) **変性** 水溶液を加熱したり，酸，塩基，アルコール，有機溶媒，重金属イオン(Cu^{2+}，Hg^{2+}，Pb^{2+}など)を加えると，凝固してゲルになったり沈殿したりする。この現象を**タンパク質の変性**という(▶図19)。変性により，それぞれのタンパク質の分子の立体的な構造が変化するため，タンパク質特有の性質や生理的な機能が失われることが多い。

たとえば，卵白の水溶液を加熱すると凝固する。血色素ヘモグロビンは，約65℃で酸素と結合する能力を失う。一度，変性したタンパク質は，再びもとにもどらない場合が多い[1]。

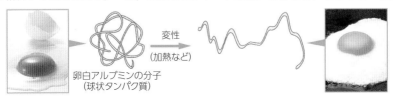

卵白アルブミンの分子
(球状タンパク質)

変性
(加熱など)

▲ 図19 タンパク質の変性のモデル

(3) **加水分解** 酸(HCl，H_2SO_4など)や$NaOH$水溶液，酵素(トリプシン・ペプチダーゼなど)で加水分解されると，最終的に構成成分のα-アミノ酸などの混合物になる。

(4) **塩析と透析** ① **塩析** タンパク質の水溶液は親水コロイド溶液であるから，多量の電解質($(NH_4)_2SO_4$，$MgSO_4$など)によって沈殿する(→ p.187)。

② **透析** タンパク質と分子量の小さい他の分子を含む溶液を，半透膜(セロハン)の袋に包んで流水中に入れておくと，タンパク質だけが袋の中に残る(コロイドの特性→ p.185)。

Study Column タンパク質の質量分析

タンパク質の研究には，その質量や立体構造を調べるための分析機器が欠かせない。

タンパク質の分析には核磁気共鳴法(NMR)や質量分析法(MS)が盛んに利用されているが，島津製作所の田中耕一氏は，質量分析法に関する技術である「ソフトレーザー脱離イオン化法」を開発した。この業績によって2002年にノーベル化学賞を受賞した。

この質量分析法では，試料にレーザー光を当ててプラスの電気を帯びさせ，その粒子を相対的にマイナスの電気を帯びたスリットに引き寄せて，スリットから検出器まで到達する時間を計測することにより物質の質量などの情報を得る。タンパク質は直接レーザー光を当てると熱で壊れてしまうが，脱離イオン化法では試料にレーザー光を吸収しやすい金属を混ぜ合わせることにより，その破壊を防げるようにした。これにより，タンパク質の詳細な研究が可能になった。

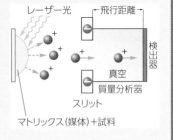

レーザー光

飛行距離

検出器

真空

質量分析器

スリット

マトリックス(媒体)+試料

[1] タンパク質の一次構造がそのままでも，高次構造を保っている水素結合や水和している水分子が失われることによって，もとの高次構造にもどれなくなる。

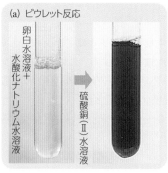

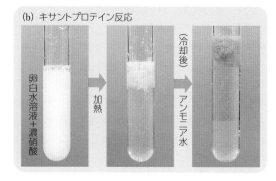

(a) ビウレット反応

卵白水溶液＋水酸化ナトリウム水溶液 → 硫酸銅(II)水溶液

(b) キサントプロテイン反応

卵白水溶液＋濃硝酸 → 加熱 → 〈冷却後〉アンモニア水

▲ 図20　タンパク質の呈色反応

(5) **呈色反応**　① **ビウレット反応**　タンパク質水溶液に NaOH 水溶液を加え，次に薄い CuSO₄ 水溶液を加えると，美しい赤紫色となる（Cu^{2+} とタンパク質のペプチド結合が錯イオンをつくることに基づく呈色反応）（▶図20 (a)）。1個のペプチド結合をもつジペプチドでは呈色しないが，2個以上のペプチド結合をもつトリペプチド以上なら呈色する。

② **キサントプロテイン反応**　タンパク質（固体または水溶液）を濃硝酸とともに加熱すると，黄色になる。この溶液を冷却して，アンモニア水または NaOH 水溶液を加えると，橙色になる。これは，ベンゼン環をもつアミノ酸（フェニルアラニンやチロシンなど）を構成成分に含むタンパク質が示す反応で，ベンゼン環のニトロ化による（▶図20(b)）。

③ **ニンヒドリン反応**　タンパク質水溶液にニンヒドリン（→ p.496）水溶液を加えて温めると，赤紫～青紫色を呈する。これを **ニンヒドリン反応** といい，タンパク質内の遊離アミノ基 $-NH_2$ に基づく反応なので，アミノ酸でも呈色する。

(6) **タンパク質の成分元素の検出**（→ p.32）　① **S の検出**　硫黄を含むタンパク質に NaOH（固体）を加えて熱し，それに（CH₃COO）₂Pb または Pb(NO₃)₂ の水溶液を加えると黒色の沈殿（PbS）が生成する。

② **N の検出**　NaOH を加えて熱すると NH₃ が発生する。これは，赤色リトマス紙が青色になること，または濃塩酸の蒸気をかざして白煙（NH₄Cl）が見られることで検出できる。

CHART 60

**タンパク質はキサントで黄色
ビウレットでバイオレット**

C　酵素

酵素 は，触媒のはたらきをもつ，分子量が1万から100万ぐらいのタンパク質でできた有機高分子化合物である。生体内で起こる化学反応に関係し，通常では起こりにくい反応も速やかに進行させることができる。ビタミン類などが，酵素とともに反応の進行を助ける場合もあり，このような物質を **補酵素** とよぶ。酵素の触媒活性は無機触媒に比べてはるかに高い。

(1) 基質特異性と反応特異性　酵素がはたらく物質を **基質** といい，酵素は **活性部位**（**活性中心**）とよばれる基質と結合する部分をもっている。酵素は活性部位と一致する物質としか結合できないため，表2に示したようにきわめて選択性が高い。これを酵素の **基質特異性** という。補酵素は酵素の活性部位に結合し，基質との結合を助けるはたらきをしている。また，酵素反応は特定の反応にだけしか寄与しない。これを **反応特異性** という。

▼ 表2　酵素と基質（反応物）

分類	酵素名	反応物	生成物
酸化還元酵素	エタノールデヒドロゲナーゼ	エタノール	アセトアルデヒド
	カタラーゼ	過酸化水素	水，酸素
加水分解酵素	アミラーゼ	デンプン	マルトース
	マルターゼ	マルトース	グルコース
	インベルターゼ（スクラーゼ）	スクロース	グルコース＋フルクトース
	リパーゼ	油脂	脂肪酸＋モノグリセリド
	ペプシン，トリプシン	タンパク質	プロテオース・ペプトン
	ペプチダーゼ	ポリペプチド	アミノ酸

(2) 最適温度　一般に温度を上げると反応の速さは大きくなる。しかし，酵素反応ではある温度までは反応速度は大きくなるが，その後は急に小さくなる。これは，温度が高くなるとタンパク質の熱変性が起こり，分子の立体的構造が変化し，基質とうまく結合できなくなるなどのためである。このように触媒としてのはたらきを失うことを **失活** という。酵素反応の反応の速さが最大となる温度を **最適温度** という。

(3) 最適pH　酵素には **最適pH** があり，その条件に合うと反応が促進される。たとえば，アミラーゼは中性（pH7）付近ではデンプンを加水分解する酵素としてはたらくことができるが，酸性・塩基性では酵素としてはたらかず，デンプンは加水分解されない。

　　胃で分泌されるタンパク質分解酵素のペプシンは，pH2程度の強酸性ではたらく。胃ではペプシンのもとになる物質（ペプシノーゲン）が塩酸とともに分泌されてペプシンに変わる。タンパク質からなる胃壁は，多糖類の粘液膜でおおわれているので守られる。

(4) 酵素阻害剤　酵素は，その立体的な構造によって，基質とうまく結合してそのはたらきを示すが，本来の基質と同じような構造をもつ別の物質が同時に存在すると，それと結合してしまい，本来の酵素反応が妨害される。このような物質を **酵素阻害剤** という。これを利用すると，標的とする細菌の酵素反応に対する酵素阻害剤を見つけ出し，それが人体に影響しないことを確認すれば，その細菌に対する医薬品に応用できることになる。

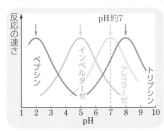

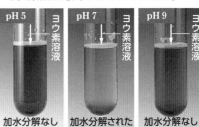

▲ 図21　酵素の最適pH

D 核酸と ATP

1 核酸[1] **(1) DNA と RNA 核酸** は，生物の遺伝に中心的な役割をはたしている。核酸は，リン酸・糖 (ペントース：五炭糖)・塩基からなる **ヌクレオチド** とよばれる化合物が鎖状に縮合重合した **ポリヌクレオチド** であり，構成元素は C・H・N・O・P である。核酸には **DNA**(デオキシリボ核酸)と **RNA**(リボ核酸)の 2 種類が存在する。

親から子へと次の世代に形質を伝える遺伝子の本体が DNA であり，2 本鎖の構造で，おもに細胞内の核に存在する。DNA を構成する糖はデオキシリボースで，塩基はアデニン (A)・グアニン (G)・シトシン (C)・チミン (T) である。これらの塩基の並び順 (塩基配列) が遺伝情報となる。ポリヌクレオチドの 2 本の鎖は決まった塩基どうし (アデニン (A) とチミン (T)，グアニン (G) とシトシン (C)) の間で水素結合 (塩基対) をつくり，**二重らせん構造** をとっている。一方，RNA はタンパク質の合成の手助けをし，多くは 1 本鎖の構造をもち，核と細胞の両方に存在する。RNA を構成する糖はリボースで，塩基はアデニン (A)・グアニン (G)・シトシン (C)・ウラシル (U) である。

細胞分裂の際には，DNA の 2 本鎖の間の塩基どうしの水素結合が切れて 1 本鎖になり，それぞれの鎖が鋳型になり，新しいポリヌクレオチドがつくられて再び二重らせん構造ができる。このとき，塩基対の組合せは，必ず A と T，G と C となるので，もとと同じ塩基配列のものが 2 組できる。これが **DNA の複製** である。

RNA には，**mRNA** (伝令 RNA)・**tRNA** (転移 RNA)・**rRNA** (リボソーム RNA) の 3 種類があり[2]，それぞれタンパク質の合成に深く関係している(→次ページ)。

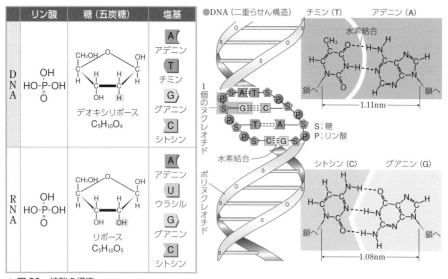

▲ 図22　核酸の構造

[1] 細胞の核から取り出した酸性物質という意味で名付けられた。
[2] 近年，それ以外に重要な役割をはたす RNA も知られてきている。

(2) **ゲノム**　ゲノムとは，1個の配偶子（精子や卵子のように，生物の生殖細胞のうちで合体して新しい個体をつくるもの）に存在する染色体の1組，またはこの1組の染色体に含まれている遺伝子全体をいうが，広義ではそれぞれの遺伝子をひとそろいで含んでいるDNAやRNAの単一分子をいう。DNAの遺伝情報（塩基配列）は，タンパク質を構成するアミノ酸の配列の順序を決定している。ゲノムが変化すると生物も変化する。いいかえるとゲノムの変化の歴史が進化であるといえる。ヒトの身体は60兆個の細胞でできていて，それぞれの細胞の核に30億の塩基配列が含まれている。2003年にその全配列が解読されたことにより，病気の診断や新薬の開発に成果が出始めている。同時に，生命倫理の観点からゲノム解読がもたらすプライバシーの問題なども解決していく必要がある。

Study Column　**DNAとタンパク質の合成**

　遺伝子であるDNAから特定のタンパク質を合成する過程は，①〜④の順に進む。DNAに書き込まれた遺伝情報（塩基配列）をmRNA（伝令RNA）に写し取ることを**転写**といい，遺伝情報をアミノ酸の配列に読み替えることを**翻訳**という。

①　DNAの二重らせん構造の一部がほどかれ，その部分の塩基配列が，mRNAに写し取られる（転写）。
②　mRNAが核から出て，リボソーム（タンパク質の合成を行う細胞小器官）に付着する。
③　mRNAの塩基配列に対応したtRNAが，特定のアミノ酸を運んでくる（翻訳）。
④　アミノ酸どうしがペプチド結合により結合し，タンパク質が合成される。

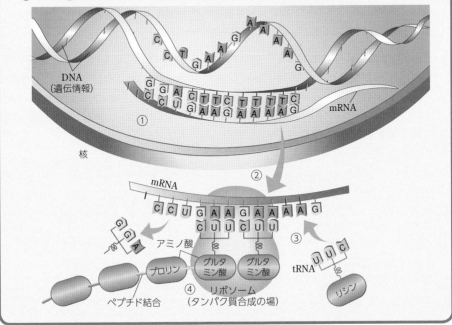

2 **ATP と光合成** （1）**ATP** 生物は，代謝[注]の過程で得られたエネルギーを，ATP（アデノシン三リン酸）として蓄え，これをあらゆる生命活動のエネルギー源として使っている。つまり，ATP はエネルギー貯蔵物質といえる。

ATP は塩基（アデニン）と糖（リボース）が結合したアデノシンにリン酸 H_3PO_4（ここでは $PO(OH)_3$ の構造式を用いる）3分子が結合したもので，ヌクレオチドの一種である。また，ATP は核の中で RNA が合成されるとき，その材料としても使われる。ATP には高エネルギーリン酸結合が2個含まれ，この結合が加水分解される際に放出されるエネルギーが，生物全般における糖質・タンパク質・脂質の代謝や核酸の合成・動物の筋肉の運動・発光生物の発光などの源泉になっている。

$$ATP + H_2O \longrightarrow ADP + PO(OH)_3 \quad \Delta H = -30\,kJ（エネルギー放出）$$

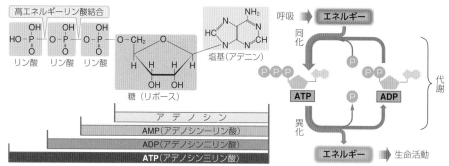

▲ 図23 ATP の構造と生命活動におけるエネルギー変換

（2）光合成 植物は太陽のエネルギーを光合成に利用している。光合成は，葉緑体をもつ植物が，光エネルギーによって二酸化炭素を同化[注]（**炭酸同化** または **炭酸固定**）して，グルコースその他の糖類を合成する反応で，次式で表される。

$$6\,CO_2 + 6\,H_2O \longrightarrow C_6H_{12}O_6 + 6\,O_2 \quad \Delta H = \overset{太陽より}{2803\,kJ}$$

実際の光合成においては，植物の葉緑体の中で複数の反応過程が組み合わされ，複雑な反応機構を経て，最終的に酵素のはたらきによって糖類がつくられている。その反応過程の1つとして，ADP（アデノシン二リン酸）とリン酸 $PO(OH)_3$ から，ATP が合成される **光リン酸化反応** があり，大きなエネルギーが蓄えられる。

$$ADP + PO(OH)_3 \longrightarrow ATP + H_2O \quad \Delta H = 30\,kJ（エネルギー蓄積）$$

実際には何段階にもわたる反応の中において，リン酸が結合することにより ADP からエネルギー源の ATP がつくられる。

動物は，自らエネルギーを確保した植物や他の動物を食物として摂取し消化することで，必要なエネルギーを得ている。その反応過程は植物と共通している部分も多く，上図の異化では，グルコースの酸化反応（光合成の逆反応）によってエネルギーが生じる。

$$C_6H_{12}O_6 + 6\,O_2 \longrightarrow 6\,CO_2 + 6\,H_2O \quad \Delta H = -2803\,kJ$$

このエネルギーを，化学エネルギーである ATP として蓄えているのである。

[注] 生物がエネルギーを吸収して物質を合成する反応を **同化** といい，物質を分解してエネルギーを得る反応を **異化** という。また，このような生体内の反応を **代謝** という。

◆◆◆ 定期試験対策の問題 ◆◆◆

◇① 糖類

次の文を読んで下の問いに答えよ。H＝1.0，C＝12，O＝16

セルロースの繰り返しの最小単位は(a)であり，デンプンでは(b)である。デンプンは，アミロースと(c)とから構成される。デンプンは(d)構造をもつが，セルロースはその構造をもたないことから，褐色の(e)液を加えると，デンプンのみが(f)色に呈色する。セルロースは，酵素セルラーゼにより(g)されて二糖の(h)になり，デンプンは，酵素アミラーゼにより二糖の(i)になる。二糖の分子式は(j)で表され，たいていの単糖や二糖はフェーリング液を還元するが，二糖の中には還元性をもたないものも存在する。

(1) 文中の空欄(a)～(j)に当てはまる最も適切な語句や式を答えよ。

(2) デンプン24.3gを希硫酸で完全に加水分解して得られる単糖の質量〔g〕を整数値で答えよ。

(3) 下線部について，還元性をもたない二糖の名称と，その理由を簡潔に答えよ。

(4) (3)で答えた糖にインベルターゼを作用させると，2種類の単糖の混合溶液になる。この糖の混合物の名称を漢字3字で答えよ。また，構成する単糖の名称をそれぞれ答えよ。

ヒント (2) デンプンの一般式のnと同じ物質量の単糖が生成すると考える。

◇② アミノ酸

同一の炭素原子に，酸性の(a)基と塩基性の(b)基が結合したものがα-アミノ酸で，そのうち生体のタンパク質を構成するものは約(c)種類存在する。α-アミノ酸は(d)水溶液と反応して赤紫色に呈色する。(e)以外のα-アミノ酸は不斉炭素原子をもち，立体異性体のうち(f)異性体が存在する。α-アミノ酸は水に溶けやすく，たとえばアラニンは水溶液中で3種類の構造のイオンとして存在し，pHによりその割合が変化する。中性付近ではおもに(g)イオンの状態で存在し，全体で電荷が打ち消された状態になるpHをとくに(h)という。2つのアミノ酸が脱水縮合すると(i)結合ができる。多数のアミノ酸が脱水縮合により(i)結合したものが(j)の基本構造である。

(1) 文中の空欄(a)～(j)に当てはまる最も適切な語句を答えよ。

(2) グリシン，グルタミン酸，リシンを用意し，pH6(中性付近)の溶液とした。3種のアミノ酸を細長いろ紙の中央に滴下し，pH6の溶液中で直流電流を流すとアミノ酸が分離される。

(a) この分離操作の名称を答えよ。　　　(b) 陽極に向かうアミノ酸は3種のうちのどれか。

◇③ タンパク質

卵白水溶液を薄い水酸化ナトリウム水溶液で塩基性にしてから，硫酸銅(Ⅱ)水溶液を数滴加えると(a)反応が起こり，(b)色に呈色する。卵白などのタンパク質に濃硝酸を加えると(c)反応により(d)色に呈色し，さらにアンモニア水を加えると赤味が増す。タンパク質はペプチド結合どうしの(e)結合により，(f)というらせん構造やβ-シートという波板構造をとる。これをタンパク質の(g)次構造という。タンパク質を加熱したりアルコールを加えると，凝固したり沈殿して，もとにもどらなくなる。これをタンパク質の(h)という。また，大豆タンパクから豆腐をつくる過程では，電解質によるコロイドの(i)を利用している。

(1) 文中の空欄(a)～(i)に当てはまる最も適切な語句を答えよ。

(2) (c)反応が起こるのは，構成アミノ酸のどの部分がどんな反応をするためか答えよ。

第2章

合成高分子化合物

1 高分子化合物
2 合成繊維
3 合成樹脂とゴム

ラテックスの採取

1 高分子化合物

A 高分子化合物の分類

　物質を構成する分子を，分子量の違いにより分類することがある。分子量が比較的小さく純物質の定義によく当てはまる物質を **低分子化合物** とし，区別は厳密ではないが，一般に分子量が約1万以上の巨大な分子からなる物質を **高分子化合物** とすることが多い。

　高分子化合物には，炭素原子が中心になって多数結びついてできた **有機高分子化合物** と，ケイ素原子や酸素原子，その他の原子が多数結びついてできた **無機高分子化合物**[1] がある。しかし，高分子化合物といえば，一般に有機高分子化合物のことをいうことが多い。有機高分子化合物には，天然に存在する **天然高分子化合物**(前章)と，人工的に合成される **合成高分子化合物** がある(▶図1)。

有機高分子化合物		無機高分子化合物
天然高分子化合物	**合成高分子化合物**	二酸化ケイ素(水晶，石英)，アスベスト，雲母，長石，沸石(ゼオライト)，ダイヤモンド，黒鉛[2]
デンプン，セルロース(綿，麻)，タンパク質(羊毛，絹)，天然ゴム，核酸	**合成繊維** ナイロン，ビニロン，ポリエチレンテレフタラート，ポリアクリロニトリル	ガラス，シリカゲル
	合成樹脂 ポリエチレン，ポリ塩化ビニル，フェノール樹脂，尿素樹脂	
	合成ゴム ポリイソプレン，ポリブタジエン，ポリクロロプレン	

▲ 図1　高分子化合物の分類

[1] 長くつながっている鎖(主鎖という)を構成する原子がすべて炭素以外であれば，枝の部分に有機原子団が結合していても，無機高分子化合物である。
[2] ダイヤモンドと黒鉛は無数の炭素原子が結合してできた単体である(→ p.29, 349)。

B 高分子化合物の特徴

1 高分子化合物の特徴 高分子化合物には，デンプンやタンパク質のような天然高分子化合物と合成高分子化合物とがあるが，ここではおもに両者に共通な性質を述べる。

(1) **単量体と重合体** 高分子化合物は，1種類または数種類の低分子化合物が，数百から数千以上も共有結合でつながってできた分子である。低分子化合物がつながることを **重合** といい，この場合の低分子化合物を **単量体** または **モノマー**，生成した高分子化合物を **重合体** または **ポリマー** という。たとえば，デンプンのアミロースやアミロペクチンが重合体であるのに対して α-グルコースが単量体であり，タンパク質が重合体であるのに対して α-アミノ酸が単量体である。デンプンでわかるように，重合体の構造はさまざまで，その分子が2ヵ所で次々と結合すると鎖状構造になるが，3ヵ所以上で結合すると，枝分かれ構造や，合成高分子化合物では立体網目状構造などが加わったものもある。

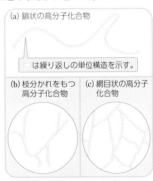

▲ 図2 高分子化合物の構造模型

(a) 鎖状の高分子化合物

| は繰り返しの単位構造を示す。

(b) 枝分かれをもつ高分子化合物 (c) 網目状の高分子化合物

(2) **重合度と分子量** 低分子化合物は，常温・常圧で固体・液体・気体のものがあり，決まった分子式をもち，分子量も定まっている。一方，高分子化合物の多くは，単量体が多数結合した構造をとる。たとえば，デンプンは，$(C_6H_{10}O_5)_n$ のような一般式で表すことができる。この繰り返しの数 n を **重合度** といい，ふつうは決まった値ではなく，たとえば，デンプンのうちアミロースでは n は約

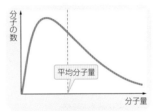

▲ 図3 高分子化合物の分子量の分布

平均分子量

$10^2 \sim 10^3$ とされ，一定の範囲でいろいろな重合度の分子が集合している。したがって，その分子量はさまざまで固有の分布をもつので，それらの平均値(**平均分子量**)で表される。

天然高分子化合物の中には，タンパク質のように一般式で表せないものもあり，その一部は分子式が明らかにされていて，分子量が確定しているものもある(→ p.499 図17)。

(3) **融点** 低分子化合物の融点や沸点は，それぞれの物質により決まった値を示す。しかし，高分子化合物の多くは，明確な融点を示さず(軟化点→次ページ)，とくに天然高分子化合物の多くは温度を上げていくと融解する前に分解してしまうものが大部分である。

(4) **溶解性** 高分子化合物は溶媒に溶解しないものが多い。溶解するものでも，低分子化合物の分子に比べてきわめて大きく，分子1個がコロイド粒子の大きさに相当する場合が多い。たとえば，アミロースでは，水と加熱すると溶解して **分子コロイド** からなるコロイド溶液となる。

ポリビニルアルコール(→ p.514)は数少ない水溶性の合成高分子化合物である。ポリ酢酸ビニルは低級アルコールなどの有機溶媒に溶解し，ポリスチレンはアセトンなどの有機溶媒に溶解する。

❶ 高分子化合物の分子量は，浸透圧や溶液の粘度を測定して求められるが，あくまでも平均値である。

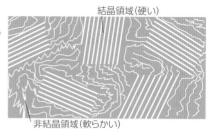
結晶領域(硬い)

非結晶領域(軟らかい)

(5) **結晶構造** 低分子化合物の固体の多くは，分子が規則正しく配列した結晶の構造をしている。一方，高分子化合物はすべて固体で，結晶構造の領域もあるが，大部分は非結晶構造(無定形固体・アモルファス →$p.91$)の領域である。これが明瞭な融点をもたない理由の1つでもある。また，セルロースもデンプンと同じ($C_6H_{10}O_5$)$_n$で表されるが，熱水で加熱しても溶解しない。これは分子量がデンプンより非常に大きいこともあるが，その一部が結晶構造をつくっているのが大きな理由である。

2 合成高分子化合物の特徴 合成高分子化合物のほとんどは石油からつくられ，合成繊維・合成樹脂・合成ゴムなどの用途によって分類されるが，ナイロンやポリエチレンテレフタラートのように1つの高分子化合物であっても，繊維として使われたり，樹脂として使われたりするものもある。合成高分子化合物の性質は天然高分子化合物の性質と類似する部分も多いので，大きく異なる部分だけを述べる。

(1) **軟化点** 合成高分子化合物を加熱していくと，明瞭な融点を示さず，かなり幅広い温度範囲を経て固体から液体に変わる。そこで，一定の力を加えたときに軟らかくなり変形し始める温度を **軟化点** として表す場合がある。軟化した後，さらに加熱すると次第に流動性を増し，やがて液体になる。明瞭な融点をもたないのは，非結晶構造であることに加えて，高分子化合物の重合度(→前ページ)に幅があり，分子量が均一ではなく，固有の分布をもつことにも起因する。しかし，そもそも軟化しないで分解するものもあり，液体となった高分子化合物でも，さらに加熱していくと，気体にならずに分解する。

一方，天然高分子化合物のほとんどは軟化点をもたずに，ある温度で分解してしまうことが多い。

(2) **熱可塑性と熱硬化性** 合成高分子化合物のうち鎖状構造だけでできているものは，重合の種類によらず，加熱すると軟らかくなって変形し，冷やすと再び硬くなる性質をもつ。これを **熱可塑性** という。付加重合でできた高分子化合物や，縮合重合でも鎖状構造をもつものが該当し，樹脂では **熱可塑性樹脂** といい，合成繊維はほとんどが熱可塑性である。

フェノール樹脂・尿素樹脂・メラミン樹脂など(→$p.517$)の合成高分子化合物は，低重合度のものは熱可塑性であるが，これを型に入れてから熱することによって，分子間に立体網目状の結合ができて硬化する。これは，一度硬化すると，冷却後加熱しても再び軟化することはないので，**熱硬化性樹脂** とよばれている。このような高分子化合物には軟化点がなく，溶媒にも溶けない。

C 合成高分子化合物の生成

単量体から重合体ができる反応を **重合** という。重合のしかたとしては，付加重合と縮合重合のほかに付加縮合などがあり，やや分類の基準が異なるが，開環重合・共重合・界面重合などとよばれるものもある。

(1) **付加重合** 二重結合をもつ分子どうし，たとえばエチレン分子 CH₂=CH₂ どうしや塩化ビニル分子 CH₂=CHCl どうしが，次々と付加反応を起こし，それぞれポリエチレン，ポリ塩化ビニルが生じるような重合をいう（▶図4）。

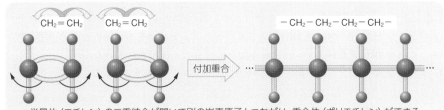

単量体（エチレン）の二重結合が開いて別の炭素原子とつながり，重合体（ポリエチレン）ができる

▲ 図4　付加重合

(2) **縮合重合** 2つの単量体から，水のような簡単な分子が取れて次々と縮合し，高分子化合物ができる場合の重合をいう。たとえば，ヘキサメチレンジアミン H₂N-(CH₂)₆-NH₂ とアジピン酸 HOOC-(CH₂)₄-COOH とを縮合重合させると，ナイロン66ができる（▶図5）。

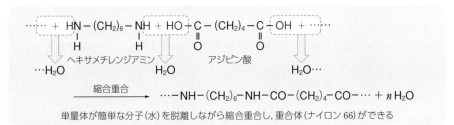

単量体が簡単な分子（水）を脱離しながら縮合重合し，重合体（ナイロン66）ができる

▲ 図5　縮合重合

(3) **付加縮合** フェノール樹脂・尿素樹脂・メラミン樹脂などでは，単量体どうしが付加してから縮合するという過程を繰り返して重合していく。単に縮合重合に分類することもあったが，厳密には **付加縮合** という（→ p.517）。

(4) **開環重合** ナイロン6は，カプロラクタムの環が加水分解により開環してから，脱水縮合により重合するので，**開環重合** とよばれる（→次ページ）。

(5) **共重合** 2種以上の単量体を同時に重合させることを **共重合** という。しかし，ナイロンやポリエステルのような2種の単量体が必須の縮合重合の場合には該当せず[①]，一般に付加重合に対して用いられる用語である。触媒などの条件により，2種の単量体は互い違いに結合したり，ある程度かたまって重合したりする。共重合による重合体を **共重合体** という。これに対して1種類の単量体による重合を **単独重合** といい，その重合体を **単独重合体** という。共重合は合成ゴム（→ p.519）の場合によく使われる方法であるが，最近ではゴムだけでなく，目的に応じた性質をもった合成樹脂を得るため，2種以上の単量体からつくられたものが身近な製品に多用されている（ABS樹脂など）。

(6) **界面重合** これは重合する物理的手段で分類されたもののうちの1つであるが，実験室的にナイロン66を合成する場合によく用いられる方法である（→次ページ）。

- -

❶ 専門的には，複数の単量体を用いた縮合重合でも共重合という場合がある。

2 合成繊維

A 縮合重合と開環重合による合成繊維

1 ポリアミド系合成繊維 鎖状の2価カルボン酸(ジカルボン酸)HOOC-R¹-COOH と，鎖状のジアミン $H_2N-R^2-NH_2$ を縮合重合させると，アミド結合をもつ鎖状の高分子化合物ができる。これを **ポリアミド** といい，合成樹脂としても広く使用されている。

(1) **ナイロン66**[1] アジピン酸 HOOC-(CH$_2$)$_4$-COOH とヘキサメチレンジアミン[2] $H_2N-(CH_2)_6-NH_2$ の縮合重合によって得られる。

$$n\text{HO-C-(CH}_2)_4\text{-C-OH} + n\text{H-N-(CH}_2)_6\text{-N-H}$$

アジピン酸　　　　　ヘキサメチレンジアミン

$$\xrightarrow{\text{縮合重合}} \left[\text{C-(CH}_2)_4\text{-C-N-(CH}_2)_6\text{-N} \right]_n + 2n\text{H}_2\text{O}$$

アミド結合
ナイロン66

(2) **ナイロン6**[4] カプロラクタム(環状のアミド結合をもつ物質)に，少量の水を加えて熱すると，環が開き，次いで重合して鎖状のポリアミドが得られる。これを **開環重合** という。

$$n \begin{matrix} \text{CH}_2\text{-CH}_2\text{-C=O} \\ \text{CH}_2\text{-CH}_2\text{-N-H} \end{matrix} + \text{H}_2\text{O} \xrightarrow{\text{開環重合}} \left[\text{N-(CH}_2)_5\text{-C} \right]_n \text{OH}$$

カプロラクタム　　　　　　　　　　　ナイロン6

(3) **用途** ナイロン66，ナイロン6ともさまざまな衣料に使われるほか，タイヤ補強材，工業用ベルト，歯車，ベアリング，合成皮革，電線被覆などに使われる。

Laboratory ナイロン66の界面重合

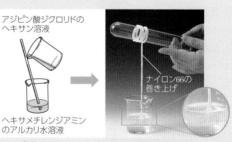

方法 (1) ヘキサンの入ったビーカーにアジピン酸ジクロリド ClCO(CH$_2$)$_4$COCl を溶かし，ガラス棒を伝わらせてヘキサメチレンジアミンのアルカリ水溶液の上にそっと注ぐ。
(2) 2層の界面に膜ができるので，ピンセットで摘んで引き上げると，ナイロン66が次々と糸状になって生じる。

アジピン酸ジクロリドのヘキサン溶液
ナイロン66の巻き上げ
ヘキサメチレンジアミンのアルカリ水溶液

MARK 2分子から HCl が脱離することによって重合する。

---

[1] **ナイロン66** ヘキサメチレンジアミンもアジピン酸も C$_6$ の化合物である。6,6-ナイロンともいう。
[2] **ヘキサメチレンジアミン** ヘキサ：6，メチレン：-CH$_2$-，ジ：2，アミン：-NH$_2$ を表している。
[3] これらの分子構造は，両端に OH，H などをつけて書いてもよい。そのとき右辺の水は，(2n-1)H$_2$O になる。
[4] 1つの構成単位に C が6個あるからナイロン6という。6-ナイロンともいわれる。1940年にドイツ，1941年に日本もナイロン6の製造を開始した。ほかにもさまざまな炭素数の組合せのポリアミドがある。

　分子量約10000のナイロン66には，何個のアミド結合が含まれているか。H＝1.0，C＝12，N＝14，O＝16

考え方	ナイロン66の構成単位 [-CO-(CH₂)₄-CO-NH-(CH₂)₆-NH-]には，アミド結合が計2個含まれている。	この構成単位の式量＝$C_{12}H_{22}O_2N_2$＝226 よって，$\dfrac{10000\,\text{g/mol}}{226\,\text{g/mol}} \times 2 \fallingdotseq 88$（個） **答**

類題 70

(1) 90個のアミド結合をもつナイロン66の分子量を有効数字2桁で答えよ。H＝1.0，C＝12，N＝14，O＝16

(2) このナイロン66を1.00kg合成するのに，アジピン酸（分子量146）とヘキサメチレンジアミン（分子量116）は何gずつ必要か。両端のOH，Hは無視できるとして，整数値で答えよ。

2 ポリエステル系合成繊維　芳香族ジカルボン酸であるテレフタル酸[2]と2価アルコールであるエチレングリコール[3]を縮合重合させると，多数のエステル結合をもった鎖状の重合体である **ポリエチレンテレフタラート**（PET → p.465）ができる。繊維は丈夫でしわになりにくく，すぐに乾くので，多くの衣料に用いられる。また，合成樹脂としても使用される。

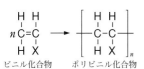

nHO-C-〈　〉-C-OH ＋ nHO-CH₂-CH₂-OH
　　‖　　　　‖
　　O　　　　O
テレフタル酸　　　　　　　エチレングリコール

縮合重合→
エステル結合

[-C-〈　〉-C-O-(CH₂)₂-O-]ₙ ＋ 2nH₂O
　‖　　　　‖
　O　　　　O
ポリエチレンテレフタラート（PET）

B　付加重合による合成繊維

　ビニル基CH₂=CH- をもつ化合物を付加重合させることによって，合成繊維（オレフィン系繊維）や合成樹脂（→ p.518）が得られる。一般にポリビニル系高分子化合物とよばれる。

nC=C　→　[-C-C-]ₙ

X ＝ H……エチレンからポリエチレン	
X ＝ Cl……塩化ビニルからポリ塩化ビニル（塩化ビニル樹脂）	
X ＝ CN……アクリロニトリルからポリアクリロニトリル	
X ＝ O-C-CH₃……酢酸ビニルからポリ酢酸ビニル（酢酸ビニル樹脂）　‖　O	

ビニル化合物　　ポリビニル化合物

[1] **近代合成高分子化学の先駆者カロザース**　カロザース（W.H.Carothers, 1896 ～ 1937）はアメリカの有機化学者。デュポン（Du Pont）社の有機化学研究所長。1931年，クロロプレン重合体（合成ゴム）を合成。1935年，天然の絹タンパク質に似たポリアミドの研究からナイロン66を発明。

[2] **テレフタル酸**　C₆H₄(COOH)₂にはo-，m-，p-の3種の異性体が考えられる（→ p.465）が，o-（オルト）はフタル酸，m-（メタ）はイソフタル酸，p-（パラ）はテレフタル酸という。

[3] **エチレングリコール** は HO-CH₂-CH₂-OH であり，体系名は1,2-エタンジオールである。

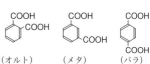

（オルト）　　　（メタ）　　　　（パラ）
フタル酸　　イソフタル酸　　テレフタル酸

1 アクリル系合成繊維 アクリロニトリル[1]$CH_2=CH-CN$ を付加重合させると，**ポリアクリロニトリル** が得られる。

アクリロニトリル　ポリアクリロニトリル

ポリアクリロニトリルを高温で炭化して得られる炭素繊維は，軽くて強度に優れ，航空機やスポーツ用品に使われている（→ p.527）。

また，アクリロニトリルに塩化ビニル，酢酸ビニルなどを共重合させると，アクリル系繊維が得られる。

アクリル系繊維の例
$$\left[CH_2-CH-CH_2-CH\right]_n, \quad \left[CH_2-CH-CH_2-CH\right]_n$$
（CN, Cl）　　　（CN, OCOCH_3）

アクリル系繊維は，羊毛の肌ざわりに似た合成繊維である。柔軟で保湿性がよく，難燃性であり，毛織物や毛布などに使われている。

2 ビニロン **ビニロン** はポリビニルアルコール系合成繊維であり，わが国で初めて開発された合成繊維である。次の①～③の段階を経てつくられる。

① 酢酸ビニル[2]$CH_2=CH-OCOCH_3$ の付加重合によって得られたポリ酢酸ビニルをけん化して，ポリビニルアルコールにする。ポリビニルアルコール[3]は水溶性の高分子化合物で，洗濯のりなどに使われる。

酢酸ビニル　　　ポリ酢酸ビニル　　　ポリビニルアルコール

② ポリビニルアルコールの熱水溶液を，細孔から硫酸アンモニウム飽和水溶液中に紡糸して糸にする[4]。生成した糸状のポリビニルアルコールは，そのまま繊維として用いるには水に溶けやすいため実用的ではない。

---

[1] アクリロニトリルは，アセチレンにシアン化水素を付加させて得ていたが（→ p.429），現在では，触媒の存在下で次式の反応によって得ている。
$$2CH_2=CH-CH_3 + 2NH_3 + 3O_2 \longrightarrow 2CH_2=CH-CN + 6H_2O$$
プロペン　　　　　　　　　　　　　　アクリロニトリル
アクリル繊維には種々のものがあり，たとえばアクリロニトリルを85％以上含む場合をアクリル系繊維といい，85％未満の場合はモダクリルという。

[2] 酢酸ビニルは，アセチレンに酢酸を付加させて得ていたが（→ p.429），現在では，適当な触媒の存在下で，エチレンに酢酸 CH_3COOH と酸素を付加させて得る。
$$2CH_2=CH_2 + 2CH_3COOH + O_2 \xrightarrow{Pd 触媒} 2CH_2=CH-OCOCH_3 + 2H_2O$$
エチレン　　　　酢酸　　　　　　　　　　酢酸ビニル

[3] アセチレンに水（H-OH）を付加すると，ビニルアルコール $CH_2=CH-OH$ ができると考えられるが，これは不安定でただちにアセトアルデヒド CH_3CHO になる（→ p.429）。したがって，ビニルアルコールを原料にして付加重合によりポリビニルアルコールをつくることはできない。

[4] この反応は **塩析** の効果による。ポリビニルアルコールの水溶液は親水コロイドである。細孔から押し出されて不溶化され糸状になる。

③ そこで，ポリビニルアルコールをホルムアルデヒドと反応させて，水に溶けないようにして実用化したものが **ビニロン**[1] である。この反応を **アセタール化** という。

ポリビニルアルコール　　　　ホルムアルデヒド　　　　　　　　　　　ビニロン

　ポリビニルアルコールの $-OH$ のうち，$30 \sim 40\%$ がホルムアルデヒドでアセタール化される。したがって，親水基[2]の $-OH$ が残っているから，吸湿性に優れ，木綿に似た性質がある。強度は大きいが染色性が悪いので，とくに作業着，ロープ，魚網などに適している。

④ ポリビニルアルコールは，次のようにエステル交換反応[3]を利用してもつくられている。

問題学習 ⋯⋯ 71　　　　　　　　　　　　　　　　　　　　　ビニロンの合成

　ポリビニルアルコール 1kg がある。この分子中のヒドロキシ基の 32% をアセタール化するのに必要な 40% ホルムアルデヒド水溶液は何 g か。整数値で答えよ。$H=1.0$，$C=12$，$O=16$

考え方　ポリビニルアルコール 2 単位で考える。

（OH 2 個単位）
$2 \times 44 \times n$
$\vdots$
$30n$

左式より，ポリビニルアルコール $2 \times 44 \times n$〔g〕がすべてアセタール化されるときホルムアルデヒド $30n$〔g〕が反応する。

32% をアセタール化するのに必要な 40% HCHO の水溶液を x〔g〕とすると，

$$\frac{1000}{88n} \times \frac{32}{100} \times 30n = x \times \frac{40}{100}$$

$$x \doteqdot 273 \text{（g）}$$

⊛ **273g**

類題 ⋯⋯ 71

(1) 100g のポリビニルアルコールのヒドロキシ基の 40% をアセタール化したとき，得られるビニロンは何 g か。整数値で答えよ。$H=1.0$，$C=12$，$O=16$

(2) 重合度が 104 のポリエチレンテレフタラートの分子量はいくらか。有効数字 2 桁で答えよ。ただし，分子量は $C_6H_4(COOH)_2 = 166$，$C_2H_4(OH)_2 = 62$ とする。

---

[1] **ビニロンの発明者桜田一郎**(1904 ～ 1986)　ドイツに留学。1939 年ビニロンを開発。高分子化学の権威。1977 年，文化勲章を授与された。近代の三大合成繊維の開発はポリアミド系(アメリカ)，ポリエステル系(イギリス)，ポリビニル系(日本)である。

[2] 有機化合物中の $-OH$，$-NH_2$，$-COOH$，$\diagdown C=O$ などは，大きな極性をもつ。これに極性のある H_2O が水素結合によって水和することができるので，これらの基を親水基という。

[3] エステル $X-COO-Y$ とアルコール $Z-OH$ を混合して酸触媒を加えると，

　　$X-COO-Y + Z-OH \rightleftarrows X-COO-Z + Y-OH$

によって，Y と Z が入れかわったエステルが生成する。

A 合成樹脂

合成高分子化合物を繊維以外の用途に用いたものを，**合成樹脂** または **プラスチック** という。プラスチックと合成樹脂とは同義である。

1 合成樹脂の特性　合成高分子化合物のうち，繊維として用いられる物質はほとんど熱可塑性(→ *p.*510)であるが，合成樹脂には熱可塑性のものと熱硬化性のものがある。重合方法によらず，分子が鎖状構造だけでできている合成高分子化合物は熱可塑性であり，樹脂として用いるときは **熱可塑性樹脂** という。これに対して，加熱により分子が立体網目状構造をもつようになって硬化する物質は **熱硬化性樹脂** とよばれる。熱硬化性樹脂は，フェノール樹脂・尿素樹脂・メラミン樹脂・アルキド樹脂など少数である。

合成樹脂の固体は，分子が結晶化していて硬度が高い結晶領域と，不規則に配列していて軟らかい非結晶領域があり(→ *p.*510)，それらの割合で樹脂の硬さが決まる。また，結晶領域の割合が大きいほど密度が大きく，不透明になる。一般に，熱可塑性樹脂より熱硬化性樹脂のほうが硬い。

2 縮合重合による合成樹脂　(1) **ポリアミド系樹脂**(→ *p.*512)　ナイロン 66，ナイロン 6などは，繊維ばかりではなく樹脂としても用いられる。

(2) **ポリエステル系樹脂**　① **ポリエチレンテレフタラート**
(→ *p.*513)　繊維ばかりではなく樹脂としても用いられる。たとえば，ペットボトルとして身近に大量に使われている。

② **アルキド樹脂**　無水フタル酸 $C_6H_4(CO)_2O$ とグリセリン $C_3H_5(OH)_3$ との縮合重合によりつくられる。立体網目状になったエステル結合をもつ。塗料・接着剤に使用される。

(3) **シリコーン樹脂**　クロロトリメチルシラン $(CH_3)_3SiCl$，ジクロロジメチルシラン $(CH_3)_2SiCl_2$，トリクロロメチルシラン CH_3SiCl_3 の誘導体の加水分解と縮合重合によりつくられる。

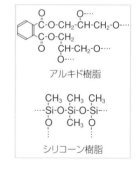

アルキド樹脂

シリコーン樹脂

樹脂のほか，油，グリース，ゴムなどができ，耐熱・耐寒性・電気絶縁性に富む。防水剤・ワックス・医療用具・実験用具・電気絶縁剤などに使用される。

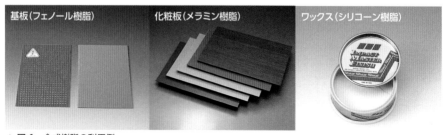

基板(フェノール樹脂)　化粧板(メラミン樹脂)　ワックス(シリコーン樹脂)

▲図6　合成樹脂の利用例

3 付加縮合による合成樹脂　単量体が，付加反応と縮合反応を繰り返しながら重合して高分子化合物が生成することを **付加縮合** という。付加縮合重合といってもよい。

(1) フェノール樹脂　ベークライトともよばれ，最も古くに発明された合成樹脂である。ホルムアルデヒド H-CHO にフェノール C_6H_5-OH が付加し，$C_6H_4(OH)CH_2OH$ (m-メチロールフェノール) が生成し，これらが縮合して重合が進む。その際，酸触媒では **ノボラック**，塩基触媒では **レゾール** という中間体が生成する。これを型に入れ，充填剤や硬化剤を加えて加熱・加圧することによって立体網目状構造が生成して硬化し，製品となる。もともと褐色なので，黒や赤などの不透明で濃い色の着色しかできない。電気器具・電気絶縁材料がおもな用途であるが，木粉とともに成形した食器なども市販されている。

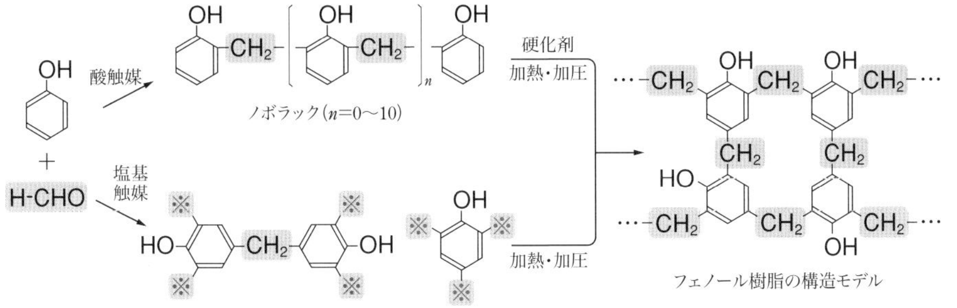

ノボラック($n=0\sim10$)

フェノール樹脂の構造モデル

レゾール（これらの化合物などの混合物）
※は 1 ～ 4 か所，※は 1 ～ 3 か所に -CH$_2$OH が置換

(2) アミノ樹脂　アミノ基 $-NH_2$ をもつ化合物とホルムアルデヒド HCHO を付加縮合させてつくられる。

① **尿素樹脂** (ユリア樹脂)　尿素 $(NH_2)_2CO$ とホルムアルデヒドを付加縮合させてつくられる。透明で着色が容易なので，食器・電気器具・接着剤・雑貨類などに使用される。

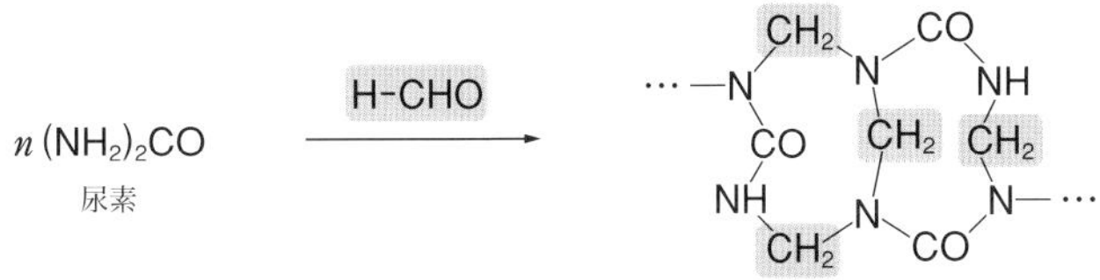

$n\,(NH_2)_2CO$
尿素

尿素樹脂の構造モデル

② **メラミン樹脂**　メラミン $C_3N_3(NH_2)_3$ とホルムアルデヒドを付加縮合させてつくられる。非常に硬く，食器・化粧板・家具・電気器具・雑貨類・塗料・接着剤などに使用される。

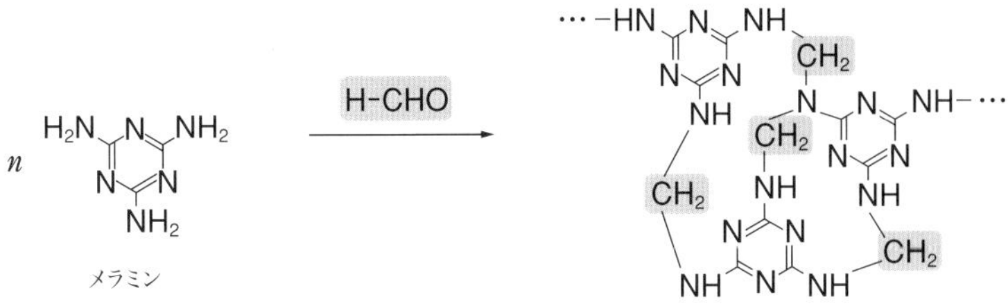

メラミン

メラミン樹脂の構造モデル

④ 付加重合による合成樹脂　付加重合によってつくられる合成樹脂は，一般に熱可塑性樹脂である。これらの樹脂は，すでに学んだ付加重合によってつくられる合成繊維（→ p.513）と同じ物質が多い。すべてビニル系の樹脂である。単量体は $CH_2=CH-$（ビニル基）や $C=C$ などの炭素間二重結合をもっている。

$$n \begin{array}{c} H \\ | \\ C \\ | \\ H \end{array}\!\!=\!\!\begin{array}{c} H \\ | \\ C \\ | \\ X \end{array} \longrightarrow \left[\begin{array}{cc} H & H \\ | & | \\ C & -C \\ | & | \\ H & X \end{array}\right]_n$$

$$\left(\begin{array}{ll} X=H & ポリエチレン \\ =CH_3 & ポリプロピレン \\ =C_6H_5 & ポリスチレン \\ =Cl & ポリ塩化ビニル \end{array}\right)$$

▼ 表1　付加重合による合成樹脂の例

名称	原料（単量体）	用途・性質・その他
ポリエチレン[※1]（PE）	エチレン $CH_2=CH_2$	フィルム，容器，袋，電気絶縁物，自動車部品，家電製品，住宅設備
ポリプロピレン（PP）	プロペン $CH_2=CH-CH_3$	
ポリ塩化ビニル（PVC）（塩化ビニル樹脂）	塩化ビニル $CH_2=CHCl$	シート，板，管，容器，電線の被覆
ポリ塩化ビニリデン（PVDC）（塩化ビニリデン樹脂）	塩化ビニリデン $CH_2=CCl_2$	一般に，塩化ビニル，アクリロニトリルなどと共重合。耐薬品性・耐摩耗性，難燃性に優れる。包装材料，食品用ラップ，網戸
フッ素樹脂[※2]（テフロン）（PTFE など）	テトラフルオロエチレン $CF_2=CF_2$　クロロトリフルオロエチレン $CClF=CF_2$ など	耐熱性・耐薬品性・電気絶縁性に優れる。摩擦係数・粘着性が低い。パッキング，ライニング（工業用容器の内張り），軸受，電気絶縁材料，防汚塗料
ポリ酢酸ビニル（酢酸ビニル樹脂）	酢酸ビニル $CH_2=CH-OCOCH_3$	軟化点が低い（38 ～ 40℃）。塗料，接着剤，ビニロンの原料
ポリスチレン（PS）（スチロール樹脂）	スチレン $CH_2=CH-C_6H_5$	透明容器，日用品，包装材料，断熱材（発泡ポリスチレン）
ポリメタクリル酸メチル（PMMA）（アクリル樹脂）[※3]	メタクリル酸メチル $CH_2=C\begin{smallmatrix} CH_3 \\ COOCH_3 \end{smallmatrix}$	有機ガラスともいわれる。風防ガラス，プラスチックレンズ，ボタンなどの日用品

※1 低密度ポリエチレン（LDPE）と高密度ポリエチレン（HDPE）がある。100 ～ 400MPa で合成される LDPE は，枝分かれが多く結晶化しにくいので軟らかく，透明。触媒を用いて 1 ～ 3MPa で合成される HDPE は，枝分かれがほとんどなく結晶化しやすいので比較的硬く，不透明。

※2 耐熱性・耐薬品性に非常に優れ，水も油もはじくので防汚塗料や防水剤・家庭のフライパンの表面処理に用いられる。

※3 アクリル繊維の場合はポリアクリロニトリル，アクリル樹脂の場合にはポリメタクリル酸メチルである。

B　天然ゴムと合成ゴム

① 天然ゴム　ゴムノキの樹皮の切り口からラテックスとよばれる乳白色の液体が得られる。ラテックスに有機酸を加えて固まらせ，乾燥させたものが **生ゴム**（**天然ゴム**）である。生ゴムを乾留[●]するとイソプレン C_5H_8 ができることから生ゴムの主成分はポリイソプレン $(C_5H_8)_n$ である。イソプレンはアルカジエン（ジエン系炭化水素）で，1分子中に二重結合が1つの単結合をはさんで2個存在（これを **共役二重結合** という）する。

[●] **乾留**　固体を空気（酸素）を断って加熱し，熱分解させる操作のこと。

ポリイソプレンの二重結合は，シス形になっているために分子が折れ曲がりやすく弾力性がある[1]。

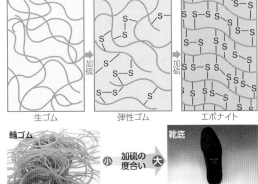

$$n\ \underset{\text{イソプレン}}{CH_2=C(CH_3)-CH=CH_2}\ \overset{\text{付加重合}}{\underset{\text{乾留}}{\rightleftarrows}}\ \underset{\text{生ゴム(ポリイソプレン)}}{\left[\begin{array}{c}CH_3\ \ \ H\\ C=C\\ CH_2\quad CH_2\end{array}\right]_n}\quad \left(\underset{\text{生ゴム（シス形）}}{\cdots CH_2\overset{CH_3}{\underset{}{C}}=\overset{H}{\underset{}{C}}CH_2-CH_2\overset{CH_3}{\underset{}{C}}=\overset{H}{\underset{}{C}}CH_2\cdots}\right)$$

(1) 加硫　生ゴムに数％の硫黄を加えて加熱すると，強度と弾性が増す。これは鎖状高分子間に，S 原子を仲介とした橋かけ構造（**架橋構造**）による網目状構造ができるからである。この処理を**加硫**という。

　生ゴムに対して 30 ～ 40％の硫黄を加えて加熱すると，**エボナイト**とよばれる黒色の硬い製品が得られる。

(2) ゴムの弾性　ゴムは弾性が大きく，わずかな力で大きく伸び，力を除くと瞬間的にもとにもどるが，温度が下がると弾性を失い硬くなる。また，温度を上げると分子の熱運動が激しくなるため，ゴムの縮もうとする力（収縮力）が強くなる。たとえば，ゴムにおもりをつけて伸ばした状態で熱湯をかけると，ゴムの収縮力が強くなり，ゴムは若干縮む（▶図8）。

2 合成ゴム　**(1) ジエン系ゴム**　天然ゴムの成分であるイソプレンに似た構造の 1,3-ブタジエンや 2-クロロ-1,3-ブタジエン（クロロプレン）などの共役二重結合をもった化合物を付加重合して得られる。この場合の付加重合は 1,4-付加といい，それぞれの二重結合が開いて分子の両端で付加重合し，二重結合は構成単位の中央に移動するのが特徴である。

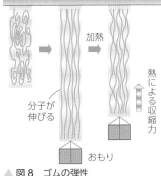

▲図7　加硫による構造変化

▲図8　ゴムの弾性

　また，ブタジエンとスチレンを共重合させた SBR（スチレン-ブタジエンゴム）やブタジエンとアクリロニトリルを共重合させた NBR（アクリロニトリル-ブタジエンゴム）など種々のもの（→次ページ表2）が合成されている。いずれも加硫操作が必要である。

$$n\ \underset{}{\overset{H}{\underset{}{C}}=\overset{H}{\underset{}{C}}-\overset{X}{\underset{}{C}}=\overset{H}{\underset{}{C}}}\ \xrightarrow{\text{付加重合}}\ \left[\begin{array}{c}H\quad\ \ H\\ C-C=C-C\\ H\ H\ X\ H\end{array}\right]_n\ \left(\begin{array}{l}X=CH_3\ \ イソプレン\ \ \ →天然ゴム・イソプレンゴム\\ X=H\qquad\ ブタジエン\ \ \ →ブタジエンゴム\\ X=Cl\qquad\ クロロプレン→クロロプレンゴム\end{array}\right)$$

[1] アカテツ科のある常緑高木の樹液を乾燥させて得られる**グタペルカ**という物質もポリイソプレンであるが，その二重結合はすべてトランス形である。グタペルカは白～赤褐色の硬い固体でゴム弾性はなく，50℃以上に温めると軟らかくなる。

$$\cdots CH_2\overset{CH_3}{\underset{}{C}}=\overset{CH_2-CH_2}{\underset{}{C}}\overset{}{\underset{}{C}}=\overset{H}{\underset{}{C}}CH_2\cdots$$

グタペルカ（トランス形）

(2) オレフィン系ゴム アルケンはオレフィンともいい，2-メチルプロペン（イソブテン）$(CH_3)_2C=CH_2$ と少量のイソプレン（加硫しやすくなる）を共重合させるとブチルゴム（IIR）ができる。また，アクリル酸エステルと少量のアクリロニトリルからはアクリルゴムができる。これらを **オレフィン系ゴム** という。

(3) フッ素ゴム オレフィン系ゴムに分類される。フッ素樹脂（→ *p*.518）と同じ原料からつくられたり，他の成分との共重合によりつくられる。耐熱・耐薬品・耐油性に優れ，自動車工業・化学工業・航空機産業・宇宙産業にはなくてはならない存在である。

(4) シリコーンゴム シリコーン樹脂（→ *p*.516）と同じ原料や，ビニル基など他の置換基を導入した成分によりつくられる。耐熱・耐寒・電気絶縁性に優れ，家庭での耐熱調理器具のほか，人体に対する影響も少ないので，人工血管など人工臓器の素材・医療器具としても用いられる。

シリコーンゴム　　フッ素ゴム

▼ 表2　合成ゴムの例

	名称	原料（単量体）	その他
付加重合	ブタジエンゴム (BR)	ブタジエン $CH_2=CH-CH=CH_2$	タイヤ，他のゴムとブレンド。高反発弾性，耐摩耗性，耐熱老化性。
	クロロプレンゴム (CR)	クロロプレン $CH_2=CCl-CH=CH_2$	ベルト，被覆材，ゴム引布。耐候性，機械的強度大。
	イソプレンゴム (IR)	イソプレン $CH_2=C(CH_3)-CH=CH_2$	タイヤ，はきもの，防振ゴム。強度が高い。
共重合	スチレン-ブタジエンゴム (SBR)	スチレン $CH_2=CH-\bigcirc$ ブタジエン $CH_2=CH-CH=CH_2$	タイヤ，工業用品，他のゴムとブレンド。バランスのとれた特性。
	アクリロニトリル-ブタジエンゴム (NBR)	アクリロニトリル $CH_2=CH-CN$ ブタジエン $CH_2=CH-CH=CH_2$	シール，ホース，ロール。耐油性，耐寒性に優れる。
	ブチルゴム (IIR)	イソブテン $(CH_3)_2C=CH_2$ イソプレン $CH_2=C(CH_3)-CH=CH_2$	防振ゴム，電線被覆材。低反発弾性，電気特性が優れている。
	アクリルゴム	アクリル酸エステル $CH_2=CH-COOR$ アクリロニトリル $CH_2=CH-CN$	ガスケット，シール，ホース。耐熱老化性，耐候性に優れる。
	フッ素ゴム	フッ化ビニリデン $CH_2=CF_2$ ヘキサフルオロプロペン $CF_3-CF=CF_2$	シール，ロール，ホース，電気部品。耐熱老化性，耐油性，耐薬品性に優れる。
その他	シリコーンゴム	ジクロロジメチルシラン $(CH_3)_2SiCl_2$	ガスケット，シール，ホース，医療材料，化学実験器具，高耐熱老化性，耐寒性。

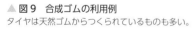

タイヤ
（スチレン-ブタジエンゴム）

長靴
（クロロプレンゴム）

▲ 図9　合成ゴムの利用例
タイヤは天然ゴムからつくられているものも多い。

必要があれば次の値を用いよ。H＝1.0, C＝12, O＝16, Cl＝35.5

❖❶ 合成高分子化合物の生成と性質

エチレンを（ a ）重合させると，ポリエチレンができる。このとき，エチレンのことを（ b ）体，ポリエチレンのことを（ c ）体という。原料にエチレングリコールとテレフタル酸を用いて（ d ）重合させると，（ e ）ができる。

(1) 文中の空欄(a)～(e)に当てはまる最も適切な語句を答えよ。

(2) 次の中から熱硬化性のものをすべて選び，記号で答えよ。

　（ア）フェノール樹脂　　（イ）ポリ塩化ビニル　　（ウ）ポリメタクリル酸メチル

　（エ）尿素樹脂　　（オ）ビニロン　　（カ）メラミン樹脂

ヒント (2) 立体網目状構造をもつものは熱硬化性である。

❖❷ 合成高分子化合物の構造式

(1) 次の(a)～(h)の単量体の名称を答えよ。答えは1つとは限らない。

　(a) ポリ塩化ビニル　(b) ポリプロピレン　(c) ポリ酢酸ビニル

　(d) ポリアクリロニトリル　(e) ポリスチレン　(f) ナイロン6　(g) ナイロン66

　(h) ポリエチレンテレフタラート

(2) 付加重合で合成するものを上の(a)～(h)の中からすべて選び，記号で答えよ。

(3) 平均分子量が $5.2×10^4$ のポリスチレンの平均重合度はいくらか。整数値で求めよ。

ヒント (3) 付加重合の場合は，単量体の分子量×重合度＝重合体の分子量　である。

❖❸ ビニロン

酢酸ビニルを付加重合すると（ a ）が得られ，（ b ）とともに加熱して加水分解すると（ c ）という水溶性の高分子化合物が得られる。これを紡糸してからホルムアルデヒドにより（ d ）化するとビニロンが得られる。ビニロンは（ e ）で発明された合成繊維である。

(1) 文中の空欄(a)～(e)に当てはまる語を答えよ。(e)は国名を答えよ。

(2) 酢酸ビニルの構造式を答えよ。

(3) 平均分子量が $2.58×10^4$ のポリ酢酸ビニルが43 gある。これをすべて（ c ）としてから，そのうちの40％をアセタール化するのに必要な30％ホルムアルデヒド水溶液は何gか。

ヒント (3) ポリ酢酸ビニルと(c)は，構成単位2個からスタートするとよい。構成単位2 molを100％アセタール化するには，ホルムアルデヒドが1 mol(30 g)必要である。

❖❹ ゴム

天然ゴムを熱分解すると（ a ）が得られることから，天然ゴムは(a)が（ b ）重合した構造をもつと考えられる。現在では構成単位の(a)がすべて（ c ）形の構造をとっていることがわかっている。ゴムノキから得られた生ゴムは，弾性に乏しいため，通常は（ d ）という処理を行って，弾性を改善するとともに機械的強度を向上させている。これは，ゴムの高分子間に（ e ）構造ができるからである。

(1) 文中の空欄(a)～(e)に当てはまる最も適切な語句を答えよ。

(2) ブタジエンゴム（ポリブタジエン）の構造式を答えよ。

(3) ポリクロロプレンに含まれる塩素の質量パーセントを整数値で求めよ。

（❖＝上位科目「化学」の内容を含む問題）

第**3**章

高分子化合物と人間生活

1 食品
2 繊維
3 いろいろな合成樹脂

1 食品

　私たちは，日々食品を摂取し続けなければ，生きて活動することができない。食品成分のうち「油」を除いて，多くは高分子化合物である。食品中の成分のはたらきを学び，生活習慣病[1]や食物アレルギー・過剰ダイエット・栄養失調など，食品が関わる健康問題の理解と解決のための科学的知識を身につけることが必要である。

A 食品中の成分

1 栄養素の種類とはたらき　(1) **栄養素**　食品中の成分のうち，体内に取り入れられ，成長および生活力の維持に役立つものを **栄養素** という。栄養素は，化学構造とそのはたらきによって，大きく **糖質**(糖類・炭水化物)，**タンパク質**，**脂質**(油脂)，**無機質**(ミネラル，無機塩類)，**ビタミン**という5つに分類される。これらを **五大栄養素** という[2]。

　各栄養素のはたらきは，(1) 生命活動のエネルギー源となる，(2) 身体を構成する成分となる，(3) 体内での化学反応を調節する，の3つに大別され，そのうち生体の構成物質およびエネルギー源となる糖質，タンパク質，脂質はとくに重要なので **三大栄養素** という。

(2) **糖質**　糖類(→ p.484)のうち，体内で栄養素としてはたらくものを **糖質**(炭水化物)という。一般式 $C_m(H_2O)_n$ で表され，単糖・二糖・多糖に分類される。

　食品から摂取された糖質(デンプン，スクロース，ラクトースなど)は，消化器で加水分解されたのち単糖の形で体内に吸収される。デンプンを構成するグルコースは，呼吸による複雑な化学反応を経る中で，酸化されてエネルギーを供給する。食品中の糖質は，1gあたり約17kJのエネルギーを供給する。余ったグルコースは，グリコーゲンとなり肝臓や筋肉に貯蔵されるほか，脂質となり脂肪組織に蓄積される。

---

[1] 生活習慣病とは食習慣，運動習慣，休養，喫煙，飲酒などの生活習慣が発症・進行に関係する病気の総称である。糖尿病，肥満，高血圧，心臓病，脳卒中などがある。

[2] **水**　自然に摂取しているので栄養素とみなさないが，生命の維持に最も重要である。ヒト(成人)は1日約2.5Lの水を食品などから摂取している。体内の水の20%を失うと生命が危険であるといわれている。

522　第6編　●天然有機化合物と高分子化合物

三大栄養素は 糖質，タンパク質，脂質
（無機質，ビタミンを加えて五大栄養素）

(3) **タンパク質**　タンパク質は，多数のα-アミノ酸が結合してできたポリペプチドからなる **単純タンパク質** と，ポリペプチドに核酸・糖・リン酸・色素などが結合した **複合タンパク質** からなる（→ p.500）。

　食品中のタンパク質は加水分解されて，アミノ酸やジペプチド，トリペプチドの形で吸収される。体内に取り込まれたアミノ酸は，体内のタンパク質を合成する材料となるほか，糖質の摂取量が少なくてエネルギーが不足したときには，アミノ酸からアミノ基が除かれ，有機酸に変換されて，エネルギー源にもなる。食品中のタンパク質は，糖質と同じく1gあたり約17kJのエネルギーを供給する。

(4) **脂質**　グリセリンと高級脂肪酸などからなるエステルを **脂質** という。脂質は，油脂（→ p.450）のような **単純脂質** と，リン脂質・糖脂質のような **複合脂質**（→ p.484）に分類される。単純脂質はトリグリセリドまたは中性脂肪ともよばれる。

　食品中の脂質も，糖類，タンパク質と同様に加水分解され，脂肪酸，モノグリセリド，グリセリンの形で吸収される。すぐに再合成されたトリグリセリドは，タンパク質などと複合体[1]を形成し，脂肪組織，肝臓などの組織に運ばれ貯蔵エネルギー源となる。

　脂質はエネルギー源として最も価値が高い栄養素である。糖質・タンパク質に比べて2倍以上の，1gあたり約38kJのエネルギーを供給する。食品より摂取したエネルギーが消費エネルギーより多いとき，余分のエネルギーはおもに脂質として脂肪組織に貯蔵される。これが肥満の原因の1つである。

　油脂を構成する脂肪酸のうち，ヒトの生存に不可欠であるが，体内で合成されない脂肪酸を **必須脂肪酸** という。リノール酸，γ-リノレン酸，アラキドン酸，α-リノレン酸，イコサペンタエン酸（EPA），ドコサヘキサエン酸（DHA）の6種の不飽和脂肪酸である[2]。

(5) **無機質**　無機質（ミネラル，無機塩類）は，人体を構成する主要元素のO，C，H，Nを除いた元素の総称である。体内存在量が0.1％以上のCa，P，S，K，Na，Cl，Mgの7元素と0.1％未満のFe，Zn，Mn，Cu，Se，I，Mo，Cr，Coの9元素[3]は，種々の生体物質の構成成分として不可欠な成分であるので，食品から摂取しなければならない。

(6) **ビタミン**　ビタミンは生体内の種々の酵素反応や生理機能を正常に維持するために，微量ではたらく有機化合物である。体内で合成されないか，合成されても必要量に足りないので，食品から摂取しなければならない。ビタミンは脂溶性と水溶性に分けられる。代表的な脂溶性ビタミンは4種類（ビタミンA，D，E，K），おもな水溶性ビタミンは9種類（ビタミンB$_1$，B$_2$，B$_6$，B$_{12}$，C，ナイアシン，葉酸，パントテン酸，ビオチン）である。

----

[1] リポタンパク質という。血液に可溶となった油脂の輸送体である。
[2] リノール酸とα-リノレン酸だけを必須とし，ほかはそれらから合成できるとする考え方もある。
[3] ヒトでは鉄および体内存在量が鉄より少ない元素を総称して，**微量元素** という。微量元素の体内存在量は，すべて合わせても約0.02％にすぎない。これらの9元素を **必須微量元素** とよぶ。

B 食品の保存と添加物

1 食品の変質 **(1) 変質** 食品を室温に放置すると，たいてい時間の経過とともに食品成分が変化して，食用にたえられなくなる。これを **変質** という。変質が起こる原因には，微生物の繁殖・食品中の酵素の作用・食品成分どうしの反応・空気中の酸素による酸化・熱や光の作用などがある。

(2) 腐敗と発酵 微生物は，糖質・タンパク質・脂質などの有機化合物を，自らが出す酵素によって分解し，必要なエネルギーを得ている。この分解によってさまざまな物質が生成するが，それが人間生活に役立つ場合を **発酵** といい，悪臭を発したり有毒物質が生成する場合など，ヒトに害を与えるような場合は **腐敗** とよぶ。

(3) 酸敗 微生物ではなく空気中の酸素や光によって酸化されて食品が変質する場合もある。たとえば，油脂が酸化されて，アルデヒドや脂肪酸が生じ，風味が落ちて異臭を生じることを **酸敗** という。食品の酸化を防ぐには酸化防止剤・脱酸素剤などが用いられる。

2 食品の保存 食品の腐敗を防ぐのに最も効果的なのは，微生物の繁殖をおさえることである。そのためには，水分や空気中からの酸素の供給を妨げたり低温にするなど，微生物の増殖が不可能になる条件下におけばよい。**塩蔵** (塩漬け・味噌漬け)・**糖蔵** (砂糖漬け)，**酢漬け** (しめサバ)，**乾燥** (干物など)，**薫製**，**冷蔵・冷凍** など，古来からさまざまな保存方法が工夫されてきた(→ *p*.15)。

漬物や魚の塩漬けなどは塩蔵，羊かんやジャムなどは糖蔵の例である。これらは，食品中の水の割合(**水分活性** という)が溶質(塩や砂糖など)の増加に伴って低下することを利用し，微生物の生息を防ぐ。乾燥させて水分量そのものを減少させた干物も同様の効果で保存性を高めている。

冷蔵や冷凍は，食品を低温にすることにより微生物の繁殖を防ぐ方法で，酵素反応や食品成分の間の化学反応も抑制している。しかし，微生物は死滅しているわけではないので，長時間たったり温度が上がると，再び繁殖するので品質は損われる。

その他，缶詰やレトルト食品などは密封後に高温殺菌し，その後は酸素が入らないようにしたものである。また，醤油・味噌・チーズ・ヨーグルト・納豆などの発酵食品は，有用な代謝を行う微生物を利用して原料を加工したものであり，有害な微生物の繁殖をおさえて保存性を高めているだけでなく，味や食感などが独特のものになることを利用している。

3 食品添加物 食品には，保存の目的以外にも，味や香りのほか，見た目や食感をよくするためにさまざまな物質が加えられる場合が多い。また，食品を製造する過程で必須の化学物質も存在する。このような，食品の製造・加工・保存などに用いられる物質をすべて **食品添加物** といい，登録・許可された数は約 1400 種にものぼる。また，食品添加物は使用してよい食品と許容量が定められており，多くは表示が義務づけられている。たとえば，調味料・酸味料・甘味料・着香料・着色料・発色料・保存料・殺菌剤・酸化防止剤・防かび剤・増粘剤・乳化剤・栄養強化剤・豆腐凝固剤・膨張剤・かんすい などが指定されている。

衣・食・住は，健康かつ文化的な生活を送るために重要な役割を果たしている。とくに，衣と住へのはたらきかけは，より広い地域に住むことを可能にした。つまり，衣服と住居によって，ヒトを環境に適応させてきたといえる。

衣服は布を組み合わせることによりつくられる。布には**織り物**と**編み物**があり，細長い繊維を織ったり，編んだりしてつくられている。用いる糸は１種類のこともあるが，２種類以上を混ぜて１本の糸にする**混紡**や，織り物の場合に縦糸と横糸に異なる種類の糸を用いる**交織**により，単一の糸では出せない性質をつくり出している。繊維は古来より人々の生活に密接な関係をもち，多種多彩なものが生み出されてきている。

A 繊維の分類

繊維は天然繊維と化学繊維に大別される。**天然繊維**には，植物繊維（おもにセルロース）と，動物繊維（おもにタンパク質）がある。**化学繊維**は，天然繊維を溶媒に溶かしたのち繊維とした**再生繊維**（→ *p*.494）と，天然繊維を化学的に処理したままの状態の**半合成繊維**（→ *p*.493），および，石油などから合成される**合成繊維**（→ *p*.512）などに分けられる。この他に，特殊ではあるが無機繊維もある。

▼ 表1　繊維の分類

<table>
<tr><th colspan="3">繊維の種類</th><th>用途例</th></tr>
<tr><td rowspan="4">天然繊維</td><td rowspan="2">植物繊維
（セルロース）</td><td>綿</td><td>下着，タオル，ハンカチ，作業着，Ｔシャツ</td></tr>
<tr><td>麻</td><td>夏物衣料，ハンカチ，袋</td></tr>
<tr><td rowspan="2">動物繊維
（タンパク質）</td><td>羊毛</td><td>セーター，毛布，カーペット</td></tr>
<tr><td>絹</td><td>和服，ネクタイ，ブラウス</td></tr>
<tr><td rowspan="11">化学繊維</td><td>再生繊維
（セルロース）</td><td>レーヨン</td><td>寝具，裏地，カーテン，スカーフ，レインコート</td></tr>
<tr><td>半合成繊維</td><td>アセテート繊維
（ジアセチルセルロース）</td><td>ブラウス，風呂敷，スカーフ</td></tr>
<tr><td rowspan="6">合成繊維</td><td>ナイロン
（ポリアミド）</td><td>靴下，水着，スポーツウェア</td></tr>
<tr><td>ポリエステル
（ポリエチレンテレフタラート）</td><td>ワイシャツ，レインコート，スカート，ズボン，スポーツウェア</td></tr>
<tr><td>アクリル繊維
（ポリアクリロニトリル）</td><td>セーター，毛布，カーテン，敷物</td></tr>
<tr><td>ビニロン</td><td>トレーニングウェア，ロープ，魚網</td></tr>
<tr><td>ポリウレタン</td><td>水着，婦人用下着，靴下</td></tr>
<tr><td>アラミド繊維
（芳香族ポリアミド）</td><td>ロープ，消防服，安全手袋</td></tr>
<tr><td rowspan="3">無機繊維</td><td>ガラス繊維</td><td>防音材，保温材，断熱材</td></tr>
<tr><td>炭素繊維（→ *p*.527）</td><td>ゴルフクラブ，テニスラケット，釣竿</td></tr>
<tr><td>金属繊維</td><td>金糸，銀糸，スチール繊維</td></tr>
</table>

B 天然繊維

化学繊維については前章までに学習したので，ここでは天然繊維について学ぶことにする。

1 植物繊維　植物繊維の主成分はセルロース（→ p.492）で，β-グルコースが長くつながった直鎖構造をしている。セルロース分子は平行に並び，それぞれの分子間に水素結合を形成して結晶構造をつくるので強度が大きい。また，親水性のヒドロキシ基 -OH を多くもつため，吸湿性が高く染色性もよい。

(1) **綿**　綿毛は短い繊維で，構造はチューブがつぶれたような平たい形をしていて，よりがあるので糸をつむぐのが容易で，生地になったときにもほつれにくい。糸の断面は中空で，保温性がよく肌ざわりもよいので，シャツ・タオル・肌着・ジーンズ・シーツ・脱脂綿などに利用される。

(2) **麻**　麻の茎を乾燥させて繊維としたもの。主成分は綿と同様にセルロースである。吸湿性がよく，清涼感がある。天然繊維の中では最も強い。

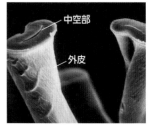

▲ 図1　綿の顕微鏡写真

2 動物繊維　羊毛はケラチン，絹はフィブロインとよばれるタンパク質（→ p.499）でできている。タンパク質には，ペプチド結合 -CO-NH- のほか，-OH や -NH₂ などの親水基が多く存在するので，吸湿性や染色性がよい。しかし，酸や塩基に弱く，虫に食われやすい欠点がある。

(1) **羊毛**　ウールともいう。構成するタンパク質分子のらせん構造（α-ヘリックス→ p.499）により，内部に空間ができやすく，伸縮性・保温性がよい。また，繊維表面は疎水性の **クチクル**（キューティクル）で覆われているため，撥水性（水をはじく性質）があるが吸湿性もよい。

(2) **絹**　カイコガの繭から得られる繊維で，取り出された糸は**生糸**とよばれ，1個の繭から約 1500 m の繊維がとれる。その生糸の断面は 2 本のフィブロイン繊維のまわりをセリシンが包んだ形になっていて，セリシンを取り除くと断面が三角形に近い特有の光沢・艶をもつ絹糸になる。

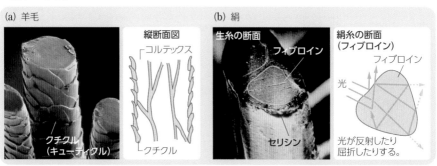

▲ 図2　羊毛と絹

繊維の種類

① **天然繊維**　綿，麻，絹，羊毛

② **再生繊維**　レーヨン(銅アンモニアレーヨン，ビスコースレーヨン)

③ **半合成繊維**　アセテート

④ **合成繊維**　ポリアミド系(ナイロン)，ポリエステル系(ポリエチレンテレフタラート)，
ビニロン，アクリル

Study Column 〉 新しい繊維

(1) 炭素繊維(カーボンファイバー)

　ポリアクリロニトリルを紡糸して糸状にし，窒素のような不活性な気体の中で熱分解すると，炭素を主成分とする繊維が得られる。このような繊維を **炭素繊維** という。熱分解するときの温度(800～3000℃)によって，いろいろな性質をもった炭素繊維が得られる。

　炭素繊維は軽くて，引っ張りにも強く，耐薬品性・耐腐食性に優れている。このような性質を利用して，ゴルフクラブ，テニスラケット，釣竿，航空機材料などに使用されている。

(2) アラミド繊維(芳香族ポリアミド)

　ベンゼン環が主鎖に入ったポリアミドを，**アラミド繊維** (商品名：ケブラー) という。分子の鎖が高結晶化・高配向化 (重合体が同じ向きになること) しているため，強度・弾力性が大きく，耐熱性にも優れている。同じ質量の鋼の5倍，アルミニウムの10倍の強度をもっている。

　そのため，防火服，オイルフェンス，光ファイバーの保護，安全手袋，テニスのラケットなどに使用されている。

$$n \, Cl{-}C{-}\langle\!\!-\!\!\rangle{-}C{-}Cl + n \, H_2N{-}\langle\!\!-\!\!\rangle{-}NH_2 \xrightarrow{\text{塩基}} \left[C{-}\langle\!\!-\!\!\rangle{-}C{-}N{-}\langle\!\!-\!\!\rangle{-}N \right]_n + 2n \, HCl$$

テレフタル酸ジクロリド　　*p*-フェニレンジアミン　　　　　　アラミド繊維

　また近年，ポリアミド以外でやはり鎖中にベンゼン環をもつ PBO (ポリ-*p*-フェニレンベンゾビスオキサゾール) 繊維が開発され，特殊衣料や宇宙観測用気球の補強材などに用いられているほか，ジーンズにも使われるなど，高機能の新しい繊維も身近で使われるようになってきている。

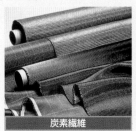

炭素繊維

炭素繊維の利用例(スポーツ用品)

アラミド繊維の利用例
(耐熱性・難燃性の防火服)

基
化 **A** 機能性高分子化合物

1 イオン交換樹脂 電解質水溶液中で, 水素イオン H^+ を放出して他の陽イオンと結合したり, 水酸化物イオン OH^- を放出して他の陰イオンと結合したりすることができる, 立体網目状構造をもつ合成樹脂を **イオン交換樹脂** という。

(1) **陽イオン交換樹脂** カルボキシ基 $-COOH$ やスルホ基 $-SO_3H$ (またはフェノール性の $-OH$) などの酸性の基をもつ合成樹脂で, H^+ を放出しやすい。スチレン ◯-$CH=CH_2$ と p-ジビニルベンゼン $CH_2=CH$-◯-$CH=CH_2$ を, 触媒を用いて共重合させ, 濃硫酸でスルホン化したものがよく用いられる。

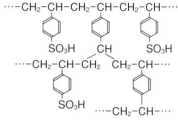

陽イオン交換樹脂の構造の一部

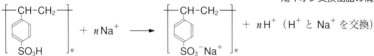

(2) **陰イオン交換樹脂** アンモニウムイオンの水素原子が炭化水素基で置き換えられた塩基性の $-N^+(CH_3)_3OH^-$ の構造をもつ合成樹脂で, OH^- を放出しやすい。

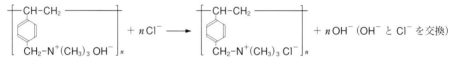

(3) **イオン交換樹脂のはたらき** $0.1\,mol/L$ の $NaCl$ 水溶液 $10\,mL$ を陽イオン交換樹脂に通じると, H^+ と Na^+ が入れかわり, さらに十分に純粋な水を通すと, $0.001\,mol$ の HCl を含む水溶液が得られる。

また, $0.1\,mol/L$ の $NaCl$ 水溶液 $10\,mL$ を陰イオン交換樹脂に通じると, OH^- と Cl^- が入れかわり, $0.001\,mol$ の $NaOH$ を含む水溶液が得られる。

実際には右図のような装置を用いる。C にグラスウールをつめてから B に直径 $1\,mm$ 程度の粒状の陽イオン交換樹脂を入れ, A から $NaCl$ 水溶液をゆっくり通す。その後, A から純粋な水を通して樹脂を洗う。D には $NaCl$ と等しい物質量の HCl が得られる。(陰イオン交換樹脂を使ったときは, D には $NaCl$ と等しい物質量の $NaOH$ が得られる。)

イオンを含んだ水であっても, 陽イオン交換樹脂と陰イオン交換樹脂を混合させたものに通過させると, 水の電離で生じる H^+ や OH^- 以外のイオンを含まない水になるので, これを **脱イオン水** といい, 実験・工場などで蒸留水の代わりに使用される。

使用したイオン交換樹脂は, 塩酸(陽イオン交換樹脂)または水酸化ナトリウム水溶液(陰イオン交換樹脂)で上記の左向きの反応を進行させて再生することができる。

塩化ナトリウム水溶液中に，50mL の陰イオン交換樹脂を加え，ろ過した。ろ液を 0.050mol/L の希硫酸で中和滴定したところ，40mL を要した。この樹脂 250mL は，何 mol の塩化ナトリウムとイオン交換し得るか。ただし，細粒状の陰イオン交換樹脂は mL 単位で扱うものとする。

考え方 ▶ 陰イオン交換樹脂を ROH とすると，塩化ナトリウム水溶液との反応は次式となる。

$$ROH + Cl^- \longrightarrow RCl + OH^-$$

生成した OH^- を x〔mol〕とすると，

$$1 \times x〔mol〕 = 2 \times 0.050 mol/L \times \frac{40}{1000} L$$

よって，$x = 4.0 \times 10^{-3} mol$

50mL の陰イオン交換樹脂は $4.0 \times 10^{-3} mol$ の NaCl と反応する。したがって，250mL の樹脂と反応する NaCl の物質量は，

$$4.0 \times 10^{-3} mol \times \frac{250 mL}{50 mL} = \textbf{0.020 mol} \quad \text{答}$$

類題 ⋯⋯ 72

陰イオン交換樹脂に 0.10mol/L の塩化バリウム水溶液 20mL を通じた後，完全に水洗した。流出したすべての水溶液を 0.050mol/L の塩酸で完全に中和させるには，何 mL 必要か。

2 吸水性高分子(高吸水性樹脂) アクリル酸ナトリウム $CH_2=CHCOONa$ を付加重合させた合成樹脂 (ポリアクリル酸ナトリウム) は，短時間に多量の水を吸収する性質がある。実際には，わずかに架橋させた立体網目状構造をしており，まず，毛細管現象で水が入り込むと網目が広がって，すき間の多い構造になる。吸水により $-COONa$ が $-COO^-$ と Na^+ に電離し，$-COO^-$ どうしの反発で網目がさらに広がる。また，イオンの濃度も樹脂内部で大きくなり，浸透圧でさらに水が入り込む。結局 $-COO^-$ や Na^+ と水和した大量の水が閉じ込められる。調湿剤や紙おむつなどの衛生品，砂漠緑化用土壌保水材などに使用されている。

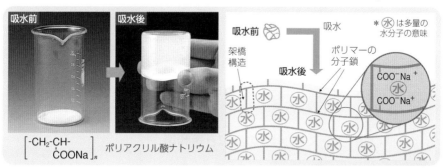

▲ 図3 吸水性高分子

3 感光性高分子 強い光や紫外線を当てると分子間に架橋構造ができ，重合度が大きくなり硬くなって溶媒にも溶けなくなる合成樹脂を **感光性高分子** (光硬化性樹脂) という。感光性高分子は，新聞・雑誌の印刷版，集積回路の配線基板の製造，印刷インキの添加剤，歯の治療，接着剤，ネイルアートなどに使用されている。

▲ 図4 半導体製品の基板

4 導電性高分子　一般に合成樹脂は電気を通さない絶縁体であるが，分子内に二重結合を多くもつ高分子化合物には半導体に近い性質をもつものがある。これに臭素やヨウ素などのハロゲン（電子を奪う性質をもつ）を少量加えることによって，高い電気伝導性をもつ導電性高分子が得られる。

　白川英樹博士は，ポリアセチレン $\{CH=CH\}_n$ にヨウ素の蒸気を吸わせると，金属に近い導電性が現れることを発見し，2000年度ノーベル化学賞を受けた。軽量でさびないいろいろな導電性材料が合成され，高性能電池・コンデンサー・表示素子などに広く利用されている。

$$n\ \text{H-C}\equiv\text{C-H} \longrightarrow$$
アセチレン

ポリアセチレン（トランス形）

5 生分解性高分子　本来「軽く・強く・腐らず・さびない」という特性をもつ合成樹脂は，それが自然界に廃棄されたとき，長期間残留し，生物に危害を及ぼす恐れもある。そのため，土壌や水中の微生物によって分解される**生分解性高分子**（生分解性プラスチック）の開発が進められた。

　製造原料によって，微生物系，化学合成系，天然物系がある。また，構造的にはポリエステル系でポリグリコール酸やポリ乳酸などがある。実際に，ポリ乳酸は外科手術用の縫合糸として使われている。またデンプンやセルロース，キトサンなどからつくられる生分解性高分子もある。

生分解性高分子の例

$$\left[\text{O-CH-C}\atop\underset{\text{CH}_3\ \ \ \ \text{O}}{}\right]_n$$
ポリ乳酸

ポリ(3-ヒドロキシブタン酸)

ポリ(ε-カプロラクトン)

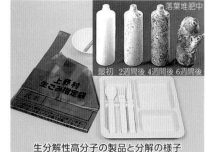

生分解性高分子の製品と分解の様子

B　合成樹脂（プラスチック）の廃棄と再利用

　プラスチックの特徴である腐らないことは廃棄する場合に欠点となる。以前は，廃棄されたプラスチックのほとんどは，埋め立てか焼却されていた。埋め立ては場所に限界があり，焼却は有毒ガスが発生する恐れもあるので，排ガスの処理を十分に行う必要がある。また，通常の可燃ゴミに比べて燃焼による発熱量が高いので，それに耐える焼却炉も必要である。そこで，さまざまな手段で安全に処理・再利用する方法が考えられている。たとえば，そのまま再利用する**製品リサイクル（リユース）**，加熱成形しなおす**マテリアルリサイクル**，熱分解して単量体や化学原料とする**ケミカルリサイクル**，燃料として使用し，エネルギーを回収する**サーマルリサイクル**などの方法がとられている（→ p.18）。

◇❶ 栄養素

三大栄養素のうち糖質は，単糖・二糖・多糖に分けられ，これらの一般式は（ a ）で表される。生理機能として，（ b ）の貯蔵・運搬や生体の構造支持などがある。タンパク質のもとになるアミノ酸のうち，ヒトの体内で合成できないか合成しにくいアミノ酸は（ c ）とよばれ，外部から摂取する必要がある。脂質は，グリセリンと高級脂肪酸との（ d ）で，単純脂質と複合脂質からなる。脂質は単位質量あたりの発熱量が大きく，糖質やタンパク質に比べて約2倍の 38 kJ/g である。この三大栄養素に（ e ）と（ f ）を加えたものを五大栄養素という。

(1) 文中の空欄(a)〜(f)に当てはまる最も適切な化学式や語句を答えよ。

(2) 1日 1900 kcal を必要とするヒトが，三大栄養素を質量で同じ量摂取すると仮定すると，それぞれ何 g ずつ摂取すればよいか，整数値で答えよ。ただし，1 cal＝4.2 J とする。

(3) デンプン 16.2 g を希硫酸で完全に加水分解した。このとき得られるグルコースは何 g か。

◇❷ 繊維

次の記述の中で正しいものをすべて選び，記号で答えよ。

(ア) 羊毛の主成分はケラチンというタンパク質でできているので，保湿性や吸湿性に優れる。

(イ) 植物繊維には綿と麻があるが，いずれもデンプンを成分としていて，吸湿性に優れる。

(ウ) 半合成繊維は，パルプなどの原料を薬品に溶解させ，再びパルプにもどしたものである。

(エ) ビスコースレーヨンとセロハンとは同じ原料から製造される。

(オ) 炭素繊維は，テニスラケットや釣竿などに使用されることもある。

◇❸ イオン交換樹脂

陽イオン交換樹脂は，スチレンに p-ジビニルベンゼンを少し混ぜて（ a ）重合させてから，（ b ）化すると得られる。陽イオン交換樹脂の小さな粒がつまったガラス管に食塩水を通じると，通過した水溶液は（ c ）水溶液に変化している。Na^+ とイオン交換した後の樹脂を再生するには，（ d ）を加えればよい。陰イオン交換樹脂に塩化カリウム KCl 水溶液を通じると，通過した水溶液は（ e ）に変化している。水道水を，陽イオン交換樹脂と陰イオン交換樹脂を1:1で混ぜたものに通じて得られる（ f ）とよばれる水に硝酸銀水溶液を加えると白濁（ g ）。

(1) 文中の空欄(a)〜(g)に当てはまる最も適切な語句を答えよ。

(2) 0.10 mol/L の塩化カルシウム水溶液 10 mL を陽イオン交換樹脂に通し，交換されたイオンをすべて集めた溶液 100 mL の pH を求めよ。$\log_{10} 2＝0.30$，$\log_{10} 3＝0.48$ とする。

ヒント (2) 1 mol の Ca^{2+} がイオン交換されると H^+ が 2 mol 生成する。

◇❹ いろいろな合成樹脂

次の文中の空欄(a)〜(e)に当てはまる最も適切な語句を答えよ。

イオン交換樹脂のような物理・化学的に有用な機能をもつものを，一般に機能性高分子化合物といい，わずかな質量で多量の水を吸収する（ a ）高分子，紫外線などの光が当たると固まる（ b ）高分子，高分子化合物でありながら電気を通す（ c ）高分子などがある。

合成樹脂は安定な化合物なので，自然界に廃棄するといつまでも腐食されずに残るが，乳酸からつくられる（ d ）は，自然に分解するので環境にやさしいといえる。また，体内に残されても自然に吸収されるので手術糸にも使われる。このような合成樹脂を（ e ）高分子という。

問題解答のポイント
―問題の読み方・資料の見方―

思考力や応用力が必要な問題では、表やグラフなどの資料を読み解いたり、問題文の記述からわかることを考察したりする力が試されます。とくに、化学では実験に関する内容が多く扱われます。ここでは、それらの問題を解くためのポイントを解説します。

問題で扱われる実験

1 実験に関する問題のポイント

よく扱われる内容について、それぞれの実験の重要ポイントを整理する。

扱われる内容	重要ポイント
基本的実験装置 (→ p.20 ～ 24, 31)	ろ過・蒸留など混合物の分離操作、元素の検出方法、炎色反応などの基本内容を理解しておくことが大切。
溶液調製(→ p.112)	決められたモル濃度の水溶液を調製する場合は、「溶質〇〇 g を水に溶かして××Lとする」という表現がよく使われる。これは、メスフラスコに溶質を入れた後、水を標線まで加える操作を表す。メスシリンダーでは溶液を調製しない。
滴定操作(→ p.258, 2も参照)	中和滴定、酸化還元滴定、沈殿滴定など、最もよく出題される。体積測定器具の目盛りの読み取りは、水面が低くなった位置を水平に真横から見て行う。
気体の製法と精製 (→ p.354, 355)	気体を得るための試薬・反応式・装置が問われるのでよく理解しておく。捕集方法は、水に溶けるか溶けないか・空気より重いか軽いかで判断する。気体の乾燥は酸性・中性・塩基性で考えて、反応しない物質を選ぶ(例外あり)。
金属イオンの分離 (→ p.391)	さまざまなイオンの反応を正確に記憶しておくことが大切。基本の「定性分析」の手法ではない方法の場合でも、順を追ってイオンどうしの反応を確認すればよい。
有機化合物の分離 (→ p.473)	有機化合物の酸性・中性・塩基性を理解しておくことが大切。有機化合物の分子はエーテル層に溶け、塩は水層に溶けて分離されることを押さえておく。分液漏斗の使い方も理解しておきたい。

2 滴定に用いる器具の扱い方

滴定操作について、器具の扱い方を整理する。**共洗い**とは、器具の内部を使用する溶液で数回すすぐことである。なお、**目盛りのある測定器具は加熱乾燥してはいけない**。

	使用器具	重要ポイント	
		使用目的	水でぬれているときの対処
①	メスフラスコ	一定濃度の溶液を調製する	そのまま使用可(最後には水を加えるため)
②	ホールピペット	一定体積をはかり取る	共洗いする(水でぬれていると溶液の濃度が薄まる)
③	ビュレット	溶液を滴下し、その体積を読み取る	共洗いする(水でぬれていると溶液の濃度が薄まる)
④	コニカルビーカー	溶液を入れて反応させる	そのまま使用可(水にぬれていても、はかり取った溶液中の溶質の物質量は変わらない)

① 標線

② 標線

③

④

最小目盛りの10分の1の位まで目測で読み取る。

1 長い導入文をもつ問題によく用いられるテクニック

　実験に関する問題は，実験操作などの導入文が長いことが多い。長い文章を読み解くために，内容を順序よく整理・分析して，自分が容易に取り組める手法に結び付け，熟考の準備をしてから取りかかろう。次のポイントに注意して進めると効果的である。

重要ポイント
① まず先に，後の設問にざっと目を通しておく。設問から出題分野が絞れるので，導入文中の必要な情報をしっかり確認することができる。
② 空欄補充の設問がある場合は，導入文を読みながら解答を書いていく。
③ 登場する物質や条件，化学反応式や公式など，重要な情報には印をつける。とくに，下線が引いてある文は設問に直結している部分なので，その前後も含めて重要な情報がある。
④ 文章から気づいた点や関連知識などを問題用紙の余白にメモし，内容を整理することも有効である。
⑤ 実験に関する文章などは，反応の道筋をメモしてまとめながら読み進めるとよい。

2 導入文の読み方を確認してみよう

　実際の問題でポイントを確認してみよう。問題用紙の余白は積極的に活用して，文章の内容をまとめるとよい。

例

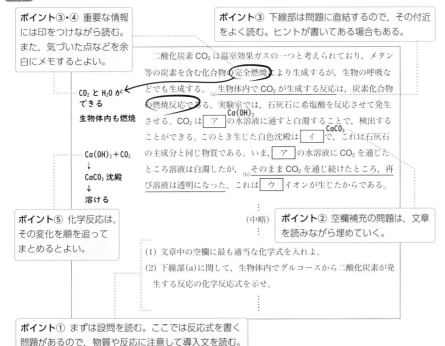

ポイント③・④ 重要な情報には印をつけながら読む。また，気づいた点などを余白にメモするとよい。

ポイント③ 下線部は問題に直結するので，その付近をよく読む。ヒントが書いてある場合もある。

CO_2 と H_2O ができる
生物体内も燃焼

$Ca(OH)_2 + CO_2$
↓
$CaCO_3$ 沈殿
↓
溶ける

　二酸化炭素 CO_2 は温室効果ガスの一つと考えられており，メタン等の炭素を含む化合物の完全燃焼により生成するが，生物の呼吸などでも生成する。$_{(a)}$生物体内で CO_2 が生成する反応は，炭素化合物の燃焼反応である。実験室では，石灰石に希塩酸を反応させて発生させる。CO_2 は　ア　の水溶液に通すと白濁することで，検出することができる。このとき生じた白色沈殿は　イ　で，これは石灰石の主成分と同じ物質である。いま，　ア　の水溶液に CO_2 を通じたところ溶液は白濁したが，$_{(b)}$そのまま CO_2 を通じ続けたところ，再び溶液は透明になった。これは　ウ　イオンが生じたからである。

（中略）

ポイント⑤ 化学反応は，その変化を順を追ってまとめるとよい。

ポイント② 空欄補充の問題は，文章を読みながら埋めていく。

(1) 文章中の空欄に最も適当な化学式を入れよ。

(2) 下線部(a)に関して，生物体内でグルコースから二酸化炭素が発生する反応の化学反応式を示せ。

ポイント① まずは設問を読む。ここでは反応式を書く問題があるので，物質や反応に注意して導入文を読む。

表やグラフなどの資料が提示された問題では，与えられた情報の中から必要なデータを抜き出せるかが鍵となってくる。

1 表の基本的な見方

重要ポイント
① まず，縦の列，横の行がそれぞれ何を意味しているかを確認する。
② たがいのデータで，同じところはどこか，違うところはどこかを見極める。
③ データが変化している場合は，その変化に規則性があるかどうかを確認する。数値データで，値に比例や反比例の規則性がみられる場合は，大まかなグラフをかいてみると傾向がわかりやすい。
④ そのデータからわかることを明確にする。

例1 NH₃，KOH，Ca(OH)₂ のいずれかを 0.001 mol 含む水溶液 A ～ C が 100 mL ずつある。これにフェノールフタレイン溶液を加え，0.1 mol/L 塩酸を滴下して色の変化と中和する体積を調べた。

ポイント① 横の行は実験ごとの変化。

水溶液	色の変化	中和に要した体積
A	赤から無色に徐々に変化	はっきりせず
B	赤から無色に急激に変化	20 mL
C	赤から無色に急激に変化	10 mL

弱塩基→NH₃

$0.1 \text{mol/L} \times 0.020 \text{L} = 0.002 \text{mol} \rightarrow$ 塩基は 2 価

$0.1 \text{mol/L} \times 0.010 \text{L} = 0.001 \text{mol} \rightarrow$ 塩基は 1 価

ポイント② 色の変化で違うのは「徐々に」と「急激に」。これで塩基の強弱がわかる。中和に要した体積からは，塩基の価数がわかる。

ポイント④ わかったことはメモする。

例2 亜鉛と一定量の酸素を反応させる実験を行った。反応後の亜鉛は質量が増加しており，結果は表のようになった。

実験	亜鉛の質量	増加した質量
1	0.400 g	0.098 g
2	0.600 g	A g
3	0.800 g	0.196 g
4	1.000 g	0.245 g
5	1.400 g	B g
6	1.800 g	0.320 g
7	2.200 g	0.320 g

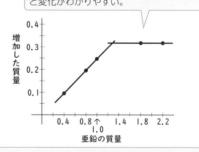

ポイント③ 数値データはグラフをかいてみると変化がわかりやすい。

ポイント② 実験 6 と実験 7 の増加量が同じことに注目する。

2 グラフの基本的な見方

問題に示されたグラフから値を読み取る場合は，まず横軸・縦軸の物理量とその単位の確認をする（1 目盛りがいくつか，太い目盛りの間に細い目盛りが何本あるか）。

値は，**最小目盛りの 10 分の 1 まで目測で読み取る**のが原則である。

3 グラフのかき方

　グラフを正確にかけるかどうかは実験を考察する際に重要であり，その力が問われることがある。次のポイントを押さえてかくとよい。

例　マグネシウム 0.24 g に 1.0 mol/L 塩酸を加えたとき，加えた塩酸の体積〔mL〕と発生した気体の体積〔mL〕（標準状態）の関係をグラフに表す場合（原子量は Mg＝24）。

重要ポイント	例
① まずは化学反応式を書いて物質量の関係を把握し，グラフに表す量を計算する。	$Mg + 2HCl \longrightarrow MgCl_2 + H_2$　…発生した気体は水素。 　1 mol　2 mol　　　　1 mol　1 mol Mg 0.24 g の物質量は 0.010 mol で，Mg と HCl が過不足なく反応するときの塩酸の体積は 20 mL，発生する H_2 の体積は 224 mL となる。
② 横軸・縦軸にとる物理量を決め，グラフをかく。 　横軸は変化を与えた量（反応物の量や反応時間），縦軸はそれによって変化した量（生成物の量）をとることが多い。過不足なく反応する点で，グラフが変化するので注意する。	（グラフ） 縦軸：発生した気体の体積〔mL〕（0〜300） 横軸：加えた塩酸の体積〔mL〕（0〜30） HCl 過剰なので H_2 一定 過不足なし 塩酸 20 mL H_2 224 mL HCl に比例して H_2 増加 塩酸 20 mL までは，原点を通る直線（比例）になる。塩酸 20 mL で Mg がすべて反応し，それ以上に塩酸を加えても発生する H_2 の量は変化しない。すなわち，グラフは横軸に平行になる。

■ データからグラフをかく場合

　表のデータからグラフをかく場合（左ページ例 2 のような問題）は，表の物理量を横軸・縦軸にして，値をプロット（ • で示す）する。グラフはなるべく多くのプロットを通る直線，または，なめらかな曲線にする。

注意　プロットをすべて線で結んだ折れ線グラフにはしないこと。

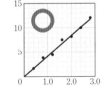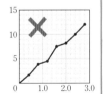

4 よく登場するグラフのポイント

イオン化エネルギー（→ p.57）	極大値をとるのは貴ガス元素。極小値をとるのはアルカリ金属元素。
運動エネルギーの分布（→ p.125）	高温ほど山が低くなりエネルギーが大きい分子数が増大。
三態変化（→ p.128）	水平な部分では，「固体→液体」，「液体→気体」などの状態変化で熱を吸収。
状態図（→ p.134）	水では特異的に融解曲線の傾きが負。三重点は固・液・気が共存。
反応の量的関係（**1**・**3** を参照）	反応物も生成物も変化量は比例関係。量が一定の物質がすべて反応するときにグラフが変化する。
気体の法則（→ p.136〜138）	気体の体積 V は圧力 p に反比例，絶対温度 T に比例する。
溶解度曲線（→ p.162）	この曲線より上の値はとれない（過飽和）。曲線上は飽和溶液。
蒸気圧曲線（→ p.131）	この曲線より上の値はとれない（一部は凝縮）。曲線上は飽和蒸気圧。
冷却曲線（→ p.175）	溶液では凝固点降下で次第に温度が下がるので，凝固点は外挿して求める。
発熱量の測定（→ p.200）	放熱で次第に温度が下がるので，最高温度は外挿して求める。

特集①のポイントを確認しながら，入試問題の例を見てみよう。

実験に関する問題

問題学習 …… 73　　　　　　　　　　　　　　　　　ビクトル - マイヤー法

　図は蒸気密度の測定に用いる装置の例である。乾燥させたガラス容器ⓐの底にガラス玉を入れてから，容器を均一に加熱して温度を安定させる。質量 m〔g〕の液体試料を封入したアンプルⓑを容器の上部のゴム栓付きガラス棒ⓒの上に置き，容器の口をゴム栓ⓓで密閉する。容器内の空気は水を入れたガスビュレットⓔの上部とゴム管ⓕでつながっており，ガスビュレット内の水は漏斗形をしたガラス製の水だめⓖ内の水

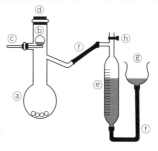

ⓐ : ガラス容器
ⓑ : 試料を封入
　　 したアンプル
ⓒ : ゴム栓付き
　　 ガラス棒
ⓓ : ゴム栓
ⓔ : ガスビュレット
ⓕ : ゴム管
ⓖ : 水だめ
ⓗ : コック

図 1　蒸気密度の測定装置

とゴム管を通して一体となっている。コックⓗを閉じ，容器内の空気がもれていないことを確認するため，水だめの高さを下げたときに，ガスビュレット内の液面も下がり，一定のところで停止することを確かめる。

　測定は，まず，試料を蒸発させる前のガスビュレットの液面の目盛りを読む。次に，ガラス棒ⓒのみを動かしてアンプルⓑを容器の底にあるガラス玉の上へ落下させて割る。このとき，ガラス棒をもとの位置に必ずもどす。試料が完全に蒸発したところで，ガスビュレットの目盛を再度読み，容器からあふれ出た空気の体積 V〔L〕を求める。このときの大気圧は p_A〔Pa〕，ガスビュレット付近の絶対温度を T〔K〕とし，温度 T〔K〕における水の蒸気圧を p_W〔Pa〕とする。なお，追い出された空気の体積 V〔L〕は，温度 T〔K〕におけるその物質の蒸気の体積と等しいとみなす。ただし，空気と蒸気は理想気体として近似でき，測定する気体は水に溶けないものとする。

　気体定数 $R=8.3\times10^3\,Pa\cdot L/(mol\cdot K)$，標準大気圧　$1.01\times10^5\,Pa=760\,mmHg$

(1) 試料のモル質量 M〔g/mol〕を，その蒸気の密度 d〔g/L〕と文章中の記号を用いて表せ。

(2) 体積 V〔L〕を正確に測定するために，ガスビュレットの目盛を読むうえで，水だめに関して行うべきことを答えよ。

(3) ⓑを落としたあと，下線部の操作をしなければならないのはなぜか。説明せよ。

(4) 43 mg の化合物Aを試料として上記の方法で測定したところ，ガスビュレットによる気体の体積測定結果は 19 mL であった。この結果から化合物Aの分子量を整数値で求めよ。ただし，気温 27℃，大気圧 758 mmHg で，27℃の水の蒸気圧は 30 mmHg とする。

考え方 見たこともない装置であっても，1つ1つの器具のはたらきや説明文の意味を確認しながら読み進めることで，理解できるようになる。

液体試料の分子量を求める実験で精密な測定を行うには，本問のような装置を用いるビクトル-マイヤー法(→p.145)が有名である。

この装置を用いると，試料の蒸気(気体)を容器内の空気に置換してガスビュレットに導き，室温で体積を正しく測定できる。ⓔⓕⓖからなる器具では，ⓔとⓖの液面を合わせることによって，ⓖにかかる大気圧とⓔ上部の気体の圧力が等しくなるので，圧力を大気圧と同じにして気体の体積を測定できる。この液面が合っていないと圧力が異なることになり，正確な測定ができない。

(1) 気体の状態方程式 $pV=nRT$ から導く。

気体試料の圧力を p〔Pa〕とすると，試料の質量 m〔g〕，モル質量 M〔g/mol〕，気体試料の密度 d〔g/L〕を用いて，気体の状態方程式は次のようになる。

$$pV=nRT=\frac{m}{M}RT$$

$$M=\frac{mRT}{pV}=\frac{m}{V}\times\frac{RT}{p}=\frac{dRT}{p}$$

大気圧は p_A〔Pa〕，水の蒸気圧は p_W〔Pa〕であるから，気体試料の圧力 p は p_A-p_W と等しい。

よって，　　　$M=\dfrac{dRT}{p}=\dfrac{dRT}{p_A-p_W}$　　　　　　　答 $M=\dfrac{dRT}{p_A-p_W}$

(2) 答 水だめを上下させて，ガスビュレットと水だめの液面を一致させてから目盛りを読み取る。

(3) 答 突き出ているガラス棒の体積だけ，初めの状態より容器内の体積が大きくなるので，その分，追い出される気体の体積が小さく測定されてしまうから。

(4) 分子量は(1)の式に数値を代入して求めればよい。ただし，与えられた気体定数はPa単位での値なので，mmHg単位の圧力をPaに変換しなければならない。

$$M=\frac{dRT}{p_A-p_W}$$

$$=\frac{mRT}{(p_A-p_W)V}$$

$$=\frac{43\times10^{-3}\text{g}\times8.3\times10^3\text{Pa·L/(mol·K)}\times(27+273)\text{K}}{\dfrac{(758-30)\text{mmHg}}{760\text{mmHg}}\times1.01\times10^5\text{Pa}\times19\times10^{-3}\text{L}}$$

$$≒58\text{g/mol}$$

答 **58**

次の文章を読み，下の問いに答えよ。

酢酸水溶液Aの濃度を中和滴定によって決めるために，あらかじめ純粋な水で洗浄した器具を用いて，次の操作1～3からなる実験を行った。

操作1　ホールピペットでAを10.0mLとり，これを100mLのメスフラスコに移し，純粋な水を加えて100mLとした。これを水溶液Bとする。

操作2　別のホールピペットでBを10.0mLとり，これをコニカルビーカーに移し，少量の指示薬を加えた。これを水溶液Cとする。

操作3　0.110mol/L水酸化ナトリウム水溶液Dをビュレットに入れ，Cを滴定した。

(1) 実験器具の使い方として誤りを含むものを，次の①～⑤のうちから1つ選べ。

　① 操作1において，ホールピペット内部に水滴が残っていたので，中をAで洗った。

　② 操作1において，メスフラスコ内部に水滴が残っていたが，そのまま用いた。

　③ 操作2において，コニカルビーカー内部に水滴が残っていたので，内部をBで洗ってから用いた。

　④ 操作3において，ビュレット内部に水滴が残っていたので，内部をDで洗った。

　⑤ 操作3において，コック（活栓）を開いてビュレットの先端部分までDを満たしてから滴定を始めた。

(2) 操作がすべて適切に行われた結果，操作3において中和点までに要したDの体積は7.50mLであった。酢酸水溶液Aの濃度は何mol/Lか。

考え方　中和滴定の問題はよく出題される。反応における量的関係のほか，器具の扱い方も十分に理解しておく。

(1)　① 試料の体積を測定する器具が水でぬれていると濃度が変わってしまうので，Aで共洗いして用いる。正しい。

　② メスフラスコは，あとから水を加えるのでぬれていてもよい。正しい。

　③ コニカルビーカーは反応容器であり，水が加わってもその中の溶質の物質量は変わらないので，水でぬれていてもよい。しかし，Bで洗ってしまうとその分の物質量が増加するので不可である。誤り。

　④ ①と同様。正しい。

　⑤ ビュレットの先端部分に気泡があると，滴定時に誤差を生じるので，溶液を強く流して先端の気泡を除く。正しい。　　　　　　　　　　　　　　　　　　　**答**　③

(2)　操作1で試料を10倍に希釈している。したがって，滴定に使用した時点では濃度はもとの10分の1になっていることに注意して，CHART 37(→ p.255)を適用する。酢酸水溶液Aの濃度をx[mol/L]とすると，

$$1 \times \frac{x}{10}[\text{mol/L}] \times \frac{10.0}{1000}\text{L} = 1 \times 0.110\,\text{mol/L} \times \frac{7.50}{1000}\text{L}$$

$x = 0.825\,\text{mol/L}$　　　　　　　　　　　　　　　　　　　　**答**　**0.825 mol/L**

次の文章を読み，下の問いに答えよ。

水や水溶液が凍るとき，何が起こっているのだろうか。純粋な水の温度を下げていくと，液体分子の ① 運動は次第に小さくなり，大気圧のもとでは ② ℃になると位置を変えられず，たがいに結合し固体に変化しはじめる。

この分子は，同じ温度の液体の水分子より密度が ③ 小さい・大きい ので水に ④ 浮かぶ・沈む 。さらに冷却しても，すべての分子が固体になるまで，その温度は保たれる。この温度を水の ⑤ という。この温度では，単位時間あたりに凝固する水分子と融解する水分子の数は等しいことが知られている。氷が ⑥ して液体になる温度，すなわち ⑦ も ⑤ と同じ温度である。

水を凍らせる前に食塩 (NaCl) を加えると，水分子の間に陽イオンである Na^+ や陰イオンである Cl^- が侵入することによって，水分子の割合が ⑧ 少なく・多く なる。したがって，単位時間あたりに凝固する水分子の数が融解する水分子の数より ⑨ 少なく・多く なるため，凝固しにくくなる。さらに冷却して温度を低くしていくと，融解する水分子の数を ⑩ 減らす・増やす ことになり，やがて再び凝固する水分子と融解する水分子の数が ⑪ なる温度となったとき溶液は凝固する。

この現象を利用したものが，寒冷地域の冬の道路に撒かれる融雪剤や凍結防止剤で，多くは，その効果が食塩より ⑫ 小さな・大きな 塩化カルシウム $CaCl_2$ が用いられる。

(1) 空欄に最も適切な語句や数値を入れよ。選択できる欄では，どちらかを選択して答えよ。

(2) 上の説明から，水に砂糖 (非電解質) のような分子からなる物質を溶かした場合は，凍る温度は水と異なり，どのようになるか。

(3) 同じモル濃度の水溶液の場合，食塩(NaCl)のときと砂糖のときとで比べると，凍る温度が低いのはどちらか。

考え方 (1) 文章をよく読んで，前後の内容の関係から適切な語句を入れる。問題は，凝固点降下の説明をしている文章である。

答 ① 熱　② 0　③ 小さい　④ 浮かぶ　⑤ 凝固点　⑥ 融解　⑦ 融点
⑧ 少なく　⑨ 少なく　⑩ 減らす　⑪ 等しく(同数に)　⑫ 大きな

(2) 食塩を溶かしたとき凍る温度が0℃よりも低くなるので，溶質として砂糖を溶かしても同じような現象が起こると考えられる。　　　　答 **0℃よりも低くなる。**

(3) 水溶液が凍るとき，水分子の間に溶質が入り，水分子どうしの結合を邪魔して凍る温度が下がる。同じ物質量で考えた場合，食塩 (NaCl) は 2 つのイオンに分かれるが，砂糖は非電解質なので電離しないため粒子の数は増えない。よって，食塩のほうが砂糖より粒子数が2倍となり，凍る温度が砂糖より低くなる。　　　　答 **食塩**

化学反応における熱の出入りは反応物と生成物とのエネルギーの収支であり，反応物と生成物の安定性など化学反応を考察する上で重要な指標である。たとえば，塩化アンモニウムの溶解は，

$$NH_4Cl(固) + aq \longrightarrow NH_4^+aq + Cl^-aq \qquad 15.9kJ \text{ の吸熱} \qquad \cdots①$$

となり，この式は，(a)反応物よりも生成物のもつ総エネルギーが15.9kJ　あ　ことを表している。すなわち，反応物よりも生成物のほうが，より　い　であることを表している。このとき，反応物のエネルギーの総和を H_1，生成物のエネルギーの総和を H_2 として，①式をエネルギーの観点で書き直すと，$H_1=H_2-15.9kJ$ という等式が成立する。この反応で変化するエネルギー量 ΔH は $\Delta H=H_2-H_1$ と表される。したがって，①式の溶解反応の ΔH の符号は　う　である。また，生石灰(CaO)が水と反応する反応は，　ア　反応であり，ΔH の符号は　え　である。
　　イ　反応のように，生成物のエネルギーのほうが反応物のエネルギーよりも低い場合，ボールが坂道を転がり下りて，低い位置に達するのと同様，より　お　な方向に反応が進行しやすい。しかしながら，　ウ　反応のように，反応物よりも生成物のエネルギーのほうが大きい場合でも，反応が進行する場合がある。これは，反応物と生成物のエネルギーの総量だけで反応の進行が決まるのではないからである。
　化学反応を支配している要因としては，このような熱的なエネルギーのほかに，状態の乱雑さが大きく関与していることが明らかになっている。科学ではエントロピーという用語を使う。エントロピーは，19世紀初頭のフランスの科学者サディ・カルノーに因んで S の記号で表される。また，先の反応物と生成物のエネルギー H は，エンタルピーとよばれる。さらに19世紀末にアメリカの科学者ギブズが定温・定圧条件での化学反応から取り出し得るエネルギー量や反応の進行に関する研究を行い，定温・定圧条件で化学反応が進行するかどうかは，この2つの量の兼ね合いで決まることを明らかにし，ギブズエネルギー G という量が導入された。
　定温・定圧下において反応物から生成物への状態変化を考えるとき，ΔH に加えてエントロピーの変化量 ΔS，温度 T を用いてギブズエネルギーの変化量 ΔG を表すと，

$$\Delta G=\Delta H-T\Delta S \qquad \cdots②$$

となり，この ΔG が負となる場合，すなわちギブズエネルギーが減少する場合，反応が自発的に進行する。したがって，ΔG の符号を考えればその反応が進行するかどうかを検討することができる。たとえば，室温では正反応が進行するアンモニアの合成反応は，

$$\frac{1}{2}N_2(気) + \frac{3}{2}H_2(気) \longrightarrow NH_3(気) \qquad \Delta H=-46.1kJ \qquad \cdots③$$

と表される。この反応の ΔS は $-99.4J/K$ であり，温度を上げると反応が逆転する。すなわち，②式を用いると　A　℃以上でアンモニアの解離が進行すると計算できる。
　混合気体のほうが純粋な気体よりも乱雑さが大きくなるなどのため，エントロピーの値は反応の進行度にも依存し，反応物と生成物が混合している状態でギブズエネルギーが極小値をとることも多い。(b)すなわち，ギブスエネルギーが極小値をとる状態が平衡状態ということになる。
(1) 空欄　あ　～　お　，　ア　～　ウ　に当てはまる適切な語句を答えよ。ただし，空欄　い　，　お　には「安定」または「不安定」，空欄　ア　～　ウ　には「発熱」または「吸熱」のどちらかを選んで答えよ。

(2) 下線部 (a) に関して，化学反応式①の反応物，生成物のエンタルピーの関係およびエントロピーの変化量について正しいものを，図ⓐ〜ⓓから選べ。

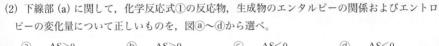

(3) 空欄Aに当てはまる温度〔℃〕を整数値で求めよ。

(4) 下線部(b)に関して，③式の反応がある条件のもとで平衡状態にあるところに，次の(a)〜(g)の変化を加えた。ギブズエネルギーが極小値をとる状態は，それぞれどのように移動するか。選択肢ⓐ〜ⓒからそれぞれ選べ。

(a) 全圧一定で温度を上昇させる。　　(b) 反応容器の体積を増加させる。

(c) 体積一定で窒素を注入する。　　(d) 体積一定でアルゴンを注入する。

(e) 全圧一定でアルゴンを注入する。　(f) 触媒の量を増やす(体積は無視できる)。

(g) 体積一定でアンモニアを除去する。

　　ⓐ 反応物の方向へ移動する。　　ⓑ 生成物の方向へ移動する。　　ⓒ 変わらない。

考え方 問題文は，反応エンタルピーの基本的な内容の解説になっているので，焦らず順を追って読み進めよう。空欄は文章を読みながら埋めていくとよい。

(1) ①式は吸熱反応であり，エネルギーを得ているので生成物のほうが反応物より不安定になっている（→ p.196）。

答 （あ）**高い(大きい)**　（い）**不安定**　（う）**正(＋)**　（え）**負(−)**　（お）**安定**
　　（ア）**発熱**　（イ）**発熱**　（ウ）**吸熱**

(2) ①式の反応は吸熱反応であるから $\Delta H > 0$ であり，エンタルピーは「生成物＞反応物」である。したがって，ⓐおよびⓒは不適。また，水への溶解では固体がイオンとなって水溶液中に拡散するので，エントロピー(乱雑さ) は増大し，$\Delta S > 0$ である。よって，正しいものはⓑとなる。　　　　　　　　　　　　　　　　　**答** ⓑ

(3) 逆反応が進行するのは②式 $\Delta G = \Delta H - T\Delta S$ において，ΔG が正になるときである。つまり，$\Delta H - T\Delta S > 0$ となる T を求めればよい。与えられている ΔS は単位が J/K であるので，計算の結果得られる T は絶対温度である。空欄の単位は ℃ であることに注意する。

$$\Delta H - T\Delta S = -46.1\,\text{kJ} - T \times (-99.4 \times 10^{-3}\,\text{kJ/K}) > 0$$

$$T > \frac{46.1\,\text{kJ}}{99.4 \times 10^{-3}\,\text{kJ/K}} = 463.7\cdots\text{K} \qquad 463.7 - 273 = 190.7 \fallingdotseq 191\,(℃) \qquad \textbf{答}\ \textbf{191}$$

(4) 下線部に「ギブズエネルギーが極小値をとる状態が平衡状態」とあるので，要するに平衡が移動する方向を考えればよい。

答 (a) ⓐ　(b) ⓐ　(c) ⓑ　(d) ⓒ　(e) ⓐ　(f) ⓒ　(g) ⓑ

　　　　　　　　　　　　　　　　　　　　　　　水溶液の識別

　A〜Fの未知の水溶液がある。それらは，(a) アンモニア水，(b) 希塩酸，(c) エタノール水溶液，(d) 砂糖水，(e) 塩化ナトリウム水溶液，(f) 水酸化ナトリウム水溶液のいずれかである。実験1〜3によりA〜Fを調べると表1のようになった。

実験1　各水溶液を赤色リトマス紙に付け，色の変化を調べた。
実験2　蒸発皿に各水溶液をとり，ガスバーナーで十分加熱し，
　　　　残ったものがあるか調べた。
実験3　図1の装置により，豆電球が点灯するか調べた。

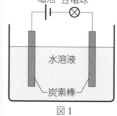

図1

表1

	水溶液A	水溶液B	水溶液C	水溶液D	水溶液E	水溶液F
実験1	青色に変化	変化なし	変化なし	変化なし	変化なし	青色に変化
実験2	あり(白色)	あり(白色)	あり(褐色)	なし	なし	なし
実験3	点灯した	点灯した	点灯せず	点灯した	点灯せず	点灯した

(1)　A〜Fを実験1と実験2のみで区別できるものをすべて選んだ組合せはどれか。次の①〜⑤のうちから1つ選べ。

　　①　A，F　②　B，C　③　A，C，F　④　B，D，E　⑤　A，B，C，F

(2)　水溶液Eは，(a)〜(f)のうちいずれか。1つ答えよ。

(3)　水溶液A〜Fの1つのみを識別できるものを，次の①〜③のうちから1つ選べ。

　　①　水溶液を白金線の先に付け，ガスバーナーの炎の中に入れて炎の色を観察する。
　　②　各水溶液を青色リトマス紙に付け，色の変化を調べる。
　　③　水溶液に二酸化炭素を通し，水溶液の変化を観察する。

考え方▶　表の縦の列は3つの実験の結果，横の行は水溶液A〜Fの違いを表す。実験1で青くなったAとFは塩基性を示す物質で，(a)と(f)が該当する。実験2で残ったものがあるのは溶質が固体であるから，D，E，Fは気体または液体の水溶液で，(a)，(b)，(c)のいずれかとわかる。実験3は電解質か否かで，点灯しなかったCとEは非電解質で(c)と(d)が該当する。

(1)　実験1と実験2で同じ結果を示すDとEは区別できないので，それ以外のA，B，C，Fが識別可能である。　　　　　　　　　　　　　　　　　　　　　　　　**答**　⑤

(2)　塩基性でない物質・液体か気体・非電解質という3つの条件を満たすのはエタノール水溶液のみ。　　　　　　　　　　　　　　　　　　　　　　　　　　　　**答**　c

(3)　①は(e)と(f)が反応する。②は(b)のみが反応する。③は(a)と(f)が中和反応するが，水溶液には変化が見られず，識別できない。　　　　　　　　　　　　　　　　**答**　②

　水溶液中のイオンの濃度は，電気の通しやすさで測定可能である。硫酸銀 Ag_2SO_4 および塩化バリウム $BaCl_2$ は，水に溶解して電気を通す。一方，Ag_2SO_4 水溶液と $BaCl_2$ 水溶液を混合すると，次の反応によって塩化銀 $AgCl$ と硫酸バリウム $BaSO_4$ の沈殿が生じ，水溶液中のイオンの濃度が減少するため電気を通しにくくなる。

$$Ag_2SO_4 + BaCl_2 \longrightarrow BaSO_4\downarrow + 2AgCl\downarrow$$

　この性質を利用して，$0.010\,mol/L$ の Ag_2SO_4 水溶液 $100\,mL$ に，濃度不明の $BaCl_2$ 水溶液を滴下しながら混合溶液の電気の通しやすさを調べたところ，次の表に示す電流〔μA〕が測定された。

$BaCl_2$ 水溶液の滴下量〔mL〕	2.0	3.0	4.0	5.0	6.0	7.0
電流〔μA〕（$\mu A=1\times10^{-6}A$）	70	44	18	13	41	67

(1)　この実験において，Ag_2SO_4 を完全に反応させるのに必要な $BaCl_2$ 水溶液は何 mL か。グラフをかいたのち，最も適当な値を，次の①〜⑤のうちから1つ選べ。

　① 3.6mL　　② 4.1mL　　③ 4.6mL　　④ 5.1mL　　⑤ 5.6mL

(2)　用いた $BaCl_2$ 水溶液の濃度は何 mol/L か。

考え方　(1) Ag_2SO_4 と $BaCl_2$ が過不足なく反応すると，溶液中のイオンは最少量となり，流れる電流が最も小さくなる。右図のようなグラフをかくと，極小点は約 4.6mL と読める。

答　③

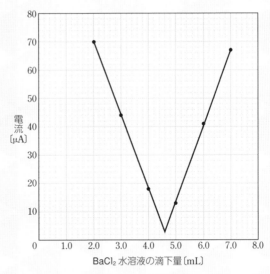

(2)　(1) より，$0.010\,mol/L$ の Ag_2SO_4 水溶液 $100\,mL$ と過不足なく反応するのは，$4.6\,mL$ の $BaCl_2$ 水溶液である。Ag_2SO_4 と $BaCl_2$ は 1：1 の物質量の比で反応するので，$BaCl_2$ の濃度を x〔mol/L〕とすると，

$$0.010\,mol/L \times \frac{100}{1000}L = x\text{〔}mol/L\text{〕} \times \frac{4.6}{1000}L \qquad x \fallingdotseq 0.22\,mol/L$$

答　**0.22 mol/L**

10L の真空密閉容器に，（1）ヘキサン または（2）水 を 0.20mol ずつ封入し，57℃ から 100℃ まで温度を変化させた。57℃ から 100℃ までの容器内の圧力変化をそれぞれグラフで示せ。ただし，気体はすべて理想気体とし，液体の体積は無視できるものとする。なお，グラフにはヘキサンおよび水の蒸気圧曲線がそれぞれ破線で示してある。気体定数 $R = 8.3 \times 10^3\,\mathrm{Pa \cdot L/(mol \cdot K)}$

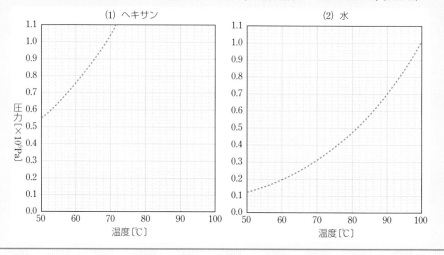

考え方 まず，グラフに表す点（プロット）を考え，その数値を計算する。気体の状態方程式 $pV = nRT$ を用いて，0.20mol のヘキサンと水について 57℃ での圧力 p_{57}〔Pa〕，100℃ での圧力 p_{100}〔Pa〕を計算すると，

$$p_{57} = \frac{0.20 \times 8.3 \times 10^3 \times (273 + 57)}{10} \fallingdotseq 5.5 \times 10^4\,(\mathrm{Pa})$$

$$p_{100} = \frac{0.20 \times 8.3 \times 10^3 \times (273 + 100)}{10} \fallingdotseq 6.2 \times 10^4\,(\mathrm{Pa})$$

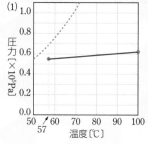

(1) p_{57}，p_{100} ともに，その温度におけるヘキサンの蒸気圧より小さいので，容器内の圧力は計算で求めた値になる。よって，57℃ と 100℃ で求めた圧力の値をプロットし，直線で結ぶ。　　答 右上図

(2) 水の場合は，p_{100} の値は蒸気圧より小さいが，p_{57} の値は蒸気圧より大きい。したがって，求めた値を直線で結んだグラフと水の蒸気圧曲線とを重ね合わせ，交点から温度が低いところでは水の蒸気圧曲線に従い，交点から温度が高いところでは直線となる。　　答 右下図

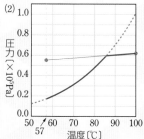

　水およびスクロース水溶液を，室温で別々の試験管にそれぞれ同量入れた。次に冷却剤を用い，2つの試験管を冷やした。各試験管の温度を時間とともに記録したところ，右図のような冷却曲線が得られた。

(1) 水を冷やした際，初めて固体が析出する点を図中の(a)〜(d)から選び，記号で答えよ。

(2) 図の(a)〜(c)のように冷却曲線は一度下がってから上がるが，この温度が下がっているときの状態を何というか。また，(b)〜(c)で温度が上がる理由を答えよ。

(3) スクロース水溶液の冷却曲線は，(c)′以降はどのような変化をするか。右図に書き込め。

(4) (3)のように書いた理由を答えよ。

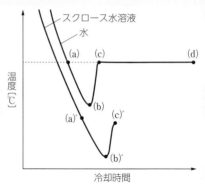

図　水とスクロース水溶液の冷却曲線

考え方▶　水のような純溶媒をゆっくりと冷却して行くと，問題の図のようなグラフが得られる。冷却を開始したのち，凝固点(a)に達しても固体の析出は認められず，さらに冷却を続けると，液体のまま温度が引き続き下がる。この状態は**過冷却**とよばれ，不安定な状態である。さらに冷却を続けると，(b)で溶媒の固体が析出し始めるが，このとき凝固熱により温度は急激に上昇し，本来の凝固点(c)に至る。さらに冷却を続けると，冷却で奪った熱量に相当する分だけ固体が析出して凝固熱が発生するため，温度はすべてが固体になるまで一定に保たれる。

　一方，溶液では，(b)′以降は溶質が析出するのではなく，溶媒のみが固体となって析出する。さらに冷却を続けると，冷却で奪った熱量に相当する分だけ溶媒の固体が析出するため，溶液の濃度は相対的に高くなり，それに比例して残りの溶液の凝固点が低くなる。したがって，冷却時間とともに**温度は次第に低下する**ことになる。この溶液の凝固点は，かいた直線を左へ外挿し，温度降下部分と交わった点の温度(a)′になる。

答　(1) **b**

(2) 名称：**過冷却**，理由：**凝固熱が発生するから。**

(3) 右図

(4) **溶媒の凝固によって残りの溶液の濃度が相対的に高くなり，凝固点降下度が次第に大きくなっていくため。**

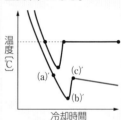

NO_2 と N_2O_4 は，次のような平衡状態にある。

　　　$N_2O_4 \rightleftarrows 2NO_2$　$\Delta H = 57.2\,kJ$　…①

　この化学平衡を調べるために，質量 $m\,[g]$ の平衡混合物を $1.0\,L$ の容器に封入し，温度 $T\,[K]$ と圧力 $p\,[Pa]$ の関係を調べる実験を行った。

　なお，容器内の気体の温度は任意の値に設定可能で，NO_2 と N_2O_4 はそれぞれ理想気体とみなす。

$N=14$，$O=16$，$R=8.3 \times 10^3\,Pa\cdot L/(mol\cdot K)$

実験　NO_2 と N_2O_4 の平衡混合物の封入量を $m_A\,[g]$，$m_B\,[g]$，$m_C\,[g]$ と変えて，異なる3つの実験A，B，Cを行った。

考察　温度 $T\,[K]$ に対して，圧力を質量で割った値 $p/m\,[Pa/g]$ の値をグラフに表したところ，図に示した曲線A，B，Cをそれぞれ得た。これらの曲線が $p/m = 4.0 \times 10^4\,Pa/g$ を示す破線Fを横切る温度は，曲線 A<B<C の順に高くなり，各交点における N_2O_4 の分圧に対する NO_2 の分圧の比の大小関係は　 a 　であった。また，これらの曲線は低温側では原点を通る直線Dに，高温側では原点を通る直線Eにそれぞれ漸近した。ここで，直線Eの傾きは　 b 　$Pa/(g\cdot K)$ である。

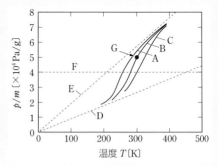

(1) 平衡混合物の封入量 m_A，m_B，m_C の値，および空欄aに当てはまる分圧比の大小関係の正しい組合せを，右の表の①〜④から選べ。

	封入量			各交点における分圧比の大小関係
	m_A	m_B	m_C	
①	9.2 mg	92 mg	920 mg	曲線 A<B<C
②	9.2 mg	92 mg	920 mg	曲線 C<B<A
③	920 mg	92 mg	9.2 mg	曲線 A<B<C
④	920 mg	92 mg	9.2 mg	曲線 C<B<A

(2) 空欄bに当てはまる数値を有効数字2桁で答えよ。

(3) 点G($T=300\,K$，$p/m=4.98 \times 10^4\,Pa/g$）における混合気体の平均分子量を整数値で求めよ。

(4) ①式の平衡において，N_2O_4 の解離度を α とする。仮に，N_2O_4 が解離していない場合は $\alpha=0$，すべての N_2O_4 が解離して NO_2 となった場合は $\alpha=1$ である。点G($T=300\,K$，$p/m=4.98 \times 10^4\,Pa/g$）における解離度 α を有効数字2桁で求めよ。

考え方　この問題のように，初めて見るようなグラフを解析し，データを処理して解いていくには，問題文を読み進めながらグラフが何を示しているかを1つ1つ確認し，状況を把握する必要がある。グラフをじっくり眺め，3つの曲線が低温，あるいは高温で収束しているのは何が起きているためなのか？A，B，Cの曲線の違いの理由は何か？などを考察してから，問題文を読むとよい。

また，縦軸が p/m となっている点にも注意が必要である。気体のグラフ問題では，気体の状態方程式 $pV=nRT$ の関係を使うことが多く，このグラフの縦軸 p/m も状態方程式を変形して表すことができる。

(1) 平衡混合物の封入量は，表の選択肢より 9.2 mg，92 mg，920 mg の 3 種類である。

いま，質量が最大の 920 mg で実験したときを考えると，そのときの物質量も最大であり，体積一定なので容器内の圧力も最大となるので，①式の平衡は最も左に移動するはずである。つまり，N_2O_4 の割合が大きくなるので，分圧比 $\dfrac{NO_2}{N_2O_4}$ が最も小さくなり，混合気体の平均のモル質量 M は最も大きくなる。

一方，気体の状態方程式 $pV=nRT=\dfrac{m}{M}RT$ より，$\dfrac{p}{m}=\dfrac{RT}{MV}$ である。この実験では $V=1.0$ L で一定なので，$\dfrac{p}{m}=R\times\dfrac{T}{M}$ と表せる。よって，3つの曲線A，B，Cの y 軸の値 $\dfrac{p}{m}$ がいずれも同じ値（4.0×10^4 Pa/g）であるためには，M が最大のときは T も最高でなければならない。

問題の図より，破線Fの線上で最も温度が高いのは曲線Cであるから，$m_C=920$ mg と決まる。また，このとき分圧比が最も小さいので，組合せは②と決まる。（答）**②**

(2) ①式において $\Delta H>0$ なので正反応は吸熱反応であり，高温では平衡は右にかたよる。したがって，曲線A，B，Cが収束している直線Eの高温側では，ほとんどが NO_2（分子量 46）になっているとしてよい。

縦軸は $\dfrac{p}{m}$，横軸は T であるから，直線Eの式は，

$$\frac{p}{m}=\frac{RT}{MV}=\frac{8.3\times10^3\,\text{Pa}\cdot\text{L/(mol}\cdot\text{K)}}{46\,\text{g/mol}\times1.0\,\text{L}}\times T\text{(K)}\fallingdotseq180\,\text{Pa/(g}\cdot\text{K)}\times T\text{(K)}$$

（答）**1.8×10^2**

(3) 点Gでの平均のモル質量を M_G(g/mol) とすると，

$$M_G=\frac{m}{p}\times\frac{RT}{V}=\frac{1}{4.98\times10^4\,\text{Pa/g}}\times\frac{8.3\times10^3\,\text{Pa}\cdot\text{L/(mol}\cdot\text{K)}\times300\,\text{K}}{1.0\,\text{L}}=50\,\text{g/mol}$$

（答）**50**

(4) N_2O_4 が解離していないときの物質量を x(mol)，解離度を α とすると，

$$N_2O_4 \rightleftharpoons 2NO_2 \quad\text{（単位は mol）}$$

解離前	x	0
変化量	$-x\alpha$	$+2x\alpha$
平衡時	$x(1-\alpha)$	$2x\alpha$ → 平衡時の全物質量は $x(1+\alpha)$

平衡時の N_2O_4（分子量 92）と NO_2（分子量 46）の物質量の関係から，点Gでの平均分子量は次式で表される。

$$\frac{x(1-\alpha)}{x(1+\alpha)}\times92+\frac{2x\alpha}{x(1+\alpha)}\times46=50 \qquad \alpha=0.84$$

（答）**0.84**

第1編　物質の構成と化学結合

p.24　類題1

（ア）ろ過してから再結晶を行う。

（イ）蒸留（分留）する。

【解説】 p.21～23 を参照せよ。

p.30　類題2

(1) 単体：イ，エ，カ，コ，サ，ス，ソ，チ，ツ

　　化合物：ア，オ，ク，ケ，シ，タ　混合物：ウ，キ，セ

(2) S：イ，コ，チ　C：エ，サ，ツ　P：ス，ソ

【解説】 p.28～30 を参照せよ。

p.33　類題3

カルシウム，炭素

【解説】 炎色反応が橙赤色で，カルシウムの存在が確認される。塩酸 HCl を加えて二酸化炭素 CO_2 が生じたから，炭素が含まれているはずである。

p.54　類題4

(1) （ア）Na^+(Ne)　（イ）F^-(Ne)　（ウ）K^+(Ar)

　　（エ）Br^-(Kr)　（オ）Cl^-(Ar)

(2) （ア）Al^{3+}(10)　（イ）OH^-(10)　（ウ）Cl^-(18)

　　（エ）NO_3^-(32)　（オ）CO_3^{2-}(32)

(3) 26　(4) $n-4$

【解説】 (1) 単原子イオンの電子配置は原子番号が最も近い貴ガス元素の原子と同じである。

(2) イオンがもつ電子の総数は，原子番号の総和にイオンの価数を，陽イオンなら差し引き，陰イオンなら加える。

（ア）$13-3=10$　（イ）$8+1+1=10$

（ウ）$17+1=18$　（エ）$7+8\times3+1=32$

（オ）$6+8\times3+2=32$

(3) 3価の陽イオンは電子3個を失っているから，

$$23+3=26$$

(4) 原子 X の原子番号を x とすると，X^{2-} の電子の数は $x+2$ である。一方，Y の原子番号が n だから，その2価の陽イオン Y^{2+} の電子の数は $n-2$ である。したがって，次式が成り立つ。

$$x+2=n-2 \qquad x=n-4$$

p.65　類題5

(1) （ア）硝酸ナトリウム　（イ）塩化カルシウム

　　（ウ）酸化マグネシウム　（エ）硫酸鉛(Ⅱ)

　　（オ）塩化銀

(2) （ア）NH_4Cl　（イ）KNO_3　（ウ）$Al(OH)_3$

　　（エ）$CuSO_4$　（オ）PbO_2

(3) AgF：フッ化銀，Ag_2CO_3：炭酸銀，CaF_2：フッ化カルシウム，$CaCO_3$：炭酸カルシウム，FeF_3：フッ化鉄(Ⅲ)，$Fe_2(CO_3)_3$：炭酸鉄(Ⅲ)

【解説】 p.64 を参照せよ。

p.85　類題8

（ア）折れ線形　（イ）直線形　（ウ）長方形

（エ）正四面体形

極性分子：ア，イ　　無極性分子：ウ，エ

【解説】 （ア）S は16族元素で，酸素 O と同族なので水 H_2O と同様であると考える。

（ウ）エチレン　　　　（エ）メタン

p.101　類題9

8種類

【解説】 BCl_3 の3つの Cl が ^{35}Cl のみのもの1種類，3つの Cl が ^{37}Cl のみのもの1種類，1つの Cl が ^{35}Cl で2つの Cl が ^{37}Cl のもの1種類，1つの Cl が ^{37}Cl で2つの Cl が ^{35}Cl のもの1種類。したがって，塩素の組合せは合計4種類である。ホウ素は2種類なので，$4\times2=8$（種類）

p.103　類題10

(a) 28　(b) 63　(c) 40　(d) 174　(e) 61

【解説】 (a) $14\times2=28$　(b) $1.0+14+16\times3=63$

(c) $23+16+1.0=40$

(d) $39\times2+32+16\times4=174$

(e) $1.0+12+16\times3=61$

p.107　類題11

56

【解説】 酸化物 100g 中には，M が 70g，酸素が 30g 含まれている。M のモル質量を x〔g/mol〕とすると，

$$M:O=\frac{70}{x}:\frac{30}{16}=2:3 \qquad x=56g/mol$$

よって，原子量は 56。

p.109　類題12

(1) 3.75mol　(2) 67.2L

【解説】 (1) $\dfrac{84.0L}{22.4L/mol}=3.75mol$

(2) $22.4L/mol\times3.00mol=67.2L$

p.113　類題13

(1) $51w$〔mL〕 (2) $100\,\mathrm{mL}$

解説 (1) 求める体積を V〔mL〕とする。

$$w\,〔\mathrm{g}〕の\ H_2SO_4 \to \frac{w}{98}〔\mathrm{mol}〕 \quad \cdots①$$

$0.20\,\mathrm{mol/L}$ の溶液 V〔mL〕中には H_2SO_4 が

$$0.20 \times \frac{V}{1000}〔\mathrm{mol}〕 \quad \cdots②$$

①＝②として $V \fallingdotseq 51w$〔mL〕

(2) $CuSO_4 \cdot 5H_2O$ の $50\,\mathrm{g}$

$$\to \frac{50}{160+18\times5}\,\mathrm{mol}=0.20\,\mathrm{mol}$$

$$\to CuSO_4\ の物質量〔\mathrm{mol}〕 \quad \cdots①$$

求める体積を V〔mL〕とすると，$2.0\,\mathrm{mol/L}$ 溶液 V〔mL〕中の物質量は $\dfrac{2.0\times V}{1000}〔\mathrm{mol}〕 \quad \cdots②$

①＝② として $0.20=\dfrac{2.0\times V}{1000}$

$V=100\,\mathrm{mL}$

p.115 類題 14

$10.5\,\mathrm{g}$

解説 用いる $NaCl$ を x〔g〕とすると，

$$\frac{x}{58.5}=2.00\times\frac{100-x}{1000}$$

$x \fallingdotseq 10.5\,\mathrm{g}$

p.118 類題 15

$$4NH_3 + 5O_2 \longrightarrow 4NO + 6H_2O$$

解説 $N : a=c$ $H : 3a=2d$ $O : 2b=c+d$

$a=1$ とすると $c=1$，$d=\dfrac{3}{2}$，$b=\dfrac{1}{2}+\dfrac{3}{4}=\dfrac{5}{4}$

$$NH_3 + \frac{5}{4}O_2 \longrightarrow NO + \frac{3}{2}H_2O$$

全体を 4 倍する。

第 2 編 物質の状態

p.139 類題 21

(1) $10\,\mathrm{L}$ (2) $546\,℃$

解説 (1) 接続した容器の体積を x〔L〕とすると，$p_1V_1=p_2V_2$ より，

$$2.0\times10^5\,\mathrm{Pa}\times40\,\mathrm{L}=1.6\times10^5\,\mathrm{Pa}\times(40\,\mathrm{L}+x〔\mathrm{L}〕)$$

$$x=10\,\mathrm{L}$$

(2) $1\,\mathrm{mol}$ の気体は，$0\,℃(273\,\mathrm{K})$，$1.01\times10^5\,\mathrm{Pa}$ で $22.4\,\mathrm{L}$ の体積を占める。$67.2\,\mathrm{L}$ になるときの温度を y〔℃〕とすると，$\dfrac{V_1}{T_1}=\dfrac{V_2}{T_2}$ より，

$$\frac{22.4\,\mathrm{L}}{273\,\mathrm{K}}=\frac{67.2\,\mathrm{L}}{(y+273)〔\mathrm{K}〕} \qquad y=546〔℃〕$$

p.141 類題 22

$45\,\mathrm{L}$

解説 混合気体についても気体の状態方程式は成り立つ。ここでは $1.0+2.0=3.0\,(\mathrm{mol})$ の気体として考えればよい。

求める体積を V〔L〕とすると，$pV=nRT$ より，

$$V=\frac{nRT}{p}$$

$$=\frac{3.0\,\mathrm{mol}\times8.3\times10^3\,\mathrm{Pa\cdot L/(mol\cdot K)}\times(27+273)\mathrm{K}}{1.66\times10^5\,\mathrm{Pa}}$$

$$=45\,\mathrm{L}$$

p.143 類題 23

64

解説 $pV=\dfrac{m}{M}RT$ の式において，容器の体積を V〔L〕とし，試料のモル質量を M〔g/mol〕とすると，

$$酸素 : 1.2\times10^5\times V=\frac{16}{32}\times R\times(27+273)$$

$$試料 : 2.4\times10^5\times V=\frac{48}{M}\times R\times(127+273)$$

上式の辺々を割って V，R を消去すると，

$M=64\,(\mathrm{g/mol})$ よって分子量は 64。

p.148 類題 25

(1) $3.3\times10^5\,\mathrm{Pa}$

(2) 酸素：$8.3\times10^4\,\mathrm{Pa}$，窒素：$2.5\times10^5\,\mathrm{Pa}$

(3) 酸素 $5.6\,\mathrm{L}$，窒素 $17\,\mathrm{L}$，酸素：窒素＝$1:3$

解説 (1) $pV=nRT$ より，

$$p〔\mathrm{Pa}〕\times10\,\mathrm{L}$$

$$=(0.25+0.75)\times8.3\times10^3\,\mathrm{Pa\cdot L/(mol\cdot K)}\times(127+273)〔\mathrm{K}〕$$

$$p=3.32\times10^5 \fallingdotseq 3.3\times10^5\,(\mathrm{Pa})$$

(2) 酸素の分圧

$$3.32\times10^5\,\mathrm{Pa}\times\frac{0.25}{0.25+0.75}=8.3\times10^4\,\mathrm{Pa}$$

窒素の分圧

$$3.32\times10^5\,Pa\times\frac{0.75}{0.25+0.75}=2.49\times10^5\,Pa$$
$$\fallingdotseq2.5\times10^5\,Pa$$

(3) 酸素　$1.01\times10^5\,Pa\times V_{O_2}$
$$=0.25\,mol\times8.3\times10^3\,Pa\cdot L/(mol\cdot K)\times273\,K$$
$V_{O_2}=5.60\cdots\fallingdotseq5.6(L)$
　窒素　$1.01\times10^5\,Pa\times V_{N_2}$
$$=0.75\,mol\times8.3\times10^3\,Pa\cdot L/(mol\cdot K)\times273\,K$$
$V_{N_2}=16.8\cdots\fallingdotseq17(L)$
酸素：窒素$=5.60:16.8=1:3$

p.150　類題26

(1) $3.6\times10^3\,Pa$　(2) 13 mg　(3) $1.9\times10^{-2}\,mol$

解説　(1) 減少した体積　$500-482=18$（mL）が水蒸気の分である。

$$1.0\times10^5\,Pa\times\frac{18}{500}=3.6\times10^3\,Pa$$

(2) 吸収された水の質量をx〔mg〕とすると，

$$pV=\frac{m}{M}RT\ \text{より}$$
$$1.0\times10^5\times\frac{18}{18}=\frac{x\times10^{-3}}{18}\times8.3\times10^3\times(27+273)$$
$$x=13.0\cdots\fallingdotseq13(mg)$$

(3) 水素の物質量をy〔mol〕とすると，

$$1.0\times10^5\times\frac{482}{1000}=y\times8.3\times10^3\times(27+273)$$
$$y=1.93\cdots\times10^{-2}\fallingdotseq1.9\times10^{-2}(mol)$$

p.152　類題28

水素

解説　水素と二酸化炭素はいずれも無極性分子だが，二酸化炭素のほうが分子量が大きく，分子間力が大きい。分子間力が大きいほど理想気体からのずれが大きく，分子間力が小さいほど理想気体に近くなる。

p.163　類題29

(1) 8 g　(2) 29%

解説　(1) 溶解度曲線より，60℃で塩化カリウムは100 gの水に46 gまで溶解するから，50 gの水には23 g溶解する。したがって，さらに$23-15=8$（g）溶解する。

(2) 60℃の溶解度は40g/100g 水であるから，

$$\frac{40\,g}{(100+40)\,g}\times100=28.5\cdots\fallingdotseq29(\%)$$

p.164　類題30

(1) (a) 70 g　(b) 4 g　(2) 91 g

解説　(1) (a) 100 gの水に40 gまで溶解するので，50 gの水ではその半分の20 gが溶解するから，$50\,g+20\,g=70\,g$

(b) 10℃で水50 gに溶解する塩化カリウムは，溶解度の半分の16 gである。したがって，

$20\,g-16\,g=4\,g$

(2) 硝酸カリウムは50 gあるから，これを溶かすのに必要な水の質量をx〔g〕とすると，

$$\frac{\text{溶解量}}{\text{水の量}}=\frac{46\,g}{100\,g}=\frac{50\,g}{x\,〔g〕}\qquad x=108.6\cdots\fallingdotseq109\,g$$

最初の水は200 gであるから，

$200\,g-108.6\,g=91.4\fallingdotseq91\,g$

p.166　類題31

(1) 62 g　(2) 31 g

解説　(1) 50 gの硫酸銅(Ⅱ)五水和物の中に含まれる無水物の質量は，

$$50\,g\times\frac{CuSO_4}{CuSO_4\cdot5H_2O}=50\,g\times\frac{160}{250}=32\,g$$

水和水は，$50\,g\times\frac{90}{250}=18\,g$

となる。60℃の溶解度は40g/100g 水であるから，

無水物：水：飽和溶液$=40\,g:100\,g:(100+40)\,g$

が成り立つ。x〔g〕の水を加えて飽和溶液になるとすると，

$40:100:100+40$
$$=32\,g:18\,g+x〔g〕:50\,g+x〔g〕$$

この比のうち，計算しやすい2組から，

$x=62\,g$

(2) 60℃の溶解度は40g/100g 水であるから，

無水物：水：飽和溶液$=40:100:100+40$

が成り立つ。初めの60℃の飽和溶液の内訳は，

$40:100:100+40=y〔g〕:z〔g〕:100\,g$

より，yとzを求めると，無水物 $y\fallingdotseq28.6\,g$，水 $z\fallingdotseq71.4\,g$ になる。

また，析出した結晶25 gの内訳は，(1)を参考にすると，無水物16 g，水和水9.0 gである。w〔g〕の水が蒸発したとすると，結晶析出後の飽和溶液では，

無水物：水：飽和溶液$=40:100:100+40$
$$=28.6-16:71.4-w-9.0:100-w-25$$

この比のうち，計算しやすい2組から，

$w\fallingdotseq31(g)$

p.170　類題32

22 mg

解説　空気の全圧が$1.0\times10^5\,Pa$であるから，窒素の分圧（p_{N_2}）は，「分圧＝全圧×モル分率」より，

$$p_{N_2}=1.0\times10^5\times\frac{4}{4+1}=8.0\times10^4\,Pa$$

窒素は0℃，$1.0\times10^5\,Pa$で100mLの水に2.8mg溶解するから，

$$2.8\times\frac{1000}{100}\times\frac{8.0\times10^4}{1.0\times10^5}=22.4\,mg\fallingdotseq22\,mg$$

p.173　類題 33

100.26℃

解説　水のモル沸点上昇 K_b を算出してから尿素水溶液の Δt を求めてもよいが，比だけで求められる。すなわち，

$$(100.13-100.00)℃\times\frac{0.50}{0.25}=0.26\,\mathrm{K}$$

沸点は，$100.00+0.26=100.26(℃)$

p.174　類題 34

100.056℃

解説　この溶液の質量モル濃度を $m\,[\mathrm{mol/kg}]$ とすると，$\Delta t=K_f m$ より，

$$m=\frac{0-(-0.20)}{1.85\,\mathrm{K\cdot kg/mol}}=\frac{0.20}{1.85}\,\mathrm{mol/kg}$$

で表される。したがって，沸点上昇度 Δt は，

$$\Delta t=0.52\,\mathrm{K\cdot kg/mol}\times\frac{0.20}{1.85}\,\mathrm{mol/kg}$$

$$=0.05621\cdots\mathrm{K}$$

沸点は，$100.00+0.0562\fallingdotseq100.056(℃)$

p.176　類題 35

(c)，(a)，(b)

解説　それぞれの粒子の濃度を求めると，

(a) $NaCl \longrightarrow Na^+ + Cl^-$ より，2倍の物質量になるから，粒子の質量モル濃度も2倍になる。

$$0.04\,\mathrm{mol/kg}\times2=0.08\,\mathrm{mol/kg}$$

(b) $MgCl_2 \longrightarrow Mg^{2+} + 2Cl^-$ より，3倍の物質量になるので，

$$0.03\,\mathrm{mol/kg}\times3=0.09\,\mathrm{mol/kg}$$

(c) スクロースは非電解質なので，

$$0.05\,\mathrm{mol/kg}\times1=0.05\,\mathrm{mol/kg}$$

凝固点は，凝固点降下度 Δt が大きいほど低くなるので，凝固点の高いものからの順序は，質量モル濃度の小さい順になる。

p.177　類題 36

342

解説　水のモル凝固点降下を先に求めてもよいが，次のようにすると計算が楽になる。

求める糖のモル質量を $M\,[\mathrm{g/mol}]$ とすると，$\Delta t=K_f m$ より，

$$0.93=K_f\times\frac{9.0}{180}\times\frac{1000}{100}\quad\cdots\cdots\text{①}$$

$$0.98=K_f\times\frac{18}{M}\times\frac{1000}{100}\quad\cdots\cdots\text{②}$$

となる。①式と②式の辺々を割り算すると，

$M\fallingdotseq342\,\mathrm{g/mol}$　よって分子量は342

p.181　類題 37

(1) 66Pa　(2) 1.0×10^5

解説　(1) p.179 脚注②より，

$$\Pi=\frac{6.8\,\mathrm{mm}\times1.0}{760\,\mathrm{mm}\times13.6}\times1.01\times10^5\,\mathrm{Pa}$$

$$=66.4\cdots\fallingdotseq66\,\mathrm{Pa}$$

(2) $\Pi=\dfrac{20\,\mathrm{mm}\times1.0}{760\,\mathrm{mm}\times13.6}\times1.01\times10^5\,\mathrm{Pa}$

$$=195.4\cdots\fallingdotseq195\,\mathrm{Pa}$$

$$M=\frac{mRT}{\Pi V}=\frac{2.35\times8.3\times10^3\times(27+273)}{195\times0.300}$$

$$\fallingdotseq1.0\times10^5\,(\mathrm{g/mol})$$

よって，分子量は 1.0×10^5

第3編　物質の変化

p.203　類題 39

$-75\,\mathrm{kJ/mol}$

解説　生成エンタルピーは，化合物1molが成分元素の単体から生成するときの反応エンタルピーであるから，右辺に CH_4 が1molある式を書く。求める生成エンタルピーを $Q\,[\mathrm{kJ/mol}]$ とすると，それを付した反応式は，

$$C(黒鉛) + 2H_2 \longrightarrow CH_4 \quad \Delta H=Q\,[\mathrm{kJ}]$$

となり，この式は，それぞれの物質の燃焼エンタルピーより求められる。与えられた燃焼エンタルピーの値より，

$$C(黒鉛) + O_2 \longrightarrow CO_2 \quad \Delta H_1=-394\,\mathrm{kJ}\ \cdots①$$

$$H_2 + \frac{1}{2}O_2 \longrightarrow H_2O(液) \quad \Delta H_2=-286\,\mathrm{kJ}\ \cdots②$$

$$CH_4 + 2O_2 \longrightarrow CO_2 + 2H_2O(液)$$
$$\Delta H_3=-891\,\mathrm{kJ}\ \cdots③$$

①式＋②式×2－③式 として整理すると，

$$C(黒鉛) + O_2 \longrightarrow CO_2$$
$$2H_2 + O_2 \longrightarrow 2H_2O(液)$$
$$+)\ \ CO_2 + 2H_2O(液) \longrightarrow CH_4 + 2O_2$$
$$\overline{\ C(黒鉛) + 2H_2 \longrightarrow CH_4}$$

同様に，ΔH について計算すると，

$$\Delta H=\Delta H_1+\Delta H_2\times2-\Delta H_3$$

$$=-394+(-286)\times2-(-891)$$

$$=-75\,(\mathrm{kJ})$$

よって，メタンの生成エンタルピーは $-75\,\mathrm{kJ/mol}$

p.206　類題 40

946kJ/mol

解説　アンモニアの生成エンタルピーを表す反応式は，次の通りである。

$$\frac{1}{2}N_2 + \frac{3}{2}H_2 \longrightarrow NH_3 \quad \Delta H=-46\,\mathrm{kJ}$$

反応エンタルピー＝(反応物の結合エネルギーの総和)－(生成物の結合エネルギーの総和) の関係を利

用する。結合エネルギーは，H–H：436kJ/mol，H–N：391kJ/mol であるから，N≡N の結合エネルギーを x [kJ/mol] とすると，次式が成り立つ。

$$-46 = \left(\frac{1}{2} \times x + \frac{3}{2} \times 436\right) - 391 \times 3$$

$$x = 946 \text{(kJ/mol)}$$

p.216 類題 42

6.0×10^{-4}/s

解説 *p.215* の表から，横軸に平均濃度 $\overline{c}$，縦軸にそのときの平均速度 $\overline{v}$ を抽出してグラフをかく。

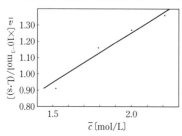

4点は実測値のばらつきから直線に乗らないが，全体を網羅するであろう直線を引いて傾きを求める。

$$k = \frac{\overline{v}}{\overline{c}} = \frac{(1.25 - 0.95) \times 10^{-3} \text{mol}/(\text{L}\cdot\text{s})}{(2.0 - 1.5) \text{mol/L}}$$

$$= 6.0 \times 10^{-4}/\text{s}$$

p.232 類題 43

(1) 0.67kPa　(2) 2.5×10^3L/mol

解説 (1) NO_2 の分圧を p_{NO_2}，N_2O_4 の分圧を $p_{N_2O_4}$，全圧を $p_全$ とすると，

$$K_p = \frac{p_{N_2O_4}}{p_{NO_2}^2} = 0.75/\text{kPa}$$

$$p_全 = p_{NO_2} + p_{N_2O_4} = 1.0 \text{kPa}$$

よって，$p_{N_2O_4} = 1.0\text{kPa} - p_{NO_2}$

$$K_p = \frac{1.0\text{kPa} - p_{NO_2}}{p_{NO_2}^2} = 0.75/\text{kPa}$$

$p_{NO_2} = x$ とすると，

$$0.75x^2 + x - 1.0 = 0 \qquad x \fallingdotseq 0.666, \; -2$$

$0 < x < 1.0$ より，$x \fallingdotseq 0.67$

したがって，$p_{NO_2} = 0.67$kPa

(2) *p.231* より，

$$K_c = K_p \times RT = 0.75\text{kPa}^{-1} \times 8.3\text{kPa}\cdot\text{L}/(\text{mol}\cdot\text{K}) \times 400\text{K}$$

$$\fallingdotseq 2.5 \times 10^3 \text{L/mol}$$

注 圧力の単位が kPa なので，
$R = 8.3$kPa·L/(mol·K) を使用する。

p.237 類題 44

(1) 右　(2) 左　(3) 左

(4) 条件により定まらない

解説 (1) ヨウ素は，400℃ではただちに気体に

なる。左辺の物質のヨウ素が増加するので，右方向へ平衡が移動する。

(2) 左辺の物質の水素が減少するので，左方向へ平衡が移動する。

(3) 触媒は平衡を移動させないが，加熱しているので吸熱反応の方向である左方向へ平衡が移動する。

(4) ヨウ化水素を加えると左方向へ平衡が移動するが，温度を下げているので右方向へ平衡が移動する。したがって，条件により定まらない。

p.242 類題 45

(1) 塩基

(2) H_2O：塩基　CH_3COO^-：塩基

解説 *p.241* を参照せよ。

p.245 類題 46

(1) 1.0×10^{-3}mol/L　(2) 1.0×10^{-3}mol/L

解説 (1) $[H^+] = 1 \times 0.040 \text{mol/L} \times 0.025$
$$= 1.0 \times 10^{-3} \text{mol/L}$$

(2) $[OH^-] = 1 \times 0.050 \text{mol/L} \times 0.020 = 1.0 \times 10^{-3} \text{mol/L}$

p.248 類題 47

水酸化物イオン濃度：1.8×10^{-3}mol/L

電離定数：1.8×10^{-5}mol/L

解説 *p.247* より，

$$[OH^-] = c\alpha = 0.18 \text{mol/L} \times 0.010 = 1.8 \times 10^{-3} \text{mol/L}$$

$$K_b = c\alpha^2 = 0.18 \text{mol/L} \times (0.010)^2 = 1.8 \times 10^{-5} \text{mol/L}$$

p.252 類題 48

(1) 3.2　(2) 10.6

解説 (1) $[H^+] = 1 \times 0.020 \text{mol/L} \times 0.030$
$$= 6.0 \times 10^{-4} \text{mol/L}$$

$$\text{pH} = -\log_{10}(6.0 \times 10^{-4}) = 4 - \log_{10}6.0$$

$$= 4 - (\log_{10}2 + \log_{10}3) = 4 - (0.30 + 0.48)$$

$$\fallingdotseq 3.2$$

(2) $[OH^-] = 1 \times 0.020 \text{mol/L} \times 0.020$
$$= 4.0 \times 10^{-4} \text{mol/L}$$

$$[H^+] = \frac{K_w}{[OH^-]} = \frac{1.0 \times 10^{-14}}{4.0 \times 10^{-4}} = \frac{1}{4} \times 10^{-10} \text{(mol/L)}$$

$$\text{pH} = -\log_{10}\left(\frac{1}{4} \times 10^{-10}\right) = 10 + \log_{10}2^2$$

$$= 10 + 2 \times 0.30 = 10.6$$

p.256 類題 49

25L

解説 硫酸から生じる H^+ の物質量は，

$$2 \times 1.0 \text{mol/L} \times \frac{500}{1000} \text{L} = 1.0 \text{mol}$$

これは中和するアンモニアの物質量に等しく，その体積は標準状態で 22.4L である。

したがって，求める体積を V [L] とすると，シャ

ルルの法則より，

$$\frac{22.4\,\text{L}}{273\,\text{K}}=\frac{V(\text{L})}{(32+273)\,\text{K}} \qquad V \fallingdotseq 25\,\text{L}$$

p.259　類題 50

0.896 L

［解説］ 気体のアンモニアの物質量を n〔mol〕とすると，次式が成り立つ。

$$\left(2\times0.200\,\text{mol/L}\times\frac{200}{1000}\text{L}-1\times n\,(\text{mol})\right)\times\frac{10.0\,\text{mL}}{200\,\text{mL}}$$
$$=1\times0.100\,\text{mol/L}\times\frac{20.0}{1000}\text{L}$$

$$n=0.0400\,\text{mol}$$

よって，アンモニアの体積は，

$$0.0400\,\text{mol}\times22.4\,\text{L/mol}=0.896\,\text{L}$$

p.269　類題 51

5.4

［解説］ アンモニアと塩化水素は 1：1 の物質量の比で反応する。アンモニア水と塩酸の濃度が同じであるから，使用した塩酸の体積は 20 mL である。したがって，40 mL 中の NH_4Cl は，

$$0.092\,\text{mol/L}\times\frac{20}{1000}\text{L}=0.00184\,\text{mol}$$

その濃度は，

$$\frac{0.00184\,\text{mol}}{\dfrac{40}{1000}\text{L}}=0.046\,\text{mol/L}$$

p.268 より，

$$[\text{H}^+]=\sqrt{\frac{cK_w}{K_b}}=\sqrt{\frac{0.046\times1.0\times10^{-14}}{2.3\times10^{-5}}}$$
$$=\sqrt{2.0\times10^{-11}}\,(\text{mol/L})$$

$$\text{pH}=-\log_{10}(2.0\times10^{-11})^{\frac{1}{2}}=\frac{1}{2}(11-\log_{10}2.0)\fallingdotseq5.4$$

p.271　類題 52

5.5

［解説］ 緩衝液の $[\text{H}^+]$ は，溶液中に溶解している酢酸の濃度を c_a〔mol/L〕，酢酸ナトリウムの濃度を c_s〔mol/L〕とすると，p.271 より，

$$[\text{H}^+]=K_a\frac{c_a}{c_s}=2.7\times10^{-5}\times\frac{0.10\times\dfrac{100}{280}}{0.50\times\dfrac{180}{280}}$$
$$=3.0\times10^{-6}\,(\text{mol/L})$$

$$\text{pH}=6-\log_{10}3.0=6-0.48\fallingdotseq5.5$$

p.275　類題 53

66 mg

［解説］ クロム酸銀が水 1 L に溶けて s〔mol/L〕になったとすると，

$$\underset{2s}{Ag_2CrO_4} \longrightarrow \underset{2s}{2Ag^+} + \underset{s}{CrO_4^{2-}}$$

$$[\text{Ag}^+]=2s\,(\text{mol/L}),\quad [\text{CrO}_4{}^{2-}]=s\,(\text{mol/L})$$
$$K_{sp}=[\text{Ag}^+]^2[\text{CrO}_4{}^{2-}]=(2s)^2\times s$$
$$=4s^3=3.2\times10^{-11}\,\text{mol}^3/\text{L}^3$$

よって，$s^3=8.0\times10^{-12}\,\text{mol}^3/\text{L}^3$

$$s=2.0\times10^{-4}\,\text{mol/L}$$

1 L 中の Ag_2CrO_4 の質量は，

$$2.0\times10^{-4}\,\text{mol}\times332\,\text{g/mol}\times10^3\fallingdotseq66\,\text{mg}$$

p.276　類題 54

沈殿は生じない（理由は解説参照）

［解説］ 500 mL の溶液に 0.03 mL 加えても，溶液の体積は変化しないとして，

$$[\text{Cl}^-]=2.5\times10^{-3}\,\text{mol/L}$$

$$[\text{Ag}^+]=\frac{1.0\times10^{-3}\times\dfrac{0.03}{1000}}{\dfrac{500}{1000}}=6.0\times10^{-8}\,(\text{mol/L})$$

イオン濃度の積は，

$$[\text{Ag}^+][\text{Cl}^-]=6.0\times10^{-8}\,\text{mol/L}\times2.5\times10^{-3}\,\text{mol/L}$$
$$=1.5\times10^{-10}\,\text{mol}^2/\text{L}^2$$

この値は，AgCl の溶解度積の値 $1.8\times10^{-10}\,\text{mol}^2/\text{L}^2$ より小さいので，沈殿は生じない。

p.278　類題 55

$3.0\times10^{-2}\,\text{mol/L}$

［解説］ 塩化マグネシウムと硝酸銀とは次のように反応する。

$$MgCl_2 + 2AgNO_3 \longrightarrow 2AgCl + Mg(NO_3)_2$$

これより，試料 10 mL 中に含まれる $MgCl_2$ の物質量は，消費した硝酸銀の物質量の 2 分の 1 であることがわかる。その物質量とモル濃度は，

$$0.020\,\text{mol/L}\times\frac{30}{1000}\text{L}\times\frac{1}{2}=3.0\times10^{-4}\,\text{mol}$$

$$\frac{3.0\times10^{-4}\,\text{mol}}{\dfrac{10}{1000}\text{L}}=3.0\times10^{-2}\,\text{mol/L}$$

p.291　類題 57

(1) $2KMnO_4 + 5SO_2 + 2H_2O$
$$\longrightarrow 2MnSO_4 + 2H_2SO_4 + K_2SO_4$$

(2) $K_2Cr_2O_7 + 3H_2O_2 + 4H_2SO_4$
$$\longrightarrow Cr_2(SO_4)_3 + 3O_2 + 7H_2O + K_2SO_4$$

［解説］ (1) p.288 より，

酸化剤：$MnO_4{}^- + 8H^+ + 5e^-$
$$\longrightarrow Mn^{2+} + 4H_2O \quad\cdots①$$

還元剤：$SO_2 + 2H_2O$
$$\longrightarrow SO_4{}^{2-} + 4H^+ + 2e^- \quad\cdots②$$

①式×2＋②式×5 より，

$$2MnO_4{}^- + 5SO_2 + 2H_2O$$
$$\longrightarrow 2Mn^{2+} + 5SO_4{}^{2-} + 4H^+$$

両辺に $2K^+$ を加えて整理すると，

$2KMnO_4 + 5SO_2 + 2H_2O$

$\longrightarrow 2MnSO_4 + 2H_2SO_4 + K_2SO_4$

(2) 酸化剤：$Cr_2O_7{}^{2-} + 14H^+ + 6e^-$

$\longrightarrow 2Cr^{3+} + 7H_2O$ …③

還元剤：$H_2O_2 \longrightarrow O_2 + 2H^+ + 2e^-$ …④

③式＋④式×3 のあと，$2K^+$，$4SO_4{}^{2-}$ を両辺に加えて整理すると，

$K_2Cr_2O_7 + 3H_2O_2 + 4H_2SO_4$

$\longrightarrow Cr_2(SO_4)_3 + 3O_2 + 7H_2O + K_2SO_4$

p.295　類題58

(1) $2KMnO_4 + 5H_2O_2 + 3H_2SO_4$

$\longrightarrow K_2SO_4 + 2MnSO_4 + 5O_2 + 8H_2O$

(2) 0.75 mol/L　(3) 2.6%

|解説| (1) p.289～290 を参照せよ。

(2) 過酸化水素水の濃度を x〔mol/L〕とすると，

$$2 \times x\,[\text{mol/L}] \times \frac{10.0}{1000}\text{L}$$

$$= 5 \times 0.12\,\text{mol/L} \times \frac{25.0}{1000}\text{L}$$

$x = 0.75\,\text{mol/L}$

(3) この過酸化水素水 1L は 1000g であるから，

$$\frac{0.75\,\text{mol/L} \times 1\text{L} \times 34\,\text{g/mol}}{1000\,\text{g}} \times 100 ≒ 2.6\,(\%)$$

p.297　類題59

(1) $I_2 + SO_2 + 2H_2O \longrightarrow 2HI + H_2SO_4$

(2) 8.0×10^{-3} mol　(3) 1.0×10^{-2} mol　(4) 2.2%

|解説| (1) 酸化剤：$I_2 + 2e^- \longrightarrow 2I^-$

還元剤：$SO_2 + 2H_2O \longrightarrow SO_4{}^{2-} + 4H^+ + 2e^-$

よって，$I_2 + SO_2 + 2H_2O \longrightarrow 2HI + H_2SO_4$

(2) 滴定で反応するヨウ素の物質量はチオ硫酸ナトリウムの物質量の $\frac{1}{2}$ であるから，50mL 中のヨウ素の物質量は，

$$0.040\,\text{mol/L} \times \frac{20.0}{1000}\text{L} \times \frac{1}{2} = 4.0 \times 10^{-4}\,\text{mol}$$

1.0L 中のヨウ素の物質量は，

$$4.0 \times 10^{-4}\,\text{mol} \times \frac{1000\,\text{mL}}{50\,\text{mL}} = 8.0 \times 10^{-3}\,\text{mol}$$

(3) (1)より，ヨウ素と二酸化硫黄は 1：1 で反応する。水溶液中の I_2 が 1.8×10^{-2} mol から 8.0×10^{-3} mol になっていたのだから，気体 A 10L 中の SO_2 の物質量は

$$1.8 \times 10^{-2}\,\text{mol} - 8.0 \times 10^{-3}\,\text{mol} = 1.0 \times 10^{-2}\,\text{mol}$$

(4) $\dfrac{22.4\,\text{L/mol} \times 1.0 \times 10^{-2}\,\text{mol}}{10\,\text{L}} \times 100 ≒ 2.2\,(\%)$

p.303　類題61

C，E，A，D，B

|解説| (1)～(4)の記述から，イオン化傾向は，

(1)より，(A, C, E)＞(B, D)

(2)より，E＞A（E が Al，A が Fe と考えられる）

(3)より，D＞B

(4)より，C＞(A, E)

以上の結果から　C＞E＞A＞D＞B となる。

p.313　類題63-A

④

|解説| ① 放電すると濃度が薄くなる。誤り。

② 希硫酸が薄くなると密度も小さくなる。誤り。

③ Pb^{2+} は電極表面に $PbSO_4$ として付着する。誤り。

④，⑤ Pb や PbO_2 が $PbSO_4$ になるので，いずれも質量が増加する。④が正しく，⑤が誤り。

p.313　類題63-B

（ア）硫酸銅（Ⅱ）　（イ）亜鉛　（ウ）銅　（エ）電子

（オ）酸化鉛（Ⅳ）　（カ）鉛　（キ）希硫酸

（ク）放電　（ケ）充電

（コ）二次電池(または蓄電池)

第4編　無機物質

p.362　類題66

(1) （ア）NaCl　（イ）CO_2　（ウ）Na_2CO_3

(2) ① $NaCl + NH_3 + CO_2 + H_2O$

$\longrightarrow NaHCO_3 + NH_4Cl$

② $2NaHCO_3 \longrightarrow Na_2CO_3 + H_2O + CO_2$

③ $CaCO_3 \longrightarrow CaO + CO_2$

④ $CaO + H_2O \longrightarrow Ca(OH)_2$

⑤ $Ca(OH)_2 + 2NH_4Cl$

$\longrightarrow CaCl_2 + 2H_2O + 2NH_3$

(3) $2NaCl + CaCO_3 \longrightarrow Na_2CO_3 + CaCl_2$

(4) 371 kg

|解説| (1), (2) p.360～362 を参照せよ。

(3) (2)の中の①式×2＋②式＋③式＋④式＋⑤式により求まる。

(4) $CaCO_3$ と Na_2CO_3 は 1：1 の物質量の比であるから，

$$500 \times 10^3\,\text{g} \times \frac{70}{100} \times \frac{1}{100\,\text{g/mol}} \times 106\,\text{g/mol}$$

$$= 371 \times 10^3\,\text{g}$$

p.392　類題67

(1) A：$AgCl$　B：CuS

(2) 水酸化鉄（Ⅲ），$Al(OH)_3$，水酸化ナトリウム

(3) $[Zn(NH_3)_4]^{2+}$

(4) 炎色反応により赤紫色を確認する。

|解説| p.390～391 を参照せよ。

第5編　有機化合物

p.416　類題 68

組成式：$C_4H_3O_2$　　分子式：$C_8H_6O_4$

解説

$$C : H : O = \frac{57.8}{12.0} : \frac{3.61}{1.0} : \frac{38.6}{16.0} ≒ 4 : 3 : 2$$

したがって、組成式は $C_4H_3O_2$（式量 83.0）となる。一方、分子量は 100 以上 200 以下だから、式量を 2 倍すると 166 となるので、分子式は $C_8H_6O_4$ となる。

p.474　類題 69

希塩酸を加えて開始すると、次図のようになる。

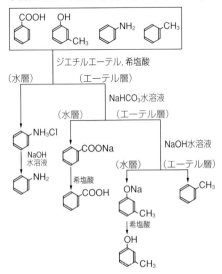

第6編　天然有機化合物と高分子化合物

p.513　類題 70

(1) 1.0×10^4

(2) アジピン酸：645 g

　　ヘキサメチレンジアミン：513 g

解説　(1) 構成単位にアミド結合は 2 個含まれているから、構成単位の数は、

$$\frac{90}{2} = 45（個）$$

構成単位の式量は 226 であるから、両端の H と OH を無視すると、

$$226 \times 45 = 10170 ≒ 1.0 \times 10^4$$

(2) 1.00 kg 中に存在する構成単位の物質量は、

$$\frac{1.00 \times 10^3 \text{g}}{226 \text{g/mol}} ≒ 4.42 \text{mol}$$

アジピン酸の分子量は 146 であるから、

$$146 \text{g/mol} \times 4.42 \text{mol} ≒ 645 \text{g}$$

ヘキサメチレンジアミンの分子量は 116 であるから、

$$116 \text{g/mol} \times 4.42 \text{mol} ≒ 513 \text{g}$$

p.515　類題 71

(1) 105 g　　(2) 2.0×10^4

解説　(1) ポリビニルアルコールの構成単位 2 個（式量 44×2）をアセタール化すると、式量は 100 になる。ポリビニルアルコール 100 g のうち 40% がアセタール化されたので、

$$100 \text{g} \times \frac{40}{100} \times \frac{100 \text{g/mol}}{(44 \times 2) \text{g/mol}} + 100 \text{g} \times \frac{60}{100}$$
$$≒ 105 \text{g}$$

(2) ポリエチレンテレフタラートの構成単位の式量は 192（$= 166 + 62 - 18 \times 2$）である。重合度が 104 であり、両端の H と OH を無視すると、

$$192 \times 104 = 19968 ≒ 2.0 \times 10^4$$

p.529　類題 72

80 mL

解説　陰イオン交換樹脂を ROH とすると、

$$2ROH + BaCl_2 \longrightarrow 2RCl + 2OH^- + Ba^{2+}$$

より、$BaCl_2$ の 2 倍の物質量の OH^- が生じるので、必要な塩酸の体積を x〔mL〕とすると、

$$0.10 \text{mol/L} \times \frac{20}{1000} \text{L} \times 2 = 1 \times 0.050 \text{mol/L} \times \frac{x}{1000}〔L〕$$

$$x = 80 \text{mL}$$

定期試験対策の問題の解答・解説

p.38 〜 39 **第1編　第1章　物質の構成**

【1】(1) (ア) 混合物　(イ) 純物質　(ウ) 化合物
(エ) 単体　(オ) 同素体
(2) (ア) ①, ④, ⑧, ⑩　(ウ) ②, ⑤, ⑥
(エ) ③, ⑦, ⑨

解説　(2) 空気は，N_2, O_2, Ar などからなるので混合物。ドライアイスは，固体の CO_2 であり，2種類の元素からなる化合物。硫黄は，1種類の元素 S からなる単体。塩酸は，溶質(→ *p*.158) が塩化水素 HCl，溶媒(→ *p*.158) が水 H_2O からなる溶液なので混合物。牛乳は，水，タンパク質，脂肪などからなる混合物。亜鉛は，Zn からなる単体。アンモニア水は，水にアンモニア NH_3 が溶解しているので混合物である。

【2】a と f, d と l, j と n と p

解説　同素体をもつ元素は SCOP であり，それらの単体を探せばよい。酸素とオゾン(O)，黄リンと赤リン(P)，ダイヤモンド・黒鉛・フラーレン(C) の組合せが同素体の関係にある。

濃い硫酸を濃硫酸，薄い硫酸を希硫酸という。重水素 ^2H と水素 ^1H は同位体の関係(→ *p*.44)。

【3】(1) ろ過　(2) 蒸留(分留)　(3) 抽出
(4) 再結晶　(5) 昇華法
(6) ペーパークロマトグラフィー

解説　(→ *p*.21 〜 24)　(1) ろ過は，液体中に存在する不溶性の固体を，ろ紙を用いて分ける操作。
(2) 蒸留は，液体→気体→液体の変化を利用して，目的の成分を取り出す操作。液体どうしの混合物の蒸留をとくに分留(分別蒸留)という。
(3) 抽出は，特定の成分のみが溶けやすい溶媒を用いて，目的の物質を溶かし出す操作。
(4) 再結晶は，固体の溶解度の差を利用して分離する操作。
(5) 昇華法は，固体→気体→固体の変化を利用して，昇華しやすいものだけを取り出す操作。
(6) ペーパークロマトグラフィーは，ろ紙に吸着される強さの違いを利用して物質を分離する操作。

【4】(1) ナトリウム　(2) カルシウム　(3) 水素
(4) 塩素

解説　(1), (2)は，炎色反応である。
(3) 硫酸銅(II) の無水物は白色の粉末であるが，水分を含むと青色になる。燃焼(空気中の酸素 O_2

と反応)して水 H_2O ができるので，成分元素に水素 H が含まれていることがわかる。
(4) 硝酸銀 $AgNO_3$ 水溶液中の Ag^+ と Cl^- が，反応して，塩化銀 AgCl の白色沈殿が生じる。

$$Ag^+ + Cl^- \longrightarrow AgCl$$

【5】(1) (a) 枝付きフラスコ
(b) リービッヒ冷却器　(c) アダプター
(d) 三角フラスコ
(2) ③, ④

解説　(1) (a)は，丸底フラスコではないので注意する。
(2) ① 沸騰石は，突沸を防ぐために用いる。
② 液量が多すぎると，沸騰したときに液体が枝のほうへ流れ出すことがある。そのため，液体の量はフラスコの半分以下にする。
⑤ ゴム栓で密栓してしまうと，加熱された気体の逃げ道がなく，危険である。密栓せずに，アルミニウム箔で覆ったり，脱脂綿で軽くふさぐ。

【6】(a) A　(b) B　(c) A　(d) B　(e) A

解説　(a) カルシウムの単体は銀白色の固体で，水と反応する物質である。ここでは，カルシウムの化合物(カルシウムという元素を含む)がヒトにとって不可欠である，ということをいっている。
(b) 水素の単体は H_2 で表され，密度の小さな気体である。その単体の水素の性質を述べている。
(c) 周期表は「元素の」周期表とよばれる。単体ではなく，それぞれの元素の性質によって分類して配置したものである。
(d) 酸素(単体の O_2) とオゾン(単体の O_3) は，同じ成分元素の酸素からできている。ここでは，前のほうの酸素とオゾンは単体を表しているが，後のほうの酸素は元素を示している。
(e) アンモニア NH_3，硝酸 HNO_3 は，同じ成分元素の窒素を含む化合物である。

【7】(1) オ　(2) ア　(3) イ　(4) ウ　(5) エ

解説　(3) たとえば，銅から酸化銅(II)が生じるとき，どのような方法を用いても，酸化銅(II)の質量は銅よりも25%多くなる。
(5) たとえば，窒素と水素からアンモニアが生じるとき，その体積の比は1:3:2である。

p.60 〜 61 **第1編　第2章　物質の構成粒子**

【1】(1) (ア) 電子　(イ) 原子番号　(ウ) 中性子

（エ）質量数　（オ）同位体
(2) ⑥　(3) ① リン　② 15　③ 31
(4) 電子の数：92　中性子の数：143

解説 (2) 電子1個の質量は，陽子や中性子1個の質量の約1840分の1である。
(3) 元素記号の左下には原子番号，左上には質量数を示す。
(4) 電子の数は原子番号に等しい。中性子の数は質量数から原子番号を差し引く。つまり，
　　235－92＝143

【2】 ①，②

解説 ① 電子の質量は陽子や中性子に比べて無視できるほど小さいので，原子の質量は陽子と中性子の質量の和，すなわち原子核の質量にほぼ等しい。正しい。
② 符号は異なるが，絶対値は等しい。正しい。
③ 同素体ではなく同位体である。誤り。
④ ^{1}H の原子は陽子1個，電子1個で，中性子を含まない。誤り。
⑤ ^{12}C は原子番号が6だから，電子の数は6個であり，^{13}C も原子番号が6だから，電子の数は6個である。誤り。

【3】 (1) 32　(2) K(2)L(8)M(7)　(3) K(2)L(8)
(4) ① Ca^{2+}，Mg^{2+}
　　② O^{2-}，F^-，Na^+，Mg^{2+}，Al^{3+}（順不同）

解説 (1) N 殻は内側から4番目の電子殻である。電子殻に収容できる最大の電子の数は $2n^2$ 個だから，$n=4$ を代入すると，$2×4^2=32$
(3) アルミニウムの原子番号は13だから，電子を13個もつ。陽イオンは価電子を失った状態なので，Al^{3+} がもつ電子の数は 13－3＝10（個）であり，貴ガスの Ne と同じ電子配置をとる。
(4) ① 2族元素は2価の陽イオンになりやすい。
② S^{2-}，Cl^-，K^+，Ca^{2+} は貴ガスの Ar と同じ電子配置を，Li^+ は He と同じ電子配置をとる。

【4】 (1) ① ナトリウムイオン
　　② アンモニウムイオン　③ 硫化物イオン
　　④ 硝酸イオン　⑤ 炭酸水素イオン
(2) ① Ca^{2+}　② Li^+　③ Cl^-　④ $SO_4{}^{2-}$
(3) ① K　② He　③ F

解説 (3) ① 周期表の左下へいくほどイオン化エネルギーが小さく，陽イオンになりやすい。
② 周期表の右上へいくほどイオン化エネルギーが大きく，陽イオンになりにくい。
③ 電子親和力は，同周期の元素の中ではハロゲン元素が最も大きい。

【5】 ① d　② b　③ f

解説 ① 貴ガスの価電子は0である。原子番号2，10，18で，0になっているのはd。
② イオン化エネルギーは貴ガスで極大となる。原子番号2，10，18で極大をもつグラフはb。
③ 原子半径は1族＞2族→…となるにつれ，小さくなっていく（ちなみに，貴ガスの半径が比較的大きくなっているのは，原子半径の測定の定義が他と異なるためである）。
なお，a は電子親和力，c は単体の融点，e は電気陰性度のグラフである。貴ガスには電気陰性度の値がない。

【6】 (1)（ア）原子番号　（イ）アルカリ土類金属
　　（ウ）ハロゲン　（エ）非金属　（オ）遷移
(2) ①，⑤

解説 (2) ① 18族元素の最外殻電子の数は，He のみ2，その他は8である。
⑤ 貴ガス元素では，価電子の数は0である。

【7】 (1) ① Na　② Cl　(2) ① K^+　② Cl^-

解説 (1) ① 原子が陽イオンになると，その半径はもとの原子より小さくなる。
② 原子が陰イオンになると，その半径はもとの原子より大きくなる。
(2) ① 最も外側の電子殻が L 殻の Na^+ よりも，最も外側の電子殻が M 殻の K^+ のほうが半径が大きい。
② ともにアルゴン Ar と同じ電子配置をもつイオンであるが，原子核中の正電荷（陽子の数＝原子番号）は Cl^- よりも K^+ のほうが大きく，K^+ のほうがより強く電子を引きつけるため，半径が小さくなる。

p.96～99　第1編　第3章　化学結合

【1】 (1) ① $CaCl_2$　② KNO_3　③ $Al_2(SO_4)_3$
　　④ CH_3COONa
(2) ① 酸化カリウム　② 塩化鉄(III)
　　③ 塩化アンモニウム　④ 炭酸水素ナトリウム
　　⑤ 硫酸亜鉛

解説 (1) ① カルシウムイオン Ca^{2+} と塩化物イオン Cl^- からなるイオン結晶。
Ca^{2+}：Cl^-＝1：2 となる組成式を書く。
② 硝酸イオンは $NO_3{}^-$ である。
③ 硫酸イオンは $SO_4{}^{2-}$ である。
Al^{3+}：$SO_4{}^{2-}$＝2：3 となる組成式を書くが，複数の多原子イオンを表すときは，（　）でくくって，右下にその数を表す。

④ 酢酸イオンは CH_3COO^- である。

(2) ① カリウムイオンと酸化物イオンからなる。

② 鉄(Ⅲ)イオンと塩化物イオンからなる。

③ アンモニウムイオンと塩化物イオンからなる。

④ 炭酸水素イオンとナトリウムイオンからなる。

⑤ 硫酸イオンと亜鉛イオンからなる。

【2】 (1) (ア) 静電気力(クーロン力) (イ) イオン

(ウ) 価電子(不対電子) (エ) 共有

(オ) 分子 (カ) 分子間力

(2) ① 酸素 ② 過酸化水素

③ 硫化水素 ④ 二酸化窒素

⑤ 四塩化炭素(テトラクロロメタン)

(3) ① H:Ö:H ② H:C̈:H ③ H:N̈:H
　　　　　　　　　　　 　 H 　　 H

④ :Ö::C::Ö: ⑤ H:C:::C:H

分子の形:① c ② a ③ b ④ d ⑤ d

解説 (1) (ウ)は不対電子と答えてもよいが, 価電子と答えるほうがよい。

(2) 分子の名称は, NH_3 はアンモニア, O_2 は(単体の) 酸素というように, イオンからなる物質の名称と違って, 個別に覚える必要がある。二酸化炭素 CO_2 や四塩化炭素 CCl_4 のように, 構成原子の数が名称に入っているものは覚えやすい。

【3】 (1) ① HCl ② N_2 ③ CH_4 ④ H_2S

⑤ CH_3OH

(2) ③, ④

解説 (1) ① 非共有電子対の数は, NH_3 で1組, HCl で3組, CH_3OH で2組である。

② 構造式は F-F, N≡N, H-O-O-H となる。

③ メタン CH_4 は正四面体形で, 結合の極性が打ち消され, 無極性分子となる。

④ 硫黄は酸素と同族元素であるから, 水分子と同様に考えて, 硫化水素 H_2S は折れ線形と判断すれば, 結合の極性が打ち消されず, 極性分子となる。

⑤ 水は極性分子であり, 同じ極性分子のメタノール CH_3OH をよく溶かす。

(2) ① NH_4Cl は NH_4^+ と Cl^- とがイオン結合, NH_4^+ の N と H は共有結合であるが, その1つは H^+ と NH_3 とで配位結合したものである。正しい。

② ①にあるように配位結合を1つ含むが, それは NH_4^+ が形成される過程であって, できたあとはまったく区別できない。正しい。

③ NH_3 は三角錐形の構造をとる。誤り。

④ NH_4^+ には非共有電子対がなく, 配位結合をしない。一方, NH_3 分子には非共有電子対が1組あるので, これを銅(Ⅱ)イオンに供与し, 錯イオンを形成する。誤り。

⑤ CN^- は配位子ではシアニドとよび, 6個あるときはヘキサという。全体が4価の陰イオンであり, CN^- は6個なので, この Fe は Fe^{2+} である。よって, 鉄(Ⅱ)と読み, ヘキサシアニド鉄(Ⅱ)酸イオンという。正しい。

【4】 (1) (ア) 配位 (イ) 錯 (ウ) 配位子

(エ) 配位数 (オ) 2 (カ) 直線 (キ) 4

(ク) 正四面体

(2) ① テトラアンミン銅(Ⅱ)イオン

② ジクロリド銀(Ⅰ)酸イオン

③ ヘキサシアニド鉄(Ⅲ)酸イオン

④ テトラヒドロキシドアルミン酸イオン

(3) ① $[Ag(NH_3)_2]^+$ ② $[CuCl_4]^{2-}$

③ $K_4[Fe(CN)_6]$ ④ $Na[Al(OH)_4]$

解説 (1) 金属イオンに, 特定の分子やイオン(**配位子**)が配位結合したものが**錯**イオンで, 結合する数(**配位数**)は金属イオンによって決まり, ほぼイオンの価数の倍と考えてもよい(他の数もある)。また, 配位数によって, 2配位→直線形, 4配位→正四面体形または正方形, 6配位→正八面体形というように形が決まっている。

(2) 錯イオンの名称は, [配位子の数+配位子の名称+金属イオン名とその酸化数+イオン(陰イオンのときは酸イオン)](→ p.76)。配位子の数は, 2個:ジ, 4個:テトラ, 6個:ヘキサとなり, 配位子は, NH_3:アンミン, OH^-:ヒドロキシド, CN^-:シアニド, $S_2O_3^{2-}$:チオスルファト, H_2O:アクアなどとなる。

(3) (2)の逆を考えればよい(→ p.77)。

【5】 (1) Si, C, SiO_2

(2) 黒鉛

(理由) 炭素原子の4個の価電子を, ダイヤモンドではすべて共有結合に使っているので電気伝導性がないが, 黒鉛では3個の価電子を共有結合に使い, 残った1個が自由電子のように結晶中を移動できるため電気伝導性がある。

(3) 4個

解説 (1) アルゴン Ar, 二酸化炭素 CO_2, 氷 H_2O は, 分子からなる。ナトリウム Na, 水銀 Hg は, 金属結晶。塩化リチウム LiCl は, イオン結晶。

(3) 二酸化ケイ素のケイ素原子は4個の酸素原子と

共有結合しているが，組成式は SiO_4 ではない。各酸素原子は2個のケイ素原子と共有結合しており，それぞれのケイ素に酸素原子の2分の1を割り当てなければならない。ケイ素原子1個につき，酸素原子は $\frac{1}{2} \times 4$ なので，$Si:O=1:2$ の組成式となる（→ p.78）。

【6】 (1) $\ddot{\ddot{O}}::C::\ddot{\ddot{O}}$

(2) (a) イ　(b) ア　(c) エ　(d) オ　(e) キ

(3) イ，オ

解説 (1) $H:C::\ddot{C}:H$(0個)，

$$H:\ddot{N}:H(1個), \quad H:\ddot{C}:H(0個),$$
$$\qquad\qquad \overset{H}{} \qquad\qquad \overset{H}{}$$

$:\ddot{\ddot{O}}::C::\ddot{\ddot{O}}:(4個)$，　$H:\ddot{\ddot{Cl}}:(3個)$

(2) 代表的な分子やイオンの形は覚えておくこと。

(3) (ア) $:\ddot{Br}:\ddot{Br}:$ 直線形　(イ) $H:\ddot{\ddot{S}}:$ 折れ線形
$\qquad\qquad\qquad\qquad\qquad\qquad\quad \overset{H}{}$

(ウ) $:\ddot{\ddot{O}}::C::\ddot{\ddot{O}}:$ 直線形

(エ) $:\ddot{\ddot{Cl}}:\overset{\displaystyle :\ddot{Cl}:}{\underset{\displaystyle :\ddot{Cl}:}{C}}:\ddot{\ddot{Cl}}:$ 正四面体形

(オ) $H:\overset{\displaystyle \ddot{N}}{\underset{\displaystyle H}{}}:H$ 三角錐形

【7】 (ア) 分子間（ファンデルワールス）　(イ) 高
(ウ) 高　(エ) 高　(オ) 水素結合　(カ) 減少
(キ) 硫黄　(ク) 酸素　(ケ) 電気陰性度

解説 どんな分子でも，分子どうしは弱く引き合っており，その力を分子間力という。この力が大きいと，融点や沸点が高くなる。分子内に N–H，O–H，F–H の結合をもつ物質では，同程度の分子量をもつ似た分子構造の物質に比べて，異常に融点や沸点が高い。それは，水素と結合している元素の電気陰性度の大きな元素に共有電子対がかたより，極性が大きくなって，分子どうしが静電気的に強く引き合うためである。この引力のことを水素結合といい，分子間力に含める。

【8】 (1) (ア) 体心　(イ) 面心　(ウ) 2　(エ) 4
(オ) 8　(カ) 12　(キ) $\frac{\sqrt{3}}{4}a$　(ク) $\frac{\sqrt{2}}{4}a$

(2) 1.7×10^{-8} cm

解説 (1) (ア)，(イ) 単位格子 A は各頂点と立方体の中心に原子があるので体心立方格子，単位格子 B は各頂点と立方体の面の中心に原子が

あるので面心立方格子である。

(ウ) 立方体内に含まれる粒子の数は，頂点は $\frac{1}{8}$ 個，面の中心は $\frac{1}{2}$ 個，辺の中心は $\frac{1}{4}$ 個と覚えておく。

体心立方格子：$\frac{1}{8} \times 8 + 1 = 2$(個)

(エ) 面心立方格子：$\frac{1}{8} \times 8 + \frac{1}{2} \times 6 = 4$(個)

(オ) 体心立方格子では，立方体の中心の原子に着目すると，各頂点の8個であることはすぐわかる。

(カ) 面心立方格子では，単位格子を2個連結させ，接触させた面の中心にある原子に着目すると，図のように面の対角線の $\frac{1}{2}$ の距離のところに12個存在する。

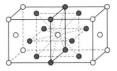

面心立方格子の最近接粒子

(キ) p.92 を参照せよ。　(ク) p.93 を参照せよ。

(2) $r = \frac{\sqrt{2}}{4}a = \frac{1.4}{4} \times 4.88 \times 10^{-8}$ cm $\fallingdotseq 1.7 \times 10^{-8}$ cm

【9】 (1) (a) $(NH_4)_2SO_4$　(b) Fe_2O_3　(c) Na_2S
(d) P_4O_{10}

(2) イ，ウ，ク，コ

解説 (2) (ウ)は貴ガス元素で単原子分子であり，(ケ)は共有結合の結晶である。

【10】 ① a　② d　③ b　④ c　⑤ e　⑥ f
⑦ g　⑧ i　⑨ h　⑩ j　⑪ m　⑫ n
⑬ l　⑭ k　⑮ q　⑯ o　⑰ r　⑱ p

解説 イオン結晶は，金属元素の原子と非金属元素の原子がそれぞれ陽イオンと陰イオンになり，静電気力によって規則正しく配列したものである。常温・常圧で固体であり，比較的硬くてもろいものが多い。また，融点が高く，結晶は電気を導かないが，液体や水溶液は電気を導く。

分子結晶は，非金属元素の原子どうしが価電子を共有し合って分子となり，分子間力によって規則正しく配列したものである。分子間力は，イオン結晶の中のイオン間の静電気力（クーロン力）に比べて，はるかに弱い。したがって，イオン結合の物質に比べて，分子からなる物質は，融点や沸点が低い。固体でも融解液でも電気伝導性はない。

14族の元素CやSiでは，共有結合しても通常の分子とならず，構成するすべての原子が共有結合で結びついた結晶となる。融点は一般にきわめて高く，非常に硬くて，電気伝導性はない。しかし，黒鉛は例外で，軟らかく，電気伝導性がある。

　金属元素の原子が，価電子を共有し合って，規則正しく配列すると金属結晶となる。この価電子を自由電子といい，自由電子が存在するので，電気や熱をよく伝え，展性・延性，金属光沢，不透明であるなどの金属特有の性質をもつ。水銀は唯一，常温で液体の金属であるが，その他の金属は常温で固体である。

【11】(1) ① 4　② 4
(2) ① 6　② 12
(3) ① $\dfrac{a}{2}$　② $\dfrac{\sqrt{2}}{2}a$

解説 (1) 単位格子内に含まれる粒子は，頂点は $\dfrac{1}{8}$ 個，面の中心は $\dfrac{1}{2}$ 個，辺の中心は $\dfrac{1}{4}$ 個，中心は1個である。

① Na^+ : $\dfrac{1}{4}\times12+1=4$(個)

② Cl^- : $\dfrac{1}{8}\times8+\dfrac{1}{2}\times6=4$(個)

(2) これは配位数を問われている。
① 異符号のイオンの場合は，Na^+ に対しての Cl^-，Cl^- に対しての Na^+ の配位のしかたは同じで，上下左右前後の6配位である。
② 同符号のイオンの場合は，Na^+，Cl^- の一方だけを見ると，面心立方格子と同じ配置なので，12配位となる(→【8】(カ)を参照せよ)。

(3) ① 各辺は Cl^--Na^+-Cl^- と並んでいるから，その辺の長さの $\dfrac{1}{2}$ になる。したがって，$\dfrac{1}{2}a$ である。
② 同符号のイオン(Cl^- と Cl^-，または Na^+ と Na^+)は，面の対角線に Cl^--Cl^--Cl^-，Na^+-Na^+-Na^+ と並んでいるから，イオン間の最短距離は，面の対角線の距離の $\dfrac{1}{2}$ になる。面の対角線の長さは $\sqrt{2}a$ だから，その $\dfrac{1}{2}$ である。

p.121 ～ 122

第1編　第4章　物質量と化学反応式

【1】(1) 24.3　(2) ^6Li : 6%，^7Li : 94%

解説 (1) $24\times\dfrac{79}{100}+25\times\dfrac{10}{100}+26\times\dfrac{11}{100}≒24.3$

(2) ^6Li の存在比を x(%)とおくと，^7Li の存在比は $(100-x)$(%)，
$$6\times\dfrac{x}{100}+7\times\dfrac{100-x}{100}=6.94 \qquad x=6(\%)$$

【2】(1) 60　(2) 52.5　(3) 96　(4) 106
(5) 242　(6) 161

【3】(1) 66g　(2) 0.080mol　(3) 3.0mol
(4) 1.25g/L　(5) 3.0×10^{-23}g

解説 (1) $\dfrac{33.6L}{22.4L/mol}\times44g/mol=66g$

(2) $\dfrac{1.6g/cm^3\times2.0cm^3}{40g/mol}=0.080mol$

(3) $0.50mol\times3\times2=3.0mol$

(4) $\dfrac{14g/mol\times2}{22.4L/mol}=1.25g/L$

(5) $\dfrac{18g/mol}{6.0\times10^{23}/mol}=3.0\times10^{-23}g$

【4】(1) 1.4×10^{-8}cm　(2) 2.8g/cm³
解説 p.93を参照せよ。
(1) 面心立方格子では面の対角線にそって，原子(球)が中心を通って隣接しているから，その長さの4分の1が半径になる。
$$\dfrac{4.0\times10^{-8}cm\times\sqrt{2}}{4}≒1.4\times10^{-8}cm$$

(2) 密度は，単位格子について，原子の質量の和(面心立方格子では4個分)を体積で割ればよい。
$$\dfrac{\dfrac{27g/mol}{6.0\times10^{23}/mol}\times4}{(4.0\times10^{-8}cm)^3}≒2.8g/cm^3$$

【5】(1) 0.020mol/L　(2) 0.50mol　(3) 9.0g
(4) 12mol/L　(5) 25g

解説 (1) $\dfrac{0.20g/(40g/mol)}{(250/1000)L}=0.020mol/L$

(2) $100g\times\dfrac{8.5}{100}=8.5g$，$\dfrac{8.5g}{17g/mol}=0.50mol$

(3) $0.40mol/L\times\dfrac{250}{1000}L=0.10mol$
$0.10mol\times90g/mol=9.0g$

(4) $\dfrac{1000cm^3/L\times1.2g/cm^3\times\dfrac{36.5}{100}}{36.5g/mol}=12mol/L$

(5) 必要な濃硫酸の質量を x(g)とおくと，
$$0.50mol/L\times\dfrac{500}{1000}L=\dfrac{x\times\dfrac{98}{100}}{98g/mol} \qquad x=25g$$

【6】(1) $2NaHCO_3 \longrightarrow Na_2CO_3 + H_2O + CO_2$
(2) $2Al + 3H_2SO_4 \longrightarrow Al_2(SO_4)_3 + 3H_2$
(3) $2CH_4O + 3O_2 \longrightarrow 2CO_2 + 4H_2O$

【7】(1) $CH_4 + 2O_2 \longrightarrow CO_2 + 2H_2O$
(2) 13.2g　(3) 13.4L

CO_2：$0.300\,mol\times44\,g/mol=13.2\,g$

（3）O_2：$0.300\,mol\times2\times22.4\,L/mol=13.4\,L$

【8】（1）2.2L （2）塩化水素，0.20mol

解 説 $Zn + 2HCl \longrightarrow ZnCl_2 + H_2$

（1）亜鉛：$\dfrac{6.5\,g}{65\,g/mol}=0.10\,mol$

塩化水素：$\dfrac{200\,g\times\dfrac{7.3}{100}}{36.5\,g/mol}=0.40\,mol$

塩化水素が過剰であるから亜鉛はすべて反応する。

$0.10\,mol\times22.4\,L/mol\fallingdotseq2.2\,L$

（2）$0.40\,mol-0.10\,mol\times2=0.20\,mol$

【9】9%

解 説 オゾンができる反応式は $3O_2 \longrightarrow 2O_3$

O_2 が $x\,[L]$ 反応したとすると，生成する O_3 は $\dfrac{2}{3}x\,[L]$ となるので，

$100-x+\dfrac{2}{3}x=97 \qquad x=9\,L$

最初 O_2 は 100L あったので，反応した O_2 は 9% である。

【10】メタン：0.50mol，エタン：0.20mol

解 説 完全燃焼の化学反応式は次式で表される。

$CH_4 + 2O_2 \longrightarrow CO_2 + 2H_2O$ … ①

$2C_2H_6 + 7O_2 \longrightarrow 4CO_2 + 6H_2O$ … ②

メタン CH_4 を $x\,[mol]$，エタン C_2H_6 を $y\,[mol]$ とすると，①式より CO_2 は $x\,[mol]$，H_2O は $2x\,[mol]$ 生成し，②式より CO_2 は $2y\,[mol]$，H_2O は $3y\,[mol]$ 生成する。

よって，生成した CO_2 について $x+2y=0.90$

生成した H_2O について $2x+3y=1.6$

これを解いて $x=0.50\,mol$ $y=0.20\,mol$

【11】1.9%

解 説 $CaCO_3 + 2HCl \longrightarrow CaCl_2 + H_2O + CO_2$

表の値より，$CaCO_3$ が過剰の場合でも，CO_2 は最大で 0.013mol しか発生しない。化学反応式の係数より，同じ物質量の $CaCO_3$ が反応した。

過不足なく反応する HCl は $CaCO_3$ の 2倍の 0.026mol であるから，その質量パーセント濃度は，

$\dfrac{0.026\,mol\times36.5\,g/mol}{50\,g}\times100\fallingdotseq1.9\,(\%)$

---

p.135

第2編 第1章 物質の三態と状態変化

【1】（1）(a) 融解 (c) 沸騰

（2）t_1：融点 t_2：沸点 （3）ア

解 説 （3）（ア）グラフの傾きが大きいほうが，一定の熱量で温度が高くなることを意味していて，温まりやすいことになる。参考までに，水の比熱は 1.9J/(g·K)，水の比熱は 4.2J/(g·K) であり，比熱が小さいほど温まりやすい。正しい。

（イ）液体のほうが固体よりもエネルギーが高く，凝固により液体から固体へと変化するときには凝固熱を放出する。誤り。

（ウ）外の圧力が高くなると沸点は高くなり，外の圧力が低くなると沸点は低くなる。誤り。

【2】（1）c

（2）（ア）a＞b＞c （イ）c＞b＞a （ウ）a＞b＞c

（3）エ

解 説 （2）（ウ）沸点の高いものほど分子間力が大きいと考えてよい。

（3）（ア），（イ）温度一定のとき，飽和蒸気圧は一定の値を示す。

（ウ）蒸発する分子の数と凝縮する分子の数が等しい状態（気液平衡）である。

【3】（1）A：固体 B：液体 C：気体

（2）$1.0\times10^5\,Pa$ （3）イ

（4）固体の状態から，ある圧力になると気体に変化するようになり，最後はすべて気体となる。

解 説 （3）氷の融解曲線は傾きが負なので，圧力が大きくなると融点は低くなる。

（4）昇華の現象が起こる。

---

p.155～157 第2編 第2章 気体

【1】（1）8.0L （2）40L （3）$1.6\times10^5\,Pa$

（4）$3.0\times10^{-2}\,mol$

解 説 （1）ボイルの法則 $p_1V_1=p_2V_2$ より，求める体積を $V_2\,[L]$ とすると，

$1.0\times10^5\,Pa\times24\,L=3.0\times10^5\,Pa\times V_2\,[L]$

$V_2=8.0\,L$

（2）シャルルの法則 $\dfrac{V_1}{T_1}=\dfrac{V_2}{T_2}$ より，求める体積を $V_2\,[L]$ とすると，

$V_2=\dfrac{V_1T_2}{T_1}=\dfrac{20\,L\times(327+273)\,K}{(27+273)\,K}=40\,L$

（3）ボイル・シャルルの法則 $\dfrac{p_1V_1}{T_1}=\dfrac{p_2V_2}{T_2}$ より，

$$p_2=\frac{p_1V_1T_2}{T_1V_2}$$

$$=\frac{1.2\times10^5\,\mathrm{Pa}\times10.0\,\mathrm{L}\times(273-73)\,\mathrm{K}}{(27+273)\,\mathrm{K}\times5.0\,\mathrm{L}}$$

$$=1.6\times10^5\,\mathrm{Pa}$$

(4) 気体の状態方程式 $pV=nRT$ より，

$$n=\frac{pV}{RT}=\frac{1.2\times10^5\,\mathrm{Pa}\times\dfrac{830}{1000}\,\mathrm{L}}{8.3\times10^3\,\mathrm{Pa\cdot L/(mol\cdot K)}\times(127+273)\,\mathrm{K}}$$

$$=3.0\times10^{-2}\,\mathrm{mol}$$

【2】 (1) 6.0 L (2) 6.0×10^{-2} mol (3) 8.0 L

解説 (1) 風船の体積を V〔L〕とすると，ヘリウムが占める体積は $1.5+V$〔L〕であり，圧力は大気圧と同じになる。ボイルの法則より $pV=k$ であるから，

$$5.0\times10^5\,\mathrm{Pa}\times1.5\,\mathrm{L}=1.0\times10^5\,\mathrm{Pa}\times(1.5+V\,〔\mathrm{L}〕)$$

$$V=6.0\,\mathrm{L}$$

(2) 気体の状態方程式より，

$$n=\frac{pV}{RT}$$

$$=\frac{1.0\times10^5\,\mathrm{Pa}\times1.5\,\mathrm{L}}{8.3\times10^3\,\mathrm{Pa\cdot L/(mol\cdot K)}\times(27+273)\,\mathrm{K}}$$

$$\fallingdotseq6.0\times10^{-2}\,\mathrm{mol}$$

(3) ボイル・シャルルの法則より，

$$V_2=\frac{p_1V_1T_2}{T_1p_2}$$

$$=\frac{1.0\times10^5\,\mathrm{Pa}\times6.0\,\mathrm{L}\times(273-33)\,\mathrm{K}}{(27+273)\,\mathrm{K}\times6.0\times10^4\,\mathrm{Pa}}=8.0\,\mathrm{L}$$

【3】 $M=\dfrac{(m_2-m_1)\times R\times(t+273)}{p\times V}$

解説 ②の段階において，フラスコ内で気体になっていた試料の質量は (m_2-m_1) である。$m=m_2-m_1$ として，$M=\dfrac{mRT}{pV}$ の式に代入すればよい。

【4】 649 倍

解説 液体窒素の体積を $1.0\,\mathrm{cm^3}$ として考える。密度が $0.81\,\mathrm{g/cm^3}$ であるから，質量は $0.81\,\mathrm{g}$ である。これが $0\,℃$，1.01×10^5 で気体になると，体積は気体の状態方程式より，

$$V=\frac{nRT}{p}$$

$$=\frac{\dfrac{0.81\,\mathrm{g}}{28\,\mathrm{g/mol}}\times8.3\times10^3\,\mathrm{Pa\cdot L/(mol\cdot K)}\times273\,\mathrm{K}}{1.01\times10^5\,\mathrm{Pa}}$$

$$=0.6490\cdots\fallingdotseq0.649\,\mathrm{L}$$

これは，$649\,\mathrm{mL}(=649\,\mathrm{cm^3})$ であるから，649 倍。

【5】 (1) エ (2) イ (3) ウ

解説 x，y 以外の値は一定と考える。

(1) $pV=nRT$ において，下線部を一定とすれば，

$xy=$ 一定であり，双曲線の一部となる。

(2) $py=nR(x+273)$ において，下線部を一定とすれば，$y=\dfrac{nR}{p}x+\dfrac{273nR}{p}$ となり，傾きが $\dfrac{nR}{p}$，y 切片が $\dfrac{273nR}{p}$ の一次関数のグラフである。

(3) $y=\dfrac{pV}{T}=nR$ であり，x すなわち p の値によらず nR は一定であるから，$y=$ 一定のグラフとなる。

【6】 (1) 窒素：1.5×10^5 Pa，水素：1.2×10^5 Pa

(2) 2.7×10^5 Pa (3) 窒素：水素$=5：4$ (4) 16

解説 (1) それぞれの気体について，ボイルの法則を適用する。窒素の分圧を $p_{\mathrm{N_2}}$〔Pa〕，水素の分圧を $p_{\mathrm{H_2}}$〔Pa〕とすれば，

$$p_{\mathrm{N_2}}=\frac{2.4\times10^5\,\mathrm{Pa}\times500\,\mathrm{mL}}{500\,\mathrm{mL}+300\,\mathrm{mL}}=1.5\times10^5\,\mathrm{Pa}$$

$$p_{\mathrm{H_2}}=\frac{3.2\times10^5\,\mathrm{Pa}\times300\,\mathrm{mL}}{500\,\mathrm{mL}+300\,\mathrm{mL}}=1.2\times10^5\,\mathrm{Pa}$$

(2) 全圧は分圧の和である。

$$1.5\times10^5\,\mathrm{Pa}+1.2\times10^5\,\mathrm{Pa}=2.7\times10^5\,\mathrm{Pa}$$

(3) 分圧比＝物質量の比 より，

$$1.5\times10^5：1.2\times10^5=5：4$$

(4) 混合気体の平均分子量は，それぞれの気体の分子量にモル分率をかけたものの総和である。モル分率は気体の全物質量に対する各気体の物質量の割合になっているから，

$$28\times\frac{5}{5+4}+2.0\times\frac{4}{5+4}=16.4\cdots\fallingdotseq16$$

【7】 ウ

解説 T_1 より低い温度では蒸気圧曲線の形をとり，T_1 より高い温度では体積一定であるから絶対温度に比例して圧力が増大する。

【8】 オ

解説 気体を圧縮して圧力を大きくするとき，凝縮が始まるまではボイルの法則が成り立つので双曲線の一部となり，V_1 で凝縮が始まるとその圧力は，その温度における蒸気圧となり，体積を小さくしても一定の値（x 軸に平行）を示す。V_2 ですべてが液体になると，体積を減少させることはできないので，圧力は急激に増大する。

【9】 (1) $CH_4 + 2O_2 \longrightarrow CO_2 + 2H_2O$

(2) 9.6×10^4 Pa (3) 5.2×10^4 Pa

解説 この燃焼で次の量的変化が起こる。

	CH_4	$+$	$2O_2$	$\longrightarrow$	CO_2	$+$	$2H_2O$	
反応前	0.40		2.0		0		0	(mol)
変化量	-0.40		-0.80		$+0.40$		$+0.80$	(mol)
反応後	0		1.2		0.40		0.80	(mol)

生成した水が，$127\,℃$ と $27\,℃$ ですべて気体で存在

するかどうかを確認する。この容器内に127℃で気体として存在できる水の物質量は，

$$n=\frac{pV}{RT}$$

$$=\frac{2.0\times10^5\,Pa\times83\,L}{8.3\times10^3\,Pa\cdot L/(mol\cdot K)\times(127+273)\,K}=5.0\,mol$$

同様に27℃では，

$$n=\frac{pV}{RT}$$

$$=\frac{3.5\times10^3\,Pa\times83\,L}{8.3\times10^3\,Pa\cdot L/(mol\cdot K)\times(27+273)\,K}\fallingdotseq0.12\,mol$$

(2) 生じた水は0.80molであり，127℃では，すべて気体として存在する。

気体の物質量の和は，

$$1.2+0.40+0.80=2.4(mol)$$

よって容器内の圧力は，

$$p=\frac{nRT}{V}$$

$$=\frac{2.4\,mol\times8.3\times10^3\,Pa\cdot L/(mol\cdot K)\times(127+273)\,K}{83\,L}$$

$$=9.6\times10^4\,Pa$$

(3) 水は一部が液体となり，気体として存在する量は水蒸気圧に相当する量である。水以外の気体の物質量の和は，1.2+0.40=1.6 (mol) で，その圧力は，

$$p=\frac{nRT}{V}$$

$$=\frac{1.6\,mol\times8.3\times10^3\,Pa\cdot L/(mol\cdot K)\times(27+273)\,K}{83\,L}$$

$$=4.8\times10^4\,Pa$$

よって，容器内の圧力は27℃の水の蒸気圧を加えて，

$$4.8\times10^4\,Pa+3.5\times10^3\,Pa$$
$$=5.15\times10^4\,Pa\fallingdotseq5.2\times10^4\,Pa$$

【10】 (1) 水素

(2) 気体分子自身の大きさが0ではないため。分子間力がはたらくため。

(3) (a) 低圧 (b) 高温

解説 (1) $\dfrac{pV}{RT}$ の RT は一定で，$p=10\times10^5(Pa)$ なのに $\dfrac{pV}{RT}$ の値が1より大きいのは，体積 V が大きいためと考えられる。

(2), (3) p.153を参照せよ。

p.191~192 **第2編 第3章 溶液**

【1】 ア

解説 p.158を参照せよ。

【2】 (1) 0.400 mol/L (2) 6.7％, 0.40 mol/kg

(3) 10 mol/L

解説 (1) $\dfrac{\dfrac{5.85\,g}{58.5\,g/mol}}{\dfrac{250}{1000}\,L}=0.400\,mol/L$

(2) $\dfrac{36\,g}{500\,g+36\,g}\times100\fallingdotseq6.7(\%)$

$\dfrac{\dfrac{36\,g}{180\,g/mol}}{\dfrac{500}{1000}\,kg}=0.40\,mol/kg$

(3) アンモニア水1Lは1000cm³で，その質量は，

$$1000\,cm^3\times0.85\,g/cm^3=850\,g$$

モル濃度は，

$$\frac{850\,g\times\dfrac{20}{100}}{\dfrac{17\,g/mol}{1\,L}}=10\,mol/L$$

【3】 (1) 48.4g (2) 41.8g (3) 60.8g

解説 (1) 飽和溶液100gをそのまま，0℃まで冷却したとして，析出する硝酸カリウムの質量を $x(g)$ とすると，

$$\frac{析出量}{飽和溶液量}=\frac{(109-13.3)g}{(100+109)g}=\frac{x(g)}{100\,g}$$

$$x=45.78\cdots(g)$$

一方，蒸発した水20.0gに溶けていた分も析出するので，その質量を $y(g)$ とすると，0℃で考えて，

$$\frac{溶質量}{溶媒量}=\frac{13.3\,g}{100\,g}=\frac{y(g)}{20.0\,g}$$

$$y=2.66(g)$$

したがって，45.78g+2.66g=48.44g≒48.4g

（別解） 60℃で蒸発させた20.0gの水に含まれていた硝酸カリウムの質量を $x(g)$ とすると，

$$\frac{溶質量}{溶媒量}=\frac{109\,g}{100\,g}=\frac{x(g)}{20.0\,g}\qquad x=21.8(g)$$

飽和溶液 100-20.0-21.8=58.2(g) を0℃まで冷却して析出する硝酸カリウムを $y(g)$ とすると，

$$\frac{析出量}{飽和溶液量}=\frac{(109-13.3)g}{(100+109)g}=\frac{y(g)}{58.2\,g}$$

$$y=26.64\cdots g$$

したがって，

$$21.8+26.64\cdots g=48.44\cdots g\fallingdotseq48.4\,g$$

(2) 0℃の水50.0gに溶解する硝酸カリウムの質量は溶解度の半分であるから，6.65gである。この分が析出していた結晶から溶解するから，

$$48.44\,g-6.65\,g=41.79\,g\fallingdotseq41.8\,g$$

(3) $Na_2SO_4=142$，$Na_2SO_4\cdot10H_2O=322$ より，析出する結晶の質量を $x(g)$ とすると，20℃の溶解度が20.0g/100g水であるから

$$\frac{無水物量}{飽和溶液量}=\frac{20.0\,g}{(100+20.0)\,g}$$

$$=\frac{\left(40.0-\dfrac{142}{322}x\right)(g)}{(100+40.0-x)(g)}$$

$x=60.75\cdots≒60.8(g)$

【4】 (1) $8.0×10^4\,Pa$　(2) 14 mg　(3) オ

解説 (1) 分圧は体積比に比例するから，

$$1.0×10^5\,Pa×\frac{80}{100}=8.0×10^4\,Pa$$

(2) 溶解量は圧力に比例し，水は 1 L であるから，

$$\frac{49\,mL}{22.4×10^3\,mL/mol}×\frac{2.0×10^4\,Pa}{1.0×10^5\,Pa}$$
$$×32×10^3\,mg/mol=14\,mg$$

(3) 溶解量はそれぞれの気体の分圧に比例するので，

$O_2：N_2=49×0.20：23×0.80=9.8：18.4≒1：2$

【5】 (1) $4.0×10^4\,Pa$　(2) 2.6 g

解説 (1) 溶解平衡に達したときの容器内の圧力を $p(Pa)$ とし，そのとき気体で存在する二酸化炭素を $n_G(mol)$，水に溶け込んだ二酸化炭素を $n_L(mol)$ とすると，

$n_G+n_L=0.10\,mol$ …①

n_G は気体の状態方程式 $pV=nRT$ より，

$$n_G=\frac{p×(4.24-2.00)}{8.3×10^3×273}\ \ \cdots②$$

気体の溶解量はヘンリーの法則に従い，それを物質量に直すと，

$$n_L=\frac{1.68\,L}{22.4\,L/mol}×\frac{p(Pa)}{1.0×10^5\,Pa}×\frac{2.00\,L}{1\,L}\ \ \cdots③$$

①，②，③より，$p≒4.0×10^4(Pa)$，$n_G≒0.040(mol)$，$n_L≒0.060(mol)$

(2) 水中に溶解している二酸化炭素の質量は，

$44\,g/mol×0.060\,mol≒2.6\,g$

【6】 (1) (a) C　(b) A　(2) $-1.7℃$

解説 (1) それぞれの粒子の濃度を求めると，

A　グルコースは非電解質なので，
$0.20\,mol/kg×1=0.20\,mol/kg$

B　$NaCl \longrightarrow Na^+ + Cl^-$ より，2倍の物質量になるから，粒子の質量モル濃度は2倍になる。
$0.12\,mol/kg×2=0.24\,mol/kg$

C　$CaCl_2 \longrightarrow Ca^{2+} + 2Cl^-$ より，粒子の質量モル濃度は3倍になる。
$0.10\,mol/kg×3=0.30\,mol/kg$

沸点は，沸点上昇度 Δt が大きいほど高いので，粒子の質量モル濃度の最も大きいCの沸点が最も高い。凝固点は，凝固点降下度 Δt が小さいほど高いので，粒子の質量モル濃度の最も小さいAの凝固点が最も高い。

(2) 電離度が 0.80 ということは，

$$AB \ \rightleftharpoons \ A^+ \ + \ B^-$$
$$(1-0.80) \quad +0.80 \quad +0.80$$

のように電離するので，全体の粒子数は $(1+0.80)$ 倍になる。したがって，$\Delta t=K_f m$ より，

$$\Delta t=1.85\,K\cdot kg/mol×\frac{0.10\,mol×(1+0.80)}{\dfrac{200}{1000}\,kg}$$

$$=1.665\,K≒1.67\,K$$

凝固点は $0-1.67=-1.67≒-1.7(℃)$

【7】 (1) 過冷却（または過冷）　(2) ①

(3) 溶媒のみが凝固するため，溶液の濃度が大きくなり，凝固点降下度が増大するから。

(4) $-3.0℃$

解説 (1)～(3) p.175 を参照せよ。

(4) $\Delta t=1.85\,K\cdot kg/mol×\dfrac{0.20\,mol×2}{\dfrac{250}{1000}\,kg}=2.96\,K$

凝固点は，$0-2.96≒-3.0(℃)$

【8】 (1) B　(2) $8.3×10^4\,Pa$　(3) ア

解説 (1) グルコース水溶液のほうへ水が浸透するので，A の液面が下がり，B の液面が上がる。

(2) $\Pi=cRT=\dfrac{\dfrac{0.60\,g}{180\,g/mol}}{\dfrac{100}{1000}\,L}×8.3×10^3\,Pa\cdot L/(mol\cdot K)$
$$×(27+273)\,K$$

$=8.3×10^4\,Pa$

(3) 浸透圧は $\Pi=cRT$ で表されるから，絶対温度に比例する。温度が高くなると，Π が大きくなり，液柱の高さの差も大きくなる。

p.210 ～ 211

第3編　第1章　化学反応とエネルギー

【1】 (1) (a) $\dfrac{1}{2}N_2(気) + \dfrac{3}{2}H_2(気) \longrightarrow NH_3(気)$
$$\Delta H=-46\,kJ$$

(b) $NH_3(気) + aq \longrightarrow NH_3aq$　$\Delta H=-35\,kJ$

(c) $H_2O(液) \longrightarrow H_2O(気)$　$\Delta H=44\,kJ$

(2) (a) 酸化鉄(III)(固)の生成エンタルピー

(b) ナトリウム(気)のイオン化エネルギー

(c) 塩素(気)の電子親和力

解説 (1) (a) 生成エンタルピーであるから，NH_3 1 mol が成分元素の単体から生成するように，化学反応式をつくればよい。化学反応式にエンタルピー変化を付して表すときの単位は kJ になる点に注意する。

(b) NH_3 1 mol あたりでは，

$$\frac{3.5\,\text{kJ}}{1.7\,\text{g}}\times17\,\text{g/mol}=35\,\text{kJ/mol}$$

の発熱だから，溶解エンタルピーは $-35\,\text{kJ/mol}$ となる。

(c) 蒸発は液体が気体になることで，そのとき熱を吸収するので，蒸発エンタルピーは正の値になる。

(2) (a) Fe_2O_3 1 mol が成分元素の単体から生成しているので，生成エンタルピーを表している。鉄の燃焼エンタルピーであれば，左辺の Fe の係数は 1 でなければならない。

(b) 気体状の原子 1 mol から電子 1 mol を取り去って，1 価の陽イオン（気体）にするのに必要なエネルギーであるからイオン化エネルギーである。

(c) 気体状の原子 1 mol が電子 1 mol を得て 1 価の陰イオン（気体）になるとき放出するエネルギーは，電子親和力である。

【2】 (1) $-2860\,\text{kJ/mol}$

$$C_4H_{10}(気)+\frac{13}{2}O_2(気)$$
$$\longrightarrow 4CO_2(気)+5H_2O(液)\quad \Delta H=-2860\,\text{kJ}$$

(2) 23 g (3) 44 g (4) ブタン

解説 (1) ブタン 1 mol あたりに直すと，

$$\frac{1430\,\text{kJ}}{29\,\text{g}}\times58\,\text{g/mol}=2860\,\text{kJ/mol}$$

の発熱があるので，燃焼エンタルピーは $-2860\,\text{kJ/mol}$ となる。

(2) ブタン 1 mol（58 g）で 2860 kJ の発熱があるから，

$$\frac{1144\,\text{kJ}}{2860\,\text{kJ/mol}}\times58\,\text{g/mol}=23.2\,\text{g}$$

(3) 2860 kJ の熱量が発生するとき二酸化炭素 4 mol が発生するから，

$$\frac{4\,\text{mol}\times44\,\text{g/mol}}{2860\,\text{kJ}}\times715\,\text{kJ}=44\,\text{g}$$

(4) それぞれの炭化水素 1 mol から生じる二酸化炭素の比は，1 つの分子がもつ炭素原子の数の比に等しい。発熱量 1 kJ あたりの二酸化炭素の発生量は，炭素原子の数をそれぞれの燃焼エンタルピーに負号を付けたもので割って比較すればよい。

$$CH_4:\frac{1}{891}\qquad C_2H_6:\frac{2}{1561}\fallingdotseq\frac{1}{780}$$

$$C_3H_8:\frac{3}{2219}\fallingdotseq\frac{1}{740}\qquad C_4H_{10}:\frac{4}{2860}=\frac{1}{715}$$

分母が小さいほど，発生量が多いことになる。

【3】 (1) (a) Q_A-Q_B (b) Q_A-2Q_B

(2) $-278\,\text{kJ/mol}$

$$2C(黒鉛)+3H_2(気)+\frac{1}{2}O_2(気)$$
$$\longrightarrow C_2H_6O(液)\quad \Delta H=-278\,\text{kJ}$$

解説 (1) (a) 一酸化炭素の生成エンタルピーを $Q\,[\text{kJ/mol}]$ とすると，生成エンタルピーを付した目的の反応式は次の通りである。

$$C(黒鉛)+\frac{1}{2}O_2(気)\longrightarrow CO(気)$$
$$\Delta H=Q\,[\text{kJ}]$$

黒鉛と一酸化炭素の燃焼エンタルピーを付した反応式は，

$$C(黒鉛)+O_2(気)\longrightarrow CO_2(気)$$
$$\Delta H_1=Q_A\,[\text{kJ}]\ \cdots①$$
$$CO(気)+\frac{1}{2}O_2(気)\longrightarrow CO_2(気)$$
$$\Delta H_2=Q_B\,[\text{kJ}]\ \cdots②$$

①式－②式 より，

$$C(黒鉛)+\frac{1}{2}O_2(気)\longrightarrow CO(気)$$

$\Delta H=\Delta H_1-\Delta H_2$ となるので，

$Q\,[\text{kJ}]=Q_A\,[\text{kJ}]-Q_B\,[\text{kJ}]$

(b) 反応エンタルピーを付した反応式は次の通りである。

$$C(黒鉛)+CO_2(気)\longrightarrow 2CO(気)$$
$$\Delta H_3=Q_C\,[\text{kJ}]\ \cdots③$$

③式は，①式－②式×2 により得られる。よって，$\Delta H_3=\Delta H_1-\Delta H_2\times2$ となるので，

$Q_C\,[\text{kJ}]=Q_A\,[\text{kJ}]-2Q_B\,[\text{kJ}]$

(2) エタノールの生成エンタルピーを $Q\,[\text{kJ/mol}]$ とすると，これを付した目的の反応式は次の通りである。

$$2C(黒鉛)+3H_2(気)+\frac{1}{2}O_2(気)$$
$$\longrightarrow C_2H_6O(液)\quad \Delta H=Q\,[\text{kJ}]$$

与えられた燃焼エンタルピーを付した反応式は，

$$H_2(気)+\frac{1}{2}O_2(気)\longrightarrow H_2O(液)$$
$$\Delta H_1=-286\,\text{kJ}\ \cdots①$$
$$C(黒鉛)+O_2(気)\longrightarrow CO_2(気)$$
$$\Delta H_2=-394\,\text{kJ}\ \cdots②$$
$$C_2H_6O(液)+3O_2(気)\longrightarrow 2CO_2(気)+3H_2O(液)$$
$$\Delta H_3=-1368\,\text{kJ}\ \cdots③$$

目的の反応式は，②式×2＋①式×3－③式 により得られる。これより，$\Delta H=\Delta H_2\times2+\Delta H_1\times3-\Delta H_3$ となるので，

$$Q=(-394\,\text{kJ})\times2+(-286\,\text{kJ})\times3-(-1368\,\text{kJ})$$
$$=-278\,\text{kJ}$$

よって，

$$2C(黒鉛) + 3H_2(気) + \frac{1}{2}O_2(気)$$
$$\longrightarrow C_2H_6O(液) \quad \Delta H = -278\,kJ$$
エタノールの生成エンタルピーは $-278\,kJ/mol$

【4】 13.4℃

解説 質量 m [g] で比熱 c [J/(g・K)] の物質の温度が Δt [K] だけ変化した場合,出入りした熱量 q [J] は $q = mc\Delta t$ で表される。

題意より,t [℃] で温度が一定になったとする。60℃の水 100g が t [℃] となるまでに失う熱量を Q_1 [J] とすると,
$$Q_1 = 100\,g \times 4.18\,J/(g・K) \times (60-t)\,K$$
0℃の氷 50g が 0℃の水になるのに要する熱量を Q_2 [J] とすると,
$$Q_2 = \frac{50\,g}{18\,g/mol} \times 6.01 \times 10^3\,J/mol$$
0℃の水 50g が t [℃] となるのに要する熱量を Q_3 [J] とすると,
$$Q_3 = 50\,g \times 4.18\,J/(g・K) \times (t-0)\,K$$
$Q_1 = Q_2 + Q_3$ より,
$$t \fallingdotseq 13.4(℃)$$

【5】 (1) 29.8℃ (2) グラフが右下がりになっていることから,容器外に熱が放出されており,それがなかったとすれば実際にはもっと高い温度になったはずなので,この値は使えない。

(3) 5.3℃ (4) 2226J (5) $-44.5\,kJ/mol$
$$NaOH(固) + aq \longrightarrow NaOH\,aq \quad \Delta H = -44.5\,kJ$$
(6) $-0.050Q_A - 0.025Q_B$

解説 (1) 曲線の極大値の温度である t_2 を答える。
(2) 発生した熱が外に逃げないと仮定したとき予想される温度は,右下がりの部分を直線と仮定し,それを時刻 0 に引き伸ばしたとき(外挿するという)の温度 t_3 である(p.200 参照)。
(3) t_3 と t_1 の温度差が実際の温度変化と考えられる。よって,$t_3 - t_1 = 30.7 - 25.4 = 5.3(K)$
(4) $q = mc\Delta t = (2.0\,g + 98.0\,g) \times 4.2\,J/(g・K) \times 5.3\,K$
$$= 2226\,J$$
(5) 2.0g の水酸化ナトリウムを用いたので,1mol あたりの発熱量は,
$$2226 \times 10^{-3}\,kJ \times \frac{40\,g/mol}{2.0\,g} \fallingdotseq 44.5\,kJ/mol$$
よって,溶解エンタルピーは $-44.5\,kJ/mol$
(6) 固体の水酸化ナトリウムの溶解エンタルピーは塩酸の量によって変わらないので,0.050mol あるから,
$$0.050\,mol \times Q_A\,[kJ/mol]$$
である。一方,中和エンタルピーは過不足を考慮

しなければならない。まず,中和の量的関係から,実際に中和した量を求める。この中和反応は,
$$NaOH + HCl \longrightarrow NaCl + H_2O$$
より,1:1 の物質量の比で反応する。それぞれの物質量は次の通りである。
$$NaOH : 0.050\,mol$$
$$HCl : 0.10\,mol/L \times \frac{250}{1000}\,L = 0.025\,mol$$
したがって,実際に中和するのは 0.025mol ずつである。中和におけるエンタルピー変化は,
$$0.025\,mol \times Q_B\,[kJ/mol]$$
となる。Q_A,Q_B は負の値なので,発生する熱量の総和は,負号を付けて,
$$-0.050Q_A - 0.025Q_B$$
となる。

【6】 (1) ウ (2) $-894\,kJ/mol$

解説 まず,エネルギー図を読み取るとき,2つのエンタルピーの差を上向きに考えれば,$\Delta H > 0$ であり,下向きに考えれば,$\Delta H < 0$ になることを理解しておく。たとえば,最下段の 44kJ は,上向きで考えれば,$H_2O(液) \longrightarrow H_2O(気)$ であるから,$\Delta H = 44\,kJ$ になり,下向きで考えれば,$H_2O(気) \longrightarrow H_2O(液)$ であるから,$\Delta H = -44\,kJ$ となる。

(1) (ア) 「$H_2(気) + \frac{1}{2}O_2(気)$」と「$H_2O(気)$」のエンタルピーの差を図から読み取ると,$H_2O$(気)1mol あたり,242kJ である。誤り。

(イ) 図から H_2 と $2H$ のエンタルピー差を探すと,「$2H + O$」と「$H_2 + O$」の差と同じであるから,436kJ/mol である。誤り。

(ウ) H_2O(液)の生成エンタルピーは,$-242\,kJ - 44\,kJ = -286\,kJ$ で $-286\,kJ/mol$,H_2O(気)の生成エンタルピーは $-242\,kJ/mol$ であり,H_2O(液)の生成エンタルピーのほうが小さい。正しい。

(エ) H_2O(気)と H_2O(液)のエンタルピー差は図より 1mol あたり 44kJ であるが,凝縮するときは熱量を発生する。誤り。

(2) メタンの燃焼エンタルピーを Q [kJ/mol] とすると,それを付した反応式は次の通りである。
$$CH_4 + 2O_2 \longrightarrow CO_2 + 2H_2O(液)$$
$$\Delta H = Q\,[kJ]$$
反応エンタルピー = (反応物の結合エネルギーの総和) − (生成物の結合エネルギーの総和) を利用すればよいが,水の O-H の結合エネルギーが与えられていない。図より「$2H + O$」と「H_2O

（液）」の差が，1mol の水の結合エネルギーの総和と水の蒸発エンタルピーを加えたものになっているから，これを q〔kJ/mol〕とすると，

$$q=436+249+242+44=971(kJ/mol)$$

となる。また，O_2 の結合エネルギーは，「H_2+O」と「$H_2+\frac{1}{2}O_2$」の差の 2 倍であるから，

$$249×2=498(kJ/mol) \quad となる。これらより，$$

$$Q=(4×413kJ/mol+2×498kJ/mol)$$
$$-(2×800kJ/mol+2×971kJ/mol)$$
$$=-894kJ/mol$$

p.225
第3編　第2章　化学反応の速さとしくみ

【1】　(1) 0.10mol/(L・分)　(2) 0.020mol
(3) 0.17 分$^{-1}$　(4) 大きくなる

解　説　(1) $\overline{v}=-\dfrac{0.40mol/L-0.80mol/L}{4\,分-0\,分}$

$$=0.10mol/(L・分)$$

(2) (1)より平均分解速度が 0.10mol/(L・分)であるから，H_2O_2 の減少量は，

$$0.10mol/(L・分)×(4\,分-0\,分)×\frac{100}{1000}L$$

$$=0.040mol$$

$$2H_2O_2 \longrightarrow 2H_2O + O_2$$

より，発生した酸素は，分解した過酸化水素の物質量の 2 分の 1 なので，0.020mol となる。

(3) $k=\dfrac{v}{[H_2O_2]}=\dfrac{0.10mol/(L・分)}{\dfrac{0.80mol/L+0.40mol/L}{2}}$

$$≒0.17 分^{-1}$$

(4) 温度を高くすると反応速度が大きくなる。

$k=\dfrac{v}{[H_2O_2]}$ の分母の $[H_2O_2]$ が同じ変化時間内では，分子の v が大きくなるので，k は大きくなる。

【2】　(1) $x=1$，$y=2$
(2) $5.0×10^{-2}mol/(L・s)$

解　説　(1) x：$[B]$ が 0.60mol/L である実験 2 と 3 において，$[A]$ の値が 2 倍になると v の値も 2 倍になっているので，$x=1$ となる。
y：$[A]$ が 0.30mol/L である実験 1 と 2 において，$[B]$ の値が 2 倍になると v の値は 4 倍になっているので，$y=2$ となる。

(2) $v=k[A][B]^2$ となるので，実験 2 の値より，速度定数 k を求める。

$k=\dfrac{v}{[A][B]^2}=\dfrac{0.90×10^{-2}mol/(L・s)}{0.30mol/L×(0.60mol/L)^2}$

$$=\frac{1}{12}L^2/(mol^2・s)$$

$v=k[A][B]^2$ に値を代入すると，

$$v=\frac{1}{12}L^2/(mol^2・s)×0.60mol/L×(1.0mol/L)^2$$

$$=5.0×10^{-2}mol/(L・s)$$

【3】　(1) (a) $-E_c$（E_a-E_e，E_b-E_d も可）　(b) E_b
(2) (a) 変化しない　(b) 小さくなる
(c) 大きくなる
(3) $-185kJ/mol$　(4) イ

解　説　(1) (a) 反応エンタルピーは，生成物がもつエネルギーと反応物がもつエネルギーの差であるから $-E_c$ となる。(3)で示すように，E_a-E_e としてもよい。

(b) 正反応の活性化エネルギーは，反応物を遷移状態にするのに必要なエネルギーであるから E_b となる。

(2) 触媒は，活性化エネルギーを減少させて反応速度を大きくするだけなので，反応エンタルピーは変わらない。

(3) 反応エンタルピー＝（反応物の結合エネルギーの総和）−（生成物の結合エネルギーの総和）　より，

$$(436kJ/mol+243kJ/mol)-2×432kJ/mol$$

$$=-185kJ/mol$$

(4) （イ）活性化エネルギーは反応の種類によって決まっているので，温度が高くなっても変わらない。

p.239　## 第3編　第3章　化学平衡

【1】　(1) $K_c=\dfrac{[HI]^2}{[H_2][I_2]}$　(2) 49　(3) 7.8mol

解　説　(2) このときの量的関係は次のようになる。単位はすべて mol である。

	H_2	$+$	I_2	$\rightleftharpoons$	$2HI$	(mol)
反応前	5.5		4.0		0	
変化量	-3.5		-3.5		$+7.0$	
平衡時	2.0		0.5		7.0	

これより，体積が 1L であるから，

$$K_c=\frac{[HI]^2}{[H_2][I_2]}=\frac{(7.0mol/L)^2}{2.0mol/L×0.5mol/L}=49$$

(3) 水素とヨウ素が x〔mol〕ずつ反応したとすると，

	H_2	$+$	I_2	$\rightleftharpoons$	$2HI$	(mol)
反応前	5.0		5.0		0	
変化量	$-x$		$-x$		$+2x$	
平衡時	$5.0-x$		$5.0-x$		$2x$	

体積は 1L であるから，

$$K_c = \frac{(2x)^2}{(5.0-x)^2} = 49 \qquad 0 < x < 5.0 \quad \text{より} \quad x = \frac{35}{9}$$

生じた HI は $\quad 2x = 2 \times \dfrac{35}{9} \fallingdotseq 7.8 (\text{mol})$

【2】 (1) 左 (2) 右 (3) 左 (4) 右 (5) 左

解説 (1) 発熱反応なので，加熱すると吸熱方向である左方向へ平衡が移動する。

(2) 係数の和の小さい右方向へ平衡が移動する。

(3) OH^- が増加するので H^+ が消費され，左方向へ平衡が移動する。

(4) 容器の体積を大きくすると，中の気体の圧力は減少するので，係数の和が大きい右方向へ平衡が移動する。C(固)の係数は，係数の和に数えない。

(5) 全圧一定で平衡に関与しない気体を加えると，平衡状態にある物質の分圧の和が減少するので，係数の和が大きい左方向へ平衡が移動する。

【3】 (1) 負 (2) $a+b > c$ (3) $K > K'$

解説 (1) グラフから，高温のほうが C の生成量が減っている。これは，高温ほど左方向へ平衡が移動していることを意味しており，それは左向きの反応(逆反応)が吸熱方向だから，つまり正反応は発熱反応であり，$\Delta H < 0$ である。

(2) グラフから，圧力が高いほど C の生成量が増えている。これは，加圧すると右方向へ平衡が移動していることを意味しており，c のほうが $a+b$ より小さいことがわかる。

(3) 300℃より 500℃のほうが C の割合が少ないので，平衡定数の分子が分母より小さいことを意味しており，平衡定数も小さい。

【4】 (1) $K_c = \dfrac{[NO_2]^2}{[N_2O_4]}$ (2) $\dfrac{(1-a)p}{1+a}$

(3) $K_p = \dfrac{4a^2p}{1-a^2}$

解説 (2) このときの量的関係は次のようになる。単位はすべて mol である。

	N_2O_4	$\rightleftharpoons$	$2NO_2$ (mol)
反応前	1		0
変化量	$-a$		$+2a$
平衡時	$1-a$		$2a$

平衡時の全物質量は，

$$(1-a) + 2a = 1+a$$

NO_2 の分圧を p_{NO_2}，N_2O_4 の分圧を $p_{N_2O_4}$ とすると，分圧＝全圧×モル分率より，

$$p_{N_2O_4} = \frac{(1-a)p}{1+a}, \quad p_{NO_2} = \frac{2ap}{1+a}$$

(3) これらを K_p の式に代入すると，

$$K_p = \frac{p_{NO_2}^2}{p_{N_2O_4}} = \frac{\left(\dfrac{2ap}{1+a}\right)^2}{\dfrac{(1-a)p}{1+a}}$$

$$= \frac{4a^2p}{(1-a)(1+a)} = \frac{4a^2p}{1-a^2}$$

p.279 ～ 281

第 3 編　第 4 章　酸と塩基の反応

【1】 (1) 水素イオン濃度：1.0×10^{-2} mol/L，pH：2

(2) 0.020 (3) 10 (4) 1.7 (5) 12.7

解説 (1) 硫酸は 2 価の酸であるから $[H^+]$ は 2 倍になる。

(2) 電離度を α とすると，水素イオン濃度は，
$$1 \times 0.050 \text{mol/L} \times \alpha = 1.0 \times 10^{-3} \text{mol/L}$$
$$\alpha = 0.020$$

(3) $[OH^-] = 1 \times 0.010 \text{mol/L} \times 0.010$
$\qquad\qquad = 1.0 \times 10^{-4} \text{mol/L}$
$[H^+] = 1.0 \times 10^{-10} \text{mol/L} \quad \text{pH} = 10$

(4) $[H^+] = 2 \times 0.010 \text{mol/L} \times 1 = 0.020 \text{mol/L}$
$\text{pH} = -\log_{10}[H^+] = -\log_{10}(2 \times 10^{-2})$
$\qquad = 2 - \log_{10} 2 = 2 - 0.30 = 1.7$

(5) $[H^+] = \dfrac{K_w}{[OH^-]} = \dfrac{1.0 \times 10^{-14} \text{mol}^2/\text{L}^2}{1 \times 0.050 \text{mol/L} \times 1}$
$\qquad = 2.0 \times 10^{-13} \text{mol/L}$
$\text{pH} = -\log_{10}(2.0 \times 10^{-13}) = 13 - \log_{10} 2 = 12.7$

【2】 (1) 6.30g (2) ウ (3) イ

(4) (a) 10 (b) ア (c) イ

解説 $(COOH)_2 \cdot 2H_2O$ の式量は $\quad 90 + 18 \times 2 = 126$

(1) $0.500 \text{mol/L} \times \dfrac{100}{1000} \text{L} \times 126 \text{g/mol} = 6.30 \text{g}$

(2), (3) p.257 ～ 258 を参照せよ。

(4) (a) $\dfrac{0.500 \text{mol/L}}{0.010 \text{mol/L}} = 50$。50 倍に希釈すればよいから，10mL となる。

(b)(c) p.258 を参照せよ。

【3】 (1) $2HCl + Ba(OH)_2 \longrightarrow BaCl_2 + 2H_2O$

(2) $(COOH)_2 + Ca(OH)_2 \longrightarrow (COO)_2Ca + 2H_2O$

(3) $H_3PO_4 + 3NaOH \longrightarrow Na_3PO_4 + 3H_2O$

(4) $H_2SO_4 + 2NH_3 \longrightarrow (NH_4)_2SO_4$

【4】 ア

解説 (ア) 正しい。

(イ) 酸性が強いと pH は小さくなる。誤り。

(ウ) 中和と電離度は関係しない。体積は同じ。誤り。

(エ) 酸・塩基の価数と強弱は関係しない。誤り。

(オ) 酸性塩でも塩基性を示すものがある。誤り。

【5】 (1) 8.4mL (2) 0.080mol/L (3) 2.0mol/L

解説 (1) 水酸化ナトリウム水溶液の体積を

V〔mL〕とすると，次式が成り立つ。

$$2\times0.12\,\text{mol/L}\times\frac{7.0}{1000}\,\text{L}=1\times0.20\,\text{mol/L}\times\frac{V}{1000}\,\text{〔L〕}$$

$$V=8.4\,\text{mL}$$

(2) 水酸化ナトリウム水溶液の濃度を b〔mol/L〕とすると，次式が成り立つ。

$$2\times0.050\,\text{mol/L}\times\frac{20}{1000}\,\text{L}=1\times b\,\text{〔mol/L〕}\times\frac{25}{1000}\,\text{L}$$

$$b=0.080\,\text{mol/L}$$

(3) $\text{Na}_2\text{O}+2\text{HCl}\longrightarrow2\text{NaCl}+\text{H}_2\text{O}$ より，塩酸の濃度を a〔mol/L〕とすると，次式が成り立つ。

$$1\times a\,\text{〔mol/L〕}\times\frac{10}{1000}\,\text{L}=2\times\frac{0.62\,\text{g}}{62\,\text{g/mol}}$$

$$a=2.0\,\text{mol/L}$$

【6】 (1) (a) ① (b) ① (c) ① (d) ② (e) ②

(2) (a) 中性 (b) 塩基性 (c) 酸性 (d) 酸性
(e) 塩基性

(3) (ア) 塩基 (イ) 加水分解
(ウ)，(エ) CH_3COOH，OH^-（順不同）

解説 (1) p.263 を参照せよ。

(2) 正塩の水溶液が何性を示すかは，構成する酸や塩基の強いほうの性質が現れると考える。

(3) p.264 を参照せよ。

【7】 (1) 2.1L (2) Na_2SO_4，$(\text{NH}_4)_2\text{SO}_4$ (3) ウ

解説 (1) 酸として硫酸，塩基としてアンモニアと水酸化ナトリウムの中和だから，H^+ と OH^- の物質量が等しいという式をつくる。

アンモニアの物質量を n〔mol〕とすると，

$$2\times0.25\,\text{mol/L}\times\frac{200}{1000}\,\text{L}$$
$$=1\times n\,\text{〔mol〕}+1\times0.50\,\text{mol/L}\times\frac{30}{1000}\,\text{L}$$

$$n=0.085\,\text{mol}$$

その体積は，

$$0.085\,\text{mol}\times22.4\,\text{L/mol}\times\frac{(273+27)\,\text{K}}{273\,\text{K}}\fallingdotseq2.1\,\text{L}$$

(3) Na_2SO_4 水溶液は中性であるが，$(\text{NH}_4)_2\text{SO}_4$ 水溶液は酸性だから，変色域が酸性側にあるものを用いる。なお，BTB は色の変化が明瞭ではないので，中和滴定の指示薬には用いない。

【8】 4.4×10^{-3} mol

解説 酸として二酸化炭素（2価の酸と考える）と塩酸，塩基として水酸化バリウム（2価の塩基）の中和だから，H^+ と OH^- の物質量が等しいという式をつくる。

二酸化炭素の物質量を n〔mol〕とすると，

$$2\times n\,\text{〔mol〕}+1\times0.10\,\text{mol/L}\times\frac{12}{1000}\,\text{L}$$

$$=2\times0.10\,\text{mol/L}\times\frac{50}{1000}\,\text{L}\qquad n=0.0044\,\text{mol}$$

【9】 (1) (a) $\dfrac{[\text{CH}_3\text{COO}^-][\text{H}^+]}{[\text{CH}_3\text{COOH}]}$

(b) $c(1-\alpha)$ (c) $c\alpha$ (d) $\dfrac{c\alpha^2}{1-\alpha}$ (e) $c\alpha^2$

(2) 3.0 (3) α：ア [H^+]：イ

(4) $[\text{OH}^-]=1.0\times10^{-3}\,\text{mol/L}$ pH＝11

解説 (1) p.246〜247 を参照せよ。

(2) $K_\text{a}=c\alpha^2$ より電離度 α は $\alpha=\sqrt{\dfrac{K_\text{a}}{c}}$

$$[\text{H}^+]=c\alpha=c\times\sqrt{\frac{K_\text{a}}{c}}=\sqrt{cK_\text{a}}=\sqrt{0.037\times2.7\times10^{-5}}$$
$$\fallingdotseq\sqrt{1.0\times10^{-6}}=1.0\times10^{-3}\,\text{(mol/L)}$$

（[H^+] は (a) の電離定数の式から求めてもよい）

pH＝3.0

(3) $\alpha=\sqrt{\dfrac{K_\text{a}}{c}}$ より，c が小さくなると，α は大きくなる（希釈すると電離しやすくなるので大きくなると考えてもよい）。

水を加えて薄めているのだから，[H^+] は小さくなる（[H^+]＝$\sqrt{cK_\text{a}}$ から考えてもよい）。

(4) (2) の弱酸の [H^+] と同様にアンモニア水の [OH^-] は次式で表される。

$$[\text{OH}^-]=\sqrt{cK_\text{b}}=\sqrt{0.0435\times2.3\times10^{-5}}$$
$$\fallingdotseq\sqrt{1.0\times10^{-6}}=1.0\times10^{-3}\,\text{(mol/L)}$$

pH＝14−pOH＝14−3＝11

【10】 (1) 緩衝液

(2) (a) H^+ が増加すると，
$\text{CH}_3\text{COO}^-+\text{H}^+\longrightarrow\text{CH}_3\text{COOH}$
の反応により，多量に存在する CH_3COO^- と H^+ が反応して CH_3COOH を生じ，H^+ が消費されるから。

(b) OH^- が増加すると，
$\text{CH}_3\text{COOH}+\text{OH}^-\longrightarrow\text{CH}_3\text{COO}^-+\text{H}_2\text{O}$
の反応により，多量に存在する CH_3COOH と OH^- が反応して CH_3COO^- となり，OH^- が消費されるから。

(3) 5.0 (4) 8.7

解説 (1)，(2) p.270〜271 を参照せよ。

(3) 同じ濃度の酢酸水溶液と水酸化ナトリウム水溶液なので，75mL 分が中和して酢酸ナトリウムとなり，25mL 分の酢酸が残っている体積175mL の緩衝液である。

$$[\text{H}^+]=K_\text{a}\times\frac{[\text{CH}_3\text{COOH}]}{[\text{CH}_3\text{COO}^-]}=2.7\times10^{-5}\times\frac{0.12\times\frac{25}{175}}{0.12\times\frac{75}{175}}$$

$$=9.0\times10^{-6}(mol/L)$$

$$pH=6-2\log_{10}3\fallingdotseq5.0$$

(4) ちょうど中和させると，酢酸ナトリウム水溶液になり，その濃度は，もとの濃度の2分の1である0.060 mol/L となる。弱酸と強塩基の塩のpHは*p.268*の式を参照する。

$$[H^+]=\sqrt{\frac{K_aK_w}{c}}=\sqrt{\frac{2.7\times10^{-5}\times1.0\times10^{-14}}{0.060}}$$

$$=\sqrt{4.5\times10^{-18}}=2.1\times10^{-9}(mol/L)$$

$$pH=9-\log_{10}2.1\fallingdotseq8.7$$

【11】(1) CuS　(2) 6.5×10^{-29} mol/L

(3) 0.10 mol/L，0.96 g

解説 (1) MS で表せる物質どうしなので，溶解度積の値だけで比較できる。その値が小さいほうが沈殿しやすい。

(2) $[S^{2-}]=\dfrac{K_{sp}^{CuS}}{[Cu^{2+}]}=\dfrac{6.5\times10^{-30}\,mol^2/L^2}{0.10\,mol/L}$

　　　　$=6.5\times10^{-29}\,mol/L$

(3) FeS は，$[Fe^{2+}]$ と $[S^{2-}]$ の積の値が，

　　0.10 mol/L$\times4.0\times10^{-18}$ mol/L

　　　$=4.0\times10^{-19}\,mol^2/L^2$

となり，FeS の溶解度積より小さいので沈殿しない。したがって，$[Fe^{2+}]$ は 0.10 mol/L となる。

CuS は，

　　$[Cu^{2+}]=\dfrac{K_{sp}^{FeS}}{[S^{2-}]}=\dfrac{6.5\times10^{-30}\,mol^2/L^2}{4.0\times10^{-18}\,mol/L}$

　　　　　$\fallingdotseq1.6\times10^{-12}\,mol/L$

となるので，ほとんどが沈殿しているとみなせる。したがって，

　　0.10 mol/L$\times\dfrac{100}{1000}$L$\times$96 g/mol$=0.96$ g

p.322～324 **第3編　第5章**

酸化還元反応と電池・電気分解

【1】(1) (a) 0　(b) +4　(c) +5　(d) +6

(e) +6

(2) 最大：c　最小：a

(3) (a) Al　(b) H_2　(c) HCl

解説 (1) 酸化数を x として，計算で求める。

(a) 単体の酸化数は 0 である。

(b) $x+(-2)\times2=0$　(c) $1+x+(-2)\times3=0$

(d) $x+(-2)\times4=-2$　(e) $1+x+(-2)\times4=-1$

(2) (a) Cu：+1　(b) Fe：+3　(c) Cr：+6

(d) Mn：+4　(e) V：+5

(3) 酸化数が増加した物質を答える。

(a) Al：0 → +3　(b) H：0 → +1

(c) Cl：-1 → 0

【2】(1) (a) NaClO　(b) HNO_3　(c) Br_2

(2) (a) CO　(b) SO_2　(c) Mg

解説 (1) 酸化剤は酸化数が減少する原子を含む。

(a) $\underset{+1}{NaClO} \to \underset{0}{Cl_2}$　(b) $\underset{+5}{HNO_3} \to \underset{+4}{NO_2}$

(c) $\underset{0}{Br_2} \to \underset{-1}{HBr}$

(2) 還元剤は酸化数が増加する原子を含む。

(a) $\underset{+2}{CO} \to \underset{+4}{CO_2}$　(b) $\underset{+4}{SO_2} \to \underset{+6}{H_2SO_4}$

(c) $\underset{0}{Mg} \to \underset{+2}{Mg(OH)_2}$

【3】(1) (a) 1　(b) 8　(c) 5　(d) 1　(e) 4

(2) $H_2O_2 \longrightarrow O_2 + 2H^+ + 2e^-$

(3) $2MnO_4^- + 5H_2O_2 + 6H^+$

　　　　　　　$\longrightarrow 2Mn^{2+} + 5O_2 + 8H_2O$

解説 *p.287～289* を参照せよ。

【4】(1) エ　(2) 5.00×10^{-2} mol/L

解説 (1) *p.293* の酸化還元滴定を参照せよ。

(2) *p.294* より $KMnO_4：H_2O_2=2：5$ の物質量の比で反応する。

過酸化水素水の濃度を x〔mol/L〕とすると，

　　$0.0100\times\dfrac{20.0}{1000}：x\times\dfrac{10.0}{1000}=2：5$

　　$x=0.0500(mol/L)$

(**別解**) *p.294* の(2)の式で解いてもよい。

　　$5\times0.0100\times\dfrac{20.0}{1000}=2\times x\times\dfrac{10.0}{1000}$

【5】B，A，D，C，E

解説 (a)より，(A，D)>(H_2)>C

(b)より，A>D　(c)より，B はイオン化傾向が非常に大きい。(d)より，E は金か白金で，C よりイオン化傾向が小さい。

以上より，B>A>D>C>E

【6】(1) 正極：$Cu^{2+} + 2e^- \longrightarrow Cu$

　　負極：$Zn \longrightarrow Zn^{2+} + 2e^-$　(2) ア，エ

解説 *p.307* を参照せよ。

【7】(1) 正極：$PbO_2 + 4H^+ + SO_4^{2-} + 2e^-$

　　　　　　　$\longrightarrow PbSO_4 + 2H_2O$

　　負極：$Pb + SO_4^{2-} \longrightarrow PbSO_4 + 2e^-$

(2) 0.30 mol　(3) 80 g 減少

(4) ア，ウ　(5) Pb 電極

解説 (1) *p.309* を参照せよ。

(2) $Pb \to PbSO_4$ より，2 mol の電子が流れると 96 g の質量増加がある。よって，

　　$\dfrac{14.4\,g}{96\,g}\times2\,mol=0.30\,mol$

(3) 2mol の電子で，溶液中の H_2SO_4 が 2mol 減少
し，H_2O が 2mol 増加するので，溶液の質量は
$98g×2−18g×2＝160g$ 減少する。1mol の電子
では，その半分の $80g$ の減少となる。

(4) p.309 を参照せよ。

(エ) H^+ が減少するので pH は大きくなる。

(5) 放電とは逆の電子の流れをつくるには，外部電
源の負極から出てくる電子を，鉛蓄電池の負極か
ら内部へ強制的に流し込む。

【8】 A：負極，$H_2 \longrightarrow 2H^+ + 2e^-$
B：正極，$O_2 + 4H^+ + 4e^- \longrightarrow 2H_2O$
解説 p.311 を参照せよ。

【9】 (a) Cl_2 (b) Cu (c) O_2 (d) H_2
(e) O_2 (f) H_2 (g) O_2 (h) Ag
(i) その他 (j) Cu
解説 p.314〜316 を参照せよ。

【10】 (1) 塩素，0.56L (2) 水素，0.050g
解説 (1) $2Cl^- \longrightarrow Cl_2 + 2e^-$
流れた電子の物質量は，
$$\frac{(5.0×(16×60+5))C}{9.65×10^4 C/mol}＝0.050 mol$$
$0.050 mol×\frac{1}{2}×22.4 L/mol＝0.56 L$

(2) $2H_2O + 2e^- \longrightarrow H_2 + 2OH^-$
水素も塩素と同じ物質量の気体が生成する。
$0.0500 mol×\frac{1}{2}×2.0 g/mol＝0.050 g$

【11】 (1) (a) 塩素 (b) 水素 (c) 水酸化物イオン
(d) ナトリウムイオン (e) 水酸化ナトリウム
(2) 陽極：$2Cl^- \longrightarrow Cl_2 + 2e^-$
陰極：$2H_2O + 2e^- \longrightarrow H_2 + 2OH^-$
(3) $NaCl$，$NaClO$，H_2O
解説 (1)，(2) p.316 を参照せよ。
(3) $2NaOH + Cl_2 \longrightarrow NaCl + NaClO + H_2O$

【12】 (a) ボーキサイト (b) Al_2O_3
(c) 氷晶 (d) 陰 (e) 陽 (f)，(g) 一酸化炭素，
二酸化炭素(順不同) (h) 純銅 (i) 粗銅
(j) 大き (k) 小さ (l) 陽極泥
解説 p.318, 367 を参照せよ。

p.356〜357 第4編 第1章 非金属元素

【1】 (1) (a) 下方 (b) 黄緑 (c) 青(青紫)
(d) 次亜塩素酸 (e) 酸化
(2) ① $MnO_2 + 4HCl \longrightarrow MnCl_2 + 2H_2O + Cl_2$
② $Cl_2 + H_2O \rightleftarrows HCl + HClO$
(3) A：c B：a
解説 (1)，(2) p.333〜334 を参照せよ。

(3) 発生する気体には，塩素のほか塩化水素や水蒸
気が含まれているので，最初に水が入った洗気瓶
で塩化水素を除去し，次いで水分を除去するため
に濃硫酸が入った洗気瓶を通す。ソーダ石灰は，
酸性の気体の乾燥には使えない。

【2】 (1) (a) 二酸化硫黄，SO_2 (b) 塩化水素，HCl
(c) 一酸化炭素，CO (d) 二酸化硫黄，SO_2
(2) b
(3) (a) (ア) 無 (イ) 腐卵 (ウ) 酸
(b) $FeS + H_2SO_4 \longrightarrow FeSO_4 + H_2S$
(4) 純粋な水に濃硫酸を冷却しながら，少しずつか
き混ぜて加える。
解説 (1) p.340〜342 を参照せよ。
(a) $Cu + 2H_2SO_4 \longrightarrow CuSO_4 + 2H_2O + SO_2$
(b) $NaCl + H_2SO_4 \longrightarrow NaHSO_4 + HCl$
(c) $HCOOH \longrightarrow H_2O + CO$
(d) $Na_2SO_3 + H_2SO_4$
$\longrightarrow Na_2SO_4 + H_2O + SO_2$
(3) p.339 を参照せよ。
(4) 濃硫酸は密度が水より大きく，水に溶かしたと
きの発熱量が非常に大きいので，濃硫酸に水を加
えると水は濃硫酸の上に浮き，その発熱により沸
騰して硫酸とともに飛び散る危険性がある。した
がって，濃硫酸を希釈するときには，多量の水に
濃硫酸をガラス棒に伝わらせながら少しずつ加え
てよくかき混ぜる。また，容器全体を水槽などで
冷却するのがよい。

【3】 (1) (a) 四酸化三鉄
(b) ハーバー・ボッシュ(ハーバー) (c) 白金
(d) 二酸化窒素 (e) オストワルト
(2) $4NH_3 + 5O_2 \longrightarrow 4NO + 6H_2O$
$2NO + O_2 \longrightarrow 2NO_2$
$3NO_2 + H_2O \longrightarrow 2HNO_3 + NO$
(3) 10kg
解説 (1)，(2) p.343〜347 を参照せよ。
(3) 求める 63％硝酸の質量を $x〔g〕$ とすると，
$$\frac{2.24×10^3 L}{22.4 L/mol}＝x〔g〕×\frac{63}{100}×\frac{1}{63 g/mol}$$
$x＝10×10^3 g＝10 kg$

【4】 (1) (a) ダイヤモンド (b) 黒鉛(グラファイ
ト) (c) フラーレン
(2) b
(理由) 4個の炭素原子の価電子のうち，3個が共
有結合により平面構造をつくり，残る1個が自由
電子のように，その中を移動することが可能であ
るから。

解説 (1),(2) p.349を参照せよ。
【5】(1)(a) 濃硝酸 (b) イ
(2)(a) $2NH_4Cl + Ca(OH)_2$
$$\longrightarrow CaCl_2 + 2H_2O + 2NH_3$$
(b) エ (c) ソーダ石灰
(3)(a) O_2 (b) 触媒 (c) ウ
解説 (1) $Cu + 4HNO_3$
$$\longrightarrow Cu(NO_3)_2 + 2H_2O + 2NO_2$$
二酸化窒素は水溶性で，空気より重いから下方置換で捕集する。
(2) p.343を参照せよ。
(c) 酸性の物質は使えない。塩化カルシウムはアンモニアと反応するので不可。
(3) p.338を参照せよ。酸素は水に溶けにくいので，水上置換で捕集する。
【6】(1) CO_2，イ (2) O_2，エ (3) NO，キ
(4) Cl_2，カ (5) HF，ウ
解説 p.354～355を参照せよ。
（ア）は塩化水素，（オ）は硫化水素の性質である。

p.372
第4編 第2章 金属元素（Ⅰ）－典型元素－
【1】(1)(a) 小さ (b) 1 (c) 陽 (d) 灯油
(e) 潮解 (f) 二酸化炭素 (g) 二酸化炭素
(2)（ア）炭酸カルシウム，$CaCO_3$ （イ）酸化カルシウム，CaO （ウ）水酸化カルシウム，$Ca(OH)_2$
(3)① $Ca(OH)_2 + CO_2 \longrightarrow CaCO_3 + H_2O$
② $CaCO_3 + CO_2 + H_2O \longrightarrow Ca(HCO_3)_2$
(4)（ア）⑨（イ）③（ウ）④
解説 (1) p.358～366を参照せよ。
(2) p.364～365を参照せよ。
(3) p.365を参照せよ。
(4)（ア）硫酸バリウムはX線を吸収する性質が強く，胃液のHClにも溶けない。
（イ）p.364を参照せよ。
（ウ）塩化カルシウム無水物は吸湿性が強く，実験用のほか，押し入れ用の乾燥剤に用いられる。
【2】(a) アンモニア (b) 炭酸水素ナトリウム
(c) 炭酸ナトリウム (d) アンモニアソーダ（ソルベー）
(2)① $NaCl + NH_3 + CO_2 + H_2O$
$$\longrightarrow NaHCO_3 + NH_4Cl$$
② $2NaHCO_3 \longrightarrow Na_2CO_3 + H_2O + CO_2$
(3) 331kg
解説 (1),(2) p.360,362を参照せよ。
(3) 塩化ナトリウムは炭酸ナトリウムの2倍の物質

量が必要である。
$$\frac{300\times10^3\,g}{106\,g/mol}\times2\times58.5\,g/mol\times\frac{1}{10^3}≒331\,kg$$
【3】(1)(a) ボーキサイト (b) 氷晶石
(c) 両性 (d) 水酸化アルミニウム
(e) テトラヒドロキシドアルミン酸ナトリウム
(2)① $AlCl_3 + 3NaOH \longrightarrow Al(OH)_3 + 3NaCl$
② $Al(OH)_3 + NaOH \longrightarrow Na[Al(OH)_4]$
(3) 不動態
（説明）濃硝酸に対しては，表面に緻密な酸化物の被膜を形成するため，反応しなくなる。
解説 (1),(2) p.367～369を参照せよ。
(3) アルミニウムや鉄は，薄い酸にはよく溶けるが，濃硝酸に対しては，表面に緻密な酸化物の被膜を形成するので，内部まで酸化が進行せず，溶けない。このような状態を不動態という。

p.397
第4編 第3章 金属元素（Ⅱ）－遷移元素－
【1】(a),(b) コークス，石灰石（順不同）(c) 銑鉄
(d) 炭素 (e) 低 (f) 電解
解説 p.378,384を参照せよ。
【2】(1)(a) ジアンミン銀（Ⅰ）イオン，直線形
(b) テトラアンミン亜鉛（Ⅱ）イオン，正四面体
(c) ヘキサシアニド鉄（Ⅱ）酸イオン，正八面体
(2)(a) $CuSO_4 + 2NH_3 + 2H_2O$
$$\longrightarrow Cu(OH)_2 + (NH_4)_2SO_4$$
$Cu(OH)_2 + 4NH_3 \longrightarrow [Cu(NH_3)_4]^{2+} + 2OH^-$
(b) テトラアンミン銅（Ⅱ）イオン，正方形
解説 (1) p.375～377を参照せよ。
【3】(1) A (2) B (3) B
解説 (1) Fe^{2+}は淡緑色，Fe^{3+}は黄褐色。
(2) $Fe^{2+} + 2OH^- \longrightarrow Fe(OH)_2$(緑色)
$Fe^{3+} + OH^- \longrightarrow$ 水酸化鉄(Ⅲ)(赤褐色)
(3) $Fe^{2+} + K_3[Fe(CN)_6] \rightarrow$ ターンブルブルー
$Fe^{3+} + K_4[Fe(CN)_6] \rightarrow$ ベルリンブルー
名称は異なるが，いずれも濃青色沈殿。
【4】(1) A $AgCl$，白色 B CuS，黒色
C 水酸化鉄(Ⅲ)，赤褐色 D ZnS，白色
E $CaCO_3$，白色
(2) 煮沸：硫化水素を除去する。
希硝酸を加える：Fe^{2+}を酸化してFe^{3+}にする。
(3) 炎色反応により赤紫色を示すか試す。
(4) Pb^{2+}：A Al^{3+}：C Ba^{2+}：E
解説 (1) p.391～392を参照せよ。

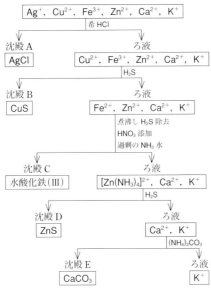

(2) 硫化水素を通じたときに，Fe^{3+} は還元されて Fe^{2+} になっている。その後，アンモニア水を加えて水酸化鉄(Ⅲ)として沈殿させたいので，硝酸により酸化しておく（溶解度が $Fe(OH)_2$ より水酸化鉄(Ⅲ)のほうが小さいから確実に沈殿させることができる）。また，硫化水素が残っていては Zn^{2+} が沈殿してしまうので，煮沸して硫化水素を除去しておく。

(4) Pb^{2+} は塩化物イオンと沈殿をつくるので，(a) の塩酸により沈殿 A として $PbCl_2$ が生成する。

Al^{3+} は，塩酸とも沈殿せず，酸性で硫化水素とも反応しないが，(c) でアンモニア水を加えると $Al(OH)_3$ が沈殿 C として生成する。

Ba^{2+} と Ca^{2+} はアルカリ土類金属元素のイオンであり，同じ挙動を示す。

p.408 第4編 第4章 無機物質と人間生活

【1】 イ，ウ，オ

解説 （イ）光ファイバーに用いられるのは石英ガラスである。

（ウ）最も高い温度で焼成されるのは磁器である。

（オ）ケイ酸塩などの天然の材料をそのまま用いるのではなく，純度の高い非金属酸化物・金属酸化物などに対して，焼成温度・焼成時間を精密に制御してつくられたものがファインセラミックスである。

【2】 (a) エ，ク (b) オ，ケ (c) ア，キ

(d) ウ，カ (e) イ，コ

解説 *p.405* を参照せよ。

【3】 (a) 正 (b) さび (c) 赤褐 (d) 黒
(e) 不動態 (f) アルマイト (g) めっき
(h) トタン (i) ブリキ (j) トタン

解説 *p.404* を参照せよ。

【4】 (a) イ，オ，キ (b) エ，カ (c) ア

解説 (1) *p.407* を参照せよ。

p.417
第5編 第1章 有機化合物の分類と分析

【1】 ア，エ

解説 （ア）有機化合物は，構成元素の種類は少ないが，その数は非常に多い。誤り。

（エ）有機化合物の多くは分子からなる非電解質で，水に不溶の物質が多い。誤り。

【2】 (1) (a) ヒドロキシ基 (b) エーテル結合
(c) ホルミル基(アルデヒド基)
(d) カルボニル基 (e) カルボキシ基
(f) エステル結合

(2) (a) ア (b) エ (c) イ (d) カ
(e) ウ (f) オ

解説 *p.413* を参照せよ。

【3】 (1) (a) 塩化カルシウム (b) ソーダ石灰

(2) (a) 水 (b) 二酸化炭素

(3) $C_8H_{10}O$ (4) $C_8H_{10}O$

解説 (1), (2) *p.414 ～ 415* を参照せよ。

(3) $C：528mg × \dfrac{12}{44} = 144mg$

$H：135mg × \dfrac{2.0}{18} = 15mg$

$O：183mg - (144mg + 15mg) = 24mg$

これより，C，H，O の原子数の比は，

$C：H：O = \dfrac{144}{12}：\dfrac{15}{1.0}：\dfrac{24}{16} = 8：10：1$

したがって，組成式は $C_8H_{10}O$（式量 122）となる。

(4) 分子量は 122 であるから，分子式も $C_8H_{10}O$ となる。

【4】 (1) CH_2Cl (2) $C_2H_4Cl_2$

解説 (1) C, H, Cl の原子数の比は，

$C：H：Cl = \dfrac{24.3}{12}：\dfrac{4.0}{1.0}：\dfrac{71.7}{35.5} ≒ 1：2：1$

したがって，組成式は CH_2Cl（式量 49.5）となる。

(2) 分子量は 99.0 であるから，分子式は $C_2H_4Cl_2$ となる。

【1】　(1)　(a) C_nH_{2n+2}　(b) C_nH_{2n}　(c) C_nH_{2n}

　　(d) C_nH_{2n-2}　(e) C_nH_{2n-2}

(2)　a＞c＞b

解説　(1) アルカンが飽和炭化水素であることから，C_nH_{2n+2} を基準にして，C＝Cや環が1個あるとHが2個減少することから考える。

(2) 結合の本数が多いほど，原子間距離は短い。

【2】　(1)　(a) 置換　(b) トリクロロメタン（クロロホルム）　(c) 赤褐　(d) 付加　(e) 1,2-ジブロモエタン　(f) 無

(2)　(a) *trans*-2-ブテン，

$$CH_3\!-\!\overset{\displaystyle H}{\underset{\displaystyle CH_3}{C\!=\!C}}$$

(b) 2-メチルプロペン，

$$CH_3\!-\!\overset{\displaystyle H}{\underset{\displaystyle C}{C\!=\!C}}\!-\!H$$

(c)
$$\overset{\displaystyle CH_2}{\underset{\displaystyle CH_2}{\Big|}}CH\!-\!CH_3$$

解説　(1) *p*.419, 426 を参照せよ。

(2) (c) 一般式が C_nH_{2n} で，C＝Cがなければ，環を1つもつ。

C_4H_8 にはA, B, C以外に，1-ブテン，*cis*-2-ブテン，シクロブタンがある。Cはメチルシクロプロパンという。

【3】　(1) $C_2H_5OH \longrightarrow CH_2{=}CH_2 + H_2O$
エチレン

(2) $CH_3COONa + NaOH \longrightarrow CH_4 + Na_2CO_3$
メタン

(3) $CaC_2 + 2H_2O \longrightarrow C_2H_2 + Ca(OH)_2$
アセチレン

解説　(1) *p*.424 を参照せよ。160～170℃ではエチレンが生成する。130℃程度では，ジエチルエーテルが生成する。

(2) *p*.420 を参照せよ。ソーダ石灰の中の水酸化ナトリウムが直接反応する。

(3) *p*.428 を参照せよ。

【4】　(1) A 塩化ビニル，
$$\overset{\displaystyle H}{\underset{\displaystyle H}{C\!=\!C}}\!\overset{\displaystyle H}{\underset{\displaystyle Cl}{}}$$

B エチレン，$\overset{H}{\underset{H}{C}}{=}\overset{H}{\underset{H}{C}}$　C エタン，$H{-}\overset{H}{\underset{H}{C}}{-}\overset{H}{\underset{H}{C}}{-}H$

D アセトアルデヒド，$H{-}\overset{H}{\underset{H}{C}}{-}\overset{H}{\underset{O}{C}}$

E アクリロニトリル，$\overset{H}{\underset{H}{C}}{=}\overset{H}{\underset{CN}{C}}$

F 酢酸ビニル，
$$\overset{H}{\underset{H}{C}}{=}\overset{H}{\underset{O{-}C{-}CH_3}{C}}\underset{O}{}$$

(2) ビニルアルコール，$\overset{H}{\underset{H}{C}}{=}\overset{H}{\underset{OH}{C}}$

(3) ポリ塩化ビニル（塩化ビニル樹脂）

(4) ベンゼン

解説　*p*.429～430 を参照せよ。

第5編　第3章　アルコールと関連化合物

【1】　A カ　B ア　C ウ　D キ　E ケ　F サ

解説　A, D エタノールに濃硫酸を加えて130℃で反応させるとジエチルエーテルが生成し，160～170℃で反応させるとエチレンが生成する。

B, C エタノールを酸化すると，まずアセトアルデヒドが生成し，さらに酸化すると酢酸が生成する。

F 2-プロパノールを酸化すると，アセトンが生成する。

【2】　(1)　① 水素, H_2　② 酸化銅(Ⅰ), Cu_2O

(2) A $CH_3\!-\!\overset{CH_3}{\underset{}{C}H}\!-\!CH_2\!-\!OH$　B $CH_3\!-\!\overset{OH}{\underset{}{C}^{*}H}\!-\!CH_2\!-\!CH_3$
2-メチル-1-プロパノール　　2-ブタノール

C $CH_3\!-\!\overset{CH_3}{\underset{CH_3}{C}}\!-\!OH$　H $\overset{CH_3}{\underset{CH_3}{C}}{=}\overset{H}{\underset{H}{C}}$
2-メチル-2-プロパノール　　2-メチルプロペン

(3) 3個

(4) 3種類

解説　(2) $C_4H_{10}O$ のアルコールの異性体は *p*.433 を参照せよ。

・実験1より，A～Cはアルコール，Dはエーテル。

・実験2, 3より，A $\xrightarrow{\text{酸化}}$ E $\xrightarrow{\text{酸化}}$ G

これより，Aは第1級アルコールで，Eはアルデヒド，Gはカルボン酸。

B $\xrightarrow{\text{酸化}}$ F　Fには還元性がないのでケトンであり，Bは2-ブタノールと決まる。

Cは酸化されないので，第3級アルコール。

・実験4より，Aから生じたアルケンHを構成するすべての炭素原子が同一平面上にあることから，Hは2-メチルプロペンとわかり，もとのアルコールは第1級アルコールで枝分かれのある 2-メチル-1-プロパノールと決まる。

(3) $C_4H_{10}O$ のエーテルには，次の3つがある。
$CH_3{-}O{-}CH_2{-}CH_2{-}CH_3$

CH₃-CH₂-O-CH₂-CH₃
CH₃-O-CH-CH₃
   |
  CH₃

(4) 1-ブテン, *cis*-2-ブテン, *trans*-2-ブテンの3つ。

【3】(1) ウ (2) イ (3) ア, エ (4) イ (5) ウ

解説 (1) ホルムアルデヒド HCHO は，
CH₃CO- または CH₃CH(OH)- の構造をもたない
ので，ヨードホルム反応を示さない。

(2) ギ酸 HCOOH は -CHO と -COOH をもつ。

(3) 1-プロパノールは第1級アルコールなので，酸
化するとアルデヒドまたはカルボン酸となる。
2-プロパノールであれば，アセトンになる。酢酸
エチルを加水分解すると，酢酸とエタノールが生
じる。

(4) マレイン酸は加熱により容易に無水マレイン酸
となる（→ *p.*446）。

(5) オレイン酸は分子内に C=C を1つもつ。

p.475 **第5編 第4章 芳香族化合物**

【1】(1) A ベンゼン環 CH₃／CH₃, B ベンゼン環 CH₃ CH₃, C ベンゼン環 CH₃ CH₃

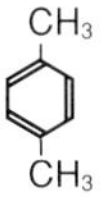

D ベンゼン環 C₂H₅

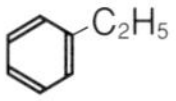

(2) 無水フタル酸 (3) 3種類

解説 (1) 分子式 C₈H₁₀ の芳香族炭化水素には，
AからDの4つの異性体が存在する。
　Aを酸化するとEとなり，Eはポリエチレンテ
レフタラートの原料であるからテレフタル酸であ
り，Aは *p*-キシレンである。
　Bを酸化すると，分子内脱水が可能であるF（フ
タル酸）が得られるので，Bは *o*-キシレンである。
　Dを酸化すると安息香酸が得られることから，
Dは一置換体でありエチルベンゼンと決まる。
　Cは残りの *m*-キシレンで，Gはイソフタル酸
である。

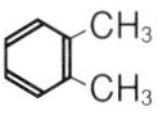

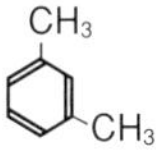

(3) 右図の①～③に置換される。 ベンゼン環 ②CH₃① ③ CH₃②

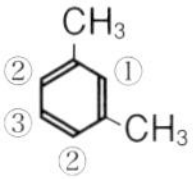

【2】(1) (a) エ (b) ウ (c) ア

(2) (a) CH₂=CH-CH₃

(b) 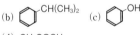 (c) ベンゼン環 OH

(d) CH₃COCH₃

解説 (1) (a)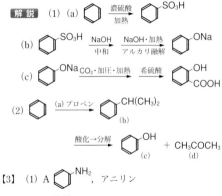

【3】(1) A ベンゼン環 NH₂, アニリン

B ベンゼン環 N₂Cl, 塩化ベンゼンジアゾニウム

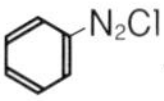

C ベンゼン環 N=N ベンゼン環 OH, *p*-フェニルアゾフェノ
ール（*p*-ヒドロキシアゾベンゼン）

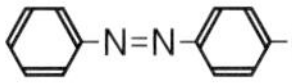

D ベンゼン環 NHCOCH₃, アセトアニリド

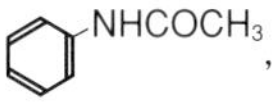

(2) ① 還元 ② ジアゾ化
③ ジアゾカップリング

(3) 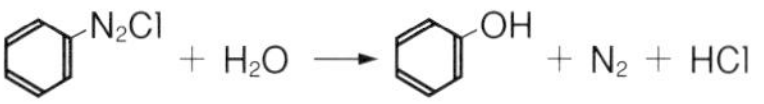 ベンゼン環 N₂Cl + H₂O ⟶ ベンゼン環 OH + N₂ + HCl

解説 *p.*468 ～ 469 を参照せよ。

【4】(1) ア (2) イ (3) イ (4) ウ (5) ア

解説 この分離操作は，次のようになる。

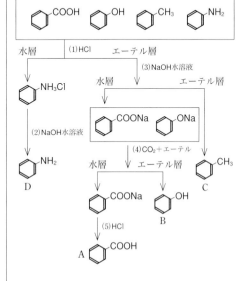

第5編　第5章　有機化合物と人間生活

【1】 (a) 疎水　(b) 親水　(c) ミセル　(d) 脂肪酸
(e) 陰　(f) 塩基(弱塩基)　(g) 中
(h), (i) カルシウム, マグネシウム(順不同)
解説 p.476～477を参照せよ。

【2】 (1) (a) アゾ　(b) ペニシリン
(c) アスピリン　(d) サリチル酸
(e) アセトアニリド
(f) サリチル酸メチル

(2)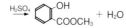

(3) [構造：OH, COOH] + CH₃OH

$\xrightarrow{H_2SO_4}$ [構造：OH, COOCH₃] + H_2O

解説 (1) p.480を参照せよ。
(2) −COCH₃ をアセチル基といい, サリチル酸のフェノールとしての性質である。
(3) サリチル酸のカルボン酸としての性質である。

【3】 (1) (a) 発色　(b) 助色　(c) アゾ　(d) 青
(e) アイ　(f) 無　(g) 酸化

(2) (CH₃)₂N—〈ベンゼン環〉—N=N—〈ベンゼン環〉—SO₃H

解説 (1) p.481を参照せよ。
(2) ジアゾ化が可能なのは −NH₂ をもつ芳香族アミンなので、スルファニル酸をジアゾ化する。それをジメチルアニリンとジアゾカップリングさせればよい。実際は、水酸化ナトリウムと中和させてナトリウム塩とし、水溶性をよくして使われる。

p.507　第6編　第1章　天然有機化合物

【1】 (1) (a) β-グルコース　(b) α-グルコース
(c) アミロペクチン　(d) らせん　(e) ヨウ素
(f) 青(青紫)　(g) 加水分解　(h) セロビオース
(i) マルトース(麦芽糖)　(j) C₁₂H₂₂O₁₁
(2) 27g
(3) スクロース(ショ糖)
(理由) グルコースおよびフルクトースのそれぞれが, 還元性を示す部分のところで脱水縮合した構造なので, 水溶液中で開環することができないから。
(4) 混合物の名称：転化糖
単糖の名称：グルコース(ブドウ糖), フルクトース(果糖)
解説 (1) p.485～494を参照せよ。

(2) $(C_6H_{10}O_5)_n + nH_2O \longrightarrow nC_6H_{12}O_6$ より、

$$\frac{24.3g}{162g/mol} \times 180g/mol = 27g$$

【2】 (1) (a) カルボキシ　(b) アミノ　(c) 20
(d) ニンヒドリン　(e) グリシン　(f) 鏡像
(g) 双性　(h) 等電点　(i) ペプチド
(j) タンパク質
(2) (a) 電気泳動　(b) グルタミン酸
解説 (1) p.495～497を参照せよ。
(2) アミノ酸が溶解している溶液のpHより、等電点が小さいものは陰イオンになっているので陽極へ移動し、大きいものは陽イオンになっているので陰極へ移動する。グリシンは中性アミノ酸, グルタミン酸は酸性アミノ酸, リシンは塩基性アミノ酸であるから, 酸性アミノ酸で等電点がpH6より小さいグルタミン酸が陽極へ向かう。

【3】 (1) (a) ビウレット　(b) 赤紫　(c) キサントプロテイン　(d) 黄　(e) 水素　(f) α-ヘリックス　(g) 二　(h) 変性　(i) 塩析
(2) ベンゼン環がニトロ化されるため。
解説 p.499～502を参照せよ。

p.521　第6編　第2章　合成高分子化合物

【1】 (1) (a) 付加　(b) 単量　(c) 重合
(d) 縮合　(e) ポリエチレンテレフタラート
(2) ア, エ, カ
解説 p.511～513を参照せよ。

【2】 (1) (a) 塩化ビニル　(b) プロペン
(c) 酢酸ビニル　(d) アクリロニトリル
(e) スチレン　(f) カプロラクタム
(g) ヘキサメチレンジアミン, アジピン酸
(h) エチレングリコール, テレフタル酸
(2) a, b, c, d, e
(3) 500
解説 (1),(2) p.512～518を参照せよ。
(3) スチレンの分子量は104であるから、

$$\frac{5.2 \times 10^4}{104} = 500$$

【3】 (1) (a) ポリ酢酸ビニル　(b) 水酸化ナトリウム水溶液　(c) ポリビニルアルコール
(d) アセタール　(e) 日本

(2) [構造：H₂C=CH—O—C(=O)—CH₃]

(3) 10g
解説 (1) p.514～515を参照せよ。
(3) ポリ酢酸ビニルの構成単位2mol(86g×2)を100%アセタール化するのに必要なホルムアルデ

ヒドは 1 mol（30 g）である。ポリ酢酸ビニル 86 g×2 のうち 40％ がアセタール化されたとすると，必要な 30％ ホルムアルデヒド水溶液の質量は，

$$30\,g×\frac{40}{100}×\frac{100}{30}=40\,g$$

ポリ酢酸ビニル 43 g では，

$$40\,g×\frac{43\,g}{86\,g×2}=10\,g$$

【4】（1）(a) イソプレン　(b) 付加　(c) シス
(d) 加硫　(e) 架橋

(2)

$$\left[\begin{array}{c} \underset{CH_2}{\overset{H}{\diagdown}}C=C\underset{CH_2}{\overset{H}{\diagup}} \end{array}\right]_n$$

(3) 40％

解説　(1)，(2) p.518～520 を参照せよ。
(3) 付加重合では，単量体と重合体とで，原子の質量の割合は変化しないので，単量体について，

$$\frac{Cl}{CH_2=CCl-CH=CH_2}×100=\frac{35.5}{88.5}×100≒40\,(\%)$$

p.531

第6編　第3章　高分子化合物と人間生活

【1】（1）(a) $C_mH_{2n}O_n$ または $C_m(H_2O)_n$
(b) エネルギー　(c) 必須アミノ酸
(d) エステル
(e)，(f) 無機質（ミネラル），ビタミン（順不同）
(2) 105 g　(3) 18 g

解説　(1) p.522～523 を参照せよ。
(2) 1 日に三大栄養素を x〔g〕ずつ摂取するとすれば，脂質は 38 kJ/g であるので，糖質とタンパク

質はそれぞれ約 2 分の 1 なので 19 kJ/g となり，次式が成り立つ。

$$19\,kJ/g×x〔g〕+19\,kJ/g×x〔g〕+38\,kJ/g×x〔g〕$$
$$=1900\,kcal×4.2\,kJ/kcal$$

よって，$x=105\,g$

(3) $(C_6H_{10}O_5)_n + nH_2O \longrightarrow nC_6H_{12}O_6$ より，

$$\frac{16.2\,g}{162\,g/mol}×180\,g/mol=18\,g$$

【2】　ア，エ，オ
解説　(イ) 植物繊維はセルロースを成分とする。
(ウ) 半合成繊維は，セルロースがアセチルセルロースに変化したままのものである。

【3】（1）(a) 共（付加）　(b) スルホン
(c) 塩化水素　(d) 塩酸（希塩酸）
(e) 水酸化カリウム水溶液　(f) 脱イオン水
(g) しない
(2) 1.7

解説　(1) p.528 を参照せよ。
(2) $CaCl_2$ が陽イオン交換されると HCl はその 2 倍の物質量となるので，その水素イオン濃度は，

$$[H^+]=\frac{2×0.10\,mol/L×\dfrac{10}{1000}\,L}{\dfrac{100}{1000}\,L}$$
$$=2.0×10^{-2}\,mol/L$$

$$pH=2-\log_{10}2=2-0.30=1.7$$

【4】（1）(a) 吸水性　(b) 感光性　(c) 導電性
(d) ポリ乳酸　(e) 生分解性
解説　(1) p.528～530 を参照せよ。

巻末資料

1 化学史年表

年代	人名(国籍)	業績
B.C.600〜400	タレス，デモクリトスなど(ギリシャ)	古代原子説を唱える
B.C.350	アリストテレス(ギリシャ)	万物流転説を唱える
105	蔡倫(中国)	紙を発明する
400〜1200	(エジプト→ヨーロッパ)	錬金術時代
750	ゲーバー(アラビア)	硝酸，硫酸，王水，金属などを扱う
1661	ボイル(イギリス)	元素の定義を提唱する
1662	ボイル(イギリス)	ボイルの法則を発見する
1697	シュタール(ドイツ)	燃素説(フロジストン説)を展開する
1766	キャベンディッシュ(イギリス)	水素を発見する
1772	シェーレ(スウェーデン)	酸素を発見する
1774	シェーレ(スウェーデン)	塩素を発見する
1774	ラボアジエ(フランス)	質量保存の法則を実証する
1778	ラボアジエ(フランス)	燃焼の理論を展開する
1781	キャベンディッシュ(イギリス)	水を合成する
1787	シャルル(フランス)	シャルルの法則を発見する
1799	プルースト(フランス)	定比例の法則を確認する
1800年頃	ボルタ(イタリア)	電池を発明する
1800	ニコルソン(イギリス)	水の電気分解を行う
1801〜1803	ドルトン(イギリス)	原子説・分圧の法則・倍数比例の法則発表
1803	ヘンリー(イギリス)	ヘンリーの法則を発見する
1807	デービー(イギリス)	カリウム，ナトリウムなどの溶融塩電解製法
1808	ゲーリュサック(フランス)	気体反応の法則を提唱する
1808〜1810	ドルトン(イギリス)	原子を表す記号を考案する
1811	アボガドロ(イタリア)	分子説・アボガドロの法則を発表する
1814	ベルセーリウス(スウェーデン)	最初の精密な原子量表を発表する
1825	ファラデー(イギリス)	ベンゼンを発見する
1827	ブラウン(イギリス)	ブラウン運動を発見する
1828	ウェーラー(ドイツ)	尿素を合成する
1829	デベライナー(ドイツ)	三つ組元素の説を発表する
1830	リービッヒ(ドイツ)	有機化合物の分析法を確立する
1833	ファラデー(イギリス)	電気分解の法則を発見する
1836	ダニエル(イギリス)	ダニエル電池を発明する
1837	宇田川榕菴(日本)	舎密開宗(日本最初の化学書)を著す
1840	ヘス(スイス)	ヘスの法則を発表する
1848	ケルビン(イギリス)	絶対温度を提唱する
1850	ブンゼン(ドイツ)	ブンゼンバーナーを発明する
1853	トムセン(デンマーク)	発熱反応と化学反応の研究
1853	ベルテロ(フランス)	〃
1857	パスツール(フランス)	アルコール発酵，乳酸発酵の研究をする
1859	ブンゼン，キルヒホッフ(ドイツ)	発光スペクトル分析法の研究をする
1859	プランテ(フランス)	鉛蓄電池を発明する

年　代	人　名(国　籍)	業　績
1861	グレーアム(イギリス)	晶質とコロイドの区別を発表する
1864	グルベル，ワーゲ(ノルウェー)	質量作用の法則を発表する
1864	ニューランズ(イギリス)	オクターブ説を発表する
1865	ケクレ(ドイツ)	ベンゼンの構造式を発表する
1866	ソルベー(ベルギー)	アンモニアソーダ法を発明する
1867	ノーベル(スウェーデン)	ダイナマイトを発明する
1868	ルクランシェ(フランス)	乾電池を発明する
1868	チンダル(イギリス)	チンダル現象を発見する
1869	メンデレーエフ(ロシア)	周期律，周期表を発表する
1873	ファンデルワールス(オランダ)	実在気体の状態方程式を発表する
1874	ペッファー(ドイツ)	浸透圧の測定
1875	ウィンクラー(ドイツ)	接触式硫酸製造
1884	ラウール(フランス)	凝固点降下，沸点上昇を発見する
1884	ルシャトリエ(フランス)	平衡移動の原理を発表する
1886	ホール(アメリカ)	アルミニウムの溶融塩電解製法に成功する
1886	エルー(フランス)	〃
1886	ファントホッフ(オランダ)	浸透圧の法則を発表する
1887	アレニウス(スウェーデン)	電離説を発表する
1894	ラムゼー(イギリス)	アルゴンを発見する
1896	ベクレル(フランス)	放射能を発見する
1897	トムソン(イギリス)	電子の存在を確認する
1898	キュリー夫妻(フランス)	ラジウム・ポロニウムを発見する
1902	ラザフォード，ソディー(イギリス)	原子の崩壊実験
1902	オストワルト(ドイツ)	硝酸の合成
1903	長岡半太郎(日本)	原子模型の理論を発表する
1906	ハーバー(ドイツ)	アンモニアの合成
1908	池田菊苗(日本)	グルタミン酸ナトリウムをコンブから抽出する
1910	鈴木梅太郎(日本)	米ヌカよりオリザニン(ビタミン B1)を抽出する
1911	ソディー(イギリス)	同位体を発見する
1913	ボーア(デンマーク)	原子模型の理論を発表する
1919	ラザフォード(イギリス)	α線による原子核の破壊実験
1932	チャドウィック(イギリス)	中性子を発見する
1934	ジョリオ・キュリー夫妻(フランス)	人工放射能を発見する
1935	湯川秀樹(日本)	中間子の理論を発表する
1935	カロザース(アメリカ)	ナイロンの合成
1938	ハーンら(ドイツ)	ウランの原子核分裂
1944	マーチンら(イギリス)	ペーパークロマトグラフィーを案出する
1952	福井謙一(日本)	フロンティア電子理論を提唱する
1962	下村　脩(日本)	緑色蛍光タンパク質(GFP)を発見する
1977	白川英樹(日本)	電気を通す導電性ポリマー(ポリアセチレン)を発見する
1977	根岸英一(日本)	新しいクロスカップリング技術を開発する
1977	鈴木　章(日本)	〃
1980	野依良治(日本)	触媒による光学異性体の選択的な合成方法を開拓する
1987	田中耕一(日本)	生体高分子分析用の「脱離イオン化法」を開発する

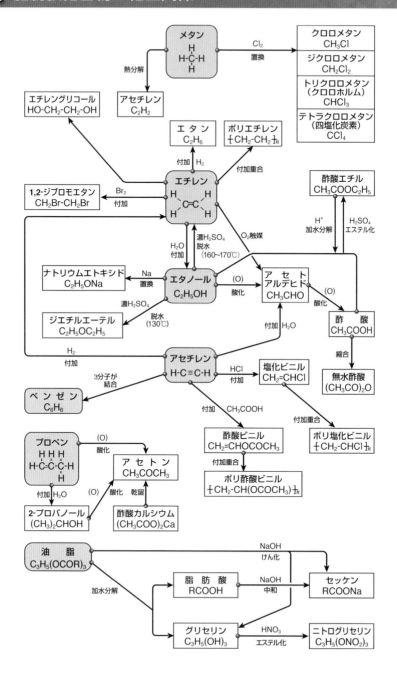

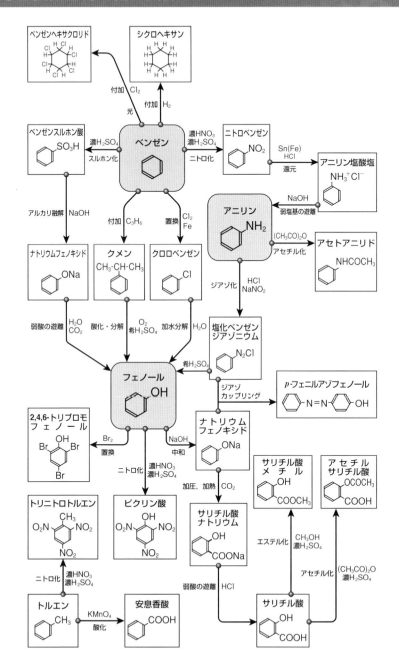

電子殻 原子	K	L	M	N	O
₁H	1				
₂He	2				
₃Li	2	1			
₄Be	2	2			
₅B	2	3			
₆C	2	4			
₇N	2	5			
₈O	2	6			
₉F	2	7			
₁₀Ne	2	8			
₁₁Na	2	8	1		
₁₂Mg	2	8	2		
₁₃Al	2	8	3		
₁₄Si	2	8	4		
₁₅P	2	8	5		
₁₆S	2	8	6		
₁₇Cl	2	8	7		
₁₈Ar	2	8	8		
₁₉K	2	8	8	1	
₂₀Ca	2	8	8	2	
₂₁Sc	2	8	9	2	
₂₂Ti	2	8	10	2	
₂₃V	2	8	11	2	
₂₄Cr	2	8	13	1	
₂₅Mn	2	8	13	2	
₂₆Fe	2	8	14	2	
₂₇Co	2	8	15	2	
₂₈Ni	2	8	16	2	
₂₉Cu	2	8	18	1	
₃₀Zn	2	8	18	2	
₃₁Ga	2	8	18	3	
₃₂Ge	2	8	18	4	
₃₃As	2	8	18	5	
₃₄Se	2	8	18	6	
₃₅Br	2	8	18	7	
₃₆Kr	2	8	18	8	
₃₇Rb	2	8	18	8	1
₃₈Sr	2	8	18	8	2
₃₉Y	2	8	18	9	2
₄₀Zr	2	8	18	10	2
₄₁Nb	2	8	18	12	1
₄₂Mo	2	8	18	13	1
₄₃Tc	2	8	18	13	2
₄₄Ru	2	8	18	15	1
₄₅Rh	2	8	18	16	1
₄₆Pd	2	8	18	18	
₄₇Ag	2	8	18	18	1
₄₈Cd	2	8	18	18	2
₄₉In	2	8	18	18	3
₅₀Sn	2	8	18	18	4
₅₁Sb	2	8	18	18	5
₅₂Te	2	8	18	18	6
₅₃I	2	8	18	18	7
₅₄Xe	2	8	18	18	8

電子殻 原子	K	L	M	N	O	P	Q
₅₅Cs	2	8	18	18	8	1	
₅₆Ba	2	8	18	18	8	2	
₅₇La	2	8	18	18	9	2	
₅₈Ce	2	8	18	19	9	2	
₅₉Pr	2	8	18	21	8	2	
₆₀Nd	2	8	18	22	8	2	
₆₁Pm	2	8	18	23	8	2	
₆₂Sm	2	8	18	24	8	2	
₆₃Eu	2	8	18	25	8	2	
₆₄Gd	2	8	18	25	9	2	
₆₅Tb	2	8	18	27	8	2	
₆₆Dy	2	8	18	28	8	2	
₆₇Ho	2	8	18	29	8	2	
₆₈Er	2	8	18	30	8	2	
₆₉Tm	2	8	18	31	8	2	
₇₀Yb	2	8	18	32	8	2	
₇₁Lu	2	8	18	32	9	2	
₇₂Hf	2	8	18	32	10	2	
₇₃Ta	2	8	18	32	11	2	
₇₄W	2	8	18	32	12	2	
₇₅Re	2	8	18	32	13	2	
₇₆Os	2	8	18	32	14	2	
₇₇Ir	2	8	18	32	15	2	
₇₈Pt	2	8	18	32	17	1	
₇₉Au	2	8	18	32	18	1	
₈₀Hg	2	8	18	32	18	2	
₈₁Tl	2	8	18	32	18	3	
₈₂Pb	2	8	18	32	18	4	
₈₃Bi	2	8	18	32	18	5	
₈₄Po	2	8	18	32	18	6	
₈₅At	2	8	18	32	18	7	
₈₆Rn	2	8	18	32	18	8	
₈₇Fr	2	8	18	32	18	8	1
₈₈Ra	2	8	18	32	18	8	2
₈₉Ac	2	8	18	32	18	9	2
₉₀Th	2	8	18	32	18	10	2
₉₁Pa	2	8	18	32	20	9	2
₉₂U	2	8	18	32	21	9	2
₉₃Np	2	8	18	32	22	9	2
₉₄Pu	2	8	18	32	24	8	2
₉₅Am	2	8	18	32	25	8	2
₉₆Cm	2	8	18	32	25	9	2
₉₇Bk	2	8	18	32	27	8	2
₉₈Cf	2	8	18	32	28	8	2
₉₉Es	2	8	18	32	29	8	2
₁₀₀Fm	2	8	18	32	30	8	2
₁₀₁Md	2	8	18	32	31	8	2
₁₀₂No	2	8	18	32	32	8	2
₁₀₃Lr	2	8	18	32	32	9	2
₁₀₄Rf	2	8	18	32	32	10	2
₁₀₅Db	2	8	18	32	32	11	2
₁₀₆Sg	2	8	18	32	32	12	2
₁₀₇Bh	2	8	18	32	32	13	2
₁₀₈Hs	2	8	18	32	32	14	2
₁₀₉Mt	2	8	18	32	32	15	2

（ ▢ は遷移元素，その他は典型元素。）

索　引

◆ 著　者
　辰巳　敬
　本間　善夫
　ほか2名

◆ 編集協力者
　庄司　憲仁
　谷川　孝彦
　田中　俊行
　ほか3名

初版
第1刷　1969年1月10日　発行
新制版
第1刷　1973年3月1日　発行
新制版
第1刷　1983年2月1日　発行
新制版
第1刷　1994年4月1日　発行
新制版
第1刷　2009年4月1日　発行
新制版
第1刷　2014年4月1日　発行
新制版
第1刷　2023年2月1日　発行
第2刷　2024年2月1日　発行

◆ 表紙デザイン
　有限会社アーク・ビジュアル・ワークス（川島絵里）

◆ 本文デザイン
　株式会社ウエイド（六鹿沙希恵，稲村穣）

◆ 写真提供（敬称略・五十音順）
　RtoS研究会，アクア・カルテック株式会社，NNP，花王株式会社，株式会社キャタラー，株式会社プロテリアル，株式会社堀場製作所，共同通信社，国立研究開発法人産業技術総合研究所，国立研究開発法人物質・材料研究機構，JX金属株式会社，スター電器製造株式会社，東洋紡株式会社，日本化学繊維協会，日本軽金属株式会社，日本特殊陶業株式会社，日本バイオプラスチック協会，フォトライブラリー，フロンティアカーボン株式会社，ユニフォトプレス，米沢剛至　ほか

ISBN978-4-410-11923-1

チャート式 ® シリーズ　新化学　化学基礎＋化学

発行者　星野　泰也
発行所　数研出版株式会社
　　〒101-0052　東京都千代田区神田小川町2丁目3番地3
　　　　　　　　〔振替〕00140-4-118431
　　〒604-0861　京都市中京区烏丸通竹屋町上る大倉町205番地
　　〔電話〕代表（075）231-0161
ホームページ　https://www.chart.co.jp
印　刷　寿印刷株式会社

231202

単体の性質

原子番号	元素記号	融点(°C)	沸点(°C)	密度(g/cm³)	原子番号	元素記号	融点(°C)	沸点(°C)	密度(g/cm³)
1	H	−259.1	−252.9	0.08988^{0}※	47	Ag	951.9	2212	10.50
2	He	−272.2	−268.9	0.1785^{0}※	48	Cd	321.0	765	8.65^{2}
3	Li	180.5	1347	0.534	49	In	156.6	2080	7.31
4	Be	1282	2970 加圧	1.848	50	Sn	232.0	2270	$7.31^{β}$
5	B	2300	3658	2.34^{2}	51	Sb	630.6	1635	6.691
6	C	−	3530 黒鉛	2.262 黒鉛	52	Te	449.5	990	6.242
7	N	−209.9	−195.8	1.251※	53	I	113.5	184.3	4.932
8	O	−218.4	−183.0	1.429^{0}※	54	Xe	−111.9	−107.1	5.897^{0}※
9	F	−219.6	−188.1	1.696^{0}※	55	Cs	28.4	678	1.873
10	Ne	−248.7	−246.1	0.8999^{0}※	56	Ba	729	1637	3.594
11	Na	97.81	883	0.971	57	La	921	3457	6.145
12	Mg	648.8	1090	1.738	58	Ce	799	3426	$6.749^{β}$
13	Al	660.3	2467	2.699	59	Pr	931	3512	6.773
14	Si	1410	2355	2.330	60	Nd	1021	3068	7.007
15	P	44.2 黄リン	280 黄リン	1.82^{2} 黄リン	61	Pm	1168	2700	7.22
16	S	$112.8^{α}$	444.7	$2.07^{α}$	62	Sm	1077	1791	7.522
17	Cl	−101.0	−33.97	3.214^{0}※	63	Eu	822	1597	5.243
18	Ar	−189.3	−185.8	1.784^{0}※	64	Gd	1313	3266	7.90
19	K	63.65	774	0.862	65	Tb	1356	3123	8.229
20	Ca	839	1484	1.552	66	Dy	1412	2562	8.552
21	Sc	1541	2831	2.989	67	Ho	1474	2695	8.795
22	Ti	1660	3287	4.542	68	Er	1529	2863	9.066
23	V	1887	3377	6.11	69	Tm	1545	1950	9.321
24	Cr	1860	2671	7.192	70	Yb	824	1193	6.965
25	Mn	1244	1962	7.442	71	Lu	1663	3395	9.84
26	Fe	1535	2750	7.874	72	Hf	2230	5197	13.31
27	Co	1495	2870	8.902	73	Ta	2996	5425	16.65
28	Ni	1453	2732	8.902	74	W	3410	5657	19.32
29	Cu	1083	2567	8.96	75	Re	3180	5596	21.02
30	Zn	419.5	907	7.134	76	Os	3054	5027	22.59
31	Ga	27.78	2403	5.907	77	Ir	2410	4130	22.56^{13}
32	Ge	937.4	2830	5.323	78	Pt	1772	3830	21.45
33	As	817	616 昇華	5.78 灰色	79	Au	1064	2807	19.32
34	Se	217	684.9	4.792	80	Hg	−38.87	356.6	13.55
35	Br	−7.2	58.78	3.123	81	Tl	304	1457	11.85
36	Kr	−156.7	−152.3	3.749^{0}※	82	Pb	327.5	1740	11.35
37	Rb	39.31	688	1.532	83	Bi	271.3	1610	9.747
38	Sr	769	1384	2.542	84	Po	254	962	9.322
39	Y	1522	3338	4.472	85	At	302	−	−
40	Zr	1852	4377	6.506	86	Rn	−71	−61.8	9.73^{0}※
41	Nb	2468	4742	8.572	87	Fr	−	−	−
42	Mo	2617	4612	10.22	88	Ra	700	1140	5
43	Tc	2172	4877	11.5	89	Ac	1050	3200	10.06
44	Ru	2310	3900	12.37	90	Th	1750	4790	11.72
45	Rh	1966	3695	12.41	91	Pa	1840	−	15.37
46	Pd	1552	3140	12.02	92	U	1132	3745	$18.95^{α}$

融点：He は 2.6×10^{6} Pa, As の融点は 2.8×10^{6} Pa。　　**沸点**：昇華とあるのは，その温度で昇華する。
密度：右肩の数字は測定温度（°C），示していないものは室温または 20℃。※印の単位は g/L。

(化学便覧改訂 6 版)

化258

元素の単体

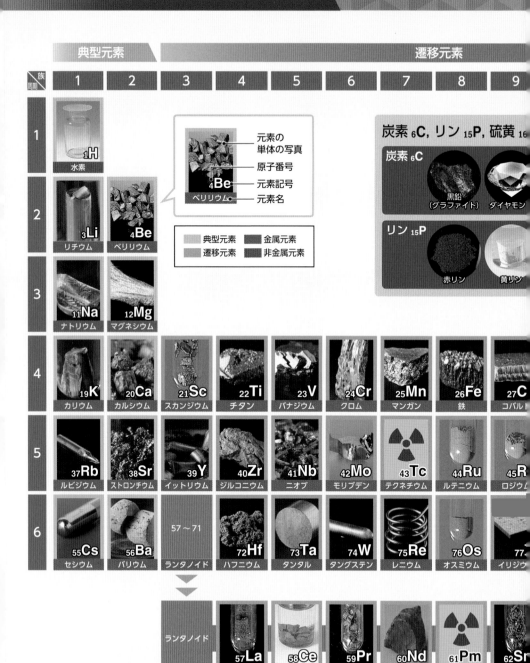

族 周期	1	2	3	4	5	6	7	8	9

1　₁H 水素

元素の単体の写真
原子番号
元素記号
元素名
₄Be ベリリウム

炭素 ₆C，リン ₁₅P，硫黄 ₁₆

炭素 ₆C
黒鉛（グラファイト）　ダイヤモン

リン ₁₅P
赤リン　黄リン

2　₃Li リチウム　₄Be ベリリウム

典型元素　金属元素
遷移元素　非金属元素

3　₁₁Na ナトリウム　₁₂Mg マグネシウム

4　₁₉K カリウム　₂₀Ca カルシウム　₂₁Sc スカンジウム　₂₂Ti チタン　₂₃V バナジウム　₂₄Cr クロム　₂₅Mn マンガン　₂₆Fe 鉄　₂₇C コバルト

5　₃₇Rb ルビジウム　₃₈Sr ストロンチウム　₃₉Y イットリウム　₄₀Zr ジルコニウム　₄₁Nb ニオブ　₄₂Mo モリブデン　₄₃Tc テクネチウム　₄₄Ru ルテニウム　₄₅R ロジウム

6　₅₅Cs セシウム　₅₆Ba バリウム　57〜71 ランタノイド　₇₂Hf ハフニウム　₇₃Ta タンタル　₇₄W タングステン　₇₅Re レニウム　₇₆Os オスミウム　77 イリジウ

ランタノイド　₅₇La ランタン　₅₈Ce セリウム　₅₉Pr プラセオジム　₆₀Nd ネオジム　₆₁Pm プロメチウム　₆₂Sr サマリウ